THE DEVELOPING PERSON THROUGH THE LIFE SPAN
(9th EDITION)

毕生发展心理学

（原著第9版）

〔美〕Kathleen Stassen Berger 著

邹泓 张珠江 等 译

中国轻工业出版社

图书在版编目（CIP）数据

毕生发展心理学：原著第9版／（美）凯瑟琳·史塔生·伯格尔（Kathleen Stassen Berger）著；邹泓等译．—北京：中国轻工业出版社，2021.2

ISBN 978-7-5184-2185-5

Ⅰ.①毕…　Ⅱ.①凯…②邹…　Ⅲ.①发展心理学－教材　Ⅳ.①B844

中国版本图书馆CIP数据核字（2019）第021316号

总 策 划：石　铁

策划编辑：孙蔚雯　　　　责任终审：滕炎福

责任编辑：孙蔚雯　　　　责任监印：刘志颖

出版发行：中国轻工业出版社（北京东长安街6号，邮编：100740）

印　　刷：三河市鑫金马印装有限公司

经　　销：各地新华书店

版　　次：2021年2月第1版第1次印刷

开　　本：889×1194　1/16　印张：45.50　插页：8

字　　数：1000千字

书　　号：ISBN 978-7-5184-2185-5　定价：158.00元

读者热线：010-65181109，65262933

发行电话：010-85119832　传真：010-85113293

网　　址：http://www.chlip.com.cn　http://www.wqedu.com

电子信箱：1012305542@qq.com

如发现图书残缺请与我社联系调换

180353Y2X101ZYW

作者简介

凯瑟琳·史塔生·伯格尔（Kathleen Stassen Berger）早年在美国斯坦福大学和拉德克里夫学院读教育系本科，后在哈佛大学获硕士学位，在叶史瓦大学获硕士和博士学位。作为一位教育工作者，她工作经历丰富，曾做过幼儿园园长，在联合国国际学校做行政管理，在福特汉姆大学给研究生讲授儿童与青少年发展心理学，在新泽西蒙特克莱尔州立大学和康涅狄格州昆尼皮亚克大学给本科生讲授发展心理学，也曾在纽约州新新监狱讲授社会心理学。

伯格尔职业生涯的大部分时间在纽约城市大学布隆克斯社区学院从事教学工作并出任教授20余年，曾教过心理学导论、儿童与青少年发展、成年期和老年期发展、社会心理学、变态心理学、人的动机等课程。她的学生们，无论族群、经济条件、教育背景，也无论年龄和兴趣，都对她的教学给予了很高的评价。

伯格尔还编著过《儿童与青少年发展心理学》（*The Developing Person Through Childhood and Adolescence*）、《0—12岁儿童心理学》（*The Developing Person Through Childhood*；原书第六版中文版由中国轻工业出版社出版）和《毕生的邀请》（*Invitation to the Life Span*）。本书除英文外，还有西班牙语、法语、意大利语和葡萄牙语译本，已被全世界700多所高等院校使用。她的研究兴趣主要有青少年同一性、多代家庭、移民、欺凌等，曾针对《威利心理学百科全书》（*Wiley Encyclopedia of Psychology*）中的发展专题发表过多篇论文，也曾在美国高等教育协会（American Association for Higher Education）和美国高等教育学会（National Education Association for Higher Education）的学术会议上发表多篇成果。现在她仍坚持每个学期都从事教学工作，并在编写每一本教材时不断地学习。

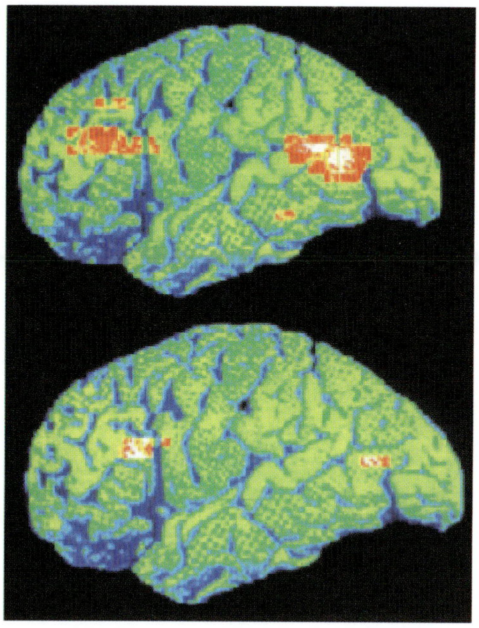

WDCN/UNIV. COLLEGE LONDON/PHOTO RESEARCHERS, INC.

红色表示停止（第 15 页插图） 这是两张正电子发射断层扫描图片，与下图中的正常脑部相比，上图中的红色区域显示了抑郁者脑部异常低的新陈代谢活动和血流量。

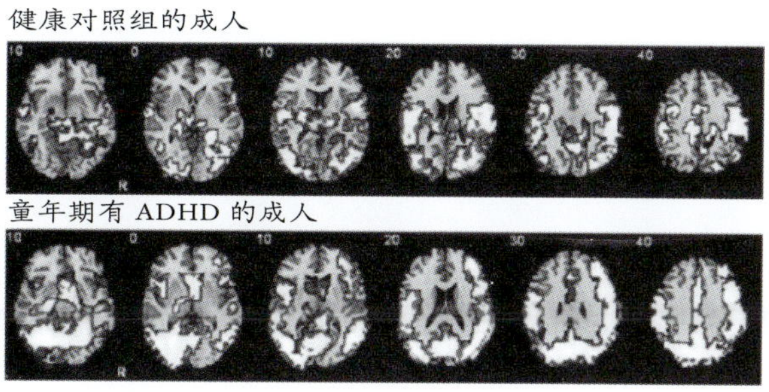

我们更努力（第 42 页插图） 脑部扫描图像的细节需要由神经学家来解释，但是即使是毫无经验的人也能看出，那些曾被诊断患有 ADHD 的成年人（第二排图片）的反应与其他人不同。这个实验的要求是当屏幕上出现特定字母时，被试要按一下键，在实验过程中，被试要保持注意力。对于 ADHD 患者来说，这样的任务需要更多的大脑能量（亮区）。还应注意到，正常人被激活的一些脑区在 ADHD 患者那里并未被激活。显然，那些从孩提时代起就有注意问题的人学会了如何在需要的时候保持专注，而他们使用的是自己独特的方式，并且付出了更多的努力。

来源：A review of fronto-striatal and fronto-cortical brain abnormalities in children and adults with attention deficit hyperactivity disorder (ADHD) and new evidence for dysfunction in adults with ADHD during motivation and attention by Cubillo et al, cortex 48 (2012) 194 e2 15, fig. 2. with permission from Elsevier.

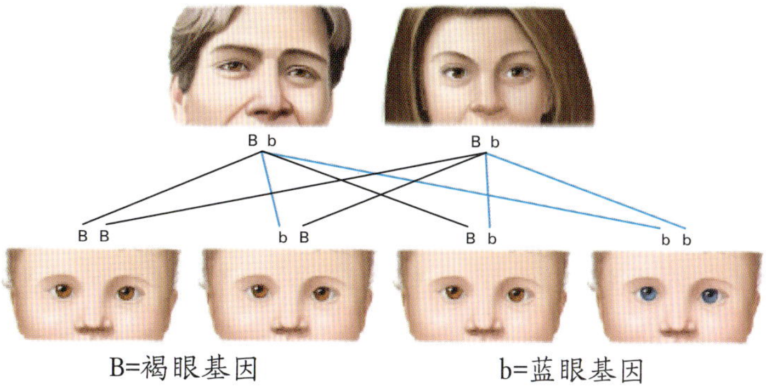

图 3.4（彩）

换子疑云？ 不是。如果一对褐色眼睛的父母都携带了蓝眼基因，那么他们有 1/4 的机会生出一个蓝眼睛的孩子。红头发、Rh 阴性血型以及许多遗传疾病的基因也是隐性基因。

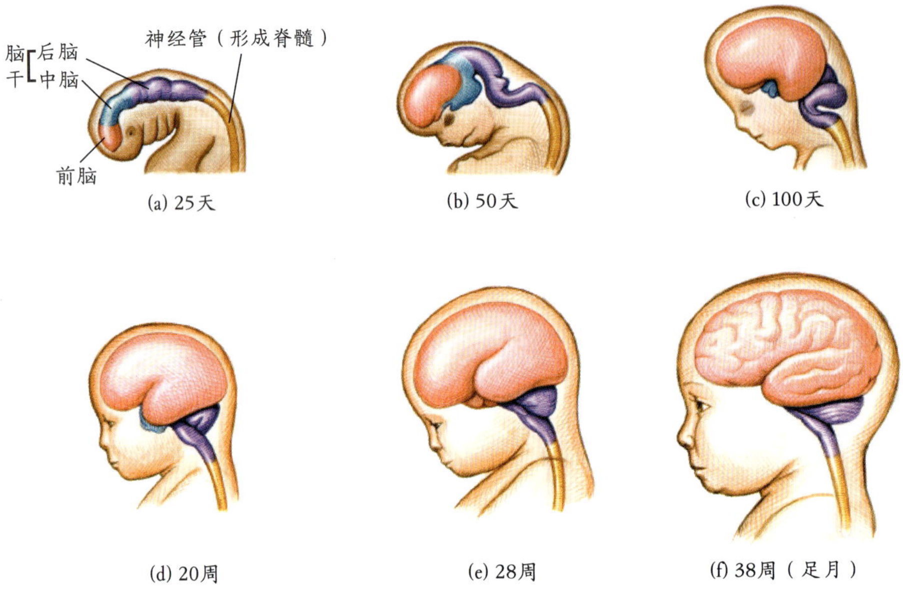

图 4.2（彩）

脑的产前生长 受孕后仅 25 天（a），中枢神经系统已经很明显。100 天时（c），大脑看起来已经明显是人类大脑。妊娠 28 周（e）时，大脑活动开始，大脑的各个部分已经可以辨认。当胎儿达到足月时（f），大脑的各个部分，包括大脑皮层（外层）已经形成，相互折叠，变得更加复杂、多皱，脑细胞增多。

来源：Adapted from Cowan，1997，p.116.

表 6.2（彩） 神经科学家用于了解大脑功能的技术

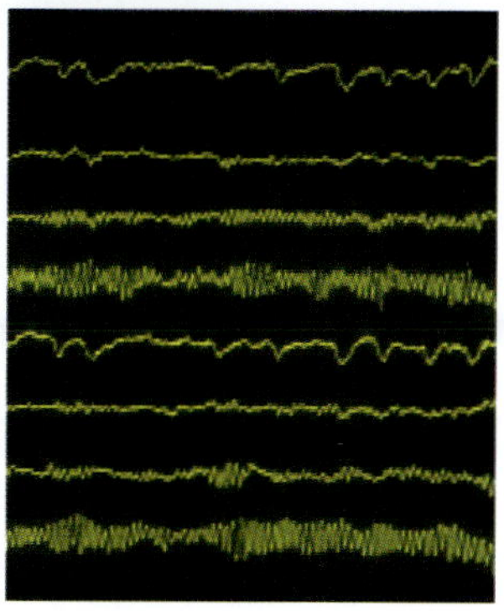

SPL/SCIENCE SOURCE

正常大脑的 EEG

技术

脑电图（EEG）

应用

测量大脑外层（即皮层）的电活动。

局限性

特别是婴儿期，许多有趣的大脑活动发生在大脑皮层之下。

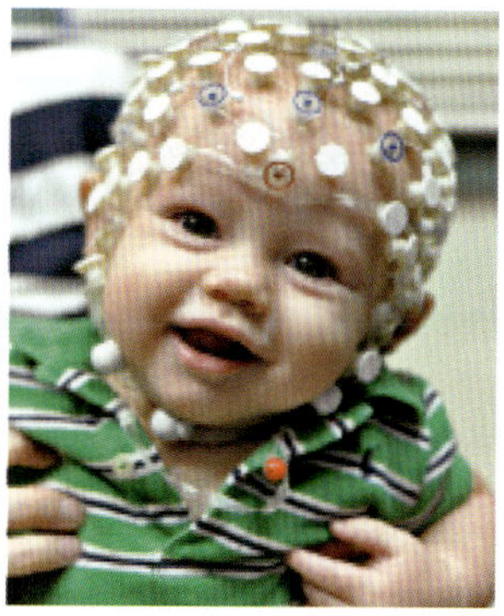

LANGOLIS SOCIAL DEVELOPMENT LAB

倾听时的 ERP

技术

事件相关电位（ERP）

应用

记录大脑皮层特定部位对各种刺激做出反应的电活动的振幅和频率（由脑电波所示）。

局限性

大脑皮层的反应意味着知觉的存在，但如何解释脑电波的振幅和时间，尚并不明确。

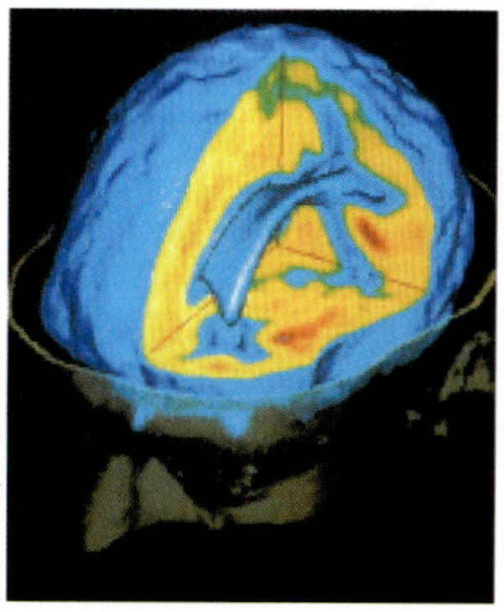

STEGERPHOTO/GETTY IMAGES

说话时的 fMRI

技术

功能性磁共振成像（fMRI）

应用

测量大脑各部位的血流量的变化（不仅是皮层）。

局限性

显示了大脑活动，但众所周知，婴儿非常好动，这可能使 fMRI 无用武之地。

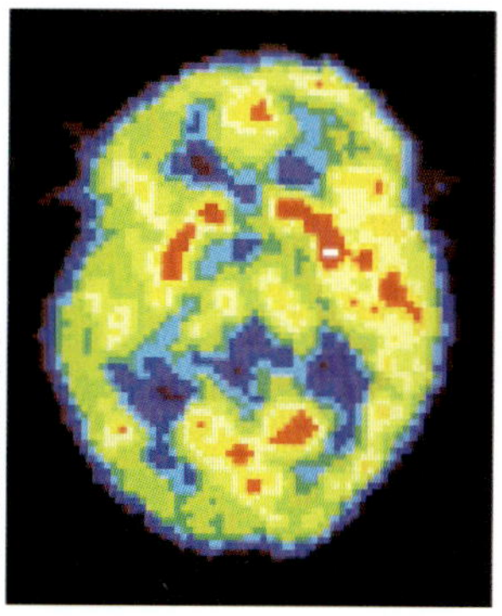

HANK MORGAN/SCIENCE SOURCE

睡眠时的 PET

技术

正电子发射断层扫描（PET）

应用

PET（像 fMRI 一样）可揭示大脑各部位的活动。能精确定位，但使用 PET 需要注射放射性染料，使大脑中的活跃部位变亮。

局限性

除非怀疑有严重异常，否则父母和研究者不会轻易向婴儿脑内注射放射性染料。

出于现实和伦理的考虑，很难将这些技术应用于有代表性的大样本。神经科学面临的一个挑战就是要研发无害的、快速的、父母和婴儿可接受的和应用广泛的方法。一个更迫切的挑战是以容易说明和理解的方式描述这些数据。

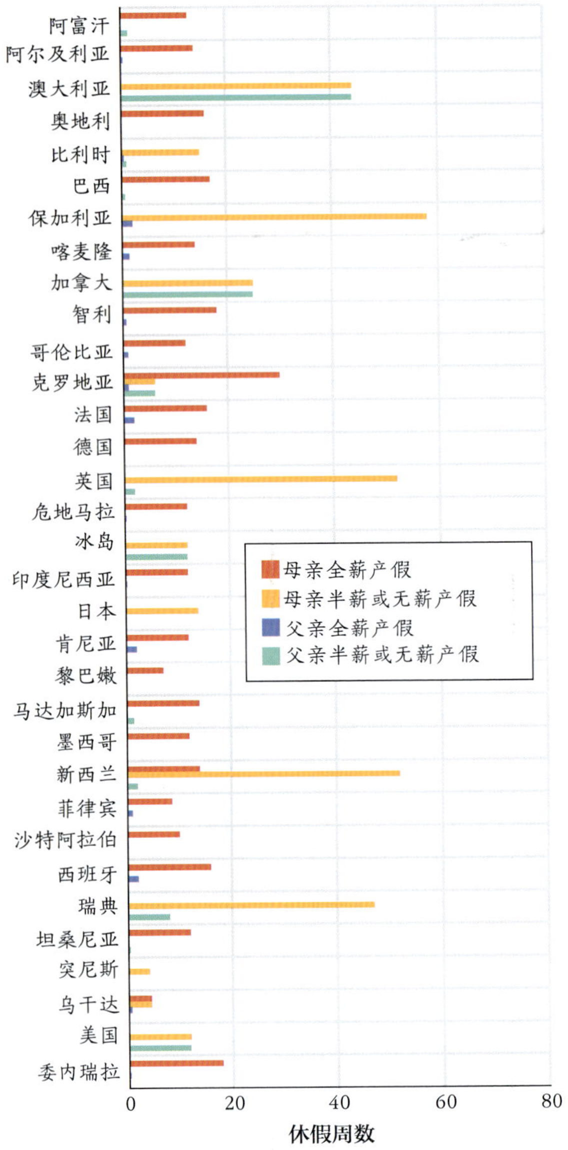

来源：ILO Database on Conditions of Work and Employment Laws，2011.

注释：在一些情况下，假期可以由父母或其他家庭成员分享。

图 7.3（彩）

正在变化的世界　一个世纪之前，并没有产假，因为母亲的工作都是不受监管的。现在，每个国家都有产假政策，而且大约每隔 20 年就会进行修改。到 2012 年，只有澳大利亚、冰岛和加拿大有反映性别平等的政策。这可能是许多国家的下一场革新的关键。

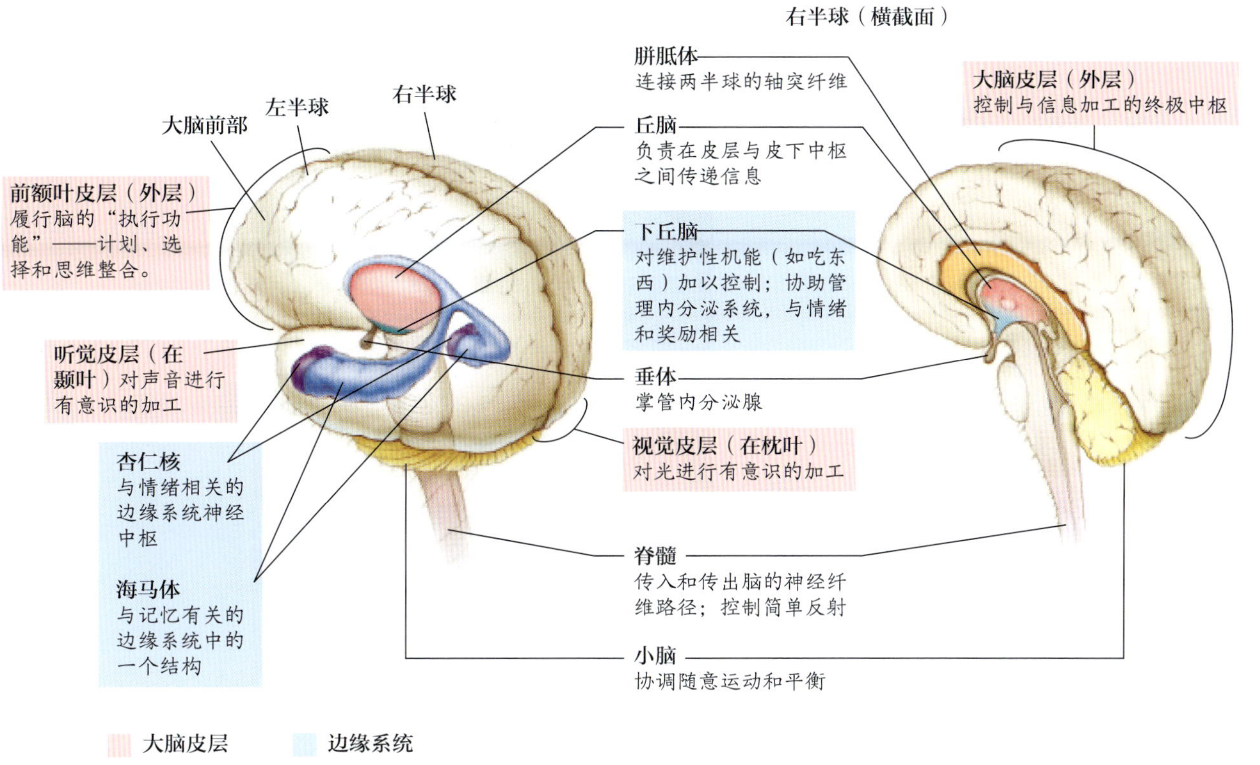

图 8.2（彩）

连接 图中显示了一些有命名的脑区。虽然各脑区有特定功能，但各脑区之间是相互连接的。例如，情绪加工过程主要发生在大脑边缘系统区域，但许多其他脑区也参与其中，包括杏仁核、海马体和下丘脑。

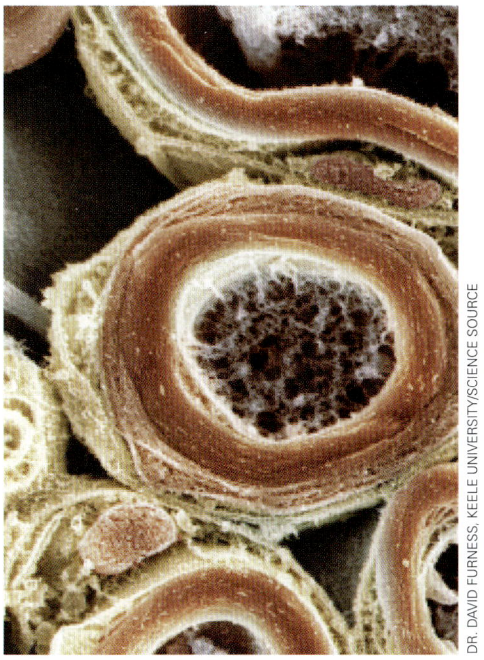

图 8.3（彩）

越来越快 髓鞘化过程贯穿终生。上图显示的是一个被许多层许旺氏细胞包裹着的轴突（中心黑色的部分）的横截面，在整个童年期，包裹在轴突外面的髓磷脂会越来越厚。成年晚期发生的与年龄有关的脑功能退化是由髓磷脂逐渐消失所致。

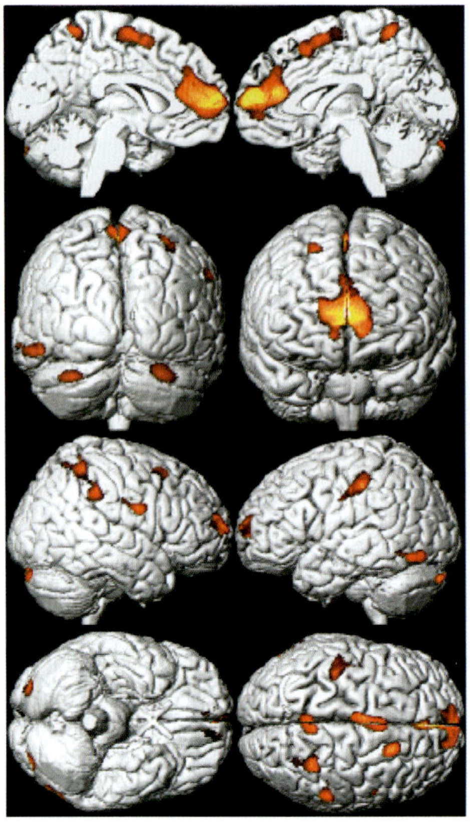

CECIL, K. M., BRUBAKER, C. J., ADLER, C. M., DIETRICH, K. N., ALTAYE, M. ET AL. (2008). DECREASED BRAIN VOLUME IN ADULTS WITH CHILDHOOD LEAD EXPOSURE. PLOS MED 5(5): E112. DOI:10.1371/JOURNAL.PMED.0050112

毒害性萎缩（第 200 页“科学视角”专栏的插图） 157 个儿童期血铅含量很高的成人的大脑示意图显示了脑容量不同程度的缩小。红色和黄色的区域都比正常的大脑小一些。所以，受到铅危害的儿童在智力和行为方面会发生各种问题就不足为奇了。

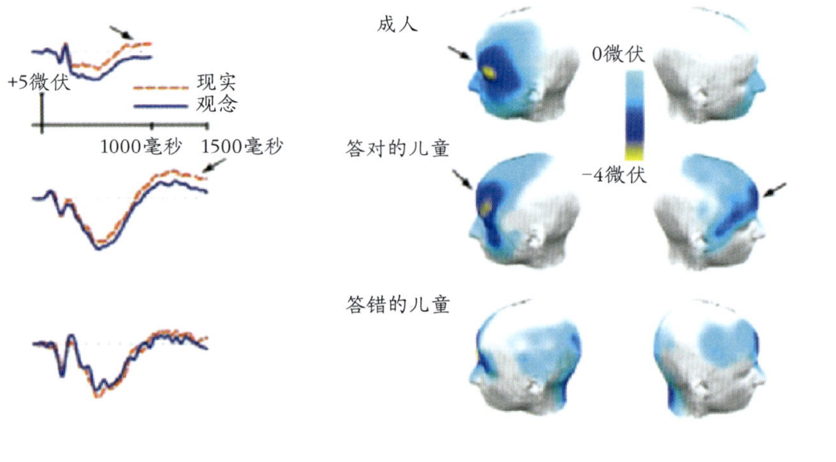

来源：Liu, D., et al. (2009), Neural Correlates Of Children’s Theory Of Mind Development. Child Development, 80: 318-326. John Wiley & Sons, Inc.

图 9.3（彩）

工作时的大脑 认知神经科学证实了前额叶皮层在心理理论发展中的关键作用。一些成人和 4—6 岁幼儿回答了 40 道关于心理理论的问题。成人全部答对了，一部分 4—6 岁的幼儿也答对了（通过者），尽管不是所有的（还有未通过者）。图中最左侧的图片是脑电波图像；其他的图片则是功能性磁共振成像——中间的一列是面对社会交往问题时的大脑活动（包括成人和幼儿的），右边的一列展示的是分辨现实和想象时的大脑活动（需要答对关于心理理论的问题）。成人的脑电波表明，被试回答迅速，而功能性磁共振成像表明他们只投入了很少的努力就能回答得又快又准；但是幼儿通过者在回答前需要经过更长时间的思考，而幼儿失败者没有对问题进行太多思考，因为他们没有辨别出问题。作者得出了这样的总结：“社会认知能力和大脑是一起发展的”（Liu et al.，2009，pp.318，325）。

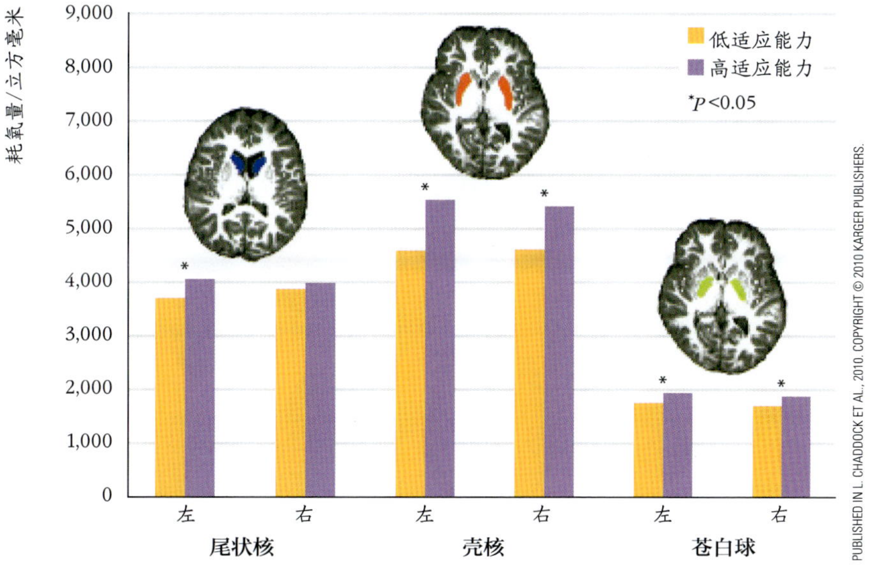

脑扫描（第 281 页“大脑扫描”部分的插图） 59 个孩子（平均年龄 10 岁，没有人患有注意缺失 / 多动障碍或处于青春期）先测量了有氧适能（测量运动过后消耗氧气的体积），然后接受脑部扫描。结果发现，大脑的总体积与有氧适能并不相关——基因和早期营养对脑部有氧适能的影响更大。然而，身材形体好的孩子的控制着认知（注意、情境化、计划性）的关键脑区的耗氧量更大。这是你应该和孩子一起去骑车、跑步或游泳的又一理由。

弥补伤害还是惩罚违背者？9岁儿童的回答

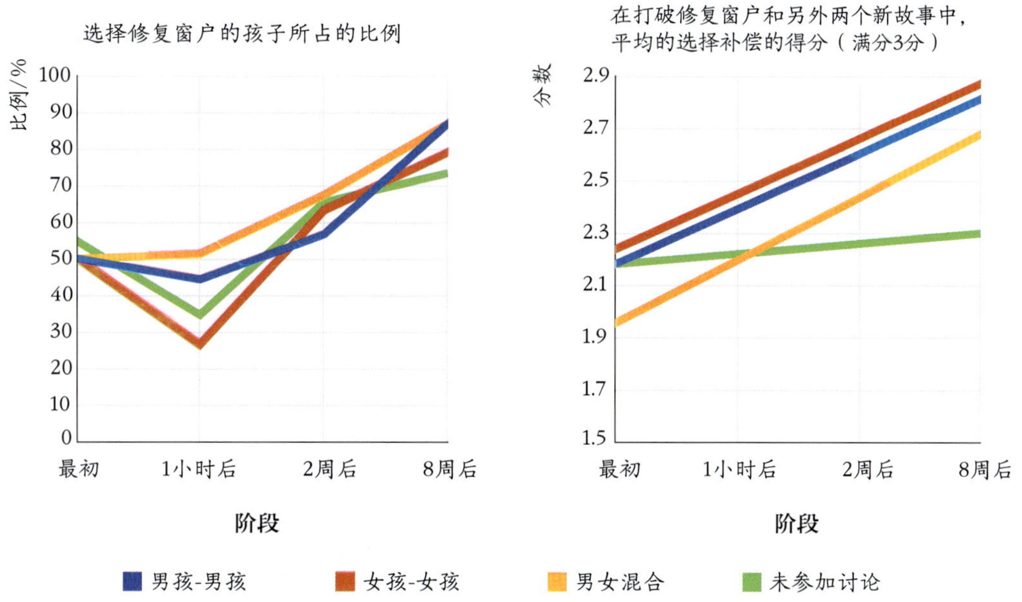

来源：Leman & Björnberg，2010.

图 13.3（彩）

时间和沟通的益处 左图表明，在最初的惩罚性回应之后，大多数儿童在短时间内变得更加倾向于寻求惩罚而不是补偿。然而，过了一段时间，经过一些反思，他们转而选择了皮亚杰眼中更为成熟的答案。右图表明，那些讨论过打破窗户这一事件的孩子变得更加倾向于选择补偿作为惩罚的方式，即使在另外两个他们从没听过的事例中，也是如此。但这一点对于没参与讨论的孩子身上不成立。

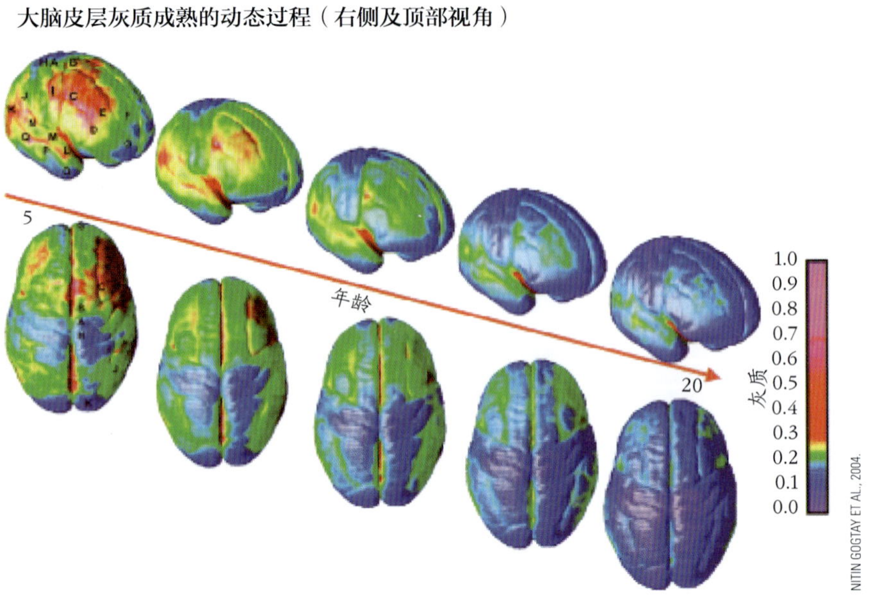

图 14.5（彩）

相同的人，不同的大脑 这些脑部扫描是一项纵向研究的部分结果，它反复比较了一个个体从童年期到青少年期的灰质比例的变化（灰质指的是神经元细胞体，因为部分神经元未被使用，所以随着年龄的增长变得不再突出）。灰质随着白质的增多而减少。部分原因是青少年期的神经修剪（如最后两组图像所呈现的），允许智力连接的建立。正如其中一项研究的作者所解释的那样，青少年虽然外表看起来像大人了，但在认知上还远未及成人水平（K. Powell，2006，p.865）。

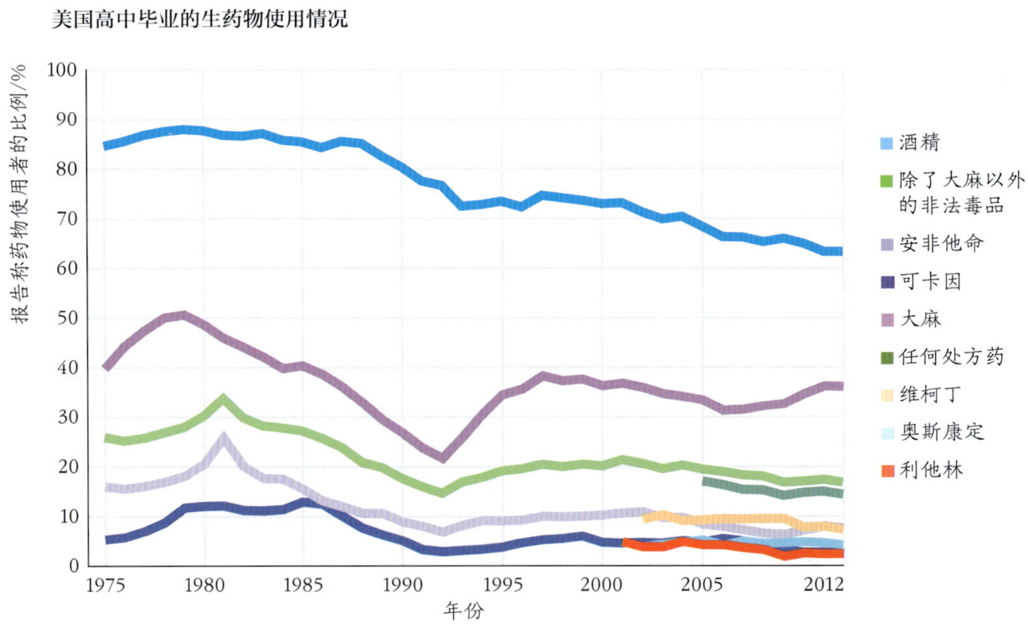

来源：Johnston et al.，2012.

图 16.6（彩）

起起伏伏 通过每年询问同样的问题的方式，“监控未来”研究项目发现了显著的历史效应。令人欣慰的是，药物使用的趋势出现波动并非由青少年自身导致的，而是受某些社会因素影响。近期也呈现出了下降趋势。但是，正如第一章所强调的，调查研究并不能确认是何种因素造成了变化。

1980—2008年按年龄统计的谋杀被害人和行凶者

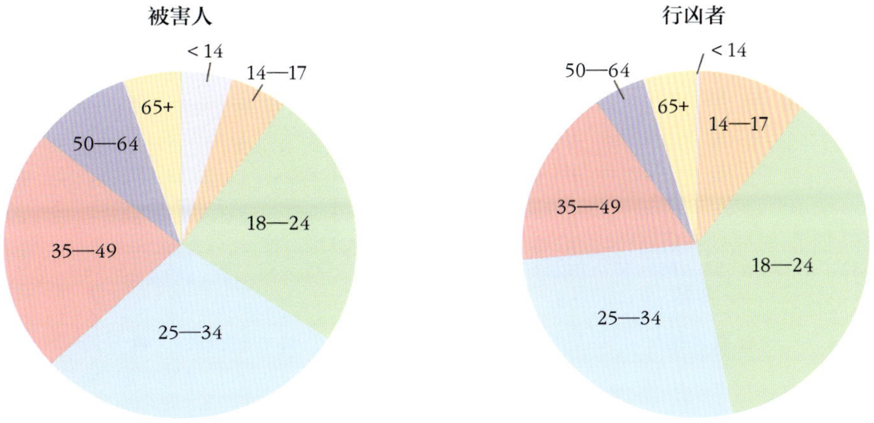

来源：U.S. Department of Justice, Bureau of Justice Statistics，2011.

详细引文：U.S. Department of Justice,Office of Justice Programs,Bureau of Justice Statistics. “Homicide Rates in the United States,1980–2008.” Table 1.

图 17.2（彩）

危险的 7 年 两个成人组的被害人和行凶者几乎与绿色表示的初显期成人组一样多，但要注意年龄范围。成人组的年龄范围有 10 年和 15 年的。一个人在 20 岁时被强暴、谋杀或者重创（行凶者通常是初显期成人）的概率比 40 岁时高出 2 倍。

IMAGE COURTESY CRAIG BENNETT & ABIGAIL BAIRD. FROM ANATOMICAL CHANGES IN THE EMERGING ADULT BRAIN [ABIGAIL BAIRD, CRAIG BENNETT]. *HUMAN BRAIN MAPPING*, VOL. 27, ISSUE 9, PAGES 766–777, SEPT. 2006. COPYRIGHT © 2006, JOHN WILEY AND SONS.

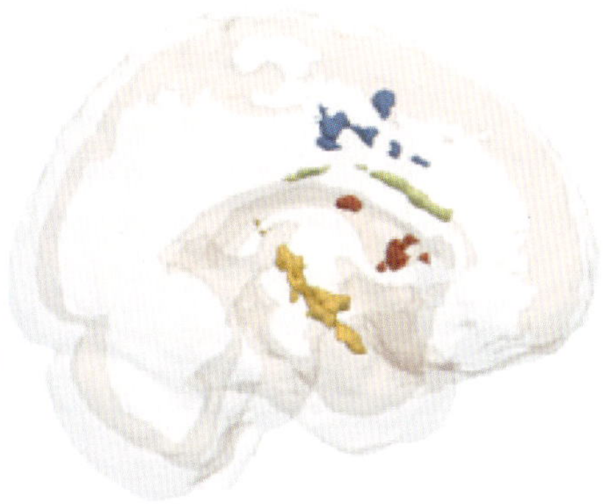

离家后的思维（第 447 页插图） 进入一所寄宿制大学意味着将体验新的食物、新的朋友及新的神经元。一项从 18 岁大学生在大学（达特茅斯大学）第一学年起始时进行的纵向研究发现，其整合情绪及认知的脑区有所增长，即扣带回（蓝色和黄色）、尾状核（红色）及岛叶（橙色）。研究者也调查了同一所大学 25 岁以上大学生 1 年中的脑部变化，但未发现显著的成长

ELIZABETH R. SOWELL ET AL., FROM NATURE NEUROSCIENCE.

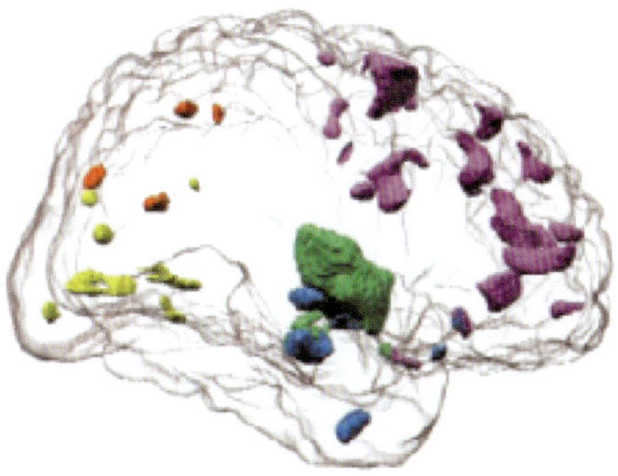

紫色越多意味着计划性越强（第 447 页插图） 图中显示了个体在 14—25 岁的脑部变化。额叶（紫色）在特定区域显示了很多变化，还有加工言语的区域（绿色和蓝色）——年轻成人学习的一个重要方面。视觉加工区域（黄色）所显示的变化较少。研究者目前了解到了，大脑在从青少年期到成年期发生了多方面成熟；但科学家们还不能确定其认知上的意义。

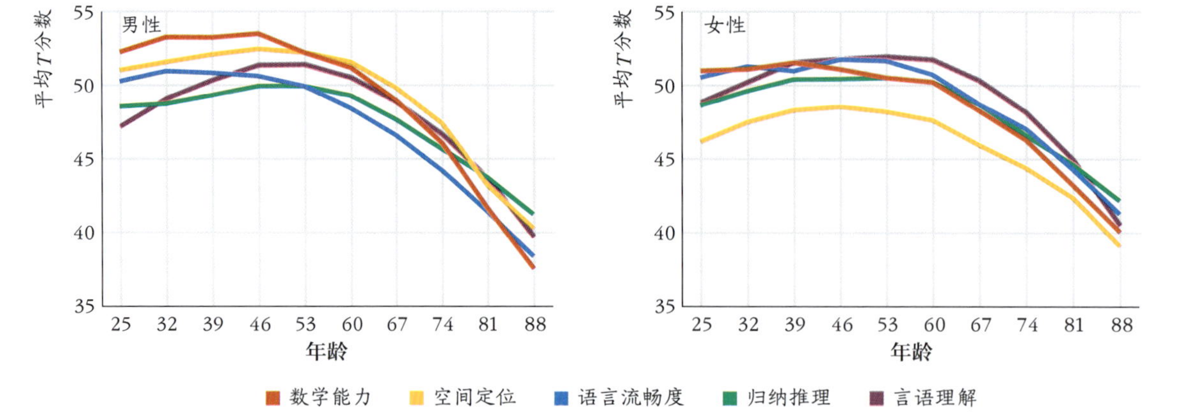

来源：Schaie, 2005, p. 116.

图 21.1（彩）

智力中的年龄差异 在不同的年龄阶段，智力的横断研究数据均会表现出陡峭的下降。相反，纵向研究则会表现出更多的显著提升。因为沙依的研究是聚合交叉设计，能够揭示更多的轨迹细节：在五项基本能力中，没有一项在任何年龄的均值高于 55 或者低于 35。由于这种方法考虑了同辈群体和历史的影响，因此在 25—60 岁，纯粹的与年龄相关的差异是非常小的。

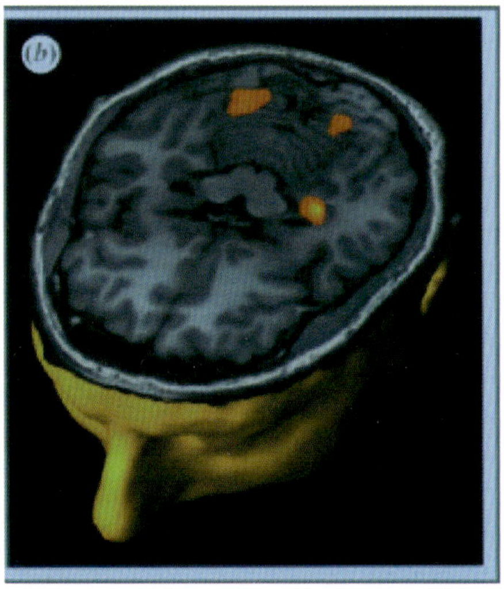

红色意味着走！（第 536 页“专长与年龄”部分插图） 红色表明行驶在伦敦繁忙街道的出租车司机被激活的脑区。与常人的平均激活水平相比，他们的同一脑区不仅被更多地激活了，也有更多的树突。此外，出租车司机开车的年数越长，脑区激活得越明显。这个研究证实了大脑的可塑性，表明我们都可以发展新的技能，不仅是可以通过牢记一些信息，也可以通过参与能改变我们的大脑结构的活动。

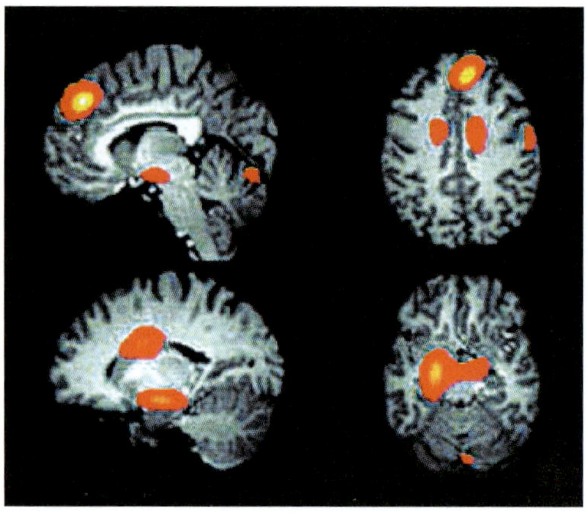

活跃的大脑，活泼的个性？（第 545-546 页“对立的观点”专栏插图） 那些探寻大脑活动（图中红色部分）和人格特质之间关系的科学家们检验了人格特质起源于大脑这一假说。在大五人格中的四项特质（尽责性、外倾性、宜人性和神经质，不包括开放性）上，自评得分高的个体的大脑中被认为与这些特质相关的区域更为活跃。图中显示了高神经质得分的个体脑部的两侧视图（左）和上下视图（右）。在他们的大脑中，被认为对压力、苦恼、威胁和惩罚尤为敏感的区域（黄色牛眼部分）的活跃程度比低神经质得分的个体高（DeYoung et al.，2010）。

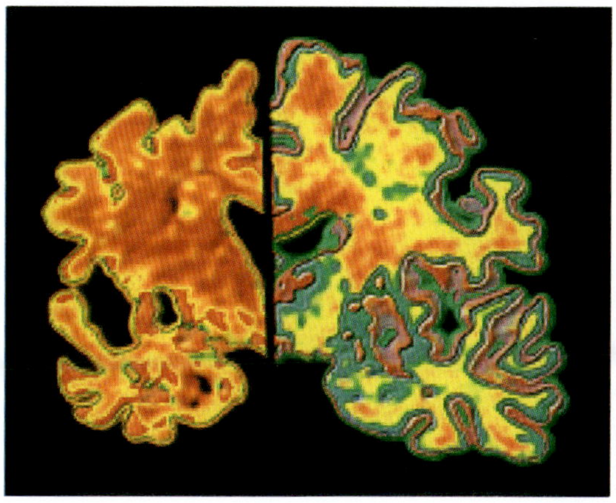

A. PAKIEKA/SCIENCE SOURCE

阿尔茨海默病患者的大脑（第 605 页“阿尔茨海默病”部分插图） 计算机影像展示了阿尔茨海默病患者的大脑垂直切片（见左侧）与正常人的大脑相应切片（见右侧）。病患的大脑由于神经元变性而萎缩。红色的部分是斑块和缠结。

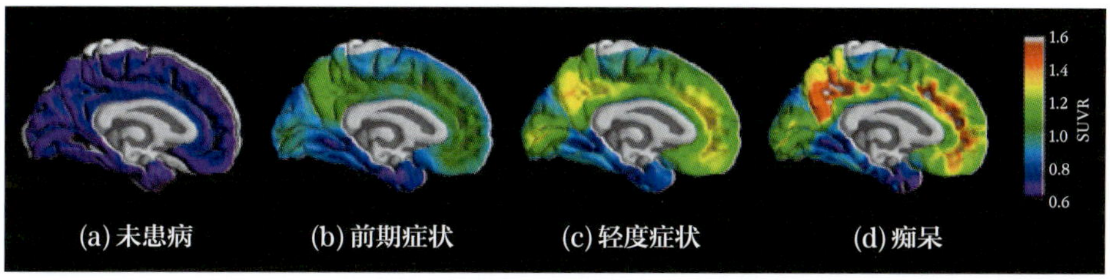

TAMMIE BENZINGER, MD, PHD, TYLER BLAZEY, WASHINGTON UNIVERSITY SCHOOL OF MEDICINE IN ST. LOUIS

有希望的大脑（第 605 页“阿尔茨海默病”部分插图） 即使是没有症状的大脑（a）最终也可能发展出阿尔茨海默病，但携带特定显性基因的个体肯定会患上该病。他们在成年早期时症状不明显（b），到了成年中期会出现一些症状（c），并在进入老年期之前就出现阿尔茨海默病第五阶段的症状（d）。研究发现，早期的脑标志物（如图所示）具有预测作用。这虽并非十分准确，但早期治疗可能会让阿尔茨海默病不再进一步发展，这些措施不仅对存在基因风险的人有好处，所有人都能从中受益。

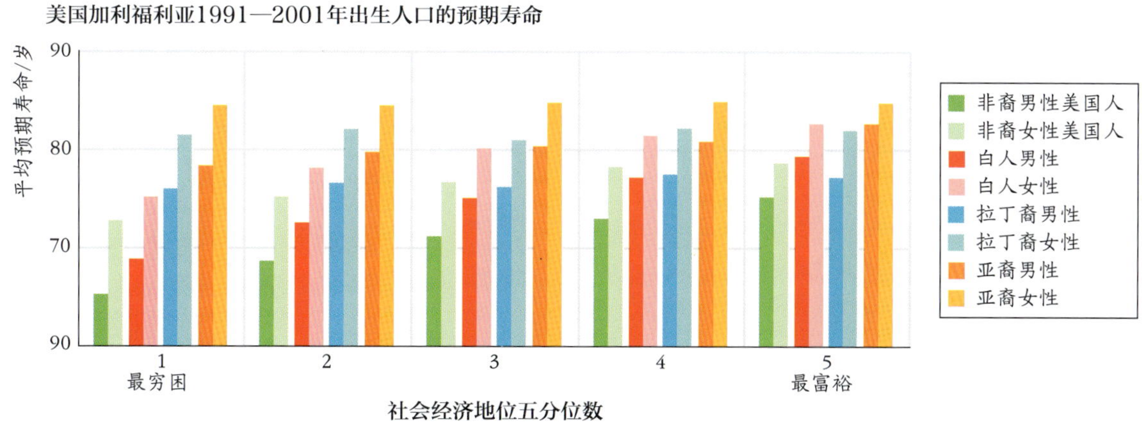

来源：Clarke et al., 2010.

图 25.3（彩）

性别、族群和社会经济地位 预期寿命数据为族群和收入分层提供了明显的证据，但性别差异更令人费解。一种可能性是性别分层对女性更有利。然而，老年女性比同龄的男性更容易伤残，也更穷困，这再次支持了原有的三重危险观点。

译者序

人类生命的奇迹始于生命孕育之初，在成长过程中会不断带给我们新的惊喜和冲击。从微不可察、神秘奇妙的受精卵，到呱呱落地、生而柔弱的新生儿；从日新月异、天真无邪的婴儿，到无拘无束、快乐探索的孩童；从朝气蓬勃、张扬不羁的少年，到风华正茂、血气方刚的青年；从成熟稳健、深思熟虑的中年，到历经沧桑、阅尽浮华的老年；人在每个年龄阶段各具鲜明的年龄特征。而时代变迁、文化传统、历史积淀、特殊的人生经历以及家庭环境则让拥有独特遗传基因的个体展现出迥然不同的个体差异。人类发展科学力图描绘我们的心理和行为在生命全程中随时间发生的变化轨迹，并试图揭示发展变化的原因，引导我们对人类发展的普遍性、特殊性和复杂性获得全新的、更加深刻的理解，帮助我们更好地探索自我、发现自我以及认识和理解他人。

由“万千心理”引进的《毕生发展心理学》（*The Developing Person Through the Life Span*）第九版反映了人类发展科学的最新成果，是美国心理学家凯瑟琳·史塔生·伯格尔（Kathleen Stassen Berger）的代表作之一。除英语外，本书还有西班牙语、法语、意大利语和葡萄牙语等译本，已被全世界700多所高等院校使用，深受欢迎。凯瑟琳·史塔生·伯格尔教授职业生涯的大部分时间在美国纽约城市大学布隆克斯社区学院从事教学工作，她曾教授心理学导论、儿童和青少年发展、成年期和老年期发展、社会心理学、变态心理学等课程。她还曾任幼儿园园长，曾在纽约州新新监狱讲授社会心理学。她的学生对她的教学都给予了很高的评价。

纵览全书，它有以下几个鲜明特色：

一是将毕生发展观贯穿全书，以年龄阶段为主线，涵盖人的生命全程。每个年龄段包括三章，涉及生物社会性、认知和心理社会性发展三个领域，将人类发展科学最优秀的新研究成果编入本书，更新了数百个新的例子，引用了数百篇新的参考文献。

二是强调了人类发展科学的多学科性和多样性。除了心理学外，也反映了生物学、社会学、教育学、人类学、政治学等多学科的最新研究，拓展了我们理解人类发展的视野。如在每个年龄段的生物社会性发展中都纳入了来自遗传学和神经科学领域令人振奋的最新研究成果。在解释文化历史对人的心理发展的影响时，彰显了对人类发展差异性的尊重。本书还为发展的关键主题配置了有图、有数据、有真相的“可视化发展”专栏和“相同情境，远隔万里”图片，用来自世界各地的范例和多学科研究诠释了人类发展的多样性。

三是聚焦于人类发展的社会现实问题和别具一格的专栏设置。新增的“对立的观点”专栏着力讨论被社会高度关注且颇具争议的发展议题，提供了令人信服的正反两方的信息，供读者权衡判断，以得出自己的结论，如“打孩子好吗？”“死亡的权利？”等。原有专栏“科学视角”和“个案研究”有大幅更新。“科学视角”专栏引用近年来的科学研究，为我们日常困惑、疑虑的问题提供了深刻的见解，令人耳目一新，如“压力与青春期”“如果你的伴侣不忠”等。“个案研究”专栏则用一个个鲜活的案例引出贴近现实的发展问题，如“做一个孩子有多难？”“我和我的女儿们”等。作者以睿智的专业视角结合丰富的人生阅历对许多发展问题进行了独到的解读，激发我们对探索人类发展奥秘的浓厚兴趣。

“知人者智，自知者明。”本书不仅可作为高等学校的心理学教材，也可供对人的发展感兴趣的其他读者阅读。

参与本书初稿翻译的主要是我的博士生们，他们大多在高校和科研机构从事发展心理学、人格心理学、社会心理学和心理测量学的教学及科研工作。他们是李一茗（前言、第一章、第七章）、曾荣（第二章）、赵霞（第三、四、五、六章）、高琨（第八章）、李晓巍（第九、十章）、刘艳（第十一、十二、十三章）、李小青（第十四、十五、十六章）、许志星（第十七、十八、十九章）、侯娟（第二十、二十一、二十二章）、侯珂（第二十三、二十四、二十五、二十六章），李晓巍、高琨、石鑫欣翻译了附录 A 和附录 B。于全磊博士和其他在读的几位硕博研究生最先阅读了此书的部分章节，并给出了一些很好的建议。全书最后由我和张珠江共同完成审校和统稿。

除了感谢上述译者付出的辛勤劳动外，在此我要特别感谢我的同窗好友张珠江。她曾旅居海外多年，精通英语和日语。她得知由于我的身体原因，译著的审校一度进展缓慢，便主动不计名分地为我分担。在审校过程中，她对一些疑难句子的精准翻译让我获益匪浅。她对译文“信、达、雅”孜孜不倦的追求，提高了译著的可读性。

在译著即将付梓之际，我衷心感谢“万千心理”引进了这本教科书，并委托我主持翻译。衷心感谢本书的责任编辑孙蔚雯，她对一些专业术语的翻译也提出了很好的建议。另外，由于一些不可预见的因素，她付出了超乎寻常的辛苦。衷心感谢所有为本书的顺利出版付出辛勤劳动的人。

邹　泓

2020 年 7 月于北京

前 言

我的外孙阿萨，正年处孩提。在他眼中，世界是对立的，比如男人—女人、孩子—大人、好人—坏人。他认为自己是好人，在他活跃的想象中他能消灭那些坏家伙，对着他们施展出空手道式的拳脚。

他的父亲奥斯卡懂得更多。他问我，阿萨是真相信世上只有好人和坏人，还是仅说说而已。我说，大多数孩子都相信这种相当简单的对立。

奥斯卡不以为然，他告诉阿萨，他认识一些成人，他们曾经是坏人，但是后来变成了好人。

“不！”阿萨坚持说：“这样的事不可能发生。”

阿萨错了。随着他不断地成熟，他的身体将越长越高，但越来越不活跃。随着生活的继续，他的头脑将能理解人类行为的发展。这本书就描述了我们的思想和行为在一生中是如何变化的，包括随着年龄的增长几乎没有什么事情是“不可能发生”的。

不止奥斯卡一个人意识到了人在变化。许多谚语都肯定了随时间发生的成长变化，譬如，人们会“翻开新的一页”“宛若新生”。当父母变成祖父母时，他们获得了“从头再来”的机会；今天是“你余生的第一天”。成人还意识到了过去是不会消失的，我们说“丑葫芦结不出好瓢来”，还有其他的谚语也强调了过去的影响。

人在每个年龄段的经历体验错综复杂、迂回曲折、千变万化，正是这些深深吸引着我，是我撰写本书的动力。我们的内心都有着和阿萨一样的愿望：我们希望生活简单，大家都是好人。但是人生并不简单。学习有关人类成长的知识，能帮助每个人运用智慧而不是想象中的拳脚对生活的多变和影响做出反应。知识可以做到这一点，一个生动的例子是，史蒂芬·平克（Stephen Pinker，2011）发现，现在的人比几个世纪之前更少互相残杀了，他认为教育是一个原因。

教育以数百计的方式发生。这本教材只是其中一种方式，它可以帮助你理解人生的复杂性，包括你的、我的以及大约180亿现在活着或者曾经活过的所有人的人生。无论如何，虽然生活经验和数千本其他书籍都对我们的教育有所贡献，但撰写这本教材是我的贡献，学习这本教材是你的贡献，我们可以一起了解每个人是如何随时间的推移学会扬善抑恶的。

>> 新材料

每年，科学家都会发现和解释新的概念和研究，其中最优秀的研究被编写进了这本教材，包括许多与重要课题有关的数百篇新的参考文献。例如，犯罪遗传学、婴儿营养、双相障碍、自闭症谱系障碍、毕生依恋、高风险测验、药物使用和毒品成瘾、成年期大脑变化以及死亡的方式，等等。因为认识到了人类发展的跨学科本质，所以我希望本书能尽可能地反映最近生物学、社会学、教育学、人类学、政治学以及我的专业——心理学等多门学科的研究。

遗传学和社会环境贯穿全书。书中描述了婴儿日托和学前教育的多样性和危害性，用了三章的篇幅来深入解释成年初显期，强调了成年期的模糊边界，讨论了神经认知障碍（不仅是阿尔茨海默病）的各种症状、治疗和预防，以及其他很多内容。

>> 新教辅

这个版本在每一章的开头都列出了学习目

标——“你将学到什么？”这个问题明确了学生要关注的重要概念。在每一章的末尾也增加了一个新的部分——“你学到了什么？”这个问题有助于学生详细地评估自己的学习。下面具体介绍一下。

学习目标

学生从这门课程中学到的大部分内容都关系到态度、方法和观点，这些都难以量化。此外，还有一些具体的学习目标，补充了应该掌握的关键术语。在本版中，首次为每一章设置了两套目标。第一套目标（“你将学到什么？”）是置于每一章开头的问题，列出了学生可能会终生记住并应用的一般观点。置于每一章末尾的问题列出了更具体的学习目标（“你学到了什么？”），把这一章的每个主题联系起来。

在理想情况下，学生能详细地回答学习目标中的问题，以具体细节展示学到的知识。列在学习目标中的一些问题很直接，只需要认真阅读相关章节的内容即可回答，其他问题需要学生进行比较，理解其中的意义，或者做出评价。

新增专栏“对立的观点”以及更新的专栏“科学视角”和“个案研究”

我们都需要发展批判性思维能力。实际上，这本书的每一页所呈现的不仅是事实，还提出了没有统一答案的问题。本版中首次出现了一个新的专栏“对立的观点”。该专栏聚焦于人类发展中令人兴奋且有争议的话题——从产前性别选择到死亡的权利。这些被高度关注的主题出现在大部分章节中，专栏提供了问题的正反两方面的信息，以便学生练习权衡证据，评估有争议的观点，得出自己的结论。

此外，有两个专栏得到了大幅更新。一个是“科学视角”，它解释了近年来科学研究中令人惊讶的深刻见解；另一个是“个案研究”，通过具体的个人故事来说明发展问题。所有这些新增的特色专栏都体现在目录中。

“可视化发展”专栏

这一版本的一个新增亮点是给发展的关键主题配置的整页插图。现在每一章都包括了对关键问题的数据图示，从双胞胎出生的生物学，到大学文凭的经济利益，再到老人度过最后岁月的场所选择。许多信息图表结合了全球统计数据、图片、表格和照片。我与著名设计师 Charles Yuen 紧密合作，尝试用这种视觉化的展示来强化和解释重要的概念和观点。

新的儿童发展和护理职业附录

这些都是在线资源，可以在网上查看。这些新资源通过将第九版及其题库与美国幼儿教育协会（National Association for the Education of Young Children，NAEYC）的目标和全美联合委员会注册护士职业考试（National Council Licensure Examination for Registered Nurse，NCLEX-RN）关联起来，在毕生发展课程的内容与关键的学生职业发展领域（童年早期发展）及护理之间建立起了联系。

>> 保留原有特色

从第一版开始，本书的许多特色就受到了赞赏，这些特色仍保留在第九版中。

汇聚了本领域令人兴奋、具有挑战性的研究成果

总的来说，人类发展科学应该是鲜活生动的，就像真实的人那样。本书的每一个句子所传达的不只是内容，还有语气。每一章开篇的故事描述了真实的生活情境，把学生读者带入当下的发展之中。丰富的例子和解释帮助学生在理论、研究和自身经验之间建立起联系。

关于脑研究的内容

本书的一个熟悉的特色是纳入了神经科学领域令人兴奋的研究成果。脑发育是最明显的一个例子：每三章都包括一个与脑有关的部分，通常用图表或照片来强化，以帮助学生理解脑的内部运作。下面是本书涉及的有关脑研究的重要内容：

- 多巴胺、血清素和生长因子，例如神经胶质细胞源性神经营养因子（GDNF）在抑郁中的作用（p.14）
- 抑郁个体的表观遗传学和脑功能（p.14-16）

- 抑郁和非抑郁个体的脑部正电子发射层析扫描（p.15；插图见彩图第 1 页）
- 神经科学和皮亚杰的发展理论的局限性（p.42）
- 注意缺陷 / 多动障碍的成人的脑部扫描（p.42；插图见彩图第 1 页）
- 拷贝数变异对基本脑结构的影响（p.70）
- 大脑的产前发育（p.83-85；插图见彩图第 2 页）
- 致畸效应对大脑发育的影响（p.89-93；插图见 p.90）
- 0—2 岁的大脑发展（p.110-116；插图见 p.111）
- 经验预期型和经验依赖型脑发育（p.114）
- 大脑不成熟与跨通道知觉（p.122）
- 婴儿猝死综合征的低水平血清素的意义（p.128）
- 脑部扫描揭示的皮亚杰理论的局限性（p.138-139）
- 婴儿大脑扫描技术（p.138-139；插图见彩图第 3 页）
- 镜像神经元与婴儿认知（p.139）
- 支持社会情绪的大脑发育（p.161）
- 压力激素皮质醇对发展中的大脑的影响（p.162）
- 基因对气质的影响，特别是 DRD4 VNTR 基因和 5-HTTLP.R 基因的组合（p.163）
- 脑的成熟和协调（p.166）
- 依恋与脑发育（p.169）
- 科学视角：铅暴露对脑发育的影响（p.200-201）
- 童年早期的脑发育（前额叶皮层、髓鞘化、偏侧化、边缘系统）(p.191-194；插图见彩页 p.5）
- 胼胝体的异常发育与注意缺陷 / 多动障碍（p.194）
- 前额叶皮层的成熟与心理理论（p.221-222，插图见彩页 p.6）
- 5 岁儿童执行功能的文化差异（p.221）
- 边缘系统髓鞘化和前额叶皮层的生长对于情绪调节发展的影响（p.241）
- 体育运动对大脑的影响（p.271）
- 童年中期的脑发育（p.277-281）
- 神经系统发育与选择性注意（p.278）
- 神经系统扫描证实了信息加工方法的有效性（p.299）
- 童年中期控制过程的发展（p.301）
- 脑异常可能是欺凌行为的影响因素（p.336）
- 脑垂体在激素分泌中的作用（p.348）
- 大脑在调节昼夜节律中的作用（p.349）
- 青少年脑发育：大脑奖赏区的高度唤起（p.360-362）
- 从童年期到青少年期大脑灰质的比例（插图见彩第 8 页）
- 青少年脑发育的益处（p.362）
- 双加工是脑成熟的结果（p.378-379）
- 冒险和脑活动（p.379）
- 神经系统因素作为青少年犯罪的预测指标（p.410）
- 毒品使用对大脑的潜在危害（p.412-413）
- 酒精对青少年大脑的影响（p.413）
- 影响神经系统模式的生理反应（p.432）
- 脑发育和激素作为冒险行为的影响因素（p.436）
- 脑发育与后形式思维（p.446）
- 14—25 岁的大脑变化（插图见彩图第 9 页）
- 集中在不同脑区的欲望和情感（p.475-476）
- 逐渐老化的大脑：成年期神经系统的变化（p.495）
- 65 岁之前严重脑衰退的原因（p.495）
- 与视觉有关的 30 个不同脑区（p.496）
- 脑变化导致评估成人智商的复杂性（p.519）
- 流体智力与全脑健康（p.521）
- 压力对脑的影响（p.527）
- 多重任务处理与老化的脑（p.532）
- 由经验和专长导致的脑部变化（p.536）
- 脑功能和人格的相关（p.545；插图见彩图第 10 页）
- 大脑对不公平感的编码（p.559）
- 成年晚期脑衰退的补偿策略（p.579-582）
- 老化的脑：成年晚期神经系统的变化（p.581-582）
- 成年晚期的神经发生（p.582）
- 神经认知障碍的脑异常（p.605）
- 与阿尔茨海默病有关的具体基因；AD 进展扫描（插图见彩图第 11 页）
- 血管性痴呆与 ApoE4 等位基因的相关（p.607）
- 痴呆前兆的重复脑创伤（p.608）

- 创造性表达及其对脑健康的影响（p.613）
- 对立的观点：对失望应答的脑活动——健康老年人、抑郁老年人和年轻人之间的差异（p.622-623）
- 脑死亡是宣告一个人合法死亡的决定因素（p.654-655）

关于人类多样性的内容

跨文化、国际化、多族群、性取向、财富、年龄和性别，所有这些词语和概念对于理解人类的发展都至关重要。研究揭示了令人惊讶的相似之处和显著的差异：我们有许多共同之处，但是每个人又是独一无二的。从第一章对社会背景的讨论到第二十六章的尾声中关于服丧的文化差异，每一章都突出强调了各种可能性和多样性。

关于家庭结构、移民、双语现象、单身成人和健康的族群差异的最新研究是说明人类多样性的众多主题中的几个代表。下面列出的是第九版中有关文化和多样性的部分讨论。本书对人类差异的尊重自始至终显而易见。你将看到来自世界各地的示例和研究发现，不是作为额外的亮点，而是作为对各年龄进行的描述的一部分。

- 在发展研究中包括了各种各样的人（p.4）
- 发展中的多背景性考量（社会经济地位、同辈群体、家庭结构，等等）(p.6-9)
- 界定了文化：在发展研究中需要包括许多不同文化的人（p.9）
- 在文化内或文化传播中的学习（维果茨基）(p.11)
- 定义和讨论种族和族群（包括对立的观点）（p.12-13）
- 抑郁和非抑郁成人之间的遗传、生化以及神经差异；抑郁发生率的国际间差异（p.14-16）
- 横断研究中的年龄多样性和聚合交叉研究中的群体多样性（p.21-23）
- 相关结果解释中的年龄、性别和移民 / 非移民差异（p.24）
- 源自具体文化或族群的民间理论（p.31）
- 发展理论反映了时代的历史和文化影响（p.42-43）
- 维果茨基的社会文化理论（p.46-48）
- 人群中的遗传变异：等位基因（p.61）
- 男人和女人的性染色体（p.62-63）
- 对立的观点：性选择上的跨国差异（p.63-64）
- 样本国家的剖宫产出生的比例（p.87）
- 不同文化的生育实践（p.88）
- 导致低叶酸的等位基因的族群差异（p.92）
- 不同国家低出生体重的比例（p.97）
- 发音的观点：母婴同睡的文化差异（p.117）；在不同国家的比例（p.117）
- 不同国家的婴儿死亡率（p.123）
- 母乳喂养与艾滋病病毒阳性的非洲女性（p.126）
- 发育迟缓的国际比例（p.127）
- 营养不良：发展中国家的浪费（p.127-128）
- 婴儿接触语言和语言使用上的文化和家庭差异（p.146-147）
- 英语非母语者对英语情绪内容的理解（p.148）
- 日本和德国的分离焦虑与对陌生人的警惕（p.159）
- 学步儿受到鼓励的情绪的文化差异（p.160）
- 前扣带回激活的文化差异（p.161）
- 婴儿 / 学步儿气质的遗传和性别差异（p.163）
- 乌干达母亲的保持接触行为（p.165）
- 社会经济地位对依恋类型的影响（p.169）
- 由北美、欧洲和澳大利亚家庭领养的罗马尼亚孤儿的发展结果（p.169-170）
- 丹麦父亲参与婴儿养育（p.171）
- 儿童照料的性别差异（p.171-172）
- 对立的观点：喀麦隆、希腊和哥斯达黎加的近端和远端父母养育（p.174-175）
- 婴儿照料差异的国际间比较（p.178-179）
- 样本国家的父母产假政策（p.178）
- 科学视角：各国的血铅水平与犯罪的相关（p.200-201）
- 右利手和左利手的人在脑胼胝体上的差异（p.192）
- 文化作为人们如何思考和行动的决定因素（社会学习，维果茨基）(p.216-218)
- 南非、博茨瓦纳和澳大利亚对过度模仿的研究（p.217-218）
- 心理理论发展的文化差异（p.220-221）
- 各国的双语教育；美国的族群和双语教育；母语非英语的美国儿童的英语熟练性（p.225-227）
- 学前教育项目对儿童的族群分类（p.231-232）
- 针对低社会经济地位儿童的干预项目的效果

（p.232-234）
- 针对年幼儿童情绪调节的各种文化目标（p.242）
- 科学视角：情绪调节的性别差异（p.243-244）
- 年幼儿童游戏的文化差异（p.246-247）
- 儿童活动的族群和社会经济地位差异插图（p.246）
- 养育风格的文化差异（p.251-252）
- 儿童管教的文化差异（p.259）
- 对立的观点：对打孩子的文化态度（p.261-262）
- 对儿童休闲时间的态度：美国、澳大利亚和韩国（p.272）
- 各国的一般休闲活动（p.272）
- 科学视角：美国的儿童肥胖症，以族群划分；肥胖和糖尿病的遗传倾向（p.275-276）
- 美国的儿童哮喘和族群（p.276-277）
- 智力测验的文化因素（p.280-281）
- 对有特殊需求儿童的考虑（p.281-290）
- 个案研究：在特殊需求诊断上的困难（p.285）
- 学龄儿童学习的文化差异（维果茨基）和社会经济地位差异（p.296-298）
- 各国课程设置的差异（p.307-308）
- 各国的数学和阅读成绩（p.308-309）
- 儿童第二语言能力：欧洲、非洲、加拿大和美国（p.311-312）
- 各国的班级规模和学生成绩（p.313）
- 童年中期自尊的文化差异（p.321-322）
- 在美国路易斯安那州（卡特里娜飓风）、斯里兰卡（海啸）和塞拉利昂（战争和儿童士兵），儿童对压力的反应（p.323）
- 社会经济地位与心理复原力（p.322-323）
- 各类家庭结构内的家庭功能，包括同性恋夫妻主导的家庭（p.324-331）
- 美国单亲家庭和双亲家庭的比例，以父母族群来划分（p.329）
- 社会经济地位对家庭结构和功能的影响（p.329-331）
- 北美和中国的害羞和受欢迎度（p.334）
- 欺凌行为的性别差异（p.335）
- 各国控制欺凌的努力（p.336）
- 在道德推理上与年龄有关的差异（p.339）
- 儿童报复/补偿行为的性别差异（p.340）
- 青春期时间上的族群差异（在美国 p.351-352；在其他国家 p.356）
- 初潮年龄中位数的族群差异（p.351）
- 女孩的体脂对青春期开始时间的影响：族群差异和国际样例（p.352）
- 对青春期早期或青春期晚期的反应的性别差异（p.355-356）
- 营养缺乏：美国的族群和国际样例（p.357-358）
- 美国青少年生育率的族群差异：在不同国家的差异（p.365）
- 各国青少年对避孕套的使用（p.367）
- 逻辑思维的年龄差异（p.372-375）
- PISA 分数的跨国比较（p.391）
- 中国香港、美国和澳大利亚的亲子沟通（p.399-400）
- 族群认同的形成（p.403）
- 青少年同性关系和性别认同（p.398, 406）
- 美国和欧洲在性教育上的差异（p.407）
- 青少年自尊的性别差异、族群差异和年龄差异（p.408）
- 抑郁风险的遗传和性别差异（p.408-409）
- 青少年准自杀率和自杀率的性别差异（p.409）
- 对立的观点：青春期的叛逆是一种社会建构吗？——国际比较（p.410）
- 国际比较：青少年的饮酒和吸烟（p.412）
- 青少年药物使用的年龄差异、性别差异和代际差异（p.412）
- 全球化对传染性疾病的影响，包括性传播感染（p.432）
- 抑郁体验的性别差异（p.434）
- 冒险发生率的性别差异（p.436-437）
- 被害人和行凶者的年龄差异（p.436，插图见彩图第 9 页）
- 药物滥用的年龄差异（p.438-439）
- 刻板印象威胁——族群和性别因素（p.450）
- 道德的性别差异（p.454）
- 各国大学生的毕业率（p.459）
- 亚洲和中东大学的激增（p.459）
- 大学中族群和性别的多样性及其效应（p.459）
- 成年初显期的族群认同（p.468-470）

- 古埃及和古希腊的死亡信仰和实践（p.646）
- 不同文化/宗教的现代死亡信仰和实践（p.647）
- 对死亡反应的年龄差异（p.647-650）
- 在临终关怀可得性和使用上的族群和国家间的差异（p.652-653）
- 在对待安乐死和医生辅助自杀的态度和政策上，美国各州、国家和文化的差异（p.655-656）
- 各个地区的悼念仪式（p.661-662）

内容范围的更新

我的导师鼓励学生有好奇心、创造性和怀疑精神，我因此而热衷于阅读和分析内容广泛的大量文章和书籍，从阿尔茨海默病到组织配型。近年来，神经科学和遗传学研究爆发式增长再次给我提出了挑战。首先我需要理解，然后要解释许多复杂的研究发现和推断性的理论跃进。我的学生也在不断提出问题，分享体会，总是能提供新的视角和担忧。

以时间顺序为框架的主题组织架构

本书的基本组织架构保持不变。前四章以定义、理论、遗传学和产前发育为本书开篇。这些章不仅解释了发展的基础，也为解释给人类发展的所有方面带来启示的概念提供了理论架构，这些概念包括毕生发展观、可塑性、天性与教养、多元文化意识、风险分析、损益分析和家庭纽带等。

其余七个部分对应了发展的几个主要阶段。每个部分包含三章，每章涉及三个领域：生物社会性、认知以及心理社会性。对于学生理解年龄和这三个领域之间的交互作用而言，以时间顺序为框架组织主题内容很有用。

三个综合性专栏系列

本书的特色是有三个进行深度讨论的专栏系列，作为本教材的组成部分，呈现在相关的地方。旧版的读者会记得“个案研究”和“科学视角”专栏，本版的新特色是“对立的观点”专栏。

章末总结

每一章的末尾都有本章总结、关键术语（附有页码，标明每个术语的所出）、关键问题（“你学到了什么？”），以及三四道应用练习题，以帮助学生将概念应用于日常生活。关键术语以黑体字的形式出现在正文中，术语的完整定义可在本书最后的术语表中检索。每一章首页的内容大纲、新的学习目标和大小标题系统，能够促进学生应用 SQ3R 学习法[1]。

每节结尾处的“小结”都给学生提供了反思刚刚阅读过的内容的机会。“观察力测验”鼓励读者更仔细地察看某些照片和图表。“给……的问题”将概念应用于现实生活中的职业和社会角色上，其中有很多都是第九版的新内容。

教材中不可或缺的照片、表格和图片

学生可以从这本书的插图中学到许多东西。附录 A 提供了更多包括详细数据的大量图表，以供进一步的研究。

2014 年 3 月于纽约

[1] SQ3R 指的是调查（Survey）、质疑（Question）、阅读（Read）、写作（Writing）以及复习（Review），这是一种积极的阅读技巧。——译者注

目 录

第一部分

第二部分

第四部分

第五部分

第八部分

第一部分

（第一章至第四章）

开　端

人类发展科学有诸多开端。本书前四章将为我们的学习奠定坚实的基础。

第一章概述了人类发展科学的定义和研究范围，解释了各种研究策略和方法，以帮助我们了解人们是如何随着年龄而变化的。此外，这一章还强调了文化和环境的强大力量，以及人类发展的动态交互作用。

我们该从哪里开始学习呢？第二章提供了指南。这一章阐述了五个主要理论，每个理论都引导出许多其他的理论和假设。

第三章解释了遗传的特性。基因从不会单独起作用，但是任何发展，无论是身体的还是大脑的，无不受到DNA的影响，在任何时间，对任何人来说都是如此。

第四章详细描述了每个发展中的个体早期的生物性发育，从单个细胞到一个新生儿。胚胎和胎儿发育的环境影响人的整个一生，从胎儿期开始直到生命的最后一刻。

人类生命的科学和奇迹从生命孕育之初就开始了。了解下面各章所描述的那些开端，能帮助我们为之后的每个时间段做好准备。

第一章

人类发展科学

你将学到什么?

1. 研究毕生发展的复杂性在哪里?
2. 发展学家用什么样的研究方法研究随时间发生的变化?
3. 为什么要谨慎地解释科学结论?

早上6点11分，我用尽全力按住我女儿弯曲的右腿，护士按住她的左腿，助产士发出指令，“用力……用力……用力。”终于，头出现了，又小又湿，但很完美。很快，身体和四肢都出来了，4139克重的迦勒，非常完美。监控器上显示的各项指标都很好，迦勒的呼吸和动作都表现出了健康的新生儿应该有的样子。贝瑟尼微笑着开始照顾孩子。

这个奇迹般的过程让我的耳朵里响起天籁般的音乐，这声音越来越大。突然，我仰面跌倒在地上，当我再定睛细看时，看到六个医务人员。我刚才晕过去了。

“我没事。”我坚持说，然后跌跌撞撞地爬回到我过夜的沙发上。那六个人盯着我看。

“你需要去看急诊。”其中一个人说。

“不用，我很好。很抱歉，我晕倒了。”

“我们必须用轮椅送你去急诊处。”

我该说些什么才能让他们忽略我而去关注迦勒呢?

“你可以拒绝治疗。”护士告诉我。

我记起来了，法律要求经病人同意。

我被推到了急诊处。我解释说，我整夜陪着待产的女儿，没有吃饭和睡觉。我拒绝治疗。

急诊处的护士给我量了血压，结果正常。然后，她要去和主管商量。她让我在胎盘娩出之前先回到女儿那里。

我很感激，但是也感到困惑。我明白孩子的出生、各种指标的数字、术语、监控仪器、身体语言、医疗能力、医院的清洁程度、大厅里的噪声，以及很多其他的东西。我没有恐慌。我告诉急诊护士，我的确整晚没吃没睡，但是我以前也曾经这样做过，从未晕倒过，为什么这一次会晕倒呢?

这件事很适合用来引出第一章的内容，从这里开始，我

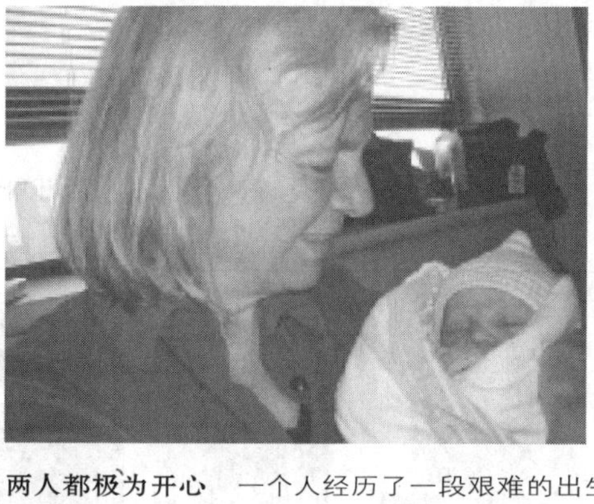

COURTESY KATHLEEN BERGER

两人都极为开心 一个人经历了一段艰难的出生过程后正在休息，另一个人在哭泣和晕厥之后感到欣喜。

观察力测验 关于迦勒的出生，哪些是普遍性的？哪些具有文化的特异性？（答案见第5页）

将解释我们知道什么，不知道什么，怎样了解人的发展。对于我和其他科学家，也对于你和其他所有人来说，令人惊讶的事情在每个人的生活中都会出现。情绪与智力、家庭关系与专业能力、环境与文化、个人体验与学术知识、普遍性结论与个体的特殊性，每一对都混合在一起。

迦勒出生的许多细节与其他文化、其他时代出生的孩子不同。不过，其他方面一直都是人类经验的一部分。本章及之后的几章将帮助你理解人类生命的特殊性和普遍性。

>> 理解发展的机制与原因

人类发展科学力图理解人——来自各个地方、各个年龄阶段的各种各样的人——是怎样以及为什么会随着时间而发生变化的。这门科学的目标是帮助地球上的70亿人发挥出自己的潜能。成长是多方向、多背景、多元文化和多学科的，并且是可塑的。下面解释这五个词语的含义。

首先要强调的是，发展研究是一门科学。就像其他科学一样，它依靠理论、数据、分析、批判式思考和完善的方法论。所有科学家都在提出问题和寻找答案，都是为了查明“怎样与为什么”。

当我们研究人的时候，科学尤其有用——生命依赖科学。孕妇应该吃什么？婴儿的哭泣该有多强烈？应该在什么时候惩罚孩子？成人在什么情况下应该结婚、离婚、退休或者死亡？由于情绪、经历以及文化差异，人们在这些问题上会有不同的观点，有时甚至有严重分歧。

科学方法

事实可能会被误解，实践应用可能只源自假设，而不是数据。为了避免未经检验的想法并约束个人偏见，研究者们遵循**科学方法**的五个步骤（见图1.1）：

1. **从好奇开始**。根据理论、以前的研究或者个人观察提出问题。
2. **建立假设**。将问题转化为**假设**，也就是一个可检验的预测。
3. **检验假设**。设计并实施研究，收集**实证证据**（数据）。
4. **分析在研究中收集的证据**。进而得出结论——假设是否得到支持。
5. **报告结果**。分享数据、结论和其他解释。

如你所见，发展科学家从好奇开始，寻求事实，在认真研究之后得出结论。**重复**——用不同的被试重复一个研究的程序和方法——是第六个关键步骤（Jasny et al.，2011）。

科学家研究其他科学家报告的研究程序和结果。他们阅读出版物，参加学术会议，使用电子邮件交流，与其他国家或地区的科学家合作。在重复研究之后，结论得到修改、完善和确认。有时候，科学家还是会迷失，过快地下结论，错误地解释数据或者忽视问题，就像本章结尾讨论的那样。然而，通过收集实证数据检验假设始终是我们研究的基础。

天性与教养之争

为什么需要科学？一个简单的例子与如何看待发展的重大难题有关，即天性和教养的争论。**天性**是指人们继承下来的基因的影响。**教养**是指环境的影响，从母亲的孕期健康和饮食开始，持续影响个体的一生，还包括家庭、学校、社区和社会经历。

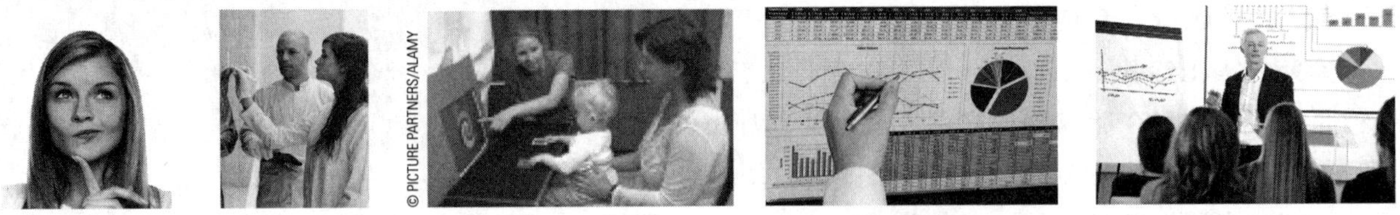

1. 好奇　2. 假设　3. 检验　4. 分析数据，得出结论　5. 报告结果

图 1.1

是过程，而不是证据　科学方法——也就是提出问题、建立假设、进行检验和重复研究——所内含的，是对可能性的激情，特别是那些出人意料的可能性。

天性与教养之争有许多其他的名字，比如，遗传—环境、成熟—学习。不管使用什么名字，基本的问题都是：某个特征、行为或者情绪在多大程度上是基因导致的结果，在多大程度上是经验造就的？

一些人相信，大多数特质是天生的，儿童生来是好的（“天真无辜的孩子”）或者坏的（“需要调教以清除坏的一面”）。其他人则强调教养的作用，即当有人表现得好或者坏、成为英雄或者罪犯时，他们会赞扬或者责怪其父母、邻居、药物，甚至是食物。

这两种观点都是不准确的。这里的问题是它们“在多大程度上”影响了个体的发展，而不是“哪一个”产生了影响，因为基因和环境都影响着每一个特质——天性总是会影响教养，而教养也会影响天性。甚至可以说，如果“在多大程度上”有影响这句话意味着天性和教养各自发挥了一定数量的作用，那么这种说法是有误导性的（Eagly & Wood，2013；Lock，2013）。

更为复杂的是，挨打、喝啤酒或者任何其他经验的影响可能会因为特定的基因组而被放大。反之亦然，环境中的某个事物——也许是毒药，也许是祷告——可能会在基因发生作用之前阻止其表达。这样，天性和教养二者互相依赖，互相作用，而且因人而异。

关于天性和教养的交互作用，最显而易见的例子是病毒或药物对孩子的身体或大脑的损伤和改变。一个不那么明显但可能更重要的例子是保护性影响，例如，特殊的教养可以帮助个体避免学习困难或者自残冲动。

天性和教养之间复杂的交互作用在我们生活中的每时每刻都会发生。例如，我之所以在迦勒出生时晕倒，是由至少十个因素（血糖、疲惫、用力太大、激素、性别、年龄、家庭史、记忆、放松、开心）导致的，每个因素都受到天性和教养的影响。让我晕倒的是这二者的结合，而不是单一的因素。

小　结

人类发展科学力图理解每个个体如何以及为什么被一生中出现的变化所影响。每门科学，包括人类发展科学，都遵循五个步骤：提出问题，建立假设，实证研究，根据数据得出结论，然后发表。第六个步骤——重复——可确认、否定或者完善结论。尽管没有人是完全客观的，但是科学方法就是为了避免未经检验的观点和一厢情愿的想法而设计的。

基因和环境在天性和教养的爆发式的交互作用下影响着人的每一个特征。没有一种人类的行为——不管是极好的，还是可怕的——是由基因或者经验单独造就的。■

>> 观察力测验（第 3 页）的答案　正确答案有十几个。从照片中，你至少能看到两个普遍性特点：外祖母和外孙之间的亲情联系，以及新生儿相对较大的头。你也可以看到两个有文化特异性的特征：我们两个穿的衣服（迦勒的小蓝帽子），以及环境背景——是在城市里的医院（注意窗台上的物体和窗外的风景），而不是在简陋的家中。

>> 毕生发展观

毕生发展观（Fingerman et al.，2011；Lerner et al.，2010）考虑了生命的所有阶段，引导人们对人类发展有了新的理解，即它是多方向、多背景、多元文化、多学科以及可塑的（Baltes et al.，2006；Haase et al.，2013；Staudinger & Lindenberger，2003）。

年龄阶段（见表 1.1）只是一个粗略的参考，对于成年期尤为如此。例如，成年初显期被界定为 18—25 岁，但这并没有被所有学者接受。许多人更喜欢将成年期划分为 20—40 岁的成年早期、40—65 岁的成年中期以及从 60 岁、65 岁或者 70 岁开始的成年晚期。就像我们一直强调的，生日是年龄增长的一种不完美的测量方式。

正如你将要了解到的，发展学家并不愿意为任何一个发展阶段标明具体的生理年龄，因为时间只是影响个体的许多变量之一。然而，年龄是一个关键变量，发展过程可以被划分成几个研究阶段。表 1.1 给每个阶段标出了大致的年龄范围。

表 1.1　不同发展阶段的年龄范围

婴儿期	0—2 岁
童年早期	2—6 岁
童年中期	6—11 岁
青少年期	11—18 岁
成年初显期	18—25 岁
成年期	25—65 岁
成年晚期	65 岁及以上

发展是多方向的

在每个方向上的多重变化是生命全程的特征。特质的出现和消失都伴随着一个有增有减呈之字形发展的过程（见图1.2）。一种早期的观点认为，所有的发展都是在大约18岁之前发生的，然后稳定，最后衰退，这种观点已经被毕生发展的研究所驳斥。

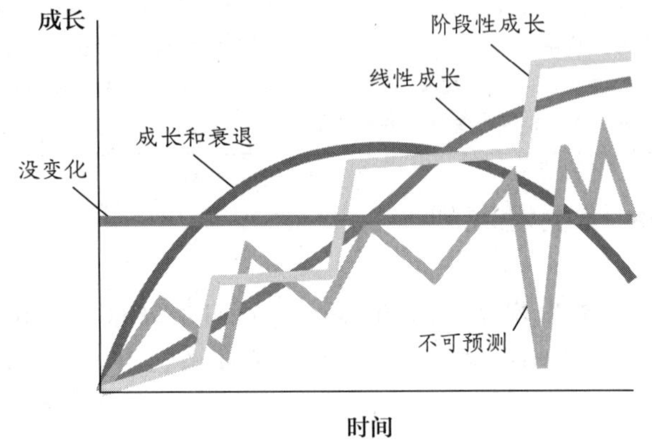

图 1.2

发展性成长的模式 谨慎的科学研究已经发现了发展性成长的许多模式。虽然线性（或近线性）发展似乎是最普遍的，但是科学家现在发现，人类的变化几乎没有一个方面精确地遵循线性模式。

有时候，发展的不连续性清晰可见：变化可以是迅速而猛烈的，就像毛毛虫变成蝴蝶那样。有时候，可以看到连续性——成长可以是渐进的，就像红杉树在几百年的岁月里一圈圈地增加着年轮。有些特点似乎根本不会改变——几乎每个受精卵都是XY或者XX的（即男性或者女性），而且染色体的性别是终生不变的。

人类经历了简单的成长、激烈的转变、提升和衰退，正如经历了稳定性、阶段性和连续性一样——日复一日，年复一年，一代复一代，都是如此。不只是变化的步伐和方向会改变，而且每种特征都会遵循自己的发展轨迹：某些能力的丧失和另外一些能力的获得同时出现。例如，当婴儿开始用他们听到的语言讲话的时候，就在某种程度上失去了区分其他语言的语音的能力；当成人辞掉了固定薪酬的工作时，他们常常会变得更有创造性。

损失和收益、损伤和改善的时机也有所不同。有些变化发生得突然且意义深远，因为正好处在**关键期**，在这个时期，要么是某些事情必须发生才能确保正常发展，要么是可能出现异常状况的唯一时期。例如，人类在怀孕之后，胚胎在第28—54天这段关键期内会长出四肢、手脚、手指和脚趾，在这个关键期之后，一切都晚了——人类不像某些昆虫，无法长出替代性四肢。

一段悲剧性的往事让我们了解了这样一个事实。在1957—1961年，来自30个国家的成千上万名刚刚怀孕的妇女服用了一种抗孕吐的药物，叫作反应停（thalidomide）。教养方面的这个变化（通过母亲的血液）破坏了天性（受精卵的遗传程序）。如果孕妇在胎儿四肢形成的26天的关键期内摄入了反应停，新生儿的胳膊或者腿就是畸形或者缺失的（Moore & Persaud，2007）。究竟是缺失全部四肢，还是只缺失胳膊或手，取决于服药的确切时间。如果反应停是在28天之前或者54天之后摄入的，就不会出现这种损害，因为关键期还未开始或者已经结束。

生命中极少有这样剧变性的关键期。但是，某项发展常常在某段特定的时间更容易出现，但是这段时间并不是唯一的，我们称之为**敏感期**。

以语言学习为例。如果儿童在1—3岁没有使用第一语言进行交流，他们以后还有可能习得这个语言（所以这段时期不是关键期），但是他们掌握语法的能力会受到损伤（所以这段时期是敏感期）。

与此相似，童年是学习第二或者第三语言地道发音的敏感期。许多成人虽已掌握了一门新语言，但是陌生人还是会问："你是哪里人？"讲母语的人能够通过这个人的口音察觉这不是其第一语言。

在发展过程中，经常会出现一般模式的个别例外。像上面语言学习的例子中的那种一概而论并不是在任何情况下都成立的。通常，青春期前是掌握正宗外语发音的最佳时期，但是特别的天性和教养（一个人天生擅长听力，并且之后专心学习一门新语言）可以造就没有瑕疵的第二语言的发音（Birdsong，2006；Munoz & Singleton，2011）。

发展是多背景的

我们从毕生发展观中获得的第二个观点是，发展是多背景的。许多背景是关于物理特征（气候、噪声、人口密度等）、家庭（婚姻状况、家庭规模、家庭成员的年龄和性别）、社区（城市、郊区或农村、是否多种族等）等的，每个人都会受到这些背景的影响。

生态系统

尤里·布朗芬布伦纳（Urie Bronfenbrenner，1917—2005）是一位领衔的发展学家，一位关于发展背景研究的领路者。就像研究生物有机体的博物学家检验老虎、树或者鳟鱼的生态（有机体与其环境之间的关系）一样，布朗芬布伦纳建议发展学家用**生态系统观**（Bronfenbrenner & Morris，2006）理解人类。

生态系统观提出了环绕并影响个体的三个嵌套层级系统（见图 1.3）。最明显的是*微观系统*，即每个人的周边环境，例如，家庭和同伴群体。同样重要的是*外部系统*（地方机构，例如，学校和教堂）和*宏观系统*（大社会背景，例如，文化价值观、经济政策和政治进程）。

还有两个系统与这三个系统有关。一个是*时间系统*（chronosystem），它是历史背景。另一个是*中间系统*（mesosystem），由其他系统之间的联系组成。

布朗芬布伦纳相信需要在自然背景下研究人。他观察儿童如何玩耍，母亲如何哄婴儿入睡，护士如何在医院工作，但从不会请人们到科学家的实验室做人为的实验。晚年时，布朗芬布伦纳将这种研究视角重新命名为*生物生态理论*（bioecological theory），以强调生物学的作用，承认身体内部系统（例如，性生殖系统以及心血管系统）影响着外部系统（Bronfenbrenner & Morris，2006）。

迄今为止，布朗芬布伦纳的系统观点还是有用的，这一点在近来有关气候变迁的讨论中表现得很明显（Boon et al.，2012）。两个背景——历史时代和社会经济地位——对于理解人的一生必不可少，所以我们接下来要解读这两个背景。

历史背景

相邻几年内出生的所有人可以称为**同辈群体**或**同世代人**，这是一个用成员共同的年龄来定义的群体。同辈群体一起走过人生的旅程，一起受年龄与那个时代的价值观、历史事件、技术和文化的交

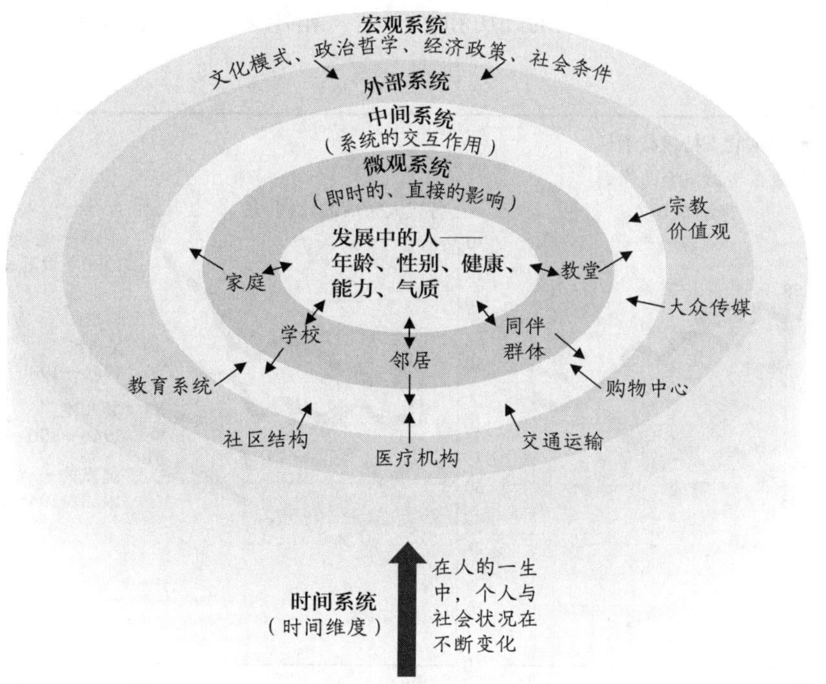

图 1.3

生态模型 根据发展学研究者布朗芬布伦纳的观点，每个人都受到许多重叠系统间交互作用的显著影响，这提供了发展的背景。微观系统——家庭、同伴群体、教室、邻居和教堂——紧密且直接地塑造了人的发展。围绕并支持微观系统的是外部系统，包括所有外部网络，例如，社区结构和当地教育、医疗、就业和通信系统，它们影响着微观系统。影响这两个系统的是宏观系统，包括文化模式、政治哲学、经济政策和社会条件。中间系统是指系统之间的交互作用，例如，父母和老师合作教育孩子。布朗芬布伦纳增加了第五个系统，即时间系统，用以强调历史时代的重要性。

互作用的影响。从出生那一刻开始，当父母给孩子取名字的时候，历史背景就开始产生影响了，尽管最终的名字似乎只是个人的选择（见表 1.2）。

表 1.2 从 1932 年开始受喜爱的名字

女孩：	
2012：	Sophia、Emma、Isabella、Olivia、Ava
1992：	Ashley、Jessica、Amanda、Brittany、Sarah
1972：	Jennifer、Michelle、Lisa、Kimberly、Amy
1952：	Linda、Mary、Patricia、Deborah、Susan
1932：	Mary、Betty、Barbara、Dorothy、Joan
男孩：	
2012：	Jacob、Mason、Ethan、Noah、William
1992：	Michael、Christopher、Matthew、Joshua、Andrew
1972：	Michael、Christopher、James、David、John
1952：	James、Robert、John、Michael、David
1932：	Robert、James、John、William、Richard

来源：U. S. Social Security Administration.

再举一个例子，18—25 岁这一时期是巩固政治价值观的敏感期，所以，在成年初显期的经历和环境会对人产生终生影响。

以对同性婚姻的态度为例。几十年前，许多同性恋者都是对外隐瞒的。因此，年轻的异性恋者完全不知道任何男或者女同性恋可能想要结婚，政治领导者的态度是明确地憎恶同性恋的。

近年来，政治气候已经发生了深刻的变化。2014 年 2 月，美国有 17 个州允许同性结婚。现在，这一代年轻人比 10 年前那代人更多地赞同这件事。与现在的年轻人相比（70% 赞成同性婚姻），那些 60 年前曾经年轻的人大多数都不赞成（只有 31% 赞成）。如图 1.4 所示，当前的趋势会影响每个同辈群体，但是处于成年初显期的同辈群体比年纪较大的同辈群体更可能受到当前趋势的影响，哪怕这个年长些的同辈群体仅和他们相差数年。

有时候，人口统计学的特点（而不是时事）可以反映历史背景。例如，在婴儿潮时代（1946—1964 年）出生的人，因为数量太多，与之前出生的同辈群体相比，经历了截然不同的成年晚期。他们的人口数量导致美国提高了领取社会保障金的起始年龄；许多其他国家的社保项目也出现了类似变化。

相比之下，当前年轻人的同辈群体规模相对

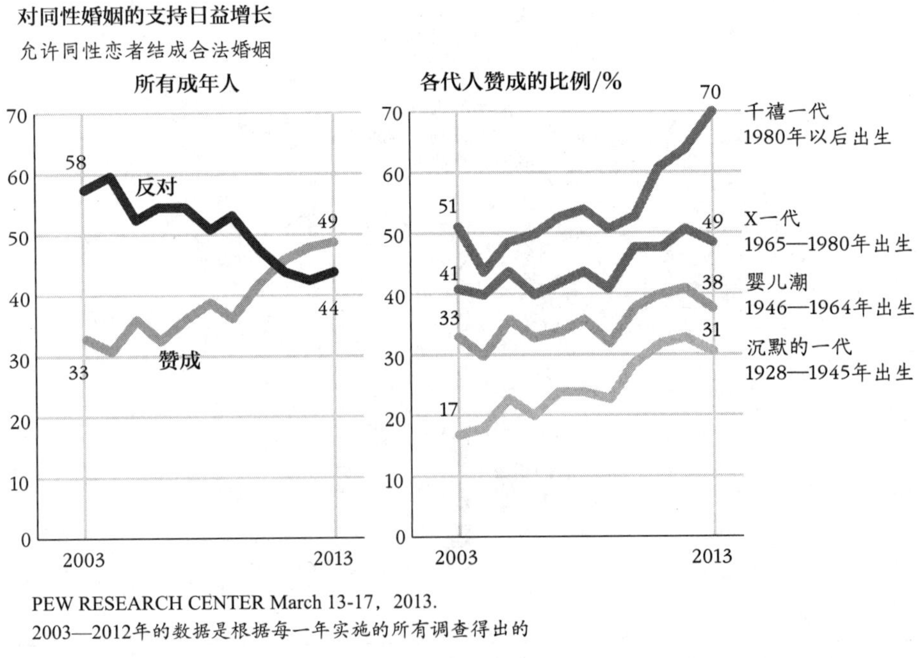

图 1.4

同性婚姻和不同年龄 对同性婚姻合法化的支持显示出了同辈效应和时代效应。如果只看来自所有年龄群体的数据，那么只有不到一半的人赞成同性婚姻。但是同辈群体分析揭示了代际变化，即在年轻人中表示赞成的比例出现了激增趋势，而其他年龄群体则较少。

较小，他们的出生率很低。这意味着当他们年老的时候，将有较少的子孙。这可能是一件幸事，也可能不是，但这种趋势无疑代表了同辈群体的变化。

社会经济背景

另一个普遍的背景是**社会经济地位（SES）**。有时候，社会经济地位又被称为社会阶级（如中产阶级或者工人阶级）。它反映了收入和更多的东西，包括职业、教育和邻里。

想象那些由婴儿、没工作的母亲和年收入18 000美元的父亲组成的美国家庭。如果赚钱的人是住在城市贫民窟的文盲洗碗工，那么这个家庭的社会经济地位较低。但是，如果赚钱的人是博士后，住在校园里，兼职讲课，那么这个家庭的社会经济地位就高得多。

就像这个例子显示的那样，收入并不能决定社会经济地位，特别是考虑到历史背景的时候。而且，对贫困的定义也不是像一些人想的那么清楚。在美国，传统的贫困水平仅是通过食物成本和家庭规模来定义的，尽管基本食物必需品已经变得越来越便宜，而住房变得较贵。传统标准还是没有改变，所以如果一个三口之家的收入低于19 530美元，那么这个家庭就处于2013年的贫困线之下。对贫困定义的修改正在进行中，新的定义将考虑住房、医疗和各种补助（Short，2011）。

发展学家注意到，有关贫困的政策和实践在国与国之间是不同的，这影响了每个国家国民的经济背景，因而影响了他们的发展路径。例如，在美国，贫富差距在过去20年里有所增长，这导致了富人和穷人之间平均寿命的明显差异：与20年前相比，较富的人的寿命要长一些，但是较穷的人还是会在大约相同的年龄死去。

社会经济背景同样会受到国家和历史背景的影响，包括每个同辈群体占人口的比例，正如“可视化发展”专栏中解释的那样。

从全世界来看，各国国内收入与教育的差距也因国而异，许多条件——例如健康、家庭规模和住房——都受到了影响。社会经济背景在一些行政区比在另外一些行政区更重要，比如，是人人享有平等的医疗保健服务，还是需要个人支付医保费用。有关的例子在下面每一章都会出现。无须多言，同辈群体、国家和社会经济地位总是影响着每个人的发展。

发展是多元文化的

为了了解“各个地方、各个年龄阶段的各种各样的人”，有必要研究不同文化中的人。对社会科学家来说，**文化**是共同的信念、习俗、规范、行为、期望和符号表征的系统，它会随着时间的推移而持续存在，决定了行为的社会规则（Bornstein et al.，2011，p.30）。

所以，文化不只是衣食，它是一套思想、信念或者模式。文化是强有力的**社会建构**，也就是说，它是一个由社会创造或者建构出来的概念。社会建构影响着人们如何思考和行动，即他们珍视什么、忽视什么和惩罚什么。

每个家庭、社区和大学都有独特的文化，对任何一个人来说，这些文化都有可能互相冲突。例如，几十年前，我的朋友从小乡镇出来上大学，她穿着她最好的衣服来上第一节课：条纹裙、夹克和衬衫。她看着同班同学，意识到了文化冲突，然后直接去二手服装店买了牛仔裤和T恤。第二天，她看起来和别的学生一样了，但是她还是被别人关于权威、性、宗教以及其他很多事物的观点震撼了。

虽然从多元文化的角度看待问题非常重要，但是要小心谨慎。有时候人们会过度概括化，比如当人们谈到亚洲文化或者西班牙文化的时候。这种概括会导致刻板印象，例如，韩国人和日本人似乎没有差异，或者来自墨西哥和危地马拉的人似乎也没有差异。此外，还有一个使问题复杂化的因素，就是每个文化内的个体有时候会反抗其文化所期待的“信念、习俗、规范、行为”。

所以，对文化和多元文化这些词要谨慎使用，特别是将其用于个体时，包括用于我们自身。文化自豪感可能会促进幸福感，但是就像下文所述，它也可能危害个人和团体（Morrison et al.，2011；Reekens & Wright，2011）。

是不足还是差异？

人们往往相信，自己、自己的国家和文化比其他人的优越。这种思考方式的益处是，一般来说，喜欢自己的人比较幸福和自豪，并且更愿意帮助陌生人。但是，如果这种信念降低了对另一群体的尊重和欣赏，则是有害的。【**生命全程链接**：关于民族认同的重要讨论见第十九章。】

可视化发展

社会经济地位与人类发展

无论从全球还是局部地区来看，社会经济地位都是预测健康最准确的指标之一。几乎在生命的每个阶段，贫困率和受教育水平基本上总是与健康指标（例如，死亡率）相关。欠发达国家通常有较高的出生率，但是生命第一年的死亡率也高得多。总之，悲哀地说这意味着在贫穷国家，有较多的婴儿出生，也有较多的婴儿死亡。

全球趋势

联合国根据经济增长状况将国家分为较发达国家、欠发达国家或者最不发达国家。如图所示，一个国家的经济状况与出生率紧密相关，出生率本身与女性的读写能力相关。

这是一个粗略的指标。例如，与高贫困率国家相比，美国有较少的新生儿在第一年死亡，但是美国婴儿死亡率要高于其他33个国家，其中一些国家（例如，葡萄牙和希腊）的人均收入是较低的。

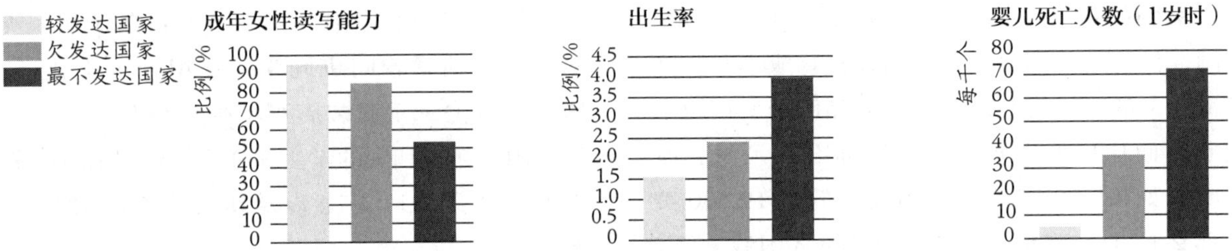

美国婴儿死亡率

在美国，大约有2/3的婴儿死亡出现在生命的头28天内。美国婴儿死亡最大的单一原因是早产。

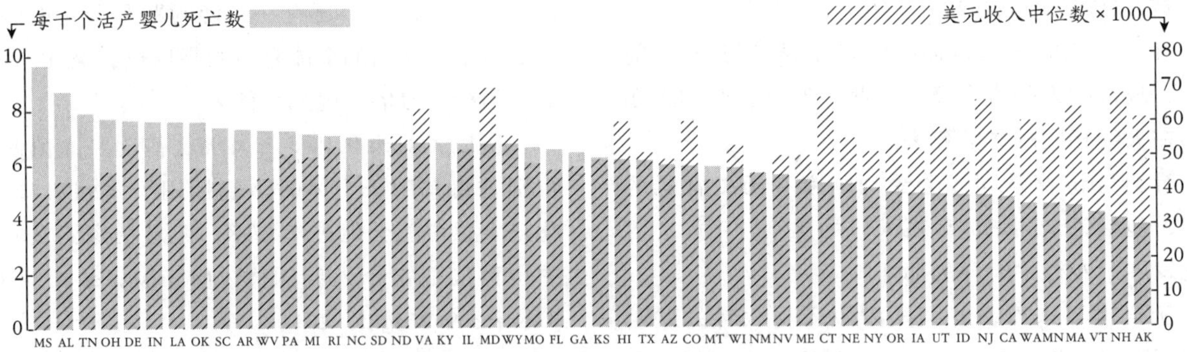

发展学家识别出了这种**差异即不足的错误**，这是一种认为不像我们（不同）的人都不如我们（不足）的假设。不幸的是，当人们意识到自己的思考和行动的方式不是大家普遍共有的时候，他们往往认为思考或者行动与自己不同的人是需要怜悯、担忧或者鼓励改变的。

差异即不足的错误是应谨慎采用多元文化视角的一个原因。陷入单一文化视角则太狭隘，但是假设另一种文化是错误的或者低级的，或者相反，假设它是正确的或者优越的，也是非常狭隘的。假设是危险的，特别是当其源自文化的时候。

多元文化视角让我们看到了不同的文化如何看待相同的现象——要么是资产，要么是赤字（Marschark & Spencer，2003）。例如，打击异议的文化也在营造社会和谐，但和谐值得以惩逆带来的危害为代价吗？反之亦然，鼓励异议的文化也珍视独立。不管你个人是倾向于欣赏还是反对某一独特的价值观，假设异议有价值还是具有破坏性，请记住，对立的反应也是有可取之处的。

在语言发展上，将差异等同于不足的问题表现得更深入：在一些文化中，讲话太多的孩子被认为是无礼的。下面是我的一个学生的经历：

> “我妈妈在外面的阳台上和我阿姨聊天。我决定也出去；我想我是有点多事。在她们谈话的时候，我插话了，这非常无礼。当我意识到这一点时，已经太晚了。我妈妈狠狠打了我一个耳光，几秒之后，我的脸才恢复知觉。”
>
> （C.，私人交流）

注意到这个学生在多大程度上表现了其文化规范了吗？她将自己的行为称为“多事”和“非常无礼”。之后，她写道，她也不希望自己的孩子说个不停，当她的儿子插话的时候，她也会“非常生气”。而北美父母鼓励孩子变得健谈，如果这些孩子到其他文化中生活，会不会与其他人合不来呢？

文化内学习

苏联发展学家列夫·维果茨基（Lev Vygotsky，1896—1934）是教育的文化差异研究的领军者（Wertsch & Tulviste，2005）。他注意到，当时苏联来自各种文化背景的成人（亚洲人和欧洲人，多种宗教背景）虽然都会教他们的孩子成长所需的一切信念和习俗，但是他们所教授的细节差别很大。【**生命全程链接**：对社会文化理论的重要讨论见第二章；对维果茨基的讨论见第九章。】

维果茨基认为，指导性参与是教授文化知识、技能和习惯的指导者普遍使用的方式。指导性参与可以通过学校教学进行，但更多的是非正式出现的，即“共同参与一些广泛的、对于学习非常重要的文化实践，如叙事、日常工作和游戏”（Rogoff，2003，p.285）。每种文化都会朝着不同的目标对儿童进行引导。

受到维果茨基的启发，Barbara Rogoff 在危地马拉、墨西哥、中国和美国家庭中研究了文化传递。成人总是在指导儿童，但是如果父母和老师来自不同的文化，冲突就会出现。在下面这个误会中，老师向学生的母亲表扬了该学生：

> 老师：你儿子在课堂上的发言很好。他现在会大声讲很多话了。
>
> 母亲：对不起。
>
> （Rogoff，2003，p.311；from Crago，1992，p.496）

DR. JAMES WERTSCH

热爱孩子 在 1896—1934 年，维果茨基生活在苏联，在此期间，战争和饥饿导致了上百万人的死亡。在这个动荡不安的时代，维果茨基始终专注于学习研究。他对孩子的热爱在这张照片中得以彰显：他和他的女儿彼此相拥。

当然，这并不意味着与孩子讲话或者听孩子讲话是有害的，事实恰恰相反。然而，不要假定任何特定的文化实践就是最好的；差异并不总是等于低劣。

民族和种族群体

文化、民族和种族这些术语在意思上常常重叠（见图1.5），令人感到混乱。一个**民族群体**（族群）的成员几乎总是享有共同的祖先遗产，常常拥有相同的民族血统、宗教和语言（Whitfield & McClearn，2005）。因此，族群经常拥有共同的文化，但是也不一定。人们可以同属一个民族，但是文化不同（例如，在爱尔兰、澳大利亚和北美的爱尔兰血统的人），而且一个文化（例如，英国文化）中的人也可以来自不同的族群。

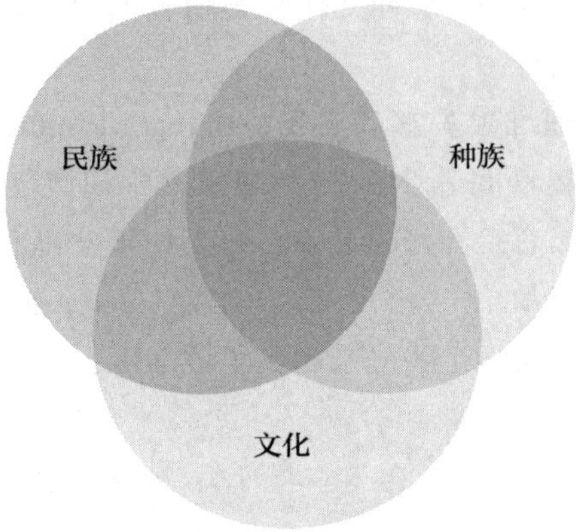

图 1.5

重叠，但重叠多少？　民族、文化和种族是三个不同的概念，但是它们经常重叠，虽然不总是这样。

民族性是一种社会建构，是社会背景的产物而不是生物性的产物。它是教养，而不是天性。例如，出生在非洲但在北美生活的人通常认为自己是非洲人，但是出生在非洲并生活在非洲的人认同的是更具体的民族群体。许多美国人对别国的内战感到不解（例如，在叙利亚、斯里兰卡或肯尼亚爆发的内战），不明白为什么相同民族的人就像是仇恨彼此的敌人，但是对打的双方看到了彼此之间的许多民族差异。

当同民族的人就在附近，且外来者又凸显着差异的时候，民族认同感最为高涨。这一点在种族认同与民族联系起来时特别显而易见。种族是一种社会建构，而且是一种有误导性的社会建构。我们有很好的理由抛弃这个术语，也有很好的理由保留它，就像在“对立的观点”专栏中解释的那样。

对立的观点*

使用种族这个词

种族这一术语是根据身体差异——特别是外表差异——对人进行分类的。在历史上，大多数北美人认为，种族是一个与生俱来的生物学特征。用肤色可以将种族分为：白种人、黑种人、红种人和黄种人（Coon，1962）。

没有人的皮肤真的是白色（像这页纸）、黑色（像这些字母）、红色或者黄色的，这一点在现在来看是显而易见的，但是在几十年前并不是。社会科学家确信种族是一种社会建构，而这些颜色词夸大了细小的差异。

基因分析确认了“种族”这一概念是建立在虚假的基础上的。虽然大多数基因在每个人身上都是相同的，但是将一个人与另一个人区分开的基因差异不能很好地以外表为标志（Race，Ethnicity，and Genetics Working Group of the American Society of Human Genetics，2005）。肤色是特别有误导性的，因为拥有非洲祖先的深肤色的人有“高水平的遗传群体多样性”（Tishkoff et al.，2009，p.1035），并且祖先不是非洲人的深肤色人与非洲人既没有共同的文化，也不是一个民族。

种族不只是一个有缺陷的概念，还是一个毁灭性的概念。它被用于证明种族主义的合理性。多年来，种族主义存在于许多法律和习俗中，奴隶制度、私刑和种族隔离都直接与种族是真实存在的这个观念相联系。时至今日，种族主义仍然以不太明显的方式继续存在着（其中一些方式之后会在本书中强调），从根基上削弱了人类发展科学的目标——帮助所有人发展潜能。

因为种族是一种能导致种族主义的社会建构，所以一些社会科学家相信应该废弃这个词。文化差异会影响发展，但是种族差异不会。有研究调查了 141 个国家使用的人口普查类别，发现只有 15% 的国家在人口普查表上使用种族这个词（Morning，2008）。只有美国的人口普查表是将民族和种族区分开的，例如，写明了拉美裔美国人“可以是任何种族”。

从认知上说，给事物贴标签会鼓励刻板印象（Kelly et al.，2010）。就像一名学者的解释：

“美国独一无二的对种族和民族概念的区分可能会在不经意间支持这样一个长期存在的信念，即种族反映了生物学差异，而民族源自文化差异。在这个框架下，民族是社会制造的，而种族是不可改变的自然事实。因此，在人口普查中将种族与民族分开会强化种族的本质主义（本质论）的解释，阻碍人们理解对种族类别进行社会建构的方式。”

所有这些都意味着，为了避免种族主义，我们应该舍弃种族这个词语。

但是有一个相反的视角很有影响力（Bliss，2012）。在一个有种族歧视历史的国家里，要扭转这个历史可能需要先承认种族的存在，让那些已经受到伤害的人为自己的身份感到骄傲。种族是一个社会建构而不是生物学特质这一事实无损于这个观点的意义。特别是在青少年阶段，以自己的种族身份为荣的人可能会取得学业成功，抵制毒品成瘾，并且自我感觉较好（Crosnoe & Johnson，2010）。

而且，记录持续存在的种族主义需要用数据表明许多医疗、教育和经济条件——从低出生体重到大学毕业，从家庭收入到健康保险——反映出的种族差异。为了消除这些差异，必须首先承认种族。

来看一项科学研究的结果。在几家公司进行的有 4915 名员工参加的匿名调查发现，当大多数工人赞成无视肤色的观点时，例如“员工应该淡化他们的种族和民族差异”，非洲裔员工的自豪感较低，对工作的投入也较少。相反，当工人认为“政策应该支持民族和种族多样性”时，非洲裔员工更专注于他们的工作。此项研究的结论是，当无视肤色成为一种规范时，整个组织都会遭受痛苦（Plaut et al.，2009）。

许多社会科学家得出了相似的结论，他们发现无视肤色是很微妙的种族主义（例如，社会学家 Marvasti 与 McKinney，2011；人类学家 McCabe，2011）。两个研究刑事司法体系的政治学学者发现，宣称无视肤色的人表现出了“非同寻常水平的天真”（Peffley & Hurwitz，2010，p.113）。

如你所见，关于这个问题的两种观点都得到了论据的有力支持。在本书中，我们更多地提到了民族而不是种族，但是如果原始数据使用了种族或肤色来报告，我们也会谈到种族。如果只用民族血统来报告数据，自豪感或者沮丧情绪会增加吗？种族这个类别有一天可能会消失，但现在还没有。

*本书每一页的信息都需要批判性思考和评估。而且，几乎在每一章里，你都将看到“对立的观点”这个专栏，它着力讨论那些具有令人信服的对立观点的问题。

分享欢乐 幽默具有文化特异性：在一个社区里觉得有趣的评论可能会冒犯另一个社区。这两个男人似乎是不同民族的，但是他们是同辈，而且是同一个国家的人，所以他们都在笑。

观察力测验 你能看出这两个人之间可能存在的文化差异吗？（答案见第 14 页）

>> **观察力测验（第 13 页）的答案** 一个男人戴着帽子，另一个没有；一个人张着嘴大笑；只有一个人有胡子。这样的差异可能与文化有关，也可能只是个人偏好。

发展是多学科的

科学家通常是术业有专攻，专门研究某个物种在某个年龄阶段的某个现象。这种专业化可以使我们更深入地理解 3 个月大的婴儿的发音节奏，或者酒精对于未成年小鼠的影响，或者寡妇与成年子女的关系等（本书后面的章节将涉及这些研究内容）。

但是，人类发展需要来自许多不同学科的科学家们在过去和现在的深刻见解和知识。我们对每个问题的理解都得益于多个学科的研究；只有当研究结果被几个不同学科的研究证实以后，科学家才会应用有关人类生命的普遍化结论。

遗传学和表观遗传学

考虑基因分析时，明显需要多学科参与研究。在最初绘制人类基因图谱的时候，一些人认为，基因决定了一个人会成为什么样的人——英雄、杀手或是普通人。但是，多学科研究很快否定了这一观点。基因的确会影响行为的每个方面，但即使是基因相同的同卵双胞胎，也会在生物性、心理和社会性上有所差异（Poulsen et al.，2007）。原因是多方面的，包括他们在子宫内的位置以及子宫内的非 DNA 影响，这两点会影响出生时的体重和出生顺序，还包括许多其他贯穿一生的表观遗传性的影响（Carey，2012）。【**生命全程链接**：对人类基因图谱绘制的讨论见第三章。】

我们现在知道，所有重要的人类特征都是**表观遗传（epigenetic）**的。epi- 这个前缀的意思是"一起""周围""上面""后面""超出"或"接近"。因此，表观遗传这个词指的是与基因紧密关联的影响基因表达的因素。

表观遗传在怀孕后不久开始发挥作用，此时的生物化学因素会压制一些基因，这个过程叫作甲基化。甲基化在生命过程中不断变化，影响着基因表达（Kendler et al.，2011）。一些表观遗传影响（例如，受伤、极端温度、药物滥用以及拥挤）会阻碍发展，另外一些（例如，有营养的食物、爱心呵护以及积极的游戏）会促进发展。要揭示所有的表观遗传效应，需要远远超出遗传学范围的研究，甚至超出更广泛的生物学范围的研究。【**生命全程链接**：对表观遗传学的重要讨论见第三章。】

图 1.6 显示了基因和环境（天性和教养）之间不可避免的表观遗传的交互作用。这张看似简单的、箭头随着时间上升和下降的图形已经被重新绘制和重印了许多次，用来强调在每个人的生命中，基因和环境条件不断地发生着交互作用（G. Gottlieb，2010）。

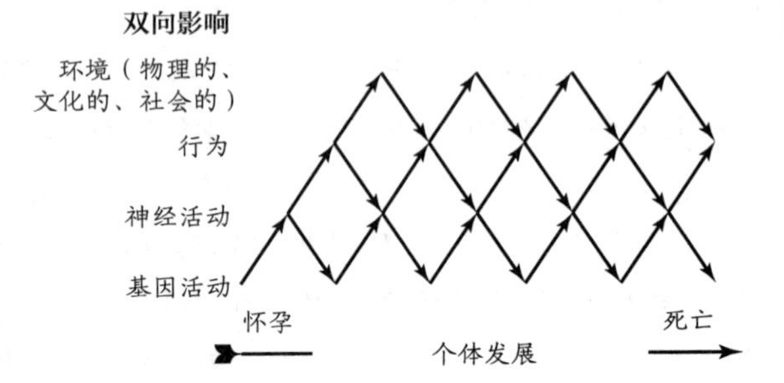

来源：Adapted from G. Gottlieb, 1992.

图 1.6

发展的表观遗传模型 注意，在所有水平上，向上的箭头和向下的箭头同样多。虽然发展从怀孕时的基因开始，不过它需要这四个因素的交互作用。

对抑郁的多学科研究

来看一下严重的抑郁症，据统计，它会导致全世界人口每年丧失 6500 万富有生产力的生命年（P. Y. Collins et al.，2011）。抑郁在一定程度上是遗传性神经系统疾病——某种遗传的脑化学物质使人感到悲伤，对生活失去兴趣。导致这种状况的不仅是诸如多巴胺、血清素这样的神经递质，还有诸如 GDNF（胶质细胞源性神经营养因子）的生长因子，它是使神经元生长或者停滞的一种基因产物（Uchida et al.，2011）。

抑郁也是发展性的。它在某些年龄增强或者减弱（Kapornai & Vetró，2008；Kendler et al.，2011）。例如，临床抑郁的发生率在青少年早期会突然升高，特别是在女孩中（Uchida et al.，2013）。

儿童教养实践也会影响抑郁。抑郁的母亲对婴儿微笑和讲话的次数都少于其他母亲；反过来，婴儿也会变得不太活跃和少言。一个研究母婴互动的学者让非抑郁的母亲对她们 3 个月大的孩子做了如下所述的事，时间只有 3 分钟：

"用单调的声音讲话，保持面部平静、没有表情，懒散地靠在椅子上，将抚摩最少化，想象自己感到很疲急、很忧伤。婴儿的……反应很强烈……在警惕、心不在焉和忧虑等状态之间游移，偶尔会进行短暂的努力，试图让母亲恢复正常的充满感情的状态。重要的是，在母亲恢复正常的互动行为之后，婴儿会继续表现出忧虑和心不在焉。”

（Tronick，2007，p.306）

这样看来，即使是 3 分钟假装的抑郁行为也会让婴儿表现出抑郁。如果母亲真的抑郁，那么她的孩子也会抑郁。

当把所有研究都考虑在内的时候，就会发现一个人是否抑郁取决于许多因素，其中的每个因素都是某门学科的研究焦点。为了缓解抑郁，防止人类每年失去那 6500 万年有效率的时间，我们必须了解这些因素。

不仅是孩子，对成人来说也是如此，许多基因的、生物化学的以及神经系统的因素可将抑郁的个体与其他成人区别开（Kanner，2012；Poldrack et al.，2008；见彩图第 1 页左上图），但是心情和行为还会受到经验和认知的强烈影响（Huberty，2012；van Praag et al.，2012）。天性再次受到教养的影响。一个有令人抑郁的人际关系和经历的人可能会发展出以抑郁为特点的大脑模式，反之亦然。

科学家发现下面十二个因素与抑郁有关。

- 负责血清素运输的基因的等位基因，导致脑中的血清素含量低（神经科学）
- 童年时照料者有抑郁，特别是自己照顾婴儿的母亲患有产后抑郁（精神病理学）
- 暴露于日光中的时间较少，比如高纬度地区的冬天，导致情绪低落，这被称为季节性情绪失调（生物学）
- 营养不良，特别是血红蛋白水平低（营养学）
- 缺乏亲密朋友，特别是当进入新的文化、学校或者邻里社区时（人类学）
- 疾病（包括帕金森病和艾滋病），以及治疗疾病的药物（医学）
- 破坏性社交互动，例如，和爱人分手（社会性）
- 10 岁前母亲死亡（心理学）
- 童年时父亲缺席，特别是因为离婚导致的父亲缺席，而由父亲死亡或者移居导致抑郁的可能性较小（家庭研究）
- 有患有进食障碍的兄弟姐妹（遗传学）
- 贫困，特别是在贫富差距很大的国家（经济学）
- 低认知技能（包括文盲），缺乏对启发性想法的接触（教育学）

如你所见，这些因素是由不同学科的研究发现的。这个清单只列出了一部分因素；还有更多其他的因素也引发了抑郁，所有学者都承认，一些人比其他人更易受到某些因素的影响。科学家们会相互学习，这意味着学科之间是有重叠的。例如，缺乏亲密知己不仅被人类学家关注过，也被社会学家和心理学家所关注。而且，文化、气候和政治都对抑郁有影响，尽管在细节上还有争议。例如，考虑一下图 1.7 显示的抑郁症发生率的国家差异。对于一国与另一国之间的明显差异，至少有六种解释，一些是关于基因的，一些是关于文化的，另外一些是二者的结合。

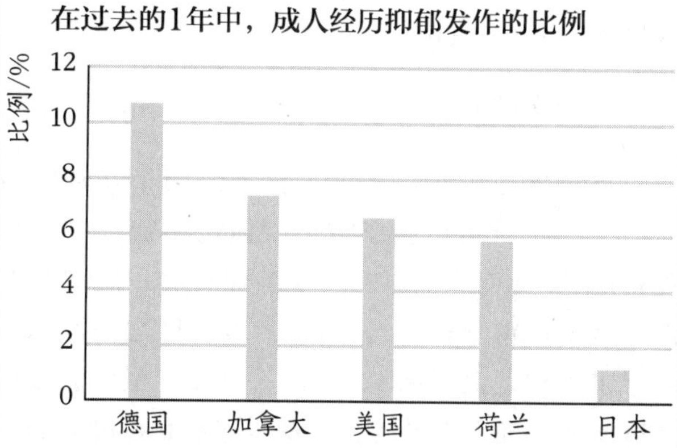

来源：Lam, 2012.

图 1.7

为什么？ 对这些数据的解释取决于解释者的假设。日本的低发生率可能是由于日本文化中某些美好的东西，例如，亲密的人际关系；也可能是由于某些消极的东西——情绪抑制，这可能会降低抑郁的诊断率，但是不会降低实际的抑郁发生率。与大多数研究结果一样，数据经常可提出新的问题。

多学科方法在减轻每种损伤方面都是关键的，不只是抑郁。近年来，在美国，认知治疗、家庭治疗和抗抑郁药物的结合常常比单独使用三者之一更有效。国际研究发现，抑郁在一些地方、一些人群中的发生率很高（例如，在巴基斯坦成年女性中占近 50%），在其他地方、其他人群中较低（例如，在丹麦不吸烟男性中占 3%），原因又是多种因素的共同作用（Flensborg-Madsen et al.，2011；Husain et al.，2011；von dem Knesebeck et al.，2011）。

没有任何结果是由单一因素决定的，没有哪个单一的学科能描绘人类生活的全部故事。事实上，经历了上述十二个因素中的一个因素的人，他们根本没有抑郁。

多学科研究发展出了更好的治疗方法。例如，产后抑郁症与分娩经历有关，特别是与医学研究者发现的能让母亲更轻松分娩的药物有关。如果没有心理学研究，医生可能不会意识到这种做法其实会危害产妇以后的发展。家庭研究已经表明，父亲可以成为更积极、更有感情、更活跃的照料者，这可以保护婴儿免受母亲抑郁的伤害。这个发现对心理学家很有帮助，现在，他们在治疗产后抑郁的母亲时，会让父亲参与进来。

多学科研究拓宽并深化了每一位科学家的视野。几乎每个影响人类发展的环境都会带来风险和收益，对于这一点，往往是另一个学科最能理解。这引出了下一个问题：可塑性。

发展是可塑的

可塑性这一术语表示了发展的两个互补的方面：人的特质可以被塑造（就像塑料能被制作成各种形状），而人的某种特质又保持着一定的持久性（就像塑料那样）。发展中的可塑性这一概念既带来了希望，也揭示了现实——希望，是因为改变是可能的；现实，是所有的发展都建立在过去的基础上。

动态系统

可塑性是我们当代理解人类发展的基本概念。这一点在最新的**动态系统**观中是显而易见的。它的主要观点是，人类的发展是身体与心灵之间、个体和环境的各个方面之间正在进行的、不断变化的交互作用，这里所说的环境，包括在生态发展观中描述过的所有系统。动态系统观始于聚焦自然界变化的学科。

> “季节有序地变换，云聚云散，树木长成一定的形状和尺寸，雪花结成又融化，微小的植物和动物经历了我们看不见的复杂精细的生命周期，社会群体聚了又散。”
>
> （Thelen & Smith，2006，p.271）

注意“动态”这个词：身体状况、情绪影响、时间流逝、每个人以及生态系统的每个方面总是在交互作用，总是在变化，总是在运动。例如，帮助患有自闭症谱系障碍的儿童发展运动技能的新观点，强调了支撑运动的动态系统——身体状况和社会环境中正在变化的各个方面（Lee & Porretta，2013）。【**生命全程链接**：关于自闭症谱系障碍的重要讨论见第十一章。】

© ZUMA PRESS, INC./ALAMY

呼吸，不要沉下去 本·施文克尔正在学习“水中求生”，这对于这个骨瘦如柴的8岁男孩来说很重要，他较低的体脂肪（生理系统）让他很难浮起来。因为本住在被大西洋围绕的佐治亚州中有上千个泳池的玛丽埃塔市，所以生态系统也让这项技能变得很重要。还有一个系统与之有关，即本在1岁的时候被诊断为自闭症；对他来说，身体的力量感和自主性特别重要。

动态系统观是建立在人类发展多方向、多背景、多元文化和多学科的本质之上的。对任何发展主题、发展阶段或问题，动态系统观都会敦促研究者考虑漫长岁月中所有的相关项，以及每一个社会的和文化的因素。当考虑到每个个体的实际生活体验时，对可塑性以及采用动态系统观的必要性是最明显的。我的侄子戴维就是一个例子（见“个案研究”专栏）。

差别敏感性

可塑性强调的是人可以改变，而且的确在改变，预测并不总是准确的。比较准确的预测可能有助于预防发展问题的出现。

发展学家获得的三个深刻见解增进了预测的益处。你已经知道其中的两个，即：（1）天性和教养总是在交互作用；（2）生命中的某些时期对特定的发展会特别敏感。

个案研究*

戴 维

我兄弟的妻子在第三次怀孕的早期感染了风疹（又称德国麻疹）；结果我的侄子戴维一出生，就被诊断为失明，并且濒临死亡。及时的心脏手术挽救了他的生命，但是摘除白内障的手术毁掉了他的一只眼睛。

之后，医生决定等到病毒最终被消灭后，再摘除戴维另一只眼睛的白内障。但是一只眼睛失明，另一只眼睛有严重的白内障，意味着在生命的最初 5 年中，戴维的视觉系统受到了严重的损伤。这影响了他其他所有的系统。例如，他会通过抓其他孩子的头发与他们互动。幸运的是，病毒是在胎儿听觉形成的关键期之后才感染的。因为身体各系统是相互关联的，所以戴维发展出了非同寻常的听觉能力。

但是病毒的确伤害了他的拇指、脚踝、牙齿、脚、脊柱和脑。他进入了接纳失明、脑瘫和智力障碍儿童的特殊学前教育学校。6 岁时，他恢复了一些视力，进入了普通的公立学校，学习学业知识，而不是社会技能——这在一定程度上是因为他被排除在体育教育之外了。

到戴维 10 岁的时候，他的智力发展进入兴盛期：他在学校跳了一级，作为五年级学生，他的阅读水平达到了十一年级的水平。在 20 岁之前，他学会了第二和第三语言。在成年早期，他进入了大学。

随着发展的继续，系统之间的相互影响很明显。戴维的家庭背景让他成了一个富有成效的人，而且很快乐。他告诉我，“我努力保持好心情。”

记住，可塑性不可能完全抹去一个人的基因、童年经历或者永久性损伤的影响。源自产前发展关键期的脑部伤害和补偿依然存在。戴维现在 47 岁，还与父母住在一起。他的听力依然令人印象深刻。他告诉我：

“总的来说，我很快乐，但是近来我私下里还要更开心一点，特别是从 11 月开始，因为我唱歌时已经能稳定地把握住很棒的颤音了。不只是自己唱的时候，在教堂合唱赞美诗时也是如此。（他解释颤音。）音符会在标准音高的四分音内上下跳动，每秒跳动 5.5 ～ 8.2 次是最佳状态。”

戴维是一位德文笔译，他喜欢自己的工作，就像他说的，“我喜欢为学者提供服务，帮助他们接触或获取他们自己无法获得的东西。”作为他的姑姑，我亲眼看着他不断克服了身体上的残疾。可塑性在他身上是显而易见的。这个案例展示了毕生发展观的五个特点（见表 1.3）。

*许多章都包含“个案研究”专栏。每个人都是独一无二的，这意味着我们不能从一个案例中有效推导出普遍性的结论，但是有时，用一个例子就可以把一个普遍性的概念解释得更清楚。

我的侄子 迈克尔、比尔和戴维（从左到右）现在都是成人了，他们在人格、能力、子女数量（4 个、2 个和没有）和背景（马萨诸塞州、宾夕法尼亚州和加利福尼亚州）等方面都迥然不同。尽管他们有不同的基因、不同的胎内生活和背景，我还是看到了来自我兄弟格伦和他太太多特的共同影响——这在他们相似的友好笑容中表现得很明显。

表 1.3 发展的五个特点

特点	在戴维故事中的应用
多方向性。变化在每个方向出现，并不总是在一条直线上。利弊得失、可预测的成长和意料之外的转化都很明显。	戴维的发展似乎是静态的（或者甚至是倒退的，比如当早期的手术毁掉了他的一只眼睛的时候），但是之后，每当他进入一个新学校或者大学，发展就会加速。
多学科性。许多学术领域——特别是心理学、生物学、教育学和社会学，还有神经科学、经济学、宗教学、人类学、历史学、医学、遗传学和更多的学科——为了解人类发展贡献了智慧。	有两个学科特别关键：医学（如果没有在新生儿手术方面取得的医学进步，戴维早就夭折了）和教育学（特殊教育者多次指导戴维及其父母）。
多背景性。人的生活是处于许多背景中的，包括历史条件、经济限制和家庭模式。	戴维家的高社会经济地位使他能够获得日常的医疗护理和教育。他的两个哥哥也保护了他。
多元文化性。多元文化——不仅是国家间的多元文化，还包括国内的多元文化——影响了人的发展。	戴维及其家庭生活的阿巴拉契亚地区有独特的文化，包括对残疾人的接纳、对有需要的家庭提供帮助的意愿。文化的这些方面使戴维及其家庭受益。
可塑性。每个个体，以及个体的每个特点，都可以在人生的任何时刻被改变。改变既不是随机的，也不是容易的，但改变从未间断。	戴维的 IQ 从 40 左右（严重智力障碍）发展到了大约 130（远超平均水平）；随着他的成熟，身体的残疾也有所好转。但是，由于出生前感染了病毒，他的整个人生都无法成为本来可能有的样子。

这两点见解在戴维的例子中表现得很明显。他先天的特点影响了他的学习能力，但是与在一个世纪以前患风疹的婴儿不同，来自家庭和专业人士的教养限制了许多不利条件的影响。就关键期和敏感期来说，戴维上了学前班可能是他之后发展得很好的一个原因，因为发展学家现在知道，儿童在 0—4 岁所受的教育对其之后的学习有非常深远的影响。

有助于进行预测和目标干预的第三个因素是近年来发现的**差别敏感性**，它是指由于基因的原因，一些人比另一些人更容易受到特定经验的影响。这种易受影响性（脆弱性）会在积极与消极这两个方向上发生作用——相同的基因让个体变好或者变坏，这取决于受孕后的经验。

你还记得童年时听到的且直到现在还在影响你的一些话吗？也许是刺痛你的指责或者是鼓舞你的赞美。现在想想同样的评论对发表评论的人意味着什么，或者对另一个孩子可能意味着什么。这些话语始终缠绕着你，但是换成其他人可能早已被遗忘了。这就是差别敏感性。

更概括地说，许多科学家都发现，基因或者环境在用两种方式运作——要么让个体不同寻常地成功，要么表现出严重病态（Belsky et al.，2012；Kéri，2009）。正如俗语所说："天才近乎疯狂"：相同的环境（天才）可以成为馈赠给整个社会的礼物，或者成为个体的负担，或者根本没有影响。

差别敏感性在生命的每个阶段都很明显，从胎儿期到老年期一直如此。在一项实验中，研究者给怀孕的恒河猴施加压力，然后观察这些猴子对其新生儿的回应。有养育倾向的母亲给了婴儿比往常更多的照顾；本来就比较冷淡的母亲的养育行为则比往常更少。压力用相反的方式影响了这些母亲，然后又用差别敏感性影响了它们的孩子。

为了控制基因的影响，研究者将同一只母猴在怀孕时承受或未承受压力的条件下所产下的小猴相比较。很明显，那些孕期被施加压力的有养育倾向的母亲所产下的小猴比其兄弟姐妹更优秀，而孕期被施加压力的冷淡的母亲所产下的小猴则比其兄弟姐妹发展得较差。由此可见，压力对它们都有影响，或好或坏，体现了有差别的敏感性（Shirtcliff et al.，2013）。

小 结

发展是多方向的，每个阶段的收益和损失都很明显。生态系统观强调了影响每个人发展的许多背景，包括直系亲属、附近机构和社会的整体文化价值观。同辈群体和社会经济地位一直在影响着每个人的生活。

文化的影响是无处不在的，虽然有时候没有被认识到。社会建构，包括民族和种族，与文化价值观缠绕在一起，使得文化的影响不仅关键，而且复杂。为了解析影响发展的因素，许多学科提供了有关人如何随时间而成长和发展的洞见。任何单一学科都不可能把握所有发展背景的交互作用。

每个人的发展都是可塑的，具有可以被环境和事件所塑造的个体生命的基本物质。基因可以使一个人更容易或更难受到某些经验的影响，而这些影响也有好有坏。■

>> 采用科学方法

有几百种方式可供研究者设计科学研究和分析结果，他们一直在努力确保自己的数据和结论是有效的。统计测量经常用来帮助科学家发现数据的各个方面之间的关系（表 1.4 列出了一些统计要点）。每种研究设计、研究方法和统计测量方法都有长处和短处。接下来，我们要介绍三种基本的研究策略——观察、实验和调查，然后介绍发展学家在研究人随时间发生变化时所用的三种方式。

观察法

科学观察要求研究者系统而客观地记录行为。观察经常发生在自然背景下，例如在家里。在这样的背景下，人们会做出正常的行为。科学观察也会发生在实验室里，科学家记录了人们在各种情境下的反应，通常墙上安装有摄像头，研究者在另一个房间里进行观察。

观察对于建立假设非常重要。但是，观察只是提供了要探索的主题，而不是相关证据。例如，一项研究记录了父母将孩子送到幼儿园后，会停留多长时间。结果发现，当父母停留的时间较长时，儿童进入玩玩具或和朋友玩的状态的速度会比较慢（Grady et al.，2013）。这可能表示父母对于离开的迟疑对孩子的交友有负面影响。但是，相反的解释也是有可能的。也许是那些比较害羞、不太擅长社交的孩子导致他们的父母停留得更久。所以这项研究有两个可选择的解释，因此需要更多的研究来确定哪个解释更准确。

给护士的问题　在医疗领域，为什么要用实验法检验新药和新的疗法？（答复见第 21 页）

表 1.4　分析研究结果常用的统计测量

测量	用途
效应量	表明一个变量影响另一个变量的程度。效应量的范围是 0 ～ 1：0.2 表示效应量较小，0.5 是中等水平，0.8 较大。
显著性	表明结果是否可能是偶然出现的。如果偶然出现的频率是 100 次中有 5 次，则这个结果就在 0.05 的水平上显著。如果是 100 次中有 1 次得到该结果，则这个结果就在 0.01 的水平上显著；如果是 1000 次中有 1 次，则显著性是 0.001。
成本效益分析	将一个具体的自变量成本是多少与节省了多少做对比。这对于分析公共支出特别有用。例如，一项成本效益分析显示，一个强化学前教育项目的成本是每个孩子 15 166 美元（2000 年），但是之后节省了 215 000 美元（2000 年），因为在特殊教育、失业、监狱和其他公共支出上的成本降低了（Belfield et al.，2006）。
优势比	表明一个具体的变量如何与设置为 1 的标准变量做比较。例如，一项研究发现，虽然不到 1% 的儿童杀人案发生在学校，且这个概率在公立和私立学校中是相似的。然而，发生在高中的他杀概率是小学或初中的（设置为 1）18.47 倍（MMWR，2008.1.18）。
因素分析	有几百个变量可能都会影响任何一种行为。而且，许多变量（例如，家庭收入和父母教育）之间可能有重叠。考虑到这一点，用因素分析揭示出哪些变量可以聚合起来形成一个因素，也就是说，这个因素是由许多变量合成的。例如，社会经济地位可能会构成一个因素，儿童人格可能是另一个因素。
元分析	“研究的研究”。研究者使用统计工具将之前分散的研究结果综合起来。然后，使用一种给每个研究适当分配权重的标准来分析累计的结果。这种处理方式通过将太小或者角度太窄的研究结果结合起来，改进数据分析，形成更可靠的结论。

谁参与？对于上述统计测量方法，研究参与者（称为被试）的个人特点很重要，就像参与者的人数一样。这也要用统计显示出来。

实验法

实验可确定因果关系。在相关的社会科学中，实验者通常会对一组志愿被试施加特定的实验处理，或者将他们放置在具体的实验条件下，然后考察他们的行为是否会发生变化。

用技术术语来讲，实验者操纵**自变量**，也就是施加实验处理或者特殊实验条件（也叫作实验变量；变量是任何可变的事物）。他们考察这个自变量是否会影响正在被研究的事物，也就是**因变量**（依赖于自变量的变量）。

所以，自变量是新的、特殊的实验处理；因变量的任何变化都是结果。实验的目的就是考察自变量是否影响了因变量。在典型的实验中（如图1.8所示）有两组被试。一组是实验组，受特定的实验处理或条件（自变量）的支配；另一组是对照组（也叫控制组），不进行任何实验处理。

调查法

第三种研究方法是**调查法**，即通过访谈、问卷或者其他一些方式收集很多人的信息。这是一种快速、直接的获取数据的方法。

遗憾的是，虽然调查法快速而直接，但是不一定准确。当民意调查者试图预测选举结果时，他们会调查成千上万的潜在选民。他们希望被调查的人将会像他们说的那样去投票，还没做决定的人将跟风随大流，那些拒绝表达意见或者未调查到的人会和被调查的人相似。可惜，这些希望中没有一个是有保障的。一些人会说谎，一些人会改变主意，一些人（特别是那些没有电话的人，或者从不和陌生人讲话的人）从来都不会被计算在内。

再者，调查的结果会受到问题的措辞和顺序的影响。例如，根据许多科学家的观点，“气候改变”和“全球变暖”是描述同一现象的两种方式，但是许多人更相信气候改变，不相信全球变暖（McCright & Dunlap，2011）。因为这样的原因，看似是对相同问题进行的调查也可能得到相反的结论。

此外，被调查者想让别人如何感知自己，就会如何表现自己。例如，从1991年开始，每两年，美国的高中生就会接受一次调查。每次调查都会仔细挑选被试，以使其能代表全美国的高中生。最近的一次调查包括15 503个学生，来自50个州的规模不一的公立学校和私立学校（MMWR，June 8，2012）。

学生要回答在13岁之前是否有过性行为。每一年，和十二年级的男生相比，大约都有2倍的九年级男孩说自己在13岁前有过性行为（见图1.9）。是高年级的学生忘性大，还是九年级学生在说谎？或者，是一些13岁的孩子为自己的早期性经验感到骄傲，但到17岁的时候又以之为耻？

为了更深入地理解被试的反应，可以使用另一种方法——**个案研究**，即对某个人的深度研究。

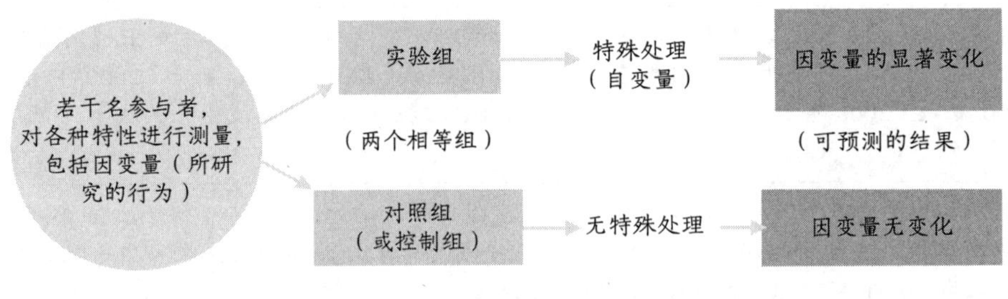

程序：

1. 将被试分为两组。在重要特点上，两组要匹配，特别是在研究关注的作为因变量的行为上。
2. 对其中一组（实验组）给予特殊的实验处理或者干预（自变量）。
3. 比较两组在因变量上的变化。如果不同，差异的原因可能是自变量。
4. 发表研究结果。

图1.8

怎样做实验？ 图中所展示的基本顺序适用于所有实验。许多额外特征，特别是表1.4中列出的统计测量指标和各种降低实验偏见的方法会影响实验结果是否能被发表（科学期刊会拒绝在研究方法和统计分析上不严谨的实验报告）。

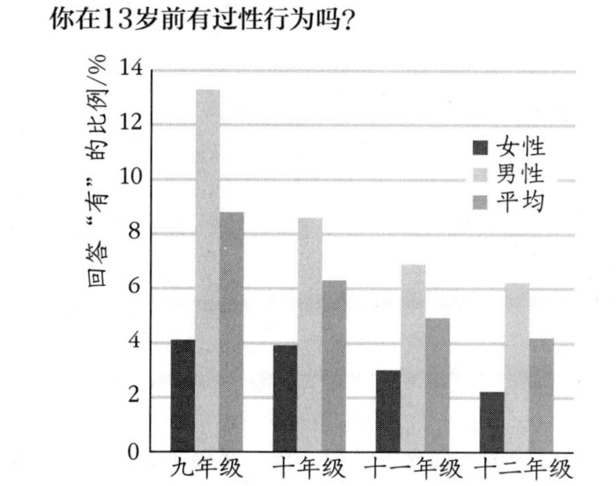

来源：MMWR, June 8, 2012.

图 1.9

我忘记了？ 如果这是唯一可得到的数据，你可能会得出结论说九年级学生的性经验比十二年级学生还丰富。但是我们有 20 年的数据——那些现在是九年级的学生到十二年级的时候将给出不同的答案。

个案研究通常需要个体访谈、背景信息、测验或者问卷的结果，以及其他很多资料。虽然在某些方面个案研究可能比那些比较浅层的测量更准确，但是在另外一些方面并不是这样的。与包括了很多被试的调查相比，研究者的假设和解释更可能使结果带有偏见。

虽然个案研究比较准确，但是只能应用于一个人身上，这个人可能与其他人非常不同。例如，我对我的侄子戴维的报告属于个案研究，但是戴维是独一无二的。其他接触到风疹的胎儿可能会有与戴维截然不同的人生。

>> 答复护士（问题见第 19 页） 实验是确定因果关系的唯一方式。如果我们想要确定一种新药或者新疗法是安全有效的，就必须实施实验来检验这种药物或者疗法能否改善健康状况。

研究毕生发展

除了观察法、实验法和调查法，发展学家还必须测量人们是怎样随时间而发生变化或者保持不变的。为此，有三种基本的研究设计供他们选择：横断研究、纵向研究或者聚合交叉研究（见图 1.10）。

横断研究

最快速、最经济的研究发展的方法是**横断研究**，即将一个年龄段的群体与另一个年龄段的群体进行比较。例如，横断研究已经发现，2012 年，在美国 25—29 岁的男性中，有 74% 的人在劳动大军中；但是在 60—64 岁的男性中，只有 52% 的人属于劳动力（U.S. Bureau of Labor Statistics，2011）。在所有男性中，大约 1/3 的人似乎在 30—60 岁时停止了工作。年轻成人可能会幻想他们在阳光下打着高尔夫，快乐地享受着养老金和自由时间。

横断设计可能比较简单易行，但是难以确保被比较的各个群体在除年龄之外的其他方面是相似的。在上面的例子中，平均来说，年轻的美国人比年纪较大的人受到了更多的教育。因此，一些差异看似是年龄增加的结果，实际上可能与教育有关。教育，而不是年龄，可能解释了年轻人较高的雇用率。或者，年龄歧视可能才是问题所在：年纪较大的人可能本想工作，却无法得到工作。

比较这些人和那些人 这些孩子似乎是横断研究的理想被试——他们是不同性别、多民族的学龄儿童。他们唯一的差异可能是年龄，所以研究可能会得出结论说 6 岁儿童开怀大笑，但是 16 岁的青少年笑容腼腆。但是，横断研究中的任何两个群体可能会在不太明显的方面——可能是收入、国籍或者文化——存在差异，从而构成导致年龄差异的潜在原因。

横断研究

所需时间：几天，加分析数据的时间

一次性收集数据。比较各组数据。认为组间差异可能是年龄导致的。

纵向研究

所需时间：16 年，加分析数据的时间

以 4 年为间隔，分五次收集数据。这些个体身上的任何差异肯定是时间流逝的结果（但是除了年龄的影响，还可能是事件或者历史变迁导致的）。

聚合交叉研究

所需时间：16 年，加上 2 倍或 3 倍的分析数据的时间

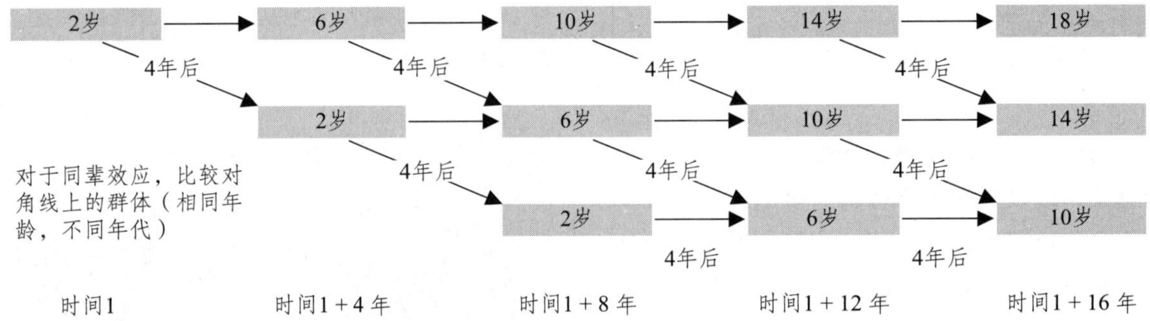

分五次收集数据，每次追踪原来的被试群体，同时增加新的群体。从三个方面分析数据：首先比较在不同时间测量的同龄群体，相同年龄群体之间的任何随时间流逝而出现的差异大概率是同辈效应；然后，随着年龄增长，比较同一群体，任何差异都是时间导致的结果（不仅是年龄）；最后，在考虑了同辈效应（第一种分析）后，随着年龄增长，比较同一群体的差异。任何剩余的差异几乎可以确定都是年龄的结果。

图 1.10

哪个方法最好？　群组序列研究是最耗时、最复杂的，但是它能提供最好的信息。几百位科学家研究同一课题，重复彼此的工作，这样做的一个原因是，不必等待几十年就可以获得一些只有群组序列研究才具备的优势。

纵向研究

为了确定是年龄本身而不是同辈效应导致了发展变化，科学家进行了**纵向研究**。这种研究需要随着个体成长，重复地收集相同个体的数据。纵向研究对于追踪多年的发展状况特别有用。

但是，纵向研究有几个缺点。随着时间的流逝，被试可能在中途退出研究，搬走了联系不上，或者死亡。另一个问题是随着被试日益意识到研究的目标，其代表性会降低，导致结果变得不那么有意义。

最后，历史背景在变化，这限制了几十年前出生的人的数据与现实的相关性。比如，对 1910 年出生的人进行纵向研究，其结果可能不适用于 2010 年出生的人。

纵向研究需要很多年的数据。例如，从塑料婴儿奶瓶和玩具中摄入邻苯二甲酸盐和双酚 A（BPA，生产中使用的化学物质）对未来可能会构成一定的风险，这一警告使得许多父母转而使用玻璃婴儿奶瓶。但是，若不小心打碎玻璃，可能比塑料中的化学物质导致更严重的伤害。或者因为母亲使用化妆品，导致邻苯二甲酸盐进入母乳，这与奶瓶相比可能是更大的化学物质来源（Wittassek et al.，2011）。母乳喂养会伤害婴儿吗？儿科医生认为，母乳的好处胜过任何风险，但是我们现在就需

生命的五个阶段 莎拉－玛利亚，1980 年生于瑞士，这些照片展示了她的婴儿期（1 岁）、童年早期（3 岁）、青少年期（15 岁）、成年初显期（19 岁）和成年期（29 岁）。连续性（微笑）和不连续性（发型）在纵向研究中都很明显。

要答案，而不是要等到几十年后。那该怎么办呢？

聚合交叉研究

科学家发现了第三种研究设计策略，即将横断研究和纵向研究结合起来，这被称为**聚合交叉研究**（也叫群组序列研究或者时间序列研究）。使用这种设计，研究者可以研究几个不同年龄的群体（横断研究），并且追踪他们随时间发生的变化（纵向研究）。

使用聚合交叉设计，研究者可以将对一个 18 岁群体的研究结果与相同个体 6 岁时的研究结果进行比较，也可以与 10 年或者 20 年前的 18 岁群体或者现在的 6 岁群体进行比较（见图 1.10）。聚合交叉研究在被试招募和分析上是很复杂的，但是通过这种方法，科学家可以将年龄的效应与历史效应分离开。

一个著名的聚合交叉研究（西雅图纵向研究）发现，一些智力能力（词汇量）甚至在 60 岁后还在增长，而其他智力能力（加工速度）在 30 岁后就开始下降（Schaie，2005）。

近年来，一些聚合交叉研究发现，一些因素在童年中期对儿童心理健康的影响大于在婴儿期的影响，例如，父亲缺失或者失业（Sanson et al.，2011）。单纯用横断研究或者纵向研究是无法发现这一点的。

给未来研究者的问题 收集数据最好的方法是什么？（答复见第 24 页）

小 结

科学家使用了许多方法和研究设计来探究发展。在理想情况下，从一类研究中得到的结论可用其他类型的研究来确认。细致而系统的观察可以发现先前未注意到的现象，然后实验能够检验假设，揭示原因。调查法很快捷，但是在提出问题和给出答案上容易产生偏差。个案研究很细致，但是从某个个体的细节信息中得出一般性结论并不明智。

为了研究随时间发生的变化，研究者可使用横断设计、纵向设计和聚合交叉设计，这三者各有利弊。横断设计最省时，纵向设计可能更精确，聚合交叉设计将前两者结合起来，所得到的研究结论是单纯靠横断研究或者纵向研究无法企及的。

>> 来自科学的警示和挑战

唯有科学方法阐明和解释了人的发展。事实、假设和可能性都呈现于眼前，若无科学便无人知晓。而且，正因为有了科学方法，所有年龄的人都比之前的几代人更健康、更快乐、更能干。

例如，儿童传染病、成人文盲、老年抑郁以及每个年龄段都有的种族歧视和性别歧视今天都远比一个世纪之前少得多。所有这些进步都应归功于科学。就连暴力性死亡的减少都可能是由于科学的发现和教育的普及（Pinker，2011）。

发展学家还发现了许多意料之外的危险源。电子游戏、香烟、电视、轮班工作和石棉都不像人们最初以为的那样无害。即使是维持生命的医疗措施，例如，重启停跳的心脏和呼吸机，有时候也可能阻碍成人晚期的最佳发展。

虽然科学有百利，但是也有陷阱。我们现在开始讨论三个潜在的危害：对相关结果的误读、过度依赖数字以及忽视伦理。

相关和因果

在解释研究的时候，最常见的错误可能就是

相关和因果关系的混淆。**相关**存在于两个变量之间，如果一个变量比较可能（或不太可能）出现，那么另一个变量也更可能（或不太可能）出现。如果两个变量一起增长或者一起下降，这种相关就是正相关。如果随着一个变量增长，另一个变量下降，这种相关就是负相关。如果两个变量的增长或下降没有明显的联系，那么二者相关为零。

举例说明：从出生到9岁，年龄和身高之间存在正相关（儿童年龄越大，长得越高），在年龄和午睡时长之间存在负相关（儿童年龄越大，睡得越少），年龄和脚趾数之间零相关（儿童不会随年龄增大长出新的脚趾）。（试做表1.5中关于相关知识的测验）

表 1.5 关于相关的测验

两个变量	正相关、负相关还是零相关？	为什么？（第三变量）
1. 冰激凌销售额和谋杀率	______	______
2. 阅读学习和宝宝乳牙的数量	______	______
3. 儿童性别和父母性别	______	______

指出上面的每一对变量之间是正相关、负相关还是没有相关。然后，尝试想出一个能决定相关方向的第三变量。

答案：

1. 正相关；第三变量：空气温度
2. 负相关；第三变量：年龄
3. 零相关；每个儿童一定有父有母；没有第三变量

许多相关是出人意料的。例如，头胎出生的儿童比之后出生的儿童更可能得哮喘病；十几岁的女孩发生心理健康问题的概率高于十几岁的男孩；移民的新生儿体重比非移民的新生儿重。我们会在后面讨论这些令人惊讶的相关。

然而，相关不等于因果。两个变量相关，并不意味着其中一个变量会导致另一个变量的出现，即使二者的关系看起来是合乎逻辑的。相关只说明变量之间以某种方式相互联系。许多错误甚至危险的结论都是由于人们对相关的错误理解而得出的。

伦理

对所有的科学家来说，特别是研究人类的科学家，最重要的警示是要在研究中坚持伦理准则。人类发展所涉及的每个学科和每个专业团体都在科学文化内有一套伦理准则（一套道德原则）和具体的实践，以保护科研诚信。

伦理准则越来越严格。在美国，大多数教育和医疗机构都有伦理审查委员会（Institutional Review Board，IRB），这个团队只容许研究者实施遵循指导方针的研究。虽然伦理审查委员会经常会放慢科学研究的速度，但是在伦理审查委员会成立之前进行的一些研究，比如，50多年前实施的研究，有明显不符合伦理的，特别是当被试是儿童、少数民族的成员、囚犯或者动物时（Blum，2002；Washington，2006）。科学家，甚至每个人，当听说在塔斯基吉实验中没有治疗梅毒病人，或者在小阿尔伯特研究中教婴儿害怕白色毛绒物时，都觉得惊骇。

给未来研究者和科学作者的问题 当作者描写有关家庭成员、朋友或者研究被试的经历时，要遵循伦理原则吗？（答复见第25页）

>>答复未来研究者（问题见第23页） 在收集数据上没有所谓最好的方法。使用什么方法取决于许多因素，例如，被试的年龄（婴儿就无法完成问卷）、要研究的问题以及时间范围。

被试的保护

对于所有人类发展的研究来说，一个最基本的伦理原则就是，研究者必须确保被试是自愿参与的，被试的信息不会泄露，并且不会伤害被试。这就必须征得被试的知情同意，也就是说，被试必须理解并且同意研究的程序，知道可能面对的风险。如果被试是儿童，就必须征得儿童及其父母的同意，而且必须允许儿童随时退出实验。

虽然保护被试和科学目标可能有冲突，但是现在的科学家都坚信保护被试是第一位的。加拿大心理学会提出了四个指导原则，其他学科和国家也用相似的方式表达了这些原则：

1. 尊重人的尊严
2. 负责任的关怀

3. 关系中的诚信

4. 对社会的责任

如果有可能，这四个原则都应该遵守，但是这四项是根据重要性来排序的，比如，尊重个人高于社会责任。

研究结果的意义

一旦完成研究，通常会出现另外的问题。科学家有义务“促进准确、诚信和真实”（American Psychological Association，2010）。

故意作假较罕见。一经查明，作假者会被逐出科学界，被从教学或研究岗位上免职，有时候还会受到刑事指控。

另一种明显违反伦理准则的行为是为了使某一结论看上去是唯一合理的而篡改数据，或者歪曲某人的研究发现。这种行为并不罕见。终身教职、晋升和科研基金的申请都鼓励科学家去发表科研成果，而且出版商追求引人注目的研究发现。对这种危险的觉察导致对重复研究的需求增加（Carpenter，2012）。

科学家会因为发表了惊人的研究结果而受到奖励。而若假设未被证实，可能会出现“文件柜问题”；也就是说，因为结果不令人兴奋，研究被存档，再也不会被发表。

不能视伦理准则为理所当然。正如本章开始所强调的那样，研究者像其他所有人一样，都怀有很强的观念，希望用研究来证实。因此，有时候甚至都没有意识到，他们可能在努力达成自己想要的结果。就像一个团队解释的那样：

> “作为科学家，我们的工作是发掘关于这个世界的真相。我们提出假设，收集数据，检验数据是否与假设一致……（但是我们）经常忘记了这个目标，屈服于压力，为编撰一系列能发表的研究去做任何貌似合乎情理的事情。这样做并不是出于欺骗的意愿，而是出于在解释模棱两可的事物时的自圆其说。”
>
> （Simmons et al.，2011，pp.1359，1365）

很明显，合作、重复和透明对所有科学家来说都是基本的伦理保障。

我们应该研究什么

最后，对所有的发展学家来说，科学研究过程应该从一个关键的伦理问题的开始：所研究的问题将有助于“每个地方、每个年龄段的每一种人”满足地、富有成效地生活。例如，请考虑这样一些问题：

- 我们对产前药物使用的了解足以保护每个胎儿吗？
- 我们对贫困的了解足以使每个人健康吗？
- 我们对同性关系、多配偶制、单亲或者离婚的了解足以确保所有人，不管其家庭结构怎样，都能发展得很好吗？
- 我们对死亡的了解足以使每个人都有尊严地逝去吗？

很明显，对所有这些问题的回答都是一个响亮的“不”。主要原因有很多，不过主要是因为这些话题都是有争议的。一些研究者回避它们，害怕相关研究不受欢迎或被滥用（Kempner et al.，2005）。很少有资助者热衷于支持有关药物滥用、贫困、非标准家庭或者死亡的科学研究，这在一定程度上是因为人们对这些问题有强烈的个人观点，这些观点可能与科学发现和结论相冲突。宗教、政治和伦理塑造着科学研究，有时候在科学研究开始之前就扼杀了它。例如，1997 年通过的美国联邦立法实质上禁止了联邦基金支持对枪支使用的研究。

下一代发展学家将在已知的基础上关注需要被探索的问题。要记住，我们的目标是帮助地球上的 70 亿人发挥他们的潜能。有太多的东西需要学习。接下来的 24 章内容仅仅是一个开始。

>> 答复未来研究者和科学作者（问题见第 24 页） 是的。你写到的任何人必须同意并且完全了解你的意图。只有在他们允许的情况下，才可以写出他们的名字。例如，在得到家人允许之后，我才将关于家人的事情放进书中。我的侄子戴维读了关于他的故事的初稿，并为能用他的经历教育别人而骄傲。

小　结

虽然科学在很多方面改善了人的发展，但是在解释研究结果和设计研究时还要谨慎。有时候，人们认为相关能表明因果，事实并不是这样。

对人的发展的研究必须遵循高水平的伦理准则。被试必须被尊重，必须在研究前得到他们的知情同意。政治和出版因素会阻碍客观研究。科学家必须研究和报告影响所有人发展的问题的数据。

本章总结

理解发展的机制与原因

1. 人类发展研究是一门科学，寻求的是理解人是怎样随时间而变化或者保持不变的。科学家从好奇心和问题开始，把它们转化为假设，然后收集实证数据，最后得出结论并与其他科学家分享（通常是通过发表论文）。在这些结论被接受之前，关键的一步是重复研究、确认、修正或者否定结论。
2. 天性和教养总是交互作用的。人的每个特点都受到基因（天性）和环境（教养）交互作用的影响。从受孕那一刻开始，基因表达在表观遗传过程中就受到了环境的影响。

毕生发展观

3. 发展是多方向的：一生中的收益和损失都很明显，变化可以是迅速的、缓慢的或者难以察觉的。
4. 多背景方法是生态性的。这意味着既要考虑当前背景（家庭、学校），也要考虑更广阔的背景（历史条件、社会经济状况）。一个人出生的时间决定了其同辈群体，这终其一生都会影响他的发展。贫困也会影响每个年龄段的发展。
5. 就像毕生发展观中有关发展的多元文化所强调的那样，每种文化都有自己的关于生命的价值观和假设。文化、民族和种族是社会建构，也就是说，是由社会创造的概念。文化包括对生命和行为模式的信念。一些社会科学家想要摈弃关于种族和民族血统的问题，但是其他人想要使用这些概念与种族歧视和文化偏见做斗争。
6. 就像多学科问题所强调的那样，需要用多个研究领域的方法和观点来理解发展。例如，为了理解心理抑郁的原因，来自十二个学科的至少十二种因素是有帮助的。个体的基因、过去的历史和现在的年龄总是相关联的，所以一个学科可能比另一个学科更有助于理解一个人。
7. 发展是可塑的，这意味着虽然先天的特质和童年经验会影响之后的发展，但发展模式和可能性会在整个一生中变化。而且，从差别敏感性的角度来讲，一些人特别容易受到特定基因或者经验的影响，这些影响也有好有坏。

采用科学方法

8. 几种具体的研究设计可帮助科学家理解人的发展。科学观察法、实验法和调查法都使我们获得了更多的理解和发现，而这些发现在研究前都是模糊或未知的。每种方法也都存在不足；在结论被科学界接受之前，这几种方法通常都会被用到。对几十个，有时是几百个个体进行的统计和研究得出客观的结论是有用的。
9. 对发展学家来说，另外一个挑战是研究随时间发生的变化。两种传统的研究设计经常被使用：横断研究（比较不同年龄的人）和纵向研究（在一段时间内追踪研究相同的人）。第三种聚合交叉研究（将前面两种方法组合起来）较为复杂、昂贵并且耗时，但是许多发展学家认为这种方法能得出更可靠的结论。

来自科学的警示和挑战

10. 相关表示两个变量是相互关联的。但是，它不能证明是一个变量导致了另一个变量的变化：一个变量既可能是因，也可能是果；或者两个变量可能都是第三个变量的结果。
11. 在所有学科中，伦理行为都是很重要的。研究者不仅必须保护被试，对数据进行保密，还必须公正地报告结果，诚实地解释结果，并且保证结果是可重复的。科学家必须特别注意研究的意义。
12. 对科学研究的恰当应用在一定程度上取决于科学家受到的训练和诚信。一个非常重要的伦理问题是，科学家是否在设计、实施、分析、出版和应用有助于整个人类大家庭良好发展的研究。

关键术语

毕生发展观（life-span perspective，p.5）
表观遗传（epigenetic，p.14）
差别敏感性（differential sensitivity，p.18）
差异即不足的错误（difference-equals-deficit error，p.11）
重复（replication，p.4）
调查法（survey，p.20）
动态系统（dynamic systems，p.16）
个案研究（case study，p.20）
关键期（critical period，p.6）
横断研究（cross-sectional research，p.21）
假设（hypothesis，p.4）
教养（nurture，p.4）
聚合交叉研究（cross-sequential research，p.23）
科学方法（scientific method，p.4）
科学观察（scientific observation，p.19）
民族群体（ethnic group，p.12）
敏感期（sensitive period，p.6）
人类发展科学（science of human development，p.4）
社会建构（social construction，p.9）
社会经济地位（socioeconomic status，SES，p.9）
生态系统观（ecological-system approach，p.7）
实验（experiment，p.20）
实证证据（empirical evidence，p.4）
天性（nature，p.4）
同辈群体（cohort，p.7）
文化（culture，p.9）
相关（correlation，p.24）
因变量（dependent variable，p.20）
种族（race，p.12）
自变量（independent variable，p.20）
纵向研究（longitudinal research，p.22）

你学到了什么？

1. 科学方法的五个步骤是什么？
2. 关于天性与教养之争的核心基本问题是什么？
3. 不连续性和连续性的概念是什么？
4. 为什么说发展是多背景的？
5. 生态系统的哪些成分影响着你现在的生活？
6. 什么导致了你和父母之间的同辈群体差异？
7. 什么是社会建构？举一个例子。
8. 像维果茨基描述的那样给指导性参与下一个定义。
9. 种族和民族的差异是什么？
10. 专业化研究和多学科研究怎样加深了我们对问题的理解？
11. “遗传”和“表观遗传”之间的差异是什么？
12. 在哪两个方面，人的发展是可塑的？
13. 为什么将人的发展描述为动态的？
14. “差别敏感性”的概念是什么？
15. 解释这个陈述：“观察提供了探索的主题，而不是证据。”
16. 为什么除了实验组，实验者还要使用控制（对照）组？
17. 调查方法的优势和不足是什么？
18. 为什么科学家要进行横断研究？
19. 纵向研究的利弊是什么？
20. 解释这个陈述：“聚合交叉研究结合了横断研究和纵向研究。”
21. 为什么学术领域和专业团体遵循伦理准则很重要？
22. 那个应该回答的有关发展的附加问题是什么？

应 用

1. 文化据说是普遍存在的，但是人们并没有觉察到它。列出你今天做过的 30 件事，而这 30 件事在另一个文化中可能有不同的做法。
2. 如果你的父母的社会经济地位比现在高得多或者低得多，你的生活会有怎样的不同？如果你属于另一个同辈群体，你的生活会有怎样的不同？
3. 设计一个实验，回答一个有关人的发展的问题。详细说明这个问题和假设，然后描述这个实验，包括样本量和变量（先看看附录 B）。

第二章

发展理论

你将学到什么？

1. 理论与事实的区别是什么？
2. 发展是阶段性的，还是日复一日循序渐进的？
3. 弗洛伊德、埃里克森、华生、斯金纳以及皮亚杰的理论有什么共同的局限性？
4. 为什么采用多个理论来理解人类发展好于只使用单一理论？

- **理论用来做什么**
  问题与答案
  事实与规范
- **大理论**
  精神分析理论：弗洛伊德与埃里克森
  行为主义理论：条件反射与社会学习
  认知理论：皮亚杰与信息加工
  大理论的比较
  对立的观点：如厕训练——怎么训练？什么时候训练？
- **较新的理论**
  社会文化理论：维果茨基及其超越
  普适性观点：人本主义与进化理论
  科学视角：如果你的伴侣不忠
- **理论的贡献**

小时候，我们一家人会在一些特殊的日子里驾车去祖父母的农场。那里是我父亲和他的四个已经结婚生子的兄弟姐妹们童年时的家，他们都结了婚，也有了孩子。到达农场之后，我和哥哥就跟叔父、伯父和姑妈家的 12 个兄弟姐妹们一起玩耍，其中包括三个和我同岁的女孩。我记得在一个大桌子上有火鸡肉、土豆泥和柠檬酥皮派，马厩里有马和干草垛，祖母系着围裙，祖父的大手搭在一个大大的咖啡杯上，客厅里还有几把巨大的摇椅。但我最深的一段记忆是苦涩的：一个圣诞节，祖母给了我和她的另外三个孙女和外孙女相似的娃娃，就是芭比娃娃的前身。我的娃娃穿着桃粉色的礼服，我表妹［祖母唯一的女儿（姑妈）的独生女］的娃娃穿着白色的新娘婚纱和面纱。

为什么我当时有种被拒绝的感受呢？现在回头来看，对于祖母的选择，我可以找出很多很好的理由。但是我当时 6 岁，对于亲戚们的观察使我得出了关于礼物与新娘的幼稚结论，继而对祖母产生了怨气。我建构了一个简单的理论：祖母爱我的表妹胜于爱我。

我们都会建构理论，这些理论有时候被称为“民间理论”，意思是它们并非科学的理论；当理论产生于特定的文化或族群时，也被称为“民族理论”。【**生命全程链接：**民族理论将在第七章讨论。】

这一章概述了五个理论，准确地说是十个，因为每个理论都有两个版本。关于人类毕生发展还有很多理论，后文中还会介绍一些。而在开始介绍理论之前，你应该知道建立理论是人的本性。事实上，根据“理论论（theory theory）”，儿童会自然而然地发展出一些理论来解释他们观察到的任何事物，因为这是我们人类的天性（Gopnik & Shulz，2007）。我的理论引导我推论出祖母最爱我的表妹。

>> 理论用来做什么

每一个理论都是对事实和观察的一种解释，是把我们每时每刻都在经历的庞杂混乱的体验组织起来的一套概念和观点。有些理论是怪异的、狭隘的，只对想出这个理论的人有用，对其他人无用。有些理论较为精细且深刻，比如我们在这一章将要介绍的几个主要理论，它们聚焦于贯穿生命全程的人的发展。

一个**发展理论**是对一般原理的系统阐述，这些一般原理为我们理解人们如何以及为什么随年龄增长而变化提供了一个框架。事实和观测与模式和解释相连接，将琐碎的生活编织成一个有意义的整体。一个发展理论不仅仅是一种预感或假设，也远比我关于新娘娃娃的幼稚推理更综合全面。发展理论提供既宽阔又深刻的洞见，它们产生于大量的观察与想法，却比观察与想法更为综合全面。

打个比方，想象盖一座房子。一个人可能已经有了一堆木材、钉子和其他一些材料，但是没有计划、没有劳作，这些材料不可能变成一栋建筑。而且，并不是每一座房子都相同，人们对于房子有各自的理论（通常是内隐的），从而对楼层数、卧室、入口等方面各有偏好。同样，对于人类发展的观察和实证研究是基本的原材料，而理论则将它们整合在一起。

社会心理学先驱库尔特·勒温（Kurt Lewin，1943）有一句妙语："没有什么能比一个好的理论更实用。"像其他很多科学家一样，他知道理论可以是富有洞察力的。当然，理论之间也有不同，有些理论不如旁的理论全面或充分，有些理论已经不再有生命力，有些理论只反映了一种文化而不适用于另一种文化。无论怎样，如果没有这些理论，我们则徒有一堆原材料。

问题与答案

正如我们在第一章看到的那样，人类发展科学的第一步是提出问题，这个问题通常源自一个发展理论。下列问题就是成千上万个重要问题中的几个，它们分别是本章将要介绍的五个理论的中心议题。

1. 早期经历（母乳喂养、依恋、虐待）的影响会一直延续到成年期吗？哪怕这些经历似乎已经被遗忘了？
2. 学习依赖于特定的激励、惩罚以及角色榜样吗？
3. 即使不进行是非教育，孩子也能发展出道德吗？
4. 文化会引导行为吗？
5. 生存是所有个人以及社会决策背后的基本本能吗？

精神分析理论、行为主义理论、认知理论、社会文化理论以及两个普适性理论——人本主义理论和进化理论——对这五个问题的回答是"是"，但其他一些理论对此的回答是"不是"或"不必要"。每一个回答又都引发了更多的问题：为什么是或为什么不是？什么时候是或什么时候不是？过程是怎样的？意味着什么？最后这个问题至关重要，这些答案的含义及其应用影响着每个人的日常生活。

更准确地说，理论的用途是：

- 产生假设；
- 生成发现；
- 提供对实践的指导。

一本有关育儿经验的畅销书《虎妈战歌》（*Battle Hymn of the Tiger Mother*，Chua，2011）推崇一种高要求、高成就的育儿方式。比如，作者蔡美儿拒绝收下她4岁女儿仓促做成的生日贺卡，她说：

> "我不想要这个……我想要一个更好的——一个你投入了你的想法和努力的贺卡……我理应得到一个更好的。"

人们对该书的反应要么特别积极，要么特别消极。在该书出版6个月后，亚马逊上前500位读者对这本书的打分情况为：42%的读者给了最高分，23%的读者给了最低分，而只有12%的人选择了中间的三个分数。对于这些反应，一个专业评论者写道：

“注定会有一种反弹。这些年过度养育已经走得太远了，比如，到学步期还不断奶、片刻不停地把孩子背在身上、陪着睡觉、‘小小莫扎特’……在‘放养’……（和）‘简单养育’（一种前卫的教养方式）之后，出现对这一切的一种恼怒，持有强硬严厉的新姿态的人常常（没有一丁点自豪地）被称作坏妈妈。”

（Warner，2011，p.11）

蔡美儿对读者的反应感到惊讶，辩解说很多人误解了她写的内容（Chua，2011）。一些读者给出的积极评价称这本书是一本引发争议的回忆录，没必要步步照搬。这使得它更像是一个理论，而不是一本育儿手册。

蔡美儿的辩解表明，她的策略不一定能如她所愿地发挥作用。但是“虎妈”说明了一个事实：每个人都有自己的关于发展的理论，有些人会去大力倡导它。对我们所有人而言，有关如何对儿童、青少年和成人进行回应的观点往往溯及下面即将介绍的五大理论流派。

事实与规范

规范是一种平均的或常见的事件或经历。它与英文单词“normal”（正常的、正规的、标准的、常态的）有关，但词意略有不同。比如，我表妹的新娘嫁衣配有一条长长的白色面纱，因为这在西方文化中是一种规范，象征着纯洁；但在亚洲文化中，新娘要戴上红色的盖头，象征着喜庆。

反常（abnormal，不正常）一词暗示某种事是错的，但是规范没有对错之分。规范是一种平均情况——不是算术平均数或中数，而是众数，是在生物性或社会性压力下的一种正常行为。规范是可计算的（比如，婴儿开始走路的规范，或新娘穿什么颜色婚纱的规范），可见规范是对事实的反映。但是正如你在第一章中学到的，偏离规范并不一定是缺陷。

*不要将规范或事实与理论混淆。*理论提出问题并给出假设，指导我们进行研究以便收集实证数据。【**生命全程链接**：第一章中讨论的科学方法。】这些数据是事实，暗示着结论，可以证实或证伪一个理论。当然，对这些数据做出不同的解读，或进行新的研究去考查这个理论，也都是有可能的。

可见，理论无所谓对错。在理想情况下，它们能够激发人们的兴趣，并且是有用的，引导人们提出假设，进行探索。比如，有些人对达尔文的进化论不屑一顾，称其“只是一个理论而已”；另一些人却相信这是一个事实，解释了有史以来大自然的一切。二者都不对。一个好的理论既不会被认为是错的而遭到摈弃，也不会被等同于事实。相反，它应该使我们的思考更加深入，它们是有用的（就像建房子时用的蓝图），激发我们的洞察、解释与研究。

如前所述，发展理论是全面而具体的，不同于儿童的简单理论，也不同于每种文化习俗与观念背后的内隐理论。但是为了阐明理论与事实的区别，还是让我们回到新娘娃娃的简单理论上。我的怨气起因于我童年文化中的一个主流理论：大家庭理论。这个理论令人产生了一系列假设，包括结婚和成为母亲是每一个女孩的终极目标，要穿着精心制作的、昂贵的结婚礼服来庆贺这个目标的达成。如果不这样做，会让人感到悲伤和羞耻。

我童年时期的这个大家庭理论带来了规范，这在我父亲和他的四个兄弟姐妹中很明显，他们觉得我母亲的两个未出阁的姐妹（另外六个姐妹都已嫁）很可怜。孩子们玩的一个叫“老姑娘”的游戏就反映了这种文化。游戏中的卡片都是配对的，只有一张丑女人（老姑娘）的卡片不是。这个理论体现在我所居住社区的法律和观念中，比如，有一个以上的伴侣是违法的（犯重婚罪要入狱）；离婚意味着婚姻“失败”和家庭“破碎”；独生子女是有心理问题的。

基于童年期的这个主流理论，我曾幻想过我的婚礼，曾给我未来可能有的7个孩子起了名字，也从没想过维持婚姻和抚养孩子还可以有除了美满之外的其他结局。现在规范变了，体现在统计数据和研究结果中，证明了独生子女通常有很高的成就和成功的生活（Falbo et al.，2009），而那些一直未婚的成人也常常是快乐的、富有成就的。【**生命全程链接**：第二十二章中介绍了单身的成人。】

有人说我小时候知道的大家庭理论已经被另一种内隐理论取代了，至少在西方国家的中产阶级文化中如此，即个人幸福才是人生目标。这个新理论带领人们走上了另一条路：父母努力让其子女感到快乐，对伴侣不满意就离婚，自尊心比学习成绩更重要——所有这些使得“虎妈”成为一种反弹。

很明显，我们需要科学。理论不同于事实，而且“每一个发展心理学的理论所持有的人性观都反映了一定的哲学、经济学以及政治学信条”（Miller，2011，p.17）。科学家们提出质疑规范，建立假设，然后设计研究项目。这样得出的结论使我们推翻了一些理论，修正了一些理论，这对所有理论来说都是大有裨益的。

如果没有发展理论，我们只能被动地反应而浑然无措，随波逐流且愈发迷茫，盲目地跟从我们的文化和我们的偏见，面对遇到发展问题的人，我们将束手无策。

小　结

理论提供了一个框架，以组织和理解成千上万的观测结果以及在发展的各个方面发生的日常行为。理论不是事实，但是它让我们对规范提出问题，启发我们建立假设，并提供指导。因此，理论是实践性的、可应用的，它们构筑并组织了我们无数的经验。■

>> 大理论

在20世纪前半叶，两个对立的理论——精神分析理论和行为主义理论（也称为学习理论）——开始成为心理学的一般理论，各自在发展研究中得到应用。到了20世纪中期，认知理论出现，成为研究假设的主要来源。这三个理论都是综合的、经久不衰的，而且应用广泛，因此它们都是“大”理论（McAdams & Pals，2006），不过它们并没有被全盘接受（接下来你会读到）。为了理解发展，我们要从这些理论入手。事先说明，大理论并没有像科学家曾经希望的那么宏大。

精神分析理论：弗洛伊德与埃里克森

根植于童年期的内驱力、深层动机以及无意识的需要是**精神分析理论**的基础。精神分析理论认为，这些基本的、潜在的力量影响着思考与行为的各个方面，从日常生活的细枝末节到影响一生的重大选择。

弗洛伊德的观点

精神分析理论是由西格蒙德·弗洛伊德（Sigmund Freud，1856—1939）提出的，他是一位奥地利的内科医生，专门治疗患有精神疾病的人。他倾听患者们细数自己的梦境、幻想和不假思索的意识流，并建构了一个详尽的、多层次的理论。

工作中的弗洛伊德 弗洛伊德除了是世界上第一位精神分析学家，还是一位多产的作家。他的许多论文和案例论述，主要是对患者症状与性冲动的描述，使精神分析观在20世纪的大部分时间里占据统治地位。

根据弗洛伊德的观点，生命最初6年的发展分为三个阶段，每个阶段以产生性的兴趣和快感的特定身体部位为特征。弗洛伊德的儿童期性欲理论是精神分析理论最初被拒绝的原因之一，因为维多利亚时期的人们深信另一种相反的理论，即儿童是无辜的、无性欲的，即使是成年以后的性欲也是可耻的。

根据弗洛伊德的观点，身体的性欲部位在婴儿期是口腔，这个时期即为*口唇期*；在幼儿期是肛门，即*肛门期*；在上学前的几年里是男性生殖器，即*性器期*，男生因此而感到骄傲和恐惧，女生因此悲伤和嫉妒。然后，经过一段平静的时期，即*潜伏期*。伴随着性特征发育，青春期时的*生殖期*到来，一直持续到成年（表2.1描述了弗洛伊德理论中的各个阶段）。

弗洛伊德认为，感官的满足（来自口腔、肛门、生殖器的刺激）与主要发展阶段、需要以及挑战联系在一起。比如在口唇期，吮吸不仅可以获得营养，还可以获得快感以及对母亲的依恋。成年期的接吻就是口唇期的一种残留。接下来，在肛门期，快感来自自我控制（最初是排便和如厕训练），等等。

弗洛伊德最有影响的观点之一是，每一个发

表 2.1 弗洛伊德的性心理阶段与埃里克森的心理社会性发展阶段的比较

大致年龄	弗洛伊德（性心理）	埃里克森（心理社会性）
出生到 1 岁	**口唇期** 婴儿的嘴唇、舌头、牙龈是产生愉悦感觉的主要部位，吮吸和喂养是最刺激的活动。	**信任对不信任** 婴儿或者相信他人会满足他们的基本需要，包括对食物、温暖、清洁以及身体接触的需要，或者发展出对他人关心的不信任。
1—3 岁	**肛门期** 婴儿的肛门是产生愉悦感觉的主要部位，如厕训练是这个时期最重要的活动。	**自主对羞愧与怀疑** 幼儿或者变得可以自己做很多事情，比如如厕、吃饭、走路、探索以及谈话，或者怀疑自己的能力。
3—6 岁	**性器期** 阴茎，或称性器官，是最重要的身体部位，性器官的刺激衍生出快感。男孩子骄傲于自己的性器官，女孩子奇怪自己为什么没有它。	**主动对内疚** 幼儿或者尝试像成人一样进行许多种活动，或者将父母设定的限制和禁令内化。他们要么喜欢冒险，要么感到内疚。
6—11 岁	**潜伏期** 潜伏期并不是性心理发展的主要阶段，而是相当于一段插曲。性需求很平静，身体能量流向运动、学业和友谊。	**勤奋对自卑** 儿童忙于练习而掌握新的技能，反之则感到自卑、什么事都做不好。
青春期	**生殖期** 生殖器成为快感区，年轻人从与异性关系中寻求性刺激和性满足。	**同一性对角色混乱** 青少年自我探索“我是谁”。他们建立起性别、政治、宗教以及职业的身份认同，反之则对自己的角色感到混乱迷茫。
成年期	弗洛伊德认为，生殖期贯穿整个成年期。他还说，健康生活的目标是“爱和工作”。	**亲密对疏离** 成年初期，人们寻求伴侣关系和爱，反之则疏远他人、害怕被拒绝。 **繁殖对停滞** 成年中期，人们通过工作、创造性活动和育儿来为后代做出贡献，反之感到停滞不前，无法发展。 **完整对绝望** 成年晚期，人们试图找到自己生命的意义，或者视生命为一个有意义的整体，或者对没有达成的目标感到失望。

奇怪的还是正常的？ 在这里，奇怪的并不是咬东西的婴儿，而是这个金属架，或者是弗洛伊德对口唇期的解释。任何了解婴儿的人都知道，他们会用嘴去碰触任何能碰到的东西。

展阶段都有它自己的潜在冲突。比如，当妈妈试图给口唇期的婴儿断奶，或者当父母试图控制生殖期的青少年的性兴趣时，冲突就会发生。根据弗洛伊德的观点，如何经历并解决这些冲突决定了个人终生的人格，因为“早期发展阶段为成年的行为提供了一个基础”（Salkind，2014，p.124）。

弗洛伊德并不认为在青春期后还有新的发展阶段，相反，他认为成年的人格与习惯受早期发展阶段的影响。植根于生命早期的无意识冲突可能在成年的行为中显现出来，比如，吸烟（口唇期）、保持房子整洁有序（肛门期）或爱上年长很多的伴侣（性器期）。

对于所有人，精神分析理论力主一个论点，即童年时期的幻想和记忆具有强大的终生影响力，特别是对性驱力（弗洛伊德称之为力比多）的影响。如果你曾经好奇为什么相爱的人会称对方为“宝贝”，或者为什么很多人找到的伴侣很像他们的母亲或父亲，弗洛伊德的理论则提供了一种解释。亲子关系的影子会出现在其后的所有人际关系中。

埃里克森的观点

很多弗洛伊德的追随者自己也成了著名的理论家。他们承认无意识以及童年早期经验的重要性，但也各自扩展和修正了弗洛伊德的理论。其中之一就是埃里克森（Erik Erikson，1902—1994），他提出了一个至今仍然备受推崇的综合性发展理论。

埃里克森的母亲在怀他的时候，独自坐火车离开了自己的祖国丹麦，来到了德国，后来在德国与给埃里克森看病的儿科医生结了婚。在接受了传统的德国教育之后，初成年的埃里克森离开德国，像当时的很多艺术青年一样，在意大利游荡了几年。他在决定安顿下来的时候，做了一名艺术教师。他的学生的家长们都是弗洛伊德的病人，专程到维也纳接受精神分析。他结识并娶了一位加拿大女性，并在第二次世界大战爆发前夕逃至美国。他个人的气质、早年游历以及他对哈佛大学学生的研究、对波士顿儿童游戏的研究、对苏族（Sioux）和尤洛克（Yorok）印第安人抚养儿童的研究，都使他十分强调文化的多样性、社会的变迁以及一生之中的心理危机（Erikson，1969）。

埃里克森描述了八个发展阶段，每个阶段都以一个特别的挑战或*发展危机*（如表 2.1 所总结的）为特征。尽管埃里克森给每个发展危机的两个极端命名了，但是他承认，有很多表现处于两个极端之间的广阔区域里。对绝大多数人来说，在各个阶段的发展结果并不是处于某个极端，而是介于二者之间的一些表现。

给教师的问题 你们幼儿园的小朋友们很爱说话而且好动，他们很难安静地坐下来听你说话。对此，埃里克森会给出什么建议呢？（答复见第 37 页）

比如，在*主动对内疚阶段*，3—6 岁的儿童会做一些超出其父母和文化所设限制的事情。他们会猛地跃入游泳池，穿的裤子前后反转，按自己的配方做蛋糕，独自出门遛弯儿。这些独立行动的努力会使儿童产生自豪感或者失败感。如果成人批评得过多或者社会规范过于严苛，会使儿童产生终生的内疚感。多数成人都处于特立独行和毁灭性内疚这两个极端之间，取决于他们童年早期的经历。

埃里克·埃里克森 在生命最初的 30 年里，由于频繁辗转于多个国家、多个学校和多个职业，埃里克森从未融入某个当地社区。然后他遇见了乔安。在婚后最初的 50 年里，他们养儿育女，著书立说。如果他在 73 岁而不是 40 多岁的时候发表他的理论，他还会将生命描述为一系列发展危机吗？

如表 2.1 所示，埃里克森的前五个发展阶段与弗洛伊德的发展阶段联系得非常紧密。像弗洛伊德一样，埃里克森也认为成年阶段的问题反映了未解决的童年期冲突。比如，一个难以与生活伴侣建立安全、亲密关系的人可能是因为没能解决其婴儿早期的第一个危机——信任对不信任。或者到了成年晚期，一个老人总是口无遮拦，而另一个老人对什么都闭口不谈，因为他们从两个相反的方向解决了主动对内疚阶段的危机。然而，埃里克森的理论在两个重要的方面与弗洛伊德有显著不同：

1. 埃里克森的发展阶段强调家庭与文化，而不是性的驱动。
2. 埃里克森认同成年期的发展，将青春期之后的发展分为三个阶段。

行为主义理论：条件反射与社会学习

第二个大理论产生于与精神分析的无意识观点的正面对抗。华生（John B. Watson，1878—1958）争辩说，如果心理学要成为一门真正的科学，心理学家应该只检验他们可以看到和测量的行为，而不是非理性的想法或者隐蔽的欲望。用他的话说：

“我们为什么不把可以观察的东西作为心理学真正的研究领域呢？让我们把自己限定在那些可以被观察的事物上，然后仅围绕这些事物制定规则……我们可以观察行为——生物体做了什么或说了什么。”

（Watson，1924/1988，p.6）

一位早期的行为主义者 约翰·华生是学习理论的创始人。他的思想至今仍然既有影响又有争议。

根据华生的观点，如果心理学家关注行为，他们就会发现任何事情都是可以学习的。他写道：

“给我一打健康完好的婴儿，一个由我自己定制的世界供他们成长，我保证可以从中随机选出任意一个婴儿，将他训练成为任意类型的专家——医生、律师、艺术家、商业领袖，甚至可以是乞丐和小偷，无论他的天赋、偏好、习性、能力、职业以及祖先的种族。”

（Watson，1924/1988，p.6）

其他一些心理学家（尤其是在美国的）也同意他的观点。他们建立起**行为主义**来客观地、科学地研究真实的行为。行为主义也被称为学习理论，因为它描述了人们如何学习——一点点地养成习惯。对于任何年龄的任何人来说，行为主义所描述的规律都说明了简单的行为与环境的反馈如何变成复杂的能力，比如读书或者找到一份新工作。

行为主义者认为发展不是阶段性的，而是日积月累的：一个人学习说话、阅读以及其他事情的过程是一步一步进行的。行为主义者们研究**条件反射**的规律，即反应与特定刺激之间建立联系的过程。在20世纪上半叶，行为主义者们只描述了两种条件反射的规律：经典条件反射和操作性条件反射。

>> 答复教师（问题见第36页） 埃里克森会指出，5岁儿童的行为受他们所处的发展阶段和文化的影响。因此，你可以设计一个适合于爱动的、吵闹的孩子们的课程表。

经典条件反射

一个世纪前，俄国科学家巴甫洛夫（Ivan Pavlov，1849—1936）因在动物消化方面的研究而获得诺贝尔奖。此后，他开始检验刺激与反应之间的联系。在研究唾液的时候，巴甫洛夫发现，他的实验狗不仅会因食物的香味而流口水，最后还会因送食物的人的脚步声而流口水。这一发现促使巴甫洛夫做了一个著名的实验：让狗产生条件反射，一听到一个特定的声音就流口水。

巴甫洛夫先在拿出食物之前发出一种声音，多次呈现“声音—食物”的序列之后，狗开始一听到这个声音就流口水；即使最终没有食物，也一样流口水。这个简单的实验说明了**经典条件反射**（也称为反应性条件反射）的过程。

与弗洛伊德同时代的人 巴甫洛夫是一位生理学家，1904年因其对消化过程的研究获得了诺贝尔奖。也就是这一系列的研究引导他发现了经典条件反射作用，他在研究狗的唾液反射时洞察了学习过程的本质。

观察力测验 巴甫洛夫和弗洛伊德在外表上有哪些相似之处？他们跟其他心理学家的照片又有哪些不同？（答案见第38页）

在经典条件反射中，人或动物学习将一个中性的刺激与一个有意义刺激联系起来，直到逐渐对中性刺激和有意义刺激做出同样的反应。在巴甫洛夫最初的实验中，实验狗把某种语音（中性刺激）与食物（有意义刺激）联结在了一起，并最终像对食物本身的反应一样应答语音刺激。这种对语音（不再是中性刺激，而是变成了条件刺激）的条件反应是学习过程发生的证据。

在行为主义者看来，生命发展过程中有许多经典条件反射的例子：婴儿之所以学会了对父母笑，是因为他们将父母与食物和游戏联系起来了；幼儿如果一次又一次地被交通噪声吓到，就会变得对繁忙的街道感到恐惧；大学生是喜欢还是害怕坐在教室里，取决于过去的学校经历；成人迈进一家医院时是感到终于放心了还是感到恐惧，取决于在以往经验中与医院建立的联系。

经典条件反射的一个典型例子是白大褂综合征，即过去与医护人员接触的经历导致令人感到恐惧的条件反射。出于这个原因，当由穿白大褂的人为其测量血压时，血压会比在正常情况下高。在美国 80 岁以上的人口中，有半数以上的人有白大褂综合征（Bulpitt et al.，2013）。现在，很多护士会穿彩色外套，很多医生也会着日常服装上班，以避免引发病人的条件反射性焦虑。

给教师的问题　对于学前班儿童好动、吵闹的问题，行为主义者会提出什么建议？（答复见第 41 页）

操作性条件反射

行为主义在北美最有影响力的代表人物是斯金纳（B. F. Skinner，1904—1990）。斯金纳认同心理学应该是聚焦于行为的科学。他的著名贡献是发现了另一种条件反射作用——**操作性条件反射**（也称为工具性条件反射）。动物（或人）做出某种行为，然后某事随之发生。如果随之而来的后果是愉悦的，动物就倾向于重复这个行为；如果随之而来的后果是不愉快的，动物可能就不会重复该行为了。通常，只有在多次重复伴有一定后果的行为之后，学习才发生。

令人愉悦的后果有时被称为奖励，但是行为主义者不用这个词，因为被其他人称为“惩罚”的东西实际上可能也是一种奖励，反之亦然。比如，父母们以为不给孩子甜点、打孩子屁股、禁止孩子玩耍或严厉说教是对孩子的惩罚。但是某个孩子可能并不喜欢甜点，所以剥夺甜点对其不是一种惩罚；也有的孩子可能不太在意挨打，特别是当挨打成了他获得父母关注的唯一机会时，蓄意得到的惩罚就是一种奖励。

同样，教师有时候会把表现不好的学生请出教室，甚至让他们退学。但是，如果一个孩子憎恨老师，让他离开教室则对他是一种奖励。实际上，关于学校纪律的研究发现，包括勒令退学在内的一些措施反而会加重学生以后的不良行为（Osher et al.，2010）。要想制止不良行为，更加有效的做法是鼓励好的行为并抓住个体的闪光点。要想真正检验一个结果是奖励还是惩罚，要看它对个体未来行为的影响，而不是它原本被设定为奖励还是惩罚。一个孩子或一个成人之所以重复某个错误的行为，可能就是因为在第一次犯错的时候得到了强化而不是惩罚。

斯金纳　斯金纳最著名的实验是关于大鼠和鸽子的，但他也将自己的知识拓展到了人类行为领域。他给自己的女儿设计了一个带玻璃罩的婴儿床，里面的温度、湿度和知觉刺激都是可控的，从而使女儿待在婴儿床里感到舒适且有教育性。当女儿开始尝试说话时，他会用微笑和词语、情感以及其他积极的强化来回应和鼓励她。

>>观察力测验（第 37 页）的答案　他们都秃顶、蓄白胡须。在本章中介绍的其他理论家们都没有胡须，这反映了时代的差异，而非思想的差异。

使特定行为的频率或强度增加的行为结果被称为强化物，这个过程称为**强化**（Skinner，1953）。按照行为主义的观点，几乎所有的日常行为，从说“早上好”到赚取薪水，都可以被理解为之前强化的结果，尽管其中的规律难以明晰。

问题在于，有关条件反射的研究发现，个体在反应上的差异很大，就像以前提到的打屁股一样。再比如，一项针对儿童身体活动（玩游戏、运动等）的纵向研究发现，对于男孩来说，爸爸的鼓励尤其重要；而对于女孩来说，爸爸的强化虽然有用，但是妈妈以身作则的影响力更大（Cleland et al.，2011）。

社会学习

在上一个例子中，父亲与母亲的重要性引发了另一种洞察。最初，行为主义者们认为所有的行为都源自一连串习得的反应，要么是一个刺激与另一个刺激之间建立连接（经典条件反射）的结果，要么是过去的强化（操作性条件反射）的结果。很多研究表明，这两个过程（经典条件反射和操作性条件反射）都会发生。然而人类是有社会性的、主动的，不仅仅是被动地做出反应。“人的行为作用于环境。在一种社会嵌入式（socially embedded）的相互影响中，人们创造环境，保存环境，改造环境，甚至破坏环境……而不是仅仅对自己的直接体验做出反应。”（Bandura，2006，p. 167）

这种社会中的相互影响是**社会学习理论**（见表 2.2）的基础。这一理论认为，人类有时不经过个体强化也可以学习。这种学习经常通过**榜样学习**实现，即人们重复他们所看到的别人的行为（也称为观察学习）。榜样学习不是简单的模仿，每一个角色榜样都不是等同的。实际上，人们只会将在某种环境下某些人的某些行为当作榜样。

仍在进行社会学习　班杜拉 80 岁的时候仍然在斯坦福大学任教。原因之一自然是他的同事们尊敬他，还有一个原因是作为社会学习的倡导者，他认为自己仍然可以影响很多人。而社会互动也是社会学习理论的核心。

表 2.2　三种学习类型

行为主义也被称为学习理论，因为它强调学习的过程

学习类型	学习过程	结果
经典条件反射	学习通过建立联结而发生。	中性刺激引发条件反射。
操作性条件反射	学习通过强化与惩罚而发生。	弱的或罕见的反应变成强的、频繁的反应，或者在惩罚的作用下变得几乎消失了。
社会学习	学习通过模仿他人而发生。	可观察的行为变成被模仿的行为。

举个社会学习的例子。你可能认识一些人在童年时期看到过自己的父母打架。这些人中的一部分人会虐待自己的伴侣，另一部分人则小心翼翼地避免婚姻中的冲突。这两种反应看起来是完全不同的，但它们都是童年时期观察得来的社会学习的结果，一个观察到虐待的好处，另一个注意到痛楚。还有一些人看起来并没有受到父母过去打架的影响，这可能是由于敏感性的差别（在第一章中有所解释）。

通常，当观察者不确定或没有经验（这就解释了为什么童年时期的榜样作用最强）而且榜样是观察者所钦佩的人、强大的人、养育自己的人或与观察者相似的人时，最可能产生榜样作用（Bandura，1986，1987）。

社会学习在成年期也很常见。如果你的讲话方式、发型或者所选的鞋子跟那些名人相似，可以问问自己这是为什么？是因为钦佩？相似？流行的时尚与潮流在青春期和成年早期的年轻人身上表现得最为明显，因为他们希望将自己与父辈区别开来，但是又不确定应该如何打扮与行事。

认知理论：皮亚杰与信息加工

社会科学家们所称的“认知革命”大约发生在 20 世纪 80 年代。彼时，认知研究取代了精神分

析和行为主义的研究与治疗，成了新的关注点。根据**认知理论**，思想与期望深远地影响着人的态度、信念、价值观、设想以及行动。

这场革命是人们日益意识到认知（一个描述思维的术语）的力量的结果。思想、教育和语言被认为是认知的一个组成部分。认知理论在心理学中占据主导地位已数十年，俨然成了一个大理论。

皮亚杰的发展阶段

第一位重要的认知理论家是瑞士科学家让·皮亚杰（Jean Piaget，1896—1980），其教育背景是生物学，专攻甲壳类生物，这个背景使他的观察精于细节。他曾应聘将一个智商测验标准化，所用方法是记录对于测验中的每一道题，什么年龄的儿童可以给出正确回答。这是他对人类思维产生兴趣的契机。

引起他注意的是孩子们给出的错误答案。皮亚杰得出一个结论：孩子们*如何*思考比他们知道什么更值得探究。

在20世纪20年代，绝大多数科学家认为婴儿不能思考。但是皮亚杰通过对自己的三个孩子的科学观察发现，婴儿是有好奇心和想法的。后来他研究了数百个学龄儿童，由此建构了认知理论的中心论点：儿童的思考方式随时间和经历而变化，并且他们的思维过程会影响他们的行为。按照认知理论的观点，要理解人类，必须理解思维。

你愿意跟这个人聊天吗？　孩子们喜欢跟皮亚杰说话，而他则在认真倾听中学习。他特别注意听孩子们的那些不准确的解释，之前没有人特别关注过这些。皮亚杰将一生都倾注于研究儿童如何思考。他自称“发生认识论者”，即研究儿童在成长过程中如何获得关于世界的知识的人。

皮亚杰主张认知发展有四个与年龄相关的阶段：*感觉运动阶段*、*前运算阶段*、*具体运算阶段*和*形式运算阶段*（见表2.3）。每个阶段培养特定的认知过程，比如，婴儿通过他们的感知觉来思考，童年中期没有抽象逻辑，但是青春期可能就有了（Inhelder & Piaget，1958；Piaget，1952b）。

（a）

（b）

（c）

对花的想法　个人所处的认知发展阶段影响其如何思考所有事情，包括花。（a）对于一个处在感觉运动阶段的婴儿来说，花是通过拉扯、嗅闻甚至牙咬来“认识”的。（b）处在具体运算阶段的孩子们更有逻辑性一些。图中的女孩可以理解花的成长需要阳光、水和时间。（c）在成人的形式运算阶段，花可以是更大、更有逻辑的图式的一部分，比如一边培育美丽的花，一边挣钱。正如这三幅图片所表现的那样，思维终生都是一个积极主动的过程。

表 2.3 皮亚杰的认知发展阶段

	阶段名称	该阶段的特征	该阶段的主要收获
出生到 2 岁	感觉运动阶段	婴儿利用感觉和运动的能力去理解世界。学习是主动的，没有反馈。	婴儿知道，当物体不在视线之内时，它依然存在（客体永久性），并且开始通过心智行动来思考。
2—6 岁	前运算阶段	儿童通过语言符号进行思考，因而他们是自我中心的，总是从自己的角度来感知。	想象力爆发，语言成为表达自我和发挥社会影响的重要手段。
6—11 岁	具体运算阶段	儿童理解并应用逻辑。思维局限于直接经验。	通过使用逻辑，儿童可掌握守恒、数值、类别以及其他很多科学概念。
12 岁到成年	形式运算阶段	青少年和成人可使用抽象的、假设性的概念。他们可以进行分析，而不是只靠情绪反应。	随着抽象逻辑推理的使用，青少年与成人变得对伦理、法律以及社会与道德问题感兴趣。

>> 答复教师（问题见第 38 页） 行为主义者认为，任何人都可以学习任何事。如果你的目标是让孩子们安静、专注，可从强化某一个时刻或某一个安静的孩子开始。很快，所有孩子都会努力保持一次为时几分钟的专注。

皮亚杰发现，智力的提升缘于人们在每一个阶段都会寻求**认知平衡**——一种心理上的平衡状态。达到这种平衡最简单的办法就是从已有的观点出发去解读新的经验。比如，婴儿用抓握熟悉物体的方式抓握新的物体；儿童解读父母行为的前提是，认为成人的思维方式与他们自己的相同，而成人也是这样来解读儿童行为的。

然而，达到认知平衡未必容易。有时，一个新的经验或问题与以往很不相同、难以理解，个体就会出现**认知失衡**，继而产生混乱。如图 2.1 所示，如果人们能够调整自己的思维，失衡就可以引发认知成长。皮亚杰描述了两种类型的认知适应：

- **同化**：新的经验被重新解读，使之符合或接近旧的观点。
- **顺应**：旧的观点被重构，使其涵盖或适用于新的经验。

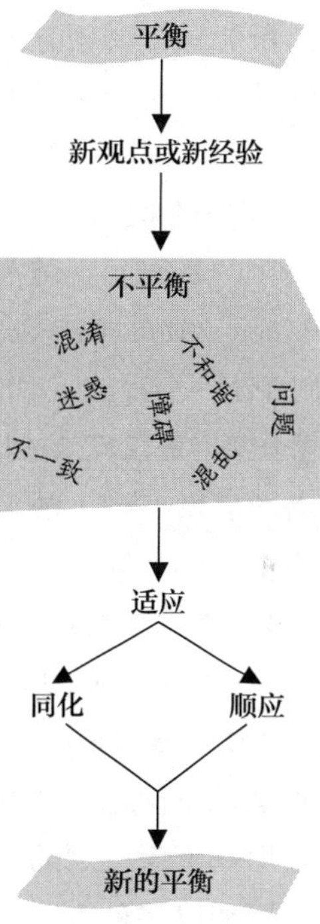

图 2.1

挑战自己 我们大多数人在大多数时候更喜欢舒适地遵循惯有结论。但是根据皮亚杰的观点，当新的观念干扰到我们的思考时，我们就有机会用更深更广的理解去扩展自己的认知。

顺应比同化更难实现，但是它会产生智力的提升。比如，如果一个朋友的问题揭露了你旧有观点之间的不一致，或者你爱用的象棋策略令自己被将死，或者你妈妈说了一件完全出乎你意料的事，失衡就发生了。在最后一种情况下，你可能会采取同化，即认定你妈妈的意思不是你听到的那样。你可能会告诉自己，她只是复述了她读到的某个故事，或者是你听错了。但是，如果不是这样，你就会改变自己对于妈妈的看法，来顺应一种新的、扩展了的理解，智力的提升就可能发生。

在理想情况下，当两个人的意见有分歧或者他们说的话让彼此惊讶时，同化是相互的。比如，当父母被孩子的想法吓了一跳时，父母可能会修正自己对孩子的认识，甚至会顺应新的认知。如果双方进行一次坦诚的讨论，孩子可能也会发生顺应。认知发展是一个动态的过程，有赖于需要引入新思维的思想碰撞。

信息加工

皮亚杰因发现了人们的假设和感知对发展的影响而著称，这一观点如今已经被绝大多数社会科学家接受。但是，很多人认为，皮亚杰的理论是有局限性的。神经科学、跨文化研究以及对认知逐步深入的理解揭示了这种局限性。

正如一位尊崇他的学者所说，皮亚杰的主张“太狭隘又太宽泛”（Hopkins，2011，p. 35）。狭隘之处在于，他关注人们对物质世界的理解，却忽略了一个事实：人们可能只在物理、生物、数学方面领先，而在思维的其他方面却未必那么超前。过于宽泛体现在他描述发展阶段时，忽略了思维的不间断的多变性。与皮亚杰的观点相反，“如今，智力更被看作一个模块化的系统而不是一个一般智力的整体系统”（Hopkins，2011，p.35）。

在这里，我们介绍一个较新版本的认知理论——**信息加工理论**，这个理论是在复杂的计算机输入、运算、记忆以及输出的启发下产生的。如果用这种模式来理解，就像这个理论所描述的那样，我们整个成年期遇到的所有变化都在影响着我们的思维。

信息加工是“一个以大量的研究项目为特点的框架”（Miller，2011，p.266）。不同于皮亚杰仅仅阐释婴儿和儿童的反应，这个认知理论聚焦于思维的过程，即在做出一个反应之前头脑是如何运作的，以及一个反应可能以多种方式发生。信息加工理论的底层基础是，过程的细微之处阐明了结果的特别之处。

在信息加工科学家看来，认知始于五官采集到的输入，进入大脑产生反应、连接和记忆储存，并以某种形式的输出作为结束。对于婴儿来说，输出包括挥一下手臂，发出一个声音，或者对一个刺激的凝视时间比对其他刺激多几分之几秒。对于成人来说，研究者探究的不仅仅是语言，还有犹豫、神经活动以及身体反应（心跳、血压等）。在更灵敏的检测技术的帮助下，信息加工领域的研究已经推翻了皮亚杰的一些发现，后面的章节对此进行了阐释。

然而，认知理论的基本原则对于信息加工理论和皮亚杰的理论都是一样的，即思考是关键。例如，一个针对强迫性囤积旧物（旧纸张、塑料袋等）者的信息加工学研究发现，他们具有犹豫不定、冲动、记忆减退的特点。但是相反，神经心理学检测发现，他们的决策力、冲动性和记忆力都是正常的（Fitch & Cougle，2013）。这与认知理论相符：一个人的自我概念至关重要，因为它可通过认知影响我们的行为，认知比大脑的基本功能更具有影响力。

这种理解认知的取向还适用于其他很多问题。例如，很早以前，人们就意识到了具有注意缺陷/多动障碍（attention deficit/hyperactivity disorder，ADHD）的儿童可能在学校学习、听从父母、交朋友等方面遇到困难（不论他们是否具有多动表现）。信息加工理论引导研究者发现，患有注意缺陷/多动障碍的儿童的特定脑回路（额叶纹状体系统）功能不正常（见彩图第1页右上图）。因而，依靠解读面部表情和语调并依此理解他人情绪对他们来说比较困难（Uekermann et al.，2009）。

这意味着患有注意缺陷/多动障碍的儿童可能不知道他们父亲说的“过来”是一个生气的命令还是一个饱含爱意的提议，也不知道一个同学什么时候是有敌意的，什么时候是友善的。信息加工有助于弥补这种问题：如果特定的大脑功能得到改善，孩子们或许可以学到更多东西、更听话、交到更多朋友。

大理论的比较

这些大理论之所以一直沿用至今，是因为它们富有创造性、综合性、惊醒性。在这些理论建立之前，几乎没有人想到童年时期的经历或无意识会有这么大的影响力（精神分析），也没有人想到成人的行为缘于之前的强化（行为主义），甚至是儿童有着与成人不同的思维方式而不仅仅是缺少知识（认知理论）。

这些大理论也遭到了合理的批评，一些心理学家不认同精神分析理论，因为它不科学（Mills，2004）；不认同行为主义，因为它贬低了人类的潜能（Chein，1972/2008）；不认同认知理论，因为它剥离了影响行为的社会环境。这三大理论都强调过去的经验和思想，而不是未来的可能性（Seligman et al.，2013）。当然，它们也都反映了所处时代的历史和文化的影响（见“可视化发展”专栏）。

这些大理论所采用的研究方法也有所不同。

可视化发展

发展心理学的世纪亮点

在古希腊，柏拉图和亚里士多德等哲学家关于儿童的观点影响了后来者对儿童的思考。柏拉图认为儿童生来具有知识，而亚里士多德认为儿童是从经验中学习的。

在中国，古代科举制度是最早的测量年轻人认知的测验之一。

在中世纪的欧洲，许多成人认为，儿童是缩小版的大人。

梅米·克拉克（Mamie Clark，1917—1983）和肯尼斯·克拉克（Kenneth Clark，1914—2005）得到了资助研究童年早期的人种差异。

马斯洛（Abraham Maslow，1908—1970）出版了《动机理论》（*A Theory of Motivation*），提出了需要层次论。

第一篇描述DNA——我们的基因蓝图——的论文得以发表。

公元前400
公元前140
500
1650
1859
1885
1895
1913
1920
1923
1939
1940
1943
1950
1951
1953
1957
1961
1965
1972
1979
1984
1990
2014

发展心理学历史上的重要事件

- 欧洲的哲学家们，如**洛克**（John Locke，1632—1704）和**卢梭**（Jean Jacques Rousseau，1712—1778），辩论着孩子们是否天生就如一块白板，以及父母在抚育孩子时应该进行多少管教。
- **达尔文**（Charles Darwin，1809—1882）发表《物种起源》（*On the Origin of Species*），引发了关于什么由遗传决定、什么由环境决定的辩论。
- **弗洛伊德**（Sigmund Freud，1856—1939）发表了《歇斯底里研究》（*Studies on Hysteria*），这是奠定潜意识的重要意义的最早著作之一，是精神分析理论的开端。
- **巴甫洛夫**（Ivan Pavlov，1849—1936）开始研究狗的唾液反射。
- **华生**（John B. Watson，1878—1958）发表了《行为主义者眼中的心理学》（*Psychology as the Behaviorist Views It*）。
- **维果茨基**（Lev Vygotsky，1896—1934）提出了社会文化发展理论。
- **皮亚杰**（Jean Piaget，1896—1980）发表了《儿童语言与思维》（*The Language and Thought of the Child*）。
- **格兰特研究（Grant study）开始**，这是关于哈佛大学男性学生与波士顿低收入家庭的男孩的研究，持续了75年。
- **埃里克森**（Erik Erikson，1902—1994）扩展了弗洛伊德的理论，发表了《童年与社会》（*Childhood and Society*），将人格发展的社会方面纳入理论。
- **鲍尔比**（John Bowlby，1907—1990）发表了《母亲照料与心理健康》（*Maternal Care and Mental Health*），是他关于亲子依恋重要性的最早著作之一。
- **斯金纳**（B. F. Skinner，1904—1990）进行大鼠实验，建立条件反射理论
- **哈洛**（Harry Harlow，1905—1981）发表《幼猴的爱》（*Love in Infant Monkey*），讲述他对恒河猴依恋的研究。
- **班杜拉**（Alfred Bandura，生于1925年）进行波波玩偶（Bobo Doll）实验，引领社会学习理论的发展。
- **安斯沃斯**（Mary Ainsworth，1913—1999）开始采用“陌生情境”测量依恋。
- **新西兰但尼丁研究开始**——最早包含基因标记的纵向研究之一。
- **布朗芬布伦纳**（Uri Bronfrenbrenner，1917—2005）发表了他关于生态系统理论的著作。
- **巴尔特斯**（Paul Baltes，1939—2006）成为柏林毕生发展心理学中心主任。
- **脑成像技术**使人们可以定位与任何事情相关的脑区，无论是执行功能还是阿尔茨海默病。

主要的发展心理学理论

精神分析理论：认为通常起源于童年的潜意识驱力是人类行为的基础。

行为主义：研究可观察的人类行为，也被称为学习理论，因为它关注学习的过程。

发展的认知理论：关注人类的思维随着年龄的增长发生的变化。

人本主义：强调所有人都有自我实现的潜能。

发展的文化理论：关注文化对人类行为的影响。

信息加工理论：关注心理是如何解释对感觉输入的知觉以及记忆的储存与输出的。

进化理论：强调人类行为如何随着生物与环境的相互适应而发展的。

- 弗洛伊德和埃里克森认为，人格与行为是由无意识驱动的，并由早期经验塑造，所以他们倾听人们的梦和记忆，并且把来自过去的神话和历史的主题也包括进来。
- 与精神分析相反，行为主义强调每一个个体在生活中的实际经历，聚焦于通过联结、强化与观察而进行学习。因此，他们会从各种动物身上收集实验数据，认为从中得出的行为规律适用于所有生物，包括人类。
- 认知理论认为，要理解一个人，必须知道他是如何进行思考的。因此，皮亚杰给儿童布置智力测验任务，然后倾听他们的答案。

尽管这三个理论各不相同，但是它们都具有杰出理论的共同特点——启发性。它们也带来了更新的理论（如我们所介绍的埃里克森、班杜拉和信息加工理论），在成千上万个实验中被检验的大量假设，以及数不清的应用。“对立的观点”专栏中就提供了一个例子。

对立的观点

如厕训练——怎么训练？什么时候训练？

还记得理论具有实践性的说法吗？比如，父母们不知道要在何时对婴儿哭闹做出反应，这时有两种截然不同的建议。一些专家告诉他们，如果忽视孩子的啼哭会影响孩子今后的幸福感（精神分析学家——主张依恋为重的教养方式）。另一些专家则说，如果对每一次哭闹都予以回应，就相当于教孩子提要求，而且会把孩子惯坏（行为主义者——提倡强势的个性）。这两个理论其实都没有直接预测这么极端的后果，但是都成了争辩中双方各自的理论支持。

与此同时，认知理论试图了解婴儿哭闹的原因。它是对疼痛或饥饿的反应？还是对社交不适的表达？根据这一理论，人们只有在理解了一个行为的意图之后，方能有效地予以回应。所以，这三种理论都可以给父母们提供建议，但它们是互相冲突的。

另一个实际的例子是如厕训练。在 19 世纪，很多父母相信，为了区别于低等动物，人越早获得对身体功能的控制力越好。因此，他们在婴儿刚几个月大时就开始对其进行如厕训练（Accardo，2006）。后来，精神分析理论将出生后第一年标定为口唇期（弗洛伊德）或是以建立信任为首要任务的时期（埃里克森）。这个时期在学步儿的肛门期（弗洛伊德）或需要获得自主性的时期（埃里克森）之前。

因此，如果采纳精神分析理论，为了避免以后出现严重的人格问题，就应该推迟如厕训练。这一观点很快成为众多儿童养育手册中的内容。例如，著名的儿科医生 Barry Brazelton 为父母们写了一本畅销书，书中建议，在儿童从认知上、情感上和生理上做好准备之前，不要进行如厕训练。应该在 2 岁左右开始白天的如厕训练，3 岁左右开始训练孩子夜间不尿床。

> “我们整个社会过分热衷于让孩子早早接受如厕训练。我甚至不喜欢‘如厕训练’这个词，其实应该称之为如厕学习。”
>
> （Brazelton & Sparrow，2006，p.193）

到了 20 世纪中叶，很多美国心理学家拒绝接受精神分析理论而成了行为主义者。由于他们认为学习的主要决定因素是条件反射作用，所以一些人提出，只要父母愿意，如厕训练可以在父母想开始的时候开始，而不用等到特定的年龄。在一个应用行为主义的例子里，儿童足量饮用他们喜欢的果汁，然后坐在便盆上，由一位家长在旁边哄着。便毕，家长鼓励或者奖励他们（一个有力的强化）。根据部分行为主义者的观点，儿童（某一天）会形成条件反射，当有便意的时候，就会去寻找便盆（Azrin & Foxx，1974）。

有些西方父母对这两个理论都不买账，他们很早就开始训练孩子如厕。一个美国妈妈在孩子出生33天时就开始了如厕训练。她注意到儿子将要排便，就把他抱到坐便器上面，这样训练了6个月（Sun & Rugolotto，2004）。如此早龄地进行如厕训练受到所有大理论的批评，虽然每一个理论的批评都出自自己的视角。

行为主义者会说，是妈妈得到了训练，而不是儿子。她教会自己对儿子的身体反应敏感；当她正确解读了他的信号时，就受到了强化。精神分析学家会推测是什么使她成了一个固着于肛门期的人，她需要干净就要求她的孩子也这样做，而不考虑孩子的需要。认知理论会推测这个妈妈是怎么想的，特别是她是否对于身体的正常功能有一种不正常的恐惧。

哪个理论最好呢？互相竞争的理论和不同的教养实践使得一篇写给儿科医生的文章这样总结道：“虽然一代又一代的家庭和医生都很重视这个问题，但是直到现在仍然没有一致认可的最好方法，甚至连对‘如厕训练’的标准定义都没有。”（Howell et al.，2011，p. 262）一项对如厕训练的比较研究发现，对于年龄较长、有严重能力障碍的儿童，行为主义取向的方法是最好的，但是对于一般的小孩子，几乎每种方法都可以成功。没有哪种方法有引发明显消极情感后果的迹象（Klassen et al.，2006）。很多信息源对此的解释是，因为孩子各不相同，没有“正确的”方法，“完成训练的最佳策略仍然未知”（Colaco et at.，2013，p. 49）。

这个结论来自认知理论，认为人的假设和观点决定了行动。因此，既然北美的父母们来自多种文化，具有不同的假设，他们关于如厕训练的信念也会表现出显著的不同。当前对于儿童养育的建议也考虑了儿童自身的认知发展水平。如果儿童处于感知运动阶段，那么身体的感知和反应就是训练的中心内容。随后，当语言加入了认知系统，儿童的智力意识就会成为训练的中心。

每一种实践所内含的价值观是什么呢？精神分析理论聚焦于以后的人格，行为主义强调身体冲动的条件反射作用，认知理论则考虑儿童在智力能力上的差异和成人价值观的不同。就连“每个儿童都不一样，因而没有最好的方法”的观点，也是一个理论的衍生品。在这个问题上没有简单的答案，但是很多父母坚信某一种理论观。这也证实了本章开头所阐述的，我们都有自己的理论，有时候它非常牢固，不管我们是否意识到了它的存在。

小　结

这三个理论产生于数十年前，每一个都极有开拓性，都是综合全面又富有创造性的心理学框架，称它们为“大”理论理所当然。每一个大理论都有不同的焦点，比如情绪（精神分析理论）、行动（行为主义）和观念（认知理论）。

弗洛伊德和埃里克森认为是无意识驱力和早期经验塑造了后期的人格和行为。行为主义者强调近期的经验，并关注通过联结、强化和观察进行的学习。认知理论认为，要理解一个人，必须知道这个人如何思考，不论是在不同的发展阶段（皮亚杰），还是在大脑众多成分的成熟和架构过程中（信息加工理论）。■

>> 较新的理论

你一定注意到了，提出这些大理论的理论家（弗洛伊德、埃里克森、巴甫洛夫、斯金纳、皮亚杰）大多是100多年前出生在西欧或北美的男性科学家。这些背景变量是有局限性的。（当然，女性的、非西方的、当前的理论家们也会受限于他们的背景。）除了他们具有影响力的深刻见解，这三个大理论似乎已经不再像以前那样综合全面了，部分原因是他们的局限性越来越突出了。

新的理论已经出现。与大理论不同，它们具有多元文化性和多学科性，因此更加契合毕生发展的观点，就像第一章阐述的那样。下面介绍的第一个理论——社会文化理论——就基于教育学、人类学和历史学。第二类理论——普适性理论——可见两个脉络：起源于神学、政治学和历史学的人本主义，以及起源于考古学、动物行动学和生物学的进化心理学。

社会文化理论：维果茨基及其超越

社会文化理论核心的主题是，人类的发展取决于发展中的个体与其所处社会环境之间的动态交互作用。文化不被视为某种冲击着发展中的个体的外部事物，而是通过社会环境（第一章描述的所有的动态系统）日复一日地累加到他们的发展之中的。

社会交互作用

社会文化观的先驱是列夫·维果茨基，一位苏联心理学家，我们在第一章中曾提及他，他所引领的社会文化观已经被当下绝大多数发展理论家接纳。

维果茨基是阐述文化与教育之间的交互作用的先驱。他注意到，在他的祖国苏联（由欧裔与亚裔人构成，有很多种信仰和语言），每一个社区都会把其文化中最重要的信念和习俗教给孩子。他对很多人进行了认知能力的研究，包括有特殊需要的儿童。比如，他的研究包括农民们如何使用工具，文盲对抽象的观念怎么看，以及孩子们在学校中如何学习。在他看来，每一个人，无论是否上过学，都是在社会中更有技能和经验的人的指导下发展起来的，这些指导他们的人就是**思维学徒制**中的导师（Vygotsky，1934/1986）。

为了描述这个过程，维果茨基提出了**指导性参与**的概念，这是父母、老师乃至整个社会把他们的文化所期望的技能与习俗教给新人的方法。导师指导学生（或称为学徒）参与到活动中，不仅指导学生，还和他们一起“共同参与一些广泛普及的文化活动，这些活动对学习非常重要，比如叙事、日常程序性生活和游戏”（Rogoff，2003，p.285）。主动的学徒过程是社会文化理论的核心概念，因为每一个人的学习都依赖于他人。指导性参与的过程是非正式的、普遍存在的、社会性的。

例如，我的一个学生带着年幼的儿子来到我的办公室，她儿子紧盯着我的糖果盘，但是并没有动手拿糖果。

“如果你不反对，可以让他拿一颗糖果。”我悄悄地跟他妈妈说。

她点点头，告诉儿子：“伯格博士要请你吃一颗糖。”

他羞涩地笑了，迅速拿了一颗。

“你要怎么说？”她进一步问。

“谢谢你。”他回答，用眼角余光看了我一眼。

“不客气。”我说。

在那个片刻，我们三个人都参与了一次文化交流。我们被文化传统与文化活动包围着，包括我作为教授的权威和我有一间办公室、一个糖果盘（我从我的一个老师那里学到的社会习俗）的事实。我服从于那位母亲的直接权威，这在我的文化中是正确的做法；那位母亲教育她的儿子要有礼貌而且听话，这在她的文化中是正确的做法。作为一个学徒，这个男孩需要被人提醒说“谢谢”。我也引导了他，比如，我告诉他可以吃一颗糖（一举鼓励了数字、权威和适度这三种学习）。尽管具体细节各有不同，但是所有的成人都在把他们的社会和文化所期待的技能教给孩子。

根据社会文化理论家的观点，所有的文化模式和信念都是社会建构，不是自然法则。这些理论家发现，习俗强大到可以塑造每一个人的发展历程。他们也发现，有一些假设需要转变才能使人更健康地发展。维果茨基很看重这一点，他认为患有心理或身体障碍的孩子应该得到教育（Vygotsky，1925/1994）。这个文化信念在美国已经成了法律，但在其他很多国家还没有被接受。

最近发展区

根据社会文化理论，无论人们是学习一项手工技能、一种社会习俗还是一门语言，所有的学习都是社会性的。作为思维学徒制的一部分，一位导师（父母、同伴或专业人士）要去寻找学徒的最近发展区，也就是学徒最有可能（最接近）获得、但在没有帮助的条件下尚不能掌握的技能、知识和概念。

通过对学徒的敏感性评估，导师将学徒带入这个区域。在师徒共同的“合作建构过程”中，学徒获得新的知识（Valsiner，2006）。导师必须避免两个相反的危险：无聊与失败。有些挫败感是可以的，但是学徒必须积极主动地参与，不能消极被动，也不能受到过度打击（见图 2.2）。

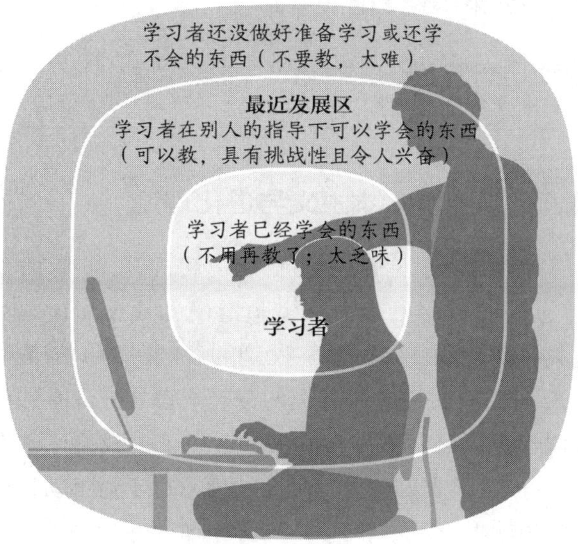

图 2.2

神奇的中间区　介于乏味和不可能之间的那块地方，就是最近发展区。在这个区域，导师与学徒的相互作用导致学徒学会那些过去从未被理解的知识或尚未掌握的技能被习得。在这个区域产生的智力的兴奋是指导与学习所带来的快乐的源泉。

家庭学校　阅读和数学课堂上的学业成就测验可能会将实践技能排挤在外，比如，如何在擀面杖上施加恰当的压力。这个男孩是幸运的，他的妈妈指导他学会了做家务。他也在正常的学校学习了其他技能。

为了让这个看似抽象的过程更加具体，来看一个例子：一位父亲教女儿骑自行车。开始时他推着她前行，一边支撑着车使其不倒，一边告诉她把手放在车把上、有节奏地蹬左右脚踏板、眼观前方。看到她渐渐舒服和自信起来后，他开始加速向前推，并表扬女儿蹬车稳定。只需这样上几次课，他就可以只扶着车把在她旁边跑步跟着了。当他感觉她可以把握平衡时，就会催她蹬得快一些，同时从车把上松开手。也许，这时她自己都没有意识到，她已经是自己在骑车了。

注意，这种指导并没有事先设定好的规则或强化。社会文化的学习是主动的：没有人通过读记文字说明来学习骑自行车，也没有哪个好老师会仅仅简单重复一堂备好的课。因为每一个学习者都有自己的个性特质、经验和目标，教育必须是个性化的。学习风格是多样的：有些人需要更多的肯定，有些人擅长在看中学，有些人擅长在听中学。导师必须去感知学生什么时候需要支持、什么时候需要自由，以及同伴们可以提供什么帮助（他们可能是最好的导师）。技能娴熟的导师知道最近发展区什么时候扩展了和移动了。

走入并穿越最近发展区，对我们所有人来说，就像小男孩被提示要说“谢谢”和小女孩学习在自行车上保持平衡一样，是司空见惯的事。例子随处可见。在美国的上千个科学博物馆中，孩子们提出无数个问题，成人们则引导他们获得科学知识（Haden，2010）。理疗师也会根据病人的情况和周围的环境定制练习方案。比如，当理疗师为重症监护病人治疗的时候，他们不仅要考虑病情，还要考虑重症监护室的文化（Pawlik & Kress，2013）。

通常，导师会根据学习者不断变化的能力和动机，不断地促发新的能力水平，是下一个发展水平，而不是高到天上的水平。对他们而言，学徒们提出问题、表现出兴趣以及展示出进步，就是对导师们的引导和激励。当教育活动进展良好的时候，导师和学徒都能在最近发展区内全神投入并富有成效。具体的技能和教学过程千差万别，但是总的相互作用是相同的。

将文化纳入考量

社会文化观令当代的科学家们在每一个研究中都将社会环境纳入考量。早期的理论家和研究者因为没有这样做而受到批评。这个新的理论观不仅考虑了国家之间的不同，还考虑了地区之间、同辈群体之间、民族群体之间等的不同。这样的考量引发了大量激发人们兴趣的发现，下文中有所介绍。在这里，我们简单呈现其中的一小部分：

- 背景效果：就读于多民族学校的孩子相较于其他孩子较少有民族偏见（Killen et al.，2010）。
- 在成人中，对同性婚姻的接纳度近年来有所提高。这一新态度在所有同辈群体中都存在（见前一章中的图 1.4），但在某些同辈群体中更为明显。最常见的解释是社会文化观的：很多人说他们认识同性恋者，这使他们改变了看法。当然，越来越多的男同性恋者和女同性恋者公开了性取向，这本身就是一个社会文化现象（Pew，2013）。
- 美国老人住养老院的比例下降了（65 岁以上老人住养老院的比例低于 4%），这也反映了一种社会文化的变迁。
- 文化之间的区别不仅在于价值观的不同，也表现在对价值观的坚持是严格还是松懈上。在接纳不墨守成规的另类分子的文化中，人们认为自己是有创造力的、包容的；而其他文化的人则认为他们是不严谨的、过于宽容的（Gelfand，2012）。

最后，需要根据每个人的不同来考量文化的影响，因为每一个个体在拒绝或改变他人的时候也都参与了文化的某些方面。请看下面这两姐妹的例子。

> “当治安员用木头手杖叩响乔娜父母家的门，寻找应该被送去上学的孩子时，她的父母把他们的孩子们藏到门内的木头床底下，然后告诉治安员们这里没有孩子。但是乔娜具有反抗精神的妹妹苏珊娜从床下钻出来，高喊着‘我要去上学’。”
>
> （Rogoff，2011，p.5）

这两姐妹讲着同样的语言，成长于同一个部落（危地马拉圣佩德罗的玛雅部落）文化之中，却遵循着截然不同的文化路径。后来，苏珊娜拒绝了包办婚姻，搬到了附近城镇，而她的姐姐嫁给了一个自己不喜欢的男人，在她童年家园的旁边度过了一生。文化塑造了每一个人，但是每一个人会用不同的方式来体验文化。

给收养家庭的问题 遗传的重要性是否意味着，收养儿童不能与非亲生的养育者建立牢固的纽带？（答复见第 49 页）

普适性观点：人本主义与进化理论

没有任何发展学家质疑“每个人都是独特的”。但是很多社会科学家争辩说，社会文化观对差异（文化的、民族的、性别的、经济的）的关注描绘了我们在理解发展上的分裂。再者，没有任何发展学家质疑“非人类的动物可以帮助我们了解人类”，但是很多人认为，早期的理论过于倚重动物性的欲望和本能，忽略了人类发展特有的一些方面。

普适性理论认为，所有人都有同样的冲动和动机，这些冲动和动机的表现方式是其他绝大多数动物无法做到的。许多发展理论都清楚地表达了一种普适性观点，尽管每一种理论的表达方式不同，但是它们都力主人和人之间是相似的。

在这里，我们将介绍这类观点中最著名的两个理论：人本主义和进化理论。这两个理论看似相反：人本主义强调人类努力达到的较高层次，而进化理论则是以最简单的本能为起点的。但是最近有一些学者发现，这两个理论有很多相似之处，尤其是“人类动机的层次”（人本主义）可以“稳稳地定锚于现代进化理论的基岩之上”（Kendrik et al., 2010，p.292.）。

人本主义

很多科学家相信，人类的精神中有一种充满希望和统一力量的、高尚的东西，这种东西被精神分析理论（强调自私的本我和童年时期的性欲）和行为主义（似乎忽略了人的自由意志）忽视了。在两个美国人眼里，这两个主要理论的缺陷尤为突出。这两个人是马斯洛（Abraham Maslow，1908—1970）和罗杰斯（Carl Rogers，1902—1987），他们都虔诚地信奉宗教。他们目睹了经济大萧条和两次世界大战，认为传统的心理学理论由于关注罪恶而不是美好，而低估了人类的潜能。他们建立了一个被称为**人本主义**的理论，该理论在第二次世界大战之后开始显赫，成千上万的人阅读了马斯洛的《存在心理学探索》（*Toward a Psychology of Being*，1962/1998）和罗杰斯的《论人的成长》（*On Becoming a Person*，1961/2004）。

希望与笑容　马斯洛在研究心理学之前研究的是法律，他喜欢与从纳粹欧洲逃脱的精神分析理论家们进行深入探讨。尽管如此，他相信人类的精神可以战胜压迫，抵达充满诚实、希望和幽默的自我实现。

马斯洛的需要层次

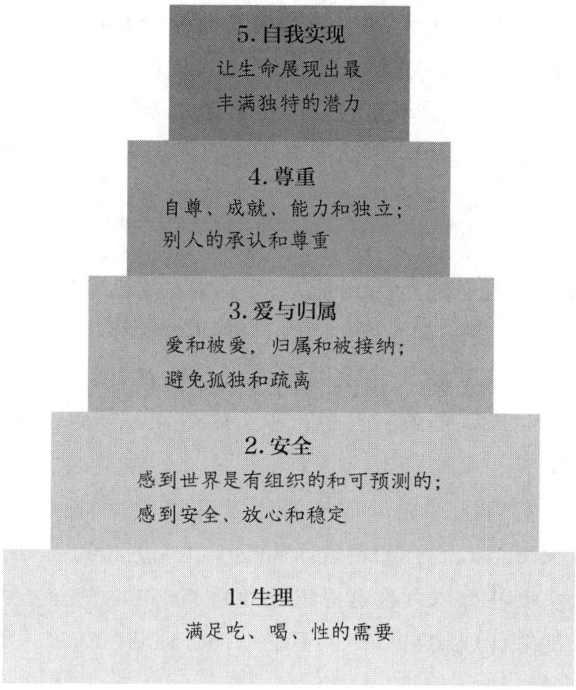

来源：Maslow, 1954.

图 2.3

向上走，别回头　马斯洛的层次架构正如一个梯子：一旦一个人在较高一层站稳，就不再需要较低的层级了。所以，对于一个到达了第四层的人，安全需要（第二层）会减弱，他愿意冒个人安全的风险去获取尊重。

马斯洛相信所有人，无论他们的文化、性别或背景如何，都有相同的基本需要。他把这些需要组合成一个金字塔形的阶梯架构（见图 2.3）：

1. **生理需要：** 需要食物、水、温暖和空气。
2. **安全需要：** 感觉受到保护、免于伤害和死亡。
3. **爱与归属需要：** 拥有朋友、家庭和社区（常常是宗教的）。
4. **尊重需要：** 受到广泛的社会尊重，同时也自我尊重。
5. **自我实现需要：** 成为真正的自我，完全实现自己的独特潜能，为全人类做出贡献。

这个金字塔几乎即刻流行开来；这是“行为科学里最具传播性的思想”之一，它似乎是一种对人类心理的深刻洞察（Kendrick et al., 2010, p.292）。在最顶层，基本需求被满足后，人们就可以完全实现自我——成为创造的、心灵的、好奇的、感恩自然的和尊重他人的人。

自我实现的标志之一是“巅峰体验”的出现，即生命如此愉悦，以至时间驻足、已然忘我。鉴于现代生活中的压力和牺牲，人本主义者认为，只有较少的人会达到第五层的自我实现，但是人人都有可能达到——这就是人本主义的普适性观点。【**生命全程链接：** 人本主义的一个扩展是成年晚期的自我理论，见第二十五章。】

罗杰斯也强调既要接纳和尊重自己，也要接纳和尊重他人。他认为，人们应该给其他人无条件的积极关注，也就是人们应该以欣赏的眼光（积极地）、不带附加条件地（无条件地）看待（注意到）每一个人。

如果父母没有给予孩子无条件的积极关注，孩子们就可能长期存在亲密感和自我接纳方面的问题（Roth & Assor，2012）。罗杰斯在他生命的最后几年里试图调停北爱尔兰和南非的内部势力之争；他相信各方都需要倾听彼此。

>> **答复收养家庭**（问题见第 48 页）　依恋是人际关系的一种结果，不是生物性的。在一些文化中，很多孩子从婴儿时就被收养，他们与养育者的感情纽带跟其他孩子与父母的纽带一样牢固。

如你所见，人本主义者注重的是所有人共有的东西，而不是国家的、民族的或文化之间的差异。马斯洛认为，每个人都必须先满足较低层次的需要，方能走向较高的一层。例如，当一个饥饿的人寻找食物的时候，可能不会关心自己的安全（第一层优先于第二层）；一个缺少爱的人可能不会关心自尊，因为她需要的是爱（第三层优先于第四层）。妨碍人们实现自我的那些破坏性的、不人道的行为可能是低层次需要没有被满足的结果。在其生命的最后，马斯洛解释说，在需要的最高层次上，当一个人可以欣赏、感恩全人类的时候，他就战胜了自私，变得无私（Maslow，1971）。

尽管人本主义没有设定发展阶段，但在理想情况下，人们会随着成熟而逐步进入更高的需要层次。婴儿寻求食物和舒适，而到了成年才能全心全意地关注成功与尊严，不论是否得到朋友和家人即刻的支持。

根据马斯洛的观点，童年时期需要的满足对后来的自我接纳至关重要。因此，当婴儿因饥饿而啼哭的时候，他们的基本需要应该得到满足。如果人们在孩提时代会感到不安全或不被爱，长大后就可能变成小偷或者杀人犯，无法实现他们达到自我实现的潜能。

罗杰斯赞同，如果儿童在童年时期没有得到无条件的积极关注，成年后可能会变得自私和反社会。他开发了一种应用广泛的心理疗法，帮助人们更多地接纳自己，因而也更加接纳他人。

这个理论在医疗界也享有盛名，因为他们认识到痛苦并不仅仅是生理上的（前两个层次），也可以是社会性的（第三和第四层次）（Majercsik，2005；Zalenski & Raspa，2006）。即使是病入膏肓的人，也需要爱和归属感（家人的陪伴），以及尊严（临终时需要被尊重）。

给护士们的问题 在健康科学中经常会讲到马斯洛的需要层次理论，因为它提醒医务工作者关注病人的需要。哪些特别的医院规程可能对病人有益呢？（答复见第 51 页）

人本主义在教育和体育领域的反响也显而易见的。这里最基本的观点是，当人们为了达成“最好的自己”而努力掌握一门知识或一项技能——也就是达到自己的潜能巅峰——而不是成为班级或团队中的最佳时，其动机才能被最有效地激发出来（Ravizza，2007）。对这个理论的一种批评是，它鼓励自私和个人主义，但是这么说可能并不公平：在中国进行的一项大型调查显示，那些社会参与度较高的、过着普通生活的年长者，是最接近自我实现的人（Chen & Gao，2013）。

进化理论

你们应该都很熟悉达尔文和他在 150 年前发表的观点：他从本质上说明了随着生命从单细胞进化到人类，植物、昆虫、鸟类以及动物们经历了数十亿年的发展（Darwin，1859）。但是你可能没有意识到，受这一理论启发而来的严谨的人类发展研究并没有重点关注低等生物，而是研究了人类特征的发展历史。进化心理学是一个非常新的分支。正如这个领域的两位领军人物所写：

> “在过去的 20 年里，有关人类本性进化基础的研究以指数级的速度增长。实际上，这是一个方兴未艾的交叉学科，位于社会科学和行为科学的前沿。”
>
> （Grangestad & Simpson，2007，p.2）

进化理论为人类发展的很多问题提供了有趣的解释，包括孕妇的孕吐、1 岁小孩对父母的依恋、青春期的叛逆以及越来越多的肥胖病。根据这一理论，很多人类的冲动、需要以及行为都是数千年来进化而来的，可帮助人类生存和昌盛（Konner，2010）。

这一理论提出，要理解人类发展，需要了解人类祖先的生活。例如，很多人怕蛇，看到蛇就会尖叫、颤抖，而没有人怕车。但是实际上蛇的致死率为 100 万分之一，而车的致死率是它的 100 倍。人们对蛇的极端反应源自从亿万年的进化中获得的本能恐惧，对于人类来说，蛇曾是常见的杀手。因此，

> “在恐惧症的列表中，进化过程中的古老危险（如蛇、蝙蝠、高度以及陌生人）出现的频率远多于现代危险（如汽车和枪支）。尽管在现代环境中，汽车和枪支对生存的威胁更大。”
>
> （Confer et al.，2010，p.111）

由于我们的恐惧本能的进化没有跟上现代发

明的脚步，我们就用头脑来保护自己，制定法律来规范使用安全带、红绿灯和限速等行为。从测量数据上看，人类的这些策略是成功的：美国的机动车致死率在过去 20 年中降低了一半。其他现代杀手——气候变化、药物成瘾、肥胖、污染——同样需要社会管理手段，因为本能与知识是对立的。进化理论提出，一旦我们意识到破坏性冲动（比如，吃高热量巧克力蛋糕的致命诱惑）的根源，我们就可以更好地控制它们（King，2013）。

给青少年的老师和咨询师们的问题　青少年怀孕对青少年的教育和家庭生活，甚至是健康，都有毁灭性影响。根据进化理论，对于这个问题，我们可以做什么？（答复见第 52 页）

>> 答复护士们（问题见第 50 页）　护士们提供的保障可帮助病人满足马斯洛的前两个层次需要；访客、问候卡片和电话可以帮助病人满足后面两个层次的需要。显然，具体细节视病人而定，但是每一个病人除了身体护理之外，也同样需要尊重。

根据进化理论，每个物种都有两种持久的、有生物学基础的驱力：生存和繁衍。理解了这两种驱力，就可以深刻理解保护性育儿、新生儿死亡、婴儿的依赖、儿童的不成熟、青春期的开始，等等（Konner，2010）。后续的章节会对此做出解释，而在这里让我们看一个例子。成人认为婴儿是可爱的，尽管事实上婴儿的头发稀疏、没有下巴、腿短、肚子圆——所有这些在成人身上都被认为是丑陋的。究其原因，进化心理学指出，所有物种的成年者都有保护和珍爱年幼个体的本能。对于有些物种，还有另外一种本能与前者竞争，即让自己的继承人永久活下去的本能，而这可能导致杀婴行为，该行为同样可以被进化理论解释（Hrdy，2009）。

进化理论的一个基本观点“**选择性适应**”指出，今天的人们仍在使用古老的有助于生存和繁衍的方式进行反应。某个版本的选择性适应是这样解释的：随着时间的推移，那些带有生存和繁衍特质的基因被选出并保留下来，使物种得以繁盛（见图 2.4）。人类最好的一些品质，如合作、对崇高灵性的追求、自我牺牲等，可能发源于数千年前一群因互相关照而得以存活的人们。童年期本身，特别是儿童依赖父母的那段漫长时间，可以用进化来解释（Konner，2010）。

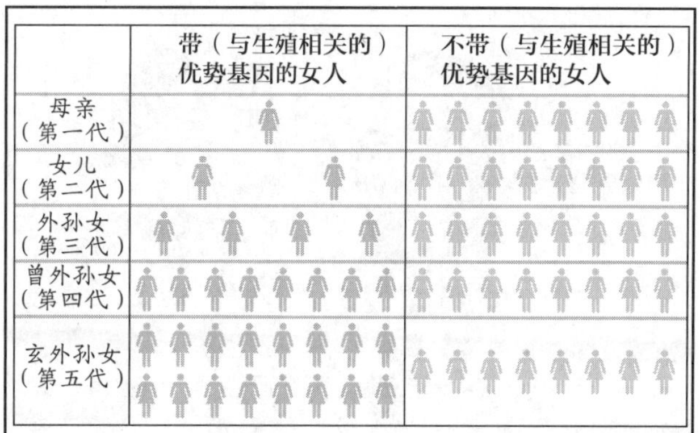

图 2.4

选择性适应　假设只有 1/9 的母亲恰好带有促进生存的基因。平均每个母亲只有一个女儿存活，但是这个基因突变可能意味着更多孩子的出生和存活，这样每个有此基因的母亲有两个女儿存活并成长为女人，而其他母亲仍然只有一个。如你所见，经过 100 年的时间，这一“特异”基因变得更为普遍，成为一种新的常态。

选择性适应的原理如下：如果一个人恰巧具有一个可以让生存变得更容易的基因，这个基因则很可能被传递给下一代，因为这个人生存的时间长到可以繁衍下一代。这种有益的基因可能源于基因突变，也可能只是源于某种导致身高、身形、焦虑性或任何其他特质的自然变异的基因组合。继承了这一基因的人有更大概率长大成人、找到伴侣并生育子女，而其子女中有一半人将继承这个好的基因。

例如，最初的人类喝了牛奶之后可能全都会生病，即具有*乳糖不耐症*（Suchy，2010）。后来，数千年之前在少数地区，人们为食肉而驯化野牛为家畜。在这些地方举行主要庆典时，“杀牛犊”是整个社区的一种珍贵而少有的款待。

尽管古代有半数以上婴儿死于营养不良，但是在养牛的地区，如果一个饥饿的孩子恰好有一个变异的基因，能够产生消化牛奶的酶，可以饮用原本给小牛犊准备的牛奶，那么他就有可能存活到生育年龄。实际上，一个可以消化牛奶的女孩比起她那些不耐乳糖、瘦弱、营养不良的姐妹们，会更胖，成熟得更早，经得起更多次孕育，能更长期地哺乳孩子。就是这样，其下一代会有更多的人继承这一基因。

这一选择性适应的过程代代相传。一个让人们可以消化牛奶的边缘基因在植物蛋白匮乏、牛奶和牛肉意味着生存的地区广泛传播。这或许可以解

喝牛奶 瑞典有很多人（就像这对父女）喝牛奶、吃多种奶酪。这可能是由于选择性适应让那些可以消化牛奶的人在北欧漫长的、谷物不生长的冬季存活下来。

释为什么斯堪的纳维亚人很少有乳糖不耐症，而非洲的很多人有此症状——对于威斯康星州想要给塞内加尔饥饿儿童运送牛奶的奶农们来说，这个事实非常有意义。如果我们知道牛奶可能使一些儿童生病，就可以寻找更好的摆脱饥饿的办法。尽管营养失调仍然是一个全球性问题，但营养失调的儿童确实比几十年前少多了，部分原因在于营养学家们现在知道了哪些食物对于哪些人是可消化而且有营养的。

无论对于群体还是个人，基因与环境的交互作用影响着我们的生存和繁衍，进化理论强调了这两种基本的驱动力。当环境变化时，基因的变异就特别有意义，这也是人类基因在全世界范围内的多样性带给整个人类的益处之一。如果一个物种的基因库不包含能够在艰险环境（比如暴露于一种新的疾病或者环境毒素）下生存的变异型，那么整个物种就会灭亡。这解释了为什么当某一个物种开始近亲繁殖的时候，生物学家会为之焦虑——他们担心的是基因多样性问题。

>> **答复青少年的老师和咨询师们**（问题见第51页） 进化理论强调繁衍的需要，这一需要给了青少年强大的性驱力。因此，告知青少年养育新生儿的艰难不太可能阻止这种性驱力。较好的办法是让怀孕变得不可能——比如，持续监督或者完备可行的避孕措施。

人类基因的多样性、差别敏感性和可塑性（如第一章所述）使人类得以生存和繁衍。这一论断不仅在生物特质上是正确的（如对牛奶的消化），在产生于大脑的心理特质上也是正确的（Confer et al., 2010；Tomasello, 2009）。

进化心理学认为，特定的表观遗传因素促发了社会化、亲子关系、沟通以及语言，所有这些在时间长河里帮助人类和人类社会发展出了写作、书籍乃至大学。于是，人类可以向历史上的和远居其他大陆的陌生人学习。实际上，根据进化理论，当你阅读这本书、接受某些观点而拒绝另一些的时候，就获得了一部分人类遗产，这些遗产将对后代有所帮助。

近年来，“进化理论从被视为边缘理论观发展到占据了心理科学中心位置”（Confer et al., 2010）。这个理论深刻而有趣，但是它的某些阐释引起了激烈的争议。

例如，用进化理论解释精神疾病，暗示有些症状（如过于活跃的想象力或极度焦虑）是适应性特质常态的极端表现。这意味着几乎没有人应该被诊断为精神疾病，很多心理学家反对这一推论。对于性别差异的解释同样引起了争议，正如“科学视角”专栏所述。

科学视角

如果你的伴侣不忠

男人比女人寻求更多的性伴侣。平均而言，新娘们比新郎们更年轻。虽然并不是每一个故事都遵循这样的规则，但是这些规则确实在每一种文化中都体现出来了。为什么？

进化理论的解释从生物性说起。由于是女性而非男性要怀孕、哺乳，在人类历史上的绝大多数时间里，母亲们需要成熟健壮的男人赶走天敌。这有助于女性完成她们的进化使命——养育儿女并让他们活得足够长久以繁衍下一代。因此，女性会选择高大强壮的男性，然后通过做饭和性爱把他们留在身边。

男人有时候压抑天性而勉强成为一个女人的忠实伴侣，从进化理论来讲，原因包括他们要驱赶竞争者以保护自己的孩子（Lukas & Clutton-Brock，2013）。男人试图向女人展示他们是强有力的、值得拥有的伴侣，这一特质现在也是黑帮争斗和危险驾驶的原因。另一方面，女性试图向男人展示她们可以满足其性期望，这一特质使青春期女孩会突出表现自己的性感。

存在一个历史性冲突，原因是男性更有能力要很多孩子，只要他们消灭竞争者并且拥有多个年轻健康、婀娜多姿的性伴侣——她们会生出很多可以存活下去的孩子。这一理论解释了为什么位高权重的君王妻妾成群。那些最原始的需求可能会导致雄性/雌性激素的不同。所以即使是今天，男性依然被年轻女性吸引，而女性则寻求稳定的婚姻伴侣。

这样的阐释有实证研究支持吗？进化科学家们询问了很多不同年龄、国籍和宗教的人，让他们想象自己的恋爱对象与另外一个人"建立深刻的情感联结"或者"享受激情燃烧的性爱过程"。想象之后，这些人被问及这两种可能中的哪一种更让人恼火。男人通常对性的背叛更为气愤，而女性通常对情感背叛更为气愤（Buss et al.，2004）。

例如，一项研究有212名大学生参与，全部是美国公民，他们的父辈们出生于墨西哥（Cramer et al.，2009）。与其他人群一样，女性更多（60%）对情感背叛感到恼火，男性更多（66%）对性背叛感到愤怒。

进化理论解释了这个被再三证实的结果，指出数百年来，女性都需要一个灵魂伴侣与之建立情感契约，以保证他会供养她和她的孩子，而男性需要一个性行为忠实的女性，以确保她的孩子们都是他的。

实际上，在全球范围内，男性更容易因怀疑背叛而嫉妒愤怒，有时甚至会殴打伴侣致死，而妻子们从不这样（Mize et al.，2009）。进化论的解释并没有获得普遍接受，而有些两性的差别，包括这一点，需要更多的理论和研究来阐释。

很多女性拒绝进化理论对两性差别的解释。她们认为，假设的情境并不能反映真实的经验，是父权制和针对女性的性别歧视造就了择偶态度和方式，而不是基因（Vandernassen，2005；Varga et al.，2011）。

进化理论在其他方面的应用也遇到了类似的反对意见。人们并不一定像进化理论预测的那样行动：夫妇有时候遗弃自己的新生儿，成人有时候拿着蛇玩，等等。在一项对墨西哥裔美国大学生的调查中，超过1/3的学生并没有遵从性别的典型模式（Cramer et al.，2009）。

无论怎样，进化理论家们力主人类需要理解我们所属物种普遍具有的生物性冲动，从而控制破坏性的反应（比如需要将"犯罪的激情"定义为非法的）和促进建设性的反应（比如制造更安全的汽车和枪支以保护自身免受新的危险的伤害）。

小　结

与较早的大理论相比，较新的发展理论更加具有多元文化、广外延、多学科的特点。社会文化理论强调发展的文化环境的多样性。学习发生在最近发展区内，是导师（可以是父母或同伴）与准备好进一步学习的学习者彼此适应合作的结果。

普适性理论包括人本主义和进化理论，二者都强调所有人都有相同的潜在需要。人本主义认为，每个人都值得被尊重并被积极对待，从而达到自我实现。进化理论提出，千百年来的选择性适应引领着人类体验情感和冲动，它们满足了每个物种普遍具有的需要：生存和繁衍。■

>> 理论的贡献

本章所讨论的每一种大理论都有助于我们理解人类发展（见表2.4）。

■ 精神分析理论让我们意识到童年早期经验（无

表 2.4 人类发展的五种观点

理论	关注范围	对人类行为的基本描述	在先天与后天上的相对侧重
精神分析理论	性心理（弗洛伊德）或心理社会性（埃里克森）发展阶段	与无意识的冲动做斗争，战胜主要的心理危机	更侧重先天（生物的、性的冲动以及父母与儿童之间的纽带）
行为主义	通过刺激与反应建立的条件反射	对刺激的反应、强化以及榜样	更侧重后天（直接环境造就了多样化的行为）
认知理论	思考、记忆、分析	试图理解建构概念的经验历程	更侧重先天（心理活动和动机是关键）
社会文化理论	通过人、语言、习俗表达出来的社会环境	以学徒身份习得社会的工具、技能以及价值观	更侧重后天（导师与学习者在不同环境之中的互动）
普适性观点	所有人类作为同一个物种所共有的需要和冲动	发展出用以生存和繁衍的冲动、兴趣以及行为模式	更侧重先天（需要和冲动适用于所有人类）

论个体是否记得）对后续发展的影响。

- 行为主义展示了每时每刻的即时反馈、联结和榜样在学习中日积月累的作用。
- 认知理论提供了对认知过程的理解，包括思想和信念对发展的方方面面的影响。
- 社会文化理论提醒我们，发展是嵌套于丰富而多维的社会环境中的，体现在每一次的社会交互作用中。
- 普适性理论强调在每一个地方、每一个时代，所有人类共有的特质比人类的个体之间的差异更重要。

综合的发展观不会忽略这些理论中的任何一个，尽管每一个理论都引发了严厉的批评。精神分析理论被诟病过于主观，行为主义太机械，认知理论低估了情感，社会文化理论忽视了个体，而普适性理论则轻视了文化、性别和经济发展的差异。绝大多数发展学家倾向于采用一种**折中观点**，采纳他们认为的每一种理论中的精华。不是全盘采纳这些理论中的某一个，而是选择性地运用所有这些理论。

折中而非绑定于某一个理论是有益的，因为每一个人，无论是科学家还是外行，都有偏见。我们很容易忽略其他取舍，而对这五种理论的运用，使我们能够开放双眼与心态，看到可能会被我们忽视的发展的某些方面。正如一篇对七种发展理论（包括了我们在这里讨论的理论）的综述所总结的："因为没有一种理论能令人满意地解释发展，所以对于发展学家来说，关键是要荟萃多种理论的内容、方法和理论概念。（Miller，2011，p.437）"

在后面的章节中也会看到，理论提供了对行为的重新审视。想象一个家长和教师正在讨论孩子的行为。双方都会提出一种可能的解释而让另一方感叹："我从没想到过。"如果他们能够以开放的思维倾听对方，他们会一起更好地理解孩子。拥有五种理论就好像拥有五个不同视角的观察者。他们不一定总是全能中靶，但是运用理论拓展认知总好于坐井观天。尽管五指长短不一，而且有的手指比其他的更有用，但是五指俱全才能圆满地实现手的功能。

小　结

我们需要理论来提出假设，引发研究，并最终收集数据、得出结论。由此，实证的证据取代了未经检验的假设。所有五种理论都受到了切实的批评，但是它们中的每一个都推动了我们关于人类发展的认识。绝大多数发展学家是折中的，会选择性地运用这些理论以及其他理论。这可以帮助我们避免偏见，让科学家、父母、学生以及每一个人都以开放的心态去看待对人类生命复杂性的不同解释。■

本章总结

理论用来做什么

1. 一个理论提供了一个普遍原理的框架，用以指导研究和解释发现。五种主要的发展理论——精神分析、行为主义、认知理论、社会文化理论和普适性观点——各自从一个特定视角阐释了人类的发展，并共同解释了人类的体验和行为。
2. 理论没有对错之分。它们不是事实；它们提出假设以供检验。好的理论具有实用性：有助于提出和解释问题，有助于日常生活。
3. 规范是行为的通常标准。如果一种理论建议某种行为是适当的，那么这个理论就可能产生一个规范。规范不非得是好的或坏的，尽管有时候偏离了规范会被误认为是不好的。

大理论

4. 精神分析理论强调，人类的行动和想法源于无意识的冲动和童年时期的冲突。弗洛伊德理论认为，性的驱力始于童年发展的三个阶段——口唇期、肛门期和性器期——然后经过潜伏期，继续进入生殖期。
5. 埃里克森描述了心理社会性而非性心理的发展阶段。他描述了八个连续的发展阶段，随着人在所处环境中不断成熟，每一个阶段都蕴含着一种危机，这也是人们在所处的环境之中走向成熟的过程。社会、文化以及家庭成员塑造了每个人的发展。
6. 所有精神分析理论都注重童年期的影响。根据弗洛伊德的理论，与儿童性冲动相连接的冲突持续影响着成人的人格。埃里克森认为，每一个发展危机的解决都会影响成人的发展。
7. 行为主义或称学习理论认为，科学家应该研究可观察且可测量的行为。行为主义强调条件作用——一种终生的学习过程。一个刺激与另一个刺激（经典条件反射）或与强化和惩罚的后果（操作性条件反射）建立的联结引导着行为。
8. 社会学习理论意识到人类会通过观察他人而学习。儿童是特别容易进行社会学习的群体，但是所有人类都会受到他人的影响。
9. 认知理论认为，思想和信念强烈地影响着态度、行动和感知。皮亚杰提出了四个与年龄相对应的认知发展阶段，发展的驱动力是对认知平衡的主动寻求。信息加工理论关注认知输入、加工处理和认知输出的每个方面。

较新的理论

10. 社会文化理论从社会文化和指导的角度解释人类发展，社会中更有知识的成员通过文化和作为导师而为新成员提供指导、支持和架构。维果茨基描述了学习是如何在社会交互过程中发生的，即导师如何指导学习者穿越他们的最近发展区。
11. 普适性观点关注人类共有的冲动和普遍的需要。人本主义就是一种普适性理论。马斯洛认为，人类有五种基本需要，并将它们按层级排列，第一个是生存需要，最后一个是自我实现的需要。罗杰斯认为，每一个人都值得尊重、赞赏和无条件的积极关注。
12. 进化理论提出，当前的人类继承了千万年以来使人类这个物种得以生存和繁衍的基因。很多基于这个理论的假设都很有意思，同时也很有争议。

理论的贡献

13. 精神分析理论、行为主义、认知理论、社会文化理论以及普适性理论都有助于我们理解人类发展，尽管没有一个理论能全面概括人类经验的复杂性与多样性。绝大多数发展学家是折中的，会有所取舍地借鉴多个理论。

关键术语

榜样学习（modeling，p.39）
操作性条件反射（operant conditioning，p.38）
发展理论（developmental theory，p.32）
规范（norm，p.33）
经典条件反射（classical conditioning，p.37）
精神分析理论（psychoanalytic theory，p.34）
强化（reinforcement，p.39）
人本主义（humanism，p.48）
认知理论（cognitive theory，p.40）
认知平衡（cognitive equilibrium，p.41）
社会文化理论（sociocultural theory，p.46）
社会学习理论（social learning theory，p.39）
顺应（accommodation，p.41）
思维学徒制（apprenticeship in thinking，p.46）
条件反射（conditioning，p.37）
同化（assimilation，p.41）
信息加工理论（information-processing theory，p.42）
行为主义（behaviorism，p.37）
选择性适应（selective adaptation，p.51）
折中观点（eclectic perspective，p.54）
指导性参与（guided participation，p.46）

你学到了什么？

1. 一个理论怎样具有实践性？
2. 规范与事实之间是什么关系？
3. 理论与事实的区别是什么？
4. 精神分析理论的基本观点是什么？
5. 弗洛伊德有关童年期性欲的理论是什么？
6. 身体的哪些部分与口唇期、肛门期、性器期联系在一起？
7. 埃里克森的理论在哪两个方面有别于弗洛伊德？
8. 行为主义的基本观点是什么？
9. 行为主义是如何反驳精神分析理论的？
10. 经典条件反射和操作性条件反射的区别是什么？
11. 社会学习理论中的强化刺激是什么？
12. 认知理论的基本观点是什么？
13. 皮亚杰的发展阶段与弗洛伊德的发展阶段相比有哪些异同？
14. 同化和顺应分别是什么？它们有哪些相近之处？
15. 为什么信息加工理论不是一个发展阶段理论？
16. 较新的理论与大理论的深层区别是什么？
17. “思维学徒制”如何作为样例体现社会文化理论？
18. 当学徒处于最近发展区时，导师该做些什么？
19. 罗杰斯和马斯洛在人本主义中强调了什么？
20. 马斯洛的需要层次理论与埃里克森的发展阶段有什么区别？
21. 进化心理学如何解释人类的本能？
22. 为什么进化理论有关人类情感的方面会引起争议？
23. 选择性适应的观点对于先天与后天的争议有何启示？
24. 精神分析理论的核心贡献和主要缺陷是什么？
25. 行为主义的核心贡献和主要缺陷是什么？
26. 认知理论的核心贡献和主要缺陷是什么？
27. 社会文化理论的核心贡献和主要缺陷是什么？
28. 普适性理论的核心贡献和主要缺陷是什么？
29. 折中取向的好处在哪里？

应　用

1. 发展心理学家有时探讨的是“民间理论”，即由普通人发展出来的理论，而这些人不知道自己建立了理论。从你的文化中选出三个常见的俗语，比如，“省一分等于挣一分”，或“上梁不正下梁歪”。解释一下其基本含义，或人们这样说反映了什么理论。
2. 行为主义曾被用来改变个人的习惯。想一个你希望改变的习惯（比如戒烟、多运动、少看电视等），数数在一周之中，这个行为发生的频次，记录每一次发生这个行为的强化物。然后，发展出一个替代行为，并进行强化。仔细记录一段时日的数据。你学到了什么?
3. 询问三个人各自关于男人、女人在寻找伴侣和性行为上的差异的理论。这一章中的哪个理论分别与各个解释最为接近? 哪个理论没有被提及?

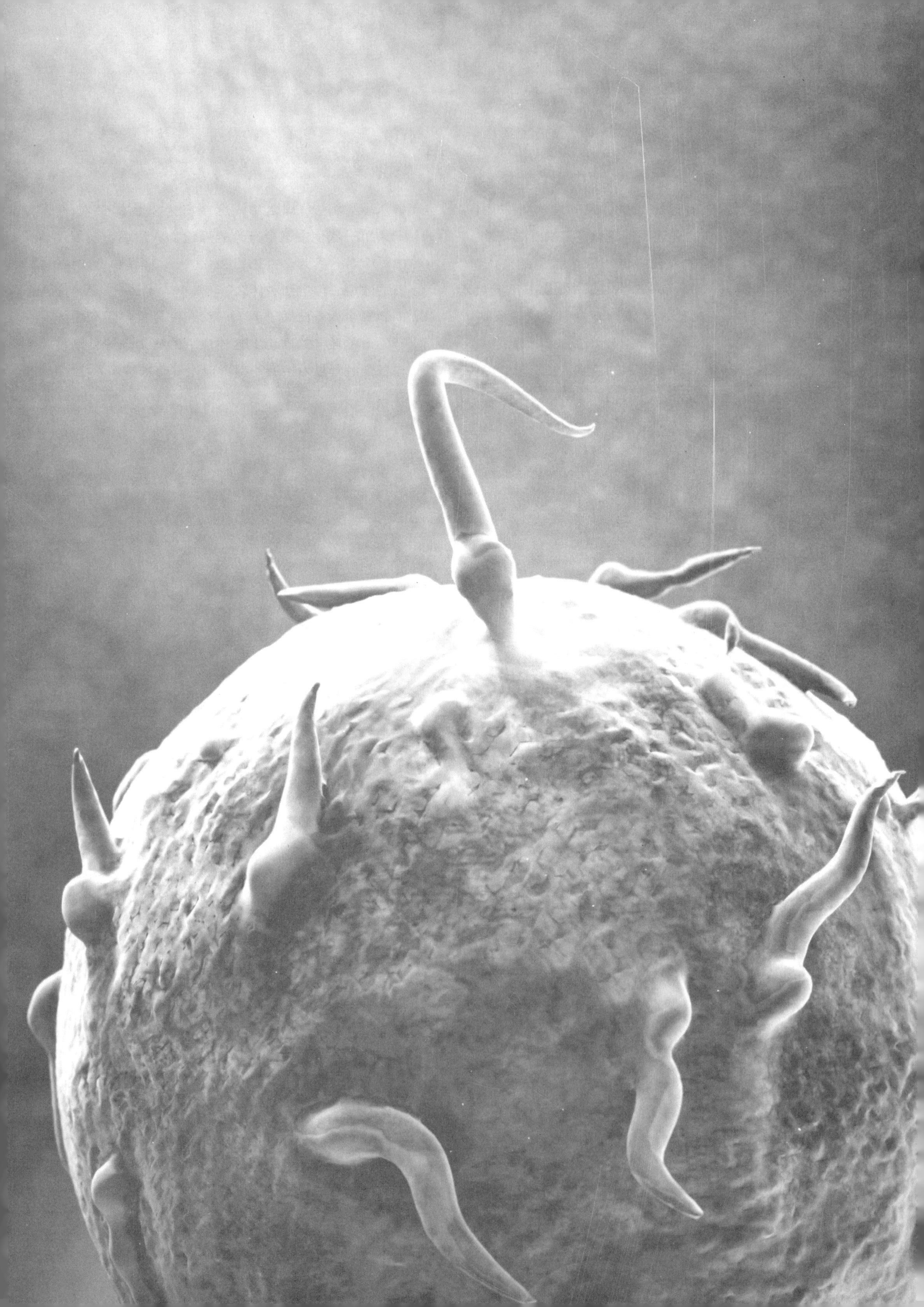

第三章

遗传与环境

你将学到什么？

1. 基因和染色体有何关系？
2. 性别差异是由染色体造成的还是由文化造成的？
3. 孩子是怎样从双亲身上获得不明显的遗传性状的？
4. 如果父母都酗酒，孩子将来也会酗酒吗？
5. 为什么一些孩子先天患有唐氏综合征？能为他们做些什么？

“艾丽莎需要上特殊学校。请你们明年不要再送她来这里了。”艾丽莎的中学校长这样告诉我们。

马丁和我惊呆了。显然，学校老师认为我们聪明活泼的女儿（马丁叫她“小泡泡”）有学习障碍。他们用了一个专有术语——“严重的空间紊乱”。虽然我们也注意到她会乱放作业本、迷路、把课本落在学校、忘记上课的时间和教室，但与她在阅读、分析和结交朋友上的优点相比，我们认为这些问题不重要。

我知道遗传学的第一要义是：基因影响一切，不仅仅是外表、疾病和认知能力。所以我怀疑艾丽莎可能遗传了我们的行为模式。我们的桌子上铺满纸张，房间里到处都是杂七杂八的家什。如果要用胶带、剪刀或银烛台，得翻遍屋子的几个角落。莫非我们因此才没有注意到艾丽莎的缺点？

遗传学的第二要义是：教养永远重要。我和丈夫已经知道要去弥补做事没条理这个先天弱点。马丁经常转向，所以他总是毫不犹豫地向陌生人问路；我常常乱放重要文件，所以我在办公室里会将学生的论文放在标注清晰的文件夹中。我们天生如此，但这不妨碍我们成功。我们相信艾丽莎也是如此。

看清了女儿的天性以后，我们开始改变对她的教养方式：更多关注了她完成作业和学习的模式；请了家庭教师教她先列出作业清单，每完成一项就在后面打钩，仔细地把作业装进书包，背上书包去学校。我们不断强化以促使她养成

观察力测验 你能分辨左边那幅图中的 Y 精子和 X 精子吗？（答案见第 62 页）

这些习惯，还竭尽所能改变她的周围环境。比如，马丁将她的学生月票贴到书包上；我给校长写了一封慷慨激昂的信，告诉他开除我女儿有违职业道德；当艾丽莎也意识到自己可能会离开朋友们后，她也开始勤奋学习。

成功了！艾丽莎的期末考试成绩很好，校长允许她重返学校。她变成了一个出色的组织者，25年后，成了一名成功的专业人士。

本章从天性开始讲起，但也强调教养。贯穿本章的重点是一些有关基因与环境交互作用的伦理的和现实的选择。希望你们能在孩子上七年级之前很早就认识到它们的意义。

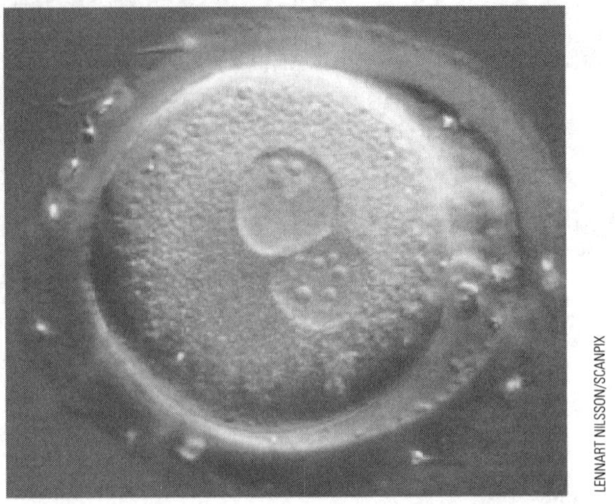

怀孕那一刻 这个卵子即将变成受精卵。它已被一个精子穿透，其细胞核紧挨着卵子的细胞核。很快，这两个细胞核将融合，汇集大约 20 000 个基因来指导发育。

>> 遗传密码

生殖细胞被称作**配子**。每个生命都是从一个被称作**受精卵**的单细胞开始的。受精卵是两个配子的结合：一个精子（精子的英文“sperm”是“spermatozoon”的缩写，复数是“spermatozoa”，希腊语意为“种子”）和一个卵子（卵子的英文是“ovum”，复数是“ova”，希腊语意为“卵”）。受精卵包含了一个人的所有基因，影响着毕生发展的每个方面。许多人都对遗传抱有错误认识，因此本章开头这部分对理解人的发展非常关键。

基因是什么

首先，让我们来复习一下生物学知识。所有生物都由细胞构成。细胞的功能由蛋白质实现。每个细胞按照细胞核里的**脱氧核糖核酸（DNA）**分子上储存的指令产生特定的蛋白质。这些 DNA 分子位于**染色体**上。

人体有 23 对染色体（共 46 条），含有生产个体生存和发育所需的全部蛋白质的指令（见图 3.1）。存在于 46 条染色体上的指令组成了基因。

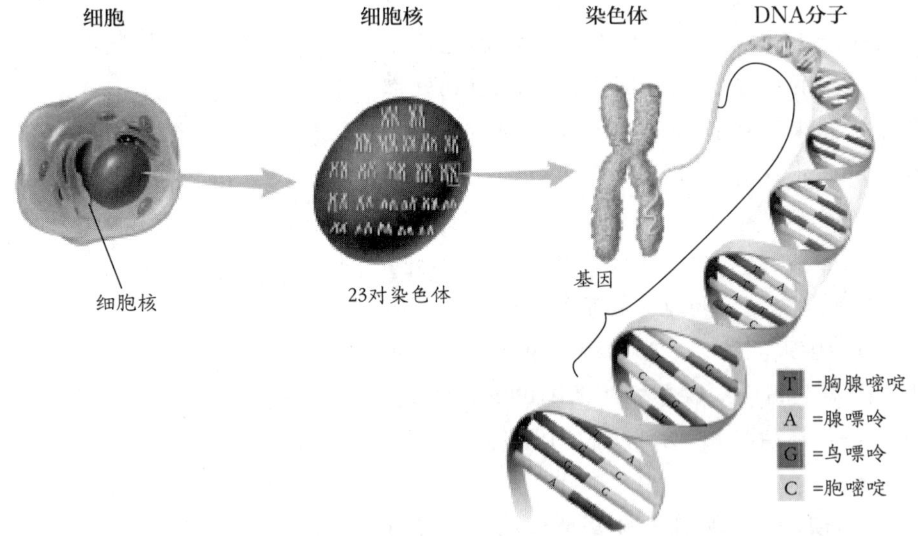

图 3.1

蛋白质如何合成 在每个细胞的细胞核中，染色体上的基因指导着细胞生产维持生存和发育所需的蛋白质。蛋白质的密码是四种碱基——胸腺嘧啶、腺嘌呤、鸟嘌呤和胞嘧啶——的特定组合。

每个**基因**通常位于特定染色体的特定位置上。人体有 18 000 ～ 23 000 个基因，每个基因都指导着由一串（20 种）氨基酸组成的特定蛋白质的形成。

给科学家的问题 100 年前，人们认为人类有 48 条染色体，而非 46 条；20 年前，人们认为人类大约有 100 000 个基因，而非 20 000 个。为什么？（答复见第 62 页）

生产氨基酸的指令存在于大约 30 亿对被称作碱基对的化学结构中，它们按照严格的顺序排列。一个细微变异（如碱基对的重复或缺失）会使基因也发生细小的变化。虽然所有人拥有的绝大部分基因是相同的，这些基因所带的遗传密码完全一样，但正是基因的这些细微变异使每个人都独一无二。每一个特定基因的变异被称作该基因的**等位基因**。

核糖核酸（ribonucleic acid，简称 RNA）和染色体外的 DNA 围绕着每一个基因。在一个被称为甲基化的过程中，这些额外的物质增强、转录、连接、授权、压制和改变着遗传指令（Shapiro，2009）。这种非遗传性物质过去被称作垃圾 DNA，但现在对它的看法已有所改变。成千上万的科学家正在试图发现这些分子究竟有何用处（Wright & Bruford，2011；Volders et al.，2013）。我们知道甲基化终生存在，它不仅在出生前也在出生后改变着基因的表达。这是表观遗传学的一部分，在第一章有所涉及，在后面的章节还会谈到。

变异

关注差异多于关注共性乃人性使然。许多科学家试图从基因上解释为何世界上没有两个完全相同的人。差异始于等位基因，由碱基对的替换、缺失、重复所致。差异使一些基因变得多态（如字面意义所说，多种形态），更正式的说法是单核苷酸多态性（single-nucleotide polymorphisms，简称 SNPs）。

通常，基因仅含有一套指令（没有等位基因），但多态基因可能有两三套指令，甚至更多。大多数等位基因的存在看起来是没有道理的。有些仅能导致微小的差异（如眉形或肤色），少数会导致明显的变异，甚至是破坏性变异，但破坏性变异很少见。一些有害的等位基因在特定的表观遗传条件下会导致人患上精神分裂症、糖尿病或其他疾病（Plomin et al.，2012）。

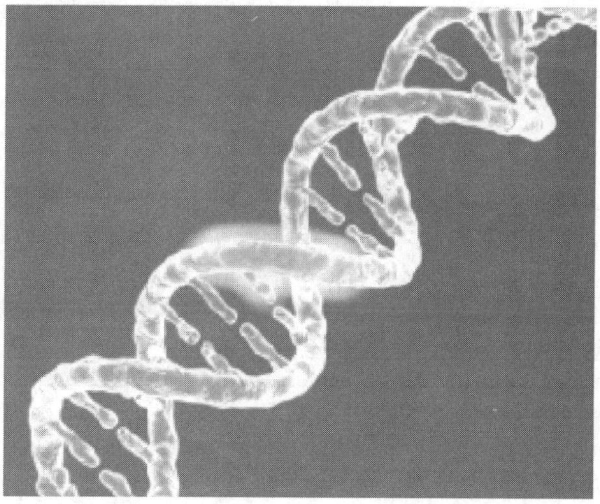

30 亿个碱基对中的 12 个 这是一个基因小片段的计算机图示。基因上的一个小差异也可能导致个体表现型的巨大变化。

一些变异起源于一个简单的事实，即需要两个人才能生出一个新的个体。父母双方各贡献一半的遗传物质；来自其中一方的 23 条染色体及其数千基因与另一方的 23 条染色体相互配对，形成完全一样的或几乎完全一样的组合对。也就是说，来自精子的 1 号染色体与来自卵子的 1 号染色体结合，2 号染色体与 2 号染色体结合，依此类推。

每个基因与来自另一方的相应基因配对，每一对中的双方之间的相互作用决定了新的个体的遗传性状。由于来自父亲的等位基因常常与来自母亲的等位基因不同，所以它们结合的产物也可能不同于父母中的任何一个。因此，每一个新的个体虽是父母双方的产物，但又与他们都不相同。

还有一种情况增加了受孕时的多样性。男性产生精子，女性产生卵子，然后当二者结合时其染色体配对，一些遗传物质从一条染色体转移到另一条染色体，所以“即使兄弟或姐妹从母亲那里获得了同样的染色体，他们的染色体也不会完全相同”（Zimmer，2009，p.1254）。遗传的多样性对社会有益，因为人与人的不同能够增加创造性，甚至增强物种的存活力；当然，人和人拥有相同的基因也有其益处（Ashraf & Galor，2011）。

制造一个生命有机体的完整指令包被称作**基因组**。每个物种——包括各种动植物，甚至是细菌、病毒——都有其基因组。了解人类基因组（2001 年完成解码）仅仅是理解人类遗传学的开始，因为每一个人所拥有的 30 亿个碱基对都略微不同。

小 结

人类基因组包含46条染色体上的约20 000个基因，运用30亿个碱基对编码来造就一个人。一些基因是多态化的，即等位基因。由于基因编码上的细微差异，每个人都与他人不同。因此，每个人既是独特的，又与他人相似。全部的指令密码就是基因组，包含在一个单细胞的受精卵中。

>>观察力测验（第59页）的答案 可能不行。Y精子略小一些，可以通过科学分析检测到（一些养殖户通过使用这种分析仅饲养小公牛），但即使放大照片，可视化检测也不一定准确。此外，这些可能都是Y染色体，它们可能游得更快，但在进入卵子时，它们不一定更容易成功。

>>答复科学家（问题见第61页） 这些错误的数字曾得到一些科学证据的支持（如，黑猩猩有48条染色体），但事实上，人类倾向于高估许多事情，不论是基因的个数，还是下次测试的成绩。科学家也是人：他们也倾向于高估一些数字，直到数据证明他们是错的。

>> 生命的开端

一个单细胞受精卵反复自我复制，随着它自身的变化，其名称也在改变，从桑葚胚到胚泡，从胚胎到胎儿，最终出生时被称作婴儿。**【生命全程链接：**关于产前发育的描述见第四章。**】**成年时，个体有50万亿～100万亿个细胞，每一个都有46条染色体以及数万个基因，都与最初那个受精卵的染色体和基因相同。

在一个特定的配子上，来自父母中一方的一对染色体中的一条染色体是随机选择的。一个男人或女人可以产生2^{23}种不同的配子，是其46条染色体的800多万种组合的复本。如果一对夫妇能够孕育出10亿个受精卵，那么每一个在遗传上都会是独一无二的，因为使特定卵子受精的特定精子，其染色体都是独特的。相互作用的等位基因、甲基化以及其他基因推动力又增加了受精卵的变异。表观遗传因素压制了某些基因，增加了另一些基因。教养还会带来更多的变异。

基因匹配

染色体上的基因构成了有机体的基因遗传，或称**基因型**，它将持续终生。发育需要不断复制最初那个细胞的密码。

在23对染色体中，有22对是严格匹配的。这44条染色体中的每一条都是常染色体，这意味着它是独立于性染色体（第23对染色体）的。从1号到22号的每一条常染色体在同一位置和顺序上含有数百个基因。如果来自父母一方的遗传密码与来自另一方的同一基因上的遗传密码完全相同，则该基因对是**纯合**的，称为纯合子。

匹配未必完美无瑕，母亲可能会有某个基因的等位基因，与父亲的相应基因不同。如果一个基因的密码与配对基因的密码不同，这两个基因仍然可以配对，但受精卵（及后来发育成的个体）是**杂合**的，称为杂合子。这可能发生在任何一个基因对上，但最引人注意的杂合不是基因的杂合，而是发生在第23对染色体上的染色体杂合。

是男还是女

组成**第23对染色体**的是两条性染色体。女性的第23对染色体由两个X形的染色体构成。因此称作“XX（**正常女性染色体组型**）”。男性的第23对染色体由一个X形和一个Y形的染色体构成，被称作“XY（**正常男性染色体组型**）”。

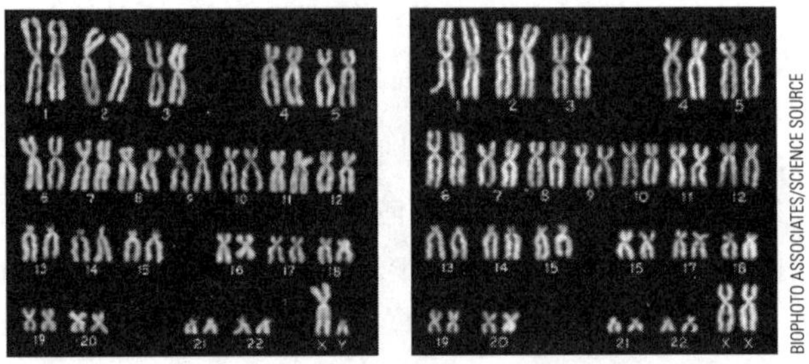

不确定性别 有时，婴儿出生时带有“生殖器模棱两可”，这意味着这个孩子的性别并不十分清晰。这时需要做染色体的快速分析，确定其是否确有46条染色体，以及第23对染色体是XY还是XX。此处的染色体组型图表明，这是正常的男孩（左）和女孩（右）。

由于女性的第23对染色体是XX，所以她的卵子携带了一个X染色体。而男性的第23对染色体是XY，所以他的精子一半携带一个X染色体，另一半携带一个Y染色体。X染色体更大，含有更多的基因，但Y染色体有一个关键的基因，叫

SRY，它会指导胚胎产生雄性激素和性器官。因此，性别取决于哪一个精子穿透了卵子，是一个带有SRY基因的Y精子，还是一个X精子。前者会造出一个男孩（XY），后者会造出一个女孩（XX）（见图3.2）。

图 3.2

同一物种，万千变异 尽管狗在个头、外形、（舌头、眼睛和皮毛的）颜色以及如图所示的毛发等方面有很大差异，但是狗在远处也能很快认出其他狗。遗传密码的细微变异发展成皮毛的明显差异，有长的短的，卷的直的，硬的软的。

在其他一些物种中，性别并非受孕时决定的。比如，孵化受精卵的温度决定了一些爬行动物胚胎的性别（Hare & Cree，2010）。然而对于人类来说，受精卵只能是XX或XY。在过去，只有等婴儿出生后才能知道是男是女。现在，我们可以提前知道婴儿的性别，父母在给宝宝取名字、装饰婴儿房、决定未来建立何种亲子关系时，可以根据未来宝宝的性别而定。但是性别的选择也带来了问题，请见“对立的观点”专栏。

新细胞，新功能

受孕后几小时内，受精卵开始复制和分裂。首先，携带着所有基因的23对染色体进行复制，形成两套完整的基因组。这两套基因组向受精卵的两端移动，这个单细胞整齐地从中间分裂成两个细胞，每一个都包含最初的遗传密码。这两个细胞复制和分裂，变成四个细胞，再复制和分裂，变成八个细胞……

对立的观点

男孩太多了吗？

父母可以选择生男孩或生女孩，数百万夫妇已经这样做了。这种做法有问题吗？

历史上，在每一种文化中都有一些新生儿仅仅因为是女孩而被杀害。因此才有伊斯兰教在7世纪发动的一项道德进步——禁止杀害女婴。如今，婴儿出生前的性别选择有三种方式：怀孕前减除X精子或Y精子的活性；人工授精后只植入女性或男性受精卵；使XX或XY胎儿流产。现在，应该出于道德原因禁止这些做法吗？

中国自1979年开始实施“独生子女”政策，出生率减半。这一做法达到了预期目标：基本上消灭了赤贫。但也导致了一些意外结果：（1）女婴堕胎增多；（2）数百万刚出生的女孩待收养；（3）近来，未婚男青年远多于女青年。1993年，中国政府禁止了产前性别选择检查；2013年，中国开始逐步废除独生子女政策。

政策的修改可能来得太晚了。常规的超声波检查就可以知晓胎儿性别，在亚洲的许多地区（不仅是中国），每出生三个女孩，就有四个男孩出生。一位上了年纪的印度男人说：“我们每个家庭应该至少有四个孩子，其中三个应该是男孩。”（引自Khanna，2010，p.66）之所以出现更想要男孩的倾向，部分原因是在许多亚洲文化中，人们期望由男孩为父母养老送终。因此，父母们都想要男孩。

在美国生活的亚裔血统的夫妇也更想要男孩（Puri et al.，2011）。在一些西方国家，包括德国，不管是作为新生儿还是老人的照料者，女孩都更受偏爱（Wilhelm et al.，2013）。

最普遍的赞成性别选择的观点是选择的自由。一些产科医生和父母认为，性别选择是一种生育权，父母有权利决定要一个男孩还是女孩（Puri & Nachtigall，2009）。一些人自己并不会堕胎，但他们支持个人自由，在这一问题上，也就是支持“平衡”家庭的自由。

为什么有人会反对自由？中国的经验表明，性别选择可能带来不可预料的后果。例如，在中国，如今年轻男性过早死亡的人数远超女性。对此，发展观的解释是，在任何一种文化中，未婚的年轻男性都会冒着风险吸引女性，一直单身会让他们变得抑郁。

这还可能引发其他一些问题：男性更可能患有学习障碍、药物成瘾、犯罪以及发动战争、罹患心脏病。任何一个男性多于女性的国家在这些问题上的风险都会增加。

但是，染色体和基因并不决定行为。每一种性别差异都是文化的产物。即使是源自生物学的特质，如心肌梗死倾向，也是受到环境的影响更多一些（就心脏病来说，是饮食和吸烟），而不是 XX 或 XY 染色体的影响更多。或许，如果男孩天生多于女孩，教养就会改变，社会就不会受其所害。性别选择的发生率也受到国家政策和文化价值观的影响（Park et al.，2012）。

如果文化发生变迁，就不再需要法律来禁止产前性别选择了吗？对于这样的问题，我们需要审辩性思维。

每个细胞都一样

婴儿出生时，受精卵已经变成了大约 5 万亿个细胞，它们受到基因外围物质（曾被称作垃圾 DNA）以及从孕妇的身体进入胚胎的任何营养、药物、激素、病毒等的影响。几乎每个人体细胞都携带有那个单细胞受精卵的遗传指令的完整复制品。这就是为什么对人体的任何一个细胞（无论来自一滴血还是一缕头发）的 DNA 检验，都能鉴别出“生父”“罪犯”或“失散多年的亲兄弟”。

即使在个体死后多年，其 DNA 也历久犹存。这被一些自称是托马斯·杰斐逊（Thomas Jefferson）后代的非裔美国人所证实：DNA 检验结果表明，有些人是，有些人不是（Foster et al.，1998）。

的确，由于 Y 染色体传递给了每个男性后代，并且 Y 染色体上的基因在代代相传的过程中通常不会改变，于是男人身上可能会有数千年前的某位男性祖先的 Y 染色体。追踪 Y 染色体发现，许多东亚男性可能是成吉思汗的后代，尽管那位 12 世纪的领袖的遗骸和他的 DNA 尚未被找到（Stoneking & Delfin，2010）。这样的基因追溯并不完全可信，回溯到几代前的祖先还有可能，但要回溯到几百年前的祖先是非常复杂的。

干细胞

早期被复制和分裂出的细胞被称作**干细胞**。这些细胞能够分化出任何细胞，因此能够变成一个完整的人。我们在后面将会谈到，有时这些细胞会一分为二，变成一对同卵双胞胎。

大约在八细胞阶段之后，复制和分裂仍会继续。此外，第三个叫作分化的过程也开始了。在分化过程中，细胞变得专门化，随其所处位置不同而变为不同的形态并以不同的速度繁殖。例如，一些细胞变成了眼睛的组成部分，另一些变成了手指的组成部分，还有一些变成了大脑的组成部分。它们不再是干细胞。但是，脐带中的血细胞可以起到干细胞的作用。

科学家已经找到方法在细胞再编码实验中将基因添加到某一已分化的细胞中，使它们再次变得像干细胞。但是科学家还不知道如何将再造干细胞用于治疗遗传疾病而不伤害其他细胞。科学家已经发现再造干细胞的用途之一是药物检测：检测那些由基因直接（如镰状细胞贫血）或间接（如心脏病、糖尿病和痴呆）地引起的疾病的治疗药物（Zhu & Huangfu，2013；Vogel，2010）。

2009 年，美国解除了一些关于干细胞研究的限制，一些州（如加利福尼亚州）和其他国家（如韩国）允许进行更广泛的研究，但是许多伦理问题和实践问题依然存在（Nguyen et al.，2013）。正如迈克尔·J. 福克斯帕金森症研究基金的主席所言，“我披露的消息都成了媒体的热点新闻。我认为这都是拜干细胞所赐。我并未对细胞替换疗法完全绝望，只是认为这是一个近期难以实现的愿望。”（Hood，转引自 Holden，2009）

双生子

40 年前的一个“近期难以实现的愿望”在今天已经变成现实，它始于 1978 年路易斯·布朗（Louise

Brown）的诞生。如今，数百万不孕夫妇有了孩子，而且常常是双胞胎，提升了对双胞胎婴儿车和押韵的名字的需求，需要待在医院特护保育室里为存活而努力的早产婴儿也在增加。这些来自不止一个卵子和精子的多胞胎通常是母亲接受体外授精的结果。为了理解双胞胎妊娠，需要知道同卵双生子与异卵双生子的区别（参见本章的“可视化发展”专栏）。

同卵双生子

尽管每一个受精卵在遗传上都是独特的，但大约在250次怀孕中，会有一次是这样的：复制导致了一次或多次完整的分裂，产生2个、4个或8个单独的受精卵，每一个受精卵都与最初的那个单细胞完全相同。对人类来说，在实验室中进行这种分裂操作是违法的，但在子宫中，这种情况偶尔会自然出现（一次不完全的分裂会产生连体双生子）。

如果从一个受精卵分裂出来的单独的细胞都继续复制、分裂、分化、着床、发育并存活，将会出现多胎分娩。一次分裂会产生**同卵双生子**，来自同一个受精卵（因此也叫单卵双生子）。两次或三次分裂会产生同卵四胞胎或八胞胎。由于同卵多胞胎源自同一个受精卵，所以他们具有相同的外表、心理特征、疾病易感性以及其他一切与遗传特性相关的遗传指令。

同卵双生子在许多方面是幸运的。他们可以为对方捐献一个肾脏或其他器官而不会发生器官排异，从而避免了手术移植的主要并发症。再看一个轻松的例子：如果老师和父母不用特殊的标志（如不同的首饰）将他们区分开，他们还真会把老师和父母搞糊涂。通常，双生子能找到各自的身份认同，同时共享孪生关系。例如，他们可能都遗传了运动天赋，一个擅长打篮球，另一个擅长踢足球。

正如作为同卵双生子之一的这个人所写：

> “双胞胎使我们所有人面临的主要挑战——自我界定——都变轻松了。我们每个人如何划出界限，如何决定每天想要多敏感、多麻木、多上进、多谨慎、多和睦？……双胞胎天生有恒定的内置比较参照，但要界定出一个不同于孪生手足的自我，这是所有人的终生挑战的升级版：实现个性化，在世界上创造一个与众不同的人。”
>
> （Pogrebin，2010，p.9）

异卵双生子

在自然受孕的双生子中，大约每三对中只有一对是同卵的，大多数都是**异卵双生子**，也叫双卵双生子。他们的生命始于两个单独的受精卵，由两个精子同时使两个卵子受孕。（通常，女性每个月只排出一个卵子，但有时也会有两个或三个卵子一起排出，这种倾向受基因影响。）由于异卵双生子来自多个卵子，因此女性怀双胞胎的可能性取决于她自己的基因，而不是孩子父亲的基因。然而，男人有一半的基因来自母亲。如果在他的家族中有超数排卵现象，那么他虽然不会生出双胞胎，但他女儿可能会。

异卵双生子的自然发生率因族群而不同。例如，在尼日利亚，11个约鲁巴人中就有1个是双生子，而在45个欧裔美国人中、75个日本人或韩国人中以及150个中国人中，才有1个双生子。年龄也起作用：年长的女性更容易发生双排卵，因此有更大的概率生出双生子。受孕后，双生子能够在出生前存活下来的机会取决于产前环境。早期超声波扫描可能发现两个在发育的有机体，但之后只有一个胚胎继续生长。这种双胎消失的现象在孕期发生的可能性约为12%（Giuffré et al.，2012）。

像所有亲兄弟姐妹一样，异卵双生子有一半的基因是相同的。他们在外表上可能明显不同；但也可能看起来很像，必须通过基因测试才能分辨他们是同卵双生子还是异卵双生子。哪种精子使卵子受精是偶然的，所以大约一半双胞胎是同性别的，一半是不同性别的。

辅助生育

不孕不育的夫妻（美国约有12%的夫妻不能生育）有多种选择。【**生命全程链接**：不孕症的原因和选择将在第二十章讨论。】为了更好地理解受孕过程，此处需要介绍一下**辅助生殖技术（ART）**。女性可以通过药物促进排卵，这有可能令其怀上多胞胎（参见图3.3）。或者通过手术从卵巢中取出卵细胞，在实验室中受精，然后将其植入子宫。这一程序被称作**体外授精（IVF）**，体外就是指“在玻璃器皿中”。年轻女性更可能通过体外授精而成功怀孕，但即使是健康的年轻女性，体外授精后成功发育成婴儿的受精卵也不足一半。

在体外授精过程中，为了提高受孕率，常将

可视化发展

一个还是多个婴儿

人类通常一次只生一个孩子，但有时也会有双胞胎。他们多来自被两个精子受孕的两个卵子（左下），成为异卵双生子。但有时，一个受精卵会一分为二（右下），产生同卵双生子；如果这些受精卵再分裂，会产生同卵四胞胎。

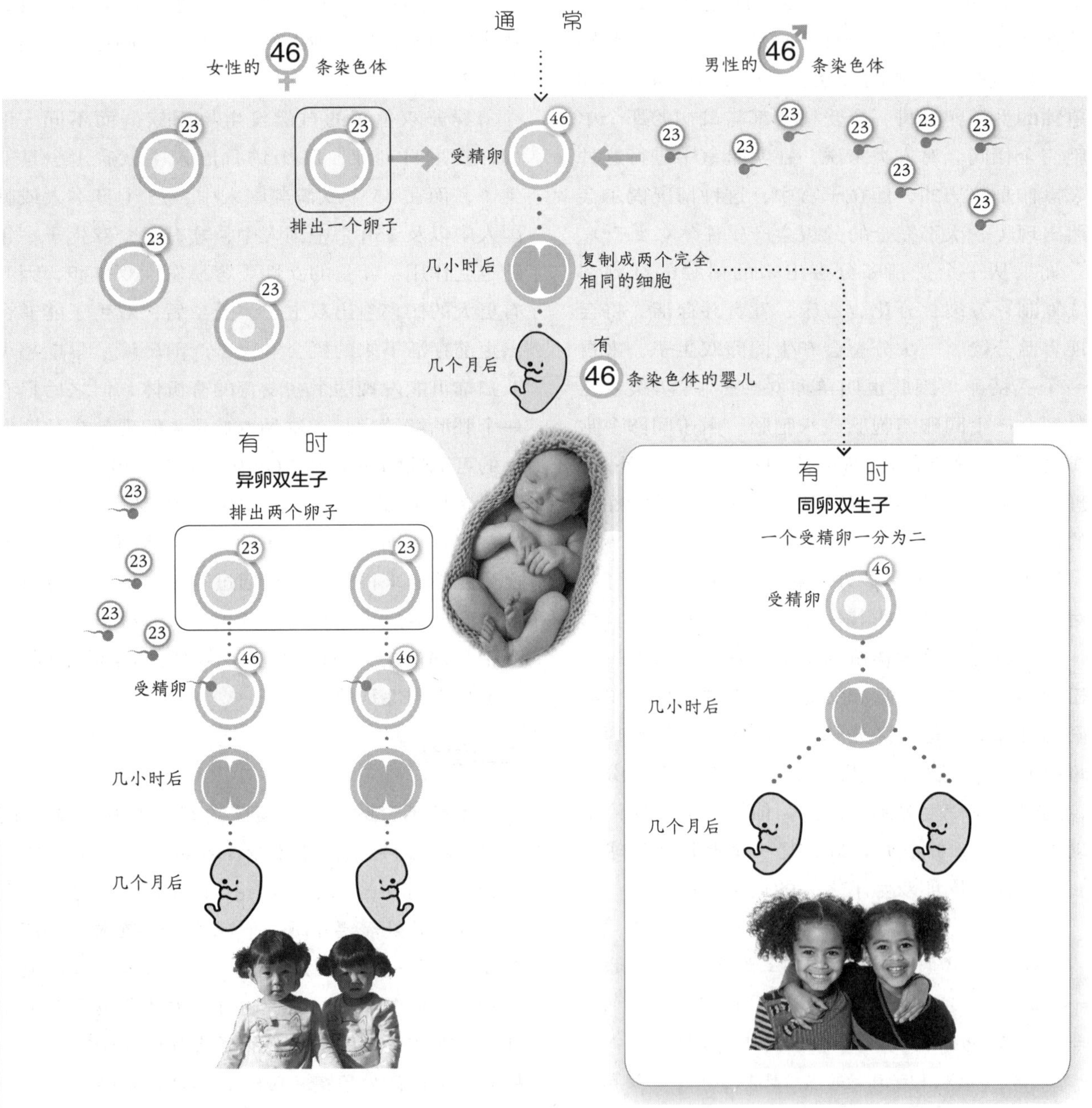

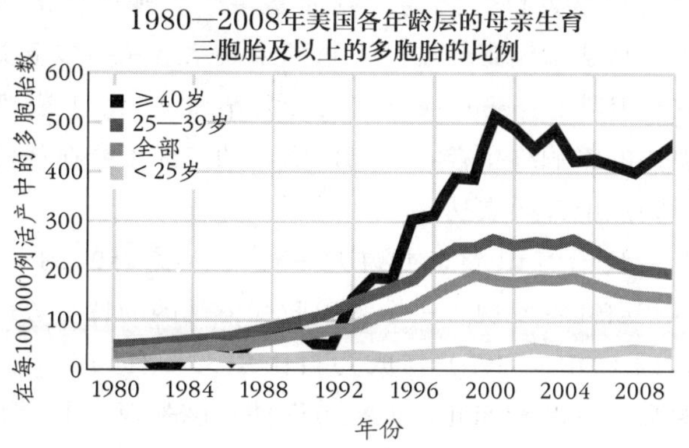

来源：Martin et al., 2011.

图 3.3

为什么多胞胎变多了？ 美国历史上多胞胎的自然出生率随着母亲年龄的增长而增加。35—40 岁的女性较年轻女性更可能怀上双胞胎或三胞胎。20 世纪 90 年代初，辅助生殖技术的出现导致多胞胎大幅增加；如今，40 多岁的女性最可能生育多胞胎。由于多胞胎所面临的危险更加明显，三胞胎的出生率在 20 世纪 90 年代晚期达到峰值后开始下降了。

一个精子直接嵌入卵子中，该程序被称作**卵胞浆内单精子显微注射法（ICSI）**。不能复制的受精卵以及被检测出具有严重遗传疾病的胚泡被排除。在子宫外发育 2 ～ 6 天后，技术人员将正常发育的细胞移植到子宫中，可能是一个或几个胚泡。在发达国家，有 1% ～ 3% 的新生儿是经由体外授精程序而诞生的，在发展中国家也已有数千例。

辅助生殖技术帮助了数百万夫妻生儿育女。当然，有些父母使用了其他人捐赠的精子、卵子和/或子宫，则其孩子在遗传学或生物学意义上不是他们的孩子（Almeling，2011）。捐赠一词可能会使人误解，实际上，捐赠（常常来自大学生）精子或卵子以及代孕都是有偿的。通过体外授精成为父母的人大多是有一方不能生育的异性恋者，但也有一小部分是同性伴侣。

虽然会就捐献者的严重遗传问题对捐献者进行筛查，但在体外授精（试管婴儿）中，发生出生缺陷和后期疾病的可能性仍略有增加。此类风险很小：在经体外授精的新生儿（试管婴儿）中，约 97% 的孩子没有明显缺陷。但早产和低出生体重的风险不小。【**生命全程链接**：关于低出生体重的问题将在第四章中讨论。】在美国，将近一半的体外授精（试管）婴儿是双胞胎或三胞胎［《发病率与死亡率周报》（MMWR），12 月 2 日，2012］。

大多数欧洲国家对每次植入子宫的胚泡数设定了限制，部分是因为这些国家的医疗保险系统不仅要负担体外授精的费用，还要负担新生儿看护费用。如果只有一个胚泡被植入，其他的通常会被冷冻起来，留待第一个胚泡失败时再植入。根据在 7 个国家进行的一项研究，植入一个胚泡的成功受孕率与植入多个胚泡是一样的，但由于每个胎儿都是单独发育的，所以低出生体重儿会更少（7%：30%）（Grady et al.，2012）。

小　结

人类通常有 23 条来自母亲的染色体和 23 条来自父亲的染色体，所有的基因和染色体都会配对，变成一半来自父亲一半来自母亲的新染色体对。但由于等位基因的存在，配对不一定尽善尽美。父亲的第 23 对染色体是 XY，所以他的精子一半是 X 染色体，一半是 Y 染色体，决定了婴儿的性别。受精卵的基因反复自我复制。最初的细胞是干细胞，每一个干细胞都可以变成一个完整的人。但很快，随着细胞的繁殖，它们开始分化。每个细胞都会变成一种特定类型的细胞，去身体需要它发挥功能的部位，变成皮肤、血液、骨头及大脑的组成部分。

双生子可能是同卵的（来自相同干细胞的一个受精卵），也可能是异卵的（两个受精卵）。辅助生殖技术提高了多胞胎的出生率。现代生育措施，包括体外授精，已经孕育了数百万父母迫切盼望的健康婴儿，但也引发了新的两难问题，比如，人们是否有权利选择新生儿的性别、遗传和生物学亲缘关系以及新生儿的数量。■

>> 从基因型到表现型

如前所述，当精子和卵子结合成为受精卵后，基因型就形成了，它是指发育中的个体的全部基因。从一个细胞到一个人的诞生还需要许多复杂的过程以形成**表现型**，指这个人的外表、行为以及大脑和身体功能。其中没有任何一项是完全由遗传决定的，包括像身高、头发颜色这样明显的特征；但也没有任何一项与基因毫无关系，包括支持共和党还是民主党；是加班加点辛苦工作，还是根本不工作；是想离婚，还是拒绝离婚；等等（Plomin et al.，2013）。

基因型促使身体和大脑形成，但表现型既取决于许多基因，也取决于环境，从受孕开始直到死亡，一直受到“有机体遇到的出生前后的环境”的影响（Gilbert，2010，p.26）。大多数性状是**多基因**（受许多基因影响）和**多因子**（受许多因素影响）的。一个受精卵可能有成为一个音乐天才的基因，但其潜能可能永远无法表达。即使完全了解一个人的基因型，也不可能精确地预测其表现型（Lehner，2013）。

研究者们所看到的多基因和多因子相互作用的复杂性与日俱增。很明显，“表现型变异……来自众多基因和环境因素之间的多重交互作用”。我们将从表观遗传开始，阐述“复杂性状中基因型和表现型的相互关系这一基本问题”（Nadeau & Dudley，2011，p.1015）。

表观遗传

第一章已经讲过，所有重要的人类特征都是表观遗传的，包括已知的遗传性疾病，如癌症、精神分裂症和自闭症等（Kundu，2013；Plomin et al.，2013）。

糖尿病是一个明显的例子。继承了该遗传风险的人有可能永远不会得糖尿病。另一种情况是，在某个时刻，饮食因素可能激活遗传风险，导致这个人成为糖尿病患者。一旦发生这种情况，基因的表观遗传改变就使糖尿病变得不可逆转了。虽然饮食和胰岛素可以控制疾病，使病人过上正常生活，但病人再也不能回到患病前的状态了（Reddy & Natarajan，2013）。

一生中的其他发展性改变也是如此。由于特殊的易感性，某些环境影响（如受伤、极限温度、药物滥用以及拥挤）可以妨碍健康的发展，而其他一些因素（如营养丰富的食物、爱心关照和游戏玩耍）可以促进健康的发展。最近的一项发现表明，一些抑制或允许基因表达的表观遗传因素是认知性的，而不是生物性的。例如，如果一个人感觉孤独、被拒绝，这种感觉可能会影响某些 RNA（使 DNA 能够发挥功能的有机物质），从而允许心脏病或社会焦虑的遗传潜能表达出来（Slavich & Cole，2013）。

没有任何特质是由基因单独决定的，即使是那些有很强的、已被证实的来自遗传的特质，如血压或重度抑郁，因为“发展是一个表观遗传的过程，是从基因到环境的多重因果关系之间的多重交互作用”（Spencer et al.，2009，p.80）。由于表观遗传的影响终生存在，所以潜在的基因可能在任何时间点上开始表达。

政治意识形态或许是一个令人惊讶的例子。一些研究者发现，一个多巴胺受体基因的特定等位基因（DRD4-R7）与成为自由主义者有关，但只对交友甚多者如此。孤独者即使有该基因，也会更加保守（Settle et al.，2010）。

给未来父母的问题　假如你希望未来女儿矮一点，儿子高一点。有可能实现吗？（答复见第 69 页）

基因与基因的交互作用

2001 年，**人类基因组计划**的完成带来了许多新发现。第一个意外发现是人类的基因数量远少于 20 世纪时人们普遍认为的 100 000 个，一个人的基因总数在 18 000 ～ 23 000 个。第二个意外的发现是很难获得精确的基因数，因为有时很难判断一个基因的起点和终点，甚至很难判断某段 DNA 是否是一个基因（Rouchka & Cha，2009）。我们也很难准确预测来自父母一方的基因将如何与来自另一方的基因相互作用。但是，我们已经了解了一些基本的遗传交互作用，介绍如下。

加性遗传

一些等位基因是*加性*的，因为它们对表现型的影响是*累加*的。如果基因是加性交互作用的，表现型通常会反映其中每一个基因的贡献。身高、卷发程度和肤色通常由加性基因所致。实际上，身高有可能受 180 个基因的影响，每一个基因的贡献非常小（Enserink，2011）。

大多数人会有各种身高、各种发质、各种肤色的祖先，所以孩子的表现型与父母的表现型并不完全一致（尽管表现型一定反映其基因型）。我家中就有这种现象。我女儿蕾切尔中等身高，比她爸爸和我都矮，但比我们两人的母亲都高。很明显，她从我们这里继承了祖母和外祖母的部分身高基因。而且我的孩子没有一个与我的肤色完全相同，当我们互借衣服时，会苦恼地发现，某种颜色某人穿上特别有魅力，但另一人穿上就很难看。

加性特质如何表现出来，部分取决于一个孩

子偶然继承的全部基因（一半来自父亲，一半来自母亲，也就是说，每个祖父母和外祖父母各贡献1/4）。在受精卵中的所有其他DNA和RNA（不是垃圾！）的帮助下，一些基因会增强或抑制其他基因的作用（Pauler et al.，2012）。

>> **答复未来父母**（问题见第68页） 有可能，但你不会愿意这么做。你必须为生儿子选择一个伴侣，然后为生女儿选择另一个伴侣，并且你将不得不进行性别选择。考虑到你基因型中的所有基因，即便你这样做了，也不一定成功。更重要的是，这种做法是不符合伦理的、不自然的，而且可能是违法的。

显性－隐性遗传

不是所有基因都是加性的。在一种非加性形式中，等位基因以**显性－隐性模式**交互作用，即一个等位基因（即显性基因）比另一个（隐性基因）更有影响力。当一对等位基因中的一个是显性基因，另一个是隐性基因时，前者控制着性状。每个人都有一些在表现型中未获表达的隐性基因。基因型中带有某隐性基因的个体被称作该隐性基因的**携带者**。

多数隐性基因是无害的。例如，蓝色眼睛是由一个隐性等位基因决定的，褐色眼睛是由一个显性基因决定的。因此，父母中一人是蓝色眼睛（他通常有两个隐性蓝眼基因），另一人是褐色眼睛，生出的小孩通常长着褐色的眼睛。

“眼睛通常是褐色的”，这个说法准确，因为褐色眼睛的人有时也是蓝眼基因的携带者。在这种情况下，如果夫妻中一人蓝眼一人褐色眼，他们所生的每个孩子都至少有一个蓝眼基因（来自蓝眼父母一方），其中一半的孩子会有另一个隐性蓝眼基因（来自褐眼的父母一方）。这一半的孩子将是蓝眼，因为他们没有显性的褐眼基因，另一半因为有褐眼显性基因，所以是褐眼，但他们同时也是蓝眼隐性基因的携带者，一如其褐色眼睛的父母。

如果父母双方都是隐性基因携带者，情况就会变得更复杂。如果一对褐眼的父母都有蓝眼隐性基因，那么他们可能会有一个蓝眼孩子（1/4的机会）。不应有人怀疑这个孩子的血统［见图3.4（彩）］。所有的隐性基因都有这种模式：大多数隐性基因是无害的（像蓝眼基因一样），但有些是致命的（比如那些会导致严重疾病的基因，本章结尾处将会讨论）。

遇到**伴X染色体**基因（位于X染色体上）时，显性－隐形模式会出现特例。如果一个伴X染色体基因是隐性的，如多种色盲、多数过敏症、多种疾病以及一些学习障碍的基因，该基因位于X染色体这一事实将成为决定其能否在表现型中表达的关键因素（见表3.1）。

为理解伴X染色体性状的遗传，需要记住，Y染色体比X染色体小，所以X染色体上的基因

表3.1　第23对染色体和伴X染色体色盲

第23对染色体	表现型	基因型	下一代
1. XX	无色盲女性	不是携带者	没有源自母亲的色盲
2. XY	无色盲男性	源自母亲的正常X染色体	没有源自父亲的色盲
3. Xx	无色盲女性	携带者（色盲基因来自她的父亲）	孩子中有一半继承她的x色盲基因。继承她的色盲基因的女儿是携带者，儿子是色盲
4. xX	无色盲女性	携带者（色盲基因来自她的母亲）	孩子中有一半继承她的x色盲基因。继承她的色盲基因的女儿是携带者，儿子是色盲
5. xY	色盲男性	色盲基因遗传自母亲	他的所有女儿都有他的x色盲基因，他的儿子中无人有他的色盲基因。所有子女的色觉都正常，除非他们的母亲也有色盲基因
6. xx	色盲女性（罕见）	色盲基因遗传自双亲	每个子女都从她那里得到了一个色盲基因，每个儿子都是色盲，女儿都是携带者（如果她们从父亲那里也继承了一个色盲基因，则也是色盲）

在Y染色体上几乎没有对应基因。因此，X染色体上携带的隐性特质更可能影响儿子的表现型，因为女儿还有另一个X染色体，它通常有显性基因。这就是为什么有伴X染色体遗传病的男性从母亲那里遗传了它，而不是从父亲那里。由于母亲的基因影响，男孩是色盲的概率是女孩的20倍（McIntyre，2002）。

拷贝数变异

对任何一种活的生命体而言，所有涉及遗传的交互作用的结果都很难预测。30亿个碱基对中任何一个发生很小的缺失、重复或置换，有可能是无关紧要的，也有可能是致命的，或者介于二者之间。

在2001年首次绘制出人类基因组时，人们希望找到每一种遗传性疾病的特定的加性基因、隐性基因或显性基因，从而很快找到治疗方法。这种"一个基因/一种疾病"的希望最终被证明只是一个幻想，许多以为个性化治疗即将来临的医生大失所望（Marshall，2011）。分子分析发现，碱基对上许多看起来很小的变异反而有很强的影响力，每一个都发挥着微小的作用。但30亿个碱基对联合起来，细小差异的累积可以产生显著的影响。

关注点在**拷贝数变异**上，它是指那些有碱基对重复（从一次到数百次）或缺失的基因。拷贝数变异几乎与每一种疾病和异常状况都相关，包括心脏病、智力受损、精神疾病以及许多癌症。这种变异有一部分是发展性的，其影响在产前尤其显著，因为那时大脑的基本结构正在形成。但也别忘了可塑性——变化在一生中都可能发生（Chaignat et al.，2011）。

拷贝数变异极为常见，我们每个人身上都有一些这类情况（Mills et al.，2011）。探测和解释这些变异或许是将来个性化治疗的关键。例如，许多药物的作用方式取决于受体的基因结构。这些特殊的因素直接控制了个体患者的治疗效果（Marshall，2011）。

很多人希望这些遗传信息能被尽快应用于靶向药物和其他医疗措施的研发，但研究者才刚开始了解拷贝数变异的意义，甚至它都有可能是一个充满希望的泡影。由于表观遗传学表明环境的影响可以改变基因表达，所以个性化治疗必须像考虑每个个体的基因一样，考虑个体的思维习惯和生活习惯（Horowitz et al.，2013）。

还有更复杂的问题。有时，一个基因对中的一半完全关闭，另一半自由活动。一旦未关闭的基因发生有害变异，就可能导致问题。对于女孩来说，第23对染色体中的一个X染色体在胎儿早期是关闭的。人们尚未完全理解其中的意义，但已确知的是，那个关闭的X染色体有时来自卵子，有时来自精子。当然，男孩只有一个X染色体，所以它总处于活跃状态。

这并不是受到性别影响的唯一例子。同样的基因有时对男性和女性胚胎有不同的影响。一个基因是来自父亲还是母亲也非常重要，这一现象叫亲代印迹。

亲代印迹最著名的例子是第15号染色体上的一个小小的缺失。如果父亲的该染色体有部分缺失，孩子可能会患上普拉德-威利综合征，表现为肥胖、行动缓慢、固执。如果来自母亲的该染色体有部分缺失，孩子则可能患上安吉尔曼综合征，表现为瘦弱、活跃、快乐，但有时过于快乐，在其他人都不笑的时候也会一个人大笑。在这两种情况中，孩子的智力发育都会受到损害，只是方式不同。

MARIA PLATT-EVANS/SCIENCE SOURCE

她笑得太多 不，不是指中间微笑的姐姐，而是右边这个10岁的女孩，她患有安吉尔曼综合征。她从母亲的第15号染色体上继承了它。她的姐姐和弟弟幸运地继承了母亲的第15号染色体对中另一个正常的染色体。如果她遗传的是父亲的第15号染色体上的同样的缺失，她将患上普拉德-威利综合征，会让她体重超重、易饿并常常生气。而对患有安吉尔曼综合征的孩子来说，大笑是其症状，他们甚至会对别人的痛苦发笑。

亲代印迹很普遍。据估算，在孕期发育的早期（头15天），有553个基因，其作用取决于它来自母亲还是父亲，这个数目比之前预想的多得多（Gregg，2010）。印迹除了受到父母性别的影响，还可能受到胚胎性别的影响。例如，女性比男性更常患多发性硬化症，她们通常是从母亲而不是父亲那里遗传来的，这可能是基因的原因，也可能是表观遗传的原因（Huynh & Casaccia，2013）。

小　结

基因型（遗传性）和表现型（呈现出来的外表和可观察到的行为）之间的差别是遗传与发展中的众多复杂性之一。所有特征都是表观遗传的，是基因和非基因影响的产物，始于受孕时的甲基化，并持续终生。而且，大多数特征是多基因的，即许多基因交互作用的结果。有些交互作用是加性的，有些是显性－隐性模式的，还有碱基对中众多微小的变异，所有这些又有可能受到父母性别和受精卵性别的影响。■

>> 天性与教养

本章旨在帮助读者理解基因型与表现型之间复杂的交互作用，这并不是一件容易的事。几十年来，来自许多国家的众多科学家在努力探索这一复杂性。在统计学和分子分析方面，每年都有新进展，新的数据也揭示了各种各样的交互作用的模式，所有这些都产生了有待验证的假设。

我们来考察两个复杂的特质：成瘾和视敏度。你将会看到，理解从基因型到表现型的发展具有很多实践意义。

酗酒

在历史上的各个时期，人们都认为酗酒和滥用其他药物是一种道德缺点，认为这些人是社会祸患或有人格缺陷。自从世界各地的人们在几千年前发现了发酵现象以来，饮酒问题始终是历史性和国际性焦点。饮酒曾被宣布为非法的（如在1919—1933年的美国），或者被认为是神圣的（如在许多犹太教、基督教的仪式中）。酗酒者曾被监禁、嘲笑或被处以火刑。如今我们知道，遗传的生物化学过程影响着酒精的代谢；惩罚带有此基因的人并不能阻止酒精成瘾。

更具体一点说，基因产生了一种对成瘾的吸引力，它可能强到令人无法抗拒，也可能非常微弱，或介于二者之间。每个人对酒精的生物化学反应都不同，它可能导致瞌睡、恶心、攻击、高兴、放松、健忘、性冲动或哭泣。新陈代谢使一些人能够"控制体内的酒精"，致使他们喝得过度；而另一些人（包括许多东亚人）小酌几口就会流汗、脸红，这种令人尴尬的反应可能导致他们戒酒。单一的酗酒基因是不存在的，研究者们已经在除Y染色体之外的所有染色体上找到会增加酗酒可能性的基因和等位基因（Epps & Holt，2011）。研究者都认为，酗酒是多基因性的，而且所处文化非常关键。

尽管一开始人们关注的重点是导致生物性成瘾的基因，但现在我们知道，影响人格特质的基因可能更为关键（Macgregor et al.，2009）。人们已经知道，人的气质是遗传的，其中，急性子、寻求刺激、极度焦虑都会促使人饮酒。而且在某些场合（如兄弟会的聚会），饮酒很难避免；在另一些场合（如禁酒地区的教会活动）则很难咽下比柠檬水更刺激的东西。

性（生物学上的XX或XY）和性别（文化上的概念）也影响酗酒风险。由于生物学原因（身高体型、体脂成分、新陈代谢），女性的酒量比男性小，但一个女人的酒量取决于她的社会背景。例如，在日本，男性和女性有相同的酒精代谢基因，但女性喝的酒只有男性喝的1/10。当日本血统的女性移居美国之后，她们的饮酒量增长了5倍（Higuchi et al.，1996）。显然，亚裔美国人在努力接受新文化中的饮酒模式（Makimoto，1998）。

给药物滥用咨询师的问题　渴求刺激有可能导致成瘾吗？（答复见第73页）

近视

年龄、基因和文化都影响视力。

先来看年龄因素。新生儿只能聚焦到离他们的眼睛30～90厘米的事物上。人的视力在10岁前会逐步提高。到了青春期，眼球形状会改变，近视眼增多；到中年时又一次改变，近视眼减少。

可遗传吗？

再来看看基因的影响。一项对英国双生子的研究发现，负责眼睛形成的Pax6基因有许多等位基因，它们会使人变得近视（Hammond et al.，2004）。这一研究发现，近视有近90%的遗传力，也就是说，如果一个同卵双生子近视，那么另一个几乎也会是近视。

然而，**遗传力**仅表明特定的特质在特定背景和时代下的特定人群中，某种变异在多大程度上可归因于基因。例如，如果孩子们的医疗和营养条件良好，则身高的遗传力非常高（约 95%），但如果孩子们营养不良，则身高的遗传力非常低（约 20%）。因此，虽然视力在英国有 90% 的遗传力，但这一数字在别的地方可能并不适用。

事实的确如此。在一些非洲人社区，视力的遗传力近乎为零，因为严重缺乏维生素 A，导致当地人的视力状况更多地取决于饮食而非基因。如果一个孩子缺乏维生素 A，那么即便按他的基因型本应有很好的视力，这个孩子的实际视力也可能非常糟糕。科学家正在试图培育一种富含维生素 A 的玉米（当地主要农作物）品种。如果成功，视力的遗传力将会增加，视力将整体提升（Harjes et al., 2008）。对于营养良好的孩子来说，情况如何呢？他们的视力完全取决于遗传吗？跨文化研究表明并非如此。

一个报告称，“近视正以一定的‘流行病’的速度增加，尤其在东亚。”（Park & Congdon, 2004, p.21）对于这一现象的研究最早是在 1992 年发表的。当时，学者们注意到，在新加坡对所有 17 岁男性的义务参军体检中，1980 年的近视率是 26%，到 1990 年则上升为 43%（Tay et al., 1992）。顶尖的英国医学杂志最近刊登的一篇文章表明，尽管基因要对大多数严重的近视负责，但在亚洲学龄儿童的普遍性近视中，“遗传性差异可能很小”（Morgan et al., 2012, p.1739）。教养一定以某种方式涉足其中了。不过，究竟是以怎样的方式呢？

户外游戏

近视的罪魁祸首之一可能是家庭作业。在第十二章中我们将看到，当代东亚儿童非常精于数学和科学。50 年前，大多数东亚儿童要工作；但现在，他们几乎都是勤奋的学生。由于他们正在发育中的眼睛紧盯着书本，所以那些有近视遗传风险的人可能会失去看远处物体的敏锐度，这也是近视一词的意思。

一项对新加坡 10—12 岁儿童的研究发现，在近视（通过验光测试来衡量）和高成就［尤其是语言成绩（推想反映了更大的阅读量）］之间，存在正相关。虽然相关不是因果证据，但统计结果中的优势比达 2.5，显著性为 0.001，这一统计结果不容忽视（Saw et al., 2007）。来自美国的儿童运动数据使一些眼科医生提议，近视背后的原因不是学习时间，而是昼光接触时间不足（Morgan et al., 2012）。或许，如果儿童花更多的时间在户外游戏、徒步或放松上，需要戴眼镜的人就不会那么多了。

从 20 世纪 70 年代初到 21 世纪初，美国人口中的近视率从 25% 增长到 42%（Vitale et al., 2009）。城市化、电视以及对陌生人的恐惧迫使许多美国孩子大部分时间都待在室内，而不是像前几代人那样每天都在户外游戏数小时。一位眼科医生评论道：“如今的我们是模模糊糊看不清世界的室内人。”（Mutti, 2011, p.17）以前，有遗传易感性的孩子并不一定会变成近视，但如今他们一定会发展为近视。

LONELY PLANET IMAGES/GETTY IMAGES

没时间玩　中国儿童大多数时间都在学校上课、在家做作业或参加学校活动，比如这次在湾仔进行的校外活动。

观察力测验　重视教育是中国经济成功的一个原因，但是这些孩子为其承担了一个后果。（答案见第 73 页）

实际应用

由于基因影响每一种疾病，因此没有人应该因遗传性问题而受到责难或惩罚。但是，既然基因并不会单独起作用，或许可以在出生后采取预防措施。例如，如果有酗酒基因，父母可以在家中禁酒，并希望他们的孩子在认知上和社会性上变得更成熟以后才开始饮酒。如果家族遗传近视，父母应确保孩子每天都有在户外玩耍的时间。

当然，对于每个孩子，我们都建议多在户外游戏和不饮酒，就像其他行为一样，比如，使用牙线、说“请”、充足的睡眠、多吃蔬菜和写感谢卡。

然而，父母不可能方方面面都照顾到。注意到遗传性风险能够帮助父母确定需要优先考虑的事。

忽视天性与教养的交互作用是致命的。棒球巨星米奇·曼托（Mickey Mantle）就是一个典型。他是在世界职业棒球大赛（World Series）中击出全垒打次数最多的人，但他的男性亲戚大多是酗酒者，且往往没到中年就过世了，他的父亲也是如此，在 39 岁时死于霍奇金病（一种癌症）。曼托后来也变成了“一个声名狼藉的酒鬼，（因为他）认为家族性早亡史意味着他也将年纪轻轻就死去”（Jaffe，2004，p.37）。于是，他对自己酗酒的遗传倾向不管不顾。

曼托在 46 岁时说：“如果我知道自己能活这么久，我会好好地照顾自己。”他并没有患上霍奇金病，而且即使患上了此病，他父亲亡故后新面世的化学疗法也有可能挽救他的生命，这是一个环境战胜基因的例子。

然而，酗酒摧毁了曼托的肝脏。他醒悟得太晚了。临死之前，他在洋基体育场对球迷们说：“请大家不要吸毒和酗酒。上帝只给了我们一个身体，请保持健康。如果你想做一件伟大的事情，那就成为器官捐献者吧。”（引自 Begos，2010）尽管他最后获得了肝脏移植，但仍在 63 岁时就去世了，较美国同时代男性的平均寿命少了 15 年。

小　结

基因影响每一个特质，不管是如幽默感一般美好的特质，还是如暴脾气一样糟糕的特质，抑或是如容易无聊这样再普通不过的特质。环境也影响每一个特质，使它们随着成熟、文化和历史进程的展开而改变。基因本身也可以经由表观遗传因素而被修改。无论这些因素是生物的还是心理的，这在身高、酗酒、近视和其他几乎每一种生理的和心理的状态里都能看到。所有这些状态都有基因根源、发展模式和环境触发因素。■

>> 答复药物滥用咨询师（问题见第 71 页） 有·能。一些爱刺激的人成了成瘾者；另一些人则形成了健康的生活方式，如冒险、认识新的人、到国外旅行。任何一种特质都可能走向不同的方向。需要注意到其间的联系，这样才能将来访者引向健康的冒险。

>> 观察力测验（第 72 页）的答案 虽然一些研究者指出对校服问题也需要更多关注，但这里所说的后果不是这些男孩或女孩的校服，而是四个孩子中有三个戴着眼镜。难道前面这个小伙子忘记戴他的眼镜了？

>> 染色体和基因问题

让我们重点来看由染色体异常或单个破坏性基因引起的状况。因为它们是非常态的，因而被视为异常。以下三个原因使这些状况与人类发展紧密相关：

1. 从中可以洞察天性与教养的复杂性；
2. 了解它们的起源有助于限制其影响；
3. 用知识消除偏见：差异并不总是缺陷。

不一定是 46 条

如你所知，每个精子或卵子通常各包含 23 条染色体，结合后形成一个有 46 条染色体的受精卵，最终发育成人。在细胞复制的过程中，并不一定总是能整齐地一分为二。已知的一个与染色体异常相关的变量是父母的年龄，尤其是母亲的年龄。一个可能的原因是，卵细胞在女孩出生之前就开始形成，大龄母亲的卵细胞年龄也偏大。当母亲的 46 条染色体分裂形成卵子时，染色体的分配通常是平均的，即 23/23。但大龄母亲更有可能排出 22/24 式的卵子。随着年龄增长，男性精子的数量和浓度也在下降。

这样的数量错误并不罕见。据估计，有 5% ～ 10% 的受精卵有多于或少于 46 条染色体（Brooker，2009）；另一估计高达 50%（Fragiouli & Well，2011）。但是这些受精卵很少能发育到出生（不到 1%），主要是因为这样的受精卵不能复制、分裂、分化和着床。

如果发生着床，这类有问题的受精卵大多也会自发或选择性流产。分娩本身是有风险的；大约 5% 的死胎有 47 条染色体（O. J. Miller & Therman，2001），许多异常的新生儿出生后几天之内便会夭折。在大约每 200 例分娩中，只有一例带有 45 或 47 条甚至是 48 或 49 条染色体的新生儿能存活下来。

唐氏综合征

每种异常会导致一组可识别的综合征，即一组常常同时出现的明显特征。一般原因是在特定位置上有 3 条而非 2 条染色体（被称作三体性）。最常见的多余染色体疾病是**唐氏综合征**，也被称作 **21-三体综合征**，患者在第 21 号染色体位置上有 3 条染色体。

第 21 号染色体上的第三条染色体可能导致约 300 种明显病征。唐氏综合征病人的表现各不相同，但三体性通常会导致特定的面部特征，包括肥厚的舌头、圆脸、眼外侧上斜以及与众不同的手、脚和指纹。

许多患有唐氏综合征的人还有听力不好、心脏畸形、肌无力、身材矮小等问题。他们通常智力发育迟缓，尤其是在语言方面，通常在 15 岁左右达到智力高峰（Rondal，2010）。一些人的智力有严重缺陷；其余人的智力水平中等或中等偏上。那条多余的染色体会影响人的一生，但家庭背景、教育影响和医疗措施可能会减少其伤害（Kuehn，2011）。

给教师的问题 假设你知道你的一个学生有一个患唐氏综合征的兄弟。你应该采取哪些特别的措施？（答复见第 75 页）

第 23 对染色体的问题

每个人至少有 44 条常染色体和一条性（X）染色体；如果没有这 45 条染色体，胚胎不可能发育。然而，在每 500 个婴儿中，约有 1 个婴儿天生只有一条性染色体（没有 Y），或者有三条或三条以上性染色体（不是刚好两条）（Hamerton & Evans，2005；见表 3.2）。有严重染色体异常的妊娠大多会自然流产。

数目为奇数的性染色体将损坏认知和性成熟，具体情况取决于基因和教养。有时，第 23 对染色体仅部分缺失，或者是一个有多余染色体的人并没有受到太大的影响。在这种情况下，此人看起来是正常的，但不能生育。

给未来医生的问题 一个担心自己性征的病人是否可能有不明的性染色体异常？（答复见第 75 页）

基因异常

每个人都携带着能导致下一代患严重疾病或障碍的等位基因。大多数此类基因没有严重后果，因为它们是隐性的。只有当遗传基因是显性的或受精卵是一个隐性性状的纯合子（也就是说，受精卵从父母双方那里均得到这一隐性基因）时，表现型才会受到影响。

显性异常

已知的 7000 种单基因异常大多是显性的（总是被表达）（Milunsky，2011）。严重的显性异常很少，因为此类患者通常活不过儿童期，不可能将基因传给后代。

显性障碍仅在一种情况下会变成常见问题，即在儿童期潜伏，到了成年后能够生育时才显现。亨廷顿病就是一个例子，它是由拷贝数变异引起的严重的中枢神经系统紊乱，某三个一组的碱基对有超过 35 次重复。症状直到中年才显现，那时患者可能已经有几个孩子了，最初的亨廷顿病就是这样得以遗传的（Bates et al.，2002）。另一个例外

表 3.2 涉及性染色体的常见异常

染色体模式	外貌	心理特征	发生率*
XXY（克兰费尔特综合征）	男性。通常在青春期时男性特征不发育，阴茎不生长，声音不变低沉。通常不育。胸部可能发育。	可能有一些学习障碍，尤其是在语言技能方面。	男性中的 1/700
XYY（雅各综合征）	男性。典型特征是高。	有智力受损的风险，尤其是语言技能。	男性中的 1/1000
XXX（X 三体综合征）	女性。正常外貌。	大多智力技能受损。	女性中的 1/500
XO（特纳综合征；只有一条性染色体）	女性。矮小，通常有“蹼状颈”。第二性征（胸部、月经）不发育。	一些学习障碍，尤其是与数学和空间理解有关的方面；识别情绪的面部表达有困难。	女性中的 1/2000

* 发生率是出生时的估数。

来源：Hamerton & Evans，2005；Aksglaede et al.，2013；Powell，2013；Stocholm et al.，2013.

是罕见而严重的阿尔茨海默病，它会使人在 60 岁前失智。

隐性异常

隐性病症更多，因为它们代代相传。一些隐性病症是伴 X 染色体的，如血友病、杜兴氏肌肉营养不良症和**脆性 X 染色体综合征**——该病是由于一个基因重复 200 多次导致的（Plomin et al., 2013）。（重复是正常的，但如此多的重复是不正常的。）脆性 X 染色体综合征所导致的认知缺陷是最常见的遗传性智力障碍（许多其他形式的智力障碍，如 21- 三体综合征，是不遗传的）。男孩更可能受到该疾病的伤害。

大多数隐性病症发生在常染色体上，不是伴 X 染色体的（Milunsky，2011）。其中约 500 种已有携带者检测，这个数字每个月都在增加（Kingsmore et al.，2011）。大多数隐性病症很罕见，但约 12 个北美人中有 1 个人携带囊胞性纤维症、地中海贫血或镰状细胞贫血的等位基因，这些疾病在男女儿童中同样常见，而且其伤害是毁灭性的。之所以有如此高的比例，是因为携带者可从这些基因中获益（Brooker，2009）。

关于隐性基因的好处，被研究得最多的例子是镰状细胞贫血。在非洲部分地区，疟疾仍是流行病，但镰状红细胞基因的携带者很少死于疟疾。事实上，有四个不同的等位基因可以导致镰状细胞贫血，这四个等位基因都源自疟疾易发区。选择性适应使得此基因广泛传播，因为它保护的人（即携带者，它们只有一个该基因）比杀死的人（真正的患病者，他们从父母双方都继承了该隐性基因）更多。大约 11% 的非裔美国人是此基因的携带者。

与之类似，囊胞性纤维症在北欧血统的美国人中更常见，携带者可能受到保护，免于患霍乱。还有一个等位基因可以保护携带者不受艾滋病病毒的侵害，但这种等位基因尚不常见，因为与贫血和霍乱不同，艾滋病在过去几十年才开始流行。

>> **答复教师**（问题见第 74 页） 正如文中所说：“知识消除偏见。”第一步要了解唐氏综合征，阅读相关资料。你将了解到，它通常并不会遗传（你的学生不用担心他的后代），一些患有唐氏综合征的孩子需要特殊的医疗和教育措施。也就是说，你需要给你的学生特别的关注，因为其父母关注的焦点可能是他的兄弟。

>> **答复未来医生**（问题见第 74 页） 这几乎是不可能的。早在成年之前，染色体异常就会显现。成人出于社会的而非生理的原因担忧自己的性征是很正常的。你可以检测他的染色体组型，但可能是小题大做。

遗传咨询和检测

从前，如果一个有严重疾病的孩子降生，夫妻们常常会归咎于诅咒或命运，而不是基因或染色体。如今，许多年轻人早在结婚前就对他们的基因心怀担忧。实际上，每个人都有亲朋好友患有某种严重疾病，因而担心自己的孩子会遗传到什么。人们也急于了解自己将来的健康状况。许多人付费进行了基因检测，然而这类检测提供的信息常有误导性。

这种误导性信息尤其容易出现在心理障碍的案例中，如抑郁症、精神分裂症和自闭症。毫无疑问，在所有这些病症中，基因是一个影响因素（Plomin et al.，2013）。然而，正如成瘾和视力一样，环境对于每种病症来说也很关键。环境不仅仅指父母做了什么，也包括社区和政府做了什么。

对于异卵双生子和普通的兄弟姐妹来说，如果他们中有一个患有精神分裂症，其他人患上此病的可能性为 12%，风险高于普通人群中的精神分裂症 1% 的发病率。毫无疑问，这种相关性表明，基因是影响因素之一，但环境也很重要（Castle & Morgan，2008）。

如果一个同卵双生子患上了精神分裂症，则另一个通常（但并不绝对）也会患某种心理障碍，具体是哪种障碍受到教养方式的影响。既然连同卵双生子都有差别，说明精神分裂症并不单纯是遗传来的。

一项对丹麦全民的研究证实了天性与教养的交互作用。如果父母双方都有精神分裂症，则孩子的发病率为 27%；如果父母一方有精神分裂症，则孩子的发病率为 7%。还可以用另一种方式来呈现这些统计结果：即使父母双方都有精神分裂症，将近 3/4（73%）的孩子也不会患病（Gottesman et al.，2010）。他们中有些人患上了其他的心理疾病，这也为表观遗传提供了证据。

大量研究已经认定了一些影响精神分裂症的环境因素，包括严重营养不良、夏季出生、青少年期使用精神药物、成年早期移民、成年期的家庭情绪状态。因为环境非常关键，所以几乎没有科学家提倡精神分裂症的遗传学检测。他们担心检测本身可能会导致毫无理由的抑郁和压力，而且加剧了那些真患精神疾病的人的心理阴影（Mitchell et al.，2010）。

国家、科学家和公众对于遗传检测有许多看法（Plows，2011）。问题是科学家对基因的了解已经大大超越了10年前人们的想象，而法律和伦理没能跟上。

提供**遗传咨询**的专业人员受过专业训练，能帮助未来的父母了解其基因风险，因而明智地做出关于怀孕的决定。遗传咨询师的工作很复杂，原因有很多。其一是现在虽然可以针对很多疾病进行检测，但并不一定准确。有时，一个基因带来的风险非常小，也许只有0.1%。其二，每个成人都是某些疾病的携带者。许多人容易误解“风险”、“可能性”这样的词，在面对个人的、情绪化的信息时，更是如此，因此解释检测结果必须极为谨慎（O’Doherty，2006）。

即便是医生，也不一定能正确地理解遗传。我的一个学生的经历值得深思。由于工作要求，珍妮特在怀孕前1个月接种了麻疹疫苗。后来她的孕期护理医生了解到此事后，给了她一个预后诊断：

> “我的宝宝可能有许多先天缺陷，耳朵可能不正常，智力可能有障碍……我回到家，大哭了一场……
>
> 最终，我去见了一个遗传咨询师。感谢上帝，谢谢你，一切正常，我可爱的宝宝没事。”
>
> （珍妮特，私人交流）

珍妮特有可能误解了产科医生的话，但遗传咨询师受过训练，能够把信息讲清楚。如果能找到善解人意、体贴入微的遗传咨询服务，那么孕前、产前甚至婚前检测在以下情况中特别有用：

- 父母、兄弟姐妹或孩子有严重遗传疾病的个体
- 有多次自然流产或死胎的夫妇
- 不孕的夫妇
- 同族群的尤其是有亲缘关系的夫妇
- 超过35岁的女性和超过40岁的男性

遗传咨询师遵循两个伦理原则：（1）检测是保密的，保险公司和公共档案不能获取这些资料；（2）由客户而非咨询师做决定。

但是这些原则并不容易遵守（Parker，2012）。如果父母已经生了一个有隐性遗传疾病的孩子，而检测结果显示丈夫并未携带该基因，此时咨询师会进退两难：是否应该告诉这对夫妇，他们的下一个孩子不会患这种病，因为丈夫并不是第一个孩子的生父？

另一个困境是，出于某种目的（比如评估镰状细胞贫血的风险）采集了DNA，而分析结果显示了另一个完全不同的问题，比如一条多余的性染色体或患乳腺癌的高风险。这问题是近期才有的，检测就在几年前还很昂贵，只能查要查的问题，其他什么问题都发现不了。但如今不同了。由于基因组测序已经完成，许多咨询师很快会了解到许多未曾知晓、尚无疗法的病症（Kaiser，2013）。他们应该把这些信息告知客户吗？

当前，人们一致认为，如果满足以下条件，可以让客户本人了解检测的信息：

1. 客户本人想知道
2. 风险很大，而且已经被证实
3. 由有经验的咨询师解释数据
4. 有治疗方法（Couzin-Frankel，2011）

有一组专家最近倡导，不管病人是否想知道，都要告知他们任何严重的遗传疾病（Couzin-Frankel，2013）。即便如此，科学家和医生在疾病的严重性、确定性和治疗方面仍有意见分歧。

另一个复杂的问题是人们对坏消息的知晓意愿不同。如果一个人想知道，但其他家庭成员不同意，比如父母中的一方或另一个有同样症状的同卵双胞胎不同意，怎么办？我们都是携带者，但我们都想了解详情吗？

有时，一些夫妇的决定（如开始或终止怀孕）反映了对风险评估的误解，至少专业人员是这么看的（Parker，2012）。即使经过了认真的咨询，有同样遗传状况的人也常常做出相反的决定。例如，108名已经生了一个患有脆性X染色体综合征的孩子的女性被告知，她们如果再生一个孩子，这孩子有50%的可能性也有这种遗传病。大多数人

（77%）会决定绝育或避孕，但另一些人（20%）刻意怀上了另一个孩子（Raspberry & Skinner，2011）。专业人员只能解释事实和可能性，最终做决定的还是客户自己。

咨询必须是个性化的，因为每个成人的想法都受其伴侣、现在和以后的孩子、工作、宗教以及社区的影响（McConkie-Rosell & O'Daniei，2007）。如果没有用心的解释及对理解的核对，极易发生误解。例如，在一大群女性中，有一半误解了为大众而写的乳腺癌易发基因检测的说明（Hanoch et al.，2010）。

许多发展学者强调，环境的改变而非基因的改变才是“疾病预防和保健”最有前景的方向（Schwartz & Collins，2007，p.696）。一些人认为，在21世纪，人们之所以强调基因，是在逃避对贫穷、污染、杀虫剂等问题的关注。事实上，与基因相比，这些因素导致了更多的健康问题（Plows，2011）。

在本章中，你已多次读到，基因是人类故事的一部分，每一页上都有它的身影，但它并不决定故事的情节或最终结局。本书的其他章节将描述人类故事的其他部分。

小 结

每个人都是某些严重遗传疾病的携带者。大多数致病基因都很罕见，所以精子和卵子的结合产生严重障碍的可能性并不大。少数例外的隐性基因疾病很常见，因为携带者也受到了该隐性基因的保护，可以避免患上他们生活环境中的一些致命疾病。他们存活到生育年龄，则该基因在人群中得以传播。大多数严重的显性疾病会消失，因为其患者在生育孩子之前就死亡了，但也有一些显性疾病保留下来，因为其影响直到患者生育之后才开始显现。

常见一个受精卵没有46条染色体。这样的受精卵很少能发育到出生，但有两个例外：唐氏综合征（21-三体综合征）和性染色体异常。遗传咨询能帮助夫妻们厘清价值观和理解遗传风险，但所有的事实和决定都带来伦理问题。咨询师应尽量解释可能性，最终的决定要由那些直接的相关者做出。■

本章总结

遗传密码

1. 基因是一切发展的基础，起初指导生命体形成身体和大脑，然后影响其思考和行为。受孕开始于两个配子（一个卵子和一个精子，每个都有23条染色体）结合形成一个受精卵（一个有46条染色体的单细胞）。
2. 来自父母双方的基因和染色体配对形成受精卵。由于被称作等位基因的遗传变异的存在，配对并不总是完全一致。

生命的开端

3. 胚胎的性别取决于精子：一个Y精子可创造一个XY（男性）胚胎；一个X精子可创造一个XX（女性）胚胎。事实上，每个生命体的每个细胞都包含生命开始时那个受精卵的独特的遗传密码。人类基因组大约包括20 000个基因。
4. 如果一个受精卵一分为二，成为两个单独的生命（同卵双生子），或者有两个精子同时分别使两个卵子受精（异卵双生子），就会产生双胞胎。同卵双生子在基因上完全相同，异卵双生子和其他同父同母的兄弟姐妹一样，只有部分基因相同。
5. 辅助生殖技术包括药物和体外授精，已帮助了无数备受期待的婴儿降生，同时也增加了多胞胎和更易有健康问题的婴儿的数量。辅助生殖技术的一些方面引发了伦理和医疗问题。

从基因型到表现型

6. 基因以多种方式相互作用，有时是加性的，每个基因对发展都有用，有时是以显性－隐性模式起作用。环境因素也会影响表现型。表观遗传学的研究对象是影响基因表达的所有环境因素，包括受孕时围绕着基因的DNA和RNA。

7. 环境与每一种特质的遗传指令相互作用。个体的每一个方面几乎都是多因子性和多基因性的。
8. 受精卵最初的几次分裂产生的是干细胞，它可以变成人体的任何部分。然后细胞开始分化，专门负责某种功能。
9. 染色体的组合、基因的交互作用以及环境的种种影响确保了物种内和物种之间的相似性和多样性。这有利于健康和生存。

天性与教养

10. 环境影响对几乎所有复杂特质来说都至关重要，每个人都会经历不同的环境。习俗和背景会有明显差异。
11. 基因组成可能使一个人对多种疾病有易感性；非遗传性因素也会影响易感性。酗酒和近视是典型的例子。文化的和家族的差异对这些问题都有影响，充分体现了教养的作用。
12. 了解基因和环境的影响可能会很有用。人们不太可能因为遗传性特征而责怪他人；意识到某人处于某一严重疾病的风险中则有助于预防。

染色体和遗传问题

13. 有时，一个配子有多于或少于 23 条染色体。受精卵的染色体个数如果不是 46 个，通常不能发育。
14. 婴儿在这些情况下仍有可能存活：在第 21 号位置有 3 条染色体（唐氏综合征，或 21- 三体综合征）；有一条、三条或更多的性染色体，但不是两条。受影响的个体终生会有身体和认知上的问题，但是可以过上几乎正常的生活。
15. 每个人都是遗传疾病的携带者。遗传疾病通常是隐性的（不影响表现型，除非从父母双方那里都得到遗传）。如果一种疾病是显性的，在成年以前其特征往往是轻微的、多变的或不太紧要的。
16. 遗传检测和咨询可以帮助许多夫妇。通常，检测提供的是可能性而非现实性信息。面对已知风险，不同的夫妻、咨询师在不同的文化背景下所做的决定也会不同。

关键术语

伴 X 染色体（X-linked，p.69）
表现型（phenotype，p.67）
纯合（homozygous，p.62）
脆性 X 染色体综合征（fragile X syndrome，p.75）
等位基因（allele，p.61）
第 23 对染色体（23rd pair，p.62）
多基因（polygenic，p.68）
多因子（multifactorial，p.68）
辅助生殖技术（assisted reproductive technology，ART，p.65）
干细胞（stem cells，p.64）
基因（gene，p.61）
基因型（genotype，p.62）
基因组（genome，p.61）
拷贝数变异（copy number variations，p.70）
卵胞浆内单精子显微注射法（intra-cytoplasmic sperm injection，ICSI，p.67）
配子（gamete，p.60）
染色体（chromosome，p.60）
人类基因组计划（Human Genome Project，p.68）
受精卵（zygote，p.60）
唐氏综合征（Down syndrome，p.74）
体外授精（in vitro fertilization，IVF，p.65）
同卵双生子［monozygotic（MZ）twins，p.65］
脱氧核糖核酸（deoxyribonucleic acid，DNA，p.60）
显性 – 隐性模式（dominant-recessive pattern，p.69）
携带者（carrier，p.69）
遗传力（heritability，p.72）
遗传咨询（genetic counseling，p.76）
异卵双生子［dizygotic（DZ）twins，p.65］
杂合（heterozygous，p.62）
正常男性染色体组型（XY，p.62）
正常女性染色体组型（XX，p.62）

你学到了什么？

1. 一个人通常有多少对染色体、多少个基因？
2. 基因、碱基对与等位基因是什么关系？
3. 一个人的性别是由什么决定的？
4. 同卵双生子有哪些优势和劣势？
5. 体外授精为什么导致了异卵双胞胎的增多？
6. 为什么一个人的基因型并不总是会在表现型中表达？
7. 表观遗传特征和多因子特征有何不同？
8. 为什么说多基因性特征表明了加性基因比显性－隐性基因更多？
9. 人类基因组计划有哪些意料之外的发现？
10. 谈到遗传力时，了解数据来自哪个时代、哪个人群为什么非常重要？
11. 有哪些先天的和后天的因素会影响一个人是否变成酗酒者？
12. 有哪些先天的和后天的因素会影响一个人是否近视？
13. 从米奇·曼托的经历中可以获得哪些关于天性与教养关系的知识？
14. 为什么这本关于正常发展的教科书要涵盖异常发展的内容呢？
15. 如果一个受精卵有多于或少于 46 条染色体，通常会发生什么？
16. 如果一个新生儿有 21- 三体综合征，会有什么后果？
17. 为什么显性遗传的疾病很少？
18. 为什么有一些隐性遗传特质（如镰状红细胞）很普遍？
19. 遗传检测有什么利弊？
20. 为什么人们需要遗传咨询师，而不是遗传病症的事实清单？

应　用

1. 选一个你的特质，解释先天和后天因素对它的影响。例如，如果你是急脾气，说明它在你的遗传、文化及童年经历中的起源。
2. 许多成人有想生男孩或女孩的偏好。访谈几个不同年龄、背景的人，问一问他们的倾向。如果他们给出了社会赞许性的回答（“生男生女都一样”），那就问一问他们认为男性和女性有何不同。认真听并做好记录，不要争论。分析你获得的结果所隐含的意义。
3. 画出你的家系生物遗传图，回溯到尽可能早的祖先，列出所有严重疾病和死亡原因。其中应包括在婴儿期就夭折的家族成员。你看出了什么遗传易感性了吗？如果有，你该如何克服它？
4. 列出 12 个你认识的戴眼镜（或其他矫正视力的镜片）的人和 12 个不戴眼镜的人。有什么模式吗？是相关关系还是因果关系？

第四章

产前发育和出生

你将学到什么？

1. 孕期有哪三个阶段？每个阶段有哪些主要的发育性变化？
2. 新生儿出生的最初几分钟内通常会发生什么？
3. 潜在的有害物质或环境对胎儿发育是否造成了实际的有害影响，取决于哪些因素？低出生体重的原因和后果是什么？
4. 孩子的出生会给家庭关系带来什么样的变化？父母能做什么来帮助自己以最适合孩子的方式适应这些变化？

- **产前发育**
  - 胚芽期：最初 14 天
  - 胚胎期：第 3—8 周
  - 胎儿期：第 9 周到出生
- **出生**
  - 出生后的最初几分钟
  - 医疗辅助
  - 替代的医疗技术
- **问题与解决办法**
  - 有害物质
  - 风险分析
  - 研究的应用
  - 低出生体重
  - 对立的观点：“人为什么而活？”
  - 围生期并发症
- **新家庭**
  - 新生儿
  - 新手父亲
  - 新手母亲
  - 父母养育联盟
  - 建立纽带

生日是很重要的。每年 2 月 28 日的前一两天，我都会送给哥哥一张生日贺卡。他生于 1936 年，身高 1.82 米，现在已经是 6 个孩子的祖父了。

产前护理也很重要。尽管我哥哥出生时是足月的，但体重过轻，因为我妈妈怀他时被告知不要吃饱。73 年后，我女儿在怀孕时被告知想吃多少吃多少。在孕中期，她有一次为丈夫的生日烤了一个蛋糕，并用一个金属材质的超人装饰它。为确保自己也能吃一块，她先将超人的腿用保鲜膜包住，然后才插在蛋糕上，以防这个超人装饰品是用铅做的。

我认为我妈妈和我女儿在身为准妈妈时都不理性。还有许多其他愚蠢的告诫，多年来孕妇们都在盲从，比如不能吃辣的，不能有性生活，不能锻炼，等等。孕妇多年来都在遵照这些准则。我自己也曾采取过一些不必要的预防措施，也曾冒过一些无谓的风险。但有一点是共通的：任何地方、任何时代的女性都希望自己的婴儿健康快乐，为此她们不惜改变自己的习惯。

我哥哥常问他是几点钟出生的。妈妈总是回答忘记了。终于，在她 90 岁高龄那年，他给她讲了“一个故事”。

“你第一个宝贝孩子马上要诞生的那天是 2 月 28 日。但分娩过程很慢，以至他出生在 2 月 29 日。你觉得让孩子 4 年才过一次生日实在遗憾，所以说服医生修改了日期。

‘是的。’妈妈说。‘正是如此。’”

格伦笑着给我讲了这个故事。他早就怀疑妈妈完全记得他出生的时间，即午夜过后几小时，而她声称自己忘记了是在保护一个谎言。但我感到震惊。我以为一生谨慎虔诚的妈妈从不撒谎，更不会去说服医生在一张有假的出生证明上签字。然而，这又昭示了另一个共通的真相：父母总是想象新生儿未来的生活，并尽力去保护他们。

在这一章，你将了解胚胎和胎儿的惊人成长，以及家人和医务人员如何保护新生儿。疾病、营养不良、药物、污染、压力等可能造成的伤害及其前因后果也都被谈及。新生儿出生的地点不尽相同：可能是在高科技手术室里，也可能是在低矮的茅草屋、家中的浴盆或接生诊所的产床上。接生的方法也不尽相同。尽管有诸多差异，但有一点是相同的：人类在出生前都需经过数月的发育，被母亲的身体滋养着，也被许许多多其他人养育着，他们都对每一个孩子的未来满怀希望、规划和幻想。

>> 产前发育

一生中最剧烈、最彻底的变化发生在出生前。

表 4.1 时间和术语

大众书籍和专业书籍使用不同的术语来划分妊娠的阶段。以下描述可以帮助大家厘清这些术语：

- **孕期的开始**：孕期自受孕时开始，这也是胎龄的起始点。然而，该有机体 2 周后才变成胚胎，妊娠直到受精卵着床后才开始影响女性（在此之前做血检或尿检均无法发现怀孕）。可能是由于受孕的确切日期通常不明确，一些产科医生和出版物是从女性的末次月经开始计算孕期的，通常是受孕前的约 14 天。
- **孕期的时长**：妊娠期共持续 266 天，或 38 周，或 9 个月。如果以末次月经作为起始点，孕期约 40 周，有时也被表述为 10 个朔望月（一个朔望月是 28 天。）
- **三期**：不同于本书所使用的胚芽期、胚胎期和胎儿期，一些作者将孕期以三个月为单位划分，称作三期。第 1—3 个月是早期妊娠，第 4—6 个月是中期妊娠，第 7—9 个月是晚期妊娠。
- **预产期**：尽管具体的预产期是根据末次月经计算的，但只有 5% 的婴儿在预产期那天出生。在预产期之前 3 周到其后 2 周之间出生的婴儿都被认为是足月的。当然，如果婴儿在预产期后 7 天内还没有出生，通常会采取引产措施。比预产期提前 3 周以上出生的婴儿是早产儿。

为了便于理解，我们通常将产前发育分为三个阶段：最初 2 周称为**胚芽期**；第 3—8 周称为**胚胎期**；此后至出生是**胎儿期**（表 4.1 显示了另一套术语）。

胚芽期：最初 14 天

第三章已经谈到，单细胞受精卵会复制、繁殖。在分裂成 16 个细胞之后不久便开始分化，即早期的细胞呈现出明显的特性，变成不同的身体部位。

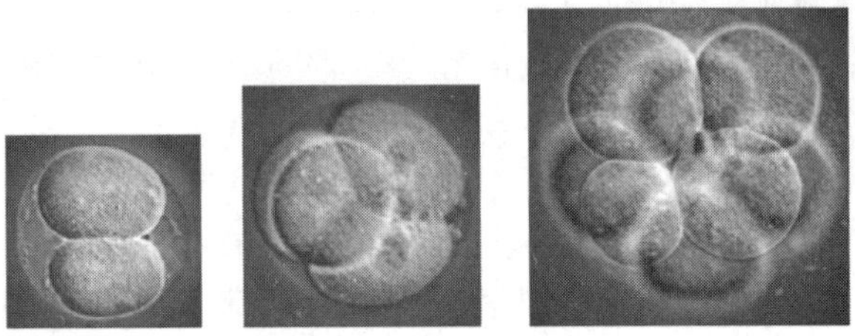

(a) (b) (c)

ALL PHOTOS: ANATOMICAL TRAVELOGUE/SCIENCE SOURCE

胚芽期的最初阶段 最初的受精卵逐渐分化成（a）2 个细胞、（b）4 个细胞和（c）8 个细胞。偶尔，在这一早期阶段，细胞完全分裂，形成单精合子的双胞胎、四胞胎或八胞胎。

大约在受孕的 1 周后，聚集的细胞团，即胚泡（或胚囊），形成两个不同的部分：一个是外壳，将变成胎盘；另一个是内核，将变成胚胎。

外层细胞的第一个任务是**着床**，即将自己埋入子宫的滋养层（见图 4.1）。这一过程远非自动完成的；大约半数的自然受孕以及超过半数的试管授孕不能着床（见表 4.2）：大多数新生命在形成胚胎前已经结束（Sadler，2010）。

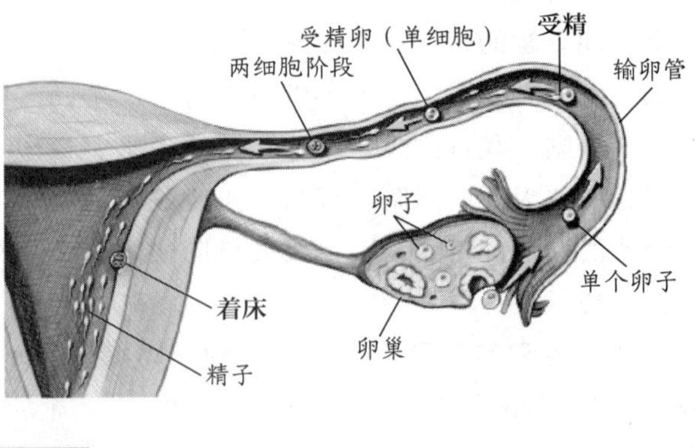

图 4.1

最危险的旅程 在受孕后的最初 10 天，新有机体的体积不会增加，因为它还没有得到母亲的滋养。但是，在它准备着床的过程中，细胞数飞快增加，然而着床成功率不及 50%。

表 4.2　产前发育的脆弱性

胚芽期 估计有 60% 的受精卵不能发育或妥当地着床，从而活不过胚芽期。其中有许多受精卵是异常的；此时很少有女性能意识到自己怀孕了。
胚胎期 大约 20% 的胚泡会自然流产，大多是由于染色体异常。这通常被称作早期流产。
胎儿期 大约 5% 的胎儿在 22 周前自然流产或成为死胎，定义为 22 周后出生死亡。这种情况在贫穷国家更普遍。
出生 由于上述所有因素，只有 31% 的受精卵能够发育、存活，成为有生命的新生儿。母亲的年龄非常关键。据估计，40 岁以后怀上的宝宝只有不足 3% 能够安全出生。

来源：Bentley & Mascie-Taylor，2000；Corda et al.，2012；Lauino et al.，2005.

胚胎期：第 3—8 周

受孕后第 3 周开始进入胚胎期。在这一阶段，无形状的细胞团变成了一个独特个体，虽然尚无法辨出人形，但它有了一个新名字——**胚胎**。（胚胎一词的使用常常比较随意，但发育的每个阶段都有一个特定的名字；在这里，胚胎一词指受孕后第 14—56 天的发育中的个体。）

首先，一个薄层（即原条）向下出现在胚胎的中间，并在受孕 22 天后发育成神经管，最终发育成中枢神经系统（脑和脊柱）。头出现在第 4 周，此后眼睛、耳朵、鼻子和嘴开始形成。也是在第 4 周，一个很小的血管开始搏动，之后它将变成心脏。

第 5 周，出现了将变成胳膊和腿的芽。先是上臂，然后前臂、手掌、蹼状的手指逐渐生成。腿、膝盖、脚、蹼状的脚趾在几天后依次出现，且总是伴随骨骼结构的出现。然后，约在受孕后的第 52 和 54 天，手指和脚趾分别分开（Sadler，2010）。

正如你所见，在产前，头部先发育，呈现首尾（即“从头到尾”）模式；末端最后形成，呈现近远（即“从近到远”）模式。到了妊娠第 8 周末（56 天），胚胎仅重 1 克，约 2.5 厘米长。它已具有一个人所有的基本器官和人体部位（除了性器官），包括肘部和膝盖。它经常动，大约每小时动 150 次，但它的运动是随意的，且是感觉不到的。

胎儿期：第 9 周到出生

从受孕第 9 周开始直到出生，这个有机体都被称作**胎儿**。胎儿在这一期将完成巨大的变化，从一个比拇指最末端关节还小的、无性别的生物，变成了一个 50 厘米长的男孩或女孩。

第 3 个月

如果第 23 对染色体是 XY，Y 染色体上的性别决定基因（SRY）会引发男性生殖器的发育。否则，女性生殖器发育。男性胎儿会经历睾酮激素的激增，它影响着大脑的许多结构和联结（Filova et al.，2013）。当然，男性胎儿和女性胎儿在大脑和行为上的群体内差异比成年男女之间的差异更大。尽管如此，一些神经学上的性别差异在产前发育早期就开始出现了。

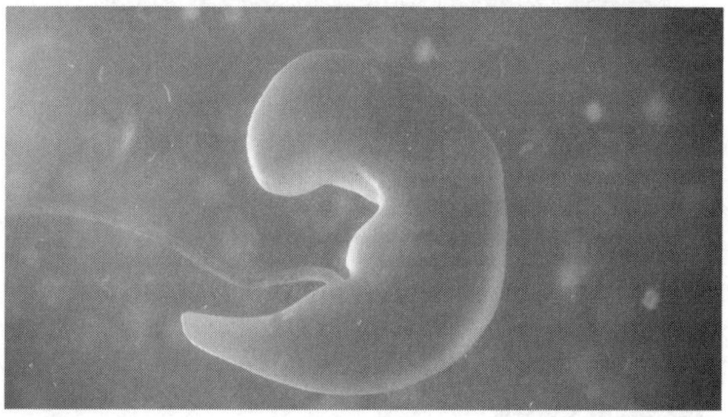

(a)

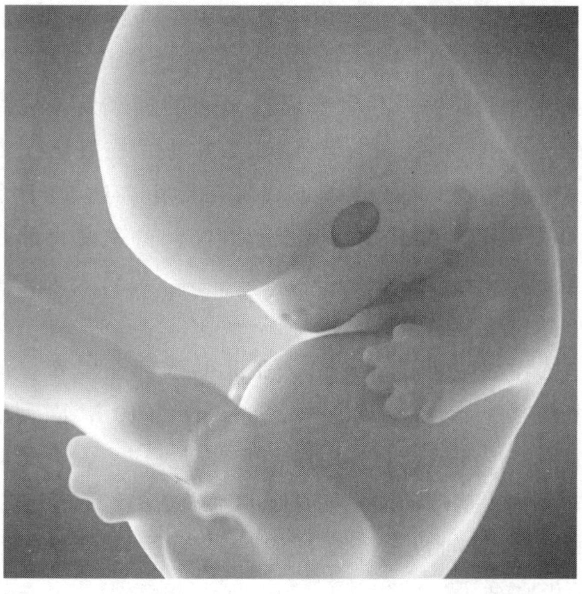

(b)

胚胎期　（a）受孕之后第 4 周，受精卵只有约 3 毫米长，但是头部已经成形。（b）到第 7 周，有机体略微小于 2 厘米。已经可以看到眼睛、鼻子、消化系统，甚至脚趾的第一节了。

到第3个月末，通过**超声波**（在声波图上）可能会看到性器官，超声波与X射线类似，但使用的是声波而不是放射线。3个月大的胎儿重约3盎司（87克），长约3英寸（7.5厘米）。产前早期发育非常快，但也有相当大的差异，尤其是体重。3个月、3盎司、3英寸，这些数字是为了方便记忆而四舍五入得到的。（公制计量——100天、100克、100毫米——同样也不精确，但有用。）

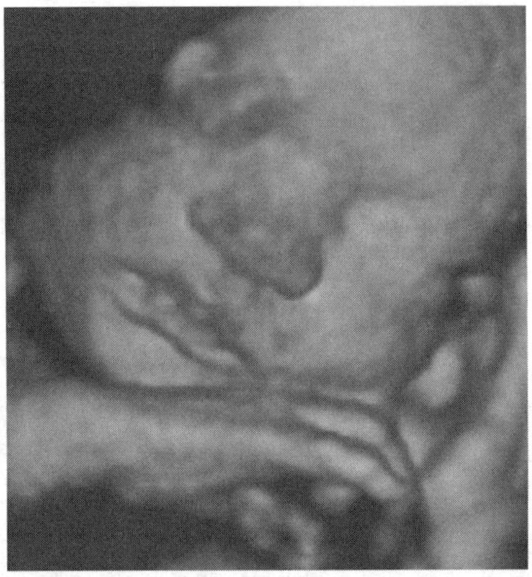

那是你的孩子　对许多父母来说，第一次看到自己未来的孩子是在超声波影像上。

中期3个月

在第4—6个月中，胎儿的心跳变得更强，消化系统和排泄系统发育，手指甲、脚指甲和牙齿的萌芽形成，毛发开始生长（包括眼睫毛）。大脑增长了6倍，并发育出许多新的神经元（神经发生）和突触（突触发生）。事实上，在妊娠中期的发育高峰，每分钟生成的脑细胞可高达50万个（Dowling，2004）。按照近远顺序，首先发育的是位于颈后上方的脑干，然后是中脑，最后大脑皮层发育并产生连接。

在妊娠期的每个月，胎儿的脑都在发育，但中期这3个月最为关键（Johnson，2010），因为整个中枢神经系统在妊娠中期变得有反应了，开始调节身体的基础功能，如呼吸和吮吸。神经系统功能的发展使得胎儿达到了**成活龄**，至此，早产的婴儿能够存活了。

在重症监护下，一些孕后22周出生的婴儿也可能存活，但是世界各地的大多数医院只有在胎儿达到25周以上时才会采取重症监护。成活龄在20世纪大幅降低，但现在似乎卡在22周左右了（Pignotti，2010）。因为如果没有某些脑反应，即使是最先进的科技也不能维持生命（由于受孕日期不明，有关不满22周的幸存儿的报告是不可信的）。

随着大脑的成熟，身体各器官开始协调工作。活动时，心跳加速；休息时，胎动和心跳变缓（并不一定是妈妈想睡觉的时候）。

给生物学家的问题　许多人认为两性之间的差异不是生物学的，而是社会文化的。产前发育为这一观点提供了哪些支持证据？（答复见第85页）

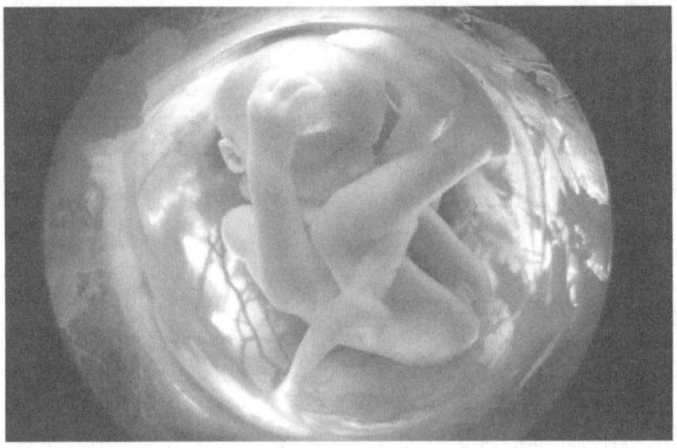

成活　这是一个处于妊娠中期的胎儿，离成活龄还差几周。可以看到，身体已经完全成形。看不见的是脑和肺的发育程度；还需要至少一个月的时间，这些器官才能成熟到允许胎儿存活。

后期3个月

达到成活龄仅仅意味着在子宫外生存是可能的。在最后3个月，这种可能性与日俱增，不仅仅是存活，而且是发育成没有伤残的生命（Lacovidou et al.，2010）。（关于成活，本章后面部分还将讲述更多。）

胎龄7个月时出生的早产儿是一个弱小的生命，每一克营养补给、每一次微弱呼吸都需要特殊护理。相比之下，9个月以后，典型的足月新生儿已经准备好在家里依靠母乳茁壮成长了，不需要专家的帮助、吸氧或特殊喂养。数千年来，人类就是这样生存的：如果我们有任何一个祖先需要新生儿重症监护，就不可能有我们了。

生与死、脆弱的早产儿与健壮的新生儿之间的临界差异是神经系统、呼吸系统和心脑血管系统的成熟。在产前的最后3个月，肺开始膨胀和收缩，当胎儿吞下和吐出羊水时，他们的呼吸肌得到了锻炼。当贯穿整个身体的动脉和静脉成熟时，心脏瓣膜也最后成熟，而且它有助于预防“脑出血”，即头颅中极薄的血管破裂，这是早产的风险之一。

>> **答复生物学家**（问题见第 84 页） 人类的 46 条染色体中只有一个是决定性别的，而且生殖器是产前最晚发育的器官，这表明男性和女性之间的巨大差异是文化造成的。另一方面，许多性别差异在出生前就出现了。

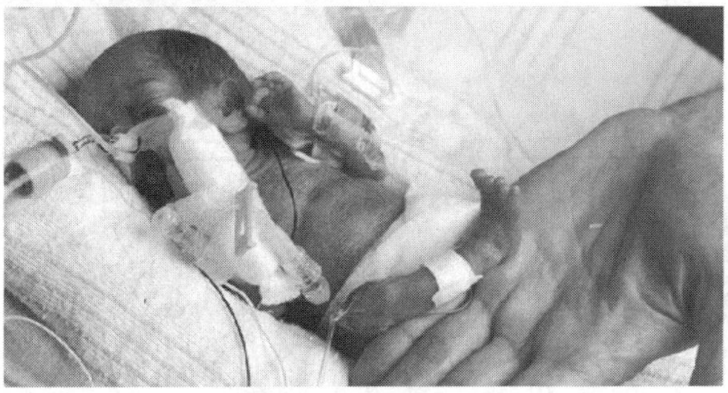

最小的婴儿 鲁迈萨·拉赫曼只在妈妈肚子里待了 26 周零 6 天，出生时仅重 244 克。然而，她很有可能过上完满、正常的生活。鲁迈萨在医院长了 2270 克，出生后 6 个月才回家。她的双胞胎姐姐希巴出生时重 590 克，比她早两个月回家。过 1 岁生日时，这对双胞胎看起来都很正常，鲁迈萨重 6800 克，希巴重 7711 克（CBS News，2005）。

在妊娠后期 3 个月中，胎儿通常增重至少 2.1 千克，到出生时已长到大约 3.4 千克。足月时，人类的脑已经全面发育，大脑皮层（大脑的最高级的外层）形成许多褶皱，以便纳入颅骨［见图 4.2（彩）］。尽管一些大型哺乳动物（如鲸）的脑比人脑大，但其他生物并不需要这么多褶皱。相对于脑的体积来说，人类的大脑比其他非人类动物的大脑里包含的物质更多。

在最后三个月中，胎儿的体积和动静使孕妇能够更清楚地意识到腹中宝宝的存在，母子关系随之增强。反过来，母亲的声音、所吃食物的味道（通过羊水）和行为模式变成了胎儿意识的组成部分。

母子间的听觉交流开始于第 28 周，并且每一周随着胎儿听力（如果婴儿提前出生，那就是新生儿听力）变得敏锐起来而改善（Bisiacchi et al., 2009）。当胎儿听到很响的声音时，会大吃一惊并踢腿，他们会倾听母亲的心跳和声音，受到有节奏的音乐和运动的安抚，比如母亲边走边唱。如果母亲恐惧或焦虑，胎儿则会心跳加速，身体活动增多（DiPietro et al., 2002）。

小　结

在细胞快速复制、分化直至着床的两周，新孕育的有机体从一个单细胞受精卵变成了多细胞的胚胎。很快，这个胚胎开始长出中枢神经系统（3 周）、心脏和脸（4 周）、胳膊和腿（5 周）、手和脚（6 周）、手指和脚趾（7 周），同时内部器官成形。到第 8 周，除男性和女性性器官之外的所有人体结构都已就位。此后，胎儿持续快速生长，包括妊娠中期增重（将近 1000 克）和大脑成熟，具备了成活的可能性。足月时，35—40 周的新生儿的器官均功能良好，通常重达 2700 ～ 4000 克。■

>> 出生

到妊娠约 38 周（266 天）时，胎儿的大脑发出释放激素的信号，特别是催产素，为胎儿分娩做好准备，并开启产程，同时也会增强母亲养育孩子的愿望。女性第一个孩子的出生平均需要 12 小时的活跃分娩，第二个及以后的孩子平均需要 7 小时。但是，由于生物、心理和社会环境因素都起着重要作用，所以分娩时长有的加倍，有的减半。对“活跃分娩”的定义不同，成为有些女性认为自己的活跃分娩期长达数天而有些女性认为只有 10 分钟的原因之一。

分娩的姿势有许多种，坐、蹲、躺都有。一些女性将身体浸在温暖的水中生产，这让她们更放松；一些文化期望女性站着生产，家庭成员在旁边扶着；一些医生则坚持认为女性应平躺。图 4.3 展示了分娩一般会经历的阶段。

出生后的最初几分钟

新生儿通常会自主呼吸和啼哭。在啼哭中，婴儿的最初几次呼吸将氧气带入肺和血液，肤色从青紫色变成粉红色。（粉红色指血液的颜色，皮肤下可见，无关新生儿的肤色。）眼睛大睁；小小的手指能够抓握；就连小小的脚趾也会伸缩。新生儿从呱呱坠地的一刻就兴致勃勃地做好了生存准备。

但是，还有许多事需要做。如果分娩是在受过西式训练的专业医护人员的辅助下进行的，婴儿喉咙里的黏液会先被清除，尤其是当第一次呼吸比较浅或有阻碍时。脐带被剪下，新生儿与胎盘分离，留下约 2.5 厘米长的根部，它会干瘪并最终从

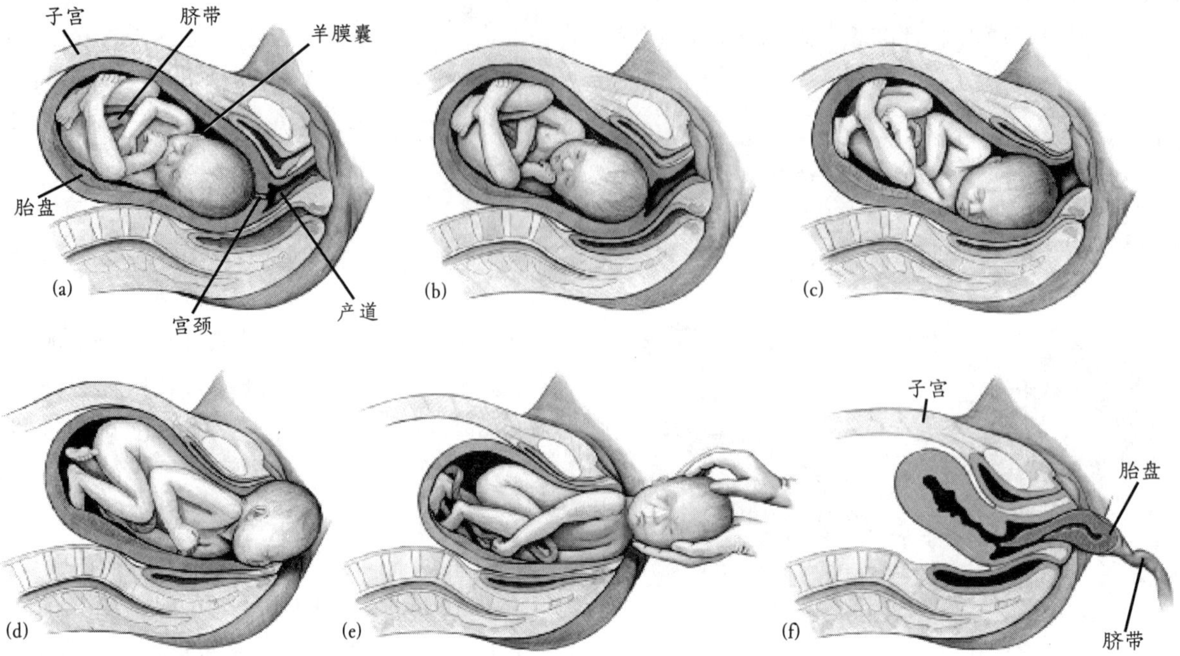

图 4.3

一次正常、简单的分娩 （a）分娩开始时胎儿的位置。（b）第一产程：宫颈扩张，使胎儿头部能通过。（c）过渡：胎儿的头移至“产道”——阴道。（d）第二产程：胎儿的头穿出阴道口（胎儿头部“加冠”）。（e）完全出来。（f）第三产程：胎盘娩出，通常会自然发生，胎盘必须被整个排出，所以助产士需仔细检查。在一些文化中，胎盘会被非常正式地埋葬，以此纪念其孕育生命的职能。

肚脐上脱落。医护人员对新生儿进行检查、称重，并把小宝宝交给妈妈以维持其体温并哺下几口初乳，这是一种有助于新生儿消化系统和免疫系统的浓稠物质。

阿普加量表是广泛应用于评估新生儿健康状况的量表（见表 4.3），它是由弗吉尼娅·阿普加（Virginia Apgar）医生设计的。1933 年，阿普加从哥伦比亚医学院毕业时想去医院工作，却被告知只有男人才有资格做手术。于是，她成了一名麻醉师。她看到“产房的医生只关注母亲，很少注意孩子。而那些弱小的、在生死线上挣扎的孩子常常因被搁置而夭折”（Beck，2009，p.D-1）。

为了挽救那些幼小的生命，阿普加设计了一个简单的评估量表，包含五个至关重要的体征：肤色（Appearance）、心率（Pulse）、痛苦表情（Grimace）、肌张力（Activity）和呼吸（Respiration），促使医生留意新生儿的健康状态。自 1950 年以来，世界各地的助产士都在使用阿普加量表，在新生儿出

表 4.3 阿普加量表的标准和计分

	五个至关重要的体征				
分数	肤色	心率	反射应激性	肌张力	呼吸
0	青紫、苍白	无心跳	无反应	松弛、无力	无呼吸
1	身体粉红，四肢青紫	缓慢（每分钟低于 100 次）	皱眉	虚弱、不活跃	不规律、缓慢
2	全身粉红	快速（每分钟 100～140 次）	咳嗽、打喷嚏、啼哭	强壮、活跃	均匀；婴儿啼哭

来源：Apgar，1953.

生后 1 分钟和 5 分钟时各评测一次，每一个指标的分数记为 0 分、1 分或 2 分（参见本章的“可视化发展”专栏）。

如果第 5 分钟的阿普加量表得分为 7 分或大于 7 分，则一切正常。如果总分低于 7 分，则需要紧急救助（医院的扬声器会急呼：“呼叫阿普加医生！”）。

医疗辅助

一次分娩在多大程度上符合上面的描述取决于父母的准备、胎儿的位置和大小以及文化习俗。在发达国家，分娩几乎总会用到无菌手术、电子监控以及减轻产妇疼痛或加速宫缩的药物。

手术

助产士在婴儿分娩方面像医生一样熟练，但只有医生有资格做手术。美国有超过 1/3 的分娩是借助**剖宫产**手术完成的，即从母亲腹部的切口中取出胎儿。剖宫产现在还是有争议的。世界卫生组织建议，剖宫产在医学上应该被控制在 15% 的范围内。

大部分国家的剖宫产比例都低于美国，但在有些国家，尤其是在拉丁美洲，剖宫产比例高于美国（见图 4.4）。剖宫产率在美国已经稳定下来了，但在许多国家仍在增长。增长最多的是中国。因为手术变得越来越安全，使用了更多的潜在问题参照指标，剖宫产率从 1991 年的 5%，增长到 2001 年的 20%，而在 2008 年已增至 46%（Guo et al.，2013；Juan，2010）。

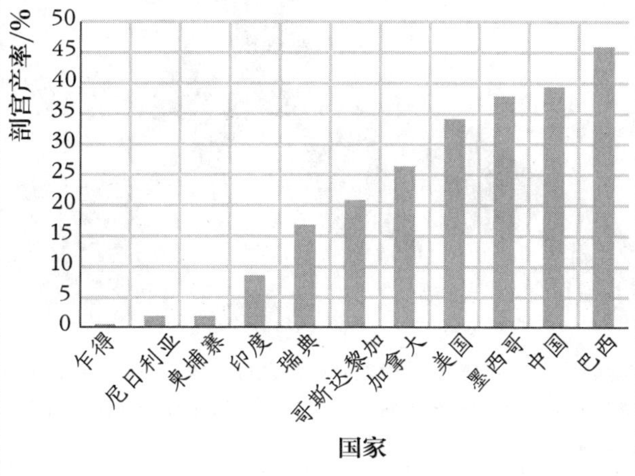

图 4.4

剖宫产太多还是太少？ 在不同的国家，剖宫产率差别很大。拉丁美洲的剖宫产率在全世界是最高的（请注意，巴西的剖宫产率为 46%），非洲撒哈拉以南地区最低（乍得的剖宫产率低于 0.5%）。潜在的问题是，是否有一些需要剖宫产的女性得不到救治，而另一些不需要的女性却采取了剖宫产。

美国的剖宫产率在 1996—2008 年从 21% 到 34% 逐年增长，随后稳定下来。不同医院之间差异很大，跨度在 7% ～ 70%（Kozhimannil et al.，2013）。对母亲和婴儿来说，剖宫产通常是安全的，并对医院有很多好处（便于医院安排；更快捷；如果由保险公司支付手术费和住院费，收费也比阴道分娩更高（Malloy，2009）。剖宫产也会增加产后并发症和降低母乳喂养率。到 3 岁时，剖宫产孩子的肥胖率是其他儿童的 2 倍：16%∶8%（Huh et al.，2012）。剖宫产与肥胖率的关系可能是相关关系，也可能是因果关系。

一种比较缺少研究的医疗辅助措施是*硬脊膜外麻醉*，即在产妇脊柱的某一特定部位注射药物以减轻疼痛。硬脊膜外麻醉常用于医院分娩，但它的使用增加了剖宫产率，降低了新生儿在出生后立即吮吸的意愿（Bell et al.，2010）。另一种医疗干预是*引产*，即使用药物诱发、加速或强化分娩。1990—2010 年，美国的引产率增加了 3 倍，达到近 20%。在分娩自发开始之前诱发分娩增加了剖宫产的发生率（Jonsson et al.，2013）。

新生儿的存活

一个世纪前，在美国至少有 5% 的新生儿死亡（De Lee，1938）；在发展中国家，这个数字超过 50%。现在，在最欠发达国家，新生儿的死亡率可能仍在 1/20 左右，但这没有计入一些农村地区新生儿的死亡。据估计，全世界每年大约有 200 万（1/70）新生儿死亡（Rajaratnam et al.，2010）。

当前，在美国，新生儿死亡率大约是 1/250，这一统计包括了脆弱的体重只有 450 克的新生儿。这个死亡率太高了；大约有 40 个国家的新生儿存活率比美国高。然而，考虑到过去几十年的比例，医疗措施已经挽救了数十亿新生儿的生命。

分娩的一些问题来自习俗或政治，而不是来自需要（Stone & Selin，2009）。在医疗先进的国家，一个具体的问题是对“奇迹婴儿”毫不吝惜的关注，即那些需要重症监护、显微外科手术并住院数周的婴儿（Longo，2013）。他们往往能存活，但也有例外。即使活下来也需要终生的特殊照顾。被公开的都是结局幸福的，但评论家们注意到用于拯救其生命的巨大公共开支，以及此后他们的父母所要承受的终生负担。

美国儿科学会建议，应该为提前很久出生的

早产儿的父母提供仔细真诚的咨询，使他们能理解每一种医疗措施的后果。正如一个产科团队所写，“我们应该对自己、父母和社会开诚布公，关于胎龄很小的新生儿的照顾管理存在知识鸿沟……包括伦理性抉择，比如……何时提供重症监护，以及适用范围应该有多大。”（Lacovidou et al.，2010，p.133）

替代的医疗技术

成本问题很多，既有情感上的，也有金钱上的。例如，剖宫产率和硬脊膜外麻醉率受医生、医院、胎龄以及地区的影响多于受分娩环境的影响，即使在剖宫产护理费用由政府支付的瑞典也是如此（Schytt & Walderenstrom，2010）。曾经做过剖宫产的女性在阴道分娩时偶尔会发生一种罕见的并发症（子宫破裂）。因此许多医生坚持，只要做过一次剖宫产，再次分娩也必须采用剖宫产。许多女性和一些专家认为，这种担心没有必要，但在法庭上，陪审团更有可能因为不作为（而不是作为）而归罪于医生。为避免法律诉讼，医生会进行干预。

如今在美国，大多数分娩都发生在医院产房，旁边有用高科技装备的手术室，以备不时之需。另有5%的分娩发生在接生中心（不在医院），不到1%的分娩发生在家里（在一些司法管辖区，在家分娩是非法的）。大约一半的在家分娩是有计划的，另一半是没有计划的，是预料之外的紧急分娩。如果附近没有人可以救助困境中的新生儿，那么在家意外分娩非常危险。

给保守派和自由派人士的问题 人们对分娩时的医疗干预的态度是否反映了他们一生的不同阶段对医学的态度，比如在辅助生殖技术、免疫、生命维持系统等领域。（答复见第89页）

与美国相比，有计划的在家分娩在其他由政府承担助产士费用的发达国家更常见（英国是2%，荷兰是30%）。在荷兰，一种叫“飞鹳”的救护车能在需要时专门快速运送母亲和新生儿去医院。荷兰的研究发现，在家分娩对母亲来说更好，对新生儿来说也不比在医院分娩差（de Jonge et al.，2013）。

一个关键的问题是医学专业人员能提供多大的支持。一个产科医师委员会认为，有计划的在家分娩是可以接受的，因为女性“有权做出关于分娩的医学知情决策”。但他们也坚持认为应该有一个受过训练的助产士或医生在场，且产妇自身不能存在高风险（例如，之前必须没做过剖宫产），并应准备好去医院的快速交通（American College of Obstetricians and Gynecologists Committee on Obstetric Practice，2011）。

历史上，在医院分娩的女性都是靠自己，直到分娩迫近；父亲和其他家庭成员是不能靠近的。如今，几乎所有人都同意，临产的女性不应该单独待着。然而，家庭成员可能不知道如何提供帮助，而专业人员更关注分娩的医疗方面，较少关注心理方面，因而导致一些女性不能得到充分的情感支持。今天，许多女性会有一名**导乐**，导乐受过培训，为分娩中的女性提供支持，她们测定宫缩的时间、为产妇按摩、提供鼓励以及做其他有助分娩的事情。

导乐通常在分娩活跃期之前开始工作。当分娩即将来临时，她们在助产士或医生身边工作。许多研究发现，导乐对于低收入、无伴侣的女性很有益，降低了低收入女性在分娩结果上与中产阶级女性的差异（Vonderheid et al.，2011）。实际上，导乐对所有生孩子的人都有好处，不管是富裕还是贫穷，已婚还是未婚。例如，在一项研究中，研究者将420名已婚中产阶级女性随机分成两组，一组有导乐，另一组没有（McGrath & Kennell，2008）。结果，有导乐的那组需要更少的医疗干预。

压痛点 许多美国产妇像图片中的这位一样，从导乐的温柔触摸、有力按压和充分理解中受益良多，导乐使分娩更少需要医疗干预。

小 结

大多数新生儿重约3.4千克，如果在满分10分的阿普加量表上至少能得到7分，没有医疗辅助也可以生存。如有需要，新生儿手术和重症监护可以挽救生命。尽管现代医学减少了产妇和新生儿的死亡，但一些批评者谴责现代医学视分娩为一场医疗危机，而不是一个自然事件。一些女性对这些批评做出了回应，她们选择去医院的产室而不是手术室分娩，去接生中心而不是医院分娩，甚至在家分娩。由导乐辅助分娩是近期的另一种做法，减少了医疗干预的使用。 ■

>> **答复保守派和自由派人士（问题见第 88 页）** 是的，一些人可能更希望顺其自然。但是，个人经历常常会压倒对于生死的政治态度；一些支持医院分娩的人也可能会支持在家中度过最后的时刻。

>> 问题与解决办法

生命最初期决定着发育中的新生儿未来的道路是健康成功还是相反。幸运的是，健康的新生儿是常态，而非例外。但是，如果某些地方出了差错，则常常引发连锁反应，可能会变得令人难以应对。

有害物质

这样的连锁反应在女性意识到自己怀孕之前就开始了，因为许多毒素、疾病、经历在怀孕早期可能导致伤害。科学家每周都会发现一种意外的**致畸原**，它可能是任何事物，如药物、病毒、污染、营养不良、压力等，会增加产前异常的风险。但是不必惊慌。许多畸形是可以避免的，许多潜在的致畸原并不会造成伤害，而且大多数伤害是可以治疗的。因此，孕期生活并不是一段令人忧心忡忡的危险时期，而是应该受到保护的自然过程。

一些致畸原不会造成身体缺陷，但会影响大脑，导致孩子多动、反社会或有学习障碍。这些是**行为致畸原**。大约 20% 的儿童具有某些可能与行为致畸原有关的困难，虽然这个联系并不那么简单直接：连锁反应迷雾重重。我的一个学生写道：

“在我 9 岁时，我妈妈宣布她怀孕了。我是最兴奋的一个……我妈妈抽烟抽得很厉害，还喝柯尔特 45° 啤酒和高浓度的咖啡。

一天，我妈妈坐在餐桌前一支接一支地抽烟。我问她：‘抽烟不是对胎儿不好吗？’她做了个鬼脸说：‘是的，那又怎样？’我说：‘那你为什么还要抽？’她说：‘我不知道……’

那段时间我正在上五年级，我们一起看了一个关于出生缺陷的电影。我最大的担心是妈妈会生出一个患有胎儿酒精综合征的婴儿……我的小弟弟如期而至。医生说他是一个健康的新生儿……听到是健康的，我以为一切都会很好。我错了，我还只是个孩子……弟弟对玩具没有任何兴趣……他说不出哪怕一个正确的词……他没有普通的智力……

为什么要伤害那些不能保护自己的人呢？”

（乔，私人交流）

在第一章我们学过，一个案例并不能说明什么。乔责怪她妈妈，尽管基因、产后经历、缺少预防知识和服务等也可能是连锁反应的一部分。但是，乔有权利质疑她妈妈为何要冒险。

行为致畸原可能很微妙，但其影响可能持续终生。对受过 1918 年流感影响的孕妇所生婴儿的研究得出了这一结论。到中年时，尽管其中一些孩子成长为富有、杰出的中年人，但一般来说，那些出生在流感肆虐区的人比一年前出生的人受的教育更少，失业率更高，收入更低（Almond，2006）。

GILES MINGASSON/GETTY IMAGES

高低摇荡 菲利普被有爱心的父母收养，但他天生患有胎儿酒精综合征，照片中的他已经 11 岁了。他有时会威胁要杀掉他的家人。父母将他送到这个位于蒙大拿州尤里卡的寄宿牧场（非营利，学费每个月 3500 美元），这是专为像他这样的孩子建立的。休息的时刻是快乐的；不知道他是否学会了控制自己的愤怒。

风险分析

生命自带风险。让我们来分析一下可以承担哪些风险以及如何将伤害最小化。选一个简单的例子：过马路是危险的，但是避免穿过所有的马路可能更糟。认识到危险以后，我们可以小心地过马路，注意两边来往的车辆。

60 年前，没有人分析产前发育的风险。人们以为胎盘屏蔽了所有的有害物质。然后，发生了两件悲惨的事颠覆了这个想法。第一个事件是在澳大利亚的一个军事基地，先天盲婴数量增多，这与 7 个月前发生在该基地的传染病——风疹（德国麻疹）——流行有关系（Gregg，1941；reprinted in Persaud et al.，1985）。第二个事件是英国新生儿畸形肢的数量突然增多，这被追溯到与母亲使用的“反应停”有关。“反应停”是 20 世纪 50 年代在欧洲广泛用于减少孕吐的新处方药。

畸胎学由此诞生，这是一门关于风险分析的科学。尽管所有的致畸原都会增加受到伤害的风险，但没有一个致畸原一定会造成伤害。致畸原的影响取决于许多因素的相互作用，既有破坏性的，也有保护性的。这是第一章中提到的动态系统观的一个例证。

关键时间

时机至关重要。一些致畸原仅会在关键期造成伤害（见图 4.5）。【**生命全程链接：**关于关键期和敏感期的描述见第一章。】产科医生建议，在怀孕开始前，女性应避免摄入药物（尤其是酒精），补充富含叶酸和铁的均衡饮食，更新免疫接种。的确，孕前健康与孕后健康一样重要（见表 4.4）。

受孕的头几天和几周（胚芽期和胚胎期）对身体成形非常关键，但整个胎儿期的健康都会影响大脑的发育。一些导致早产或低出生体重的致畸原在孕期后半段特别有害。事实上，一项研究发现，尽管在孕期的任何时候抽烟都会影响胎儿，但在孕早期戒烟的女性，其分娩并发症的风险不比从不吸

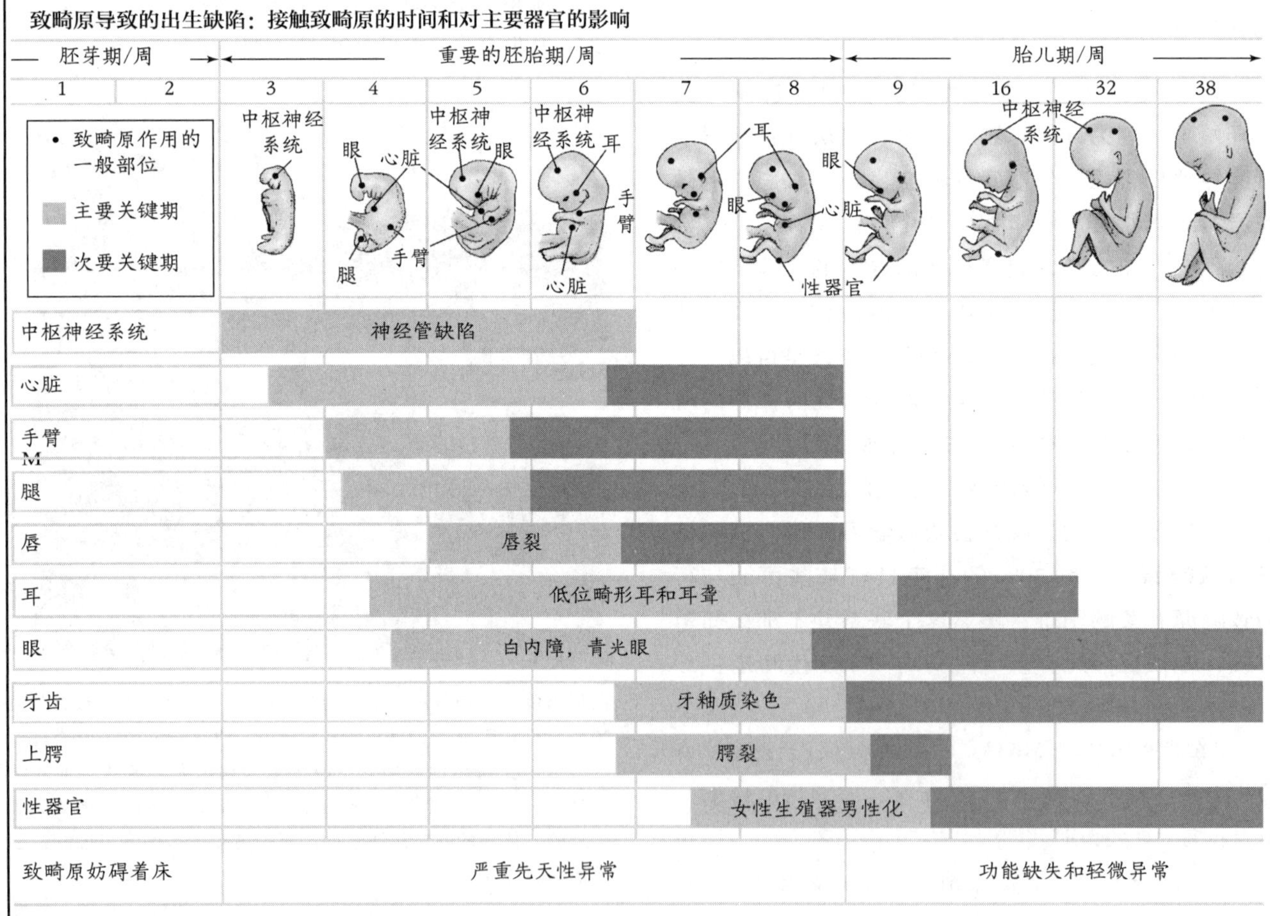

来源：Adapted from K.L.Moore & Persaud, 2003.

图 4.5

人类发展的关键期　致畸原最严重的伤害（浅灰条）可能发生在孕早期。但是对身体重要部位的重大伤害（深灰条），包括对大脑、眼睛和生殖器的严重伤害，也可能发生在孕期的后几个月。

表 4.4　孕前

准妈妈应该做什么	准妈妈实际做了什么（美国数据）
1. 计划怀孕。	1. 至少 1/3 的怀孕是意外的。
2. 每日服用含有叶酸的多种维生素。	2. 在 18—45 岁的女性中，约 60% 的人没有服用复合维生素。
3. 避免狂饮酒（界定为连续喝 4 杯及以上）。	3. 1/7 的女性在生育年龄狂饮酒。
4. 针对所有致畸病毒，尤其是风疹，更新免疫接种。	4. 与许多发展中国家不同，美国很少有孕妇缺少免疫接种。
5. 增重或减肥，视情况而定。	5. 大约 1/3 的美国育龄女性过胖，而大约 5% 的育龄女性体重不足。这两种极端都会增加并发症概率。
6. 重新评估处方药的使用。	6. 大约 90% 的孕妇服用处方药（维生素不计）。
7. 养成日常锻炼的习惯。	7. 过半数的育龄女性不锻炼。

来源：Bombard et al.，2013；MMWR，(July20，2012)；Mitchell et al.，2012；Mosher et al.，2012；U.S. Department of Health and Human Services，2012。

烟的女性高（McCowan et al.，2009）。

时机的重要性还在另一方面表现出来。如果一次怀孕后很快又怀孕，则风险会增加。例如，一项研究发现，如果第二胎与第一胎的出生相隔一年以内，则第二胎患自闭症的可能性增加 1 倍（Cheslac-Postava et al.，2011）。

多少是太多？

影响致畸原的危害的第二个因素是剂量或接触频率。一些致畸原有**阈值效应**，即在接触量达到特定水平之前，它们几乎是无害的；达到那个特定水平了，则“越过了界限”，变成有害的。阈限并不是一个固定的边界：剂量、时机、频率和其他致畸原等影响着何时越过界限（O'Leary et al.，2010）。

给法官和陪审团的问题　如果可以，法律系统应该为胎儿提供多大保护？酗酒的孕妇是否应该被监禁以阻止她们喝酒？那些促使她们喝酒的人呢？比如，她们的伴侣、父母、酒吧老板和酒保。（答复见第 94 页）

有很少数的物质少量摄入是有益的，大量摄入则变成厉害的致畸原。维生素 A 就是这样的物质，它对健康发育必不可少，但如果剂量超过每天 50 000 单位（仅通过药片获得），则会成为畸形的原因之一（Naude et al.，2007）。专家很少给出一种药品的具体阈值，部分原因是一种致畸原可能会降低另一种致畸原的阈值。当酒精、烟草、大麻三种效果结合时，致畸效应更为明显。

精神药物是否有一个安全量？拿酒精来说，在怀孕早期，接触过过量酒精的胚胎可能发生**胎儿酒精综合征（FAS）**，它将导致面部异常（尤其是眼睛、耳朵和上唇）。在怀孕晚期，酒精是一种行为致畸原，会导致多动、注意力差、空间推理受损以及学习迟缓（Niccols，2007；Riley et al.，2011）。

但是，一些孕妇喝了一些酒，并没有对胎儿造成明显伤害。如果孕期饮酒必然导致伤害，那么在 1980 年之前出生的欧洲人几乎都受到了伤害。一般的建议是孕妇不要饮酒，但英国女性得到了不同的建议，即每周有一两次可以每天喝一杯葡萄酒（Raymond et al.，2009），法国女性虽被告知要戒酒，但许多人没有听从这一劝告（Toutian，2010）。是否所有可能怀孕的女性都应该避免大多数男性常规使用的合法成瘾物质？这样做明智吗？有可能。但有必要吗？

先天的脆弱性

基因是影响致畸原后果的第三个因素。例如，如果怀有异卵双胞胎的孕妇喝酒，那么双胞胎血液中的酒精量是相同的；但双胞胎中的一个可能比另一个受到更严重的影响，因为他们分解酒精中的酶的等位基因可能不同。遗传脆弱性（易感性）疑似与出生缺陷有关（Sadler et al.，2010）。

Y 染色体在一些差异敏感性上可能非常关键。男性胎儿更可能自发流产或成为死胎，而且比女性胎儿更容易受到致畸原的伤害。

不仅在受孕时，在整个孕期，基因可能都很重要。有一种母体等位基因会导致女性血液及胚胎中叶酸含量较低，这可能会导致神经管缺陷，表现为脊柱裂（脊柱的尾部没有完全闭合——闭合通常发生在第 7 周）或无脑畸形（大脑部分缺失）。神经管缺陷在特定族群中更常见（如爱尔兰、英国和埃及），但这种关键的母体等位基因在亚洲和非洲撒哈拉以南地区很少见（Mills et al.，1995）。

美国自从 1998 年以来，在所有包装的谷类食品中都添加了叶酸，在此项法律付诸实施的头三年，神经管缺陷减少了 26%（MMWR，9.13，2002）。但是，有些女性很少吃谷物，也没有服用维生素。虽然没有按地区划分的数据，但在 2010 年，阿帕拉契亚地区（那里有许多女性是英国后裔）患神经管缺陷的新生儿的比例约是 1/1000。

给营养学家的问题 在大多数谷物早餐中强化维生素和矿物质有好处吗？（答复见第 94 页）

研究的应用

风险分析不能精确预测某个个案接触致畸原的后果。但是，关于破坏性的、有害的致畸原的一般知识，我们已经了解了很多，我们也知道个体和社会可以做什么去减少风险。表 4.5 列出了一些致畸原及其可能的后果，以及预防措施。

表 4.5 致畸原：接触的后果及对伤害的预防 *

致畸原	对胎儿的影响	预防伤害的措施（法律、医生和个人都可以加强预防）
疾病		
风疹（德国麻疹）	在胚胎期导致盲、聋；在妊娠早期和中期导致大脑损伤。	孕前免疫。
弓形虫病	大脑损伤，失明，智力障碍。	孕期避免吃未煮熟的肉，避免处理猫的排泄物和花园泥土。
梅毒	可能损伤大脑功能。	对所有儿童和成人进行免疫。
艾滋病病毒	婴儿可能感染该病毒。如不治疗，有可能在儿童期发病和死亡。	产前药物和剖宫产可使艾滋病病毒较少传播。
其他性传播疾病，包括淋病和衣原体	在孕期通常没有伤害，如果在分娩时被传染，可导致眼盲和感染。	早期诊断和治疗；如有需要，应剖宫产，并对新生儿进行治疗。
感染，包括尿道、牙龈和牙齿感染	可能导致早产，从而更易增大脑损伤风险。	孕前接受良好的、花费不多的医疗护理。
污染源		
铅、汞、多氯联苯；二噁英；一些农药、除草剂和清洁剂	可能导致自发性流产、早产和大脑损伤。	小剂量时可能无害，但孕妇应避免接触，如喝井水、吃没洗的水果或蔬菜、使用化学品、吃污染水源中的鱼。
辐射		
大量地或重复地暴露于辐射，如医疗 X 射线	可能导致脑小（小头畸形）和智力障碍。背景辐射可能无害。	孕期使用超声波，不使用 X 射线。从事直接接触辐射工作的孕妇需要特殊保护。
社会和行为因素		
高压力	可能导致唇裂或腭裂、自发性流产或早产。	充足的放松、休息和睡眠；减少职业、家务和儿童照料的紧张度。
营养不良	严重时妨碍受孕、着床和正常的胎儿发育。	孕前平衡饮食，保持正常体重，孕期增重 10~15 千克。
过度、耗竭的锻炼	如果影响到孕妇的睡眠、消化或营养，可能伤害胎儿发育。	有规律的适度锻炼对所有人都最有利。

续表

致畸原	对胎儿的影响	预防伤害的措施（法律、医生和个人都可以加强预防）
医学药物		
锂	可能导致心脏畸形。	孕期应避免所有药物，不论是处方药还是非处方药，除非是由了解致畸原最新研究的医疗专业人士开的药。
四环素	可能伤害牙齿。	
视黄酸	可能导致四肢畸形。	
链霉素	可能导致耳聋。	
血管紧张素转换酶抑制剂	可能伤害消化器官。	
苯巴比妥	可能影响大脑发育。	
反应停	可能中断耳朵和四肢的成形。	
精神药物		
咖啡因	正常的适度使用不会造成问题。	避免过量使用。（请注意，咖啡、茶、可乐饮料和巧克力都含有咖啡因。）
酒精	可能导致胎儿酒精综合征或胎儿酒精效应。	戒酒或严格限制饮酒；每天喝 3 杯或以上以及一次喝 4 杯或以上尤其危险。
烟草	减轻出生体重，增加肢体和尿道畸形的风险，可能影响婴儿的肺。	按照理想做法，应在孕前戒烟。在妊娠期间戒烟也有好处。
大麻	重度接触会影响中枢神经系统；一旦抽大麻，可能阻碍胎儿发育。	避免或严格限制大麻使用。
海洛因	减缓胎儿生长，导致早产。已上瘾的新生儿需要治疗，控制戒断。	孕前需治疗，但如果已经怀孕，用美沙酮递减戒毒比继续使用海洛因更好。
可卡因	减缓胎儿生长，导致早产，从而有更多学习问题。	孕前戒断；如果没有，在生命早期，婴儿需要特别的医疗和教育关照。
吸入溶剂（胶或喷雾）	可能导致异常小头、内斜视眼及其他大脑损伤的迹象。	怀孕前戒断；在孕妇得知自己怀孕之前，可能发生伤害。

* 毒物学领域每天都有进展。对新物质的研究开始于检验它们对非人类物种的影响，这可以提供启发性（但不是结论性）证据。此表仅是粗浅介绍；不能代替由知识丰富的专业人员提供的详细咨询。

在妊娠期，孕妇的总体健康状况很重要。建议女性保持良好营养，特别要避免接触药物及致畸化学物质（常见于农药、清洁剂和化妆品）。一些药物是必须的（如患有癫痫、糖尿病和严重抑郁的女性需要服用的药物），但在证实怀孕之前，就应该小心谨慎并咨询医生。

不幸的是，致畸原的连锁反应更可能从本已脆弱的女性开始。例如，吸烟者也常常是饮酒者（就像乔的妈妈）；那些工作中需要接触化学品和农药的人也更可能营养不良（Ahmed & Jaakkola，2007；Hougaard & Hansen，2007）。

医生的建议

尽管产前保健对于保护发育中的胎儿有帮助，但即便是医生，也有不小心的时候。一项对 8 个美国保健组织（HMO_S）所属的对 152 000 名初产妇的研究发现，医生给 40% 的妊娠期女性开出了尚未声明孕期安全的处方药，给 2% 的女性开出了经证实对胎儿有风险的处方药（Andrade et al.，2004）。也许这些医生不知道他们的病人怀孕了，但在妊娠早期，即使是少量的不当药品也可能造成伤害。

更糟糕的是，一些医生没有针对女性有害的生活方式提出建议。例如，美国马里兰州的一项研究发现，大约1/3的孕妇没有被医生问及饮酒状况（Chang et al.，2011）。那些超过35岁、受过大学教育的女性最不可能被问及。难道医生以为她们了解这些危害？这种想法是错误的。一项研究发现，她们最可能在孕期饮酒。

>> 答复法官和陪审团（问题见第91页） 一些法律会惩罚那些危害胎儿健康的女性，但一个发展的观点认为应该考虑的是微观系统、外部系统和宏观系统。

>> 答复营养学家（问题见第92页） 的确有用；但不一定是最佳的。这些谷物食品中还是缺少了一些基本的维生素（因为太贵），而且个体的营养需求因年龄、性别、健康、基因和饮食习惯的不同而不同。能减少神经管缺陷是好的，但许多女性在怀孕前并不吃谷物，也不服用维生素补品。

科学家的建议

科学家解释研究结果有时是矛盾的。例如，美国孕妇被告知要少吃鱼，但英国孕妇被告知要多吃鱼。之所以有这些矛盾的信息，是因为鱼体内同时含有汞（一种致畸原）和DHA（一种Ω–3脂肪酸，是胎儿大脑发育所需的）（Oken & Bellinger，2008；Ramon et al.，2009）。科学家分别评估了各种鱼的益处和风险，但几乎没有女性能够评估自己所吃的每一口鱼可能造成什么伤害，因为那需要她们了解所吃的鱼的种类及产地。

另一个争论涉及双酚A（常用于塑料），它在加拿大是禁用的，但在美国是允许使用的。对双酚A的后果存有争议，因为对小鼠而非人的研究发现，它是致畸的。应该用对小鼠的研究结果来指导人类吗？

具体实施层面的问题使得人类流行病学研究很难避免争议，因为必须在不同的时间点（包括妊娠早期）测量与致畸原的接触情况，但后果可能要在许多年后才显现。毫无疑问，现在的孕妇比10年前接触到了更多的双酚A，而这种接触与2岁儿童的多动症之间有相关性；但是对于这个相关性，解释的理由至少还有一打（Braun et al.，2011；Diamanti-Kandarakis et al.，2009）。

可以肯定的是，产前致畸原可以导致行为问题、生殖障碍和一些疾病。几乎每一种常见疾病、几乎每一种食品添加剂、大多数处方药和非处方药（甚至是咖啡因和阿司匹林）、空气和水中的许多矿物质、情绪压力、劳累、营养不良，都可能损害产前发育，但仅仅是在某些时候、某种剂量、某些哺乳动物身上。

大部分研究是以小鼠为对象的，对人类的伤害罕有令人满意的证据。即使证据看起来清晰，何为恰当的社会反应也是有争议的。如果一个孕妇饮酒或使用其他精神药品，她应该因虐待胎儿而被捕吗？美国有5个州（明尼苏达州、北达科他州、俄克拉何马州、南达科他州和威斯康星州）的法律是如此规定的。如果一个新生儿是死胎，母亲应该被判谋杀罪吗？在俄克拉何马州就发生过这样的事情，特里萨·赫尔南德斯（Theresa Hernandez）在怀孕时服用冰毒，被判监禁15年（Fentiman，2009）。

产前诊断

孕早期保健有许多益处：女性可以了解到该吃什么、做什么、避免什么。一些严重的情况，包括梅毒、艾滋病等，可以得到诊断，并在伤害到胎儿之前加以医治。此外，产前检查（验血、验尿、胎儿心率和超声波）可以使父母安心，使极为重要的亲子纽带远在胎儿有明显胎动之前就开始培养。

给社会工作者的问题 何时说服女性进行艾滋病病毒检测最重要：在孕前、受孕之后，还是在出生后马上进行？（答复见第96页）

一般来说，孕早期保健可以保护胎儿发育，使分娩更容易，从而使父母能够更好地应对。当出现并发症（如双胞胎、妊娠期糖尿病和感染）时，早期识别可以增加健康分娩的概率。

然而，不幸的是，大约20%的早孕检查增加了而不是减轻了焦虑。例如，甲胎蛋白水平可能过高或过低，超声波可能会显示多胞胎、发育异常、唐氏综合征或母亲骨盆狭窄。许多类似的警告是**假阳性**的；也就是说，它们错误地暗示了一个并不存在的问题。对于任何警告，不管真假，都需要进一步检查，这也会引起焦虑和灵魂的拷问。有人会选择流产，有人则相反，每一种选择都不容易。来看“对立的观点”专栏中的案例。

低出生体重

一些新生儿很小、尚未成熟。在现代医疗监护下，弱小的婴儿通常能够活下来。但是，如果新生儿在子宫中至少度过35周并且体重超过2500克，这对所有人都更好，不管是母亲、父亲、婴儿

对立的观点

“人为什么而活？”

约翰和玛莎都不到35岁，玛莎正怀着他们的第二个孩子。玛莎在初次孕检中发现甲胎蛋白偏低，这意味着胎儿可能患唐氏综合征。

另一项血液检查预约完毕……约翰问：“到底是什么问题？”

“我们中了一个只有1/895概率的签儿，可能会生出一个有智力障碍孩子。”

约翰笑了，“这个概率我能忍受。”

“可我还是有点儿害怕。”

他把手伸过桌子，握住我的手。“当然。”他说：“可以理解。但是即使有问题，我们已经及时发现了它……最糟糕的情况是你可能不得不人工流产，但这个可能性不大。一切都会没事的。”

“我可能不得不流产？”我寒意顿消，相反，我感到脸因愤怒而发烫。“从什么时候开始，要你来决定该怎样对待我的身体？”

约翰看起来很吃惊。“我从没说过我要决定什么事情。”他辩解，“这只是说，如果检查发现胎儿有什么问题，当然得流产，这事我们已经讨论过了。”

我用低沉不安的声音告诉约翰，“我们已经讨论过的是，我赞同合法堕胎。也就是说，由我来决定是否中止一个有出生缺陷的胎儿……现在我不太确定。”

“你过去是确定的。”约翰说。

“我知道我曾经是。”我擦了擦眼睛，感到极度困惑。“但现在……约翰，这不像是我们在决定要不要一个孩子，我们在决定我们想接受什么样的一个孩子。如果它各方面都很完美，我们就留下。如果不合格，就扔掉……”

约翰看起来越来越困惑。“玛莎，你怎么这么激动？你想说什么？那些他们现在还查不出来……”

“那如果他们可以查出来呢？”我说。“如今的医学有很多魔术把戏。很快我们就会打掉许多胎儿，因为它们有酗酒、同性恋或躁郁症的基因……知不知道，在有些国家，一个胎儿仅仅因为是一个女孩就被打掉了？”我咆哮着，“女孩对你来说算是‘有缺陷的’吧！”

“嗯……”他说：“我知道我不可能总是从你的角度来看事情，我很抱歉。我是这样看的，如果一个婴儿有可能是畸形什么的，流产是一种避免让所有人受罪的方式——尤其是婴儿。这就像射杀一匹摔断腿的马……一匹瘸腿的马会慢慢死去，你知道吗？……它会死于可怕的疼痛。它不能再跑了。它即使不死，也不能再享受生活了。马活着就是为了奔跑，它们天生就是为奔跑而来的。如果一个婴儿生来不能做别人能做的事，我认为最好不要延长它的痛苦。”

“……那，为什么而活？”我平静地问，与其说是问约翰，不如说是问我自己，“人天生为什么而活？就像马生来是为了奔跑，我们生来是为了什么？”

（Beck，1999，pp.132-133，135）

第二次甲胎蛋白检查在正常范围内，“意味着没有理由担心……唐氏综合征了”（p.137）。

像你们在第三章中读到的，遗传咨询有助于夫妇在怀孕前讨论他们的选择。约翰和玛莎没有提前咨询，因为这次怀孕是计划外的，而且他们的唐氏综合征风险很低。假阳性的对立面是伪阴性，即错误地保证一切都正常。后来的羊膜穿刺结果表明，第二次甲胎蛋白检查结果是伪阴性的。他们的胎儿终究还是患有唐氏综合征。玛莎决定不堕胎。

本身还是社会。

世界卫生组织对**低出生体重儿（LBW）**的定义是出生时体重不足2500克的婴儿。低出生体重儿进一步分为不足1500克的**极低出生体重儿（VLBW）**和不足1000克的**超低出生体重儿（ELBW）**。一些新生儿仅重500克，他们最为脆弱，即使在极好的医疗监护下，仍然有大约一半会夭折（Lau et al.，2013）。

母亲的行为和低出生体重

请记住，胎儿的体重通常会在妊娠后 3 个月翻倍，最后 3 周增重 900 克。因此，**早产儿**（提前 3 周或 3 周以上出生的婴儿）通常是低出生体重儿，但不一定总是如此。早产儿的分娩与之前提到的许多致畸原有关，是连锁反应的一部分。

不是所有的低出生体重儿都是早产儿。一些胎儿在妊娠期体重增长缓慢，被称为小样儿或称**小于胎龄儿（SGA）**。仅重 2600 克的足月婴儿和重 1000 克的 30 周大的胎儿都属于小于胎龄儿，即使前者从学术上来说不是低出生体重儿。母体和胎儿的疾病都可能导致小于胎龄儿，但母体使用的药物是更常见的原因。所有的精神药物都会减缓胎儿生长，其中烟草与全世界 25% 的低出生体重儿有关。

胎儿生长缓慢的另一个普遍原因是营养不良。刚怀孕时体重不足、孕期饮食较差，或妊娠最后 6 个月内每个月增重不足 1300 克的女性，更倾向于生下体重不足的婴儿。

不幸的是，许多风险因素，像体重较轻、吃得太少、未成年和抽烟等常常同时发生。更糟的是，许多这样的母亲生活在贫穷社区，污染严重，这是导致低出生体重的另一个风险因素（Stieb et al.，2012）。

父亲起什么作用

前面谈到的低出生体重的原因只关注了孕妇。但是父亲以及祖母、邻居和社区也很关键。正如一个产科医学期刊的编者按所言："父亲对于怀孕的态度、妊娠期间父亲的行为以及父亲和母亲之间的关系……可能对不良的分娩结果有间接影响。"（Misra et al.，2010，p.99）

在第一章中解释过，每个人都生活于一个社会网络。既然未来母亲的行为会影响胎儿，那么每一个影响她的人也会影响胎儿。例如，计划外怀孕会增加低出生体重的发生率（Shah et al.，2011）。很明显，意愿存在于母亲的头脑中，而不是身体中，并受到父亲的影响。因此父亲的意愿会影响母亲的饮食、药物使用、产前检查，等等。

不仅是父亲，整个社会网络和文化都很重要（Lewallen，2011）。这在所谓的移民悖论中最为明显。许多移民很难找到薪酬优厚的工作，因此社会经济地位较低。低社会经济地位与低出生体重之间有相关关系，因此，他们的新生儿体重不足应该更常见。但矛盾的是，移民到美国的女性所生的新生儿在许多方面（包括出生体重）通常比同一基因库中生于美国的女性所生的新生儿还要健康（Coll & Marks，2012）。

这一悖论现象最早是在西班牙裔人口中发现的，他们是美国的主要移民群体，这一悖论因此被称作西班牙裔悖论。尽管在墨西哥或南美出生的美国居民比在美国出生的西班牙裔居民的平均社会经济地位更低，但是他们的新生儿的问题更少。为什么？或许是因为父亲和祖父母使怀孕的移民女性远离麻醉品，保持健康。如今，同样的情况在来自加勒比海、非洲、东欧和亚洲的移民中也很明显，与同族群在美国出生的女性相比，移民的新生儿的问题更少。

>> **答复社会工作者**（问题见第 94 页） 在任何时候，检查和治疗都是有用的，因为知晓自己是艾滋病病毒阳性的女性更可能得到治疗，可以减少传播的风险，或避免怀孕。如果已经怀孕，最好进行早期诊断。出生后才检查对婴儿来说太晚了。

低出生体重的后果

你已经读到，对于那些非常小的新生儿，生命本身是不确定的。美国的新生儿死亡率（在第一年内死亡）约为 6/1000，高于大多数发达国家，与波兰、马来西亚差不多，主要原因是低出生体重。

更有，极小的婴儿的死亡率不降反升，尽管稍稍大一些的新生儿的死亡率略降，这也是为什么美国的新生儿死亡率没有其他国家下降得快（Lau et al.，2013）。对于极低出生体重儿中的幸存者，即使不以出生年龄而以自受孕起计的年龄来与正常婴儿相比较，他们的每一个发展的标志性事件也都出现得更晚，如微笑、握瓶子、走路、说话等。

低出生体重儿还会有认知困难和视觉、听觉障碍。高风险新生儿在婴儿期和儿童期哭得更多、注意力更差、更不听话，并会经历语言发展迟滞（Aarnoudse-Moens et al.，2009；Sinillo et al.，2009）。

许多国家的纵向研究发现，在童年中期，严重的小于胎龄儿或早产儿有更多神经方面的问题，如脑容量偏小、智商偏低及行为上的困难（Hutchinson et al.，2013；van Soelen et al.，2010）。即使到成年期，风险仍在持续：低出生体重儿长大成人后更可能患糖尿病和心脏病。

纵向研究的数据让希望和担忧并存。注意，风险分析给出的是概率，而非确定性，即给出的只是平均值，并不意味着在每个个案中都发生。到 4 岁时，有一些超低出生体重的新生儿，其大脑发育及总体发展比较正常（Glaas et al.，2011；Spittle et all.，2009）。他们可能是那些如果在子宫中多待几周，就会在平均水平之上的孩子。

国家间的比较

在一些北欧国家，只有 4% 的新生儿体重低于 2500 克；而在许多南亚国家，这一比例超过 20%。在世界范围内，低出生体重儿较 20 年前减少了很多，这导致新生儿死亡也减少了 1/3（Rajaratnam et al.，2010）。

一些国家（包括中国和智利）的进步非常明显。在 1970 年，约半数的中国新生儿是低出生体重儿；按最近的估计，这个比例是 4%（UNICEF，2010）。在一些国家，公共医疗保健计划可以帮助低出生体重婴儿成长，这带来了显著的改变。正如一项研究的惹眼标题所言，“低出生体重的后果：为什么在古巴比在亚拉巴马州更好？”（Neggars & Crowe，2013）。

在一些国家，特别是在非洲撒哈拉以南地区，由于全球变暖、艾滋病、饥荒、战争和其他一些影响怀孕的问题，低出生体重率仍在上升。另一个有令人头痛的低出生体重率问题的国家是美国。虽然在 20 世纪的大部分时间里，低出生体重率在下降，并在 1990 年达到最低的 7.0%，但之后又开始上升。2010 年为 8.1%；在阿拉斯加州低于 6%，但在密西西比州超过 12%。美国的低出生体重率比其他任何一个发达国家都高（见图 4.6）。

许多科学家提出了假设以解释美国的低出生体重率。一个合乎逻辑的可能性是辅助生殖，因为它常常导致低出生体重的双胞胎和三胞胎。但是，自然受孕的婴儿的低出生体重率也在增加（Pinborg et al.，2004），因此辅助生殖技术不可能是唯一的解释。让这一谜题更复杂的是自 1990 年以来，母亲的族群、年龄和健康方面的许多变化本应减少低出生体重率，而不是使之增加。

例如，非裔美国人的低出生体重新生儿的比例通常是全国平均值的 2 倍（几乎是 14%：7%），十几岁的青少年比二十几岁的女性会生出更小的孩子。但是，这两个群体的生育率在 2010 年都比 1990 年低。而且，母亲肥胖和糖尿病在增多，这两种情况都应该使新生儿更重，而不是更轻。

一定还有什么地方出了问题。可能性之一是营养。有许多很小的新生儿的国家也是饥荒蔓延的国家，饥馑增加与低出生体重率的升高相关。在智利和中国，低出生体重率的降低都伴随着营养的改善。

至于美国，美国农业部发现在 2000—2007 年，餐食不保（其测量标准是缺少一餐饭、使用食品券、彻底挨饿）的情况在增加。食物得不到保障直接影响低出生体重率，而且会增加慢性病，而慢性病又与低出生体重有相关性（Seligman & Schillinger，2010）。

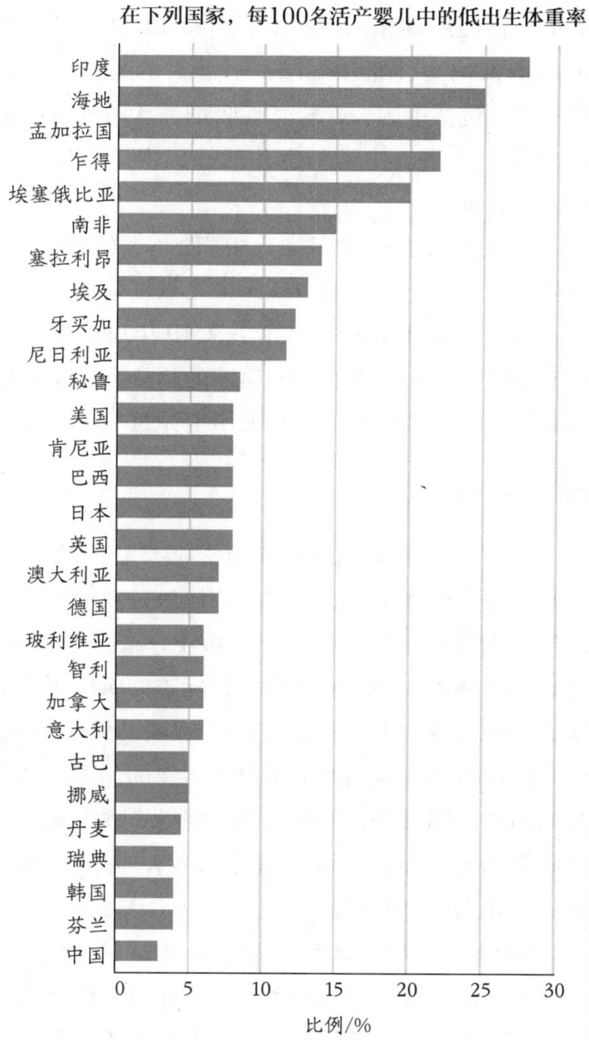

来源：UNICEF, 2012.

图 4.6

好起来 一些公共健康专家认为，低出生体重率是国民健康的标志，因为二者有着共同的原因。如果确实如此，那么这个世界正在变得更健康，世界平均的低出生体重率在 2009 年是 28%，2012 年仅为 16%。如果把所有国家都包括进来，有 47 个国家报告其低出生体重率不超过 6%（美国和英国不在其内）。

在 2008 年，大约 15% 的美国家庭被认为餐食不保。餐食不保的比例在最佳育龄女性群体中高于中年女性群体及任何年龄段的男性群体。随着 2008—2010 年的经济衰退，这一比例还在增加。如果这个假设正确，低出生体重率还会上升。

另一个可能性是药物的使用。在第十六章中你们将看到，高中女生群体中吸烟饮酒和其他药物使用的比例在 1992 年最低，然后增加，然后又降低。大多数在 21 世纪头 10 年生育的美国女性，其所属同辈群体经历了药物使用的增加，她们可能仍在承受其后果。如果这就是原因，那么近期美国青少年药物使用现象的减少有望导致 21 世纪第二个 10 年的低出生体重率的减少。悲哀的是，在发展中国家，包括中国，年轻女性吸烟、饮酒的现象较 10 年前更多了。中国新生儿的低出生体重率也将很快增加吗？

第三个可能性是污染。中国的空气污染问题目前依然严峻，美国的空气污染在减轻。如果污染是原因，那么相关国家在接下来 10 年里的低出生体重率将会改变。查看不同国家的趋势有助于发展学家们理解将来该如何预防低出生体重。

围生期并发症

任何一种围生期并发症通常都有复杂的原因：胎儿是低出生体重儿、早产儿或接触过致畸原；母亲年纪太轻，年纪太大，个头矮小，或身患疾病。例如，**脑瘫**（一种以运动困难为标志的疾病）曾被认为是由分娩过程（过量用药、缓慢的臀位分娩、使用产钳将胎头拉出产道）单独导致的。但是如今我们知道，脑瘫是由遗传上的脆弱性、致畸原和母体感染所致（J.R.Mann et al.，2009），并因分娩过程中胎儿大脑供氧不足而恶化。

缺少氧气即**缺氧症**。在分娩过程中，常会发生一两秒的缺氧，特征是胎儿心率减慢，但不会产生伤害。为了防止持续缺氧，在分娩中应监测胎儿心率，并在出生后立即进行阿普加测试。缺氧能持续多久而不伤害大脑取决于基因、出生体重、孕龄、血液中的药物（可能是母亲在分娩前摄入的，或是在分娩过程中使用的），以及许多其他因素。因此，缺氧症是连锁反应的一部分，可能导致脑瘫。同样的连锁反应也出现在其他几乎所有的围生期并发症中。

小　结

风险分析很复杂，但对于保护每个胎儿很有必要。许多因素可以降低风险，包括母亲怀孕前的健康、营养状况，她的早孕检查和药物使用以及父亲的支持。接触致畸原的时机、剂量以及母亲和胎儿的基因都可能成为关键因素。低出生体重、生长缓慢以及未成熟的分娩会增加脆弱性。分娩过程本身也可能使任何脆弱性的后果恶化，尤其是缺氧持续超过一两秒时。■

>> 新家庭

人是社会性生物，会寻求与家庭和社会的互动。我们已经看到，妊娠期间的社会支持有多么关键，一旦孩子出生，社会互动会变得更加重要。

新生儿

出生前，发育中的人类已经在通过胎动和激素来影响他们的家庭了，这些激素会引发产妇的养育（食物厌恶、睡眠增加等）。出生时，新生儿的外貌（大而无毛的脑袋、小脚丫等）会打动人心，这可以在成人的大脑活动和心率上看出来。父亲们常常为他们弱不禁风的新生儿狂喜，并竭力保护已经筋疲力尽的母亲；出于激素作用和实用性，妈妈们也比以前更欣赏自己的丈夫了。

新生儿在生命的最初几小时就是一个有反应的社会性生物（Zeifman，2013）。他们倾听、注视、哭泣、停止哭泣、依偎。在第一天或第二天，有专业人士会过来，使用**布雷泽尔顿新生儿行为评定量表（NBAS）**做测量，记录 46 种行为，其中包含 20 种反射。旁观这一评估过程的父母会对新生儿的反应感到惊奇，这培育了早期的亲子纽带（Aawthorne，2009）。

从技术上说，**反射**是对特定刺激的无意识反应。这一定义使反射看起来像自动的，人没有起到任何作用。事实上，反射的强度因人而异，它标志着每个人都是不同的。任何年龄的人都会本能地保护自己（眨眼就是一个例证）。新生儿也会，他们会用三组反射来保护自己（参见本章的“可视化发展”专栏）。

■ **维持氧气供给的反射。**呼吸反射在剪断脐带（用于供氧）之前就出现了。其他维持氧气的附加反射是反射性打嗝和打喷嚏，以及摆动（舞动胳膊和腿）以躲避盖在脸上的东西。

■ **维持恒定体温的反射。**婴儿感到冷时，他们会哭、颤抖、将腿缩近身体。热的时候，他们会推掉毯子，然后保持不动。

■ **控制进食的反射。**吮吸反射使新生儿能够吮吸任何接触到他们嘴唇的东西，手指、脚趾、毯子、摇铃以及任何材质和形状的天然或人工的奶嘴。在觅食反射中，胎儿会将嘴朝向任何扫过他们脸颊的东西，反射性地寻找奶头，然后开始吮吸。吞咽也有助于喂养，胃空了就哭，快速吞咽太多则会吐出来。

还有一些反射对于生存来说并非必需，但标志着大脑和身体功能的状态。其中一些是：

■ **巴宾斯基反射。**抚摩新生儿的脚时，脚趾会向上张开。

■ **踏步反射。**当新生儿被立着抱起并且脚接触到一个平面时，他们会像走路一样移动腿。

■ **游泳反射。**当水平托住新生儿的腹部时，他们会伸展胳膊和腿。

■ **手掌抓握反射。**当一些东西碰到新生儿手掌时，他们会紧紧握住。

■ **莫罗反射。**当有人敲击新生儿躺着的桌子时，他们会猛地摆动胳膊，然后抱在胸前，同时睁开眼睛大哭。

这些反射是对体验的反应，不同于成人遭到突然惊吓、强烈的欲望或愤怒。

感觉也是反应性的，例如，新生婴儿更多是倾听人声而不是汽车噪声。因此，在许多方面，新生儿与他们的世界中的人相连，这些人本能地对婴儿做出反应（Zeifman，2013）。如果你的婴儿在布雷泽尔顿新生儿行为评定量表上做出这些反应，那么你会感到自豪和惊奇；这些都是长大成人的一部分。

给科学家的问题　用动物做研究可以让人类获益，但有时被错误地用来支持关于人的结论。这种情况发生在什么时候？（答复见第 101 页）

新手父亲

正如我们已看到的，准父亲应该帮助母亲保持健康、摄入营养并远离药物。父亲在分娩中的角色也很关键。

在场

分娩时，父亲在场可以减少并发症，部分原因是他可以让妻子安心。我在我女儿身上观察到了这一点，当医生和助产士讨论可能要剖宫产而不询问她的意见时，她很焦虑。她丈夫对她说："你需要做的就是在宫缩间隙放松，宫缩来时用力，其他的都交给我来做。"她听了。他做了。没有剖宫产。

无论父亲是否分娩时在场，他在法律上是否接受这个出生对母亲和新生儿都十分重要。对1993—2006 年在密尔沃基活着出生的所有单胎婴儿（151 869 个婴儿！）的研究发现，并发症与一些变量有相关性，其中几个是意料之中的变量（如孕妇吸烟），一个是意料之外的变量，即出生记录上有没有父亲的名字。这个相关关系在欧裔美国人的分娩中尤为明显：如果母亲没有写上父亲的名字，她的产程可能更长，更可能是剖宫产，等等（Ngui et al.，2009）。

给产科护士的问题　在分娩过程中，父亲可以提供什么实际的帮助吗？（答复见第 101 页）

目前，约半数美国产妇是未婚生育的（U.S. Bureau of the Census，2010），但父亲的名字可能仍然出现在出生证明上。如果父亲们承认自己的父亲角色，分娩过程对于母亲和孩子来说都更好。

拟娩

父亲也有可能在生理上经历怀孕和分娩，而不仅仅是在心理上。例如，怀孕的母亲和父亲身上的压力激素皮质醇水平存在相关，可能是因为他们让彼此感到焦虑或放松（Berg & Wynne-Edwards，2002）。此外，许多父亲会经历妊娠和分娩的症状，包括妊娠期间体重增加和消化不良，分娩时的疼痛等（Leavitt，2009）。在新几内亚的巴布亚岛和西班牙的巴斯克人中，妻子即将分娩时，丈夫常会搭一个小棚，在里面躺下来并翻滚，模仿分娩（Klein，1991）。

可视化发展

健康的新生儿

婴儿刚刚出生，就会经历他们人生的第一次测试。阿普加分数是医生和护士用来决定新生儿是否需要医疗干预的评价工具。它对五个具体的健康指标进行评估，并由医疗专业人员给出每一项的分数，分数为 0 分、1 分或 2 分。满分 10 分很少见，大多数婴儿在第 1 分钟的测试里会表现出一些轻微的缺陷，许多婴儿在第 5 分钟的测试里仍会丢分。

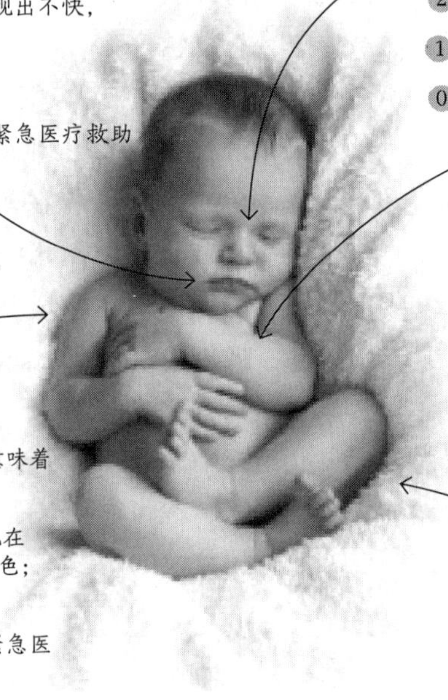

皱眉反应/反射

2 被吸鼻子时，一个健康的婴儿会表现出不快，他会皱眉、用手拨、咳嗽、打喷嚏

1 被吸鼻子时，婴儿会皱眉

0 被吸鼻子时，婴儿没有反应，需要紧急医疗救助

呼吸

2 响亮的哭声表明有一个长长的呼吸频率

1 哭声虚弱或啜泣，或者缓慢、不规则的呼吸

0 婴儿没有呼吸，需要紧急医疗干预

脉搏

2 对新生儿来说，心跳每分钟100次以上是健康的

1 低于每分钟100次

0 没有心跳的婴儿需要紧急医疗救助

外表

2 身体和手足应呈好的颜色，浅粉色意味着循环好

1 手掌和脚底有一些青紫色。许多婴儿在1 分钟和 5 分钟的测试时有一些青紫色；大多数很快就暖和起来了

0 全身青紫、发灰或苍白的婴儿需要紧急医疗干预

活动和肌张力

2 婴儿的胳膊、腿和身体表现出活跃的动作

1 婴儿表现出胳膊和腿的一些运动

0 软弱无力、一动不动的婴儿需要紧急医疗救助

婴儿的反射

永远不要低估反射的力量。对于发展学家来说，新生儿的反射是生存的机制、大脑成熟的指标和进化史的遗迹。对于父母来说，它们大部分是令人高兴的，有时会令人惊叹。

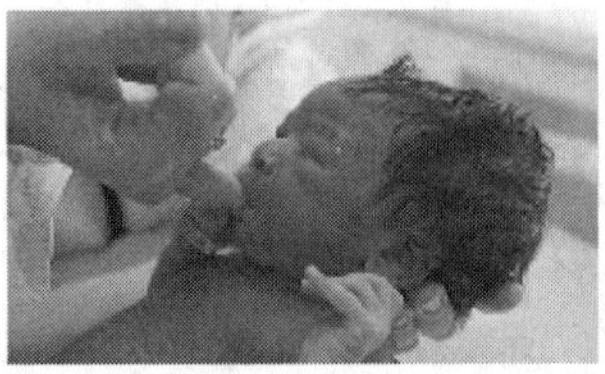

ASTIER/ BSIP/ SCINCE SOURCE/ PHOTO RESEARCHERS, INC

吮吸反射 一个出生仅几分钟的新生儿，通过吮吸医生的手指证明他已经准备好接受喂养了。

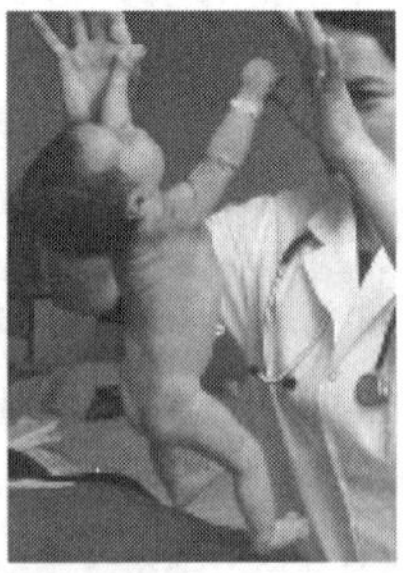

PETIT FORMAT/ PHOTO RESEARCHERS

抓握反射 医生将一个手指放到健康新生儿的手掌上，他握得很紧，以至双腿可以悬空。

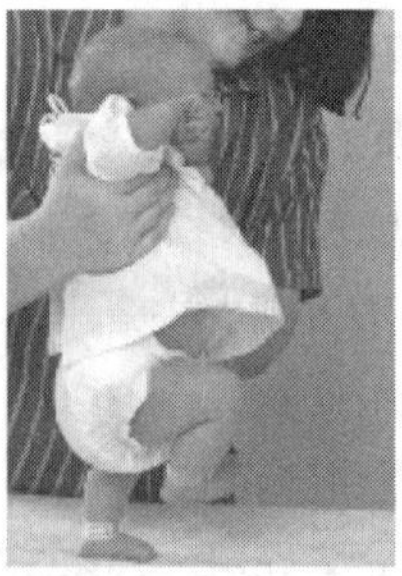

JENNIE WOODCOCK; REFLECTIONS PHOTOLIBRARY/ CORBIS

踏步反射 一个 1 天大的女孩急切地向前迈步，弱小的双腿还不足以支撑她的身体。

父亲体验到的妊娠和分娩被称作**拟娩**。在一些文化中，拟娩是受欢迎的，在许多文化中，它是正常的嬗变；而在另一些文化中，它被视为一种病态（M.Sloan，2009）。在发达国家，拟娩没有引起关注和研究，但许多父亲密切参与了他们未来孩子的早期发育（Brennan et al.，2007）。

新手母亲

大约一半的女性在产后会经历身体问题，比如从剖宫产中恢复、乳头肿痛和排尿问题（Danel et al.，2003）。但是，比身体问题更糟糕的是心理问题。当生产激素水平下降时，8%～15%的女性会经历**产后抑郁症**，这是一种不胜任感和悲伤感，较轻时被称作*产后情绪低落*（baby blue），严重时被称作*产后精神失常*（postpartum psychosis）;（Perfetti et al.，2004）。

一旦患上产后抑郁症，照顾婴儿的日常工作（喂养、换尿布、洗澡）会变成沉重的负担。新生儿的哭声可能无法迫使母亲抱起和照顾他。反之，母亲可能有忽视或虐待婴儿的念头，这种想法太吓人，她会对自己感到害怕。

可能出问题的第一个信号是产后欣快。新手妈妈可能无法入睡、无法停止说话或无法放下非理性的担忧。这些行为有些是正常的，但家庭成员和医疗专业人员需要警惕母亲的情绪。最初的兴奋过后，严重的抑郁可能就会到来，对孩子会产生长期影响。父亲通常是第一回应者；他们能帮助母亲和婴儿得到所需要的支持（Cuijpers et al.，2010；Goodman & Gotlib，2002）。但父亲也容易抑郁，需要其他人给予帮助。

从发展的观点来看，产后抑郁的原因，有些（如经济压力）在怀孕前就存在；有些（如婚姻问题）发生在孕期；另一些与出生有关（尤其当母亲是单独一人时，并且实际分娩过程与想象的不同时）；还有一些因素与具体的婴儿有关（如健康、哺乳或睡眠问题）。成功的母乳喂养可以减轻母亲的焦虑，这也是哺乳顾问是新手妈妈后援团队中的重要成员的原因之一。

>> **答复科学家**（问题见第 99 页）动物研究本身不应该被用于证实一个有大众拥趸但没有科学证据的主张。这种问题发生在一个社会建构中，即认为身体接触对于亲子纽带非常关键。

>> **答复产科护士**（问题见第 99 页）通常没有，除非他是有经验的、受过教育的，或受过专业指导。但他的出现能给女性提供情感支持，这使分娩过程更容易，使母亲和婴儿更健康。

父母养育联盟

还记得约翰和玛莎吗？羊膜穿刺结果表明他们的胎儿有唐氏综合征的那对年轻夫妇。怀孕大约7个月时，某天凌晨3点，玛莎不可抑制地大哭起来。她告诉约翰她很害怕。

> “害怕什么？”他说。“一个没有你想象的那么完美的小婴儿？”
>
> “我没有说过我希望他完美。”我说：“我只希望他正常。那是我想要的一切。只是正常。”
>
> “一派胡言……你不希望这个孩子正常。如果他只是正常，你会把他扔进垃圾桶。你真正想要的是一个超人。”
>
> “别忘了。”我用了我最尖刻的语气，“是我决定要这个孩子的，即使他有唐氏综合征。你才是想把他扔进垃圾桶的人。”
>
> “你知道什么！”约翰提高了音量。“你从没问过我想要什么，不是吗？是的。你从来没有问过我。”
>
> （Beck，1999）

这一幕结局完美：两个即将成为父母的人进行了一次长时间的、温暖的、诚挚的对话。双方都了解到他们的胎儿对彼此意味着什么，此前这一直是一个忌讳的话题。亚当，他们未来的儿子，成了他们关系的一个重要组成部分。

他们此前的缺乏沟通以及未能表达的情绪的突然爆发，都是很常见的，因为怀孕本身会勾起童年记忆和对未来的恐惧。但是，真诚、亲密的沟通在整个孕期、孩子出生及抚育孩子的过程中都极为重要。新手父母之间的早期沟通有助于形成**父母联盟**，这是父母双方合作抚育他们的孩子的一种承诺。

在婴儿身体更脆弱的情况下，比如婴儿的出生体重低，父母联盟尤为有益。反之也是如此：当一个孩子需要额外照顾时，家庭冲突会增加孩子的适应不良以及父母离婚的风险（Whiteside-Mansell et al.，2009）。

建立纽带

亲子纽带是在父母抱起、观察和喂养他们的新生儿时形成的强烈的爱的联结。出生后最初几小时对这个纽带的形成有多么重要？据称，这一纽带的形成发生在分娩后最初几小时内，妈妈抚摩她赤裸的婴儿，就像绵羊和山羊在分娩后，如果要养育它们的新生儿，就必须马上用鼻子嗅闻和爱抚它们一样（Klaus & Kennell，1976）。

然而，早期的肌肤接触对人类抚养至关重要的这一假设已经被证明是错误的（Eyer，1992；Lamb，1982）。事实上，大量关于猴子的研究开始于交叉抚养，这是一种研究设计，即把新生儿在生命的最初几天带离其生物学母亲，由另一个雌性甚至雄性抚养，有时也会形成牢固而有益的关系（Suomi，2002）。

这一发现与人们的一个普遍看法并不矛盾，即未来的父母积极参与怀孕、分娩和新生儿照顾对三者都有好处。鼓励父母（生物学父母或收养父母）抚育他们的新生儿的因素可能令其终身受益，这在小鼠、猴子和人类中已经得到证实（Champagne & Curley，2010）。

早期接触的作用在**袋鼠式育儿法**中非常明显，新生儿躺在母亲的乳房之间，肌肤相亲，听着母亲的心跳，感受着她的体温。许多研究发现，与接受标准护理的婴儿相比，用袋鼠式育儿法的新生儿睡得更深、体重增长得更快、清醒的时间更多（Feldman et al.，2002；Ferber & Makhoul，2004；Gathwala et al.，2010）。父亲的参与可能也很重要，包括父亲对婴儿进行袋鼠式育儿法（Feeley et al.，2013）。

袋鼠式育儿法不仅在出生住院时对婴儿有好处，几个月以后仍有好处，可能是因为它能改善婴儿对子宫外生活的适应，也可能是因为它增加了父母的敏感性和效能。哪一个是原因？或许两者都是。

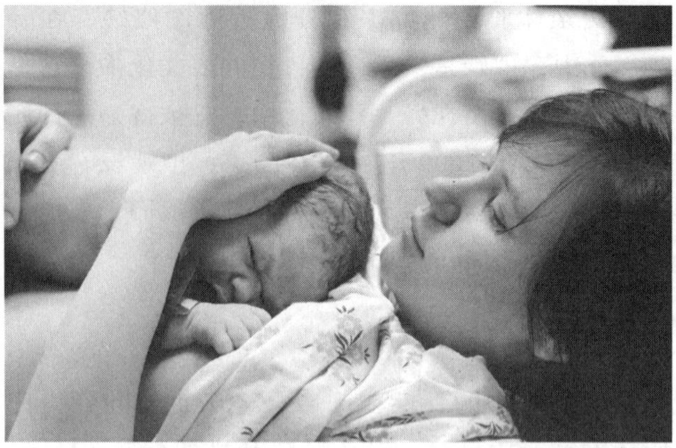

更好的照料　在马尼拉的这间病房，袋鼠式育儿法让母亲、婴儿和医院受益，节省了空间和医疗费用。袋鼠式育儿法是菲律宾新生儿死亡率下降的原因之一。2010 年，菲律宾的新生儿死亡率仅是 1950 年的 1/5。

发展中国家尤为需要实施多种策略，尤其是关于脆弱新生儿及其父母的措施。在那里，袋鼠式育儿法和其他一些措施可以减少 20% ～ 40% 的死亡（Bhutta et al.，2008）。从发展的观点看，高危婴儿最困难的时间是在分娩数周后离开医院的时候。在这个衔接点上，采取措施使父母深度参与孩子的早期护理是非常关键的。在后面的章节中，我们将会看到，亲子关系的发展会持续数月，而不仅仅是几小时。出生只是生命旅程的一小步。

小　结

新家庭的每个成员共同达成了彼此之间的联结，促使所有人成长。新生婴儿有回应性感觉和许多反射。近距离观察和反思可以揭示新生儿能做什么。父亲的支持对一个健康、快乐的新生儿及其母亲可能非常关键。产后抑郁症并不少见，产前和产后的一些因素会影响其严重性和持续时间。家庭关系在怀孕前就开始了，在孕期和分娩期间可能得到强化，并持续终生。

本章总结

产前发育

1. 产前发育的头两周被称作胚芽期。在这一时期，单细胞的受精卵增加到 100 个以上的细胞，这些细胞将形成胎盘和胚胎。发育中的有机体会沿着输卵管到达子宫以着床。
2. 受孕后的第 3—8 周被称作胚胎期。心脏开始跳动，眼睛、耳朵、鼻子和嘴形成。到第 8 周，除了性器官，胚胎已经具有了一个人的基本器官和特征。
3. 胎儿期从第 9 周开始持续分娩。在第 9 周，性器官开始发育。到第 3 个月末时，所有的器官和身体结构已经形成。胎儿在 22 周时，大脑可以调节基本的身体功能，胎儿因此获得了生存能力。26 周之前出生的婴儿有很高的死亡或残障风险。
4. 在第 6—9 个月，胎儿平均增重近 2268 克，出生时重 3400 克。大脑、肺和心脏的成熟确保在发达国家有超过 99% 的足月婴儿能够存活。

出生

5. 通常，分娩开始于宫缩，它会将胎儿推出子宫，然后穿过产道。阿普加量表提供了对新生儿健康状况的快速评估，在分娩后 1 分钟和 5 分钟分别对新生儿进行评价。
6. 医疗辅助可以加快宫缩、缓解疼痛、挽救生命。但是，医疗化分娩的很多方面被批评为不人性化的和不必要的，这其中包括了对美国将近一半的孕妇实施的剖宫产。当代分娩实践力图找到一个平衡，既保护婴儿，又允许父母有更多的参与和控制。

问题与解决办法

7. 一些致畸原（疾病、药物和污染）会导致身体损害。另一些被称为行为致畸原的东西，会伤害大脑，并因此损伤认知能力，影响人格。
8. 一个致畸原是否会伤害胚胎或胎儿取决于时机、剂量和基因。公共和个人的健康行为可能会防范产前并发症，但一些具体做法尚有争议。尽管如此，家庭成员始终影响着孕妇的健康。
9. 低出生体重儿（不足 2500 克）可能源于多胞胎、胎盘问题、母体疾病、母亲营养不良、吸烟、喝酒、使用违禁药物以及年龄。与足月新生儿相比，早产儿和低出生体重儿将在未来很多年里经历更多的医疗和心理问题。小于胎龄儿尤为脆弱。
10. 围生期并发症的发生有多种原因，比如超长和紧张的分娩，其间发生了缺氧症（胎儿缺氧）。对于高危儿童来说，长期缺陷并非不可避免，需要父母和社会精心抚育。

新家庭

11. 人从出生起就是社会性动物。布雷泽尔顿新生儿行为评定量表测量了 46 种行为，其中包含了 20 种反射。
12. 父亲在妊娠期间可以提供支持，在分娩过程中也能有所帮助。父亲的支持与更短的产程和更少的并发症有相关性。一些父亲深度卷入了妊娠和分娩，他们会体验到拟娩。
13. 许多女性在分娩后会感到不快乐、不能胜任或不舒服。在适当的帮助下，产后抑郁症会逐渐消失；父亲对母亲和孩子来说可能非常关键。理想的做法是形成父母联盟，以帮助孩子更好地发展。
14. 袋鼠式育儿法对所有婴儿都有好处，尤其是对那些脆弱的婴儿。应当鼓励母亲与新生儿互动，当然，亲子纽带除了出生时的育儿做法，还取决于其他许多因素。

关键术语

阿普加量表（Apgar scale，p.86）
布雷泽尔顿新生儿行为评定量表（Brazelton Neonatal Behavioral Assessment Scale，NBAS，p.98）
产后抑郁症（postpartum depression，p.101）
超低出生体重儿（extremely low birthweight，ELBW，p.95）
超声波（ultrasound，p.84）
成活龄（age of viability，p.84）
袋鼠式育儿法（kangaroo care，p.102）
导乐（doula，p.88）
低出生体重儿（low birthweight，LBW，p.95）
反射（reflex，p.98）
父母联盟（parental alliance，p.101）
极低出生体重儿（very low birthweight，VLBW，p.95）
假阳性（false positive，p.94）
脑瘫（cerebral palsy，p.98）
拟娩（couvade，p.101）
胚胎（embryo，p.83）
胚胎期（embryonic period，p.82）
胚芽期（germinal period，p.82）
剖宫产（cesarean section，c-section，p. 87）
亲子纽带（parent-infant bond，p.102）
缺氧症（anoxia，p.98）
胎儿（fetus，p.83）
胎儿酒精综合征（fetal alcohol syndrome，FAS，p.91）
胎儿期（fetal period，p.82）
小于胎龄儿（small for gestational age，SGA，p.96）
行为致畸原（behavioral teratogens，p.89）
阈值效应（threshold effect，p.91）
早产儿（preterm，p.96）
着床（implantation，p.82）
致畸原（teratogen，p.89）

你学到了什么？

1. 在胚芽期，三项主要的发育是什么？
2. 在胚胎期，形成了哪些人体部位？
3. 有哪些主要的标志性事件标志着胎儿期大约已过半？
4. 胎儿能够在子宫外存活后，为何妊娠还要持续数月，有哪三个主要原因？
5. 阿普加量表是如何提高新生儿存活率的？
6. 为什么剖宫产率在上升？
7. 为什么发展学家担心手术成为分娩常有的环节？
8. 为什么一些国家的新生儿死亡率比另一些国家高？
9. 导乐、助产士和医生之间有何不同？
10. 哪些致畸原可能伤害胎儿正在发育的人体结构？
11. 为什么很难确定行为致畸原的影响？
12. 时机如何影响那些伤害胎儿的风险因素？
13. 风险分析为何不能精确预测对一个胎儿的伤害？
14. 哪些因素会增加或减少脊柱裂风险？
15. 妊娠期饮酒有何潜在后果？
16. 低出生体重儿、极低出生体重儿和超低出生体重儿的区别是什么？
17. 列出一个婴儿可能是低出生体重儿的四个原因。
18. 过去 10 年，美国的低出生体重儿率有何变化？
19. 对一个活下来的非常弱小或脆弱的新生儿的长期健康状况可以做出什么预测？
20. 文化和习俗如何影响一个人接触致畸原的情况？
21. 新生儿做什么有助于他们存活？
22. 在分娩期间和分娩之后，父亲有何影响？
23. 父亲如何体验妊娠？
24. 产后抑郁症有哪些迹象？
25. 什么会影响亲子纽带？
26. 袋鼠式育儿法会导致什么？

应　用

1. 去附近的贺卡店，分析关于怀孕和出生的贺卡。你注意到其中的文化态度了吗（如，因新生儿的性别或父母的性别而不同）？如果有可能，将那些贺卡与面向另一经济群体或民族群体的贺卡进行比较。
2. 采访三个不同背景的母亲的分娩经历。采用开放式访谈，让她们自己选择想告诉你什么，只要她们的讲述不少于 10 分钟。然后对三种陈述进行比较和对比，请特别留意文化、人格、环境和同辈群体的影响。
3. 人们有时会怀疑孕妇怎么会危害胎儿的健康。考虑你自己在过去几个月与健康有关的行为，如锻炼、睡眠、营养、药物使用、医疗和牙齿护理、疾病预防，等等。如果你怀孕了，你会改变自己的行为吗？如果你、你的家庭和你的伴侣不想要孩子，会对此有影响吗？

第二部分

（第五章至第七章）

人生最初的两年

成人在一两年内不会有多大变化。他们的头发可能变长、变灰白或变稀疏；可能变胖或变瘦；也可能学到了一些新东西。但是如果你和一两年未见的朋友重逢，你马上就能认出他来。

想象一下，如果你连续1个月每天24小时照看一个新生儿，然后离开了2年。等你回来时，你可能已经认不出他了。他的体重可能已经翻了两番，长高了约30厘米，并长出了一头新发；行为和情绪也发生了变化——哭得少了，多了新的笑声和害怕，包括对你的害怕。

一两年的时光与人80岁左右的平均寿命相比不算长。但是，在人生最初的两年中，人的身高达到了成年时的一半，学会了用句子说话，还能表达几乎每一种情绪，不仅有高兴和恐惧，还有爱、嫉妒和羞愧。大脑中看不见的变化更加关键，它为终生设定了模式。接下来的三章将描述这些急剧的、令人敬畏的变化。

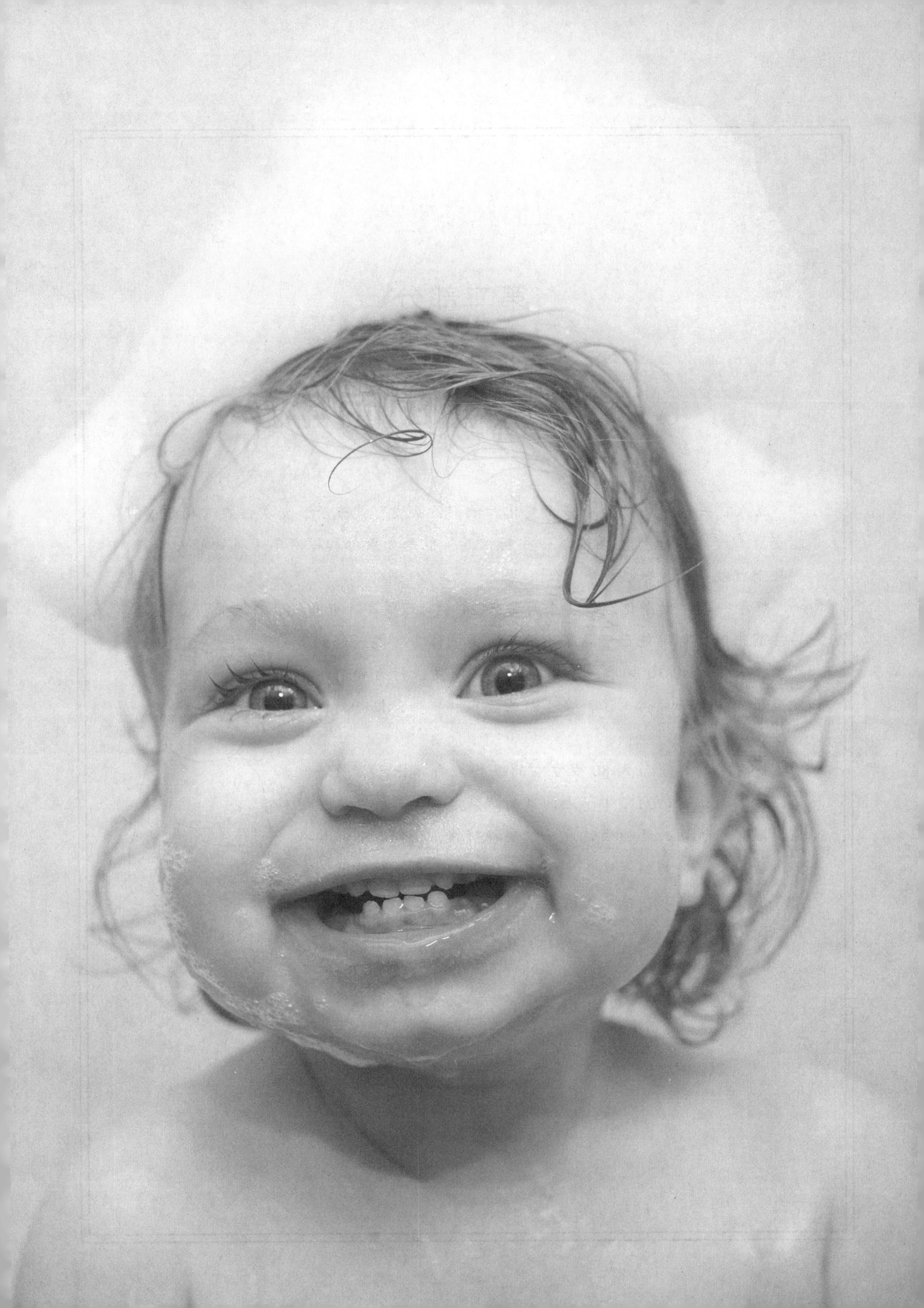

第五章

最初的两年：生物社会性发展

你将学到什么？

1. 在最初两年，婴儿哪些部分生长得最快？
2. 刚出生的人类新生儿和小猫有何不同？
3. 免疫措施会保护还是伤害婴儿？

- **婴儿期发育**
  - 身高体重
  - 大脑发育
  - **科学视角：面孔识别**
  - 睡眠
  - **对立的观点：婴儿应该睡在哪里？**
- **感知与运动**
  - 感觉
  - 动作技能
  - 动态的感觉——动作系统
- **健康地生存**
  - 未来会更好
  - 免疫
  - 营养
  - 婴儿猝死综合征

我们的第一个孩子贝瑟尼出生时，我正在读研究生。我熟记发展的各项标准，包括在 12 个月大时学会走路和说话。听到她牙牙学语并叫出“妈妈”时，我欣喜若狂。但是直到 14 个月大时，贝瑟尼还没有迈出她的第一步。

为了安慰自己，我告诉丈夫，基因的影响力超过我们所做的一切。我曾经读到过，巴黎的婴儿是世界上走路最迟的，而我祖母是法国人。让我舒了一口气的是，贝瑟尼很快就开始走路了，到 5 岁时，她是幼儿园中跑得最快的一个。我们接下来的两个孩子蕾切尔和艾丽莎也是很晚才走路，这进一步支持了我的基因解释。我的一些学生有危地马拉和加纳血统，他们的孩子在 1 岁之前就开始走路了；从中国和欧洲来的孩子走路要晚一些。我认为，一切都是遗传使然。

贝瑟尼出生 14 年之后，莎拉出生了。这时我已雇得起全职保姆了，她是来自牙买加的托德太太。她认为莎拉是她所见过的除她女儿吉莉安之外长得最快的婴儿。我告诉她，我们家的孩子走路都很晚。

“她 1 岁时准能走路。”托德太太告诉我，“吉莉安 10 个月就会走路了。”

“走着瞧吧。”我宽厚地回答她，对我的基因解释充满信心。

我低估了托德太太。她日复一日地让我女儿在她膝上兴奋地蹦蹦跳跳，还花很多时间带她“练习走路。”于是，莎拉在 12 个月大时真的迈出了她的第一步，虽比托德家的孩子晚，但比我们家的其他孩子都早。这是令我谦卑的一课。

作为一名科学家，我知道单一的个案说明不了什么。我的遗传解释可能是合理的，因为莎拉与贝瑟尼只有一半的基因相同，而且我女儿们都只有 1/8 的法国血统，在她们还很小的时候，我忽略了这一比例其实很低。

尽管如此，我注意到了照料者对生物社会性发展的各方面所产生的影响。随着你阅读有关发展的内容，同样会了解到给予婴儿的照料使它们能够成长、活动和学习。发展并不像它曾经看起来的那样简单直接、自然而然，也不是由遗传决定的。它是多方向、多背景、多元文化的，也是可塑的。

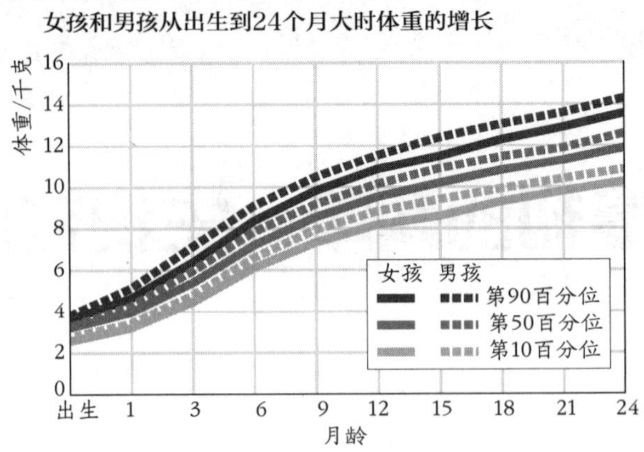

图 5.1

吃和睡 出生后最初几周体重增加的比例清楚地显示了为何新生婴儿需要日夜喂养。

>> 婴儿期发育

婴儿期的生长如此迅速，忽视的后果如此严重，必须密切监控。在发达国家，婴儿要定期进行医学检查，包括测量身高、体重和头围，这些检查为判断一个婴儿的发育是否正常提供了最初的线索。

身高体重

在刚出生的头 3 天，新生儿会减轻几十克，此后几个月，每天增重 28 克左右。通常到 4 个月大时，新生儿的体重已经是出生时的 2 倍，1 岁时达到出生时的 3 倍。一个出生时 3200 克的新生儿到 12 个月大时将达到 9500 克。他们的身高也在增长：婴儿在第一年通常能长高 24 厘米。

此后，身体发育放缓，但也没有慢下来太多。大多数 24 个月大的婴儿重约 13 千克，身高又增加了 10 厘米。通常，2 岁学步儿的身高已达到他们成年身高的一半，体重约是成年体重的 1/5，是出生体重的 4 倍（见图 5.1）。

上述每一个数字都是一个常模，也就是特定人群的平均值或标准。此处引用的常模来自一个“特定人群”，即 1970 年前后出生的美国婴儿。

在每次例行检查（最初每月一次）中，医生或护士都会测量婴儿的发育状况，并与之前的数字加以比较。通常的测量结果用一个**百分位数**来表示，从 0 到 100 不等。百分位数表示的是个体在特定测量项目上的排序。百分位数常用于表示学校成绩，在这里则用于表示一个婴儿的身高、体重与其他同龄婴儿相比的排序。一个婴儿的体重在第 30 百分位意味着有 30% 的婴儿体重比他轻，有 70% 的婴儿体重比他重。

对一个始终居于平均位置（第 50 百分位）的婴儿来说，如果百分位数变化较大，不管是向上还是向下，都意味着某些地方可能出了问题。如果一个普通婴儿的发育突然变得很慢，则可能是一种被称作*发育迟缓*的身体状况的最初迹象。如果体重增

同一个男孩，巨大的变化 这三张照片是一个叫程程的男孩，分别为 3 个月大、12 个月大和 24 个月大。请注意他头两年的快速发育，特别明显的是头身比的变化和腿的使用。

加远远超过常模，则可能是未来肥胖的预警。

人们曾经将这两种发育异常怪罪于父母，认为一些个头过小的婴儿，是因为来自父母的喂养压力导致了“非器质性的发育迟缓”。如今，人们已经发现有许多身体状况是导致发育迟缓的原因。儿科医生认为，指责父母已经“过时了”（Jaffe，2011，p.100）。

大脑发育

产前和产后大脑发育（通过头围测量）影响以后的认知（Gilles & Nelson，2012）。如果因长乳牙或鼻子不通而暂时阻碍了体重增加，一般只会阻碍身体的发育，而不阻碍大脑发育，这一现象叫**头部保护**。不幸的是，持续的营养不良最终会影响大脑，后面将加以说明。

从受孕后2周到出生后2年，大脑比其他器官发育得都要快。出生时，新生儿脑重大约是成人脑重的25%，到2岁时就已达到成人的75%（见图5.2）。同一时期里，头围从36厘米增加到48厘米。

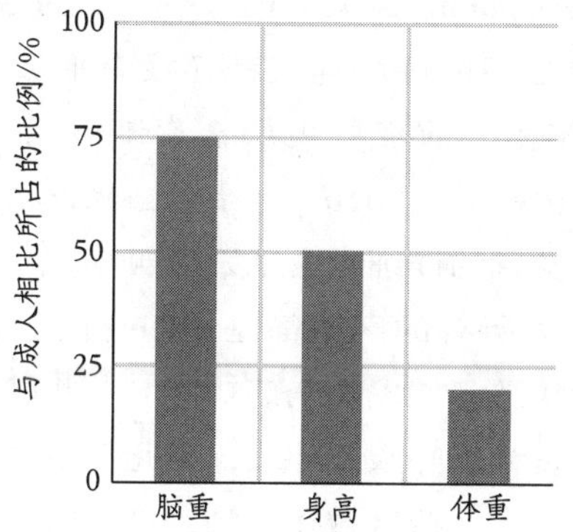

图 5.2

成长　2岁儿童完全依赖成人，但他们的身高已达到成年身高的一半，脑的大小已达成年人的3/4。

大脑发育持续终生，这一点本书的每一章都有提及。让我们从最基本的要素开始：神经元、轴突、树突、神经递质、突触、大脑皮层，尤其是前额叶皮层。

神经元连接

中枢神经系统——大脑和脊髓——内的通信始于神经细胞，即**神经元**，它在胎儿期的后半期激增。出生后，大脑在颅骨的保护下不断快速发育，颅骨有两个“软肋”（囟门），使头部能够挤过阴道。即便如此，新生儿的头从比例上来说还是身体中最大的部位，这也是为什么头部的分娩需要数小时；而身体其余部位的分娩只需几分钟。

新生儿的脑中有数百亿个神经元，其中大约70%在**大脑皮层**内，即大脑的六块外层（见图5.3）。大多数思维、情绪和感觉都发生在大脑皮层中（Johnson，2010）。

大脑中最后成熟的部分是**前额叶皮层**，是负责预测、计划和控制冲动的区域。它并不像以前

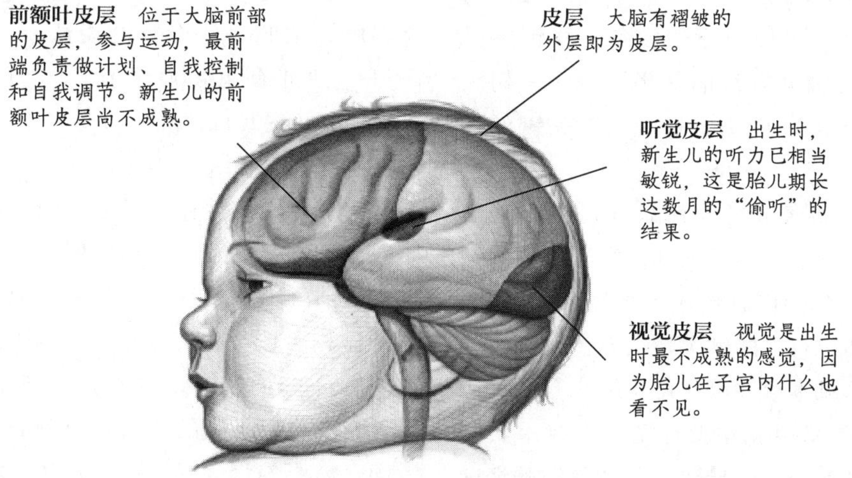

图 5.3

发育中的大脑皮层　婴儿的大脑皮层包含4～6层组织，覆盖着大脑的其余部分。大脑皮层几乎包含了所有的神经元，使有意识的思考成为可能。一些区域，如参与感觉的区域，相对成熟较早。另一些，如前额叶皮层，成熟得很晚。

认为的那样“在婴儿期大多数时间里保持功能静默”（Grossmann，2013，p.303）。不过此时，情绪和思维之间的许多连接都还没有形成。在接下来的20年里，前额叶皮层会逐渐变得更有能力（Wahlstrom et al.，2010）。【**生命全程链接**：关于前额叶皮层发育的详细讨论见第十四章。】

大脑里所有的区域都是专门化的，各个区域在不同的年龄开始发挥全部功能。一些区域在颅骨深处，负责维持呼吸和心跳，因此受孕7个月时能够维持生命。一些区域在中脑，是情绪和冲动的基础。这些功能在生命第一年里已经很明显，其他许多动物也有这些功能，但情绪管理和冲动控制在整个儿童期里都在不断发展。最后，一些位于大脑皮层的区域让知觉和认知成为可能，最初是对刺激和社会的认知，后期是对更抽象的思维的认知（Grossmann，2013）。这些区域直到成年才最终发育成熟。

大脑皮层上专门化区域的例子有视觉皮层、听觉皮层和负责身体各部位触觉的区域，包括一个人的每一根手指、一只大鼠的每一根胡须（Barnett et al.，2006）。感觉的产生需要发育的成熟和学习，但所有这些在出生时就已经存在。与其他动物相比，人类的前额叶皮层相对于身体尺寸更大：这也是为什么人比任何小鼠、鲸或黑猩猩都更善于计划和创造。

在中枢神经系统的各个区域内和区域间，神经元和神经元之间通过被称作**轴突**和**树突**的错综复杂的神经纤维网络相互连接。每一个神经元都有一个轴突和多个树突，像树冠的枝条一样铺展开来。一个神经元的轴突与其他一些神经元的树突相遇的接触点叫**突触**，这是大脑中非常关键的通信链接。

更具体地说，神经元的交流是通过将电化学脉冲从轴突发送到突触，然后被其他神经元的树突接收。树突将接收到的信息传递到神经元的胞体，该神经元转而再通过自己的轴突将信息传递到其他神经元的树突（参见本章“可视化发展”专栏）。

轴突和树突在突触中并没有完全接触。实际上，轴突上的电脉冲通常会导致一种被称作**神经递质**的化学物质的释放，它携带信息由发送神经元的轴突通过**突触间隙**，到达接收神经元的树突（见图5.4）。

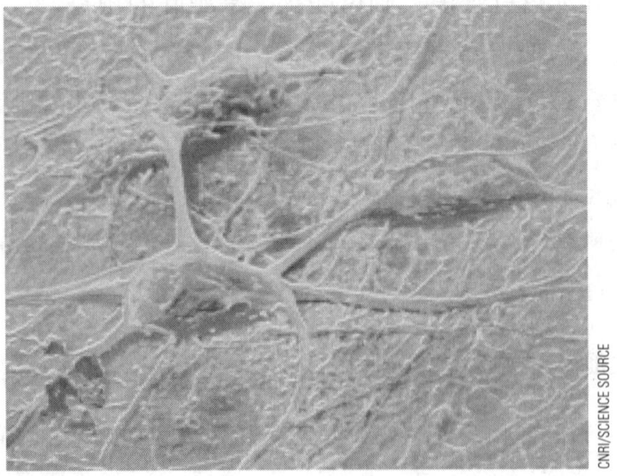

图5.4

两个神经元如何通信　婴儿的大脑包含数以亿计的神经元，每个都有一个轴突和多个树突。每一个电化学信息会导致数百个神经元被激活，每个都传送信息穿过突触到达临近神经元。这一电子显微照片显示了被极度放大了的神经元，有着错综复杂又高度组织化和密切配合的成对的树突和轴突。

经验和修剪

出生时，大脑包含至少1000亿个神经元，远超出个体的需要。但是，新生儿大脑的树突和突触比一个人最终拥有的树突和突触少很多。在最初的几个月和几年中，轴突、树突和突触会出现快速发育和精细化的现象，尤其是大脑皮层中的轴突、树突和突触。树突增多是脑重到2岁时可增长到出生时的3倍的主要原因（Johnson，2010）。

据估计，出生后24个月，大脑皮层中的树突数量增加了5倍；到2岁时，大约有100万亿个突触。按照一位专家的说法，“在婴儿的大脑中，每一秒都有40 000个新的突触形成”（Schore & McIntosh，2011，p.502）。

这种出生后大脑的快速发育在哺乳类动物中很少见。它发生在人身上是因为出生前头部无法长得大到能容纳维持人类发展所必需的大脑网络。尽管产前的大脑发育也很显著，但仍有限，因为人的骨盆相对较小，婴儿的头必须比成人的头小很多，才有可能分娩出来。因为这个原因，不同于其他哺乳类动物，人类的成人在孩子的大脑持续发育的时候，需要养育、保护他们长达10年以上（Konner，2010）。

早期的树突发育被称作**短暂繁茂**：称之为“繁茂”是因为树突发育非常迅速；说它“短暂”

可视化发展

天性、教养和大脑

神经系统功能的机制是复杂且多变的。神经科学家们每天都在提出假设、进行实验，发现更多的东西。大脑的发育开始于基因和其他生物成分，但数百个表观遗传因素从生命伊始到生命终结一直都在影响大脑发育。在人类发展中尤为重要的是经验：可塑性意味着树突的形成和退化是对营养和经验的反应。早期养育经验的影响是终生的，这在小鼠身上多次得到证明；对人的研究也表明影响是相似的。

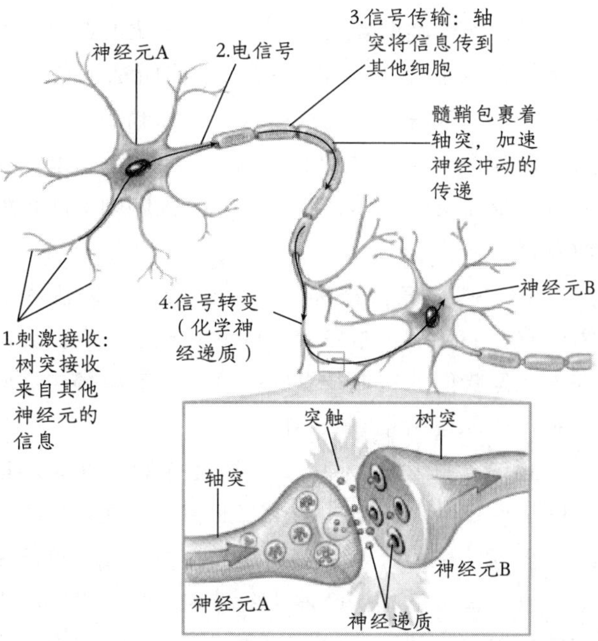

天　性

这个简化图呈现了一个神经元与另一个神经元之间的连接。婴儿的大脑里有数以亿计的神经元，每个神经元都有一个轴突和多个树突。大脑接收或发出的每一次电化学信息会引起成千上万个神经元同时激活，并传输信息穿过突触到达临近神经元。

教　养

对幼鼠的研究发现，那些经常被母亲舔舐和用鼻子爱抚的幼鼠，其行为与被忽视的幼鼠非常不同。

母亲很少给予舔舐和梳毛	母亲较多给予舔舐和梳毛
•压力激素水平高	•压力激素水平低
•高焦虑	•低焦虑

大　脑

如今社会科学家认为，早期生命的每个方面都会影响大脑模式：每个经验都在激活和修剪着神经元，这样从一个神经元的轴突到另一个神经元的树突的激活模式反映了过去的经历。一只母鼠舔舐它的新生儿的行为可降低一个基因（Nr3c1）的甲基化水平，使得下丘脑释放更多的血清素。血清素不仅能增加短暂的愉悦感（小鼠喜欢被舔舐），而且能启动连锁的表观遗传反应，即降低大脑和身体多处（包括肾上腺）释放的压力激素。这些影响持续终生，在小鼠身上已经多次得到证实。在人类中，母亲对新生儿的温柔爱抚和拥抱似乎也有同样的效果。

是因为其中一些树突的存在是短暂的。树突扩展性生长之后便是**修剪**。就像园丁修剪一丛玫瑰，通过剪去一些新发枝丫，让更多更美的玫瑰绽放一样，不用的大脑连接会萎缩和死亡，以使大脑能够与社会文化背景匹配和谐地发育（Stiles & Jernigan, 2010）。

大脑结构的细节和发育有赖于基因和成熟，更有赖于经验（Stiles & Jernigan，2010）。一些树突因为从来没有被用过而萎缩，也就是说，它们没有过给其他神经元传送信息的经验。早期经验的各个方面，从注意到音乐节奏到理解情绪，都会引起树突的扩展和修剪（Scott et al.，2007）。

奇怪的是，对树突的修剪反而提升了智力。例如，人类大脑神经元之间的间隔远远大于黑猩猩的，尤其是在负责高级和抽象思维的区域（Miller，2010）。黑猩猩大脑里密集拥挤的神经元使得它们没有人类聪明，这可能是因为人脑有更多的空间形成树突。这些空间使更复杂的思维以及有文化针对性的学习成为可能。

一些有智力障碍的儿童有“持续性的正常突触修剪障碍”（Irwin et al.，2002，p.194）。这使思维和学习都变得困难。自闭症的一个迹象是快速的大脑发育，意味着修剪过少（Hazlett et al.，2011）。事实上，对自闭症儿童大脑发育的研究表明，他们的大脑发育在最初 6 个月是正常的。但此后，突触没有按它们应该有的方式生长，以致到第二年时，自闭症的症状开始显现（Landa et al.，2013）。

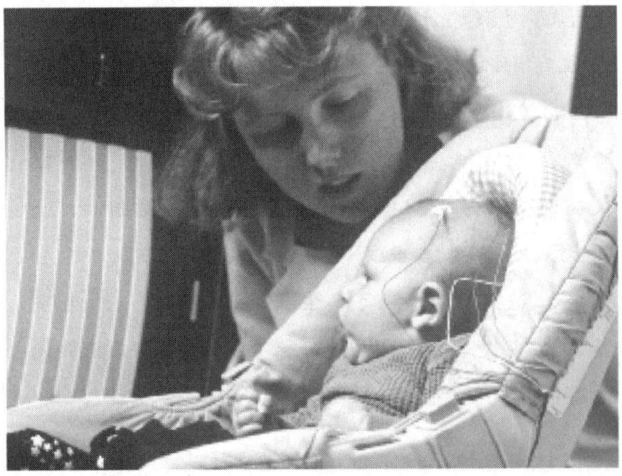

电刺激 那些条纹令人兴奋吗？加州大学伯克利分校的研究者知道，这个 8 周大的男孩的大脑神经元随着屏幕上图案的变化会显示出脑活动的变化。在他进行颜色视觉测试时，他头上的电极可以描绘出这些变化。出生后直到 2 岁每个月一次的测试表明，新生儿大脑中的电兴奋不断增强。

但是正如修剪过少会导致问题一样，过多的修剪也会有问题。大脑的塑造是与经验相协调的：大脑中恰当的连接需要被建立、保护和强化，而不当的连接需要被剪除。一个科学家团队推测，“缺少正常的经验可能导致神经元和突触的过度修剪，这两者都会导致大脑活跃度降低”（Moulson et al.，2009，p.1051）。

另一个研究团队认为，那些经常挨饿、受伤害或被忽视的婴儿可能会发育出补偿性大脑，而且即使环境改变了也不能修正。也就是说，饥饿的婴儿变成肥胖的成人，受虐待的儿童拒绝别人的关注，诸如此类，都是在天性和教养的相互作用下发生的（vanIJendoorn et al.，2012）。

伤害和保护

大多数婴儿在他们的文化里发育良好，头部保护通常能够确保婴儿的大脑得到充足的营养。对于正常的大脑发育而言，婴儿可能听法语或波斯语，注意夸张或细微的情绪表现（如躺倒在地不起来或仅仅噘起嘴——文化差异）。但是，如果没有所有人都需要的基本经验，婴儿的大脑则不能良好地发育。

那些基本经验被称作预期型经验，因为大脑需要有它们才能正常发育，因此“预期”它们会出现，就像我们的胃期待食物一样。它和依赖型经验相对，后者会因家庭而不同。

经验依赖型的大脑发育是可变的，因为环境不同。例如，一个婴儿的主要照料者可能是生物学意义上的父亲或母亲，可能是养母或养父，可能是祖父母，也可能是一个雇来的保姆。每一类照料者都曾经养育出快乐、成功的婴儿，婴儿明显会受到特定照料者的影响，不管他是谁。所有这些都是经验依赖型的。

经验预期型的大脑发育发生在所有人类婴儿都应该生活于其中的环境里。例如，每个婴儿都需要至少一个稳定的照料者：如果缺少稳定性，大脑可能无法发展正常的情绪反应。【**生命全程链接：**关于被忽视儿童的讨论见第一章。】

所有婴儿的大脑都会预期的另一个基本经验是感觉刺激。与年幼的婴儿玩耍，为其提供各种视像、声音、触摸和运动（早期几个月是挥动胳膊，后来是走路），这些都是形成大脑连接的素材。严重缺少刺激（如一个从没听到人讲话的婴儿）会阻碍大脑的正常发育。一篇对早期大脑发育的综述这样解释："对环境丰富化和剥夺研究提供了强有力的证据……经验对发育中的系统的复杂性和功能有广泛的影响"（Stiles & Jernigan，2010，p.345）。

这并不意味着婴儿需要旋转的、嗡嗡响的、结构复杂的和色彩缤纷的玩具。事实上，买这样的玩具实际上可能是在浪费钱财。婴儿对简单的物体和面部表情更着迷。幸运的是，尽管婴儿不需要精心制作的玩具，但也没有证据表明这些玩具会伤害大脑；只是婴儿会忽视它们以避免过度刺激。目前有关前额叶皮层的知识的一个简单应用是，很多物体能够吸引婴儿的注意，包括最简单的和较复杂的物体。

但是，由于在婴儿期前额叶皮层的发育并不充分，大脑尚未处在有意识的控制之下。例如，坚持要求婴儿停止哭泣是没用的，婴儿还没有成熟到像成人一样可以决定停止哭泣。如果成人不理解这一事实，结果可能很不幸。

如果一个受挫的照料者使劲摇晃哭泣的婴儿，可能会导致**摇晃婴儿综合征**，这是一种威胁孩子生命的身体状态。因为大脑仍在发育中，摇晃之所以会让哭泣停止，是因为大脑的血管破裂、神经连接中断。婴儿摇晃综合征是虐待性头部创伤的一个例子（Christian et al.，2009）。死亡是最严重的后果；

科学视角

面孔识别

如果没有面孔失认症（脸盲症，不太常见），大脑的梭状回面孔区在面孔识别方面的能力惊人。该区域的能力在新生儿的能力中是最好的，他们比大一些的孩子和成人能够更快认出只见过一次的面孔（Zeifman，2013）。但在生命早期，每一张面孔都是令人着迷的：婴儿会盯着看猴脸的图片和人脸照片、有面孔的图画和玩具以及活生生的面孔。

很快，经验会改善知觉（De Heering et al.，2010）。到3个月大时，婴儿更容易对熟悉的人笑，在分辨自己族群的面孔时更准确（这被称作本族效应）。婴儿并非怀有偏见，本族效应的根源是有限的多民族经验。事实上，一个族群的儿童如果被收养和抚育在另一个族群中，那么他会更容易辨别收养群体中的人的差异，而不是他的本族群体中的人的差异。

有两个研究证实了早期经验的重要性。在6—9个月大时，给婴儿重复呈现一本有6张猴子面孔图片的书，每一张图片都写有猴子的名字（见照片）。1/3的父母在呈现图片时会读出名字；1/3的父母在翻页时只说"猴子"；其余1/3的父母只翻页，没有做任何事情。

到9个月大时，让三组婴儿看6张不熟悉的猴子图片。听过猴子名字的婴儿比那些看过同样图片但没有听到猴子名字的婴儿更善于从中辨别出一只新猴子（Scott & Monesson，2010）。

许多儿童和成人没有注意到新生儿的个性。一些人甚至声称"所有的婴儿看起来都一样"。但是，另一个有趣的研究发现，有弟弟妹妹的3岁儿童比没有弟弟妹妹的3岁儿童更善于识别不熟悉的新生儿照片之间的差异（Cassia et al.，2009）。这个发现又一次表明了经验的重要性，它有助于梭状回面孔区树突的生长。

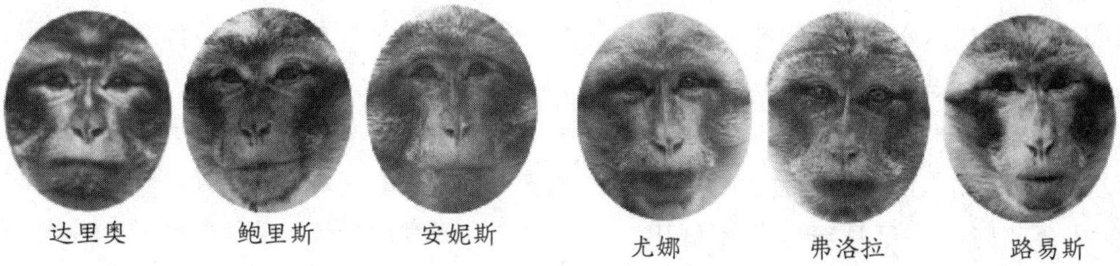

达里奥　鲍里斯　安妮斯　尤娜　弗洛拉　路易斯

更常见的是终生智力受损。

给年幼孩子的父母的问题 假如你意识到，除非孩子跟你说话，否则你很少跟孩子说话，而且你常常将他们放到婴儿床和游戏围栏中。那么你是否限制了他们的大脑和感觉能力的发育？（答复见第 118 页）

婴儿的大脑会对他们身处的环境做出反应，这个事实表明，等待虐待儿童的证据出现就等太久、太晚了。在生命的最初几个月，婴儿会去适应他们的世界，如果他们的照料者是抑郁的，婴儿会变得退缩、安静；如果他们唯有通过吵闹和索取才能得到喂养，他们就会这样行事。在这两种情况下，他们都养成了破坏性习惯。因此，由于发育是动态的、交互的，照料者从一开始就需要帮助，等到有害的系统形成，就为时晚矣（Tronick & Beeghly，2011）。

*系统*一词在这里非常关键。几乎所有婴儿都体验过压力，例如，照料者大喊大叫、从床上跌落或严重的腹痛。幸运的是，**自我修正**——与生俱来的修复缺陷的驱力——是人的系统天生就有的。例如，没有玩具的婴儿会用他们能得到的任何物体来发展大脑，有着疏忽大意的妈妈的婴儿可能与父亲、祖父母或者任何能提供日常感情和刺激的陌生人建立纽带。人类大脑就是为生长和适应而设计的；从一开始就有很明显的可塑性（Tomalski & Johnson，2010）。伤害大脑的是忽视或虐待的模式，而不是遭到忽视或虐待的片段时间。

睡　眠

大脑成熟的一个结果就是熟睡一整夜的能力。新生儿做不到，正常情况下，他们每天睡 15 ～ 17 小时，每一段 1 ～ 3 小时。睡眠时间随着成熟快速减少：前两个月每天正常的睡眠时间是 14.25 小时；接下来 3 个月，每天 13.25 小时；到第 6—17 个月时，每天 12.75 小时。

在最初的几周，婴儿睡眠时间的差异非常大。据父母报告（他们有可能夸大），1/20 的刚出生不久的婴儿每天会睡 9 小时或更少，而另 1/20 每天睡 19 小时甚至更多（Sadeh et al.，2009）。

在睡眠上的差异，其原因不仅有生物学的（年龄和基因），还有社会环境的。足月新生儿比低出生体重儿睡得更多，后者每隔 2 小时就会饿。用牛奶和谷物喂养的婴儿睡得更香甜，这会使父母轻松一些，但对婴儿来说不理想。这种喂养方式源自婴儿和文化的交互作用。社会背景也有直接影响，如果父母用食物和逗乐来回应在黎明前啼哭的婴儿，那么婴儿就会每天早晨醒得很早（Sadeh et al.，2009）。

在最初几个月中，各个睡眠阶段的相对时间也在改变。早产儿可能一直都在打瞌睡。足月儿大约有一半的睡眠是**快速眼动（REM）睡眠**，特点是眼睑紧闭，但眼球闪动，脑电波很快，这表明婴儿在做梦。在最初几周内，快速眼动睡眠会逐渐减少，同时“过渡睡眠”、打盹儿和半睡半醒阶段也在减少。到 3 个月或 4 个月大时，安静睡眠（也叫慢波睡眠）增加，警觉和完全清醒的时间也增加了。

根据一项对逾 5000 位北美父母的网络调查，总的来说，25% 的 3 岁以下儿童有睡眠问题（Sadeh et al.，2009）。父母的睡眠比孩子的睡眠更成问题。这不是说孩子的睡眠问题不那么重要。过度疲劳的父母可能更缺乏耐心和对孩子的敏感性。（Bayer et al., 2007）。

对父母来说，一个问题是人们关于婴儿应该睡在哪里的建议不同。一些人建议，婴儿应该睡在父母旁边，父母必须迅速对每一声哭泣做出反应（Nicholson & Parker，2009）。另一些人建议，婴儿需要自己的房间，应该允许他们“大声哭喊”，这样他们才不会被宠坏，才能学会安慰自己。这两类建议都有道理，“对立的观点”专栏将详细解释。

给新晋父母的问题 你注意到睡眠习惯的文化差异，它提出了一个非常实际的问题：新生儿应该跟你睡一张床吗？（答复见第 118 页）

小　结

在最初的两年，体重和身高的增加非常显著。1 岁时，婴儿的体重是出生体重的 3 倍，从出生到 2 岁时，身高增加逾 30 厘米。身高和体重的常模用百分位数表示，因为个头相对大一些或小一些的儿童通常会延续这一发展趋势。

婴儿期大脑发育得很快，尤其是大脑皮层中轴突、树突和突触的发育。大脑发育的时间受到基因控制，大脑皮层的各部分会按照基因的时间表成熟。经验——既是预期的，也是可变的——塑造着婴儿的大脑，修剪会

对立的观点

婴儿应该睡在哪里?

传统上，大多数中产阶级美国婴儿睡在他们自己房间的婴儿床上，因为人们担心他们会因父母的性互动而受到心理创伤。相反，大多数亚洲、非洲和拉丁美洲的婴儿睡得离父母很近，这种做法叫**同睡**。这些文化认为，将亲子在夜间分离是残忍的。

即使在今天，在婴儿的睡眠时间，亚洲和非洲母亲也更担心分离，而欧洲和北美洲的母亲更担心缺少隐私。一项对 19 个国家的调查发现，父母会依照他们的恐惧而行事：最极端的数据是，82% 的越南婴儿与父母睡在一起，而新西兰的亲子同睡比例只有 6%（Mindell et al.，2010；见图 5.5）。

这个差异可能与收入有关，因为低收入家庭更不可能有多余的房间。但即使是富裕的日本家庭也常常亲子同睡。反之，很多贫穷的北美家庭也会在晚上为孩子找一个单独的空间。同睡是由文化和习俗所致，而不仅仅是因为收入（Kohyama et al.，2011）。

支持同睡的理由是，它更便于在夜间对婴儿做出回应，特别是当婴儿饿了或受惊吓时。当父母选择与孩子同睡时，他们的疲惫会少一些，因为可以直接喂养或安抚婴儿。最初每小时或每两小时一次的母乳喂养也更容易，因为不需要走到另一个房间。

而反对同睡的理由是一个令人心寒的统计：当婴儿睡在父母身边时，婴儿猝死更多（Gettler & McKenna，2010；Ruys et al.，2007）。（关于婴儿猝死综合征的讨论见本章结尾。）许多年轻父母偶尔会在酒后或吸毒后睡觉。如果婴儿睡在他们身边，同床（不仅仅是同睡）是很危险的。

之所以有这些不同的做法，一个原因是成人受到自己早期经历的影响。这一现象叫作育婴室幽灵现象，因为新晋父母会将他们几十年前的记忆带进孩子的卧室。这些幽灵可能会鼓励亲子同睡或是分房而睡。

例如，与婴儿时期睡在父母身边的以色列成人相比，那些与其他婴儿一起睡的以色列成人（就像发生在基布兹[①]集体农场的那样）更可能将他们婴儿时的夜间啼哭解释为痛苦、需要安慰（Tikotzky et al.，2010）。这就是幽灵影响当前行为的方式：如果父母认为婴儿的哭泣是惊吓、孤独的或痛苦引起的，他们就想做出回应。同睡时更容易做出快速回应。

但是，请记住婴儿也会从他们最早的经历中学习。如果婴儿习惯于同床睡，他们可能在婴儿期之后数年还要爬到父母的床上。结果，父母可能会因在婴儿小时候想多睡会儿而在后来损失数年的睡眠。

发展学家很难宣称哪种模式更佳，因为这个问题是“微妙而复杂的”（Gettler & McKenna，2010，p.77）。独睡可能鼓励独立性的发展，这是一些文化欣赏但另一些文化厌恶的特质。过去的经验（育婴室幽灵）影响我们所有人：难道要去欢迎一些幽灵而讨伐另外一些幽灵吗？

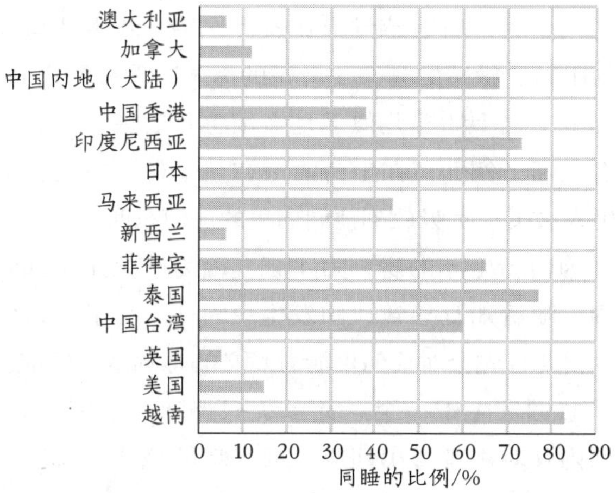

来源：Mindell et al., 2010.

图 5.5

夜间觉醒　为何在亚洲和亚洲以外地区的同睡率有差异？这可能是因为西方父母会使用各种小器具（比如，监视器、小夜灯、安抚奶嘴、拥抱被毯和能发出声音的机器等）来达到亚洲父母将婴儿放在身边的那种效果。

① 基布兹是以色列的一种公有制农场，是在所有物全体所有制的基础上，将成员组织起来的集体社会。基布兹儿童从小就过着集体生活，只在每天下午 4 点左右回到父母身边，与家人一起待到睡觉时间，然后由父母送回集体宿舍睡觉。幼儿园里有专人负责看护孩子。——译者注

除掉一些不用的连接。修剪帮助儿童对经验做出反应：缺乏修剪意味着有病理问题。所有婴儿在第一年都睡得很多且常常做梦，睡在哪儿以及睡多久的具体细节，不仅由大脑成熟决定，也由家庭和文化塑造。■

>> **答复年幼孩子的父母**（问题见第116页） 可能没有。对大脑发育的设定是所有婴儿的大脑都会发育，需要的只是几乎所有家庭都会提供的刺激——温暖、安慰的抚摩、无意中听到的对话、面部表情和活动。其他的刺激，如儿语、音乐、锻炼、活动玩具和按摩可能都有好处，但并非必需品。

>> **答复新晋父母**（问题见第116页） 从心理学和文化学的观点看，婴儿可以睡在任何地方，只要父母能听到他们的哭声。主要出于安全的考虑，婴儿不应该睡在太软的床垫上，也不应该睡在醉酒或吸毒的成人身边。在其他方面，每个家庭应该自行决定。

>> 感知与运动

人们可能以为婴儿最初是一种完全被动的存在，做不了什么。但是这种看法远非正确，发展学家追踪了每一种感觉和技能的快速发展。

感　觉

出生时，所有感觉都在发挥作用。新生儿有睁开的眼睛、敏感的耳朵、灵敏的鼻子、舌头和皮肤。事实上，很小的婴儿似乎是在用感官处理一切，没太多判断。例如，在生命的最初几个月，他们会对陌生人微笑，吮吸放到他们嘴里的任何东西。

为何新生儿的辨别力不强？因为感觉先于知觉发展，随后知觉导致认知发生。因此，为了进行学习，婴儿首先会对任何可能有意义的感觉做出反应。

感觉发生于一个感觉系统探查到一个刺激时，就像内耳对声音做出回应，或眼睛的瞳孔和视网膜截获光线。于是，当一个外部器官（眼睛、耳朵、鼻子、舌头或皮肤）遇到任何能看、听、闻、尝或摸的东西时，感觉便开始了。

超过10万年的遗传选择会影响所有的感官。人类听不到老鼠听到的，看不见蝙蝠看到的，闻不到小狗闻到的，人类不需要那些感觉能力。但是，生存需要婴儿对人做出反应，所以，新生儿天生就能用他们拥有的每一种感官对人做出反应（Konner，2010；Zeifman，2013）。

知觉发生于大脑加工一个感觉时。它发生在大脑皮层中，通常是由来自一个感觉器官的信息导致的结果，如从眼睛到视觉皮层的信号。如果一个特定的感觉常常发生，它与过去的经验联系起来，就使一个特定的视觉景象值得被解释（M. E. Diamond，2007）。

一些感知觉最初超出了婴儿的理解。新生儿不知道写在纸上的字母可能有意义，妈妈和爸爸的面孔应该加以区分，玫瑰花和大蒜的味道有着不同的意义。知觉需要经验。

婴儿的大脑特别习惯于自己的重复性社会经验，这也是知觉首次出现的表现。在面孔识别中，你们已经看到了。

因此，当感觉刺激在大脑中得到解释，知觉便在感觉之后产生。而认知在知觉之后产生，此时，人们在思考他们知觉到的是什么。（以后，认知不再依赖感觉：人们可以想象、幻想、假设。）从感觉到知觉再到认知的顺序需要婴儿的感觉器官发挥功能。难怪大脑皮层中参与听、看等功能的部分发育得很快——那是人类智力的先决条件。现在，让我们来具体了解一下。

听觉和视觉

听觉在妊娠后期的3个月中开始发展，也就是说，胎儿能听到声音。在出生时，熟悉的、有节奏的声音（比如心跳）令人感到安慰。这是袋鼠式育儿法可以缓解新生儿压力的原因之一（参见第四章）。如果一个新生儿是聋儿（许多国家要求在出生时进行测试），那么早期矫正，如植入人工耳蜗或教授手语，可以使语言和认知得到正常发展。

在最初几周，婴儿开始期待听到熟悉的单词的节奏、切分和韵律，远远早于他们能理解其含义之前（Minagawa-Kawai et al.，2011）。到14个月时，他们不仅更偏爱母语语音，而且更喜欢那些讲着他们常听的语言的陌生人，即使一点也不理解话语的内容（Buttelmann et al.，2013）。

与听觉相反，婴儿的视觉在出生时还未成熟。尽管在怀孕中期，眼睛能睁开并对明亮光线敏感（例如，当孕妇穿着比基尼进行日光浴时），但胎儿没太多可看的。因此，新生儿属于法定盲[①]；他们

① 对于正常人在60米之外就能看到的东西，法定盲（即使在得到最佳矫正后）也需要在6米以内的距离才能看清楚。——译者注

只能聚焦距离他 10～75 厘米的事物（Bornstein et al.，2005）。

紧接着，伴随着视觉皮层的成熟，经验提升了视力，婴儿此时能够看到形状，然后可以注意到细节。视觉提高得非常快，以至研究者很难描述其每天的变化（Dobson et al.，2009）。到 2 个月大时，婴儿不仅会注视面孔，而且会在发生知觉和认知之后微笑（微笑也可能发生得更早，但那些微笑不是因为知觉）。

随着知觉的建立，视觉扫描改善。因此，3 个月大的婴儿会注视眼睛和嘴，相比生气或无表情的面孔，他们对微笑的面孔笑得更多。他们能注意到图案、颜色和运动（Kellman & Arterberry，2006）。

因为**双眼视觉**（协调两只眼睛以看到一个影像）在子宫中是不可能的（没有任何事物远到需要用两只眼睛去看），许多新生儿似乎在独立地使用他们的每只眼睛，暂时看起来有些外斜视或内斜视（对眼）。通常在第 2—4 个月时，两只眼睛才能聚焦到同一事物上（Wang & Candy，2010）。

这一能力有助于深度知觉的发展。虽然人们曾认为深度知觉要更晚才能发展，但在 3 个月大的婴儿身上已经证明了它的存在。有经验的爬行者和行走者非常善于判断直立穿过某条小道是否安全，这展现了感觉和动作技能的协调性（Kretch & Adolph，2013）。（这并不是说学步儿不会从桌子上摔下或跌出窗外。）

味觉和嗅觉

像听觉和视觉一样，味觉和嗅觉在出生时也已经在发挥功能了，并能快速适应社会性环境。婴儿学会了喜欢母亲吃的东西，最初是通过母乳，此后是通过闻和尝几勺家庭饭菜。

一些香草和植物包含药用天然物质。特定文化的食物可能有助于生存：例如，苦味食物可以抵御疟疾；辛辣香料有助于保存食物，从而抵御食物中毒；等等（Krebs，2009）。因此，对于 1 岁儿童来说，培养对家庭饭菜的喜爱可以挽救他们的生命。

适应也发生在嗅觉上。在婴儿生命的头几天，如果用母乳喂养的母亲使用洋甘菊药膏缓解乳头皴裂，那么在随后将近 2 年内，她们的婴儿会比那些母亲使用无味药膏的婴儿更喜欢洋甘菊的味道（Delaunay-El Allam et al.，2010）。

随着婴儿学会辨认每个人的气味，他们会更愿意挨着照料者睡，他们用鼻子紧挨着照料者的胸部，尤其当成人没有穿上衣时。帮助害怕洗澡的新生儿（有些喜欢洗澡，有些害怕）的一个办法是，父母与婴儿一起进到浴缸里。成人身体上的味道与肥皂的味道混合起来，会令婴儿感到舒适。

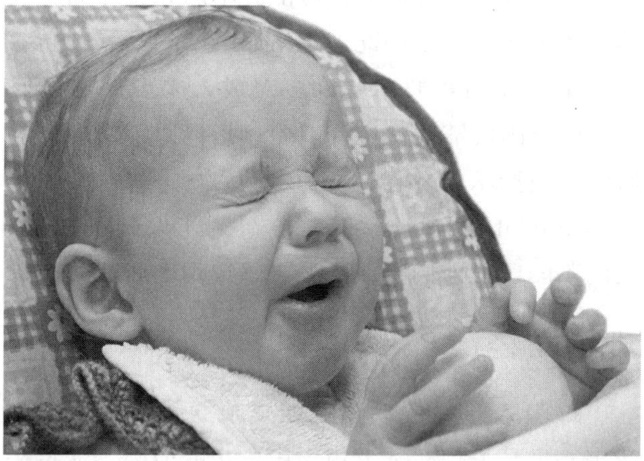

了解柠檬　像其他正常婴儿一样，这个小宝宝的好奇心驱使他去尝了一口柠檬，然后慢慢做出了反应，最后撇着嘴做厌恶状。他的反应证明了婴儿期的味觉是很敏锐的，但快速的大脑知觉还有待发展。

触觉和痛觉

婴儿的触觉很敏锐。裹住、摩擦、按摩、抱着，每一项都让许多新生婴儿感到舒适。即使他们闭着眼睛，当被照料者抱起时，一些婴儿也会停止哭泣，明显放松。能够被触摸所安抚是布雷泽尔顿新生儿行为评定量表（见第四章）里所评价的一个技能项目。

痛觉和温度觉不在人们常说的五感之中，但它们通常与触觉有关。一些婴儿在换尿布或纸尿裤时会哭，因为皮肤上突然感到的寒冷让他们不适。一些触摸似乎是侵入性的、令人痛苦的，比如刺、捏、拍，然而这因人而异，而一些成人并没有意识到他们友好的触摸可能会给婴儿造成这样不友好的感觉。

科学家并不确切了解婴儿的疼痛。一些对成人来说疼痛的经历（如包皮环切术、断骨复位）对新生儿来说似乎并没有那么痛。在对新生儿采取许多医疗程序（不管是针刺采血，还是小手术）之前，让他们尝一下糖水，能起到麻醉的效果。一个有实验组和控制组的实证研究发现，当新生儿的脚后跟被刺时（为了取得血样，在出生后进行的标准程序），他们通常会大哭，但是如果先吃到一滴蔗糖水，他们就不会哭了（Harrison et al.，2010）。

一些人推测胎儿能感觉到疼痛，另一些人则认为疼痛感直到出生后数月才成熟。许多年幼的婴儿会号啕大哭长达10分钟以上，通常认为这是消化系统疼痛所致。新生儿常在第一颗牙齿冒头之前焦躁哭闹，长牙据说是痛苦的。然而，这些解释都没有得到证实，婴儿哭泣可能并不意味着疼痛（当然，成人哭泣也是如此）。

早产儿通常要承受许多对成人来说痛苦的医疗程序，因此需要研究许多生理指标以评估他们的疼痛，包括压力激素、不稳定的心跳、快速脑波等（Holsti et al.，2011）。但是，新生儿大脑不成熟，我们不能假设他们有或是没有感觉到疼痛。

动作技能

最引人注目的**动作技能**是独立行走，这也是我担心贝瑟尼何时才能迈出第一步的原因。从抬头到爬楼梯，所有的动作技能都在出生后的头两年逐步发展。

动作技能的第一个表现是反射，这在第四章中讲过。尽管反射的定义暗示着反射是自动的，但其力量和持续时间因人而异。大多数新生儿的反射到3个月大时就消失了，但还有一些反射演变成了更高级的动作技能。

照料和文化非常重要。如果加以练习并受到鼓励，反射会变成运动技能。正如你们在本章开头看到的，在我的第四个孩子莎拉只有几个月大的时候，托德太太就给她打下了走路的基础。同样，如果成人在水里帮助婴儿练习，一些很小的婴儿也能够游泳。

粗大动作技能

协调身体诸多部位、引发很大动作的有目的的行为被称作**粗大动作技能**。这些粗大动作技能起源于反射，按照*首尾原则*和*近远原则*而发展。婴儿最先能控制他们的头，抬头看向四周。然后他们能控制自己的上身、胳膊，最后是腿和脚（参见“大约在此时”专栏）。

坐的技能是逐步发展起来的，它依赖肌肉的发育以便固定上半身。到3个月大时，大多数婴儿可以在成人的撑扶下坐在人的腿上。到6个月大时，他们通常能够无支撑地坐住。

大约在此时

粗大动作技能的年龄常模／月

技能	50%的婴儿掌握的月龄	90%的婴儿掌握的月龄
坐，不需支撑	6	7.5
扶着东西站立	7.4	9.4
爬行	8	10
站立，不用扶	10.8	13.4
走得很稳	12.0	14.4
后退	15	17
跑	18	20
跳	26	29

注：正如文中所说，年龄常模受文化和族群影响。前五个常模是世界卫生组织在2006年以五大洲的婴儿（来自巴西、加纳、挪威、美国、阿曼和印度）为基础统计的。后三个常模来自美国的数据［Coovadia & Wittenberg，2004；丹佛发展筛选测验第二版（Denver Ⅱ，Frankenburg et al.，1992）］。掌握技能的时间提前或推迟几周并不能作为婴儿健康或智力的指标。但如果特别晚，则值得关注。

观察力测验　“大约在此时”专栏所列技能中的哪一项在掌握年龄上差异最大？为什么？（答案见第123页）

爬行也是技能掌握从头到尾（首尾）和从内到外（近远）的方向原则的例子。当被腹部朝下放在床上趴着时，许多新生儿会反射性地努力抬头，像游泳一样划动胳膊。随着肌肉力量的增长，婴儿开始扭动，试图用胳膊、肩膀和上身推他们身下的床或地面，以向前移动。

通常到5个月大时，婴儿的腿开始加入，一起发力，腹部着地慢慢向前（或向后）蹭移。这个动作发生的确切时间部分取决于一个婴儿的“肚皮时间”（即趴的时间）有多长，这又受到文化的影响（Zachry & Kitzmann, 2011）。

在出生后的第8—10个月，大多数婴儿能抬起中段身体，并能协调手和膝盖的运动，靠四肢爬行。爬行需要身体的成熟，也需要经验。一些发育正常的婴儿从来没爬过，尤其是当地板很凉、很热或很粗糙不平时，或者他们一直仰卧时（Pin et al., 2007）。婴儿不是必须要爬才能正常发育。

所有的婴儿都会在能走之前找到一些方式移

小小专家　这个婴儿是一个熟练的爬行者。请注意，在这一早期的俯卧撑动作中，手和膝盖的协调以及支撑身体所需要的胳膊和腿的力量。这个男孩很可能成为一个熟练的行走者和跑步者。

动（缓慢地蹭动、熊式行走、猛地向前冲、匍匐或爬行），但许多婴儿抗拒被腹部朝下地放下趴着（Adolph & Berger，2005）。超重的婴儿比瘦一些的婴儿更晚才能掌握粗大动作技能，因为婴儿过重，练习和保持平衡都更困难（Slining et al.，2010）。婴儿们刚刚开始能走，就会迫不及待地开始走，虽频频摔倒，但能勇敢地站起来再次尝试，因为走比爬的速度更快，而且能解放双手（Adolph et al.，2012）。

每一个动作技能背后的动力系统都由三个相互作用的因素构成（以走路为例）：

1. **肌肉力量**。刚出生的腿很瘦的新生儿和3个月大的被托浮于水面的婴儿，会做踏步运动。但6个月大的婴儿在陆地上还做不了这样的动作，因为他们的腿虽然胖嘟嘟的，但肌肉没有发育。直到他们的腿有了足够的力量，他们才能站立，继而行走。
2. **大脑成熟**。最早的腿部动作——踢（刚出生时两腿交替踢，3个月大时双腿一起踢或一条腿反复踢）——最初是无意识的。随着大脑成熟，婴儿才能做出有意识的腿部动作。
3. **练习**。不平衡、双腿叉开、小步挪的走路方式变成了平稳、均匀的步态。

在婴儿迈出独立行走的第一步之前，照料者的协助对最后这个因素——练习——的影响极大。一些成人会花费数小时帮助婴儿练习走路（抓住他们的手或衣服后背）或为他们提供学步车（但如果没有监督是很危险的）。

一旦学步儿能够自己独立行走，他们会着迷般地练习，无论是赤着脚还是穿着鞋，是在家里还是在商店，是在人行道或大街上还是在草地或泥地里。他们常常摔倒，但摔倒并不能阻止他们练习，“他们平均每小时走500～1500步，一天下来，能走9000步，约等于横穿了29个橄榄球场”（Adolph et al.，2003，p.494）。

会跳波萨诺瓦的婴儿？　这个女孩正在快乐地展示她刚刚掌握的行走这一粗大动作技能。很快，每当音乐响起，蹒跚的步伐就变成了舞步。

精细动作技能

细小的身体运动被称作**精细动作技能**。最有价值的精细动作技能是手指动作，使人能够写字、画画、打字、打结，等等。舌、腭、嘴唇和脚趾的运动也属于精细动作技能。

实际上，嘴部动作技能的发展比手指动作早好几个月（人一生下来就可以吮吸；婴儿的咀嚼比画画要早1年多）。由于每一种文化都崇尚手指灵活，所以儿童会练习手指活动，成人会教他们用勺子、筷子或记号笔。相反，熟练地吐痰或咀嚼不能让孩子赢得表扬，只有其他儿童会佩服能用口香糖吹泡泡。

就手的技能而言，新生儿有很强的反射性抓握，但他们尚不能对此进行有效的控制。在最初的2个月，婴儿会兴奋地盯着悬挂在触手可及的范围内的物体，并朝它们挥动胳膊。到3个月大时，他们通常能够触摸这些物体，但由于眼手协调能力有限，他们还无法准确地抓住并拿稳，除非把物体放到他们手中。

到4个月大时，婴儿有时候会抓东西，但还把握不好时机——手指握得不是太早就是太晚。终于，到6个月大时，在全神贯注地有意注视下，大多数婴儿都可以够到、抓住、握住几乎所有大小合适的东西。一些婴儿甚至可以将物体从一只手递到另一只手上。这时，几乎所有婴儿都可以握住瓶子、摇晃摇铃或拽姐姐的辫子。第一年年末及整个第二年，随着婴儿掌握了钳形抓握的动作（用大拇指和食指拿起小东西）和自己进食（先是用整个手，然后是用手指，再然后是用餐具），手指技能更加完善（Ho，2010）。（参见“大约在此时”专栏。）

大约在此时

精细动作技能的年龄常模／月

技能	50% 的婴儿掌握的月龄	90% 的婴儿掌握的月龄
抓住放在手中的摇铃	6	4
伸出手握住一个东西	4.5	6
用拇指和食指钳形抓握	8	10
叠放两块积木	15	21
模仿画出竖线	30	39

来源：World Health organization，2006.

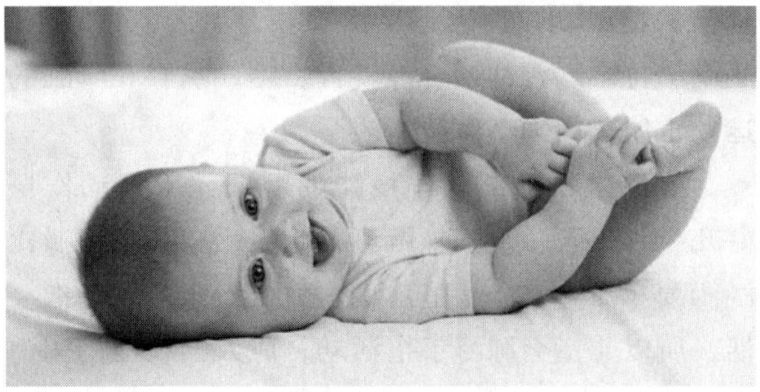

成功 在6个月大时，这名婴儿最终能够抓住自己的脚趾了。从发展的观点看，这一成就像行走一样重要，因为它需要脚和手指的协调。

像粗大动作技能一样，精细动作技能也是由文化和练习机会塑造的。例如，如果给婴儿戴上手指用魔术贴粘在一起的手套来抓东西，他们将更快掌握手指技能，他们的知觉发展也将提前（Libertus et al.，2010；Soska et al.，2010）。正如感觉一样，每一个动作技能都能拓展婴儿的认知意识。

在第二年，抓握变得更有选择性了。学步儿学会了何时不能去拉姐姐的辫子、妈妈的耳环或爸爸的眼镜。

动态的感觉——动作系统

从生理学角度来看，人类幼婴儿是不成熟的动作（生下来好几个月不能走路）、敏锐的感觉（出生时所有感官都能发挥功能）和好奇心三者非同寻常的结合体（Konner，2010）。比如，他们和初生的小猫形成了极大的反差——小猫生下来是聋的，眼睛是闭上的，尽管可以走，但它们仍待在妈妈身边。

人类新生儿从生下来的第一天就能听见和看见，迫不及待地练习着各种动作技能。一个有趣的例子是翻身。大约3个月大时，婴儿可以从腹部朝下翻到背部朝下，但反过来就不行了，因为如果他们不是腹部朝下的话，胳膊就帮不上忙。一旦他们能从腹部朝下翻到背部朝下，许多婴儿就会这样做，然后就会乱作一团，他们会像海龟一样扑腾着四肢。如果有好心人把他们翻过来，他们马上又会翻过去，只是为了再忙活一阵。

最重要的体验是通过感觉和动作技能在动力系统中的相互作用而感知到的。例如，母乳是一种温和的镇静剂，因此新生儿吃母乳时更加快乐，并将这种快乐与味觉、触觉、嗅觉和视觉联系起来。但为了获得这种全方位的乐趣，新生儿必须主动地吸吮乳头（这是一种与生俱来的技能，经过练习会变得愈加有效率）。由于大脑不成熟，**跨通道知觉**（用多种感觉去理解同一个体验）在年幼的婴儿身上尤为常见。

到6个月大时，婴儿学会了协调感官和动作技能，比如期待其他人的嘴唇动作与其言语合拍（Lewkowicz，2010）。对于学步儿来说，爬行和行走这一动力系统使探索成为可能。皮亚杰将人生最初两年的认知称作“感觉运动”是有充分理由的，下一章将详细描述。但要达成上文描述的所有发展，有一个显而易见的先决条件——活着。

小 结

人的所有感官在出生时就已在发挥机能，听觉最灵敏，视觉发育得最不完善。每种感觉都让知觉得以发展，进而使社会理解成为可能。通过看、摸、闻和听，婴儿很快就能辨认照料者了。

粗大动作技能遵循着遗传的成熟时间表；它们同时也受到练习和经验的影响。精细动作技能随着时间和经验而发展，并与作为动力系统一部分的感觉结合起来。人类婴儿会迫不及待地不停练习各种动作技能，而这同时促进了学习和思维的发展。■

>> 观察力测验（第 120 页）的答案 年龄差异最大的是跳，习得年龄可能相差 3 个月。原因是婴儿年龄越大，天性和教养的共同影响越多。

>> 健康地生存

尽管没有精确的全球统计数字，但在 1950—2010 年，至少有 90 亿儿童出生。其中有超过 10 亿儿童在 5 岁之前夭折。尽管 10 亿这个数字大得令人心惊，但如果没有现代公共卫生措施，这个数字还会翻倍。在 1950 年，在每 5 个年幼的儿童中，就有 1 个会夭折；到 2010 年，这个比例是 1/17（United Nation，2012）。这些都是官方统计的数据；在最贫穷的国家，实际死亡人数可能比官方统计多数百万。更早以前，有超过一半的新生儿在婴儿期死亡。

未来会更好

在 21 世纪的发达国家，99.9% 的在第一个月活下来的新生儿能活到成年。在最贫穷的国家，数十年前，婴儿死亡还被视为人类经历的一部分而被普遍接受。现在，婴儿的存活率已达 93%（见图 5.6a）。可以看到，一些国家的状况发生了巨大的改善。例如，1970 年，智利的婴儿死亡率几乎是美国的 4 倍；如今已经与美国持平（见图 5.6b）。

自 1990 年以来，全球 5 岁以下儿童的死亡率每年约降低 2%（Rajaratnam et al.，2010）。公共卫生措施（干净的水、有营养的食物和免疫）最值得称颂。而且，随着儿童存活率的升高，父母更能对自己的每一个孩子给予关注。

例如，如果父母预期每个新生儿都能活下来，他们会生更少的孩子。这助推了国民经济的发展，使之能够提供更好的教育和卫生保健。婴儿的存活和母亲受教育是 2010 年全球人口出生率降至 1950 年的一半的两个主要原因（Bloom，2011；Lutz & K. C.，2011）。

如果能有更多的公共卫生专家，当前的婴儿死亡率还能再减少一半，因为公共卫生包含了既帮助父母也帮助孩子的措施，如更好的食物分配、减少暴力、增加教育、干净的水以及更普及的

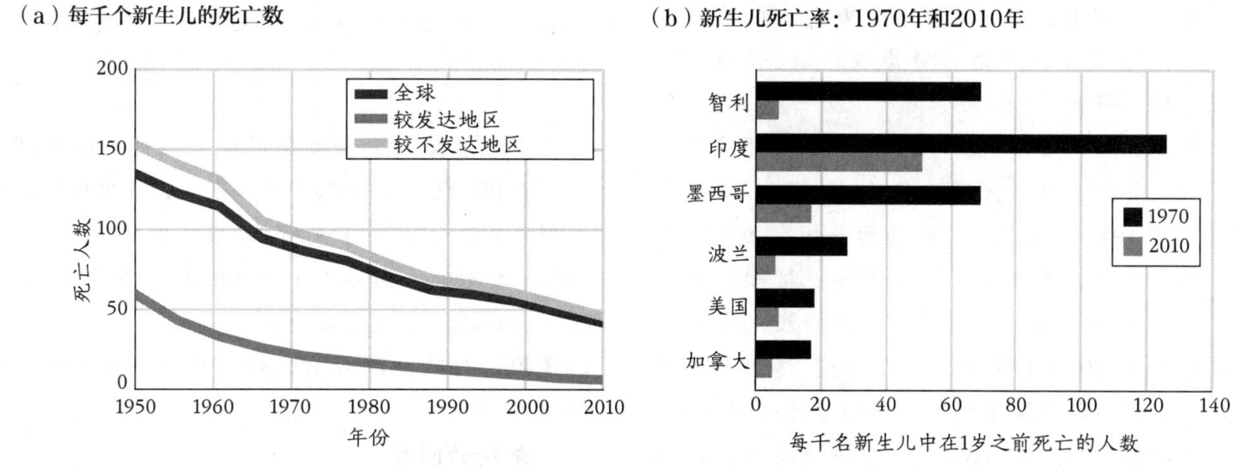

来源：United Nations，Department of Economic and Social Affairs，Population Division，2013.

图 5.6

更多婴儿存活下来 过去 30 年以来，公共卫生方面的改善——更好的营养、更干净的水、更普及的免疫措施——让数百万人口得以幸存。

免疫措施（Farahani et al.，2009）。

免　疫

免疫唤起人体的免疫系统抵挡某种疾病。据说，免疫（通常通过接种疫苗而实现）“对人类死亡率的降低和人口增长的影响仅次于干净的水，比其他任何公共卫生措施的影响都大”（J. P. Baker，2000，p.199）。人类已经研发了对麻疹、腮腺炎、百日咳、天花、肺炎、脊髓灰质炎、轮状病毒的免疫方法，使这些疾病不再每年夺去成千上万儿童的生命。

过去对这些疾病免疫的唯一方式是感染、生病和康复。此后，免疫系统将产生抗体防止疾病复发。在19世纪，从天花开始，医生们发现，给从未患过此病的健康的人注射小剂量病毒可以激发同样的抗体。（免疫接种程序表及美国的建议见附录A。所列的大部分疫苗在很多国家降低了儿童死亡的风险。但是各国的具体规划不同；照料者应当听从当地卫生部门的指导。）

成就和生存

在免疫方面，已经取得了如下令人惊叹的成就：

- 天花——过去是对儿童最致命的疾病——于1980年在全世界被消灭。如今不再需要天花免疫了。
- 脊髓灰质炎，一种后果严重、有时会致命的疾病，不常见。世界范围内的免疫开始于1955年，现在美国已消灭脊髓灰质炎。2003年，全球只报告了784例。但是，同一年，在尼日利亚北部，因为流言的散布一度中止了免疫接种，导致脊髓灰质炎死灰复燃，仅在2005年就有1948人患病，几乎是西非所有的患病人数。此后，公共卫生工作者和社区领导人发起运动增强免疫，尼日利亚的脊髓灰质炎发生率在2010年又降到了21例。然而，在南亚，贫穷和战争阻碍了免疫的普及：2011年，全世界共报告了650例脊髓灰质炎病例，主要来自阿富汗、印度、尼日利亚和巴基斯坦（De Cock，2011；World Health Organization，2012；Roberts，2013；见图5.7）。
- 麻疹（不是风疹）正在消失，这得益于1963年研制的疫苗。在那之前，仅在美国每年就有300万～400万个病例（Centers for Disease Control and Prevention，2007）。2010年，美国只有61人得麻疹，其中大多数人出生在没有全民免疫的国家（MMWR，2011）。2011年报告的病例又有所增加，222人患麻疹，其中17人是由其他国家（包括欧洲和亚洲）进入美国的，其余205人是由于有太多儿童没有接种而患上麻疹的（MMWR，4.20，2012）。

免疫不仅保护人们免于一时的疾病或死亡，而且也免于并发症，如失聪、失明、不育、脑膜炎。有时，疾病的伤害直到数十年后才开始显现。例如，儿童期得过腮腺炎可能导致不育，并使成年后患精神分裂症的风险翻倍（Dalman et al.，2008）。

对有些人进行免疫是不安全的，包括如下情况：

- 胚胎，如果他们的母亲此时接触到风疹（德国麻疹）病毒，他们可能会先天失明、耳聋、大脑受损。
- 新生儿可能会死于对稍大儿童来说并不严重的疾病。
- 免疫系统受损的人（HIV阳性、年长者或正在接受化疗的人）可能会病危。

给护士和儿科医生的问题　一个母亲拒绝让她的婴儿接受免疫接种，因为她怕有副作用。她要求你签一份宗教豁免书，在一些法庭，这份豁免书允许母亲拒绝免疫。你会怎么做？（答复见第126页）

幸运的是，每个接受了免疫接种的孩子都中断了疾病的传播，并保护了其他人，这种现象被称作群体免疫。尽管每种疾病的具体情况有差异，但如果一个社区（群体）中有90%的人接受了免疫，这一疾病就不会被传染给那些易感者。如果没有群体免疫，有些社区成员将死于某种“童年期”的疾病。

免疫的问题

新生儿对免疫接种的反应可能是哭闹不安或持续发烧1天左右，父母也为此苦恼。但是父母们没有意识到，如果不这样，孩子会患上脊髓灰质炎、麻疹等更严重的疾病。在水痘疫苗出现之前，

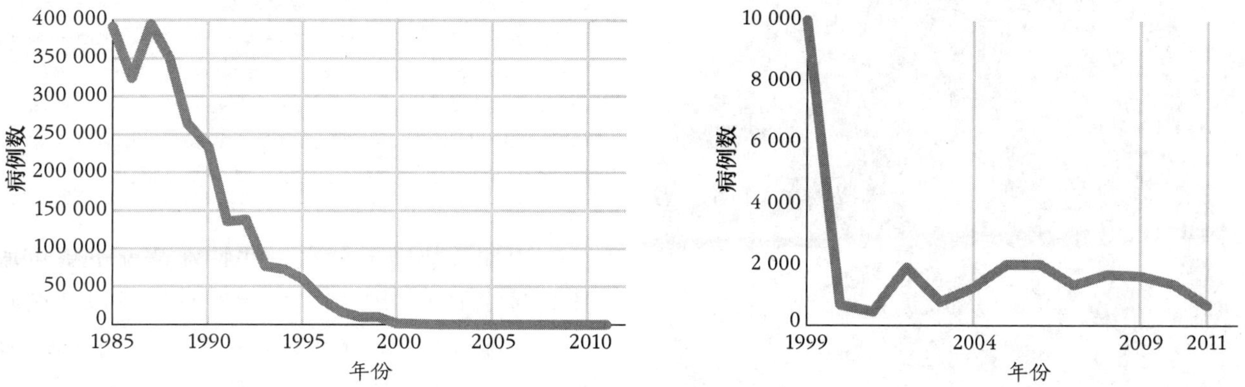

来源：Earth Policy Institute，2011；CDC，2013.

图 5.7

还不是零　许多公共卫生倡导者希望脊髓灰质炎是下一个被彻底消灭的传染病，它在北美洲已经基本被消灭。全球病例数已经大幅下降（a）。但是，令人沮丧的是，在 2003—2005 年，脊髓灰质炎的发病数有所增长（b）。

美国每年有超过 100 人死于此病，有 100 万人会持续一周皮肤发痒、发烧。现在几乎没有人死于水痘，而且很少有人出水痘。

许多父母担心接种的潜在副作用。每当免疫出问题时，媒体都会报道这一消息，令父母更为害怕。因此，在过去 10 年里，美国未进行免疫接种者的比例一直在升高。这让公共卫生工作者非常担心，他们从更长远的和全社会的角度来看问题，知道疾病的风险远比免疫的风险大。MMR 疫苗（麻疹 – 腮腺炎 – 风疹联合疫苗）会导致自闭症的假设已经被多次推翻（Shattuck，2006；Mrozek-Budzyn et al.，2010；MMWR，2013）。【**生命全程链接：**关于自闭症的讨论见第十一章。】

医生认为，接种“是公共卫生历史上最划算、最成功的干预措施”，他们哀叹其成就已经让父母、医生和政府放松了警惕（Hannan et al.，2009，p.S571）。例如，加利福尼亚州 2010 年曾爆发百日咳流行病，因百日咳死亡的婴儿激增，缺少免疫是主要原因。

营　养

全球婴儿死亡率近年来大幅下降。之前已经提到了一些原因。还有一项措施起到了很大的作用——营养的改善。

母乳最好

在理想的情况下，营养开始于*初乳*，这是一种由母亲的乳房在分娩时分泌的浓稠的、高热量液体。大约在分娩 3 天后，乳房开始产奶。

与用牛奶加工的配方奶相比，母乳是无菌的；始终保持人体温度；富含脑和身体所需要的许多营养素（Drover et al.，2009）。完全用母乳喂养的婴儿更少生病，这部分是因为母乳提供了抗体，并能减少过敏和哮喘。母乳的疾病防护功能可持续终生：最初几个月完全由母乳喂养的婴儿更少超重（Huh et al.，2011），因此糖尿病和心脏病的发病率也更低。

母乳喂养对早产儿有特殊的保护作用；如果母亲不能为弱小的婴儿提供母乳，医生会建议用其他女性的乳汁喂养孩子（schanler，2011）。（女性在分娩后，乳房只要受到挤压，就会持续生成乳汁，并能持续数十年。）

母乳中特有的脂肪和糖分让其比任何替代品都更易消化，对大脑更有益处（Drover et al.，2009；Riordan，2005）。母乳的成分还会随着婴儿的年龄而调整，给早产儿的乳汁不同于给稍大一些的婴儿的乳汁。产奶量也会增长以满足孩子的需求：连续几个月只用母乳喂养的双胞胎和三胞胎也能长得很健壮。

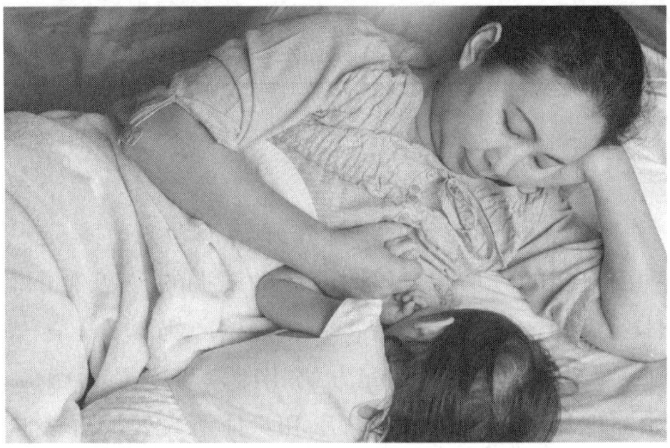

相同情景，远隔万里：母乳喂养 母乳喂养非常普遍。如果几千年来，我们的祖辈中的母亲没有成功地喂养他们的婴儿，我们就不可能来到这个世界上。现在，母乳喂养仍在全世界推行，但它不再是喂养婴儿的唯一方式，而且每种文化都有特定的方式。

>> 答复护士和儿科医生（问题见第 124 页） 尽管很难说服人们认识到这种养育孩子的方式是错的，但你应该试一试。在这个案例中，首先应充满尊重地聆听，然后再告诉她一些严重疾病或死于儿童期疾病的具体例子。建议这位母亲问问她的祖父母是否认识一些得过脊髓灰质炎、肺结核或破伤风的人。如果你不能说服这位母亲，不必绝望：95% 的新生儿接种了疫苗，他们也保护了另外 5% 的孩子。如果这位母亲有真实的宗教原因，可以与她的神职顾问聊一聊。

用配方奶喂养仅在一些特殊情况下更可取，比如母亲 HIV 阳性或在服用有毒性及成瘾药物。然而，即便如此，也可能会推荐不添加辅食的母乳，具体要根据风险和其他替代选择而定。例如，在一些非洲国家，HIV 阳性妇女仍被鼓励用母乳喂养，因为婴儿从母亲那里感染 HIV 的风险低于死于传染病、痢疾或用奶瓶喂养而导致营养不良的风险（Cohen，2007；Kuhn et al.，2009）。

出于这些原因，全世界的医生都建议不添加其他食物甚至果汁的母乳喂养（表 5.1 列出了母乳喂养的一些益处）。一些儿科医生建议，在婴儿 4 个月大时可添加辅食（米粉和香蕉）；另一些医生希望母亲到孩子 6 个月大以后再添加辅食（Fewtrell et al.，2011）。为了使母乳满足婴儿对营养的需求，母亲必须营养充足，保持水分（这在炎热气候中尤为重要），并且戒酒、戒烟及其他成瘾物质。

母乳喂养曾经很普遍，但到 20 世纪中期，许多母亲认为配方奶更好，因为它更现代。幸运的是，这种观念已经改变了。现在在美国，刚出生时采用母乳喂养的新生儿占 77%，6 个月大时采用母乳喂养的比例是 48%（大多数也添加了其他食

表 5.1 母乳喂养的益处

对婴儿来说	对母亲来说	对家庭来说
对应婴儿年龄的均衡营养（脂肪、蛋白质等）	容易与婴儿建立纽带	增加其他孩子的存活率（由于生育间隔）
母乳中含有配方奶中没有的微量元素	降低患乳腺癌和骨质疏松症的风险	增加家庭收入（因为配方奶和医疗服务很贵）
婴儿更少生病，包括过敏、耳部感染、消化不良	自然避孕（若持续几个月只用母乳喂养的话）	父亲压力更小，尤其是在夜间
儿童期更少哮喘	乳房刺激的愉悦感	
儿童期更好的视力	满足婴儿基本需求带来的满足感	
成年后更少生病，包括糖尿病、癌症、心脏病	不需要准备配方奶；不用杀菌	
防范很多儿童期疾病，因为母乳中含有来自母亲的抗体	方便与婴儿一起旅行	
更强壮的下颌，蛀牙更少，更强的呼吸反射（婴儿猝死综合征更少出现）		
智商更高，更不可能辍学，更可能升入大学		
青春期推迟，青春期少女更少怀孕		
12 岁之前不太可能变胖或患高血压		

来源：Belin & Huang，2008’ Riordan & Wambach，2009；Schanler，2011；U. S. Department of Health and Human Services，2011.

物），1 岁时的比例是 25%（几乎都添加了其他食物和饮品）（见图 5.8；U. S. Department of Health and Human Services，2011）。全世界大约一半的 2 岁婴儿仍在吃奶，但通常是在夜间。

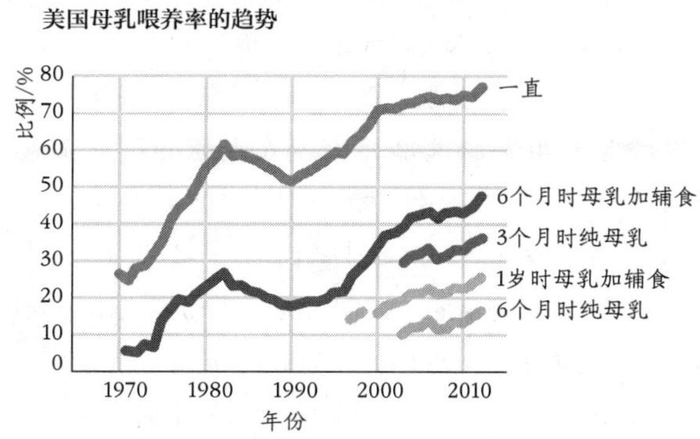

来源：Centers for Disease Control and Prevention，2012 and previous years.

图 5.8

聪明的选择　在 1970 年，受过教育的女性被教导配方奶是提供营养的明智的、现代的方式，但现在不是了。今天，女性的受教育水平越高，对婴儿进行母乳喂养的越多。如今，大约一半受过大学教育的美国女性会进行 3 个月纯母乳喂养，不给孩子添加果汁、水和谷物辅食。

由于配方奶粉喂养看起来对妈妈来说更容易，特别是在最初几周。因此，鼓励母乳喂养以及来自家庭成员（尤其是父亲）的帮助非常重要。理想的情况是，护士每周可以登门探访新妈妈们；这种探访（在一些国家是常规做法，在另一些国家很少见）可以增加母乳喂养持续的可能性。

营养不良

当一个人不能得到足够维持正常发育的食物时，可能发生**蛋白质–热量营养不良**。这种形式的营养不良影响着将近 1/3 的发展中国家儿童：他们**发育迟缓**，持续的营养不良使他们无法正常发育，往往比营养充足的同龄人矮（World Bank，2010）。发育障碍在最贫穷的国家最常见（见图 5.9）。

更糟的是**消瘦**，即儿童的体重严重低于其年龄和身高应达到的体重（低于平均值 2 个标准差或更多）。在过去几十年里，许多国家儿童的营养逐步改善，尤其是在东亚、拉丁美洲和中欧，消瘦和发育迟缓的儿童也随之减少。

然而，在另一些国家，主要是在非洲，消瘦现象仍在增加。在南亚的一些国家，大约一半的 5 岁以上儿童发育迟缓，其中一半同时也是消瘦的，

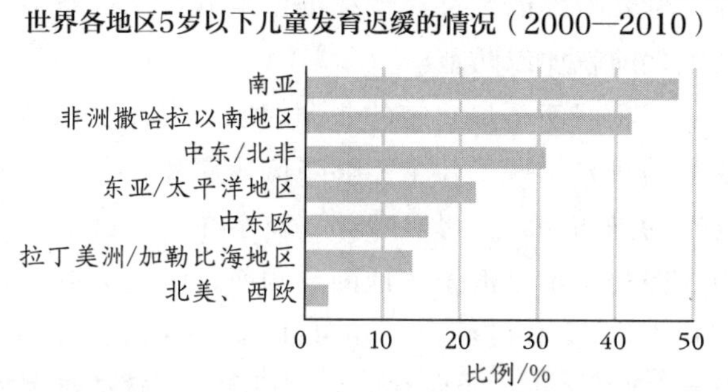

来源：UNICEF，2012.

图 5.9

遗传的？　图中数据表明，在发展中国家，许多儿童仍然得不到基本的营养。一些批评家声称，亚洲儿童在遗传上体型更小，因此运用西方常模使印度和非洲的发育迟缓儿童看起来好像比实际上多。亚洲和非洲血统的儿童如果在北美洲出生、成长，他们会与欧洲后裔一样高。因此，营养不良（而不是基因）才是世界上大多数儿童发育迟缓的原因。

且至少持续了 1 年（World Bank，2010）。在一些国家，传统的幼儿饮食不能提供身体健康所需的充足的维生素、脂肪和蛋白质，导致缺乏精力，进而缺乏正常的好奇心（Osorio，2011）。年幼的儿童天生想要理解他们能理解的一切，而一个没有精力的儿童也是无法学习的儿童。

慢性营养不良的婴儿和儿童还会以其他三种方式遭受伤害（World Bank，2010）：

1. 他们的大脑可能不能正常发育。如果营养不良持续过久，以致影响了身高，那么可能也已经影响了大脑。
2. 营养不良的儿童没有身体储备来保护他们抵御一般的疾病。大约一半的儿童期死亡是由于营养不良使一种儿童期疾病变成了致命的疾病。
3. 一些疾病直接由营养不良导致，**消瘦症**和**恶性营养不良**都是如此。消瘦症发生在第 1 年，此时身体组织日渐衰弱；恶性营养不良发生在 1 岁之后，此时发育变缓，头发稀少，皮肤长斑，脸、腿和腹部积水（水肿）。

预防比治疗更重要。一些因消瘦症或恶性营养不良住院的儿童即使在得到喂食后仍然不幸地死亡了，因为他们的消化系统已经失去了功能（Smith et al.，2013）。理想的情况是，保证产前营

养、母乳喂养以及补充铁和维生素 A，在营养不良发生之前就加以防范。

一项对两个最贫穷的非洲国家（尼日尔和冈比亚）的研究发现了几个能够降低消瘦和发育迟缓可能性的确切因素：母乳喂养、双亲在家、自来水入户、瓷砖（不是泥土）地面、厕所、电、免疫、收音机和母亲上过中学（Oyekale & Oyekal., 2009）。总之，“母亲所受的教育是决定其孩子能够活过 5 岁的关键因素”（United Nation, 2011, p.26）。其他研究也发现了这一结论：很明显，全世界的母亲都想把孩子养育好，但有时她们不知道如何做，而且一些文化习俗会伤害孩子的健康，比如逃避免疫。

但是，我们不应该以责备母亲或文化来结束这一章。有时，文化习俗是有帮助的，正如你们接下来将看到的那样。

婴儿猝死综合征

直到 20 世纪 90 年代中期，每年有成千上万的婴儿死于**婴儿猝死综合征（SIDS）**，在北美被称作*摇篮死*，在英国被称作*童床猝死*。小婴儿睡前还对着他们的照料者微笑，对着他们的小小手指还抓不住的摇铃挥动胳膊，睡觉时一切都好好的，然后他们就再也没有醒来。当父母们对孩子的夭折悲痛不已时，科学家也检验了许多假设（猫？被子？天然蜂蜜？谋杀？变质牛奶？），却毫无成效：婴儿猝死仍然是一个谜。

一个叫苏珊·比尔（Susan Beal）的科学家研究了南澳大利亚多年来所有的婴儿猝死综合征案例，探究了几十种环境状况，以从中寻找增加猝死风险的因素。一些因素不太重要（比如出生顺序），另一些则会增加风险（如母亲吸烟和盖了羊皮毯子）。

比尔发现了一个种族差异：华裔澳大利亚婴儿死于婴儿猝死综合征的情况比欧裔婴儿少很多。是因为遗传吗？多数专家认为是的。但比尔的科学观察使她注意到中国婴儿一般背朝下仰睡，而欧洲或美国的习俗是腹部朝下趴着睡。这些中国母亲很多并没有受过这方面的正规训练，她们说背朝下仰睡是她们的母亲和祖母的建议。

比尔产生了一个新的假设：睡眠姿势很重要。为了检验这一假设，她说服一大群非华裔的父母让他们的新生儿背朝下仰睡。这些婴儿中几乎没有人突然死亡。经过几年的数据收集，与腹部朝下趴着睡的对照组相比较，比尔得出了一个惊人的结论：仰睡可以预防婴儿猝死综合征。

她发表的报告（Beal, 1988）引起了荷兰医生的注意，荷兰是习惯让婴儿趴着睡的众多西方国家之一，该国的婴儿几乎都是趴着睡的。两个荷兰科学家（Engelberts & deJong, 1990）建议仰睡，得到了荷兰父母的重视。荷兰的婴儿猝死综合征在一年内减少了 40%，这是一个令人震惊的重复实验。

重复实验和应用传播着。到 1994 年，“仰睡”运动在一个又一个国家显著降低了婴儿猝死综合征的发生率（Kinney & Thach, 2009; Mitchell, 2009）。在美国，1984 年，婴儿猝死综合征致 5245 名婴儿死亡；1996 年，减少到 3050 名；自 2000 以来，每年因此死亡的孩子大约有 2000 名（见图 5.10）。这项运动取得了很大的成功，以至理疗师报告说婴儿开始爬行的时间比过去晚了，因此他们建议给宝宝提供“肚皮时间”，让清醒的婴儿俯卧以发展他们的肌肉（Zachry & Kitzmann, 2011）。

我们以婴儿猝死综合征的传奇故事结束本章，因为它是本章许多主题鲜明的例证。首先，婴儿看护是复杂的，每一个成就都是在许多因素的相互影响下产生的。趴着睡是已被重复证实的风险，但不是唯一的风险，婴儿猝死综合征仍然存在。研究者正在揭示其他风险：低出生体重、脑干异常导致的血清素过少、家中有人吸烟、柔软的毯子或枕头、同床睡（Duncan et al., 2010; Ostfeld et al., 2010）。

来源 Anderson et al., 1997; Murphy et al., 2012; National Center for Health Statistics (1998–2010).

图 5.10

之前与之后 只找到了过去 25 年的美国婴儿猝死综合征数据，但据我们所知，在整个 20 世纪的大多数时间里，这一比例稳定在约 1/700；自 2008 年以后降低到约 1/2000。

保护性睡眠 婴儿睡在什么上面并不重要，无论是摇篮车、悬挂的摇篮、婴儿床还是在巴布亚新几内亚用当地植物制作的网袋里。重要的是婴儿的睡眠姿势，像这个健康的婴儿一样，始终仰睡。

在减少婴儿猝死综合征方面取得的成功强调了第一章描述过的几个主题。因为有了发展科学，使用了跨学科和跨文化的视角，仅在美国就有约40 000名儿童和年轻人至今还活着，是因为他们出生于1990年之后，因此逃过了婴儿猝死。

小 结

在过去一个世纪，各种公共卫生措施已经挽救了数亿名婴儿。免疫接种保护了那些接种过的人，也终止了传染性疾病的传播（通过群体免疫）。天花已经被消灭，其他许多疾病也很少见，除非是在公共卫生专家还未深入的地区。

母乳是婴儿理想的食物，对人未来数十年的发展都大有裨益，减少婴儿营养不良和死亡。幸运的是，发展中国家的母乳喂养率正在提高；大多数不发达国家的母乳喂养率一直是高的。然而营养不良尚未被消灭。如果正在进行母乳喂养的母亲严重营养不良，或者学步儿不能得到充足的营养，孩子生病的可能性就会增加，从而严重影响学习。

本章总结

婴儿期发育

1. 在生命最初的两年，婴儿长高了，变重了，头围也增加了，这些都表明婴儿在发展。和出生时比较，体重在4个月大时已经翻倍，到1岁时达到出生时的3倍，2岁时达到出生时的4倍，此时学步儿约重12.7千克。
2. 头的体积的增加更为急剧，在最初两年，婴儿脑重从成人脑重的25%增长到75%。随着细胞生长、树突发育和突触形成，大脑的复杂性也在增加。生长和修剪都有助于认知发展。经验对大脑发育至关重要。
3. 在最初的两年，儿童的睡眠时间逐渐减少。正如所有领域的发育一样，睡眠模式的差异是正常的，由天性和教养所致。同睡在许多发展中国家是常态，在发达国家也正逐渐变得常见。

感知和运动

4. 出生时，感官已经对刺激有反应。产前经验使听觉成为最成熟的感觉。视觉是出生时最不成熟的感觉，但它提高得很快。婴儿使用所有的感觉去加强他们早期的社会交流。
5. 随着婴儿开始生长及大脑成熟度的增加，他们逐渐完善运动技能。粗大动作技能很快显现，从翻身到坐起（大约6个月大时），从站立到行走（大约1岁时），从爬行到奔跑（2岁前）。
6. 婴儿逐渐发展精细动作技能，以抓握、瞄准和操控附近几乎所有的东西。经验、时间和动机推动着婴儿改善所有的动作技能。

健康地生存

7. 在过去的半个世纪，由于医疗卫生条件的改善，大约有20亿婴儿幸免于死亡。一项重要的创新是免疫接种，它已经消灭了天花，且基本消灭了脊髓灰质炎和麻疹。在贫穷国家，需要更多的医疗专家去预防、诊断和治疗那些仍在导致很多婴儿死亡的疾病。
8. 母乳喂养对婴儿最好，部分原因在于母乳能帮助婴儿抵抗疾病，促进生长。大多数婴儿在出生时是喝母乳的，但在北美洲只有1/3的婴儿能像全世界医生都建议的那样持续得到3个月的纯母乳喂养。

9. 严重的营养不良会阻碍生长，导致死亡，或者直接导致消瘦症或恶性营养不良；或者当婴儿感染麻疹、肠道病毒或其他疾病时，由于不够强壮而致命。

10. 细致的科学研究和跨文化意识使得婴儿猝死综合征在全世界快速减少。具体做法是让婴儿仰睡，而非趴着睡，这种做法已经挽救了成千上万的婴儿。

关键术语

百分位数（percentile，p.110）
粗大动作技能（gross motor skills，p.120）
大脑皮层（cortex，p.111）
蛋白质–热量营养不良（protein-calorie malnutrition，p.127）
动作技能（motor skill，p.120）
短暂繁茂（transient exuberance，p.112）
恶性营养不良（kwashiorkor，p.127）
发育迟缓（stunting，p.127）
感觉（sensation，p.118）
经验依赖型脑功能（experience-dependent brain functions，p.114）
经验预期型脑功能（experience-expectant brain functions，p.114）
精细动作技能（fine motor skills，p.121）
快速眼动睡眠［rapid eye movement（REM）sleep，p.116］
免疫（immunization，p.124）
前额叶皮层（prefrontal cortex，p.111）
神经递质（neurotransmitter，p.112）
神经元（neuron，p.111）
树突（dendrite，p.112）
双眼视觉（binocular vision，p.119）
同睡（co-sleeping，p.117）
头部保护（head-sparing，p.111）
突触（synapse，p.112）
突触间隙（synaptic gap，p.112）
消瘦（wasting，p.127）
消瘦症（marasmus，p.127）
修剪（pruning，p.114）
摇晃婴儿综合征（shaken baby syndrome，p.115）
婴儿猝死综合征（sudden infant death syndrome，SIDS，p.128）
知觉（perception，p.118）
轴突（axon，p.112）
自我修正（self-righting，p.116）

你学到了什么？

1. 在头两年，婴儿的体重和身高是如何变化的？
2. 请描述中枢神经系统的通信过程。
3. 神经修剪为什么是大脑发育的关键一环？
4. 当婴儿大哭时，照料者应该想到哪些有关大脑发育的知识？
5. 婴儿的睡眠模式在最初18个月是如何变化的？
6. 知觉、感觉和认知有何关系？
7. 在最初3个月里，婴儿的视觉有何变化？
8. 请描述婴儿的粗大动作技能在第一年里的发展状况。
9. 请描述婴儿的手部技能在最初2年里的发展状况。
10. 婴儿死亡率降低的原因是什么？有哪些措施可以进一步降低婴儿死亡率？
11. 免疫的目的是什么？
12. 群体免疫如何挽救生命？
13. 在过去10年，美国的免疫率为何下降？
14. 支持和反对婴儿至少应被母乳喂养到1岁的理由是什么？
15. 营养不良以何种方式影响婴儿和再大一点的儿童？

应　用

1. 免疫接种的规定和实践不同，在一定程度上是由于社会和政策的原因。询问至少两名教师或管理人员，在大学，学生必须进行哪些免疫，原因是什么。如果他们说："这是法律规定。"请问为什么？
2. 在公共场所，如商店、运动场或公共汽车上，观察 3 名婴儿（你不认识的）。仔细看他们的身体大小和运动技能，尤其是他们对腿和手的控制能力。通过这些，预测其月龄，然后向照料者询问婴儿的年龄。
3. 这个作业可以单独完成，但如果综合几名学生的回答，将会获得更多信息。询问 3 ~ 10 名成人，看看他们儿时是被奶粉喂养的，还是被母乳喂养的。如果是母乳喂养，持续了多长时间。如果有人不知道，或者问母乳喂养的时间让他们感觉尴尬，这本身就值得记录下来。你看到成人的体型与婴儿喂养之间的关系了吗？

第六章

最初的两年：认知发展

你将学到什么？

1. 为什么皮亚杰将 1 岁婴儿比作科学家？
2. 为什么皮亚杰的感觉运动智力理论并没有被普遍认为是富有洞察力的理论？
3. 哪些因素影响婴儿记住自己在会说话之前经历的事情？
4. 婴儿是在什么时候、怎样学习说话的？

- **感觉运动智力**
  第一和第二阶段：初级循环反应
  第三和第四阶段：二级循环反应
  第五和第六阶段：三级循环反应
  皮亚杰和现代的研究
- **信息加工**
  可供性
  记忆
- **语言：最初两年的发展**
  普遍顺序
  最先说出的词
  文化差异
  语言学习理论
  对立的观点：语言和视频

我的亨利叔叔曾自夸说，在他的三个孩子（都是男孩）足够聪明到会说话之前，他从未为他们做过什么。他可能找到了一个逃避给孩子换尿布、拍嗝儿和洗澡的借口，但他对婴儿认知的看法是错误的。

婴儿从生命最初几天起就很聪明；他们会思考周围的人和事物；他们在说出第一个词之前很久，就能和人交流。亨利叔叔的三个儿子长大以后全心侍奉母亲，并且与他们自己的孩子的互动也远比小时候亨利叔叔和他们的交流多。本章介绍的研究将解释为什么亨利叔叔的儿子们采取的方法让他们变成了更称职的父亲。

新生儿似乎什么都不知道。但 2 年后，他们就可以许一个心愿并大声说出来，然后吹灭生日蜡烛。数以千计的发展学家追踪了这一长足进步，发现语前的婴儿所知道的要比成人曾意识到的多得多，而且认知在每个月都会有新的发展。

我们先从皮亚杰对早期认知的总体看法开始，具体来说就是皮亚杰关于出生头两年智力发展的六阶段理论。接下来，介绍另一个研究婴儿认知的流派——信息加工——的有趣研究。信息加工流派运用习惯化和大脑扫描等方法揭示了语前（获得语言能力之前）儿童的记忆和交流。然后，介绍早期智力发展的最引人瞩目的证据，也是亨利叔叔所等待的东西——说话。

本章最后一个主题可能是最重要的，即早期的认知成就，尤其是语言，是如何发生的？本章可以给照料者很多启示，而亨利叔叔对此几乎一无所知。

>> 感觉运动智力

正如你在第二章中读到的，让·皮亚杰是瑞士科学家，他在1918年取得博士学位。在那个时代，大多数科学家认为婴儿只会吃奶、哭泣、睡觉，尚未开始学习。皮亚杰成为父亲之后，他将科学观察的技能运用到自家孩子身上，与传统智慧（包括亨利叔叔的看法）相反，他意识到，婴儿是主动的学习者，自己会去适应体验。皮亚杰的理论和观察使他此后一直受到发展学家们的敬佩。【**生命全程链接**：见第二章。】

皮亚杰将生命最初两年的认知称作**感觉运动智力**。婴儿用第四章和第五章中描述的反射、感觉、运动技能来发展他们的智力，并使自己去适应经验。感觉运动智力被划分为六个阶段（见表6.1）。

第一和第二阶段：初级循环反应

皮亚杰将感觉、知觉和认知的相互作用描述为循环反应，强调循环是没有开头和结尾的，因为每一种体验会导致下一个体验，下一个体验又会返回原点，就像一个循环往复的圆（见图6.1）。感觉运动智力的前两个阶段是**初级循环反应**，涉及婴儿的身体。

第一阶段叫作*反射阶段*，仅持续1个月。它包括感觉和动作反射，这是婴儿思维的基础。很快，反射变成了有意的行为；感觉引发知觉，知觉引发认知，然后认知又引发感觉。

第二阶段叫作*最初的获得性适应*（也被称作*最初的习惯阶段*），它的起因是反射要调整到该适应所引发的任何反应。适应具有认知性；它包括同化和顺应。【**生命全程链接**：见第二章。】婴儿会调整他们的反射，因为他们的反应教会他们身体做了什么以及对每种行为的感觉如何。

举一个例子。有一个强大的反射就是足月新生儿会吮吸任何碰触他们嘴唇的东西。到大约1个月大时，婴儿将这一反射适应于瓶子或乳房、橡皮奶嘴或手指，每一个都要求不同的使用舌头推动的方式。这种适应是婴儿开始解释知觉的一个迹象；在他们顺应橡皮奶嘴时，他们就是在“思考”。

表6.1 感觉运动智力的六个阶段

为了对感觉运动思维的所有阶段做一个概述，可将这六个阶段分成两两一对。前两个阶段涉及婴儿对自己身体的反应。

初级循环反应	
第一阶段（出生—1个月）	反射：吮吸、抓握、凝视、倾听
第二阶段（1—4个月）	第一个获得的适应：顺应和反射的协调 例子：吮吸橡皮奶嘴不同于吮吸乳头；试图抱着瓶子去吮吸它
接下来两个阶段涉及婴儿对物体和人的反应	
二级循环反应	
第三阶段（4—8个月）	使感兴趣的事情持续下去：对人和物体做出反应 例子：当妈妈说“你拍一，我拍一”时，拍手
第四阶段（8—12个月）	新的适应和预测：对人和物体做出反应时，变得更有意和有目的 例子：将妈妈的手放在一起，让她开始玩“你拍一，我拍一”游戏
最后两个阶段最有创造性，先是用行为，然后用头脑	
三级循环反应	
第五阶段（12—18个月）	通过主动实验产生新方法：在“小小科学家”活动中的实验和创造性 例子：将泰迪熊放到马桶中并冲水
第六阶段（18—24个月）	通过头脑中的连接产生新方法：做之前能思考，不依靠试误而产生可达到目的的新方法 例子：在冲走泰迪熊之前，因想起马桶溢水和母亲生气而犹豫

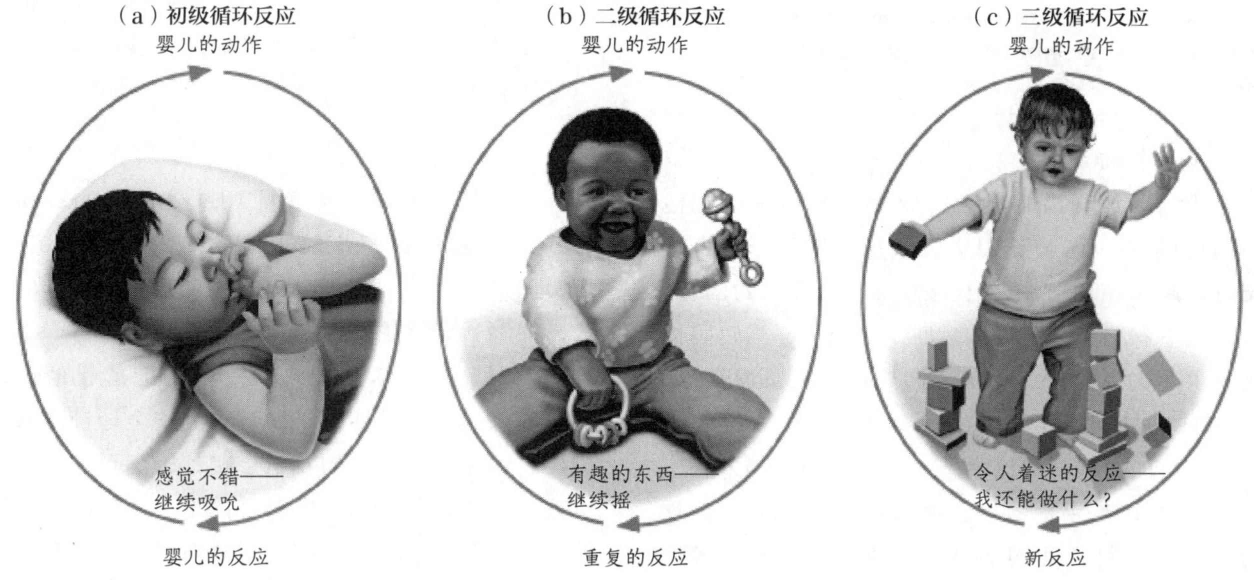

图 6.1

永无止境　循环反应会持续下去，因为每个动作都带来了快乐并引起了更多的动作。

在第二阶段，即皮亚杰所说的 1—4 个月，吮吸反射中开始加入更多的适应。婴儿的认知引导他们在饥饿时用一种方式吮吸，寻求安慰时用另一种方式吮吸，而且不再去吮吸绒毛毯或大球。一旦适应出现了，就会坚持下去。

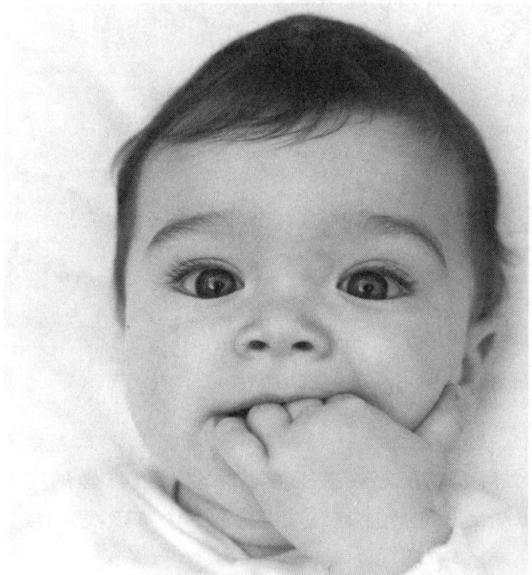

该适应了　吮吸最初是一个反射，但是一旦婴儿能够区分橡皮奶嘴和母亲的乳头，或者意识到她的手太大塞不进嘴里，适应就开始了。这个婴儿专注的表情表明，她现在正通过吸吮手指来达到适应。

例如，之前只是母乳喂养的婴儿可能会拒绝来自奶瓶奶嘴的牛奶。如果一个 4 个月大的婴儿总是吮吸拇指，而父母决定改吸橡皮奶嘴更好，可能为时已晚。他们的婴儿可能会拒绝重新适应，婴儿会吐出橡皮奶嘴，重新去找他的拇指。皮亚杰认为，每个年龄的人都有因为认知而陷入固定方式的倾向，婴儿的早期适应就是一个例子。

第三和第四阶段：二级循环反应

在第三和第四阶段，发展从初级循环反应进入**二级循环反应**。这些反应超越了婴儿的身体；它们是婴儿和其他东西之间的循环反应。

在第三阶段（4—8 个月），婴儿试图制造令人兴奋的体验，使有趣的事情持续下去。例如，他们意识到摇铃可以制造声响，只要有人将摇铃放到他们手中，婴儿就会舞动胳膊并大笑。一看到令人愉快的东西，如喜爱的书或微笑的父母，婴儿会主动地努力与其互动。

接下来是第四阶段（8 个月—1 岁），新的适应和预期（也被称作达到目的的手段）。婴儿可能会为了达到他们的目的而寻求帮助（哭闹、用手指向、用手势）。思维更有创新性，因为适应更复杂了。例如，婴儿不总是对爸爸微笑，他可能会先评估爸爸的情绪。第三阶段的婴儿知道如何延续一个体验；第四阶段的婴儿则会引发和预期它。

给父母的问题 父母何时应决定是给婴儿纯母乳喂养、纯奶瓶喂养，还是混合使用两种方式？何时应决定是否允许婴儿使用橡皮奶嘴？（答复见第 137 页）

追求目标

第四阶段最醒目的特征是婴儿努力去达到他们的目标。一个 10 个月大的女孩可以从母亲身边爬过，拿来一块肥皂，作为想要开始洗澡的信号，然后脱下衣服更清楚地表达愿望。最终，当妈妈把澡盆水龙头打开时，她高兴地尖叫起来。同样，如果一个 10 个月大的男孩看见父亲穿上外衣准备出门，他可能会拽着自己的外衣，表明想一起去。

在这个年龄，婴儿会表明饿了，如果不喜欢勺子里的食物，他们会闭紧了嘴。如果照料者使用手语，10 个月大的婴儿最早学会的手势是“吃”和“更多”。这些认知上的进展得益于新的动作技能（如爬、抓、打手势）的发展，而这些都得益于大脑的成熟——这再次反映了动力系统的作用。

客体永久性

皮亚杰认为，在大约 8 个月大时，婴儿开始理解**客体永久性**的概念，即意识到就算物体或人不在视线内，也是存在的。正如皮亚杰所发现的，直到 8 个月大时，婴儿才会寻找掉到婴儿床下、滚到沙发下或者消失在毯子下的玩具。盲婴儿在大约 1 岁时也会获得客体永久性，会伸手去够他们听到的在附近的物体（Fazzi et al.，2011）。

随着年龄增长，学步儿越来越善于寻找藏起来的物体，皮亚杰又一次认为这是感觉运动智力进步的表现。他设计了一个基础实验来测量客体永久性：成人向婴儿展示了一个有趣的玩具，用一块轻薄的布盖起来，然后观察婴儿的反应。结果：

- 不足 8 个月大的婴儿不会寻找（通过将布揭开）这个物体。
- 大约 8 个月大时，物体被盖住之后，婴儿会立即寻找（揭开布）；但如果让他们等几秒再行动，他们就不会再寻找了。
- 在 18 个月大时，他们已经很会找东西了；但如果他们看到这个物体一开始被放在某个地方，然后又被移到另一个地方，他们就找不到了。他们仍会去第一个地方寻找，这被称作 A 非 B 错误。
- 到 2 岁时，儿童完全理解了客体永久性，他们已经走出了早期认知发展的几个阶段（Piaget，1954）。

这个研究提供了许多实用的建议。如果年幼的婴儿因为看到一些禁止他们拿的东西（钥匙、烟、糖果）而哭闹，可以将这些东西移出他们的视线，哭闹就会停止。

但是，对于学步儿来说，单是把禁止他们拿的东西藏起来还不够，必须将它们安全地锁起来或扔掉，以免这个年纪的儿童会爬到厨房台面或浴室水盆下把它们翻出来。由于客体永久性是逐渐发展的，所以躲猫猫和捉迷藏等游戏在最初几个月太难了。但一旦理解了客体永久性，这些游戏就会变得很有趣。而随着儿童对隐藏物体的理解越来越成熟，躲猫猫又会变得无聊，但捉迷藏会变得更复杂（更长的等待、更多有想象力的躲藏方式）。

家庭娱乐 躲猫猫让这三个人都很开心，每人都有认知上的原因。12 个月大的彤彤正在探索客体永久性，她的姐姐（处于具体运算阶段）喜欢让妹妹笑，她们的妈妈则理解更抽象的概念，比如家庭纽带。

皮亚杰认为，不足 8 个月大的婴儿不去找东西意味着他们没有客体永久性概念，“离开视线”从字面上理解就是“离开头脑”。但这种观点受到了质疑。正如一个研究者指出的那样，“在他敏锐的观察和杰出的理论中，皮亚杰……将婴儿动作上的无能误解为概念上的无能。”（Mandler，2004， p.17）在一系列巧妙的实验中，研究者让物体看似消失在屏幕后面，通过追踪婴儿的眼动和大脑活动发现，在婴儿 8 个月大之前很久，如果物体消失，他们就已经会感到惊奇了（Baillargeon & DeVos，1991；Spelke，1993）。

对客体永久性的进一步研究不断地提出问题、发现意外。例如，有许多生物（猫、猴子、狗、鸟）建立客体永久性的时间早于皮亚杰发现的年龄。这说明人类大脑发展得更慢，还是仅仅反映了人类动作技能成熟得更慢（Bruce & Muhammad，2009）？

>> **答复父母**（问题见第 136 页）　这两个决定都应该在第一月之内做出，也就是在反射阶段。如果父母等到孩子 4 个月大或更大，就太晚了。让一个从未吮吸过人工奶嘴或橡皮奶嘴的 4 个月大的婴儿接受奶瓶是很难的，他的吮吸反射已经适应了他的拇指。

第五和第六阶段：三级循环反应

在生命的第二年，婴儿开始以自己的思维和行为做实验，或者不如反过来说——行为和思维的实验。他们先行动（第五阶段），后思考（第六阶段）。

当 1 岁儿童独立行动去探索他人、动物和事情的特性时，**三级循环反应**就开始了。婴儿不再仅仅对他们自己的身体做出反应（初级反应），也不再仅仅对其他人或物做出反应（二级反应）。他们的认知更像一个螺旋而不是一个封闭的圆圈所能比喻的，每一个发现都会带来更多的创造性。

皮亚杰的第五阶段（12—18 个月），即“依靠主动实验的新方法”阶段，建立在第四阶段的基础之上。如今，目标指向的、有目的的活动变得更广泛了。

学步儿会因把一管牙膏全都挤出来、拆开一个 iPod[①] 或发现一个蚂蚁窝而感到无比快乐，这些活动是他们从没看到任何成人做过的。皮亚杰将第五阶段的学步儿称作“**小小科学家**”，他们会“为了看看结果而做实验。”他们采用的科研方式是试误。他们对探索的投入是每一个成年科学家和每一个为人父母者都十分熟悉的。

最后，在第六阶段（18—24 个月），学步儿使用智力组合，通过想象进行智力实验，这可以代替第五阶段的行为实验。好在第六阶段的顺序或许始于思考（尤其当学步儿记得一些禁止的事情时），然后再转向行动。当然，强烈的探索欲望可能会战胜关于禁令的记忆：成人需要给那些真正危险的东西（有毒物质、游泳池、敞开的窗户）上锁和加门，而不仅仅是口头禁止学步儿接触。

第六阶段的另一个主要认知成就是学步儿可以假装了。例如，他们知道玩偶不是真的婴儿，但他们仍可能将它绑到婴儿车上，带它去散步。在我外孙 22 个月大的时候，他给了我一个想象的“鞋子冰激凌”。当我假装要去吃时，他大笑了起来。

因为第六阶段的学步儿可以把想法结合进来，所以他们会考虑后果，在拽猫尾巴或将生鸡蛋摔向地板之前会犹豫一下。当然，他们强烈的探索欲望可能会战胜理智；他们有时不能做出明智的选择。

皮亚杰描述的第六阶段的另一项智力成就涉及思维和记忆。当婴儿能模仿他们几小时甚至几天前注意到的行为时，**延迟模仿**就出现了（Piaget，1945/1962）。皮亚杰描述的女儿杰奎琳对另一个孩子的观察，就是一个典型的例子：

> “他发起脾气。他试图从游戏围栏中出来时，大声尖叫、跺着脚、推围栏。杰奎琳惊奇地看着他，她之前从来没见过这样的情景。第二天，她自己在游戏围栏中尖叫、试着把它挪开、轻轻地连续跺了几次脚。”
>
> （Piaget，1945/1962，p.63）

给父母的问题　父母中有一方想把所有易碎的、危险的物品藏起来，因为他们的学步儿可以独自到处走动了。但另一方说，孩子应该学会不碰某些东西。谁是对的呢？（答复见第 139 页）

15 个月大时的探索　研究食物的最好方式之一就是用手把它捏碎、观察其颜色和质地的变化，听其声音。味觉和嗅觉是成人吃东西时主要使用的感官，但艾米莉亚似乎已经有了她自己的这套方式。

① 苹果公司的便携式多功能数字多媒体播放器。——译者注

按另一个按钮 小小科学家"为了看看结果而进行实验"，这个 14 个月大的婴儿正在这样做。许多父母会苦恼地意识到，他们的婴儿已经删除了一个重要文件，或拨打了一个远房亲戚的电话，因为学步儿想知道那样做会发生什么。

皮亚杰和现代的研究

正如许多发展学家所详细研究的那样，许多婴儿到达感觉运动智力的各个阶段早于皮亚杰预测的到达年龄（Oakes et al.，2011）。当物品消失时，5 个月大的婴儿就会表现出惊奇（表明 8 个月之前就有客体永久性），而且不满 1 岁的婴儿已经会假装和延迟模仿了（按照皮亚杰的说法，二者都是在第六个阶段才获得的能力）（Bauer，2006；Fagard & Lockman，2010；Hayne & Simcock，2009；Meltzott & Moore，1999）。一位天才科学家怎么会犯这么大的错误？至少有三个原因。

样本太小

首先，皮亚杰最初的见解来自他自己的婴儿们。对三个孩子的直接观察是一个起点，皮亚杰是一位极为细致入微而又富于创造性的观察者，但是当代研究者不会停滞不前。考虑到婴儿的不成熟性和变异性，必须研究大量婴儿。例如，作为婴儿早期客体永久性的证据，Baillargeon（2000）列出了 30 项涉及逾千名半岁以下婴儿的研究。

方法太简单

其次，婴儿不容易研究；存在"保真度和可信度"的问题（Bornstein et al.，2005，p.287）。为了克服这些问题，现代研究者使用了皮亚杰时代尚不存在的新发明的统计方法、研究设计、样本量和研究策略，从而发现客体永久性、延迟模仿和其他感觉运动成就的出现比皮亚杰所设想的出现年龄要早，而且带有更大的变异性（Hartmann & Pelzel，2005；Kolling et al.，2009）。例如，如果一个婴儿在物体看似已经消失的时候多看了几毫秒，这是客体永久性的证据吗？许多研究者认为是的，但只有由计算机控制的高级摄像机才能捕捉到这几毫秒的差异。

有一个具体的研究策略有力地帮助了科学家证实小小的婴儿有着强大的好奇心。该研究方法被称作**习惯化**。习惯化指适应一个反复出现的体验，就像学校自助餐厅日复一日地供应通心粉，或婴儿重复遇到同样的声音、景象、玩具，等等。习惯化的证据是失去兴趣（或对通心粉失去胃口）。

将习惯化用作研究婴儿的策略需要重复一个刺激，直到婴儿失去兴趣，然后呈现另一个略微不同的刺激（一个新的声音、景象或其他感觉）。婴儿会以更长或更聚焦的注视、更快或更慢的心率、唇周肌肉更紧张或更松弛，以及吮吸奶头的频率、节奏或压力的变化，来表示他们注意到了新旧刺激之间的差异。记录这些细微指标所需要的技术（如眼动仪和心率监测仪）是皮亚杰的那个时代没有的。

通过诱发习惯化，然后呈现新刺激，科学家已经了解到，即使是 1 个月大的婴儿，也能察觉到"啪"声和"吧"声之间的差异，内部有两个点的圆和没有点的圆之间的差异，等等。不足 6 个月大的婴儿能够察觉到的东西远超皮亚杰的想象。

看不见的大脑活动

最后，今天已经有了一些测量大脑活动的方式，使科学家能够在找到任何可察觉证据之前记录婴儿的认知［见表 6.2（彩）］（Johnson，2010）。如果**功能性磁共振成像（fMRI）**可以测量并记录脑部血流中电活动的爆发，则意味着神经元被激活了。研究者可以据此得出结论：一个特定的刺激被注意到了并被加工了。而且，如今的科学家确切地知道大脑哪一部分的激活意味着有什么感觉或思维，例如，大脑脸部区域的电活动意味着婴儿正在加工一张面孔。

>> 答复父母（问题见第 137 页）确保家中环境对婴儿安全是一个更容易、更安全的做法，因为身为“小小科学家”，学步儿想要去探索。但是，父母双方的鼓励和指导对婴儿来说都非常重要。因此，从预防父母之间为此发生冲突的角度考虑，更可取的做法是把一些不宜让学步儿触碰的东西从房间里拿走。

随着时间的推移，几毫秒的注视或脑部的血流意味着习惯化已经发生。科学家依靠先进手段证实，婴儿有记忆、目标、延迟模仿，就连智力组合的年龄都早于皮亚杰提出的阶段（Bauer et al.，2010；Morasch & Bell，2009）。

对正常儿童实施脑成像不仅困难、昂贵、解释常相互矛盾，而且对头部的任何扫描都会引发长期影响的问题（Schenkman，2011）。如果婴儿生病或受伤，大脑扫描可以提供关键信息，但许多父母拒绝对健康的婴儿进行这样的测量。父母的担心可以理解，甚至值得称赞，但延缓了婴儿认知得到神经学证实。

然而，对非人类灵长类动物的大脑扫描揭示了许多关于人类大脑的知识。其中包括**镜像神经元**的发现。大约 20 年前，科学家注意到，当一只猴子看到另一只猴子伸手拿香蕉时，两只猴子相同的大脑区域都被激活了（大脑扫描屏幕上该区域亮了）。该脑区位于那只正在观察的恒河猴的前运动皮质 F5 区，这里的神经元被称作镜像神经元，因为它们反映了被观察的事物。如今，神经科学家使用更先进的技术发现，镜像神经元也存在于成人大脑的一些部位（Keysers & Gazzola，2010）。

许多科学家认为，镜像神经元对揭示婴儿认知具有令人振奋的意义。或许，热切地看和听使婴儿理解物体、语言和其他人的学习，远远早于皮亚杰所意识到的时间（Diamond & Amso，2008；Rossi et al.，2011；Virji-Babul et al.，2012）。婴儿通过观察进行的学习或许实际上涉及反映所见所闻的大脑活动。所以一旦生理上足够成熟，婴儿就知道该做什么——他之前已经在大脑中做过很多次了。

小　结

皮亚杰探索、研究并赞美婴儿的主动学习，用感觉运动智力的六个阶段来描述它。婴儿使用感觉和动作技能理解他们的世界，先是用反射，然后通过同化和顺应来适应。皮亚杰的详细描述驳斥了此前关于婴儿在能说话之前不会思考的假说。成千上万的研究者沿着这个方向，使用更先进的技术证明了婴儿早期几个月认知的快速发展。

如今我们知道，客体永久性、追求目标和延迟模仿都发生得比皮亚杰认为的早。婴儿不仅如皮亚杰所说在 1 岁时是“小小科学家”，而且早几个月时就是了。大脑扫描和眼动测量表明，在婴儿能用动作技能证明他们在思考之前，思维就开始发展了。镜像神经元可能是部分原因。

■

>> 信息加工

如第二章所述，皮亚杰对认知的四个阶段的全面概述与信息加工理论形成了鲜明对比。信息加工理论起初是一种模仿计算机功能的视角，包括输入、记忆、编程、分析和输出。就像一个输入连接到一个程序，然后导致计算机输出一样，感觉引起知觉，知觉可能产生认知。信息加工理论对它们之间的连接有详细描述。

对婴儿来说，输出可能是抬起一只手去揭开一个玩具上面的布（客体永久性），说出一个词表示认出一个人（如妈妈），或者看一张照片比看另一张的时间长（习惯化）。一些近期的研究考察了婴儿看图片时脑电波的变化（Koulder et al.，2013），研究同时证实和反驳了皮亚杰的理论。

为了理解婴儿期信息加工的各个方面，可以想一想婴儿对饥饿的反应。新生儿在饥饿痛苦时只会反射性地大哭；稍大一些的婴儿在感到饥饿时会听妈妈的声音、寻找她、靠近并期待被她抱起，然后用鼻子擦蹭妈妈的乳房；再大一点儿的婴儿会用手势或说话来表达饥饿。这个过程的每一步都需要信息加工。稍大一点的婴儿比新生儿更有思考和效率，因为他们的信息加工更先进。在出生后第一年里，每一周甚至每一天都在发生着这种信息加工的进步，这与皮亚杰提出的六个独立阶段的观点相反（Cohen & Cashon，2006）。

在现代科技的辅助下，信息加工观点已经揭示了婴儿认知的许多方面。正如一位研究者所概括的，“他们不是跌跌撞撞的婴儿，他们……理解自然世界运行模式的速度是惊人的。”（Keil，2011， p.1023）概念和分类似乎在6个月或更早之前就已在婴儿的大脑中开始形成了（Mandler & DeLeoch，2012）。

来看看数字的概念。习惯化和大脑扫描发现，6个月大的婴儿已经可以发现8个点和16个点的差别了。到第9个月时，婴儿可以做得更好，即可以区分8个点和12个点。这表明，不但婴儿的视觉更有感知力了，而且已经具有了某个智力器官，用它来记录量的多与少。

信息加工观有助于将婴儿认知的许多方面联系在一起。事实上，如果成人想要知道一个婴儿有多聪明，最好的方式可能是测量信息加工的速度。快速的习惯化是一个令人鼓舞的迹象；婴儿喜欢新奇性。

10年以前，测量婴儿智力是通过坐、抓等动作出现的年龄，但如今我们知道，除非一个孩子有严重障碍，否则获得动作技能的年龄与后来的智力成就之间没有相关性。但是，信息加工研究似乎发现，早期的注意力和习惯化与后期智力有相关性。对新刺激聚精会神地关注并很快习惯化的婴儿可能更聪明（Bornstein & Columbo，2012）。

现在我们来看可以阐明信息加工观的婴儿认知的两个具体方面：可供性和记忆。可供性关系到知觉，或类比地说是输入；记忆关系到大脑的组织和输出，即存储和提取。

可供性

知觉是对从感觉器官到达大脑的信息的加工。经过数十年的思考和研究，Eleanor Gibson和James Gibson认为，知觉远非自动化的（E. J. Gibson，1969；J. J. Gibson，1979）。对于婴儿以及一般人来说，知觉是一种需要做出选择的认知成就："知觉是主动的，是获取关于世界的信息的过程……我们不仅是看见，也在观察。"（E. J. Gibson, 1988，p.5）一位神经科学家如是说："你看见自己期待看见的东西或被训练去看的东西，而不是那里有什么就看见了什么。"（Freeman，转引自Bower，2007，p.106）

环境（人、地点和物体）供应或提供了与所有知觉到的东西相互作用的机会（E. J. Gibson，1997）。每个机会都被称作一个**可供性**。究竟哪一个具体的可供性被知觉并被加工，取决于四个因素：感官的觉察、直接的动机、当前的发展水平和过去的经验。

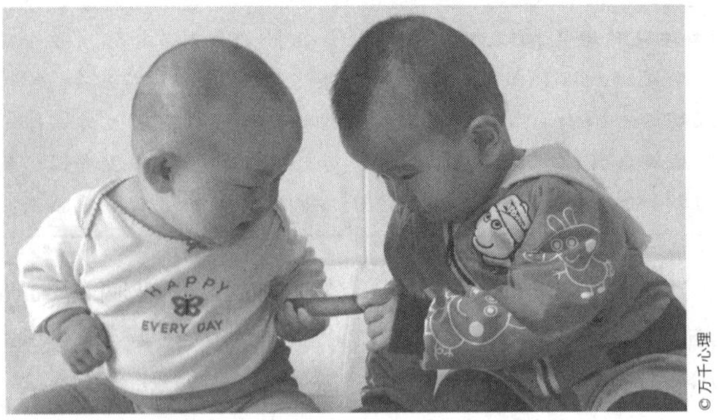

接下来会发生什么？ 信息加工研究想知道当这些婴儿拉住同一块积木时，他们在想什么。那些想法会让他们打起来、哭闹或与彼此分享吗？

例如，想象你在一个不熟悉的城市迷路了。你需要问路。问谁？不是你看到的第一个人。你想找一些有见识的、亲切的人。你正在寻找的就是可供性，你审视着过路人的表情、身体语言、性别、衣着及其他信息（Miles，2009）。

给计算机专家的问题 人类思维在哪些方面与计算机不同？（答复见第141页）

知觉者的年龄会影响什么样的可供性被知觉到。例如，学步儿一旦能跑，就会很喜欢跑，每一个开放的空间都可供其跑步：草地、建筑物长长的过道、高速公路等。对成人来说，跑步的可供性更有限，因为他们注意到草地上有牛在吃草、邻居站在过道的门后以及路上的车辆。再者，动机在可供性中很关键，学步儿已经动起来了，而大多数成人宁愿待在原地不动。

可供性的选择性知觉不仅取决于年龄、动机、背景，还取决于文化。一个婴儿可能不会注意一些成人认为重要的东西，反之亦然。例如，一个美国人在柬埔寨，可能会漏掉社交网络中很重要的迹象。在每个国家，都有一些外国人被视为举止粗鲁，但那些粗鲁行为可能仅仅表明他们的可供性不同于本地人。

可供性的差异在文化内部也很明显。城市居民抱怨农村来的游客走路太慢，但游客会抱怨本地人总是匆匆忙忙。人行道可供快速行走，还是可供观赏城市建筑物，这取决于知觉者个人。

对早期可供性的研究

经验会影响哪种可供性被知觉到，这在深度知觉研究中很明显。相关研究始于一个叫作**视崖**的装

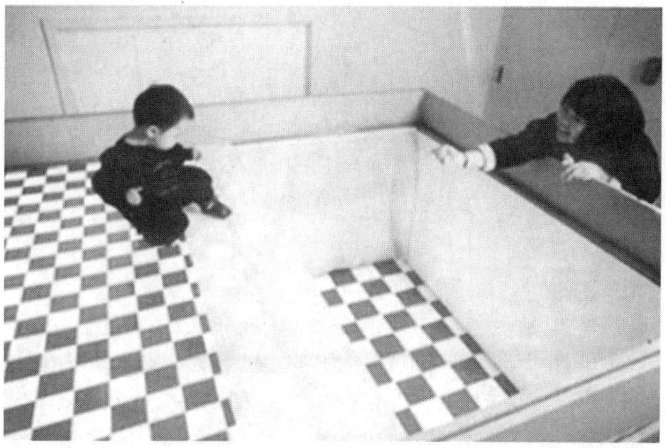

深度知觉　实验室里的这个学步儿正在一个叫作视崖的实验装置上爬。他在感知到会掉下去的边缘处停住了。

置，它的设计使它能产生突然从一个水平面掉落到另一个水平面的错觉。6 个月大的婴儿能在妈妈的鼓励下慢慢扭动着爬过假想的悬崖边，朝妈妈爬去；但 10 个月大的婴儿，即使有妈妈的鼓励，也会胆怯地拒绝往前移动（E. J. Gibson & Walk，1960）。

科学家曾认为，导致 6 个月大的婴儿看不到这个落差的原因是视觉缺陷，具体来说就是尚未形成良好的深度知觉，因此他们才会爬过去。按照这一假设，随着视觉皮层的成熟，10 个月大的婴儿能知觉到爬过悬崖提供了跌落性。但后来的研究（使用更先进的技术）并不支持这一解释。就连 3 个月大的婴儿也注意到了落差：当他们被放到悬崖边时，心率会变慢，眼睛会睁大。他们已经有适当的深度知觉了，只是在会爬之前，他们不知道这样的边缘提供了跌落性。

对视崖危险的知觉取决于经验。差异在于加工，而不在于输入；在于可供性，而不在于感官能力。对视崖可供性的进一步研究考虑了社会背景，主要是母亲鼓励的声调暗示了这个悬崖可供爬过与否（Kim et al.，2010）。

恐惧产生的顺序也相似。到 9 个月大时，相比其他类似的形象，婴儿更易于注意蛇和蜘蛛，但还不害怕它们。几个月后，可能因为从其他人那里学的，他们开始害怕这些生物。因此，知觉是一个先决条件，但它并不总能带来可供性（LoBue，2013）。

>> **答复计算机专家**（问题见第 140 页）　在许多方面，包括计算的速度、与世界各地建立关系网的能力、易受病毒攻击等。在至少一个关键方面，人类的思维更厉害：计算机在几年内就会故障频频、过时淘汰，而人类思维可以持续发展几十年。

给婴儿父母的问题　你应该在婴儿多大时特别担心他们从床上或楼梯上跌落？（答复见第 142 页）

运动

尽管知觉到的可供性因人而异，但所有的婴儿都会被移动着的东西吸引。由于他们天生具有信息加工程序，他们会盯着经过的汽车、屏幕上闪动的影像或旋转玩具看。他们一旦有了能力，就会活动自己的身体，抓、冲、爬、走，这将改变世界可供给他们的东西。作为结果，婴儿努力掌握每一个动作技能（Adolph，2012）。

其他能动的生物会给每个婴儿带来欢乐，尤其是婴儿的照料者。教一个婴儿不去追和抓能动的生物（比如狗、猫，甚至虫子）几乎是不可能的。通常，运动的物体比静止的物体对婴儿更有吸引力。

婴儿对运动的物体的兴趣启发了另一个研究（van Hof et al.，2008）。在 3—9 个月大的婴儿面前以各种速度滚动一个球。当球经过婴儿够得着的地方时，大多数婴儿会努力去摸或抓球。但是，他们对这个球是否提供可抓性的知觉不尽相同。

有时，更年幼的婴儿不去够慢速滚动的球，而是努力去抓更快的球。他们失败了，大约只有 20% 的机会能摸到球。反之，9 个月大的婴儿知道一个球何时可供抓住。他们会抓更慢的球，不抓快的球；他们的成功率几乎是 100%。这一发现“直接来自生态心理学的一个关键概念，即动物以行动的可能性或可供性来感知环境”（van Hof et al.，2008，p.193）。

抓住她　像大多数婴儿一样，她喜欢抓住任何生物，并期待对方的反应。必须承认，人会随时间而变化，想象一下几年或数十年之后的这两个女孩。初初不会再这么抓住沐歌，如果她这样做了，沐歌也不会再如此平静。

记忆

婴儿健忘症一词是指婴儿在2岁之前没有记忆这一观念，它曾被许多成人接受。信息加工却揭示了相反的结论；记忆在非常小的婴儿身上已经显现。

然而，生命头几个月的记忆不足为信。为了加工和记忆信息，需要一定量的经验和一定程度的大脑成熟（Bauer et al.，2010）。

婴儿在出生后第一年很难储存新的记忆，大一些的儿童常常也不能描述他们更小时发生的事情。语言是一个原因：人们用词去储存（有时是扭曲）记忆，所以语前儿童很难进行回忆（Richardson & Hayne，2007），而成人也难以提取早期记忆，因为他们缺乏可以把它体现出来的词语。

但是，一系列实验揭示，就连非常小的婴儿也能记忆，即使他们后来不能用语言表达记忆。在下面两种情形下，记忆尤为明显：

- 动机强烈。
- 提醒和重复强化了提取。

关于婴儿记忆的最鲜明的证据来自一个有创意的实验。在实验中，3个月大的婴儿学习通过踢腿带动一个旋转玩具（Rovee-Collier，1987，1990）。婴儿仰卧，用一根绑在他一只脚上的丝带与一个旋转玩具相连。实际上，每一个婴儿刚开始时都只是偶尔踢腿（以及胡乱挥动胳膊和发出声音），但之后他们意识到踢腿可以让玩具转动起来。然后他们就踢得更用力、更频繁了，有时会因自己的成功而发笑。到目前为止，这并不令人惊奇，观察自我激发的活动，对婴儿来说具有高度强化性，是一个动力系统。【**生命全程链接：第一章。**】

当1周后再次用丝带将旋转玩具和一些婴儿的腿系在一起时，大多数婴儿立刻就开始踢腿了。他们的反应表明他们记得之前的经验。但另一些3个月大的婴儿在2周后再次接受测试时，一开始还只是随意踢腿。很明显，他们已经忘记了学过的东西。这一证据证明生命早期的记忆很脆弱，但这个结论需要修改，至少是需要一些限定。

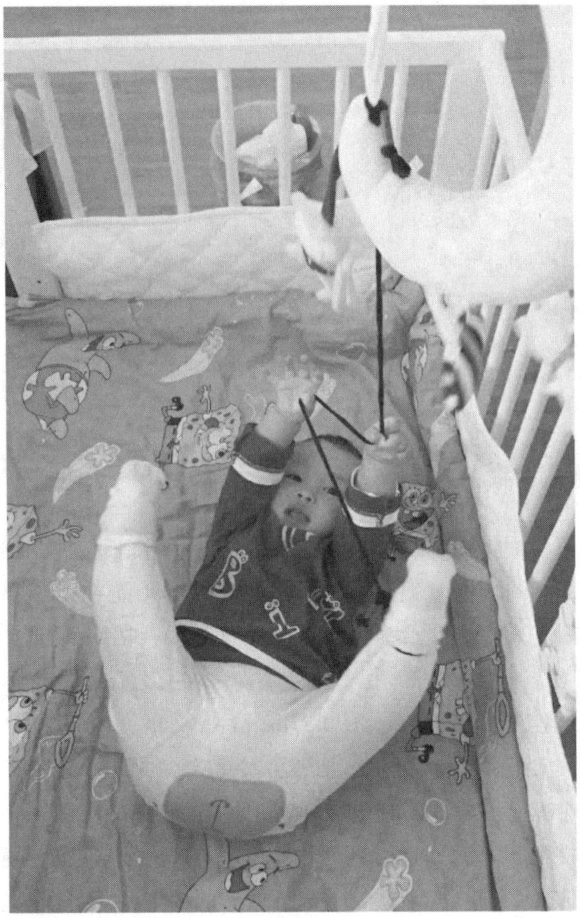

他记得！ 一个幼小的婴儿立即记起了该如何使熟悉的玩具动起来（婴儿不熟悉的玩具不能激发同样的反应）。他踢起左腿，挥动双臂，就像几周前学会的那样。

>> **答复婴儿父母**（问题见第141页） 在儿童生命的最初几年，父母保持警觉非常必要，但最危险的时间是4—8个月，此时婴儿可以爬了，但是还没有学会害怕从边上掉下去。

提醒和重复

领衔的研究员 Carolyn Rovee-Collier 设计了另一个实验，证明了如果在重测前给予一个简单的提醒环节，3个月大的婴儿能记得2周前的事情（Rovee-Collier & Hayne,1987）。**提醒环节**是能帮助人们回忆一个观点、事物或事件的任何体验。

在这个特别的提醒环节中，在最初训练的2周以后，让婴儿先看玩具转动，但没有将他们的腿与玩具系在一起，并且他们躺着的姿势使他们不能踢腿。第二天，再把他们与旋转玩具系到一起，让他们的腿能够活动，这时他们会像2周前学会的那样去踢腿。很明显，前一天观看玩具转动，唤回了他们已经消退的记忆。关于玩具转动的信息储存在他们的大脑中，但他们需要一段加工时间去提取这个记忆。提醒环节提供了这个时间。

其他研究发现，重复提醒比单一提醒更有效，而且背景很关键，尤其是当婴儿小于 9 个月大时：与初次训练使用同一个房间进行测试，有助于记忆的提取（Rovee-Collier & Cuevas，2009a）。

年龄大一点，记得多一点

大约 6 个月大以后，婴儿保留信息的时间比以前更长了，所需的训练或提醒更少了。到第一年结束时，婴儿已经具有了多种类型的记忆。例如，假设一个 9 个月大的婴儿看到某人玩一个他从未见过的玩具。第二天，如果给他提供那个玩具，婴儿将会用相同的方式玩这个玩具。更小一点的婴儿就不会。

许多实验表明，学步儿可以将从一个物体或一个经验中学到的经验迁移到另一个物体或经验中，而且他们可以从各种各样的人和事中学习，包括父母和陌生人、其他婴儿和兄弟姐妹、图画书和家庭合影（Hayne & Simcock，2009）。即使在生命的第 1 年，大脑的树突和神经元也会因经验和记忆而发生改变。【**生命全程链接**：与经验有关的脑发育的阐述在第五章中。】

请注意，这些实验为前面提到的几个事实提供了进一步的证据：婴儿会仔细观察可供性；他们对活动的东西尤为敏感；延迟模仿在皮亚杰界定的第六阶段之前是有可能出现的。

早期的科学家低估记忆发展的一个原因是没有区分**内隐记忆**和**外显记忆**。内隐记忆是一直被隐藏的记忆，直到有一个具体的刺激使它进入意识里（比如旋转玩具实验中的提醒环节）；外显记忆是在需要时可以回忆起来的记忆。外显记忆通常可以用口语表述，因此“尽管外显记忆大约在第 6—12 个月出现，但它还远未得到充分发展”（Nelson，de Haan et al.，2006，p.23）。

外显记忆所依赖的脑区是海马体，该区域出生时就存在，但直到五六岁时才成熟。【**生命全程链接**：第八章中解释了海马体的功能。】那时，儿童对记忆擅长了许多。因此，正规教育要从那时开始也就不足为奇了。

相反，内隐记忆始于出生之前。内隐记忆在刚刚提到的所有例子中都存在。在这些例子中，记忆来自情境，而非来自对口头问题的回答。

例如，一些人小时候曾经会说某种语言，长大以后往往对该语言没有外显记忆，声称自己已经把小时候能说的西班牙语、法语、汉语或其他什么语忘得一干二净了。如果问他们一个常见的东西用那个语言怎么说，他们会诚实地回答不知道（Bowers et al.，2009）。而且，在最初测试时，这些成人在理解上一点也不比那些从未听过该语言的人好。

然而，重复接触发现了来自婴儿期的内隐记忆。一个忘记了小时候学过的西班牙语的学生比那些婴儿期从未接触过西班牙语的学生在西班牙语课上学得更快。很明显，前几周的课程被用作提醒环节。提醒也可以解释“似曾相识感”；有时，以前从未见过的人、地点或气味之所以让人感觉熟悉或能唤起某种情绪，是因为非常相似的事情在婴儿期发生过，而且这段记忆被不知不觉地储存起来了。

婴儿可能在脑中储存了许多情绪和感觉，但不能容易地将它们提取出来。信息加工方法发现，婴儿期记忆对后期发展的重要性，远远超过早期思维的其他成分，如注意和加工速度（Rose et al.，2009）。大量研究发现，记忆有助于学习早期词语，那些词语反过来又有助于后来的记忆编码（Richardson & Hayne，2007）。人们需要在婴儿能说话之前很久，就对他们说话。

来自信息加工的一个至关重要的真知灼见是，即使在婴儿期早期，大脑也是一个非常主动的器官。因此，经验和记忆的细节在决定一个婴儿知道或不知道什么方面非常重要。婴儿很快就能够进行概括了。在一项研究中，6 个月以上的婴儿玩一个新奇的木偶，只玩两次，每次 30 分钟；1 个月后，他们仍记得该经验，这对不能说话甚至还不会站立的婴儿来说，是一种惊人的记忆壮举（Giles & Rovee-Collier，2011）。

许多研究表明，婴儿不仅能记住具体的事件和物品，而且能记住背后的模式和总体目标（Keil，2011）。一些研究提供了部分例子，比如，关于听到什么样的音节和节奏，以及一些物体如何随着另一些物体移动的记忆。还有一些例子来自在家中对婴儿的密切观察，比如，婴儿对妈妈和对爸爸的期待不同，或者哪些细节意味着该睡觉了。在婴儿幼小生命的每一天，他们都在加工信息、存储结论。

给教师的问题 各个年龄的人都在主动学习时记得更牢。如果你不得不给一班 8 岁的孩子讲分数，你会怎么做？（答复见第 145 页）

小 结

信息加工论分析思维起始的每一个成分；它们是如何被组织、记住和表达的；认知是如何日复一日建构起来的。婴儿的知觉受到具体经验和动机的强力影响；一个婴儿知觉到的可供性与其他人知觉到的不同。记忆依赖大脑的成熟和经验。由于这个原因，生命第一年的记忆很脆弱（不过能被提醒触发）；记忆在第二年变得更加明显了，但依旧脆弱。■

>> 语言：最初两年的发展

再也没有其他物种像人类那样拥有可支持约 6000 种语言的大脑神经元和神经网络了。许多动物也彼此交流，但人类 2 岁时的语言能力已经远远超过任何其他物种完全成年后的语言能力。婴儿是如何做到的？

普遍顺序

语言发展的顺序全世界都一样（参见“大约在此时”专栏）。一些儿童学习多种语言，一些儿童只学一种语言；一些人学得很快，一些人学得很慢；但他们都遵循同样的路径。即使是后来获得了一些听力的聋儿（得益于人工耳蜗）也按照这一顺序发展，并逐渐追上他们的同龄人，除非他们有多重残疾（Fazzi et al.，2011）。学习手语的婴儿也是从一次一个单词开始，然后逐渐比画出不断变长、变复杂的句子。

听和反应

语言学习开始于出生前（Dirix et al.，2009）。新生儿更喜欢听他们在子宫里时母亲所讲的语言，不是因为他们能理解意义，而是因为他们熟悉了该语言的节奏、声音和韵律。

令人惊奇的是，双语母亲的新生儿能够分辨两种语言（Heinlein et al.，2010）。研究者在加拿大温哥华市的一所大医院收集了 94 名新生儿（0—5 天大）的数据。一半婴儿的母亲说英语和塔加拉族语（菲律宾当地语言），1/3 的母亲只说英语，1/6 的母亲说英语和汉语。双语母亲在较正式的场合用英语，和家人交流不用英语。

让这三组婴儿吮吸奶嘴，同时给他们播放 10 分钟用英语或塔加拉族语录音的句子，这些句子在音高、音长及音节数上是相互匹配的。大多数双语母亲的婴儿更喜欢塔加拉族语，单语母亲的婴儿更喜欢英语。但英汉双语母亲的婴儿（他们之前从未听过塔加拉族语）也喜欢塔加拉族语。研究者认为，他们之所以喜欢塔加拉族语，是因为亚洲语言的节奏接近汉语多于接近英语（Heinlein et al.，2010）。

大约在此时

头两年口语的发展

年龄*	交流方式
新生儿	反射性交流——哭、动作、面部表情。
2 个月	一些有意义的声响——咕咕声、哭闹、大哭、大笑。
3—6 个月	新声音，包括尖叫、咆哮、低哼、颤音、元音。
6—10 个月	咿呀学语，包括在音节中重复的辅音和元音。
10—12 个月	理解单个词语；类似讲话的语调；特定发音，了解婴儿的人知道其含义。聋儿会比画出他们的第一个手语；使用助听器的婴儿也能用特定的手势（如，用手指）交流。
12 个月	说出第一个单词，能辨认出其是母语的一部分。
13—18 个月	词汇量的缓慢增加，直到将近 50 个单词。
18 个月	命名爆炸——每天学会三四个词。很大的差异：一些学步儿还不会说话。
21 个月	第一个由两个词组成的句子。
24 个月	多词句。学步儿说的话语有一半包含两个或更多的单词。

*此表中的年龄反映的是常模。许多健康的、聪明的儿童达到每一个语言成就的时间早于或晚于这里标示的时间。

相比机械声（如时钟滴答声），幼小的婴儿更多注意语音，而且会密切注视跟他们说话的人的面部表情（Minagawa-Kawai et al.，2011）。到 6 个月大时，仅仅通过看到某人的嘴部动作（没有声音），婴儿就能区分那个人是否在说母语（Weikum et al.，2007）。到 1 岁时，即使不理解讲话的实际内容，他们也更可能模仿一个讲母语的陌生人的动作，而不是讲

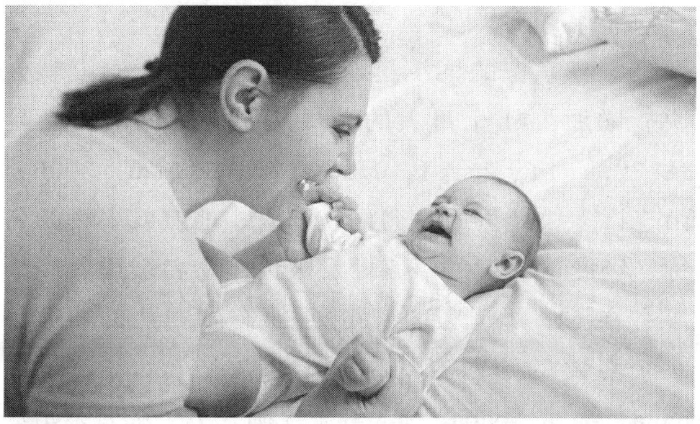

谁在咿呀学语？　可能这个6个月大的婴儿和这个27岁的成人都在咿呀学语。在婴儿期的每一天，母亲和婴儿都在用声音、动作（注意手）和表情交流。

另一种语言的人的动作（Buttelmann et al.，2013）。

对于他们常听的语言，婴儿分辨其语音的能力不断进步。但是对于他们在母语里从未听过的语音（例如，如何发出r音或l音），他们的听力能力则逐渐退化（Narayan et al.，2010）。如果父母希望孩子自然而然地说两种语言，他们必须对婴儿说这两种语言。

在所有语言中，成人在跟婴儿讲话时，都会使用更高的音频、简单的词语、重复、多变的语速和情绪夸张的语调（Bryant & Barrett，2007）。这种特殊的语言形式有时被称作*儿语*，因为它们是指向婴儿的；有时被称作*妈妈语*，因为哪里的妈妈都会这样和自己的宝宝说话。母亲以外的人也会这样说话。出于这个理由，科学家更喜欢使用一个正式的名称——**儿向语**。

不管使用什么术语，儿向语都能促使婴儿学习，使婴儿尽最大可能去交流。到4个月大时，他们会尖叫、咆哮、咯咯笑、哼哼、轻哼和叫喊，告诉所有人他们在想什么，对他们自己的内部状态和照料者的话语做出回应。到7个月大时，婴儿开始能辨认那些差距很大的词（Singh，2008），例如，可以区分奶瓶、狗、妈妈，但不能区分听起来很接近的词（宝贝、博比、芭比）。

婴儿不仅喜欢儿向语，他们也喜欢押头韵、押尾韵、重复、有节奏和多变的频调（Hayes & Slater，2008；Schon et al.，2008）。想想你最喜爱的摇篮曲（摇篮曲的英文“lullaby”本身就是一个押头韵单词）；很明显，婴儿喜欢语音多于内容。

咿呀学语

在6—9个月时，婴儿会重复某些音节（ma-ma-ma，da-da-da，ba-ba-ba），这种发声被称作**咿呀学语**，因为它听起来咿咿呀呀的。咿呀学语是经验预期型的；所有婴儿都会咿呀学语，包括聋儿。因为婴儿喜欢“使有趣的事情持续下去”，所以在对儿向语做出的回应中，咿呀学语越来越多。聋儿会逐渐停止咿呀学语，但会用更多的回应性手势。

接近第一年结尾时，咿呀学语听起来开始像婴儿的母语了；婴儿会模仿口音、抑扬顿挫和辅音等。对父母和聋儿之间手语的视频录像表明，10个月大的聋婴儿能以重复的方式使用十几种不同的手势，这与听力正常儿童的咿呀学语相似。

许多照料者认识到了手势的作用，教给他们6—12个月大的婴儿“婴儿手语”，这些婴儿在学会运用舌头、嘴唇和下腭说出具体的单词之前的几个月，就已能用手语交流了。没有证据表明学习婴儿手语能促进婴儿说话（曾有这样的说法），但它似乎能让母亲更多地进行回应，这本身也是一种优势（Kirk et al.，2013）。

给护士和儿科医生的问题　孩子6个月大时，其父母才得知他们的孩子是聋儿。他们不相信，因为这个孩子像其他孩子一样在咿呀学语。你会跟他们说什么？（答复见第147页）

>> 答复教师（问题见第144页）　请记住婴儿记忆三原则：真实生活、动机和重复。找一些儿童喜欢的东西，其中包含儿童还没有意识到的分数概念。比如，拿一张比萨饼，让他们分为两份、四份、八份、十六份，依此类推。

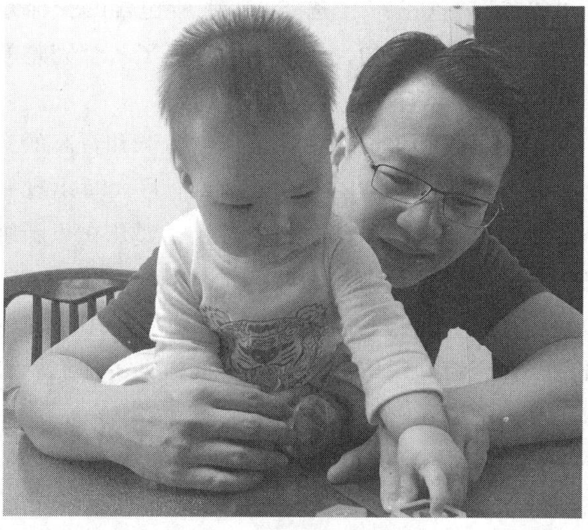

给我看在哪儿　用手去指是最早的交流形式之一，大约在婴儿10个月大时出现。就像你在此图上看到的，会用手去指向某物对人终生都有用。

一个早期的手势是用手指点，它是一个高级的社会性手势，需要理解另一个人的视角。大多数动物不能解释“指”这个动作；大多数10个月大的婴儿可以看向其他人所指的方向，自己也可以用小小食指（不只是整只手）指点，甚至指向一个物体本应在但尚未到位的地方（Liszkowski et al.，2009；Liszkowski & Tomasello，2011）。到12个月大时，“指”这个动作已经做得很好了，尤其当指的人边指边说（如，“看那个”）时（Daum et al.，2013）。

最先说出的词

最终到1岁时，婴儿通常能说出几个词，即使陌生人听不懂，至少他们的照料者是可以理解的。例如，一个叫凯尔的孩子在13个月大时，能说出标准的单词，如mama，但他也会说da、ba、tam、ipma和daes，父母知道这些发音分别代表“downstairs（楼下）”“bottle（瓶子）”“tummy（肚子）”“oatmeal（燕麦片）”和“starfish（海星）”。凯尔还有一个特别的发音用来称呼松鼠（Lewis et al.，1999）。

逐渐开始

在第二年的第一个月，口语词汇量逐渐增加（可能每周学会一个新词）。但是，语意的学习非常快；婴儿能理解的词语是他们能说的10倍。一开始，最初学会的单词仅仅是对熟悉事物的标记（最常见的就是“妈妈”和“爸爸”），但在早期词语之后很快就出现手势、面部表情以及音调、音量和抑扬顿挫上的细微差异（Saxton，2010）。想象一下“爸爸”“爸爸？”“爸爸！”中所包含的交流意义。它们都是**单词句**，一个单词表达了一个完整的意思。

在咿呀语和单词句中，语调（音调和音高的变化）大量存在，只是在婴儿约12个月大时出现一个短暂减少。很明显，在这个时候，婴儿在重新组织他们的发声，从普遍型转向语言特定型（Snow，2006）。他们不再只是制造噪声，他们在用特定的语言努力交流。说出有意义的单词占据了他们所有的注意，他们无暇顾及语调。

对早期语言的详细考察发现，在另一些时候，在新的说话技能爆发之前，婴儿发声的速度变缓；知觉影响行动（Pulvermuller & Fadiga，2010）。神经系统的发展可能暂时抑制了发声（Parlade & Iverson，2011）。

命名爆炸

一旦掌握的词汇量超过50个，口语词汇就会快速增加，21个月大的学步儿能说的词语通常是18个月时的2倍（Adamson & Bakeman，2006）。由于许多早期词语是名词，即人、地点或事物的名称，因此这一次的语言爆发被称作**命名爆炸**。

在12—18个月时，几乎所有的婴儿都知道每一个重要的照料者的称呼（通常是dada、mama、nana、papa、baba、tata等，见附录A）和兄弟姐妹（有时还有每一只宠物）的名字。其他常说的词指向食物（nana可能是指“香蕉”或“奶奶”）和排泄（pee-pee、wee-wee、poo-poo、ka-ka、doo-doo）。

注意，所有这些词都有两个同样的音节，每个辅音后跟着一个元音。许多词遵循这个模式，不仅是baba，还有bobo、bebe、bubu、bibi。其他早期词语只是略微复杂一些，如mame、ama，等等。这些词的意思在不同的语言里不同，但世界各地的每个儿童都能说这些词，只是文化赋予了这些词特定的意思。

文化差异

在不同的文化和家庭中，儿童听到的儿向语数量不同。一些父母会给婴儿读书，教他们手势，对宝宝的每个嗝和放屁都做出回应，好像这些也是说话的尝试。另一些父母更少说话，他们会用手势和抚摩；他们只说“嘘”和“不”，而不是更丰富的词语。

到5个月大时，婴儿更喜欢经常用儿向语的

文化价值观 如果这个女孩来自厄瓜多尔寡言的奥塔瓦洛文化的典型家庭，那么她会比其他地方的儿童更少听到谈话。在多数西方文化中，这是一种叫作忽视的虐待。然而，每种文化都会鼓励它认为有价值的品质，流利的口语并不是这种文化所看重的。在这里，说多于听的人会受到排斥，而能保守秘密的人则得到赞扬。所以在奥塔瓦洛文化中，鼓励孩子说话才是一种虐待。

成人，即使在这些健谈的成人短暂沉默时。很明显，就像婴儿想尽快掌握动作技能一样，他们想从能接触到的最好的老师那里学习语言（Schachner & Hannon，2011）。他们很快就喜欢上了本文化的词语和重音，乃至本文化的音乐节律（Soley & Hannon，2010）。

给照料者的问题 一个学步儿叫两个人“妈妈”。这是紊乱的迹象吗？（答复见第148页）

词类

尽管所有刚学会讲话的人都会说名字、使用相似的发音，而且都喜欢名词多于喜欢其他词类，但名词对动词和形容词的比例却因地而异。例如，18个月大时，说英语的婴儿和说汉语或韩语的婴儿相比，说出名词的比例比动词高。这是为什么？

一个解释指向语言本身。汉语和韩语是“动词友好”语言，动词位于一个句子的开头和结尾。这促进了学习。英语的动词可以在句子中随处出现，而且其形式会毫无道理地变化。这种无规则性导致英语动词更难学。

另一种解释指向整个社会语境；在北美，玩各种玩具、了解各种物品是日常的常规做法；而东亚文化强调人际互动，具体地说，就是一个人如何应对另一个人。相应地，人们认为北美婴儿能命名许多物品，而亚洲婴儿对物品做出行动（正如第一章所述）并对他人做出回应。因此，中国的学步儿可能很早就学会了“来”“玩”“爱”“拿”“跑”等动词。

一个更简单的解释是，年幼的儿童对语音更敏感。动词的发音如果更像动作的话，学起来更容易（Imai et al.，2008），而这样的动词在一些语言中比在其他语言中更常见。

英语没有太多拟声动词，这让动词学习起来更困难［“jump（跳）”“kiss（吻）”和“poop（排便）”等词是较早学会的，是例外。］如果同一个词既可以是名词也可以是动词，讲英语的母亲会用不同的方式说这个词：例如，“吻”更被强调是名词，而非动词，所以婴儿学会这个名词早于动词（Conwell & Morgan，2012）。婴儿更关注语音，这解释了为什么许多学步儿从未去过农场，却知道牛“哞哞”叫，鸭子“嘎嘎”叫。

将词放在一起

语法是语言为了传达意义使用的所有方法。词序、前缀、后缀、语调、动词形态、代名词、否定式、前置词和冠词，所有这些都是语法的不同属性。在单词句中也能隐约看到语法，但在18—24个月时，语法才变得明显，这个年龄的学步儿开始使用双词组合（Bremner et al.，2010）。

例如，“宝宝哭”和“还要果汁”遵循了语法的词序。没有孩子会说“果汁还要”，而且就连学步儿都知道“哭宝宝”和“宝宝哭”不同。到2岁时，儿童能将3个词组合起来。英语语法使用了“主谓宾”形式，例如，学步儿会说“妈妈看书”，而不是这三个词的其他五种可能的组合方式。

儿童的语法与句子长度相关，这就是为什么在任何一种语言中，**话语平均长度（MLU）**都被认为是学步儿语言发展的一种准确的测量（如，Miyata et al.，2013）。会说“宝宝在哭”的孩子与那些会说“宝宝哭”或只会说单词句“宝宝”的孩子相比，在语言发展上更先进。

幼小的儿童可以掌握两种语言，不是一种。儿童是统计学家：他们暗中记录单词和短语的数量，然后用一种、两种或更多种语言来记住那些最常表达的词和短语（Johnson & Tyler，2010）。【**生命全程链接**：关于双语学习的讨论见第九章。】

语言学习理论

在全世界，2岁以下的孩子就已经开始说母语了。他们不断快速地学习：一些十几岁的孩子就已经创作歌词或发表演讲，并因此打动了无数和他们讲同一语言的人。这么容易地学习语言并且学得这么好，是怎么做到的？

答案来自三个不同的理论流派，每一个都与第二章所介绍的一种经典理论相连：行为主义、社会文化理论和进化心理学。第一个理论认为婴儿是直接被教会的；第二个理论认为社交驱力推动了婴儿的交流；第三种理论认为婴儿之所以理解语言，是由于数千年前的大脑进化的结果，它使我们这一物种得以生存。

>> 答复护士和儿科医生（问题见第145页） 要求父母开始学习手语，并探讨耳蜗植入的可能性。咿呀学语有生物基础，并于一个特定的时间开始，不管是聋儿还是有听力的婴儿都是如此。如果他们的婴儿可以听见，那么学习手语不会对他们造成伤害。但如果孩子是聋儿，没有交流则可能是有害的。

理论一：婴儿需要教

第一个理论的种子早在50多年前就已埋下，当时北美心理学领域占主导地位的理论是行为主义，或称学习理论。该理论的核心观点是所有学习都是后天通过联系和强化逐步获得的。就像巴普洛夫的狗学会将声音与食物联系起来一样，婴儿可以将物体与词联系起来，尤其在给予强化时。

斯金纳（B. F. Skinner，1957）注意到，自发的咿呀学语通常会被强化。典型的是，每当婴儿发出“ma ma ma ma”音时，笑眯眯的妈妈就会出现。妈妈会重复这个发音，并倾注给婴儿关注、表扬或许还有食物。婴儿知道了可供性，并在感到孤独或饥饿时重复发出“ma ma ma ma”；通过这种操作性条件反射，说话便开始了。

斯金纳认为，大多数父母都是优秀的指导员，会对婴儿的手势和声音做出反应，从而强化言语（Saxton，2010）。即使在文字出现之前的社会，父母也会使用儿向语，用提高音高、短句子、重读的名词和简单的语法做出快速回应，这正是行为主义者建议的技巧。

这一理论的核心观点是：

- 父母是娴熟的老师，其他照料者也能提供帮助。
- 频繁的重复具有教育性，尤其是与日常生活相联系时。
- 如果教导有方，婴儿会变成话语流畅的儿童。

行为主义者注意到，一些3岁的儿童能用复杂的句子交谈；另一些却仅能说出一个一个的简单的词。这种差异与每个儿童听到的语言量有相关性。对口语最好的儿童，他们的父母在孩子整个婴儿期都在教授他们语言，通过唱歌、解释、倾听和回答，且每天都读书给孩子听，甚至在1岁之前就开始了（Forget-Dubois et al.，2009；见图6.2）。

理论二：社交驱力促进婴儿的语言

第二个理论被称作社会语用学，它出自语言的社会文化原因——交流。按照这种理论观，婴儿之所以交流，是因为人是社会性动物，为了生存和快乐而相互依赖。每种文化都有其推进社会交往的做法；说话就是其中之一。因此，所有的人类婴儿（黑猩猩就不能）都会掌握单词和语法，以融入自己身在其中的社会（Tomasello & Herrmann，2010）。

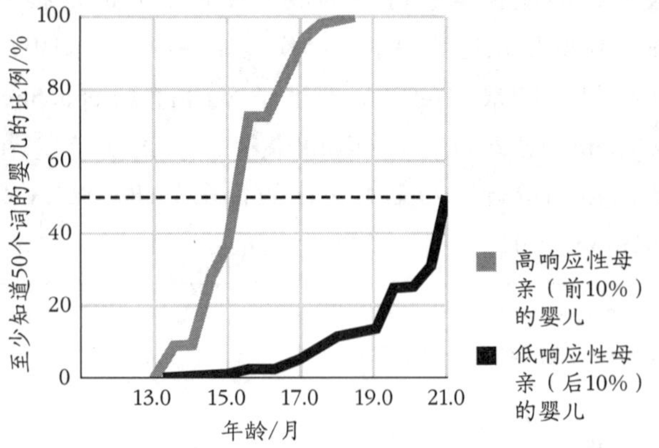

来源：Adapted from Tamis-LeMonda et al.，2001，p.761.

图 6.2

母亲的响应性与婴儿语言获得　在早期语言获得中，学会最初的50个词是一个里程碑，它预示着几周之后命名爆炸和多词句的到来。研究者发现，9个月大时母亲具有高响应性（前10%）的婴儿早在15个月大时就达到了这一里程碑，有低响应性母亲（后10%）的婴儿达到该里程碑的时间显著落后。

>> 答复照料者（问题见第147页）　一点也不会。学步儿能听到许多人叫“妈妈”（他们自己的妈妈、他们的祖父母、他们的表兄妹或朋友的妈妈），从许多人那里体验到母爱，所以如果他广泛地使用“妈妈”这个称呼，一点也不用奇怪。最终，他们会将该标签限定到一个人身上。

给教育者的问题　某日托中心新来了一个孩子，他父母所说的语言与老师所说的语言不同。老师是应该学习这个新语言中的基础词语，还是应该期望这个孩子去学习主流语言？（答复见第150页）

根据这一理论观，推动交流的是言语的情绪信息，而非词语。在一项研究中，让从未听过英语的人（居于安第斯山脉附近的与世隔绝的舒阿尔族狩猎采集者们）听北美母亲对婴儿说话的录音。舒阿尔人能成功地区分言语中传达的安慰、赞许、提醒注意和禁止，而他们并不知道其中任何词的意思（Bryant & Barrett，2007）。这一研究表明，语言中的社会性内容是共通的，由于婴儿是社会性生物，所以他们会去学习文化提供的任何细节的东西。

社会性学习的证据来自儿童教育项目。许多1岁婴儿喜欢看电视和视频，但只有当成人主动参与教育时，他们才能从中获益（参见“对立的观点”专栏）。在一项对照实验中，一个人面对面地

对立的观点

语言和视频

只要给予适当的机会、鼓励和练习，学步儿可以学会在大海里游泳、把球投进篮筐、在悬崖边的窄道上行走、使用iPad①、用锋利的刀子切割物体、弹吉他、说出抽认卡片呈现的单词、背诵诗歌、骂人，不一而足。事实上，在世界上的有些地方，有些学步儿会做所有这些事情，令其他地方的成人失望、反对甚至震惊。婴儿会去做别人做的事，这种特质可以培养快速学习，也给照料者带来挑战，因为这样的行为难以保证“小小科学家”的安全。由于语言学习至关重要，大多数父母都希望加快孩子在这方面的学习。

商业公司意识到学步儿喜欢学习，而且父母急于教他们。婴儿容易被动态的活动吸引，尤其是如果其中包含了动作、声音和人时。这也是面向儿童的视频受欢迎的原因，正如一位母亲所言，“就像给婴儿的可卡因”（引自 de Loache et al.，2010，p.1572）。这些产品的命名是为了吸引成人而设计的，如《宝贝爱因斯坦》《聪明宝宝》《爸爸妈妈的莫扎特——启动新生儿的智商》，并发布带有客户评价的广告。科学家认为这样的广告具有欺骗性，一个案例证明不了什么，只有具有良好对照的实验才能证明因果关系。

实际上，科学家认为事实与商家的许诺正好相反。一个著名的研究发现，看过《宝贝爱因斯坦》的婴儿在语言发展上较其他婴儿更晚（Zimmerman et al.，2007）。美国儿科协会建议，不让2岁以下的婴儿看电视（包括商业视频）。

这些结论并不“强而有力”。这意味着一些证据的解释不具有绝对禁令那样的强迫力（Ferguson & Donnellan，2013），但总的来说，大多数发展学家发现，尽管一些教育类视频可以帮助稍大一些的儿童，但在婴儿期，视频绝不能成为“充满感情的面对面交流的替代品”（Lemish & Kolunki，2013，p.335）。智力发展的关键因素是照料者对儿童的应答性（Richert et al.，2011）。

2012年，一个叫《我的宝宝能阅读》的产品退出了市场，因为专家反复攻击了它的自夸，而对商家来说，诉讼辩护费用过高（Ryan，2012）。但许多此类产品仍在售卖，新的仍在继续冒出。2009年，《宝贝爱因斯坦》的版权方输掉了一场诉讼，承诺不再声称它是教育性的，并做了退款，但正如一个批评家所言：

> “最重要的问题是，这一产业的存在是想利用大众对尽早造出高智商孩子的迫不及待来赚钱，而且它已经变成了一个价值百万千万美元的产业。即使……在宝贝爱因斯坦公司承认其产品不具有教育性之后，其产品依然畅销。”
>
> （Ryan，2012，p.784）

这似乎是儿童专家和商业领袖之间的一场博弈，家长们各站一边，婴儿被挟持在中间。你支持哪一边？更重要的是，为什么？

① 苹果公司的平板电脑。——译者注

教1岁婴儿学习词语，效果比同是这个人在视频中教课让婴儿看要好得多（Roseberry et al.，2009）

理论三：婴儿自学

第三个理论认为语言学习在遗传上已被设定为在某一特定年龄开始；成人不需要教，语言也不是社会交往的副产品（第一个和第二个理论）。它来自人类普遍的模仿冲动。正如在记忆研究中解释过的，婴儿和学步儿会观察他们看到的，并应用它们，但不是盲目照搬，而是按照他们自己随着大脑成熟而不断发展的概念和意图去应用，并随着他们大脑的成熟而发展。第三个理论提出，这才是婴儿对他们听到的语言所做的事情（Saxton，2010）。

这一理论观点开始于斯金纳提出其语言学习理论之后不久。诺姆·乔姆斯基（Noam Chomsky，1968，1980）和他的同事感到语言太过复杂，不可能仅仅通过一步步的条件反射来掌握。行为主义者关注儿童在词汇量上的个体差异，而乔姆斯基则关注语言获得的相似性，即普遍性，而非差异性。

乔姆斯基注意到，所有的年幼儿童都是按照同一个时间表来掌握基本语法的，他引用这一**普遍语法**作为证据，证明人类天生具有一个智力结构，使他们能够去寻找人类语言的一些组成元素。例如，在任何地方，提高音调都意味着提出疑问。

乔姆斯基将他设想的这个智力结构称为**语言获得装置（LAD）**。这个语言获得装置使儿童能够随着他们大脑的发育，快速有效地从日常听到的语言中推断出语法规则，不管其母语是英语、泰语还是乌尔都语。

一些学者赞同乔姆斯基的所有婴儿都试图用头脑去理解和说他们听到的语言这一观点。孩子是热切的学习者，语言可以被视为神经系统成熟的一个方面（Wagner & Lakusta，2009）。这一观点没有抹杀语言和文化在发音、语法和其他几乎所有方面的差异，其最基本的观点是"语言是人性的窗口，暴露出思维和情感的深层的、普遍的特性"（Pinker，2007，p.148）。

世界上各种各样的语言都是有逻辑性的、连贯一致的、有系统的。婴儿准备就绪去掌握他们接触到的某种语言，这使照料者的话语"不是一个'触发点'，而是'营养品'"（Slobin，2001，p.438）。按照第三种理论，不需要一个触发点，因为发育中的大脑正期盼着词语，它将迅速有效地连接神经元以支持婴儿听到的那种语言。因此，尽管某些具体的词语是经验依赖型的，但语言本身是经验预期型的。

一种混合理论

这三种理论中哪一个正确？或许它们都正确。在一本集有12个实验的细节和结论的专著中，作者提出了一个涵盖之前理论的混合理论（混合一词从字面上理解，是混血的意思，指"组合了其他生物而形成的一种新的生物"）（Hollich et al.，2000）。由于婴儿学会用语言去做许多事情，如表明意图、用名字称呼某个物体、把单词凑在一起、与家庭成员说话、对自己唱歌、表达愿望和记住过去等，因此某个理论或许可以最好地解释某个年龄的语言学习的某些方面，而另一理论或许能够最好地解释另一年龄的语言学习的另一些方面。

>> 答复教育者（问题见第148页）　可能两者都需要。婴儿喜欢交流，他们寻找一切机会去交流。因此，教师应尽力理解婴儿和他们的父母，但是也应该开始教婴儿学习学校中的主流语言。

给护士和儿科医生的问题　鲍勃和琼一直在阅读关于儿童语言发展方面的内容。他们相信语言是自然而然发生的，因此他们不需要对6个月大的儿子说话。你会做何反应？（答复见第152页）

尽管建立该理论的初衷是解释婴儿最初获得的词语（大多数是名词），但它也能解释动词的学习——感知的、社交的、语言的能力结合起来共同使之成为可能（Golinkoff & Hirsh Pasek，2008）。语言学家试图理解大多数儿童是如何学习一种以上语言的：似乎很多策略都是有帮助的（Canagarajah & Wurr，2011）。

经过大量研究，另一个科学团队也采纳了一种混合理论，他们的结论是"注意、社交和语言的多重线索"有助于早期语言获得（Tsao et al.，2004，p.1081）。自然提供了语言学习的多种路径，不同的理论专家强调其中不同的路径，这在理论上和实践上都是有道理的（Sebastian-Galles，2007）。

而且，有些孩子似乎用一种方式学得更好，而另一些孩子用另一种方式学得更好（Goodman et al.，2008），父母需要常常与他们的婴儿说话（理论一），鼓励社会交往（理论二），并理解儿童天生的能力（理论三）。

一位专家这样总结：

> *"从当前的观点来看，我们揭开语言获得之谜的最大希望在于有一套整合了多种因素的理论方法，也就是说，这种理论方法不仅要整合一些外显的语言模型，而且要整合所涉及的所有生物的、文化的和心理语言的过程。"*
>
> （Tomasello，2006，pp.292-293）

每一种理论在某一些方面正确这一观点看上去有点理想主义。但致力于扩大和解释语言获得研究的科学家得出了相似的结论。他们争论说，语言

可视化发展

早期交流和语言发展

Ⓐ 交流的里程碑：最初的两年

月龄	交流的里程碑（标志性事件）
0	反射性交流——哭、动作、面部表情
1	识别一些声音 发出不同的哭声和语音 转向熟悉的声音
3	一些有意义的声响——咕咕声、哭闹、大哭、大笑 形成社会性微笑 开始有了笑声 模仿动作 喜欢与人交往
6	新声音，包括尖叫、咆哮、低哼、颤音、元音 有意义的手势，包括表达兴奋（挥动胳膊和腿） 聋儿做出最初的手势 识别自己的名字并做出反应 表达负面情绪（用面孔和胳膊） 能够通过声音的语气区分情绪 通过制造声音对响声做出反应 用声音表达高兴和不快 咿呀学语，包括在音节中重复的辅音和元音
10	做出简单的手势，比如用举起胳膊表示"抱我起来" 识别指向手势 发出一个声音（不是可以识别的语言）表示特定的事物 回应简单的要求
12	关注言语 做出更多的手势，如摆手表示"不" 有音调变化的咿呀学语 命名熟悉的人（如"mama""dada""nana"） 使用感叹词，如"哦—哦！" 努力模仿词语 指向并对指向做出回应 说出第一句可被识别为母语的口头语言
18	组合两个单词（如"爸爸再见"） 词汇量缓慢增长到 50 个 语言的运用集中在 10 ～ 30 个单词句上 使用名词和动词 利用动作，如跑或扔，来表达情绪 命名爆炸开始；每天学习 3 个以上词语 呈现更大的个体差异性：一些学步儿还不会说话
24	能组合使用 3 个或 4 个单词。学步儿说的话有一半含有两个或以上的单词。 使用形容词和副词（蓝色的、大的、温和的） 唱简单的歌

Ⓑ 全世界的宝宝最初说出的词

在所有文化中，小宝宝最初说出的词惊人地相似。称呼母亲和父亲的词在几乎所有语言中都能辨识出来。大多数婴儿将在 12—18 个月时学会称呼他们最亲近的家人和照料者。

语言	母亲	父亲
英语	mama、mommy	dada、daddy
西班牙语	mama	papa
法语	maman、mama	papa
意大利语	mamma	bebbo、papa
拉脱维亚语	mama	te-te
阿拉伯语（叙利亚）	mama	babe
班图语	be-mama	taata
斯瓦希里语	mama	baba
梵语	nana	tata
希伯来语	ema	abba
韩语	oma	apa

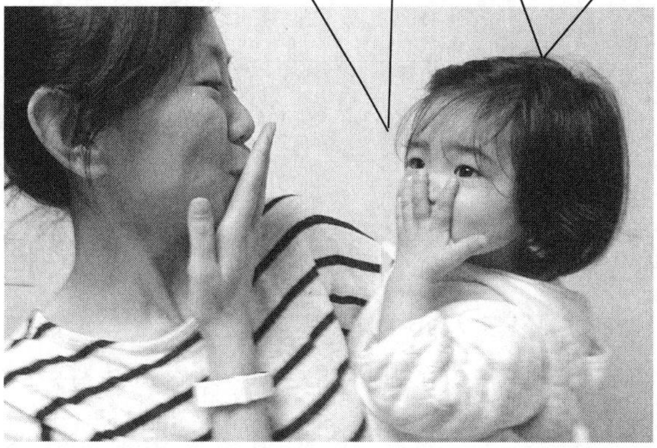

© 万千心理

Ⓒ 掌握语言

随着儿童获得更多的词语，并开始掌握语法和用法，他们的语言使用变得越来越复杂。儿童的话语或一般话语可以拆分为最小语言单位，以确定其长度和复杂性：

所使用的话语举例

"狗！"	=1
"狗 + 睡觉"	=2
"狗 + 在 + 睡觉"	=3
"嘘！ + 狗 + 在 + 睡觉"	=4
"嘘！ + 狗 + 是 + 在 + 睡觉"	=5
"嘘！ + 这 + 狗 + 是 + 在 + 睡觉"	=6

简单 → 复杂

学习既不是重复输入的直接产物（行为主义），也不是人类神经系统的某个具体能力的结果（语言获得装置）。相反，从进化观来看，“语言器官的不同组成部分可能以不同的方式进化”，因此需要一种“零碎的、经验论的”理论方法（Marcus & Rabagliati，2009，p.281）。换个说法，没有一个理论可以独立地解释婴儿是如何学习语言的：人类是以多种方式实现这一壮举的。

从婴儿认知的研究中我们能得出什么结论？婴儿是语言和概念的主动学习者，他们试图对物体进行实验，并寻找方法以达到目标。正如第五章中描述的生物社会性发展，婴儿只要有可能，就会努力翻身、爬和走，认知的发展也是这样的（参见本章的“可视化发展”专栏）。

现在回到亨利叔叔身上。我的堂兄弟们热爱他们的母亲，因为她本能地知道婴儿想学习。他们长大以后意识到，就像发展学家意识到的那样，在生命的最初几周，照料者（既有母亲也有父亲）可能是最初的老师，或许也是最好的老师。

>> **答复护士和儿科医生（问题见第 150 页）** 尽管人类可能天生倾向于用词语进行交流，但接触语言仍是必须的。你可能说服不了鲍勃和琼，但至少应该让他们相信，如果他们与孩子说话，孩子会更开心。

小 结

从生命最初几天开始，婴儿就会关注词语和表情，并会用他们有限的能力做出回应——哭、咕咕叫，很快加入咿呀学语。在 1 岁之前，他们能理解简单的词语，并用手势交流。1 岁时，大多数婴儿都能说话。最初，词汇量缓慢增加，然后随着命名爆炸、单词句和双词句的出现，词汇量增长的速度加快。

在生命最初两年，令人印象深刻的语言学习可以用多种方式来解释：照料者必须教婴儿语言；婴儿学习语言是因为他们是社会性生物；内在的认知能力推动婴儿去获得语言，而成熟使这种语言获得成为可能。由于婴儿在文化、学习风格和社会背景上存在差异，一种混合理论认为，每一种理论对于解释不同年龄的语言学习的不同方面来说，可能都是正确的。■

本章总结

感觉运动智力

1. 皮亚杰认识到小小的婴儿是主动的学习者，他们会努力理解复杂的观察和经验。感觉运动智力的六个阶段包含了早期对经验的适应。
2. 感觉运动智力开始于反射，结束于智力组合。六个阶段成对出现，每一对以一个循环反应为特征；婴儿先是对自己的身体做出回应（初级）；然后对其他人和事物做出回应（二级）；最后，在三级循环反应阶段，婴儿变得更有目的性和创造性，并像“小小科学家”一样进行实验。
3. 婴儿逐渐建立对客体的理解。如皮亚杰的经典实验所示，婴儿在大约 8 个月大时理解了客体永久性，并开始寻找隐藏起来的物品。更新的研究使用脑成像技术和其他新方法发现，皮亚杰低估了婴儿的认知，包括他关于婴儿何时理解客体永久性以及何时延迟模仿的结论。

信息加工

4. 理解婴儿认知的另一种途径是信息加工理论，它研究了思维过程从输入到输出的每一步。婴儿的知觉对特定的可供性或他们世界中出现的动作机会很敏感。
5. 运动中的物体、生物和人对婴儿特别有吸引力，因为他们提供了许多相互作用和知觉的可能性。早期的可供性是早期认知的迹象。
6. 婴儿的记忆是脆弱的，但并非完全不存在。提醒环节有助于记忆提取，幼小的大脑早在能够用词语进行记忆之前，就已经能学习动作顺序，并对重复出现的情绪（自己的和其他人的）做出回应了。记忆是多层面的；在婴儿时期，外显记忆很少。

语言：最初两年的发展

7. 语言学习是区分人和动物的关键，或许是婴儿最引人瞩目的认知成就。早期语言发展的普遍顺序已是众所周知的；关于早期语言学习，有一些其他的解释。
8. 在最初几周和几个月里，交流的迫切愿望已经很明显。婴儿大约在6个月大时开始咿呀学语，10个月大时能理解词语和手势，1岁时说出第一句话。聋儿也在1岁之前就能做出第一个手语。
9. 在婴儿学会大约50个词语之前，词汇量增长缓慢。然后命名爆炸开始。到第二年将结束时，学步儿已能将词语组合成简短的句子。单词句的语气是语法最初的迹象，但将两个或三个词语以正确的顺序组合起来才表明语法的出现。
10. 有各种理论解释婴儿是如何快速学习语言的。三个主要的理论分别强调了早期语言学习的不同方面：婴儿需要被教；社交驱力促进了语言学习；只要达到必要的成熟度，婴儿的大脑在遗传上就是对语言敏感的。
11. 语言学习的每一个理论都得到了一些研究的证实。发展学家面临的挑战是，用所有关于早期语言学习的见解和研究来构想一个混合理论。照料者面临的挑战是，回应婴儿早期交流的努力，既不期望过高，也不期望过低。

关键术语

初级循环反应（primary circular reactions，p.134）
单词句（holophrase，p.146）
儿向语（child-directed speech，p.145）
二级循环反应（secondary circular reactions，p.135）
感觉运动智力（sensorimotor intelligence，p.134）
功能性磁共振成像（functional magnetic resonance imaging，fMRI，p.138）
话语平均长度（mean length of utterance，MLU，p.147）
镜像神经元（mirror neurons，p.139）
可供性（affordance，p.140）
客体永久性（object permanence，p.136）
命名爆炸（naming explosion，p.146）
内隐记忆（implicit memory，p.143）
三级循环反应（tertiary circular reactions，p.137）
视崖（visual cliff，p.140）
提醒环节（reminder session，p.142）
外显记忆（explicit memory，p.143）
习惯化（habituation，p.138）
“小小科学家”（“little scientist”，p.137）
延迟模仿（deferred imitation，p.137）
咿呀学语（babbling，p.145）
语法（grammar，p.147）
语言获得装置（language acquisition device，LAD，p.150）

你学到了什么？

1. 皮亚杰为什么将认知发展的第一阶段称为感觉运动智力?
2. 感觉运动的前两个阶段如何体现了初级循环反应?
3. 客体永久性为什么成为感觉运动智力第四个阶段的例证?

4. 感觉运动智力的第五和第六阶段之间有何不同?
5. “小小科学家”遵循了科学方法的哪些步骤?
6. 是什么导致皮亚杰低估了早期认知发展的进度?
7. 解释本书的可供性对 1 个月大、12 个月大和 20 岁的人有何不同?
8. 有哪些现成的假设可以解释婴儿为何拒绝爬过视崖?
9. 哪些策略能帮助 3 个月大的婴儿记住一些事情?
10. 内隐记忆和外显记忆的主要区别是什么?
11. 为什么外显记忆对 2 岁以下的婴儿很困难?
12. 6 个月大的婴儿有什么交流能力?
13. 早期语言发展的哪些方面是普遍性的，在每种文化和家庭的婴儿身上都会出现?
14. 通常，婴儿说出的最初的词是什么类型的?
15. 发展学家发现，成人对婴儿说话的方式有什么特点?
16. 在婴儿的言语中，语法的早期迹象是什么?
17. 按照行为主义的观点，成人该如何教婴儿说话?
18. 按照社会文化理论的观点，婴儿为什么要努力去交流?
19. 乔姆斯基关于幼小儿童学习语言的理论是什么?
20. 语言发展是大脑成熟的结果的观点对照料者来说隐喻着什么?
21. 第二章中描述的发展性研究的折中方法和语言发展的混合理论，这二者如何比较?

应　　用

1. 引导一个婴儿发出声音，如果他还不到 1 岁，就引导他咿呀学语；如果他超过 1 岁，则引导他说出词语。记下婴儿在 10 分钟内进行的所有交流。然后请主要照料者引导婴儿发出声音，记下 10 分钟内的所有交流。婴儿的这两次交流尝试有哪些明显的差异? 将你的发现与本章描述的常模进行比较。
2. 皮亚杰对智力的定义是适应。其他人则认为良好的记忆或大词汇量是聪明的迹象。你如何界定智力? 举个例子。
3. 许多教育者建议父母每天给婴儿读书，从 1 岁之前就开始这样做。这反映了语言发展的什么理论，为什么? 询问几位父母是否这么做了，原因是什么。
4. 检验一个婴儿寻找隐藏的物体的能力。理想的是，婴儿七八个月大，需要隔几周再测一次。如果婴儿能立即发现隐藏的物体，就增加任务难度，可以让藏和找之间有间歇，或将物体从一个隐藏点换到另一个隐藏点。

第七章

最初两年：心理社会性发展

你将学到什么？

1. 从出生到 2 岁，婴儿的微笑、啼哭、生气和恐惧有何变化？
2. 婴儿的气质能预测终生的人格吗？
3. 健康的亲子关系的标志是什么？
4. 在理解婴儿的情绪和育儿实践上存在文化差异吗？

我的 1 周大的外孙哭了。他经常这样日夜啼哭，一次又一次，每次持续很长时间。他和他的父母跟着我住了几个月。我不是照料者，不介意他的哭闹。但我介意我女儿被剥夺了睡眠。

我也担心我的女婿，他花了很多时间，不分日夜，在我女儿睡觉的时候抱着我的外孙。

“在我看来，大多数时间似乎都是你在安抚宝宝。”我对他说。

“那是因为艾丽莎每天要花很长时间喂奶。”他微笑着回答。

本章先是追踪描述了随大脑成熟及经验累积而发展的婴儿情绪，接着解释了气质和文化方面的差异。所有的婴儿最初都啼哭，但很快他们的情绪就以多种形式显现出来。这一讨论引导我们探索了照料者与婴儿之间的互动，特别是同步性、依恋和社会参照。在探讨照料的各个方面时，我们谈论的不仅是母亲，也包括父亲。

然后，我们把第二章介绍的五个理论中的每一个应用到理解婴儿的情绪上，同时也应用到一个具有争议的问题上——婴儿应该由谁来照料？就像这一章所阐释的那样，虽然每个婴儿在气质类型和由谁照料上不同，但只要基本的生理和情感需求得到满足，大多数婴儿（包括我那个现在很快乐的外孙）都会茁壮成长。

COURTESY OF KATHLEEN BERGER

快乐的阿萨 不住啼哭的宝宝是怎样变成快乐的学步儿的？秘诀是：为他积极付出的父亲和外祖父。

>> 情绪发展

在生命的最初两年里，婴儿从反应性的疼痛和愉快进步到具备复杂的社会知觉模式（见“大约在此时”专栏）（Lewis，2010）。这是一个“高情绪反应”的时期（Izard et al.，2002，p.767），表现为从快速、毫无约束的情绪反应（啼哭、惊讶、大笑、发脾气）进入到学步儿期的复杂反应（从自我满足的微笑到悲伤地噘起嘴）。

大约在此时

发展中的情绪

出生	痛苦；满足
6 周	社会性微笑
3 个月	大笑，好奇
4 个月	充分的社会性微笑
4—8 个月	生气
9—14 个月	对社交的恐惧（陌生人，与照料者分离）
12 个月	对意外出现的景物和声音的恐惧
18 个月	自我觉察；自豪；羞愧；尴尬

文化和经验总是影响着发展的常态标准。对于最初 8 个月之后的情绪发展来说尤其如此。

早期情绪

最初，只有愉快和疼痛。新生儿在吃饱和安然入睡的时候是愉快而放松的。当他们受伤或饥饿、疲倦或受惊（如因巨大的噪声或突然失去支撑）时会啼哭。一些婴儿会一阵阵不可抑制地啼哭，这是急性腹痛（colic）的表现，可能由消化系统不成熟所致。约有 20% 的婴儿会“过度”啼哭，“过度”的定义是每天哭 3 小时以上，每周哭 3 天以上，且这种状况持续 3 周以上（J. S. Kim，2011）。

微笑和大笑

很快，其他情绪变得可以识别了（Lavelli & Fogel，2005）。当婴儿（和所有年龄的成人）对新而不奇的事物做出反应时，脸上有明显好奇的表情。快乐通过**社会性微笑**表达出来，在婴儿大约 6 周大时，人的面孔会诱发这种微笑。早产儿的微笑要晚几周才出现，因为社会性微笑受从受孕开始计算的年龄的影响。

全世界的婴儿都可以在 2—4 个月时表达社会性喜悦，甚至是大笑（Konner，2007；Lewis，2011）。大笑的产生和好奇一样；典型的 6 个月大的婴儿对新发现的事物会放声大笑，特别是对那种在熟悉和惊奇之间刚好平衡的社交体验，例如爸爸做鬼脸。婴儿喜欢看快乐而不是悲伤的脸，哪怕快乐的脸并没有看向他们（Kim et al.，2013）。

生气和悲伤

除了高兴和满足这类积极情绪，婴儿很快也表现出了消极情绪，这些消极情绪在婴儿期比以后出现得更为频繁（Izard，2009）。婴儿在 6 个月大时生气是明显可见的，通常是由挫折引发的，例如被阻止去碰触或抓握东西的时候。婴儿如果生气了，通常很容易看出来。

为了了解婴儿是怎样对挫折做出反应的，研究者“蹲在孩子后面，轻轻按住其胳膊 2 分钟，或者直到婴儿使劲哭了 20 秒”（Mills-Koonce et al.，2011，p.390）。“使劲哭”并不罕见：婴儿讨厌被束缚、被关起来，或在他们想要去探索的时候被留在原地不能动。

在婴儿期，生气是应对挫折的健康反应，和悲伤不同。悲伤也出现在生命的最初几个月，它预示着退缩，伴随着体内**皮质醇**水平的升高。皮质醇是主要的压力激素。

这一结论来自如下实验：让 4 个月大的婴儿学会通过拉动绳子来看他们喜欢的图片——这与第六章讲的踢腿带动玩具旋转的研究相似。之后，绳子断了。大多数婴儿的反应是愤怒地猛拉绳子。但也有一些婴儿放弃了努力，看上去很悲伤（Lewis & Ramsay，2005）；作为结果，他们的皮质醇水平升高了。这说明愤怒可以释放压力，但是一些婴儿学会了抑制愤怒，代之以悲伤。

悲伤可以产生生理压力（用皮质醇水平测量），对婴儿有消极影响。所有的社会情绪，特别是悲伤和恐惧，很可能塑造着大脑（Fries & Pollak，2007；Johnson，2011）。就像第五章强调的，经验很重要。早期生活中悲伤太多与后来的抑郁有相关性。

恐惧

对于一些人、物或情境的恐惧（不同于仅受到惊吓）在大约 9 个月大时出现，很快就表现得更加频繁和明显（Witherington et al.，2004）。有两类社会性恐惧很典型：

©万千心理

处处欢笑　这个婴儿正朝着高兴的妈妈笑，露出小舌头让这个笑容更加甜美了。喜悦在哪里都是一样的，这一幕发生在中国。

- **分离焦虑**——当熟悉的照料者要离开时，婴儿会大声哭闹并紧抓着她不放。
- **陌生人警觉**——害怕不熟悉的人，特别是当他们太接近或接近得太快时。

分离焦虑一般在 1 岁时是正常的，到 2 岁时加剧，之后通常会减弱。对分离的恐惧会干扰婴儿的睡眠。例如，习惯在熟悉的人身旁入睡的婴儿独睡的时候可能会吓醒（Sadeh et al.，2010）。一些婴儿能逐渐习惯“过渡性客体”，比如泰迪熊或者毛毯，在婴儿从睡在父母怀里过渡到独睡的过程中，这些物体可以给予他们安慰。

使用过渡性客体并非病态，而是婴儿应对焦虑的方式。但是如果 3 岁之后的分离焦虑仍然很强烈，并且削弱了婴儿出门、上学或者和朋友玩的能力，就被认为是情绪障碍。分离焦虑作为一种情绪障碍，在 18 岁以前就能够诊断出来（DSM-5，2013），但一些临床医生发现它也存在于成年期（Bögels et al.，2013）。

对于陌生人——特别是那些外表或者行动不像熟悉的照料者的人，1 岁婴儿会瞪着眼睛看，而不是报以微笑。这是一个好的标志，表明婴儿的记忆是活跃的，正在工作。

许多 1 岁婴儿不只害怕陌生人，还害怕任何出人意料的事物，包括马桶冲水声、砰地从玩具盒中跳出的玩偶、正在关闭的电梯门、摇着尾巴走近的小狗等。随着反复地经历和不断确认，较大的婴儿可能喜欢上了冲马桶（一遍又一遍地冲水），或者喜欢召唤小狗（如果小狗不来，他可能会哭）。

© SUZANNE PLUNKETT/REUTERS/CORBIS

发展的正确性　圣诞老人的笑容和奥维利亚的愁眉苦脸对他们各自的年龄来说都是恰当的反应。装扮成圣诞老人的成人不管怎样都必须微笑。但如果奥维利亚也在笑，那么了解 7 个月大的婴儿的人将会觉得有问题。为什么会有人要这样吓唬这个婴儿：将她放入一个穿着奇怪、满脸须毛的陌生人的怀中呢？

给护士和儿科医生的问题　一对父母来找你咨询，为何每当陌生人出现的时候，他们的 1 岁大的宝宝就会把脸藏起来，并且紧抓着他们不放。你能告诉他们什么？（答复见第 160 页）

早期情绪发展的每个方面都与父母行为中表现出来的文化信仰相互作用。与德国婴儿相比，日本婴儿似乎有更强烈的分离焦虑和陌生人警觉，因为他们“与母亲分离的经验非常少”；而在德国小镇，当母亲在购物时，“婴儿经常被独自留在商店或者超市的外面”（Saarni et al.，2006，p.237）。

学步儿的情绪

学步期的情绪强度又上了一个台阶（Izard，2009）。例如，在整个第二年及以后，愤怒和恐惧出现的频率变少，却更有针对性，聚焦于那些令人愤怒或者恐惧的经验。与此类似，儿童大笑和大哭的声音更大了，更容易区分。

情绪的新强度在脾气发作时很明显。学步儿是以暴怒著称的，当一些事物激怒了他们时，他们可能会大喊、尖叫、哭闹、踢打、在地上打滚。这时，道理是讲不通的；如果成人用愤怒或者戏弄来回应，会使情况变得更糟。很快，悲伤便会涌起，这时再进行安慰（而不是沉默或者惩罚）是很有效的（Green et al.，2011）。

社会知觉

脾气可以被视为自我的表达。学步儿的一些新情绪也是如此，比如骄傲、羞愧、尴尬、厌恶和愧疚（Stevenson et al.，2010；Thompson，2006）。这些情绪的产生需要具备社会知觉，这种知觉来自家庭互动，是由文化塑造的（Mesquita & Leu，2007）。

例如，许多北美父母鼓励学步儿的骄傲（说“你自己做成了”——甚至在与事实不符的时候也会这样说），但是典型的亚洲家庭通常会压制骄傲，培养谦虚和羞愧（Rogoff，2003）。这些差异在成人的人格和决策中仍然表现明显，比如，一些人会批评那些自吹自擂的人，另一些人会批评那些贬低自我的人。

厌恶情绪也受到他人和年龄的强烈影响。在一项针对各个年龄儿童的研究中，许多18个月大的孩子（不是年龄更小的婴儿）在触摸动物尸体的时候表现出了厌恶。但是，当看到一个青少年诅咒老人的时候，婴儿不会觉得厌恶，而父母和年龄较大的儿童通常会觉得无法容忍（Stevenson et al.，2010）。

>> **答复护士和儿科医生**（问题见第159页） 直到大约14个月大时，陌生人警觉都是正常的。这个婴儿的行为实际上可能表明他形成了安全型依恋！

自我觉察

除了社会知觉，情绪发展的另一个基础是**自我觉察**，即意识到自己的身体、心理和活动是区别于其他人的（Kopp，2011）。会走路之后，婴儿获得了一种新的可移动性，相继而来的是萌发“我”和“我的”之感，导致他们在大约1岁时开始发展一种新的他人意识。

很小的婴儿是没有自我感知的——至少不是大多数人定义的那种自我，但是在学步儿期，自我觉察发展起来了，伴随着：

“自我参照情绪……到第二年年末（1岁期间），获得成功时已变得不再只有单纯的喜悦，还伴有看向成人、对成人微笑、让大家注意自己的壮举；失败时也不再只有单纯的悲伤，还伴有回避与成人目光接触并转身走开，或者做补偿和坦白。这些表现在第三年（2岁期间）会日益增多。”

（Tompson，2006，p.79）

在一个经典实验中（Lewis & Brooks，1978），研究者把一点胭脂偷偷涂到9—24个月大的孩子的鼻尖上，然后让孩子照镜子。如果他们的反应是摸自己鼻子上的红点，表示他们知道镜子里显现的是自己的脸。年龄在12个月以下的婴儿做不到这一点，他们有时会笑，然后去摸镜子里的“另一个”婴儿脸上的红点。

但是在15—24个月大时，婴儿逐渐有了自我意识，会带着好奇和迷惑去摸自己的鼻子。在镜子—红点测试中（也在照片中），自我识别通常在18个月左右出现，同时出现的还有另外两个进步：假装和使用第一人称（我、我的、我自己）（Lewis，2010）。

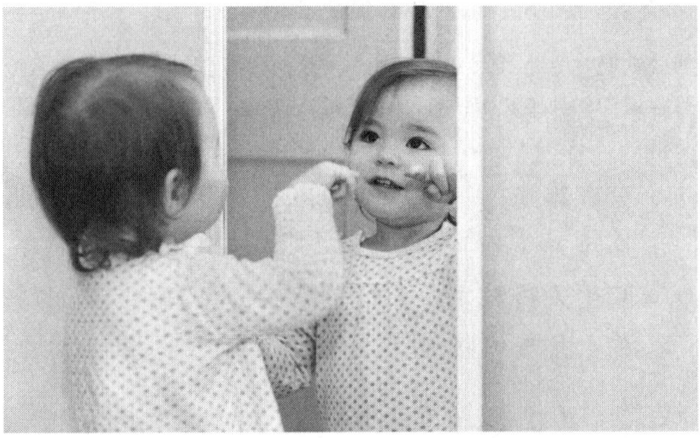

很高兴见到你　她喜欢见到另一个婴儿，哪怕这个婴儿是镜中的自己。随后，在大约18个月大时，她会意识到镜中的人就是自己。

小　结

新生儿的情绪主要是痛苦和满足，表现为啼哭或者看上去很放松。社会性微笑大约在6周左右出现。不久，好奇、大笑、生气（当婴儿拿不到想要的东西时）和恐惧（当意料之外的东西出现时）出现，在第一年的后半年变得明显。学步儿逐渐开始觉察到自我，这使得他们可以体验和表达许多种情绪，这些情绪表明了自我觉察和他人对自我的反应。在整个婴儿期，塑造情绪的是文化期望和父母行为。■

>> 脑与情绪

脑成熟参与了上述的情绪发展，因为所有的情绪反应都始于脑（Johnson，2010）。经验促进了具体的神经元和情绪之间的联系。

表达出的情绪和脑发育之间的联系很复杂，难以评估和描述（Lewis，2011）。和成人的情绪相比，婴儿早期的情绪是离散的、模糊的、不可预测的。例如，婴儿的啼哭可能是由疼痛、恐惧、疲惫、惊讶或者兴奋引发的；笑容可能瞬间变为眼泪。

而且，婴儿的情绪可能原因不明地爆发、增强或者消失（Camras & Shutter，2010）。神经元轴突和树突的发展是一个可能的原因，这是过去的经验和不断成熟的结果。

脑的发育

脑发育的许多具体方面都支持社会情绪（Lloyd-Fox et al.，2009）。例如，社会性微笑和大笑随着大脑皮层的成熟而出现（Konner，2010）。恐惧、自我觉察和生气可能也是如此。大脑皮层特定区域（扣带前回区）的成熟与情绪的自我调控直接相关，使儿童能够表达或者隐藏感受（Posner et al.，2007）。

文化差异逐渐在婴儿大脑中被编码，一些科学家称之为“文化海绵”（Ambady & Bharucha，2009，p.342）。很难测量文化背景是怎样塑造婴儿大脑的。但有一个针对成人（一半出生在美国，一半出生在中国）的研究（Zhu et al.，2007）发现，大脑的某个区域（内侧前额叶皮层）会在成人判断某些形容词是否适用于自己时被激活。不过，当被问到这些形容词是否适用于自己的母亲时，只有中国人的这一脑区会被激活。

研究者认为，这一发现是“文化塑造了自我表征的功能性解剖结构的神经影像证据”（Zhu et al.，2007，p.1310）。他们推测，中国被试的这一脑区之所以被激活，是因为他们从婴儿期起就知道他们与母亲是紧密联系在一起的，而美国人学习的则是独立。（本章关于近距离养育和远距离养育的“对立的观点”专栏探讨了相关的文化差异。）

了解他人

婴儿对每张脸都展示的社会性微笑很快就变成了只在看到熟悉的、慈爱的照料者时才更快更满地露出的笑容。之所以会这样，是因为重复的经验让被激活的神经元集群中的连接越来越紧密和快速（通过树突和神经递质）。

社会偏好在最初几个月里便形成了，不仅与个体的面孔相连接，还与人的声音、触摸和气味相连接。这就是待收养儿童要尽早在出生的头几天里就送到养父母手里的原因之一（在这方面发生了巨大的变化，100 年前，必须要等到孩子 1 岁以后才能领养）。

社会知觉也是应该尊重婴儿对其临时保姆的反应的一个原因。如果 6 个月大的婴儿看到保姆就尖叫、紧抓着父母不放，就可能需要另找一个保姆（不要将这个反应与 12 个月大时可预期的正常的分离焦虑混淆）。

一个人拥有的每个经验——尤其是在生命的最初几天和几个月里获得的经验——都会激活和修剪神经元，以至从一个轴突到另一个树突的激活模式反映了过去的学习经验。就像在第五章的“可视化发展”专栏中显示的那样，这一点最初是从小鼠幼崽身上发现的。一些年幼的小鼠几乎不断地被母亲舔舐和爱抚，另一些则被忽视。雌性小鼠对新生儿的舔舐抑制了基因（Nr3cl）的甲基化，从而使下丘脑（第八章将讨论的脑区）可以释放更多的血清素（神经递质）。

血清素不仅可以增加即刻的愉悦（小鼠喜欢被舔舐），而且启动了一系列表观遗传反应，以降低脑和身体许多部位（包括肾上腺）分泌的压力激素。这种对大脑和行为的影响在小鼠身上是持续终生的，对人来说可能也是如此。

对许多人来说，社会焦虑比其他任何焦虑都强烈。当然在某种程度上，这是遗传的，但就像表观遗传学研究发现的，父母的教养行为也是影响因素之一。

如果婴儿有个焦虑的生母，但是被一个积极回应、不焦虑的养母抚养，遗传的焦虑潜质就不会实现（Natsuaki et al.，2013）。父母需要安抚婴儿（就像被爱抚的小鼠幼崽那样），但是不能过度保护。内心充满恐惧的母亲往往会养育出充满恐惧的孩子，但父亲如果能够给予婴儿兴奋但不危险的挑战（例如，追逐游戏、在地上爬），则会降低孩子后来的焦虑水平（Majdandži et al.，2013）。

压力

情绪与大脑活动以及激素有关，但是它们之间的关系很复杂，会受到基因、过往经验以及我们尚不了解的其他激素和神经递质的影响（Lewis，2011）。不过，其中一种联系是很清楚的：过度的压力（能提高皮质醇水平）会伤害发育中的大脑（Adam et al.，2007）。如果婴儿经常受惊吓，下丘脑（在第八章中进一步讨论）会发育得尤其缓慢。

婴儿期被虐待的儿童的脑部扫描显示，他们对压力、愤怒和其他情绪有异常反应，甚至对表现人们正感到害怕的照片也会有异常反应（Gordis et al.，2008；Masten et al.，2008）。一些儿童看似能复原，但是脑部还是明显受到了虐待的影响，特别是当虐待始于婴儿期时（Cicchetti，2013）。

早期的照料会对人的大脑产生终生影响，这种可能性带来了一些明显的实际应用（Belsky & de Haan，2011）。既然婴儿会学习情绪反应，照料者就需要有一致的、令人安心的反应。这做起来并不容易，要知道，一些婴儿会在最初几周里不停地号啕大哭，难以安抚。就像一位研究者指出的：

> “婴儿的啼哭有两种可能的结果：可能会激发成人的柔情和给予安慰的愿望，或者是无助和愤怒。哭可以是促进依恋的信号，也可能引发抑郁，在一些个案中，还会进一步引发忽视和虐待，从而危害早期关系。”
>
> （J. S. Kim，2011，p.229）

当婴儿啼哭的时候，母亲可能会受到责备或者自责。这种态度毫无助益：觉得内疚或者不胜任的母亲可能会对孩子生气，这会导致低回应性养育、不快乐的孩子以及敌意的互动。几年之后，一年级的同班同学和老师可能会认为这样的孩子有破坏性和攻击性（Lorber & Egeland，2011）。

但是，如果婴儿早期的哭泣引发了父母热切的回应，就会出现相反的结果。之后，当婴儿长大、过了哭闹的年龄，亲子之间的关系纽带可能会特别牢固。

气质

气质被定义为“对环境的态度和反应风格上的、基于生物学的、具有跨时间和跨情境的稳定性的个体差异”（van den Akker et al.，2010，p.485）。“基于生物学”意味着这些特质源自先天，而不是教养。气质源自天生的大脑，证据来自对新生儿在首次免疫接种之后哭泣的音调、持续时间和强度的分析，这时的新生儿对于子宫之外的世界还没有太多经验。在这个生命的初始阶段，哭泣的差异与之后的气质有相关性（Jong et al.，2010）。

气质不同于人格，尽管气质倾向可能导致人格差异。一般来说，人格特质（如诚实和谦虚）是习得的，而气质特点（如害羞和攻击性）是遗传的。当然，对于每个特质来说，天性与教养都是相互影响的。

在对气质的实验室研究中，婴儿被暴露于令其恐惧或者有吸引力的事件中。4个月大的婴儿可能会看到旋转的玩具或者听见不寻常的声音。较大的婴儿可能会面对聒噪的、会动的机器人，或者一个迅速接近的小丑。在经历这些事件的时候，一些孩子会大笑，一些孩子会哭泣，一些孩子会很安静，还有一些孩子所表现出的是这些反应的组合。这些表现可能标志着儿童属于以下四种气质类型之一：容易型（占40%）；困难型（占10%）；迟缓（慢热）型（占15%）；难以分类型（占35%）。

这几个分类源自纽约纵向研究（New York Longitudinal Study，NYLS）。这一研究始于20世纪60年代，是最早认识到每个新生儿都具有与众不同的先天特质的大型研究（Thomas & Chess，1977）。根据这项研究，到3个月大的时候，婴儿会表现出九种特质，聚类为上面列出的四种类型。

纽约纵向研究开启了一个成果丰富的研究方向，但是它的九个维度并没有得到后来研究的支持（Caspi & Shiner，2006；Zentner & Bates，2008）。总的来说，只有三个（不是九个）气质维度在后来的研究中被发现（Else-Quest et al.，2006；van den Akker et al.，2010；Degnan et al.，2011）。虽然对婴儿期气质的不同研究使用的术语不同，但结论大体相似，以下三个气质维度是明显的：

- 努力控制（能调节注意和情绪，自我抚慰）
- 消极心情（恐惧，愤怒，不高兴）
- 精力充沛（活跃，社交性，不害羞）

这些维度中的每一个不仅与行为相关，还与独特的大脑模式相关，每个气质维度都影响后来的人格。【**生命全程链接**：对人格的讨论见第二十二章。】

给护士的问题　一对父母带着他们 3 个月大的爱哭的婴儿来找你，说他们读到过气质在出生前就“固定”了，他们担心自己的孩子将来有困难型人格。你会告诉他们什么？（答复见第 164 页）

因为这些气质特点被认为是与生俱来的，一些发展学家力图弄清哪些等位基因影响了哪些情绪（M. H. Johnson & Fearon，2011）。例如，研究者已发现，当 DRD4 VNTR 基因的 7-repeat 等位基因和 5-HTTLPR 基因型结合后，会导致 6 个月大的婴儿具有困难型气质：经常哭闹，难以转移注意力，要用很多时间才能被哄笑（Holmboe et al.，2011）。你不需要记住这些等位基因的字母，但是要记住每个婴儿的情绪是有差异的，部分原因在于基因。

一项纵向研究分析了一些儿童分别在 4 个月、9 个月、14 个月、24 个月和 48 个月时的气质；之后在童年中期和青少年期又分两次测量了他们的气质。科学家设计了适合儿童年龄的实验室实验；收集了母亲们写的详细报告和后来被试们写的自我报告；还收集了观察数据和包括脑成像在内的生理数据。每一次测量都会重新评估之前的数据，并且会考虑横断研究和跨国研究的结果（Fox et al.，2001，2005，2013；Hane et al.，2008；L. R. Williams et al.，2010）。

在一半的被试身上，随时间发生的变化并不多，在面对可怕的体验时所采用的回应方式和小时候相同，并且具有相似的脑电波模式。令人好奇的是，在婴儿期到 4 岁的这段时间内最可能发生变化的是那些拘谨、胆小的被试，而那些精力充沛、生机勃勃的婴儿是最不可能发生变化的（见图 7.1）。很明显，成人教导害怕的婴儿要勇敢，但会鼓励那些活泼而有生机的孩子保持这份快乐。

研究者意外地发现了性别差异。到十几岁的时候，原来拘谨羞怯的男孩与一般青少年相比更可能使用毒品，但是原来拘谨的女孩比一般青少年更不可能这样做（L. R. Williams et al.，2010）。最可能的解释是文化的原因：害羞的男孩试图通过使用毒品或药物变得不那么焦虑，但是害羞的女孩更容易让人接受她们本来的样子。

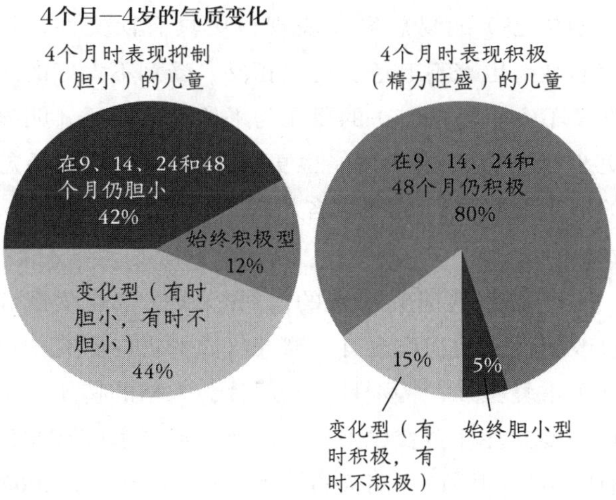

来源：Adapted from Fox et al., 2001.

图 7.1

婴儿的气质会变化吗？　有时候会——特别是那些胆小害怕的婴儿。成人的鼓励可以帮助他们克服恐惧。如果胆小的儿童没有改变，不知道是因为他们的父母鼓励不够（教养），还是因为婴儿自身属胆小气质（天性）。

在另一个使用三个特质（善于表达的、典型的和害怕的）描述气质的研究中，也发现了气质的连续性和变化性。同样，典型的婴儿会保持典型性，胆小的婴儿最可能发生变化。只有大约 1/3（约总数的 5%）在婴儿期就胆小害怕的孩子到 3 岁时仍然胆小害怕（van den Akker et al.，2010）。父母的态度和行为影响了这些变化。

其他的研究证实，如果父母提供优质的、耐心的照料，困难型气质的婴儿常常会变得容易养育（Belsky & Pluess，2009）。为什么？一些科学家认为，因为爱哭闹的、恐惧的儿童常常会向父母寻求安慰和肯定，所以如果父母给予积极回应，儿童非常可能健康茁壮地成长；如果父母拒绝他们，他们就会变得畏缩（Stupica et al.，2011）。这又是一个差别敏感性的例子。【**生命全程链接**：对差别敏感性的讨论见第一章。】

举一个很具体的例子。研究者选择了 32 个困难型气质的新生儿（当检验者测试他们的反射动作时，他们很快大声地哭了起来）和 52 个有点困难型气质的婴儿。在他们 1 岁的时候测量了他们得到照料的质量以及关系纽带的质量（通过依恋，后面会描述）。研究者在这 84 个婴儿 18 个月和 24 个月大的时候，评估了他们探索新物体和回应陌生人的能力——这两项技能可以促进学步儿期的学习。

与其他学步儿相比，得到积极回应型养育（安全型依恋）的易怒婴儿表现得更具有社交性，在探索性上也毫不逊色。与之相反，受到不太好的照料（不安全型依恋）的婴儿与平均水平相比，明显更少社交性，探索技能也更差。对那些非常易怒的新生儿来说，这种缺陷尤其严重（Stupica et al.，2011）。

所有这些研究呈现的两种模式——连续性和可改善性——在许多有关婴儿气质的纵向研究中得到了重复验证，特别是关于反社会人格的特质。困难型婴儿往往会变成困难型儿童，但是家庭和文化有时可以削弱这些消极的结果（Kagan et al.，2007；Zentner & Bates，2008）。

小　结

在生命的最初两年，脑成熟是情绪发展的主要基础。婴儿生活的环境影响情绪并塑造大脑，这种效应非常持久。早期虐待对后来的情绪表达尤其具有破坏性。一些婴儿是困难型的，难以取悦，这可能会导致多层次的敌意关系，或者可能会最终提升照料者和儿童对彼此的回应性。

气质是与生俱来的，一些婴儿生来比较随和，另外一些则容易哭闹；一些生来善于社交，另外一些则比较害羞。这些差异在一定程度上是遗传的，因而会持续终生，但是教养者的回应会将气质引导为或者有利的特质，或者毁灭性的特质。■

>> 答复护士（问题见第 163 页） 现在下结论为时尚早。气质并不是固定不变的，而是可变的，特别是在生命的最初几个月里。如果父母能够对孩子的需求给予积极关注和回应，许多“困难型”婴儿都能变成快乐、成功的青少年和成人。

>> 社会纽带的发展

如你所见，社会背景对发展施加着强大的影响。婴儿的年龄也通过脑成熟对发展施加着强大的影响。对于情绪发展，婴儿的年龄决定了推进成长的具体的社会互动：首先是同步，然后是依恋，最后是社会参照（见“可视化发展”专栏）。

同步

早期的亲子互动被描述为**同步**，即养育者与婴儿在瞬间相互做出反应。同步在生命最初的 3 个月里开始显现，且随着婴儿的成熟而变得更加频繁和复杂（Feldman，2007）。

双方都活跃

深入细致的研究揭示了成人与婴儿之间共生的伙伴关系。成人很少对出生不久的婴儿微笑，直到婴儿在出生几周后开始对成人微笑。婴儿的浅笑像一个开关，打开了成人的笑容，后者通常会回报以大大的笑容，开始热情地对婴儿讲话（Lavelli & Fogel，2005）。

同步不仅显现在直接观察中（比如观看照料者和还不会讲话的婴儿玩耍），还显现在用计算机测量的、以毫秒计的微笑、弯眉等动作中（Messinger et al.，2010）。同步对新生儿来说是很强力的学习体验。在每个场景中，婴儿都要识别他人的情绪，发展社交技能，例如轮流等候和察言观色。

一项研究发现，用较长时间给婴儿洗澡、喂食和换尿布的母亲，也是最具有回应性的母亲。很明显，一些父母将对婴儿的照料与情绪游戏结合起来，这虽然要花费更长的时间，却促进了更多的同步。

同步通常从成人模仿婴儿（而不是婴儿模仿成人）开始（Lavelli & Fogel，2005），主要是模仿婴儿的音调和节奏（Van Puyvelde et al.，2010）。同步常被比作音乐——华尔兹、爵士二重奏——以强调双方必须彼此关注。

成人会对婴儿面部表情和身体动作的细微差别做出反应，这有助于婴儿将他们的内心状态与其文化所能理解的行为连接起来。同步在亚洲文化中特别明显，可能是因为亚洲文化更关注人际敏感性（Morelli & Rothbaum，2007）。

在西方文化中也同样，父母和婴儿会成为伙伴。当婴儿处于健康风险时，这种关系尤为关键。对耗时的身体护理的需要可能会压倒对心理社会需要的关心，而对于长期的健康来说，这些心理社会性需要和那些更明显的需要同样重要（Newnham et al.，2009）。

跟我多说说　同步让婴儿和照料者交流双方力图分享的关键信息。在这张图中，他们要传达的信息是“我爱你”或者“多高兴啊！”，还是只是“跟我多说说”？图中的母亲可能知道，我们只能猜测。

被忽视的同步

同步是必要的吗？如果没有人和婴儿玩，会发生什么呢？使用**静止面孔技术**的实验回答了这些问题（Tronick，1989；Tronick & Weinberg，1997）。

在静止面孔研究中，用两台摄像机同时记录婴儿和照料者之间的互动。当婴儿面对做正常反应的成人时，逐帧分析表明，父母会本能地用夸张的音调和表情对婴儿的动作做出同步反应，婴儿则用微笑和挥舞手臂进行回应。

具体而言，婴儿在能够伸手抓握之前很早，就已经会用挥动手臂来对照料者的关注做出兴奋的回应了。如果成人接近婴儿以至他们挥动的手臂可以触到成人的脸或者抓住成人的头发，婴儿会非常高兴。你在第六章里读到过有关婴儿热切地想要互动（婴儿努力“使有趣的场景持续下去”）的内容。作为回应，成人会睁大眼睛，抬高眉毛，咂着嘴唇，发出无意义的声音。

在静止面孔实验中，信号一出现，成人就要收起所有的面部表情，用“静止面孔”安静地凝视婴儿一两分钟。到了 2 个月大时，婴儿有时会在父母不回应时表现得很焦躁；6 个月大的婴儿会表现得十分明显。他们会皱眉、紧张、流口水、转移目光、踢腿、哭或者吮吸手指。到 5 个月大时，他们还能发出声音，好像在说“回应我”（Goldstein et al.，2009）。

许多研究得出了相同的结论：同步是受期盼的。成人积极敏感的回应有助于心理社会性发展和生理发育，这明显体现在心率、体重增加和脑成熟上（Moore & Calkins，2004；Newnham et al.，2009）。尤其在生命的第一年里，母亲抑郁的婴儿会承受很多痛苦，除非另有人充当了敏感的搭档（Bagner et al.，2010）。

依恋

快到第一年年末时，面对面的同步差不多消失了。一旦婴儿会走路，他们便不再满足于每时每刻对成人的面部表情和声音做出回应。

依恋取而代之，变得明显了。实际上，依恋是贯穿一生的，从出生前便开始了，且对关系有终生的影响（见“大约在此时”专栏）。全世界成千上万的研究者研究过依恋；所有这些研究都是先受到约翰·鲍尔比（John Bowlby）的理论的启发，之后受到玛丽·安思沃斯（Mary Ainsworth）的启发，后者在 60 年前描述了非洲中部地区的母亲与婴儿的关系（Ainsworth, 1967）。

依恋的迹象

婴儿通过*寻求接近*（如靠近和跟随照料者）和*保持接触*（如触摸、依偎和抱住）来表明他们的依恋。当母亲进卫生间后关上了门或者是朝向后面的汽车安全座椅让婴儿看不到父母时，婴儿会哭闹，寻求接近表现得很明显。

为了在汽车上保持接触、安慰婴儿，一些照料者虽然坐在前排座位上，但会向后伸出手给婴儿，或者安装一面镜子，使他们驾驶时可以看到婴儿，婴儿也可以看到他们。就像在这个例子中这样，保持接触不一定是身体上的：视觉或言语上的联系常常也顶用。

照料者也是依恋婴儿的。他们警惕地关注着自己的孩子，并且会用表情、姿势和声音发起互动。在晚上睡觉之前，他们可能蹑手蹑脚地走到摇篮边凝视熟睡的孩子，或者在白天的时候，漫不经心地抚摩孩子的头发。

依恋是普遍存在的，是人类与生俱来的社会性的一部分，但是具体的表现不尽相同，不仅取决于文化，也取决于处于依恋关系中的人的年龄。例如，乌干达的母亲从来不会亲吻她们的婴儿，但是她们经常给婴儿按摩，这与西方母亲相反，西方母亲除了在给婴儿抹乳液时会给婴儿按摩，其他时候很少这样做。

可视化发展

发展依恋

依恋从一出生就开始了。它会影响人一生的亲密关系。但是，成熟、背景和过往经验也会产生影响。依恋不仅取决于父母和婴儿之间联结的方式，还取决于照料的质量和一致性、家庭环境对身心的安全性，以及个体和家庭的经历。婴儿期形成的模式在后来的人生中产生作用，但是并不起决定性作用。

① 早期依恋

② 依恋的连续性

回避和转移注意并非一成不变，而是沿着这个连续体出现。无安全感的儿童有可能成为一个有安全感的成人，与自己的父母和孩子有着健康、互助的关系，而在婴儿期有着安全型依恋的人长大后也有可能在人际关系上有很多问题。

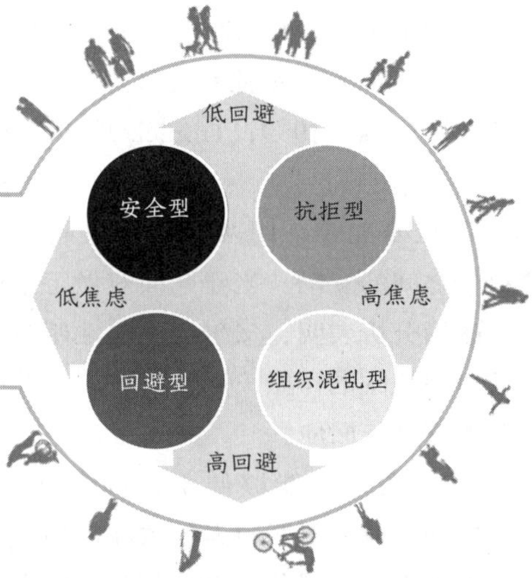

③ 儿童的依恋风格

这些百分比是近似值，因文化、儿童经验、儿童的特殊需要、照料者的特性等而有差异。

④ 一生中的依恋

生命最初两年中形成的依恋模式持续影响着一生的人格和行为，尽管后来的经验也对人格和行为有一定的影响。

复合因素包括社会和物理环境、身体和心理的健康、家庭的结构和动力学关系，以及童年期得到的照料的质量和一致性。

		儿童	成人
安全型依恋（B 型）		能够和照料者分离，但是偏爱照料者胜过陌生人	往往拥有良好的关系和自尊
不安全型依恋	回避型（A 型）	回避和照料者的联系	可能焦虑、恐惧、黏人或者抑郁
	抗拒型 / 矛盾型（C 型）	和照料者分离时感觉焦虑和不踏实	可能是不屑的、孤独的、愤怒的；关系可能是动荡紧张的
	混乱型（D 型）	不快乐，愤怒，可能哭闹，黏人	可能表现出不稳定的、虐待性的和 / 或病态行为

大约在此时

依恋的阶段

出生—6 周	**前依恋阶段**。新生儿通过哭声和身体动作表示他们需要其他人。如果人们积极地回应，新生儿就会得到安慰，并学着寻求更多互动。新生儿的大脑模式使他们易于识别熟悉的声音和面孔。
6 周—8 个月	**依恋形成阶段**。婴儿通过微笑、大笑和咿呀声优先对熟悉的人做出回应。照料者的声音、触摸、表情和手势都令婴儿安心，常常会抑制婴儿想哭的冲动。信任（埃里克森）正在建立。
8 个月—2 岁	**经典的安全型依恋阶段**。婴儿欢迎主要的照料者。当这个照料者在身边时，婴儿玩得很开心；当这个照料者离开时，婴儿会表现出分离焦虑。婴儿和照料者都力图亲近对方（接近），并且经常互相凝视（接触）。在许多照料者和婴儿的关系中，身体接触（轻拍、拥抱、爱抚）是经常发生的。
2—6 岁	**依恋作为发射台阶段**。在社交世界扩大时，年幼儿童会寻求照料者的赞扬和肯定。互动式的对话和游戏（捉迷藏、玩玩具、读书、玩假装游戏）很普遍。儿童期待照料者去宽慰和娱乐他们。
6—12 岁	**彼此依恋阶段**。儿童学习照料者让他们学的东西，力图以此让照料者感到骄傲，成人也会对此做出回应。在具体运算思维（皮亚杰）阶段，成人和儿童都重视每个具体的成绩。
12—18 岁	**新的依恋人物阶段**。十几岁的儿童独立于父母而进行探索和交朋友，以早期依恋的工作模型为基础。在形式运算思维（皮亚杰）阶段，共同的理想和目标变得很有影响力。
18 岁之后	**依恋重现阶段**。成人发展与他人的关系，特别是与爱人和孩子的关系，这些关系都受到早期依恋模式的影响。童年时形成的不安全型依恋可以修复，而不是重现，虽然修复不一定能发生。

来源：Adapted from Grobman，2008.

美国的成人可能会通过日常电话、电子邮件和短信来保持接触，通过坐在同一个房间一起安静地读书来保持接近，而在其他文化中，成人常常会握着彼此的手。一些学者认为，与婴儿的依恋，不仅是母亲，还包括父亲、祖父母和非亲属们与婴儿的依恋，是其他物种逐渐灭绝而智人日益兴旺的原因（Hrdy，2009）。

安全型依恋与不安全型依恋

依恋被划分为 A、B、C、D 四种类型（见表 7.1）。**安全型依恋**（B 型）的婴儿感觉自在和自信。对他们来说，照料者是探索世界的安全基地，能提供肯定，使探索成为可能。例如，学步儿可能从照料者的腿上爬下来，去玩一个有趣的玩具，但是他会时不时地回头看并且发出声音（保持接触），或者把玩具拿过来给照料者看（寻求亲近）。

相反，不安全型依恋（A 型和 C 型）的特点是恐惧、焦虑、愤怒或冷漠。一些缺乏安全感的儿童会独自玩耍，不去与照料者保持接触，这是**不安全—回避型依恋**（A 型）。做出相反反应的是**不安全—抗拒型 / 矛盾型依恋**（C 型）的儿童。这种依

表 7.1 婴儿依恋的模式

类型	模式名称	在游戏室	母亲离开	母亲返回	在学步儿中的比例 /%
A	不安全—回避型	孩子愉快地玩耍	孩子继续玩耍	孩子忽视她	10 ～ 20
B	安全型	孩子愉快地玩耍	孩子暂停下来，不像刚才那么高兴	孩子欢迎母亲，然后继续玩耍	50 ～ 70
C	不安全—抗拒型 / 矛盾型	孩子黏着母亲，全神贯注于母亲	孩子不高兴，可能停止游戏	孩子很生气；可能哭、打母亲或紧抓着母亲	10 ～ 20
D	混乱型	孩子很谨慎	孩子凝视或者大叫；看上去恐惧、迷惑	孩子行为古怪——可能喊叫、打自己或扔东西	5 ～ 10

恋类型的儿童会黏着照料者，如果照料者离开，他会生气。

安思沃斯最初的理论框架仅划分了A、B、C三种类型的依恋。之后的研究者们发现了第四种类型——**混乱型依恋**（D型）。D型婴儿可能会迅速地从拳打母亲转为亲吻母亲，从发呆转为歇斯底里地哭泣，从拧自己的皮肉变为僵立原地。

在一般人群中，近2/3的婴儿属于安全型依恋（B型）。母亲的在场给了他们探索的勇气；她的离开让他们难过；她的返回可以引发积极的社会接触（如微笑或拥抱），然后是更多的玩耍。婴儿这种平衡的反应——关心但不会被照料者的来去主宰——表明了安全感。早期研究仅关注了母亲，后来，因为父亲和其他照料者也会与婴儿形成安全或不安全的依恋关系，所以也被纳入了研究。

大约1/3的婴儿属于不安全型依恋，要么是冷漠的（A型），要么是过度焦虑的（C型）。差不多有5%～10%的婴儿不属于上述这三种类型，他们的依恋类型被称为混乱型（D型），对于社会互动，他们没有固定的策略，甚至连回避和抗拒都没有。有时候，他们会变得充满敌意或者攻击性，难以同任何人沟通（Lyons-Ruth et al.，1999）。和前面三种类型的婴儿不同，混乱型婴儿在应对压力时，皮质醇水平会提高（Bernard & Dozier，2010）。

依恋的测量

安思沃斯（Ainsworth，1973）开发了一套名为**陌生情景**的实验室程序，用来测量依恋，这套程序如今已经成为经典。在装备良好的游戏室里，对婴儿实施8个片段的观察，每个片段持续3分钟。首先，孩子和母亲在一起。接下来，按照一套固定的序列，母亲和陌生人依次到来和离开。婴儿对母亲的反应表明他们已经形成了哪种类型的依恋。

研究者受过训练，能够区别A型、B型、C型和D型依恋。他们关注以下方面：

- **探索玩具**。安全型依恋的学步儿会快乐地玩玩具。
- **对照料者离开的反应**。安全型依恋的学步儿注意到了照料者的离开，并表现出一些想念的迹象。
- **对照料者返回的反应**。安全型依恋的学步儿会欢迎照料者，通常会寻求接触，然后继续玩玩具。

依恋并不总是通过陌生情景来测量；也可以使用调查法和访谈法来测量。有时候父母要回答90个有关他们的孩子的特点的问题；有时候成人会接受一个范围广泛的、关于他们与自己父母的关系的访谈（按照事先制定的详细草案）其中包含了各种具体的测量（Fortuna & Roisman，2008）。

测量依恋的研究揭示出一些看似正常其实是不安全型依恋的行为迹象。例如，如果婴儿紧紧黏着照料者，不肯探索玩具，那么他可能属于A型依恋。同样，如果成人说他们自己童年幸福，母亲是个圣人，特别是如果他们提供不了很多具体的记忆，那么他们可能是不安全型依恋。那些立刻就对

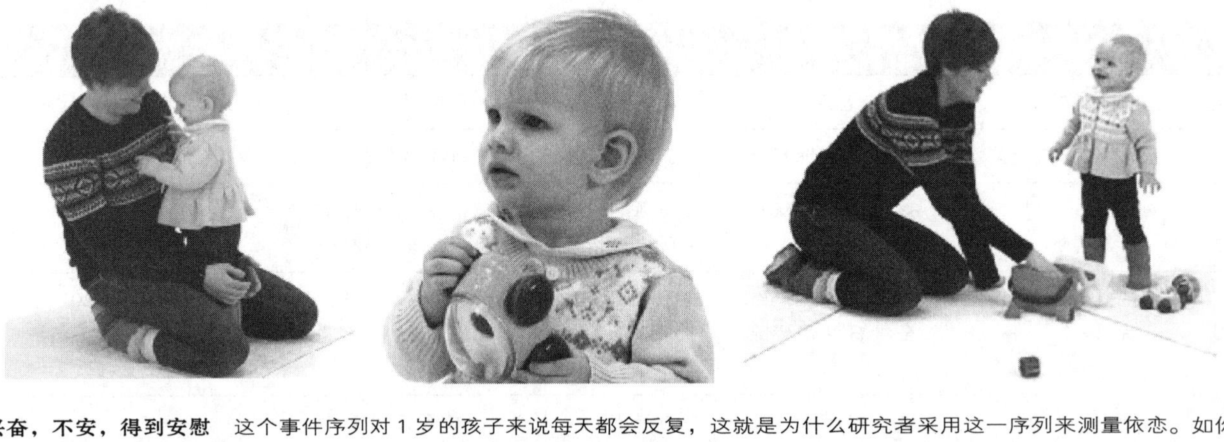

WORTH PUBLISHERS

兴奋，不安，得到安慰　这个事件序列对1岁的孩子来说每天都会反复，这就是为什么研究者采用这一序列来测量依恋。如你所见，如果婴儿或学步儿形成了安全型依恋，那么玩具就不能代替母亲的安慰，就像图中的孩子看上去的那样。但是，还有一些孩子在被独自留下时会哭得伤心欲绝，或者会生气地摔打玩具。

陌生人表现出友好的年幼孩子可能从来没有形成过安全型依恋（Tarullo et al.，2011）。

为北美中产阶级开发和验证过的依恋评估测量在其他文化中可能不那么有用。看似冷漠或者黏人的婴儿不一定是不安全型的。然而，无论在何地，父母和婴儿都是相互依恋的；无论在何地，安全型依恋都预示着成功的学业和稳定的情绪（Erdman & Ng，2010；Molitor & Hsu，2011；Rothbaum et al.，2011）。

不安全型依恋与社会环境

最初，发展学家们指望安全型依恋“能预测健全人格所能产生的所有合理可期的结果”（R. A. Thompson & Raikes，2003，p.708）。事实证明，这一指望过于天真了。

严酷的环境，特别是贫穷的压力，降低了安全型依恋的发生率（Seifer et al.，2004；van IJzendoorn & Bakermans-Kranenburg，2010），不安全型依恋与后来的诸多问题都有相关关系。但是，相关关系不等于因果关系，所以不安全型依恋可能只是一个迹象，而不是这些问题的直接原因。

形成安全型依恋的婴儿更可能成长为有安全感的学步儿、有社交能力的学前儿童、成绩优秀的学龄儿童以及称职的父母。依恋影响早期脑发育，这是引起后来那些结果的一个原因（Diamond & Fagundes，2010）。但是形成了不安全型依恋的婴儿以后也不是注定要失败。

虽然依恋模式在婴儿期就已形成（见表 7.2），但并不是石板一块；当家庭环境变化时，如发生虐待或者收入减少，依恋模式也会变化。低社会经济地位的许多方面会增加低学业成就、长成充满敌意的儿童和胆怯的成人等风险。积极回应性的早期教养方式带来安全型依恋的形成，而安全型依恋能够缓解压力并鼓励探索，这一基本前提至少在一定程度上是真实的，但是陌生情景实验中的依恋行为仅仅是反映亲子关系质量的指标之一。

来自罗马尼亚的启示

没有学者会质疑应该在生命的第一年开始形成亲密的人际关系，缺乏这种关系可能会导致悲惨的结果。不幸的是，成千上万的在罗马尼亚出生的孩子验证了这一观点。

表 7.2　依恋类型的预测指标

在下列条件下，安全型依恋（B 型）更可能形成：

- 父母对婴儿的需求通常是敏感的、积极回应的。
- 婴儿与父母关系具有高同步性。
- 婴儿的气质是“容易型”。
- 父母没有收入、其他孩子或者婚姻问题的压力。
- 父母对自己的父母有安全型依恋的模式。

在下列条件下，不安全型依恋比较可能出现，如果：

- 父母虐待孩子。（忽视增加 A 型的可能性；虐待增加 C 型和 D 型的可能性。）
- 母亲有心理疾病。（偏执或妄想症增加 D 型的可能性；抑郁增加 C 型的可能性。）
- 父母处于收入、其他孩子或者婚姻问题的压力之下。（父母的压力增加了 A 型和 D 型的可能性。）
- 父母是干涉型和控制型的。（父母支配增加了 A 型的可能性。）
- 父母是活跃的酗酒者。（父亲酗酒增加了 A 型的可能性；母亲酗酒增加了 D 型的可能性。）
- 孩子的气质是“困难型”。（困难型儿童往往是 C 型的。）
- 孩子的气质是“迟缓 / 慢热型”。（这种气质类型与 A 型依恋相关。）

20 世纪 80 年代，罗马尼亚禁止节育和堕胎，于是非法堕胎成为 15—45 岁罗马尼亚妇女死亡的主要原因（Verona，2003）。逾 10 万儿童被遗弃在拥挤不堪、无人照料的公立孤儿院里。这些孩子经历了严重的剥夺，包括没有正常的人际互动、没有游戏或者没有交谈（Rutter et al.，2007）。

1989 年，该项禁令废止，在之后的两年，几千个孤儿院中的孩子被来自北美、西欧和澳洲的家庭收养。那些在 6 个月大之前被收养的孩子成长得最好；养父母通过游戏和照料与孩子建立了同步。他们中的大多数人得以正常的发展。

至于那些在出生 6 个月之后被收养的婴儿，尤其是在出生 12 个月后才被收养的婴儿，早期迹象令人鼓舞：瘦成皮包骨的婴儿的体重增加，长得比其他 1 岁的婴儿还快，之前欠缺的运动技能也得到了发展（H. Park et al.，2011）。但是，不久后，早期的社会剥夺明显地表现在其情绪和认知上。许多孩子在整个童年期都对陌生人过度友好，这是不安全型依恋的标志（Tarullo et al.，2011）。到 11 岁时，他们的平均智商只有 85，比正常水平低 15 分（Rutter et al.，2010）。

这些孩子现在已经成年，许多人有严重的情绪问题或行为问题。原因更多是社会性的，而不是生物性的。就连那些被养育得很好或者赶上正常发育速度的孩子也常常长成冲动易怒的青少年。显然，青春期和成年初显期的压力加剧了这些年轻人及其家庭的认知的和社会的压力（Merz & McCall，2011）。

现在，已经不能再对罗马尼亚婴儿进行跨国收养了，即使那里还有一些被遗弃的儿童。研究证明，早期的情感剥夺（而不是基因或者营养）是这些孩子最大的问题。罗马尼亚婴儿在自己的家里发展得最好，其次是在寄养家庭中，最差是在公立机构中（Nelson et al.，2007）。据我们所知，这适用于世界各地的婴儿。家庭给予自己孩子的照料通常好于那些收费的、同时照料很多婴儿的陌生人所提供的照料。

幸运的是，公立机构已经有所改善，或者关闭了；近期被收养的孩子不会再遭到罗马尼亚孤儿那样的伤害了（Merz & McCal.，2011）。然而，在每个国家都有一些婴儿被剥夺了健康的互动。生命最初的几个月是情绪发展的敏感期。孩子需要能积极回应的父母，无论是否有血缘关系（McCall et al.，2011）。

问题预防

所有婴儿都需要爱和刺激；都寻求同步和下一步的依恋——如果这一切是可能的，就会形成安全型依恋，否则会出现不安全型依恋。没有成人的支持，婴儿会陷入混乱和茫然，会变得情绪不安。极端的早期社会剥夺难以克服。

因为同步和依恋是在生命第一年里发展的，还因为有超过 1/3 的父母难以建立安全型依恋，所以许多发展学家致力于探索哪些因素会损害这些父母建立安全型依恋的能力，以及有助于改善他们的教养方式的措施。我们知道，如果父母小时候遭受过虐待、家庭遭受过社会隔离、母亲还是青少年或者婴儿时的气质是异常困难型的，那么安全型依恋是很难建立的（Zeanah et al.，2011）。如果亲生父母不去照料他们的新生儿，就需要给孩子迅速找到寄养家庭或者收养父母，以便让同步和依恋发展起来（McCall et al.，2011）。

一些亲生父母担心自己不能给婴儿提供积极回应性的养育，为新生儿选择了收养父母。如果存在高风险的亲生父母确信他们能够提供良好的照料，那么早期支持可能会阻止后来的问题的发生。有经验的专业人士可以走进家庭，帮助培育婴儿和照料者之间的关系，在这方面已经有成功的案例了（Lowell et al.，2011）。如果专业人士能在婴儿出生后的最初几天就为父母提供帮助，使用布雷泽尔顿新生儿行为评价量表（见第四章中的介绍）促进关系纽带的形成，那么问题就不会发生了（e.g.，Nugent et al.，2009）。

社会参照

社会参照是指从他人身上寻求情感回应或情感信息，就像学生去查字典或者其他参考书。某人给予肯定的一瞥、一句告诫的话、一个警觉、快乐或者沮丧的面部表情，都是社会参照物。

在 1 岁之后，学步儿能够行走，并且成为“小小科学家”，他们迫切需要向其他人请教。社会参照经常发生。学步儿从他人的目光、面孔和身体姿势上寻找线索，密切注意情绪和意图。他们关注熟悉的照料者，但是也会通过亲属、其他儿童甚至是陌生人来帮助自己评估物体和事件。他们非常挑剔：甚至在 16 个月大时，他们会注意到哪些陌生人是可靠的参照物，哪些不是（Poulin-Dubois & Chow，2009）。

社会参照有很多实际应用。想象一下开饭的场景，全世界的照料者都会吧唧吧唧嘴，假装尝了尝，然后说“好吃”，以鼓励学步儿吃掉第一口甜菜、猪肝或者菠菜。而孩子这边，他们在解读照料者的表情上非常机敏，会坚持只吃这个成人真正喜欢吃的食物。

通过这个过程，一些孩子可能会发展出对生鱼片、咖喱羊肉或者臭奶酪的喜爱——其他文化的孩子会拒绝这些食物。与此类似，学步儿会使用社会线索去理解真吃和假吃之间的不同（Nishida & Lillard，2007），就像理解哪些玩具、情绪或者活动是被鼓励或者被禁止的。

父亲作为社会伙伴

父亲可以用很多方式促进孩子的社会性和情绪发展（Lamb，2010）。有时候，与父亲之间的同步、依恋和社会参照比与母亲之间的还要明显。这一观点曾遭到质疑，直到研究发现一些婴儿和父亲形成了安全型依恋，和母亲却没有（Bretherton，2010）。而且，父亲比母亲引发的婴儿笑声更多，这极有可能是因为他们会带孩子玩更令人兴奋的游戏，而母亲更多的是在照料和安抚孩子（Fletcher et al.，2013）。

亲密的父子关系能教会婴儿（特别是男孩）适宜的情绪表达（Boyce et al.，2006），特别是愤怒的表达。这一结果可能是持久性的：如果在婴儿期经历了温暖、积极回应的父子或父女关系，十几岁的青少年猛烈抨击朋友和权威人士的可能性更小（Hoeve et al.，2011）。与婴儿的亲密关系也能帮助男性降低抑郁的风险（Borke et al.，2007；Bronte-Tinkew et al.，2007）。

在大多数文化和族群中，父亲花在婴儿身上的时间比母亲少得多（Parke & Buriel，2006；Tudge，2008）。民族文化和养育态度具有很强的影响力：一些女性是最后的把关者，认为照料孩子是她们的专有领域（Gaetner et al.，2007），而将父亲排除在外（可能是间接地排除，比如说："你抱孩子抱得不对"）。一些父亲认为宠爱婴儿显得没有男子气概。

每个地方的情况不完全一样。例如，在丹麦，父亲对育儿的参与度很高。在孩子出生的时候，97% 的丹麦父亲在场；5 个月之后，大多数丹麦父亲称自己每天为孩子换尿布（83%）、喂奶（61%）以及陪孩子玩（98%）（Munck，2009）。

在各个国家，性别角色似乎正在变得不那么严格。在美国，一个标志了历史性变化的例子是家有 6 岁以下儿童的已婚妇女的就职人数。1970 年，在家有年幼儿童的已婚母亲中，只有 30% 的人有工作；而 2012 年则有 60% 的人有工作，而且她们几乎都生活在双薪家庭（U.S. Department of Labor Statistics，2013）。这个数字包括了许多婴儿的母亲。

请注意这里所说的"已婚"母亲：在美国，约半数婴儿的母亲是未婚的，她们的就业率高于已婚母亲。就像本章后面将详细描述的，当母亲去上班的时候，常常由父亲（不一定是已婚的）照料婴儿。

有一个性别差异似乎持续存在——"母亲更多是提供照料和安慰，而父亲更可能同婴儿进行高强度的游戏"（Kochanska et al.，2008，p.41）。当请母亲与她自己的宝宝一起玩时，典型的母亲选择爱抚、阅读、唱歌或者玩传统游戏（如躲猫猫）。父亲则比较兴奋：他们会摆弄婴儿的四肢以模仿走路、踢腿或者爬行，或者把孩子在空中上下摇、左右摇，甚至倒过来头朝下摇。

母亲可能会说："别摔着他。"父亲和孩子则会快乐地大笑。父亲往往会用这种方式帮助孩子克服胆小。在过去 20 年里，对父婴互动的研究试图回答以下三个问题：

1. 男人能像女人一样为婴儿提供照料吗？
2. 父婴互动和母婴互动有什么不同吗？
3. 父亲和母亲怎样合作为婴儿提供照料？

在过去 20 年里，许多研究已经对前两个问题给出了肯定的答案。当父亲给婴儿喂奶、洗澡、换尿布时，婴儿会感到和被母亲照料时一样快乐、干净。性别差异有时候会出现在一些细微的地方，但是无碍大局。

关于第三个问题，答案取决于家庭（Bretherton，2010）。通常，母亲是照料者，父亲是玩伴，但并不总是这样。每对夫妻都会根据他们的情况（可能是移民、低收入者或者同性伴侣）找到自己的方式，互相补充，帮助婴儿健康成长（Lamb，2010）。

无论父母是否是合法夫妻，我们都不能假定他们拥有建设性的父母联盟。有时候，父母双方都对婴儿、对自己或者对彼此感觉不满。一项研究表明，7% 的 1 岁婴儿的父亲是抑郁的，他们打孩子的可能性是非抑郁父亲的 4 倍（40%：10%；Davis et al.，2011；见图 7.2）。

家庭成员会影响彼此的心情：父亲的抑郁与母亲的抑郁相关，也和悲伤、愤怒和不服从的学步儿相关。原因和结果相互交织纠缠。当家庭中有一个人抑郁或者心怀敌意时，家庭中的每个人（母亲、父亲和婴儿）都需要帮助。

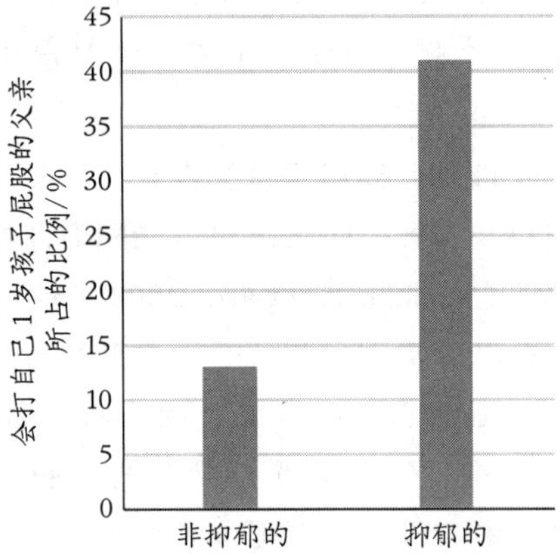

来源：Davis et al.，2011.

图 7.2

谁应感到羞愧？ 应感到羞愧的不是学步儿，他们天生好奇、无忧无虑。或许也不是父亲，抑郁和打孩子都受到经济压力、婚姻冲突和文化规范的影响。谁应该为此负责？

小 结

照料者和年幼的婴儿进行瞬间的互动，这是同步的表现。静止面孔研究发现婴儿依赖这样的积极回应性。人和人之间的依恋是普遍存在的；婴儿期的依恋明显表现为1岁孩子在探索其世界时与依恋对象保持接触和寻求亲近的行为。这种早期模式可能持续一生。学步儿将他人作为社会参照物，以指引他们的探索。在婴儿的社会伙伴中，父亲和母亲一样能干，虽然他们可能比母亲更偏爱身体的、创造性的游戏。每个家庭成员都会影响家中的其他人；理想的是家人联合起来，建立照料者联盟，以呵护每个婴儿的发展。■

>> 关于婴儿心理社会性发展的理论

回想第二章中讨论的理论。如你将看到的，理论引发了与本章最后一个主题有关的理解和应用，即婴儿日托。

精神分析理论

精神分析理论将生物社会性发展和心理社会性发展联系起来。西格蒙德·弗洛伊德和埃里克·埃里克森各自描述了早期发展的两个不同阶段：一个是出生后第一年；另一个从第二年开始。

弗洛伊德：口唇期和肛门期

根据弗洛伊德（Freud，1935，1940/1964）的观点，生命的第一年是口唇期，之所以这样命名，是因为口唇是年幼婴儿快感的主要来源。在第二年的肛门期阶段，快乐源自肛门——特别是排便带来的感官满足；最终来自控制排便的心理愉悦。

弗洛伊德认为，口唇期和肛门期充满各种潜在的冲突。如果一个母亲阻挠了婴儿对吸吮的迫切欲求（例如，断奶太早或者太晚，或者阻止婴儿吸吮手指或安慰奶嘴）可能会导致其后来的口欲固着问题。这样的人停滞在口唇期，因此成年以后也会放纵吃喝、咀嚼、啃咬或者讲话唠唠叨叨，始终寻求与口唇有关的婴儿期的快乐。

给哺乳期母亲的问题 你听说，如果给孩子断奶太早，他将会过食或者酗酒。这是真的吗？（答复见第173页）

与此类似，如果如厕训练过度严格，或者如果在婴儿生理足够成熟前就开始了，那么孩子的拒绝服从或者无能力服从就会与成人的愿望产生冲突，导致成人否定婴儿应得的正常的肛门期快乐。这可能会导致肛门期人格——成年之后寻求自我控制，在生活的所有方面都对规律和整洁有着超乎寻常的强烈需求。【**生命全程链接：**关于如厕训练理论见第二章。】

埃里克森：信任和自主

根据埃里克森的观点，生命中的第一个危机是**信任对不信任**，婴儿在其中学习世界在满足其基本需要方面是否可信任。若所提供的食物和舒服让婴儿感觉是“一致的、连续的、体验相同的”，孩子会感觉到安全（Erikson，1963，p.247）。如果社会互动促进了信任的发展，孩子（及至成年）就会充满信心地探索社会性的世界。

第二个危机是**自主对羞耻和怀疑**，这一危机从大约18个月大时开始，也就是自我觉察出现的时候。学步儿想要自主控制自己的行动和身体。缺乏这种自主性时，他们会觉得羞耻和怀疑。埃里克森同弗洛伊德一样，认为婴儿早期的问题可能持续一生，使婴儿发展成怀疑和悲观（不信任）的或者易于羞耻（不自主）的成人。

埃里克森意识到了文化差异。他知道，不信任和羞耻是否具有破坏性，取决于当地的规范和期望。西方人期待学步儿快点过完充满固执和挑衅的

“可怕的 2 岁”——这标志着孩子对自主的需求。其他地方的父母期待学步儿百依百顺，“羞耻是一种标准情绪，它随着父母使用明显令孩子蒙羞的手法而得以发展”，从而促进孩子的忠诚与家庭内部的和谐（Mascolo et al.，2003，p.402）。

行为主义

“是否从行为主义的角度来看，父母对孩子的强化和惩罚塑造了他们的情绪和人格。行为主义者认为，如果父母开心地回应孩子每个闪现的笑容，孩子就会拥有阳光灿烂的性情。反之亦然：

> “是否能养育一个快乐的、适应良好的孩子——假设孩子的身体是健康的——其责任直接落在父母肩上。（到孩子 3 岁时）父母已经决定了……（这个孩子）是能成长为一个快乐的、人格健全的、性情温和的人，还是成为一个满腹牢骚、神经质、怒气行事、喜好报复、奴役下属或者生命中的每一步都完全被恐惧支配的人。”
>
> （Watson，1928，pp.7，45）

后来，行为主义者认识到婴儿的行为里也有一些**社会学习**的元素，因为婴儿会向他人学习。阿尔伯特·班杜拉做过一个著名的实验（Bandura，1977），在这个实验中，年幼的孩子因为被告知不能玩一些吸引人的玩具而感觉懊恼。接着，在看到成人击打一个橡皮小丑（波波）之后，让孩子独自和一个木槌以及波波待在一起。结果，男孩和女孩都开始像成人做的那样对波波拳打脚踢，这表明他们已经在观察中学习了。

从这个实验开始，发展学家证明了社会学习存在于人的一生（Morris et al.，2007；Rendell et al.，2011）。学步儿会用各种方式表达情绪——从咯咯笑到咒骂——就像他们的父母和哥哥姐姐做的那样。

例如，男孩如果看到父亲似乎靠发脾气赢得了母亲的尊重，那么男孩可能会发展出火爆的脾气。女孩如果在家里看到腼腆的举止或者被动攻击，则可能也变得如此。这些例子刻意区分了性别，因为性别角色尤其会通过社会学习而习得。

父母经常在不经意间鼓励了孩子的某种特质。这在近距离养育和远距离养育的影响中可以看到，后面的“对立的观点”专栏对此进行了具体的解释。

>> **答复哺乳期母亲**（问题见第 172 页）　弗洛伊德是这样认为的。但是没有实验证据表明断奶，甚至是时间不对的断奶，会有这样令人悲痛的长期效果。

认知理论

认知理论的观点是，想法、概念和假设决定了一个人的视角。早期经验极为重要，这是信念、知觉和记忆使然，而不是因为这些经验被埋进了潜意识中（精神分析理论），或者被印刻在大脑模式中（行为主义）。

根据多位认知理论家的观点，早期经验帮助婴儿建立**工作模型**，即一套日后将成为生活参考框架的假设（Johnson et al.，2010）。它之所以成为“模型”，是因为早期关系铸造了一个模子或者蓝图；它之所以是“工作”，是因为虽然它正在被使用，但它未必是固定不变的或者最终的。

最理想的是，婴儿能建立起这样的工作模型：“自己是被重视的、被爱的、有能力的，父母是随时提供情感支持的、慈爱的、敏感的、支持性的”（Harter，2006，p.519）。但是，现实并不总是与理想一致。1 岁的女孩可能根据父母缺乏一致性的回

捶打波波　这些图片来自关于班杜拉所做的社会学习的原始研究影片，图中懊恼的 4 岁孩子模仿着他们刚刚观察到的成人行为。这些孩子使用了和成人相同的武器，也带着相同的意图——不管是用锤子击打玩偶，用玩具枪射击玩偶，还是用大球狠砸玩偶。

对立的观点

近距离养育和远距离养育

父母应该经常抱着婴儿吗？这会宠坏他们吗？孩子应该有许多玩具吗？这将会把他们变得太物质主义吗？

对这些问题的回答涉及**近距离养育**（在身体上亲近孩子，经常抱着或者接触孩子）和**远距离养育**（与孩子保持一些距离——为其提供玩具、鼓励他自己吃饭、面对面交谈，而不是通过触摸来交流）之间的区别。照料者往往会在婴儿很小，比如只有2个月大的时候，就开始用近距离或远距离养育的方式来养育孩子（Kärtner et al.，2010）。推动父母使用近距离或远距离养育方式的文化模式，也表明了社会学习的重要性——父母先学习如何应对自己的孩子，然后孩子学习文化所教授的东西。

研究发现，父母的养育观有显著的文化差异（Keller et al.，2010）。例如，一项纵向研究（H. Keller et al.，2004）比较了喀麦隆恩索人（Nso）和希腊雅典人的养育方式，研究者对78位母亲和她们3个月大的婴儿玩耍的场景进行了录像。分类编码者（不知道研究假设）计算了近距离游戏（如抱着、轻摇、爱抚、帮孩子活动身体）和远距离游戏（如面对面交谈）出现的频率（见表7.3）。恩索母亲使用近距离方式，即一直抱着孩子，几乎从不使用玩具或者奶瓶。相比之下，雅典母亲更多地使用远距离方式。

表 7.3 喀麦隆农村和希腊城市的婴儿

	喀麦隆	希腊雅典
I. 婴儿3个月大时的母婴游戏：		
■ 母亲抱着婴儿的时间比例	100%	31%
■ 婴儿玩东西的时间比例	3%	40%
II. 学步儿18个月大时的行为：		
■ 自我认识	3%	68%
■ 立即服从要求	72%	2%

来源：Adapted from Keller et al.，2004.

给统计学家的问题 注意样本量：78对来自喀麦隆和希腊的母婴。这个样本量足以推导结论吗？（答复见第175页）

给儿科医生的问题 一个母亲抱怨说，她的孩子拒绝待在安全座椅上，吐出不喜欢的食物，几乎从不按她说的做。你应该如何回应？（答复见第175页）

研究者假设，近距离养育会降低学步儿的自我意识水平，但是更加顺从——这样的特质是注重相互依赖和合作的社会所需要的，例如喀麦隆农村。相比之下，远距离养育可能会促使孩子意识到个人的独特性，但是顺从变少了，这是重视独立性的文化所需要的。

预测是准确的。到了18个月大时，研究者测试了这些婴儿的自我觉察（通过镜子—红点测试）和对父母的服从度。一般的非洲学步儿（近距离）没有识别出镜子中的自己，但是很服从；希腊的学步儿（远距离）则相反。

后来，研究者重新分析了每个孩子的所有数据。他们发现，即使不考虑文化的影响，3个月大时的近距离或者远距离游戏也具有很高的预测性：那些与大多数同伴不同，使用近距离养育的希腊母亲，其学步儿更加顺从。在其他国家实施的深入研究确认了这些结论（Borke et al.，2007；Kärtner et al.，2011）。

她的个人最佳纪录 你认为婴儿车里的孩子有多少时间会被母亲抱在怀里，面对面、不戴墨镜、没有言语、只在脸上写满祝福地抱着？

文化态度决定了婴儿养育的各个方面。独立性比依赖更重要吗？自主性比顺从性更重要吗？价值观不同，文化也不同。如果请学步儿放弃他们不玩的玩具（测量顺从的任务），他们毫无反抗地照做了，究竟是好事还是令人不安呢？

你应该抱起哭泣的孩子（近距离），还是该给她一个安慰奶嘴（远距离）？你应该母乳喂养孩子到2岁以上（近距离），还是应该在孩子6个月大之前就改用奶瓶喂养（远距离）？当然，就像附录A中详细描述的那样，许多因素都会影响养育行为，母乳喂养只是养育行为的一个例子。但是每个父母的反应都受其文化持有的观念的影响。

>> **答复统计学家**（问题见第174页） 可能不够大。之所以在这里报告这些研究，是因为结果很明确（见表7.3），而且这两个研究指向相同的方向。但是，其他研究者需要对此进行重复研究。

>> **答复儿科医生**（问题见第174页） 想想不良行为是从哪里来的。可能是孩子先天气质和母亲远距离养育结合的产物。接纳和一致性回应（例如，回避不喜欢的食物，但总是使用安全座椅）比生气更有用。这个母亲或许是在表达对孩子的敌意——这标志着可能需要干预。请弄清这个问题。

应建立起一个“人不可预测”的工作模型，并继续把这个模型应用于每一个人。于是，她的童年友谊将是不安全的，她成年后的关系都将戒心重重。

根据认知理论，一个关键的思想是，婴儿的早期经验本身未必重要，但是对这些经验的解释至关重要（Olson & Dweck，2009）。孩子可能会错误地解释他们的经验，父母也可能提供不准确的解释，由此形成了将影响日后思维和行为的想法。

就是以这种方式，童年期形成的工作模型在一生中都会回音不绝。认知理论的一个令人重燃希望的观点是，人可以重新思考和重新组织他们的思维，建立起新的模型。对人缺乏信任的女孩可能会嫁给一个忠诚、有爱心的男性，并逐渐建立起新的工作模型。

人本主义

在第二章中，我们讨论过马斯洛的需要层次理论（生理需要、安全需要、爱与归属需要、成功或尊重需要以及自我实现需要）。低层次需要是高层次需要的先决条件。婴儿从第一层次开始发展：他们的情绪用来确保其生理需要得到满足。这就是为什么婴儿在饥饿或者疼痛时会哭，而成人不会。基本的生存需要必须得到满足，以确保个体达到更高层次的需要（Silton et al.，2011）。

人本主义让我们意识到，照料者也有自己的需要，而且他们的需要会影响他们对婴儿做出的回应。已经实现了自我的人（第五层次）不再需要从孩子那里得到爱和尊重，所以即使孩子处于暂时性愤怒状态（如给孩子打预防针的时候），他们也能很好地对孩子加以引导。但是大多数年轻父母处于第三或者第四需要层次，正在寻求爱和尊重。他们可能会受到“育婴室幽灵”（最早在第五章的婴儿睡眠讨论中提到过）的困扰。他们在自己的婴儿期体验中就有未满足的需求，他们早期的痛苦会妨碍其教育下一代的能力。

例如，所有专家都赞同母乳喂养是满足婴儿生理需要的最好方式，但许多母亲在尝试了几天之后就放弃了母乳喂养。如果母亲将大部分时间和注意力用于育儿，许多父亲会感到受到排挤。这些可能性会令专家感到困惑难解，但人本主义理论家不会，他们意识到父母的需要可能会与婴儿的需要发生冲突（Mulder & Johnson，2010）。

例如，一个1岁婴儿的母亲说：

> “我儿子不会用乳头吸奶，所以我用吸奶器吸奶。我的乳房大，身材又小，在怀孕期间就显得乳房特别大。这对我来说一直是一个痛点，我从来没喜欢过我的乳房。对自己感觉不好令我很难受。我在一月份的时候停止了吸奶，乳房慢慢复原了，我重拾了一些信心，这绝对有用。因为我感觉自己太胖了，乳房仿佛不是自己的，这令我非常疲惫，身体感觉奇怪，真的不想去与别人分享。他们觉得你很美，他们爱你的身体，爱你本来的样子，但你未必有同样的感觉。”
>
> （引自Shapiro，2011，p.18）

这个女人对自我尊重的需求压倒了一切，导致她为了夺回对体型的信心而停止了母乳喂养。因为她没有经过第三个需要层次（爱和归属需要），所以丈夫对她身体的喜爱和儿子对母乳的需要都没能帮到她。她“陌生”的身体击破了她的自尊（第四个需要层次）。

她的个人需要可能从青春期起就没有得到满足（她说：“我从没有喜爱过我的乳房”）。她责怪丈夫不理解她的感受，责怪儿子“不会从乳头吸奶”。所有的婴儿都需要时间和帮助才能学会吸奶，这位女性责怪儿子不会吸奶，说明同步和依恋出了问题——因为母亲的需要未得到满足，所以婴儿的需要也得不到满足。

与之相比，一些父母理解婴儿对安全感的需要（第二层次），尽管他们自己已经远远超越了那个层次。凯文就是一个例子：

“凯文是一个积极开朗的人，喜欢尝试新鲜事物。今天，他第一次带着11个月大的女儿蒂拉去公园。蒂拉正独自在沙坑里玩，一群学步儿也来到沙坑里玩。刚开始，蒂拉微笑着，热心地看他们玩耍。但是，这群学步儿变得越来越活跃和喧闹，蒂拉的笑容很快变成了眼泪。她……过来找凯文，凯文抱起了她，安慰她。不过，凯文又进了一步，在蒂拉平静下来之后，凯文温和地鼓励她在其他孩子附近玩。他坐在她旁边，和她一边说话一边玩。不久，蒂拉慢慢地爬得离那群孩子更近了，并好奇地看着他们动来动去。”

（Lerner & Dombro，2004，p.42）

进化理论

还记得吗？进化理论强调两种需要：生存和繁殖。人类的大脑格外擅长这些任务。然而，人类大脑需要大约20年的成熟时间才能充分发挥功能。一个孩子必须受到成人的滋养、保护和教导，这个过程所需要的时间比任何物种养育后代的时间都长。婴儿和父母的情感纽带确保了这个漫长的保育过程（Hrdy，2009）。

以生存为目的的情绪

婴儿的情绪是进化指令的一部分。本章第一节中描述的那些反应——从饥饿引起的哭闹到脾气发作——全都可以从这个角度来理解（Konner，2010）。

例如，新生儿极其依赖他人，在出生后的好多个月里，不会走路、讲话，甚至不能坐起来，不能自己吃饭。他们必须吸引成人为他们奉献——成人也的确是这样做的。第一个微笑，第一个笑声，还有他们在同步中的角色，都强力吸引着成人——特别是父母。

成人称这些没头发、没下巴、圆脸、小胳膊小腿的生物“聪明伶俐”“英俊”“漂亮”“可爱”，愿意花时间抱着他们、给他们喂食、给他们换尿布和洗澡。适应在这里十分明显：人类有成为照料者的遗传潜质，父辈和祖辈之前就这么做过，但是具体的生存需求命令这种潜质去适应，将繁忙的成人变为专注的照料者。

如果人类只能被经济回报所激励，则没人会生孩子。进化创造出了那种为了子女值得付出所有牺牲的成人。生儿育女的成本巨大：食物（即使喂母乳也需要母亲吃更多东西）、尿布、衣服、家具、医药费、玩具和保育费（无论有偿还是无偿）只是一个开始。在孩子独立之前，许多父母已经为更大的房子、教育、度假等花费不菲。这些只是经济成本；情感成本更加巨大。

生养孩子有赖于多年的自我牺牲式投资，人类已经进化到能够提供这种投资的程度。激素——具体来说是催产素——的作用远不止引发分娩和促进母乳分泌；它们还会使人产生与他人产生联结的冲动，特别是与自己的孩子。在男人和女人的血液和唾液里都有催产素，只要照顾孩子需要，这种激素就会持续分泌（Feldman et al.，2011）。

进化理论认为，在人类历史上，以寻求接近和保持接触为特征的依恋，通过让幼儿和照料者保持接近并且让照料者保持警觉，促进了物种的生存。婴儿看到静止不变的面孔会焦躁；他们害怕分离；当成人和他们玩的时候，他们会大笑。所有这些都维系着亲子之间的相互依赖。我们从祖先那里继承了这些情绪反应，如果没有这些情绪，人类的祖先可能早就灭绝了。

就像在第四章中解释的那样，人类的纽带与山羊或绵羊不同——母亲不需要立即用鼻子轻蹭刚降生的孩子。相比其他动物，人类的紧随亲子纽带而来的同步和其后的依恋更强烈和持久。学步儿关注成人的表情（社会参照），以在自己和他人之间建立起关系。

非母亲照料

进化社会科学家指出，如果直到孩子长大成人，母亲都是孩子唯一的照料者，那么一位女性只能抚养一到两个子女，这不足以让物种延续。在可靠的节育措施被引进之前，人类的平均生育间隔是2～4年。人类的生育间隔相对较短，还能将孩子成功养大，这要归功于**非母亲照料**，即亲生父母之外的人给予孩子的照料（Hrdy，2009）。非母亲照料是现代人生存的基础。

与许多其他物种相比，人类母亲已经进化到能让其他人帮忙照料孩子的地步，而且其他人通常很高兴这样做（Kachel et al.，2011）。几个世纪以来，提供非母亲照料的特定人选会随着文化和生态条件的变化而变化。

父亲常常会帮忙，但并不总是如此：一些男人远离家庭去战斗、狩猎或者找工作；一些男人有数个妻子和十几个甚至更多的孩子。在这些情况下，其他女性（女儿、祖母或外祖母、姐妹、朋友）会帮忙照料孩子，有时候其他男人也会帮忙（Hrdy，2009）。

婴儿日托

在非母亲照料上，文化差异很大，上述每个理论都可以用来支持或者批判某某差异。这使得婴儿日托成为一个有争议的话题。在这个话题上，没有理论直接认同某种观点。尽管如此，理论是造出来用的，所以我们在这里一并讨论各种理论对日托的启示。

据估计，在2010—2021年，每年大约会有1.34亿婴儿出生（United Nations，2013）。大多数新生儿主要或者仅由母亲来照料，随着孩子长大，其他人的照料将会增加。父亲、祖母或外祖母通常是首要的非母亲照料者；只有大约15%的婴儿（从出生到2岁）受到非亲属的日常照料，这类照料者是受过训练的、有偿提供服务的。

很难找到或者解释各种形式的儿童保育在各个国家的精确比例和对照料结果的统计，因为"非正式的家庭内的安排显示了努力应对中的父母的独创力，但是也干扰了儿童保育的统计数据"（Leach，2009，p.44）。而且，婴儿看护模式是儿童养育这一复杂网络的一部分：很难将任何一种模式与某种结果联系起来。

©万千心理

相同情景，远隔万里：安全看护 在历史上，有时，祖父母或者外祖父母对孩子的生存至关重要。现在，即使医疗保健已经降低了儿童死亡率，祖辈人始终在为保护孩子的安全尽自己的一份力，就像这两幅图所展示的那样——在美国（上图）和中国（下图）。

许多人相信，他们自己的家庭或者文化所采用的做法是最好的，其他模式会危害孩子或者母亲。这是犯了"差异等同于缺陷"的错误，没有证据，只有茂盛的假设。

国际比较

以托幼机构为主的照料方式在法国、以色列、中国和瑞典很普遍，都得到了政府的大量补贴。但这种照料方式在南亚、非洲和拉丁美洲很罕见，政府也不予资助。北美洲的情况在这两者之间，但是不同地区之间有明显差异。不管日托中心在哪里，都有特定的因素可以表明它是否提供了优质的日托环境（见表7.4）。

表 7.4 优质日托

优质的婴儿日托有五个主要特点：

1. 对每个婴儿有足够的关注。一组婴儿（不超过5个）应拥有两个可靠的、熟练的、有爱心的照料者。所提供的照料的连续性很关键。
2. 鼓励语言和感觉运动的发展。婴儿需要语言——歌曲、对话和积极的话语——和容易操作的玩具。
3. 对健康和安全的关注。日常清洁的程序（例如，洗手）、事故预防（如没有会被婴儿吞咽的小物件）和可供探索的安全区域是很重要的。
4. 专业照料者。照料者应该是有经验的、有早教学位或证书的人。人员流动率低，士气高昂，充满热情。
5. 温暖的、回应性高的照料者。照料者应该让孩子进入积极主动的游戏中，引导他们解决问题。安静的、顺从的孩子可能意味着照料的回应性不够高。

亲属的参与也因国而异。全世界的父亲都越来越多地加入了对婴儿的照料。大多数国家会为母亲提供带薪产假；一些国家也会为父亲提供带薪产假；而且，有几个国家还给家庭提供带薪产假，可以由父母中的任何一方休假，或者父母分享产假。带薪产假的长度从几天到约 15 个月不等［见图 7.3（彩）］。

如果考虑所有的发达国家，美国是为数不多的几个没有带薪产假的国家之一。但是要注意，实践不一定与政策一致。在许多国家，虽然国家政策更加慷慨，但父母的职场不受监管，他们只能休一两天的产假。相反，一些父亲和母亲被允许休产假，但他们很犹豫，因为可能会对他们的职场晋升不利。

在每个国家政策和个人做法的背后，是一些理论——关于什么对婴儿最有益的理论。当国家实施带薪产假时，其背后的信念是婴儿需要母亲的照料，雇主应该支持这种照料。

在美国，州与州之间、雇主与雇主之间的差异很明显。一些雇主比法律要求的更加慷慨。联邦政策规定，员工多于 50 人的公司，要为休 12 周以内无薪产假的父母保留工作职位。几乎没有公司为父亲的产假支付薪水，只有一个例外——美国军队给予父亲 10 天的带薪产假。

在美国，只有 20% 的婴儿在生命的第一年里始终仅由母亲来照料（也就是说，没有其他亲属或者临时看护者参与孩子的照料）。这与加拿大相反，加拿大在族群分布上与美国相似，但是母亲的就业率比美国低：在生命的第一年里，60% 的加拿大婴儿仅由母亲照料（Babchishin et al.，2014）。很明显，这些差异受文化的影响大于受普遍的婴儿和父母的心理社会性需求的影响。经济和政治压力会导致变化——这意味着到 2015 年时，有关婴儿保育的数据将会不同于这里报告的数据。

人们可能希望有数百年历史的母亲照料、父亲照料和非母亲照料能为最好的育儿方法提供清晰的结论。遗憾的是，结论有些复杂。大多数国家在大多数时间里，祖母或外祖母在近旁时，婴儿更可能生存下来，特别是在婴儿刚断奶之后（Sear & Mace，2008）。人们认为这是因为祖母或者外祖母提供了必不可少的滋养和保护。

但是，至少在一个地区（德国北部，1720—1874 年），拥有一位活着的祖母或外祖母，尤其是祖母，对婴儿的生存产生了消极影响（Beise & Voland，2002）。作者推测，与婆婆一起生活（这是当地的常态）会给怀孕的儿媳增加压力，并抵消了孩子父亲的保护性投入，导致早产更频繁地发生。

早期非母亲照料效应的证据表明，国家政策、文化期望和家庭收入至少和照料的实际时长和提供者是谁一样重要（Côté et al.，2013；Solheim et al.，2013）。

不管选择哪种形式的照料或者认可哪种理论，稳定的照料者给予的积极关注和个体化的照料似乎是最好的（Morrissey，2009）。更换照料者对婴儿来说特别成问题，因为婴儿的每个简单的手势或者声音不仅应该得到鼓励的回应，还需要有一个特别了解这个婴儿的人做出解释。

例如，“baba”可能指“瓶子（bottle）”“宝宝（baby）”“毯子（blanket）”“香蕉（banana）”或者其他一些甚至不是以 b 开头的词。这个例子举得简单了一点，但是类似的沟通努力——要求个体化的情绪反应——在整个婴儿期都很明显。如果你有任何怀疑，想想同步的重要性，以及没有在 1 岁前被领养的罗马尼亚孤儿——虽然在领养后受到极好的照料，但他们仍不能摆脱糟糕的生活。

一些婴儿似乎比其他婴儿更易受照料质量的影响（Phillips et al.，2011；Pluess & Belsky，2009）。事实上，如果家庭环境不好——忽视的、敌意的、回应性低的家庭——那么日托的照料可能对孩子是一个改善。人们的主要担心是，一些受到大量非母亲照料的婴儿日后将变得更具有攻击性和过度活跃

（Jacob，2009；Babchishin et al.，2013）。在不规范的日托中心（即对婴儿与照料者的比例和教师培训方面没有任何要求），这种情况似乎特别有可能发生。

就像一篇综述解释的那样："现在的证据表明，早期非母亲照料的环境有时候会使年幼孩子陷入风险之中，有时候又会给他们带来好处"（Phillips et al.，2011）。差别敏感性很明显：出于遗传和家族原因，在如何最佳地为婴儿提供照料上，每个人的情况都不一样。

婴儿期的母亲就业

与婴儿日托问题紧密相关的是母亲的就业问题。直到最近，人们都假定母亲应该和孩子一起待在家里。这是精神分析理论和行为主义理论给出的建议。现在，这个假定受到了挑战，挑战一部分来自母亲的需求应受到关注（人本主义）的观点，另一部分来自非母亲照料数百年来都很典型（进化理论）的历史证据。

给日托提供者的问题 一个母亲为了日托的事带着孩子来找你，说她知道这样做对孩子有伤害，但是没有办法，经济需求迫使她去工作。你怎么回答？（答复见第本页）

一项对于非母亲照料的婴儿的纵向研究的综述发现，"外化行为可以通过在多重背景下的一系列变量来预测……没有研究发现就业的母亲的孩子仅仅因为母亲在外工作，就发展出了严重的情绪或者其他问题"（McCartney et al.，2010，pp.1，16）。

事实上，美国的研究表明，如果母亲工作，孩子一般会受益（Goldberg et al.，2008）。最可能的原因是母亲的收入减轻了父亲的抑郁，增加了家庭财富，这两个因素都与更幸福、更成功的孩子相关。

对就业的母亲来说，这是一个令人欣慰的结论，但是也可能有其他的解释。也许，能找到称心工作的母亲比不工作的母亲更有能力提供良好的婴儿照料。

婚姻关系会受益于夫妻之间的活动共享，所以很少花时间在一起的夫妻可能为彼此奉献得较少。共同照料婴儿——伴侣双方一起和婴儿玩——似乎会让三方都受益；积极投入父亲角色的丈夫往往也是为妻子奉献的丈夫。父亲的参与和孩子的幸福与成功有相关性。反之也成立。

如你所见，每个研究都反映了许多变量，正如每个理论都对婴儿养育有着不同的视角一样。鉴于这一点以及相分歧的文化假设，研究者在婴儿养育和照料者话题上发现了混合复杂的证据也不足为奇。许多因素都有关系：婴儿的性别和气质、家庭收入和教育，特别是在家里照料和在其他地方照料的质量。

所以，就像儿童发展的其他许多主题一样，问题仍在，尚未找到答案。有一个事实毫无疑问：每个婴儿都需要积极的个人回应——理想的是母亲和父亲所给予的回应，但是别的亲戚甚至是非亲属的回应也顶用。应该有一个人作为搭档参与和孩子的同步，这是安全型依恋的基础，也是鼓励探索的社会参照。然后婴儿的情绪和体验——哭泣和欢笑，恐惧和快乐——将确保其心理社会性完好地发展。

小 结

所有理论都认为婴儿养育是很关键的：心理社会性发展有赖于它。精神分析理论强调早期日常照料程序。它能发展口唇期和肛门期性格（弗洛伊德的观点），发展信任和自主性（埃里克森的观点）。行为主义理论强调早期学习，通过父母强化或惩罚婴儿的反应。认知理论强调工作模型。在所有这些理论中，终生模式被认为是从婴儿期开始的，但是之后也有可能发生变化。文化很关键。

人本主义不仅考虑婴儿的基本需要，也考虑成人的基本需要。因此，他们更注重亲子互动中父母一方。根据进化理论，先天冲动提供了人类一直以来所需要的相互依赖性。因为人类的大脑和思维要经过许多年才能发育成熟，非母亲照料对物种的生存至关重要。

婴儿日托产生的心理社会性影响取决于许多因素，包括文化。虽然许多国家都为有婴儿的母亲提供经济补偿，以使她们留在家里照顾孩子，但如果有其他人提供回应性高的婴儿照料，母亲就业似乎并无害处。照料的连续性很关键；母亲、父亲和其他人都可以成为很好的照料者。

■

>> 答复日托提供者（问题见本页） 安慰这位母亲说，你会保证孩子的安全，通过形成同步和依恋来帮助孩子发展心智和社会能力。还要告诉她，对孩子的心理社会性发展来说，在家里的母婴互动质量比其他任何东西都重要；全职工作的母亲通常与婴儿有很好的安全型依恋关系。如果这位母亲愿意，你可以和她讨论怎样做一个能积极回应孩子的母亲。

本章总结

情绪发展

1. 满足和痛苦这两种情绪在婴儿一出生时就出现了。微笑和大笑出现在最初的几个月里。在4—8个月的时候，愤怒情绪出现在对限制和阻挠的反应中，并且到1岁时变得很强烈。
2. 反射性恐惧在非常年幼的婴儿身上明显。对具体事物的恐惧，包括害怕陌生人和害怕分离，在第一年的末尾会变得强烈。
3. 在第二年里，社会知觉产生了更多的选择性恐惧、愤怒和快乐。随着婴儿自我觉察的日益加强，鼓励自我和他人联结的情绪出现了——具体来说有骄傲、羞愧和喜爱。自我识别（在镜子—红点测试中）在大约18个月的时候出现。

脑与情绪

4. 压力阻碍早期大脑和情绪的发展。一些婴儿特别容易受到早期虐待的影响。
5. 气质是一系列基因特质，其表达受环境的影响。与生俱来的气质与后来的人格有关，尽管可塑性也是明显的。

社会纽带的发展

6. 通常在2个月大的时候，婴儿变得比较敏感；到6个月大时更明显，婴儿变得更具有反应性了，更加有社会性，同步也更明显了。婴儿会因为静止的面孔而焦虑不安，因为他们期待并且需要社会互动。
7. 依恋至关重要。通常通过婴儿在“陌生情景”中对照料者的出现、离开和返回所做的反应来测量。一些婴儿似乎很冷漠（A型依恋——不安全—回避型）或者过度依赖（C型——不安全—抗拒/矛盾型），而不是安全的（B型）。混乱型依恋（D型）是最令人担忧的。安全型依恋可以鼓励婴儿的探索。
8. 在游戏的时候，学步儿会进行社会参照，通过看其他人的面部表情和身体语言来探查什么是安全的、可怕的或者有趣的。
9. 婴儿会频繁地将父亲当作同步的伙伴、依恋对象和社会参照物，通过父亲的照料发展情绪、探索他们的世界。

关于婴儿心理社会性发展的理论

10. 根据所有的主要理论，婴儿出生后的头两年里的照料行为特别有影响力。弗洛伊德强调母亲对口唇期和肛门期快感的影响；埃里克森强调信任和自主。这些因素的影响将持续终生。
11. 行为主义者关注学习：父母教给孩子许多事情，包括什么时候要恐惧或者高兴。认知理论认为，婴儿基于已有经验建立起工作模型。这两个理论都认为，以后的发展可以修正早期经验。
12. 人本主义理论指出，一些成人固着在他们自己未完成的发展中，止步不前。这削弱了他们充满慈爱地回应婴儿的能力。
13. 进化理论家认为，婴儿和照料者都有冲动和情绪，这些冲动和情绪已经发展了数千年，促进了人类物种中每个新成员的生存。
14. 非母亲照料的影响取决于多种因素；它因国家、家庭，甚至是孩子个人而异。虽然每种理论的关注点多少不同，但是所有理论一致认为照料的质量（高回应性的、个体化的照料）极为关键，特别是在婴儿期，无论提供照料的人是谁。

关键术语

安全型依恋（secure attachment，p.167）

不安全—回避型依恋（insecure-avoidant attachment，p.167）

不安全—抗拒型/矛盾型依恋（insecure-resistant/ambivalent

attachment，p.167）
非母亲照料（allocare，p.177）
分离焦虑（separation anxiety，p.159）
工作模型（working model，p.173）
混乱型依恋（disorganized attachment，p.168）
近距离养育（proximal parenting，p.174）
静止面孔技术（still-face technique，p.165）
陌生情景（strange situation，p.168）
陌生人警觉（stranger wariness，p.159）
皮质醇（cortisol，p.158）
气质（temperament，p.162）
社会参照（social referencing，p.170）
社会性微笑（social smile，p.158）
社会学习（social learning，p.173）
同步（synchrony，p.164）
信任对不信任（trust versus mistrust，p.172）
依恋（attachment，p.165）
远距离养育（distal parenting，p.174）
自我觉察（self-awareness，p.160）
自主对羞耻和怀疑（autonomy versus shame and doubt，p.172）

你学到了什么？

1. 婴儿期里最先出现的情绪是什么？
2. 什么经验引发了婴儿的愤怒和悲伤？
3. 1 岁孩子典型的恐惧是什么？
4. 生命第一年和第二年的情绪有何不同？
5. 家庭互动和文化如何塑造了幼儿的情绪？
6. 关于脑成熟对情绪的影响，什么是已知的？什么是未知的？
7. 记忆和情绪有怎样的联系？
8. 压力怎样影响早期大脑的发展？
9. 为什么气质特点在一些人身上比在其他人身上明显？
10. 同步可能怎样影响早期情绪发展？
11. 举例说明婴儿和照料者寻求接近和保持接触的行为表现。
12. 描述四种依恋类型。每种依恋可能会怎样影响人之后的生活？
13. 可以用什么方法改善高风险父母的亲子纽带？
14. 社会参照在婴儿期有怎样的重要性？
15. 父亲参与对婴儿有怎样的影响？
16. 如果一个人固着于口唇期或者肛门期，可能会发生什么事？
17. “信任对不信任”危机可能会对之后的生活有怎样的影响？
18. “自主对羞耻和怀疑”的危机可能会对之后的生活有怎样的影响？
19. 行为主义者怎样解释情绪和人格的发展？
20. 为什么“工作模型”的概念产生于认知理论？
21. 根据人本主义理论，照料者自己的需求可能会怎样影响他们对婴儿的反应？
22. 进化理论怎样解释亲子纽带？
23. 非母亲照料者为什么是人类物种生存所必需的？
24. 非母亲照料的利弊是什么？
25. 比较由亲属照料婴儿和由日托中心照料婴儿的利弊。
26. 为什么很难对婴儿日托下结论？
27. 如果母亲就业，婴儿的利与弊是什么？

应　用

1. 影响婴儿发展的一个文化因素是怎样带着婴儿从一个地方到另一个地方的。走访 4 位有婴儿分别出生于前 4 个 10 年之一的母亲，看看她们是怎样携带婴儿的：婴儿车是在身前推式的还是在背后拉式的，婴儿的脸朝内还是朝外，是用折叠式小婴儿车还是用可以躺着的儿童车；在汽车内，婴儿是坐在安全座椅上还是母亲的腿上，等等。她们为什么选择这样的出行方式？对于这样的文化实践对婴儿的发展可能产生的影响，她们的观点是什么？你的观点是什么？

2. 观察亲子同步活动 3 分钟。最好是请不满 8 个月大的婴儿的父母和孩子玩一会儿。如果没有婴儿，观察一对恋人的交谈。注意双方的每一个面部表情、声音和手势的顺序和时间。

3. 给几个日托中心打电话，试着评估他们提供的婴儿照料的质量。问题应该围绕这样一些因素：成人与儿童的比例、每个班组的人数以及如何培训各个年龄段儿童的照料者。有最小年龄限制吗？为什么有或者没有？以表 7.4 为指引分析得到的回答。

人生的前两年

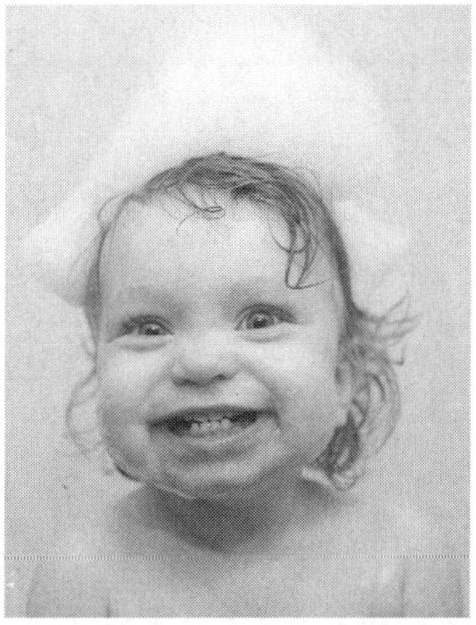

生物社会性发展

婴儿期发育 在生命的最初两年，体重增长了 4 倍，脑重量增长了 3 倍。脑细胞之间的联系变得密集，有复杂的树突和轴突网络。普遍性的经验（预期型经验）和文化指向性的经验（依赖型经验）有助于大脑的发育，部分是通过修剪神经元之间未使用的连接实现的。

感知和运动 除了文化，大脑成熟也是所有感觉发展的基础。看、听和身体活动从反射进步到协调自主的动作，包括聚焦、抓握和行走。

健康地生存 婴儿的健康取决于免疫接种、父母的做法（包括“仰或卧式睡眠”）和营养。母乳可以保护婴儿的健康。今天婴儿的存活率比几十年前高得多。

认知发展

感觉运动智力 正如皮亚杰所描述的，在最初的两年里，婴儿从通过即时的感觉体验来了解他们的世界，发展到通过运动和大脑里的心理图式来“实验”这个世界。

信息加工 信息加工理论强调感觉体验和知觉之间的联系。对于世界上的事物的各种可能性，婴儿发展出了自己的想法。

语言：在最初的两年发生了什么 与高回应性成人之间的互动让婴儿接触到了交流和语言的结构。到 1 岁时，婴儿通常可以讲一两个词；到 2 岁时，词汇爆发式增长，学步儿可以讲短句子，每天都学会一些新词。

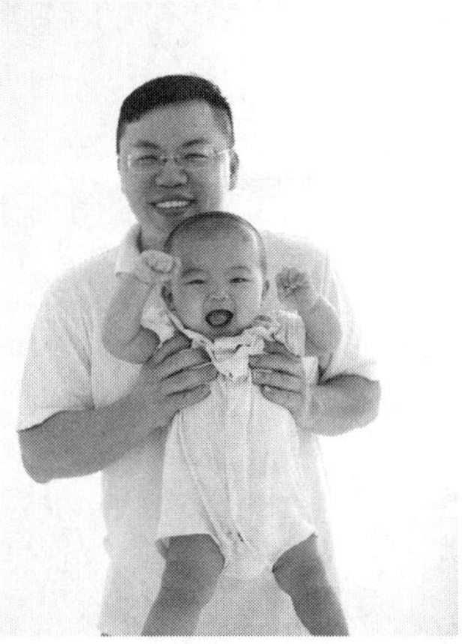

心理社会性发展

情绪发展 婴儿很快进步到对愉快的事物能发出微笑和大笑，并且体验到愤怒、悲伤和恐惧。学步儿发展出了自我觉察和社会知觉，体验到了新的情绪：骄傲、羞耻、尴尬、厌恶和内疚。所有的情绪反应都始于大脑，但是情绪表达和脑发育之间的联系是复杂的。

社会纽带的发展 父母和婴儿通过行为同步对彼此做出回应。到第一年年末，对父母的安全型依恋为婴儿日益独立地探索世界创造了条件。不安全型依恋——回避型、抗拒/矛盾型或者混乱型——标志着亲子关系阻碍了婴儿的学习。婴儿的自我觉察和独立是由父母塑造的。基本的气质特点大多是与生俱来的，贯穿一生。社会文化理论强调了文化规范，体现在父母关于育儿的民族理论中；一些父母使用近距离养育（鼓励身体接触），其他父母使用远距离养育（鼓励认知）。非母亲照料是普遍存在的，这对于生存很重要。

第三部分

（第八章至第十章）

童年早期

在 2—6 岁，儿童在清醒的时间里大多忙于探索、创造、欢笑和想象。因为他们获得了所需要的技能。他们嬉戏追逐，尝试新的挑战（发展他们的身体）；他们用声音、词语和想法做游戏（发展他们的心理）；他们发明新游戏，将自己的幻想戏剧化（学习社交技能和道德感）。

2—6 岁曾被称作**学前期**，因为以往孩子正式入学学习都是从一年级开始的。但现在大多数孩子在这几年就开始上学了。因此，我们沿袭传统惯例，将该时期称作**童年早期**。

当然，这个时期也可被称作**游戏期**，因为年幼的儿童酷爱游戏，无论是悄无声息地跟踪一只在青草间爬行的小甲虫，还是肆无忌惮地把卧室弄得乱七八糟。他们的话语和想法也很好玩，比如，他们会以为"秃顶的人就是有一个光着脚丫子的大脑袋"，或者"阳光灿烂，就是为了让孩子们出去玩"。

无论怎么命名，童年早期都是一个不同寻常地成长、令人印象深刻地学习、无拘无束地自发游戏的时期。不仅是年幼的孩子们，所有认识他们的人都会感到快乐。

第八章

童年早期：生物社会性发展

你将学到什么？

1. 孩子们吃得太多、太少，还是刚刚好？
2. 在童年早期，大脑的成熟是如何影响情绪发展的？
3. 儿童需要什么才能发展他们的运动技能？
4. 应该在何时、如何预防儿童虐待？

- **身体的变化**
  - 发育模式
  - 营养
  - “一成不变”的危害
- **脑的发育**
  - 思维的速度
  - 大脑两半球的连接
  - 情绪与大脑
- **改善动作技能**
  - 粗大动作技能
  - **科学视角：消除铅**
  - 精细动作技能
  - 艺术表现力
- **伤害与虐待**
  - 可避免的伤害
  - 预防措施
  - 儿童不当对待
  - 再次强调三级预防

4 岁时，我曾一遍遍地从沙发后背上跳下来，试着飞翔。我换着法儿地尝试多次：穿斗篷或不穿斗篷；挥胳膊或不挥胳膊。笑眯眯的妈妈心里想是不是不该让我看《彼得·潘》(*Peter Pan*)。一位年长的女人警告我这样跳会伤到子宫。我不知道子宫是什么，也不愿意理会，还是不停地跳啊跳啊，直到确定没有精灵粉飞不起来，我才停了下来。

当你 4 岁的时候，我希望你也想飞起来，而你的家人也能笑眯眯地陪着你，保护你的安全。对于童年早期来说，这种保护、欣赏以及对幻想的包容具有非凡的意义。你还记得自己曾试着跳跃、爬树或写自己的名字吗？年幼的儿童就是这样，尝试，失败，再尝试。在这个反复尝试错误的过程中，他们变得越来越熟练，也越来越聪明。最终，他们理解了人生的一些局限性，比如人类没有翅膀。身体和大脑的发育成熟，成人保护的必要性，是本章的主题。同时，我们也会描述儿童惊人的成长、受到的意外伤害以及发人深省的不当对待。

>> 身体的变化

与婴儿期类似，童年早期身体和大脑按照强大的表观遗传、生物内驱力以及社会引导而发展，有经验预期型和经验依赖型。【**生命全程链接**：第五章解释了经验预期型和经验依赖型的脑发育。】在这个时期，身体和大脑在大小和功能上都在日趋成熟。

发育模式

如果把蹒跚学步、摇摆不稳的 1 岁婴儿和能做侧手翻的 6 岁儿童做个比较，就会发现他们在身体方面有明显的差异。在童年早期，随着下肢长长，脂肪变成肌肉，孩子们都会瘦下来。

事实上，五六岁时的平均身体质量指数（body mass index, BMI，体重和身高的平方之比）比生命中任何时期都低。再也看不到婴儿期常见的圆圆的肚子、鼓鼓的脸蛋、短短的四肢以及大大的脑袋了。身体的重心从胸部转移到腹部，于是侧手翻、后空翻以及其他运动技能得以发展。这时，儿童才可能体会到舞蹈、体操以及荡秋千的乐趣。不断变化的身体比例使得他们获得了新的成就感。**【生命全程链接：身体质量指数会在第十一章讨论。】**

在童年早期，儿童的身高和体重会有非常明显的增加。营养状况良好的儿童平均每年约增重 2 千克，增高约 7 厘米。在发达国家，6 岁儿童的平均身体状况如下：

- 体重约 18 ～ 22 千克
- 身高至少 100 厘米
- 看起来很瘦，不是圆墩墩的（5—6 岁是体脂肪最少的时候）
- 身体比例跟成人类似（腿长约占身高的一半）

肢体长度和平衡能力 这对姐弟年龄相差 4 岁，请注意他们不同的腿长和平衡力。2 岁的弟弟两条腿都站在地上，6 岁的姐姐能轻松跳上横杆坐好。

当许多族裔共同生活在一个食物充足、医疗条件良好的国家时，非裔儿童的身高最高，其次是欧裔儿童，再次是亚裔儿童，最后是拉美裔儿童。然而，身高的族群内差异大于族群间差异，这再次证明了族群差异不是由基因决定的。

营养

学前儿童虽然很少挨饿，但有时确实会有营养不良。在发达国家，导致学前儿童营养不良的主要原因是孩子的胃口本来就小，经常又被一些不健康的食物填满了，从而导致必需的维生素摄入不足。

成人经常鼓励孩子多吃东西，保护孩子们免遭一个世纪前常见的饥荒。不幸的是，在食品充裕的时期，这种鼓励是很糟糕的。很多国家都是如此：30 年前，巴西最常见的营养问题是营养不良，现在却是营养过剩（Monteiro et al.，2004），低收入阶层特别脆弱（Monteiro et al.，2007）。

一项针对纽约低收入家庭 2 — 4 岁儿童所做的调查发现，随着家庭收入水平的降低（J. A. Nelson et al.，2004），以及儿童年龄的增长，许多超重儿童的体重也增加（2 岁的超重儿童占 14%；4 岁时占 27%）。这种年龄规律表明，饮食习惯——而非基因——才是导致肥胖的原因。这项调查还发现，超重儿童更多的是西班牙裔（27%）或亚裔（22%），而不是非裔（14%）或欧裔（11%）。

对此差异的一种解释是，很多低收入阶层的儿童跟祖母生活在一起，而上了年纪的祖母亲身体验过营养不良的危害。事实也是如此，拉美裔和亚裔的祖父母自己很少有肥胖问题，但他们的孙辈大多是超重的（Bates et al.，2008）。对所有族群来说，儿童获得食物的现实状况比传统的变化更快。

饮食过量的儿童长大后往往成为超重成人。英国顶级医学期刊《柳叶刀》（*The Lancet*）上的一篇文章曾预言，到 2020 年，全球范围内将有 2.28 亿成人患上糖尿病（印度的情况更严重），而这正是童年期养成的不健康饮食习惯的直接后果。文章表明，美国用以降低儿童饮食过量的措施远远不够，因此，“如果当前儿童的超重和肥胖趋势持续下去，美国儿童可能会成为一个多世纪以来寿命短于父辈的第一代人”（Devi 2008，p.105）。

在 2— 6 岁时，儿童的食欲不振是由于他们的体重每长 1 千克所需的热量少于婴儿。对于这个时代的孩子来说尤其如此，因为他们锻炼的机会比前几代人少得多。他们不需要照料农场里的动物，不需要走很远的路去学校，甚至也不会在户外活动几小时。然而，许多老一代人并没有接受这种代际变化，反而感到焦躁，进而威逼利诱孩子摄入过多食物（例如，“把你的饭全吃掉就给你吃冰激凌”）。很多儿科医生发现，无论是婴儿、学步儿还是幼儿的父母，大多数人都相信瘦孩子就是没有胖孩子健康，而这种错误的观念更加导致了过度喂食的行为（Laraway et al.，2010）。

必胜！ 这个女孩参加了抵制儿童肥胖的活动。这种活动的实施障碍是改变饮食方式，毕竟很多父母会任由孩子饮食过量。

营养缺乏

发达国家的儿童尽管摄入了足够的热量，但铁、锌和钙的摄入量并不充足。例如，与过去相比，现在孩子更少喝牛奶，这意味着钙的摄入量变少了，骨骼更脆弱了。另一个问题是糖分摄入过多。许多习俗也在诱惑孩子吃甜食——过生日吃蛋糕，过节有糖果，平常有甜点，还有其他食物。

含糖的麦片和饮料（广告声称包含了每日所需的所有维生素）无法代替营养均衡、多样化的饮食，部分原因是有些营养元素还没有被识别出来，食品标签上列出的很少。在贫困国家，微量营养元素严重缺乏，靠补充维生素片和补充剂是远远不够的（Ramakrishnan et al.，2011）。

因此，食用丰富多样且新鲜的食物对于保持健康是必要的。与普通儿童相比，那些日常食用较多深绿色、橙色蔬菜且较少吃煎炸食物的幼儿在健康方面获益更多。一项关于肥胖的研究发现，这样的孩子骨骼强健且没有过多的脂肪，该研究控制了可能与肥胖相关的其他因素，比如性别（女性肥胖更多）、族群（有些族群在遗传上就偏瘦）以及经济收入（穷孩子往往饮食情况更糟）（Wosje et al.，2010）。

另一个并发症是食物过敏，大约有 3% ～ 8% 的幼儿会对某种特定的食物过敏，而且经常是普通的健康食物：牛奶、鸡蛋、花生、坚果、大豆、小麦、鱼以及甲壳类动物都是罪魁祸首。过敏的临床诊断标准（关于过敏范围的解释）不一，治疗方式差别更大（Chafen et al.，2010）。

有些专家建议彻底回避致敏食物，比如，有的学校完全杜绝花生制品，任何学生都不得将含有花生酱的三明治带到学校当午餐。但其他专家建议应逐步增加对致敏食物的容忍度，比如一开始只给婴儿一丁点儿花生酱（Reche et al.，2011）。值得庆幸的是，很多童年期食物过敏状况都会随着孩子长大而好转。不过，由于儿童已经存在营养不均衡风险了，过敏问题使均衡饮食变得更加困难。

给营养学家的问题 有父母抱怨，她准备了丰富的蔬菜和水果，但是她家 4 岁的孩子只想吃炸薯条和蛋糕。你应该给她提供什么建议呢？（答复见第 190 页）

口腔卫生

摄入糖分过多、纤维过少会导致龋齿，这是发达国家中年幼儿童最常见的疾病。在美国所有 6 岁以下的儿童中，有超过 1/3 的孩子至少一个牙齿有龋洞（Brickhouse et al.，2008）。含糖的果汁和苏打水是导致龋齿的主要原因，而无糖苏打水由于含有过多的酸性成分更易导致龋齿（Holtzman，2009）。

幸运的是，大约 6 — 10 岁时，乳牙将自然地换掉。换牙时间表主要受遗传因素影响，一般来说，女孩要比男孩早几个月。然而，等到恒牙长出之后才开始牙齿护理就太迟了。童年早期严重的龋齿会伤害未来的恒牙（恒牙就长在乳牙的基础上），并且会导致颌骨畸形、咀嚼困难以及发音问题。

给儿童早期教育工作者的问题 你知道强迫孩子吃不喜欢的食物会让他们很不高兴，但是当你有 8 个 3 岁的孩子而每个孩子都有自己的饮食偏好时，你该怎么做？（答复见第 190 页）

牙齿健康受饮食和疾病的影响，这就意味着

年幼儿童的牙齿状态能够提醒父母注意孩子的其他健康问题。这种作用反之亦然——受感染的牙齿也会影响儿童其他身体部位的健康。

大多数中产阶级美国家庭会带幼儿去看牙医，然而，受教育程度越低的父母，就越难以认识到儿童早期口腔卫生和牙齿护理的重要性（Horowitz et al.，2013）。很多年轻的、收入较低的父母忙于工作和照料孩子，并没有意识到刷牙是一个非常重要的习惯，最好在生命早期学习（Mofidi et al.，2009；Niji et al.，2010）。

如果孩子的父母生长于牙齿保健资源匮乏的国家（有时可观察有多少老人掉光了牙齿），他们可能不会带孩子做牙齿护理。不过，在很多国家，无知并不是问题所在，问题在于牙齿护理的可获取性和支付能力。在美国，大多数低收入父母虽然希望自己的孩子能够获得比自己更好的牙齿护理，却得不到免费的牙科诊疗（Lewis et al.，2010）。

“一成不变”的危害

许多年幼儿童对遵守生活常规非常执着，坚持睡前先刷牙、读书和祈祷，或者吃点零食、蹲会儿马桶、唱首歌才能睡觉。不管是什么常规，孩子们每天都期待着，若没有这样做就上床睡觉，他们会感到心烦意乱。类似的，就餐时间也可能变成某种食物的时间，以某种特别的方式准备食物，并将食物放在特定的盘子里。

童年早期渴望常规——被称为“一成不变”或“井然有序”的现象——可能意味着年长儿童的强迫症。因此，成人应该帮助年长儿童减少他们的焦虑（Flessner et al.，2011）。然而，对年幼的孩子来说，这种对连续性和一致性的渴望是正常和普遍的（Evans et al.，2006；Pietrefesa & Evans，2007）。就像有些专家解释的那样：“绝大部分儿童（如果不是所有）都会表现出一些与年龄高度相关的典型的强迫行为，不过这种情况通常到童年中期就会消失”（March et al.，2004，p.216）。

过度进食可能会成为严重问题：倘若结果是超重儿童，放纵和容忍这种“一成不变”的行为将具有一定的破坏性。【**生命全程链接**：第十一章和第二十章将详细论述儿童肥胖。】

预防儿童肥胖胜于强制一个6岁的儿童节食减肥（有些儿科医生就是这么做的）。因此，儿科医生需要为2—5岁儿童的父母提供“预见性指导”（Collins et al.，2004）。学前阶段的教育工作者也能影响儿童的营养摄入，例如，给孩子充分的时间吃饭，允许他们说说话，以及只提供营养丰富的食物（有时通过指导父母，有时通过向食物供应商提要求）。

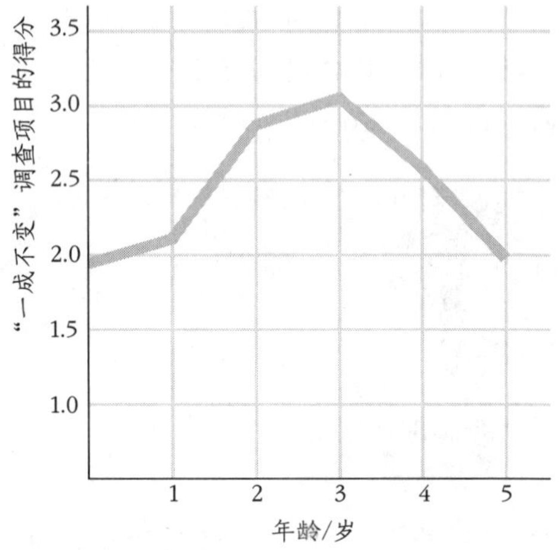

来源：Evans et al.，1997.

图 8.1

年幼儿童对常规的坚持 图中显示了儿童在一项调查中的平均得分（由父母报告）。这项调查表明儿童对某种“一成不变”的渴望，包括对食物的选择和准备，做到“刚刚好”。这种对固定程序的执着在6岁时会逐渐消失。

小 结

在2—6岁，儿童会长高并且会按比例变瘦，这种变化取决于基因、营养、家庭经济收入以及族群。因为很多孩子的饮食不健康，龋齿多发，身体的脂肪量过多，所以营养和口腔卫生都是严重的问题。年幼的儿童一般胃口较小，而且有挑食的习惯。不幸的是，许多父母会鼓励孩子吃过多的食物，但根本没有意识到超重可能会导致致命的疾病。■

>> 答复营养学家（问题见第189页） 从营养学上来说，明智的建议是只提供水果、蔬菜以及其他营养丰富且脂肪含量低的食物，指望饥饿感会使孩子不得不吃下这些东西。然而，由于几个世纪以来的文化习俗，这样的建议很难实施。为了确保孩子的健康，体检（包括验血）是十分必要的。

>> 答复早期教育工作者（问题见第189页） 谨记提供简单的和孩子熟悉的食物。为所有孩子提供同样的食物，允许他

们拒绝，但没有替代品——除非是 8 个孩子都有。孩子不会指望学校跟家里的常规一样；他们终将品尝其他孩子都喜欢吃的食物。

>> 脑的发育

正如第五章所看到的，在出生前以及整个婴儿期，大脑的发育都非常快。到 2 岁时，大多数神经元已经彼此连接起来，而大量的无效连接也被“修剪”掉了。2 岁婴儿的脑重已经达到成人的 75%；6 岁时的脑重将达到成人的 90%。大脑的主要结构如图 8.2（彩）所示。

既然在 2 岁时大部分脑区就已经存在并且发挥着功能，那么大脑还有什么需要进一步发展呢？当然是最重要的部分！

“尽管其他灵长类动物的身体和大脑在有些方面似乎优于人类（例如，它们的爬树能力较为出色），而且很多动物具备人类所没有的能力（例如，狗灵敏的嗅觉），然而人类在智力上远超其他动物。从进化论的观点来看，我们的大脑赋予人类发展出一种基于社会和谐、合作以及高效率计划能力的生活方式……‘最聪慧者生存’似乎比‘最适应者生存’更准确。”

（Corballis，2011，p.194）

随着前额叶皮层的成熟而发展起来的社会理解能力使得人类有别于其他灵长类动物。例如，有一项严谨的研究分别对 106 只黑猩猩、32 只猩猩和 102 名 2.5 岁的人类婴儿进行了一系列测试，结果发现婴儿“在物理认知任务上与黑猩猩水平相当，但在社会认知任务中的表现远超黑猩猩和猩猩”。这里的社会认知任务指的是能够指出或追随他人的注视点（Herrmann et al.，2007，p.1365）。

随着大脑的成熟，儿童能更好地控制自己的情绪。例如，当遇到陌生人打招呼时，许多 2 岁左右的孩子都闭口不言，尽可能向妈妈身后躲藏。而成人可能同样会害羞，但他能够勇敢地回应。18 岁时进行的前额叶皮层和杏仁核的脑部扫描可能显示抑制，但大多数受抑制的人不再会表现出极度焦虑的行为（Schwartz et al.，2010）。【**生命全程链接：**第十章将会继续讨论情绪调控。】

思维的速度

婴儿期之后，一些大脑的发育是连接通路（树突和轴突）增殖的结果。不过，脑重的增加大多数是由于**髓鞘化**。髓磷脂（也称作脑白质）是包裹在轴突外面的一层脂肪外壳，它能够加快神经元之间的信号传导速度［见图 8.3（彩）］。

虽然髓鞘化的过程会持续几十年，但影响最为明显的是在童年早期（Silk & Wood，2011）。在全部脑区，较早髓鞘化的最大脑区是运动区和感觉区（Kolb & Whishaw，2013）。

当个体同时产生的几个想法必须快速地接连出现时，从轴突到神经元之间的思维传导速度就成了关键因素。到 6 岁时，绝大多数儿童能够在看到一个事物时立即说出它是什么，能够抛接球，按正确的顺序书写字母表，等等。事实上，对字母和事物的快速命名能力——只有当脑区广泛髓鞘化后，才有可能——是后期阅读能力的关键预测指标（Shanahan & Lonigan，2010）。

当然，无论是听年幼儿童讲话，帮助他们穿衣服，还是看他们书写自己名字的每一个字母，成人都必须有耐心。由于年幼儿童的脑区髓鞘化较少，信息加工速度较慢，所以无论做什么事情，6 岁的孩子都远远落后于 16 岁的孩子。不过，由于髓鞘化程度越来越高，较大的学前儿童与蹒跚学步儿相比，信息加工速度已经快多了，后者有时会在一件事情没做完之前就已经忘了自己正在做什么。

给幼儿教师的问题 虽然你知道应该有耐心，但当孩子们慢慢腾腾地步行到一个街区以外的操场时，你还是会有挫败感。你应该怎么办？（答复见第 193 页）

大脑两半球的连接

胼胝体是童年早期大脑发育和髓鞘化最快的一部分，它是一条狭长且宽厚的神经纤维束，连接着大脑的左右两个半球。胼胝体的发育使得大脑两半球的交流效率更高了，儿童也因此能更好地协调大脑两半球，从而协调两侧身体。

胼胝体发育不全将会导致一系列严重的障碍：是引发自闭症的原因之一（Frazier et al.，2012）。

为了理解胼胝体的重要性，请注意，身体和大脑的左右两侧有明确的分工，在某些功能上占主导。这种功能的区分叫作**偏侧化**。人的整个身体都存在偏侧化，不仅在左右手很明显，而且在脚、眼睛、耳朵以及大脑本身也是如此。至于两侧究竟如何分工则受到基因、产前激素以及早期经验等多方面影响。偏侧化随着胼胝体的发育和成熟而发展（Kolb & Whishaw，2013）。

左利手个体的胼胝体比右利手个体的厚，可能是由于他们需要根据不同的任务对两侧身体的配合进行再次调校。举例来说，绝大多数左利手的人刷牙时都用左手，因为左手是优势手，使用起来更自然，但当他们与别人握手时，就会用右手，这是社交习惯使然。

左利手儿童

婴儿和学步儿一般都习惯用特定的某只手抓握汤勺或响板玩具。到 2 岁时，儿童在涂写或投掷东西时大多会主要使用某一只手。幼儿园教师会发现 10 个孩子中约有 1 个是左利手（俗称左撇子）。优势手部分是由遗传决定的（Goymer，2007）。不过，许多文化总在试图让每个人都成为右利手，他们取得了一些成功。当强迫左利手儿童用右手做事情时，大部分都是将书写习惯改成了右手。然而，在神经系统层面是不可能完全被校正的：他们的大脑只部分被重新调校了（Klöppel et al.，2007）。

即使是现在，很多文化也会认可“右利手最好”的信念，这是一个在第一章曾解释过的“差异即不足的错误”的典型例子。想一想语言：在英语中，“左撇子致意（left-handed compliment）”被认为是不真诚的，而且没人希望是“笨手笨脚（have two left feet）”的，或者做事“不合情理（be out in left field）”。在拉丁语中，“敏捷灵巧（dexter）”这个词的另一个含义是“右边”，而“阴险的、灾难性的、邪恶的（sinister）”也是“左边”的意思。法语中的“左边（gauche）”这个词在英语中意思是“社交尴尬”。很多语言的书写方向都是从左至右，这对于右利手个体而言更为方便。

门把手、剪刀、棒球手套、机器的仪表盘还有其他很多物体的设计都是便于右利手的。（有些制造商有专门的左利手产品，但很少有年幼的孩子知道去要它们。）在许多亚洲和非洲文化中，左手只用于便后擦拭，用这只脏手给某人东西就是一种侮辱。

发展学家不赞同刻意纠正孩子的左利手习惯，因为这样做不仅会导致孩子和父母之间的冲突，还可能造成孩子的神经混乱。而且左利手在某些职业上是有优势的，尤其是在那些涉及创造性和瞬间完成的活动中。有很多艺术家、音乐家和体育明星都是左利手，比如，吉米·亨德里克斯（Jimi Hendrix）、比尔·盖茨（Bill Gates）、奥普拉·温弗瑞（Oprah Winfrey）、嘎嘎女士（Lady Gaga）以及贾斯汀·比伯（Justin Bieber）。美国过去 6 任总统中有 5 位是左利手：杰拉尔德·福特（Gerald Ford）、罗纳德·里根（Ronald Reagan）、乔治·H. W. 布什（George H.W. Bush）、比尔·克林顿（Bill Clinton）以及巴拉克·奥巴马（Barack Obama）。

与一个世纪前相比，当今社会对左利手的接受更加普遍。在英国和美国，现在更多的成人宣称自己是左利手（约 10%，在 1900 年约 3%）（McManus et al.，2010）。总体看来，左利手的男性多于女性，在北美地区多于其他地区。

全脑

对为缓解严重癫痫而切断胼胝体的人群进行的令人震惊的研究，以及对具有完整且未受损的胼胝体的人类和其他脊椎动物进行的研究，揭示了大脑两半球是如何分工的。在一般情况下，大脑左半球控制着身体的右侧，以及与逻辑推理、详细分析、语言有关的区域；大脑右半球则控制着身体的左侧，以及与情绪情感和创造冲动有关的区域，包括音乐、艺术和诗歌的赏析。简单来说，左半球关注细节而右半球掌控大局。

偏侧化理论广泛应用于人时，大脑左右两半球的分工被夸大了（Hugdahl & Westerhausen，2010）。其实，没有人是绝对的左半球或右半球的（有脑损伤的人除外）；而且，大脑是具有可塑性的【**生命全程链接**：第一章曾讨论大脑的可塑性】，尤其在童年期，一侧脑半球受损所丧失的功能有时候可以在另一侧脑半球得到补偿。

此外，大脑左右两半球通常都参与到每一项技能中。正因如此，胼胝体才显得格外重要。随着髓鞘化的进展，左右半球之间的信号传递速度越来越快，越来越精准，使儿童成为更好的思想者，动作也越来越灵巧。

举一个简单的例子：没有哪个 2 岁的孩子能做到单脚跳，而大多数 6 岁的孩子都能做到——这就是大脑平衡的表现。很多幼儿喜爱的歌曲、舞蹈和游戏都涉及孩子以某种协调的方式移动身体——这挺难的，但也正因如此，才更为有趣。

前额叶皮层的成熟

童年早期之后，整个额叶会持续发展很多年；在成年初显期，树突密度以及髓鞘化依然持续地增加（Johnson，2010）。然而，神经控制能力在2—6岁的每一年都有显著的发展，表现在以下几方面：

- 睡眠越来越规律；
- 情绪变得更加微妙和敏感；
- 大发脾气后能够平息下来；
- 不可控制的发笑和哭泣不太常见。

一个关于正在成熟的大脑的例子就是“西蒙说”这个游戏。只有当游戏发起人的指令以“西蒙说”开头时，参加游戏的人才可以做指令中的动作。比如，发起人摸着自己的鼻子说“西蒙说，摸摸你的鼻子”，参加游戏的人就要摸摸自己的鼻子；但是，当发起人摸着自己的鼻子时说的只是“摸摸你的鼻子”时，参加游戏的人就不能做这个动作。年幼的儿童往往会出现失误，因为当他们看到示意动作或听到指令后，会马上就冲动地跟着做。年龄大些的孩子则能够在行动之前先思考一下。这就是前额叶皮层在起作用！

在每个孩子身上，我们都能看到这种进步，但是取得这些进步的原因究竟是个人经验的增加还是大脑的成熟呢？一系列实验所提供的令人信服的证据表明，这些变化主要是由于神经成熟，而非经验增加。

这些实验开始时给年幼的儿童提供了一些卡片，卡片上面的图案分别是卡车和花，有红、蓝两种颜色，图案轮廓清晰，很容易识别。孩子们得到的游戏指令是“玩图形游戏”，即卡车跟卡车放到一起，花和花放到一起。3岁的孩子（甚至是一些2岁的孩子）都能正确地完成该游戏。

然后，孩子们的游戏指令变成“玩颜色游戏”，即把卡片按颜色分类。4岁以下的孩子大多会做错。与前面的游戏一样，他们依然按形状进行分类。很多国家的研究者重复进行过这个简单的实验，发现3岁的孩子刚开始玩这个游戏时通常会“卡壳”，而5岁（有时4岁）的大多数孩子都能进行任务切换。

首次得到这个研究结论时，研究者认为，实验结果可能是因为孩子们认识颜色的经验不足，所以他们调整了实验的顺序，先玩“颜色游戏”。结果，绝大多数3岁的孩子都能正确完成游戏，因为他们已经认识这些颜色了。接着让孩子们玩“图形游戏”，他们却还是按颜色分类！即使把卡片换成新的图形和颜色，比如黄色和绿色或兔子和船，在游戏指令变化后，3岁的孩子依然会按照之前的游戏指令进行分类，无论是按图形分类在前还是按颜色分类在前。

很多研究者对此做出过多种可能的解释（Muller et al.，2006；Marcovitch et al.，2010；Ramscar et al.，2013）。然而，他们一致认为，只有当大脑中的一些脑区成熟后，儿童才能做到从一种物品分类方式转变为另一种分类方式。【**生命全程链接**：前额叶皮层的成熟在第五章、第十一章和第十四章都有所涉及。】

>> 答复幼儿教师（问题见第191页）一个解决办法是提醒自己，这个年龄的孩子的大脑髓鞘化还不足以让他们快速走路和说话，甚至扣上纽扣。大脑的成熟有着明显的影响，如果你可以在九月和十一月分别安排一次徒步活动来进行观察。你会发现，尽管进步仍然缓慢，但孩子们会比之前快几秒。

冲动性与固着性

神经元只有开—关或激活—抑制两种冲动状态。每种状态都是以从树突到轴突到神经元的生物化学信息为信号的。对于有正常思考能力的成人来说，激活和抑制都是必需的，这样他既不会突然跳起，也不会犹豫再三。平衡的大脑是人生中最好的：个体在成年晚期认知退化的一个信号就是人变得过于谨慎或者过于冲动。

很多年幼的儿童明显做不到在冲动与抑制之间维持一种平衡。他们表现得非常冲动，经常从一个活动转到另一个活动中去。这可以解释为什么很多3岁的孩子无法安静地完成一个任务，即使在幼儿园的“圈子时间”，要求幼儿坐在位子上，不要说话，也不要触摸别的孩子，他们也常常做不到。在成年期，**冲动控制**能力差可被视为一种人格障碍，但在童年早期则不是。极少有3岁的孩子具有小学所要求的持久集中注意的能力。

在同年龄段里会呈现两种相反的情况，就像

跷跷板那样，因为确实有的孩子可以连续几小时玩同一个玩具。**固着性**指的是持续或坚持一种想法或做同一个动作的倾向，就像前面介绍的卡片分类研究所显示的那样（Hanania，2010）。

对此，许多解释似乎都是合理的，但这种趋势是毫无疑问的。年幼的儿童经常一遍遍地说同一个词语或提同一个问题，也经常咯咯笑起来就很难停下来。另一个关于固着性的例子是，当被告知不能继续玩某个游戏时，年幼儿童会大发脾气（明智的教师会提前给年幼儿童一个预告：5 分钟后结束游戏。这种提示会很有帮助。）这种哭闹往往会持续一阵子。儿童哭得无法控制，因为他们深陷在那种发脾气的情绪中无法自拔。

冲动性和固着性其实都源于一个根本原因——前额叶皮层不成熟——只是表现相反。没有一个年幼的孩子能很好地调节注意状态；每个 2 岁的孩子都会表现出冲动性和固着性（Else-Quest et al.，2006）。

在 2—12 岁的整个童年期里，大脑的成熟（先天的）和情绪控制能力（习得的）都在逐步发展：大多数年长的儿童都可以根据情况维持注意或转换活动。到青少年初期，儿童已经可以一听到铃声就马上切换活动任务了——不允许在前一个任务上有任何滞留。

但是被确诊为注意缺陷 / 多动障碍（attention-deficit/hyperactivity disorder，ADHD）的孩子是例外。相对于同龄人而言，他们会过于冲动。前额叶皮层的左右两侧发育不平衡和胼胝体发育异常都有可能是注意缺陷 / 多动障碍的潜在原因（也许是发病原因）（Gilliam et al.，2011）。

正如所有的生物性成熟，个体的冲动控制能力以及行为灵活性还与文化相关。因此，本章被称为生物社会性发展，而不仅仅是生理发展或身体发育。对韩国学前儿童的研究发现，与英国同水平组的孩子相比，韩国儿童在控制冲动和降低固着性方面发展得较快（Oh & Lewis，2008）。

该研究中包括图形—颜色分类任务：在 3 岁组儿童中，40% 的韩国儿童能够成功地从根据图形分类转换为根据颜色分类，而只有 14% 的英国同龄儿童能做到。研究者考虑了多种可能的原因，但最终的结论是，“文化的解释更有可能”（p.96）。

情绪与大脑

既然我们已经了解了前额叶皮层的成熟，现在转向大脑的另一个区域，有时被称为边缘系统，它是掌管情绪的主要系统。在童年早期，情绪表达和情绪调节能力都有提高。【**生命全程链接**：在第十章和第十五章进一步讨论了情绪调节。】对情绪发展至关重要的脑的三个部分是：杏仁核、海马体和下丘脑。

边缘系统

杏仁核是位于大脑深处的一个很小的结构，形状和大小都与杏仁类似。它负责记录各种情绪，包括积极情绪和消极情绪，尤其是恐惧情绪（Kolb 和 Whishaw，2013）。杏仁核活动的增加是一些年幼儿童做噩梦或者突发惊恐的原因之一，其功能压倒了前额叶皮层。儿童不愿意乘坐电梯或者试图躲避噩梦就是一种表现。杏仁核会对抚慰而不是对逻辑（讲道理）有反应。如果孩子因为梦到衣橱里有一只狮子而受到惊吓，成人不应该取笑，而应该打开衣橱的门，命令狮子回自己家去。

情绪网络的另一个结构是**海马体**，位于杏仁核右侧。它是记忆的中央处理器，尤其是关于方位的记忆。海马体能够通过唤醒记忆来回应杏仁核产生的焦虑。例如，孩子能够记得以往乘坐电梯时是可怕的还是有趣的。

关于方位的早期记忆是脆弱的，因为海马体仍在发育。然而，来自童年早期的情绪记忆会干扰后期表达的、理性的思维：成人有时候会突然觉得恐慌却不知道为什么。

杏仁核和海马体的相互作用有时候是有益的，有时候则不然；“害怕”这种情绪既可以是建设性的，也可以是破坏性的（LaBar，2007）。对一些动物进行的研究发现，在手术切除杏仁核后，再置身于原本会让它感到害怕的情境中时，不会再表现出害怕。例如，一只没有杏仁核的猫能若无其事地走过猴子身边——正常的猫是不会这样的（Kolb & Whishaw，2013）。

大脑边缘系统的第三个组成部分是**下丘脑**，它分泌皮质醇、催产素以及其他能激活大脑和身体相应部位的激素，以此来对杏仁核传递的信号（活跃性的）以及海马体传递的信号（通常是抑制性的）做出回应（见图 8.4）。理想的状况是这些激素的分泌量适中（Tarullo & Gunnar，2006）。

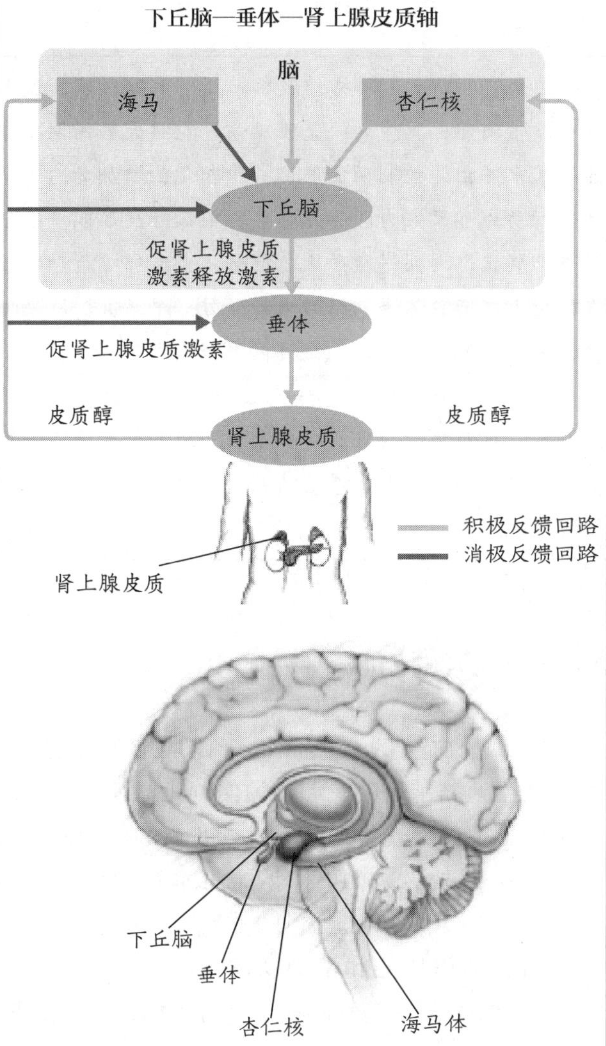

来源：Davis et al.，2003，p.183.

图 8.4

激素反馈回路　图中简要展示了一个激素反应链：HPA（下丘脑—垂体—肾上腺皮质）轴。海马和杏仁核都可以刺激下丘脑分泌促肾上腺皮质激素释放激素，该激素会相应地刺激垂体分泌促肾上腺皮质激素。促肾上腺皮质激素又会对肾上腺皮质（肾上腺的外层，位于肾的上方）产生刺激，导致其分泌皮质醇。在这个反应链中，害怕的情绪可能会产生，也可能会消退，这取决于很多其他因素，比如，大脑各个部位如何诠释杏仁核发出的预警。

随着大脑边缘系统的发育，年幼儿童会密切关注父母的情绪情感。如果父母走进电梯时看起来很焦虑，那么当电梯启动时，孩子可能会很害怕地紧紧靠着父母。如果这种系列活动经常发生，孩子可能会对电梯产生应激反应，杏仁核产生的害怕情绪会加入海马体的记忆，通过下丘脑释放皮质醇。反之，如果父母让孩子觉得乘坐电梯很好玩（例如，让孩子按楼层按钮），那么孩子最初的害怕情绪就会变弱，大脑将被激活去享受乘电梯——即使不需要乘坐电梯上下楼。

当带着一群年幼的孩子外出旅行时，教师充分了解孩子喜欢什么、害怕什么会很有帮助。还是以电梯为例，一个孩子可能会非常害怕，另一个孩子则迫不及待地赶在老师之前就去按按钮。对3岁的孩子来说，他们的各种经历（电梯、消防车、地铁、动物园里的动物或警察等）都可能不经思考地引发一系列情绪反应。所以，带孩子旅行需要好几个成人随行，以更好地应对孩子的各种反应。

给神经学家的问题　为什么许多专家会认为大脑边缘系统是对大脑功能的过于简化的解释？（答复见第196页）

应激激素

作为最主要的应激激素，皮质醇有可能浸入大脑并且破坏海马体的部分区域。这是否意味着年幼儿童的生活就应该是毫无压力的呢？答案是否定的，个体的正常发展需要一定的皮质醇。然而，有“大量的证据证明，有害的应激激素具有破坏性影响”（Siegel et al.，2013）。生命早期过量的皮质醇分泌可能会造成永久性的学习障碍和健康问题，如在儿童期或青春期患上严重的抑郁症、创伤后应激障碍以及注意缺陷/多动障碍等。

然而，应激状态有时可能是有益的。正在进行的研究试图揭示应激状态在何时以及会怎样伤害大脑。当幼儿情绪激活的经历，比如结识新朋友、入学以及到陌生的地方参观，如果有人或有其他事物能帮助他缓解压力，无疑是有益的。在3岁时，父母的支持和儿童的人格特征（例如，一个不过度胆怯的孩子更倾向于接纳新的经验）都是关键的调节变量。如果以往获得的支持和经验合适，6岁的儿童经历应激性事件时，皮质醇无法起到支配性作用。

Teoh和Lamb（2013）曾做过一个实验，在经历火警警报后，马上对4—6岁的孩子进行脑扫描和激素测量。测量皮质醇时发现，孩子的不安程度有高有低。2周后，再让一个成人向他们询问火警现场的情况。无论询问者是友好的还是严厉的，那些皮质醇分泌较多的孩子比分泌较少皮质醇的孩子记得更多的警报细节。这说明，一定的应激提高了记忆力。

>> **答复神经学家**（问题见第 195 页） 我们对大脑的了解越多，就会越意识到它的复杂性。每一个脑区都有自己独特的功能，又与其他脑区相互联系。

另有研究发现，当询问者态度友好时，孩子们能回忆起来的内容更多（Quas et al.，2004）。一般来说，若询问者温和而专注时，儿童的回忆会更准确。这个发现对目击犯罪的儿童指认罪犯是非常有价值的（Teoh & Lamb，2013）。

环境总是很重要的：如果有安全可靠的成人在身边，压力可以促进记忆和学习。一项针对 5 岁和 6 岁儿童的研究发现，由于基因和童年早期的个体差异，有的孩子在面对压力时的皮质醇水平急剧升高，而其他孩子没有发生任何改变（de Weerth et al.，2013）。

除了上述个体差异外，还有一个关键影响因素是过往史，尤其是儿童是否在童年早期经历过慢性应激。如果年幼的儿童日复一日地被忽略、被虐待，他可能会无法利用大脑或皮质醇联结来调节以后的压力（Evans & Kim，2013）。

对受虐待儿童的研究发现，童年早期过量的应激激素分泌可能会对大脑造成永久性的伤害，终其一生，他们的情绪反应要么迟钝，要么过激（Wilson et al.，2011）。可悲的是，这个主题再次导致了第七章曾提及的关于被收养的罗马尼亚儿童的研究。在看到欢乐、难过、惊吓或愤怒的面孔照片时，与那些和亲生父母生活在一起的罗马尼亚儿童相比，被收养的罗马尼亚儿童的大脑边缘系统的反应更少。他们大脑的偏侧化程度更低，这表明功能专门化程度更差，思维效率也更低（Parker & Nelson，2005）。由此推论，早期的压力很可能已经损伤了他们的大脑。

如今，罗马尼亚已经不再允许全球范围的收养。然而，正如前面所提到的，有些罗马尼亚儿童在公共机构里长大。在一项研究中，这些儿童在 2 岁时被随机分配到不同的收养家庭中。到 4 岁时，他们比继续生活在公共机构里的儿童更聪明一些（IQ 分数高约 10 分）（Nelson et al.，2007）。通过语言和记忆测验，这项研究表明，2— 4 岁是大脑发育的敏感期。

小　结

在童年早期，大脑持续成熟。几个关键区域的髓鞘化都非常明显，其中之一是胼胝体，它将大脑的两半球连接起来并由此控制两侧肢体。髓鞘化的增加加速了个体的行动力和反应力。除此之外，前额叶皮层能够在活动与抑制状态之间进行平衡，使得儿童能够在行动之前进行思考，能够停下一个活动开始另一个活动。随着冲动性和固着性的降低，儿童可以更好地学习。

大脑的几个关键区域——包括杏仁核、海马体和下丘脑——都与情绪有关。那些早期经历有很大压力并缺乏照料者关怀的儿童，其情绪调节能力和表达能力都可能遭到损伤。■

>> 改善动作技能

前额叶皮层的成熟使得个体能够控制冲动，而胼胝体的髓鞘化以及大脑的偏侧化增强了身体的协调性。难怪随着年龄的增长，儿童的运动速度更快，动作更灵活，也更协调（见本章“可视化发展”专栏）。

粗大动作技能和精细动作技能的熟练不仅是发育成熟的结果，还得益于大量的活跃的游戏。一项针对巴西、肯尼亚和美国的儿童如何安排时间的追踪调查研究发现，基于社会经济地位的文化差异已显现。例如，中产阶级的欧裔美国儿童与成人交谈得最多，而工人阶级的肯尼亚儿童做杂活最多。不过，在三个国家的所有收入水平上，儿童花在玩耍上的时间多于做任何其他活动——无论是做杂活、上课还是谈话（Tudge et al.，2006）。

粗大动作技能

粗大动作技能发展迅速。很多 2 岁的儿童在玩耍时很容易摔倒或者互相碰撞。但一些 5 岁儿童能够娴熟且优美地完成对协调性要求较高的舞步和体育运动。

特殊技能

许多 5 岁的北美儿童都能够骑三轮车、爬梯子、荡秋千，也可以抛接球和踢球。有些 3 岁儿童就可以做到这些，而有些 5 岁的儿童已经会溜冰、滑雪、潜水和骑自行车了——这些活动需要很好的

可视化发展

动作技能的发展

每过一年，孩子能做的事情都会更多。这些例子为我们详细地展示了一个孩子从2岁到6岁可能获得的动作技能。不过，每个孩子的发展都是独特的，这些技能的发展也会受到文化、实践活动以及发育成熟的影响。

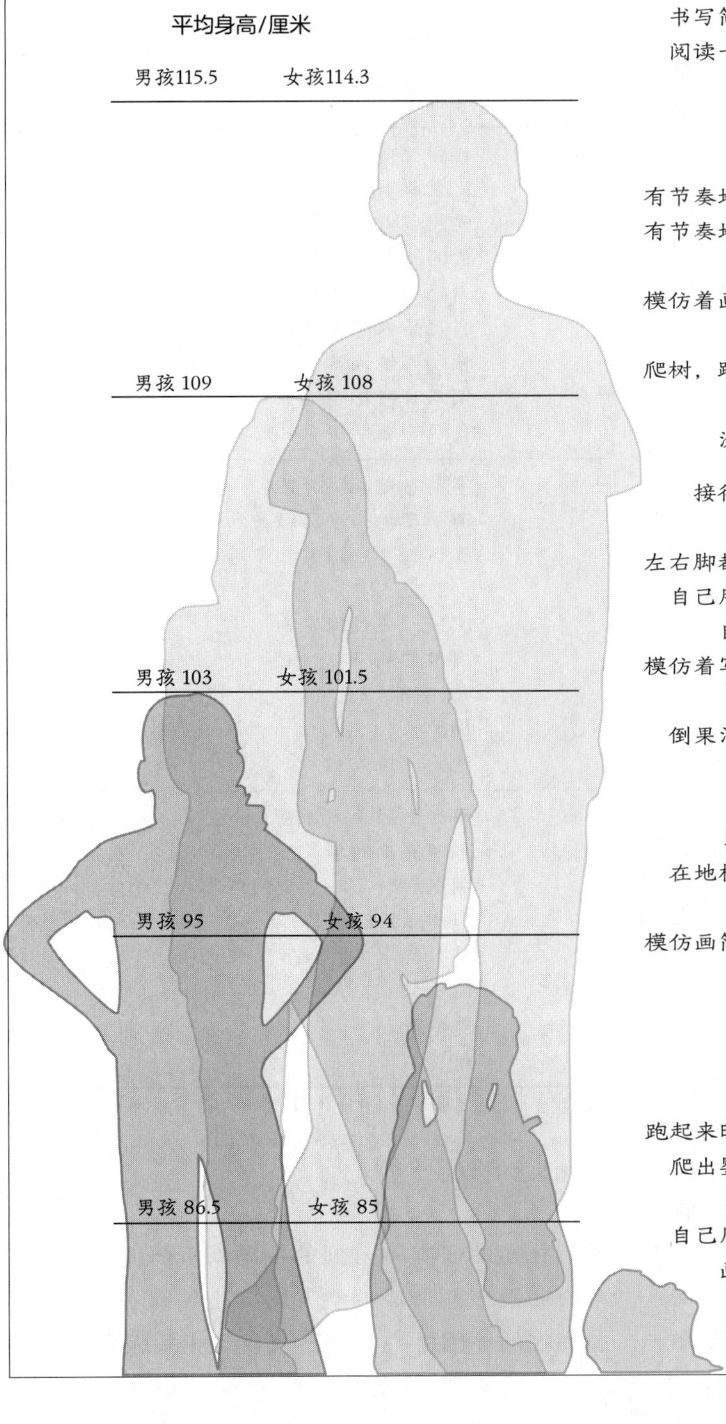

技能

6岁

画出可辨别的图画
书写简单的单词
阅读一页印刷物
系鞋带
接住小球

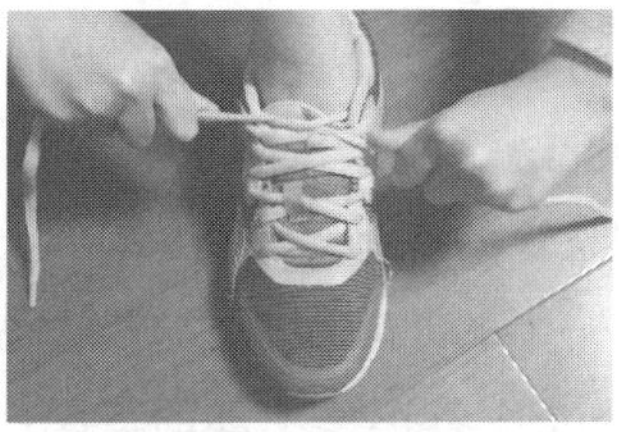

5岁

有节奏地跳或奔跑
有节奏地拍手、敲击和歌唱
模仿着画复杂图形和字母
爬树，跳过障碍物
用刀切割
洗脸，梳头

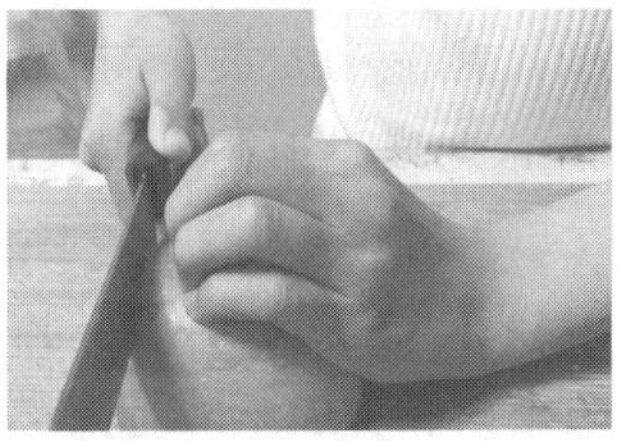

4岁

接得住沙滩球
使用剪刀
左右脚都会单脚跳
自己用叉子吃饭
自己穿衣服
模仿着写绝大多数字母
倒果汁时不会洒
自己刷牙

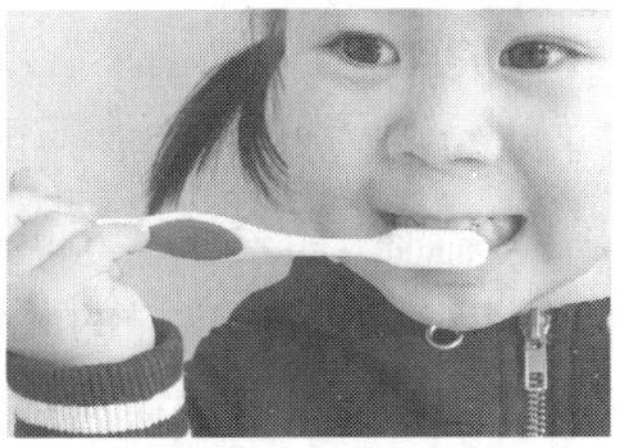

3岁

踢球/扔球
在地板上双脚跳
骑三轮车
模仿画简单的形状
下楼梯
爬梯子

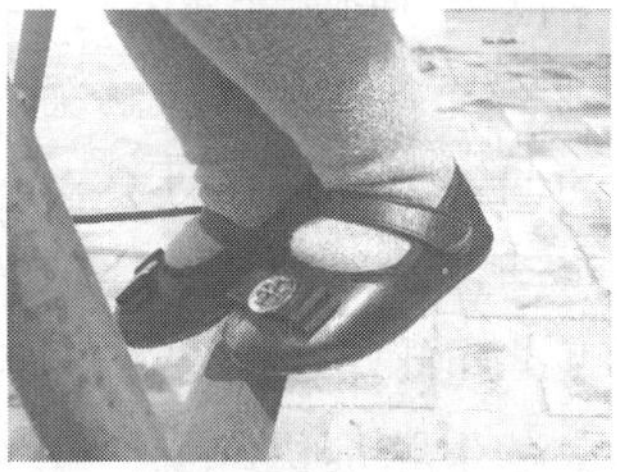

2岁

跑起来时不再摔跤
爬出婴儿床围栏
上楼梯
自己用勺子吃饭
画螺旋线条

平衡协调能力，并且需要左右脑共同作用。在其他的地方，一些5岁儿童能够在大海里游泳或者攀登悬崖。大脑的成熟、个体的主观动机以及有指导的练习都是运动技能的发展基础。

成人需要确保为孩子安排安全的场所、充分的时间、适宜的器材设备以及一起玩耍的同伴。儿童向同伴学到了最好的东西，那些同伴展示了儿童准备尝试的任何技能，从接球到爬树。当然，文化以及所在地区影响细节：有些小孩子会学习滑雪，而其他人则会学习扬帆航行。

近年来的城市化进程让发展学家深感关切。一个世纪之前，技能水平不同的孩子们可以在没有成人监管的空地或田野里一起玩耍。然而，现在有超过一半的儿童生活在城市。其中许多是特大城市"……充斥着迅速增加的贫民窟和环境问题"

拥挤不堪、充满暴力的街区不仅妨碍了儿童粗大动作技能的发展，而且增加了未发育成熟的杏仁核的先天恐惧，对成人的习得性恐惧做出回应。父母告诉孩子出去玩，一直玩到肚子饿了、下雨了或夜幕降临就回家的时代一去不复返。因为担心陌生人和交通事故对孩子造成危害，父母们会限制3—5岁的孩子只能在家中活动（Taylor et al., 2009）。

环境危害

可见的危险并不是唯一的问题。常年呼吸严重污染的空气往往会危害儿童的脑发育。这是相关性还是因果关系呢？这样的儿童大多生活在社会经济地位低的家庭，居住在拥挤的社区，就读较差的学校。有些儿童很少在户外活动。我们能确定脏空气是导致学习问题的原因之一吗？

科学家一直在努力解决这个问题，并给出了肯定的回答：环境条件会对各种社会经济地位家庭的年幼儿童造成影响，但对那些低收入家庭的儿童更是如此。这个结论最容易用哮喘加以验证，哮喘会减少脑部供氧量。在美国，生活在贫穷社区的儿童，其哮喘发病率远高于其他区域（U.S. Dapartment of Health and Human Services，2010）。

如你所知，发展的动态系统理论认为，任何一种损伤都会有多方面的原因，既有当前的情境因素，也有过去遗传基因和环境因素的影响。尽管如此，在加拿大不列颠哥伦比亚省（那里普及的公共卫生服务以及详细的新生儿出生记录允许进行扎实的研究）开展的一项新近研究发现，来自交通及工业造成的空气污染是导致年幼儿童罹患哮喘的原因之一，而不仅仅是相关因素（Clark

大约在此时

2—6岁动作技能的发展*

大概年龄	技能或成就
2岁	以不摔跤地跑步为乐趣（不过可能会撞到其他东西） 爬椅子、桌子、床，爬出婴儿床围栏 上楼梯 自己用勺子吃饭 画直线或螺旋线条
3岁	踢球/扔球 在地板上双脚跳 骑三轮车 模仿画简单的形状（如圆形、长方形） 下楼梯 爬梯子
4岁	接得住球（球不能太小，扔球的速度不能太快） 使用剪刀剪东西 左右脚都会单脚跳 自己用叉子吃饭 自己穿衣服（纽扣不能太小，不能绑带子） 模仿写绝大多数字母 倒果汁时不会洒 自己刷牙
5岁	有节奏地跳或奔跑 有节奏地拍手、敲击和歌唱 模仿画复杂图形和字母（如钻石形、字母S） 爬树，跳过障碍物 用刀切割 系蝴蝶结 扔球 洗脸，梳头发
6岁	用利手画画或涂色 书写简单的单词 浏览印刷品时，视线沿着适宜的方向有规律地移动 骑自行车 侧手翻 系鞋带 接球

*环境和文化因素对这些动作技能的习得有重要的影响。例如，一些6岁的儿童不会系鞋带，因为他们从来没有穿过有鞋带的鞋子。

et al.，2010）。

这项研究一开始的被试是不列颠哥伦比亚省西南部（包括一个重要城市温哥华）所有在 1999 年和 2000 年出生的儿童。3 年来，有 37 401 名儿童参与了研究，其中有 3482 名儿童在 3 岁时被诊断为哮喘。研究者将患病的 3482 名儿童中的每个人分别与来自相同群体的 5 名儿童在社会经济地位、性别以及其他因素上进行了配对。

研究者对儿童暴露于空气污染的情况（包括一氧化碳、一氧化氮、二氧化氮、悬浮颗粒、臭氧、二氧化硫、黑炭、燃烧草木产生的浓烟、汽车尾气以及来自父母的二手烟烟雾）进行了仔细测量。

研究的一个发现是，父母之所以不能做到时时保护他们的孩子，部分原因是他们并不总是知道什么时候、哪些物质可能会导致健康问题。例如，尽管一氧化碳的排放量差异并不显著，但与相配对的 5 名未患病儿童相比，患有哮喘的儿童更有可能居住在交通流量大的高速公路旁，而一氧化碳在这些地方很常见。相反，因为燃烧草木所产生的浓烟很容易被看见和闻到，一些父母试图让孩子避开这些浓烟，但这种浓烟不会增加哮喘的患病率。

呼吸系统疾病并不是唯一的由污染在童年早期引发的病症。对低等动物的研究发现，空气、食物和水中所含有的数百种物质都可能影响大脑发育，从而阻碍了身体的平衡性、手指灵活性以及动机。尽管有些物质还没有被检测到，但有些物质——包括水和空气中的铅、土壤或衣服中的农药残留、塑料中的双酚 A 以及二手烟烟雾——均被证实是有害的。

美国俄勒冈州的环境公共卫生管理人员说："无论作为科学家，还是管理者，抑或卫生专家，我们根本不知道在我们所接触的化学物质中，究竟有哪些对人类健康是有影响的"（Shibley，quoted in Johnson，2011）。你是否觉得 Shibley 的言辞是不必要的危言耸听，或者你觉得他只简单陈述了明显的事实，这取决于你的个人观点——也许这取决于你的杏仁核。

不过，铅的问题已经被彻底研究过了。在美国，关于铅暴露的历史表明，从科学到实践有着漫长的道路，正如后面的"科学视角"专栏说明的那样。

精细动作技能

与粗大动作技能相比，精细动作技能更难掌握，诸如吹哨子和眨眼，而书写尤其困难。将果汁倒进杯子里，用刀叉配合切割食物，或者掌握任何比随便拿笔涂鸦更巧妙的动作，这些都需要一定水平的肌肉控制能力、耐力以及判断能力，而这些能力绝非大多数 2 岁幼儿所具备的。

许多精细动作技能都需要两只手，因此需要左右脑的配合。例如，切肉的时候需要一只手持叉子戳住肉，另一只手持刀切割；写字的时候需要一只手压住纸而另一只手写字；此外，诸如系鞋带、扣扣子、剪纸以及拉拉链等动作都需要双手的配合才能完成。

胼胝体有限的髓鞘化程度也许是孩子系鞋带时容易打结、容易把纸撕破或拉链总会卡住的深层原因。孩子短而粗硬的手指也会增加这些动作的难

相同情境，远隔万里：手指技能　孩子们能学会其所在文化的环境教授的动作技能。有些孩子会分开手指，使用筷子；有些孩子要用刀和叉切蔬菜。不同于图中的日本儿童（上）和德国儿童（下），还有些孩子从不用掌握这两种技能，因为世界上有约 1/3 的成人是直接用手抓饭吃的。

科学视角

消除铅

在一个世纪之前，铅就被确认为毒药（Hamilton，1914）。由铅而引发的中毒症状是非常明显的，包括智力障碍和多动症，当血液中的铅含量达到每100毫升70微克时，甚至会导致死亡。

铅工业协会为自己辩解称铅只是一种重金属添加剂，低含量是无害的。同时，他们指责是父母让孩子误食了脱落的含铅涂料（味道甜甜的）。另外，由于血铅含量高的孩子往往来自社会经济地位较低的家庭，因此有些人辩称，营养不良、入学率低、家庭条件差或其他原因才是导致孩子智力水平低下的原因（Scarr，1985）。

因此，在20世纪的大多数时间里，铅依然是涂料（提高晾干速度）和汽油（提高辛烷值）的重要添加剂。至于睡在用含铅涂料粉刷的婴儿床里的婴儿、生活在交通枢纽附近的学前儿童以及家离工业垃圾较近且家中用含铅涂料粉刷的儿童，他们的智力受到损伤、出现多动症状等事实，都被认为只与铅含量是相关关系，而非因果关系。

最终，通过对血液和牙齿的化学分析，谨慎的纵向研究和重复验证性研究的结果证明，铅对于所有儿童来说都是有毒的（Needleman et al.，1990；Needleman & Gatsonis，1990）。美国政府禁止使用含铅涂料（1978年）和含铅汽油（1996年）。而导致铅中毒的血铅含量标准从最初设定为每100毫升40微克，一度降至20微克，然后是10微克（近来，有人认为5微克就会引发危险）。也就是说，只要含铅，无论铅含量多低都不是无风险的（MMWR，2013.4.5）。

政府的管控呈现了显著成效：在美国的1—5岁儿童中，每100毫升血液中铅含量超过5微克的比例在1999—2001年占8.6%，到2003—2006年降为4.1%，而在2007—2010年则降至2.6%（见图8.5）。而那些家庭社会经济地位低或生活在老房子中的年幼儿童，他们的血铅含量相对高些（MMWR，2013.4.5）。

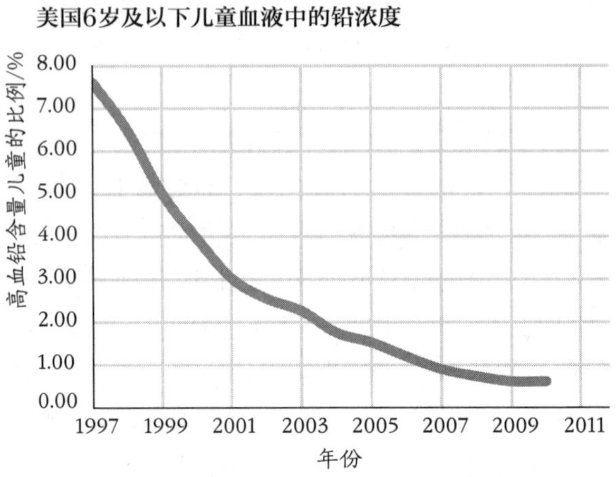

来源：Centers for Disease Control and Prevention，2012.

图 8.5

过去10年取得的显著改善 在研究者确认了儿童血液中高水平铅含量的危害后，罹患铅中毒的儿童的比例迅速下降了300%以上。在曾有重工业的地区，儿童的血铅含量相对较高，而山区及太平洋沿岸地区则相对较低。

来源：MMWR (April 5，2013). Blood lead levels in children aged 1–5 Years—United，1999–2010. 62，245–248.

父母们也开始行动：他们增加了孩子的钙摄入量，将窗框边缘清理干净，测查饮用水的铅含量，避免使用含铅药物和陶瓷器皿（其他国家可能有），以确保孩子不会有机会误食脱落的含铅涂料。

在美国某些州（如科罗拉多州和怀俄明州），孩子血液中的铅含量已经接近0。而在其他曾经有过大规模的铅工业的州，年幼儿童仍处于风险中，这很有可能是由于土壤和尘土中有残留的铅。根据记载，2010年，血液中的铅含量超过每100毫升20微克的6岁以下儿童在宾夕法尼亚州有509名，在俄亥俄州有417名，在密歇根州有254名（National Center for Environmental Heath，2012）。

第一章中曾经提到，科学家们有时候出于其他原因可以利用收集到的数据推导出新的结论。这种情况也适用于铅的问题。从学前儿童血铅含量锐减开始算起的15年后，青少年和年轻人的暴力犯罪率大大下降了。

随着一些国家或早或晚地降低了环境中的铅含量，年复一年，相关性逐渐显现：婴儿期血铅含量越低，青少年期的犯罪率越低。

有科学家比较了这两种趋势后得出结论：有些青少年之所以有冲动性暴力犯罪，原因是在学前阶段血液中的铅含量毒害了他们的大脑。这种相关关系不仅在美国得到了确认，在其他很多国家也找到了证据，如加拿大、德国、意大利、澳大利亚、新西兰、法国和芬兰，这些国家都有可靠的关于铅与犯罪的数据（Nevin，2007）。虽然不是每个人都信服这个结论，但不可否认的是，空气、食物和水中的化学物质有时确实会影响发育中的大脑。

度。同粗大动作技能的发展一样，练习和发育成熟都是关键，使用胶水、马克笔和碎布头等精细动作技能都是学前课程的一部分。玩用大小不一的木片做成的七巧板对发展精细动作技能也有很好的作用。

传统的学习活动有赖于精细动作技能以及身体控制能力。写字需要控制手指，阅读成行的印刷文字需要控制眼睛，在桌子前连坐几小时需要控制膀胱，等等。大多数年幼的儿童不具备这些能力，因此，即使是最聪明的3岁儿童，也不能上小学一年级。

当被老师要求写字工整，剪纸要剪得笔直时，有些6岁的孩子可能会有挫败感，成熟迟缓是原因之一。鉴于此，一些教育工作者建议等孩子“准备好”了才允许入学；有的人建议幼儿园应该将重点放在“入学准备”上；也有人建议学校应该适应孩子的不成熟，而不是让孩子适应学校。在下一章，我们将会探讨这些争议。

与骨骼、大脑以及牙齿等生物学特征一样，女孩的精细动作技能发展也比男孩提前大约6个月。这也许是女孩在阅读测验和写作测验方面往往优于男孩的原因之一。

给移民家庭的父母的问题　你和家人在家吃饭使用筷子，但你希望孩子在西方文化中感到舒适。你应该改变家庭原有的用餐习惯吗？（答复见第202页）

艺术表现力

年幼的儿童往往富有想象力和创造性，而且对自己的评价没有那么挑剔。他们乐于表达自己，特别是当父母赞赏他们的表现、展示他们的作品、对他们表示认同的时候。精细动作技能不够成熟，绘画作品不够精细，都是这个阶段的事实，但两者之间并没有必然的关联。也许前额叶皮层的不成熟是件好事，它容许没有自我批评的创造性。

在童年早期，我们能看到各种形式的艺术表达的绽放；2—6岁儿童往往热衷于绕着房间跳舞，建造复杂的积木塔楼，通过敲击节奏叮叮咣咣地创作打击乐，将明亮的颜色涂在有光泽的纸上。当然，在每一种艺术领域，技能既需要练习，也需要成熟。

以画人物为例，2—3岁的儿童经常会画个“蝌蚪”——圆圆的脑袋，里面有圆点当眼睛，有时会有微笑的嘴巴，然后在圆脑袋下面画一条或两条线代表身体的其他部位。渐渐地，“蝌蚪人”有了身体、四肢、头发，等等。

孩子的最爱　可惜妈妈们不会有同感。手指画能够发展精细动作技能，也是学前教育内容的一个组成部分。看看图中的孩子，你就会明白为什么很多不上幼儿园而是在家受教育的孩子会错失手指画的乐趣了。

文化差异和群体差异都是明显的。例如，在大多数情况下，中国文化融入了这样的理念：绘画主要得益于他人的指导，所以幼小的孩子往往会跟他人学习如何更好地画人、画房子，以及中国人最为看重的写字。因此，比起其他文化中的同龄人，9 岁的中国儿童在绘画技能上要领先不少。几年后，成人的鼓励、儿童的练习以及越来越好的技能技巧，都与更加成熟、更具有创意的绘画密切相关（Chan & Zhao，2010；Huntsinger et al.，2011）。

小　结

得益于大脑的发育成熟，儿童的双手和肢体控制能力越来越强。只要儿童有地方玩耍，有年长的儿童可以模仿，并免受环境的毒害，他们的粗大动作技能每年都在提高。但可悲的是，空气污染、高居住密度以及对陌生人的恐惧，大大减少了当代儿童发展粗大动作技能的机会，还可能会影响他们的整体学习。

与此同时，精细动作技能也在逐步发展，为儿童接受正式教育做准备。他们喜欢跳舞、画画以及搭建积木，所有这些活动都有助于手指运动能力的逐渐发展，而这也将为他们在未来学习书写打下基础。■

>> 伤害与虐待

儿乎在所有的家庭中，无论收入水平、族群或国家如何，父母都会用心抚养并保护自己的孩子。然而，死于暴力的孩子——无论是意外还是故意实施的暴力——还是多于因任何单一疾病致死的孩子。

疾病与意外导致的死亡率的对比在发达国家更为明显，因为这里有先进的医疗预防、疾病诊断和治疗条件，这使得人直到成年晚期很少患什么致命性疾病。在美国，2010 年死于意外或杀害的 1—4 岁儿童几乎是死于癌症的 6 倍之多（National Center for Health Statistics，2013）。

可避免的伤害

从全世界范围来看，受伤害导致数百万的成人和儿童早逝：在 40 岁之前，没有任何单一疾病的死亡率能超过意外死亡率，而在所有年龄段的死亡中，意外导致的死亡占 14%（WHO，2010）。

在某些国家，营养不良、疟疾及其他传染性疾病共同导致的婴儿及儿童死亡率高于受伤害所带来的死亡率，不过儿童发病率较高的国家同样有较高的儿童遭受伤害的概率。以印度为例，印度是世界上儿童机动车事故死亡率最高的国家之一；而绝大多数死于这种事故的儿童都是步行在路上的（Naci et al.，2009）。在任何地方，相比年龄更大的儿童，2—6 岁的儿童受伤害的风险更高。例如，在美国，儿童在童年早期遭受严重伤害的概率是童年中期的 2 倍以上。

>> 答复移民家庭的父母（问题见第 201 页）儿童发展了他们看得到和能够练习的运动技能。他们很快就能学会使用刀叉和勺子。所以，不要完全抛弃用筷子吃饭的习惯，因为儿童能够学到做事情的多种方式；另一方面，会使用筷子吃饭也是一种社会性资本。

与年龄相关的危险

为什么 2—6 岁的儿童格外脆弱呢？有些原因刚刚解释过。前额叶皮层的不成熟使得幼儿容易冲动，他们会陷入危险境地。不同于婴儿，他们的运动技能使得他们能奔跑、跳跃、攀爬登高，快速争抢东西。他们的好奇心没有边界，冲动难以抑制。如果他们做了危险的事情（如玩火柴），恐惧和紧张可能让他们迟迟不能获救。

某些与年龄相关的趋势尤其明显。例如，对于最年幼的孩子（2 岁以下）以及最年长的老人（80 岁以上）来说，跌倒坠落更容易危及生命；学前儿童中毒和溺水的概率更高；而机动车致死的峰值出现在 15—25 岁。

伤害控制

公共卫生领域的专家更倾向于使用**伤害控制 / 危害减少**而不是意外预防这样的说法。仔细想想文字背后的深意就能明白。意外这个词意味着伤害是随机发生的，是不可预测的；如果有人要对此负责，那就是粗心的父母或者容易发生意外的儿童。这种现象被称为“意外范式”——就好像“尽管我们尽了最大努力，意外还是会发生”。这让公众感到无可指责（Benjamin，2004，p.521）。

更好的说法是伤害控制，即采取恰当的控制可以将伤害最小化。小灾小难（如擦伤、刮伤）也许难以避免，但严重的伤害能够得到很好的控制，比如，在孩子容易跌倒的地方铺上安全、柔软的垫子以避免其摔到坚硬的地面上；即使发生了交通事故，汽车也安装了能保护孩子身体的安全座椅；骑自行车时有头盔保护头部；把孩子容易吞食的药片放到很小的瓶子里。

得益于那些限制有毒物品流通、预防火灾以及管制机动车的法律，美国1—5岁儿童在2012年受到致命性伤害的概率不到1982年的一半。当然，总有新的危险在我们的管控范围之外。例如，加利福尼亚州、佛罗里达州、得克萨斯州和亚利桑那州的很多家庭都有游泳池：在这些州中，溺水是导致儿童死亡的首要原因。

相同情境，远隔万里：保证每个人的安全　保护儿童免受意外伤害需要成人和儿童的共同努力。成人采取的措施是制订法律以及购买安全座椅——婴儿座椅上的五点式安全扣带（上）。外出时有成人保护儿童（下），尤其是在过马路时。

预防措施

预防早在事故发生之前就开始了，应防患于未然，无论做蠢事的人是孩子、父母还是立法者。不幸的是，没有人会注意到那些尚未到来的伤害和死亡。对发展学家来说，在预测危险并采取预防措施时，有两类分析是非常有用的。

一类是*事故剖析*。在任何情况下，当儿童遭受严重伤害时，从微观系统、外部系统和宏观系统三个层面分析原因都有助于在未来更好地保护他们。例如，如果有儿童被车撞到并导致死亡，那么对事故进行剖析不仅会指出父母疏忽大意的过失（微观系统），还会指出停车位不足、限速、交通指示灯、人行道以及路缘石等方面存在的问题（外部系统），或者还会指出整个国家重视快速机动车超过慢步行人（宏观系统）。

第二类分析涉及查看统计数据。例如，当制药商采用2岁儿童难以打开的带有安全帽的瓶子后，儿童中毒的比例显著下降了；这一数据还可以用来反驳一些人对这种药瓶的便捷性的抱怨。最新的统计数据表明，儿童误食成人用于消遣娱乐的毒品（例如，可卡因）而导致的中毒率有所升高，这将是另一个预防的目标。

分级预防

所有的健康和安全问题都适合进行三级预防。

- **初级预防**，采取综合措施降低伤害发生的可能性。初级预防旨在为减少每个人受伤的可能性而创造有利条件。
- **二级预防**，减少高危情境和高危人群发生伤害的具体措施。
- **三级预防**，在伤害发生后才采取的措施，目的是降低伤害程度。

整体上来说，在三个层级的预防措施中，三级预防是最能为大众所注意的，而初级预防是最有效的（Cohen et al.，2010）。下面以行人死亡情况统计为例来说明。在美国，行人因机动车撞击致死的数量比35年前少了很多（见图8.6）。那么，每一级的预防措施分别是怎么起作用的呢？

*初级预防*包括设置人行道、减速带、过街天桥、路灯以及交通环路。另外，汽车经过重新设计（例如，更好的前车灯、车窗和刹车），驾驶员的驾驶水平也在提高（例如，对酒驾采取更严厉的惩罚措施）。同时，通过改进公共交通进而减少交通拥堵提供了额外的初级预防措施。

*二级预防*旨在降低高危情境中危险发生的概率，包括：设置学校交通安全员；上下乘客时，停下的校车上有闪烁的警示灯；在积雪结冰道路上撒盐；在妨碍视线的弯道前加警示标志；设置减速带；在繁忙的十字路口设步行或禁止步行的标志。

最后，*三级预防*旨在减轻事故发生后的损伤，

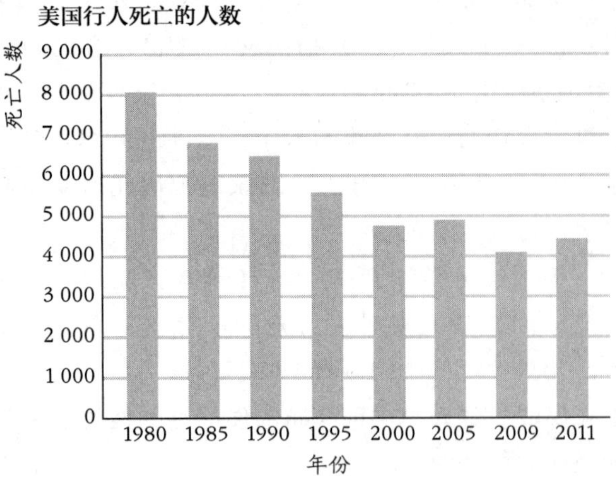

来源：National Highway Traffic Safety Administration，“Traffic Safety Facts，” 2011.

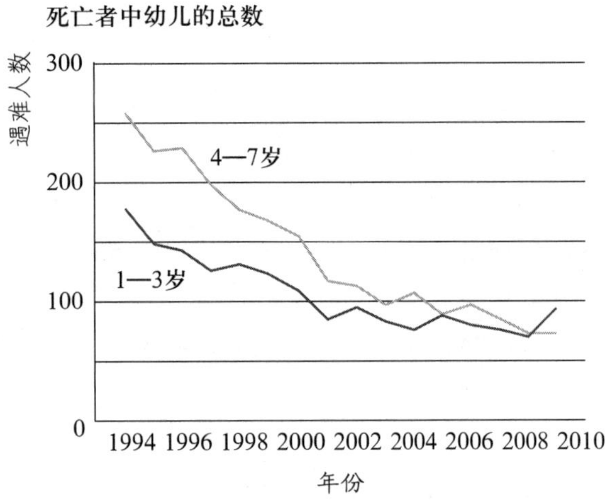

图 8.6

在人口增长的背景下　这个图展示了采取预防措施在美国获得的显著成效。置于美国总人口同期增长 1/3 的背景下看，这些数据更令人印象深刻。

例如，严惩交通肇事逃逸者的法律，快速救援，高效急诊绿色通道，以及有效的康复措施。所有这些措施都比几十年前改进了很多。医疗人员谈到的“黄金时间”，即受伤后的头 1 小时应是伤员获得紧急救助的最佳时机。当然，这黄金的 60 分钟相比第 61 分钟并没有什么神奇效果，但是伤员到达创伤中心越快，幸存的概率越高（Bansal et al., 2009）。

给城市规划人员的问题　请规划一个特别适合 2—5 岁儿童玩耍的街区公园。（答复见第 207 页）

儿童不当对待

在 1960 年之前，不当对待儿童的情况被认为是罕见的；即使有，也被认为主要是闯入社区的陌生人所实施的突然攻击。现在，我们对这种情况有了更深的了解，这多亏了一项在波士顿医院进行的基于缜密观察的开创性研究（Kempe & Kempe, 1978）。不当对待既不罕见，也非突发事件；相反，犯罪者往往是儿童的双亲或者其中一方。这使得情况更加糟糕——经常性的且缺乏保护者的不良对待所造成的破坏性远远超过单一的意外事件，不管伤害程度如何。

给刑事司法专业人员的问题　在过去的 10 年中，性虐待比例下降了近 20%。有哪三种可能的解释？（答复见第 207 页）

概念界定与统计数据

现在，**不当对待儿童**指的是所有加诸 18 岁以下儿童的有意识的伤害或可避免的危害。也就是说，不当对待儿童包括**虐待儿童**，即那些对儿童的身体、情绪或性健康造成伤害的蓄意行为；也包括**忽视儿童**，即不能满足儿童基本的身体和情绪需求。

研究者对不当对待的长期影响研究得越深入，越是发现忽视儿童的问题有多严重，尤其是发生于童年早期的忽视。忽视儿童的情况也越来越普遍。2010 年，在美国的 50 州被确证的不当对待儿童案件中，78% 是忽视儿童，18% 是身体虐待，9% 是性虐待；有少数案件同时包括以上情况中的两种（U.S. Department of Health and Human Services, 2012）。

被确证的不当对待儿童案件指的是那些接到举报、经过调查并且被证实情况属实的案件（见图 8.7）。2010 年，美国发生这类案件的数量为 700 000 起，其中 200 000 起案件发生在学龄前受害者身上。每年，在每 90 个 2—5 岁儿童中，就约有 1 个被确证遭受不当对待。

被举报的不当对待儿童案件即被举报到当局的那些案件。自 1993 年以来，美国每年被举报的不当对待儿童案件大约为 270 万～ 360 万起。

1991—2010年，在美国被确证的不当对待儿童案件发生的比例

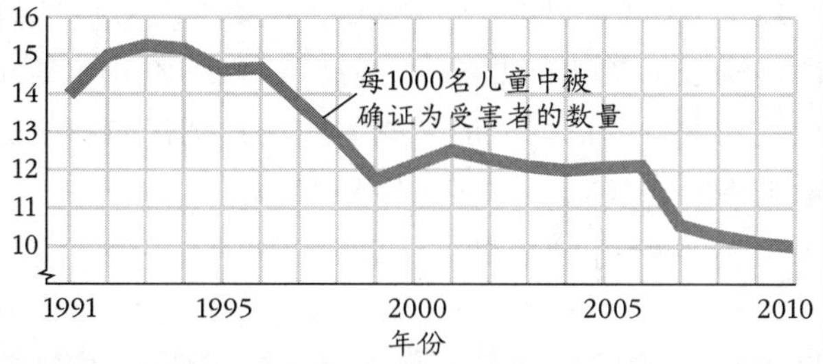

来源：U.S. Department of Health and Human Services，2003 (Fig. 3-2)，2008 (p.26)，2011 (p.22).

图 8.7

仍然太多　针对 18 岁以下儿童实施的、被确证的不当对待案件在美国仍然太多，不过也有好消息：自 1993 年达到峰值后，这一比例在显著下降。

观察力测验　2010 年的数据已经很接近纵轴的底部了，这是否意味着这个数据接近 0 呢？（答案见第 207 页）

被举报的案件与被确证的案件的比例为 3：1，其中的原因包括：

1. 一名儿童只被统计为 1 例。也就是说，针对单独某个儿童的得到证实的案件即使有 5 起，最终也只能算 1 起被确证案件。
2. 证实需要证据。并不是每次调查取证都能发现确凿的伤害和严重营养不良的证据，也不是目击证人都愿意作证。
3. 许多专业工作者被赋予了必须举报的责任，即要求他们报告任何可能的不当对待迹象。有些迹象看起来是由不当对待引起的，但调查发现其实另有原因（Pietrantonio et al.，2013）。
4. 举报可能是错的或者故意错报的（尽管为数甚少）（Kohl et al.，2009）。

给护士的问题　给一个 4 岁的孩子称体重时，你注意到他的腿上有几处擦伤。当你就此询问时，孩子什么都不说，父母说是孩子自己撞到硬物上造成的。你该怎么办？（答复见第 207 页）

不当对待的频率

不当对待实际的发生频率有多高？没人知道。因为并不是所有的案件都为人所知；即使为人所知也并不都会被举报；即使都被举报了，也不是所有的案件都能得到证实。被举报与被确证的案件相差甚远的类似问题在每个国家、每个城市、每个乡镇都一样。

如果只看美国官方的调查，数据呈现的趋势是很有意思的。数据显示，在 1960— 1990 年，被官方确证的不当对待儿童案件逐年增加，但之后呈现下降趋势（见图 8.8）。身体虐待和性虐待都在减少，而忽视儿童的现象却没有减少。在过去的 20 年中，其他来源的报告也显示出 20 年来的下降趋势。

2000年和2011年，美国被确证的不当对待儿童案件

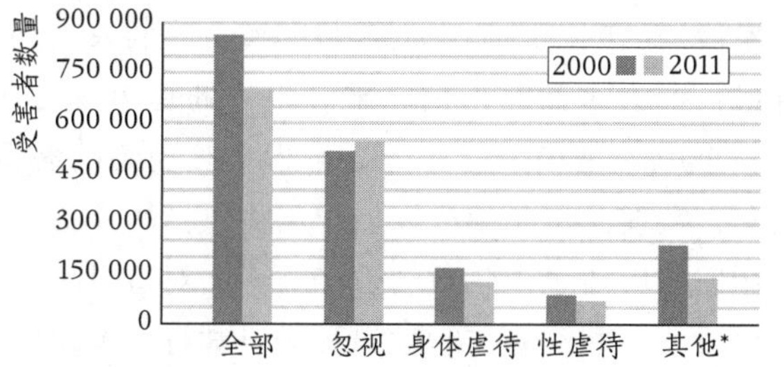

* 其他包括情绪虐待、滥用药物、教育性忽视以及其他国家尚未记录在案的不当对待方式。

图 8.8

情况越来越好？　从图中可以看出，美国受到不当对待的儿童受害者的数量在过去 10 年中呈现下降趋势。这些年，对严重的不当对待的法律惩罚以及社会工作处置方式已经改进，这是对下降趋势的一种较为可能的解释。然而，其他不那么乐观的解释也是可能的。

来源：U.S. Bureau of the Census，2011b.

观察力测验　所有类型的不当对待自 2000 年都下降了吗？（答复见第 207 页）

这看起来是好消息，也许是因为国家对儿童虐待的认识导致更多的举报，进而更好地预防。

不幸的是，官方报告还是有待商榷的。例如，宾夕法尼亚州和缅因州在 2010 年所报告的被确证的受害者数量几乎一样（分别为 3388 人和 3270 人），然而宾夕法尼亚州的儿童人口总数几乎是缅因州的 10 倍。单从数据上看，没有人认为缅因州的儿童遭受不当对待的概率几乎是宾州的 10 倍之多；无论是报告还是确证统计，都必须对两个州的情况区别对待，才能反映实际情况。对不当对待案件是否举报在很大程度上受到文化（我有个学生就问过，孩子多大就不能挨打了呢？）以及个人意愿的强烈影响。美国的文化越来越多元，这是不是举报率下降的原因之一呢？

在全美范围开展的一项针对年轻人的保密性调查发现，每 4 人中就有 1 人说自己在六年级前遭受过身体上的虐待（被一方父母或其他成年照料者“扇耳光、打或踢”），而每 22 人中就有 1 人曾经遭受性虐待（“以性的方式触摸，或被迫触摸他人”）（Hussey et al.，2006）。他们被虐待的情况几乎从来没有被举报过。所以，该调查的作者认为，这些比例严重低估了实际情况（Hussey et al.，2006）！

该调查获得高比例的可能的原因之一是调查对象被问的问题是他们是否被照顾自己的人不当对待过；而大多数其他信息来源报告的是年度比例。另一个原因是很少有儿童会报告自己受到的虐待。其实，很多儿童是很久以后，当将自己的经历和朋友相比较后才意识到自己曾经被不当对待过。即使在那时，一些在童年时被扇耳光、被打或被踢的成人也不认为自己是被虐待了。

预警信号

遭受不当对待的第一个迹象往往是发育迟缓，例如，比别人矮小，不成熟的交流方式，缺乏好奇心，或者不寻常的社会互动。这些问题即使在 1 岁时也是容易察觉的（Valentino et al.，2006）。

受到不当对待的儿童在童年早期可能看起来非常胆小，会被噪声吓到，过分防御且快速攻击，分不清幻想和现实。这些都是**创伤后应激障碍（PTSD）**的临床症状，创伤后应激障碍最早被确诊是在参战老兵中，然后是在经历过一些情绪性伤害或重创（在严重意外、自然灾害或暴力犯罪之后）的成人中，最近在一些受到不当对待的儿童中也发现了，他们曾经遭受过神经性的、情绪性的或行为方面的虐待（Neigh et al.，2009；Weiss et al.，2013）。表 8.1 列出了一些儿童遭受不当对待的迹象，既包括忽视，也包括虐待。这些迹象并非是儿童受到虐待的证据，但无论如何，看到任何一个迹象出现时，终归是有不好的事情发生了。

表 8.1　2—10 岁儿童遭受不当对待的迹象

身上的伤痕不太可能是意外造成的，如在脸或身体两侧都有淤青；如果是烧伤，烧伤和未烧伤的皮肤界线分明。
重复性受伤，尤其是骨折明显没有得到很好的治疗（通过X光片可以看到）。
喜欢玩幻想游戏，主题充满性或暴力。身体发育迟缓。
食欲异常或食欲不振。
持续生病，如胃疼、头疼、生殖器官疼痛或者嗜睡。
不愿意讲话、玩耍或活动，尤其是加上发育迟滞。
没有亲近的朋友；对他人怀有敌意；欺负弱小的孩子。过度警觉，易有快速、冲动的反应，如颤抖、惊吓或击打他人。
频繁更换居住地。频繁更换照料者。
见到照料者时，儿童看起来恐惧，而不是快乐。

不当对待的后果

任何育儿方式对个体的作用都会受到文化背景影响。某些习俗（如割包皮、穿耳洞和打屁股）在一些文化中被认为是虐待性的，在其他文化中则不然。因此，它们对儿童的影响自然也会不同。如果他们的父母爱自己远不如大多数邻居的父母，那么儿童就会遭受痛苦。如果别的孩子能拥有的东西（从糖果到手机）被自己的父母禁止，或遭到更严厉的惩罚或者根本没有惩罚，儿童可能会觉得父母不爱自己。然而，即使文化总是相关的，毫无疑问的是，不当对待的影响是多方面的，而且是持久的。

由受到不当对待而引发的生理或学业问题是实质性的，因此相对容易察觉，因为教师容易观察到孩子有瘀伤、骨折、战栗或学业失败的迹象。然而，研究者的长期跟踪研究发现，受过不当对待的儿童在社会交往技能方面持久的缺失通常似乎比单纯的身体损伤更为严重。有研究发现，受不当对待的儿童往往会憎恨自己，连带着还会憎恨其他人。到成年阶段，这种影响依然很明显（Sperry & Widom，2013）。

憎恨具有侵蚀性。尽管一段温暖、持久的友谊可能会修复儿童所遭受的一些伤害，但不当对待本身会使这种友谊不太可能。许多研究发现，受过不当对待的儿童倾向于认为别人怀有敌意，是剥削者。因此，与正常儿童相比，受过虐待的儿童一般是更不友好的、更具有攻击性、更加孤独。虐待发生得越早，持续时间越长，儿童的同伴关系就越糟糕（Scannapieco & Connell-Carrick，2005）。受忽视的儿童比受虐待的儿童的社交缺陷更严重，因为他们从未与自己的父母建立健康的亲子关系（Stevenson，2007）。

缺陷是终生的。不仅在童年期和青春期，而且在成年期，受过不当对待的孩子可能成为欺凌者或被欺凌者，或者两者兼之。他们倾向于分离，也就是说，记忆与他们对自我的理解脱节，（Valentino et al.，2008）。童年期受过严重虐待（身体、性或情感）的成人经常滥用毒品或酒精，缺乏支持性的亲密关系，成为受害者或施害者，蓄意破坏自己的生涯发展，饮食过量或过少，也有其他的自虐行为（Sperry & Widom，2013）。另外，他们发生情绪障碍以及试图自杀的风险也很高，即使在考虑了其他风险因素（如贫穷）之后（Afifi et al.，2008）。

在当今经济形势下，找到并保住一份工作是成人幸福感的关键指标之一；曾受不当对待的成人在就业方面也受到了影响。有一项研究将807名曾受过确认的虐待的儿童跟与他们在性别、族群及家庭经济地位上匹配的儿童进行仔细对比后发现，在早已不再受到不当对待的35年后，曾受不当对待的人的就业率比未受虐待的人低14%。研究者得出结论："受虐待和被忽视的儿童承受着巨大的、持久性的经济后果"（Currie &Widom，2010，p.111）。这项研究还发现，曾受不当对待的女性比男性受到的损伤更严重，原因也许是对女性就业者来说，自尊、情绪稳定性和社会交往技能更重要。

这项研究仅仅是数以百计的纵向研究之一，有这些研究都发现，即使断了的骨头能长好，身体也不会一直瘦骨嶙峋，医疗忽视问题会消失，但不当对待对儿童的影响会持续几十年。为了在未来保护整个社会的健康，我们现在就需要停止不当对待。

>>答复城市规划人员（问题见第204页） 成人对公园的设想往往是一个大面积的、绿草茵茵的开放区域，而这并不是最适合年幼儿童的。给幼儿修建的活动场所应该是一块封闭区域，面积不大，但要有很多座椅，方便孩子的照料者在照顾孩子的时候互相聊天。这个游乐场的地面要有一定的保护性（幼儿往往动作笨拙，容易摔倒），有一些可鼓励孩子动作技能发展的设施。青少年和狗狗也应该有自己的区域，远离幼儿。

>>答复刑事司法专业人员（问题见第204页） 希望越来越多的成人或者儿童能意识到性虐待问题，而且在问题发生前予以制止。第二种可能性是，性虐待被举报的概率更低而且更难证实，因为文化更多地接受青少年的性行为（大部分性虐待受害者的年龄是10—18岁）。第三个可能的解释是，单亲妈妈越来越多，这意味着父亲接触到孩子的可能性更小了（父亲是最常见的性虐待的施害者）。

>>观察力测验（第205页左上）的答案 当然不是。实际数值是在每1000起不当对待儿童案件中，只有10起得到了证实。注意看图上纵轴刻度10以下的那个折线图形，意思是数值0—9没有标示。

>>答复护士（问题见第205页） 对儿童可能受到不当对待的任何怀疑都要报告，这些伤痕本身也很值得怀疑。医疗机构的专业人员要查明发生了什么，只有这样，父母和孩子才能获得所需的帮助。

>>观察力测验（第205页右上）的答案 绝大部分类型的不当对待都呈现减少趋势，但儿童忽视除外。然而，这种不当对待可能是伤害程度最深的，因为心理伤害会持续数十年。

再次强调三级预防

如伤害控制一样，解决不当对待儿童问题的终极目标还是*初级预防*，即改变整个社会环境以让父母和邻居尽可能地保护所有儿童。邻里的稳定性、父母的教育水平、收入支持系统以及减少意外生育，都有利于降低儿童不当对待的发生率。

*二级预防*措施包括：识别预警信号，对高风险情况尽早干预以防止情况恶化（Giardino & Alexander，2011）。例如，不安全型依恋，尤其是混乱型依恋，就是混乱的亲子关系的一个信号。【**生命全程链接：**依恋类型已在第七章详细解释。】

减少儿童受到的不当对待的措施包括：让能提供帮助的护士或社会工作者进行家访；将孩子托付给高质量的日托中心，给弱势的父母一个喘息的机会，并帮助孩子交朋友。年幼子女多的家庭发生不当对待的风险更高，尤其是一家之主是单亲并且缺乏稳定的经济收入。如果国家能为每个人提供免费的医疗服务，如果每个医疗工作者都是法定的举报人，那么儿童就能在遭到严重伤害之前得到保护。

*三级预防*适用于在不当对待发生后降低伤害的影响。第一步是举报以及确证虐待。通常，照料者需要帮助，以使他们更好地照料自己的孩子。有时候则需要给孩子找一个新家。如果需要接受住院治疗，则意味着干预失败——干预应该更早开始。到住院治疗时，治疗费用昂贵而且实质性的伤害已经发生。同时，住院治疗本身也会让亲子关系更加紧张（Rovi et al.，2004）。

无论儿童是与亲生父母生活在一起，还是生活在寄养或收养家庭之中，他们需要的都是值得信任的抚养者，以及安全、稳定的家庭环境。每当一个孩子被从受虐待或受忽视的家庭带走，就必须启动**永久性计划**，通过这个计划找到一个家庭，抚养儿童直至成年。

要想达成这个目标，需要社会工作者、司法部门、心理学家以及抚养者本人的通力合作（Edward，2007）。有时候，孩子的原生家庭的父母能够成为更好的抚养者；有时候，能够找到一个亲戚将为孩子提供更好的照料；有时候，一个陌生人是最佳抚养者。

无家可归的儿童与受到不当对待的儿童有着类似的问题，因为他们不仅经常居无定所，而且会经常频繁进出社会寄养机构（Zlotnick et al.，2012）。由于这个领域基于研究的解决方案很少被检验，所以能够帮助这些儿童的最佳方式并不确切。但很明确的是，既然孩子无法从父母那里获得照料，他们就需要一个在整个童年期给予他们指导和支持的永久性新家。

在**寄养体系**中，儿童一般会被正式地带离父母身边，并委托另一个成人或家庭寄养；养父母为满足孩子需要而发生的费用会得到补偿。2000—2011 年的每一年，美国都有约 50 万儿童进入寄养体系。其中半数以上儿童接受的是一种叫作**亲属寄养**的特殊形式的寄养，即一名亲属——通常是祖母——成为儿童抚养者。这种估计只限于正式的亲属寄养情况，而被亲属非正式地领养的儿童人数是这个数值的 3 倍。

在每个国家，大部分寄养儿童都来自低经济收入的、少数族裔的家庭。统计结果显示，这些家庭在宏观系统以及微观系统中都存在一些问题。在美国，生活在寄养体系中的儿童大多经历过严重的不当对待，有生理、智力和情绪等多种问题（Jones & Morris，2012）。尽管存在这些问题，但如果监管机构能够提供持续性财政支持以及咨询服务，那么相比生活在虐待自己的原生家庭中，绝大多数孩子在寄养系统（包括亲属寄养）中都能获得更好的发展（MacMilan et al.，2009；Oosterman et al.，2007）。

然而，并不是处处都能提供充分的支持。寄养系统的一个明显问题是，有些儿童会经常从一个寄养家庭换到另一个寄养家庭，而这种变动与孩子的行为或心愿无关（Jones & Morris，2012）。每一次的变动都会增加问题恶化的风险（Oosterman et al.，2007）。另一个问题是将亲属寄养作为一种容易获得且成本较低的解决方案。亲属寄养也许比陌生人寄养有优越之处，但由于承担抚养责任的祖父母毕竟是虐待孩子的父母的父母，因此这种情况更需要支持性服务（Edwards，2010；Fechter-Leggett & O'Brien，2010）。

当儿童无法回归原生家庭时，**收养**（被法律认可具有父母资质的成人或夫妻）是最好的永久性选项。然而，因为多方面的原因，收养非常困难，具体困难如下：

- 法官和亲生父母都不愿意让孩子被收养。
- 大多数养父母更愿意收养婴儿。
- 有些机构将非异性恋结婚的家庭排除在收养范围之外。
- 有些专家坚持认为收养父母必须与孩子的族群和宗教是相同的。
- 有些成人虽然希望收养孩子，但他们并没有为承担随之而来的责任和义务做好准备。

就如本章反复提过的，无论是让他们刷牙，还是保护他们避免受到伤害，抚养年幼的儿童并不是件简单的事情。父母承担了繁重的负担，他们的爱和保护通常会培养出坚强、乐观的孩子。在整个童年早期，教师是至关重要的，他们与父母一道紧密合作。然而，在这个微观系统之外，还存在各种复杂情况。以美国为例，在至少 100 万年幼儿童身上见证了父母和教师的失败。受到精心养护的儿童对整个社区的益处是显而易见的，然而社会达到这个目标的路径似乎并不明晰。

小　结

随着运动速度越来越快，灵活性越来越好，年幼儿童会遭遇更多的新危险。与年龄更大的儿童相比，他们更经常受伤、受虐待或被忽视。不当对待对个体一生都有严重的影响，被忽视的伤害往往甚于被虐待，社会和感情缺陷更难以弥补身体伤害。

总的来说，在过去 25 年中，美国官方确证的不当对待儿童案件已经下降，但这还远远不够。在初级预防措施中，法律和文化习俗需要保护每一个人；在二级预防措施中，监察、预测以及保护性照料等措施可以阻止对处于风险中的儿童的伤害；而当伤害或不当对待发生后，就需要迅速、有效的医疗和心理社会干预措施（三级预防）。有时，寄养和收养是对儿童最有利的措施，但是这些选择的可获得性还远远不够。终止各种形式的不当对待是一件急迫但又非常复杂的事情，因为这需要家庭、文化、社会以及法律都做出改变。■

本章总结

身体的变化

1. 在童年早期，营养状况良好的儿童的体重和身高都在持续增加。然而，不幸的是，很多成人过度喂养孩子，并没有意识到年幼的孩子天生就偏瘦。
2. 文化传统、经济收入以及家庭习惯都会影响儿童的成长发育。与前 10 年相比，低经济收入家庭的儿童超重的可能性是那些富裕家庭对照组儿童的 2 倍。就全世界范围来说，越来越多的儿童吃得过多，这增加了他们罹患心脏疾病以及糖尿病的风险。
3. 很多幼儿吃了太多的糖，但钙和其他营养元素的摄入量不足。一个后果就是糟糕的口腔健康。在恒牙长出之前，儿童就需要刷牙并且定期看牙医。

脑的发育

4. 在童年早期，大脑继续发育，2 岁儿童的脑重能达到成人的 75%，6 岁时能达到成人的 90%。
5. 大脑在童年早期开始大量的髓鞘化，提高了信息在脑区间传递的速度。胼胝体变得越来越厚，工作效率也越来越高。作为大脑的执行中枢，前额叶皮层的功能也越来越强大。
6. 大脑的变化使得思维和记忆的反应性和协调性更好，计划能力更强，反应速度更快。尽管大脑和肢体都是整体协作执行大多数技能的，但左右偏侧化在大脑和肢体上都很明显。
7. 情绪和情感的表达和调节由多个脑区共同完成，包括杏仁核、海马体和下丘脑。童年遭受虐待可能引发过量应激激素（尤其是皮质醇）分泌，这会损伤大脑并且妨碍学习。然而，如果给孩子提供安全保障，一些压力也有助于学习。

动作技能的改善

8. 粗大动作技能持续发展；2 岁孩子的动作还显得笨拙，到 6 岁时已经很娴熟了。当然，这受到文化的引导。儿童的主要活动就是游戏。通过跟其他儿童在安全区域玩游戏，儿童练习在未来接受正规教育所需要的各种技能。
9. 城市化以及化学污染是妨碍儿童发展的两个重要因素。尽管需要更多的研究去证实，但血铅含量过高会造成大脑损伤，缺乏游戏机会会限制粗大动作技能发展，这两个结论已经很明确了。
10. 在童年早期，精细动作技能难以掌握。年幼的儿童喜欢用创造性的方式表达自己，他们的身体和手指控制能力以及自我表达能力都在发展。值得庆幸的是，他们还不太会自我批评。

伤害与虐待

11. 意外事故引发的儿童死亡率超过疾病，而相比大一点的孩子，年龄较小的幼儿更容易遭受严重伤害甚至导致早夭。密切监管以及公共安全防御措施能够保护儿童，以避免他们急切、冲动的好奇心给自己带来伤害。
12. 伤害控制有不同的层级，包括在每起伤害发生之前和之后很久的。初级预防旨在保护所有人。二级预防的重点在于高风险情境或人群，三级预防是在伤害发生之后需要采取的措施。
13. 儿童不当对待包括持续地虐待和忽视两种情况，施害者经常是他们的父母。在美国，每年接到举报的不当对待儿童案件约有 300 万件；只有不到 100 万件得到了确证，案件发生率近年来在逐步下降。
14. 身体虐待是儿童不当对待中最容易发现的，不过儿童忽视的情况更为常见且伤害性更大。虐待和忽视会引发健康、学习和社会交往技能等方面的问题，不仅在童年期，而且在以后的几十年都会影响。
15. 三级预防可包括将孩子安置到寄养体系中，包括亲属寄养。尽管收养是对孩子最好的安置方案，但收养并不十分常见。
16. 由于频频更换家庭环境对儿童有害，所以对儿童的安置需要永久性计划。初级和二级预防能够帮助父母学会照顾自己的孩子，从而减少对三级预防的需求。

关键术语

被举报的不当对待（reported maltreatment，p.204）
被确证的不当对待（substantiated maltreatment，p.204）
不当对待儿童（child maltreatment，p.204）
冲动控制（impulse control，p.193）
初级预防（primary prevention，p.203）
创伤后应激障碍（post-traumatic stress disorder，PTSD，p.206）
二级预防（secondary prevention，p.203）
固着性（perseveration，p.194）
海马体（hippocampus，p.194）
忽视儿童（child neglect，p.204）
寄养体系（foster care，p.208）
虐待儿童（child abuse，p.204）
偏侧化（lateralization，p.192）
胼胝体（corpus callosum，p.191）
亲属寄养（kinship care，p.208）
三级预防（tertiary prevention，p.203）
伤害控制/危害减少（injury control/harm reduction，p.202）
收养（adoption，p.208）
髓鞘化（myelination，p.191）
下丘脑（hypothalamus，p.194）
杏仁核（amygdala，p.194）
永久性计划（permanency planning，p.207）

你学到了什么？

1. 营养状况良好的儿童在 2—6 岁时身高和体重大约会增加多少？
2. 为什么许多父母会过度喂养自己的孩子？
3. 儿童肥胖会增加哪些成人疾病的发病率？
4. 在童年早期，为保持口腔卫生，一般有哪些具体措施？
5. 孩子什么时候挑食和固执地遵循其他生活常规是正常的？
6. 大脑容量在 2—6 岁时增加了多少？
7. 为什么说髓鞘化对思维和运动技能的发展都很重要？
8. 胼胝体的功能是什么？
9. 当孩子看起来是左利手时，父母应该怎么做？
10. 前额叶皮层如何影响冲动性和固着性？
11. 大脑边缘系统的三个结构的功能分别是什么？
12. 压力对年幼儿童是有益的还是有害的？
13. 哪三个因素有助于儿童运动技能的发展？
14. 食物、空气和水中的化学物质对年幼儿童的影响，什么是已知的和未知的？
15. 大脑和身体的成熟是如何影响儿童的艺术表达能力的？
16. 为什么伤害控制这个说法要比意外预防好？
17. 哪些初级预防措施可以防止儿童受到伤害、虐待和忽视？
18. 哪些二级预防措施可以防止儿童进一步受到伤害、虐待和忽视？
19. 哪些三级预防措施可以防止儿童受到伤害、虐待和忽视？
20. 为什么 50 年前很少有人能认识到不当对待儿童的情况？
21. 为什么说从长期来看，童年期遭忽视对儿童的伤害甚于虐待？
22. 为什么说很难准确获知儿童不当对待的发生率？
23. 哪些常见迹象表明儿童可能遭受不当对待？
24. 童年遭受不当对待的长期后果是什么？
25. 为什么要将孩子安置到寄养体系中？

应 用

1. 做一个 24 小时的饮食日记，记录你吃了什么，吃了多少，什么时间吃的，怎么吃的，为什么吃。然后思考一下有关童年早期的营养以及饮食习惯。你发现自己的饮食有什么营养不均衡的问题了吗（比如，水果和蔬菜吃得少，糖和脂肪摄入太多，有时候不饿也会吃东西）？你的饮食习惯是在童年早期还是青春期或其他时期养成的？
2. 去一个操场或者其他有年幼儿童玩耍的地方。注意观察孩子们表现出来的运动技能，包括他们能做到的和做不到的，并且追踪观察年龄和性别特点。你发现孩子的运动能力有什么差异？
3. 找几位父母，请他们分别描述自己的每个孩子曾经遭受过的意外伤害，尤其是意外是怎么发生的以及后果如何。采用怎样的初级、二级和三级预防措施能带来不同的结果？
4. 回忆一下你的童年和童年时的朋友。有人曾遭到不当对待吗？结合在本章学到的内容，考虑一下，为什么有人遭到了不当对待或没有人遭到不当对待？

第九章

童年早期：认知发展

你将学到什么？

1. 年幼儿童是自私的，还是仅仅是自我中心？
2. 当儿童问“为什么”时，父母应该如何回答？
3. 年幼儿童如果听到两种或更多种语言时，会不会感到困惑？
4. 儿童在幼儿园能学到什么？

阿萨的个子还没有1米高，他手中拿着个大橡皮球，他想和我一起打篮球。

我说：“我们没法打篮球，因为没有篮筐。”

“我们可以想象一个。”他回答，并向上抛球。

“我投进了。”他开心地说：“你来试试吧。”

我试了试。

“你也投进了。”他宣布，开心得手舞足蹈。

不久，我累了，就坐下来休息。

“我想坐下来思考一下。”我告诉他。

“起来！”他催促我，“你可以一边玩球，一边思考。”

阿萨是一个典型的儿童。发挥想象对他来说易如反掌，他渴望拥有他的文化中更年长、个子更高的人的技能。他通过行动来思考，词汇量非常丰富，但他还不明白我的感受和他的不一样，我宁愿坐下来而不是冲着一个想象中的篮筐投球。然而，他确实知道我很有可能回应他的请求。

这一章描绘了幼儿的一些特征——富有想象力、主动学习、词汇丰富，但在理解他人的观点上有些困难。我希望它也传递出理解幼儿思维的乐趣。当这种情况发生时，你可能也会像我一样：起身去打球。

>> 童年早期的思维

在这之前，你刚刚了解到，在童年早期的每一年，儿童的动作技能、大脑发育和冲动控制能力都在不断发展。这些都会影响认知，正如皮亚杰和维果茨基首次提出的那样。**【生命全程链接：相关内容在第一章中已有涉及。】**

皮亚杰：前运算思维

童年早期是**前运算智力**发展时期，即皮亚杰的认知发展四阶段理论中的第二阶段。他之所以把这一阶段的智力命名为童年早期前运算思维，是因为儿童还没有开始使用逻辑运算（推理过程）（Inhelder & Piaget，1964）。

然而，之所以说处于前运算阶段的儿童已经度过了感觉运动阶段，是因为他们可以用符号思考，而不仅仅是通过感觉和运动技能来思考。在**象征性思维**中，一个物体或一个词语都能代表其他事物，包括一些未在眼前的或假想的事物。这比仅通过感知进行思考更进一步，因为使用词语可以让同时思考很多事情成为可能。然而，在这一阶段，尽管儿童的词汇量和想象可以飙升，但是观念间的逻辑联系还不活跃，还不能进行运算。

以"狗"这个词为例，对于幼儿而言，一开始它可能只代表家中的宠物狗嗅闻儿童的动作，而并非一个符号（Callaghan，2013）。到 2 岁时，这个词具有了象征意义：它可以指记忆中的一只狗，或者一只塑料狗，又或者是一只想象出来的狗。象征性思维使得语言爆炸（本章稍后会具体介绍），它使儿童能够谈论思想和记忆中的事物。然而，因为儿童的思维尚处于前运算阶段，所以对于幼儿来说，很难理解狗和狼，甚至是一只长耳猎犬和一只牧羊犬之间的历史联系、相似性和不同之处。

象征性思维有助于解释**泛灵论**，许多年幼的儿童都相信自然物（比如，一棵树或一片云）是有生命的，且非人类的动物也有和小孩子相同的特征。许多儿童的故事书（《伊索寓言》《小熊维尼》《晚安月亮》《蜡笔辞职的那一天》）中都有一些会说会听的动物或物品。前运算思维具有象征性和魔幻性，不具有逻辑性和现实性。而泛灵论会随着心智的成熟而逐渐消失（Kesselring & Muller，2011）。

逻辑障碍

皮亚杰将象征性思维描述为前运算阶段思维，他还描述了四个限制因素，用来解释为什么直到 6 岁，儿童还会遇到逻辑困难。这四个限制因素是中心化、关注表象、静态推理和不可逆性。

中心化是只关注情况的一个方面而排除所有其他方面的倾向。比如，幼儿会坚持认为爸爸只能是自己的父亲，而不能是他人的兄长，因为幼儿只关注他人对于自己而言的角色。

上文中父亲的例子是一个非常典型的中心化的表现，皮亚杰称之为"**自我中心主义**"，字面上，是以自我为中心。自我中心的幼儿完全从他们自身的角度出发，看待这个世界。

然而，自我中心主义不是自私。比如，一个 3 岁的幼儿会选择买一个汽车模型作为给母亲的生日礼物：他的"行为并非自私或贪婪的；他小心翼翼地包好礼物并将礼物交给母亲，脸上带着期望母亲喜欢的神情"（Crain，2005，p.108）。

第二个前运算思维的特征是**关注表象**，而将其他属性排除在外。一个剪了短发的女孩可能担心自己会变成男孩。在前运算思维中，一件事就是表面上看起来像什么就是什么，比如，幼儿戴上大人的帽子、穿上大人的鞋会特别开心。

第三个特征是前运算的儿童使用**静态推理**，相信世界是不会改变的，总是处于他们最近遇到的状态之中。很多儿童不能想象自己的父母曾经是个孩子。如果告诉他们，外祖母是妈妈的妈妈，他们仍不能理解人们是如何随成熟而变化的。一个幼儿想让外祖母告诉他妈妈，不要再打他屁股了，因为"她必须听她妈妈的。"

前运算阶段思维的第四个特征是**不可逆性**。这一阶段的儿童不能意识到，逆转一个过程有时就回到原来的样子了。一个小姑娘可能因为她妈妈将生菜放在她的三明治上而大哭。她因"一成不变"的渴望落空而不知所措，即使把生菜拿开了，她也可能拒绝吃，因为她相信木已成舟，做过的事就不能再撤销了。

给营养学家的问题 皮亚杰的理论可以如何帮助你劝幼儿多吃健康的食物呢？（答复见第 216 页）

守恒与逻辑

皮亚杰强调了几种前运算智力忽视逻辑的方式。一系列著名的实验是有关**守恒**的，守恒意味着尽管某种事物的外表发生了变化，但其总量仍保持不变（守恒的）。

假设两个完全一样的玻璃杯里分别装着等量的粉红色的柠檬水，将其中一个玻璃杯中的液体倒入另一个又高又窄的玻璃杯中。如果问幼儿现在一

个案研究

肚子里的石头

我们正在读一本关于恐龙的书。这时，3 岁的卡莱布告诉我，一些恐龙（蜥脚类恐龙）肚子里面有石头。石头帮助它们消化食物，然后排便。我惊呆了，以前从没听说过这些。

我说："我不知道恐龙吃石头。"

"它们不吃石头。"

"那它们是怎么把石头放进肚子里的？它们必须把石头吞下去。"

"它们不吃石头。"

"那石头是怎么进到它们肚子里的？"

"石头就在那儿。"

"石头怎么在那儿的？"

"它们不吃石头。"卡莱布说："石头很脏，我们不能吃。"

我放弃了，但是我的问题显然让他感到困惑。不一会儿，他问他妈妈，"恐龙吃石头吗？"

"是的，它们吃石头，所以可以磨碎食物。"她答道。此时，卡莱布安静了下来。

以上例子清楚地反映了童年早期的认知特点。卡莱布的词汇量是惊人的，尽管他用肚子代指胃，因为肚子这个词对年幼儿童来说更容易。他就像其他年幼儿童一样能说出好几种恐龙的名称。他还和其他年幼儿童一样，对排便和大型动物着迷，这些主题对于成人来说已不再有吸引力。

但是就像大多数幼儿一样，卡莱布被逻辑难倒了。显然，恐龙一定是通过某种方式将石头放进肚子里的。然而，在卡莱布的静态思维中，他认为"石头就在那儿"。在他典型的自我中心主义中，他拒绝接受恐龙吃了石头，因为他知道石头太脏，自己不会去吃。当他的妈妈同意我的观点时，我是否应该期待他告诉我，我是对的？

个杯子中的水是否多些，或两个杯子中的水是否一样多，他们会坚持认为又高又窄的杯子（有高刻度的）中的水更多（更多例子见图 9.1）。

前运算阶段思维的四个特征在这个错误中都体现得很明显。年幼儿童不理解守恒，因为他们关注的焦点在于他们所看见的（表象），只能注意到当时的（静态的）情况。他们不能逆转整个过程，也不能再现前一刻的情况（不可逆性）。

皮亚杰最初的经典守恒实验要求儿童口头回答成人的问题。后来的研究发现，当逻辑实验设计得更加简单和有趣时，幼儿是能给出正确答案的。儿童通过许多方式（比如，眼动或手势）表明他们在能用语言表达出来之前就已经理解了一些事情（Goldin-Meadow，2009）。

正如婴儿期的感觉运动智力，皮亚杰低估了前运算阶段儿童所能理解的程度。皮亚杰认为，年幼儿童不像年长儿童那样有逻辑，这是正确的，但是他没有意识到他们的学习能力有多强。

WORTH PUBLISHERS

简单的问题，显而易见的答案 上图，5 岁的莎蒂仔细确认两个杯子装的液体总量是一样的。下图，当一个杯子里的柠檬水被倒进一个更大的广口瓶里时，她得意扬扬地指向那个更高的瓶子，认为它装的水更多。莎蒂就像所有 5 岁的孩子一样。只有发展心理学家或者超过 7 岁的孩子才能给出更好的解答。

不同类型的守恒实验

守恒类型	最初呈现	变式	问题	前运算阶段儿童的回答
体积	两杯等量的液体 	将一杯液体倒入更高更窄的杯子 	哪个杯子里的水多	更高的杯子里的水多 
数量	两列相同数量的棋子 	增加一列棋子的间距 	哪列棋子更多	空间距离长的那列多 
质量	两个相同的黏土球 	将其中一个球捏成又长又细的形状 	哪个黏土更多	长的那个多 
长度	两根相同长度的棍子 	移动其中一根 	哪根棍子更长	右端出来更多的那根长 

图 9.1

守恒　根据皮亚杰的理论，幼儿直到六七岁才能理解守恒的意义，在此之前，他们不能理解展现出来的变式不会改变液体、棋子、黏土或木棍的总量。

尽管当今发展学家已经能够广泛使用大脑扫描，能以毫秒为单位录制视频，以及使用计算机程序等先进技术，但是这些技术在皮亚杰生活的年代还没有出现。过去 20 年的研究表明，尽管皮亚杰对认知的很多方面具有洞察力，但是幼儿 6 岁前的智力活动在以前并不为人所知（Crone & Tidderinkhof，2011）。

从最新的数据来看，皮亚杰的理论很容易受到批判。然而，我们可以注意到很多成人和儿童犯了相同的错误。比如，杂货店的盒子和瓶子的形状会渐渐破坏成人关于守恒的感觉（包装设计师知道 30 克的东西并不总是像真正的 30 克那么多）。泛灵论在许多宗教和许多文化的神话中很明显，这些神话中都包含着会说话、会思考的动物。

的确，大部分成人鼓励幼儿相信圣诞老人、牙仙子等（Barrett，2008）。如果说学前儿童想象动物和植物具有与人类相同的特质是愚蠢的表现，那么那些和自己的宠物聊天、为一棵死去的树默哀的成人又如何呢？还有，为什么有些成人会认为毫无预兆的下雨天是上天在针对自己呢？

>> **答复营养学家**（问题见第 214 页）　考虑到前运算阶段思维的四种特性：因为自我中心主义给年幼儿童准备一个特别的位置、特别的盘子，可能会保证年幼儿童认为这些食物是专属于他的；因为外表是很重要的，所以食物看起来应当是可口诱人的；因为静态思维占主导，如果你需要在其中加入一些健康的食物（比如，在蛋糕里加入磨碎的胡萝卜，在汤里加入牛奶），可在把食物交给孩子之前就加进去；在本书关于可逆性的例子里，父母应该在孩子看不见的地方把生菜拿掉，给孩子一个“新”汉堡。

维果茨基：社会学习

几十年来，认知中魔幻的、不合逻辑的和以自我为中心的方面主导着我们关于童年早期思维的观念。科学家们对皮亚杰的敬畏是可以理解的。皮亚杰对自我中心主义和魔幻思维的描述每天都被幼儿在日常行为中的逸事所证实。

维果茨基强调早期认知的另一面——每个人的思维都是由其他人的愿望和目标决定的。他强调发展的社会层面，和皮亚杰强调个体形成对比。这使得维果茨基注意到了文化的力量，正如几位发展学家解释的那样（Gauvain et al.，2011），他承认“经验的文化特殊性是决定一个人如何思考和行动的组成部分”。

指导者

维果茨基相信在每个时代，认知发展都是嵌入社会情境之中的（Vygotsky，1934/1987）。他强调，幼儿很好奇，并善于观察。他们会问这样的问题——机器是怎么运行的？为什么有季节变换？哪里是天空的尽头？他们会从更有见识的指导者（导师）那里寻求答案，指导者可能是他们的父母、教师、哥哥姐姐，或者就是一个陌生人。这些问题的答案受到指导者的看法和假设（也就是他们所处的文化环境）的影响，这也塑造了他们的思想。

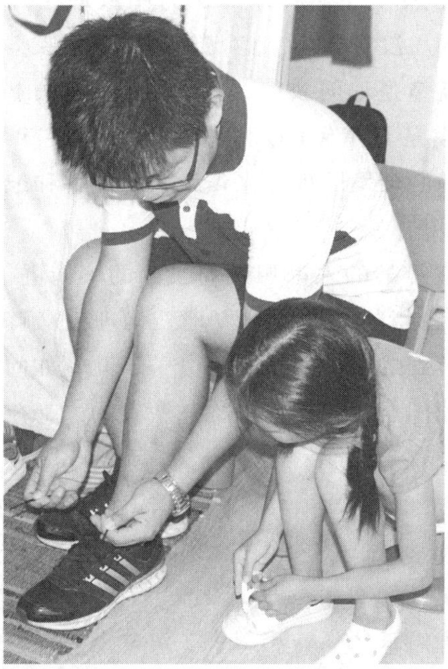

©万千心理

无法用言语描述　你能描述怎样系鞋带吗？对很多技能的解释来说，认知理解的言语测验的局限性是很明显的。

观察力测验　社会文化的哪三种因素将使得上图中的孩子学会系鞋带？（答案见第 218 页）

正如在第二章中介绍的，在指导者的教导下，儿童通过**指导性参与**来学习。尽管幼儿也受到很多其他人指导，但父母是幼儿最初的指导者。例如，日托中心里，儿童的口语熟练度会受到玩伴语言的影响，尽管玩伴不会有意识地教他词语（Mashburn et al.，2009）。

根据维果茨基的理论，指导者做以下事情能够促进儿童学习：

- 提出挑战。
- 提供帮助（不能完全接管）。
- 增加关键信息。
- 鼓励动机。

总之，向指导者学习的能力表明了个体的智力发展水平，正如维果茨基所说：“在某种意义上，儿童在他人的帮助下所能做到的比他们自己能做到的更能表明他们的心理发展水平”（1934，1987，p.5）。

支架

维果茨基相信，所有个体都在他们的**最近发展区（ZPD）**内学习，这是一个掌握新思想和新技能的智力活动的舞台。“最近”的意思就是“靠近的”，所以最近发展区包含那些儿童接近理解而又不能独立地完全理解的想法，以及那些几乎掌握而又不能独立地完全掌握的技能。儿童如何及何时学习，部分取决于指导者提供**支架**或者即时敏感地支持的智慧和意愿，在儿童的最近发展区内帮助他们。

好的指导者会提供丰富的支架，鼓励儿童在穿越街道时看道路的两旁（同时牵着孩子的一只手），或让他们搅拌蛋糕面糊（也许在指导下的参与，同时握住孩子放在勺柄上的手）。

有时，支架是无意中提供的，当儿童在观察别人说什么或做什么的时候，他们会尝试着做同样的事——即使这是一些成人宁愿儿童不做的事。年幼的儿童之所以会咒骂、踢打或者做得更糟，都是因为别人曾在他们面前这样做过。

儿童模仿那些毫无意义的生活习惯和习俗的现象，用比较善意的说法，是一种被称为**过度模仿**的特征，这种行为是人类独有的。这源于儿童向指导者学习的渴望，允许“文化模式快速地、高保真地代际传递”。（Nielsen & Tomaselli，2010，p.735）。

过度模仿已经被一项以 2 — 6 岁幼儿为被试进行的实验所验证，实验中的 61 位幼儿都来自南非布希曼社区和博茨瓦纳。为了进行对比，16 位来自澳大利亚的儿童作为对照组。澳大利亚的成人经常通过语言和动作给幼儿提供支架，但是布希曼的成人很少这样做。实验者预期澳大利亚的儿童会模仿成人的示范，因为这是他们所习惯的学习方式。他们并没有预期布希曼的儿童也那样做（Nielsen & Tomaselli，2010）。

所有的澳大利亚儿童和半数的布希曼儿童接连观察到了一位成人表现出的不相关的行为，比如在一个盒子上方摇晃一根红色的棍子，摇了三次，然后用这个棍子推一个把手打开盒子。其实，仅用手拉下把手来打开盒子会更容易、更有效。随后，幼儿都领到了一根棍子和一个盒子。不论文化背景如何，儿童都学着成人的示范，摇晃棍子三次，不用手直接接触把手。

其他布希曼儿童没有看到这个演示。当他们拿到棍子并被要求去打开盒子时，他们都径直用手去拉那个把手。然后，在他们观察到一个成人做了那套摇晃棍子的动作后，他们也做出了这些奇怪的动作。他们直接复制了那些行动效率低下的动作，即使已经知道有更容易的方式去打开盒子。

显然，无论是哪里的儿童，都是通过观察进行学习的，即使没有人告诉他们要这么做。他们甚至学会了做和之前所学的完全相反的事情。因此，支架式教学是通过观察和明确的指导来实现的。跨越不同的文化，“表现的相似性令人印象深刻”（Nielsen & Tomaselli，2010，p.734），无论哪里的儿童都非常倾向于模仿来自他们文化的成人的行为。这也正是维果茨基所阐释的。

一如既往，文化差异是非常重要的。以阅读为例，在很多北美家庭，当一位成人给一个儿童读书时，成人就是在儿童的最近发展区内搭建支架，比如，解释、指点、倾听。一个敏感的成年朗读者不会告诉儿童要安静地听故事，而是会根据儿童提出的问题和书中的图画来丰富故事情节。

相反，在秘鲁的中产阶级家庭中，朗读故事还包括教孩子在大人说话时要倾听，所以成人会教导一个2岁的爱打断故事的孩子要安静（Melzi & Caspe，2005）。显然，在秘鲁，搭支架的行为和过程与在北美是不同的，因为他们的目的是培养一个有礼貌的孩子，而不是健谈的孩子。

给驾校教练的问题 有时，你的学员会哭泣、咒骂或者放弃，维果茨基会建议你怎样继续进行教学呢？（答复见第220页）

>>观察力测验（第217页）的答案 动机（这对父女来自中国）；人际关系（注意父女之间的身体接触）；材料（长长的鞋带更容易系）。

言语、文化和数学

维果茨基特别强调语言对推进思维发展的作用。他指出，无论是大声说出来，还是在心里自言自语，都是认知发展的一条重要途径。这似乎在童年早期尤其正确（Al-Namlah te al.，2012）。年幼的孩子在床上感到无聊时，会和他们自己、玩具或父母聊天，即使父母在推婴儿车而听不到他们说了什么。维果茨基相信，所有这些自言自语都能够发展他们的思维。

儿童的理论

皮亚杰和维果茨基都认为儿童是在行动中了解世界的。没有任何一位当代的发展学家会怀疑这一点。儿童是如何获得令人印象深刻的知识的呢？部分答案是儿童做的远比其获取的词汇和概念要多——他们会发展理论来帮助自己理解和记忆。

“理论”论

所有年龄的人都想要对发生的事情进行解释。**“理论”论**指的是儿童自发地建构理论来解释他们看到和听到的事情。换言之，关于儿童如何思考的理论是他们自己建构的理论。所有的人都在

> “搜寻我们所处世界的因果规律，我们持之以恒地被驱动去寻求对所经历的事情更深刻的解释，进行更广泛、更可靠的预测……儿童，确切地说，似乎与生俱来地……渴望去了解这个世界，想要发现如何在这个世界中行动。”
>
> （Gopnik，2001，p.66）

根据“理论”论，对认知最好的解释是人类为了理解自己的经验而寻找动机、原因和根本原则。儿童需要好奇心和思维将少量的知识和他们所观察到的东西联系起来。人们总是需要理论，即使是虚假的理论。

具体来说，儿童到底如何寻求解释呢？他们会提出问题，如果他们不满于所得到的答案，就会发展出自己的理论。这在儿童对上帝和宗教的理解上表现得尤为明显。有个孩子认为自己的祖父去世

科学视角

研究报告：童年早期和STEM教育

维果茨基理论的实际用途涉及目前对STEM［science（科学）、technology（技术）、engineering（工程）和math（数学）的首字母缩写］教育的强调。因为寻找更多专门从事这些领域的年轻人对经济增长来说至关重要，所以教育者和政治领导人都在不断寻找让STEM领域吸引所以族群的青少年和年轻人的方法（Rogers-Chapman，2013；Wang，2013）。

早期教育研究表明，STEM教育实际上早在高中之前就开始了。专家逐渐意识到了这一点，他们指出，如果父母和教师希望向幼儿教授数学和科学等课程，那么他们必须自己先去学习这些知识（Hong et al.，2013；Berset al.，2013）。

比如，人在很小的时候就学习数字是可能的。就连婴儿都能感觉到是有一个、两个还是三个物体在眼前，尽管对于婴儿如何确切理解数字的含义是有争议的（Varga et al.，2010）。如果维果茨基关于语言是工具的观点正确，学步儿就需要及早地听到数字词语和科学概念（不仅仅是数数和图形，还有分数和科学原理，比如运动的规律），这样就可以及早获得其他知识了。在数学理解方面，证据表明学前儿童逐渐学会了：

- 点数物体，一个数字对应一个物体（被称为一一对应）。
- 记住时间和年龄（晚上8点睡觉，一个小孩4岁了，等等）。
- 理解顺序（第一个孩子赢了，最后一个孩子输了）。
- 知道哪些数字比其他的数字大（对幼儿来说7比4大是不容易理解的）。

幼儿的这些能力和许多其他认知成就已经成为广泛研究的主题：很多研究都发现，指导和语言很关键。

文化在影响语言的同时也可能培养数学知识。比如，说英语和说汉语的幼儿似乎对1—10有相同的理解，但是中国人会更快地理解11—19。在许多可能的解释中，语言是一个重要原因：在所有的汉语方言中，11—19的名称是有逻辑且直接的，等同于10+1、10+2、10+3，等等。对幼儿来说，这个系统比eleven、twelve、thirteen等更容易理解。

说德语的年幼儿童掌握20—99可能比较慢，因为他们的语言等同于1和20、2和20等，而不是20和1、20和2等。以这种或其他许多方式，文化约束和文化惯例影响了幼儿对数学的理解（Gobel et al.，2011）。

到三四岁时，儿童的大脑已经成熟到足以理解数字、储存记忆和识别常规了。无论如何，事实上，儿童已经证明，这种理解依赖于他们在家庭、学校及文化中听到了什么，以及如何参与到各种活动中。

一些2岁的孩子在一天之内会听到好几次诸如"1、2、3，开始""这里有两块饼干"和"5分钟后吃晚餐"之类的句子。他们能看到一块有趣的苔藓植物，或者被提醒关注月亮相位的变化，或者了解到速度和山的险峻程度之间的关系。其他的孩子从来没听过类似的说辞，他们与那些听过相关表述的孩子相比，在一年级学数学、在三年级学习科学以及等他们再大一点学习STEM的课程时，会有些困难。根据维果茨基的观点，语言在大脑潜能和理解之间起调节作用，这个过程早在接受正式教育之前就开始了。

是因为上帝太孤单了；另一个孩子认为打雷是因为上帝想要重新安排家具的摆放位置。

理论不会随意出现。儿童想知道他们所观察的事物的潜在目的，且他们会注意一个特殊事件发生的频率，以便形成一种关于是什么导致了事件发生以及发生原因的理论（Gopnik & Wellman，2012）。当然，他们的理论并不总是正确的。

比如，当我还是小孩子的时候，我注意到我的父亲从不带伞。因为我尊敬他，所以我假定他一定有个很好的理由。结果，在我成年的所有岁月中，我都从未带过伞。我的兄弟也一样，这让我更加坚定地认为我的父亲是正确的。

随着时间流逝，我为父亲的行为找了很多理由。我断定，他一定意识到了雨伞会戳到人的眼睛、会被遗忘、会被吹跑或遗失。然后，在我父亲80岁的时候，我的兄弟问他为什么从不喜欢打雨伞。答案是“张伯伦”。内维尔·张伯伦（Neville Chamberlain）在1937—1940年出任英国首相时曾因携带雨伞而著名；他在1938年签署完《慕尼黑协定》后拿着黑色的雨伞拍照，并宣称希特勒不会攻打英国。对于父亲来说，雨伞象征着愚蠢的信任。而我想象出来的所有理论都是用来为我不明白的事情辩护的。这就是“理论”论。

一系列实验考察了3岁幼儿是何时和怎样模仿其他人的，该实验为“理论”论提供了研究支持（Williamson et al.，2008）。幼儿在决定模仿成人的行为之前，会先弄明白成人为什么这样做。如果一个成人想完成某事并且获得了成功，幼儿可能去模仿他。但是如果同样的行为和结果看起来像是无意的或是意外出现的，幼儿就不太可能照着做。

确实，即使被要求重复一个成人所说的一些不合语法的表述，幼儿往往会纠正语法错误。他们的理论是成人打算讲正确的语法，但失败了（Over & Gattis，2010）。另一个反映普遍原理的例子是：幼儿在运用他们令人惊叹的模仿能力之前，会先发展关于意图的理论；他们不会不经思索地复制他们所观察到的任何东西。正如上文所述，当幼儿看见一位成人在开盒子前摇晃棍子时，幼儿的理论是，既然成人是故意做这个动作的，那么摇晃棍子在某种程度上就很重要。

>> **答复驾校教练**（问题见第218页） 运用有指导的参与为教学提供支架，这样你的学生就不会不知所措了。确保提供一定的表扬和足够的练习时间。如果学生情绪爆发了，不要将其视为对你的攻击。

心理理论

心理历程——思想、情感、信念、动机和意图——是人们每天不期而遇的复杂且令人困惑的现象。成人往往想知道，为什么人们会和他们选定的特定的人坠入爱河？为什么他们投票给他们的候选人？为什么他们做出了愚蠢的决定——从承担巨额贷款到买一根老黄瓜？儿童们会对玩伴突如其来的愤怒、兄弟姐妹的慷慨或一位阿姨过于湿润的吻感到困惑。

为了知道其他人在想什么，人们发展出了一种民间心理学，其中包括对其他人想法的想法，被称为心理理论。**心理理论**是一种自然发生的能力，发展缓慢，大多数儿童在4岁左右开始发展（Sterck & Begeer，2010）。

意识到思维并不反映现实是非常年幼的孩子无法理解的，而这种意识在3岁之后就开始出现。然后，他们就会想到人们会被故意欺骗或愚弄——这种想法需要一些心理理论。

研究者开发了几个错误信念测试，其中之一是幼儿看见了一个叫麦克斯的木偶将一个玩具狗放进了一个红色的盒子里。然后麦克斯离开，幼儿看见玩具狗被人从红色盒子中拿出来并放进蓝色的盒子里。当麦克斯返回时，研究者问幼儿，“麦克斯会到哪个盒子里找狗狗呢？”绝大多数3岁的幼儿都会自信地说：“从蓝色的盒子里。”绝大多数6岁

蜡笔盒里的糖果 每一个人都会预期蜡笔盒里面装着蜡笔，但如果一个孩子曾经看到里面装着糖果，他认为别的人也会知道蜡笔盒里有糖果！

的幼儿正确地指出，“从红色的盒子里”。在很多国家都发现了这一结果（Wellman et al.，2001）。

的确，3 岁的幼儿几乎总是把他们最近所学到的东西与他们曾经的想法以及别人可能的想法相混淆。另一种描述方法是说他们被他们的知识所“诅咒”（Birch & Bloom，2003），太自我中心以至无法把握他人的看法。在本章开头，阿萨就是这样，他不能理解我厌倦投一个想象出来的球筐且想要坐下。他认为我不知道人站着也能思考！

给社会学家的问题　你能想到皮亚杰的前运算思维理论和在心理理论任务中提到的 3 岁孩子的错误之间的任何联系吗？（答复见第 222 页）

心理理论的发展在幼儿尝试通过撒谎来逃避惩罚时就能看出来。他们的脸通常背叛了自己：担忧的或到处看的眼睛、噘起的嘴唇，等等。父母有时会说：“我知道你在撒谎。”令绝大多数 3 岁幼儿惊慌失措的是，父母往往是对的。

在一个实验中，247 个 3—5 岁的幼儿被独自留在一张桌子旁，桌上用倒置的杯子扣住了很多糖果（Evans et al.，2011）。实验者告诉幼儿不能偷看，然后就离开了房间。有 142 个幼儿（57%）的好奇心战胜了服从指令的要求。他们偷看了，由于糖果太多了，从杯中溢出后就无法再放入杯子底下了。实验者回来，问桌子上的糖果是怎么回事。只有 1/4 的被试（大多数是年龄较小的儿童）告诉了他真相。

其余的幼儿都撒谎了，且一个比一个逼真。3 岁幼儿讲的都是没有一点真实性的谎言（比如，这些糖果自己跑出来了）；4 岁幼儿会说不太可能的谎言（比如，其他的孩子跑进来打翻了杯子）。然而，有些 5 岁幼儿会说貌似可信的谎言（比如，我的手肘不小心撞翻了杯子）。

这个特别的实验是在中国北京做的，但是结果似乎具有普遍性：年龄大些的幼儿更会撒谎。除了年龄差异，实验者发现更有逻辑的撒谎者在心理理论和执行功能方面的发展也更领先，这表明他们的前额叶皮层更成熟（见图 9.2）。

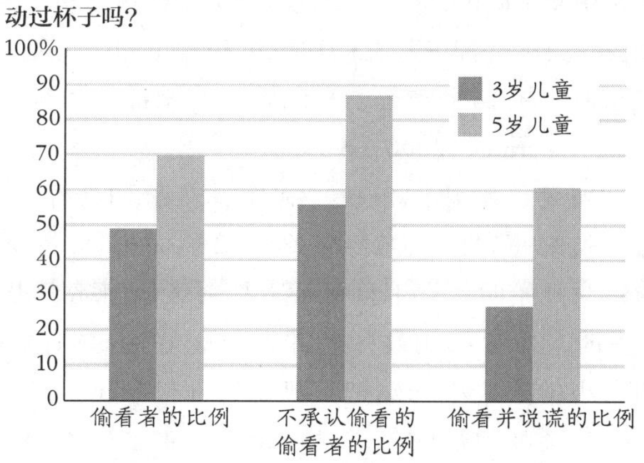

来源：Evans et al.，2011.

图 9.2

越年长越会撒谎？　一个 3 岁时听话又诚实的孩子到 5 岁会变成一个不听话又撒谎的孩子吗？很明显，答案是肯定的。在这个研究中，偷看并撒谎者的比例在这两年中翻了一番多。成熟会使幼儿更可能只为自己着想或那么不可信吗？

大脑与环境

很多研究发现，儿童发展心理理论的能力和前额叶皮层的成熟及执行功能的进展相关（Mar，2011）。对 8 — 16 岁儿童的研究进一步表明了心理理论与大脑的连接。他们是否会撒谎与年龄或大脑成熟度无关（当他们已经长大，意识到撒谎是可能的时，是否真的撒谎取决于他们的期望和价值观）；但是如果他们真的撒谎了，他们的执行功能就与其谎言的复杂程度相关（Evan & Lee，2011）。对 4 岁、5 岁、6 岁儿童和成人在解决心理理论问题时的脑部扫描显示［见图 9.3（彩）］，前额叶皮层的成熟可能起着重要作用（Liu et al.，2009）。

来自其他以 3 — 5 岁幼儿为被试的研究给出了更多的证据，前额叶皮层在心理理论的发展中起着至关重要的作用。实验者测试了幼儿在看见月亮的图片时说“白天”，在看见太阳的图片时说“黑夜”的能力。这一能力表明了和前额叶皮层的成熟度有关的更高级的执行功能。甚至在同龄幼儿中，未通过白天—黑夜测试的幼儿通常会说不可能的谎言，然而那些执行功能强的同龄幼儿会说更可信的谎言（Evans et al.，2011）。

这种大脑的成熟在儿童认知发展过程中所起的重要作用是否会让环境因素变得无关紧要？当然不是（Sterck & Begeer，2010）；教养总是很重要的。比如，研究发现语言的发展促进了心理理论，尤其是当母子之间的谈话内容涉及想法和愿望时

（Ontai & Thompson，2008）。此外，和其他幼儿的社会性交往会促进幼儿的思维过程。正如一名专家打趣说："有两个年纪稍长的哥哥姐姐值约 1 年的年龄"（Perner，2000，p.383）。

当兄弟姐妹们争执、和解、竞争和合作时，当年长的哥哥姐姐愚弄年幼的弟弟妹妹时，3 岁的幼儿开始明白，不是每个人都会像他们那么想。5 岁时，有兄弟姐妹的幼儿已经想好如何劝说他们的小弟弟或小妹妹把玩具拿给他们玩了，并且已经学会如何扮演哥哥或姐姐的受害者来博得父母的同情了。父母当心，问"谁先干的？"可能无关紧要。

最后，外部系统也可能影响心理理论的发展。一项在中国和北美对 254 例研究进行的元分析发现，中国儿童在心理理论和其他早期认知方面比美国儿童领先约 6 个月（Liu et al.，2008）。另一项研究直接对比了加拿大、印度、秘鲁、萨摩亚和泰国的幼儿园儿童的执行功能，发现 5 岁的加拿大幼儿发展得稍快些，而 5 岁的萨摩亚幼儿发展得稍慢些，而社会环境是这一差异的最可能的解释（Callaghan et al.，2005）。

>> 答复社会学家（问题见第 221 页） 根据皮亚杰的理论，学前儿童关注表象和静止状态（因此他们不能在心理上逆转一个过程）。此外，他们是自我中心的，相信所有人都和他们想的一样。难怪他们会相信既然自己已经知道了小狗在蓝色的盒子里，那么麦克斯也会知道。

小　结

根据皮亚杰的观点，前运算阶段的儿童能运用象征性思维，但是这种思维是非逻辑性和自我中心的，会受表象和当时经验的局限。他们的自我中心主义不是因为他们自私，而是因为他们的思维尚不成熟。维果茨基意识到儿童深受他们所处的社会环境的影响，包括他们的指导者和所生活的环境。在最近发展区中，儿童随时准备超越他们现有的认识，特别是当有意或无意的支架出现时。

3—5 岁的幼儿会运用他们的认知能力来发展他们的经验理论，这在"理论"论和心理理论中是显而易见的。各个年龄段的人们都在寻求解释他们所观察的现象，并且变得越来越擅长理解别人的想法和目的。这似乎是大脑成熟和经验共同作用的结果。■

>> 语言学习

学习语言是童年早期首要的认知成就。2 岁的儿童会运用简短的电报式句子（"要饼干""爸爸去哪儿？"），常省略形容词、副词和冠词。相比之下，5 岁的儿童几乎能够说出所有事情，请参见"大约在此时"专栏。

大约在此时

童年早期的语言发展

大致年龄	掌握第一语言的特征或成就
2 岁	词汇：100 ～ 2000 个单词 句子长度：2 ～ 6 个单词 语法：复数；代词；很多名词、动词、形容词 问题：很多"这是什么？"的问题
3 岁	词汇：1000 ～ 5000 个单词 句子长度：3 ～ 8 个单词 语法：连词、副词、冠词 问题：很多"为什么？"的问题
4 岁	词汇：3000 ～ 10 000 个单词 句子长度：5 ～ 20 个单词 语法：从句；独立的句子；以"不是吗？""你不会吗？"为结尾的句子 问题：是问"为什么？"问题的高峰期；很多"如何？"和"何时？"的问题
6 岁	词汇：5000 ～ 30 000 个单词 句子长度：一些句子似乎无止境地重复着"……和……谁……和……那个……和……" 语法：复杂，要看幼儿听到了什么；一些幼儿会正确地使用被动语态（"人被狗咬了"）和虚拟语气（"如果我在……"） 问题：一些关于社会差异的问题（男—女；老—少；富有—贫穷）和许多其他问题

敏感期

大脑成熟、髓鞘形成、支架和社交互动使得童年早期成为学习语言最理想的时期。正如你还记得的，在第一章中，科学家曾经认为童年早期是语言学习的关键期——唯一可以掌握第一语言的时期和学习第二、第三语言的最佳时期。

很容易理解他们为什么这么认为。幼儿有强烈的动机和能力为单词和声音赋予意义（“理论”论），这使得他们成了惊人的语言学习者。因此，教师和父母每天都应和幼儿交谈很多小时。然而，这个关键期的假说是错误的：很多人在6岁后才学习语言（Singleton & Munoz，2011）。

相反，童年早期是语言学习的敏感期——可以快速而轻松地掌握词语、语法和发音。幼儿被称为“语言海绵”，因为他们会吸收自己遇到的每滴语言。

的确，有“多个敏感期……听觉、语音、语义、句法和运动系统，以及这些组成成分在发展中的相互作用”（Thomas & Johnson，2008，p.2）。所有这些敏感期都会促进语言学习。因此，语言学习是动态系统的一个例子，即发展过程中的每一部分都会影响其他部分的发展。

非逻辑性的前运算思维有助于语言发展。比如，在我和阿萨的对话中，他说一个玩具狮子是一位狮子妈妈。我说它不可能是一位妈妈，因为它有鬃毛。他既没有意识到我可能比他更了解狮子的性别差异，也没有质疑这个新词（鬃毛），而是自信地坚持说，这个特别的狮子是个有鬃毛的狮子妈妈。

阿萨不是个例。年幼儿童的一个可贵的（有时令人沮丧的）特征就是他们会和成人、同伴、自己以及自己的玩具谈论很多事情——不会因为错用、发错音、无知或口吃而苦恼（Marazita & Merriman，2011）。语言习得对于幼儿来说比较容易，部分原因是前运算阶段的儿童对自己的表达不会太苛责。自我中心有其优点，这就是其中之一。

词汇爆炸

一般儿童在2岁时大概知道500个单词，而到了6岁时已经知道10 000个以上了（Herschensohn，2007）。这就是说，他们每天都会新学超过6个以上单词，并且这只是平均水平。据估计，6岁儿童的词汇量有5000～30 000个，也就是说，一些儿童习得的词汇量是另一些儿童的6倍。然而，词语积累总是非常快；能理解的语言比能说出的言语多。

快速映射

词汇量的激增是怎样发生的？在12—18个月，儿童每学一个词都要费九牛二虎之力，在这以后，儿童开始对词语建立有内在联系的分类，即一种能够快速习得词语的网络结构或心理地图，这个过程被称为**快速映射**（Woodward & Markman，1998）。因为儿童在听到一个词后，会快速把它归入心理语言网络结构里的一个类别，而不是听到一个词被用在几种不同的语境中后才能弄明白它的准确定义。

像其他常用的心理映射一样，语言映射并不精确。比如，儿童快速地将新的动物名称和已知的动物名称配对，而不知道所有的细节。因此，如果你认识狮子，那么对老虎的认识就很容易，但是美洲豹也可能被称作老虎。到动物园游玩能促进对动物名称的快速映射，因为动物园把相似的动物放在一起，给学习提供了支架。

图画书也为建构支架和快速映射提供了很多机会。指导者可以在儿童的最近发展区中给予进一步指导，比如老虎有条纹而美洲豹有斑点，或者向更大一点的儿童说明：玳瑁（或三花）猫几乎都是雌性的，而有鬃毛的狮子是雄性的。

快速映射在2岁之前开始发展，在童年期加速发展，因为每个新词都使得对应其他词语变得更容易（Gershkoff-Stowe & Hahn，2007）。一般来说，儿童拥有越多的语言线索，他们的快速映射能力就越好（Mintz，2005）。

这一过程解释了儿童对色彩词的学习：一般来说，2岁儿童已经知道一些色彩词了，但是他们会快速映射（Wagner et al.，2013）。比如，“蓝色”会被儿童用来形容一些绿色或灰色的东西。这并不是因为儿童看不出色调。相反，他们把自己已知的词应用到了更广泛的大类，但是他们还没有学到成人使用的界限。因此，所有的女人都可以被称为妈妈，所有的猫咪都是凯蒂（小）猫，所有鲜艳的颜色都是红色。正如一个团队的科学家解释的，成人使用的色彩词是慢速映射的结果（Wagner et al.，2013），但儿童不是这么做的。

词汇与逻辑局限性

和快速映射紧密相关的是一种被称为*逻辑扩展*的现象：在学习了一个单词后，儿童会用它来描绘同一类事物中的其他事物。一个幼儿告诉她父亲，她曾经在学校组织去农场的路上看见了一些“斑点牛”。父亲没有批评她的无知，他还记得她以前周末曾抚摸过的那只斑点狗。

在双语儿童不知道如何用一种语言表达一个词时，经常会用另外一种语言中的词语来表达。这也许被认为是错误的，但是实际上，这是儿童渴望进行交流的一个例子。当一个说西班牙语的人使用一些英语词时，称之为“西班牙式英语”是一种不合乎逻辑的解释某事的方式（Otheguy & Stern，2010）。不久，儿童就会意识到谁能理解哪门语言，于是当他们和一个只懂一种语言的人聊天时，就会避免采用替代语言。

英语中的有些词对每个孩子来说都特别难，例如，谁（who）/ 谁的（whom），刚做完（have been）/ 早做完了（had been），这里（here）/ 那里（there），昨天（yesterday）/ 明天（tomorrow）。不止一个孩子在圣诞节早上被叫醒时会问：“现在已经是明天了吗？”当要求一个孩子“留在那儿”或“来这里”时，他可能并不能跟随指令，因为这种措辞令他感到困惑。这时，成人最好说：“坐在那儿的凳子上”或“来这儿牵着我的手”。其他语言中也有一些难以分辨的概念；但世界各地的儿童最终还是学会了。

大量的关于儿童语言能力的研究发现，快速映射只是儿童用来学习语言的诸多技巧之一：当一个生词不是指心理地图中的任何一个物体时，儿童会自己找到其他方法掌握它（Carey，2010）。如果一个单词不是指儿童能看见的或者是以其他方式感受到的或作用到的任何东西，它就可能被忽略。然而，行动总是有帮助的。洞是挖出来的；爱是紧紧拥抱的；心是跳动的。

听、说和阅读

因为理解书面语言是至关重要的，所以一项对大约 300 项研究的元分析考察了在童年早期哪种活动有助于以后的阅读。结果发现，词语和语音（对词语发音的精确认识）能预测读写能力（Shanahan & Lonigan，2010）。有五个具体的策略和经验对所有收入水平的家庭和族群的儿童都有特别的影响：

1. **聚焦代码的教学**。儿童为了阅读，必须从口头到书面文字“破解代码”。如果他们学会字母表上的字母和发音，对他们来说是有帮助的［比如，“A，是短吻鳄（alligators）到处跑”，按照惯例，“B 就是宝宝（baby）”］。
2. **读书**。当成人给儿童读书并允许孩子提问和交流时，词汇量和对页面和印刷品的熟悉度都将增加。
3. **父母教育**。当教师和其他专业人士教父母如何刺激认知发展（如读书）时，儿童会成为更好的阅读者。成人需要更多地运用文字来丰富词汇量，而不是控制行为。
4. **语言强化**。在每个儿童的最近发展区，指导者基于儿童的知识和经验水平来帮助他们丰富词汇量和语法。
5. **学前教育项目**。儿童从教师、歌曲、短途旅行和其他儿童那里学习（我们之后将讨论早期教育的利弊，但每项研究都发现，上幼儿园的儿童的语言能力增强了）。

习得语法

在第六章曾提及，语法包括表达意义的结构、技巧和规则。语法知识对学习如何表达、阅读和写作是必不可少的。除非一个人知道如何遣词造句，否则拥有大量的词汇也无用武之地。

到 2 岁时，儿童能理解一些基本语法。比如，说英语的儿童知道词序（主语 / 谓语 / 宾语），会说“我吃苹果”，而不是这三个词的其他五种组合方式中的任意一个。他们会运用复数、时态（过去时、现在时和将来时），以及主格、宾格和物主代词（I、me 和 mine / my）。

尽管在英语中运用恰当的冠词是复杂且令人困惑的，但一些 3 岁的儿童还是能正确使用冠词（the、a、an）的。语言获得（语法、词汇、发音等）的每一方面随着时间的推移都会沿袭一条特别的学习之路。

语言学习在具体细节上变化的原因之一是，语言学习涉及大脑的多个区域，每个区域的髓鞘化都有不同的速率。此外，许多基因和等位基因都会影响理解和表达。一般来说，基因对表达语言（输出：说或写）的影响大于接受语言（输入：听或读）的影响。因此，有些儿童相对来说更健谈或更安静，因为继承了这种倾向，但是经验（不是基因）决定了他们理解什么（Kovas et al.，2005）。

学习规则

一旦儿童开始学习语法，他们就会渴望去使用语法规则。比如，讲英语的儿童很快就学会了在复数后面加 s——当学步儿想要两块饼干或更多积木时，他们也遵循这个规则。

不久，他们就能够给从没听过的单词加 s 来使用复数，即使是毫无意义的词。如果给学前儿童展示一幅抽象形状的画作，并告诉他们这幅画被称为 wug，然后给他们展示两幅同样形状的画，他们会说那里有两个 wugs。符合获得性语言和表达性语言的区别，很小的幼儿在他们能够表达前，就意识到了单词有单数和复数（Zapf & Smith，2007）。

然而，儿童有时会在不应使用语法规则时使用语法规则。这种错误称为**过度规则化**。4 岁时，很多儿童会过度规则化，使用复数末尾加 s，会说 foots、tooths 和 mouses。这是有知识的表现，并不是愚蠢：很多儿童第一次正确地说出单词（feet、teeth、mice）是在重复他们所听到的东西时。后来，他们运用语法规则，并且过度使用，假定所有的造句都是按照这个规律进行的（Ramscar & Dye，2011）。

语言学习中更难的部分之一被称为**语用学**——知道与哪些人交流时应该使用哪些词、语调和语法形式（Siegal & Surian，2012）。在一些语言中，在面对一位长者或不太亲密的朋友或家人时知道使用哪组词语是很重要的。

比如，法国儿童在童年早期会学习 tu 和 vous 的区别。尽管两者都表示“你”的意思，但 tu 用于熟悉的人，而 vous 则是更正式的表述方式。在中文中，儿童需要学习两种词语来分别称呼祖母和外祖母，取决于她是爸爸还是妈妈的母亲。

尽管英语没有做出这些区分，但是语用学对童年早期的学习来说仍然很重要。儿童了解到，在不同的语境下使用的词语和语调有许多实际的差异。同时，一旦心理理论建立起来，听众的不同也会带来影响。当一个 4 岁的幼儿假扮医生、教师或父母时，对语用学的了解是显而易见的。每个角色都需要说不同的话语。

学习双语

说少数民族语言的人（他们使用的语言不是本国的主导语言）如果不会说大多数人使用的通用语言就会很难生存。在美国，那些不精通英语的人学业成绩比较差，自信心下降、就业不足或出现其他问题。流利的英语能消除这些弊端；其他语言说得流利也会成为一种资本。

2011 年，在美国，据父母报告，22% 的学龄儿童在家不讲英语，但他们中的大多数（77%）的英语也说得很好（U.S. Bureau of the Census，2011b）（请参见图 9.4）。

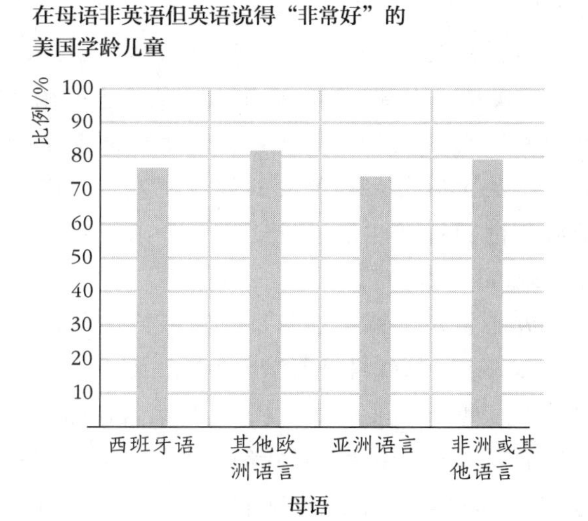

来源：U.S. Bureau of the Census，2011b.

图 9.4

掌握英语：越年轻，学得越好　据父母报告，在所有母语不是英语的学龄儿童中，英语说得好的儿童的比例。那些进入学校学习的移民儿童几乎总是能在 5 年之内精通英语。

双语儿童的比例在其他很多国家更高。在加拿大和许多非洲、亚洲和欧洲国家，到六年级时，大多数学龄儿童都会两种语言，有些甚至会三种语言。语言学习可以得到学校教学的帮助，但一般来说，儿童越早学习第二语言，学习起来就越快、越容易。

如何和为什么

不像一个世纪以前，现在每个想要获得美国国籍的人都必须能说英语。一些人相信，国家的统一会受到说其他语言的少数族裔人群的威胁。相反，另一些人则强调国际间的相互了解是至关重要的，在理想情况下，每个人都应该说几门语言。

一个国家应该有一种、几种或没有官方语言吗？个人和国家有不同的答案。瑞士有三种官方语言；加拿大有两种；印度只有一种（印地语），但是印度的很多邦都有自己的官方语言，一共有 28 种官方语言；美国则没有官方语言。

一些成人表示担心，被教授两种语言的年幼儿童可能会成为半语言者而不是双语者，“面临语言发展迟滞、不完整、甚至可能受到损害的风险”（Genesee，2008，p.17）。其他人通过自己的经验反驳这个观点，认为“绝对没有任何证据表明儿童如果学习两种语言会感到困扰”（Genesee，2008，p.18）。

第二种观点在过去的十年里获得了越来越多的研究支持。在词汇爆炸后不久，从出生开始就听到两种语言的儿童通常会掌握两套不同系统的词汇和语法，以及每种语言的停顿、发音、声调和手势。精通程度与他们听到了多少语言直接相关（Hoff et al.，2013）。

毋庸置疑，童年早期是学习一门或多门语言的最好时机。认知神经科学家发现，对于小时候学习过第二种语言的成人来说，两种语言都储存在同一片脑区。他们设法保持两种语言的分离，当和仅懂一种语言的人交流时，他们会激活一种语言并暂时抑制另一种语言（Crinion et al.，2006）。在切换语言时，他们的回应可能会延迟 1 毫秒，但是他们的大脑整体运行得更好。在幼儿期就学习双语的儿童甚至在老年时对阿尔茨海默病有一定的抵抗力（Bialystok et al.，2009）。

按照大多数美国儿童的需要在高中或大学时学习第二门语言为时已晚，以至不能学得很流利。在童年期后，语言的逻辑很可能被掌握，比如，成人能学习形成过去时态的规则。但是在青春期后，隐喻和语言规则的例外尤其令人难以捉摸。人类大脑的设计是最适合在童年期学习语言的。

对任何一种语言来说，发音在童年后尤其难以掌握。然而，不要将发音和口语流利程度与理解和阅读能力等同起来。很多成人讲大多数语言时都有口音，却对语言和文化颇有研究（差异并不等于不足）。从婴儿期开始，人的听力就比发音更敏锐。不论说哪种语言，几乎所有儿童都会发错音，但他们对自己的错误并不知情。

在童年早期，所有儿童都会将读音颠倒（magazine 变成 mazagine），漏掉辅音（truck 变成 ruck），将难发的音转换成容易的（father 变成 fadder），且会丢失复杂的音（cherry 变成 terry）。发错音并不影响基本的语言流畅，因为幼儿更多的是接收而不是表达——他们听得比说得好。比如，当 4 岁的瑞秋要一个“yeyo yayipop”时，她的爸爸重复道：“你想要一个 yeyo yayipop 对吗？”她答道：“爸爸，有时你说话真好玩。”

语言的丧失和获得

所有国家的学校都强调优势语言，说少数民族语言的父母担心他们的孩子会发生语言转换，即说学校语言渐渐比说他们的母语流利。如果幼儿的“理论”论使他们得出结论，他们的第一语言不如新语言，那么语言转换将随处可见（Bhatia & Ritchie，2013）。

墨西哥一些说少数民族语言的儿童转换到说西班牙语，加拿大一些第一民族（土著部落，原住民）转为说英语，美国一些说汉语的儿童转为说英语。在中国，所有人都讲汉语，但是有些人会从一种方言转而说另一种方言。转换不是不可避免的，父母和社区的态度及做法至关重要。

记住，幼儿处于前运算阶段，他们关注其语言的直接地位（而不是其未来的用处或过去的荣光），关注表象多于本质。难怪许多人转向主流文化语言。因为语言是文化的组成部分，如果一个儿童想成为流利的双语者，那么每个与儿童交谈的人都应该表现出对两种文化的欣赏。

成为一个**平衡的双语者**，这意味着两种语言说得同样好，并在讲一种语言时不会夹杂另一种语言。许多国家的数百万幼儿完成了这一任务。这一能力有利于提高他们大脑的灵活性（Bialystok & Viswanathan，2009；Pearson，2008）。

语言学习的基础知识——命名和词汇量激增、快速映射、过度规则化和支架适用于儿童学习的每一种语言。尽管学习一种语言的技巧能够被迁移，使得学习另一种语言更容易，但“转移既不是自动发生的，也不是不可避免的”（Snow & Kang，2006，p.97）。要想成为一个平衡的双语者，儿童需要听到的谈话至少是通常情况的 2 倍（Hoff et al.，2013）。

给移民父母的问题　你想让你的孩子流利地使用你们所在的新国家的语言，尽管你自己说得并不好。那么你应该用你的母语还是新语言跟你的孩子说话呢？（答复见第 228 页）

同样的做法能让一个孩子流利地说三种语言，就像一些 5 岁的孩子那样。比如，一位家长每天都要花数小时用法语与幼儿对话，为他读书，而另一位家长每天都用英语这样做，同时幼儿可能和在同一所西班牙语幼儿园的朋友一起玩耍。结果，这个孩子成了一个没有口音的三语者——除了他们的妈妈、爸爸和朋友的口音。

双语儿童和成人之所以在心理理论和执行功能上的发展水平更高，可能是因为当他们说话时，需要更具反思性和策略性。然而，纯粹的语言熟练程度并不必然导致认知进步（Bialystock & Barac，2011）。认知取决于教育的许多方面，下一节会详细阐述。

小 结

儿童在童年早期学习语言既快又好，词汇量激增，掌握了很多语法结构。快速映射是儿童学习的一种途径。过度规则化、发音错误和精准度误差在这个年龄段是普遍的，并不是问题。

如果成人能够经常说、认真听，且重视两种语言，儿童学习两种语言就如同学习一种语言那么轻松。然而，情况并非如此，有些儿童经历了语言的转换，抛弃了他们的母语。另一些则永远都无法精通第二种语言，因为他们在语言学习敏感期没有接触过其他语言。 ■

美国3—6岁儿童入学及18—19岁上大学的比例

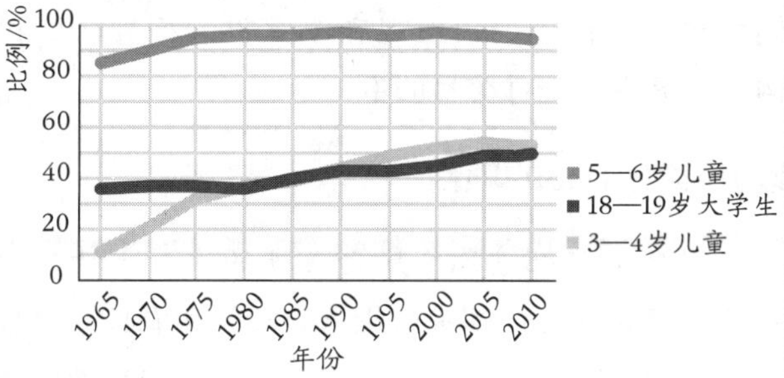

来源：Aud et al., 2010.

图 9.5

变化的时代 因为大量研究发现，学前教育为后来的学习打下了基础，所以大多数幼儿都加入了学前教育项目。请注意与 18—19 岁大学生（没有显示出 18—19 岁中学生的数据，大约有 15% 的这个年龄的学生仍在高中就读）比例的对比。

观察力测验 在哪个点上，3—4 岁在园幼儿的比例超过了 18—19 岁的大学生？（答复见第 228 页）

>> 童年早期教育

100 多年前，儿童在上小学一年级前，都没有接受过正规教育，正如之前所说的，这就是一年级被称为"一"和幼儿被称为"学龄前儿童"的原因。今天，几乎每个国家都提供一些学前教育，有公立的，也有私立的（Britto et al.，2011）。在一些国家，大多数 3—6 岁儿童都在幼儿园接受教育（请参见图 9.5 的美国趋势），这不仅仅是因为家庭和经济模式的改变，也因为研究已经证实幼儿可以取得很大的认知进步，并完成语言学习。

家庭和学校

一个关于儿童学习的强有力的研究结论是：学习环境的质量很重要。如果家庭教育不好，优质的学前项目可以促进儿童的身体健康、认知和社交技能的发展（Hindman er al.，2010）。然而，如果一个家庭提供了大量的学习机会和鼓励，那么幼儿园的质量就没那么重要了。对幼儿来说，在这样的家庭里学习比在一个压力大且过度拥挤的幼儿园里要好。

在美国很难判断家庭和学校的质量，因为公立和私立学校的"多样性和零散化程度非常高"（Pianta et al.，2009，p.50），而且家庭的保育结构也在变化。因此，轻易下结论称母亲照料比其他亲戚或非亲戚照料的效果好是不恰当的，反之亦然。母亲照料的效果各有不同：有些母亲很棒，而有些母亲却很糟糕。

团体保育的模式也各不相同，包括名称和保育实践都不一样。幼儿教育机构会被称为学前学校幼儿园、日托中心、学前项目、学前班。赞助机构分为公立、私立、教会和公司。但这些标签没有一个能表明机构的质量是否可靠（A. S. Fuligni et al.，2009）。每个早期教育项目（有时是每位教师）都强调不同的技能、目标和方法。

学前教育可能被认为是以儿童为中心的或是以教师为主导的。然而，请记住，家庭教育的质量和教师教育的有效性对幼儿的影响比那些标签或所谓的哲学的影响大。还要记住，幼儿由他们的文化所塑造，并且由他们的基因所分化，所以在一种环境下茁壮成长的幼儿在另一种环境中可能会枯萎，有些环境只对某些幼儿起作用。父母需要寻找与他们的孩子、他们的价值观和家庭收入相契合的机构——这不是一件容易的事。

以儿童为中心的项目

很多项目都被称为是发展性的或以儿童为中心的，因为它们强调每个儿童的发展和成长。这种项目中的教师相信，儿童需要跟随自己的兴趣而不是成人的指示。比如，他们赞成“应当允许儿童从教师准备的各种学习领域中选择自己的很多活动”（Lara-Cinisomo et al.，2011）。要为自主探索安排足够的物理空间和材料（比如，服装、艺术材料、拼图、积木和其他玩具）。

给教师的问题　在尝试寻找学前项目时，父母应该寻求什么呢？（答复见第 229 页）

大多数以儿童为中心的项目鼓励艺术性的表达。一些教育家认为，幼儿“全都是诗人”，因为他们天生比老年人更富有想象力地看待世界。以儿童为中心的项目的倡导者说，这个创造性想象力的巅峰应该受到鼓励；要给予儿童足够多的机会去讲故事、画画、跳舞和为自己的欢乐而创作音乐。

给尚未就业的幼儿教师的问题　你得到了一份工作，在这个项目中，一个成人要照看 10 个 3 岁幼儿。你知道幼儿太多了，但是你想要一份工作。你应该怎么做？（答复见第 229 页）

这并不意味着学业被忽略了。比如，数学学习的倡导者相信，儿童对数字有着天生的兴趣，以儿童为中心的学校能够随着儿童的成长引导这些兴趣（Stipek，2013）。

以儿童为中心的项目经常受到皮亚杰和维果茨基的影响，皮亚杰强调每个儿童都会发现新的想法，而维果茨基认为儿童应在成人的指导下向其他儿童学习（Bodrova & Leong，2005）。受过培训的教师是至关重要的：一个以儿童为中心的项目需要给每个儿童提供合适的活动，以及为每个儿童进行指导并搭建支架来帮助儿童进步的教师（Dominguez et al.，2010）。

>> 答复移民父母（问题见第 226 页）　儿童通过聆听来学习，所以经常和他们交谈是十分重要的。根据你对新语言的舒适度，你可能更愿意用你的母语给你的孩子读书、唱歌，或者与他们交谈，再给他们找一所能够学习新语言的高质量的幼儿园。你所能做的最糟糕的事情是限制孩子使用任何一种语言。

>> 观察力测验（第 227 页）的答案　在 1985—1990 年。准确的年份（在图中难以看出）是 1988 年。

蒙台梭利学校

在 100 多年前，玛利亚·蒙台梭利（Maria Montessori）在罗马为贫穷儿童建立了一所保育学校（幼儿园），标志着以儿童为中心的机构诞生了。她相信儿童需要结构化的、个别化的教学，让他们获得成就感。她的学生会完成拼图、用海绵和水清洁桌子、描摹形状，等等。

当代的**蒙台梭利学校**仍在强调个人的自豪感和成就，给幼儿提供了很多与读写能力相关的任务（比如，描字母的轮廓和看图画书）（Lillard，2005）。具体的材料和蒙台梭利所发明的虽已不同，但是内在的哲学理念是一样的。儿童寻找学习任务；他们不会在教师指导他们的时候安安静静地待在组里。这就使得蒙台梭利学校成了以儿童为中心的学校（Lillard，2005）。

这种哲学理念似乎很有用。一项研究选取了在美国密尔沃基市中心上幼儿园的 5 岁幼儿，他们被抽签选中进入蒙台梭利学校。结果发现，这些幼儿与其他幼儿园的同龄幼儿相比，更擅长早期阅读（比如，认识字母）、数学和心理理论（Lillard & Else-Quest，2006）。到中学时，一些益处变得更加明显（这被称为睡眠效应，因为其益处的展现似乎冬眠了一段时间）（Lillard，2013）。可能的解释是：蒙台梭利任务有助于发展幼儿的自信心、好奇心和探索欲，这些最终激励幼儿去学习阅读和计算等。

瑞吉欧·艾米利亚幼儿教育

另一个学前教育形式就是**瑞吉欧·艾米利亚**（Reggio Emilia），以它的发源地，一个意大利小镇的名字命名。在瑞吉欧学校，鼓励儿童掌握一些北美儿童通常要等到 7 岁才能学习的技巧，比如写作和使用工具（锤子、小刀等）。

瑞吉欧学校不提供大班教学，例如，不是在正规课堂上教儿童拼写字母或者剪纸。相反，瑞吉欧学校相信“每个孩子都是有创造力的孩子，充满潜力”（Gandini et al.，2005，p.1），具有个人的学习需要和艺术驱力。成就测验（比如用标准化考试去衡量儿童是否学会了字母）不是其核心理念的一部分，他们认为，每个孩子都应当通过自己的方式探索和学习（Lewin-Benham，2008）。

对艺术的欣赏是显而易见的。每个瑞吉欧·艾米利亚学校都有一个工作室、一位艺术家和鼓励创造性的空间。因此，瑞吉欧·艾米利亚学校都有一间中央大房间，其中有很多活动中心，幼儿/成人比例较低。儿童的艺术作品陈列在白色的墙面上，悬挂在高高的天花板上；从地板直到天花板的窗户打开通向宽敞的、满是植物的操场。大镜子是学校装饰的一部分——再一次，彰显了培养个性和自我表达的理念。

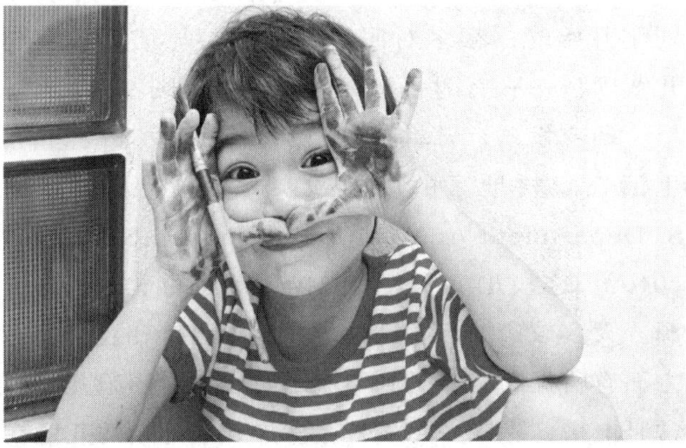

以儿童为中心的自豪　这个孩子的双手为什么沾满了颜色？答案来自意大利北部——他上了一所瑞吉欧·艾米莉亚幼儿园，这所幼儿园鼓励创造性的表达。

瑞吉欧学校鼓励好奇的小科学家用材料进行探索。一项对美国的瑞吉欧·艾米利亚学校的分析发现，“一个丰富的科学背景激发并支持了幼儿的探究精神，并且有效地调动了幼儿的双手、头脑和向往科学的热情”（Inan et al.，2010，p.1186）。

>> 答复教师（问题见第 228 页）　告诉父母，与项目相比，应当更看重人。父母应当关注活动中的孩子，并注意教师是否对每个孩子都是温暖和尊重的。

>> 答复尚未就业的教师（问题见第 228 页）　对你来说，最好是等待一份能让儿童学得更好的项目，它应该以本章所解释的思路组织教学。在一个真正有益于儿童的工作场所，你会很快乐，并学到更多。但实际上，你可能迫于无奈不得不接受这份工作。如果你这样做了，可以尝试改变幼儿/成人比例——找一个助手，也许是一名大学实习生或者一位志愿者老奶奶。但是要仔细选择——一些人或许帮不上什么忙。在你接受这份工作之前，要记住，儿童需要连续性：你不能仅仅因为找到了一份更好的工作就随意离开这所幼儿园。

以教师为主导的项目

以教师为主导的幼儿园重视学业，经常由一位教师来教整班的学生。课程按照一系列课程表安排，包括学习字母、数字、形状和色彩的名称；每个孩子午睡、加餐和上厕所都是按日程表进行的。幼儿学会安静地坐着，听教师讲课。教师会对幼儿的好行为进行表扬和强化，并对不当的行为通过暂停（暂时离开活动）进行惩罚。

在以教师为主导的项目中，严肃的学校教育与无章可循的家庭游戏是有区别的。学前教育者的一项研究表明，一些教师赞同这种以教师为主导的哲学的理念，比如幼儿应该在写故事前学会正确地书写字母（Lara-Cinisomo et al.，2011）。

以教师为主导的项目目标是让幼儿在进入小学以前“准备学习”。鉴于此，他们强调基本技能，包括阅读、写作和算术的准备，也许通过教师提问题而学生一起回答的教学方式。

幼儿练习组合字母、出声阅读、点数物体和写自己的名字。如果一个 4 岁的幼儿学会了阅读，就是成功的（在以儿童为中心的项目中，早期阅读可能会引起质疑，因为这会导致儿童没有时间玩或进行社交）。良好的行为，而不是非正式的社交行为得到奖励。对此，有批评家指出，“入学准备”这个词的定义太狭窄了（Winter，2011）。

很多以教师为主导的项目受行为主义的启发，他们强调按部就班地学习和复习，对成就进行强化（表扬、金星、奖品）。另一种对教师主导项目的启发来自一些研究结果，这些研究表明，那些在幼儿园没有学会基本词语和听力技巧的幼儿上小学以后会落于人后。很多州的立法机构要求幼儿学习特定的概念，而以教师为主导的学习效果往往最佳（Bracken & Crawford，2010）。

大多数发展学家和教师提倡以儿童为中心的项目。但是，研究表明，教师的课堂行为有时并不与他们的信念相关（Tonyan et al.，2013）。实际上，以教师为主导的多于以儿童为主导的（见图 9.6）。这是千真万确的，即使教师说自己采取一种以儿童为中心的观点——尤其是新手教师。比如，他们可能说他们是以儿童为中心的，却会吩咐儿童去做什么，而不是问儿童自己的想法。有更多经验和受过更多训练的教师更有可能在信念和行为上保持一致（Wen et al.，2011）。

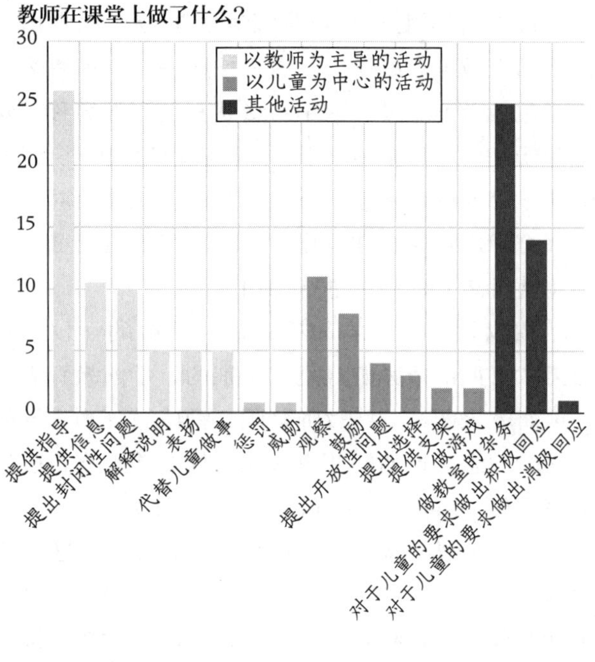

图 9.6

不要责怪教师　当成人倾听、鼓励并和儿童一起游戏时，最能激发儿童产生自己的想法，但大多数成人会给予儿童指导，为其提供信息，并问他们知道答案的问题。这对儿童的父母、陌生人都是如此，如图所示，即使那些试图以儿童为中心的教师也是如此。

开端计划

在 20 世纪 60 年代初，人们认为数以百万的美国儿童在上小学一年级之前，需要在正规教育中得到“智力启蒙”，以促进儿童健康成长并发展他们的认知能力。早期教育被认为是一个需要对所有族群贫困儿童进行的必要干预。因此，从 1965 年开始，美国联邦政府投资了一个对 4 岁儿童实施的大型教育项目——**开端计划**。

开端计划的目标在过去的几十年中已经发生了改变，从帮助家庭脱离贫困到促进读写能力的发展，从提供牙齿保健和免疫到教标准的英语。尽管最初的大多数开端计划都是以儿童为中心的，但是由于立法者的赞成和引导，它们越来越多地成为以教师为主导的。儿童已经学习了开端计划的教师和课程强调的所有内容。

比如，很多美国低收入家庭中的 3 — 4 岁幼儿在日常生活里较少接触数学。在参与开端计划组织的数字棋盘游戏后，他们的数学理解水平得到了显著提高（Siegler，2009）。一项美国国会授权的开端计划的基金包括要求进行广泛的评估，以回答两个问题：

1. 开端计划对来自低收入家庭的儿童的发展与学习（尤其是入学准备）的主要成果有何不同？开端计划是如何影响父母的养育实践的？
2. 开端计划在什么情况下对谁会产生最大的影响？

答案不像倡导者或批评者所期望的那样激动人心（U. S. Department of Health and Human Services，2010）。开端计划提高了儿童读写能力和数学技能、口腔健康水平和父母的回应性。然而，很多学业优势到一年级就消退了。一种解释是，不像开端计划刚开始时，很多对照组的儿童参与了其他早期儿童项目——有时是非常好的，有时则不是。

研究发现，开端计划对那些家庭收入最低的、生活在农村地区的以及残疾儿童益处最大（U. S. Department of Health and Human Services，2010）。这些儿童不太可能找到其他的早期教育资源。大多数参加开端计划的儿童在语言和社会技能方面有所提高，但是到了小学阶段，对照组儿童经常赶上来，除了一个例外：参加开端计划的儿童在词汇量上依然领先。

这个研究结果仍然支持上文提及的童年早期是儿童语言学习的敏感期的结论。任何一所高质量的幼儿园都会引导儿童了解在家中没有学习的词语。儿童将快速映射那些词语，获得一个语言知识库，以促进整个一生扩充自身的词汇量。

结构的需要

很多发展学家抵制立法规定（比如，现行的开端计划的一些条例），即关于 3 — 4 岁儿童应该学习的内容。一些教师想做他们相信是最好的事情，结果是策略和规则的快乐大杂烩。然而，这种方法可能使儿童及其父母感到困惑。差异可能反映了文化的不同，而不是什么理论和研究所建议的就都是最好的。

比如，在荷兰进行的一项研究发现，来自荷兰本国的教师更强调个体成就（以儿童为中心），而来自加勒比或地中海地区的教师更强调适当的行为和集体学习（以教师为主导）（Huijbreges et al.，2009）。与新手教师相比，在一起工作了多年、不同背景的教师彼此分享更多的信念和实践经验

（Huijbreges et al.，2009），但愿他们已经互相学习了。

一项对美国学前教师的调查也发现了类似的差异。那些年轻的受过更多教育的教师不同于那些年长的有更多经验的教师——但双方都认为自己的方法是最好的（Tonyan et al.，2013）。

正如很多研究已表明的，儿童可以学会教授给他们的任何学业和社会技能；那些上幼儿园的儿童之所以在认知技能方面有所进步，是因为那些技能受到了重视（Camilli et al.，2010；Chambers et al.，2010）。但无论课程是什么，所有幼儿都需要对个人的关注，需要教育的一致性和连贯性：如果每个成人都使用自己的特殊规则和常规教孩子，是有害无益的。

因此，在许多其他方面，父母和教师在教育幼儿的过程中应该互相交流与合作，开端计划从早些年就已经强调了这一策略。另外，无论采用何种课程或策略，温暖的师生关系也确实会促进学习（Howes et al.，2013）。

3岁、4岁和5岁幼儿在2010年参加学前项目的比例

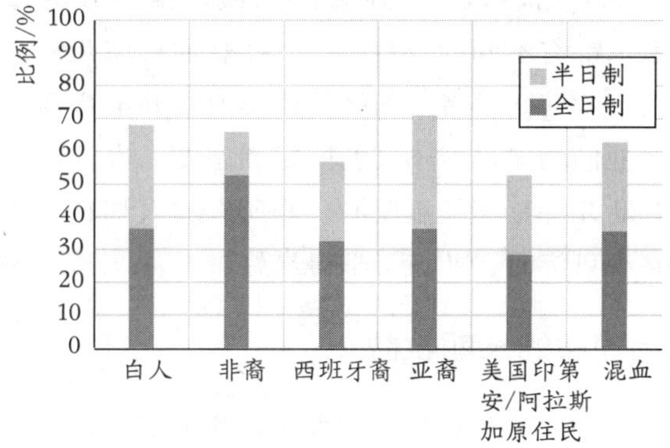

注释：无法得到夏威夷原住民/太平洋岛民的数据。

来源：National Center for Education Statistics.

图 9.7

早期优势　即使是批判者也认同早期教育会促进幼儿语言和读写能力，但令人不安的是，那些最需要语言学习的幼儿也最不可能进入任何类型（与公立、私立或教会有关）的学前教育项目。

双语教育

在双语教育中，对连贯性策略的需求是非常明显的。成功的策略需要根据儿童的自身情况、家庭背景和国家价值观而有所不同。正如一篇评论总结的，"一种有效的学习方法绝不可能对所有**双语学习者（DLLs）**都适用"（Hammer et al.，2011），但有些策略是必要的。

美国的相关研究关注了西班牙裔幼儿。一般来说，在将英语和西班牙语相结合的教学项目中，两种语言教学各占半天，在教英语的同时提高了幼儿的西班牙语水平。这种项目比那些仅让说西班牙语的儿童沉浸在单纯的英语环境（Barnett et al.，2007）或将西班牙语作为唯一教学语言的项目成功。

不幸的是，因为政治、文化和经济的原因，西班牙裔美国儿童不太可能上幼儿园（参见图9.7）。学前教育入学率几十年来一直稳步增长，但在美国经济衰退时期，西班牙裔美国儿童的入学率降低了，而与此同时，1100万非法移民被驱逐出境的比例上升（Fuller & Kim，2011）。这尤其给来自西班牙语家庭的儿童带来了困扰：正如之前提到的，学习第二语言的最佳时期是在4岁之前。

开端计划现在要求参加这个项目的所有儿童必须来自低收入家庭。很多西班牙裔儿童符合条件，因此能够接受免费的早期教育。然而，即使在开端计划中，西班牙裔儿童也不太可能比其他低收入家庭儿童的入学率高。

西班牙裔幼儿（大多数是美国公民）入学率低的一个原因是，如果在大家庭中有任何人是非法移民，他们的父母会担心被驱逐出境。另一个原因是风俗习惯：大多数说英语的成人都熟悉幼儿能够从学前教育中获益的证据，但是大多数移民不了解。

另一个问题是，很多开端计划课程每天仅限3小时，几乎没有教师能说地道的西班牙语，而只说西班牙语的女性很难找到工作。由于上述原因，很多家庭选择让妈妈或祖母在幼儿上幼儿园前在家带孩子，他们没有意识到只会说西班牙语的照料者对儿童今后教育的影响。

如果统计数据包括非美国公民，西班牙裔儿童接受早期教育的比例甚至会更低。尽管他们都可以在6岁时进入公立小学，却几乎没有一人有资格进入公立幼儿园。因此，美国每年几乎都有上百万的英语还说不好的幼儿进入小学一年级，这主要是因为他们没有接受过早期教育。

当然，并非所有移民儿童都有相似的需求。来自波多黎各、古巴或其他拉丁美洲国家的说西班牙

语的儿童有着与墨西哥裔儿童不同的经历。此外，每个地方管辖区（美国每个州或其他地方的每个国家）都有不同的政策——有些欢迎移民儿童，有些则不欢迎。再者，很多英语学习者并不是西班牙裔，他们的父母有不同的期望和态度。家校沟通对所有幼儿都是至关重要的，当所有成人都有共同的策略和目标时，儿童会学得最好。

强化项目的长期收益

这种对哲学思想、教育实践和项目的讨论可能会给人一种印象，即对早期儿童认知的研究是相互矛盾的。其实不是这样的。虽然具体内容有待商榷，但是实证研究的证据和纵向评估都发现，学前教育促进了幼儿的学习。在理想情况下，每个项目都有一套指导实践的课程，所有成人都互相合作，有经验的教师能回应每个幼儿。

最好的证据来自三个纵向项目，多年来参加项目的儿童，有时从婴儿期的家庭访问开始，有时继续在课后项目中直到小学一年级。一个称作“佩里（Perry）”的项目（或“高瞻”项目）是率先从美国密歇根州开始的（Schweinhart & Weikart，1997）；另一个称作“启蒙者”的项目始于北卡罗来纳州（Campbell et al.，2001）；第三个称作“亲子中心”的项目起源于芝加哥（Reynold，2000）。因为这些项目启动时都有一定的政治背景，所有项目都关注那些低社会经济地位的家庭。

这三个项目将实验组儿童和对照组儿童进行了比较，全都得出了相同的结论：早期教育有着很强大的长期效益，当儿童进入三年级及高年级，这种长期收益最为明显。到 10 岁，那些参加过以上三种项目之一的儿童在数学和阅读成就测验中的得分高于那些没有参加过任何项目的相同背景、学校和社区的儿童。他们不太可能进入为发展缓慢的或有困扰的儿童开设的特殊班级或留级。

一项跨越数十年的纵向研究的优势在于，可以把那些接受过早期教育的青少年和成人与那些没有相关经历的人进行比较。对于这三个项目来说，早期教育投资有回报。在青少年期，那些接受过集中的学前教育的青少年有更高的渴望，更强的成就感，且不太可能遭受虐待。在成年初期，他们更可能上大学，不太可能进监狱。人到中年，他们通常有正式工作、照常纳税、不需要政府补贴（Reynold & Ou，2011；Schweinhart et al.，2005）。

早期教育影响着成人生活的各个方面。一篇评论这样总结，“早期的认知和学业优势能导致社交和动机上的获益，最终增进个体的福祉”（Reynold & Ou，2011，p.578）。

这三项研究都发现，针对不同的入学准备技能为儿童提供具体的指导，对他们进行直接的认知训练（而不是简单地让儿童玩耍）是很有用的，只要考虑每个儿童的需要和能力——由于儿童 / 成人比例低，这种情况成为可能。这些课程将以儿童为中心和以教师为主导的项目相结合，所有教师集中接受培训，以使儿童不感到困惑。教师也邀请父母参与儿童教育，且每个项目中都包括加强家校合作的策略。

这些项目花费很高（以 2014 年的汇率为基准，每个儿童每年要花费约 6000 ～ 18 000 美元）。从发展的视角来看，人们对特殊教育和其他社会服务需求的减少使得早期教育成了一项“明智的投资”（Duncan & Magnusson，2013，p.128）。儿童一生给社会带来的好处，包括提高就业率、增加税收以及减少犯罪等，远不止这些投资。

终生最大获益的证据来自芝加哥最贫困社区学前项目中的男孩们：他们一生创造的社会效益是对他们学前教育投资的 12 倍（Reynolds et al.，2011）。不幸的是，资金投入是即刻的，而获益是长期的，可能在若干年后才显现。因此，一些立法者和选民不愿意资助这种需要等到几十年后才能获益的昂贵的干预项目。

然而，情况正在发生改变。美国大多数州都在赞助幼儿公共教育——尽管一般只针对低收入家庭的 4 岁儿童。在 2009— 2010 年，超过 100 万幼儿（1 292 310）参加了所在州资助的幼儿园—— 这个数字是 10 多年前的 2 倍（Barnett et al.，2010）。因为 2006 年出生的儿童有 400 万（实际上是 4 268 000），上幼儿园的幼儿约占 1/3。

尽管在一些国家，早期教育是免费的，但是大多数美国父母还是需要为此付费。这就是最高收入家庭更愿意让他们 3—4 岁的孩子参加教育项目的原因之一（见本章的“可视化发展”专栏）。

以发展的视角来看，美国俄克拉何马州率先为所有幼儿提供了全日制幼儿园和学前教育。虽然入学是自愿的，但是大多数幼儿都参加了这一项目。俄克拉何马州的课程强调读写能力和数学；那

可视化发展

学前教育

儿童能从幼儿园获得学业和社会性方面的发展。在世界各地，接受学前教育的儿童越来越多。

学前教育项目被描述为“以教师为主导的”或“以儿童为中心的”，但实际上，大多数教师的风格都反映了两种方式的结合。一些学生从以教师为主导的课堂的秩序和结构中获益更多，而另一些学生则在更具协作的、创造性的环境中表现得更好。

以教师为主导的方式

专注于让幼儿做好学习准备

直接指导

教师作为正式权威

学生被动学习

教室是有秩序的和安静的

教师全面管理课堂

培养独立性

鼓励取得学业成就

学生向教师学习

以儿童为中心的方式

专注于个人发展和成长

教师是促进者

教师是授权人

学生积极学习

教室为合作学习而设计

学生选择内容

促进合作

鼓励艺术性的表达

学生向其他同伴学习

美国学前儿童的特点

下面是按族群和父母受教育水平划分，上幼儿园的儿童的百分比。你可以看到父母有研究生学历的儿童上幼儿园的比例远远大于父母只有高中学历的儿童。

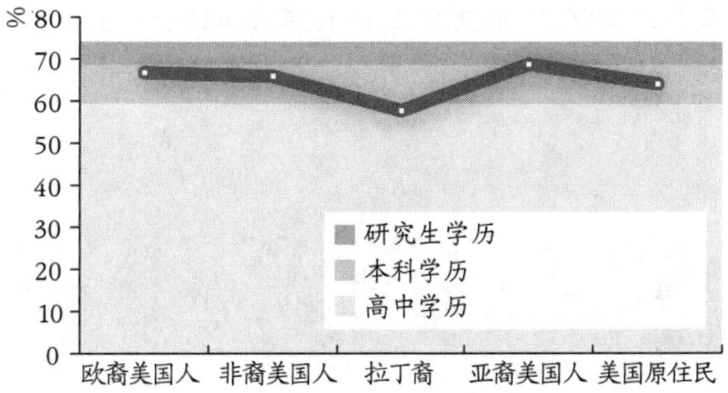

不同的学生，不同的教师

显然，不是只有“一条正确的道路”去教孩子。每种方式都有利有弊。在一个鼓励独立性的课堂上，当一个有天赋的教师作为一个称职的促进者时，自我动机较强的学生可以茁壮成长。但是那些心烦意乱或被噪声打扰的学生，或者害羞的或受到其他儿童威胁的学生，在一个较为传统的环境中，在一个有吸引力并善于鼓励的教师指导下，可以迎春绽放。

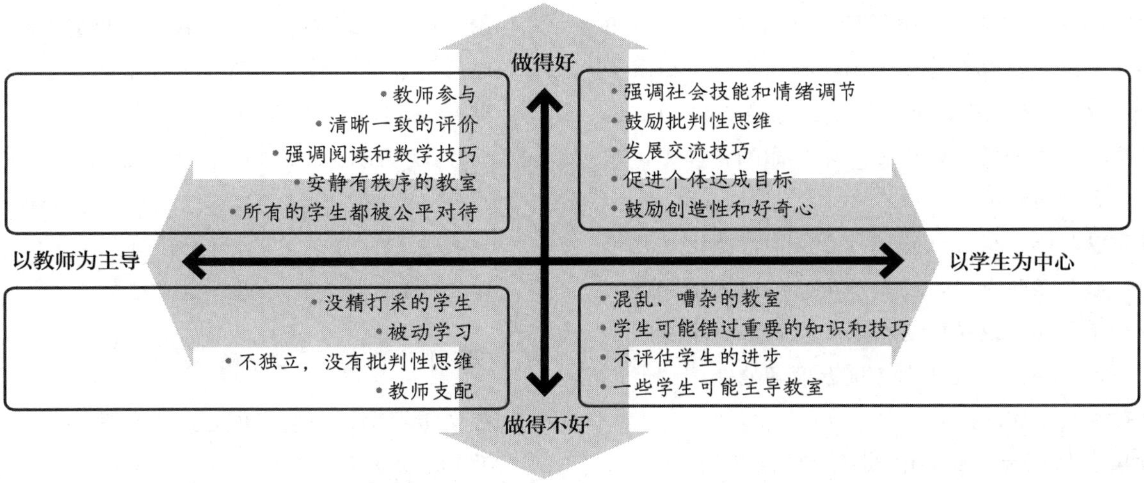

些母语是西班牙语的幼儿获益最多（Phillips et al., 2009）。

尽管发展学家很高兴公众最终认识到了早期教育的好处，但是教育质量的问题似乎并没有被理解。美国资助早期教育的 40 个州平均每年在每个儿童身上的投入不到 5000 美元。这不足以支付幼儿园有较高的师幼比、有获得大学文凭的幼儿教师、让幼儿在安全且设施良好的环境中接受专业指导。

还请注意，最初的研究是针对低收入家庭幼儿的。大多数发展学家认为，这一发现适用于所有幼儿，但这是有争议的，尤其是在缩减各级教育经费时。

在早期认知的很多方面，相同的两难困境是显而易见的。与以前相比，现在我们更多地知道幼儿能够学习什么，毫无疑问，2 — 3 岁的幼儿能够学习语言、概念和很多其他东西。在 100 年前，人们并不了解这些。皮亚杰是认识儿童这些能力的领军人物。现在皮亚杰的工作被新的研究推进：幼儿在 6 岁前学到的东西对其以后的学校学习和成人生活都是至关重要的，然而很多幼儿并没有学到他们应该了解的知识。

这个主题在下一章会继续，我们将讨论儿童与其生活中的所有系统之间的相互作用。

小　结

不论是在以儿童为中心的幼儿园，还是以教师为主导的幼儿园，或是在良好的家庭环境中，幼儿在上幼儿园之前能学到很多。蒙台梭利学校和瑞吉欧·艾米利亚学校都能促进儿童的学习。两者都强调个人的成就和儿童的发展。

以教师为主导的项目强调儿童的入学准备，强调所有儿童都应该理解的字母和数字。开端计划和其他项目旨在促进低收入家庭儿童的学习。纵向研究发现，一些收益在成年期较为明显。然而，这些项目的质量和可及性是不同的。最好的项目费用昂贵；获益在几十年后才显现出来。

本章总结

童年早期的思维

1. 皮亚杰强调童年早期思维的自我中心主义和不合逻辑性。因为幼儿尚未学会使用逻辑运算对他们观察和体验到的进行思考，所以他将此阶段思维命名为前运算智力。
2. 根据皮亚杰的理论，幼儿有时只关注一件事（中心化）且只从其自身角度出发看待事情（自我中心主义），停留在表象和眼前的现实上。他们也许相信有生命的灵魂存在于无生命的物体中，这种信念称为泛灵论。
3. 维果茨基强调幼儿认知的社会层面，指出幼儿可通过参与各种体验，在知识丰富的成人或同伴的指导下学习。这种指导帮助幼儿在最近发展区中学习，学习内容包含幼儿接近理解的知识和他们几乎快要掌握的技能。
4. 维果茨基认为，最好的教师会使用不同的线索、指导方针以及其他工具为儿童提供支架，促进儿童学习新知识。语言是一座桥梁，它在儿童已经获得的知识和社会希望给予的知识之间提供社会中介。在维果茨基看来，词语就是学习的工具。
5. 儿童会发展自己的理论，尤其用于解释生活的目的和他们在其中的角色。一种关于儿童思维的理论被称为“理论”论，它假设，儿童之所以建立自己的理论，是因为所有人天生都会为他们观察到的所有事物寻求解释。
6. 一个证明幼儿认知正在发展的例子是心理理论——理解其他人可能是怎么想的。心理理论的发展始于 4 岁左右，部分原因是大脑的成熟。文化和经验也会影响心理理论的发展。

语言学习

7. 在童年早期，语言发展迅速，是语言学习的敏感期而非关键期。其间，词汇量急剧增加，在 2 —

6 岁时能增加上千个词。此外，儿童也掌握了基本的语法。

8. 很多幼儿会学习说不止一种语言，在获得认知发展的同时也获得了社会优势。在理想情况下，幼儿到 6 岁时能成为平衡的双语者，精通两种语言。

童年早期教育

9. 尽管具体情况差别很大，但是童年早期组织的学前教育项目能促进幼儿的认知和社会技能。蒙台梭利学校和瑞吉欧·艾米利亚学校就是两个以儿童为中心的项目，起源于意大利，现在已在很多国家推行。而行为主义的理念也催生了许多以教师为主导的项目的具体实践。

10. 开端计划是一个关注低收入家庭儿童的美国联邦政府项目。纵向研究发现，学前教育减少了后期出现问题的风险，比如对特殊教育的需求。高质量的项目增加了儿童成长为守法的、有固定工作和收入的公民的可能性。

11. 很多类型的学前教育项目都是成功的。重要的是学前教育的质量。如果教师遵循特定的课程，且师幼比高，那么幼儿将学得很好。幼儿教师训练有素、和蔼可亲以及工作岗位的连续性能使儿童在各方面获益良多。

关键术语

不可逆性（irreversibility，p.214）
泛灵论（animism，p.214）
关注表象（focus on appearance，p.214）
过度规则化（overregularization，p.225）
过度模仿（overimitation，p.217）
静态推理（static reasoning，p.214）
开端计划（Head Start，p.230）
快速映射（fast-mapping，p.223）
“理论”论（theory-theory，p.218）
蒙台梭利学校（Montessori schools，p.228）
平衡的双语者（balanced bilingual，p.226）
前运算智力（preoperational intelligence，p.214）
瑞吉欧·艾米利亚（Reggio Emilia，p.228）
守恒（conservation，p.214）
双语学习者（Dual Language Learners，DLLs，p.231）
象征性思维（symbolic thought，p.214）
心理理论（theory of mind，p.220）
语用学（pragmatics，p.225）
支架（scaffolding，p.217）
中心化（centration，p.214）
自我中心主义（egocentrism，p.214）
最近发展区（zone of proximal development，ZPD，p.217）

你学到了什么？

1. 前运算阶段思维的优势是什么？
2. 儿童的自我中心主义和成人的自私之间的区别是什么？
3. 指导性参与如何促进了儿童在最近发展区的发展？
4. 为什么维果茨基认为自言自语不是病而是有助于认知发展的表现？
5. 哪些因素促进了心理理论的发展？
6. 有什么证据表明童年早期是学习语言的敏感期？
7. 快速映射是如何促进语言爆发式增长的？
8. 过度规则化是如何预示着认知进步的？
9. 在语言学习中，什么证据表明了幼儿逻辑的局限性？

10. 教儿童学习两种语言的优势是什么？
11. 如何避免儿童在母语方面的损失？
12. 哪些是大多数幼儿园为儿童提供的而大多数家庭却没有提供的？
13. 在以儿童为中心的项目中，教师是怎么做的？
14. 瑞吉欧·艾米利亚项目与大多数学前教育项目的区别是什么？
15. 为什么蒙台梭利学校在第一所学校开办 100 年后仍然在运行？
16. 以教师为主导的幼儿园的优势和劣势是什么？
17. 开端计划的目标是什么？
18. 为什么对开端计划的不同评估会得出不同的结论？
19. 学前教育干预的长期效果是什么？

应　用

理解童年早期思维的最好方式是倾听儿童，正如应用 1 和应用 2 所要求的。如果有些学生没办法接触幼儿，那么他们可以做应用 3 和应用 4。

1. 重复皮亚杰的一个守恒实验。最容易的一个是液体守恒实验（见图 9.1）。与 5 岁以下的幼儿一起做实验，让她告诉你两个同样形状的杯子里放有等量的水，然后小心地将其中一个杯子中的水倒入另一个狭长的玻璃杯。问幼儿，现在一个杯子中的水是更多了，还是和原来杯子中的水一样多。
2. 为证明语言学习是多么迅速，给学前儿童展示几种物体，并将其中一个命名为儿童没听过的没有意义的词（常常使用 Toma 和 wug）。或者选择一个儿童不认识的词，比如 wrench、spatula，或者其他国家的硬币名。测试儿童的快速映射能力。
3. 尽管心理理论在儿童 4 岁左右已经出现，但是很多成人对理解其他人的思维和动机仍有困难。询问几个人为什么新闻中的某人会做出那样的行为（比如，丑闻、犯罪或见义勇为）。然后询问你的被调查者对其解释有多确信。对比并分析原因以及确信度（一个人可能确信在别人看来不可思议的解释）。
4. 想一想你最初感到困难但从中学到了一些东西的经历。维果茨基的概念（指导性参与、最近发展区）在多大程度上能解释你的经历？写下细节，像维果茨基那样，一步步解释你的学习过程。

第十章

童年早期：心理社会性发展

你将学到什么？

1. 为什么2岁儿童与6岁儿童相比，更经常突然发脾气、哭泣和感到恐惧？
2. 如果一个孩子从来不玩游戏，这是问题吗？
3. 如果父母允许孩子做自己想做的事情，将会怎样？
4. 打孩子对儿童发展的长期影响是什么？

那是一个炎热的夏日午后，约3岁的蕾切尔、4岁的贝瑟尼和我一起在厨房，厨房在我们起居/用餐区的一个拐角处。蕾切尔打开了冰箱，然后抓起一瓶橙汁。那黏黏的瓶子滑落了，掉在瓷砖地上摔碎了。地上满是碎片、溅开的果汁和果肉，我的女儿们目瞪口呆地看着我。我把她们抱起来，放在沙发上。

"待在那儿，别动！"我大喊。

她们照做了，安静地坐在那儿，睁大了眼睛，对我的愤怒感到十分困惑。蕾切尔不是故意弄洒果汁的，而且贝瑟尼也没有做错任何事。当她们看着我捡起碎片、打扫并拖洗地板时，我理解了父母为什么会打他们的孩子。到本章结束时，我希望你也能意识到这样的瞬间——在炎热的夏日，当两个小孩子给你增添了意想不到且难以处理的麻烦时，会把一位慈爱的、有耐心的父亲或母亲变成另一种状态。日复一日，为人父母者若要成为孩子的指导者和榜样，真不容易。

幸好，许多保障措施可以阻止我实施严重的虐待：女孩们已经学会了何时服从；我知道不能在自己生气时去惩罚孩子；我的经济状况允许我轻松地再买些果汁。当把她们从沙发上抱下来时，我给了她们一个拥抱。当孩子们学习调节自身的情绪时，当父母学习引导他们的孩子时，当宏观系统和微观系统（信念和收入）影响了亲子之间的互动时，心理社会性发展的许多方面都影响着儿童2—6岁时的发展。本章将详细介绍所有这些内容。

>> 情绪发展

儿童逐渐学会了在何时以及如何表达情绪，在生活中各方面的能力也越来越强（Buckley & Saarni，2009；Morrison et al.，2010）。对情绪表达的控制叫作**情绪调节**，它是儿童在2—6岁时需要发展的重要的心理社会性任务（N. Eisenberg et al.，2004）。

这种调节在婴儿期几乎是不可能的，但是当大脑边缘系统中的情绪热点（相关的脑区）及前额叶皮层相连接时，儿童就能更好地控制他们的行为反应了。这并不简单；它需要练习、成熟和运作，被称为**努力控制**。到6岁时，孩子们通常会生气但不暴怒，害怕但不恐惧，沮丧但不伤心欲绝，焦虑但不退缩，骄傲但不自夸。由于每个孩子的气质不同，一些情绪会比其他情绪更容易控制，但即使是具有易生气或恐惧气质的儿童，也能学会调节自己的情绪表达（Moran et al.，2013；Tan et al.，2013）。

情绪调节是终生必需的；没有人能总是做到完美。当蕾切尔弄洒了橙汁时，我不应该大叫。幸运的是，我遏制住了愤怒情绪。学会调节情绪是一个长期的过程，它始于3—5岁的童年早期（Lewis，2013）。

主动对内疚

在埃里克森提出的心理社会性发展的第三阶段，**主动对内疚**，除情绪调节之外，儿童还获得了许多其他技能和能力。主动可能意味着几点——表达新观点、拓展一种能力、开始一项计划。根据行为结果（尤其是来自其他人的反应），儿童会感到自豪或者内疚。

通常，在孩子2—6岁时，北美的父母会鼓励他们表达热情、努力和自豪等积极情绪，同时防止他们因为内疚而变得自暴自弃。相反，如果父母忽视而不是引导情绪，孩子可能难以学会情绪调节（Morris et al.，2007）。

保护性乐观情绪

儿童对于自我价值的信念与父母的肯定有关，尤其是当父母提到孩子的积极成果时（“你帮助爸爸打扫了人行道，你扫得非常干净”）。

请记住，埃里克森描述了年幼儿童在1—2岁时的自主性，这个阶段往往以固执为典型特征，被戏称作“可怕的两岁”。直到3岁，当儿童表现出了对学习新技能的渴望时，自主性才转换为主动性（Rubin et al.，2009）。

本章开篇的逸事就是一个典型案例：蕾切尔正在学习口渴时去取果汁。西方文化推崇自主性和主动性，而东方文化更推崇社会和谐和相互依存（Keller & Otto，2011）。

北美和欧洲的儿童形成了一种强烈的**自我概念**——一种关于自己的理解。例如，成人会让幼儿选择“苹果或者香蕉”“蓝色的睡衣或者红色的睡衣”。选择使人们相信他们是独立的个体（Kim & Chu，2011）。在美国，自我概念很快就包括了对性别和身高的认识。女孩通常乐于当女孩；男孩也乐于当男孩；他们都很高兴自己不是婴儿了。他们认为被称为“爱哭鬼”是一种侮辱；更希望得到是“一个大孩子”的称赞。

埃里克森认识到，幼儿是不现实的。他们相信自己是强壮的、聪明的、漂亮的——因此所有目标都是可以实现的。不管他们是什么样子（自我概念），都令他们心满意足。

很高兴我是蒙古族人 中国内蒙古的这个小男孩为自己身为蒙古族人感到自豪，这是童年早期情绪发展的一个重要方面。

例如，幼儿不仅相信自己的民族和宗教是最好的，而且会为那些不属于他们国家或不信奉他们宗教的人感到惋惜。在这个年龄，保护性乐观会鼓励儿童尝试不熟悉的活动、结交朋友、开始上学等

（Boseovski，2010）。对技能的掌握也是如此：他们学习倒果汁、拉裤子拉链和爬树，不会因为果汁溢出、拉链卡住或者身处高处而被吓倒。他们内心的信念会帮助他们坚持尝试。

大脑成熟

埃里克森描述的主动性与边缘系统的髓鞘化、前额叶皮层的发育以及更长的注意时长有关——所有这些都是随着神经系统的成熟而实现的。【**生命全程链接**：有关大脑成熟的内容详见第五章和第八章。】情绪调节和认知成熟共同发展、彼此促进（Bell & Calkins，2011；Lewis，2013）。

通常在大约四五岁时，前额叶皮层神经系统的发展使得儿童可能更少发脾气或发起攻击，或在祈祷时笑出声（Kagan & Herschkowitz，2005）。在整个童年早期，暴力的情绪爆发、失控地哭泣和严重的恐怖症（非理性的、极其有害的恐惧）逐渐减少。自我控制能力变得更加明显，比如，在要求等待的情况下，不会立即打开礼物；在看到一个不想要的礼物时，不会表现出失望。

例如，在一项研究中，研究者要求儿童在打开放在他们面前的礼物之前，要先等他们的妈妈做完 8 分钟的文书工作（Cole，Tan et al.，2011）。儿童会使用一些策略帮助自己等待，包括分散注意和自言自语。

凯莎是研究的被试之一：

“你做完了吗，妈妈？”……“我想知道它里面有什么。”……“我现在能打开它吗？”

母亲每次都提醒凯莎再等一下，最后还说：“如果你一直打扰我，我就不能完成工作了，如果我不能完成工作……”凯莎沮丧地坐回椅子。“我真的想要礼物。”她哀叹一声，大声地自言自语，“我想和妈妈说话，所以我不会打开它。如果我说话，妈妈将完不成工作。如果她没有完成，我就不能拥有它。”她深深地叹了一口气，交叉着双臂，扫视屋子……研究助手回来了。凯莎兴奋而期待地看着她的母亲。她的母亲说：“现在可以了。”凯莎撕开了礼物。

（Cole，Armstrong et al.，2011，p.59）

动机

动机（推动某人行动的冲动）既来自一个人自己的欲望，又来自社会环境。

内在动机发生在人们为了快乐而做某事时：即使没有听众，音乐家也很享受创作音乐的过程。**外在动机**源自人们的外部需要，做事情是为了获得赞扬（或者其他强化）：音乐家可能为了掌声或金钱而演奏。

内在动机对幼儿来说至关重要（Cheng & Yeh，2009）。幸运的是，学前儿童往往具有内在动机，渴望玩耍和练习各种技能，而不管其他人是否想让他们这么做。正如第九章中所描述的，以儿童为中心的幼儿园能根据儿童爱说、爱玩和好动的现实提供适宜的教育。儿童都喜欢得到赞扬和奖励，但这并不是他们进行当前活动的原因。儿童在玩游戏时，可能不会计个人的得分；乐趣在于活动（内在的），而不是获胜。

给大学生的问题　外在动机或内在动机，哪个对你的学业努力影响更大？（答复见第 244 页）

假想朋友

当儿童与他们的玩具交谈，专注于创作一件艺术品或建筑作品，或与**假想朋友**交流时，他们的行为往往明显出于内在动机。成人很少鼓励儿童像这样与看不见的生物对话（没有外在动机），但假想朋友在童年早期越来越普遍。儿童知道他们的假想朋友是看不见的，是假装的，但是编造假想朋友满足了他们的各种心理社会性需求（Taylor et al.，2009）。

例如，假想朋友有助于情绪调节：假想朋友可以帮助儿童控制自身的恐惧和坏脾气，还可以提供安慰和陪伴。一个女孩的朋友叫大象，大象“17 厘米高，全身灰色，有一双黑色的眼睛，穿着背心和短裤……有时很刻薄”（Taylor et al.，2004，p.1178）。通过与一位“有时很刻薄”的人做朋友，这个女孩逐渐学会了对付刻薄的人的策略。

给教师的问题　你的一位学生告诉你，一个孩子常和他的假想朋友一起玩耍、睡觉及谈话。这意味着这个孩子在情绪上受到了干扰吗？（答复见第 244 页）

一个动机实验

在一个经典实验中，研究者为学前儿童提供了马克笔和纸，让他们画画，并且将他们随机分成了三组：（1）没有奖励组；（2）期望奖励组（在画画之前就告知他们会得到一个证书)；(3) 意外奖励组（在画完之后，对他们说“你帮了我们一个大忙”，并且奖励一个证书）(Lepper et al.，1973)。

之后，观察者留意了每组儿童选择自己独自作画的频次。那些获得预期奖励的儿童比意外得到奖励的儿童选择画画的可能性更小。对这种现象的解释是，外在动机削弱了内在动机。

这项实验引发了一系列研究，试图了解是否以及应该在何时、如何给予儿童正强化。一致的结论是，在个体完成任务之后再给予表扬或付钱给他，有时对个体的行为有促进作用。然而，如果提前承诺付款，外在强化可能会适得其反（Deci et al.，1999；Cameron & Pierce，2002；Gottfried et al.，2009）。

当表扬与特定的作品或成果有关，而不是与一般的品质相关时，表扬才是有效的（说“你画得很棒”，而不是说“你是一个优秀的艺术家”）。因为这样，孩子会相信付出努力是有回报的，这会激励他们今后再次做出这样的行为（Zentall & Morris，2010）。

给幼儿教师的问题 你应该给儿童的作品贴小红花吗？（答复见第 244 页）

文化与情绪控制

如你所知，文化差异在儿童发展的方方面面都很明显。在情绪表达中，这种差异十分显著。文化可能鼓励儿童笑、哭、喊；或者相反，鼓励隐藏自己的情绪（H. S. Kim et al.，2008）。一些成人会因为高兴而大笑、拍膝盖并跺脚；其他成人会在笑出声时用手遮住自己的嘴。儿童都会学着做。

情绪控制策略也各不相同（Matsumoto，2004）。儿童的同伴、父母和陌生人有时会不理睬儿童的情绪爆发，有时会转移他们的情绪，有时会予以惩罚。当个体认为社会声誉非常重要时，就会产生羞愧感。在一些文化中，“骄者必败”和“恬不知耻”的人都被认为精神不正常（Stein，2006）。

最后，不同的家庭、文化和国家对哪种情绪最需要调节的问题持不同的看法。尽管不是人人都同意下面的概括，但是发展学家认为，各国都强调对以下情绪进行调控（Chen，2011；Harkness et al.，2011；J. G. Miller，2004；Stubben，2001）：

- 恐惧（美国）
- 生气（波多黎各）
- 骄傲（中国）
- 自私自利（日本）
- 急躁（许多美洲原住民）
- 蔑视（墨西哥）
- 情绪化（荷兰）

当然，这份清单过于简单化。人的性情各异，这使得同一文化的人彼此不同。“文化自然比解释它们的框架结构更复杂”（Harkness et al.，2011，p.92）。尽管如此，世界各地的父母都会教他们的孩子调节情绪，希望他们的孩子适应当地的文化规范。

寻求情绪平衡

在每个时代，在所有的文化和同辈群体中，儿童的照料者都会试图预防儿童**精神疾病**，即精神（心理）上的疾病或失调（病理学）。尽管症状和诊断受文化影响（在一些文化中，叛逆是预期之内的，但是在其他文化中则被视为病态），情绪控制受损通常标志着心理失调。父母会引导幼儿在情绪表达和情绪控制之间实现“最佳的平衡”（Blair & Dennis，2011；Trommsdorff & Cole，2011）。

如果没有适当的调节，情绪会压倒一切。正如你可能对神经元的激活 / 抑制的本性所期待的，强烈的情绪反应可能会引发物极必反的效果。

一些人有**外化问题**：他们强烈的感情会不受控制地爆发出来，例如，通过攻击或者摔东西将愤怒表现出来。若没有情绪调节，一个愤怒的儿童可能会向另一个人扑过去或者躺在地上又喊又踢。5 岁时，儿童通常已经学会了更多的自我控制行为，也许是噘嘴或咒骂，而不是打人和尖叫。

另一些人有**内化问题**：他们恐惧和退缩，把痛苦转向内部。情绪可能通过头痛或者胃痛而内化。尽管原因是心理上的，但疼痛是真实的。

此外，随着儿童逐渐成熟，一些 2 岁儿童的极度恐惧（例如，恐惧浴缸排水，恐惧一个想象中的浪潮，恐惧一位拄着拐杖的陌生人）也逐渐减少了。恐惧并没有消失，但情绪表达受到了调节。例如，一个儿童可能害怕上幼儿园，但不管怎样，要勇敢地放开妈妈的手。

3 岁儿童产生外化行为的抑制不足和导致内化行为的过度控制比 5 岁儿童更普遍。在这个时期，儿童的经验与大脑成熟相互作用，在理想情况下增强了儿童的情绪调节（Lewis，2013）。

内化和外化问题行为上的性别差异在传统上被假定为生物学原因，但是文化上的解释也是可能的。胎儿期的睾酮塑造了男孩的大脑，使他们更可能患注意缺陷 / 多动障碍？或者，父母和文化会教女孩抑制她们的外化行为，而教男孩避免内化行为（参见本章“可视化发展”专栏）？目前，成千上万的研究者关注的焦点在于试图理解是什么原因导致了引起内化和外化问题行为的性别差异（Eagly &Wood，2013）。相互矛盾的理论和证据将在稍后介绍。

科学视角

情绪调节的性别差异

一般而言，与男孩相比，女孩在控制自己的情绪方面，特别是生气，发展得更早（本章的“可视化发展”专栏解释了在发展的几个领域的性别差异和相似性）。对儿童和青少年的研究在传统上侧重于男孩。近来，有关女孩的研究增多了。女孩的攻击性往往更多地指向自己或是她们社交圈中的人，而男孩对陌生人也具有攻击性（Loeber et al.，2013）。这样的性别差异的根源是什么？来自童年早期的数据可以用来支持生物学或文化方面的解释。

仔细思考下面这项研究（在“可视化发展”中也曾提到），研究者给了 82 名 5 岁儿童两个玩偶，并告诉了他们一个故事的开头（Zahn-Waxler et al.，2008）：两个玩偶（告诉男孩，这两个玩偶分别叫马克和斯科特；告诉女孩，这两个玩偶分别叫玛丽和莎拉）开始对着彼此大喊大叫。要求 5 岁儿童表演接下来会发生什么。

许多男孩开始表演马克和斯科特是如何互相踢打的。在 5—9 岁时，外化问题行为逐渐增加的男孩（由教师和父母评定）最有可能在 5 岁时使这种攻击更剧烈。按照父母的说法，他们成了有攻击性的 9 岁的“问题儿童”。

相反，5 岁女孩往往会让玛丽和莎拉讨论冲突或改变话题。然而，有意思的是，立即让玛丽和莎拉进行“修复行为”（比如，让玛丽拥抱莎拉并说“对不起”）的那些 5 岁女孩在 9 岁时比其他女孩更可能具有破坏性行为，并由此成了“问题儿童。”她们迅速修复冲突可能暗示着太多的内疚或羞愧，这些消极情绪可能会在以后爆发。

这项研究的作者写道：

> “性别角色刻板印象或者对男性特质（冲动性、攻击性、冷漠）和女性特质（顺从、谦虚、社交敏感）的夸大不仅反映了男性和女性倾向于产生的问题类型，而且反映了表达形式的差异。”
>
> （Zahn-Waxler er al.，2008，p.114）

这些研究者认为，极端的外化或极端的内化预示着未来发生精神疾病的可能性。因为传统的文化预期，被虐待的男孩可能产生外化行为，而被虐待的女孩可能产生内化行为。

是可爱还是太害羞？　当然是可爱。通常，人们总是希望女孩和女人是沉默寡言的。在幼儿园时，她们更依恋自己的母亲，她们等待被邀请去跳舞或约会，她们在男女同校的群体中很少讲话。如果她是个男孩，人们会认为他太害羞了吗？

另外一种解释是，男孩和女孩的激素或大脑结构中的某种东西把他们推向了相反的方向。在任何情况下，似乎很明显。除非儿童在童年早期就掌握了情绪调节策略，否则男孩只会乱扔东西和打人，而女孩只会哭泣或躲藏。

小　结

在童年早期（幼儿期），情绪调节是至关重要的心理社会性任务。埃里克森认为，幼儿天生就有采取主动的动机，在新的任务中充满喜悦。他也认为，在童年早期，因为父母批评儿童无拘无束的情绪表达，他们的内疚感可能会表现出来。大脑的成熟和家庭的引导可帮助儿童调节情绪，避免做出极度外化或者内化的反应。一般而言，3—5岁的儿童能更好地调节自己的情绪，但是在什么样的情绪应该被控制以及情绪应该如何表达方面是有文化差异的。■

>> 答复大学生（问题见第241页）两者都重要。外在动机包括父母给的压力和毕业后找到一份好工作的需要。内在动机包括学习的乐趣，尤其是当你用其他人能认可的方式表达出来时。你曾经上过一门不是必修的并且据说很难的课程吗？那就是内在动机驱使的。

>> 答复教师（问题见第241页）不是，除非儿童已经过了10岁。事实上，假想朋友是很普遍的，尤其是在富有创造性的儿童中。不过，这个孩子可能有点孤独；你可以帮他找一个朋友。

>> 答复幼儿教师（问题见第242页）也许应该，但是只有在完成了这个任务之后，或者是这个孩子对此付出了实实在在的努力之后。你不想削弱内在动机，就像高年级学生知道的那样，某门课能让自己轻松拿好成绩。

>> 游戏

游戏是永恒和普遍的——数千年来，在世界各地都是如此。许多发展学家相信，游戏是儿童从事的最富有成效的和最愉快的活动（Elkind，2007；Frost，2009；P. K. Smith，2010）。在儿童的成长过程中，游戏在正常发育过程中到底是必不可少的，还是仅仅为一种乐趣，“是一个有争议的研究主题”（Pellegrini，2011，p.3）。

在学前教育领域，这种争议让很多人有共鸣，正如第九章中所解释的那样。一些教育家希望儿童关注阅读和数学；其他人预测很少玩游戏的儿童会出现情绪和学业问题（Hirsh-Pasek et al.，2009；Pellegrini，2009；Rubin et al.，2009）。这似乎是真的，当长期被剥夺活动的儿童终于有机会玩游戏时，他们更可能全身心地投入游戏（Pellegrini et al.，2013）。

玩伴

幼儿和同伴玩得最好，同伴也就是年龄和社会地位与其相仿的人。虽然即使是婴儿也会被其他小孩吸引，但大多数婴儿要么是独自玩耍，要么是与父母一起玩。但是，与同伴玩社交游戏需要某些方面的成熟。

起初，虽然由于儿童过于自我中心，以致不能成为好的玩伴，但是他们在童年早期的岁月中学得很快。到6岁时，大多数儿童都具有了相当熟练的社交技能：他们知道如何加入一个同伴群体、管理冲突、轮流替换、交朋友以及维持玩伴关系。在童年时代，社会性游戏教会了儿童进行情绪调节、共情以及对文化的理解（Goncu & Gaskins，2011）。

父母在这方面有一个明确的任务：为孩子寻找同伴并安排游戏时间。当然，有些父母会与他们的孩子一起玩游戏，这对他们双方都有益。但是，即使是最爱玩的父母，在协商触碰捉人游戏的规则以及玩格斗、假装生病和杀龙游戏时，也比不上另一个孩子。具体情况各有不同，但“和同伴一起做游戏是儿童发展积极的社交技能的最重要的方式之一”（Xu，2010，p. 496）。

文化与同辈群体

所有的幼儿都做游戏，“在任何地方，儿童玩游戏都是健康发展的标志”（Gosso，2010，p.95）。

可视化发展

性别的差异性和相似性

人类常常夸大差异而忘记我们有多少共同之处。尽管“异性”是常用短语，但除了性器官，我们大部分的生物学特征是相同的。下面呈现的研究是复杂的，但是底线和顶部是一样的：性别差异无论在什么时候出现，都要谨慎对待，记住，性别间的相似性比差异性更明显，并且每项研究之间都有重叠。两种性别绝不是截然相反的。正如你从下面这 6 个年龄相仿的儿童的照片中所看到的，对身高来说，年龄比性别更重要。

精神疾病的差异

对于 10 岁以下的儿童来说，男孩患精神疾病的概率更高，尽管特定的比例因同辈群体和地区而不同。在精神疾病发生率的性别差异中，最引人瞩目的性别差异在注意缺陷 / 多动障碍中，正如右图所示。大部分儿童没有注意缺陷 / 多动障碍，但是在患儿中，男孩几乎是女孩的 3 倍。

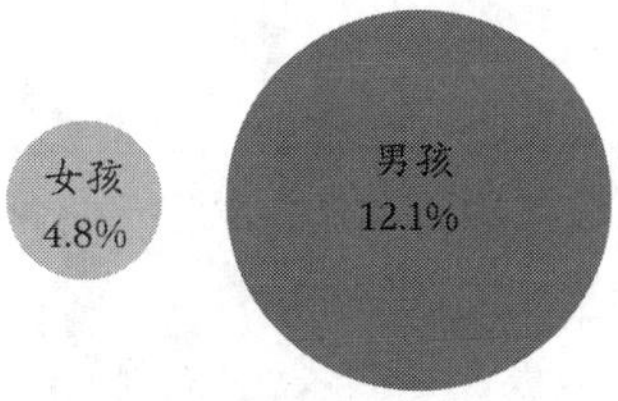

来源：Centers for Disease Control，2011.

患注意缺陷/多动障碍的男孩和女孩

一些补充信息

详细描述儿童行为的性别差异的每一项研究都报告了复杂的图表。

① 在 5—10 岁，男孩可能学得更有攻击性，而女孩学会了更频繁地道歉。在一项研究中，教师和父母判断了儿童 5—9 岁时的行为（Zahn-Wexler et al.，2008）。在这 4 年中，大部分儿童的行为都有所改进，但是一些儿童（被称作“问题儿童”）始终没有进步。当让所有儿童使用玩具娃娃演示在几个冲突情境中可能发生的状况时，在 5—7 岁出现了一个明显的转变。“问题儿童”表现出了更多的攻击性。大多数男孩会继续表现出攻击行为，但是女孩更有可能试着修复这种情况。

问题儿童的行为的平均数

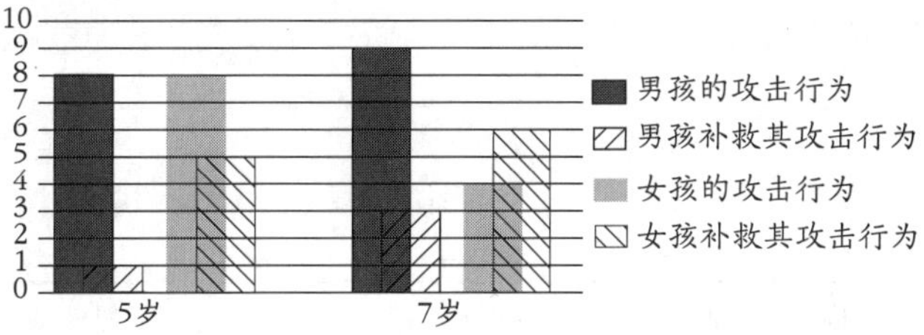

来源：Zahn-Waxler et al.，2008.

② 许多成人都这么概括，男孩有外化问题行为（他们通过击打和摔碎东西等行为表现出来），而女孩有内化问题行为（她们退缩、哭闹、自责）。但是，正如你在图中看到的，实际的情况更加复杂，许多儿童同时有这两种问题行为。我们也注意到，当母亲、父亲和教师评价同一个儿童时，结果经常不一致。当要求成人评估特定的孩子时，半数以上的儿童被认为是没有问题行为的（如左边的百分比所示）；然而，当要求父母评估特定的孩子时，他们比教师更可能看到儿童的问题行为。成人对性别差异的看法并未达成一致。

母亲、父亲和教师对6岁儿童的评定

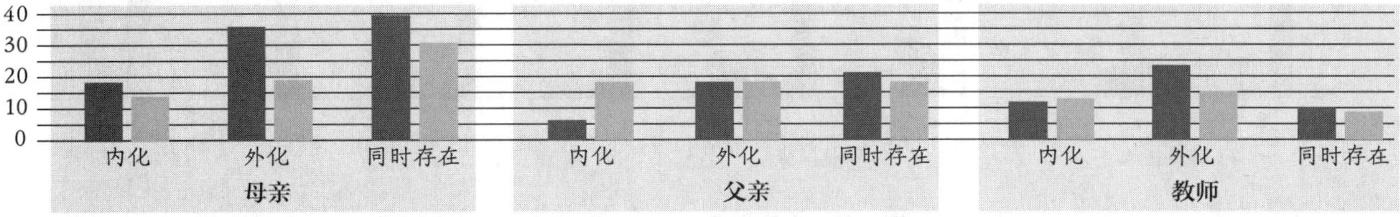

母亲、父亲和教师对10岁儿童的评定

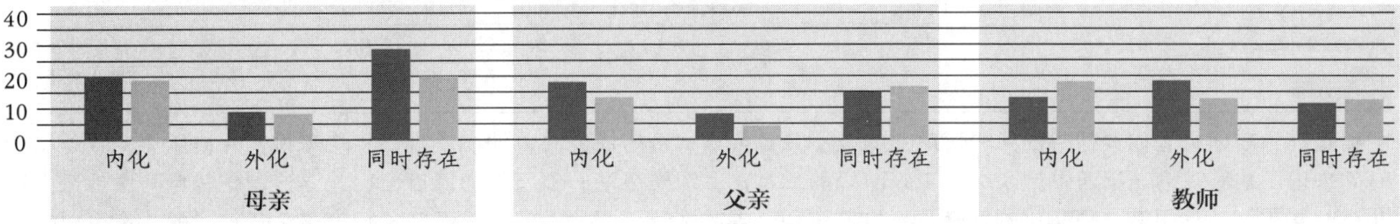

来源：Eisenberg et al.，2009.

在任何地方，游戏都是儿童的主要活动，即使是非常年幼的孩子，如图 10.1 所示。在每一种文化中，基本的游戏都是相似的，比如，投掷和接球运动，假扮成人，用粉笔、马克笔、小棍或者其他能找到的东西作画，等等。因此，发展学家认为游戏是**经验预期型**的。

踢足球！　在每一个国家，幼儿都玩球，但他们玩的具体游戏会因文化而异。在许多国家，足球都是儿童最喜欢的游戏，包括在巴西。这些儿童在里约热内卢的科帕卡巴纳海滩上练习传球。

观察力测验　如上图中显示，踢足球需要精细的或粗大运动技能吗？（答案见第 247 页）

然而，某些细节是经验依赖型的，它反映了文化和社会经济地位。【**生命全程链接：**有关经验预期型和经验依赖型脑发育的内容在第五章中已解释。】中国儿童放风筝，美国阿拉斯加原住民儿童简述梦境和故事，瑞典的拉普儿童假扮驯鹿，喀麦隆儿童捕猎老鼠……在一些文化中，父母认为游戏很重要，并乐于参与到游戏和戏剧中。但是，在其他地方，就连维持生存都是需要花费时间和精力的，所以孩子们也必须帮着做家务。在这些地方，如果儿童有时间做游戏，也是和同伴一起，而不是和成人一起（Kalliala，2006；Roopnarine，2011）。

随着儿童年龄的增长，游戏变得更具社会性，它受大脑成熟、是否有合适的游戏伙伴以及物理环境的影响。一位发展学家对 21 世纪“电子媒体迅速而普遍地崛起”以及倾向于给予儿童“更多控制而非自由”的成人感到惋惜（Chudacoff，2011，p.108）。他称赞能够找到独立玩游戏的地方和“谋划逃避成人管束的办法”的儿童。

这个观点可能比较极端，但它引起了更广泛的关切。正如你所记得的，在学前教育领域，存在一个争议是在非结构化的、创造性的游戏和由教师

3岁儿童在不同活动上花费的时间

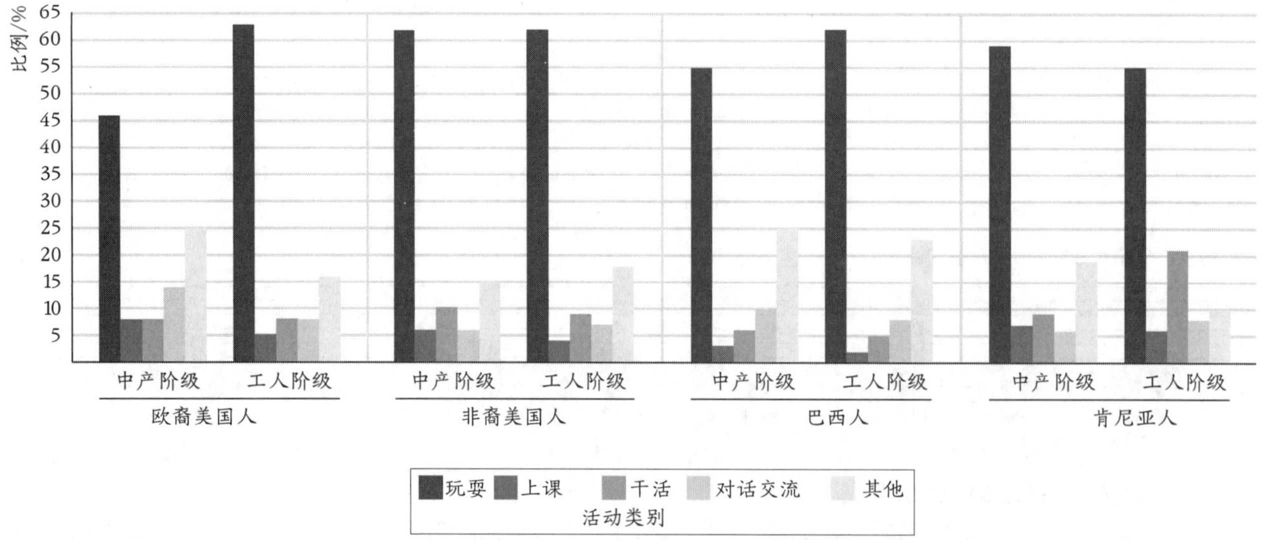

来源：Tudge et al.，2006.

图 10.1

主要是玩　当研究者以美国、巴西和肯尼亚的 3 岁儿童为被试进行研究时，他们发现，平均来说，儿童用了一半以上的时间来玩游戏。注意，巴西中产阶级和工人阶级的儿童在上课类活动一项所占的低百分比，这些课程包含有意地努力教儿童一些东西。这里有一种文化的解释：与肯尼亚和美国的父母不同，大部分巴西父母相信这个年龄段的儿童可以在没有指导的情况下学习。

指导的学习之间保持适当平衡。在电子时代来临之前和信息技术罕见的地方，大多数家庭都有几个孩子，而且母亲很少去外面工作，幼儿通常与住所附近的不同年龄段的孩子在户外游戏。

这种现象就发生在一个世纪以前的美国。1932年，美国社会学家米尔德里德·帕顿（Mildred Parten）描述了五种社会性游戏的发展，每种游戏都比前一种更高级：

1. **独自游戏**：儿童独自玩耍，没有意识到其他儿童也在附近玩游戏。
2. **旁观游戏**：儿童观看其他儿童游戏。
3. **平行游戏**：儿童用相似的物体、以相似的方法进行游戏，但并不一起做游戏。
4. **联合游戏**：儿童互动、分享游戏材料，但他们的游戏不是互惠的。
5. **合作游戏**：儿童在一起游戏，他们创作戏剧或轮流游戏。

帕顿认为，社会性游戏的发展与儿童的年龄有关，1 岁幼儿通常独自游戏，而 6 岁的孩子通常合作游戏。

对当代儿童的研究发现了更多的年龄差异。许多亚洲父母成功地教会了 3 岁儿童轮流玩并进行分享与合作。许多北美儿童被鼓励成为独立个体，他们在这个年龄仍然进行平行游戏。考虑到在过去一个世纪中社会、政治和经济的变化，许多形式的社会性游戏（不一定是按帕顿提出的顺序）对每个年龄阶段的儿童都是正常的（Xu，2010）。

不争抢　或许旁边的男孩会很快试图抢过游戏机。但是如果他们继续分享，是否是因为这些儿童来自亚洲家庭呢？

主动游戏

儿童需要通过身体活动来发展肌肉力量和控制力。同伴的作用在于为其他儿童提供一个观众、一个行为榜样，有时是一个竞争者。例如，当儿童互相追逐或竞赛而不是独自奔跑时，他们的跑步技能发展得最好。锻炼粗大肌肉运动技能的游戏在喜欢攀爬、踢踹和摔跤的儿童之间是很受欢迎的（Case-Smith & Kuhaneck，2008）。

主动发起的社会性游戏，而不是独自游戏，与同伴接纳和健康的自我概念有关（Nelson et al.，2008；P. K. Smith，2010），而且有助于调节情绪（Sutton-Smith，2011）。当成人想让儿童静坐不动并保持安静时，他们需要记住这一点。在非人类灵长类动物中，剥夺社会性游戏会扰乱之后的生活，致使一些猴子无法交配，不能交朋友，甚至不能与其他猴子共同生存（Herman et al.，2011；Palagi，2011）。

主动游戏促进了个体计划性和自我控制的发展。2 岁的儿童只会互相追逐，但年长的儿童能够维持公平的、持久的和有趣的互动。例如，在触碰捉人游戏中，他们制定了游戏规则（调整位置），每个儿童会决定自己跑离基地多远。当一个孩子总是当捉别人的那个人时，另一个孩子（往往是他的一个朋友）会让自己很容易被捉到。

>> 观察力测验（第 246 页）的答案　尽管用脚控制球的轨迹是一种精细运动技能，但这些男孩是使用粗大运动技能——他们的整个身体（胳膊、躯干，甚至头）——来运球的。

追逐打闹游戏

主动游戏中最常见的形式被称为**追逐打闹游戏**，因为这种游戏看起来很粗野，儿童似乎就是在与其他儿童滚来滚去。这个术语是由研究东非灵长类动物的英国科学家发明的（Blurton-Jones，1976）。他们注意到猴子经常追逐攻击彼此，在泥土中翻滚，十分粗野地摔跤，但不伤害彼此。

如果一只雄性幼猴想玩游戏，他会简单地引起一位同伴的注意，然后跑到约 1 米远的地方。其他幼猴会以做鬼脸（微笑，不生气）来表示接受这种对追逐打闹游戏的邀请。小狗、小猫和黑猩猩也有类似的行为举止。

当科学家回到伦敦时，他们看到小孩也像幼

猴一样喜欢追逐打闹游戏，因为他们会边玩边做鬼脸。儿童在相互追赶、摔跤和抓斗时，又发展出了像触碰捉人游戏和“警察抓小偷”这样的规则游戏，儿童在其中的约定、表情和姿势说明一切“只是假装的”。

世界各地都有追逐打闹游戏（尽管“警察抓小偷”也可能被称作“机器人与人类”，或者其他代名词）。男孩玩这种游戏的频率是女孩的两三倍，在有宽敞的空间且很少有人监督的情况下，他们最可能玩这种游戏（Berenbaum et al.，2008；Hassett et al.，2008；Pellegrini，2013）。

许多科学家认为，追逐打闹游戏有利于大脑前额叶皮层的发展，因为儿童可以学习调节情绪，练习社交技能，并增强身体素质（Pellis & Pellis，2011）。的确，有些人相信，童年期的游戏，特别是父子之间的追逐打闹游戏，可以预防之后的反社会行为，甚至是谋杀（Wenner，2009）。

戏剧与假装游戏

主动游戏的另一种主要类型是**社会戏剧游戏**。在这种游戏中，儿童表演各种角色和情节。通过这样的表演，儿童：

- 探索和预演了社会角色
- 学会说明自己的想法并劝说游戏伙伴
- 通过假装害怕、生气、勇敢等练习情绪调节
- 在没有威胁的环境中发展自我概念

社会戏剧游戏以假装为基础，它出现在学步儿期。但学前儿童不仅仅是在假装；他们还把自己的想象与朋友的想象相结合，以此发展他们的心理理论（Kavanaugh，2011）。下面这对3岁女孩和2岁男孩的对话就说明了社会戏剧游戏是如何开始的。这个女孩想扮演一个宝宝的角色，她说服了幼儿园里的一个男孩来扮演家长。

极大的快乐 假装游戏在童年早期是令人兴奋而强大的。对于这个来自布鲁克林的7岁孩子来说，假装游戏压倒了平凡的现实世界，如一条奇怪的围巾或一只笨拙的胳膊。

男孩：不好。你好坏。
女孩：为什么？
男孩：因为你洒了牛奶。
女孩：不是。因为我咬了人。
男孩：是的，你是咬人了。
女孩：说“去睡觉。钻被窝。”
男孩：钻被窝。
女孩：不要。
男孩：钻被窝。
女孩：不要。
男孩：钻被窝，好，我来打你。坏孩子。（打她的屁股，但没有用力。）
女孩：不。我就不钻被窝。（咯咯地笑）我想要我的泰迪熊。
男孩：不。你的泰迪熊已经跑了。
（于是，她问他是否真的要带走泰迪熊。）

（Garvey，reported in Cohen，2006，p.72）

请注意，在这种游戏形式的社会互动中，3岁孩子明显比2岁孩子成熟。她创造、导演并扮演她的角色，有时接受男孩说的，有时不接受。男孩接受指导，然而也编出了他自己的对话和动作（“坏孩子”）。值得注意的是，2岁的男孩乐意合作；但当儿童比这两个孩子再大几岁时，性别隔离几乎就是普遍存在的了（Leaper，2013）。

年纪稍长的女孩可能想和男孩一起玩，但年长的男孩通常不允许女孩加入自己的游戏（Pellegrini，2013）。男孩与女孩互动的游戏较晚出现在青春期。在此之前，直到童年期结束，男孩和女孩都坚持与同性别的朋友一起玩，除非是在一个特殊的社区，没有别的女孩或男孩。

年长的学龄前儿童不仅有更多的性别意识，他们玩的社会戏剧游戏也更复杂。这一点在芬兰某日托中心的4个约5岁的男孩身上表现得很明显。乔尼扮演了一个邪恶角色，他威胁其他男孩；托马斯指导表演同时也扮演角色。

托马斯：现在他（乔尼）将会带走我，然后绞死我……这将是我的终结。

乔　尼：手背后。

托马斯：我没有办法。我不得不这样做。（另外两位男孩照着他做动作。）

乔　尼：我会在他们周围放火。

（这三个勇敢的男孩都躺在地板上，双手被绑在背后。乔尼在他们身上堆床垫，并且假装点火，火苗发出的爆裂声越来越近。）

托马斯：一切都没有了。

（一个男孩开始大笑。）

佩　特：最好不要笑，我们很快都要死啦……我再说最后一句话。

托马斯：现在你可以说你最后的愿望了……现在我说我希望我们可以变得非常强大。

（这时候，三个男孩突然获得了非凡的力量，推开床垫、扑灭火焰。正义到最后一刻才会战胜邪恶，就像一个男孩解释的那样："否则这个游戏就一点都不刺激了。"

（Kalliala 2006，p.83）

正义与邪恶是男孩最喜欢的社会戏剧游戏主题之一，在游戏中伴随着部分危险情节，但最后都胜利了。相比之下，女孩常常扮演成人来玩家庭场景游戏。在同一所日托中心，乔尼在他的玩伴身上堆床垫，女孩则认为自己的游戏"更漂亮、更平和……（但是）男孩会玩各种各样的暴力游戏"（Kalliala，2006，p.110）。

社会戏剧游戏的流行因家庭而异。一些文化认为这很无聊，并不鼓励孩子玩这种游戏；在其他文化中，父母会教学步儿扮成狮子或机器人，或学女士们喝茶。然后，儿童会详细说明这些主题（Kavamaigh，2011）。一些儿童是电视迷，他们喜欢扮演超级英雄的主题。

电视引起了许多发展学家的担忧，他们更喜欢儿童的表演来自他们自己的想象，而不是来自媒体。当然，有些儿童可以从电视和教育视频中学习，尤其是当成人和他们一起观看并强化这些课程时。然而，与以打斗、射击、踢踹为特征的快节奏卡通片相比，儿童自己很少选择具有教育性的节目。

美国心理学协会、美国儿科学会、美国医学协会、美国儿童和青少年精神病学协会、美国家庭医师学会和美国精神病学协会这六大组织都建议，不要让2岁以下儿童接触任何电子媒体，在之后也要进行严格限制。问题不仅在于暴力媒体会教儿童攻击行为，还在于媒体占用了孩子们本应用于建设性交往和创造性游戏的时间（参见图10.2）。

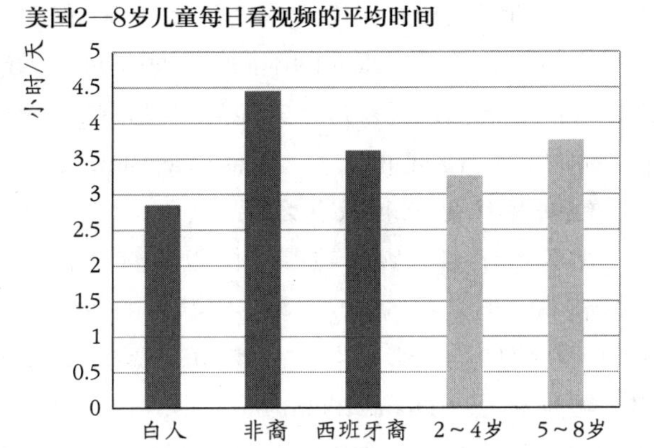

来源：Common Sense Media，2011.

图 10.2

玩中学　50年前，一般儿童一天要花3小时在户外游戏。现在，尤其是在城市中，电子游戏和电视占用了孩子大量的游戏时间。孩子在父母的视线内似乎更安全，但这会对大脑和身体产生怎样的长期影响呢?

小　结

在任何年代、任何地方的儿童都会在童年早期玩游戏，这使得许多发展学家认为，游戏对健康发展是必不可少的。比起独自游戏或与成人做游戏，儿童与同伴游戏时获益更多。游戏的具体形式因文化、性别和社会经济地位而异。追逐打闹游戏往往是男孩喜欢的主动游戏；社会戏剧游戏在男孩和女孩中都很常见，尽管具体的表演主题经常因性别而异。男孩常常更喜欢有善恶之争的表演游戏，在游戏中，他们可以战胜坏人；女孩更喜欢家庭场景游戏，她们可以假扮成人。■

>> 对照料者的挑战

我们已经看到幼儿的情绪和行为受到许多因素的影响，包括大脑成熟、文化和同伴。现在我们要关注另一个主要影响幼儿的因素：他们的照料者。

对所有儿童来说，“父母的参与在儿童的社会和认知能力的发展中起着重要作用”（Parke & Buroe，2006，p.437）。随着越来越多的儿童在童年早期长时间地和其他成人在一起，轮流提供照料的其他照料者也变得很重要。

教养方式（风格）

许多研究者考察了育儿策略和成人情绪的影响。尽管儿童的气质和文化模式总是有影响的，但是成人回应儿童的方式有很大的不同，一些父母的做法会导致孩子出现精神疾病，其他的父母则鼓励孩子成为外向的、有爱心的成人（Deater-Deckard，2013）。

鲍姆林德的三种教养方式

尽管数千名研究者追踪了父母养育对儿童发展的影响，但是在 50 年前，一位学者的研究成果直到现在仍然具有影响力。在最初的研究中，戴安娜·鲍姆林德（Diana Baumrind，1967，1971）以 100 位学前儿童为研究对象，这些儿童全部来自美国加利福尼亚州，而且几乎全部都是中产阶级的欧裔美国人（这个样本的群体和文化限制在那时并不明显）。

鲍姆林德发现了父母在四个重要维度上的不同：

1. **温暖的表达**。有些父母是温暖而极富感情的，而其他的父母则是冷漠而爱挑剔的。
2. **管教的策略**。父母在解释、批评、劝说和惩罚的方式上有所不同。
3. **沟通**。一些父母会耐心地倾听，另一些父母则要求孩子保持沉默。
4. **对成熟的期望**。父母对责任心和自我控制的期望不同。

根据这些基本的维度，鲍姆林德确定了三种教养方式（总结在表 10.1 中）。

专制型教养方式。专制型父母的话就是法律，不允许质疑。不适当的行为将遭到严厉惩罚，通常是体罚。专制型父母制定了明确的规则并持有高标准。他们不希望孩子发表观点；对情绪的讨论特别少（一个来自这样的家庭的成人说，对于“你感觉如何？”这样的问题，仅有两种可能的回答：“很好”和“累”）。专制型父母似乎是冷漠的，很少表达亲情。

放任型教养方式。放任型父母（也称为放纵）很少提出要求，隐藏起了任何不耐烦的感觉。给予孩子的管教是宽松的，部分是因为他们对儿童成熟度的期望低。放任型父母会耐心培养并接受儿童，倾听他们的子女说的一切，即使是对父母的不敬或批评。

权威型教养方式。权威型父母设置限制，但他们很灵活。他们鼓励成熟，但如果孩子做得不好，他们往往会倾听和原谅（而不是惩罚）。他们把自己看成向导，而不是专制者（不像专制型父母），也不是朋友（不像放任型父母）。

其他研究者描述了第四种类型的教养方式，称为**忽视型/不参与型教养方式**，有人可能会将这种类型与放任型混淆，事实上两者有很大不同（Steinberg，2001）。相同点是放任型和忽视型父母都不使用身体惩罚。但是，忽视型父母无视自己孩子的行为；他们似乎不在乎孩子。相比之下，放任型父母非常关心：他们保护自己的孩子，安排游戏时间，就算再辛苦也尽可能地为孩子购买他们梦寐以求的玩具。

在美国以及许多其他国家都报告了下述教养方式对儿童的长期影响（Baumrind，2005；Baumrind et al.，2010；Chan & Koo，2011；Huver et al.，2010；

表 10.1 鲍姆林德确认的父母教养方式的特征

类型	温暖	管教	对成熟的期望	沟通	
				父母对儿童	儿童对父母
专制型	低	严厉，经常进行体罚	高	高	低
放任型	高	很少	低	低	高
权威型	高	中等，经常伴随讨论	适中	高	高

Rothrauff et al.，2009；Deater-Deckard，2013）。

- 专制型父母养育的儿童是有责任心的、顺从的、安静的，但不是特别快乐。这样的儿童往往易于感到内疚或沮丧，当事情进展得不顺利时，儿童会内化挫折和责备自己。到青少年期，他们有时会叛逆，在20岁之前离家出走。
- 放任型父母会养育出不快乐的儿童，他们缺乏自控能力，尤其是在需要相互让步的同伴关系中。不适当的情绪调节使他们不成熟并且阻碍了他们发展友谊，这是他们苦恼的主要原因。在成年早期，他们往往继续住在家里，仍然依赖他们的父母。
- 权威型父母往往能养育出成功的、表达能力强的、自己快乐的、对他人慷慨大方的儿童。这些儿童通常深受老师和同伴喜欢，特别是在崇尚个人主动性的文化中（例如，美国）。
- 忽视型/不参与型父母会养育出不成熟、悲伤、孤独、处于受伤和受虐待的危险境地的儿童，其影响不仅表现在童年期，还会持续终生。

给政治学家的问题　许多观察者认为，儿童在家从父母教他们的方式中学习并形成了自己的政治态度，这是真的吗？（答复见第252页）

鲍姆林德的教养方式存在的问题

鲍姆林德关于父母教养方式的分类模式经常受到批评。问题如下：

- 研究中的被试在社会经济地位、族群或文化方面不具有多样性。
- 更多地关注成人的态度，而非成人的行为。
- 忽视了儿童气质的差异。
- 没有意识到一些"专制型"父母也是有爱心的。
- 没有意识到一些"放任型"父母提供了大量的言语引导。

我们现在知道，儿童的气质和文化规范强有力地影响着照料者，正如教养方式或其他因素对结果的影响一样（Cipriano & Stifter，2010）。一切本该如此。

恐惧型或冲动型儿童看起来需要宽容的或专制的特殊的教养方式（强调为那些胆小的儿童提供安慰，而对那些冲动的儿童有非常严格的规定）。当然，每个儿童都需要引导和保护，但不要太多：过度保护和过度警觉似乎都是儿童焦虑的原因和结果（McShane & Hastings，2009；Deater-Deckaed，2013）。正如差别感受性的概念阐明的那样，这在很大程度上取决于孩子的特殊性格。

在一项对2岁儿童的家庭教养方式和儿童在幼儿园的能力的研究中（包括情绪调节能力和发展友谊的能力），研究者发现了"多重发展途径"，即最好的发展结果既取决于儿童，也取决于成人（Blandon et al.，2010）。这样的研究表明，来自养育类图书、专业人员或者一个不知道孩子气质的邻居的过于简单的建议可能会误导父母：在辨别一位成人是否为儿童提供了适宜的指导而没有过度控制之前，需要对亲子互动进行科学的观察。

文化差异

当把不同族群的儿童进行比较时，环境的重要性尤为明显。这可能是因为某种等位基因在一个或者另一个群体的儿童中更常见，而这一差异影响了他们的气质。但是，更有影响力的是成年照料者的态度和行为。

在美国，拥有中国、加勒比地区或者非洲血统的父母通常比那些拥有欧洲背景的父母严厉，但是，他们的孩子比由随和的父母养育的孩子发展得好（Chao，2001；Parke & Buriel，2006）。拉美裔父母有时被认为干涉过度，有时被认为过于宽容，但他们的孩子似乎比欧裔美国父母用同样的方式养育出来的孩子快乐（Garcia & Gracia，2009；Ispa et al.，2004）。以下三种因素的相互作用似乎影响着任何教养方式的结果：孩子的气质、父母的性格和社会环境。

在一项对1477个实例的详细研究中，4岁儿童的墨西哥裔美国母亲试图让她们的孩子做他们不想做的事情，大多数时候，母亲只是简单地发出命令，然后儿童就照做了（Livas-Dlott et al.，2010）。母亲行使权威而儿童毫无异议地服从，这个简单的策略可能会被认为是专制的。但是，当儿童没有立即按照母亲吩咐的做时（只占14%），母亲几乎从不使用体罚或严厉的威胁。例如：

> 海丽（4 岁）决定寻找另一个玩偶娃娃，并开始在她的玩具堆里乱翻。她一边翻，一边把玩具扔到背后。玛丽克鲁兹（她的母亲）告诉海丽不应该扔玩具。海丽继续扔玩具，玛丽克鲁兹叫她的名字，提醒她停下来。海丽继续她的错误行为，她的母亲再一次喊“海丽”。当海丽仍在继续时，玛丽克鲁兹提高她的音量，平静地说：“海丽，看着我。”海丽仍在继续，但是之后看着玛丽克鲁兹。她的母亲解释道：“你不能扔玩具；你可能会伤到别人。”最后，海丽遵从了母亲并不再那样做了。
>
> （Livas-Dlott et al.，2010，p.572）

值得注意的是，母亲的前三次努力失败了，然后伴随着解释的指令成功了（即使这种解释在当下情境中并不准确，因为没有人会受到伤害）。研究人员解释称，这些墨西哥裔美国家庭不符合鲍姆林德提出的任何类型；尊重成人的权威并不意味着母子关系冷漠。相反，这种关系明确体现了关心（Livas-Dlott et al.，2010）。温暖是至关重要的：其他研究还发现，父母的爱和温暖使儿童发展了自尊，成为富有同情心的成人，这可以出现在三种常见的教养风格中（Deater-Deckard，2013；Eisenberg et al.，2013）。

考虑到多元文化和多元背景的观点，发展学家在推荐任何一种特定的教养方式时都不太具体（Dishion & Bullock，2002；J. G. Miller，2004）。这并不意味着所有家庭的功能都一样好，事实远非如此。家庭出现问题的迹象包括儿童焦虑、富有攻击性以及不能与同伴玩耍，这些情况都是具有指示性的。无效的、虐待的和忽视的父母是造成此类问题的原因之一，但不是唯一的原因。

>> **答复政治学家**（问题见第 251 页） 有很多种教养类型，很难确定每一种对儿童人格的影响。在这一点上，研究者尝试将儿童受到的早期养育与后来的政治观点联系起来是推测性的。

教儿童成为男孩或女孩

生物因素决定了一个孩子是男还是女。正如第四章所述，大约在怀孕 8 周后，SRY 基因决定了生殖器官的外形发育，然后雄激素对脑、身体以及后来的行为施加了微妙的控制。如果没有那个基因，胚胎会发育出女性的生殖器官，这个器官产生的雌激素也会影响大脑和行为。

性激素在产前也可能没有表达出来，在这种情况下，儿童不能发育成典型的男孩或女孩（Hines，2013）。这是非常罕见的；在染色体、生殖器和激素三方面的影响下，大多数孩子是男性或女性。那是他们的自然本性，但后天教养显然也影响了他们从出生直至死亡的性别发展。

在童年早期，性别模式和性别偏好对于儿童很重要，对于成人是显而易见的。在 2 岁时，儿童能一致地使用性别标签（夫人、先生、女士、男士）。到 4 岁时，儿童已经相信某些玩具（比如，玩偶娃娃或卡车）和角色（不仅仅是爸爸或妈妈，还有护士、教师、警察和士兵等）对某种性别才是“最合适的”。

至少在美国，3 — 6 岁儿童的性别刻板印象非常明显且僵化。动态系统理论表明，男性和女性行为的概念会受到生物学和文化等发展的许多方面的影响，随着个体年龄的增长而变化（Martin & Ruble，2010）。

性与性别

许多科学家可以将**两性差异**和**性别差异**区分开来。前者指男性和女性之间的生理差异，后者指文化上规定的角色和行为。在理论上，这种区别似乎是很明显的。但是，就像先天和后天养育的区别，性与性别之间的相互作用导致我们很难将它们区分开来。科学家需要“不把文化和生理的影响单独分离来看待，而是将其作为遗传与环境的相互作用的组成部分”（Eagly & Wood，2013，p.349）。

幼儿常常对男女之间的差异感到困惑。一个小女孩说，等她长大后，会长出一个阴茎，而一个小男孩则提出给他妈妈买一个。对生物学的无知可以从以下例子中来证明。一个 3 岁儿童跟着父亲去看邻居家刚出生的小猫，回到家中，孩子告诉母亲，有三只小母猫和两只小公猫。“你是如何知道的？”母亲问。“爸爸把它们抱起来，看到它们的肚子上写着呢。”他回答。

近年来，有关性和性别的问题变得越来越复

杂，一些人愤怒，另一些人欢喜。成人可能是女同性恋、男同性恋、双性恋、变性者、“异性恋为主”或完全异性恋（Thompson & Morgan，2008，p.15）。

尽管人们越来越多地接受了性别的多样性，但许多学前儿童对男性和女性的观念是非常刻板的。3岁以后，男孩会拒绝玩粉红色的玩具，女孩则更喜欢它们（LoBue & DeLoache，2011）。如果小男孩需要新鞋子，但只有一双粉红色的合脚，大多数男孩宁愿光着脚板。

正如前面提到的，女孩往往和其他女孩玩耍，而男孩往往和其他男孩做游戏。不管父母和教师的期望如何，孩子们都会说：“不让女孩（或男孩）玩。”大多数年龄稍大的儿童认为种族歧视是不道德的，但他们能接受一些性别歧视（Moller & Tenenbaum，2011）。为什么呢？

动态系统理论提醒我们，态度、角色甚至是性别差异的生物学基础都会随发展阶段的不同而发生变化。关于这种变化是怎样的以及为什么会发生的理论也在变化（Martin & Ruble，2010；Leaper，2013）。让我们回顾一下第二章中描述的五个大理论，以理解如何解释许多5岁儿童明显存在性别歧视的原因。

精神分析理论

弗洛伊德（Freud，1938）把3—6岁称作**性器期**。弗洛伊德说，在大约3岁或4岁，男孩意识到了自己的男性性器官。他们会手淫、恐惧阉割，并对自己的母亲产生性欲。

根据弗洛伊德的理论，这些感觉让每一个年幼的男孩都嫉妒他的父亲，因为嫉妒，所以他想取代他的父亲。弗洛伊德称之为**俄狄浦斯情结/恋母情结**，是以希腊神话中一个国王的儿子俄狄浦斯命名的。俄狄浦斯在婴儿时被抛弃了，在一个遥远的王国长大，然后回到他的出生地，在无意中杀死了他的父亲，娶了他的母亲。当他后来发现了这件恐怖的事情时，他戳瞎了自己。

弗洛伊德相信，这个古老的故事将这种难以抑制的情绪戏剧化了，这种情绪让所有男孩都感觉对自己的父母爱恨交织。每个男性都对他潜意识中的乱伦和杀人冲动感到愧疚。为了自我防御，他发展出了一种强大的良知——**超我**。超我会快速判断是非并进行惩罚。

根据精神分析理论，这标志着道德的开始。该理论认为，一个男孩对超级英雄、枪支、功夫的迷恋源自他想杀死父亲的潜意识冲动。此外，成年男子的同性恋、同性恋恐惧症，或者对枪支的痴迷、罪恶感、内疚感等，均源自性器期的问题。

弗洛伊德也提出了许多关于女孩的道德发展的描述。其中一个描述关注**厄勒克特拉情结/恋父情结**（也以古典神话中的一个人物命名）。恋父情结类似恋母情结，因为小女孩想要消灭母亲，和父亲变得亲密。这也可能导致女孩发展出一种超我。

根据精神分析理论，在性器期，儿童通过**认同**应对内疚感和恐惧感；也就是说，他们试图变得像同性父母一样。因此，年幼男孩会效仿父亲的言谈举止、思想观点和行为，女孩会效仿母亲的言谈举止、思想观点和行为。两性都夸大了男性角色或女性角色，这就是为何5岁的儿童会如此性别歧视。

由于超我来自性器期，弗洛伊德相信，性认同和表达对心理健康是至关重要的，他的理论建议父母鼓励孩子们接受和遵循性别角色。许多社会科学家不同意。他们认为，精神分析对性和道德发展的解释“与社会学和历史的证据相悖”（David et al.，2004，p.139）。

这样说来，我在研究生院学习到的弗洛伊德理论就是不科学的。然而，正如第二章解释的那样，发展学家寻求将研究、理论和经验联系起来。我的自身经历让我重新审视了自己对弗洛伊德理论的排斥，就像我的4个女儿的逸事说明的那样。

我的反思始于和4岁的长女贝瑟尼的对话：

贝瑟尼：等我长大了，我要嫁给爸爸。

我：但是爸爸已经和我结婚了。

贝瑟尼：没关系。等我长大时，你可能也去世了。

我：（决定为自己辩解）爸爸的年龄比我大，所以，在我去世前，他可能已经去世了。

贝瑟尼：好的，等他再出生时，我会嫁给他。

我目瞪口呆，想不出该如何回应。我不知道她从哪儿听说了轮回的概念。贝瑟尼看到我沉下脸来，她遗憾地看着我说：“别担心，妈妈。你再生之后，可以做我们的孩子。”

第二段逸事是我和蕾切尔的对话，当时她5岁。

蕾切尔：等我结婚的时候，我要嫁给爸爸。

我：爸爸已经和我结婚了。

蕾切尔：（因为想到了一个奇妙的解决方案而显得十分开心）那我们可以办一场双重婚礼！

第三段逸事更生动。某年2月14日，我的女儿艾丽莎在我丈夫的枕头上留下了一件情人节礼物（参见图10.3）。

图 10.3

枕头上的表白　艾丽莎将这幅画[①]放在我丈夫的枕头上。而我的枕头上只有一张没那么鲜艳和精致的便签，写着："亲爱的妈妈，我也爱你。"

最后，等莎拉长到5岁时，她也说要嫁给她父亲。我告诉她不可以，因为他已经和我结婚了。她的反应体现了看电视的危害："哦，对了，一个男人可以有两个妻子。我在电视上看到过。"

正如第一章介绍的，单独一个例子（或来自一个家庭的四个女儿的例子）并不能证明弗洛伊德是正确的。我仍然认为弗洛伊德在许多方面是错的。但是他关于性器期的描述似乎不像我曾经认为的那么怪异。

① 画的大意是：送给爸爸。甩掉妈妈，跟我在一起吧。我爱你。——译者注

其他性别发展理论

尽管大多数心理学家排斥弗洛伊德关于性和性别的理论，但是许多其他的理论也解释了幼儿的性和性别意识。

行为主义者相信，几乎所有的角色、价值观和道德都是习得的。对于行为主义者来说，性别差异是持续的强化、惩罚和社会学习的产物。父母、同伴和教师都会奖励那些"性别适宜"的行为，而不是那些"性别不适宜"的行为（Berenbaum et al.，2008）。

例如，"成人会在一个女孩穿着一件连衣裙而不是裤子时赞美她"（Ruble et al.，2006，p.879），如果一个男孩说过生日时希望得到一辆玩具火车和一个洋娃娃当礼物，他更可能收到小火车。男孩会因男孩子气的（而不是女孩子气的）请求而获得奖励。事实上，父母在游戏和家务方面始终在推动传统的性别行为，这是数十年来在这一领域的研究中最稳健的发现之一（Eagly & Wood，2013）。

社会学习理论被认为是行为主义的延伸。根据这一理论，人们模仿那些他们觉得是养育自己的、有权势的、但与他们自己类似的人。对于幼儿来说，这些人往往是他们的父母。事实上，成人抚养年幼孩子时往往也是成人一生中最按性别角色行事的阶段。例如，一位职业女性可能永久离开工作岗位，成为家庭主妇，那时她的孩子正年幼。

此外，虽然国家政策（如学前教育补贴）会影响性别角色，让许多父亲参与到照料孩子中，但在每个国家，女性在儿童保育、打扫屋子和准备膳食方面都比男性付出了更多（Hook，2010）。儿童遵从这些榜样，但是并没有意识到他们所看到的榜样在一定程度上正是因为他们的存在而形成的——在孩子出生前，许多夫妻会共同分担家务。

认知理论为幼儿5岁左右变得更明显的强烈的性别认同提供了另一种解释。请记住，认知理论的学者们更关注儿童是如何理解各种观念的。**性别图式**就是儿童对男女性别差异的理解（Kohlberg et al.，1983；Martin et al.，2011；Renk et al.，2006）。

幼儿有许多与性别相关的经验，但是认识不深。正如第九章所解释的，幼儿会简单地用以自我为中心的方式看待这个世界。出于这个原因，他们的性别图式会把男性和女性归类为对立的。关于性

别的细微差别、复杂性、异常状态和等级（以及几乎其他一切）都超出了他们的性别认知。

请记住，对于处于前运算阶段的儿童来说，外貌是至关重要的。当他们看到男性和女性在发型、化妆、穿着等方面的差异时，性别类型化和静态的前运算思维使他们得出了这样的结论：他们所看到的是永久性的，不可逆转的。

社会文化理论强调文化价值观和习俗的重要性。正如行为主义解释的那样，一些文化习俗通过父母来传播，但更多地源于更大的社会。文化传播随着地点和时间而异，这也符合所有文化价值观的期望。

考虑一项对多个国家的数据的元分析，当一个国家能更加平等地对待男性和女性时，传统的择偶偏好（包括男性对更年轻、更有吸引力的女性的偏好，女性对更年长、更成熟的男性的偏好）将发生一些改变（Zenter & Mitura，2012）。

因此，民族文化甚至会影响成人的个人选择，例如，择偶标准。儿童受到社会规范的影响——与女性相比，更多的男性会当兵、当工程师或成为足球运动员。当孩子们试着理解他们的文化时，他们会遇到很多与之相呼应的性别规范的习俗、禁忌以及术语。

这解释了在性别歧视强度上的文化差异，这种差异在于，对男性和女性的区分在某些地方比在其他地方更加突出。具体的细节虽可能不同（一个男人握着另外一个男人的手，是被禁止还是被允许，这取决于当地的风俗习惯），但是每个地方的幼儿都试图遵从他们观察到的文化规范。

人本主义强调了个体的需要层次，从生存需要开始，到安全需要，再到爱和归属的需要。直到上述需要得到满足，人们才会考虑最后两个需要——尊重和自我实现的需要。

在理想情况下，婴儿所有的基本需要都得到了满足，学步儿学会获得安全感，这使得爱和归属感在童年早期显得至关重要。儿童会越来越多地争取同伴的赞美。因此，女孩寻求成为女孩们的一员，男孩寻求成为男孩们的一员。

一项对年龄稍长的儿童做的研究发现，被试之所以想要成为同性别团体的一员，不是因为他们不喜欢异性，而是因为这满足了他们对归属感的需要（Zosuls et al.，2010）。正如我们已经看到的那样，儿童越来越喜欢与男孩或女孩一起玩，这样的事实可能仍是因为人类是社会性动物，他们想要验证自己是谁。

进化理论认为，性吸引力对于人类最基本的繁衍欲望是至关重要的。由于这个原因，男性和女性会试图让自己看起来对异性充满吸引力，走路、说话和笑起来的样子都带有性别色彩。如果女孩看到自己母亲化妆和穿高跟鞋，她们也想这么做。

根据进化理论，物种繁衍的需要是每个人基因遗传的一部分，因此年幼的男孩和女孩会练习让自己变得对异性更有吸引力。正如进化所需要的那样，这种行为确保了他们将在青春期之后准备好寻找适宜的异性，并确保新生代的出生。

因此，根据这个解释，人类经过几千年的发展，特定的基因、染色体和激素已进化到允许物种繁盛发展了。男孩更加活泼好动（爱玩追逐打闹游戏），女孩更加专注于家庭（爱玩社会戏剧游戏），这纯属天性。因为这些都是人类需要做的事情。否认这一点就是否认天性。

什么是最好的？

每一个重要的发展理论都力图解释幼儿表达的观点和对角色的模仿。目前，人们尚未达成共识。关于性或性别，那些认为先天遗传比后天教养更重要的人或者持相反观点的人，倾向于设计、引证和相信支持他们观点的研究。直到近期，交互作用论才被认可（Eagly & Wood，2013）。

这些理论提出了重要的问题：父母和其他照料者应该教孩子什么样的性别或者性模式？如果每个孩子都学会融合两性最优的方面（称为双性化），那么随着儿童变得更加成熟，性别刻板印象最终会消失吗，就像他们对圣诞老人和牙仙的信念一样？还是应该鼓励男女两性区别对待，因为这对人类的繁衍和家庭生活至关重要？

不同的发展学家以及不同的父母和不同的文化对此问题的回答各不相同。本节包含了儿童的照料者面临的“挑战”，而如何抚养对自身满意而不对异性带有偏见的孩子，正是所有照料者面临的一个挑战。

小 结

照料风格各不相同，从非常严厉、冷漠、苛刻到要求非常宽松、温暖、包容。鲍姆林德的经典研究把父母教养方式分为专制型、权威型和放任型；这些分类仍然是有意义的，尽管最初的研究在许多方面存在局限性。一般来说，达到某种平衡——既不严格，也不放纵——似乎是最好的；同时，父母的温暖似乎比其他方面更重要。

对父母来说，难题之一是如何回应幼儿对男女两性的观念和刻板印象，这些观念在童年早期往往是相当僵化的。社会规范正在变化，这意味着旧的理论和传统的回应可能不再有帮助。弗洛伊德的观点不再被大多数发展学家赞同。但是，理论家们对性别差异的解释和诠释不尽相同。照料者的反应不仅取决于他们的文化，也取决于他们是否相信男孩化/女孩化的行为的主要推动力是先天的还是后天的。■

>> 道德发展

情绪调节、道德发展和共情的出现是错综复杂的，因为“道德是多层面的，包括情绪的、认知的和行为的成分”（Smetana，2013）。因此，道德发展在已经讨论的许多话题中都是显而易见的。

例如，在追逐打闹游戏中教儿童不要伤害他们的玩伴；在社会戏剧游戏中，儿童经常关注帮助他人也很明显，尤其是在他们表演出来的假装救援和照顾他人的游戏中。儿童学会轮流等候和分享——当另一个孩子不这样做时，他们会认为这不公平（Utendale & Hastings，2011）。

随着儿童的成熟，儿童形成了越来越复杂的道德价值、道德判断和道德行为。社会联结和心理理论为更高级的道德行为提供了基础。【**生命全程链接：**在第七章中讨论了社会联结的发展，在第九章中讨论了心理理论的发展。】皮亚杰认为，道德发展始于儿童学习游戏规则。他将这与7岁左右儿童的具体运算思维联系在一起（Piaget，1932/1997）。

现在，我们知道皮亚杰弄错了：有规则的游戏和道德发展更早之前就已显现。一些道德发展的前兆甚至出现在婴儿期（Narvaez & Lapsley，2009）。随着成熟和成人的引导，儿童会产生内疚感（正如埃里克森解释的）和自我控制。这有助于他们以道德方式行事（Kochanska et al.，2009；Konner，2010）。

天性与教养

许多父母、教师和其他成人认为儿童的“良好”行为比先前章节中描述过的任何其他进步（如身体力量、运动技能、智力、语言等）都重要。也许正是这个原因，关于儿童如何内化规范、扬长避短的争论十分激烈。许多社会科学领域的学者持有矛盾的观点——天性与教养再次被提出。

支持天性的观点表明，道德是遗传的，是自然联结、依恋和认知成熟的结果。这将解释儿童为什么无论父母做什么都会帮助和保护他们的父母，并且惩罚其他违反道德规则的儿童。就连婴儿也有什么是公平和不公平的意识，会期待成人奖励自己付出的努力（Sloane et al.，2012）。

如果道德被定义为在没有即时奖励的情况下去帮助他人的行为，那么道德可能存在于我们的DNA中。根据进化理论，人类之所以互相保护、合作，甚至为另一个人牺牲，是因为我们的身体没有防御能力，并且易受天气、陌生人和野生动物的伤害。为了生存，人们需要依赖其他人，并且从这种需要中滋生一种道德感（Dunning，2011）。激素——特别是由身体产生的催产素——可能会自然地增加人们对彼此的信任和爱（Zak，2012）。

支持教养的观点认为，文化对道德发展起着至关重要的作用。这就能解释为什么幼儿会效仿遵守社区规则的人，即使他们的实际行为不是天生的好或坏。尽管儿童理解道德和习俗之间的差别，但有些儿童相信吃生鱼、汉堡包、培根和狗肉等的人都是不道德的（Turiel，2002）。

发展学家将伦理行为（力图不伤害他人）和传统行为（力图遵循规范）区分开来，但是这种区别并不总是明显的。在某些文化中，使用枪支、人工流产、死刑处罚、不服从长辈和偷窃食物等行为被认为是不道德的，而在其他的文化中，这些行为被认为是符合习俗的，在特定环境下的一些社区中，这是一种道德权利（没有错）。

天性与教养在行为规范中都有一定影响力，两者之间的相互作用也是至关重要的——这值得讨论与争论。除了那些不言自明的道理，这些具体问题难以在这里解决。但是，我们可以探讨2—6岁产生的两个道德问题：儿童的攻击行为和成人的管教行为。先天遗传和后天教养的作用在两者中都是显而易见的。

共情和厌恶

当儿童和他人玩耍时，道德情绪很明显。随着社会经验的增加和自我中心主义的式微，儿童逐渐产生了**共情**和**厌恶**。共情是一种对他人的情感和关切的理解，厌恶是不喜欢甚至憎恶的情绪。

亲社会行为

科学家对年轻人和其他灵长类动物的研究表明，他们愿意尽力帮助那些受伤、哭泣或者需要帮助的人。这些是共情和同情的证据，也引出了**亲社会行为**——在对自己没有任何明显利益的情况下做出助人和善意的行为（Warneken & Tomasello，2009）。

表达关心、提出分享以及邀请一个害羞的孩子参与游戏或对话都是幼儿展现亲社会行为的例子。3 岁的杰克“拒绝带有花生的零食去上学，因为另一个男孩由于对坚果过敏而不得不在零食时间独自坐在一边，而杰克想和他坐到一起”，他表现出共情（Lovecky，2009，p.161）。

亲社会行为似乎更多地来自情绪而不是智力，更多地来自共情而不是心理理论（Eggum et al.，2011）。最初的亲社会行为可能源自父母帮助他们的孩子意识到情绪，而不是父母告诉孩子其他人可能拥有什么情绪（Brownell et al.，2013）.

亲社会反应不是自动的。一些儿童会通过避免接触需要帮助的人来限制自己的共情，“……这说明了在亲社会行为的发展中，情绪发展和调节的重要性”，文化规范也对其发展有重要影响（Trommsdorff & Cole，2011，p.136）。感觉到痛苦可能是先天的一部分；对痛苦的反应可能源于后天教养。

反社会行为

厌恶会导致**反社会行为**——故意伤害另一个人，包括伤害没有做错事的人。反社会行为包括言语侮辱、社会排斥和人身攻击（Calkins & Keane，2009）。一个具有反社会行为的 4 岁儿童可能会怒视另一个儿童，然后在没有被挑衅的情况下狠狠踢他。

在某些方面，反社会行为是自然的（Seguin & Trenblay，2013）。在 2 岁时，即使是让孩子用其他孩子用过的蜡笔作画都十分困难。但大多数 5 岁的孩子学会了这样做。这在很大程度上取决于对儿童

捏、戳或者轻拍 反社会行为和亲社会行为实际上是成熟的标志。婴儿无法识别自己行为的影响。这些儿童还有很多要学，但他们已经相当社会化了。

的家庭教育和学前教育：在指导下，孩子能够平衡给予和索取。随着儿童的成熟，会产生更多的亲社会行为和更少的反社会行为（Ramani et al.，2010）。

攻击行为

不必惊讶，考虑到幼儿的道德敏感性，5 岁的儿童已经可以判断另一个儿童的攻击行为是合理的还是反社会的了（Etchu，2007）。但儿童更关注结果，而不是动机：一个儿童不小心把水洒在了另一个儿童的画上，这可能成为后者发怒的导火索。不过，和成人一样，正当防卫比故意的、无缘无故的攻击更容易被原谅。

然而，不要以为欺凌者能够意识到他们做错了：在每个年龄阶段，攻击者都认为他们有理由去做他们所做的事。幼儿更强调结果而非意图，这可能比成人愿意考虑原因更有意义。

研究者认识到四种类型的攻击行为在童年早期很常见（参见表 10.2）。**工具性攻击**在 2 岁幼儿中很常见，他们通常想要他们没有的东西，只是

表 10.2 四种类型的攻击行为

攻击的类型	定义	注释
工具性攻击	伤害行为的目的在于获得其他人拥有的东西（如，抢玩具、插队或玩秋千）	在2—6岁儿童中逐渐增多；涉及的目标是物而不是人；很正常；是自我中心性质的，而非反社会的。
反应性攻击	对言语或身体的伤害（故意地或意外地）进行的一种冲动报复	表明2岁儿童缺乏情绪调节能力。5岁儿童在做出反应前往往能停下来并进行思考。
关系性攻击	不是身体的动作，而是如侮辱或社会排斥，旨在破坏受害者和其他人之间的社会关系	涉及个人攻击，因此是反社会的；是非常有害的；当儿童有社会意识时，更为常见和普遍。
欺凌性攻击	无缘无故的、反复的身体或言语攻击，特别是在受害者不可能保护自己时	在欺凌者和受害者身上都有不良情绪调节的表现；成人应该在儿童上学前对其进行行为干预（欺凌性攻击在第八章中已讨论过）。

尝试拿过来。来自其他儿童的攻击性反应——通过哭、打来反抗实施工具性攻击行为的儿童的抓取——在2岁左右的儿童中也更典型。

反应性攻击在幼儿中也很常见；当受到伤害时，几乎每一个幼儿都会做出反应，不管伤害是否是故意的。由于儿童形成了情绪控制和心理理论，他们不太可能以身体攻击做出回应（Olson et al.，2011）。

关系性攻击（通常是言语的）破坏了另一个儿童的自尊并扰乱了受害者的社交关系网。随着儿童的成熟，它会更具有伤害性。一个年幼的儿童可能会告诉另一个孩子，“你不能成为我的朋友”或者“你很胖”，以此伤害另一个孩子的感情。这些例子都是关系性攻击。

第四种，也是最恶劣的攻击类型，是**欺凌性攻击**，旨在控制他人。这种情况在幼儿中并不少见，应该在学龄前，当它变得特别具有破坏性之前，就制止这种情况的发生。它不仅会破坏受害者的自尊，而且会妨碍欺凌者以后的发展，使他们学会在成年期对自己不利的行为方式。【**生命全程链接**：对欺凌的深入讨论在第十三章中。】

随着幼儿大脑的成熟和共情能力的提高，所有形式的攻击行为通常会在2—6岁逐渐减少。父母、同伴和幼儿园教师是这个过程中的关键导师。期望孩子自己进行情绪调节是错误的，如果没有正确的引导，他们可能发展出具有破坏性的行为方式。太过严厉地惩罚攻击者也是错误的，因为这可能把他们赶出他们的最近发展区，在那里他们能学习如何调节愤怒情绪。

换句话说，尽管有证据表明学龄前儿童会自发地判断其他伤害他人的人，强调实际造成的伤害甚于行为意图，但也有证据表明，亲社会行为和反社会行为都是习得的（Smetana，2013）。

管教

当儿童行为不端时，成人的价值观、气质和经验会影响他们的反应。当然，这些价值观和管教策略也受到文化的影响。

在理想情况下，成人应引导儿童良好的行为并内化道德标准，以使儿童总是表现良好。但是，这与现实不符：不良行为总是难以阻止。

不要让任何人想象，有一位仁慈的父母，孩子将总是好人。考虑一项在午后（一天中压力较大的时间段）对母亲和3岁的孩子进行的研究。冲突（包括言语分歧）大约每2分钟就出现1次（Laible et al.，2008）。这里引用了一个例子，从推荐给每位家长的一项活动开始，母亲正准备带她女儿去散步：

儿童：我想穿别的鞋子。

母亲：你不需要别的鞋子。我们去散步时，你穿你的维尼小熊凉鞋就行。

儿童：不。

母亲：（儿童的名字）！你不需要别的鞋子。

儿童：（大声地哭）

母亲：不，你不需要别的鞋子。我们去散步

时，你穿你的维尼小熊凉鞋就行。

儿童：啊！我想穿漂亮的连衣裙。（哭泣）

母亲：你漂亮的连衣裙？

儿童：对。

母亲：你可以改天再穿连衣裙。

儿童：不！（哭泣）

（Laible et al.，2008，pp.442-443）

在这项研究中，那些在 1 岁时形成安全依恋（回应性育儿方式的一项指标）的 3 岁儿童和没有形成安全依恋的儿童有同样多的冲突。如果说好孩子是指那些平和顺从的孩子，那么显然，好的育儿方式并不总能培养出好孩子。

然而，与上面片段中的情况不同的是，形成安全型依恋的儿童的母亲更可能妥协和给出解释（Laible et al.，2008）。这是最好的回答吗？这位母亲应该说出为什么穿其他鞋子不合适的理由吗？或者她应该让她的女儿穿她想穿的鞋子吗？或者她应该打哭泣的孩子？或者说“如果你再这样烦我，我就不和你去散步了”？

给 3 岁幼儿父母的问题 父母可以对一个想穿“别的鞋子”的幼儿妥协吗？（答复见第 260 页）

体罚

在美国，与婴儿或者年龄稍大的儿童相比，幼儿更经常被打耳光、打屁股或者挨打，他们也比加拿大或西欧的幼儿更经常挨打。不仅在美国，在许多发展中国家，成人也都记得自己被体罚过，并且认为这很管用。在某种程度上，他们是正确的：对身体的惩罚（被称为**体罚**，因为它伤害了身体）在阻止不良行为的那一时刻是成功的。

但是，纵向研究发现，受体罚的儿童更有可能成为欺凌者、罪犯，而后成为有虐待行为的成人。他们也不太可能在学校学习成绩良好或上大学（Straus & Paschall，2009）。事实上，虽然以外化方式表现不良行为（攻击、大喊大叫、乱扔东西）的儿童更有可能被打屁股，但纵向研究发现，如果成人不打孩子，儿童也能够学会控制自己表现出来的行为表现。另一方面，儿童越常挨打，他们越有可能继续表现出不良行为（Gershoff et al.，2012）。

在一些欧洲国家，体罚是非法的；在其他大陆的许多国家，这是正常的。在美国，体罚是合法的，并且父母们经常使用体罚。即使在美国的学校，在 50 个州中的 19 个州，鞭打也是合法的（但很少使用）。这些州大部分分布在东南部，大多数被鞭打的儿童是非裔美国男孩，这不禁让人质疑惩罚的有效性和公正性（Morones，2013）。

尽管一些成人相信体罚将教会儿童顺从，儿童学习到的教训也许是“强权即公理”，但是当儿童长得更高大、更强壮时，他们也会对其他人使用体罚。在幼儿时期受过体罚的父母，通常自己会成为一个施暴者。

对来自不同类型家庭的儿童进行的许多研究发现，对幼儿的体罚与心理理论发展的延迟和攻击行为的增加相关（Olson et al.，2011）。毫无疑问，为了证明体罚是不是产生这些问题的原因，需要同卵双胞胎的父母以相同的方式养育他们，除了一个双胞胎经常被打，另一个从未挨打。当然，这既不道德，也不可能。

© 万千心理

打娃娃 玩偶娃娃学会了再也不反抗它的妈妈了吗？

尽管如此，许多发展学家仍想知道为什么父母会冒险。赞成打人的最好的理由是替代性惩罚往往更糟（Larzelere et al.，2010）。让我们考虑这些备选方案。

给父母的问题 假设你同意打孩子是有害的，但是有时你会对孩子的行为非常生气而打他，你觉得你的反应合适吗？（答复见第 262 页）

>> 答复 3 岁幼儿父母（问题见第 259 页） 记住，权威型的父母会倾听，但是通常不让步。父母可以问孩子为什么不想穿维尼小熊凉鞋（太丑？太紧？太旧？），并且解释为什么"其他鞋"是不合适的（下雨？为特别的场合保留着？散步穿着太难走？）。对未来的许诺（例如，"其他的鞋和漂亮的连衣裙让我们留着在明天的生日宴会上穿"）可以阻止儿童说"不"。

心理控制

管教的另一种常见的方法被称为**心理控制**，心理控制是利用儿童的羞愧、内疚和感激来控制他们的行为（Barber，2002）。和体罚一样，心理控制可能降低学业成就和情绪智力（Alegre，2011）。

请思考一项以在芬兰出生的儿童为被试的整群取样研究（获得一个无偏样本的好方式）（Aunola & Nurmi，2004）。儿童的父母需回答 20 个关于自己的育儿方法的问题。以下是测量心理控制的四个项目，父母从 1（"一点也不像我"）到 5（"非常像我"）进行评级：

1. "我的孩子应该意识到我为他做了多少事。"
2. "我让我的孩子明白，如果他的行为不端，我会感到多么失望和羞愧。"
3. "我的孩子应该意识到我为他牺牲了多少。"
4. "我希望我的孩子能够感激并重视他所拥有的所有优势。"

父母在心理控制的这四个项目中得分越高，儿童的数学成绩越低——随着时间的推移，这种关系变得更加牢固。令人惊讶的是，如果父母不仅在心理控制方面得分高，在关爱方面（如经常拥抱他）的得分也高，那么儿童的数学成绩最易受影响（Aunola & Nurmi，2004）。一个解释是，关爱增加了儿童对让父母失望的恐惧，这减缓了他们学习新观念的意愿。

其他研究也发现，心理控制会抑制儿童的成就、创造性和社会接纳（Soenens & Vansteenkiste，2010）。与体罚相比，那些受心理控制惩罚的儿童似乎不太可能成为身体欺凌者，更可能使用关系性攻击（Kuppens et al.，2009），变得沮丧而焦虑（Gershoff et al.，2010）。

在北美，对幼儿最常用的管教方法是**暂停**策略，成人会要求一个行为不良的孩子在没有玩具或玩伴的情况下安静地坐着，时间很短（Barkin et al.，2007）。暂停策略在美国被许多专家所青睐。例如，在第五章中突出强调的开端计划的大规模纵向评估中，增加暂停策略和减少体罚被视为改进父母管教方式的标志（U.S. Department of Health and Human Services，2010）。

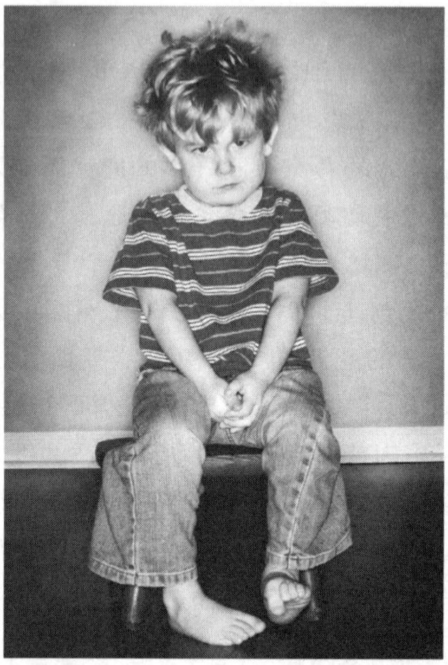

坏孩子还是坏父母？ 在一些文化中，让某些儿童单独坐着是一种有效的惩罚方式。尽管这种方式有时会使儿童产生愤怒情绪，而没有改变他的行为。

另一种替代体罚和心理控制的方法是诱导。父母可通过和儿童深入交谈，来帮助儿童理解其行为为什么是错误的。在理想的情况下，父母倾听儿童表达自己的情绪，然后鼓励儿童想象他们还可以怎样做，而不是他们之前做了什么。

这样的交谈有助于儿童将规范内化，但这种诱导需要时间和耐心。由于 3 岁儿童容易把原因与结果混为一谈，所以他们难以回答一个愤怒的"你为什么这样做？"的问题，或者感谢关于为什么这种行为不对的冗长解释。简单的诱导（"你让他伤心了"）可能更合适，但这在心理理论形成之前也是很难的。

小 结

儿童的道德发展通常在童年早期有所推进，随着其心理理论形成且能更好地调节情绪，儿童获得了共情。新的共情经常帮助儿童表现出亲社会行为，儿童学会了分享、轮流等候等。儿童也能逐渐形成厌恶，厌恶导致一些儿童产生了不带有自我保护动机的攻击行为（如欺

对立的观点

打孩子好吗？

在世界范围内，文化差异在对儿童的管教中是显而易见的。例如，在加拿大，打孩子耳光、掐捏或者鞭打孩子的父母只有美国的一半（Oldershaw，2002）。尽管许多美国学区禁止在学校体罚儿童，但美国最高法院在2004年决定，教师和父母可以利用“合理的武力”来惩罚儿童（Bugental & Grusec，2006）。

相比之下，在许多其他发达国家（包括奥地利、克罗地亚、塞浦路斯、丹麦、芬兰、德国、以色列、意大利、挪威、新西兰和瑞典），任何父母、教师、兄弟姐妹或陌生人体罚儿童都是非法的，被认为是对人权的侵犯（Bitensky，2006）。

有关体罚的看法受到过去经验和文化规范的影响，使对方很难理解与其相反的观点。鉴于此，想想为什么一个人会或不会把热辣酱抹在孩子的舌头上。然后看看这些理由是否适用于其他形式的体罚。

在一本名为《创造性的矫正》（*Creative Correction*，Whelchel，2005）的书中，一个福音教派基督徒建议将热辣酱（使人辣得难受）抹在舌头上作为对说禁语（如诅咒或与性有关的俚语）的惩罚。

读者似乎分为两派，要么强烈赞成这个建议，要么强烈反对。截至2012年11月，在美国亚马逊网站上发布的198条评论中，50%是非常赞同的（有97位读者打了5分），34%是非常不赞同的（有71位读者打了1分），仅有15%的读者介于两者之间（打了2分、3分或4分）。一位女士写道：

“把热辣酱抹在你孩子的舌头上？我敢打赌作者不敢对她自己这么做，她简直满嘴喷仇恨。作为一名再生基督教徒和母亲，我绝不会效仿这本书里讲的任何东西。它是如此不可理喻，令人作呕。她关于矫正的观点也没有任何“创造性”——那些东西不过是我们父母用过的老掉牙的虐待方法的新版本而已。”

另一位女士则持相反的观点：

“我还不需要采用塔巴斯科（墨西哥辣酱）的把戏，但是我并不是不屑于用它。我敢肯定，这种做法会给孩子留下深刻印象，而且不需要重复使用。儿童虐待？算不上。让孩子自由自在地在家里看电视、上网才是虐待儿童。问问任何一个小学老师，她班上的问题儿童是谁，肯定是在家里毫无纪律约束的孩子。而行为良好的儿童会成为行为良好的成人。这个世界当然需要更多这样的人。”

回到打孩子的问题上：如果上面的两个评论都很极端，那么思考一下你对体罚的态度是否可能比她们更极端。研究发现，许多管教方法（包括打孩子）影响了儿童之后的焦虑和攻击性水平（Gershoff et al.，2010）。发展学家自己提出了许多不同的策略。

父母的潜在态度可能至关重要。对非裔美国母亲的一项研究发现，如果他们不赞成体罚，但还是这么做了，他们的孩子很可能会抑郁。然而，如果打孩子的母亲深信打孩子是正确的，他们的孩子就不会受到伤害（McLoyd et al.，2007）。

同样的，使用体罚和羞愧来管教儿童的华裔美国父母养育了相对快乐并适应良好的孩子，那是因为华裔父母认同引导他们的中国传统文化而采用了一些惩罚方法（Fung & Lau，2009）。请记住，父母的爱和温暖比任何管教策略都具影响力。

她理解吗？ 挨打的孩子记住了被打的疼痛和生气的情绪，但是不知道遭到惩罚的原因。对于父母来说，最好能解释不良行为是什么。然而有时，儿童难以理解父母的解释。

打孩子错在哪里？问题不仅在于成人的态度，也在于情绪。愤怒的打人者可能成为虐待者。另一个问题是孩子的想法，因为他也许不理解挨打背后的原因。父母或许认为打孩子是因为孩子明显犯错了，但是许多孩子认为是父母的情绪，而不是自己的行为，导致自己被打（Harkness et al.，2011）。

进一步复杂化的情况可能出现。儿童在气质方面存在差异：某些孩子可能因打屁股受到伤害，另一些孩子可能并不在意。父母在性格方面存在差异：有些父母在打孩子时会失控。文化也有差异：如果儿童认为惩罚是公平的，因为相似的惩罚发生在他们认识的每个儿童身上，伤害的影响就会减少，但不一定会消失（Vittrup & Holden，2010）。

一项以虔诚的保守派新教徒父母为被试的研究发现，正如预期的那样，他们比其他父母更经常打孩子。然而，出乎意料的是，在童年早期（不是中期）被打的儿童似乎并没有形成低自尊，也没有像其他被打的儿童那样攻击性增加（Ellison et al.，2011）。事实上，相反的可能更大。

研究者提出，由于打人是社会规范，同时由于大多数宗教领袖也告诉父母要对体罚进行解释（诱导），向孩子保证他们是爱孩子的，决不在生气时打他们，所以保守派新教徒的孩子不认为挨打是羞辱或贬低。相反，儿童可能认为轻度到中度的体罚是合法的、合适的，甚至展现了父母的参与、承诺和关心（Ellison et al.，2011，p.957）。

当我写下这些话时，我意识到了自己持相反的观点。正如你在本章的开篇看到的，我相信儿童不应该挨打。许多发展学家相信，和打骂相比，用其他方法管教孩子会更好；也是防止虐待的一种保障。我赞同这样的观点。但是，一种动态系统的观点认为管教是复杂网络中的一个方面。我知道自己受所处的背景和环境的影响；我也知道我并不总是正确的。

凌性攻击），而不是工具性攻击或反应性攻击。父母受他们所处文化的引导，采用多种方法（包括他们选择的管教策略）对儿童施以道德教育。

每一种惩罚方法都可能有长期的影响，体罚因为会鼓励攻击行为而备受批评。■

>> 答复父母（问题见第 259 页） 不。最糟糕的打孩子的时机是在你生气时。你可能会严重伤害孩子，而且孩子将会把生气和暴力联系起来。你应该学习更好地控制自己的愤怒，并制定其他管教和预防不良行为的策略。

本章总结

情绪发展

1. 在童年早期学会调节和控制情绪是至关重要的。通过大脑的成熟，尤其是前额叶皮层，以及与父母、同伴相处的经验，情绪调节成为可能。
2. 在埃里克森的心理社会性理论中，主动对内疚的危机发生在童年早期。儿童通常会感到骄傲，有时混合着内疚感。羞愧感也很明显，尤其是在某些文化中。
3. 外化和内化行为问题表明自我控制的削弱。一些预示精神疾病的情绪问题在童年早期初次显现，男孩更经常表现出外化问题行为，女孩往往表现出内化问题行为。

游戏

4. 所有幼儿都喜欢玩游戏，且更愿意与同性别的其他伙伴玩，这些玩伴可以在社会互动中教会儿童从父母那里得不到的经验教训。一些专家相信，游戏对健康的心理社会性发展至关重要。
5. 主动游戏有许多形式，追逐打闹游戏可以培养社交技能，社会戏剧游戏可以发展情绪调节。

对照料者的挑战

6. 三种经典的教养方式是：专制型、放任型和权威型。一般来说，当父母的教养方式是经常表达温暖并设定规则的权威型时，儿童会更成功、更快乐。
7. 第四种教养方式—— 忽视型 / 不参与型教养方式——总是有害的。教养方式的具体细节反映了文化和儿童的气质。
8. 儿童是多种媒体的主要消费者。由媒体暴露引起的问题包括攻击性的逐渐增加和创造性游戏的逐渐减少。此外，看电视占用了儿童从事更有效活动的时间。
9. 即使是 2 岁儿童，也能正确使用明确的性别标签。幼儿开始意识到了在衣服、玩具、玩伴和未来职业方面的性别差异，通常比他们的父母有更多的性别刻板印象。
10. 弗洛伊德强调儿童会被异性父母吸引，最终寻求同性父母的认同或者与同性父母结盟。行为主义者认为，与性别有关的行为是通过强化和惩罚（特别是男性）以及社会模仿习得的。父母是幼儿形成性别角色的至关重要的老师。
11. 认知理论家注意到，简单化的前运算思维导致了性别图式，从而形成刻板印象。人本主义者强调，所有人类都有归属于自己群体的强大需要。进化理论认为，性和性别差异对物种生存和繁殖至关重要。
12. 每个重要的发展理论都力求解释幼儿表达的性别角色和性别歧视刻板印象，但是并没有就哪种理论最好达成共识。近来的学术研究赞同交互作用的观点。

道德发展

13. 天性与教养都在道德发展中发挥着作用，道德发展与情绪调节和共情的出现交织在一起。道德发展包含情感、认知和行为三种成分。
14. 亲社会情绪导致关心他人；反社会情绪导致伤害他人的行为，包括工具性、反应性、关系性和欺凌性攻击行为。
15. 父母采用的惩罚类型将产生长期的后果，体罚和心理控制都有潜在的不利影响。管教的备选形式（如暂停和诱导）可能会更有效。

关键术语

超我（superego，p.253）

俄狄浦斯情结/恋母情结（Oedipus complex，p.253）

厄勒克特拉情结/恋父情结（Electra complex，p.253）

反社会行为（antisocial behavior，

p.257）
反应性攻击（reactive aggression，p.258）
放任型教养方式（permissive parenting，p.250）
工具性攻击（instrumental aggression，p.258）
共情（empathy，p.257）
关系性攻击（relational aggression，p.258）
忽视型/不参与型教养方式（neglectful/uninvolved parenting，p.250）
假想朋友（imaginary friends，p.241）
精神疾病（psychopathology，p.242）
两性差异（sex differences，p.252）
内化问题（internalizing problems，p.242）
内在动机（intrinsic motivation，p.241）
努力控制（effortful control，p.240）
欺凌性攻击（bullying aggression，p.258）
亲社会行为（prosocial behavior，p.257）
情绪调节（emotional regulation，p.240）
权威型教养方式（authoritative parenting，p.250）
认同（identification，p.253）
社会戏剧游戏（sociodramatic play，p.248）
体罚（corporal punishment，p.259）
外化问题（externalizing problems，p.242）
外在动机（extrinsic motivation，p.241）
心理控制（psychological control，p.260）
性别差异（gender differences，p.252）
性别图式（gender schema，p.254）
性器期（phallic stage，p.253）
厌恶（antipathy，p.257）
暂停（time-out，p.260）
主动对内疚（initiative versus guilt，p.240）
专制型教养方式（authoritarian parenting，p.250）
追逐打闹游戏（rough-and-tumble play，p.247）
自我概念（self-concept，p.240）

你学到了什么？

1. 保护性乐观如何引导儿童获得新技能和新能力？
2. 举例说明什么是阅读一本书的内在动机和外在动机。
3. 精神疾病和情绪调节之间的联系是什么？
4. 与同伴玩耍可以用什么方式教会儿童情绪调节、共情和对文化的理解？
5. 文化如何影响社会性游戏的发展？
6. 为什么儿童在和同伴游戏时比他们独自游戏时能更好地发展肌肉力量和控制力？
7. 儿童从追逐打闹游戏中学到了什么？
8. 儿童从社会戏剧游戏中学到了什么？
9. 哪一种教养方式能培养出最快乐、最成功的儿童？
10. 为什么美国早教专业人士建议限制幼儿接触电子媒体？
11. 精神分析理论认为两性差异和性别角色的起源是什么？
12. 行为主义者认为两性差异和性别角色的起源是什么？
13. 进化理论如何解释儿童为什么会遵从性别规范？
14. 皮亚杰认为儿童的道德发展是什么？
15. 进化理论如何解释道德发展？
16. 人们的道德如何发展，天性观是什么？教养观是什么？
17. 当儿童和另一个人玩耍时，他们是如何发展共情和厌恶情绪的？
18. 共情和亲社会行为之间的联系是什么？
19. 攻击行为的四种类型是什么？
20. 道德发展与管教有何关系？
21. 为什么许多国家认为体罚是非法的？
22. 父母该如何使用暂停策略来进行有效的管教？
23. 诱导作为一种管教形式，它的好处是什么？面临的挑战是什么？

应 用

1. 儿童电视节目中充斥着关于族群、性别和道德的刻板印象。在星期六早上看 1 小时的儿童电视节目，然后描述节目和广告的内容。通过引用具体证据（而不仅仅是报告你的印象），从你看的电视节目中得出有关刻板印象的一些结论。
2. 性别指标经常被忽视。去一个公共场所（公园、餐馆、繁忙的街道），至少花 10 分钟记录关于性别分化的例子，如衣服、言谈举止、互动方式和活动等。对你所看到的进行量化，比如，有 8 个男性和 2 个女性戴着棒球帽。或者（较好，但更困难）描述 4 对男女之间的对话，指出说话、停顿和词汇等的长度和频率所反映的性别差异。
3. 询问 3 位父母关于惩罚的问题，包括他们喜欢使用的惩罚类型，在孩子什么年龄、因为什么错误行为而惩罚，由谁来惩罚。询问你的 3 个被调查者，他们儿时是怎样被惩罚的，以及惩罚是怎样影响他们的。如果你的调查对象的观点都一致，就再找一个有不同看法的父母（或同学）。

第三部分 2—6 岁的发展成果

童年早期

生物社会性

身体变化 2—6 岁的儿童继续成长，但速度较慢。通常，5—6 岁儿童的身体质量指数（BMI）低于生命的任何时期。儿童经常吃太多不健康的食物，并且拒绝吃某些食物，坚持认为这些食物和其他生活常规应“一成不变”。

大脑的发育 神经通路和髓鞘的增殖仍在继续。大脑的某些部分（如，胼胝体、前额叶皮层、杏仁核、海马体和下丘脑）形成了连接，可以使大脑左右半球单侧化，并更好地协调身体的左右两侧；它也会导致冲动性行为和执拗行为的减少。

改善运动技能 前额叶皮层的成熟可以控制冲动；胼胝体的持续髓鞘化和大脑单侧化使得身体的协调性更好。

伤害与虐待 全世界死于可避免的事故的儿童远多于死于疾病的儿童。儿童虐待和忽视需要初级、二级和三级预防。

认知

童年早期的思维 皮亚杰强调了儿童的自我中心主义和不合逻辑的观点，这会阻止儿童掌握诸如守恒等概念。维果茨基强调文化背景，注意到儿童向导师学习，包括父母、教师、同伴，同时也从社会环境中学习。儿童发展自己的理论，其中包括心理理论，因为他们意识到并不是每个人都像他们一样思考。

语言学习 语言发展迅速。6 岁的儿童平均知道 10 000 个单词并展示出大量的语法知识。如果社会环境是鼓励性的，在这期间，幼儿能成为平衡的双语者。

学前教育 幼儿是狂热的学习者。以儿童为中心的项目、以教师为主导的项目以及干预项目，如开端计划，能够促进学习。

心理社会性

情绪发展 在童年早期，儿童的自尊水平通常较高。自我概念出现在埃里克森提出的主动性对内疚阶段，情绪调节能力也是如此。外化问题行为可能是情绪调节过少的结果，内化问题行为可能是由于控制太多。

游戏 所有的幼儿都玩游戏，他们和同伴玩得最好。游戏有助于儿童身体发育并教儿童情绪调节、共情和文化理解。

对照料者的挑战 温暖和鼓励、良好的沟通以及高期望（称为权威型）的照料风格，对于促进儿童的自尊、自主性和自我控制是最有效的。尽管文化差异显而易见，但专制型和放任型都是不太有益的。

道德发展 在童年早期，道德性变得更加明显。共情引发亲社会行为；厌恶导致反社会行为。攻击行为有很多形式；欺凌性攻击是最不好的。父母管教的每一种方法都会影响幼儿的情绪发展。

第四部分

（第十一章至第十三章）

童年中期

每个年龄都会经历悲喜与得失。然而，如果一定要让你挑选一段最美好的时光，你也许会选择 6—11 岁。在这个阶段，很多儿童都掌握了新的运动技能，学会了大量词汇，并逐渐减少了对家庭的依赖。他们大多身体健康，稳步成长。通常，他们会欣赏自己的父母，喜爱结交新朋友，对自己的国家和宗教信仰了解得更多并为之自豪。在这个时期，生活是平安快乐的，青春期的危险（毒品、早期性行为和暴力）距离他们还很遥远。

然而，在有些成人的记忆中，这是最糟糕的时期。他们当中，有的人对学校深恶痛绝，有的人生活在充满破坏性的家庭中，居无定所，或者疲于应对肥胖、哮喘、学习障碍或欺凌等问题。在接下来的三章，让我们一起来分享 6—11 岁儿童的喜悦，并了解他们的困难。

第十一章

童年中期：生物社会性发展

你将学到什么？

1. 如果有更多的父母让孩子“到户外玩”，将会发生什么？
2. 童年期肥胖多发应该归咎于父母、学校，还是社会政策？
3. 为什么智商测验不再像几十年前那么常用了？
4. 对那些有特殊需求的儿童来说，诊断、特殊教育和药物治疗有多大的帮助？

在我上小学二年级期间，我家搬到了千里之外的一个地方。我进入了一所新学校，在那儿，我的外地口音显得有些古怪。我自己意识到了这一点，感到很孤独。辛西娅笑起来很友好，脸上点缀着几颗小雀斑，头发是红色的。更重要的是，她愿意搭理我，所以我请她做我的朋友。

“我们是不可能做朋友的。”她拒绝了我，并解释道：“因为我是民主党人。”

“我也是啊。”我反驳（我知道我们家信奉民主政治）。

“不，你不是，你是共和党人。”她说。

我错愕了，心中溢满了悲伤。我们最终没能成为朋友。

其实，辛西娅和我都没有意识到，所有孩子都有与众不同之处（可能是由于外表、文化或家庭的缘故），但仍然能够和那些与自己不相像的孩子成为朋友。辛西娅和我本来可以成为好朋友，但是我们都不懂这一点。她的父母把我父母的政治立场告诉了她，这些我根本不懂。就在那一年，形只影单的辛西娅转学了。而我则交到了其他朋友。

本章不仅描述了所有学龄儿童的相似性，也描述了可能日益显著的差异，比如身高、体重、健康、学习能力，等等。在本章结尾，我们将重点关注那些有特殊需求的孩子——他们需要朋友，却难以交到朋友。

>> 一个健康的时期

基因和环境因素都在保护着**童年中期**，即 6—11 岁这个阶段（Konner，2010）。致命的疾病和意外事故都极少发生。

遗传与教养使得这个阶段成了一生中最健康的时期（见图 11.1）。

比起幼儿和老年阶段，童年中期得遗传病的风险较小，严重事故和致命疾病在这个阶段也很少发生。在各个地方都如此。以美国为例，1950 年，5—14 岁儿童的死亡率为 0.07%，2010 年为 0.013%。即使是一些小病，如耳道感染、扁桃体发炎和流感，发病率也有所减少，这在某些程度上归功于医学和免疫医学的进步（National Center of Health Statistics，2013）。

发育缓慢，力量增强

不同于婴儿和青少年，学龄儿童的发育缓慢且稳定。生活自理对他们而言很容易，从穿衣服到洗头发，从给自己做午餐到步行上学。大脑的成熟使得他们能够安静地坐下来做功课，而不会折断铅笔，撕碎纸张，或者跟小朋友推推搡搡。总之，这个阶段的儿童与那些更年幼的儿童相比，变得自立得多，但是尚未受到青少年身体变化的冲击。

牙齿

对于儿童个体来说，换牙是一件大事。从 6 岁开始（女孩会比男孩早几个月）到青春期为止，乳牙将会被整套的恒牙取代。

对于社会而言，重要的是全民的口腔健康。60 年前，许多儿童既不刷牙，也不看牙医，几乎从不往饮用水里添加氟化物。这就是许多老年人的牙齿都残缺不全的原因。如果生活在发达国家，他们通常会佩戴假牙；而在贫困国家，他们只好在嘴巴里留着空洞或者镶几颗明晃晃的大金牙——在那些口腔医疗保健不发达的国家，这便是财富的象征。

而今，在一些发达国家，学龄儿童每天都要刷牙，并且在大多数地区——包括所有大城市——都在饮用水中加入氟化物。根据一项全美普查，在过去的 1 年里，大约有 75% 的美国儿童

观察力测验　从图 11.1 中的下图来看，9 岁和 19 岁儿童似乎是一样健康的。而在上图中却有着明显的差别，这该如何解释？（答案见第 372 页）

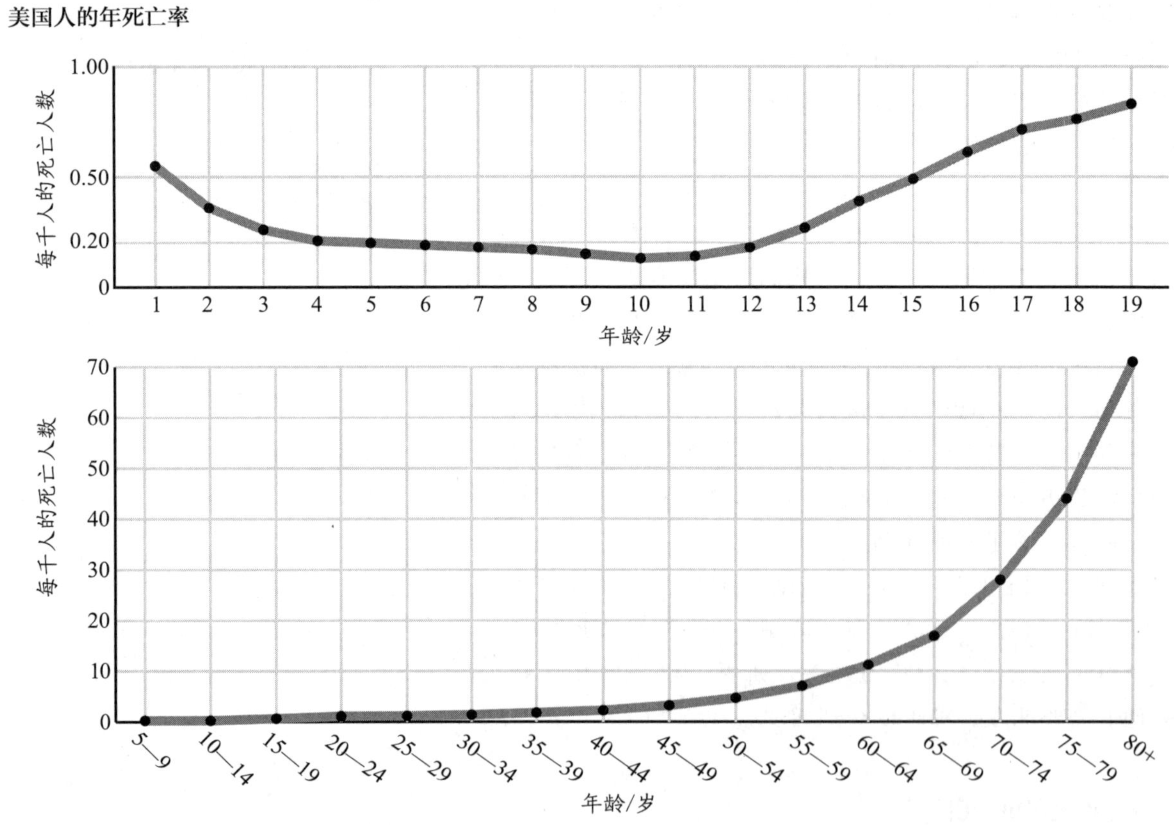

图 11.1

早期夭折？几乎没有！　从多方面的测量看，学龄儿童的生命力是非常顽强的。这些图表明，6—11 岁儿童的死亡率低于 6 岁或大于 11 岁的儿童，而且仅为成人的 1%。

去看过牙医，做过预防护理，他们当中约有 70% 的人牙齿很健康（Hiroko & Rozier，2013）。而那些存在口腔健康问题的孩子，他们的父母很可能来自较低的社会经济地位且不会说英语的群体。此外，在他们生活的社区，邻居们可能是不怎么互相帮助或相互信任的——显然，相互帮助的好邻居一定会督促你去看牙医（Hiroko & Rozier，2013）！

儿童的健康习惯

童年时期良好的健康习惯是成年后身体健康的保障。例如，儿童日常锻炼越频繁，他们成年后罹患卒中、心脏病的可能性就越低（Branca et al.，2007）。大多数儿童生来便拥有健康的体魄，这份健康既可能持续下去，也可能中断，取决于日常生活习惯，比如，饮食均衡、锻炼充分、睡眠充足、呼吸清新空气。不幸的是，那些因为经济或社会因素（比如，缺乏定期的医疗护理）而导致身体欠佳的儿童，终生都会身体虚弱，即使他们的社会经济地位在以后有所提高也无济于事（G. E. Miller et al.，2010）。

这一时期，儿童的习惯受同伴和父母的影响较大。当孩子们看到别人在做常规的健康护理时，他们的社会学习能力会促使他们去做同样的事。那些为患有哮喘、癌症、糖尿病、镰状细胞性贫血症以及其他慢性疾病的孩子而开设的夏令营或冬令营等活动，对孩子们而言是大有裨益的，因为那里既有其他孩子做榜样，又有知识渊博的老师来指导，这些都会帮助孩子们更好地呵护自己的身体。在青春期之前养成良好的健康习惯是至关重要的，因为青春期叛逆会导致一些患有慢性疾病的孩子对特定的饮食、药物、警示以及医生置之不理，除非他们早已把这些好习惯融入了日常生活（Dean et al.，2010；Suris et al.，2008）。

体育活动

除了在玩耍时获得纯粹的乐趣，体育活动的益处——尤其是学龄儿童能够理解并遵守的规则性游戏——是可以持续终生的。运动不仅促进了身体健康，还有助于提高学习成绩（Aarlson et al.，2008）。

那么，身体运动是如何改善大脑功能的呢？一项研究综述集中提出了几种可能的机制：首先是直接影响，比如增加了大脑的血流量，增加了神经递质；其次是间接影响，如收获了更好的心情，由此集中了注意力（Singh et al.，2012）。此外，和其他孩子一起玩游戏可以使儿童懂得如何与他人合作，学会解决问题，学会尊重背景各异的队友和对手。

熟练的手眼协调 童年中期特定运动技能的发展取决于文化。这个吹长笛的孩子已经能熟练演绎许多名曲了。

那么，儿童可以在哪儿获得这些益处呢？

邻里游戏

邻里游戏是灵活的。游戏规则和边界都与环境相适应（例如，“过了那棵树”或是“超过那辆停着的卡车”就算出界）。棍球、触身式橄榄球、老鹰捉小鸡游戏、捉迷藏以及其他许许多多的追跑打闹游戏都是孩子们可以玩个不停的——往往天黑了才不得不停下来。游戏是活跃的、互动的、包罗万象的——对于儿童来说再合适不过了。它也教给了儿童伦理观。正如一位学者所言：

> “孩子们玩抓人游戏、捉迷藏或是打篮球。他们与他人竞争，却又一直遵守规则，他们靠自我约束遵从规则，而不依赖于法官的评判。不遵守游戏规则的惩罚就是不许玩游戏，这其实就是社会排斥。”
>
> （Gillespie，2010，p.398）

对于学龄儿童而言，“社会排斥”就是他们为自己的一意孤行而付出的沉重代价。取而代之的是，他们学会了合作。不幸的是，邻里游戏在现代社会中日渐消逝，大片的空地基本不见了。

还有一个问题，就是父母对“危险的陌生人”的担心——尽管有专家曾经写道：“与在外面玩耍而被陌生人拐走的危险相比，孩子们待在室内缺乏运动而面临肥胖危险的发生概率大得多”（Layden，2004，p.86）。在每个国家，尤其是在美国，诸如写作业、看电视、玩电子游戏等室内活动常常将室外活动比下去了。正如一位澳大利亚学者所言：

> “澳大利亚的孩子是幸运的。在这里，我们的主流观点是孩子们的课后时间应该是他们的休闲时间。而在美国，越来越少的孩子可以享受这种休闲和娱乐。对于学习成绩不好的孩子来说，娱乐时间马上变成了补习时间；即使是成绩优秀的孩子，他们的课后时间也往往是在继续充电。”
>
> （Vered，2008，p.170）

拥抱树 这对马来西亚的姐弟在林中的一棵老树上，或是做着幸福的白日梦，或是进行着一场奇妙的探险——还有什么能比这更美妙？理想地说，世界上每一个孩子都可以如此幸运，然而，大多数孩子们不是这样的。

就把课后的娱乐时间变成学习时间而言，美国并不是最严重的。韩国尤其以高强度“影子教育”闻名，即父母们因希望提高孩子的成绩而为他们寻找课外辅导（Lee & Shouse，2011）。

世界各地的许多父母为孩子们报名参加一些可提供额外娱乐机会的邻里组织。文化和家庭影响着孩子们所参加的娱乐活动类型：有的学高尔夫，有的学网球，还有的学拳击。板球和英式橄榄球在英国以及曾为英国殖民地的地方（如印度、澳大利亚、牙买加）很流行。棒球在日本、美国、古巴、巴拿马和多米尼加共和国很常见；足球则是许多欧洲、非洲、拉丁美洲国家的核心运动。

不幸的是，那些社会经济地位低微或是身患残疾的孩子鲜有机会参与这种有组织的活动。因此，最有可能受益的孩子却最不可能参与这些活动，即使注册是免费的。其中的原因有很多，但结果总是令人悲哀的（Dearing et al.，2009）。

>> 观察力测验（第 270 页）的答案 观察纵轴可知，在 1—20 岁，每年的死亡率低于 0.1%。

学校锻炼

当邻里游戏难以为继时，学校的体育课便成了一个理想的选择。然而，由于学校顶着各种学科考试的压力，体育课和课间休息的时间也相应减少了。在美国得克萨斯州的小学进行的一项研究显示：24% 的孩子根本没有一点休息时间，仅有 1% 的孩子能享受每天数次的课间休息（W. Zhu et al.，2010）。

不幸的是，得克萨斯州并不是特例。一项针对全美逾万名小学三年级教师的调查显示，大约有 1/3 的儿童每天的课间休息时间少于 15 分钟。被剥夺课间休息时间的儿童往往是那些社会经济地位低微的儿童，他们被评价为“不服管教”的，且在各个城市、各个公立学校里都存在这种情况。与此同时，为他们安排的健身时间也较少。

很多研究者都指出“除非有成人陪同，否则许多社会处境不利的儿童是没有在邻里间串门的机会的，甚至不能在自家院子里溜达。对很多这样的孩子来说，课间休息时间是他们与其他孩子相处、锻炼自己的社交技能的唯一机会”（Barros et al.，2009，p.434）。因此，学校锻炼对那些最有可能需要的孩子来说是最不可能的——住在城市贫民区的居民出于安全的考虑而不让孩子们出去玩（Barros et al.，2009）。

当校区需要健身房时，教室可能太拥挤，不能让所有孩子自由活动。具有讽刺意味的是，许多学生在国际测验中取得高分的日本学校，通常有多次课间休息，每天累计超过 1 小时。室内体育馆和游泳池对日本公立学校而言是再普通不过的设施。

附属于学校或是其他机构的课外体育队对于 6—11 岁的孩子并不总是理想的选择。有时候，这些体育队会迫使孩子们练习那些更适合成人的运动，如棒球、篮球和橄榄球。

国家组织正在制订一些指导性方针，以防止七八岁的儿童在橄榄球练习中患脑震荡，防止小于12岁的儿童在冰球比赛中遭到全身性碰撞。我们清醒地知道，需要保护儿童免遭严重伤害的法规（Toporek，2012）。

为什么戴头盔？ 成人所组织的运动——比如这场橄榄球赛，球员年龄在7—8岁——可能对孩子造成伤害。对孩子来说，最好的运动是那些需要奔跑和团队合作的运动，而不是有太多身体碰撞的运动。

给体育老师的问题 一群四年级和五年级的孩子的父母请你帮忙说服学校管理部门建立一支竞技性运动队。你将会给这群父母什么建议呢？（答复见第275页）

小 结

学龄儿童通常是健康、强壮和能干的。基因和免疫措施保护着他们远离传染病，并且医疗意识和护理水平在过去的几十年里也有了长足的进步。此外，身体的发育会增加他们的力量、理解能力、协调能力、自理能力，使他们习得相伴一生的健康习惯。尽管邻里游戏、学校体育课以及社区体育联盟都提供了孩子们所需要的运动项目，然而这些运动或许只能让部分孩子受益。不幸的是，那些最需要运动的孩子往往最难享有这些机会。■

>> 童年中期的健康问题

慢性疾病如果影响上学、玩耍和友谊，就变得更麻烦了。有些疾病，包括妥瑞氏综合征、口吃以及过敏，经常会在学龄期恶化。即使是小问题，例如，戴眼镜、反复咳嗽、擤鼻涕或是有明显的胎记，也会使儿童难为情。

研究者逐渐认识到，每个生理问题和心理问题都受到社会环境的影响，反过来也会影响社会环境（Jackson & Tester，2008）。父母和孩子的关系不单单是回应性的：在一个动态系统中，个体和环境相互影响。【**生命全程链接**：动态系统理论在第一章讨论过。】现在，我们来讨论两个例子：肥胖和哮喘。

童年期肥胖

身体质量指数（BMI）是体重和身高的平方之比。**童年期超重**通常被定义为BMI高于第85百分位数，而**童年期肥胖**则被定义为BMI高于某一特定年龄儿童的第95百分位数。在2010年，美国6—9岁儿童中有18%的儿童属于肥胖（Ogden et al.，2012）。

童年期肥胖正呈一种全球性增长态势，墨西哥、美国、加拿大这三个北美国家的肥胖率自1980年以来已经翻了一番以上（Ogden et al.，2011）。不过，自2000年起，美国的肥胖率似乎趋于稳定，但中国的肥胖率增加了（Ji et al.，2013）。近年来，世界卫生组织采用了更低的健康与超重临界值，因此一些国际统计报告显示，儿童期肥胖率甚至更高了（Shields & Tremblay，2010）（详见“可视化发展”专栏）。

给教师的问题 班上有孩子超重，然而由于他的父母也是超重人群，所以对于是否该和他们讨论此事，你感到十分踌躇，因为你并不想冒犯他们。你该怎么办呢？（答复见第277页）

尽管美国的肥胖率已经趋于稳定，然而居高不下也是个问题。在6—11岁儿童中，大约有1/3的儿童超重，这其中超过一半都已达到了肥胖（Ogdene et al.，2012；详见图11.2）。

儿童超重与哮喘、高血压、高胆固醇（尤其是低密度脂蛋白）息息相关。随着超重的增加，孩子的

可视化发展

全球性的童年期肥胖

当下，在全球范围内，相比营养不良，肥胖已经造成了更多人的死亡。全球有超过 420 万名超重儿童。导致童年期肥胖的原因有很多，包括生物的、遗传的、社会的和文化的。垃圾食品广告便是一个具体的例子，它们常常将受众直接定位于儿童（详见下方）。

令人欣慰的是，我们为预防肥胖所付出的多方努力——包括母亲、幼儿园、儿科医生、杂货店，甚至是政府——已经降低了美国 2—5 岁儿童的肥胖率。2002 年，美国儿童的肥胖率还是 13.9%，到 2012 年已经降至 8.4%。然而，美国 6—60 岁人口的肥胖率一直居高不下，远超其他国家。

广告和肥胖

除了肥胖率，各国儿童与电视播放的垃圾食品广告接触的机会也不一样。除了那些鲜有儿童看电视的国家，电视播放的垃圾食品广告的数量与童年期肥胖有着相关关系。

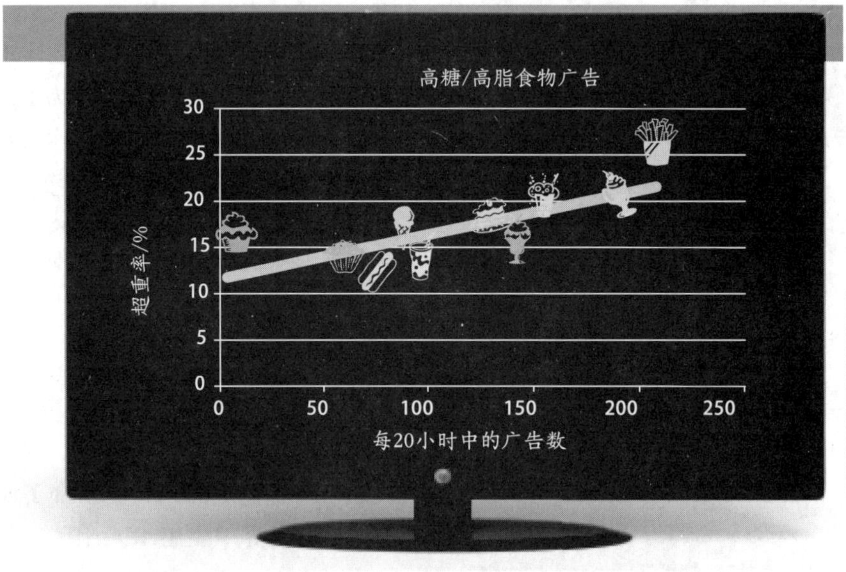

PHOTO: HERO30/ISTOCK/THINKSTOCK

SOURCE: LOBSTEIN, TIM, & DIBB (2005)

世界卫生组织关于儿童体育锻炼的建议

1 5—17 岁的孩子每天至少要有 1 小时的活动时间。

2 运动超过 1 小时可以带来更多的益处。

3 体育锻炼应以有氧运动为主。1 周要安排至少 3 次高强度运动。

世界卫生组织也建议每个成人进行日常锻炼，包括百岁老人。

2010 年美国儿童肥胖率

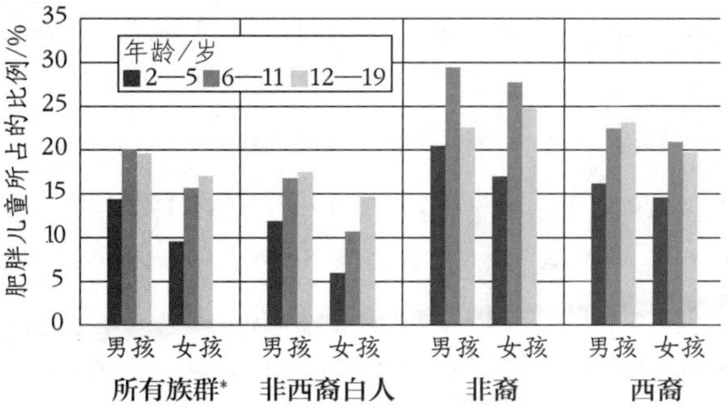

* 包括那些没有单独显示的族群。

来源：Ogden et al.，2012.

图 11.2

越来越胖 正如你所见，肥胖（根据美国疾病控制和预防中心 2000 年的标准，定义为 BMI 超过第 95 百分位数）的发生率随着儿童年龄的增长而增加。婴儿期的肥胖率在这里并没有显示。在每个群体中，婴儿期的肥胖率都很低。“所有族群”包括没有单独显示的族群的儿童，例如混血儿、亚裔美国人、夏威夷人、阿拉斯加原著居民和美洲印第安人。

观察力测验 通常情况下，2—19 岁人群的肥胖率逐年增长，然而，有个群体的男孩和女孩在青少年期超重的可能性远低于童年中期。这是哪个群体？为什么？（答案见第 277 页）

学习成绩会下降，自尊降低，孤独感增强（Harris et al.，2012）。如果超重儿童的体重一直没能减轻，那么他们成年后不太可能上大学、结婚或找到与自己能力相匹配的工作（Han et al.，2011；Sobal & Hanson，2012）。

>> 答复体育老师（问题见第 273 页） 和父母聊一聊想组建竞技性体育队的原因。让他们明白，孩子们需要体育运动，但有些竞技体育更适合成人而不是孩子。

给父母的问题 假如你老是在吃饭的时候开着电视，让孩子看某个新闻节目。你的初衷是让孩子在吃饭的同时了解世界。你认为这种行为有害吗？（答复见第 277 页）

科学视角

什么导致了童年期肥胖？

可能造成童年期肥胖的因素“没有上千个，也有上百个”，小到身体细胞，大到社会规范（Harrison et al.，2011，p.51）。考虑肥胖问题的一种方法就是想想那些可以减少肥胖的机会和行动，包括六大领域（碰巧其英文都是以 C 开头的）：细胞（cell）、儿童（child）、宗族（clan）、社区（community）、国家（country）和文化（culture）（见附录 A）。遗传（细胞）、家庭（儿童和宗族）和社会（社区、国家和文化）共同构成了导致肥胖的全部原因。

有超过 200 种基因通过影响活动量、饥饿、食物偏好、体型、新陈代谢而影响个体的体重（Gluckman & Hanson，2006）。携带一对 FTO 等位基因（16% 的欧裔美国人携带此基因）增加了患肥胖症和糖尿病的可能性（Fraying et al.，2007）。几乎每个月都能发现影响肥胖的新基因和等位基因，它们从不单独起作用（Dunmore，2013）。

知道肥胖有基因参与可能会减少人们将体重归咎于胖人自身的冲动，但是细胞水平上的问题是表观遗传的，基因也只是前面所提及的六类原因之一。此外，基因不能成为肥胖增加的理由，因为基因在相邻代际间很少改变（Harrison et al.，2011）。

然而，家庭的活动方式是会改变的，在过去的几十年里，的确如此。在由非母乳喂养的婴儿中，在看电视、喝汽水的学龄前儿童中，以及在乘车去上学、睡眠不足、很少进行户外活动的学龄儿童中，肥胖现象更为常见（Har et al.，2011；Institute of Medicine，2006；Rhee，2008）。

到童年中期，孩子们就要为自己的体重增加负责了，因为他们是具有消费力的——让大人为他们购买东西的能力（Powell et al.，2011）。他们常常缠着父母给自己买高热量食物，全然罔顾从老师或护士那里学到的健康知识——多参加户外运动和体育运动队等。

平均而言，20 世纪末，北美的家庭环境变得越来越糟糕。如今，这一趋势已蔓延至全世界。以儿童消费力为例，家庭规模越小，儿童消费力越强。从这个角度来说，童年期肥胖是避孕措施改进的副产品。

限制高糖高脂食物的举措与竭力推销零食以赚取利润的商家发生了冲突。然而，在制订政策上已经取得了一些成功，如要求学校提供更多健康食物，以及监控自动售卖机的分布地点以及售卖产品。

社区和国家可以做得更多，比如扩建公园、增加自行车道及人行道，以及减少给玉米油产业和糖产业的补贴。想要说服孩子改变饮食习惯，仅提供健康食物是远远不够的，环境和文化都具有重要作用（Hanks et al.，2013）。

文化敏感性是一个关键因素，因为每个族群都有自己偏爱的食物和家庭模式。与文化作对是不明智的，然而尊重文化并深入其中寻找方法可以更好地保护孩子。

例如，煎鱼可能是非裔美国人的特色饮食，但他们也可以考虑吃烤鱼和多样化的绿色蔬菜。墨西哥裔美国人偏爱米饭和豆类，但他们也可以尝试少用油或其他高脂调料进行烹制。而那些想融入“美式饮食”的移民则需要明白，快餐店和童年期肥胖息息相关（Alviola et al.，2013）。事实上，在美国，生于其他国家的成人比生于美国本国的成人肥胖率更低，但这些移民的孩子有更高的肥胖率——这个事实值得大家深思。

相比注意某个单一因素，动态系统的方法可能更胜一筹：毕竟，随着时间的推移，很多因素都会导致儿童超重（Harrison et al.，2011）。仅仅改变其中一个因素不足以有效地解决问题。对于本章开头提出的第二个问题，答复就是每个人至少都会犯点错。

哮喘

哮喘是一种发生在呼吸道的慢性炎症，可以使患者呼吸困难。哮喘会不定期发作，有时候，患者甚至需要送医院急救。对于儿童来说，这无疑是十分可怕的经历。尽管每个年龄段的人都可能患哮喘，但学龄期儿童的发病率是最高的（Cruz et al.，2010）。

在美国，现在儿童的哮喘发病率是 1980 年的 3 倍（详见图 11.3 中 18 岁以下儿童的现今发病率）。由父母报告的数据显示，美国有 10.2% 的 5—9 岁儿童患有哮喘；6.2% 的儿童在去年发作过（National Center for Health Statistics，2013）。

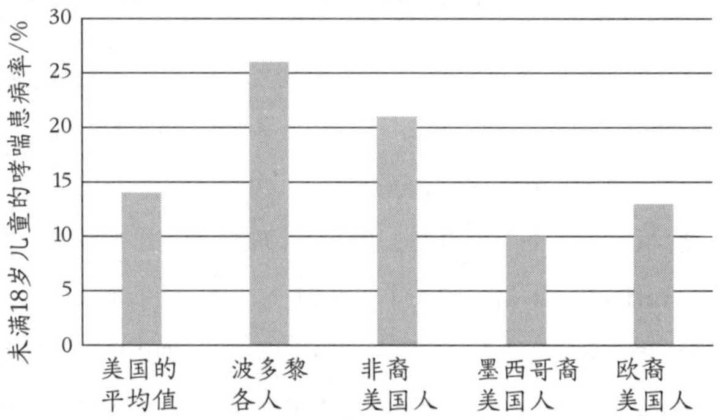

来源：Bloom et al.，2009；National Center for Health Statistics，2011.

图 11.3

呼吸并不轻松 在美国未满 18 岁的儿童中，有 14% 的人曾经患过一次哮喘。为什么波多黎各人和非裔美国人更容易患上哮喘呢？原因是先天还是后天的？是与基因有关的，还是与污染有关的呢？

研究者们一直在努力寻找哮喘的病因。他们发现，有些等位基因是哮喘的致病因素之一，但任何一个都不会单独起作用（Akinbami et al.，2010；Bosse & Hudson，2007）。有些等位基因会使哮喘变得难以控制，有些只会导致轻度、可控的哮喘症状（Almomani et al.，2013）。现代生活中的多种因素都会造成哮喘发病率上升——地毯、污染、宠物、窗户不通风、父母吸烟、蟑螂、户外活动频率低。然而需要重申的是，没有一个因素是单独的诱因，而且有些儿童对某些过敏原的敏感程度高于其他人。

有些专家提出了卫生假说（hygiene hypothesis），他们认为“在我们年少的时候，免疫系统需要与细菌战斗”（Leslie，2012，p.1428），而现在的儿童被过度保护，甚少接触病毒和细菌。父母出于对卫生的关心，竭力避免让年幼的孩子暴露在轻微的感染和疾病中，然而那些疾病实际上可以增强孩子的免疫力。这个假说获得了以下数据的支持：（1）第一个孩子比晚出生的孩子患哮喘的概率更高；（2）在农场生活的孩子患哮喘以及其他过敏症的概率低于其他人；（3）剖宫产（严格无菌的）生下的孩子患哮喘的概率更高。

然而，所有这些因素都不能证明卫生假说的正确性。在农场出生的孩子很可能被其他因素保护着——比如，喝未经高温消毒的牛奶，从事户外劳动，以及遗传了一些农场家庭共有的基因，而不是因为经常暴露在细菌多的地方（von Mutius & Vercelli，2010）。

哮喘的发生率随着国家富裕程度的提高而上升，这一点在2000年后的巴西和中国再明显不过了。越富裕的孩子，拥有越好的卫生条件，这是一种解释；而正在加速的城镇化也是一种解释，因为它与更多的汽车、更多的污染、更多的过敏原以及更好的医疗诊断相关（Cruz et al.，2010，p.1168）。卫生假说的一个观点就是“未来的情况会令人沮丧地变得更加复杂”（Couzin-Frankel，2010，p.1168）。

发展学家发现，缺课以及错过运动机会会危害童年中期儿童的健康和幸福感，由此看来，哮喘发病率的增加真是一件令人沮丧的事情。不过还好，这种情况是有望改善的。

现在我们来看一项研究，被试是133名有抽烟习惯的拉丁美洲成人，他们家中都有哮喘患儿。被试不一定有戒烟的意愿，但是他们同意让一个说西班牙语的顾问经常来他们家拜访（Borrelli et al.，2010）。这个顾问在儿童的卧室安装了一个烟雾监控器。1周以后，她会告诉这些成人，他们的孩子吸进了多少烟尘。接着，她进行了三次辅导活动，在尊重拉丁美洲文化传统的基础上，给这些成人提出了明确具体的戒烟建议。

3个月后，他们中有1/4的人彻底戒了烟，剩下的多数人都减少了吸烟量。儿童暴露在烟尘中的平均水平也下降到了原来的一半，哮喘发作也有所减少（Borrelli et al.，2010）。请注意，给父母提供关于孩子与烟尘接触的具体数据并给予他们一些鼓励，对于他们戒烟是大有帮助的。

其他研究也表明，大多数父母都希望好好照顾孩子（有很多人想知道该怎么做），许多成人，包括那些既不是父母又是拉美裔的人，他们也想保护好孩子，但是他们并不知道怎么做。比如空气污染，已被视作一个普遍的环境问题，但是很多成人都没有意识到它对孩子造成的危害。

>> 答复教师（问题见第273页） 与家长沟通，给予指导性帮助，而不是谴责家长（因为你知道，基因和文化才是导致肥胖的主要原因）。提醒家长，孩子超重可能会引发一些潜在的社会和健康问题。绝大多数家长对孩子的健康是极其看重的，会和你一起努力去提高孩子的饮食和锻炼水平。

>> 观察力测验（第275页）的答案 非裔人。原因暂不明了，但一个可能的解释是：与年幼时相比，非裔美国青少年更加意识到了社会之大，更有能力自主选择食物。但是，需要指出的是，在每一个群体的儿童和青少年中，体重超标的孩子都多于身体健康的孩子。

>> 答复父母（问题见第275页） 习惯性看电视与肥胖相关，所以你可能是在损害孩子的健康，而不是提高他们的智力。如果你将晚餐时间作为全家一起讨论世界时事的机会，那么孩子可能会有所获益。

小　结

有些孩子患有慢性疾病，影响了他们的学业和友谊。这其中就有肥胖和哮喘，它们在每个国家都呈增长趋势，并且都有遗传和环境的病因。童年期肥胖可能听起来无害，但是会导致同学间的交往问题，并且以后会导致严重的健康问题。儿童哮喘的危害更直接：患有哮喘的孩子经常缺课，经常被送到急诊室，或进行呼吸抢救。尽管不同儿童所面临的健康问题中有基因的影响，但家庭养育和邻里环境都会造成童年期肥胖和哮喘的增加。此外，很多社会性政策以及文化习俗也会使情况更糟糕。■

>> 脑发育

回想一下，其实情绪调节、心理理论以及左右脑协调都是在童年早期形成的。正在发育成熟的胼胝体连接着大脑两半球，使得个体能够保持身体平衡、双手协调；此外，髓鞘的形成也加快了思维与行为能力的发展。而前额叶皮层的成熟——大脑的执行部分——促使孩子们开始制订计划、实施监控和评估结果。在童年中期及其之后，这些神经系统继续发展。现在，让我们来看看童年中期儿童的进一步发展吧。

协调的连接

与日俱增的成熟使得“儿童在七八岁的时候，大脑内有了大量的神经连接”（Kagan & Herschkowitz，2005，p.220）。这些连接对于儿童必须完成的复杂任务是至关重要的，因为这需要众多神经元之间的协调配合（Stern，2013，p.577）。以学习阅读为例——这也许是学龄儿童最重要的智力成就——阅读并不是本能，我们的祖先从未阅读过，直到几个世纪前才有少数作家和学者把符号记到纸上，使它们有了一定意义。因此，大脑并没有像专门负责说话和打手势的脑区那样来专门执行阅读功能（Gabrieli，2009）。

既然大脑没有这样的特殊结构，那人是如何阅读的呢？答案就是“一个拥有大量神经连接的大脑”。阅读利用了大脑的好几个部分——负责接收声音的部分、辨认字母的部分、排序的部分、理解的部分，等等（Booth，2007）。

很多社交技能同样需要大脑的这些大量的神经连接——决定相信谁，理解什么是公平，解释模糊不清的手势和表情。幼儿在理解社交线索方面并不是那么精通熟练（这就是为什么大人会警告他们“不要和陌生人说话”）。而在童年中期，大脑各部分的连接使得儿童的社交决策明智了许多（Crone & Westenberg，2009）。

前额叶皮层需要历经几十年才能成熟。对于那些想成为火箭专家、股票分析师、脑外科医生的孩子们来说，现有的行为能力和社交技能根本不可能让这些遥远的梦想成真。尽管如此，大脑各部分之间的连接依然非常重要，因为一些神经科学家认为“社交或语言障碍就是由于大脑连接通路遭到破坏所致”，而不是因为神经元本身出了问题（Minogue，2010，p.747）。

快速思考，仍太慢

预先规划和冲动控制的能力受到更短的反应时的支持，**反应时**即对特定刺激做出反应所需要的时间。自出生直到16岁左右，随着髓鞘化，反应时一直在缩短。

一个简单的例子是你可以将一个飞来的足球踢给你的队友；一个更复杂的例子是你能算计什么时候该说些幽默风趣的话，什么时候该保持沉默。这取决于四种快速反应，不仅是：（1）意识到能够做个评论；（2）决定能评论什么；（3）考虑他人可能的反应；（4）在瞬间意识到什么不该说。

注意

神经系统的发展让儿童加工信息的速度更快，而且能够对周围环境中最为重要的事物特别留意。**选择性注意**是一种有选择地注意某些刺激而忽略其他刺激的能力，大约在7岁时就有了显著的进步。学龄儿童不仅注意到了各种各样的刺激物（这也是注意的一种形式），而且在几种可能性相冲突时，能选择合适的反应（Wendelken et al.，2011）。

注意 有些大人认为，计算机会使孩子们变得懒散，因为孩子们可以用计算机查找他们所不知晓的任何事情。但试想一下，孩子与30个同学坐在课桌旁听讲时的表情……也许计算机没那么差劲。

在教室里，选择性注意让儿童能够专心听讲，做简要的笔记，忽略分心的事情（这些在6岁时还有些困难，到10岁时则较为容易）。在喧闹嘈杂的自助餐厅里，孩子们能理解彼此的手势和面部表情，并做出反应。在棒球场上，较年长的儿童击球手能够无视对方球员的刻意干扰，而在球棒击球的瞬间，接球手开始迅速移动到最佳位置以顺利接球。

的确，选择性注意为学龄期逐渐发展成熟的所有能力奠定了基础，而其中，“相互协作的皮层区网络”（M. H. Johnson et al.，2009）是必备的。

自动化

在童年中期，大脑功能的最后一个进步就是**自动化**，即一系列想法和行为不断重复，直至变成自动化和程序化的过程。最初，几乎所有在意识控制下的行为都需要经过仔细地思考。经过多次重复后，随着神经元每每都按顺序依次激活，行为变成了自动化和模式化的。此时就不需要想那么多了，因为一个神经元的激活引起了连锁反应——这就是自动化。

让我们重新考虑一下学习阅读的过程。首先，眼睛（有时需要用手指着）要专心地看，费力地辨认字母，并一一读出它们。这能让儿童进一步形成对音节和单词的知觉。最后，这个过程变成了自动化的过程，例如，当你读这本书时，自动化使得你能专注于这些概念，而不用考虑每个笔画。再比如，当你行驶在高速公路上的时候，你在不知不觉间就浏览了那些你本来并不想看的广告牌。

自动化对任何一种技能的学习都有帮助。在学习说第二语言、背诵乘法表或书写某人的姓名时，起初都很慢，但逐渐就变成自动化的。童年期习得的习惯和惯例将使人终身受益，即使没用，也很难打破。这就是自动化。

心理测量

在远古时代，成人如果身体强壮且能生育后代，通常就足够了。虽然有智慧的人会受到人们的景仰，但大多数人都不具备快速、深刻的思考能力。然而到了 20 世纪，一个愚蠢的人即使强壮且能生育，也不会受到赞美了。因为智力变得越来越重要，很多测量智力的方法也被发明出来了。不过你将会发现，没有哪种方法是完全精准的。

能力倾向、成就与智商

在理论上，**能力倾向**指掌握一种特殊技能或学习某种知识体系的潜能。前面谈及的描述脑功能的词——反应时、选择性注意和自动化——可能是能力倾向的基础。然而，传统的能力倾向测量是用**智商（IQ）测验**而不是脑部扫描。其潜在的理论假设是，存在一种一般智力（通常被简称为 g），一般能力倾向可以通过智商测验来测量。

最初，智商分数就是字面的意思，即心理年龄（儿童在智力测验中达到特定分数的平均实足年龄）除以儿童的实足年龄，再用这个相除的结果（即商数）乘以 100。显然，如果一个孩子的心理年龄与实足年龄相同，那么商数就是 1，相应地，他的智商就是 100，正好等于他这个年龄段儿童的平均智商。

因此，一个有着 6 岁心智的 6 岁孩子，他的智商就是 $6/6 \times 100=100$。而如果一个 6 岁孩子的答题水平达到了一个普通 8 岁孩子的水平，那么他的智商便是 $8/6 \times 100$，即 133。如今，测量智商的方法虽然越来越复杂，但是得分若落在 100 的一个标准差以内（85 ～ 115），仍被视作平均智商（见图 11.4）。

在理论上，成就指实际学习的结果，而不是学习潜能（能力倾向）。学校的**成就测验**参照的是各年级的常模分数（成就测验有一套具有代表性的国家常模）。比如，若三年级学生的阅读测验成绩中等，在阅读方面，他们就达到了三年级水平。【**生命全程链接**：在第十二章中将继续讨论成就测验。】

然而值得注意的是，那些阅读水平为三年级的儿童可能是任何年龄的。实际上，如果是三年级的学生，那么他们的阅读成绩恰好就是所在年级的水平，而不管他们是 7 岁、8 岁还是 9 岁。智商测验会考虑年龄因素，但成就测验并不考虑。

能力倾向和成就测验都有个“*在理论上*”为前提，因为尽管潜力和成就被认为有差别，但从数据看来，它们存在明显的重叠。不论是对个体、儿童群体还是对国家而言，智商分数和成就分数都存在很强的相关性（Lynn & Mikk，2007）。

能力倾向曾经一度被认为是与生俱来的、稳定的品质。然而纵向研究数据否定了这种观点。低智商的年幼儿童成年后智力有可能超出平均水平甚至成为天才，正如我的外甥戴维（在第一章中提及过）。的确，对于整个国家而言，在过去的一个世纪，平均智商每隔 10 年就会有实质性的提升——这种现象被称作**弗林效应**，以第一个描述该现象的研究者弗林命名（Flynn，1999，2012）。

大多数心理学家现在达成了共识，认为大脑就像一块肌肉，会受到心智训练的影响——心智训练常常受到社会环境的鼓励或劝阻。脑部扫描显示，每个人大脑神经结构的生长或萎缩都依赖过去在语言、音乐以及其他领域的学习经验（Zatorre，2013）。

无论是否相信存在 g 因素，即一般智力，几乎所有学者都接受了智商会随着年龄发生改变的观点。在童年中期，思维速度对于获得高智商分数尤其关键。当然，工作记忆也是智力的基础（Demetrious et al.，2013）。思维速度和记忆都受个体经验的影响。

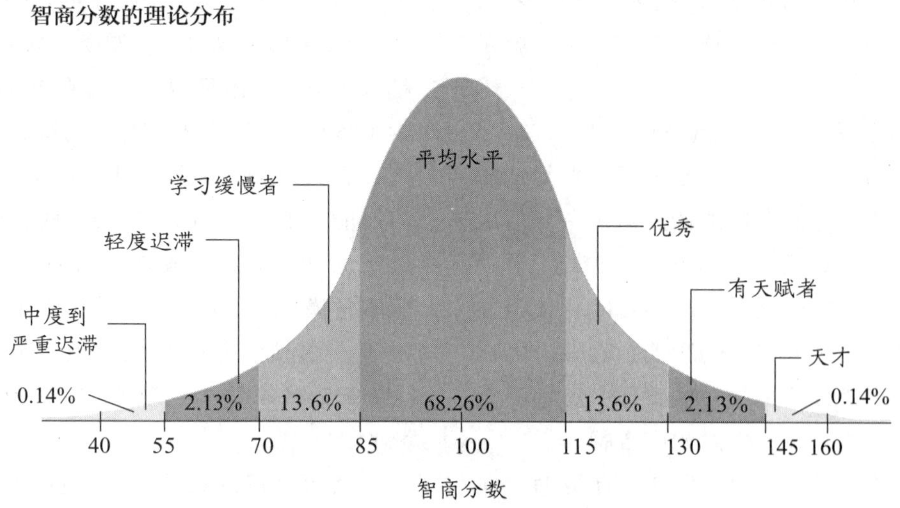

图 11.4

理论上，大多数人都处于平均水平 几乎 70% 的人的智商分数都处于正常范围内。然而值得注意的是，这只是一项常模参照测验。实际上，许多国家的智商分数都高于该分布；准确地说，100 不再是中点值。此外，在实际测量中，智商分数低于 50 的人口比例比图中正态曲线显示的略微多一些，因为严重迟滞不是正态分布的结果，而是遗传和产前因素导致的。

观察力测验 如果一个人的智商是 110，那么他属于哪一类人？（答案见第 281 页）

对测验的批评

智商分数随时间改变这一事实使得智力测验不像人们曾认为的那样确定无疑。一个更根本的问题是，任何单一的测验是否能够测量人类复杂的大脑。批评直指智力测验，因为那些测验假定存在 g 因素——一般能力倾向。但根据某些学者的观点，儿童遗传了许多能力，有高有低，并不存在任何 g 因素（例如，Q. Zhu et al.，2010）。

其中两个最重要的发展学家（斯滕伯格和加德纳）认为，人类拥有**多元智力**而不仅仅是单一智力。【**生命全程链接**：斯滕伯格的三元智力理论将在第二十一章讨论。】加德纳的构想则与童年中期直接相关，因此这些观点影响了很多小学的课程。例如，儿童可通过海报和绘画来展示他们对某个历史事件的理解，而不是写一篇带有参考书目的报告。

加德纳最初提出了七种智力成分：语言、逻辑－数学、音乐、空间、身体运动、人际（社会理解）以及自我认知（理解自我）。每一种智力都与特定的脑区相联系（Gardner，1983）。随后，他又添加了第八种智力成分——自然智力（理解自然，如在生物学、动物学或农耕方面的认识）和第九种智力成分——精神 / 生命智力（对生死的思考）（Gardner，1999，2006；Gardner & Moran，2006）。

给教师的问题 以加德纳的九种智力成分为指导去设计教学课程分别有哪些优缺点？（答复见第 281 页）

尽管每个正常人都拥有九种智力成分，但加德纳认为，每个个体都在特定的智力上有所擅长。例如，有些人在空间智力上存在优势，但在语言智力上有所欠缺（一个视觉艺术家无法用语言描述她自己的作品）。又比如，有些人在人际智力上存在优势，却缺乏自然智力（一个机敏的临床心理学家养不活室内绿色植物）。

加德纳发现，文化和家庭会抑制或者鼓励特定智力的发展。比如，一个出生在音乐世家、有着音乐天赋的孩子比起一个出生在乐盲家庭的孩子，更可能在音乐智力上有所发展。

另一项对智力测验的批评源于多元文化视角。每个测验都反映了编制者、指导者和测验者所处的文化背景。这在成就测验中体现得非常明显：一个小孩可能由于学校、老师、家庭或是文化的原因获得低分，而这与其能力无关。不过，智力测验仍在使用，其中一个原因就是成就测验并没有很有效地反映个体的能力倾向。

然而，能力倾向测验的分数也会受到文化因

素的影响。有些学者曾尝试编制不受文化影响的能力倾向测验，他们请孩子们辨认图片、描绘形状、复述故事、单脚跳、叫出同学的名字、给物品分类，等等。

但即使是这种测验，也与文化有关。一组报告称，当被要求用铅笔作答时，苏丹儿童的平均分下降了 40 分，原因是：他们没有用过铅笔（Wicherts et al.，2010）。相反，大多数美国儿童在 2 岁前就开始用马克笔（标记笔）了，到学龄期，自动化使得他们在写字时不需要费神考虑怎么抓握、移动一个书写工具。就连主试是陌生人这种小细节也会导致测验的文化偏差。

大脑扫描

还有一种测查能力倾向的方法是直接测量大脑，这就避免了书面测验或单独提问的缺陷。神经学的测量有时候不一定都与书面的智力测验相关联，这导致一些神经学家认为智力测验并不准确。但同样，对于大脑扫描的解释也不明确。例如，尽管较少的大脑活动意味着较低的智力，但这个说法虽看起来符合逻辑，结论却是错误的。

实际上，年幼儿童脑部的许多区域都是同时激活的，而通过练习达到自动化后，会减少对大脑活动的需要，因此最聪明的孩子被激活的脑区反倒可能更少了。一些研究发现，一个厚厚的大脑皮层与更高的能力相关，并且天资过人的儿童的大脑皮层的厚度生长得更为缓慢（Karama et al.，2009；Miller，2006）。此外，创造力高的儿童的大脑模式不同于那些高智力的儿童（Jung & Ryman，2013）。天才的思维模式是个谜，需要进行更多的脑研究。

然而，神经学家基本都认可以下三个结论：

1. 大脑发育依赖于个体的特殊经历，因为“大脑、身体、环境是……动态连接的”（Marshall，2009，p.119），因此任何脑部扫描都只是在进行的那一刻是准确的。
2. 大脑发育会持续终生。童年中期非常重要，但是这之前和之后的发展也很重要。
3. 有心理障碍的儿童通常有不同寻常的脑模式，训练他们的大脑可能有助于情况的改善。然而，大脑的复杂性和诸多的正常变异意味着神经科学的诊断和治疗远不够完美。

由此引出了本章最后的话题——有特殊需求的儿童。

>> 观察力测验（第 280 页）的答案　他位于智商的平均水平。任何智力测验得分在 85 ～ 115 的人都属于平均水平。

>> 答复教师（问题见第 280 页）　优点是所有孩子都能学习到更多领域的人类知识，许多孩子都能发展他们的天赋。艺术、音乐以及运动都应该成为教育的组成部分，而不仅仅作为学习之余的休闲活动。缺点是它们会占用学习阅读和数学的时间和精力，这可能会导致孩子在这些科目的标准测验中的成绩下降，从而受到父母和监护人的批评。

小　结

在童年中期，神经系统的成熟使得儿童的反应速度更快、更自动化。选择性注意使得他们能够在学习和玩耍时专心致志。能力倾向测验，包括智商测验在内，将个体的心理年龄和实足年龄进行了比较，而真正的学习能力则通过成就测验来测量。

智商分数比最初设想的还要富有变化，因为儿童和文化都要适应变化的情境。一些科学家认为，某种能力，如思维速度和工作记忆，加强了一般智力（被称为 g 因素）的基础。

传统上认为智力以单一的、潜在的能力倾向为基础的观念受到一些科学家的质疑。他们认为，人们不止有一种智力，而是有多元智力。对传统智力测验进一步的挑战源自社会科学家，他们在孩子受教育的过程中发现了显著的文化差异；挑战也来源于神经科学家，他们发现大脑活动与智力测验的分数并不可靠地相关。■

>> 有特殊需求的儿童

发展心理病理学把一般的发展研究与有关发展障碍的研究相结合（Cicchetti，2013）。之前介绍的每个主题，包括“遗传学、神经科学、发展心理学……都必须结合起来，去理解心理疾病是如何形成的，又该如何预防”（Dodge，2009，p.413）。

首先，应该强调一下发展心理病理学的四条基本原理。

1. **异常行为是正常的。**大多数儿童有时会有举止古怪的行为。同时，有严重障碍的儿童在很多方面和其他人没什么不同。

2. **能力低下会逐年发生变化。**多数障碍具有**共病**性，这意味着同一个人身上同时存在着一种以上的问题。在特定时期，哪种特殊障碍最能致残会随着损伤程度的变化而变化。
3. **成年期的生活可能会改善，也可能会更糟糕。**这难以预测。许多有严重残疾（例如，失明）的孩子有可能成为卓有成效的成人。相反，有些状况（例如，品行障碍）可能会变得更加糟糕。
4. **诊断和治疗反映了社会背景。**在动态系统中，每个个体都与周围环境进行着互动——包括家庭、学校、社区以及文化——因而会矫正、恶化甚至是引发新的心理疾病。

原因与结果

发展心理病理学在人生的每个时间点都是被研究的主题，因为“人生的每一个阶段，从产前期到老年期，都要迎接新的生理和心理的挑战、优势以及劣势”（Cicchetti，2013，p.458）。转折点、机遇以及以往压力的影响在每个年龄段都会出现，这一点在我们对于表观遗传学、三级预防、环境中的毒素以及其他多处的讨论中都曾提及。

然而，正是在童年中期，孩子们第一次按年龄被分班，并且如所期待的那样，开始按照作息时间表来学习。某些父母和孩子突然间感觉到某个孩子和同龄的其他孩子有了显著差异。幸运的是，若是在早期采取针对性的治疗手段，大多数异常是可以得到缓解的。

这有一个问题：尽管早期治疗更有可能成功，但尽早且精确的诊断是一件难事。这不仅仅是因为许多疾病是共病性的，还因为症状随年龄的变化而产生了变异。正如你在第七章所学的那样，婴儿有气质差异，有些可能会成为问题，有些可能不会。在第十章中也曾说过，有些攻击行为是正常的。一种不寻常的行为什么时候会预示严重的问题呢？差异并不一定是缺陷，然而也不一定是好事。

发展心理病理学的两个基本原理提醒我们，诊断和治疗必须谨慎（Cicchetti & Toth，2009；Cicchetti，2013）。第一个原理是**多效性**，即一个原因可能最终有许多（多重）临床表现。例如，一个应激激素过高的婴儿到幼儿园时可能会成为一个过度警惕或者异常淡定的孩子，可能很容易生气或哭泣，也可能根本不受影响。

第二个原理是**等效性**（最终结果相同），这意味着一种症状可能是由多个原因造成的。比如，一个小孩不说话可能是因为孤僻，或者存在听力障碍，或者不习惯主流语言，也可能是病理性的害羞。

诊断的复杂性在第五版《精神障碍诊断与统计手册》（*Diagnostic and Statistical Manual of Mental Disorders*，DSM-5；American Psychiatric Association，2013）中已阐述得很清楚了。我们在这里只关注三种障碍（注意缺陷/多动障碍、学习障碍和自闭症谱系障碍），借以说明之前提到过的那些基本原理。在附录A中列出了DSM-5中有关这三种障碍的诊断标准。

注意缺陷/多动障碍

患有**注意缺陷/多动障碍（ADHD）**的人会持续表现出注意力不集中的行为模式，并且可能会对导致其发展或机能失调的因素表现出异乎寻常的兴奋和冲动。与先前的诊断标准相比，DSM-5中有关注意缺陷/多动障碍的界定标准使得更多人被确诊为注意缺陷/多动障碍。例如，早先的诊断标准是注意缺陷/多动障碍的发病年龄在7岁前，而现在被修改为12岁之前。早先，注意缺陷/多动障碍必须损害日常生活；现在，日常生活仅需要受到影响。

从本质上说，患有注意缺陷/多动障碍的儿童比起其他正常儿童更容易分心且有过多的动作。比如，坐着写作业的时候，他们会四处张望、问问题、喝水、扭来扭去、坐立不安、敲桌子、抖腿、上厕所，之后还会再次重复这些流程。父母们或许可以忍受这种情况，但是管理着一个班级的教师们却忍受不了。不出意外，这样的儿童往往会存在学习上的问题；他们更难从高中或大学毕业，长大后若从事案头工作，对他们来说无疑是一种煎熬。

诊断的问题

有关注意缺陷/多动障碍诊断的一个主要难题就是它不存在生物性标志（比如，血液中的某种物质或是大脑某处的畸形），有些患注意缺陷/多动障碍的孩子就是无法静静坐着保持注意力集中。这些孩子可能会遭到惩罚并且被排挤，就因为他们和其他孩子不一样。

此外，注意缺陷 / 多动障碍还与其他各种疾病共病，既包括失眠和过敏反应在内的一些生理问题，也包括我们即将讨论的一些心理问题（Miklowitz & Cicchetti，2010）。这就是等效性的一个例子，因为爆发性的躁狂以及随之而来的深深的懊悔对于那些患有多种疾病（包括注意缺陷 / 多动障碍）的孩子是很典型的事情。

尽管美国 1980 年对注意缺陷 / 多动障碍患者的统计比例只有 5%，但最近的数据表明，已有 7% 的 4—9 岁孩子，13% 的 10—13 岁孩子，15% 的 14—17 岁孩子被确诊为注意缺陷 / 多动障碍（Schwartz & Cohen，2013）。虽然在耶鲁大学任教的儿科神经病学家（Graf，引自 Schwarz & Cohen，2013）已经把这些比例称为天文数字，但其实这些比例中还未包括那些尚未被诊断出患有注意缺陷 / 多动障碍以及那些被初步诊断为其他疾病的孩子。

注意缺陷 / 多动障碍的发病率在大多数国家都比美国低。但是全球各地的发病率都在增加（如，Al-Yagon et al.，2013；Hisa & Maclennan，2009；van den Ban et al.，2010）。注意缺陷 / 多动障碍确诊人数的增加让我们产生了以下三种担忧：

- **误诊**。如果本是另外一种疾病而被误诊为注意缺陷 / 多动障碍，据此采取的治疗手段可能会使问题恶化，而不是使之缓解（Miklowitz & Cicchetti，2010）。许多精神治疗药物会改变情绪状态，所以一个患有躁郁症的孩子（严格来说应该称作躁狂—抑郁症）服用治疗注意缺陷 / 多动障碍的药物后，病情可能会恶化。
- **药物滥用**。尽管用药物来减缓注意缺陷 / 多动障碍的症状实际上是一种减少后期药物滥用可能性的行为，然而有些青少年可能会为了合法获得一种常被滥用的药物——安非他明——去求得一张注意缺陷 / 多动障碍的诊断书。
- **正常行为被视作病态**。对于年幼的孩子来说，活力四射、冲动和好奇是很正常的，但是对父母和教师来说，这些特点可能是令人崩溃的。有些正常的孩子尽管会随着时间变得成熟，却被认为是不正常的。被确诊为注意缺陷 / 多动障碍的男孩至少是女孩的 2 倍——也许有某些潜在的性别歧视影响着诊断。

给健康工作者的问题　父母们请你开些药用于改善孩子的状况，因为他们过于活跃、难以掌控。你该怎么回应？（答复见第 284 页）

对注意缺陷 / 多动障碍的治疗一般有几种方式：（1）对家庭和孩子进行咨询和训练；（2）告诉教师们怎么帮助这些孩子学习；（3）药物治疗。但是，正如等效性告诉我们的，大多数疾病的病因都不相同，所以对某个孩子有效的治疗手段不见得对其他孩子也有效（Mulligan et al.，2013）。由于许多成人对孩子的所作所为感到困扰，又因为任何医生都可以用一纸处方使一个孩子很快地安静下来，所以发展学家会担忧有许多孩子存在用药过量的问题。

注意缺陷 / 多动障碍和其他疾病的药物治疗

在儿童疾病中，最常见也最具争议的治疗手段就是药物治疗。在美国，超过 200 万的未成年人服用处方药来矫正他们的情绪和行为。这个比例在青少年中大约是 14%（Merikangas et al.，2013）；在 6—11 岁儿童中，比例大约为 10%；在 2—5 岁儿童中则不到 1%（Olfson et al.，2010）。

治疗注意缺陷 / 多动障碍最常见的处方药就是哌甲酯，但是至少还有 20 种其他的精神药物可用于治疗抑郁、焦虑、发育迟缓、自闭症、躁郁症以及童年中期出现的种种其他问题。因为几乎没有哪种精神药物在孩子身上得到过充分的检验，所以许多药物都“不在使用范围”内，这就是说，它们没有被批准在特定年龄或患有特定疾病的病人身上使用。美国公众大多对所有针对儿童的精神治疗药物持怀疑态度（Moldavsky & Sayal，2013；Rose，2008）。其他国家也是如此。在中国，很少有父母给自己的孩子服用精神治疗药物：一个患有注意缺陷 / 多动障碍的中国儿童会被认为更需要得到行为矫正而不是药物治疗（Rongwang et al.，2013）。

许多儿童心理学家认为药物是有帮助的，他们担心公众没有注意到孩子们的严重障碍，并由于没有被认识到或得到治疗，而导致灾难性后果和失去学习能力。但是他们同样也对药物表示担忧（Mayes et al.，2009）。找到最适合的药物以及用药剂量是一件难事，部分原因在于每个孩子的基因和性格都是独一无二的。

此外，由于体重和新陈代谢的情况会逐年变

化，所以就算一次剂量用对了，下一次用同样的剂量也是不妥的。仅仅只有一半服用精神药物的孩子会同时接受心理健康专家的评估和检查（Olfson et al.，2010）。

大多数发展学家认可药物可以帮助孩子们解决情绪问题，特别是注意缺陷/多动障碍（Epstein et al.，2010）。也有很多发展学家认为应该先尝试用情境干预的方法（在管理孩子方面，对父母和教师进行指导）（Daley et al.，2009；Leventhal，2013；Pelham & Fabiano，2008）。值得注意的是，个体治疗需要分别为每一个孩子找到最合适的药物。

相反，父母们对使用药物的态度往往或赞同，或反对，而不是持中立态度。一项对注意缺陷/多动障碍患儿父母的研究发现，大约有20%的父母认为永远都不应该对孩子使用药物治疗，约29%的父母认为药物治病是很有必要的（dosReis et al.，2009）。另一项研究发现，在美国仅有大约一半（56%）的注意缺陷/多动障碍患儿的父母每天都给孩子服用药物（Scheffler et al.，2009）。

非裔美国儿童以及西班牙裔儿童几乎不太会被诊断为注意缺陷/多动障碍，尤其在没有医疗保险的情况下（Morgan et al.，2013）。这其中的原因包括不成体系的医疗服务以及对医生的不信任（Miller et al.，2009）。

公众态度和研究数据的不一致导致一些原本可以从药物治疗中获益的孩子从未得到过治疗，而有些孩子的用药情况没有得到必要的监管。其实，即使接受药物治疗，问题也无法完全解决。

以一组来自美国和加拿大多个城市的注意缺陷/多动障碍患儿为例，他们接受了适当的药物治疗，并经过细致的检测，症状有所改善。然而，8年后，许多人都停止了服用药物。随后的研究发现，不管是继续服用药物的人还是停止服用药物的人，都存在学习障碍（Molina et al.，2009）。

若用得合理，那些治疗注意缺陷/多动障碍的药物也许能帮助孩子们交到朋友，跟上学习进度，感到更加快乐并且表现得更好。这些药物似乎对于治疗青春期和成年期的注意缺陷/多动障碍病例也有效果（Surman et al.，2013）。然而，正如刚刚引用的纵向研究所发现的，问题并不会消失：那些在小时候就被诊断为注意缺陷/多动障碍的青少年和成人很少取得学业的成功或拥有健康的人格，不管他们是否服用了药物（Brooke et al.，2013）。药物或许有帮助，但并不是解决之道。下面的“个案研究”专栏会进一步阐明这一点。

>> 答复健康工作者（问题见第283页） 药物可以帮助一些过度活跃的孩子，但并不能帮助所有孩子。它可能对这个孩子有效果，但我们应该先尝试其他形式的干预。请安抚父母们对孩子的担心，但记得指导他们求助于研究童年早期问题的专家，来对孩子进行评估并给出建议。针对特定的情况采用特定的行为管理工具才是首选策略，而不是使用药物。

特殊学习障碍

DSM-5 对于**特殊学习障碍**的诊断既包括知觉的缺陷，也包括信息加工的缺陷，它可能导致个体在学业的各个领域都只能取得低成就。学习障碍使得一些人难以掌握一门特定的技能，即使这对大多数人来说都是十分简单的事情。根据加德纳的多元智力理论，几乎每个人都有一种或是两种特定的缺陷。有人可能很笨拙（身体运动智力低下），同时也有人喜爱放声歌唱却常常跑调（音乐智力低下）。

大多数学习障碍都是不碍事的（比如，跑调的歌手可以在合唱时选择沉默）。但是作为学生，必须学习阅读和数学，若是这两者中有一项存在缺陷，就会显著降低学业成绩，使得孩子感到自己的能力不足、羞愧，甚至觉得自己很蠢。值得庆幸的是，这些孩子可以找到（或者是被引导到）其他方向进行补偿：他们学会了应对策略，并且成年后会展现出其他能力。温斯顿·丘吉尔、阿尔伯特·爱因斯坦以及汉斯·克里斯汀·安徒生在童年时都被认为是有学习障碍的孩子。

阅读障碍

最常被诊断出来的学习障碍就是**阅读障碍**——在阅读上存在异常的障碍。没有哪项测验可以精确地单独检测出阅读障碍（或者任何学习障碍），因为每种学习成就都包括许多不同的因素（Riccio & Rodriguez，2007）。一个有阅读障碍的孩子可能难以读出单词，但他可能在阅读理解以及教材记忆上表现突出。另一个孩子的症状则可能相反。我们已经发现了阅读障碍的几十种类型以及病因。

早期理论假设视觉障碍——比如，字母反转（把saw看成was）以及镜像书写（把d写成

个案研究

琳达病情的恶化

即使同是专家，在诊断和治疗上也会存在分歧。例如，有一项研究要求 158 名儿童心理学家来诊断一个有如下症状的 11 岁女孩。

“父母都说琳达过度活跃，当她还在蹒跚学步时，她的举止就没有分寸，并且无法克制自己的行为……琳达从 8 岁起就开始服用数种兴奋剂。虽然她智力正常，在学校里却是差生……在学校，她是个叛逆并且懒惰的学生，但并不会在班上搞破坏。8 岁的她在心理测验中获得的评价是易冲动，常常讨论一些与她正在做的事情无关的主题，间歇性地表现出愤怒和焦虑，显著高水平的生理活动，很难做到一动不动地坐着，常常会东摸西摸。在过去的 1 年里，琳达变得非常急躁易怒，极具破坏性，且反复无常。她常常挑衅他人，对小动物和小朋友都十分残忍。在与同伴和家人的相处中，她对于性表现出了不恰当的行为，其中包括对网上的黄色内容以及《花花女郎》（*Play Girl*）等杂志十分感兴趣，拥抱同伴甚至是亲吻同伴，等等。她开始变得很浮夸，她告诉父母，她要去上医学院，成为一名音乐制作人、一名职业摔跤手或者是一名杂技演员。在这段时期，她父母的婚姻存在很多问题。”

（Dubicka et al.，2008，appendix p.3）

这里的问题是什么？大多数（81%）临床医生将琳达诊断为注意缺陷 / 多动障碍，并且大多数医生都认为她还有其他病症。在这项研究中，大约有一半的临床医生是英国人，另外一半是美国人。美国医生更倾向于认为琳达还有第二种或者是第三种疾病，其中，75% 的医生认为琳达患有躁郁症。然而，只有 33% 的英国医生同意这一点，并且更倾向于把琳达诊断为适应性疾病（Dubicka et al.，2008）。

临床医生的诊断常常无法反映患者的家庭背景和教师对患者的态度。从发展的角度来看，这一点是值得引起注意的。8 岁时做的心理测验好像也只针对琳达一人，却忽略了她的父母。琳达在学校上的是普通班。事实上，由于先天以及后天的原因，那些患有注意缺陷 / 多动障碍或者情绪障碍的父母更可能养育出有病的孩子，因而为这些患病父母做检查并尽可能地提供治疗是一件有意义的事情。

在这个案例中，琳达的父母认为她自幼便有注意缺陷 / 多动障碍；一个儿科医师认可了这一点并且在琳达 8 岁时就给她服用药物。现在 11 岁的她，病情似乎恶化了，而不是好转了。同时，她父母之间的敌意越来越深。专家们存在分歧，有部分原因是文化差异导致的。

我们无从得知，若是在琳达年幼时就对其整个家庭进行强化干预，会有怎样的结果。用家庭系统、生命周期的观点来看，如果早些时候就建立起父母联盟来一起帮助琳达，那些婚姻问题可能就不会出现。无论如何，发展心理病理学的四个原理提醒我们，需要考虑发展规律以及社会环境。它们可能会有益于病情的改善，而这是 3 年的药物治疗都没有做到的。

b）——是阅读障碍的成因，但是我们现在知道，阅读障碍常常会引起说话和听力障碍（Gabrieli，2009）。如果孩子到了 3 岁还口齿不清或者没有出现命名爆炸，就需要敲响警钟了。【**生命全程链接**：关于命名爆炸和语言获得的过程在第六章有所阐述。】早期的语言障碍矫正不仅可以提高说话能力，对于减轻甚至是预防阅读障碍也大有裨益。

传统的观点认为，尽管孩子的智力、听力和视力正常，行为举止也正常，但只要他有阅读困难，就会被诊断为阅读障碍。然而，DSM-5 允许共病诊断（DuPaul et al.，2013），许多患有注意缺陷 / 多动障碍的孩子被诊断为学习能力低下。的确，在美国，患有注意缺陷 / 多动障碍的孩子无法得到特殊教育，但是患有语言或学习障碍的孩子可以享受特殊教育，所以人们常常会寻找一种共病诊断。

计算障碍

相似的，数学方面的学习能力低下被称作**计算障碍**。阅读障碍和计算障碍常常有共病性，尽管它们起源于不同的脑区。关于数数和数概念的早期帮助（远早于小学一年级）有助于预防孩子因觉得自己十分愚蠢而产生情感焦虑（Butterworth et al.，2011）。

请记住，在童年早期，大多数孩子都可以在看到一连串的点时，估计出有多少个。但是早在婴儿期，患有计算障碍的孩子无法估算出眼前有多少个点。患有计算障碍的孩子缺乏基本的数感，这也为早期矫正提供了线索（Piazza et al.，2010）。

如果一个年幼的孩子在完成数学习题时遇到了麻烦，而这些题对其他孩子来说很简单，人们就会怀疑他有计算障碍。比如，当一个小学二年级的学生被问到一个普通房间的高度时，他回答“60 米”；在被问到红心纸牌中 5 大还是 8 大时，他必须数完每张牌上的红心数才能正确作答（Butterworth et al.，2011）。有助于改进数字理解的计算机程序可以帮助某些有计算障碍的孩子改善症状，但是——谨记等效性——这并不能帮助每个孩子。

每个人，不管是否存在学习障碍，都有擅长之处和兴趣爱好，如果能获得大量的、针对性的帮助、鼓励和练习，几乎所有人都可以掌握一些基本技能。学习障碍存在的最大问题是大多数孩子都得不到及早的精确诊断，或者个人教育。

自闭症谱系障碍

在所有存在特殊需求的儿童群体中，那些患有**自闭症谱系障碍（ASD）**的孩子可能是最麻烦的。他们的问题很严重，而病因以及治疗方法又存在很大争议。

大多数患有自闭症的孩子在 1 岁内就可以被发现，但是有些患者看起来似乎很正常或要等到更晚才会表现出明显症状。许多表现出自闭症症状但按时学会了说话的孩子以前会被诊断为阿斯伯格综合征，而现在的诊断变成了不存在语言或智力损伤的“自闭症谱系障碍”（DSM-5，p.32）。

症状

自闭症的典型特征是极度缺乏社会理解能力。大约在一个世纪以前，它被视为一种独立的、罕见的疾病。人们认为，在 1000 个孩子中只有不到 1 人会染上这种“极端的孤独感，只要有机会，人就会抛弃、忽视任何事物……把任何东西拒之门外”的疾病（Kanner，1943）。那些发育迟缓但并不沉默寡言的孩子过去曾被诊断为智力迟钝或患有“广泛性发育障碍”（注意“智力迟钝”这个术语，它曾被用在 DSM-4 中，如今在 DSM-5 中，我们用“智力缺陷”替换了它）。

在过去的几十年里，很多东西都发生了改变。现在，许多本可能被诊断为智力缺陷的孩子被认为患有自闭症，每 88 个孩子中就有 1 个孩子有自闭症症状（男孩大概是女孩的 5 倍，欧裔美国人是西班牙裔、亚裔或非裔美国人的 4 倍）（Lord & Bishop，2010）。也有些孩子“在谱系上”似乎不存在智力异常。

自闭症谱系障碍的两大主要临床症状分别是：（1）社会交流和语言交流问题；（2）重复刻板的行为、兴趣和活动模式。患有任何形式的自闭症谱系障碍的孩子都难以理解他人的情绪，这让他们感觉自己格格不入，正如天宝·葛兰汀（Temple Grandin）——一位患有自闭症的教育家和作家——所描述的那样，就像一个“火星上的人类学家”（引自 Sacks，1995）。因此，他们很少讲话，不怎么玩耍，极少与他人互动。通常，他们会比他人更晚发展出心理理论（Senju et al.，2010）。

自闭症谱系障碍包括不同严重程度的很多症状。有些患病的孩子从不说话，几乎不笑，并且常常持续几小时玩弄一样东西（比如，抽陀螺或是玩一辆玩具火车）。有些患病的孩子被称作“高功能状态”，他们通常在某些特殊领域中极具天赋，比如画画或几何。许多患者在不寻常的领域拥有非凡的资质（Dawson et al.，2007），包括葛兰汀，她是一位极受尊重的动物学家（Grandin & Johnson，2009）。但不论是哪种情况，他们都存在社会交往的困难。葛兰汀在浪漫的爱情中就常常不知所措。

大多数患有自闭症的孩子在婴儿早期就显现出了迹象（比如，没有社会性微笑，很少盯着别人的脸看）。有些患者 3 岁时的病情会得到改善，有些则会恶化。令人惊讶的是，在曾被告知孩子有自闭症的父母中，有 40% 的人都表示孩子过段时间就好了（Kogan et al.，2009）。另一方面，晚发型自闭症会与妥瑞氏综合征同时出现，患有妥瑞氏综合征的新生女孩（不可能是男孩；若男孩有伴 X 染色体的妥瑞基因，根本无法存活）“在出生后的头 5 个月里，智力发育完全正常”，但随后，她的大脑发育就会明显慢于正常水平，严重地限制了她的行动和语言发展（Bienvenu，2005）。

许多患有自闭症的孩子存在一个悖论性问题——神经活动过多，而不是过少。他们的脑容量稍大于平均水平，而且他们大脑的某些部位（尤其是边缘系统）对于噪声、光以及其他刺激都过于敏感（Schumann et al.，2004）。

如今患上自闭症谱系障碍的孩子远多于 1990 年，这可能是因为这种障碍的发病率真的升高了，也可能是因为更多的孩子接受了相关诊断。DSM-5 的新标准可能会使符合这一分类的患儿数量减少，尤其是那些在大多数情况下都表现正常的孩子（Bauminger-Zviely，2013）。

这一估计潜在的原因是没有精准的测量方法来诊断自闭症：许多成人的社交技能差，对他人的情绪不敏感，且不擅长与他人沟通——他们都在这个自闭症谱系上吗？

治疗

当孩子被诊断为自闭症谱系障碍时，父母的反应有很大不同，从抱有不切实际的希望，到极度的绝望；从责骂医生和化学添加剂，到对自身错误深深的自责。发展学家通常认为，基因是导致自闭症的一个因素，但这不是父母的过错。在孩子尚小时，父母和老师如果能够紧密合作，对孩子会有很大的帮助。然而，即使所有的成人都齐心协力，治疗过程仍然十分复杂。

等效性同样适用于自闭症：一个孩子表现出的自闭症症状可能是由很多种原因造成的，由此治疗才会困难重重，对某个孩子有效的干预手段可能在另一个孩子身上完全失效。然而众所周知的是，生物因素是关键性因素（如基因、出生并发症、孕期受伤或者是化学药物），而家庭的后天养育并不是造成病症的原因（G. Dawson，2010）。有一个家庭因素或许对自闭症有影响：在生完一个孩子之后马上又生另一个。那些与哥哥姐姐只差不到 1 岁的孩子患自闭症的概率是与同胞的年龄相差 3 岁及以上的孩子的 2 倍多（Cheslack-Postava et al.，2011）。

治疗自闭症儿童的手段多样，但没有一种是完全成功的。有些父母宣称某种治疗手段对他们的孩子有效，其他父母却说这种治疗手段不起作用。

科学家们也持不同看法。比如，有一种十分流行的治疗手段是把孩子放入高压氧舱，让他们吸入与正常空气相比纯度更高的氧气。两项高压氧舱治疗研究——都是随机抽取被试并且都有对照组——报告了互相矛盾的结果：一组称效果良好（Rossignol et al.，2009），另一组则显示无效（Granpeesheh et al.，2010）。

当父母和专业的医疗人员有不同意见时，治疗会变得更加复杂，我们以关于硫汞撒的争议为例来说明——硫汞撒是一种含汞的抗菌剂，早先被用于儿童疫苗。有很多自闭症患儿的父母首先注意到的是孩子在接种疫苗后出现的病症，由此认为接种疫苗是罪魁祸首。然而在对结果做过验证的科学家中，没有人认可这一点：事实上，很多延展性研究已经多次否定了这个假设（Offit，2008）。

十几年前，婴儿疫苗中不再使用硫汞撒，但之后，自闭症的发病率仍然在增加。许多医生都因父母们坚信这一说法而感到担忧，因为这一说法不仅是错误的，还使得成千上万的孩子因没有接受免疫治疗而饱受疾病带来的针头之苦。

有些自闭症儿童接受了生物治疗，如食用特殊饮食、维生素增补剂、激素（催产素）或精神药物。每一种方法都被一些人证明有效，但是没有一种可以成功地缓解根本症状。

人们也尝试了许多旨在改善自闭症儿童的谈话与社交技能的行为学方法，并再次得到了矛盾的结果（Granpeesheh et al.，2009；Hayward et al.，2009；Howlin et al.，2009）。另外，对孩子和父母同时进行的早期的个人教育也取得了一定的成效。

特殊教育

生物社会性、认知以及心理社会性领域的交叉对于发展学家们来说是显而易见的。他们认为每个孩子在每个领域的成长发展都会受到其他领域的影响。然而，一个孩子是否该指定接受特殊教育并不是一目了然的，这与具体的特殊需要也没有紧密的关联。

变革中的法律和实践

在美国，正常与异常的区别难以明确（发展心理病理学的首要原则），由此引发了关于有特殊需求孩子的治疗和教育的一系列改革。根据 1975 年的《残疾儿童教育法》（*Education of All Handicapped Children Act*），有特殊需求的孩子必须在**最少受限环境（LRE）**下受教育。

最少受限环境通常指的是让有特殊需求的孩子在普通班级接受教育，而不是把他们放在特殊学校或特殊班级里。这一举措曾被称为*主流化*。有时，个别孩子会被送到*资源教室*，在那里会有教师提供针对性辅导。有时会有融合班，有特殊需求的孩子会和其他孩子一样在一个常规的班级上课，当然也会为他们提供“合适的帮助和服务”（理想的情况是配备一位受过专门训练的教师，同常规教师一起教学）（Kalambouka et al.，2007）。

近来，美国有一种教育策略叫作**干预—反应法（RTI）**（Fletcher & Vaughn，2009；Shapiro et al.，2011；Ikeda，2012）。所有成绩低于平均水平的低年级儿童（可能占整个班级的一半）都会接受一些特殊的干预。他们大多数都会在成绩上有所进步，但是那些没有进步的孩子会接受更多的干预。如果反复干预后孩子仍旧没有进步，就会通过测验以及观察来诊断他们存在的问题。

专业人员采用成套测验（不仅仅是智商测验和成就测验）进行诊断并给出建议。如果他们发现一个孩子有特殊需求，就会和其父母一起讨论，制订一套**个人教育计划**，为孩子指明教育目标。

同辈群体和文化

发展学家认为，把一个孩子的身体和大脑的发育状况作为实施所有特殊帮助的起点，将使儿童实现其潜能。因此，家庭和学校采取的措施尤为关键。

在那些被教育者认为有特殊需求的美国儿童中，出现了引人瞩目的历史性转折。如图 11.5 所示，在美国，被认定为有特殊需要的孩子所占比例从 1980 年的 10% 上升到了 2011 年的 13%，这主要是因为有更多的孩子被视为有学习困难（National Center for Education Statistics，2013）。在 1975 年，这个比例仅仅为 8%。

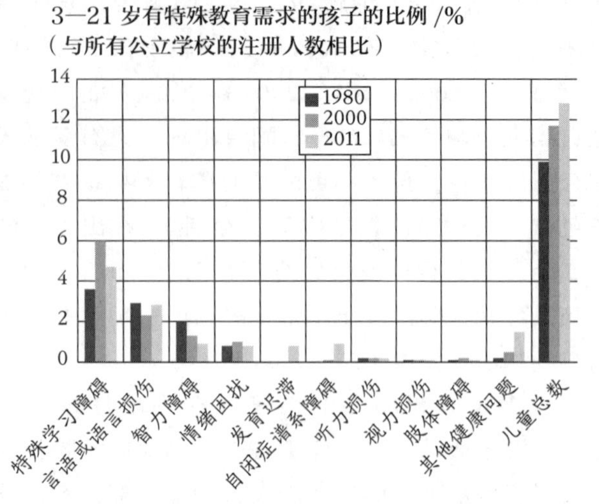

来源：U.S. Department of Education.

图 11.5

先天或后天 社区中总有一些孩子存在特殊需求，他们可能有身体上的疾病，可能有情绪上的疾病，或者是各种神经症。在某些年代，甚至是在当今的某些国家，对这些孩子的教育都没有受到重视。的确，许多孩子甚至在他们自己放弃之前就已经被其他人排挤出了正常生活。现在，美国的每一个孩子都有上学的权利。正如你所看到的，在过去的几十年里，这类孩子身上的特殊标签一直在改变，这很可能是后天环境的原因，而不是先天的原因。因此，在产前或者产后使用的致畸物质以及不断变化的父母教养方式和社区实践很可能会造成自闭症及发育迟滞的发病率增加，智力障碍发病率减少，以及学习障碍发病率的明显波动。

在 1980 年，在被学校系统分类为有特殊需求的孩子中，几乎有 1/5 的人属于智力低下者（又称智力残疾）。之后，这个类别的人数持续减少：2011 年只有 1/14 的孩子被分到该类别。1980 年，人们尚未承认自闭症和发育迟滞，但是从它们首次被提出后，确诊率就有了显著增加。在 1980 年，患有这些障碍的孩子可能被称作智力残疾（后来被称为智力迟滞）。

也许，当代儿童确实有着明显不同的各种各样的特殊需求，但更可能的是，标签的改变导致了一些统计比例发生变化。需要注意的是，现在仍然没有注意缺陷 / 多动障碍这一独立分类。要想获得特殊服务，患有注意缺陷 / 多动障碍的孩子通常必须同时证明自己也存在学习障碍。

在国际舞台上，特殊需求与特殊教育之间的关联会因文化差异而有所不同，不受患儿本身相关因素的影响。在许多非洲国家及拉丁美洲国家，没有儿童接受特殊教育；在许多亚洲国家和地区，诊断主要涉及身体残疾。因此，比如在中国台湾，仅有不到1%的学生接受了特殊教育。

超常儿童

通常认为那些有超凡天赋的孩子同样会有特殊需求，但是联邦法律并没有覆盖他们。而美国，各州都会用自己特定的方式去挑选和教育那些天资聪慧的有特殊才能的儿童（超常儿童），这种变体引发了很多争议。

一个学者写道："天才这个词……从来没有像现在这般模糊过"（Dai，2011，p.8）。教育家、政治领袖、科学家以及其他人都在为"谁是天才"以及"我们应该为他们做些什么"而争论不休。天才儿童是智力超凡，天赋异禀，还是极富创造力的呢？他们应该被忽略，被隔离，被强化，抑或放任不管吗？

100年前，对于天才的定义非常简单：高智商。一项著名的纵向研究追踪了1000个"天才"儿童，他们都在斯坦福－比奈智力测验中得到了140分以上（Terman，1925）。即使在今天，有些学校系统仍然把天才定义为智商在130分及以上（50个孩子中有1个），或者145分及以上（1000个孩子中有1个）。

100年前，学校的定位也很简单：让那些天才儿童与和他们心理年龄相同的儿童一起上课，而不是和同龄人一起上课。这种举措被称作**跳级**。现在，我们很少这样做了，因为有许多跳级的孩子受到了欺负、不快乐，甚至从来不曾学会怎么和他人好好相处。正如一名女士回忆的：

> "9岁的小女生们对比她们小的女生竟可以如此残忍。我比她们小很多，为了交到朋友，我愿意做任何事。尽管我在学习上得心应手，但在情感上赶不上她们。这可能是我的错吧，我不该跳级。现在的我和操场边上的那些伶仃的野草没什么两样。"
>
> （Rachel，引自Freeman，2010，p.27）

野草不管被栽在哪里都会生长。一项研究对上千名孩子进行调查后发现，尽管天才儿童在学习上与其他孩子有所不同，但他们对于情感教育和社会教育的需求与其他孩子是一样的。我们需要教育出完整的孩子，而不只是看重其心智（Winner，1996）。

另一类特殊儿童在加德纳的九种智力之一上有超前发展。这样的孩子通常被称为专才（或天赋异禀）而不是天才。莫扎特就是其中之一，3岁就能谱曲；巴勃罗·毕加索也是，4岁就有作品问世。

历史上，有许多著名的音乐家、艺术家以及科学家都是神童，他们的父亲很早就发现了他们的才能（通常也源于父亲自己就是才子）并且培养了他们。莫扎特的父亲转录了莫扎特早期的一些音乐片段，然后带着他的天才儿子游历欧洲。毕加索的父亲在儿子上二年级的时候就让他退学，从而可以整天都进行创作（毕加索说他从来没学过阅读和写作）。

尽管这种高强度的早期教育培养了专才，但无论是莫扎特还是毕加索，他们的成年生活都不幸福。现在，这种模式仍然存在，天资过人的运动员就是很好的例证，比如，高尔夫球运动员泰格·伍兹（Tiger Woods）和网球女将施特菲·格拉芙（Steffi Graf），那些在其他方面博学而有专长的人亦是如此。这里有一个例子：

> "2000年，13岁的Sufiah Yusof就已经开始在牛津大学（英国最顶尖的大学）修数学学位了。同样的，她也是从小就被父亲控制和教育。但是她在期末考试结束后离家出走了。最后，警察找到了她，但她拒绝回家。她给父亲发了一封邮件：'你想过吗？我离家出走是因为我受够了这15年来在身体和精神上遭受的双重虐待。'她父亲声称自己的女儿只是被人绑架后被洗脑了。她拒绝与父亲交流。现在，她成了一名快乐的、高级别的、多金的应召女郎。"
>
> （Freeman，2010，p.286）

第三类需要特殊教育的就是那些具有超乎寻常的创造力的儿童（Sternberg et al.，2011）。他们是发散性的思考者，可以为一个问题找到多种解决办法，也可以从中发现更多的问题。这样的学生喜欢在班里开玩笑，拒绝做苦差事，不喜欢做作业，并且常常让老师们很头疼。他们将来可能会成为改革者、发明家和创新的中坚力量。

富有创造力的孩子不愿遵守社会标准。他们不会像聚合性的思考者那样在考试中选择正确的答案。查尔斯·达尔文（Charles Darwin）就是这样一个人，他的“学校报告常常抱怨他不爱学习，只喜欢射击、骑马和收集甲虫”（Freeman，2010，p.283）。除他之外，还有一些极富创造力的天才曾一度被视作差生，如爱因斯坦、弗洛伊德、牛顿以及当代几乎所有的创新者。那么，学校教育应该为这类儿童做些什么呢？

由于跳级和高强度的父母辅导都会引发一些后续问题，于是第三种教育策略便开始流行，至少在美国是这样。让那些聪慧的、有才华的、富有创造力的儿童——年龄相同但每个人都有自己特殊的能力倾向——结成一个特殊群体，在他们自己的教室接受教育。在理想情况下，这些孩子既不会感到无聊，又不会感到孤独；每个人都会受到同学的挑战并获得欣赏。

神经科学最近发现了超常班的另一优点：大脑发育。那些在童年早期就被强化了音乐天赋的孩子发展出了专门化的大脑结构，少年运动员和少年数学家也是如此。这表明，任何天才都有专门化的神经结构。由于可塑性意味着所有孩子都可以从他们所处的环境中学到东西，因此在特殊教育下，超常天赋可以得到更好的发展，而不会被浪费。

超常班自然需要非同寻常的教师，他们应聪明并富有创造性，能够欣赏发散思维，也有能力应付那些绝顶聪明的学生。他们必须懂得变通：能够给予一个 7 岁的小艺术家自由与引导，并能激发其杰出的艺术灵感。同时，如果这个孩子刚开始学习阅读，他们还要为他提供耐心的、逐步的阅读指导。同样，一个 7 岁孩子的阅读水平虽然达到了十二年级，但他很可能缺乏相应的社交技能，需要老师帮他找一个孩子来和他做朋友，然后帮助他们学会分享、妥协和轮流玩耍。

必须为那些超常儿童精心挑选能灵活应变的教师。然而，其实每个孩子都需要这样的老师，无论孩子们有什么样的能力或缺陷。

有些国家对所有的孩子采取同等教育，他们认为智力并不是某些孩子有异常天赋，而是某些孩子在学习上付出了更多努力。因此，教师的职责就是激励和挑战每个孩子。有些天才儿童会受益于在学校中得到特殊的认可，但也有些天才儿童若能单独待着，没有教师或父母去期望他们卓越超群，可能会发展得更好（Freeman，2010）。

正如《残疾儿童教育法》所说，所有孩子都能够学习。但并不是所有学校和教师都能够成功地教他们。每种形式的特殊教育和普通教育都能够获益于我们对儿童心理及其学习方式的了解（De Corte，2013）。这正是下一章要讨论的主题。

小　结

许多孩子都有特殊需求，这种特殊需求源于他们的大脑在发育过程中出现的问题。发展心理病理学家强调，没有人在每个方面都是标准的；时间的流逝有时会为那些有特殊需求的孩子带来好转，有时却不会。那些患有注意缺陷 / 多动障碍、学习障碍和自闭症谱系障碍的孩子可能在成年时功能恢复正常，也有可能终生都有问题，这取决于许多因素，其中包括：（1）问题的严重性；（2）家庭的支持；（3）学校的应对策略；（4）共病的状况。有关诊断、预后、药物治疗以及教育的详情都是存在争议的；没有哪个孩子会与其他孩子在学习和行为上完全一样，也没有哪种教育策略总是成功的。各种各样的策略显然不仅仅针对那些残疾儿童，也包括那些有天赋和有才华的儿童。■

本章总结

一个健康的时期

1. 童年中期是一个稳定发展、很少有严重疾病侵扰的时期。日益增长的独立性和自理能力使得大多数学龄儿童相对幸福并且有力量感。

2. 医疗护理水平的进步，包括有效的免疫措施，减少了童年期的患病和死亡率。

3. 体育运动在许多方面有益于健康且让人感到欢乐。然而，现在的社会和环境状况使得非正式的邻里游戏很少见，学校的体育教育也没有那么普及了。

童年中期的健康问题

4. 童年期肥胖是全世界的流行病。尽管基因是这个问题的部分原因，但缺乏运动以及垃圾食品摄入过多才是造成当代年轻人比 50 年前的同龄人肥胖的主要原因。在这一点上，父母和政府的政策都应该受到批评。

5. 哮喘的发病率总体呈上升趋势，并有明显的族群差异。哮喘是一种遗传疾病；触发因素是环境中的过敏原。预防措施包括延长母乳喂养，增加户外活动，以及减少空气污染，尤其是汽车尾气。

脑发育

6. 在童年中期，大脑继续发育，各方面的发育都会不断增强。最显著的就是反应时的缩短和自动化的提高，这使得大脑的众多区域有更快更好的协调性。

7. 智商测验量化了智力能力倾向。这种测验大多侧重考查语言和逻辑能力，并且能够预测学业成就。智商分数有时会随着时间的改变而发生变化，部分原因是成熟，但主要原因是经验的积累。

8. 成就测验用来测量成就，常常针对具体的学业领域。能力倾向和成就是相关的，对个体和整个国家来说都是如此，并且这种相关性在过去的几十年里还在不断加强。

9. 批评者主张，智力是从很多方面表现出来的，是多元的，传统的智力测验太狭隘和局限。多元智力包括创造能力和实践能力，也包括许多在典型的北美学校没有受到重视的技能。

有特殊需求的儿童

10. 发展心理病理学以对正常发展的理解来报告有关异常发展的研究。其中强调了四个基本原理：异常行为是正常的；失能随时间的改变而改变；在青春期或者成年期，异常情况可能会好转也可能会恶化；诊断与环境有关。

11. 患有注意缺陷 / 多动障碍的孩子在注意力不集中、冲动和过度活跃这三方面存在潜在的问题。兴奋剂可以帮助患有注意缺陷 / 多动障碍的孩子们进行学习，但是任何情况的儿童药物治疗都必须受到格外小心的监控。

12. 有特定学习障碍的人在掌握某项特殊技能或某些对于正常人来说轻而易举的技能上有非同寻常的困难。其中，会对童年中期的学业成绩造成最普遍影响的、最常见的学习障碍就是阅读障碍，即阅读非常困难；以及计算障碍，即在数学学习上有困难。

13. 患有自闭症谱系障碍的儿童往往存在社会互动和语言的社会功用问题。患者常常伴有重复刻板行为，以及固化的兴趣和活动。有关病因存在多种假设。自闭症部分源于遗传；现在没有任何人认为自闭症是缺乏父母抚养造成的。治疗方式也多种多样：但所有的治疗方法都有争议，并且没有一种是绝对有效的。

14. 在美国，大约有 13% 的学龄儿童在接受特殊的教育服务。这些服务开始于个人教育计划，儿童会被指派到最少受限环境，通常是在普通班级接受教育。

15. 有些孩子智力超常、具有天赋或是富有创造力，国家和地方政府会为他们提供特殊教育。但这种教育的详情不尽相同，并且饱受争议。

关键术语

成就测验（achievement test，p.279）
等效性（equifinality，p.282）
多效性（multifinality，p.282）
多元智力（multiple intelligence，p.280）
发展心理病理学（developmental psychopathology，p.281）
反应时（reaction time，p.278）

弗林效应（Flynn effect，p.279）
干预—反应法（response to intervention，RTI，p.288）
个人教育计划（individual education plan，IEP，p.288）
共病（comorbid，p.282）
计算障碍（dyscalculia，p.286）
能力倾向（aptitude，p.279）
特殊学习障碍/学习能力低下（specific learning disorder/learning disability，p.284）
跳级（acceleration，p.289）
童年期超重（childhood overweight，p.273）
童年期肥胖（childhood obesity，p.273）
童年中期（middle childhood，p.269）
哮喘（asthma，p.276）
选择性注意（selective attention，p.278）
阅读障碍（dyslexia，p.284）
智商测验（IQ test，p.279）
注意缺陷/多动障碍（attention-deficit / hyperactivity disorder，ADHD，p.282）
自闭症谱系障碍（autism spectrum disorder，ASD，p.286）
自动化（automatization，p.278）
最少受限环境（least restrictive environment，LRE，p.288）

你学到了什么？

1. 哪些身体能力会在 6—11 岁得到发展？
2. 童年时期的健康习惯是如何影响成年后的健康的？
3. 童年中期的体育活动的主要优点和缺点分别是什么？
4. 孩子们是如何在学校的体育课中受益的？
5. 童年期肥胖的国际差异和群体差异是什么？
6. 为什么一个很瘦的 6 岁小孩没有增肥的必要？
7. 先天因素和后天因素分别在儿童哮喘病中起什么作用？
8. 预防童年期肥胖的首要措施是什么？
9. 为什么儿童哮喘病的三级防护措施没有覆盖到每个有需求的患儿？
10. 为什么较短的反应时可以提高学习能力？
11. 选择性注意是如何让一个孩子得以在教室里安心坐着的？
12. 教师什么时候会使用能力倾向测验而不是成就测验？
13. 如果多元智力理论是正确的，那么我们应该抛弃智力测验吗？原因是什么？
14. 哪些智力能力比其他能力更为重要？举一些例子。
15. 大脑扫描可以取代传统的智力测验吗？原因是什么？
16. 美国和亚洲的孩子在童年期的正常行为有什么差异？
17. 多效性和等效性的差别是什么？
18. 为什么建议对患有注意缺陷/多动障碍的孩子使用药物治疗？
19. 为什么父母们可能要求医师给他们的孩子开一些哌甲酯？
20. 阅读障碍和计算障碍分别指什么？
21. 在什么情况下，一个患有学习障碍的成人从未被诊断出来？
22. 如果一个患有自闭症的成人功能很强，你认为他可能从事什么职业？他可能有着怎样的家庭生活？
23. 自闭症的三个主要症状是什么？

应　用

1. 比较一下不同社区儿童的游戏场地——最好是包括城市、郊区以及乡村地区的情况。注意比较场地的大小、安全性以及使用情况。孩子们的体重和运动技能是如何受你所观察到的差异影响的？

2. 发展学家认为，每个教师都应该具备教育有不同需求的孩子的能力。你们学院或者大学的“教师培训”课程体现这个目标了吗？所有的教师都应该上这种课吗？还是仅仅针对某类教师？你的观点是什么？请给出你的理由。
3. 任何主题的互联网资源都存在质量良莠不齐的问题。这一点在那些专为有特殊需求的孩子的父母设计的网页中体现得尤为突出。选择某种童年异常或是疾病，搜索一些针对该病的网络资源。思考父母们应该如何评估这些网站所提供的信息。
4. 从事特殊教育的教师总是紧缺的。在当地的公立学校，普通教师与特殊教育教师的比例是多少？有多少特殊教育教师被分配在设备齐全的教室、资源教室以及融合教室中呢？你的数据揭示了你们社区里的哪些特殊教育信息？

童年中期：认知发展

你将学到什么？

1. 认知能力是随着年龄增长而自然提升，还是教育对它的发展至关重要？
2. 孩子最好从经验或显性教学中学习吗？
3. 为什么儿童会说脏话、用诅咒语和糟糕的文法？
4. 在童年中期，什么类型的学校是最好的？

9 岁时我想养一只小狗。我的父母说不行，因为我们家已经有狗狗达斯蒂了。于是我匆匆诌了一首诗，承诺“刷它的毛发，就像丝绸般光滑”并且“用牛奶喂它饱饱的”。这里有两处错误。不仅韵律烂极了，而且小狗喝牛奶会腹泻。但是爸爸夸奖了我的诗；因此我得到了泰菲，一只金毛长耳的西班牙猎犬。

我的小女儿莎拉 10 岁时想打耳洞。我说不行，因为这对她的 3 个姐姐来说不公平，她们都是等到十几岁才打耳洞的。于是莎拉写了一封宣誓书，并说服她的姐姐们在上面签上了“我不反对”。最后，她如愿以偿地戴上了金色的耳坠。

我们的愿望因同辈群体而异，我们的策略因家庭而异。莎拉知道我不会因一首打油诗而让步，但是签署的文件有可能会奏效。然而，我们当时都是典型的学龄儿童，环境教给我们什么，我们就学会什么。依赖于环境，孩子们学会了分数和除法，给朋友们发短信，记住棒球点数，组装步枪，说服父母，等等。

这一章将介绍这些认知成就。先从皮亚杰、维果茨基和信息加工开始。然后，讨论这些理论在美国和国际上语言和正规教育中的应用。每个人都认为，在这一时期，儿童将会进行广泛的学习，但至于怎么教才是最好的，成人们仍有异议。

>> 以理论为基础

学习是快速的。在 11 岁之前，有些孩子就能在下象棋时击败比他们年长的人，可以演奏成人需付费听的音乐，出版诗集，赢得奖杯。而有些孩子却流浪街头，在战场杀敌，学习孩子们不应该学的东西。他们是如何学得这么快的？

皮亚杰与学龄儿童

皮亚杰把童年中期的认知称作**具体运算思维，**其特点是孩子们需要使用逻辑去掌握新概念。“运算（operational）”一词来源于拉丁语“操作（operare）”，意思是“去工作，去创造”。皮亚杰把这一时期称为运算，是为了强调创造性思维。

学龄儿童不再受自我中心主义的限制，开始进行逻辑运算。孩子们把他们新掌握的推理能力运用在具体的情境中。所谓具体的情境就像水泥路一样，是看得见、摸得着的，是真实的（而不是抽象的）。从前运算到具体运算的转变发生在5—7岁：孩子们变得更加系统化，更加客观，更加科学，并且更加可教育。

类别层级

有一种逻辑运算是**分类**，即根据事物所拥有的共同特征把事物归到一组（或一类）。比如，家庭包括父母、亲兄弟姐妹和表兄弟姐妹等。其他常见的类别有动物、玩具以及食物等。每个类别包括一些元素，同时也排除了其他元素；每个类别都是层级的一部分。

比如食物，它是一个总体范畴，它的下一级是肉、谷物、水果等。大多数子集都可以被进一步分割：肉包括家禽肉、牛肉、猪肉，而每种肉还可以再分割。成人意识到，分类层级最底部的东西从属于上一级：培根是猪肉，也是肉，更是食物。但是大多数食物、肉、猪肉都不是培根。然而，对于处于前运算思维阶段的孩子来说，在层级之间上下移动的这一心理操作太难了。

皮亚杰设计了很多分类实验。比如，先给儿童呈现九朵花——七朵是黄色的雏菊，两朵是白色的玫瑰。随后会问儿童：“是雏菊多还是花多？”7岁前，大多数儿童都会回答：“雏菊多。”年纪最小的儿童给不出任何解释，但是会有一些6岁的儿童解释道：“因为黄色的花比白色的花多”，或者“因为雏菊是雏菊，不是花”（Piaget et al.，2001）。到了8岁，大多数儿童已经学会分类了，因此他们会回答：“花比雏菊多。”

其他逻辑概念

第九章已经讨论过一些有关前运算思维阶段的逻辑概念了，比如守恒和可逆性。

具体逻辑的另一个例子就是**系列化**，即将事物有逻辑地组成一个系列。系列化（而不仅仅是记忆）对于使用字母表或是数字序列来说都是很关键的。在5岁之前，大多数儿童都可以数到100，但是由于他们还没有形成掌握系列化的能力，因此不能正确地把一个两位数在0—100这条数轴中的具体位置标注出来（Meadows，2006）。

具体运算思维与小学的数学成绩相关，尽管还有很多其他因素会影响数学成绩（Desoete et al.，2009）。比如，逻辑有助于四则运算：处于具体运算思维阶段的儿童可以理解12+3=3+12，并且知道相加的和都等于15（这属于守恒），知道20～29的数字都是二十几的数字（分类），知道134比143小（系列化），也知道如果5×3=15，那么15÷5=3（可逆性）。【**生命全程链接：**第九章对这四个概念进行了解释。】

皮亚杰的研究的意义

尽管逻辑与数学有关，但是研究者们发现，在儿童掌握数学技巧的过程中，连续性多于不连续性。因此，皮亚杰的阶段理论有错误：在前运算思维和具体运算思维之间，不存在什么突然转换。

尽管如此，皮亚杰的实验仍然揭示了一些重要的东西。比起那些年龄更小的孩子，学龄期的儿童可以更加灵活自如地、归纳地、自发地运用心理范畴和子范畴。他们是更高级的思考者，他们比那些学龄前儿童有更强的思维能力。

维果茨基与学龄儿童

和皮亚杰一样，维果茨基也认为教育者应该考虑儿童的思维过程，而不仅仅考虑结果。维果茨基重视这个事实，儿童是好奇的、富有创造力的学习者。因此，他相信一个基于死记硬背的教育系统会使孩子“在面对任何明智地尝试应用所习得的知识”的情况时感到无助（Vygotsky，1934/1994，pp.356-357）。

教学的作用

与皮亚杰不同的是，维果茨基强调教学的核心地位。他认为，学校对于认知发展来说是很关键的。同伴和教师通过指导性参与以及支架式教学为孩子们在最近发展区的发展潜力和所需技能之间架起了桥梁。【**生命全程链接：**维果茨基的理论在第二章和第九章中有所讨论。】

给教师的问题　皮亚杰和维果茨基的理论对于三年级学生的地理教学有什么帮助？（答复见第 298 页）

对社会交往和教学作用的确认源于美国的一项研究。一些研究对象因入学日期截止的缘故成了幼儿园里相对年长的孩子，而另一些成了相对稚嫩的一年级新生。一学年结束后，6 岁的一年级学生的成就测验得分明显高于仅比他们小 1 个月的 6 岁的幼儿园儿童（Lincove & Painter，2006）。显然，他们在一年级学到了很多东西。

在国际上也是如此，那些较早上一年级的孩子往往比起那些较晚入学的孩子在学业上领先，这种效应直到 15 岁依然十分显著。不过，这项研究的作者注意到，维果茨基的解释并不是唯一的正解，而且这些结果并不是在每个国家都能发现（Sprietsma，2010）。然而，不管哪种解释正确，孩子们的学业成就似乎会受到社会环境的影响。

维果茨基当然认可这一点，并且将用国家教育存在悬殊差距来解释这些国家之间的差异。请记住，维果茨基认为教育可以发生在任何地方，而不仅仅是在学校。孩子们可以在与同伴玩耍时学习，可以通过看电视学习，可以在与家人进餐时学习，可以在散步时学习。从出生开始的每次经历都会教给他们一些东西，某些环境也更有教育意义。

比如，有一项研究对来自美国 10 个城市的 1000 多名三年级和五年级小学生的阅读和数学成绩进行了调查，发现那些得分高的小学生可能曾接受过更广泛的认知刺激。其中，提供认知刺激的智力活动有三种主要来源：

1. 家庭（比如，父母在孩子年幼时每天给他们读故事书）。
2. 学前教育计划（比如，大量的学习活动）。
3. 一年级课程（比如，通过个体评估来加强读写能力）。

在这项研究中，尽管大多数家庭的社会经济地位较低的孩子没有经历过三种刺激源，但那些经历过三种刺激源的孩子和家庭的社会经济地位较高的孩子相比，到五年级时的确表现出了更好的认知发展（Crosnoe et al.，2010）。

通常来说，贫穷会减少一个孩子能取得的成就，因为他们不太可能同时享有这三种智力活动。然而，尤其对于那些低社会经济地位的孩子来说，母亲接受的教育对于他们的学业成就有显著的影响——想必是因为受过教育的母亲会更多地给孩子读书，更多地倾听，更多地和孩子谈话，并且会为孩子找到激励他们学习的学前教育课程。

女孩做不到？　正如维果茨基所言，文化教给孩子们什么，他们就会学到什么。50 年前，女孩们都在学习烹饪和缝纫。然而这种时代一去不复返了。在这张于 2012 年拍摄的照片里，几个女孩正在学校里为她们的未来而积极准备着，那是一种与她们的祖母、外祖母完全不一样的未来。

国际背景

总的来说，维果茨基对于社会文化背景的强调，与皮亚杰提出的成熟的、自我发现的建构方法形成鲜明的对比。维果茨基认为，文化（工具、习俗以及指导者）教导着儿童。比如，如果一个孩子周围都是读书人、满满的书柜、日报以及各种各样的路标，那么这个孩子在阅读方面一定会比那种连打印机都没怎么见过的孩子强，即使他们在同一间教室。

同理，数学亦然。如果儿童在学校里学习数学，那么他们精通的是学校数学；如果他们是在学校外学习数学，他们将擅长在类似于他们学习的情境里解决数学问题（Abreu，2008）。不过理想来说，儿童应该在校内外都可以与学习数学知识。

环境的影响力比学校学习更大。从社会环境中学习知识的一个绝好的例子就是瓦拉纳西（Varanasi），印度东北部的一座城市。许多瓦拉纳西儿童都有超凡的空间方向感：即使他们身处没有窗户的房间，他们也知道自己面对的是南面还是北面。在一项实验中，孩子们被蒙上了眼睛，原地转了几圈。接着，他们被带到了另一个房间。然而，还是有许多孩子知道自己面对的方向（Mishra et al.，2009）。他们是怎么知道的呢？

在瓦拉纳西，所有人都使用空间方向来定位一个地点（与“那只狗睡在门边”等价的当地说法可能就是“那只狗睡在东南边”）。在孩子们很小的时候，他们就学会了东、南、西、北这四个方向，以便与他人交流。在童年中期，他们的内部方向感已经十分精准了。

文化影响着儿童学习的方式，而不仅仅是学习的结果。这在一项两阶段的研究中得到了证实，研究在加州选取了80名墨西哥裔美国儿童，每个儿童都会与自己的一个亲兄弟姐妹配对（Silva et al.，2010）。在这80名儿童中，有一半儿童来自美国本土的印第安家庭，他们的学习方式是观察其他孩子。另一半儿童来自正在努力适应美国文化的家庭，他们通过直接的教学来学习，而不是观察，他们要学会独立学习，要学会乖乖地坐在座位上，而不是与他人合作或和一大帮人围着老师转。

在研究的第一阶段，每个孩子将和与其配对的那个亲兄弟姐妹坐在一起，此时会有一位说西班牙语的“玩具女士”教他们制作玩具。首先，较小的那个孩子需要等待较大的孩子做完一只玩具老鼠，然后较大的孩子再等待较小的孩子做完一只玩具青蛙。摄像机录下了每个处于等待阶段的孩子的表现，并且以5秒为单位给它编码为“持续注意”（留心并且关注活动的进行）、“扫视”（尚存一点兴趣，但主要的注意力已经转移到其他地方）或“不注意”（眼睛望向了别处）。

1周以后，研究者单独告知每个孩子，在他们的兄弟姐妹上周做的玩具里，有与他们做玩具时不一样的额外材料，并且鼓励他们再去做一只老鼠或者是青蛙（总之就是做他们上周没做的那个玩具）。在第二个阶段里，玩具女士不再像上周那样一步一步地教孩子们怎么做玩具了，但是她列了一个提示清单，如果孩子们需要帮助，可以找她要提示。

这个实验的目的是想看看孩子们通过上周对自己兄弟姐妹的观察，学到了多少。结果发现，来自本土家庭的孩子们得分更高，所需的提示最少，因为当他们的兄弟姐妹做玩具的时候，他们的注意力更集中（Silva et al.，2010）（见图12.1）。

学习的文化效应

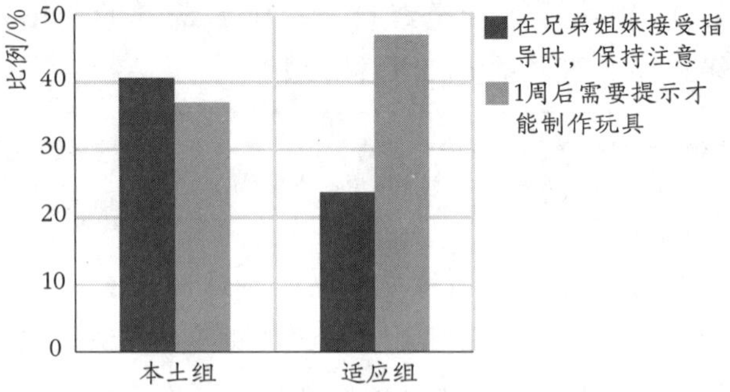

来源：Sliva et al.，2010.

图 12.1

两种学习方式 即使儿童生活在相同的环境中并且在同一所学校学习，他们的学习方式也遵循着家庭的文化传统。

其他研究也得出了同样的结论。比如，在另一项研究中，在美国土生土长并且习惯通过观察来学习（正如在有些美国印第安人的文化里）的儿童，更擅长记住在无意中听到的民间故事（Tsethlikai & Rogoff，2013）。

>> **答复教师**（问题见第297页） 有两个最显而易见的方法：（1）使用逻辑。只要孩子们掌握了分类和包含关系，他们就可以理解城市与省的关系，省与国家的关系，国家与洲的关系。组织你的教学来使逻辑分类变得更简单吧。（2）利用好孩子们对具体化和参与感的需求。你可以让孩子们先了解自己所处的位置，然后再了解他们的亲戚或是朋友居住地点的位置，最后再介绍那些与他们个人经验无关的地方（借助书本、照片、录像以及特邀发言人）。

信息加工

当今的教育家和心理学家认为，皮亚杰和维果茨基都是有洞察力的。国际研究肯定了他们理论的优点。皮亚杰描述的是普遍的变化；维果茨基强调的是文化的影响。

第三种，也是最近一种理解认知的新观点增加了这一至关重要的洞察力。*信息加工*的视角得益于科技的发展，比起50年前，当今的科技水平使得更详细的数据和分析成为可能。【**生命全程链接：**第二章介绍过信息加工理论。】

可以说，成千上万的认知研究者使用了信息加工理论。然而他们并不都这样认同自己，因为有些人争论道：“信息加工不是一个单一的理论，而是描述大量研究项目的框架”（Miller，2011，p.266）。

所有这些研究项目的基本假设是，人们就像

计算机一样，可以获取大量信息。然后他们会：（1）寻找特定的信息单元（就像搜索引擎一样）；（2）分析（就像软件程序一样）；（3）表达他们的结论，从而让别人理解（就像一台联网计算机或是打印机一样）。通过追踪每种功能的路径和链接，科学家们可以更好地了解学习的过程。

现在，可以通过对神经系统的扫描看到大脑的逐渐发育，证实信息加工理论的有用性。有关儿童学业成就的数据也是如此：缺勤、假期、新学校，甚至是新的老师，都可能造成他们学习退步，因为每天的学习都基于前一天所学。大脑的连接和通路经过重复经验的锻造，使加工得以进步。若没有细心的构建和各种技巧的重复，神经元之间脆弱的连接就会断裂。

罗伯特·西格勒（Robert Siegler）是信息加工理论的代表人物之一。他日复一日地研究儿童在数学认知上发展的细节（Siegler & Chen，2008）。显然，正如皮亚杰在具体运算思维阶段中所期望的那样，儿童不会突然就掌握了整个数字系统的逻辑。事实上，对于数字的理解是逐渐发展的，伴随着新的、更好的计算策略被尝试、忽略、放弃，以及最终被采用。

西格勒把知识的习得比作涨潮时沙滩上的波浪。即使最终达到了一个新的水平，但仍有无数次的潮起潮落。

儿童对某个数字可能落在数轴上的位置的估计能力（比如，数字 53 放在 0—100 的数轴上）就是一个很好的例子。这项能力预测了后来的数学成就（Libertus et al.，2013）。美国幼儿园的孩子通常在这项任务前毫无头绪；中国幼儿园的孩子表现得稍微好些（Siegler & Mu，2008）。但是从小学一年级开始，儿童对这项任务的熟练度逐渐增加，预测了以后的数学技能（Feigenson et al.，2013）。这使得许多研究信息加工的专家提倡儿童多学习数轴知识，从而提高数学能力，比如乘除法。

奇怪的是，数数的能力在数学学习中的重要性还不如估计数字大小的能力（Thompson & Siegler，2010）。比如，理解分数的大小（例如，3/16 小于 1/4）就和对数字关系的透彻理解相关（Siegler et al.，2011）。总的来说，信息加工为那些一心想知道哪些概念和技巧是掌握学科知识的重要基础的老师指明了道路，不仅仅是数学，阅读和写作亦是如此。

记忆

许多研究记忆的科学家都采用信息加工的理论。他们知道，各种各样的输入、储存和提取的方法影响着学龄儿童逐渐增长的认知能力。记忆的三大主要步骤——感觉记忆、短时记忆和长时记忆——同时受到成熟和经验的影响。

感觉记忆（也叫*感觉登记*）是人类信息加工系统的首要组成成分。它对外界刺激进行短暂储存，其中，对听觉刺激的储存时间稍长于视觉刺激。用第五章的话来说，感觉只保留片刻，接着就变成了知觉。这一感官意识的第一步在童年早期就已经发展得很好了。感觉记忆在 10 岁之前都会有所发展，一直到成年晚期都会保持较好的状态。

一旦一些感觉变成了知觉，大脑就会选择一些有意义的片段并将它们转译到工作记忆中进一步分析。当前有意识的心理活动都是在**工作记忆**（以前叫作*短时记忆*）中进行的。加工，而不仅仅是暴露，对于把信息输入工作记忆尤为关键。因此，工作记忆在童年中期有显著的提高（Cowan & Alloway，2009）（见表 12.1）。

正如西格勒关于海浪的隐喻所言，记忆策略不会突然出现。从学步儿期到青少年期，它们在逐渐改善（Schneider & Lockl，2008）。孩子们发展了用以提高工作记忆的策略（Camos & Barrouillet，2011），最开始，他们只是偶尔使用一下，到后来就一直在使用这些策略。

文化差异也是十分明显的。比如，许多穆斯林儿童从小就要背诵 80 000 字的《古兰经》，所以他们学会了背诵长文的策略——这种策略是那些非穆斯林儿童没有掌握的。另外一个很不一样的例子就是画脸——一项受美国儿童推崇的能力。他们学习了提高绘画能力的策略，比如记住额头、眼睛、嘴巴以及下巴之间的距离，以及它们的大小比例。（有少数孩子会自发地把眼睛画在脸的中部，但大多数孩子还是会把眼睛画在脸的顶部。）最后，来自工作记忆的信息会被转译到**长时记忆**中，在长时记忆中，信息可以保存几分钟、几小时或是几年。长时记忆的容量——脑子里可以塞多少东西——在童年中期结束前已经十分巨大了。长时记忆与感觉记忆、工作记忆一起组织着各种想法和反应（Wendelken et al.，2011）。

表 12.1 记忆从婴儿期到 11 岁的发展

年龄	记忆能力
小于 2 岁	婴儿可以记住与他们有关的动作和程序。记忆是内隐的，是关于图像和声音的（一个互动玩具、一个照料者的声音）。
2—5 岁	可以使用语言来编码和提取记忆。外显记忆开始出现，尽管年幼儿童还不会使用记忆策略。年幼儿童用背诵的方式记忆东西（比如，电话号码、儿歌）。
5—7 岁	儿童意识到了他们需要记忆一些东西，他们也在尽力去记，并且通常是通过复述（一遍又一遍地重复）的方式来记东西的。这当然不是最佳策略，但是重复的确可以形成自动化。
7—9 岁	儿童开始使用记忆策略，包括视觉线索（记住某个词长什么样）、听觉提示（旋律、字母）。在脑功能中，这叫视觉空间模板和语音环路。孩子们受益于对记忆内容的组织。
9—11 岁	随着儿童从老师和同学那里学到了越来越多的记忆技巧，他们的记忆变得更有策略了。他们能够自己组织材料，发展出自己的记忆线索。

来源：Based on Meadows，2006.

对于长时记忆而言，重要的不仅仅是储存（存放了多少信息），提取也同样重要（过去学习的经验提取到工作记忆中的难易度）。对于每个年龄的每个人来说，对某些记忆的提取会比其他类型的记忆更容易（尤其是生动的、带有情感的记忆）。并且，每个人的长时记忆都是不完美的。我们都会遗忘，都会有记忆的扭曲，都需要一些策略来帮助我们进行准确的回忆。【**生命全程链接：**见第二十四章对成年晚期的记忆以及记忆策略的讨论。】

给教师的问题 以你对记忆的理解，你觉得若要教四年级小学生学习有 2000 个词语的词汇表，应该怎么教？（答复见第 301 页）

知识

有关信息加工的研究发现，人们知道得越多，能够学到的信息就越多。拥有一个浩瀚的**知识库**，或者是掌握特定学科博大的知识体系，都可以使人对与之相关的新信息有更好的记忆和理解。在儿童上学读书的那段时间里，他们逐渐能够明辨是非，知道哪些东西有记忆的价值，哪些东西根本不重要（Wolley & Ghossainy，2013）。

有三个因素可以让知识库进一步扩大：过去经验、当前的机会以及个人的动机。其中，个人的动机解释了为什么儿童的知识库往往不是父母和老师所期待的那样。有些学生记得住流行歌曲的歌词和旋律，知道电视节目里的人物和情节，或是可以背出篮球运动员的名字和经历，却不知道第一次世界大战是发生在 19 世纪还是 20 世纪，不知道巴基斯坦是在亚洲还是非洲。

动机为教师提供了一条线索：学习新概念的最佳方式就是把它与孩子们个人的或情感上的经历相联系。那些来自南亚或是有来自南亚的朋友的孩子，更乐意学习有关巴基斯坦边界的知识。

控制过程

将记忆、加工速度、知识库组织在一起的机制叫作**控制过程**；它们管理着对系统内信息的分析和流动。控制过程包括情绪调节和选择性注意（在第十章和第十一章分别有阐述）。

元认知也同样重要，元认知有时被定义为“对思考的思考”。元认知是最根本的控制过程，正因它的存在，一个人才能对认知任务进行评估，决定怎样去完成它，并通过对结果的观察进一步调整自己的方法。根据研究认知的学者们的观点，“童年中期对于元认知监控的发展以及控制过程的学习可能有着十分关键的作用”（Metcalfe & Finn，2013，p.19）。

控制过程要求大脑对心理操作进行组织、排定优先顺序和指挥，就像大公司里的 CEO（首席执行官）一样。因此，控制过程又叫作执行过程。这些过程在人们选择性地注意当前任务、运用知识库学习新知识以及运用记忆策略时，都可见一斑。

执行过程在 10 岁儿童中比在 4 岁或 6 岁儿童中体现得更加明显（Bjorklund et al.，2009）。小学四年级的学生能够忽略正在嚼口香糖或传小纸条的同学，认真听老师讲述有关尼罗河的知识。这种有意的选择就是控制。

元认知和控制过程都会随着年龄和经验而得到改善。比如，在一项研究中，孩子们参加了填空测试，并且要说明自己对每个答案的自信程度。接着，研究者允许孩子们删除一些问题，至于剩下的问题，将会增加分值。在 9 岁以前，孩子们就已经能够对正误进行评估了；在 11 岁之前，他们已经熟练地知道应该删除些什么了（Roebers et al., 2009）。

有时候，经验并不是直接相关的，但是它仍有一定的影响。这在那些说着流利双语的儿童身上似乎得以验证了。这些儿童必须在使用一门语言的同时努力适应另一门语言。他们的控制过程更加高级，并且不单单是在语言这方面，在其他一些抽象任务的控制上也是如此（Bialystok，2010）。

这样的过程是随着前额叶皮层的成熟自然发展起来的，但也可以通过学习来获得。有时候，教学是明确的，某些国家（比如德国）在这一点上做得比其他国家（比如美国）好（Bjorklund et al., 2009）。一些可能比较熟悉的例子包括拼写规则（除非是在 c 之后，否则 i 都要放在 e 之前），以及记忆拧动灯泡的方式（往左，拧松；往右，拧紧）。学龄前儿童会忽视这样的规则，或只有在别人的指令下才能够使用；7 岁时，孩子们开始能够自己使用这些规则；到了 9 岁，他们甚至可以自己创造和掌握一些更加复杂的规则。

除了特定的教学以外，还有许多因素影响着学习。比如，如果孩子们没有在童年早期掌握对情绪的控制，他们的学业成绩可能会让他们持续多年承受痛苦（Bornstein et al.，2013）。

考虑到因素和目标的复杂性，教育家们不同意把知识分为应该刻意教授的和应由儿童自己发掘的两大类。然而，正如信息加工所寻求的那样，理解引领后来知识学习的早期步骤，可以指导教学，从而提高学习成效（见“科学视角”专栏）。

>> 答复教师（问题见第 300 页）可以通过在工作记忆和长时记忆中建立起连接，对这个年纪的孩子进行记忆策略的传授。你可以将这个词汇表分割成很多个词群，可以根据词根、与孩子们现有知识的联系和应用或者（最后才使用这个方法吧）首字母、韵母将它们分类。活跃的社会式学习也是很有效果的；或许你可以让同一个小组的孩子每天用 15 个新词写一个故事，然后让每个小组把自己的故事在班上大声念出来。

科学视角

球滚下来了

元认知应该教授吗？还是应该等儿童长大自然发展呢？这个问题已经成了近几十年研究的焦点（Lee & Anderson，2013；Orlich et al.，2009；Pressley & Hilden，2006）。学者们既考虑过“发现”学习（受皮亚杰启发），也考虑过显性教学（来自信息加工的观点），但他们的观点其实注注受文化差异的影响（正如维果茨基所强调的那样）。

答案部分取决于文化目标和方法。有些文化重视一心一意、专心致志，有些文化则提倡多重任务并行；有些强调直接指导，另一些则强调自我探索，还有些强调社会学习。

现在，大多数美国学校关注的是考试成绩。这导致强调教学和支持显性教学策略的研究。在一项研究中，研究者们力图教会儿童一个科学实验只有每次测量一个变量并控制其他变量，才能保证有效（Klahr & Nigam，2004）。研究者们给 112 名三年级和四年级学生展示了两个可以从斜坡上滚下来的球（见图 12.2）。这里有四个变量：是高尔夫球还是橡皮球，是陡坡还是缓坡，是粗糙的斜坡还是光滑的斜坡，是长坡还是短坡。

首先，研究者让孩子们自己设计四种实验：两种用来检测距离的效应，两种用来检测坡度的效应。在 112 个孩子中，只有 8 个孩子设计的实验控制了变量。比如，在一个没有控制变量的实验里，一个孩子可能会让一个高尔夫球在一个长坡上滚动，让一个橡皮球在短坡上滚动。在没有控制变量的情况下，实验结果将会十分混乱。

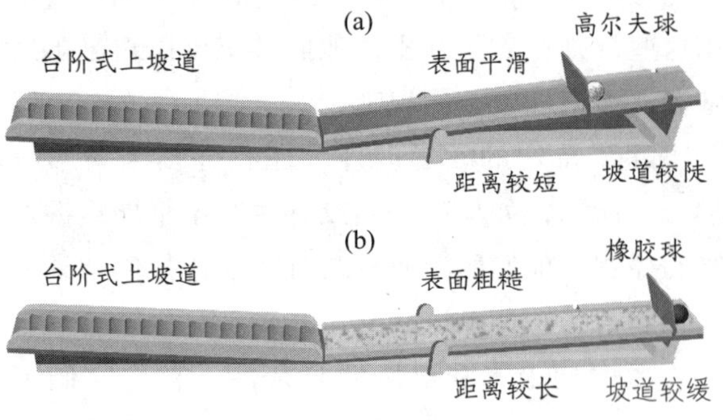

图 12.2

混乱的实验 两个斜坡，不管是哪一个，孩子们都可以变化坡度、表面材质、坡道的长度以及球的种类。这里画的这组实验选择比较了（a）高尔夫球在一个陡峭的、光滑的短坡上滚动，（b）橡胶球在一个平缓的、粗糙的长坡上滚动。

那些没有自发控制变量的 104 个孩子被分成了两组。一半被告知继续设计自己的实验；另一半通过观看实验员的实验演示得到了明确的指导，对于这一半孩子，实验员会问他们，刚刚演示的那一对实验是否能使他们确切地说出一个特殊的变量如何影响球滚动的距离，然后在孩子们回答后告诉他们正确答案并进行解释，强调一次测试一个变量的重要性。

接着，这 104 个孩子被要求设计如前四个实验。得到了明确指导的孩子在实验中正确地分离出单一变量的远多于自我探索的孩子（前者是 52 个中有 40 个，后者是 52 个中有 12 个）。

1 周以后，研究者们让那些似乎已经理解了实验方法的孩子们（前文所指的那 40 个和 12 个孩子）检查两张佯装出自 11 岁孩子之手的科学海报。研究者们向孩子们询问了对于海报的建议，以让这些海报足以"进入州里的科学博览会"。那 40 个接受指导的孩子所给出的批评建议与那 12 个采用探索学习的孩子几乎一样具有洞察力。这项研究表明，策略是可以教授的——如果老师积极地让学生参与。这也恰巧与信息加工理论所预测的吻合。

当然，对于科学的理解不仅仅是理解变量，还包括对结论的质疑，并意识到答案能够也的确可以改变。儿童是怎样发展这种能力的呢？是像皮亚杰所期望的经由发现和自我探索，还是像信息加工理论所提议的通过明确的教学指导——这是教育家们深切关注的问题。

最近有一项实验用计算机模拟的方法对德国一些班级的 13 岁学生进行了研究。研究发现，有的显性教学指导有一定的帮助，但是"过多的指导性支持会限制知识的获得"（Eckhardt et al.，2013，p.120）。自我驱动的发现和教师提供的指导之间的适当平衡可能取决于教授的内容、教师以及教学对象。

很多教育学家担心当今的政治气候强调具体事实、显性教学，而不是广泛的概念、探索式学习。心理学家则认为，每种策略各有优点，观察学习法也是这样（Lee & Anderson，2013；Tsethlikai & Rogoff，2013）。你怎么认为？正如维果茨基所问，"你的文化传承和政治信仰会如何影响你的答案呢？"

小　结

认知发展的每种理论都承认学龄儿童有着很强的学习欲望，他们在自己已有的知识基础上积极地扩充着新的知识。皮亚杰强调儿童自己的逻辑，他认为，是成熟和经验帮助儿童达到他口中的具体运算阶段的。受维果茨基和社会文化观点启发的研究揭示了文化差异的力量：学习的内容和学习的方式都会受到教学背景和日常经验的影响。

信息加工的分析过程强调思维的众多组成成分，这些成分在童年中期会逐步发展起来。尽管感觉记忆和长时记忆在这些年并没有太大改变，工作记忆的速度和效率却在这期间有了引人注目的提高，这促使学龄儿童在逐渐成长的过程中，变成了更好的思考者和更懂策略的学习者。每过一年，儿童的知识库都会得到扩展，这使得新知识与旧知识有了联系，学习起来更加简单。随着控制过程和元认知的发展，儿童能够更好地调整自己的思维，去学习他们想学习的知识。■

>> 语言

你会记得，语言的很多方面在童年早期都在进步。在6岁前，儿童已经掌握了母语的基本词汇和语法。许多人还能流利地说第二语言。这些双语能力形成了一个强大的知识库，使得有些学龄儿童一天能够学会多达20个新词并且能应用复杂的语法规则。这里是一些细节。

词汇

在6岁前，孩子们就知道数千种物体的名字了，他们也会使用各种词性的词语——形容词、副词、名词以及动词。正如皮亚杰强调的那样，孩子们很快就变得更加灵活、更加有逻辑了；他们能够理解前缀、后缀、复合词、短语以及比喻。比如，2岁的孩子知道鸡蛋，但10岁的孩子知道鸡蛋沙拉、鸡蛋汤、蛋头（书呆子），最后一个是臭鸡蛋。他们知道这里的每种表达都不同于冰箱里放的那种生鸡蛋。

理解隐喻

隐喻、玩笑以及双关语终于可以被孩子们理解了。有些玩笑（"什么是白纸黑字？""为什么小鸡要过马路？"）只有处于童年中期的孩子才会觉得好笑，年幼的孩子根本就不懂它们为什么逗乐，而青少年则觉得这些玩笑又蹩脚又老套。但是新发展起来的认知灵活性让这些6—11岁的儿童很喜欢俏皮话，喜欢脑筋急转弯和隐喻。

的确，如果一个孩子不懂隐喻，即使他的词汇量再丰富，也会存在认知障碍（Thomas et al., 2010）。幽默，就是一个检测工具。

许多成人都没有意识到，对于年幼的儿童或者在学一门新语言的成人来说，掌握修辞有多困难。幽默作家詹姆斯·瑟伯（James Thurber）回忆道：

> "在我的童年，有一个魔法世界……在这个世界里，商人们给他们的妻子打电话说他们被人用绳子绑在办公室里的转椅上，并且很可能被堵上了嘴巴，不能动弹，也无法说话，但不知怎么的，仍神奇地拥有打电话的能力……还有一个人啊，他把城镇安放在云朵下。有的时候，我就看着他把自己裹在云里，然后就消失了……有的时候，云会飘动，变成沙发的大小，不管他去哪里，云都会跟在他头顶上……（我记得）有一个老女人永远挂在空中，她的丈夫呢，似乎永远都不能把脚放下来。有一个男人在一场火灾中烧掉了脑袋，但是仍然可以绕着房子大声咆哮。"
>
> （Thurber，1999，p.40）

隐喻受到特定情境的影响，它建立在知识库的基础上。一位生活在中国的美国人注意到一些美国孩子知道但是生活在不玩棒球的文化中的孩子并不知道的短语，包括"失球""发球""耍花招""三振出局"（Davis，1999）。如果一个老师说"把眼睛盯在球上（注意专心听课）"，有些移民儿童可能真的会去找老师所说的那个球，而不是专心听课。

因为学龄儿童能够自己创造隐喻，所以要求他们这样做会揭示他们不以其他方式表达的情感。例如，有一项研究调查了哮喘患儿对这种疾病的感受，一个11岁的孩子是这么描述的：

> "哮喘就像一只水母，有着致命的刺痛和剧毒的触须，它用这些武器挤压着你的喉咙，让你的支气管变小，让呼吸困难。或者说它像一条蟒蛇，在挤压你的生命。"
>
> （Peterson & Sterling，2009，p.97）

这个男孩害怕他的疾病，他认为它是邪恶和危险的，就连他的父母也无法帮助他。参与这项研究的其他孩子给出了不一样的回答。有一个女孩认为只要她表现得不好，哮喘就会发作，只要她表现得好，她的"守护天使"就会把哮喘赶走。那些想知道孩子们对某物某事感受的成人或许可以试着让孩子们用一些隐喻。

根据语境调整用词

语用作为语言的一个方面，在童年中期有了显著进步，第九章中有关于语用的定义。我们比较了儿童与教师正式谈话的方式（从不叫老师臭鸡蛋），以及与朋友非正式谈话的方式（可以叫朋友臭鸡蛋或是更过分的称呼），语用在其中表现得明显。随着儿童对语用的逐渐掌握，他们更擅长交朋友了。害羞的6岁儿童若可以很好地使用语用，就能更好地应对来自学校的社交压力（Coplan & Weeks，2009）。

对语用的掌握使得孩子们可以根据听众来变换自己讲话的风格，或是“语言编码”。每种编码都包括语言的很多方面——语调、发音、手势、句子长度、谚语、词汇以及语法。有时是正式编码（在学术环境下使用）与非正式编码（与朋友相处时使用）的转换；有时是标准语（在合适场合使用）和方言（在大街上使用）的转换。编码同样也被用于发短信——数字（411）、缩写（LOL）、表情符号（:-D）以及拼字（R U Ok?）——都展示了典型的语用学。

有些孩子可能意识不到这样的表达在正式语言中是错误的。所有的孩子都需要在指导下流利地进行正式编码，因为语法的逻辑几乎是无法推理出来的。同龄人会教他们非正式的编码，而每个当地社区则传播着方言、隐喻以及发音。教育者必须教儿童学习正式编码，而不能让儿童对自己原有编码里的语法和发音感到羞愧。

给父母的问题 你今天已经筋疲力尽了，却还要去杂货店买东西。你 7 岁的儿子想和你一起去。你应该跟他解释说你今天很累了，所以这次只想在杂货店速战速决吗？（答复见第 305 页）

当孩子们在家说一种语言而在学校说另一种语言时，编码会发生很明显的变化。每个国家都有很多这样的孩子；在全世界的6000多种语言中，大多数都不是学校语言。比如，英语是澳大利亚的校园用语，但是有17%的孩子在家说着246种其他语言中的一种（Centre for Community Child Health，2009）。

在美国，大约有1/4的孩子在家里不说英语，但大多数人的英语都说得非常好（见图12.3）。此外，许多孩子在家说着一口方言，而他们所说的方言并不符合学校里所教的语法和发音。所有这些备选的编码都有不同的时态、语法、强调以及词汇。

每个族群都有一些孩子被称为**英语学习者（ELLs）**，这是基于他们对英语的精通程度得来的称号。那些英语说得好的拉美裔美国孩子，其阅读能力也比那些英语说得不好的孩子好得多，即使他们的阅读能力还是不如那些普通的欧裔美国孩子（Garcia & Miller，2008）。文化可能是其原因，因为虽然他们也说着英语，但他们的学习风格和教师的教学风格可能不同。

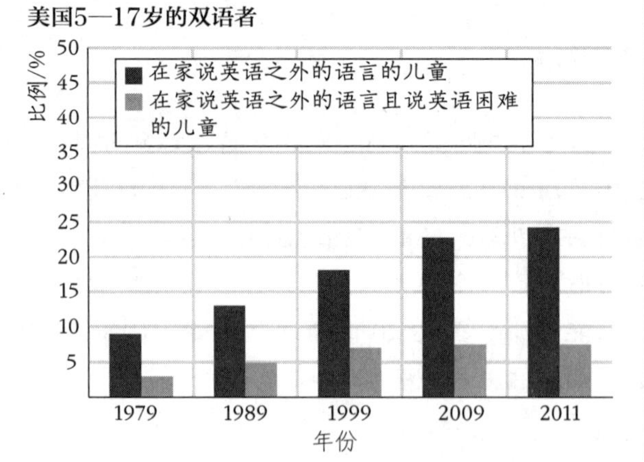

来源：U. S. Census Bureau, October (1992, 1995 and 1999) and November (1979 and 1989) and Current Population Surveys and 2000–1011 American Community Survey.

图 12.3

为教师喝彩 越来越多的美国孩子成了双语者，越来越多的孩子英语说得很好，这个比例从 1980 年的 40% 上升到了 2011 年的 82%。

信息加工理论表明，语言学习的每个方面都会遵循不同的发展轨迹。在5—8岁，对于那些在家说西班牙语而在学校说英语的儿童来说，说英语时的句子长度（平均的单词量）会在暑假期间变短，但是流畅性会稳步提升（1分钟所说的单词数量）。他们的西班牙语知识则遵循另一种轨迹。在儿童上幼儿园和小学一年级时，他们的西班牙语根本不会有什么提高（大概是因为他们在专心学英语），但在小学二年级结束前，会有显著的提高（Rojas & Iglesias，2013）。这些只是通常情况，具体还要看孩子们在家和学校的特定经历。

语言学习的差异

学习说、读、写学校语言对于小学教育是十分关键的。有些差异是先天的：存在语言障碍的孩子在学校和家庭语言上都存在障碍。若认为一个说不好英语的孩子存在语言障碍，就大错特错了（差异并非不足）；但是若认为这样的孩子唯一的问题是缺乏足够的英语知识，那也错了（所有的孩子都会有缺陷，不管他们的文化背景是什么）。

尽管如此，孩子之间的语言差距大多数是社会环境造成的，而不是因为大脑的畸形。两个关键的因素是：家庭的社会经济地位以及每个人对孩子们学习的期望。

社会经济地位

遍及全球的数十年的研究发现，学业成就和家庭社会经济地位之间存在很强的相关性。语言是一个主要原因。来自低社会经济地位家庭的孩子不仅比那些来自高社会经济地位家庭的孩子的词汇量小，而且所学习的语法也更简单（更少使用复合句、从句、条件句），他们使用的句子也更短（Hart & Risley，1995；E. Hoff，2006）。

关于语言学习，信息加工理论关注的是那些可能影响大脑从而进一步影响学习能力的特性。可能性很大的是产前护理不足、接触铅、不吃早餐、过于拥挤的家、家中存书少、父母是青少年、专制的抚养方式、缺乏经验的老师……这个清单不胜枚举。列出来的所有情况都和低社会经济地位以及更少的学习机会相关，但是没有一种被证明是小学时期低成就的主要原因（而不仅仅是相关）。

此外，孩子早期接触词汇会影响语言学习。与大多数上过大学的父母不同，许多接受较少教育的父母没有为他们的婴儿或是幼儿提供一个多样且广泛的语言环境。比如，每天为 2 岁的孩子读故事的习惯只有不到 24% 的文化水平达不到高中的母亲能做到，但是有 70% 的文化水平高于学士的母亲能坚持（National Center for Education Statistics，2009；见图 12.4）。即使不考虑家庭收入和社会地位，研究发现，平均来说，那些生活在藏书多的家庭中的孩子要比那些家中无藏书的孩子多接受 3 年的学校教育（Evans et al.，2010）。

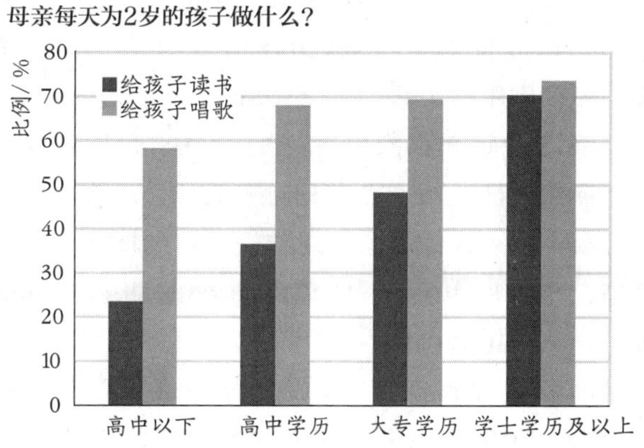

来源：National Center for Education Statistics, 2009.

图 12.4

红色的鱼，蓝色的鱼　正如你所看到的，大多数母亲都会给她们的小宝宝唱歌，但是受过大学教育的母亲更可能懂得阅读的重要性。儿童就算只是简单地知道怎么翻书或是听一些新词的组合（蹦来跳去），都有利于日后的阅读能力发展。

>> **答复父母**（问题见第 304 页）　你的儿子会理解你的解释的，但如果你有耐心的话，最好还是带着他一起去。你不会忽略他对于食物或药物的需求，所以，也请不要忽视他对于学习的需求。购物的时候，你可以教他学习新词（他知道红色柿子椒、意大利辣香肠以及玉米粥吗？）、商品的分类（根块类蔬菜、淡水鱼）、数学（哪种体积的盒子里装的谷物更便宜）。在带他去商场前，先告诉他你需要他帮忙去找哪些商品，并且他只能在你的清单外选择一样自己想买的商品。7 岁的孩子是能够理解这些规矩的，并且他们十分乐意给你帮忙。

读书并不是让孩子们更多地接触语言的唯一方式——有些家庭不给孩子阅读书籍，但会就周边有趣的事物与孩子们聊天——但是在美国，阅读量通常意味着一个孩子有多少语言输入。另外一种增加语言接触的方式就是给孩子唱歌，不是唱几首简单的歌就够了，而是要唱很多首。

最理想的情况是，父母每天都给孩子读书，唱歌，与他们聊天，同时也给他们提供各种活动中所用到的大量词汇。比如，在街上走路时，“这里的人行道窄（或是宽、有裂痕、是水泥的），看那些枯萎的玫瑰。它是大红色、品红色，还是栗色呢？这辆货车有 6 个轮子，为什么会有这么多呢？”

如前所述，缓慢的语言发展与低收入相关，但是语言接触才是最可能的原因。的确，很少接触语言的来自高社会经济地位家庭的孩子在学校的表现也很差。

追踪幼儿从成人那里听到了多少语言的研究发现，每个家庭之间存在巨大的差异——有些孩子听到的单语是其他孩子的 10 倍。有些高社会经济地位家庭的父母很少跟他们的孩子说话，而有些低社会经济地位家庭的父母倒是经常和孩子说话（Greenwood et al.，2011；Hart & Risley，1995）。记住，树突生长反映了儿童的经历。那些生活在很少说话的家庭里的孩子首先在学校的阅读成绩上，然后在其他科目上，均落后于他人。最终，他们的大脑显示出语言上的劣势（Hackman & Farah，2009）。

期望

世界上许多国家儿童在童年中期学业成绩低的第二大原因就是教师和父母的期望（Melhuish et al.，2008；Phillipson & Phillipson，2007；Rosenthal，1991；Rubie-Davies，2007）。期望与另一因素有关——一个孩子是否学习了高级词汇和概念，尤其是那些构成将来学习基础的词汇，比如协商、进化、呼吸作用、主张、赤字（Snow et al.，2007）。

最近有研究再次发现，期望与家庭收入并不一定存在线性关系。尤其是对于低社会经济地位的拉美裔美国人来说，家庭对孩子学习的期望值可能很高，孩子们也会尽力达到父母们的期望（Fuller & Garcia Coll，2010）。

国际成就测验的得分（在本章最后部分会有所讨论）表明，收入差距对学校资源以及学生成就的影响程度在不同的国家存在很大差异。在美国，最大的差异之一是，以低收入家庭学生为主的公立学校四年级学生的数学平均分比鲜有低收入家庭学生的公立学校的四年级学生的平均分低 91 分（Provasnik et al.，2012）。作为比较，91 分比美国（541 分）与泰国（458 分）或亚美尼亚（451 分）的平均分差距还要大。

成人的低期望最糟糕的影响就在于这种期望会传递给孩子。学龄儿童若是内化了父母和老师对于他们能学多少知识不抱期待，他们就可能真的学不了多少知识。孩子们对学习的期望与他们学习的动机（之前讨论过）密切相关。

在生命的每个阶段，期望都是至关重要的。一项针对大学生学习的研究发现，在控制了学生的家庭背景和高中平均绩点这两个变量后，在那些教授们对学生们的学习有所期望从而布置了更多的阅读和写作任务的大学里，学生的成绩有更大的提高（Arum & Roksa，2011）。一个人的期望不仅会影响他的学业——那些想活得更久的成人也更懂得照顾自己的健康。【**生命全程链接**：有关健康习惯对于长寿的影响将在第二十章讨论。】

个案研究

两个移民

有两个孩子，同为墨西哥裔美国人，分别描述了他们在加州当地公立学校上学时的经历：

尤兰达：

刚到那里的时候（7 岁从墨西哥搬过来），我并不想待在那儿，因为我不喜欢那个学校。不久后，我上了三年级，我开始懂事，并努力尝试适应。我与老师们相处得真的很好……他们会开始跟我讲话，他们真心希望帮助我提高成绩，或是把我转到其他班级去。他们一直在鼓励我。

保罗：

我长大了……开始逃学，惹麻烦，努力挣钱，就是这样，你知道吗？我去商店里偷东西，然后在学校里贩卖偷来的糖果。这就是我上三年级和四年级时做的事情……我常常被叫去训导处，后来被停学，被开除。总之，从三年级开始，我受过各种惩罚。

（Nieto，2000，pp.220，249）

请注意，一开始，由于学校的缘故，尤兰达并不喜欢美国，但是她的老师“真心希望帮助她提高成绩”。在上三年级之前，她就开始懂事了。对于保罗，学校就是他用来贩卖偷来的糖果的地方，就是被老师送到要给他停学的训导处的地方。由纳尔逊小姐任教的五年级是“不错的一年”，但是已经太晚了——保罗已经认定自己就是个“捣蛋鬼”，他对自己的期望已经很低了。保罗随后被送进了一所特殊学校，并且文中后来暗示到，他在 18 岁前进了监狱。而尤兰达成了一个成功的年轻女子，同时也是一个说话流利的双语者。

你很可能把这种差异归结为性别，因为女孩在学校的表现通常都比男孩好。但是这并不对——有些出生于墨西哥的男孩在美国加州的学校也有很好的表现。这也引发了一个问题：教师是如何影响儿童的——保罗上三年级遇到的教师对他做了些什么？

小 结

孩子们在上学期间继续快速地学习语言。他们变得更加灵活、更有逻辑、知识量激增，他们能够理解新词的意义，能够领会隐喻、玩笑以及合成词。很多孩子在与朋友聊天时使用了非正式语言和在学校里掌握的正式编码。教他们什么语法和词汇，他们就学习什么。他们对语用也掌握得很好——语用是根据交谈对象是朋友、教师、家人而调整自己所使用语言的一种实践任务。数百万儿童在教师和同伴的帮助下开始熟练地使用第二语言。至于童年中期的学业成就，既受过去语言接触的影响，也受成人期望的影响。■

大约在此时

数学

年龄	标准和期望
4—5 岁	■ 能数到 20 ■ 能理解物品和数字一一对应的关系 ■ 能理解更多和更少 ■ 能识别并命名形状
6 岁	■ 能数到 100 ■ 能理解更大和更小 ■ 能对一位数进行加减运算
8 岁	■ 能对两位数进行加减运算 ■ 能进行简单的乘除运算 ■ 能理解包含两个变量数量关系的应用题
10 岁	■ 能进行多位数的加减乘除运算 ■ 能理解简单的分数、百分数、图形的面积以及周长 ■ 能理解包含三个变量数量关系的应用题
12 岁	■ 开始使用抽象概念，比如公式和代数

数学学习非常依赖直接教学和重复练习，只有这样，孩子们才能领先于别的孩子。这个表只是一个粗略的指南，旨在阐明时序的重要性。

>> 教学和学习

正如前面所说，学龄儿童是非常棒的学习者，他们使用逻辑，发展策略，积累知识，不断提高自己的语言熟练度。不管身处哪个时代、哪个国家，新的责任和正规教育都是从童年中期开始的，因为此时的儿童的身体和大脑都做好了准备。传统上，这种学习发生在家里，然而在当今世界，有 95% 以上的 7 岁孩子都已经上学了；这也是他们的父母以及政治领袖们希望他们做的事情（Cohen & Malin，2010）。

国际教育

世界各地的孩子都在学习如何阅读、写作以及算算术。由于大脑的成熟以及学习的时序，6 岁的孩子一般做不了三位数的乘法运算，也不能够大声且流利地朗读文章段落。但是不管是在哪个国家，10 岁的孩子都能学习这些。在“大约在此时”专栏中列出了一些被普遍公认的学习时序。

每个国家都希望本国的孩子能够成为优秀公民。然而，公民教起来可不容易。对于什么是优秀公民，成长为优秀公民应遵循怎样的发展轨迹，人们并未达成共识（Cohen & Malin，2010）。

各国间差异

尽管识字能力和计算能力（分别代表着阅读和数学）在各地都很受重视，但相关课程的许多细节会因国家、社区和学校而异。不管是从国际测验的结果、学校科目的融合，还是从父母、教育者、政治领袖的相对力量来看，这些差异都是极其显著的。

比如，日常体育活动在某些学校是强制性的，但在其他学校则不是。日本的很多学校都有游泳池，但非洲和拉丁美洲几乎没有学校能够这样。正如你在第十一章所读到的，有些美国学校根本就没有休息时间。

地理、音乐以及美术在某些地方是很重要的，但在其他一些地方不是。在美国 18—24 岁的成人中，有一半人都说在童年时没有接受过美术教育，不管是在学校还是在其他地方（Rabkin & Hedberg，2011）（见图 12.5）。

即使是在地理位置相邻且文化相近的国家之间，教育实践也存在差异。比如，德国的普通小学生在学校学习科学课程的时间是邻国荷兰的普通小学生的 3 倍（Snyder & Dillow，2010）。

国与国之间存在差异。在美国，学校与学校之间在**隐性课程**上也存在显著差异。隐性课程包括在课程选择、日程安排、分班分组、教室特征、学校纪律、教学方法、体育比赛、学生会以及课余活动中体现的内隐价值观和隐含假定。

学生们在教室里是应该安静还是健谈，就是隐性课程的一部分，这部分教育自幼儿园就开始了。我在联合国高中教书的时候就意识到了这种特

大约在此时

阅读

年龄	标准和期望
4—5 岁	■ 能够理解有关书的基本概念。比如，学习英语或是其他语言的孩子都知道书是从前往后、从左往右写的，词语是由字母组成的。 ■ 认识字母——能够立即读出所看到的字母 ■ 认识自己的名字并且知道如何拼写自己的名字
6—7 岁	■ 知道辅音和元音的发音，包括那些有两个音位的（比如，c、g、o） ■ 能够通过发音来理解词汇 ■ 能读懂一些简单的词，比如猫、坐、球、跳
8 岁	■ 能够大声朗读出简单的句子，且速度大概为 1 分钟 50 个单词（包括那些有两个音节的） ■ 能理解基本的标点符号和辅元音混合词 ■ 能理解阅读的内容
9—10 岁	■ 能阅读并理解段落章节，包括高级的标点符号（比如，冒号） ■ 能够回答有关概念和事实的理解性问题 ■ 会读多音节词（比如，蔬菜、人口、乘法）
11—12 岁	■ 能够快速流利地朗诵（1 分钟读 100 个单词以上） ■ 掌握各个领域中有特殊意义的词语。比如，公民、自由、联邦、议会以及环境都有特殊含义 ■ 能理解阐述不熟悉的主题的段落 ■ 能朗读新词汇，并根据同根词和上下文推测其含义 ■ 能快乐地阅读
13 岁以上	■ 继续扩充词汇量，比起口语，更加重视书面语的理解。能理解教材

阅读需要各种技巧的参与，它依赖于大脑的成熟、教育以及文化。此表给出的时序发展只是一个概况，不能拿来衡量任何一个特定的孩子。

定的隐性课程的差异。有一个刚从印度转学过来的学生，从不在班上讲话，所以我点名让他回答问题。他立刻站了起来回答——这让他的同学们都十分惊讶。他学会了安静地待在座位上，但从不主动开口说话。

更普遍的情况是，如果一个老师的性别、族群或是经济背景与他所教的学生们不一样，那么孩子们可能会认为教育与他们无关。如果学校里有天才班，隐含信息可能就是这个学校的大多数孩子的能力都不太强。

在童年期接受过艺术教育的18岁青少年的比例/%

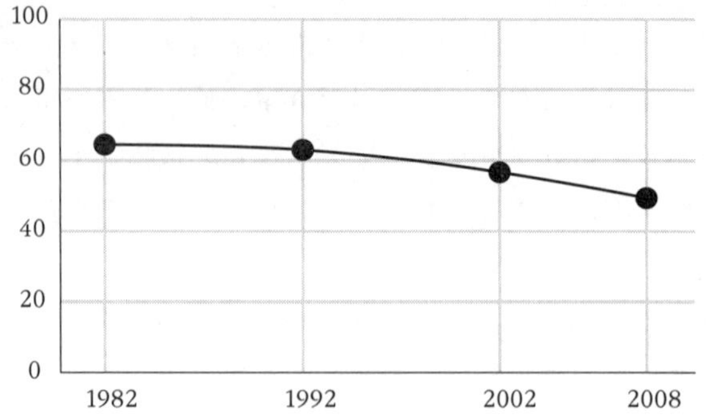

来源：Rabkin & Hedberg, 2011. National Endowment for the Arts.

图 12.5

聚焦事实 成就测验的分数正在逐渐成为衡量美术、音乐以及运动学习能力的标准。艺术家们担心创造力和想象力也会就此被抹杀。

学校的教学环境也透露着一些信息。有些学校有宽敞的教室、宽阔的走廊以及铺满绿草的大操场，有些学校只有狭窄的、设备简陋的教室和铺着水泥的游戏场。在某些国家，学校是露天的，没有椅子，没有课桌，甚至没有书本。遇到下雨的时候，课程会被取消。这些又向学生传达了什么信息呢？

国际测验

在过去的 20 年里，有 50 多个国家至少参与了一次有关教育成就的大型国际测试。纵向数据表明，如果成绩提升了，国家的经济也会随之增长；并且这种关系似乎是因果关系，而不仅仅是相关关系（Hanushek & Woessmann，2009）。显然，受过更好教育的成人成为更富有成效的工作者。

国际数学和科学趋势研究（TIMSS）对数学和科学成就进行了测验。**国际阅读素养进步研究（PIRLS）**是有关阅读的最主要的测试。这些测试每隔几年就会举行一次，东亚国家和地区的得分通常是最高的，美国的排名正在逐渐上升但仍与其他许多国家存在差距（见表 12.2 和表 12.3）。大多数发展中国家没有参与这些测试，但即便参与了测试，得分也不尽如人意。

在进行了大规模的教育改革之后，芬兰在国际测验中的分数自 1990—2001 年发生了引人注目的提升（Sahlberg，2011）。这些年来，芬兰的改变在时时发生，从 1985 年废除能力分组到 1994 年的课程改革，大力鼓励合作式和主动式学习。严格的教师入职要求可能是关键。只有在高中排名前 3%

的学生才能进入师范院校深造。在那里，他们将接受5年的免费教育，取得教育理论和教育实践的硕士学位。

表 12.2　2011 年四年级学生数学成就的 TIMSS 排名和平均分

排名 *	国家或地区	得分
1	新加坡	606
2	韩国	605
3	中国香港	602
4	中国台湾	591
5	日本	585
6	北爱尔兰	562
7	比利时	549
8	芬兰	545
9	英国	542
10	俄罗斯	542
11	美国	541
12	荷兰	540
	加拿大（魁北克）	533
	德国	528
	加拿大（安大略）	518
	澳大利亚	516
	意大利	508
	瑞典	504
	新西兰	486
	伊朗	431
	也门	248

*排在前 12 名的国家和地区是按由高到低的顺序列出来的，但之后并不是所有参加这个测验的国家都被列出来了。有些国家和地区在过去的 15 年里有很大的进步（尤其是中国香港和英国），有些却下降了（澳大利亚和荷兰），但是大多数国家和地区都保持在原来的位置。

来源：Provasnik et al., 2012; TIMSS 2011International Mathematics Report.

表 12.3　PIRLS 阅读成就分布

国家或地区	得分	国家或地区	得分
中国香港	571	北爱尔兰	558
俄罗斯	568	美国	556
芬兰	568	丹麦	554
新加坡	567	中国台湾	553
爱尔兰	552	波兰	526
英国	552	法国	520
加拿大	548	西班牙	513
意大利	541	伊朗	457
德国	541	哥伦比亚	448
以色列	541	印度尼西亚	428
新西兰	531	摩洛哥	310
澳大利亚	527		

续表

来源：Adapted from Mullis et al., 2012.

芬兰的教师在班级里还被赋予了比在其他任何普通机构更多的自主权，并且自从 20 世纪 90 年代以来，他们有时间并且被鼓励与同事们一起工作（Sahlberg，2011）。同时，学校还为教师们设计了配有舒适长沙发的办公室，希望以此来促进教师之间的合作（Sparks，2012），这也反映了一种隐性课程。

对于教育的尊重可能是芬兰获得成功的原因，也可能是因为其他一些更基本的东西，比如芬兰的国土大小、人口、文化或是历史。此外，芬兰对于每个孩子优缺点的考虑可能也是他们成功的原因：很少有孩子接受特殊教育，因为所有孩子都得到了个性化关注。

各个国家和地区在国际测验中的结果可能都与他们的教育方法有关。TIMSS 的专家录制了三个国家（日本、德国和美国）231 个班级的数学课堂（Stigler & Hiebert，1999，2009）。比起德国和日本的教师，美国数学教师的教学水平低一个等级，他们只是给孩子们呈现了很多定义，而没有把这些定义与之前的知识联系起来。美国的孩子很少对听课表现出兴趣，因为他们觉得老师自己就表现得极度无趣："老师们似乎认为学习术语和练习技能并不是一件令人激动的事情"（p.89）。

相反，日本教师对于数学教学充满激情，他们合作工作并且会对课程进行设计，从而保证孩子们不管是独自学习还是在小组里合作都能够大胆证明自己的观点、提出其他的解题思路。教师利用社交互动并遵循着一套有序的序列（把课程建立在先前知识的基础上）。这种教学方式同时反映了三种认知理论：皮亚杰的问题解决、维果茨基的合作式学习以及信息加工理论的序列化。请记住，日本学生在TIMSS中表现得非常好，这也意味着三种理论可能有相关联的地方。

国际基准的问题

为了保证PIRLS和TIMSS的效度，研究者精心设计了大量适当的测量方法。比如，把测验中使用的术语设计得尽可能公平、不含文化因素的影响，参与测试的孩子会尽可能代表所有孩子的多样性（收入、族群等）。因此，全球大多数社会科学家都认可这些测试的数据。

然而，这些测试远非完美。设计的测验术语对所有儿童而言在难度上都相同是不可能的。四年级的学生应该理解分数、曲线图和简单几何吗？或者测试应该只关注儿童对整个数字系统的基本操作能力吗？一旦考虑这些问题，特定的术语可能就不那么公平了。以下是一个给四年级学生的数学测试题：

> 艾尔想知道他的猫有多重。他先自己单独上秤，发现体重秤显示57 kg。然后他抱着猫再次上秤，发现此时为62 kg。那么他的猫重多少千克？
>
> 答案：____ kg

这个问题包括了简单的减法。然而，仍然有40%的美国四年级学生会做错。他们是不知道怎么用62减去57呢？还是没有理解这个题目呢？又或是他们被千克的缩写迷惑了？与大多数国家的孩子不一样，他们对于磅这个单位更熟悉。对于这个题目，来自也门的孩子的得分最低，他们当中有95%的人都做错了。这是因为他们很少有人养猫或是别的什么宠物可以让他们抱着上秤吗？

美国的小学教育

尽管美国儿童的学业表现在某些国际测验中呈现出进步的趋势，但若是和其他国家的儿童相比，在过去的20年里，美国儿童在阅读和数学分数上其实没有太大变化。令人担忧的是，家庭收入和族群对于美国儿童学业成就的影响比在其他国家中大，在这些国家中，不乏比美国有更多族群和移民的国家。

此外，尽管美国有很多教育家和政治领袖都在尝试消除因儿童的家庭背景造成的学业表现上的差异，但是四年级的欧裔美国儿童和拉美裔或非裔美国儿童之间的差距仍然和15年前一样大。而且，在低收入家庭出生的美国儿童和在高收入家庭出生的美国儿童之间的差距越来越大，就像美洲印第安人和其他族群的差距一样（Maxwell，2012；National Center for Education Statistics，2012）。

国家标准

美国国内各族群之间的对比和差距推动美国在2001年通过了**《有教无类法案》（NCLB）**。这是美国的一项联邦法案，旨在提升美国公立学校的国家标准。关于这项法案，颇具争议的一点就是它要求频繁地进行测试以评估学校是否达到标准。得分低的学校会失去资助且可能会被关闭。最糟糕的是，那些成绩中等的孩子被紧紧地逼着学习以达到基准分数，而那些成绩突出或是落后的孩子则是被忽视的群体。

大多数人都认同《有教无类法案》的目标（教学效果考核制和高成就），但不认同它所采取的策略（Frey et al.，2012）。《有教无类法案》使得那些重视美术、社会学习或是体育教育的学校十分困扰，因为当数学和阅读成就成为需要优先考虑的事情时，这些科目往往只能被挤到一边了（Dee et al.，2013）。美国赋予了各个州较大的自主教学权利，师资培养得到了加强，但班级规模并没有减小，至于测试内容以及测试手段，仍然饱受争议（Frey et al.，2012；Dee et al.，2013）。

美国联邦资助的**国家教育进展评估（NAEP）**测量了阅读、数学以及其他科目的成就。很多评论家认为NAEP比州统考要好（Applegate et al.，2009），他们得出这一结论的事实依据是：NAEP比起州统考所定义的优秀学生数量更少。

对州统考和州标准的反对之声致使美国50个州的领导者们派遣了一个专家组去提炼各项标准的共同核心，从而供全国通用。这项任务已于2010年完成。这套标准比大多数州标准的要求都高，而且清晰明确，它对每个年级的各个科目都有六个或更多的具体要求（表12.4提供了这些具体标准的一个样例）。自2013年起，有45个州采用了这套共同核心课程标准来测量数学和阅读成就；明尼苏达州只采用了阅读标准但没有采用数学标准；有4个州——得克萨斯州、弗吉尼亚州、阿拉斯加州

表 12.4 共同核心课程标准：各个年级具体标准的样例

年级	阅读和写作	数学
幼儿园	会读基本辅音字母	知道数字的名称和顺序
一年级	会解码常规的单音节词	能把数数和加减法联系起来（比如，多数两个数以表示加 2）
二年级	会解码常见的前缀和后缀	能用两种不同的单位分别测量物体长度；能描述这两种测量方法与所采用的单位之间有什么联系
三年级	会解码多音节词	能把除法理解为求解未知数的问题（例如，在求解 32 ÷ 8 的时候，找的是那个与 8 相乘等于 32 的数）
四年级	能有机地结合字－音对应关系、音节模式以及词法（如，词根、词缀）的知识，来准确读出文本中或文本外不熟悉的多音节词	运用和拓展之前的乘法知识来对分数进行乘法运算
五年级	在同伴和成人的指导和支持下，通过计划、修订、编辑、改写或其他新的方式发展和强化写作能力。	在坐标平面上标点画曲线图以解决现实生活中的问题和数学问题。

来源：National Governors Association, 2010.

以及内布拉斯加州——没有采用共同核心课程标准。

怎样才能最好地教孩子们学习他们需要的东西，以及学习究竟是什么，这两个问题几乎在每个国家都一直有争议。

学习第二语言

其中有一项争议就是关于在什么时候、应该怎样、对哪些人以及哪些学校应该进行第二语言教学，这个问题在不同的国家之间或许有截然不同的答案。有些国家从小学就开始教儿童两门甚至两门以上的语言，而有些国家可能会因为孩子们说其他非母语的语言而惩罚他们。

在美国，只有不到 5% 的 11 岁以下儿童在学校学习了除英语以外的其他语言（Rbelen，2011）。（在初中，几乎每个美国儿童都会学习 1 年或是 2 年的非英语语言，但是有关大脑成熟的研究表明，这对于熟练地掌握语言来说已经太晚了。）

一些美国教育工作者注意到，在加拿大和大多数欧洲国家，几乎每个孩子在 10 岁前就能说两门语言了；在这些地方，孩子们自童年中期就开始学习两门语言。天资聪慧并且有幸能上高中的非洲孩子通常能够说三门语言。然而，由于对移民和全球化的争论，这些对美国语言教学的影响常被忽视。美国的教育家们关心的是如何更好地教那些不会说英语的孩子说英语，而不是在说英语的孩子们学习第二语言的最佳年龄内教他们第二语言。

双语教学方法包括：**沉浸式**，即纯粹用某种新的语言进行教学；与之相反，即用孩子们的第一语言进行教学，直到把第二语言当作一门“外语”来教（美国很少使用这种策略，但在其他国家这很常见）；处于这两种极端的教学方法之间的是**双语教学**，即同时用两种语言进行教学，以及**英语作为第二语言（ESL）**，即对所有非英语国家的学生在同一个多语言群体中进行教学。ESL 旨在以短小精悍的课程使学生们对常规课程有所准备。

第二语言的教学方法有时成功，有时失败，研究也尚未明确哪种教学方法才是最佳的（Gandara & Rumberger，2009）。任何方法的成功似乎都依赖于家庭环境的文化氛围（频繁的阅读、写作以及听力方面的语言帮助）；依赖于教师的热情、训练和技巧；依赖于国家的环境。在某些学校，每个教师都是双语者；而在其他一些学校，没有一个教师是双语者——孩子们会注意到这种隐性课程。英语学习者们比其他学生更可能表现不佳以致落后。

非美国本土出生的儿童和其父母可能不习惯这种美国的教学规范。比如，学生们是应该保持安静还是多发言？学生们是应该小组合作学习还是独立学习？

许多美国移民在生存依赖合作的家庭中长大，因此美国课堂对竞争和独立性的强调使他们感到不适。与此同时，他们往往很尊重教育和教师，因此那些不交作业的、和教师顶嘴的学生常常让他们目瞪口呆。

使问题更复杂的是，关于移民（包括刚刚提到的）和文化的普遍看法也许是刻板印象。比如，政治上的说辞有时会暗示所有的美国移民儿童都来自墨西哥，但实际上有很多拉美裔移民并不是墨西哥人，并且有很多移民并不是拉美裔人。尽管拉丁美洲的移民占美国移民总人口的一半以上（53%），但是他们当中仅有 29% 的人来自墨西哥，和来自亚洲的人口比例差不多（28%）。其他的拉丁美洲移民来自中美洲（8%）的其他地方、南美洲（7%）以及加勒比地区（9%）（United States Census Bureau，2012）。

此外，每个群体之间的差异也很显著。美国的亚洲移民来自中国、印度以及其他一些亚洲国家——每个国家都有自己独特的文化，这些文化影响着学习。当然还有一些来自西班牙的家庭已经在美国生活了好几世纪：西班牙语对于他们而言反而是一门外语了。

认知研究令人对学龄儿童在有逻辑地、逐步地教导下，既能够保留自己的母语能力，又能学好第二语言这一点上深信不疑。然而，孩子们是否能够做到这一点，受很多不在认知研究范围内的因素影响，比如，社会经济地位、家庭族群、期望以及国家政策。

谁决定了教育实践

几乎任何国家或国际上争议的最根本的教育论题莫过于父母的角色定位。在大多数国家，关于公共教育的事情——课程、基金、教师培训等——都是由中央政府决定的。几乎所有孩子都在当地的学校上学，全国所有的学校资源和标准都差不多。

相反，在美国是由当地的行政辖区为教育提供大部分资金和指导方针的。父母影响教育的方式就是与孩子们的老师谈话，加入家庭教师协会，搬家到某个学校的学区，或者是选举当地官员。此外，尽管大多数父母都会把孩子送进离家近的公立学校，但有 1/3 的父母不是这样的。他们选择的是公立特许学校、私立学校或者是家庭教学（见图 12.6）。

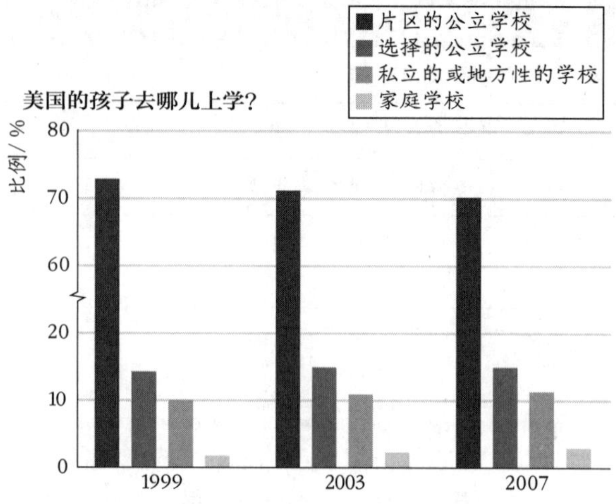

来源：U.S. Department of Education, 2012.

图 12.6

你会去哪种学校？ 注意，尽管在家教学是最少的选择，但它的比例在增加。同时，在当地公立学校上学的学生比例有轻微的减少。尽管任何儿童都能够接受在家教学，但有进一步的数据表明，最具代表性的例子就是美国一个欧裔的 7 岁女孩，她住在乡下，父亲在外工作，母亲是全职家庭主妇。

选择和复杂性

特许学校是由美国州政府或当地的行政机构建立并授予执照的公立学校。通常，这些学校都有私人资金和赞助。它们不受某些条例的约束，尤其是那些由工会运营的学校，它们对于学生录取和开除都有一定的掌控权。因此，其中常常有更多的种族隔离问题，并且更少招收那些有着特殊需要的孩子。一般而言，这里的老师更年轻，工作时间也更长，学校规模比起传统的公立学校也更小。

有些特许学校非常成功；另一些则不然（Peyser，2011）。对于特许学校，最主要的批评就是，不是每个在特许学校上学的孩子都能顺利毕业，一位学者报告称，“非裔美国男性的辍学率简直惊人”（Miron，引自 Zehr，2011，p.1）。总体上来说，比起常规的公立学校，特许学校的孩子更可能辍学，教师更可能辞职，这个数据真是令人烦恼。然而，造成这种现象的原因可能是教师和父母都能更主动地选择特许学校，这样的人本身就是很讲究的、具有批判性的，因此在没有达到期望的时候，他们就更可能离开特许学校。

私立学校由学费、捐赠、教会赞助投资建成。

在美国，传统上，大多数私立学校都是教会学校（与教会相关的），由天主教组织对宗教进行教学，并且对于其他一些公立学校反天主教的说辞进行抵制。这里的学费很低，因为教师是工资很低的修女。最近，很多教会学校都关闭了，却有更多独立的私立学校建立起来。最让人关注的是经济问题：高学费意味着上私立学校的孩子中几乎没有穷人甚至中产阶级。

为了解决这一问题，美国的一些行政机构会发放**教育券**，父母能够用它来代付私立学校（包括那些受教会赞助的学校）的部分学费甚至是全部学费。这个举措备受争议，不仅因为它减少了对公立学校的支持，也因为公共基金被用在了宗教组织上。这和美国教会与政府相互隔离的原则不符。支持这项举措的人们认为，教育券能够增加学校的竞争力，并进一步带动所有学校向前发展；批评者们则反驳称，这项举措会削弱公立学校的竞争力，并且会给纳税人造成很大负担。

当父母既不想让孩子上公立学校也不想让孩子上私立学校而选择把孩子放在家中进行教育的时候，**家庭教学**就是他们的选择。这种选择变得越来越常见了，但是也仅有 1/35 的孩子（女孩比男孩多，青春期前的儿童比青少年多）在接受家庭教学（Snyder & Dillow，2012）。家庭教学的先决条件就是有成人待在家中，通常在双亲家庭中，这个成人一般是母亲，母亲很乐意教孩子学习。政府机构为孩子们必须学习的知识设立了标准，但在家庭教学中，大人们能够自己设立具体的教学课程、日程以及纪律。

家庭教学最主要的问题不是学习（有些母亲是十分尽责的老师，有些接受家庭教学的孩子在成就测验中的得分很高），而是社交：孩子们和同学的零互动。为了补偿这一点，很多选择家庭教学的父母都会与其他选择家庭教学的家庭一起计划组织课外活动。这种措施折射着当地文化：家庭教学在美国的某些地方更为常见（在南部和西北部比在东北部和中西部更常见），这也影响着父母们找到其他接受家庭教学的孩子们的难易程度。

以上所有选择都存在一个根本问题，对 6—11 岁的儿童来说，最好的教育形式是哪一种，以及如何去衡量它？人们对此持不同意见。比如，很多父母认为班级规模是关键问题：所以在他们的经济能力尚能承受的情况下，他们可能会为孩子选择私立学校，因为私立学校班级里的孩子一般比较少。他们也坚持要求孩子们从一年级开始就要有家庭作业。尽管很多发展学家都不确定小规模班级和家庭作业对于童年中期的儿童来说是否必要。

给学校行政人员的问题　在学校穿制服的孩子一般在阅读测试中有更高的得分。这是为什么？（答复见本页）

那些在国际测验中排名靠前的国家所呈现的数据也让我们很迷茫。在有些国家，生师比很大（在韩国，每 28 名学生才配备 1 名教师），在有些国家却很小（在芬兰，每 14 名学生就配备 1 名教师）。没有作业的小学四年级儿童有时比有作业的儿童有更好的成绩（Snyder & Dillow，2010）。这不能证明小规模班级以及大量的作业就毫无用处。基础差的学生很可能被分在规模小且作业多的班级里，所以有关家庭作业和班级规模的数据可能是成绩差的学生的结果，反之亦然。无论如何，这些相关都引发了一系列的合理质疑。

应该由谁来决定孩子们所学的内容以及学习的方式呢？每种发展理论都能够为教学和学习提供指导建议（Farrar & Al-Qatawneh，2010），但是没有一种理论能够排除其他所有理论而支持一种课程或教学方法。父母、政府官员以及发展学家都同意的是，学校是非常关键的，有些孩子比起其他孩子学到了更多，然而对于教师和课程——隐性课程或是显性课程——则充满异议。

小　结

全社会都承认，学龄儿童是活跃的学习者，而受过良好教育的公民对于经济发展来说极为重要。这使得上学率得以提高：几乎全世界 6—11 岁的儿童都在学校上学。学校在教学内容和教学方式上有所不同，通过国际测验可以发现，有些国家在教育儿童这方面比其他国家强得多。测验分数以及教育的本质和内容引发了思想上和政治上的讨论热潮。教师是极为关键的一环，父母亦是如此，他们培养了孩子们的基本技能和动机。■

>> 答复学校行政人员（问题见本页）　这种关系反映的是相关而不是因果。当学校文化强调成绩和学习的时候，他们会在班级中制定严格的纪律和政策以驱逐那些捣乱的学生，穿校服这种现象在这样的学校里也更为常见。

可视化发展

世界各地在童年中期的教育

仅仅在 10 年前，世界各地在教育中的性别差异还是十分显著的，学校里的女生远少于男生。不过现在女生差不多已经追上来了。而近期有数据表明，童年健康的最好预测者是受过教育的母亲。当今有很多孩子都因过去几十年的不平等而深受毒害。

全球小学的入学率（2011）

世界各地小学的入学率正在逐年升高，但是穷国仍然比富国落后很多，并在所有国家中排名靠后，在那里，上学的男孩也比女孩多。

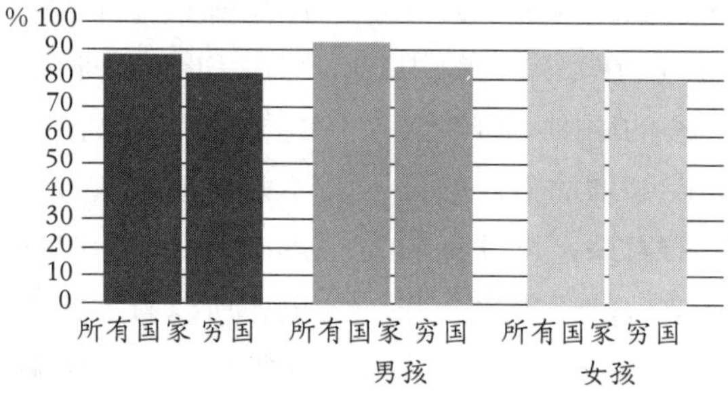

美国小学四年级的孩子怎么样？

美国小学入学率高，但不是每个上学的孩子都在学习。尽管数字一直在增长，但精通数学和阅读的四年级学生还达不到总人数的一半。

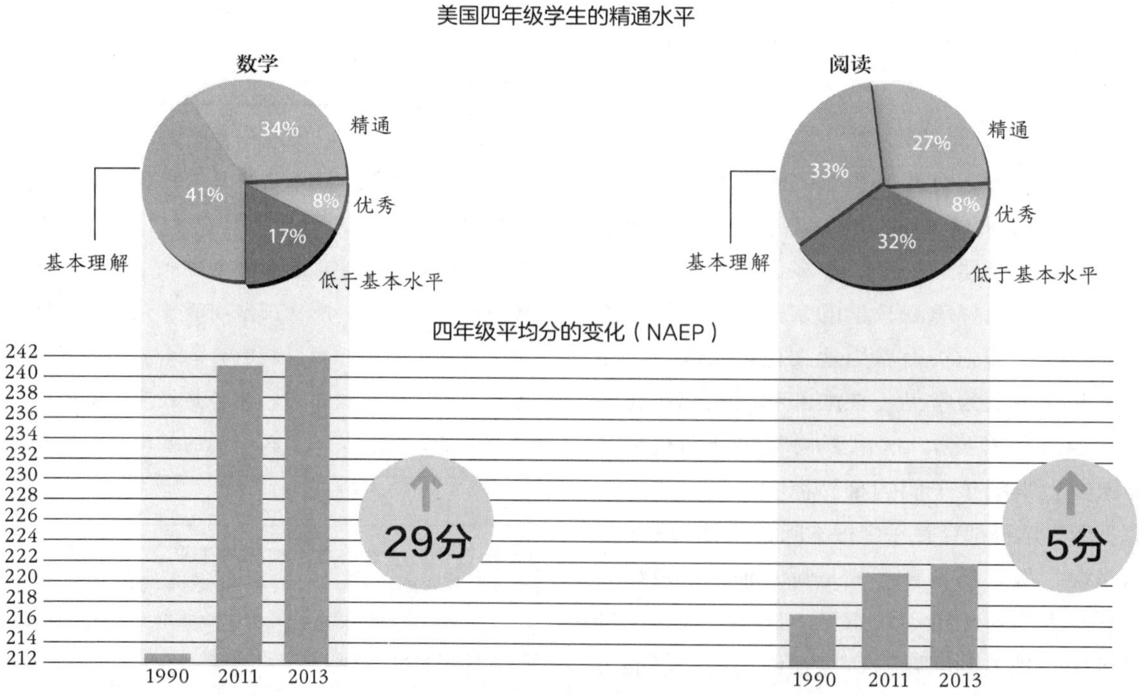

本章总结

以理论为基础

1. 根据皮亚杰的理论，童年中期是具体运算思维阶段，在这个阶段，利己主义开始减少，逻辑思维开始出现。学龄儿童能够理解分类、守恒以及系列化。
2. 维果茨基强调学习的社会背景，包括学校具体的课程以及从同伴和成人身上学习。文化不仅影响孩子们学习的内容，也影响他们学习的方式。
3. 信息加工的观点会检查思考过程的每一个步骤，以计算机作为模型，研究信息的输入到输出。这种观点对于理解记忆、知觉以及表达来说很有用。
4. 信息从感觉器官传达到大脑的时候，记忆就开始了。接着是受益于过去经验的选择性加工，让一些信息进入工作记忆。最后，长时记忆能够无限地储存图像和概念，并在必要的时候提取出来。
5. 一个浩瀚的知识库、提取时的逻辑策略以及快速的加工能够使记忆和认知的各个方面都更加优越。控制过程是很关键的。随着前额叶皮层的成熟，儿童能够更好地控制和调整他们的思维。元认知在童年中期以及之后的一段时间里都在进步。

语言

6. 语言学习在很多实用的方面都有所进步，包括扩展的词汇量，因为此时词汇之间都有了逻辑联系，并且儿童开始理解修辞的用法了。
7. 童年中期的儿童擅长语用，他们常常与朋友使用一种编码，而在学校使用另一种编码。尽管在家说的是第一语言，但很多儿童在学校都能流利地说学校所使用的语言。
8. 低社会经济地位背景的儿童在语言技巧上通常会落后，这主要是因为他们在家中更少听到对话，并且他们的父母对他们的期望也很低。然而，这对于低社会经济地位的家庭来说是不可避免的。

教学和学习

9. 政府和专家们都认同，童年中期的教育有决定性作用。如今，几乎全世界的儿童都会上小学。学校在教学内容和教学方式上存在差异，尤其是涉及宗教、语言以及文科科目的时候。
10. 国际评估在国际比较上很实用，这有一部分是因为几乎没有哪种方法能够客观测量学习。我们用 PIRLS 来评估阅读能力，用 TIMSS 来评估数学和科学能力。在这两种测量中，东亚儿童都表现优秀，而美国儿童则排在中间。
11. 在美国，《有教无类法案》和国家教育进展评估尝试提高教育的标准，混合教育成功了。共同核心标准在美国 50 个州的政府官员的赞助下发展起来，它旨在提高国家标准和问责制。
12. 对于教育的异议一直存在；有些父母选择特许学校，有些却偏爱私立学校，还有些会选择家庭教学。然而，父母们比许多教育家更重视学校的某些方面（班级规模、家庭作业），国家之间对公共教育的干预程度也存在差异。为了发掘儿童最好的学习方式，还需要做很多研究。

关键术语

长时记忆（long-term memory，p.299）
沉浸式（immersion，p.311）
分类（classification，p.296）
感觉记忆（sensory memory，p.299）
工作记忆（working memory，p.299）
国际数学和科学趋势研究（Trends in Math and Science Study，TIMSS，p.308）
国际阅读素养进步研究（Progress in International Reading Literacy Study，PIRLS，p.308）
国家教育进展评估（National Assessment of Educational Progress，NAEP，p.310）
家庭教学（home schooling，p.313）
教育券（voucher，p.313）
具体运算思维（concrete operational

thought，p.296）
控制过程（control processes，p.300）
双语教学（bilingual schooling，p.311）
私立学校（private school，p.312）
特许学校（charter school，p.312）
系列化（seriation，p.296）
隐性课程（hidden curriculum，p.307）
英语学习者（English Language Learners，ELLs，p.304）
英语作为第二语言（English as a Second Language，p.311）
元认知（metacognition，p.300）
《有教无类法案》（*No Child Left Behind Act*，p.310）
知识库（knowledge base，p.300）

你学到了什么？

1. 为什么皮亚杰把童年中期的认知叫作具体运算思维？
2. 一个人要怎么表达地面交通类别中的分类？植物类别呢？
3. 维果茨基和皮亚杰在解释童年中期的认知发展上有什么不同？
4. 根据维果茨基的观点，认知发展在哪些地方、以何种方式发生？
5. 信息加工理论与传统的认知发展理论有何不同？
6. 根据信息加工理论，儿童是如何学习数学概念的？
7. 记忆的哪些方面在童年中期有显著提高？
8. 元认知能力是如何帮助学生学习的？
9. 在 3—10 岁，语言学习能力是如何进步的？
10. 儿童的年龄是如何影响他们对于修辞和玩笑话的理解的？
11. 为什么理解前缀和后缀对于词汇扩展来说很有用？
12. 为什么一个孩子的语言编码会被老师批评，却受到朋友的喜欢？
13. 孩子的哪些家庭因素会影响其学习语法和高级词汇的能力？
14. 为什么低社会经济地位会影响语言学习？是如何影响的？
15. 在童年中期的教育上，哪一点是所有国家的共同点？
16. 隐性课程与规定的学校课程有什么差别？
17. 英语学习者在学校学习英语的三大方式分别是什么？
18. TIMSS 和 PIRLS 分别是什么？
19. 《有教无类法案》的主要目标和结果是什么？
20. 共同核心标准试图解决什么问题？
21. 特许学校、私立学校以及家庭教学的区别是什么？

应　用

1. 参观一所当地的小学，寻找他们的隐性课程。比如，孩子们排队吗？为什么排队，或为什么不排队？是什么时候，怎么排队的？性别、年龄、能力或者天资会影响孩子们分组或人员的甄选吗？墙上挂着什么？父母参与学校事务吗？如果参与了，是怎么参与的呢？对于你观察到的每一件事，都要对所依据的假设进行推测。
2. 采访一名 6—11 岁的儿童，看看他对于数学有多少了解和理解。把他的正确回答和错误回答与具体运算思维的逻辑联系起来。
3. 你还记得自己是如何学习阅读的吗？把你的记忆与另外两个人的做比较：一个至少比你大 10 岁，另一个至少比你小 5 岁。你能够得出任何有关有效阅读教学的结论吗？如果能，它们是什么？如果不能，又是为什么？
4. 与两名小学生的父母交谈。他们认为他们孩子的教育最好和最差的部分分别是什么？询问具体的问题并分析结果。

第十三章

童年中期：心理社会性发展

你将学到什么？

1. 是什么帮助一些儿童在困难的家庭或邻里环境中茁壮成长的？
2. 父母应该冒着离婚的风险结婚，还是干脆别结婚从而避免离婚？
3. 什么措施可以阻止欺凌？
4. 儿童在什么时候会为了保护朋友而对成人撒谎？

"但是爸爸，这不公平！为什么基顿可以去打僵尸，我却不可以？"

"好吧，因为你太小了。你表哥基顿比你大，所以他可以去打僵尸。但是你会做噩梦的。"

"这一点都不公平！"

"明年吧，等你过完生日以后，我就让你去打僵尸。"

（改编自 Asma，2013）

这是一位教授和他 8 岁儿子之间的对话，体现了童年中期心理社会性发展的特点，这也正是本章所要讨论的主题。所有的孩子都想去做大孩子能做的事情，而所有的父母都在极力保护孩子，尽管有时并没什么用。在整个童年中期，有关父母和同伴、公平和正义以及包容和排斥的问题是非常普遍的。道德是本章的最后一个主题，但从本章的第一个主题——儿童的天性——开始，所涉及的就不只是心理社会性发展，其中也蕴藏着道德伦理问题。

>> 儿童的天性

正如前两章所阐释的，稳步的发展、大脑的成熟以及智力的发展，使得童年中期成为一个更独立的阶段（见"大约在此时"专栏）。孩子们获得了"日益增强的管理自己、承担责任、行使自控力的能力"（Huston & Ripke，2006，p.9）。

大人别管 在童年中期，孩子们都想独立做事。如果父母们紧抓着每个孩子的手，并试图跳进去会怎样呢？那可能会剥夺孩子们的乐趣。

大约在此时

童年中期心理社会性成熟的标志*

儿童负责任地完成某些家务。

儿童规划使用一周的零花钱。

儿童会看表了，并且会设置参加各种活动的时间。

儿童有家庭作业，包括一些要用数天时间完成的任务。

比起小时候，儿童更少被惩罚了。

儿童努力在着装、语言等方面与同伴保持一致。

儿童能表达对于课后托管、课程以及活动的喜好。

儿童会承担起照顾弟弟妹妹、宠物或其他事情的责任。

儿童努力从父母那里争取独立。

*当然，文化是关键因素。比如，大约从1960年开始，给孩子零花钱在发达国家的中产阶级很常见。但是，在早些年或在其他一些地方，这是非常罕见、甚至是不可能的。

一项实践结果表明，在6—11岁，儿童会学习如何照顾自己。他们不仅学会了拿勺子，还可以学会做晚饭；不仅可以拉上裤子拉链，还可以收拾行李箱；不仅可以自己步行上学，还可以和朋友们组织游戏。他们敢于独自到户外探险了。男孩们尤其可能在父母不知情和未允许的情况下参加一些活动（Munroe & Romney，2006）。这种初露头角的独立性促进了成长。

勤奋与自卑

几个世纪以来，无论是在哪种文化里，学龄儿童都很勤奋。他们忙着掌握本土文化所重视的技能。正如前两章所阐述的，儿童心理和身体上的成熟使得从事学习活动成为可能。

埃里克森的观点

关于第四个心理社会性危机——**勤奋对自卑**，埃里克森解释道：儿童“必须忘记过去的希冀与愿望。当不羁的想象趋于平淡、被客观事物的法则所禁锢时”，儿童开始“致力于掌握特定的技能，完成特定的任务”（Erikson，1963，pp.258-259）。

想一想，学习阅读和加法都是既辛苦又无聊的任务。比如，不管是上百次地缓慢朗读“简有一只狗”，还是写下“3+4=7”，都是很乏味的事情。不过，学龄儿童仍然卖力地练习着阅读和数学：他们受内在动机驱动着去学习阅读、完成作业任务、记忆词语的拼写、为地图上色，等等。同样，他们也喜欢收藏、分类、数他们收集的任何东西——很可能是邮票、贴纸、石头或是贝壳。这就是勤奋。

总的来说，儿童评价自己“勤奋”或“自卑”——这取决于他们有能力还是没能力，是多产还是没用，是赢家还是输家。自尊并不一定取决于实际成就，而是要看别人，尤其是同伴，如何看待一个人的成就。社会排斥既是自卑的原因，也是自卑的结果（Rubin et al.，2013）。

弗洛伊德的潜伏期

西格蒙德·弗洛伊德把童年中期称为**潜伏期**。在这个时期，情感驱动力潜伏了，无意识的性冲突被淹没了。有些专家抱怨道：“童年中期之所以被忽视，至少是从弗洛伊德把它归入无趣的‘潜伏期’开始的”（Huston & Ripke，2006，p.7）。

但是至少在某种意义上，弗洛伊德是正确的：性冲动还未出现，或至少是隐藏着的。即使儿童在12岁之前就订了婚（当今这种现象很罕见，不过在早些年还是很常见的），小丈夫和小媳妇也几乎没有互动。不管在哪里，男孩和女孩都会选择和同性伙伴一起玩耍。的确，那些在游戏营场地写上“女生离开”的男孩和抱怨“男生真臭”的女孩都典型。

自我概念

随着儿童日益成熟，他们发展了自我概念，即他们对于自己的看法，包括对自己的智力、人格、能力、性别以及族群背景的看法。你可能还记得，学步儿期的一种重要的自我发现就是认识到自己是一个独立个体，而在童年早期，幼儿普遍拥有积极的、整体性的自我概念。但到童年中期时，情况有所变化，由于认知发展和社会意识的发展，自我概念逐渐变得更加具体并合乎逻辑了。

在童年中期，**社会比较**——拿自己和他人比较——变得至关重要（Davis-Kean et al.，2009；Dweck，2013）。在理想情况下，社会比较可以帮助学龄儿童正确地评价自己，使他们抛弃幼儿那不切实际的、过于乐观的自我评估。结合了与同伴的比较以及整个社会对自己的评价，儿童的自我概念变得更加现实了（Davis-Kean et al.，2009）。

这意味着有些孩子——尤其是那些来自少数民族或者是宗教团体的孩子——要重新认识他们所需克服的社会偏见（Kiang & Harter，2008；McKown & Strambler，2009）。同时，孩子们也逐渐意识到了性别歧视，比如，女孩常常抱怨大人不允许她们参与高难度运动，男孩则常常抱怨老师们对女同学偏心（Brown et al.，2011）。

对于所有儿童来说，自我理解和社会意识的发展是有代价的。自我批评能力和自我意识在6—11岁时有所提升，所以“到了童年中期，他们高估自身能力或外界评价的情况会减少”（Davis-Kean et al.，2009，p.184），但同时自尊也会降低。儿童的自我概念开始受到他人观点的影响，甚至会受到他们压根儿不认识的其他孩子的影响（Thomaes et al.，2010）。

此外，由于儿童在童年中期的思维很具体，所以物质主义有所抬头，那些在成人眼里有些肤浅的属性（比如，发质和袜子的样式）在儿童眼里变得重要起来，这些都使得他们的自尊变得脆弱（Chaplin & John，2007）。没有安全感的10岁儿童可能会极度渴望拥有最新款的夹克衫和手机等。

文化与自尊

真实的自我感知有助于学业和社会能力的发展。脱离现实的高自尊会削弱努力控制（有意地调节自己的冲动和情绪），努力控制的减弱会导致儿童无法取得较高的成就，且会增加儿童的攻击性。

如果自尊太低，结果亦然。很显然，理想的自尊水平既不能太高，也不能太低。但这并不简单，因为儿童要么可能过于自我批评，要么可能自我批评不足；而具体何谓中等水平，又因文化而异。

高自尊既不会受到普遍赞赏也不会受到普遍批评（Yamaguchi et al.，2007）。很多文化都倡导谦虚做人，不可狂妄自大。比如，澳大利亚人会说“太高的罂粟花会被剪掉”，中国人会说“枪打出头鸟”，日本人不鼓励以获得自我优越感为目的的社会比较。这使得自尊既是一个道德问题，又是一个现实问题：人们应该像美国人那样觉得自己比他人优秀吗？答案千差万别（Robins et al.，2012；Buhrmester et al.，2011）。

在美国，儿童常因成功受到表扬，而老师们对批评持谨慎态度，尤其是在童年中期。比如，有些学校会发放成绩单，从“优秀”到“有待进步”，而不是从“A”到“F”。第十二章中所提到的国家教育改革则走相反的路线。由于《有教无类法案》的提出，有些学校被评定为“失败”的。很显然，

在家帮忙　报纸在这里不只是可回收的东西。家庭价值观可以从一代传给下一代。成人往往会自己把垃圾搬出来，但是对于照片上的7岁儿童来说，这项活动能够培养社会献身精神、责任感和自豪感。

文化、同辈以及年龄都会影响人们对于高自尊的态度，其效应也存在争议。

自我知觉的一个关键成分受到大量研究的关注（Dweck，2013）。随着儿童变得越来越有自知之明，他们受益于对做事过程而不是对他们本人的表扬：表扬他们怎么学习、怎么与他人相处等，而不是表扬智力和受欢迎等静态的特质。这激励了孩子们的成长。

比如，如果认为考试不及格意味着愚蠢，那么考试不及格的孩子就会深陷绝望。但是，以过程为导向的孩子会把失败看作“一次学习的机会”，他们从失败中学会了下次应该如何做。

复原力与压力

在婴儿期和童年早期，孩子们要依赖他们的直系亲属来获取食物、学习，甚至是活着。然后，“童年中期的经历能够维系、放大或是反转儿童在学前阶段的优势和劣势”（Huston & Ripke，2006，p.2）。有些孩子继续在能给予他们支持和帮助的家庭中受益，而另一些孩子则逃离了破坏性家庭的影响，在更大的世界里找到了他们的位置。

令人惊讶的是，有些儿童似乎并没有受到早期经历的伤害。他们被称为“有复原力的”，甚至是“无敌的”。从动态系统的观点来看（见表 13.1），复原力强调的是所有人都会受到过去历史和当前事件的影响（Jenson & Fraser，2006；Luthar et al.，2003；Masten，2013），但有些人比其他人处理得更好。

表 13.1 关于复原力的主流观点（1965 年至今）

1965	所有儿童对于健康发展有同样的需要。
1970	有些情况或环境——比如“父亲缺位”“未婚少女妈妈”“上班族母亲”“日托”——对于所有儿童来说都是不利的。
1975	每个孩子都是独一无二的。有些孩子是有复原力的，他们能够轻松应对压力，但有些孩子会受到伤害。
1980	没有什么事情一定会造成伤害。1970 年所列出的所有伤害性因素（比如，日托）在某些时候会有一定的益处。
1985	除了家庭因素之外，儿童自身的因素（过低的出生体重、产前的酒精接触、个性好斗）以及社区因素（贫穷、暴力）也会对儿童造成伤害。

续表

1990	风险效益分析发现，有些儿童在足以摧毁他人的逆境中能够做到“坚不可摧”，甚至能从中受益。
1995	没有哪个儿童天生就有复原力。风险终究是有害的——不是在教育上，就是在情感上，不是短期的，就是长期的。
2000	风险效益分析涉及很多生物、认知以及社会因素的交互作用，有些与儿童相关（基因、缺陷或障碍、气质），有些与家庭相关（家庭的功能和结构），有些与社区相关（包括邻里、学校、教堂以及文化）。
2005	关注优势，而不是风险。儿童的优势（智力、人格）、家庭的优势（安全依恋、温暖）、社区的优势（学校、课后活动项目）以及国家的优势（收入补贴、医疗保健）都是很重要的。
2010	优势随文化以及国家价值观的不同而变化。不管是全球性的普遍需求还是当地的独特需求，都必须得到承认和尊重。
2012	基因、家庭结构以及文化实践既可能是优势，也可能是劣势。差异敏感性意味着相同的压力源对某个孩子来说是有利的，而对另一个孩子可能是有害的。

其中的差异敏感性是显而易见的，不仅由于基因，也由于早期儿童抚养、学前教育以及社会文化价值观。有些儿童很吃苦耐劳，比起娇贵的兰花，他们更像是顽强的蒲公英。但所有儿童都会受到环境的影响（Ellis & Boyce，2008）。

复原力被定义为“一个在重大逆境中积极适应的动态过程”（Luthar et al.，2000，p.543）。在这个定义中，有三层含义值得注意：

- 复原力是**动态的**，而不是一个静态的特质。这意味着某个特定的人可能在某些时期具有复原力，而在另外一些时期则没有。
- 复原力是对压力的**积极适应**。比如，如果父母的拒绝致使一个孩子与另一个成人建立起更亲密的关系，这就是一种积极适应，而不仅仅是消极忍耐。这个孩子是有复原力的。
- 逆境必须是**重大的**。有些逆境相对次要（班级规模偏大、视力不好），有些则主要是（受欺凌、被忽视）。孩子们需要应对两种逆境，但不是所有的应对都使他们具有复原力。

累积的压力

一个重要的发现就是，长时间累积的压力，包括那些轻微的压力（被称为“日常麻烦”），会比一次单独的重大应激更让人难以承受。每个孩子几乎都可以承受一次创伤，但反复的压力会使自愈变得十分艰难（Jaffee et al.，2007）。

有一个来自斯里兰卡的国际案例。在斯里兰卡，很多00后儿童（出生于21世纪前10年）都经历过战争、海啸、贫困、亲人的死亡以及搬迁。一项有关斯里兰卡儿童的研究表明，累积的压力比起其他任何单一的问题，都更可能引起病理异常的增加和成就的减少。研究者指出，“环境的、过去的和现在的多重因素对儿童的适应有着重要影响”（Catani et al.，2010，p.1188）。

社会背景，尤其是那些不责骂孩子且提供支持的成人，是十分关键的。一个令人寒心的例子来自1991—2002年塞拉利昂内战中的“童子兵”（Betancourt et al.，2013）。孩子们目睹并经常卷入谋杀、强奸以及其他可能造成精神创伤的事件。战争结束后，529名受战争影响的青少年（彼时10—17岁）接受了采访。正如所预料的，他们当中的很多人都表现出了病态的抑郁和焦虑。

这些饱受战争摧残的孩子在2年后和6年后再次分别接受了采访。令人惊讶的是，很多人都克服了他们的创伤，过上了正常的生活。当战争发生时，正处于童年中期的儿童比青少年更可能康复。如果至少有一个照料者存活了下来，如果他们的社区没有排斥他们，如果他们的日常生活恢复如初，那么孩子们通常会重新获得正常的情感。

认知应对

显然，塞拉利昂的例子是极端的，但其他研究普遍得出了同样的结论。灾难会带来损失，但复原是可能的。儿童自身的因素（尤其是问题解决能力）、家庭因素（抚养的一致性和照料）、社区因素（好学校和受欢迎的教会）都可以帮助儿童恢复（Masten，2013）。

一个关键因素是儿童自己对事件的主观解释。如果低收入家庭的孩子把与家庭贫穷有关的事件解释为个人威胁，如果所在的家庭都缺乏秩序和规范（因此增加了日常困扰），那么他们的皮质醇（压力激素）水平就会升高（E. Chen et al.，2010）。来自低社会经济地位家庭的孩子若不把事件归因于自己，且家庭不是无序的，他们就更可能具有复原力。回想一下你所认识的人：有很多成人虽童年时家庭收入低，但他们并不认为自己贫穷，在这种情况下，贫穷可能并没有伤害到他们。

通常来说，一个孩子对家庭境况（贫穷、父母离异等）的解释决定了这些因素会对他造成怎样的影响（Olson & Dweck，2008）。有些孩子把他们原生家庭的境况看作暂时的困顿，并且期待着自己长大成人的那一天。与之相反的反应被称为亲职化（又称父母认同，parentification），即孩子们会感受到自己对于整个家庭的责任，他们会像父母一样照料每一个人，包括他们的亲生父母（Byng-Hall，2008）。

再举另外一个例子。那些经历过卡特里娜飓风的孩子受自身积极或消极思维的影响多于人们所预期的因素，比如其照料者的悲痛情绪（Kilmer & Gil-Rivas，2010）。有趣的是，宗教信仰帮助儿童应对困难有时可能非常重要，因为信仰被认为提供了希望和人生的意义（Masten，2013）。

小 结

儿童在上学期间会变得更加成熟，更有责任感。根据埃里克森的理论，在儿童试图达到家庭、学校和文化所期望的要求时，勤奋对自卑危机会产生一种自信感或是一种自我怀疑。弗洛伊德认为，潜伏期能使儿童掌握新的技能，因为性冲动在此时处于静止状态。

在家庭以及自身态度的帮助下，儿童往往会发展出更加现实的自我概念。对于童年中期的某些孩子来说，应对重大逆境的复原力是显而易见的，尤其是在遭遇暂时性压力，并且可获得其他应对措施和社会支持的情况下。学业成就、良师益友以及宗教信仰可以帮助儿童克服所遇到的困难。

>> 家庭与儿童

没有人会怀疑基因影响人的人格和能力，同伴是至关重要的，学校和文化会影响儿童学什么、学多少。有些更激进的人甚至认为，基因、同伴以及社区对儿童的影响之大，以致父母的抚养方式相比之下几乎没有什么影响力——除非是极端虐待（Harris，1998，2002；McLeod et al.，2007）。这种观点源自一些有关环境对儿童发展的影响的研究。

共享环境与非共享环境

大量研究已发现，共享环境（shared environment）对儿童的影响（由于成长在相同的环境中而受到的影响，比如两个生活在同一个家庭、由同一对父母抚养长大的同胞）比非共享环境（nonshared environment）（比如兄弟姐妹各自的经历）小得多。

大多数人格特征和智力特点都可以追溯到基因和非共享环境上，被相同父母抚养而产生的共享效应少之又少。即使是精神疾病、幸福感和性取向（Burt，2009；Långström et al.，2010；Bartels et al.，2013），也主要由基因和非共享环境决定。

既然有许多研究都发现共享环境影响甚微，那么父母是不是仅仅作为照料者，只管提供必要的基本照料（食物和房屋），以至提供什么规则、惯例以及给予孩子什么回应都是无关紧要的呢？如果一个孩子变成了一个杀手或是一个英雄，是不是都不该责备或是赞颂父母们！

家庭联盟　任何一个家庭——即使是像图中这样一个快乐、富裕的家庭——中的每个孩子的经历都是很不一样的。比如，你认为对这个 5 岁的小男孩的抚养方式会和对他的哥哥姐姐完全一样吗？每个孩子对于父母的感受又是怎样的呢？即使是一对 12 岁的双胞胎，也有可能一个更爱爸爸，一个更爱妈妈。

然而，近来的研究发现重申了父母的力量，对于共享和非共享环境影响的分析是正确的，但是这个结论基于一个错误的假设，因为一起长大的同胞并没有共享完全相同的环境。

比如，如果搬家或是父母离婚、失业、找到新工作发生在一个家庭里，这些事情对孩子的影响取决于每个孩子的年龄、基因、复原力以及性别。与婴儿相比，搬到另一个城镇更会让学龄儿童心烦意乱；离婚对男孩的伤害大于女孩；贫穷对于学前儿童的伤害可能最大；等等。

以上提到的年龄和性别变量并不适用于所有兄弟姐妹：差异敏感性意味着有的孩子比其他孩子更容易受到影响——无论更好或更糟（Pluess & Belsky，2010）。对于在一起长大的兄弟姐妹，基因、年龄和性别的交互作用可能会让一个孩子变得反社会，另一个孩子有人格障碍，第三个孩子有复原力、能干、强壮（Beauchaine et al.，2009）。即使是同卵双胞胎，这种交互作用也适用，正如“科学视角”专栏所解释的。

给科学家的问题　你要如何确定父母是否采用了同样的方式对待所有的孩子？（答复见第 325 页）

家庭功能与家庭结构

家庭结构指生活在同一个家庭中的亲人在法律上和遗传上的联系。家庭结构包括单亲家庭、再婚家庭、三代家庭等。**家庭功能**指的是一个家庭是如何照顾每个成员的：有些家庭运转得很好，有些家庭则功能失调。

功能比结构更加重要，每个人都需要来自家庭的关爱和鼓励，可以是来自父母、祖父母、兄弟姐妹或是其他家庭成员的。除此之外，人们的需求会因年龄而异：婴儿需要应答式照料，青少年需要指导，年轻人需要自由，老人需要尊重。

童年中期儿童的需要

学龄儿童需要哪些东西？理想的情况是，家庭能提供以下五样东西：

1. **生活必需品**。尽管 6—11 岁的孩子不需要他人的帮助也可以独立地吃饭、穿衣、睡觉，但家庭还是要为他们提供食物、衣服和庇护所。
2. **学习**。这个阶段主要的任务是学习：家庭应该支持、鼓励以及引导对孩子的教育。
3. **自尊**。因为大约 6 岁的孩子变得更加会自我批评了，并有了更多的社会意识，所以家庭需要为他们提供成功的机会（若是学业成功难以实现，也可以在体育、艺术或其他领域内取得一

科学视角

“我总是穿一身蓝色……”

有一个专家团队比较了1000对由亲生父母抚养长大的同卵双胞胎（Caspi et al.，2004）。显然，每一对双胞胎在基因、性别和年龄上都是一致的。研究者让母亲对每个孩子进行了描述，描述的内容从十分积极（“我的阳光”）到十分消极（“我希望我当初没把她生下来……她就是个扫把星，我讨厌死她了”）（引自Caspi et al.，2004，p.153）。有很多母亲都注意到了她们的双胞胎之间存在人格差异。比如，有一个母亲这样说道：

“苏珊有时非常亲切。她喜欢小宝宝……有时则心神不宁……她坐立难安、动来动去……她脑子里不想事……她异常虚荣，比安妮虚荣得多。安妮喜欢所有动感的球类运动，喜欢爬树。她简直就是一个假小子。我的女儿，一个是假小子，一个是萌妹子。从她们还是婴儿起，我就常常给她们一个穿蓝色，一个穿粉红色。”

（引自Caspi et al.，2004，p.156）

有些母亲会排斥双胞胎中的一个，但不排斥另一个：

“他躺在医院里，每个人都在说‘可怜的杰夫，可怜的杰夫’。而我却在想，‘好吧，难道我就不可怜吗？我才是那个生了一对双胞胎的母亲，我才是那个承受一切的人，他只是一个7周大的婴儿，他什么都不知道！’……我有些冷漠，我感觉我把感情都放在了迈克身上。”

（引自Caspi et al.，2004，p.156）

这个母亲因为杰夫偏爱父亲而责备他，“杰夫可以为丹尼尔做任何事，却不会对我这样。不管我怎么为他们父子付出，他们都觉得我做得不对”（p.157）。她觉得迈克更招人喜爱。

研究者在双胞胎们5岁时测量了他们的人格（由幼儿园老师报告的反社会行为），并在2年后再次进行了测量。他们发现，如果母亲对双胞胎中的一方采取更加消极的抚养方式，那么这个孩子在7岁时会比2年前更加反社会，更加容易打架、盗窃、伤害他人，但被偏爱的那一方则不会这样。

这些研究者承认，很多非共享因素——同伴、老师等——是十分重要的。但是同卵双胞胎之间的差异表明父母也是很重要的。如果你有兄弟姐妹，你就会明白，成长在同一个屋檐下的孩子们也有各自不同的经历，不管是在家里还是在别的地方。

些成就）。

4. **同伴关系**。家庭可以为孩子选择学校和社区，那里有友好的伙伴，然后为孩子们约朋友一起玩耍，安排集体活动，或去彼此家里过夜等。
5. **和谐与稳定**。家庭为孩子们提供保护性的、可预知的日常生活，家就像一个安全平静的港湾。

上面最后一条对于童年中期而言尤为关键：孩子们很珍惜和谐与稳定，而不是变化（Turner et al.，2013）。讽刺的是，很多父母在此期间都搬过家或是给孩子转过学。那些频繁搬家、转学的孩子会受到极大的伤害，不仅是在学习上，也是在心理上，但是也可能获得复原力（Cutuli et al.，2013）。

>> 答复科学家（问题见第324页）当人类的互动行为成为研究对象时，进行检验将会变得异常困难，因为无法实现随机分配。理想的状况是，研究者可以找到在一起长大的同卵双胞胎，并在接下来的几年对父母的行为进行观察。

不稳定给孩子造成的问题在美国军人家庭中非常突出。比起来自相同背景的平民，参军的父母往往有更高的收入、更好的医疗保健条件，并且受过更多教育。但是他们也有一个很大的劣势。军人家庭中的孩子（被称为“军人后代”）比平民家庭的同伴有着更多的情感问题和更低的学业成就。原因如下：

> “参军的父母会不停地搬家。因此，孩子功课会被耽误，这一点对男孩的影响比对女孩的影响大……当父母被调防时，孩子的抑郁和行为问题也会增多。”
>
> （Hall，2008，p.52）

美国军队为了帮助那些父母被调防的孩子，制订了一个特殊的项目。他们呼吁这些孩子的照料者尽量不要改变孩子的生活：不要搬家，不要制定新的规矩，也不要给孩子转学（Lester et al.，2011）。

多元结构

当今在全球范围内，有更多的单亲家庭，也有更多的人选择离婚和再婚。此外，每个家庭中孩子的数量也比从前少。不同年代之间、不同国家之间的具体情况也有所不同（见图 13.1）。尽管如此，问题在全球都是相似的。

在美国的所有学龄儿童里，大约有 2/3 的孩子和两位已婚父母住在一起（见表 13.2），通常大多数是亲生父母。一个**核心家庭**仅由孩子及其亲生父母（不管是否结婚）组成。其他的双亲结构包括收养的、寄养的、因父母缺位而由祖父母或外祖父母抚养的、继亲的以及同性双亲家庭。

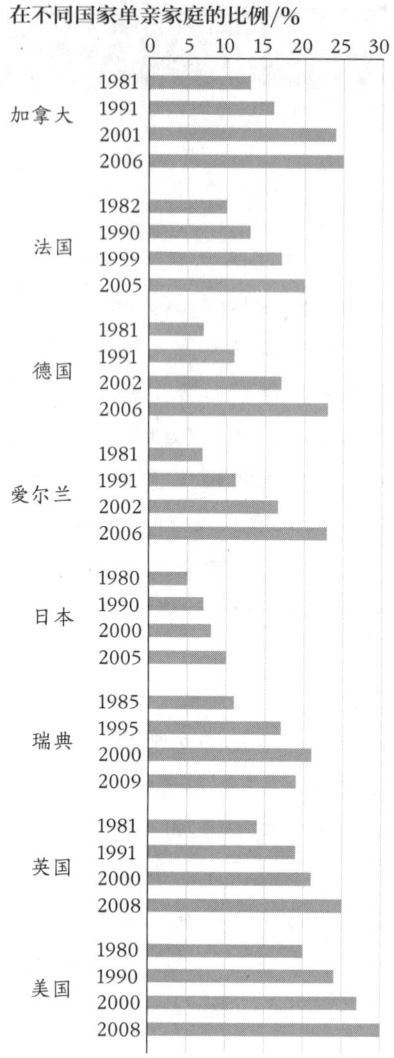

来源：U.S. Bureau of Census，2010.

图 13.1

单亲家庭　在所有有孩子的家庭中，由单亲抚养的比例正在逐渐上升。在某些国家，很多家庭以两个未婚的父母为中心而组成，这种结构在这里未做阐述。

单亲家庭的比例在世界各地有很大差异。在美国，大约有 31% 的 6—11 岁孩子生活在单亲家庭里。有些观察者认为，对于所有的美国孩子来说，这个比例不止 31%，因为当代美国有超过一半的孩子在未满 18 岁时便生活在单亲家庭。然而，就我们推断，大多数 6—11 岁的孩子在任何特定的时间内都生活在双亲家庭里。

单亲、双亲以及**大家庭**的差别实际上并不像纸面上的意思那般简单。很多年轻的父母居住在亲戚家附近，亲戚们为他们提供三餐、金钱、情感支持，帮他们带孩子，就像在大家庭一样。反之亦然，尤其是在发展中国家：有些大家庭虽然生活在同一个屋檐下，但是每一家都有各自独立的生活区域，使得这些单元看起来像是双亲家庭一样（Georgas et al.，2006）。

在很多国家，**一夫多妻式家庭**（一个丈夫有两位甚至两位以上妻子）也是一种被人们认可的家庭结构。在一夫多妻式家庭里，在每个孩子身上的花费通常会有所减少，而教育，特别是对女孩的教育，也会有所限制（Omariba & Boyle，2007）。在美国，一夫多妻式家庭是很罕见的，并且是非法的。即使是在那些认可这种家庭的国家，一夫多

表 13.2　家庭结构（美国有 6—11 岁儿童的各类家庭的比例）*

双亲家庭（69%）

1. **核心家庭**（46%）。名字来源于原子核（一个原子中连接最紧密的核心微粒），核心家庭由一个男人、一个女人以及他们未满 18 岁的亲生后代组成。大约有一半的孩子在童年中期生活在一个核心家庭中。
2. **大家庭**（10%）。如果亲生父母都在世，并且其他亲戚（通常是祖父母或外祖父母，有时也可能是叔姑舅姨）也和他们住在一起，就构成了大家庭。大约有 10% 的学龄儿童生活在这样的家庭里。
3. **继亲家庭**（9%）。离了婚的父亲大多会再婚；离了婚的母亲有一半会再婚。若亲生父母离异，孩子和父母中的一方以及继父或继母生活在一起，就组成了一个继亲家庭。如果这个继亲家庭包含了由两对或多对夫妻生的孩子（即同时包含在原家庭出生的孩子和在新家庭出生的孩子），就叫作混合家庭。
4. **收养家庭**（2%）。尽管有 1/3 的不能生育的夫妻会选择领养孩子，但可供领养的孩子没有那么多，因此大多数领养孩子的夫妻都只有一个或两个孩子。因此，仅有 2% 的孩子是被领养的，尽管总体来说收养家庭的比例比这高。
5. **双亲为祖父母或外祖父母，而不是父母**（1%）。当亲生父母缺位时（去世、入狱、生病、吸毒等），祖父母或外祖父母承担起抚养孩子的工作。
6. **同性双亲家庭**（1%）。有些双亲家庭以一对同性情侣为中心，他们的法律身份（是否结婚）是个变数。

单亲家庭（31%）

单亲家庭的比例正在增长，但平均来说，来自单亲家庭的孩子还是少于来自双亲家庭的孩子，所以在童年中期，仅有 31% 的孩子和父母中的一方住在一起。

1. **单亲妈妈且一直未婚**（13%）。在 2010 年及之后，美国 30 岁以下的女性有一大半都未婚先孕。然而，在她们的孩子进入童年中期之前，妈妈们通常都结了婚或是把孩子转交给他人抚养了。在任意特定时间段，都有 13% 的 6—11 岁孩子与他们一直未婚的母亲生活在一起。
2. **单亲妈妈且离异、分居或是守寡**（12%）。尽管很多婚姻以离婚告终（在美国大约有一半，其他国家相对少一点），但许多离了婚的夫妻并没有生过孩子。另有一些人会再婚。因此，仅有 12% 的学龄儿童和之前结过婚的单亲妈妈住在一起。
3. **单亲爸爸**（4%）。大约有 1/25 的父亲对自己的孩子有抚养权，并且在孩子母亲缺位、没有再娶的情况下，独自将孩子抚养长大。这类家庭在 21 世纪初有所增加，但从 2005 年以来有所减少。
4. **（外）祖父母中的一方**（2%）。有时候，（外）祖母或（外）祖父［通常是（外）祖母］是孩子唯一的看护人。

* 仅有不到 1% 的美国孩子没有看护人，他们未被包含在这个表里。

来源：表中的数字都来自美国人口统计局的数据摘要、现有的人口报告《美国家庭和居住方式》（*America's Families and Living Arrangements*）以及皮尤研究中心（Pew Research Center）估计的数据。表中关于"大家庭"的数据比其他大多数出版物给出的统计数据高，因为有些家庭没有告知官方机构他们和亲戚住在一起。

妻制比起 30 年前也不普遍了。例如，在加纳，妻妾成群、孩子扎堆的男人现在也很少见（Heaton & Darkwah，2011）。

家庭结构与家庭功能的关系

对于孩子来说，家庭功能比家庭结构更重要。这两者是相关联的；结构会影响（但不会决定）功能。关键问题是结构是否会使之前提及的五种家庭功能（生活必需品、学习、自尊、友谊、和谐与稳定）更容易或是更难以实现。

双亲家庭

一般而言，核心家庭的功能最好；生活在核心家庭的孩子往往在学校里会有更好的学业成绩，更少的心理问题。有位学者总结了大量研究后得出结论："和亲生父母一起生活的孩子比其他孩子有更好的教育、社会性、认知和行为表现"（Brown，2010，p.1062）。为什么呢？这是否意味着父母都应该结婚并且不离婚呢？并不是这样的：核心家庭与有些益处是相关关系而不是因果关系。

教育、收入潜力以及情感上的成熟使得人们更可能结婚生子，保持婚姻，建立起一个核心家庭。新郎和新娘在婚前往往拥有个人资产，这些资产被他们带到新的家庭里。这意味着，孩子的成功和父母婚姻之间的相关在一定程度上取决于结婚的人而不是婚姻本身。

收入和家庭结构也存在相关性。通常，如果每个人都可以养活自己，亲戚们就会各自生活，与已婚夫妻分开居住。至少在美国，大家庭意味着其中的某些成员在经济上依赖他人。

这两个因素在一定程度上解释了孩子的成功与父母婚姻的相关性，但并不能解释全部。结婚之后，理想的情况是，彼此相爱促使夫妻双方比单身时更加富有和健康。这种情况经常出现——前面提到的选择效应并不是故事的全部（Amato，2005；

Brown，2010）。父母联盟（parental alliance）——母亲和父亲相互支持以实现对孩子的共同承诺——是很重要的。【**生命全程链接**：父母联盟以及它的重要性在第四章中讨论过。】

父母共同抚养孩子可以减少儿童受虐待的风险，并且更可能有人去为孩子讲故事、检查作业、邀请朋友来家里做客、买新衣服和存学费。当然，一对已婚的父母并不一定能形成一个联盟。我的一个学生这样写道：

> “我母亲发泄情绪的时候通常都止不住愤怒，她还会摔打东西，而我的父亲则选择回避、保持沉默并将视线转开。也许，有人会说我是被一对极端不同的父母抚养长大的。在我成长的过程中，我想把我的母亲描述为一只袋獾[1]；把我的父亲形容为一只鸵鸟，他老是把脑袋埋在沙子里……我妈妈会使用体罚和心理控制，而我的爸爸则很宽容。真是一对！”
>
> （C.，2013）

这个学生现在成了一个单亲母亲，她结过两次婚，生过孩子，最后还是离了婚。她是一个带有普遍性的例子。童年期家庭的影响会持续到成年期。对于大学生而言，这种影响不仅是经济上的，也是心理上的。一项针对大学学费的调查发现，核心家庭向大学支付了更多的费用。

这不仅仅是因为双亲家庭一般比单亲家庭更富裕。再婚父母的家庭收入虽可与核心家庭相媲美，但对来自第一次婚姻的孩子付出的一般也没有那么多（Turley & Desmond，2011）。

收养家庭和同性双亲对孩子来说功能良好，如果一个单亲父亲或母亲能够找到一个具有成为优秀父母潜质的伴侣，那么继亲家庭也可以把孩子照顾得很好。尤其是当孩子还没满 2 岁且继父或继母与孩子的生母或生父已经形成了亲密关系时，孩子仍然可以茁壮成长（Ganong et al.，2011）。当然，没有哪种结构总是运转良好的，但情况（比如血缘关系或是收养选择）会向正确的方向推进。

大量研究已聚焦于继亲家庭。这种家庭结构的主要优势是经济上的，尤其是与大多数单亲家庭相比时；主要劣势是还远远达不到家庭功能清单上的第五点——和谐与稳定。

相同情境，远隔万里：快乐之家 两张照片上的女孩都是 8 岁左右。苏菲（上）与她的单身妈妈住在美国东海岸。她上小学以前，妈妈每月要付 360 美元让两个孩子上托儿中心。艾米（下）生活在一个核心家庭，她没上过幼儿园。哪个女孩的生活更好？回答是不清楚。家庭机能比家庭结构更重要。

在继亲家庭中，稳定性不仅不可避免地会受到来自新父母的不稳定性的威胁。与其他的双亲家庭相比，继亲家庭更常搬家，年长的继子女更可能搬出去，而在这个新家庭降生的婴儿会吸引父母更多的注意力并获得父母的偏爱，而且离婚现象更为普遍（Teachman，2008a）。

此时，和谐也很难实现（Martin-Uzzi & Duval-Tsioles，2013）。孩子对亲生父母双方的忠诚度常常会受到父母之间无休止的争吵的威胁。当原本坚固的父母联盟突然多出一个大人时——其中两个互相讨厌以致离婚，再加上另一个对孩子来说很陌生的成人——其坚固性是难以捉摸的。

被交给继父或继母的孩子可能会很生气或很伤心；他们常常惹麻烦，让再婚的父母发生冲突。此外，混合家庭中的异父或异母同胞之间常发生争吵。要记住，这种家庭结构会影响家庭的功能，但无法起决定作用。有些继亲家庭对于孩子来说是个灾难，但有些继亲家庭对每个人来说都功能良好

[1] 又称为塔斯马尼亚恶魔、大嘴怪，是一种有袋类的食肉动物，只分布于澳大利亚的塔斯马尼亚州。——译者注

（van Eeden-Moorefield & Pasley，2013）。

最后，当父母缺位而由（外）祖父母为孩子提供全职照料的时候（也叫作隔代家庭，是寄养照料中最常见的形式），人们一般希望祖辈的经验和成熟将有益于孩子。然而，总体来说，祖父母家庭的收入偏低，健康问题也更多，与其他双亲家庭相比，稳定性更差。生活在这种家庭里的孩子常常会患有注意缺陷 / 多动障碍或学习障碍。

隔代家庭不太可能为有特殊需要的孩子寻找相关服务，找到负责任的法官、学校和社会工作者，甚至找到能够帮忙照顾孩子的邻居和朋友（Baker & Mutchler，2010；Hayslip & Smith，2013）。当祖父母双方都是照料者的时候，上述状况确实存在；当祖父母只有一方可以照料孩子的时候（这很普遍），上述状况更常出现。

单亲家庭

一般来说，单亲家庭结构的功能对孩子不是太好，因为单亲家庭比双亲家庭的收入低、稳定性差。大多数单亲妈妈或单亲爸爸要同时扮演很多角色，包括家里的顶梁柱、女儿 / 儿子（单亲妈妈或单亲爸爸常要依靠他们的父母），或是情人（他们可能会找新的伴侣），致使他们难以为学龄儿童提供稳定的情感和学业支持。如果他们抑郁了（这种情况大量存在），就更难以满足孩子的需要了。“个案研究”专栏中的妮莎就是如此。

社区、族群或国家是否帮助单亲父母会影响儿童。半数以上的 6—11 岁非裔美国儿童和自己的母亲或是父亲一起生活（见图 13.2）。他们可能没那么容易被孤立，也较少发生功能失调，因为他们这样的经历在美国实在是太普遍了（Cain & Combs-Orme，2005；Taylor et al.；2008），并且亲人和朋友也常常会帮助他们。

在某些欧洲国家，单亲父母可享受很多公共资源；但在其他国家，单亲父母会为此蒙羞，并且得不到支持。在迥然不同的社会环境下，儿童会因此受益或受苦。

所有这些都是一般情况。与此相反，实际上，成千上万的核心家庭充满破坏性，成千上万的继父母对孩子的关怀可谓无微不至，成千上万的单亲家庭都生活得很棒。家庭结构可能会加强或削弱健康功能，但是许多父母克服了家庭结构问题，给予了孩子最好的帮助，正如现在所阐述的。

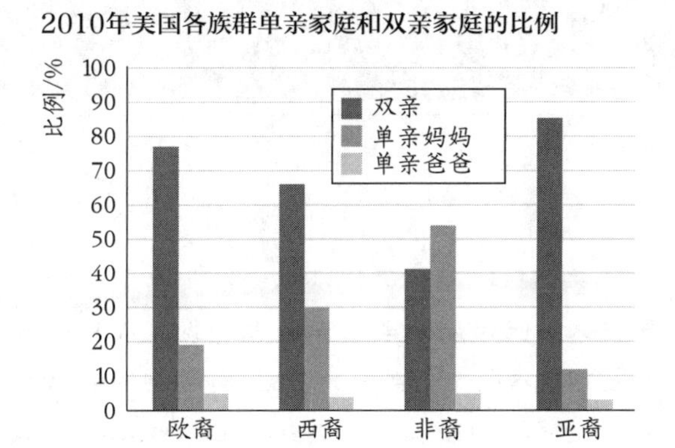

图 13.2

多样化的家庭 家庭结构在一定程度上会受族群的影响，这一事实对家庭中的每个人都有影响。如果相同背景下的其他人也是单亲父母，那么这个人更容易成为单亲父母。

给单亲父母的问题 你听说，从小在单亲家庭长大的孩子进入青春期和成年期后，在建立亲密关系上存在困难。对于这种可能性，你能做些什么吗？（答复见第 331 页）

家庭困扰

有两个因素影响着所有的家庭结构、族群和国家的家庭功能：低收入和高冲突。很多家庭经历过二者的双重考验，因为经济压力会增加冲突，反之亦然（McLanahan，2009）。

财富与贫穷

家庭收入与家庭功能、家庭结构都有关系。在经济衰退时期，结婚率会有所下降，而离婚也与失业相关。贫穷的效应是累积的，如果低社会经济地位从孩子出生持续到童年中期，那么可能对孩子造成特别严重的损害（Duncan et al.，2010）。

一些学者提出了家庭压力模型（family-stress model），在该模型中，任何可能增加压力的危险因素（比如，低收入、离婚、单亲、失业）都会对家庭造成伤害。如果低收入只是暂时性的，并且家庭的资本净值（房产、投资等）能对经济负担起到缓冲作用，那么贫穷带来的压力就要小一些（Yeung & Conley，2008）。然而，如果经济困难是持续性的，并且父母没受过什么教育，就会增加压力。大人和自己的伴侣、孩子的关系会变得紧张且充满敌意（Conger et al.，2002）。因此，对待贫穷的反应很关键。

个案研究

做一个孩子有多难?

读小学四年级的妮莎被老师带到了学校的辅导团队，因为她老是在课堂上睡觉，而且这学期她迟到过 51 天，缺勤 15 天。学习测验的结果显示，妮莎的阅读和写作达到了七年级水平，数学达到了五年级水平。既然学业成绩不是妮莎的问题，那么她可能是在心理社会性方面出了问题。

咨询师和妮莎的妈妈塔尼亚进行了谈话，她是一个单亲妈妈，如今正在为支付所住的小公寓的房租而烦恼不已。3 年前，自从妮莎的爸爸为了他的小女友离开这个家，塔尼亚和妮莎就搬进了这栋公寓。现在，妮莎的爸爸和他的新女友已经有了一个孩子。塔尼亚说她一点都不担心妮莎，她觉得自己的女儿“更像一个小妈妈，而不是孩子”，一点也不像她 15 岁的儿子狄隆。后者患有胎儿酒精综合征，在他爸爸离开之后，他的状况就更糟糕了。

狄隆最近因为加入帮会被痛打了一顿，他认为帮会“就像一个家”。在被发现偷盗自行车零件后，他被送进了少年感化院。请注意这里的非共享环境：尽管这对兄妹从小一块儿长大，并且父亲都离开了他们，然而 12 岁的狄隆变成了一个叛逆的坏小子，而 7 岁的妮莎却变成了一个“小妈妈”。

学校里的咨询师也找妮莎谈了话。

“妮莎吐露，她有太多的事情要担心，有时她甚至因此彻夜难眠……她因为迟到而惹上了麻烦，但起床对于她来说实在太困难了。她的母亲也起得很晚，因为晚上要做繁重的清洁工作……妮莎说，这样的处境已经让她自暴自弃了。她和班上的其他女生也合不来，她们都嘲笑她上课睡觉而且不写作业。她说那些女孩叫她‘瞌睡虫’和‘哑巴’。她说，刚开始听到这些的时候，她很伤心，然后很生气。这就是她为何会开始攻击她们，要她们闭嘴。”

（Wilmhurst，2011，pp.152-153）

妮莎要应对贫穷，要应对一个抑郁的母亲、一个缺位的父亲、一个少年犯哥哥，还要应对同学的欺负。但她表现出了复原力——她的学习成绩很优秀。但就在妮莎接受采访后不久，

“校长接到了妮莎妈妈的来电，她请求学校别把她的孩子送回家，因为她想自杀。她现在手上拿着一把上了膛的枪，她不得不这样做，因为她已经付不起这个月的房租了。她再也承受不下去了，但她不想让妮莎一回家就看到她的尸体……学校的心理咨询师一边和她打电话，一边联系了警方，警方顺利地在塔尼亚打电话的时候夺走了她的手枪……当时她的手枪正指着她的大腿……妮莎的妈妈被送入了当地的精神疗养院。”

（Wilmhurst，2011，pp.152-153）

妮莎的复原力能否继续保持，取决于她在家庭外寻求帮助的能力。也许学校的咨询师可以帮助她：

“当被问及是否愿意偶尔与学校的心理咨询师聊聊她的烦恼时，妮莎说她很乐意。离开办公室之后，她去咨询师那里表示了感谢，并说，‘你知道，有时候做一个孩子也很难。’”

（Wilmhurst，2011，pp.152-153）

对财富的反应同样会造成麻烦。高收入家庭的孩子滋生出的发展问题多于平均值。一个原因可能是，父母对孩子的高期望所带来的压力，这会引发童年中期外化和内化问题，从而导致吸毒、犯罪和学业成绩差（Ansary & Luthar，2009）。

还记得第一章所描述的动态系统的观点吗？将这个观点运用在收入问题上同样正确：多世代（multigeneration）研究发现，贫穷既是情感和学习问题的原因，也是其症状。

那些在成长过程中受教育程度较低、情感控制能力受损的成人更可能难以找到工作，也更难好好养育孩子，低收入对于他们的困境更是雪上加霜（Schofield et al.，2011）。婴儿期的健康问题可能会造成“生物嵌入式”压力，既会损害大人的福祉，也会影响下一代的健康（Masten，2013）。

如果上述都成立，那么更多的收入就意味着更好的家庭功能。比如，如果父亲支付了孩子的抚养费，即使父亲并不积极参与孩子的日常生活，单亲妈妈所抚养的孩子也会表现得更好（Huang，2009）。在给予单亲家庭经济补贴的国家（比如澳大利亚和冰岛），低社会经济地位和中等社会经济地位的孩子在国际数学与科学趋势测验上的成就差距较小。这一发现具有启发性，但充满争议和价值。有些发展学家指出，收入增长本身不会改善教养方式（L. M. Berger et al.，2009）。

冲突

关于冲突是不存在争议的：每位研究者都同意，家庭冲突会对孩子造成伤害，尤其是当大人们为孩子抚养而争吵时。这样的冲突在继亲家庭、离婚家庭、大家庭中更加常见，但在核心家庭中也未能幸免。在每个家庭，孩子们不仅会因为被肉体虐待或精神虐待而遭罪，也会因为目睹父母的争吵而经受磨难。同样，兄弟姐妹之间的争吵也会带来伤害（Turner et al.，2013）。

研究者们想知道，在父母长期不和的家庭中，孩子情绪困扰的原因之一是否是遗传倾向，而不是因为亲眼看见父母争吵的结果。他们认为，父母的基因导致婚姻问题，而这些相同的基因又造成孩子的困难。如果上述观点成立，那么儿童是否知觉到了父母的冲突就无关紧要了。

为了检验这个观点，研究者们在一项纵向研究中对 867 对双胞胎（388 对同卵双胞胎和 479 对异卵双胞胎）进行了调查，他们都已经结婚生子，并且孩子都处于青春期。研究者又将这些青少年与其堂 / 表兄弟姐妹（即父亲或母亲的孪生同胞所生的孩子）进行了比较（Schermerhorn et al.，2011）。于是，这项研究从 5202 个个体身上取得了有关家庭冲突的数据——他们当中有 1/3 是成年双胞胎，有 1/3 是成年双胞胎的配偶，有 1/3 是双胞胎处于青春期的孩子。

研究者发现，尽管基因会造成一定的影响，但亲眼看见冲突对孩子也有很大的影响，并且会导致男孩的外化问题、女孩的内化问题。这项研究表明，无声的争执并不会对孩子造成太大的伤害，但是公开的冲突（让孩子听到父母歇斯底里地大叫）以及离婚会导致伤害（Schermerhorn et al.，2011）。结论显而易见：父母不应该在孩子面前争吵打架。

>> 答复单亲父母（问题见 329 页）不要为了给孩子找一个父亲或母亲而选择和某个人结婚。如果这是你再婚的目的，那么往往会事与愿违。一定要尽量和能与孩子沟通交流的人做朋友，并且既要有男性，也要有女性。

小　结

家庭对学龄儿童有五个重要的功能：提供生活必需品，鼓励学习，发展自尊，培育友谊，提供和谐与稳定。

核心家庭是最常见的家庭结构，当然也存在其他类型的双亲家庭。许多家庭以一个单亲父亲或母亲为中心，通常是单亲母亲——一半可能是因为她从未结婚，一半可能是因为她离婚了。核心家庭（以孩子的两个亲生父母为中心）常常有更高的收入、更强的稳定性和更好的父母关注度，这些都对孩子有好处。其他家庭（隔代家庭、单身母亲家庭、单身父亲家庭、继亲家庭、同性双亲家庭或是收养家庭）也常常能培养出成功的孩子，尽管每一种家庭类型都有它的脆弱之处。虽然结构会影响功能，但是没有哪种家庭结构必然会伤害孩子，而且没有哪种家庭结构（包括核心家庭）可以保证达到最佳家庭功能。贫穷和财富都可能造成压力，并进一步影响家庭功能。父母间的冲突也会影响孩子，不管家庭结构如何。■

科学视角

离 婚

科学家们试图基于经验数据（自然的）进行分析研究，但这项任务远不止报告事实那么简单。谈及离婚，数以千计的研究和几个反对意见必须考虑、分析和综合，不是一件容易的任务。有一个叫 Andrew Cherlin 的学者，致力于该领域的分析研究，他自 1988 年出版了 13 本书，发表了 200 多篇文章。

我们需要分析的事实包括：

1. 美国在结婚率、离婚率和再婚率上都全球领先，几乎有一半的婚姻最后都以离婚告终。为什么？
2. 单亲父母、非婚同居父母和继父母有时可以给孩子提供很好的照料，但是生活在父母已婚的核心家庭里的孩子往往发展得最好。为什么？
3. 父母离婚往往会负面影响孩子的学业成就、心理社会性发展数年甚至数十年。为什么？

Cherlin（2009）认为，问题在于美国文化的冲突性：人们崇尚婚姻，但也崇尚个人的自由。结果，许多人为了主张自己在婚姻上的独立，而不会在婚前征求父母和亲友的意见。

然后当抚养儿童成为负担并且缺乏家庭和社会支持的时候，婚姻关系就变得紧张，所以导致了离婚。

因为婚姻在他们眼里还是神圣的，他们只是责怪之前的伴侣，或是自己愚蠢的选择，而不是质疑婚姻制度。

结果，他们会去寻找下一段婚姻，并可能再次离婚（离过婚的人比同龄的单身人士更容易结婚，但二婚离婚率比初婚离婚率还高）。所有这些都是为了追求个人的自由，但反复转变无疑会伤害到孩子。

这引出了一个相关的有深刻见解的观点。Cherlin 认为，孩子们受离婚之害——以及非婚同居、单亲抚养、继亲抚养——的主要原因并不是父母的法律地位，而是缺乏稳定性。比如，离婚通常会有许多干扰、住所、学校、家庭成员以及——这可能是至关重要的——亲子关系。离了婚的父母可能会变得太严格或太纵容，强加给孩子过早的责任或独立性；或通过分享秘密来排解自己的孤独而使孩子困扰。

学者们现在把离婚描述为一个过程，在正式事件发生前和发生后都伴随着变化和冲突的过程（Magnuson & Berger，2009；Potter，2010）。你可能还记得，当孩子必须面对反复的变化和持续的困境时——这也恰巧是离婚所带来的——很难保持复原力。当孩子正处于发展的过渡期时，比如刚上一年级或是刚进入青春期，处理离婚所带来的那些烦恼会变得尤其困难。

除了分析研究和洞察，发展科学的另一大任务是提供实际建议。大多数学者会赞同以下建议：

1. 许下婚姻承诺需要慎之又慎，再三斟酌，从而把离婚的风险降到最低。发展亲密关系和许下承诺都需要时间。
2. 一旦结婚，夫妻就需要共同努力保持牢固的关系。在第一个孩子出生以后，幸福感会下降。知道如此，新父母需要一起去做他们喜欢的事情——跳舞、旅行、祈祷，或随便什么。
3. 离异父母需要尽力将改变降到最小，并且努力维护孩子与父母双方的关系。一个调解员——为孩子辩护且不偏袒父母任何一方的人——可以帮上忙。（美国的一些司法机构就需要调解员。）
4. 在童年中期，学校可以提供重要支持。当孩子的家庭混乱无序时，常规惯例、友情以及学业成就可能会尤其重要。

这些也许听起来很理想主义。然而，另一个研究离婚家庭数十载的科学家写道：

“尽管离婚会导致生活压力事件的增加，比如贫穷、父母罹患心理疾病和身体疾病、不恰当的教养方式，但离婚或许可以让人逃离冲突，建立起一段新的更加和谐充实的关系，也是个人成长和发展个性的契机。”

（Hetheringtom，2006，p.2004）

不是每对父母都应该结婚，不是每段婚姻都应该持续下去，也不是每个孩子都会因父母离婚而受到伤害。然而，每个孩子都能够从所有的五个家庭功能中受益。成人在这一点上可以帮助孩子。科学家也希望成人们能做到这些。

>> 同伴群体

同伴在童年中期越来越重要。学龄儿童痛苦地意识到了同学的观点、评价和他们的成就。

儿童的文化

同伴关系不同于成人和儿童之间的关系，涉及伙伴之间的平等协商、妥协和分享，以及为自己解释辩护。因此，儿童互相学习成人无法传授的社会经验（Rubin et al.，2013）。大人们有时候会命令孩子服从，有时候又会屈从于孩子，但他们永远比孩子成熟太多，他们有着和孩子不一样的价值观和经历。

儿童文化包括特殊的习俗、规则以及仪式，这些都是稍年长的儿童传递给年幼儿童的。跳绳唱的歌谣、脏话以及迷信往往都是同伴社会的一部分。即使是幼儿园的游戏也反映着儿童文化。比如，“围绕着玫瑰转啊转，花儿把口袋都装满。灰飞烟灭（灰烬），灰飞烟灭（灰烬），我们都倒下了。”这首童谣可能源自14世纪和黑死病做抗争的孩子，当时的黑死病致使欧洲近一半的人死亡（kastenbaum，2006）。

在世界各地，儿童文化都鼓励儿童独立于成人。很多孩子都拒绝穿父母买的衣服，理由要么是太松、太紧，太长、太短，要么是颜色、风格、品牌或装饰不对，又或是一些成人根本注意不到的细节问题。

对于儿童文化来说，外表很重要，但更重要的是与成人的关系。同学们会同情那些还被父母亲吻的孩子（尤其是男孩），称之为“妈宝”；嘲弄那些讨老师喜欢的孩子，称之为“跟屁虫”“马屁精”；鄙视那些把同伴出卖给大人的孩子，称之为“告密者”“挖墙脚”“打小报告”“卑鄙小人”。在儿童中，对父母和老师守口如瓶是一项道德命令（Gillis，2008）。

儿童的文化并不总是良性的。比如，因为同伴之间的沟通交流很重要，所以儿童会学习必需的语言。父母会骄傲地注意到自家孩子的第二语言说得有多好，但当父母听到孩子满嘴说出对同伴的咒骂、方言、爆粗口时，就会忧心忡忡了。渴望摆脱父母，寻求独立的孩子会找那些藐视权威的人做朋友，有时他们并无恶意（上课传纸条），有时却不尽然（入店行窃、抽烟）。

友谊

老师们可能会试图把好朋友分开，但大多数发展学家都意识到，朋友在学习和社交技巧上会帮助到彼此（Bagwell & Schmidt，2012）。朋友会影响一个人的态度和行为。把朋友看作干扰或麻烦的来源是错误的，尽管每段关系显然都是独特的。具有攻击性的朋友会被其他具有攻击性的孩子寻找，然后他们会一起排斥外人，但他们也从这种友情中学会了忠诚（Rubin et al.，2013）。

还记得第十二章的尤兰达和保罗吗？他们的朋友就引导了他们：

尤兰达：

“我有一个朋友……她总是和我在一起，不管是沮丧失落，还是开心愉悦……她总是告诉我，‘坚持下去，你的梦想一定会实现。’”

保罗：

“我认为现在应该去信基督教，不是吗？只有去信基督教，努力做好事，你懂吗？远离毒品，远离一切事物。每次想到这些，我似乎就会想到我的帮派兄弟。这对于我来说就是一场旅行，因为很多帮派兄弟也是我的家人，你知道吗？”

（引自 Nieto，2000，pp.220，149）

尤兰达上了大学，而保罗进了监狱。

孩子们都想被人喜欢，当他们交上朋友的时候，他们学得更快并且感到更幸福。如果他们必须在“受欢迎（被很多同伴崇拜）但朋友寥寥”和“不受欢迎（被同伴忽视）但有亲密朋友”之间选择，大多数人会选择后者（Bagwell & Schmidt，2012）。这的确是一个明智的选择。

在童年中期的岁月里，随着社会认知和努力控制的发展，友情变得更加浓厚和亲密。6岁的孩子可能会和任何同性同龄且愿意与他一起合作玩耍的孩子成为朋友。10岁时，孩子需要更多的朋友。他们分享秘密，不常更换朋友，当友谊破裂时，更加心烦意乱，发现很难结交新朋友。

年长的孩子往往选择兴趣、价值观和背景与他们自己类似的朋友。到童年中期结束时，亲密的友情几乎总是发生在同性、同龄、同族群以及相同社会经济地位的孩子之间（Rubin et al.，2013）。这种现象的发生不是因为孩子们在童年中期天生就会变得更具偏见（他们确实并不是这样的），而是因为他们想要与那些能够理解他们、认可他们的人成为朋友。

性别差异在游戏活动中一直存在（女孩更多的是一起聊天，而男孩玩更活跃的游戏），但是不管是男孩还是女孩，都想要最好的朋友，并且通常最终会找到他们。11岁时没有亲密朋友预示着13岁时会陷入抑郁（Brendgen et al.，2010）。

受欢迎与不受欢迎儿童

在北美文化里，害羞的孩子常常不受欢迎，但是1990年在中国上海的一项调查发现，害羞的孩子是受喜欢的并且受尊重的（X. Chen et al.，1992）。12年后，自信在中国变得更受重视了：在当年进行调查的那所学校发现，害羞的孩子没有他们那些害羞的前辈受欢迎（X. Chen et al.，2005）。几年后，在中国农村地区的第三项研究发现，害羞仍然是受重视的品质；它预测了成年后的适应能力（X. Chen et al.，2009）。显然，同辈群体和环境很重要。

近来，在美国处于童年中期的儿童明显可被划分为两种受欢迎的类型和三种不受欢迎的类型。首先，不管在哪个年龄，那些“善良的、值得信任的、合作的”孩子都很受人喜欢。到童年中期结束时，出现了第二种受欢迎的类型——那些“运动型的、炫酷的、专横的、傲慢的，并且……有攻击性的”孩子（Cillessen & Mayeux，2004a，p.147；Rodkin & Roisman，2010）。

至于三种不受欢迎的孩子，其中一种是被忽视的，同学们并没有拒绝或刻意躲避他们。另外两种不受欢迎的孩子遭到了同学们的主动拒绝：一种是**攻击—拒绝型**，之所以不受人喜欢，是因为他们充满敌对性和对抗性；一种是**孤僻—拒绝型**，之所以不受人喜欢，是因为他们胆小怯懦且焦虑。这两种被拒绝的孩子常常会对社会情境产生误解，缺乏情绪调节能力，甚至遭父母虐待。他们可能成为欺凌者和被欺凌者。

欺凌者与受害者

欺凌被定义为进行反复、系统的攻击，旨在伤害那些无法或不太可能自卫的人。这种现象发生在每个国家、每个社区、各种学校（无论是宗教的还是世俗的，公立的还是私立的，不断进步的还是传统的，规模大的还是小的学校），也许会发生在每个孩子身上。正如一个小女孩所说的，“每个人都有一点恃强凌弱”（Guerra et al.，2011，p.303）。

欺凌可能有以下四种类型：

- 身体上的欺凌（打、掐、猛推、踢）
- 言语上的欺凌（戏弄、奚落、辱骂）
- 关系上的欺凌（破坏被同伴接纳）
- 网络欺凌（利用网络途径伤害别人）

前三种类型的欺凌在小学阶段很常见，甚至早在学前期就出现了。网络欺凌在之后更为常见。【**生命全程链接**：关于网络欺凌，将在第十五章讨论。】

在欺凌的定义中，反复是一个关键词。几乎每个孩子都经历过一两次孤立攻击或是在某段时间里被叫了一个贬义的绰号。然而欺凌的受害者会一次又一次地忍受耻辱——他们被强迫交出午饭钱、被耻笑、被灌下掺了洗洁精的牛奶等——没有人保护他们。受害者往往是“小心翼翼的、敏感的、安静的……在学校里孤立无援。通常，他们在班级里没有一个好朋友”（Olweus et al.，1999，p.15）。

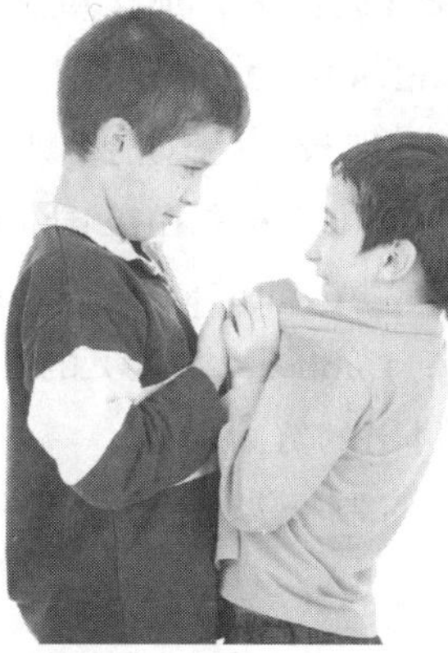

谁受害更重？　一个 12 岁女孩和一个 10 岁男孩似乎正在遭受欺凌，但他们受欺凌的方式不同。有些发展学家认为，言语攻击比身体攻击更痛苦，因为它会留存好些年。

尽管人们常常认为受害者可能特别丑陋或古怪，但实际并非如此。受害者之所以被欺凌，是因为他们情感的脆弱和社会隔离，而不是因为他们的外表。新入学的孩子以及背景和家庭文化与同伴不同的孩子尤其脆弱。

正如一个男孩所说的，

"你可能会因为你的软弱、令人讨厌或是与众不同而受到欺负。长着大耳朵的孩子会受到欺负。笨蛋会受到欺负。因为老是想着自己并且试图炫耀，也可能受到欺负。老师的跟屁虫会受到欺负。如果你在课堂上正确回答问题的次数太多，也会被欺负。有很多受欢迎的小团体会彼此争斗，或是欺负别的小团体。不过，身处团体内部的你也有可能被自己团体里的成员欺负。如果你不想被欺负，你就不要引人注目，不过这样你可能会觉得很伤心，因为压根儿没有人注意到你。"

（引自 Guerra et al.，2011，p.306）

还记得那三类不受欢迎的孩子吗？被忽视的孩子不会受到伤害。他们只是被无视了，"不引人注目"。如果他们的家庭关系很好，即使他们被欺负了（通常不会），也不会遭受太大伤害（Bowes et al.，2010）。

孤僻—拒绝型孩子通常会成为受害者。他们被孤立，感到沮丧，没有朋友。攻击—拒绝型孩子被称作**欺凌型受害者**（或挑衅的受害者），他们既没有朋友，也没有同情者，遭受的痛苦最多；因为不能有效反击，这增加了他们的欺凌行为（Dukes et al.，2009）。

不同于欺凌型受害者，大多数欺凌者并不是被同伴拒绝的。尽管有些欺凌者是低自尊的，另一些是自大的，但他们都对自己感到满意，他们有崇拜他们的朋友，也有畏惧他们的同学（Guerra et al.，2011）。他们具有社会感知力，他们总能从同学中挑出那么几个被大多数人排斥的受害者（Veenstra et al.，2010）。在童年中期这些年，他们对于怎么逃脱大人的法眼十分在行，他们攻击的受害者是那些不会反抗或不会向大人告状的孩子。

男孩的欺凌行为比女孩多，通常会在身体上攻击比他们弱小的男孩。女孩通常会用语言攻击那些害羞的、老实巴交的女生。小男孩有时也会欺负女生，但是到了青春期（大约在 11 岁），欺负女孩的男生会被看不起（Veenstra et al.，2010），不过挑逗女生也会被看不起。尤其是在童年中期的最后几年，那些被认为是同性恋的男生会成为攻击对象，并且最终可能导致自杀（Hong et al.，2012）。

欺凌的原因和后果

欺凌可能源于一种遗传倾向或大脑异常，但是当一个学步儿充满攻击性时，父母、老师以及同伴都会教他如何调节情绪和努力控制。如果家庭生活充满压力，纪律失效了，兄弟姐妹之间会充满敌意，依恋是不安全的，儿童就学不到这些课程。相反，年幼儿童会发展出外化和内化的问题，变成欺凌者或是受害者（Turner et al.，2013）。

同伴是至关重要的。有些同伴群体赞同关系欺凌，然后儿童会通过嘲弄和辱骂彼此来相互逗乐（N. E. Werner & Hill，2010）。另一方面，当学生们自身不赞同欺凌时，欺凌的发生率就会降低（Guerra & Willianms，2010）。年龄也是一个很重要的因素。在童年的大多数时间里，欺凌者都是受到厌恶的，但是在11岁时会发生转变，这时，欺凌变成了一种获取社会地位的方式（Caravita & Cillessen，2012）。

欺凌所造成的后果会持续数年，并且随着年龄的增长而恶化。很多受害者变得抑郁，很多欺凌者变得更加残忍。然而，受害者和欺凌者在一年级就可以识别出来，在他们的行为变得真正具有破坏性之前，应该获得“积极的指导和矫正”（Leadbeater & Hoglund，2009，p.857）。

除非欺凌者得到及时制止，否则他们以及他们的受害者可能面临社会理解能力受损、学业成绩下降，以及社交困难等风险。数十年后，他们患上心理疾病的概率也会更高（Copeland et al.，2013；Ma et al.，2009；Pepler et al.，2004）。与同龄的其他成人相比，曾是欺凌者的人更可能早逝、入狱或是婚姻状况糟糕。旁观者也会感到痛苦，当欺凌时常发生时，学习行为也变少了（Monks & Coyne，2011；Nishina & Juvonen，2005；Rivers et al.，2009）。

欺凌能被制止吗？

大多数受欺凌的儿童都能找到制止持续欺凌的办法——通过忽视、报复、化解或是回避。朋友们会相互保护，帮助彼此恢复自尊（Bagwell & Schmidt，2012）。朋友可以帮助受欺凌的个体，但是怎样才能阻止欺凌文化呢？

我们知道哪些方法并不奏效：简单地增加学生对于欺凌的认识；对打架零容忍；把欺凌者集中到一个治疗小组或一个班级里（Baldry & Farrington，2007；Monks & Coyne，2011）。最后一项措施往往使教师的日常工作更容易，但也增加了攻击性。由于欺凌的一个原因是亲子互动不良，因此找欺凌者或是受害者的父母谈话，可能会“给儿童、儿童家长以及他们之间的关系带来更多的问题”（Rubin et al.，2013，p.267）。

整个学校共同体——老师和旁观者、家长和学校助理、欺凌者和受害者——都需要做出改变。事实上，整个学校既能增加欺凌的发生率，也能降低欺凌的发生率。比如，一项在美国科罗拉多州进行的研究表明，当学校的整体氛围都在提倡学习与合作时，高自尊的孩子就不可能成为欺凌者；当整所学校的氛围都充斥着敌意时，那些高自尊的孩子往往会成为欺凌者（Gendron et al.，2011）。

给欺凌者父母的问题　另一位家长告诉你，你的孩子是一个欺凌者。你的孩子不承认，并解释称，那个孩子不介意被戏弄。你该怎样做？（答复见第338页）

同伴很重要：如果他们只是简单地注意到了欺凌行为，就会意识到这没有任何帮助。事实上，一些旁观者会在道义上感觉自己与受害者并无瓜葛，这增加了欺凌行为。其他人表示同情，却感到力不从心（Thornberg & Jungert，2013）。然而，如果他们对受害者产生移情，感觉有效（高努力控制），并且拒绝欣赏欺凌者，那么班级里的攻击行为就会减少（Salmivalli，2010）。

努力改变整个学校——包括旁观者、教师以及学校助理——归功于近来在英国（Cross et al.，2011）、挪威、芬兰（Kärnä et al.，2011）以及美国（Allen，2010；Limber，2011）的29所学校为减少欺凌行为所付出的努力。

一篇关于如何制止欺凌的方法的综述认为（Berger，2007）：

- 学校的每个人都必须改变，不仅仅是欺凌者。
- 干预在低年级更为有效。
- 评估很重要；看似好的计划可能是有害的。

最后一点值得强调。有一项针对全校性行动的纵向研究发现，有些项目有意义，有些则毫无意义的，这取决于儿童的年龄和评估指标（同伴报告的欺凌或伤害、老师报告的事件等）。客观的后续研究表明，欺凌行为可以减少，却无法根除。

小　结

学龄儿童会发展出自己的文化。这种文化要求他们对彼此忠诚。所有6—11岁的儿童都想要并且需要社会接纳和亲近，以及用来驱赶孤独和抑郁的友谊。所有年龄的儿童都看重善良开朗的同伴；在童年中期即将结束之际，自信的、有攻击性的同伴也可能获得孩子们的崇拜。比起受欢迎，友谊更受儿童的重视；被排斥是一件很痛苦的事情。

大多数儿童都经历过暂时的同伴排斥。然而，有些儿童成了欺凌受害者，他们老是被排斥，并且没有朋友，他们承受着身体上、言语上或是关系上的欺凌。在童年中期和青春期早期，欺凌者可能会获得朋友和社会权力。但到了成年期，他们很可能遭遇挫折。旨在减少欺凌行为的努力有些取得了成效，有些则没有。学校上下共同努力似乎是最好的办法，旁观者对于建立一个反欺凌文化环境是非常关键的。■

>> 儿童的道德观

道德的起源是充满争议的（见第十章），但毫无疑问，童年中期是道德发展的重要时期。对于儿童而言，这是：

> “充满渴望和热切探寻的几年……他们努力去理解事物，去刨根问底，也学着衡量是非对错……这是道德想象力成长的时期，这种成长不断被孩子们愿意将心比心的渴望所激发。”
>
> （Coles，1997，p.99）

很多力量驱使着儿童对道德问题产生了兴趣。其中三个主要因素分别是：（1）儿童文化；（2）个人经历；（3）共情。正如我们之前所解释的，儿童的文化包括道德价值观，比如对朋友忠诚以及保守秘密。个人经历也很重要。

比如，多民族学校里的学生比起那些民族构成更单一的学校里的学生能够更好地使用道德去战胜偏见（Killen et al.，2006）。在童年中期，所有儿童的共情能力都会得到发展，因为在此期间，儿童的社会感知力变得更强了。

然而，逐渐增长的感知力可能会适得其反。刚刚讨论过一个例子：欺凌者们变得更善于挑选受害者（Veenstra et al.，2010）。社会理解能力的增长使得他们更可能关注和保护那些被拒绝的孩子；但是在允许欺凌的社会环境中，旁观者可能决定保护自己而不干预（Pozzoli & Gini，2013）。

心理理论发展缓慢的儿童——我们在第九章讨论过，受到家庭和文化的影响——他们的共情能力也发展缓慢（Caravita et al.，2010）。在一项针对 7 岁儿童的研究中，作者推论，“道德能力可能是一种普遍的人类特质，但是它需要一个有着特定需求特点的情境来将这种能力转换为真实的亲社会行为。”（van Ijzendoorn et al.，2010，p.1）。换句话说，学龄儿童能够从道德上思考和行动，但他们并不总会这样做。

道德推理

有关儿童道德思维发展的大多数研究始于皮亚杰对儿童玩耍时所遵循的规则的描述（Piaget，1932/1997）。这项工作引出了著名的道德认知发展阶段理论（Kohlberg，1963）。

科尔伯格的道德思维水平理论

劳伦斯·科尔伯格（Lawrence Kohlberg）描述了道德推理的三个水平，每个水平都包括两个阶段（见表 13.3），与皮亚杰提出的认知发展阶段相对应。

- **前习俗道德水平**　相对于前运算思维阶段，以自我为中心，儿童最感兴趣的是个人的快乐或避免被惩罚。
- **习俗道德水平**　相对于具体运算思维阶段，因为它们都与当下的、可观察的做法有关：儿童观察他们的父母、老师和朋友的行为，并试图效仿。
- **后习俗道德水平**　相对于形式运算阶段，因为它使用了抽象概念，超越了那些可被具体观察的事物，乐于质疑“是什么”，以确定“应该是什么”。

按照科尔伯格的理论，智力上的成熟先于道德思维的成熟。在童年中期，儿童的回答从前习俗水平转变到习俗水平：具体思维和同伴经历会帮助儿童从最初的两个阶段（前习俗道德水平）发展到下两个阶段（习俗道德水平）。后习俗道德水平推理通常直到青少年期或是成年期才显现。

科尔伯格提出了学龄男孩（后来还有女孩、青少年和成人）的道德两难问题。其中最著名的一个两难问题是关于一个叫海因兹的可怜男人的。他的妻子病危，但他买不起唯一一种可以救治他妻子的药，那种药被当地的一个药房老板卖到了成本价的 10 倍。

> “海因兹向认识的所有人都借了钱，但是只借到了药价的一半。他告诉药房老板，他的妻子快死了，希望药房老板能够把药卖得便宜些或允许他晚一点支付余下的药费。但药房老板拒绝了他，海因

兹绝望了，他闯入了药店，为妻子偷走了药。海因兹应该这样做吗？为什么呢？”

（Kohlberg，1963，p.19）

在科尔伯格对道德阶段的评估中，关键因素不是一个人回答了什么，而是他给出的理由是什么。

比如，假设一个人说海因兹应该偷药，那么他给出的理由可能是海因兹离不开他妻子的照顾（前习俗道德水平）；或者是如果他眼睁睁地看着妻子死去而不尽力施救，那么人们会指责他（习俗道德水平）；又或者是人的生命比遵守法律更为重要（后习俗道德水平）。

假设一个人说海因兹不应该偷药。那么给出的理由可能是他会进监狱（前习俗道德水平）；或者是商人们都会指责他（习俗道德水平）；又或者是为了社会的正常运行，人们不应该剥夺别人的谋生之道（后习俗道德水平）。

表 13.3 科尔伯格的道德推理三水平六阶段理论

水平Ⅰ：前习俗道德水平

目标是获得奖励，避免惩罚；这是一个以自我为中心的水平。

■ 阶段一：强权即真理（惩罚与服从取向）。最重要的价值观就是对权威保持表面上的服从，避免惩罚，同时以自己的利益为优先。不要被抓住！

■ 阶段二：寻求第一（工具性与相对性取向）。每个人都在意自己的需求。你对别人好，别人也会对你好。

水平Ⅱ：习俗道德水平

强调社会规则；这是一个基于家庭、社会团体以及文化的水平。

■ 阶段三：好女孩和好男孩。恰当的行为可以使别人愉悦。社会赞许比其他任何奖励都重要。

■ 阶段四：法律与秩序。恰当的行为意味着，即使没有警察在场，也要做一个守法公民，遵守社会制定的法律。

水平Ⅲ：后习俗道德水平

强调道德准则；以理想为中心的水平。

■ 阶段五：社会契约。如果社会规则可以使得每个人受益，并且是经由彼此同意制定的，那么人们就要遵守它。如果规则遭到破坏或者一方没能履行协议，那么这个契约就不再具有约束力了。在这些情况下，不遵守法律可能是道德的。

■ 阶段六：普遍伦理原则。使用普遍原则来决定是非对错，而不关乎个人情境（水平Ⅰ）或是社会实践（水平Ⅱ）。伦理价值（比如“生命是神圣的”）是通过思考和祈祷建立起来的。它们可能与自我中心（水平Ⅰ）或社会及团体（水平Ⅱ）价值取向相矛盾。

>> 答复欺凌者的父母（问题见第 336 页） 如果这些指责是真的，那可是个不祥的兆头。你孩子的否认说明确实有问题（一个无辜的孩子担心的应该是被误解，而不是直截了当地否认问题的存在）。你可以问一下老师，学校对欺凌采取了什么措施。家庭咨询也许有帮助。鉴于欺凌者常常会有一些朋友怂恿他们，你可能需要观察一下你孩子的朋友并且帮助那些受害者。和你的孩子聊聊这件事。对这种状况的一味忽视可能会导致令人痛心的事情接踵而至。

对科尔伯格的批评

科尔伯格因为不重视文化或性别差异而受到了批评。比如，对家庭的忠诚在某些文化中优先于其他的价值观，所以有些人可能会避免后习俗道德水平中的行为，以免伤害自己的家庭。同样的，科尔伯格最初的被试都是男孩，这使得他低估了女性在养育和人际关系上的价值观（Gilligan，1982）。总的来说，比起个体需求，科尔伯格似乎更重视抽象的原则，但是对个体的关心在道德上与公平正义同等重要（Sherblom，2008）。

此外，科尔伯格似乎并不承认，尽管儿童的道德观和成人不一样，但也可能是十分符合道德的。学龄儿童常常质疑或是忽视成人世界里那些看起来并不公平的规则（Turiel，2006，2008），或许这也是后习俗道德阶段的思维方式。

然而，从某方面来说，科尔伯格无疑是正确的。他注意到儿童会利用自己的智力能力评判道德行为。在一项实验中，8—18 岁的儿童和另外两个同龄人一起分组，他们分得了一点钱，并且被要求决定分多少钱给另一个三人小组。

实际抉择中并没有出现年龄趋势：有些小组选择了平分，有些小组更自私。然而，在提供的理由上存在年龄差异。年龄大一些的孩子会为他们自私或利他的选择给出更复杂、更合理的解释（Gummerum et al.，2008）。

儿童的价值观

许多研究表明，儿童在同伴、父母以及文化的引导下发展了自己的道德观（Killen & Smetana，2014）。有些亲社会的价值观在童年早期很明显。在这些价值观之中包括对家庭亲密成员的关心，与其他孩子的合作，以及不故意去伤害他人。即使是很年幼的儿童，也认为偷窃是不对的。

在童年中期，随着儿童越来越多地了解自己

和他人，他们意识到了一个人的价值观可能和其他人的相冲突。具体运算思维给予了儿童理解和运用逻辑的能力，促使他们思考道德，并尽力使自己的行为符合伦理要求（Turiel，2006）。作为成长的一部分，儿童开始能够意识到同伴的不道德行为了（Abrams et al.，2008），随后是父母、自己以及文化中的不道德行为。

成人与同伴

当儿童文化与成人的道德发生冲突时，儿童常常与自己的同伴结盟。比如，一个孩子可能会为了保护自己的朋友而撒谎。友谊本身就存在充满敌意的一面：很多亲密的朋友都会拒斥其他人介入自己的小团体（Rubin et al.，2013）。

儿童和成人之间的道德冲突在儿童对于教育的看法上体现得非常明显。成人常常很重视学校，儿童却会鼓动别的孩子一起逃学、考试作弊或是退学。同伴价值观的分量可能比成人价值观的分量重。请思考一下来自保罗的评论：

> “我尝试着不被过多影响，尝试不忘初心。但是大多数时候，真的很难。你不希望别人说你很蠢。‘你为什么想去上学？为什么想找工作？……退学吧。’”
>
> （引自 Nieto，2000，p.252）

不出所料，保罗之后真的离开了学校。

在6—11岁的儿童中，常见的道德规则如下：

- 保护你的朋友。
- 不要告诉大人发生了什么。
- 在穿着、谈吐和行为上与同伴的标准保持一致。

这三条规则既可以解释明显厌烦和公然蔑视的事物，也可以解释让成人深感困惑的着装标准（比如，牛仔裤要么松松垮垮快要掉下来了，要么紧得简直妨碍消化——这两种风格的牛仔裤我的孩子们都穿过，但她们成长于不同的年代）。考虑到童年中期的特征，儿童不能与成人的道德观产生共鸣并不让人感到意外。

在批评孩子效仿其他同伴之前，请先来关注一下成人。比如，很多美国的房主都会花时间和金钱养护草坪——施肥、浇水和割草，这并不是因为他们乐意这样做，而是因为所有的邻居都这样。这至少是一位博主的观点，他称草坪就是“挥霍的、不可置疑的从众图腾”（Godlike Productions，2012）。

幸运的是，不管是成年期还是童年期的同伴，都可以帮助彼此发展道德观。研究发现，儿童比成人更擅长阻止欺凌行为，因为儿童有时候会保护受害者，孤立欺凌者。由于欺凌者的共情能力往往比较差，所以需要同伴教他们；可见，他们的行为是不受赞赏的（很多欺凌者都以为人们欣赏他们的攻击行为）。在童年中期，道德观能够成为支架（正如认知技能），在指导者——同伴或成人——的帮助下，利用道德两难问题来推动对道德的理解（Nucci，2009；Turner & Berkowitz，2005）。

发展中的道德观

在整个童年中期，道德判断变得更加复杂，既考虑到了心理和身体的伤害，也考虑了意图和结果。比如，当给5—11岁的孩子呈现一个小故事（造成的伤害要么是为预防进一步的伤害，要么只是一般性的伤害）时，年幼的孩子会基于结果进行评判，而年长的孩子会基于意图进行评判：他们认为，合情合理的伤害没有年幼的孩子想得那么恶劣，毫无理由的伤害则不可饶恕（Jambon & Smetana，2013）。

一项有关同伴对儿童道德发展影响的详细研究修正了皮亚杰提出的一个道德问题：惩罚应该去寻求报应（伤害道德违背者），还是补偿（弥补失去的东西）？皮亚杰发现，儿童在8—10岁时，从为了报应进步到为了补偿（Piaget，1932）。

为了了解其中的机制，研究者询问了133名9岁儿童：

> “一个午后，一个男孩正在花园里独自玩球。他的父亲看到了，并叫他玩球的时候离房子远一点，不然可能会砸碎玻璃。这个男孩并没有听从他父亲的话，依然在房子附近玩球。突然，球高高弹起，打碎了男孩房间的窗户。父亲听到声音就立马跑了过来。了解了事情的经过以后，父亲开始思考要用哪种方式惩罚儿子才最公平，他想到了两种方法。第一种是对儿子说，‘你没有听爸爸的话，所以你得用你的零用钱来修这块窗户。’第二种是说，‘你没有听爸爸的话，作为惩罚，今天晚上你得去

你的房间面壁思过。′你认为哪种惩罚最公平呢？″

（Leman & Björnberg，2010，p.962）

儿童的答案几乎平分成两派。接着，我们将他们分成了 24 对，每对儿童都持有相反的意见。我们要他们一起讨论这个问题，并努力达成共识（其他儿童没有进行讨论）。有 6 对是男孩 - 男孩组合；有 6 对是男孩 - 女孩组合，其中男孩支持补偿；还有 6 对男孩 - 女孩组合里是女孩支持补偿；最后有 6 对女孩 - 女孩组合。

讨论通常只进行 5 分钟，并且最后达成的共识大多为选择报应——皮亚杰会认为这是道德倒退，因为持补偿观点的孩子和持报应观点的孩子相比，前者更多地改变了自己的立场。然而，2 周及 8 周以后，我们重新对这些孩子进行了询问，他们的答复转变到了更加高级的阶段——补偿思维［见图 13.3（彩）］。这种进步甚至在那些再也没有想过这个道德问题的孩子身上也出现了，但是那些和同伴讨论过这个问题的孩子更加倾向于认为补偿才是最好的解决方式。

这一研究的主要结论便是“讨论一个话题也许促进了个体的反思，进而带来发展性进步”（Leman & Björnberg，2010，p.969）。这也提醒了家长和老师：提出道德议题，并鼓励儿童表达他们的想法，也许能促进道德发展。但不是在道德事件发生之后立即讨论，而是在不久之后再进行讨论。

回顾一下本章开篇所引用的故事（打僵尸）或上一章开篇的故事（打耳洞）。在这两个案例中，父母都将年龄作为一个评估标准；同时，在这两个案例中，儿童都反对父母的这一观点。父母或许需要提升论据的水准了。例如，在第一个例子里，应该告诉孩子杀戮永远是不合乎情理的。孩子或许不同意，但这样的交谈也许可以帮助孩子更深入地思考道德价值观，正如在上面的实验中发生的那样。当青春期的孩子面对随生活变化而出现新的道德问题时，这些深层次的思考可能会保护他们免受伤害。接下来的三章将阐述这些内容。

小　结

童年中期的儿童对道德问题非常感兴趣，他们受到文化、父母尤其是同伴的影响。科尔伯格的道德思维阶段对应着皮亚杰的认知发展阶段，认为道德的最高水平超越任何国家的规范。科尔伯格被批评缺乏对多元文化的理解，但是不可否认的是，6—11 岁确实是道德评价发展的阶段。儿童发展出自己的道德标准并努力践行，尽管这些标准可能不同于成人的道德价值观，部分原因是，儿童的道德观中包含对同伴的忠诚。成熟、反思以及讨论都可以促进道德发展。■

本章总结

儿童的天性

1. 所有的发展理论都承认，学龄儿童在许多方面都变得更加独立、能干了。
2. 埃里克森强调勤奋，儿童忙于努力精通各类任务。如果做不到，他们就会感到自卑。弗洛伊德提出了潜伏期，在这一时期，儿童的性心理需要处于安静状态。
3. 儿童在童年中期发展了自我概念，基于比幼年更贴合实际的对自身能力的评估。
4. 自尊常常是有帮助的，但高自尊可能会阻碍儿童付出努力，且并不是在每种文化中都被认可。低自尊也是有害的。
5. 日常的烦恼和重大压力都会对儿童造成负面影响，相比单一的事件，累积的压力更可能威胁儿童发展。儿童的复原力受其对情境的解释以及支持性的成人、同伴和机构的可获得性的影响。

家庭与儿童

6. 家庭影响儿童的方方面面，基因、同伴也是如此。尽管大多数兄弟姐妹共享着一个童年家庭和父母，但是每个人在家庭中所经历的环境是不同的（非共享的）。

7. 支持性家庭的五大功能是：满足生理需要，鼓励学习，支持建立与维持友谊，保护自尊，提供一个安全、稳定、和谐的家。
8. 在世界范围内，最常见的家庭结构是核心家庭，且往往会有亲戚居住在附近，提供一些支持。其他的双亲家庭（如收养家庭、同性双亲家庭、隔代家庭和继亲家庭）有时也运转得较好。但是，这些家庭都有其脆弱之处。
9. 一般来说，当与双亲而非单亲生活在一起时，尤其是双亲之间建立起了良好的父母联盟，且两人都是孩子的照料者时，孩子存在较少的情绪问题，在学校里也能学到更多。
10. 单亲家庭发生变故的可能性更高，例如，搬家、家庭成员的变动。一般而言，这些家庭的收入更少，可能导致一些压力。但是，如果孩子的另一个家长也生活在同一个屋檐下，那么一些单亲家长会成为一个更好的父亲或母亲。
11. 收入会影响家庭功能，对于双亲家庭和单亲家庭来说都是如此。贫困的儿童面临情感和行为问题的风险更大，因为伴随贫困而生的压力会阻碍父母有效地养育孩子。
12. 不论家庭的社会经济地位如何，不稳定与冲突都是有害的。即使不直接参与冲突，而是目睹父母或兄弟姐妹的争吵，也是如此。

同伴群体

13. 在童年中期，同伴教会了儿童一些重要的社交技能。每一个儿童群体都有从稍年长的儿童那里承袭下来的文化。儿童都渴望并且需要亲密的朋友。
14. 受欢迎的儿童可能是合作的、容易交往的，也可能是争强好胜、有攻击性的。这取决于儿童的年龄与文化。
15. 被排斥的儿童可能是被忽视的、有攻击性的或退缩的。攻击型和退缩型的儿童在社会认知上存在问题，他们对童年期正常的互惠行为的解释受到了损伤。
16. 欺凌在学龄儿童间是一件很常见的事。不管是对欺凌者还是对受害者而言，欺凌都会造成长期的影响。但是欺凌者本人可能会认为欺凌行为是值得赞赏的，因而导致他们的欺凌行为很难被制止。
17. 总体而言，多层面的、长期的、全校动员的方法——与家长、教师和旁观者一起努力——或许是制止欺凌的最佳方式。

儿童的道德观

18. 学龄期儿童试图区分是非对错。同伴价值观、社会标准以及家庭实践都是个人道德的一部分。
19. 随着儿童日渐成熟，他们的道德思维也随之发展。科尔伯格提出了道德推理的三个水平，每一水平都对应于相应的认知成熟水平。但是，他的理论因忽略了文化和性别差异而受到批评。
20. 当价值观发生冲突时，儿童常常选择忠于同伴，而非成人的行为标准。当儿童与其他同伴讨论道德问题时，他们对道德问题有了更深层的思考和答案。

关键术语

大家庭（extended family，p.326）
单亲家庭（single-parent family，p.326）
儿童文化（child culture，p.333）
复原力（resilience，p.322）
攻击—拒绝型（aggressive-rejected，p.334）
孤僻—拒绝型（withdrawn-rejected，p.334）
核心家庭（nuclear family，p.326）
后习俗道德推理（postconventional moral reasoning，p.337）
家庭功能（family function，p.324）
家庭结构（family structure，p.324）
欺凌（bullying，p.334）
欺凌型受害者（bully-victim，p.335）
前习俗道德推理（preconventional moral reasoning，p.337）
潜伏期（latency，p.320）
勤奋对自卑（industry versus inferiority，p.320）

社会比较（social comparison，p.321）

习俗道德推理（conventional moral reasoning，p.337）

一夫多妻式家庭（polygamous family，p.326）

你学到了什么？

1. 埃里克森的学前儿童和学龄儿童阶段有何不同？
2. 为什么社会比较在童年中期特别强大？
3. 为什么不同文化在如何看待骄傲或谦虚上存在差异？
4. 为什么以及在何时微小的压力比重大压力更具破坏性？
5. 一个孩子对于事件的理解怎样帮助他应对反复出现的压力？
6. 为什么一起长大的兄弟姐妹并不分享完全相同的环境？
7. 家庭结构和家庭功能的区别是什么？
8. 为什么一个和谐、稳定的家庭对于童年中期尤其重要？
9. 描述四种不同的家庭结构各自的特点。
10. 儿童生活在核心家庭的好处是什么？
11. 列出三个理由，为什么单亲家庭结构的功能可能不如其他家庭结构。
12. 家庭结构和家庭功能在哪些方面会受到文化的影响？
13. 使用家庭压力模型解释家庭低收入可能如何影响家庭功能？
14. 儿童的穿着如何反映孩子所处的文化？
15. 童年中期结束前的友谊与童年中期开始时的友谊有何不同？
16. 一个儿童的受欢迎程度是如何受到文化和同辈群体影响的？
17. 男生和女生欺凌者之间有何异同？
18. 如何才能减少欺凌行为？
19. 使用科尔伯格的道德推理阶段论来解释认知是如何推进道德发展的。
20. 对于科尔伯格的道德发展理论，主要的批评是什么？
21. 学龄期儿童中常见的三种价值观是什么？

应　用

1. 在一个学龄期儿童聚集的地方（比如学校操场、公园或社区中心），使用自然观察法至少观察半小时。描述一下受欢迎的、一般的、孤僻的和被拒绝的孩子分别在做什么。至少记录一次潜在的冲突（欺凌、追逐打闹等），描述一下事件的顺序和结果。
2. 关注言语欺凌，请描述至少两次别人说了伤害到你的话和两次你说了伤害到别人的话。这两种情况有何不同？
3. 如果你的家庭结构发生了变化，比如你曾经（或者从未）和你的祖父母住在一起，你的父母离婚（或者没有），你被收养（或者没有），那么你的童年会有什么不同？

第四部分　6—11 岁的发展成果

童年中期

生物社会性

健康的时期　在童年中期，儿童的生长发育比幼儿期或即将进入的青春期时都缓慢。体育游戏对于健康和快乐来说至关重要。基因和免疫可保护他们免受传染性疾病的侵扰，医疗意识和护理在过去的几十年里也有了长足的进步。

大脑发育　大脑在这个时期继续发育成熟，从而使得儿童拥有更快的反应和更好的自我控制能力。对特定技能的掌握在很大程度上取决于儿童所处的文化、性别和遗传而来的能力，所有这些东西都反映在智力测验中。儿童有多元智力能力，其中大多数都未反映在标准智力测验中。

有特殊需要的儿童　很多孩子都有特殊的学习需求。早期发现、有针对性的教育以及心理支持都可以帮助他们。

认知

以理论为基础　皮亚杰提出，大约从 7 岁开始，儿童获得具体运算思维，包括理解分类的逻辑原则的能力和传递性推理的能力。维果茨基强调，儿童会更加开放地向良师益友学习。信息加工能力会提升，包括有更好的记忆力、更多的知识、更好的控制能力以及元认知能力。

语言　儿童对语言结构和可能性的理解能力日益增长，从而拓宽了他们认知能力的范围，对于词汇的分析和表达变得更好。儿童具有成为双语者和二元文化者的认知能力，尽管这在很大程度上取决于老师。

教与学　国际间的比较揭示了显性课程和隐性课程之间的显著差异，也揭示了国家之间在学习上的显著差异。近年来，传统的教育方法与更整体化的学习方法相冲突。

心理社会性

儿童的天性　理论家一致认为，很多学龄期儿童都会发展出抵御压力的能力、情绪控制力以及应对压力的态度。有些孩子拥有复原力，他们可以很好地应对问题，向朋友、家庭、学校、宗教和社区等寻求支持。

家庭与孩子　父母仍然会影响孩子，尤其是可以加剧或缓冲儿童在学校和社区里遇到的问题。在这些年里，家庭需要满足儿童基本的需求，激励儿童学习，培育他们的自尊和友谊，以及——最重要的——提供给儿童和谐与稳定。核心家庭通常可以提供这些功能，但是单亲家庭、收养家庭、同性家庭以及隔代家庭也能很好地照顾孩子。宽裕的家庭收入、较少的冲突以及稳定的家庭对任何年龄的孩子来说都是有益的。

同伴群体　儿童减少了对父母的依赖，转而更多地向朋友寻求帮助、表达忠诚以及分享共同的兴趣。拒绝和欺凌成为严重的问题。

儿童的道德观　道德发展在这些年里会有所进步，且受到同伴的影响。儿童会发展出他们试图遵循的道德标准，尽管这些标准可能会不同于成人的道德标准。

第五部分

（第十四章至第十六章）

青少年期

一个世纪以前，青春期始于15岁左右。15岁之后不久，大多数女孩会结婚，大多数男孩则会找到工作。据说，青少年期的开端是生物学，终端是文化。如果真是这样，那么百年前的青少年期仅会持续数月。现在，青少年期一般持续数年，青春期始于青少年期之前，而履行成人的责任往往被推迟至成年初显期或更晚。

在接下来的三章（涵盖了11—18岁），我们先从生物学变化（第十四章）开始学习，接着考虑认知发展（第十五章），最后讨论青少年期特有的文化（第十六章）。青少年期会引起极端反应，它唤起了父母、教师、警察、社工以及孩子们最高的期望和最糟糕的恐惧。不同的发展模式以及所经历的事件既能把一个青少年推向毁灭，也能助其成功。理解这一发展阶段是确保青少年拥有充实而非毁灭性的青少年期的第一步。

第十四章

青少年期：生物社会性发展

你将学到什么？

1. 既然青春期始于8—14岁之间的一个时间点，那么如何预测某一特定孩子的青春期呢？
2. 为什么一些青少年选择挨饿，而另一些选择过度进食？
3. 既然青少年的性冲动是强大且不可避免的，那么为什么青少年怀孕和性传播感染的比例会有如此大的差异？

我曾经无意中听到了三位青少年的谈话，包括我的女儿蕾切尔。她们经历了成长期的尴尬岁月之后，如今都出落得很美丽。当时，她们在谈论自己形体的不完美。一人抱怨自己的胖肚腩（什么肚腩？我根本就看不到）。另一人说自己的脖子太长（隐藏在她柔顺的齐肩发之下）。而蕾切尔不仅抱怨小手指弯曲，还为她的脚而烦恼！

孩子们成长为男人或女人的现实不会让任何成人感到震惊。但对于青少年来说，日益增强的自我意识常常会让他们对自身发展的具体状况感到惊讶，甚至恐惧、喜悦和绝望。就像上面提及的三个人一样——青少年关注自身发育的各种细节。

本章描述了正在发育中的身体和初显的性征的生物社会特性。这一切变化都始于激素，但是其他无形的变化可能有更强有力，例如，神经系统成熟的时机——还不足以让上面这三个青少年意识到细微的不完美其实是无关紧要的。

>> 青春期的开始

青春期指的是身体快速发育和性成熟的时期。在这一时期，童年期结束，孩子开始拥有成人的身高、体型和性征。青春期这种势如破竹的力量是由一连串的激素释放出来的，这些激素会带来外显的发育和内在的变化，包括情绪和性欲的增强。

青春期的过程通常始于8—14岁。大多数的身体发育和成熟大约在第一个发育迹象出现的约 4 年后结束，尽管有些人（尤其是男孩）直到 20 岁左右仍有身高、体重和肌肉的增加。

对于女孩来说，青春期的明显变化通常始于乳头的发育。很快，少量阴毛开始出现。紧接着，迎来一个生长发育高峰，臀部变宽，第一次月经（**月经初潮**），阴毛长全，乳房成熟（Susman et al.，2010）。尽管月经初潮的时间因人而异，但体重正常的女孩月经初潮的平均年龄大约是 12 岁零 8 个月（Rosenfield et al.，2009）。

对于男孩来说，发育的通常顺序是睾丸的发育，最初的阴毛生长，阴茎的发育，第一次射精（首次**遗精**），面部毛发的出现，生长发育高峰，声音变低沉，以及最后的阴毛生长（Biro et al.，2001；Herman-Giddens et al.，2012；Susman et al.，2010）。第一次遗精的典型年龄大概是 13 岁前一点，接近女孩月经初潮的年龄。

给青少年的父母的问题　为什么父母将青少年的情绪变化归咎于激素？（答复见第 350 页）

看不见的开端

以上所说的都是在青春期中看得见的变化。但是，整个过程始于一个看不见的事件，即激素的显著增加。**激素**是体内调节饥饿、睡眠、情绪、压力、性欲、免疫、生殖和许多其他身体机能——包括青春期——的化学物质。在整个青春期，激素水平与生理变化和自我报告的发展有关（Shirtcliff et al.，2009）。

在第八章中你已经了解到，许多激素的产生在大脑深处受到调节。在那里，来自下丘脑的生化信号被发送给另一个大脑结构——**垂体**。垂体开始行动，它分泌激素刺激**肾上腺**，肾上腺位于腰部两侧的肾脏上方。肾上腺分泌更多的激素。

许多调节青春期的激素遵循的这条路线被称为 **HPA 轴（下丘脑—垂体—肾上腺轴）**（见图 14.1）。青春期 HPA 轴的异常与进食障碍、焦虑和抑郁有关。这些疾病以及许多其他类型的心理病理疾病在青春期初发或恶化，都与激素和基因相关（Dahl & Gunnar，2009）。

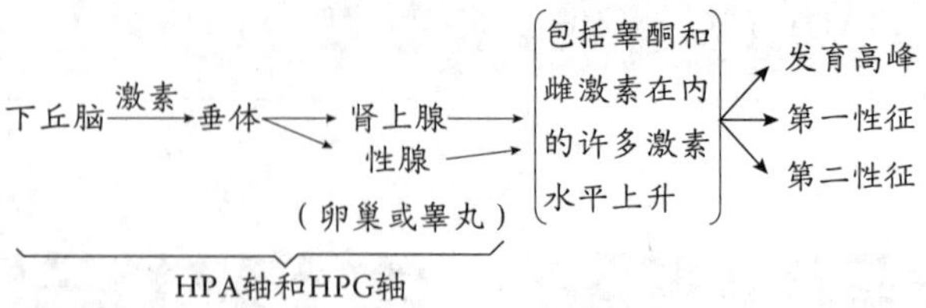

图 14.1

青春期的生物学序列　青春期始于大脑深处的下丘脑产生激素信号，传递到垂体，由此青春期开始。垂体转而通过血流传送激素信息到肾上腺和生殖腺，产生更多的激素。

事实上，HPA 轴的异常可能导致青春期早期临床抑郁症的突然增加（Guerry & Hasting，2011）。HPA 轴的紊乱也是童年遭受性虐待的后果之一，稍后会对此进行讨论（Trickett et al.，2011）。

性激素

在青春期，垂体不仅激活了肾上腺，也通过另一系列被称作 **HPG 轴（下丘脑—垂体—生殖腺）**的程序激活了**生殖腺**或性腺（女性的卵巢；男性的睾丸）。其中一种被称为 GnRH（促生殖腺激素释放激素）的特殊激素使得生殖腺增大，迅速地增加性激素（主要是女性体内的**雌二醇**和男性体内的**睾酮**）的产生。这些激素影响体型和躯体功能，并产生额外的激素调节压力和免疫（E. A. Young et al.，2008）。

雌激素（包括雌二醇）是女性的性激素，雄激素（包括睾酮）是男性的性激素，两性体内都存在雌雄两种激素。来源于 HPG 轴的生物化学信号激活卵巢会产生高水平的雌激素，激活睾丸则造成雄激素的急剧增加。这种激素的激增在任何可见的青春期迹象出现之前，即早在十多岁以前（Peter & Dahl，2013，p.134），就影响躯体、大脑和行为了。

被激活的生殖腺最终产生了成熟的精子或卵子，在月经初潮或首次遗精中释放。这意味着存在怀孕的可能性，尽管生育高峰出现在 4～6 年之后。激素的增加与两性的差异也可能是心理病理学中性别差异的基础（Naninck et al.，2011；Steiner & Young，2008）。这是一种对两个值得注意的事实的解释：与异性同龄人相比，男性患精神分裂症的可能性是女性的 2 倍，而女性患抑郁的可能性是男性的 2 倍。

然而在青春期，激素最显著的心理效应是唤醒并增加对性的兴趣。最初的性对象通常是无法企及的——一位电影明星、老师或谁家年长的哥哥姐姐。但到了青春期中期，性幻想对象通常是另一个青少年。

给青少年的问题　一些 14 岁的青少年有过无防护措施的性行为，当意识到没有怀孕时，他们松了一口气。这是否意味着他们不需要担心避孕的问题？（答复见第 350 页）

不仅身体和大脑会受到激素的影响，行为亦然，如调情、哭泣、甩门，等等。青春期是动态系统的一个例子——包括发展的各个方面，每个方面都影响到另一方面。

情绪激增和性冲动也许始于激素。但是思想本身也能引起生理和神经过程，这一切不仅仅是激素的结果。

青春期的激素使得青少年面对压力时更加脆弱，因而更加易怒或沮丧（Goddings et al.，2012；Klein & Romeo，2013）。然后，这些情绪会增加激素水平。例如，他人对于初显的乳房、胡须或体型的反应唤起了青少年的思绪和挫折感，导致激素分泌的增加和情绪爆发，彼此相互促进。

机体节律

每个生物的大脑都依据自然节律对环境做出反应。这个自然节律随时间变化（小时、昼夜、季节）而起伏。例如，体重和身高受四季变换的影响，儿童的身高在夏天增长得更快，体重在冬天增长明显。一些生物节律处于昼夜循环周期，即大约每 24 小时发生一次，被称作"**昼夜节律**"。而青春期会影响季节性和日常的生物节律。

下丘脑和垂体通过调节激素来影响压力、进食和睡眠等模式。这些青春期的激素变化会引起节律性的"睡眠—觉醒"的相位延迟。这种延迟是身体对日光和黑暗的自然反应。对于大多数人而言，早晨的阳光可以唤醒大脑，这也是人们通过在早晨散步来调整时差的原因。但是，在青春期，昼夜节律被延迟，所以许多青少年在午夜都是清醒的、饥饿的，而整个上午则半睡半醒，没有食欲，没精打采。

在青少年的昼夜循环模式之外还有另一种情况。一些青少年（特别是男性）在夜晚自然比在白天更警觉。这是一种"夜晚型（夜猫子）"的遗传特征。"夜晚型"遗传特征会因青春期的相位延迟而加剧，使青少年处于反社会行为的危险中。因为在大人们都睡着的时候，这些青少年还清醒着。在一个为成人而非青少年安排日程的社会里，"夜晚型"和昼夜节律的整体变化所导致的另一个结果是：青少年睡眠剥夺的时间随着年级的升高而增加（Carskadon，2011）。

更糟糕的是，"来自电视、计算机和个人设备屏幕的蓝光可能对人类的昼夜节律系统有特别强的影响"（Peper & Dahl，2013，p.137）。深夜看电视、用计算机工作或者在晚上 10 点给朋友发信息都会干扰正常的夜间睡眠。周末早上睡懒觉是睡眠剥夺的信号，而不是在补偿。

睡眠不足和不规律的作息时间表会导致几种特殊的危险，包括失眠、噩梦、情绪障碍（抑郁、品行障碍、焦虑），甚至是开车时打瞌睡。另外，人在昏昏欲睡时思考问题或学习的效果都不如精力充沛的时候。

睡眠不足在青少年中尤其普遍。不仅在美国，在许多其他国家也如此（Eaten et al.，2010；Roennerberg et al.，2012）。在高中的每一学年，很少有学生能保证 8 小时的睡眠，这是一个年轻的身体所需要的最低睡眠时间（见图 14.2）。许多成人忽视了这一数字的含义，正如下面的"对立的观点"专栏所解释的。

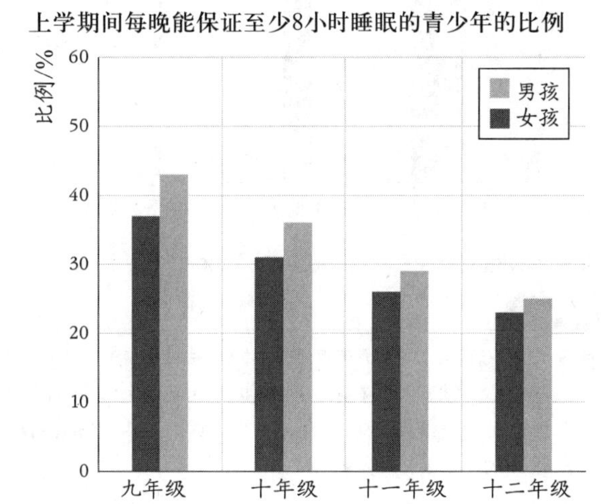

图 14.2

瞌睡虫　每四个高中生当中就有三个处于缺乏睡眠的状态。对于他们中的大多数人而言，即使午夜才睡，他们也必须在第二天八点前起床。然后一整天都会非常疲惫。

观察力测验　正如你在图 14.2 中看到的，对于女孩而言，问题更严重，这是为什么？（答案见第 354 页）

对立的观点

7点钟上代数课？现实点吧！

父母们有时会打生物战。他们可能会命令毫无睡意的青少年“去睡觉”，或者挂掉晚上10点以后的同学来电。他们也可能提前设定“宵禁令”，孩子们不回家，他们就不睡觉。又或者，他们可能会早早地把孩子从被窝里拖出来去上学。而在10年前，这些孩子被告知应睡到早上7点。

与此同时，青少年也展开了与父母抗争。原因之一是他们的昼夜节律致使早睡早起几乎不可能。缺乏睡眠的青少年更容易在课堂上睡着（见图14.3）。而有时为了保持清醒，或者是为了安眠，青少年更容易滥用药物（Mueller et al.，2011；Patrick & Schulenberg，2011）。

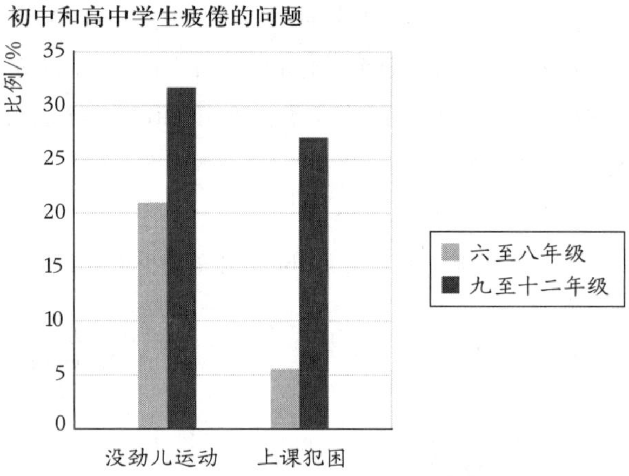

来源：National Sleep Foundation，2006.

图 14.3

做梦与学习？　本图显示了美国中学生每周有一次或一次以上在上课时犯困和累得没劲儿锻炼的百分比。这张图中没有显示最疲倦的（59% 的高中生）或几乎每天都在课堂上打盹儿的（8%）人数比例。

依据昼夜节律的变化和青少年大脑发育状况的数据，美国明尼苏达大学的社会科学家们要求所试点的17个校区高中调整为早上8点30分或者更晚些才开始上课。但是父母们不同意。许多父母（42%）认为，高中生应该在8点前到校。一些父母（20%）希望他们的孩子在7点15分以前离开家。而在孩子较小的父母中，只有1%的人认为应当如此（Wahlstorm，2002）。

除父母外，其他成人也有自己的理由希望中学生早早上学。老师们普遍认为，早晨的学习效率更高。校车司机不想赶上交通早高峰。食堂员工希望在下午3点左右结束工作。警察希望下午4点以后街上不再有青少年。教练想在天黑之前结束课后的运动训练项目。企业主想雇用青少年傍晚上小夜班。社区团体则希望学校体育馆在下午晚些时候对外开放。

只有一个学区尝试了推迟上学时间。在明尼苏达的伊代那，高中课程表由早上7点25分至下午2点05分，调整为早上8点30分至下午3点10分。经过一年尝试，大部分父母（93%）和几乎所有学生都喜欢这份课程表。一个学生说：“今年我只在课堂上睡着过一次。而去年，我一周能睡着三次。”（引自 Wahlstorm，2002，p.190）。与以往相比，这个学区更少有学生缺席、迟到、捣乱或生病（由校医证明），学习成绩得到了提升。

其他学区注意到了这一变化。明尼阿波利斯的中学将上学时间由早上7点15分调整为8点40分。同样的，学生的出勤率和毕业率都有所提升。南伯林顿（佛蒙特州）、西德梅因（艾奥瓦州）、塔尔萨（俄克拉何马州）、阿灵顿（弗

>> 答复青少年的父母（问题见第348页）　如果有什么事情让青少年大喊“我恨你”、摔门或者伤心地哭，父母们可能会认为这都是激素惹的祸。这使得人们很容易否认青少年愤怒的个人责任。然而，关于压力和激素的研究表明，这种自我安慰式的归因过于简单化了。

>> 答复青少年（问题见第349页）　不。早期性行为有很多危险，但在15岁之前怀孕的可能性确实很小（尽管也相当有可能）。然而，这可能会导致一种虚假的安全感：在青少年期晚期，受孕的可能性比生命周期中的任何其他时期都要大。

吉尼亚州）、帕洛阿尔托（加利福尼亚州）和密尔沃基（威斯康星州）的学校董事会投票决定推迟中学的上学时间，从早上 7 点 45 分调整至 8 点 30 分（Tonn，2006；Snider，2012）。罗得岛州的一所私立学校也做出了调整（Owens et al.，2010）。如此一来，意想不到的好处出现了：更有效地利用能源，更少的青少年抑郁。在塔尔萨，史无前例地举办了田径锦标赛。

许多学区坚持传统的日程表，让校车先接青少年上学，再返回去接年幼的学生。那是在缺乏睡眠的危害被众所周知之前。现在的证据很清楚，"科学证据就摆在那里，但人们并没有改变的意愿"（Snider，2012）。

在 1990—2009 年，费尔法克斯（弗吉尼亚州）社区对这一问题争论不休，形成了两个对立的阵营：SLEEP 派［"Start Later for Excellence in Education Proposal（'为卓越，晚点上课'的教育建议）"］与 WAKE 派［"Worried About Keeping Extra-Curriculars（为保留课外课程而担忧）"］。一位体育记者辩称：

"较晚开始上课将会妨碍训练场地没有灯光的球队；妨碍那些在课后做兼职、为上大学积攒学费或帮助养家糊口的学生；妨碍从事第二职业或在傍晚上大学课程的教师；妨碍在交通高峰期更易遭遇校车拥堵的上班族；妨碍那些可能寻求课后学业辅导或参加俱乐部或团队合作的学生；妨碍那些依靠正在上中学的大孩子照看弟弟妹妹的家庭；也妨碍那些想在下午晚些时候和晚上利用学校和公园设施的社区团体。"（William，2009）

这位作者指出，科学站在变革的一边，但现实并非如此。当然，对于发展学家而言，科学就是现实。然而，在 2009 年，费尔法克斯学校董事会投票决定，仍然将中学上学时间定为早上 7 点 20 分。倡议者坚持不懈。在第 8 次尝试后，费尔法克斯学校董事会在 2012 年最终设定了一个目标：中学不得在早上 8 点以前上学。他们聘请了一个团队来研究如何实现这一目标。

年龄与青春期

在正常情况下，激素在 8—14 岁增加。1 年后，青春期的明显迹象出现。许多父母、教师和儿童想要确定一个更精确的年龄，对于他们来说，6 年的年龄跨度太大了。幸运的是，如果知道一个孩子的基因、性别、体脂率和压力，就有可能预测青春期开始的时间点（见"可视化发展"专栏）。

基因和性别

大约 2/3 的青春期变化是遗传性的。这不仅体现在家庭中，在族群中也显而易见（Dvornyk & Waqar-ul-Haq，2012；Susman et al.，2010）。非裔美国人进入青春期比欧裔或西班牙裔美国人提前 7 个月，而华裔美国人则平均晚几个月。在其他大陆，族群差异也十分明显。例如，以月经初潮的平均年龄来说，北欧女孩为 13 岁零 4 个月，而南欧女孩则为 12 岁零 5 个月（Alsaker & Flammer，2006）。

兄弟，但非双胞胎　这两兄弟年龄相仿，都表现出了伴随青春期激素而来的情绪兴奋。在过去的一年里，他们的身体发生了许多快速的变化，尤其是对年龄大些的男孩来说。

观察力测验　你在上面两个男孩身上观察到了哪三方面显示青少年成长的身体变化？（答案见第 354 页）

性染色体有非常显著的作用。在身高方面，女孩一般会比男孩早两年长高。然而，女性身高的突增一般发生在月经初潮前，而男性身高的突增相对较晚，一般在遗精之后。因此，对激素和性征的变化来说，女孩仅仅比男孩领先不到 1 年（Hughes & Gore，2007）。一个六年级的男孩对班里个子较高的女孩有性幻想，他既不是性变态，也不是早熟，只是因为他体内的激素变化先于可见的身体发育。

体脂肪

影响青春期开始的另一个主要因素是体脂率水平，至少对女孩来说是这样的。体重较重的女孩的月经初潮时间早于营养不良的女孩。在月经初潮之前，大多数女孩的体重必须至少重 45 千克（Berkey et al.，2000）。虽然营养不良总是会推迟青春期，但对于营养充足的男孩来说，体脂肪并非必不可少的。一项研究发现，超重的美国男孩的青春期比其他男孩更晚，而不是更早（J. M. Lee et al.，2010）。

在世界范围内，城市儿童都比农村儿童更容易被过度喂养且缺乏锻炼。这可能就是为什么印度和中国城市青少年的青春期比更偏远农村的青少年开始得早，波兰华沙青少年的青春期比波兰农村的青少年早 1 年，希腊雅典青少年的青春期早于希腊其他地方的青少年（Malina et al.，2004）。

体脂肪也解释了为什么在非洲的一些地区，年轻人在 15 岁或更晚才进入青春期，尽管与他们基因相同的北美“亲戚”成熟得早得多。类似的，营养不良也可以解释为什么在 16 世纪的欧洲，青少年大约 17 岁才进入青春期。

从那以后，青春期开始的年龄越来越早（一个被称为“**长期趋势**”的例子，随着营养状况的改善，人类发育变化的趋势）。食物供应的增加导致了童年期体重的增加，进而导致青春期更早开始、平均身高更高。因为这样的长期趋势，几个世纪以来，每一代人青春期开始的时间都早于上一代人（Floud et al.，2011；Fogel et al.，2011）。

长期趋势的另一个有意思的证据是，近几十年来，每一届美国总统的身高都高于上一届总统（最矮的是美国第四任总统詹姆斯·麦迪逊，他的身高只有 164 厘米；而巴拉克·奥巴马的身高为 185 厘米）。长期趋势在发达国家已经停止，因为现在的营养状况让每个人都能实现遗传潜能。目前，年轻男性不会再俯视他们身材矮小的父亲，女性也不会再俯视她们娇小的母亲。除非他们出生在亚洲和非洲。在那里，长期趋势仍在持续。

在发达国家，“长期趋势已经停止”的现象可能有一个例外，即青春期始于 8 岁之前的情况——被称为性早熟——似乎更普遍，尽管仍属少见（大约 2%）。这种情况的增加可能是由于更多的儿童肥胖或新的化学物质导致的。专家们在其流行率和病因上尚持不同意见。

给担心孩子早熟的父母的问题 假设，你表哥 9 岁的女儿刚刚来第一次月经。你表哥将女儿的性早熟归咎于食物中的激素。你应该改变自己女儿的饮食吗？（答复见第 354 页）

激素

当然，激素和基因都会影响性别差异、身高和体重，但是其他因素可能直接触发了青春期的开始。许多科学家猜想，青春期早熟或推迟是由食物中所含物质造成的。例如，给奶牛喂食类固醇以提升其体格与产奶量，数百种化学物质和激素被用于生产儿童消费的大多数食物和饮料。这些都可能影响食欲、体脂肪和性激素，而它们的作用在青春期尤其明显（Wang et al.，2005）。

身体自然产生的一种激素无疑影响青春期的开始，这种激素被称为**瘦素**，它能调节人的食欲和精力。没有瘦素，青春期就不会开始。然而，异常高水平的瘦素与肥胖相关。有这种问题的女孩可能经历青春期的提前，她们的青春期持续时间很短，很早就停止发育。因此，班上最胖的女孩可能在五年级是个子最高的，而在高中毕业时则是最矮的。

正常情况下，体脂肪产生瘦素（如果过度运动或吃得过少会推迟青春期），饥饿通常会增加瘦素，所以饥饿的人会寻找食物。一旦体重上升，较高水平的瘦素会降低食欲（Elias&Purohit，2013）。大多数关于瘦素的研究是用小鼠完成的。它们变胖或变瘦依赖于瘦素的水平。但对于人类而言，情况更复杂。

空气、水或者食物中的化学物质对人类生殖系统的确切影响尚不清楚。女性性系统似乎不仅对瘦素特别敏感，对环境因素亦然。这可能是因为怀孕和胎儿发育等发生在女性体内。瘦素仅仅是青春期开始的影响因素之一，还有许多其他激素、化学物质、基因和心理社会性力量也参与其中

可视化发展

青春期的时间序列

青春期的发展过程可能持续数年，并且因人而异。对于健康的儿童来说，青春期在 8—14 岁开始，有明显的族群和性别差异。发展的顺序通常是相同的，整个过程持续约 5 年。

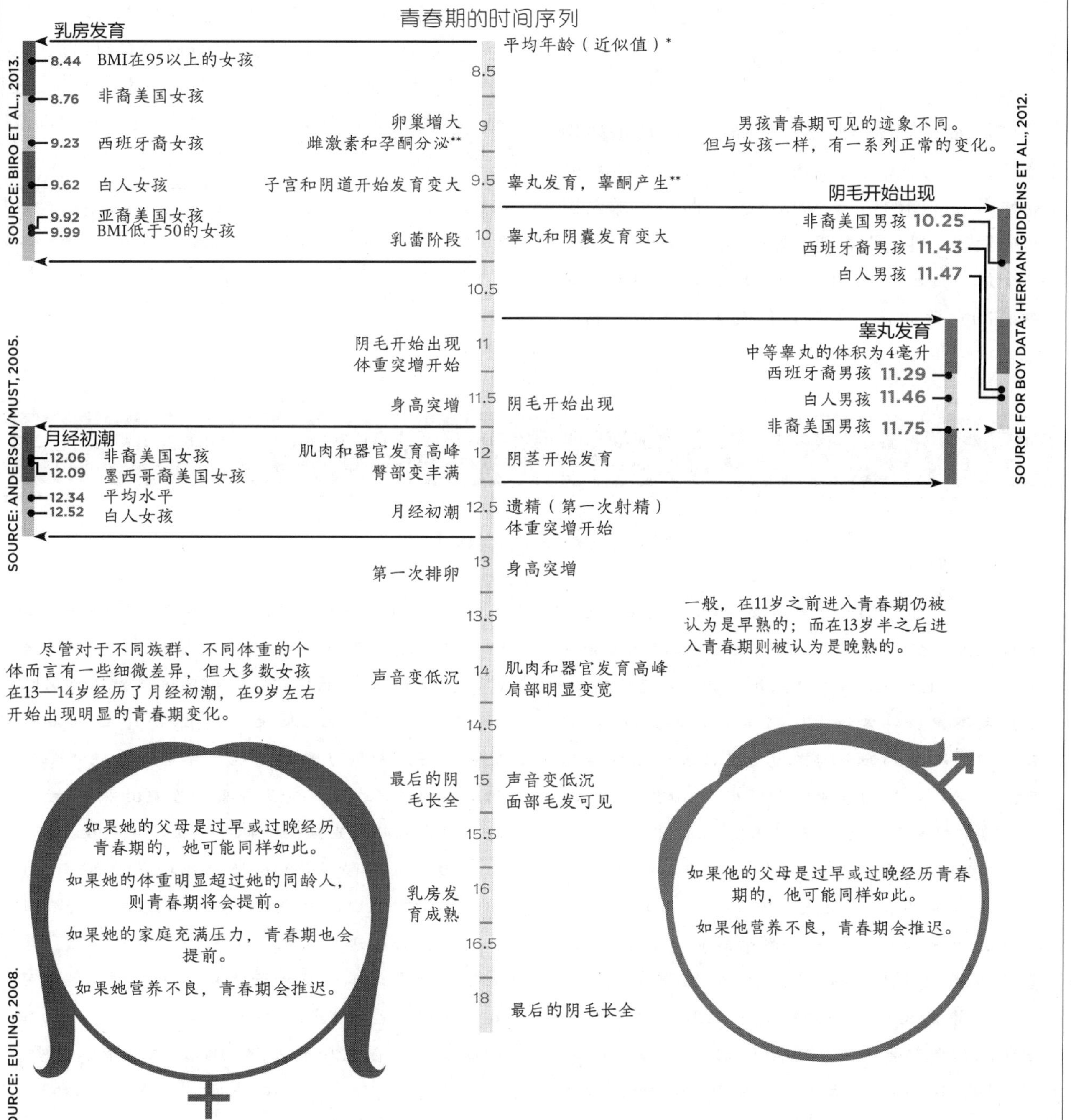

*上面所说的平均年龄只是粗略的近似值，有许多身体健康、正常的青少年在这些平均年龄之前或之后发育。
**雌激素和睾酮会影响性征，包括繁殖的可能性。该图表明了生殖腺分泌激素的增长。卵巢产生雌激素，睾丸产生雄激素，特别是睾酮。肾上腺在两性体内都分泌了这两种激素（没有呈现）。

（Elias，2012）。

>> **观察力测验（第 349 页）的答案** 女孩倾向于花更多时间学习、和朋友聊天、在上午做好准备。其他数据显示，许多女孩每晚睡眠少于 7 小时。

>> **观察力测验（第 351 页）的答案** 事实上，青春期会影响身体的每一个部分，至少有三个以上的变化是显而易见的，包括：更长的手臂、腿和躯干，更多的手臂和腿部肌肉，可见的乳头，不那么圆的头部，以及更成熟的面部表情。较年幼的男孩很快会发生变化——他的大脚证明了这一点。

压力

压力加速了青春期激素的释放，尤其是如果儿童的父母生病、药物成瘾或离婚，或者周围环境存在暴力或贫困的话。一项对遭受过性虐待的女孩的研究发现，她们青春期开始的时间平均比对照组早 7 个月（Trickett et al.，2011）。尤其是对那些天生敏感的女孩而言，如果她们的家庭互动充满压力，则青春期会提前到来；相反，如果她们的家庭是支持性的，青春期就会推迟（Ellis et al.，2011；James et al.，2012）。

因此，正如差异敏感性所预测的那样，发生月经初潮的年龄既受儿童基因的影响，也受家庭状况的影响。【**生命全程链接**：第一章解释了差异敏感性。】较小的压力，例如，进入新学校的第一天、离家参加夏令营、和最好的朋友打架，也会触发身体已准备好的女孩的月经初潮。20 年前，许多科学家对于压力和青春期之间的联系持怀疑态度，认为青春期提前也许会带来压力，而不是相反。但现在，两者的联系似乎清晰了（参见“科学视角”专栏）。

>> **答复担心孩子早熟的父母（问题见第 352 页）** 可能并非如此。如果她超重，她的饮食就应该改变，但关于激素的假设也仅仅是推测，基因才是主要因素。你女儿和她的表姐只有 1/8 的共同基因。

科学视角

压力与青春期

假设，压力对青春期的影响可能是间接的，是其他因素的一种标志，而不是青春期提前的直接原因。例如，来自功能失调家庭的孩子可能会吃更多不健康的食物（从而导致体重增加）；或者他们从抑郁的母亲那里遗传了让青春期提前的基因，而这些基因导致他们的母亲最终离婚。这两种可能性或许都是青春期提前的原因。

然而，几项纵向研究显示，压力和青春期提前之间存在直接联系。例如，一项对 756 名儿童的研究发现，月经初潮的提前与 10 年前父母严厉的教养方式有关。他们的父母倾向于要求孩子尊重父母，经常打孩子屁股，并且很少给予他们亲密的拥抱（Belsky et al.，2007）。众所周知，这种早期教养方式可能会增加压力激素和皮质醇的水平。同样，皮质醇也影响青春期。所以，压力和青春期之间的联系是合理的。

另一项对同一批女孩在 15 岁时控制了基因差异之后的进一步研究表明，在童年期被严厉对待的经历增加了性风险（更多的性伴侣、更可能怀孕、更可能患性疾病），但没有增加其他风险（吸毒、犯罪）（Belsky et al.，2010）。这一发现显示，压力触发了性激素的较早启动（使得性活动更加吸引人），但并没有增加普遍的叛逆行为。压力对青春期的直接影响似乎是显而易见的。

为什么较高水平的皮质醇会触发青春期的开始？鉴于对最理想发展的了解，压力导致青春期推迟似乎听起来更合理。如果青春期被推迟，那么年少的青少年外表和行为举止仍像孩子，这可能唤起成人对儿童的保护欲，而非对青少年的性欲或愤怒。在充斥着冲突的家庭或单亲家庭中，尤其需要保护。但这样的家庭往往有更早的青春期提前和更少的亲代养育。

有一种来自进化论的解释：

"快速成熟和随意繁殖比起延缓发育、谨慎择偶以及重视对养育子女的投资更能增强生殖适合度。然而，与之相比，后一种策略更具生物学意义，因为后代在支持性和养育性的环境中成长——几乎同样是一种增强生殖适合度的策略。"

（Belsky et al.，2010，p.121）

换言之，从历史观点来看，当严酷的外部条件威胁到物种生存时，青少年更早、更频繁地生育才至关重要。自然选择会加速青春期以提高出生率，特别是如果许多成人在生育年龄结束之前就死亡了的话。

相比之下，在和平时期，青春期可能来得更晚些，允许孩子们推迟成熟，而享受来自父母和祖父母更多年的养育。基因在进化，以对战争与和平做出不同的反应。

当然，这种进化的基本原理已不再适用。今天，过早的性行为和生育更有可能破坏社会，而非保护物种。然而，基因组已经形成数千年了。如果存在一个启动青春期的等位基因，能对社会环境做出反应，它也将在21世纪做出反应，就像几千年前所做的一样。

太早或太晚

对于大多数青少年而言，青春期和激素之间的联系是无关紧要的。关于青春期的时间进程只有一个方面是重要的，那就是朋友们的发育"时间表"。青春期可以增强或削弱一个人在同伴中的地位，没有人希望它来得太早或太晚。

女孩

想一想早熟的女孩吧。如果她在10岁时就有明显的乳房，那么她这个年纪的男孩一定会取笑她，因为他们对身边具有性特征的个体感到不安。此外，她必须把自己正在发育的身体塞进为较小的孩子设计的学校座椅中；她可能会把乳房藏在大号的T恤和肥大的毛衣下；她也可能拒绝在健身房脱衣服。比起其他女孩，早熟的女孩往往有较低的自尊、更多的抑郁和更糟糕的身体意象（Compian et al.，2009）。

有时候，早熟的女孩有更年长的男朋友，他们被女孩女人的身材和少女的纯真所吸引。拥有较年长的男朋友给这些女孩带来了身份地位，但同时也增加了吸毒和饮酒（Weichold et al.，2003）、及遭受关系欺凌和身体暴力的风险（Schreck et al.，2007）。

早熟的女孩比其他女孩更经常卷入受虐的恋爱关系中，这可能是因为她们孤独和社会判断力还不成熟。早熟的女孩同样有抑郁和自杀的风险，尤其是如果她们天生就有夜猫子的基因倾向并缺乏睡眠的话（Negriff et al.，2011）。

男孩

过去100多年的研究表明，女性的早熟更多是弊大于利的。但是对男性而言，同辈群体似乎很重要。在1930年左右出生的早熟的男孩在中学时常成为领导者，在成年后也挣钱更多（M. C. Jones，1965；Tega et al.，2006）。然而，大约自1960年以来，与男性早熟相关的风险远远超过了好处。

在21世纪，早熟的男孩比晚熟的男孩更具有攻击性，有更多的违法和酒精滥用行为（Biehl et al.，2007；Lynne et al.，2007）。这并不令人惊讶：一个正在经历睾酮激增、身体看起来更像个男人而非孩子的男孩很可能给父母、学校和警察带来麻烦。

对于两性而言，过早的青春期与性活动和青少年为人父母有关，进而与抑郁和其他心理社会问题相关（B. Brown，2004；Siebenbruner et al.，2007）。过早进入青春期不仅有压力，变化的速度也让人难以适从：那些青春期开始得早、青春期进程也快的男孩最有可能抑郁（Mendle et al.，2010）。在青春期，抑郁往往被愤怒掩饰。那个看起来暴跳如雷的12岁男孩，与其说是发疯，不如说是悲伤。

较晚进入青春期也有问题，尤其对男孩而言（Benoit et al.，2013）。发育缓慢的男孩往往更焦虑、抑郁，更害怕性行为。女孩对他们不那么感兴趣，教练也不太想让他们加入自己的团队。

每个青少年都想准时进入青春期。如果他们

不是平均水平，他们通常会高估或低估自己的成熟度或变得抑郁（Conley & Rudolph，2009；Shirtcliff et al.，2009；Benoit et al.，2013）。然而，这些影响并非单独由生物因素造成的。家庭环境，尤其是同伴压力，可能致使青春期过早或过晚变得更糟（Mendle et al.，2012；Benoit et al.，2013）。

族群差异

按照世界标准，青春期在 14 岁左右才到来被认为是晚的，不过如果周围的朋友也晚发育，就不那么令人烦恼了。营养良好的非洲人往往比欧洲人早几个月经历青春期，亚洲人比欧洲人晚几个月，但如果他们同班同学的发育进程一致，他们都会发展得很好（Al Sahab et al.，2010）。在这些大洲内以及各国国内都是如此，比如在美国和加拿大。这两个国家已经成为来自世界各地的青少年的第二故乡。对于所有族群背景的青少年而言，同伴认同比成人认同或历史性的理解更重要（Green et al.，2006；Sentse et al.，2010）。

在多族群的学校中，发育时序的不同有可能加剧群际间的紧张关系。例如，在新英格兰的一所中学，矮小瘦弱的"安静的亚裔男孩"受到嘲笑，这让他们非常沮丧。当一个大一些的亚裔男孩反击族群侮辱时，他会被其他亚裔同伴视为英雄，尽管学校当局为他的行为惩罚了他（Lei，2003）。在加利福尼亚州的一所中学，萨摩亚裔[①]学生仅占该校学生的一小部分，但他们的青春期来得较早。这赢得了同班同学的尊重，他们被当作两个更大的群体——非裔和墨西哥裔学生——之间的调解者（Staiger，2006）。

体型大小和成熟程度对每个国家的青少年来说都很重要。例如，一项对 3000 多名澳大利亚学生（主要是英国人的后代）的研究发现，晚发育者有自伤行为（割伤或毒害自己）的概率是其他学生的 4 倍。显然，这是严重抑郁的一个明显迹象（Patton et al.，2007）。

进一步的研究已证实在两性中都存在青春期推迟与抑郁之间的相关性。此外，这些研究还发现，其他因素，尤其是同伴关系和亲子关系，会使青春期推迟变得更糟（Benoit et al.，2013）。

① 太平洋中部萨摩亚群岛民族。——译者注

小 结

青春期通常在 8—14 岁（一般在 11 岁左右开始），作为对激素从下丘脑到垂体再到肾上腺和性腺的连锁反应的回应。激素不仅影响情绪，也影响身体：青少年突如其来的愤怒、悲伤和性冲动不仅是由激素引发的，也可能源于他人对年轻人正在变化的身体的反应。这些反应引起了青少年的情绪反应，然后情绪影响激素，由此触发了后续的行为。

激素、基因、青少年的行为和社会规范之间的动态交互作用在昼夜节律和中学作息时间表中显而易见。许多青少年睡眠不足，进而影响他们的学习和情绪状态。

基因、体脂肪、激素和压力影响青春期的开始时间，尤其是对女孩来说。对两性而言，青春期过早或过晚都不如和同伴在相同的年龄进入青春期；延缓成熟可能会导致抑郁、药物滥用和其他问题。■

>> 发育与营养

青春期蕴含着身体每个部分的变化，每个变化都影响着其他部分。在这里，我们将讨论生物性发育、促进发育所需的营养以及干扰发育的进食障碍等问题。接下来将重点讨论青春期转折的另外两个方面：大脑重组和性成熟。

更大更强

最先出现的一系列变化被称为**发育突增**——身体的每个部分的大小几乎都出现了突然的、不均匀的跳跃式发育，由孩子变成大人。发育按照由外部向中心的顺序发展（与早期"由近端到远端发育"相对）。因此，手指和脚趾先于手和脚长长，手和脚先于手臂和腿发育，手臂和腿又先于躯干发育。这样的发育并非总是对称的：一只脚、一侧乳房甚至是一只耳朵都可能比另一边长得晚。

因为躯干是身体最后发育的部分，所以许多青春期的孩子暂时是大脚、长腿和短腰。如果低龄青少年抱怨牛仔裤不合身，可能是真的，尽管一个月前父母付账购买时还是合身的。（当父母不得不在成人区为孩子买鞋时，就预示着躯体快速发育的到来。）

发育顺序：体重、身高和肌肉

随着发育突增开始，孩子们吃得更多，体重

增加。体重增加的确切时间、身体的哪些部位发育得更快以及体重会增加多少则取决于遗传、激素、饮食、运动和性别等因素。到 17 岁时，女孩的平均体脂率是同班男孩的 2 倍，男孩增加的体重大部分是肌肉（Roche & Sun，2003）。

身高的突增紧随体重突增。在接下来的一两年，肌肉快速增长。因此，青春期早期矮胖、笨拙的体型通常到青春期晚期就不见了。男孩手臂肌肉的发育尤其明显，从 8 岁到 18 岁，肌肉的力量翻了一番，而其他部位肌肉的增长并没有明显的性别差异。例如，在青春期，男女两性奔跑的速度都是一年比一年快，男孩并没有比女孩快多少（除非女孩们选择慢下来）（见图 14.4）。

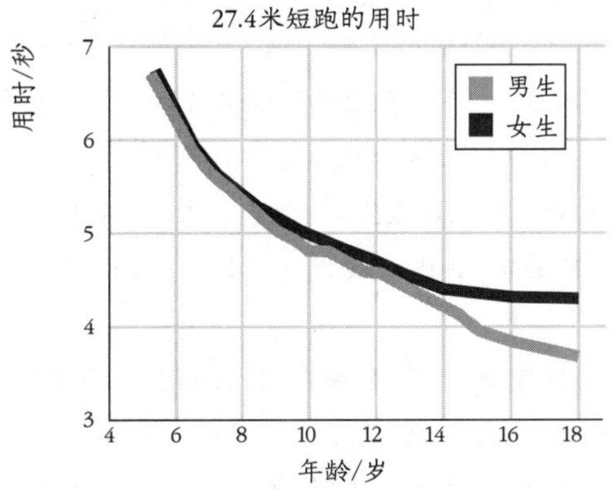

来源：Mlina et al.，2004，p.222.

图 14.4

细微的差异　在青春期，两性腿部都变得更长、更有力量。

器官发育

两性的器官以相同的方式成熟。肺部重量是原来的 3 倍，因此青少年的呼吸更加深沉缓慢。心脏的体积为原来的 2 倍，心跳变缓，脉搏减慢，血压升高（Malina et al.，2004）。因此，青少年的耐力也增强了：一些青少年可以持续跑几公里，或者连续跳舞几小时。两性体内的红细胞都有所增加，但男性体内红细胞数量上升得更迅速，这有助于在高强度运动时的氧气输送。

身高和体重的快速增长在肌肉和内部器官发育之前就开始了：运动训练和举重应当依据青少年前一年的身材进行调整，以保护不成熟的肌肉和器官。运动损伤是学校里最常见的事故，在青春期有所增加。原因之一是，身高的快速增长早于骨量的增加，因此青少年特别容易骨折（Mathison & Agrawal，2011）。

淋巴系统（包括扁桃体和淋巴结）在青春期体积缩小，因此青少年较不容易患呼吸道疾病。例如，轻度哮喘经常在青春期时不再发作，患哮喘的青少年只是儿童的一半（MMWR，2012.7.8）。另外，青少年比年幼儿童更少感冒和过敏，这种易感性的降低可以归功于喉头的发育，它也给两性带来了更低沉的声音，在男孩身上尤为明显。

另一类器官系统——皮肤——变得多油多汗，也更容易长痤疮。头发也发生了变化，发质变得粗糙，发色变得更黑。腋下、面部和性器官上方长出新的体毛。可见的面部胡须和胸毛有时被看作男性化的标志，尽管两性毛发的浓密都取决于基因和激素。女孩们会拔除或漂染她们看得见的面部毛发，并刮掉腿毛。男孩们则会自豪地留下鬓角、下唇之下的短胡须，颏下的蓄须和上唇八字须等，具体取决于文化与同辈群体。

通常，青少年以父母不喜欢的方式剪发、做造型或留发，以作为独立的标志。此外，为了变得更有吸引力，许多青少年花费了大把的时间、金钱和心思在他们可见的发须上，比如蓄发、固型、剃须、烫卷、拉直、挑染、梳理、造型、染色、润湿、吹干……在许多方面，头发不仅仅是一个发育特征，更是一种性征的展示。

饮食缺陷

青春期所有的（生理）变化都依赖充足的营养，但有许多青少年并没有好好吃饭。十几岁的孩子经常不吃早餐，却在午夜暴饮暴食，猛喝苏打水，吃过咸的、加工的零食。导致这种饮食模式的一个原因是激素影响了他们的昼夜节律，包括他们的胃口。另一个原因是，他们渴望独立的动机使他们逃避家庭聚餐，拒绝吃母亲说他们应该吃的东西。

同辈群体和年龄也至关重要。在美国，每个新生代都比上一代吃得更差，每个 18 岁青少年往往都比他们 10 岁时的饮食更不均衡（N. I. Larson et al.，2007）。大多数青少年摄入了足够的热量。但在 2011 年，仅有 15% 的高年级高中生会按专家的建议每天摄入至少三份蔬菜（MMWR，2012.7.8）。

铁、钙、锌以及其他矿物质摄入不足的现象在青春期尤其普遍。因为月经会造成铁元素的流失，所以和其他年龄组相比，青春期的女孩贫血的可能性更大。这种情况在任何地方都存在，尤其是在南亚和撒哈拉以南的非洲。这两个地区的青春期女孩很少摄入富含铁的肉类和绿色蔬菜。

目前尚无发展中国家年轻女孩血铁含量的可靠的大样本实验室分析。但是一项对沙特阿拉伯大学的18—23岁女性的研究发现，24%的被试被临床诊断为贫血，另外26%的被试尽管算不上贫血，但铁元素也不足（AL-Sayes et al.，2011）。这些数字尤其令人不安，因为在沙特阿拉伯，几乎所有的大学女性都身体健康，出身富裕家庭，从未怀孕过，她们应该是富铁而不是缺铁。

任何地方的男孩，如果从事体力劳动或激烈运动，也可能会缺铁：肌肉发育和力量增强都需要铁元素。在判断是否贫血时（如血铁水平），男孩的标准要比女孩的高。因为男孩天生需要更多的铁以保持健康（Morvón & Viteri，2009）。然而，许多男女青少年拒绝吃富含铁的食物（绿色蔬菜、鸡蛋和肉类），却对含铁量低的薯片、糖和薯条情有独钟。

同样，尽管给青少年推荐的每日钙摄入量为1300毫克，但是美国青少年每日的平均摄入量不足500毫克。大约一半的成人骨量是在10—20岁获得的，这意味着许多当代青少年会发展出骨质疏松症（脆性骨骼）。而这是导致成年晚期残疾、受伤和死亡的主要原因。【**生命全程链接**：骨质疏松症将在第二十三章中讨论。】

钙缺乏的原因之一是牛奶摄入量的减少。在1961年，大部分北美儿童每天至少饮用约750毫升的牛奶，这几乎为他们提供了一天所需的钙摄入量（约900毫克）。50年后，只有15%的中学生喝这么多的牛奶（MMWR，2012.7.8）。进入21世纪，2—18岁的孩子喝得最多的是苏打水（美国饮食指南，2010），而软饮料中既没有铁，也没有钙。

做出选择

许多经济学家提倡采用“推动”的方式以鼓励人们做出更好的选择。不仅仅是在营养方面，也包括生活的方方面面（Thaler & Sunstein，2008）。但青少年经常被“推”向错误的方向。营养不良通常是青少年在诱导下对食物做出了不当的选择。

快餐店聚集在中学附近，通常会提供足够的座位以鼓励青少年到此进餐和社交，这在西班牙裔学生众多的中学附近尤其明显。这一群体的肥胖风险最高（Taber et al.，2011）。价格影响人们对食物的选择，尤其是青少年。健康食品往往比非健康食品贵。举一个具体的例子：2014年，麦当劳的沙拉价格比汉堡贵得多。

此外，当学校里有提供苏打水和零食的自动售卖机时，营养不良将会增加，尤其是对中学生来说（Rovner et al.，2011）。推动一些建设性的措施——比如，提高垃圾食品的价格，降低快餐店就餐环境的吸引力，让学校自动售卖机里有可供选择的更健康的食品——将会改善青少年的营养状况。

一个更激进的策略是禁止在校内购买不健康的食物。这一策略在2002年被29%的美国中学采用，在2008年则被69%的学校采用。越来越多的法律要求学校鼓励健康的饮食，更多的学校自愿这样做（Masse et al.，2013）。小学实施的措施比中学多。

果不其然，肥胖率在儿童期有所下降，但在青少年期没有。2003年，美国仅有三个州（肯塔基州、密西西比州、田纳西州）的中学生肥胖率达15%或更高。但是，2011年有12个州达到了这一比例。

身体意象

青少年营养不良的另一个原因是对**身体意象**（一个人对自己身体的看法）的焦虑。很少有青少年会欣然接受身体的每一个变化；相反，他们倾向于关注并夸大自己的不完美之处（就像本章开篇所说的那三个女孩的逸事一样）。2/3的美国中学女生在尝试减肥，只有1/4的人真的超重或肥胖（MMWR，2011.7.8）。

很少有青少年对自己的身体感到满意。部分原因是几乎没有人拥有像面向青少年的杂志或视频所描绘的身材（Bell & Dittmar，2010）。对外表不满意是世界性问题。韩国的一项纵向研究发现，对自己身体意象的不满大约始于10岁，到15岁左右有所增加，抑郁和自杀的想法也增加（Kim & Kim，2009）。中国青少年对体重增加的焦虑和美国青少年类似（Chen & Jackson，2009）。

进食障碍

对身体意象不满是危险的，甚至是致命的。许多青少年——大部分是女孩——会通过不规律饮食或服用药物（尤其是减肥药丸）来减肥；其他人，大部分是男孩，则服用类固醇来增加肌肉量。进食障碍在童年期较少见，但在青春期急剧增加。与之相伴的是扭曲的身体意象、进食强迫和抑郁等问题（Bulik et al.，2008；Hrabosky & Thomas，2008）。这些障碍往往得不到承认和治疗，直到在成年期变得更糟。

青少年有时会从强迫性节食转向暴饮暴食，转而过度锻炼，然后再颠倒过来。肥胖在任何年龄都是一种进食障碍。【**生命全程链接：**肥胖在第八章、第十七章和第二十章都有讨论。】在这里将讨论另外两种特别容易发生在青春期的进食障碍。

神经性厌食

如果一个人的身体质量指数（BMI）只有 18 或者更低，或在一两个月内体重急剧下降 10% 以上，就表明患上了**神经性厌食，**这是一种以自愿挨饿为特征的疾病。人变得非常瘦弱，有因器官衰竭而死亡的风险。对这类患者而言，保持消瘦变成了一种强迫。患神经性厌食的人拒绝正常进食，因为他们的身体意象严重扭曲；当体重实际低至危险状态时，他们仍认为自己过胖。

尽管神经性厌食早就存在，但直到 1950 年左右才被确认。当时一些高成就的、上流社会的年轻女性变得极度消瘦，以致死亡。很快，神经性厌食出现在不同收入水平、不同国家和不同族裔的年轻女性中（发病率在青春期和成年初显期达到顶峰），也出现在男性中（Chao et al.，2008）。某些等位基因增加了患病风险（J. K. Young，2010）。近亲患进食障碍或严重抑郁的女孩有较高风险。

暴食

一种发病率大约是神经性厌食的 3 倍的常见进食障碍是**神经性贪食**。在美国的女性青少年和年轻成人中，这种障碍的临床发病率达 1% ～ 3%。患者强迫性地暴饮暴食，在一两小时之内狼吞虎咽地摄入上千千焦热量，然后通过呕吐或服用泻药来清除。大多数患者体重接近正常，因此他们不太可能挨饿。然而，他们面临严重的健康问题，包括胃肠系统受损和因电解质失衡导致的心脏骤停。

暴食和清除现象在青少年中很常见。例如，一项调查发现，在 2012 年的最后 30 天里，美国高中有 6% 的女生和 3% 的男生通过呕吐或服用泻药来减重。各州之间有显著差异，从俄克拉何马州的 4%，到路易斯安那州的 10%（MMWR，2012.7.8）。

一些青少年周期性、强迫性地过度进食，快速摄入大量冰激凌、蛋糕或者其他零食，直到肠胃受损。这种暴饮暴食通常是私下进行的，至少在数月以内每周一次。患者不“清除”（因而不是暴食症），但是他们感觉失控、沮丧和抑郁。这是一种新的心理障碍，在 DSM-5 里被列为*暴食障碍*。

所有青少年都容易受到多种进食障碍的影响。他们会尝试新的饮食方式，24 小时不进食（在 2011 年的最后一个月，13% 的美国中学女生就是如此）或服用减肥药（6%）（MMWR，2012.6.8），很多人吃得古怪（例如，只吃米饭或胡萝卜）或尝试不寻常的饮食。

不仅仅是节食 在持续采用了一种极端的饮食方法后（每天只摄入 5 千焦热量），这个女孩患上了神经性厌食。

每一次的暴饮暴食、“清除”或禁食都会让下次暴食来得更容易。有多种原因导致肥胖、厌食症、贪食症或暴食，至少有五种一般要素——文化意象、压力、青春期、激素和童年期模式——使得进食障碍更可能发生。

从发展的角度来看，健康饮食始于童年期的习惯和家庭日常生活。大多数超重或者低体重婴儿从未出现营养问题，但超重或低体重儿童面临更大的风险。特别是在青少年期，基于家庭的进食障碍疗法比只针对个体的治疗更为成功（Couturier et al.，2013）。

小　结

青春期的转变是急剧的。从生理和神经系统两方面，男孩和女孩都变成了男人或女人。发育从四肢到中心，所以四肢的发育先于内部器官。增重先于增高，增高先于肌肉和内部器官的发育。所有青少年都易受营养不良的影响，很少人营养良好。铁和钙的摄入不足尤为常见，因为快餐和毫无营养的零食经常取代家庭正餐。男孩和女孩经常选择垃圾食品而非均衡的饮食，部分原因是他们和同伴更在乎外表和社会接受度。营养不良、同伴文化和对身体意象的焦虑有时共同导致了肥胖、神经性厌食症或贪食症，这些问题也受到遗传和童年期发展模式的影响。所有青少年的营养问题都有终生的、危及生命的后果。■

>> 脑发育

就像躯体的其他部分一样，脑的不同部分也在以不同的速率发育。髓鞘化和成熟依次发生［图14.5（彩）］，发育顺序是从内脑向大脑皮层，从后向前发展（Sowell et al.，2007）。这意味着边缘系统，包括杏仁核（产生强烈恐惧和兴奋的区域）在内，先于前额叶皮层（与计划、情绪调节和冲动控制有关的区域）成熟。

此外，青春期的激素直接作用于杏仁核和HPA轴的其他关键部位（Romeo，2013）。但是大脑皮层的完整功能要到青少年期之后才能成熟。基于这两个原因，青少年大脑的本能和情绪区域的发育先于反思和分析区域。因此，青春期早期意味着情绪冲动，不受警告的制约。

需要警告

脑部扫描证实，功能性磁共振成像所揭示的情绪控制直到成年期才充分发育。因为前额叶皮层的神经连接和参与受到限制（Luna et al.，2013）。与初显期成人的大脑相比，青少年的脑成像显示，大脑的奖励中枢显示出更高的唤醒程度。青少年寻求兴奋和快乐，特别是同伴赞赏所带来的社会愉悦感（Galvan，2013）。事实上，当其他人在场的时候，青少年发现，冒着巨大的风险去获得社会赞誉是令人兴奋的，这种风险是他们不敢独自尝试的（Albert et al.，2013）。

许多类型的心理病理学问题在青春期攀升，特别是在青春期提前到来时，在前额叶皮层成熟之前，带来了极大的压力。两位专家解释说：“在早熟者中，心理病理学问题比例较高是可以预料到的，因为发育缓慢的神经认知系统与青春期开始时快速逼近的社会和情感挑战不匹配”（Ge & Natsuaki，2009，p.329）。

额叶（前额叶皮层）最晚成熟的事实或许可以解释长期以来困扰成人的一些事：许多青少年被新经历、新感觉和同龄人带来的兴奋驱使，忘记了父母试图灌输给他们的警告。“个案研究”专栏里有一个例子。

给健康从业者的问题　你将如何鼓励青少年去治疗性传播感染？（答复见第362页）

大脑成熟的正常顺序（青春期时的边缘系统，然后是20来岁的某个时刻的前额叶皮层）和青春期较早开始相结合意味着：对于当代青少年而言，情绪将左右其行为好几年。边缘系统不受缓慢成熟的前额叶皮层的制约，使得强烈的感觉——比如嘈杂的音乐、飙车和强效毒品——更具吸引力。

这并不意味着前额叶皮层没在工作。事实上，从童年期到青少年期，它在持续成熟。当青少年好好思考时，能够比儿童更好地评估风险（Pfeiffer et al.，2011）。失衡的是大脑各部分之间的平衡和协调，而不是大脑本身（Casey et al.，2011）。

当压力、唤醒、激情、感官冲击、毒品中毒或是剥夺达到极端时，青少年的大脑就充斥着可能会让成人觉得羞耻的冲动。青少年会吹嘘自己喝得酩酊大醉，他们被“浪费”“被灌”“被麻醉”——

个案研究

“你当时在想什么？”

劳伦斯·斯坦伯格（Laurence Steinberg）是一位著名的青少年期专家，他还是一位父亲。

“我的儿子本杰明14岁时，他和他的三个朋友决定在凌晨2点左右，溜出他们过夜的房子去拜访其中某人的一位女友。当他们到那个女孩家时，他们站在她卧室的窗下，朝着窗玻璃扔石头，并试图攀爬到房子的一侧。不幸的是，现代科技让罗密欧式的剧情很难再现。男孩们触发了房子的防盗报警器，报警器响起，同时通知了当地的警局，接着警局派出了巡逻警车。当报警器响起时，这几个男孩纷纷向街道跑去，遇上了迎面朝女孩家驶来的警车。但本和他的朋友们没有停下来向警察解释自己的行为，而是散开朝不同方向跑去。其中一个男孩被警察逮住并被送回家，他父母被叫醒，孩子接受了盘问。

第二天一早，那个女孩的妈妈打电话到我家，告诉我们本做了什么，我才知道了这件事……在与当地警察擦肩而过之后，本回到了那所房子，然后美美地睡了一觉，直到我用一个怒气冲冲的电话叫醒他，告诉他：收拾好衣服在他朋友家门口等我。在我们开车回家的路上，我就他所干的事及其危险性给他上了一课，告诉他，当警察认为他们可能阻止了一起入室盗窃时，深夜从荷枪实弹的警察手里逃跑有多危险。我停顿了一下。

‘你当时在想什么？’我问道。

‘爸爸，这正是问题所在。’他回答我，‘我什么也没想。’”

（Steinberg，2004，pp.51，52）

斯坦伯格意识到他的儿子是对的：当情绪强烈时，特别是当朋友在场时，大脑的逻辑部分就停摆了。这种“停摆”并未反映在关于假设的两难困境的纸笔测验中。在这些测验中，大部分青少年可以仔细思考并正确作答。事实上，当强烈的情绪没有被激活时，青少年可能比成人更有逻辑（Casey & Caudle，2013）。他们记得在生物学或健康课上所学的有关性和药物的事实。然而，

“想到拜访班上一个假想的女孩不可能和在深更半夜拜访一个你暗恋的人并令她惊喜相提并论。在假想的性行为中带上假想的安全套比在激情的挣扎中带上真正的安全套更容易。拒绝一杯假想的啤酒比在一个夏夜拒绝一杯冰镇的啤酒更容易。”

（Steinberg，2004，p.53）

本安全地步入了成年期。其他一些青少年由于遇到了不那么谨慎的警察或者没这么苦口婆心的父母，而没能平安地长大成人。大脑未成熟并不是每一种“令人烦恼的青少年行为”的根源，但青少年的大脑在“反应抑制、情绪调节和组织”方面仍未充分发育（Sowell et al.，2007，p.59）。这使得青少年容易受到社会压力和应激的影响，这些压力和应激源通常会给今天的年轻人造成冲击（Casey & Caudle，2013）。

这是大多数成人试图避免和不承认的状态。【**生命全程链接：**第十六章会讨论酒精滥用和其他药物滥用的问题。】

此外，与成人不同，一些青少年选择整宿不睡，一整天不吃东西，忍着疼痛锻炼，或者通过避免使用安全套，冒怀孕或患性传播感染的风险。大

脑中致力于分析的部分直到第一次激素分泌和性冲动出现数年后才成熟，而在这期间，青少年有机会接触高速汽车、致命武器和危险毒品。我朋友的邻居送给儿子一辆红色敞篷车作为高中毕业的贺礼，我朋友问他，“你为什么不直接给他一把上了膛的枪呢？”

大脑中负责警戒的部分被当下的情绪所淹没的例子之一就是青少年驾车时发短信。在一项调查中，美国64%的16—17岁青少年说司机发短信时他们就在车里，就像发生在每个州和每个国家的一样，尽管这种行为几乎在任何地方都是违法的（Madden & Lenhart，2009）。更普遍的是，尽管青少年的反应速度更快，视力也比成人好，但是他们死于机动车事故的人数远多于成人。轻率的冲动和糟糕的决策几乎总是罪魁祸首。

任何决定——无论是吃桃子，还是去哪儿读大学——都需要平衡风险和回报，权衡利弊。经验、记忆、情绪和前额叶皮层帮助我们所有人选择避免一些行为，并实施其他行为。由于青少年脑内负责奖赏的部分（对兴奋和愉悦做出反应的部分）强于抑制的部分（敦促警戒的部分）（Luna et al.，2013），所以许多青少年的行为方式在成人看来都是鲁莽的。

青少年脑发育的好处

青少年的行为容易受到批评并将其归咎于激素、同伴、文化或大脑。然而，我们应当谨记在第一章里所学的，差异并非总是缺陷，得与失都是人生每个阶段的一部分。利与弊在每一阶段的发展中并存，大脑亦然。

随着髓鞘化的增加和抑制的减慢，反应变得快如闪电。这样的速度是有价值的。例如，青少年运动员是潜在的超级巨星。他们快速且毫无畏惧地偷袭上垒，应对后卫，或者当感觉肺部快要爆裂时仍旧冲刺。在理想情况下，教练有智慧来引导此种勇敢。

此外，当大脑的奖赏区域激活了积极的神经递质，青少年会变得更快乐。一段新恋情、第一份工作、一份大学录取通知书，甚至是学期论文得A，都会产生一种喜悦，让人铭记并珍藏一生。

青少年质疑传统有其建设性的良好的进化原因。随着社会和生态环境的变化，有人需要提出问题：还要不要生好多孩子？每天早餐都要吃培根吗？燃烧矿物燃料是否仍旧是好的做法？如果不加批判地接受每一个传统，那么社会实践就会僵化，社会就会灭亡。

再者，青少年冒险并学习新事物是有益的。因为“青少年的基本任务是达到成人的社会能力水平，这需要他们大量学习人类社会互动的复杂性”（Peter & Dahl，2013，p.135），这恰恰是青少年的大脑让青少年做到的事情。

突触的发育也促进了道德发展。青少年质疑他们的长辈，并形成自己的标准。在青少年期形成的价值观比那些在脑连接牢固建立以后获得的价值观更持久。如果青少年的价值观比儿童更少以自我为中心，或者比老一辈更具文化协调性，就是一份资产。

前额叶皮层仍在发展的事实是“益处和风险并存”的。它有助于解释在大脑开始以自己的方式定型之前，青少年期和成年早期的创造性”（Monastersky，2007，p.A17）。青少年的情绪强度与“人类最高程度的努力——对思想和理想的激情、对美的激情、对创作音乐和艺术的激情——交织在一起”（Dahl，2004，p.21）。作为一种实际应用，既然青少年正在学习关于人生的课程，那些关心下一代的人就需要确保这些课程都是好的。

小　结

在青少年期，大脑发育不均衡，边缘系统的发育先于前额叶皮层。这使得大脑的奖赏中心比负责警戒的区域更活跃，尤其是和同伴在一起时。因此，青少年在进行重新思考或考虑后果之前，会迅速做出反应。由于缺乏冲动控制，愤怒会让伤人的话语脱口而出，甚至造成严重的伤害，性欲会导致其染上疾病或怀孕，自我憎恨可能导致自我毁灭。这些大脑特性也可以是积极的，因为青少年会坠入爱河，会投身于工作或学习，会质疑不再有意义的社会传统。青少年大脑发育使得快乐与绝望并存，青少年容易受到生活经历的影响，其中既有最好的经历，也有最糟的经历。

>> **答复健康从业者**（问题见第360页） 许多青少年非常关注隐私，害怕成人的干涉。这意味着你的首要任务是让青少年相信，你是不带偏见的，而且一切都是保密的。

>> 性成熟

性是人类发展的一个复杂方面。在这里，我们考虑一下青春期的生物学变化以及一些文化差异和影响，关于文化差异在随后的章节会再讨论。

性征

直接与受孕和怀孕有关的身体特征被称为**第一性征**。在青春期，每个主要的性器官（卵巢、子宫、阴茎和睾丸）在大小和功能成熟上都在快速发育。到这个过程结束时，生育成为可能。

在第一性征显现成熟的同时，**第二性征**开始发育。第二性征是身体特征，并不直接影响生育（因此它们是次要的），但能体现男子气或女子气。

第二性征之一是体型。年幼的男孩和女孩都有相似的体型。但在青春期，男孩的肩部变宽，身高至少比女孩高约 12.7 厘米。女孩乳房发育，臀部变宽。这些女性曲线经常被看作女性身份的标志，但乳房和宽臀都不是怀孕所需要的，因此它们是次要的而非首要的性征。

头发发际线（美人尖）的生长模式、喉头的凸出（喉结）和其他几个解剖特征是男女有别的。所有这些都是很少被人注意的第二性征。正如前文所说，两性面部毛发的增加受到性激素和基因的影响。

第二性征，如头发，虽然在生理上不重要，但在心理上很重要。乳房就是一个典型的例子。许多青春期的女孩会购买具有“压缩”“增大”和“塑形”功能的胸罩，希望她们的乳房符合理想化的身体意象。在同样的年龄，许多男孩惊恐地注意到他们的乳头周围肿胀——这是青春期早期激素不稳定造成的暂时现象。如果一个男孩的胸部发育非常令人不安，那么三苯氧胺或者整形手术可以减少肿胀，尽管许多医生更愿意让时间解决这一问题（Morcos & Kizy，2012）。

性活动

刚刚描述的第一性征与第二性征并非性激素的唯一表现。幻想、调情、牵手、凝视、站立、端坐、散步、展示和触摸都以特定方式反映性别、可用性和文化。正如已经解释的那样，激素触发了思想和情绪，但是社会环境将思想塑造成愉悦的幻想、令人羞愧的关注、可怕的冲动或实际的接触（参见图 14.6）。

最近一项关于年少青少年的牵手和拥抱等性行为的研究发现，生理成熟仅仅是导致这些活动出现的因素之一。尤其在年轻的欧裔美国人中，具有较低自尊的女孩更可能卷入性亲密行为（Hipwell et al.，2010）。

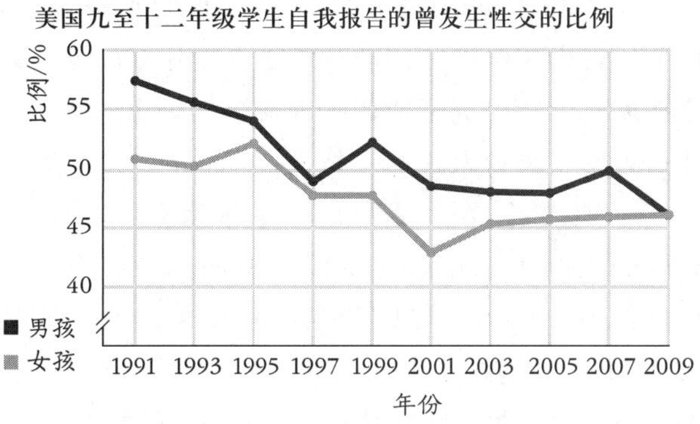

来源：MMWR，June4，2010.

图 14.6

男孩和女孩在一起 在高中时期，男孩往往比女孩有更多的性经验；但自 1991 年开始的青少年风险行为调查（Youth Risk Behaivor Survey）显示，总体趋势是两性的性活动比例趋于相同。

关于性冲动，一些专家相信，男孩更多受激素影响，而女孩更多受文化影响（Baumeister & Blackhart，2007）。也许，如果一段关系包括性亲密，女孩似乎比男孩更关心感情的深度（Zani & Gicognani，2006）。女孩希望她们的伴侣说，“我会永远爱你”；而男孩则喜欢听，“我现在就想要你”。

然而，每个人都会受到激素、社会、生物和文化影响。所有青少年都有他们以前没有的性兴趣（生物学），这会产生其他国家的青少年不会从事的行为（文化）。由于只有女孩能怀孕，因此她们对于长期承诺的渴望或许是生物学的结果，而非文化因素的结果。如果真是这样，那么性别差异（想要爱的女孩 vs 寻求性爱的男孩）可能会消失，因为避孕使得意外怀孕很少见了。

无论出于什么原因，性经验中的性别差异正在缩小。在一些欧洲国家，包括从童年就开始进行性教育的挪威，这种情况已经出现逆转。在青少年期，挪威的青少年已经懂得如何预防性交后的意外后果了。1987 年，挪威男孩第一次性交的时间几乎比女孩早一年。到 2002 年，性别反转，女孩平均比男孩早半年（Stigum et al.，2009）。

选择性伴侣和性活动似乎是个人的私事，然而文化和同辈群体在其中起主导影响——首次性体验的年龄数据表明了这一点。

在一些国家，女孩的第一个性伴侣往往较年长。而在其他国家，这种情况更可能出现在男孩身上。在 20 世纪的大部分时间里，北美的调查报告显示，青少年两性性活动对象越来越年轻。这一趋势在近几十年出现了逆转：现在，青少年初次发生性行为的年龄较大。

一项统计数据说明了这一新趋势。1991 年，62% 的美国十一年级学生报告说他们曾经有过性交。但在 2011 年，只有 53% 的人这么说。该比例因州而异，从比例最低（37%）的夏威夷中学生（九至十二年级）到最高（59%）的特拉华州

毕业舞会　在毕业舞会上，这对年轻恋人身上反映了其所属社会的标准——精心搭配的衣服和鲜花。但在世界上的许多文化中，一个 17 岁的女孩永远不会公开地和一个男同学挽得这么紧。

（MMWR，2012.7.8）。但两个州的比例都少于早前。

青少年性活动延后的趋势是世界性的。尽管在许多国家，随着结婚年龄越来越晚，婚前性行为更加普遍（包括青少年）。但是从世界范围来看，更多的青少年依然没有性经验。这一趋势在中国有记载，不像 2000 年以前，年轻人初次性交平均要到 20 岁才发生（Yu et al.，2013）。

在同一时期，双重标准（男孩的性活动比女孩更活跃）在各族群中都有所缩小。性行为的族群差异也在逐渐缩小，各个族群的性活跃度都降低了。在 1991—2011 年，非裔美国中学生有性交经验的减少了 26%（从 81 到 60），欧裔下降 12%（从 50 到 44），拉美裔下降 7.5%（从 53 到 49）（MMWR，2012.7.8）。

所有这些例子都表明，能够产生另一种普遍经验（第一和第二性征的发育）的普遍经验（激素上升）会受到同辈群体、性别和文化的影响。其他研究发现，对青少年性行为最有力的影响是亲密朋友，而不是与他们的性或族群有关的国家规范。【**生命全程链接**：第十六章讨论了同伴对青少年性行为的影响。】

青少年的性问题

性兴趣和性交往是青少年期的一部分。当青少年的冲动没有被羞耻感和恐惧困扰时，健康的成人关系更有可能发展起来（Tolman & McClelland，2011）。尽管需要指导，但青少年经历性冲动是健康和正常的，而不是堕落或邪恶的。在关注青少年的性危害之前，我们应当注意到，与前几十年相比，有几个“问题”现在已不再那么麻烦了。这里有三个特例：

- **每个国家的青少年生育率都有所下降**。在过去几十年，大多数国家的青少年生育率一直在下降（WHO，2012.3.19）。2007—2011 年，美国不同族群的未成年女性（15—19 岁）的生育率下降了 25%。其中，西班牙裔青少年的降幅最大（Martin et al.，2010；CDC，2013）。类似的降幅在其他国家也很明显。在中国，1960—2010 年，青少年怀孕率下降了一半（将联合国对至 2050 年世界人口的预测减少了约 10 亿）。

- **“保护措施”的使用有所增加**。自1990年，避孕行为，尤其是男性青少年使用安全套，在大多数国家明显增加（Santelli & Melnikas，2010）。对美国青少年风险行为的调查发现，67%性活跃的九年级男孩在最近一次性交中曾使用安全套（MMWR，2012.6.8）。
- **青少年堕胎率下降**。总体而言，自堕胎合法化以来，美国青少年的堕胎率每年都有所下降。今天的比例大约是20年前的一半（Kost et al.，2013），尽管较年长妇女的堕胎率有所上升。然而，就全球而言，青少年的堕胎率很难追踪。据估计，每年有300万左右的15—19岁女孩进行不安全堕胎，其中大部分女孩来自低收入或中等收入国家（WHO，2012）。

这些都是积极的趋势，但是青少年性活动的诸多方面依然问题重重。

过早的性行为

性，当然可以是令人兴奋和值得肯定的，提供一种亲密联结的体验。然而，与一个世纪前相比，青少年的性活动，尤其是如果导致生子的话，变得更加危险了，因为四种情况已经改变：

1. 青春期来得更早和更淡薄的社会禁忌意识，这意味着青少年可能在更年轻时就有了性经验。早期的性行为与抑郁、药物滥用相关。
2. 大多数未成年母亲得不到丈夫的帮助。一个世纪以前，女孩十几岁时就可能结婚生子了。而如今在美国，85%的未成年母亲未婚。
3. 抚养一个孩子变得更加复杂和昂贵。而且大多数年轻的外祖母仍在工作，所以她们很少能帮上忙。
4. 性传播感染更为普遍和危险。

正如你刚刚读到的，青少年的生育率正在下降，青少年的堕胎率也是如此。然而，美国青少年的怀孕率在所有发达国家中是最高的（在每个族群中都是如此）。这种怀孕是危险的。如果一个怀孕的女孩不满16岁（大多数并非如此），那么她比年长一两年（才怀孕）的女孩更容易出现并发症，包括发生自然流产和人工流产、高血压、死胎、早产以及诞下体重不足的新生儿。年长些的青少年若怀孕，在一生中同样面临着较多的医疗、教育和社会问题。

看见快乐　正如这对母子一样，一些年轻的妈妈是很棒的。这对母子有许多优势，不仅是她们对彼此的爱，还有一个支持性的共同体。

除了年龄，还有许多因素会导致这些危害。贫穷和缺乏教育与青少年怀孕以及之前提及的每个问题都相关（Santelli & Melnikas，2010）。另外，低龄怀孕的青少年经常营养不良，会推迟产前检查（Borkowski et al.，2007）。生育之后，青少年往往不是新生儿所需要的能给予回应的母亲。因此，不安全依恋更常见。【**生命全程链接**：依恋类型和早期依恋的重要性曾在第七章讨论过。】

即使没有怀孕，过早性交的青少年也有发生心理社会问题的风险。一项以美国3923名成年女性为被试的研究发现，那些在16岁以前自愿发生性行为的女性，无论是否怀孕，或者后来是否嫁给了第一个性伴侣，以后都更有可能离婚。该研究还发现，对于任何年龄的青少年而言，如果第一次性经历是不情愿的（或者“真的不想要”，或者“感觉很复杂”），也更可能在以后经历离婚（Paik，2011）。

当然，正如下面所解释的那样，遭强迫的性行为更糟糕。

性侵害

青少年生育充满风险，但是性侵害则是毁灭

性的：它损害了人一生的发展。**儿童性侵害**被定义为青少年和成人之间的任何性活动（包括抚摩和拍照），通常以 18 岁作为分界线（尽管法定年龄在美国各个州不尽相同）。其中，女孩特别容易受到伤害，尽管青春期的男孩也存在遭侵害的风险。

性侵害发生率在青春期会上升，这是一个特别敏感的时期，因为许多年少的青少年对于自己的性冲动和性别认同感到困惑（Graber et al.，2010）。几乎每种青少年的问题，包括怀孕、药物滥用、进食障碍和自杀，在遭受过性侵害的青少年中都更常见。

在世界范围内都是如此。联合国报告显示，每年都有数百万女孩在青少年早期就被迫嫁人或沦为妓女（通常是跨国的）（Pinheiro，2006）。几乎每个国家都有禁止儿童性侵害的法律，但这些法律很少被强制执行。通常只有在发生了一起骇人听闻的案件之后，系统性的预防、监控和消除非法性交易等措施才纷纷被“挤”出来（Davidson，2005）。

给担心青少年冒险的父母的问题 你还记得你在同样的年龄所做的冒险的事吗？你担心孩子可能重蹈覆辙。你应当怎么做？（答复见第 367 页）

不幸的是，最可能对年轻人实施性侵害的人是家庭成员。他们通常孤立受害者，剥夺有利于受害者发展健康的、令人满意的生活的友谊和恋情。遭受性剥削的年轻人往往会对性产生恐惧，并终生贬低自己。

有一项针对 84 名报告在儿童期遭受过性侵害的女性受害者的纵向研究，研究者在 23 年间对每个受害者进行了 6 次个人访谈（Trickett et al.，2011）。为了剥离性侵的影响，研究者也同时追踪了来自相同背景，但没有性侵经历的个体的发展状况。

每一个被考察的特质（从直接涉及性的，到更一般的社会或认知成就）都显示，受害者的问题发生率比非受害的同伴高得多。问题包括直接与性侵有关的态度（例如，大多数受到亲生父亲性侵的受害者认为性是肮脏、耻辱和危险的），以及看似无关的行为（例如，尽管她们的体重在童年期处于正常范围，但 42% 的人在 20 多岁时肥胖）。此外，她们的认知发展——例如，学业成就与语言应用——也受到了损害。最令人不安的结果是相当高比例的自伤、攻击和反复受侵害，包括性和身体虐待（Trickett et al.，2011）。

几乎一半遭受过性侵的女孩成了母亲。她们总共有 78 个孩子，其中 3 个在婴儿期就夭折了，还有 9 个孩子因为受到母亲的严重虐待而被永久地从母亲身边带离。这些比例远高于收入相当、相同族群但未受侵害的母亲。

在本章的前面，我们注意到 HPA 系统调节青春期和许多其他生理反应。许多曾经受到性侵的女性的 HPA 调节紊乱，进而引起皮质醇反应改变。这种情况在青春期早期产生了高强度的应激反应，但是在成年期产生了异常低的应激反应。幸运的是，现在的性侵事件经常被报道，已经不那么常见了。在美国，“在 1992—2010 年，性侵大幅减少”（Finkelhor & Jones，2012，P.3）。而在全世界范围内，大约有 13% 的女性坦言曾在童年期遭受过性侵（Stoltenborgh et al.，2011）。当然，就算只有一例也是不可接受的。

性传播感染

与青少年怀孕和性侵害不同，青少年性行为的另一个主要问题并没有减少的迹象。**性传播感染**［STI；有时被称为性传播疾病（sexually transmitted disease，STD）或性病（venereal disease，VD）］是指通过性接触传播的任何感染。在世界范围内，性活跃的青少年最常见的性传播感染（淋病、生殖器疱疹和衣原体感染）的比例高于任何其他年龄段的性活跃人群。

在美国，所有新的性传播感染半数发生在 15—25 岁的人群中，即使这一年龄组中的性活跃者不到 1/4（Satterwhite et al.，2013）。原因之一是生物学的，青春期的女孩比完全成熟的女性更容易患性传播感染，这可能是因为成年女性有更多的性分泌物，虽然她们同样需要采取安全性行为。此外，如果症状出现，除非有止疼需要，否则青少年不太可能提醒他们的伴侣或寻求治疗。

有数百种性传播感染（参看附录 A）。其中，衣原体感染最为常见，开始时通常没有什么症状，然而能造成永久性不孕。更糟的是*人类乳头瘤病毒*（human papillomavirus，HPV）感染，它并没有即时的后果，但是以后将增加女性患宫颈癌和死亡的风险。在初次性交之前的免疫接种降低了 HPV 的发病率。但是许多父母仍然不愿意为他们还是处女的十一二岁的孩子接种疫苗，担心免疫接种可能会增加过早发生性行为的风险，即使这能够降低她们患上癌症的风险。

各国在法律和性传播感染的发病率上存在很大差别。美国青少年的发病率高于任何其他医疗条件先进的国家，但低于一些发展中国家。

在国际上，对 30 个国家的比较发现，法国青少年最可能使用安全套，而美国青少年最不可能使用（MMWR，2012.7.8；Nic Gabhainn et al.，2009；见表 14.1）。法国青少年之所以会更多地使用安全套，原因之一可能是法律规定任何一所法国中学（包括天主教学校）都必须提供免费的、值得信赖的医疗保健和安全套。相比之下，提供上述任何一项服务在许多美国学校都是违法的。

同样显而易见的是，一个普遍的经验（青春期的生物学变化）因文化而异。如前所述，青少年期始于生物学因素，终于文化因素。在下一章中，你将再次看到这一点，因为不同学校为青少年提供的教学内容和教学方式有很大的差异。

>> 答复担心青少年冒险的父母（问题见第 366 页） 你的担心是对的。但在接下来的 10 年，你不能将孩子关起来。既然你知道孩子可能会叛逆和不理智，就应该尝试减小它们的影响。不要吹嘘自己年轻时的冒险经历，严厉对待轻微的违规行为，防患于未然，并与孩子的老师结成联盟。

表 14.1　15 岁（十年级）男孩使用安全套的比例

国家	性活跃（在所有人中的比例 /%）	在最近一次性交中使用安全套（在性活跃者中的比例 /%）
法国	20	84
以色列	14	72
加拿大	23	78
美国	41	68
英国	29	83
俄罗斯	33	75

来源：MMWR，2010.7.4；Nic Gabhainn et al.，2009.

小　结

性别分化是青春期戏剧性转变的另一个例子。第一性征（直接与生殖相关）发育；第二性征（意味着男子气或女子气，但并不是怀孕必需的）同样如此。性兴趣随着身体成熟和激素水平的上升而增强。过早地为人父母、遭受性侵害和性传播感染都越来越具有危险性。前两种情况发生得越来越少，但是性传播感染在青少年中非常普遍，尤其是在美国。其中一些会导致终生不孕，另一些则可能导致个体在成年期死亡。一些国家制定了保护青少年免受此类危害的政策，但其他许多国家尚未做到。■

本章总结

青春期的开始

1. 青春期是指身体由儿童向成人转变的一系列变化。甚至在青春期开始之前，从下丘脑到垂体再到肾上腺（HPA 轴）的生物化学信号已经增加了睾酮、雌激素和其他各种激素的生成，使得躯体快速成长并能够生育。
2. 一些情感反应，如情绪的快速转变是由激素直接造成的。对于性的想法也是如此。其他人对青少年的反应以及青少年自己对躯体所经历的生理变化的反应也会触发情绪反应。这又反过来影响了激素变化。
3. 激素调节着生命所有的身体节律，依循日夜、季节和年份。在青少年期，这些节律变化常常导致睡眠不足。部分原因是自然的昼夜节律导致青少年在夜间完全清醒。
4. 青春期通常始于 8—14 岁的某个时间，最常见的是始于 10—13 岁。年轻人的性别、遗传背景、体脂率和压力水平都会导致青春期起始时间的变化。
5. 女孩通常比男孩更早开始和结束青春期，尽管两性性成熟的时间差要比两性达到身高最大值的时间差（2 年）短得多。
6. 发育早于或晚于朋友们的青少年体验到了额外的压力。一般而言（取决于文化、社区和同辈群体），早熟的女孩和晚熟的男孩会经历一段特别困难的时期。

发育与营养

7. 发育突增指的是身体各个部分发育的加速。峰值体重一般先于峰值身高到来，而后到来的是峰值肌肉发育。同样，肺和心脏的体积和容量也增加了。
8. 青春期所有的变化都取决于充足的营养，然而青少年并不总是选择健康的食物。营养不良的原因之一是对身体意象的焦虑使得他们想减肥（或者，不太常见的增肥）。这是一个涉及文化和生物因素的世界性问题。
9. 虽然诸如神经性厌食和贪食等严重进食障碍通常到成年初显期才被诊断出来，但它们的前兆在青春期已经很明显。许多青少年吃了太多的食物或整体上吃得太少，暴饮暴食和肥胖很普遍。

脑发育

10. 因为大脑发育有一定顺序，所以许多青少年会寻求强烈的情绪体验，不受理性思维的阻碍。基于同样的原因，青少年快速反应、探索和学习。因此，青少年勇敢地或愚蠢地冒险，具有潜在的利或弊。
11. 大脑的不同部分在青春期及接下来的 10 年里发育成熟。负责情绪唤醒的区域（包括杏仁核）比负责调节和合理化情绪表达的区域（前额叶皮层）更早成熟。

性成熟

12. 在青春期，男女之间的差异变得明显。第一性征的成熟通常在 13 岁左右。经历了月经初潮或遗精之后，青少年具备了生育能力。
13. 第二性征并不直接参与生育，但其标志着儿童正在变成一个男人或女人。体型、胸部、声音、体毛和许多其他特征将男性和女性区分开来。性活动更多地受到文化而非生理的影响。
14. 青少年面临的问题之一是，在身体和心理尚未做好充分准备之前，就倾向于变得性活跃。在 16 岁以前怀孕将会对一个发育中的女孩造成身体上的伤害。任何年龄的性传播感染都能导致不孕甚至死亡。
15. 性侵害，包括涉及未成年人和成人之间的任何性挑衅活动，比起其他年龄段，更可能发生在青春期早期。女孩比男孩更容易成为受害者；施暴者往往是家庭成员。

关键术语

长期趋势（secular trend，p.352）
垂体（pituitary，p.348）
雌二醇（estradiol，p.348）
第二性征（secondary sex characteristics，p.363）
第一性征（primary sex characteristics，p.363）
儿童性侵害（child sexual abuse，p.366）
发育突增（growth spurt，p.356）
睾酮（testosterone，p.348）
激素（hormone，p.348）
青春期（puberty，p.347）
身体意象（body image，p.358）
神经性贪食（bulimia nervosa，p.359）
神经性厌食症（anorexia nervosa，p.359）
肾上腺（adrenal glands，p.348）
生殖腺（gonads，p.348）
瘦素（leptin，p.352）
下丘脑—垂体—肾上腺轴 /HPA 轴（hypothalamus-pituitary-adrenal axis，HPA axis，p.348）
下丘脑—垂体—生殖腺轴 /HPG 轴（hypothalamus-pituitary-gonad axis，HPG axis，p.348，p.348）
性传播感染（sexually transmitted infection，STI，p.366）
遗精（spermarche，p.348）
月经初潮（menarche，p.348）
昼夜节律（circadian rhythm，p.349）

你学到了什么？

1. 青春期第一个看得见的标志是什么？
2. 青少年男孩或女孩身体的哪一部分是最晚发育成熟的？
3. 激素如何影响青春期的身体和心理方面？
4. 为什么青少年会体验到突如其来的、强烈的情绪？
5. 为什么夜晚型（夜猫子）是青春期的一个特殊问题？
6. 为什么一些高中会决定推迟上学时间？
7. 发育突增的性别差异是什么？
8. 青春期发生变化的时间有哪些族群和文化差异？
9. 如果每个人的青春期都推后几年，社会将受到怎样的影响？
10. 为什么早进入青春期对于女孩比对男孩更困难？
11. 为什么晚进入青春期对于男孩比对女孩更困难？
12. 青少年身体发育的模式是怎样的？
13. 发育突增的顺序会带来什么问题（体重 / 身高 / 肌肉）？
14. 为什么年少的青少年特别容易骨折？
15. 为什么大多数青少年对自己的外表不满意？
16. 为什么有人自愿挨饿或饿死自己？
17. 为什么有人会让自己呕吐？
18. 如果青少年摄入的铁或钙不足，将会出现什么问题？
19. 既然青少年比成人反应更快，视力也更好，但为什么和任何其他原因相比，他们更可能死于机动车驾驶事故？
20. 青少年期大脑成熟的时间可能会产生怎样的问题？
21. 青少年的脑功能在哪些方面优于成人？
22. 第一性征和第二性征的关键区别是什么？请分别举例说明。
23. 为什么现在的青少年的性问题比 50 年前更具有危险性？
24. 在性活跃的人群中，为什么青少年患性传播感染的人比成人多？
25. 在过去的 50 年里，青少年的性问题有哪些积极的变化？
26. 儿童遭受性侵害的长期危害是什么？

应　用

1. 参观一个五年级、六年级或七年级的班级。注意学生们体型和成熟度的变化。你能否看到任何与性别、族群、体脂肪或自信相关的发展模式？
2. 采访 2 ~ 4 名处于青少年期后期或 20 岁出头的朋友，问问他们对于月经初潮或遗精的记忆，包括他们对于其他人的反应的记忆。他们的评论是否表明这些事件会对年轻人造成情绪上的困扰？
3. 与 20 岁前就做了父母的人交谈。在他们怀孕、生育或者为人父母的头几年里是否有什么问题？这个人会建议青少年成为父母吗？如果他们的孩子早 3 年或者晚 3 年出生，将会有什么不同？
4. 寻找 2 ~ 3 名成人，他们在青少年时，曾行为冲动，对自己或他人做了可能造成很大的潜在伤害的事情。他们回忆起事情发生时有什么想法？他们现在的行为有何不同？他们的回答揭示了青少年的什么心理？

第十五章

青少年期：认知发展

你将学到什么？

1. 为什么大多数青少年会认为其他人都在关注他们？
2. 为什么青少年不运用他们新的认知能力进行逻辑思考？
3. 计算机和手机如何影响青少年的学习？
4. 哪些青少年（年龄和背景）在哪些学校（规模和类型）中更可能感到失落和被忽视？

- **逻辑与自我**
  - 自我中心主义
  - 形式运算思维
- **两种思维模式**
  - 直觉与分析
  - 双加工和大脑
- **数字原住民**
  - 信息技术和认知
  - 一种新型成瘾？
  - 网络危险
- **教与学**
  - 定义和事实
  - 初中
  - **个案研究：詹姆斯——高成就的辍学生**
  - 高中
  - **对立的观点：考试**

我曾在四所大学任教，指导过数以千计的大学生。我授课的大部分内容都是标准化的，这让我能够专注更新内容，加入新的案例，并且调整每堂课的安排。我能够为特定的主题和课程确定最好的策略（比如演讲、讨论、投票、分组、看视频剪辑、配对 / 分享、角色扮演、书面回答、小测试以及其他）。

没有两堂课是完全一样的。这不仅仅是因为每堂课内的群体动力不同于另一堂课，而且每个学生都是独一无二的。在理想状态下，我知道谁需要鼓励（“很好的问题！”），谁需要提示（“你是否同意……？”），谁应该在发言之前先思考一下（“你的证据是什么？”），谁的独特的个人背景是有教育意义的（“当你还是小孩子时就是这样吗？”）。决定谁应该在何时通过何种方式学习到什么是我教学时遇到的挑战，也是我的乐趣所在。

几年前，我给一些高年级高中生上了一门可以拿大学学分的课程。他们能够很快掌握了概念，学习勤奋，并按时完成了论文——在所有这些方面来说，教他们并不难。但在其他方面，他们的困难与我教的大学生不同。例如，有一天，我在解释弗洛伊德的发展阶段理论。

学生：“我不同意弗洛伊德的观点。”

我：“你不必同意，只要学习相关的术语和概念就行。”

学生：“我为什么要这样做？”

我：“你需要理解弗洛伊德，然后才能不同意。”

学生：“但我有我自己的观点，比起弗洛伊德的观点，我更喜欢自己的。”

我大吃一惊。我的大学生从未如此以自我为中心，声称他们自己的观点如此之好，以致无须去为弗洛伊德而费心。这并不是说大学生都同意弗洛伊德的观点——其中一些也提出了深刻的批评。但没有人拒绝学习弗洛伊德，尤其是事先决定他们更喜欢自己的观点。后来我想到，这些学生虽然聪明，但毕竟还是青少年。因此我调整了教学方式。

这一章描述青少年的认知，有时令人印象深刻地出色，有时出人意料地抽象，有时令人惊讶地以自我为中心。然后，描述了青少年是如何被教导的——在初中、在高中、在世界各地——以及这些教育是如何与青少年的认知发展相一致或相冲突的。

>> 逻辑与自我

大脑的成熟、学校教育年限的延长、道德的挑战、独立性的增强以及氛围紧张的谈话都发生在11—18岁。青少年发展的这些方面推进了令人印象深刻的认知发展，因为青少年从自我中心主义走向了抽象逻辑思维。

自我中心主义

在青春期，年轻人会专注于自己，部分原因是大脑的成熟提升了自我意识（Sebastian et al.，2008）。年少的青少年挣扎在和父母或朋友的冲突性情感中，并对自己的未来深思（但并不总是现实的）。青少年会（通过电话、发信息和私下交谈）反复思考自己做过的、正在做的以及可能要做的每件事的每一个细微之处。

David Elkind（1967）最先描述了**青少年的自我中心**：认真思考自己以及别人眼中的自己。自我中心主义在整个青少年期都是显而易见的，尤其是有问题的青少年，如犯罪、攻击行为、饮食障碍等问题，或是刚进入一个新的教育机构（初中、高中或大学）（Schwartz et al.，2008）。

在自我中心主义中，青少年认为自己比实际上更独特、更特别、更受赞美或者更被讨厌。例如，很少有青春期女孩被长着青春痘或带着牙套的男孩吸引。然而，埃德加太渴望被认为长大了，以致他并没有意识到这一点。据他姐姐说：

> “现在八年级，埃德加觉得校内所有的女生都在关注他。3个月前，他的脸上冒出了第一颗青春痘。我让他用我的洗面香皂洗一下，但他拒绝了，‘在我去学校显摆一番之前，我会留着它。’他打电话央求牙医，现在就给他套上牙箍，而不是再等上一年。对他来说，最好的礼物从人形公仔变成了一瓶古龙香水、一条项链、一顶和说唱歌手类似的棒球帽。”
>
> （Eva，私人交流）

自我中心主义导致青少年把其他人的行为解读为对自己的评判。陌生人皱眉和老师的批评都能让一个青少年得出“没有人喜欢我”的结论，进而推断出“我是不可爱的”甚至是“我不能离开家”。更积极的不经意的反应——来自销售员的微笑或弟弟的拥抱——都能使青少年认为“我很棒”或是“每个人都爱我”，诸如此类遭到歪曲的自我知觉。

和人生中任何其他时间点相比，10—14岁对外表敏锐的自我意识可能更普遍（Rankin et al.，2004）。大多数青少年不愿从同伴中脱颖而出，而是希望融入其中，遵从规则，尽管他们可能想炫耀成人的标准。

神话（寓言）

个人神话是一个人相信自己是独一无二的，注定拥有一个英雄的、神话的甚至是传奇般的人生的信念。一些12岁的青少年打算成为NBA明星、百万富翁或癌症终结者。另一些青少年则相信他们注定会早死、惨死。对他们而言，抽烟、吃垃圾食品或者其他能够导致中年患癌或心脏病的习惯是没有问题的。这种个人神话可能和**无敌寓言**——一种除非命运降临，否则死亡不会到来的思想——并存，因此超速驾驶、无保护（不安全）的性行为或是成瘾的药物将不会带来伤害。

在各个国家，大多数服兵役的志愿者——希望被送上战场的——都在20岁以下。年轻的新兵比起经验丰富的老兵往往更愿意冒险（Killgore et al.，2006）。另一个无敌寓言的例子来自在线聊天室：青少年不理会成人的警告，却将自己的个人信息透露给网友（McCarty et al.，2011）。

假想观众

自我中心主义在许多青少年的脑海中创造了一个**假想观众**。他们相信自己正站在舞台中央，所有眼睛都在盯着他们。他们想象着别人会对他们的外表和行为做出怎样的反应。

一位女性回忆道：

“我 14 岁读八年级的时候，在年终全校大会上获得了一个奖项。走上舞台，我脚步慌乱，在全体学生面前打了个趔趄。要知道，这不是摔个嘴啃泥、扭伤脚踝或者撞到校长——这是一个小失误，只有那些密切关注的观众才会注意到。当我冲下舞台时，我的心脏因尴尬和自我意识而怦怦跳。一连几周一直在猜测这一失误的后果，我哭泣，失眠。我的朋友们注意到了吗？他们不想和我在一起了吗？笨手笨脚的名声会伴随着我直到高中吗？”

（Somerville，2013，p.124）

这位女性后来成了青少年大脑研究方面的专家；她从个人经历中得知，“青少年对他人的评价保持着高度警觉，并且感觉自己时时刻刻处于假想观众的审视之下”（Somerville，2013，p.124）。

自我中心主义重评

有时候，青少年任何愚蠢的行为都被归咎于自我中心主义（Leather，2009）。然而，这是个过于简单的概括。首先，一些青少年根本不觉得自己是无敌的，相反他们夸大了对风险的认知（Mills et al.，2008）。神经病学的研究表明，在某些方面，青少年是无所畏惧的。然而，特别是在社会不赞同方面，青少年比其他年龄段的人更为焦虑（Pattwell et al.，2013）。

其次，“当个体进入一个新的环境或者急剧变化的新的生活状况时”，自我中心主义可能是保护性的（Schwartz et al.，2008，P447），因为对社会线索的敏感会加速适应。青少年的自我中心主义既有心理层面的益处，也有危险（Martin & Sokol，2011）。

形式运算思维

皮亚杰描述了**形式运算思维**的转变，因为青少年超越具体运算思维，并开始思考抽象问题，包括“与现实没有必然联系的假设”（Piaget，1972，p.148）。

区分形式运算思维和具体运算思维的一种方法是比较小学和中学的课程。这里有三个例子：

1. **数学**。年幼儿童一般用实数做乘法，例如，$4\times3\times8$；青少年可以用非实数做乘法，比如，$(2x)(3y)$，甚至是 $(25xy^2)(-3zy^3)$。
2. **社会学习**。小学生通过考虑日常生活来学习其他文化——比如，喝羊奶或者修建个冰屋。中学生能够思考“国民生产总值”和“生育率”对全球政治的影响。
3. **科学**。小学生给植物浇水；中学生在实验室中检测 H_2O。

每一个例子都表明，教师知道他们的学生能够理解什么。

皮亚杰的实验

皮亚杰和他的同事设计了一系列任务来评估形式运算思维（Inhelder & Piaget，1958）；“与具体运算阶段的儿童相比，形式运算阶段的青少年能够想象所有可能的决定性因素……（并且）系统地逐一改变每个因素，正确地观察结果、跟踪结果，并得出合理的结论”（P. H. Miller，2011，p.57）。

他们的一项实验（如图 15.1 所示）要通过在天平臂挂砝码的方式来平衡天平。为了完成这一任务，参与者必须意识到距离和砝码的重量之间存在相互作用。因此，靠近中心的重的砝码可以用另一边远离中心的轻的砝码来平衡。

3—5 岁的孩子还不懂得平衡。7 岁时，儿童可以通过在每个天平臂上放置同样重量的砝码来平衡天平，但他们没有意识到离中心的距离很重要。10 岁时，儿童通过试误而非逻辑试验位置和重量的关系。最后，大约在 13 岁或 14 岁，一些儿童通过假设两者相互作用的关系，制定了正确的公式（Piaget & Inhelder，1969）。

假设—演绎推理

形式运算思维的一个标志是思考可能性而非现实性的能力。“此时此地”只是众多可能性之一，此外还包括“当时当地”“很久很久以前”“还没有”和“从不”。就像皮亚杰所言：

“青少年……思维超越当前，并形成一切事物

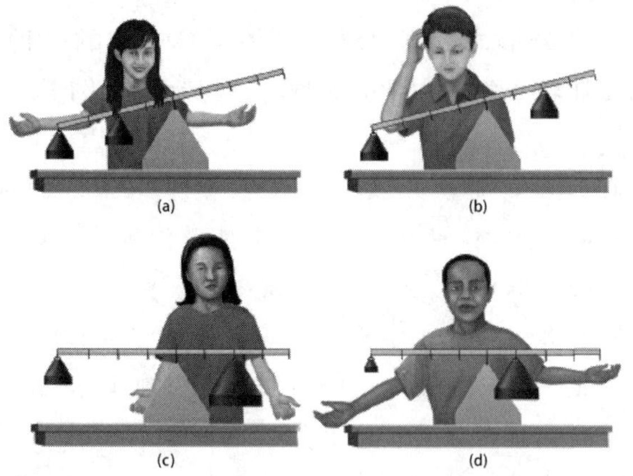

图 15.1

如何平衡量尺　皮亚杰用以检验形式运算的平衡量尺测验。图中分别为（a）4 岁、（b）7 岁、（c）10 岁和（d）14 岁个体所做的结果。平衡量尺的关键在于使得两端重量与距离中心的距离之积相等，意识到这一原则需要形式运算思维。

的理论，当考虑到某事并非其所知道的那样时，尤其会感到高兴……”

（Piaget，1972，p.148）

因此，青少年已经准备好进行**假设思维**，对“如果……那么”不反映现实的命题来进行推理。例如，思考以下问题（采自 De Neys & Van Gelder，2009）：

如果所有的哺乳动物都能走路，
鲸鱼是哺乳动物，
那么鲸鱼能走路吗？

儿童回答“不！”他们知道鲸鱼会游泳，但不会走路；逻辑对他们无效。一些青少年回答“能。”他们理解“如果”的概念，因此也理解反事实阶段的“如果所有哺乳动物”。

“可能性不再仅仅作为经验性情境或者实际行为的延伸。相反，相较于可能性，现实性反而变得次要。”

（Inhelder & Piaget，1958，p.251）

假设性思维可以改变观念，但未必变得更好。青少年会批判一切，从妈妈做的意大利通心粉（“嚼劲不够”）到公历（“不是中国的阴历或者犹太日历”）。他们批判现实，因为他们对现实可能的假设性思维，以及他们越来越意识到其他家庭和文化与他们自己的并不相同。当涉及即时的实际问题时，这会使做决策复杂化（Moshman，2011）。

在发展假设性思维能力的过程中，到 14 岁左右，青少年就能够进行**演绎推理**，又称为自上而下的推理，这一种推理方式始于一个抽象概念或者前提，然后运用逻辑得出具体的结论。在上面的例子中，“如果所有的哺乳动物都能走路”就是一个前提。相对而言，**归纳推理**，又称自下而上的推理，在学龄期占据主导地位，因为儿童会积累事实和经验（知识库）来帮助自己思考。因为他们知道鲸鱼不能行走，这一事实胜过逻辑。

在本质上，儿童的推理是这样的：“这种生物步履蹒跚，并嘎嘎地叫。鸭子蹒跚而行，并嘎嘎地叫。因此，这肯定是一只鸭子。”这种推理方式是归纳式的：它从特例出发（“蹒跚”和“嘎嘎叫”）得出一般性的结论（“一只鸭子”）。与之相反，演绎推理则从一般到具体：“如果那是只鸭子，那么它必定会蹒跚前行，并嘎嘎地叫”（见图 15.2）。

演绎推理能力进步的一个例子是，关于儿童、青少年和成人对种族歧视起因的解读的变化。甚至在青少年期以前，几乎每个人就都意识到了种族歧视的存在，并且几乎每个人都反对它。然而，儿童倾向于认为核心问题是一些人抱有偏见。使用归纳推理，他们认为补救办法是当他们听到其他人表达种族歧视观点时表示反对。相比之下，使用演绎推理，年龄稍大的青少年则认为，种族歧视是全社会的问题，需要政策性解决方案。

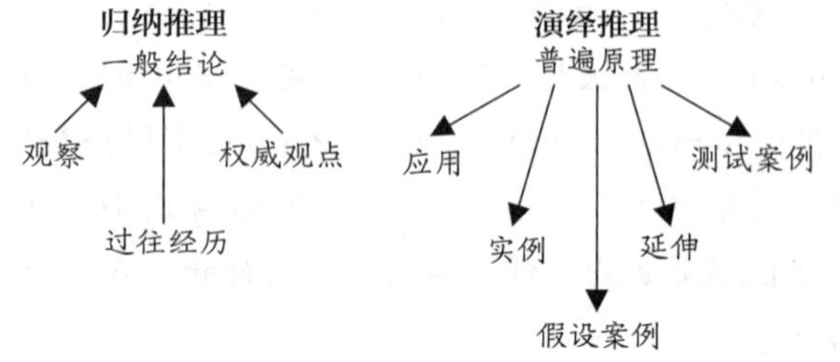

图 15.2

自上而下还是自下而上？　儿童作为采用具体运算思维的思想者，更可能基于自己的经历或者自己学习到的知识得出结论。这叫作归纳，或者自下而上的推理。青少年的思维更偏向演绎推理，也就是自上而下的推理。

这个例子源于一项针对青少年是否同意纠正种族歧视的政策的研究（Hughes & Bigler，2011）。不出所料，在一所跨族群的美国高中里，所有年龄段的大多数学生都意识到了非裔美国人和欧裔美国人之间的差异，并且相信种族主义是一个主要原因。

然而，学生的年龄产生了差异。在意识到显著不平等的人中，年长些的青少年（16—17岁）往往比年少些的青少年（14—15岁）更支持系统性的解决方案（例如，平权行动和废除种族隔离）。Hughes 和 Bigler 写道："在青少年期，认知发展有助于理解歧视存在于社会系统层面……（并且）在青少年中期，种族意识开始表达对种族意识政策的看法。"（2011，p.489）

给自然科学家的问题 一些曾经被普遍接受的观点，例如"太阳围绕地球运转"的信念已经被否定了。那么，导致这种错误结论的到底是归纳推理还是演绎推理的失败呢？（答复见本页）

逻辑谬误

许多认知科学家研究了各个年龄段的人有时不合逻辑地进行思考的现象。这样的错误在整个青少年期是显而易见的（Albert & Steinberg，2011），但是有一个与年龄相关的差异：年少些的青少年比年长些的青少年对那些不符合逻辑的想法更有信心（De Neys，2013）。

一个例子是**沉没成本谬误**：持这种信念的人如果已经花费了不可挽回的金钱、时间或者努力（已沉没成本），势必继续追求他们的目标，否则之前所有的努力都将付诸东流（Cunha & Caldieraro，2009）。正是这一谬误使得人们花钱去修理一辆破旧的二手车，继续留在受挫的班级里，待在一段受虐的关系里，等等。

另一个常见的谬误是**基率忽视**（Kahneman，2011）。在这种谬误中，人们会忽略一种现象的基础比率信息。例如，如果一个陌生人在地铁上读《纽约时报》（*New York Times*），哪个更有可能？

她没有本科学位。
她有博士学位。
（Kahneman，2011，p.151）

答案是没有本科学位。地铁内的乘客没有学位的远远多于有博士学位的（可能是50∶1）。但人们倾向于忽视基础比率，反而得出结论，博士学位获得者比没有本科学位的更有可能阅读《纽约时报》。这就是基率忽视。

自我中心主义使得基率忽视的可能性更大，也更个人化。例如，一个十几岁的孩子可能不会戴自行车头盔，尽管有统计数据表明这很不安全，但他仍觉得自己是无敌的，直到一位朋友在一次自行车事故中遭受了脑损伤。"当青少年承担不合理的风险时，往往是因为其分析系统的弱点——它没有为冲动或欠考虑的决定提供充分的审核"（Sunstein，2008，p.145）。

不只是青少年，成人有时也会像具体运算阶段甚至是前运算阶段的儿童般进行推理。逻辑谬误出现在任何年龄，并且"尚没有当代研究证据的学术评论家赞同在青少年期出现了一种类似形式运算的离散的新的认知结构"（Kuhn & Franklin，2006，p.954）。尽管如此，在青春期之后，认知上有所变化：皮亚杰是正确的，他的结论是，大多数年长青少年的思维方式与大多数儿童不同。

小 结

思维在青春期达到了更高的自我意识。一些青少年以自我为中心，对自己在社会中的位置抱有不切实际的想法，"个人神话"和"假想观众"就证明了这一点。他们经常想象自己是无敌的、独一无二的，是关注的焦点。青少年的自我中心主义是对自己过分的关注，这是青少年的典型特征。

皮亚杰智力的第四阶段——也是最后一个阶段——被称作"形式运算思维"阶段，始于青春期。他发现，青少年的演绎逻辑和假设推理有所改善；其他学者注意到，逻辑谬误在各个年龄都存在，青少年思维的可变性比皮亚杰描述的大得多。

>> 答复自然科学家（问题见本页） 或许两者皆有可能。我们的错误假设没有在逻辑上得到检验，因为我们没有意识到它们可能需要检验。

>> 两种思维模式

在青少年期，高级逻辑被直觉思维能力的增强所平衡。认知**双加工模型**就此产生（Dustin & Steinberg，2011）（参见"可视化发展"专栏）。

直觉与分析

推理至少有两种模式，在这里我们称之为直觉式推理和分析式推理。尽管这两种模式互相作用并可以重叠，但它们是彼此独立的（Kuhn，2013）。虽然大多数认知心理学家都认识到存在两种思维模式，但他们所使用的术语各不相同，可作为一些具体的例子。术语包括：直觉的 / 分析的、内隐的 / 外显的、创造性的 / 事实的、系统一 / 系统二、情境化的 / 去情境化的、无意识的 / 意识的、定性的 / 定量的、情绪的 / 智力的、经验的 / 理性的以及热的 / 冷的。

在日常生活中，每对组合的前半部分所描述的思维方式都相对简单，也更受偏爱。然而，有时当需要更深层次的思考时，就需要采用第二种思维模式。边缘系统和前额叶皮层的成熟所带来的差异反映了这种二元性。【**生命全程链接**：第十四章讨论了大脑各部分成熟的时间差异。】

非理性的青少年

特别是在描述青少年的认知发展时，经常用来描述两种思维模式的术语是直觉式 / 分析式思维：

- **直觉式思维**始于一个信念、假设或者一般规则（称为启发式），而不是逻辑。直觉是快速且强大的，即感觉它是“正确的”。
- **分析式思维**是皮亚杰所描述的一种正式的、逻辑的、假设—演绎思维。它涉及对许多因素的理性分析，这些因素之间的互相作用必须被计算，如天平平衡问题。

青少年是快速的思考者，他们的反应时比人生中其他任何时间都短。这使得他们成了“快速且有激情”的直觉思考者，不像他们的老师和父母，偏爱更慢的、更多分析的思维。当然，当两种思维模式相冲突的时候，任何年龄段的人都会在不同的时间选择其一：我们有时都是“可预见的非理性”（Ariely，2009）。尽管老年人可能偏爱更深思熟虑地应答，但可能对决策思虑过度，如此纠结各种可能性以至不采取行动。青少年对于成人的逻辑缺乏耐心，但他们也会过度思考。然而，他们往往会在另一个方向上犯错，采取快速的、不合逻辑的行动。

经验和角色榜样会影响人的选择，不仅在采取什么行动上，而且在决定做某事选择什么的智力过程上。对话、观察和辩论都会推动思维向前发展，从而得出考虑到更多事实的结论（Kuhn，2013）。

Paul Klaczynski 进行了数十项研究，比较了儿童、年少青少年和年长青少年（一般是 9 岁、12 岁和 15 岁）的思维（Holland & Klaczynski，2009；Klaczynski，2001，2011；Klaczynski et al.，2009）。在一个研究中，他向儿童和青少年提出了 19 个逻辑问题。例如：

蒂莫西长得很英俊，身体强壮，并且不抽烟。他喜欢和他的男性朋友一起出去玩，观看电视上的体育节目，开着他的福特野马敞篷车出去兜风。他非常在意他的外表和身材。他现在是高二学生，并且正在努力争取大学奖学金。

基于这段描述，判断在下列各项陈述中，哪些更有可能为真……为每个陈述排序，最有可能为真的陈述为 1，最不可能为真的陈述为 6。

______蒂莫西有女朋友。

______蒂莫西是运动员。

______蒂莫西是受欢迎的运动员。

______蒂莫西是老师的宠儿并且有女朋友。

______蒂莫西是老师的宠儿。

______蒂莫西受欢迎。

在对以上陈述进行排序时，大多数青少年（73%）至少犯了一次分析性错误，把双重陈述（例如，受欢迎和运动员）排在包括相同内容的单项陈述之前（受欢迎或运动员）。他们凭直觉跳入更具包含性的陈述而非坚持逻辑。Klaczynski 发现，几乎每一个青少年都能在 19 个问题中的一些问题上具有逻辑性和分析性，并得到高分；但对其他问题，则只能得到低分。逻辑思维随年龄和受教育程度的提升而有所改善，但并未随着智力而发生变化。

换言之，通过智力测验来衡量是否更为聪明并没有像在学校和生活中拥有丰富经历那样更提升逻辑性。Klaczynski（2001）的结论是，尽管青少年能够运用逻辑，“但大多数青少年并没有展现出与其能力相匹配的逻辑水平”（p.854）。

可视化发展

青少年期的思维

我们能够进行直觉式和分析式思考。但是比起成人，青少年往往更加依赖直觉思维。随着年龄的增长，我们越来越偏重分析式加工。

归纳推理与演绎推理

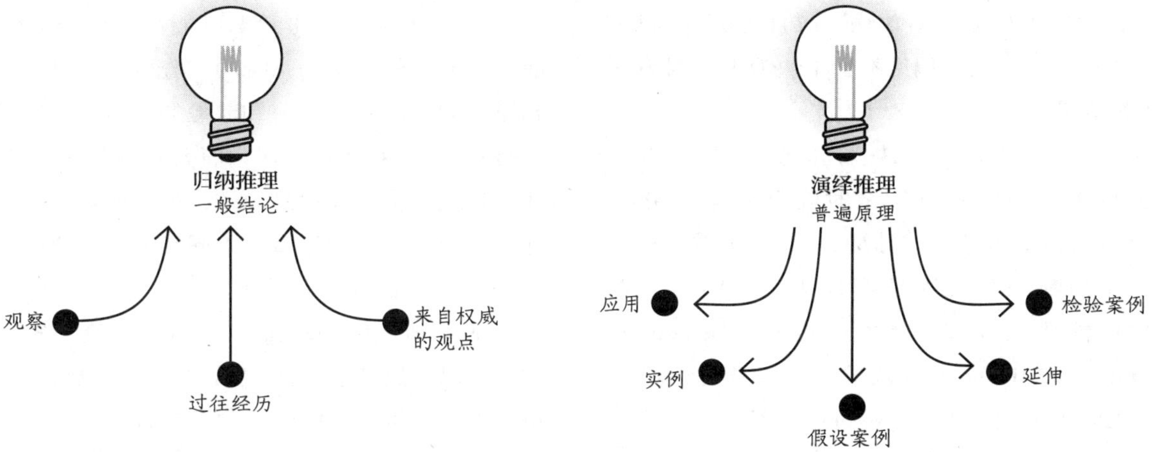

随年龄变化

随着人们年龄的增长，他们的思维倾向于由直觉加工逐渐转变为分析加工。几乎所有的认知心理学家都注意到了这两类不同的加工过程，并描述了一种发展趋势：冷静的逻辑随着成熟而不断发展。然而，所采用的术语和对两者间边界的界定有所不同，它们大概类似于 Kahneman（2011，pp.20-21）的系统一（“自动的快速操作”）和系统二（“有意识的理性自我”）；或者类似于归纳推理和演绎推理的传统区分；或者类似于皮亚杰的具体运算思维和形式运算思维。尽管专家们的描述各不相同，个体使用这两种思维模式的时间和方式也有所不同，但总体而言，青少年往往更偏爱直觉式思维而非分析式思维。

偏爱情绪

到底是什么因素促使青少年使用或者不使用形式运算思维呢？Klaczynski 的被试在学校都已经学习了科学的方法，并且知道科学家们会运用经验性证据和演绎推理。但是他们并不总是会像科学家一样思考。这是为什么？

大量的实验和广泛的理论研究已经找到了一些答案（Albert & Steinberg，2011）。从本质上说，逻辑比直觉更难，它需要质疑一些令人舒适的、熟悉的观点。任何年龄的个体，一旦得出了情绪化的结论（有时候被称为“第六感”或直觉），他们便拒绝改变自己的想法。偏见不会很快消失，因为它并不被视为偏见。

由于人们获得了做决策和考虑事情的经验，他们能更好地知道什么时间需要运用分析（Milkman et al.，2009）。例如，与年轻的学生相比，在判断一个规则是否合法时，年长的青少年更可能质疑权威，也更可能考虑减罪情节（Klaczynski，2011）。对权威的质疑以及对情境的认识都表明了推理的进步，不过这两者也会使简单的问题复杂化，如有时会激怒他们的父母。

当自我中心主义占据主导时，理性判断尤为困难。一位心理学家在亲身经历中发现了这一点。某天，他十几岁的儿子打电话说自己被警察从一个“失控”的派对上抓起来了，男孩听到

> “他沮丧的父亲哀叹道：‘酗酒和惹麻烦——你还没搞清楚这之间的联系吗？’尽管当时时间很晚，自己也还处于摇摇晃晃的状态，少年仍与父亲久久地争论，大意是这样的因果关系是不成立的，惹麻烦也可以归咎于其他因素，比如运气差。”
>
> （Kuhn & Franklin，2006，p.966）

更好的思维

有时候，成人会断定，更成熟的思维过程更明智，因为它们可以让人更谨慎（如父亲所说的“酗酒和惹麻烦”之间的联系）。当自我中心主义导致一个冲动的青少年冒着未来成瘾的风险去尝试毒品，或者冒着怀孕和患上艾滋病的风险而不使用安全套时，成人就显得尤其重要。

如果成人认为青少年与他们有共同的价值观，那么做出这样的判断本身可能也是自我中心的。父母想要健康的、活的更长久的孩子，所以他们认为青少年用生命来冒险时使用了错误的推理。然而，青少年更看重社交温情和友谊，他们的激素和脑发育状况让他们更看重这些，而不考虑长远后果（Crone & Dahl，2012）。

例如，如果有人给一个 15 岁的青少年递烟，他很可能理性选择被社会接受，也许浪漫超越遥远的癌症风险。试想一下，一个想要变“酷”或者变“坏”的青少年和一个说“我妈妈不会同意”的青少年。

权衡其他选择和考虑可能性可以令人停滞不前。皮亚杰所描述的系统的、分析式的思维是缓慢和昂贵的，而不是快速和节俭的。当一个年轻人想要行动时，这种思维方式简直是在浪费宝贵的时间。有些冒险是冲动愚蠢的，另一些则是预先计划好的，会导致青少年做出不同于父母所希望的选择（Maslowsky et al.，2001）。

随着知识库的增加和大脑的成熟，随着冲动的减少以及过往经验的积累，这两种思维模式都变得更加有力了。伴随着成熟、教育以及与持不同意见者的对话，青少年既不会因过度分析而踟蹰不前，也不会凭直觉思维而骤然陷入危险之中。逻辑性从青少年期到成年期在逐步增加（到老年期才有所减少）（De Neys & Van Gelder，2009；Kuhn，2013）。

双加工和大脑

第十四章中所描述的大脑成熟过程似乎与刚刚所说的双加工有直接的联系（Steinberg，2010）。因为边缘系统由青春期的到来而被激活，但随着时间推移，前额叶皮层逐渐成熟，所以很容易理解为什么青少年更易被他们的直觉左右而非依从分析式思维。

由于青少年的大脑对社会排斥（通常指不愉快的情感）的反应迅速而深刻，所以青少年更愿意追随那些能够带来社会赞许的冲动，这不足为奇。考虑一下实验的结果，在这个实验中，青少年和成人要么单独要么与同伴一起玩一款电子游戏。在游戏中冒险可能导致“撞车”或获取积分。与成人相比，青少年更有可能选择冒险并最终“撞车”，尤其是有同龄人在场时（Albert et al.，2013）（参见图 15.3）。

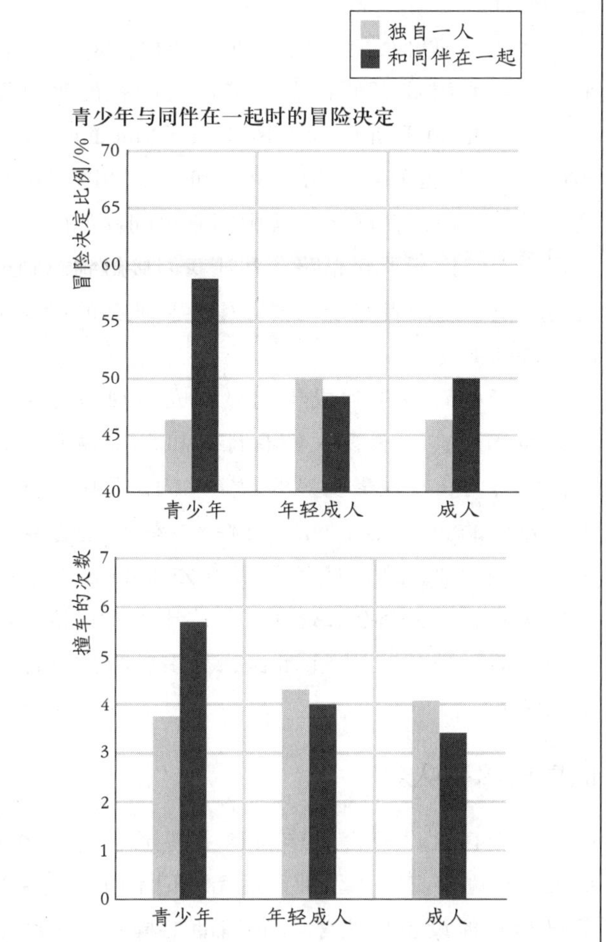

来源：Albert et al.，2013.

图 15.3

输就是赢 在这个游戏中，冒险会导致更多的死亡、更少的积分。正如你所看到的，青少年受到在场同伴的强烈影响，他们失去了独自一人完成任务时可以获得的大多数积分。事实上，有时候在撞车时，他们还会大笑而非惋惜自己的损失。注意，青少年与成年初显期被试的对比：后者更愿意在独自一人时冒险。

这就解释了为什么和成年期相比，青少年期发生机动车事故时的死亡率更高，因为青少年司机会通过超速、超车或者试图在铁轨的岔路口和火车抢道等方式来寻求乘车人的赞赏。在致命的机动车事故中，司机在 20 岁以下的概率是 25 岁以上的 10 倍（Winston et al.，2008）。不要仅仅将此归咎于经验不足，也应归咎于获得赞许的需要。美国的一些州甚至出台了相关法律，禁止青少年驾车搭载其他青少年，以减少死亡。

在冒险视频游戏的实验中，大脑活动显示，青少年与成人（尤其是在大脑中被称为“腹侧纹状体”的部位）之间有显著的差异：当同伴在场时，成人的大脑给出了更多的警告信号（抑制），青少年的大脑却恰恰相反。

因为包含脑部扫描的实验很昂贵，所以参与实验的人并不多，然而其他研究方法证实了这些结果。一项纵向研究对 7000 多名青少年进行了反复的询问，从 12 岁开始，到 24 岁时结束，这一结果“与神经生物学研究结果相一致”，表明“参与冲动控制和计划的皮层区域直到成年初期仍在发育成熟；对情绪化的新鲜事物和奖励进行反应的皮层下区域在青少年中期比儿童或成人更敏感”（Harden & Tucker-Drop，2011，p.143）。

具体而言，这一纵向研究追踪了从青少年早期到 25 岁左右的感觉寻求（sensation-seeking）（例如，“我享受新奇的、令人兴奋的经历”）。从 12—14 岁增幅显著（参见图 15.4）。感觉寻求导致直觉思维，直接从肠道到大脑。研究者同样研究了冲动性，正如下面所说，“我之所以经常遇到麻烦，是因为我做事不假思考”。随着分析思维的提升，冲动行为就会减少。

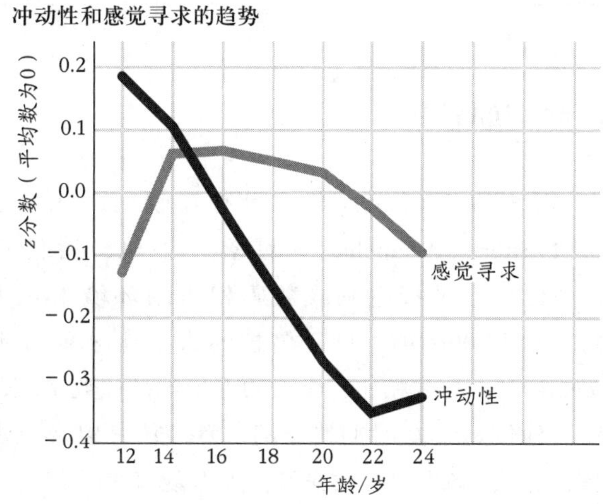

来源：Harden & Tucker-Drop，2011.

图 15.4

三思而后行 正如你能看到的，随着青少年逐渐成熟，冲动性降低，但他们仍旧享受新鲜感所带来的兴奋。

青春期感觉寻求的爆发性增长和整个青少年期冲动性的缓慢下降是这项研究的（青春期发展的）总体趋势。但是，个体的发展轨迹各不相同：感觉寻求的减少与冲动性下降无关。因此，生物因素（HPA 轴）与经验因素（影响前额叶皮层做出决定）并不一定相联系（Harden & Tucker-Drop，

2011）。

例如，两个青少年激素的突增可能产生相同的强烈的性冲动，但是其中一个青少年可能有过一些经验（直接或通过榜样），有人教他抑制这种冲动，另一个则相反。对于前者而言，冲动性会急剧下降，说“不”的概率上升；对于后者而言却并非如此，他可能会像之前在视频里看到的、从朋友那里听到的或之前所经历的，寻求性愉悦。因此，两者可能都经历了相同的感觉寻求的冲动，但应对冲动的方式各不相同。

小　结

目前的研究认为至少有两种认知模式，这里称之为直觉式思维和分析式思维。与形式运算思维不同，直觉式思维是经验性的、快速且冲动的。两种思维模式在青少年期都得以发展，尽管有时候由于情绪凌驾于逻辑之上，直觉式思维会将分析式思维排除在外，尤其是同伴在场时。但两种思维模式在某些情境下都是合适的。由于前额叶皮层的成熟，逻辑能力和反思性思维随着神经的成熟而得到提升。■

>> 数字原住民

40 岁以上的成人是在没有互联网、即时通信、Twitter[①]、Snapchat[②]、博客、手机、智能手机、MP3[③]、平板电脑或数码相机的环境下长大的。直到 2006 年，只有名校的大学生才能注册 Facebook[④]。与之相比，今天的青少年是“数字原住民”。他们从儿童时期就上网、发短信，以及点击搜索定义、路线图、数据了。大多数青少年都有日夜随身携带的移动设备。

10 年前，有无计算机之间的差异就已为人哀叹，它把男孩和女孩、富有和贫穷分隔开来（Dijk，2005；Norris，2001）。然而，在各国内部，这种数字鸿沟正在缩小，尽管数字差异仍旧存在。低收入家庭在家拥有高速互联网的可能性还是较少，来自低社会经济地位街区的青少年使用互联网的可能性较低。

然而，廉价智能手机的到来缩小了这一鸿沟。来自少数族群或者低社会经济地位的智能手机拥有者经常依赖手机作为上网工具（Madden et al.，2013）。在发达国家，几乎每一间学校和图书馆都接入了互联网，在许多发展中国家也同样如此。这无疑为人们打开了新思路，并让我们接触到志同道合的朋友，这两者对于在群体中感到孤独的青少年而言特别重要。

今天的青少年和成年初显期成人视信息技术为理所当然：大多数人都有计算机，一些人则有自己的公司。现在最明显的数字鸿沟是年龄：2011 年，95% 的青少年上网，而在 65 岁以上的成人中，只有 41% 的人使用网络（Zickuhr & Smith，2012.4.13）。【**生命全程链接**：第二十五章讨论了成年晚期对科技的应用。】难怪，大多数科技批评者是老年人。

信息技术和认知

总而言之，教育工作者接受甚至欢迎数字原住民。在许多高中，教师们运用笔记本电脑、智能手机和其他设备作为学习的辅助工具。在一些地区，学生们要至少上一门全程在线学习的课程。现在也有许多虚拟学校，学生们不用走进学校，在线就能获取学分。

回想一下，在信息技术爆炸之前所做的研究发现，教育、沟通和经验促进了青少年思维的发展，而通过信息技术建立的社会网络可能加速了这一进程，因为青少年每天都与许多“朋友”（也许甚至是成百上千的人）通过电子邮件、短信和电话交流。

大多数中学生会利用信息技术检索事实、阅读说明和解释、观看视频，因此他们掌握了一些在信息技术缺乏的条件下无法理解的概念。对于一些青少年而言，互联网是他们了解有关健康和性的知识的唯一来源。学生利用互联网做研究，能以更快的速度获得更广泛的资源（和翻阅图书馆书架上的书相比）。

教师也同样如此。他们不仅可以利用互联网做研究和作业，也能够判断一个学生的论文是否涉嫌抄袭。教育工作者认为，利用科技最困难的是教学生如何评估信息源，因为其中一些是有信誉

① 美国社交网络及微博客服服务网站。——译者注

② 美国的一款“阅后即焚”照片分享应用软件。——译者注

③ 播放音乐文件的播放器。——译者注

④ 美国著名的社交网络服务网站。——译者注

相同情景，远隔万里：共度孤独　成人有时候担心信息技术孤立了使用者，但情况并非如此。在全世界，短信更有可能将人们联系在一起。

的，而另外一些是荒谬的。为此，教师们还解释了.com、.org、.edu和.gov的含义。

一种新型成瘾？

父母们担心通过互联网实施的性侵害行为，这里有可靠的研究：尽管性侵者潜伏在网上，但正如成人会避开令人讨厌的广告和色情文学一样，大多数青少年也会避开它们。性侵害是一个严重的问题，但是社交网络并没有增加这种风险（Wolak et al., 2008）。

然而，信息技术的确带来了一些危险。它鼓励注意力的快速转移，无须反思的多重任务处理，视觉学习代替不可见的分析过程（Greenfield, 2009）。带有暴力内容的视频游戏促使攻击性增加（Gentile, 2011）。对于一些青少年而言，聊天室、视频游戏和互联网赌博会致其成瘾，夺走他们在现实中玩乐、做功课和培育友谊的时间。

上述内容不仅仅是猜测，一项研究以近2000名年龄较大的美国儿童和青少年作为调查对象，发现他们平均每天玩电子游戏的时间为2小时。一些人玩得更久，并且只有3%的男孩和21%的女孩从不玩（Gentile, 2011）（参见图15.5）。另外一项调查发现，几乎1/3的高中生每天使用信息技术的时间超过3小时（这不包括在校内使用计算机的时间），男生和非白人群体使用得更多（MMWR, June 10, 2012）。这个比例从1990年以来稳步增长。

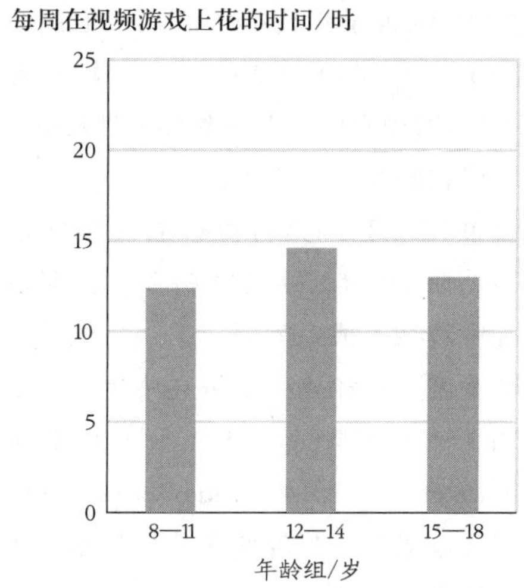

来源：Gentile, 2009.

图 15.5

比吃饭时间还多　平均来说，男性青少年花在玩视频游戏上的时间多于阅读、进食、做功课、与朋友聊天以及运动的时间，或者说多于花在除坐在教室里或睡觉以外的任何事情上的时间。事实上，一些青少年会逃课或迟迟不睡来玩游戏。

许多青少年在第一项调查中承认，玩视频游戏挤占他们做家务和做功课的时间，更糟糕的是，1/4的青少年选择通过电子游戏来逃避问题，1/5的人因为花太多时间在电子游戏上，而“在学校作业或考试中表现糟糕”。玩得最为频繁的个体与平均水平的个体相比，在学校中的成绩较低，并且有更多的打架行为：遗憾的是，这项研究得到的数据可能低估了这一问题的严重性，因为青少年是自我报告的。

一个研究采用精神病学家为其他成瘾（例如，赌博、药物等）制定的标准，发现12%的男孩和3%的女孩玩视频游戏上瘾。请记住，相关并非因果，所以有可能是低学业成就导致了游戏时间的增多，而不是相反。不过，另一项研究以那些父母愿意为其购买电子游戏系统的小男孩为被试，然后随机将他们分成两组，其中一半男孩得到了游戏系统，另一半则要等4个月。结果发现，与后者相比，4 个月后，前者的阅读和写作成绩比后者低（Weis & Cerankosky，2010）。

大多数的“屏幕时光”都是在家度过的，经常是在孩子的卧室中。几乎一半的父母没有对青少年应该使用什么样的信息技术、在何时使用以及久坐的时间加以限制。一些人建议，应禁止信息技术进入学校和卧室。但是，正如一位批评者所说，“我们并不会因为学生传纸条而禁止他们使用纸和铅笔”（Shuler，2009，P.35）。一些老师会在课堂上没收手机和计算机，另一些老师则无视它们，其他老师却将它们纳入课程中。

大量使用互联网是否符合成瘾条件是有争议的。编写新版 DSM-5 的精神病学家在深思熟虑之后并没有将其纳入成瘾障碍。另一方面，许多国家的研究者发现，有相当一部分高中生（例如，在土耳其，占 15%；在印度，占 12%）使用计算机成瘾（Sasmaz et al.，2014；Yadav et al.，2013）。无论是否有心理障碍，过度使用信息技术对于一些青少年而言都是个问题。

网络危险

当一个人通过电子设备（通常是电子邮件、文本信息或手机视频）传播的信息受到欺凌时，就是受到**网络欺凌**（Tokunaga，2010）。卷入网络欺凌的青少年往往是恃强凌弱者，或受害者，或两者兼是。欺凌受害者最有可能卷入其中，并承受网络欺凌所带来的痛苦。【**生命全程链接**：对欺凌问题的讨论见第十三章】尽管信息技术不会制造欺凌者，但是它为欺凌者提供了另一种行动手段和更宽广的渠道。

糟糕的青少年期

短信和电子邮件中的流言和侮辱能“像病毒一样传播”，夜以继日地传播达数千人，假想中的观众会放大羞耻感（Englander et al.，2009）。除了文字，图片也很容易传送：一些青少年会拍摄他人醉酒、裸体或者哭泣的照片，并把照片发送给另外几十人，接收者可能又发送给其他人。因为青少年往往行动迅速，但判断力弱，所以网络欺凌在 11—14 岁时尤其盛行。

尽管所有形式的欺凌起因都是相似的，但每一种欺凌都有独特的苦恼：当假想观众强大时，网络欺凌可能是最为糟糕的。同一性正在形成，冲动性思维先于分析，因此青少年受害者更可能患抑郁症，并有可能自杀（Bonannor & Hymel，2013）。

学校氛围会影响所有形式的欺凌。如果学生认为他们的学校是个好地方，比如有支持他的老师、友好的同学、成长的机会（俱乐部、运动、剧场、音乐）等，那些拥有高自尊的个体不仅不太可能参与网络欺凌，更可能不赞同，这减少了欺凌行为的发生。然而，如果学校氛围是消极的，那么那些拥有高自尊的个体就经常成为欺凌者（Gendron et al.，2011）。一些学生认为，网络欺凌是不可阻挡的。虽然如此，青少年自己会采用有效的策略，包括在没有阅读之前直接删除信息（Parris et al.，2011）。

一个复杂的问题是，大多数青少年相信信息技术，许多成人则忽视它。父母和教师经常并不知道网络欺凌的发生，并且很少有法律和政策能成功阻止网络欺凌。一些学校管理者坚持认为，既然网络欺凌并非来自学校的计算机，他们也就无力阻止。然而，网络欺凌经常发生在同班同学间，并且会毒害学校氛围，因此教育者必须关注它。青少年容易受到伤害，他们需要的保护比成人所能意识到的多。

色情短信

可悲的是，青少年的脆弱性在加利福尼亚州 15 岁的奥德丽·波特（Audrie Pott）的自杀事件中是显而易见的（Sulik，2013）。一次在外过夜，奥德丽和她的朋友找来了酒，她醉得不省人事，醒来时意识到自己被强奸了。第二天，学校里有三个男生向人炫耀和她发生过关系，并且向同学们展示了照片。之后的第二个周末，奥德丽上吊自杀了。直到那时，她的父母才知道发生了什么事。

在这场悲剧中，有个东西对于青少年而言并不陌生，即色情短信，指用短信发送色情图片的行为。一个 10—17 岁的全国样本表明，有近 3% 的青少年报告他们衣着很少或裸露的照片曾经通过电子设备被发送，不管自愿与否；而有 7% 的青少年曾收到过这样的图片（Mitchel et al.，2012）。这可能是过时的估计。

其他研究报告，尽管存在学校、性别和族群上的显著差异，但仍有 30% 的青少年报告接收过性图片（Temple et al.，2014）。成人很少意识到这种活动从技术上被称为儿童色情作品。

各项研究都发现，色情短信有两个危害：（1）图片往往是在裸体的主角不知情的情况下散播出去的；（2）如果反应不是他们所希望的，发送人会有严重抑郁的风险（Temple et al.，2014）。记住，身体意象的形成在青少年早期至关重要，许多青少年已经扭曲了自我概念，难怪色情短信带来了麻烦。

互联网交流的另一个破坏性方面是允许青少年与其他人建立联系，分享他们的偏见或自我毁灭的执念，例如厌食或自残等，他们所联系的人确认并告知他们扭曲的认知。这表明，父母和教师需要继续与青少年保持紧密的关系。请注意在奥德丽通宵酗酒、遭强奸、遭网络欺凌并最终自杀的整个过程中，父母是缺位的。（亲子关系是下一章要讨论的中心主题。）

所有形式的信息技术所带来的危险不在于设备本身，而在于用户的认知。就像青少年的许多方面（青春期、脑发育、自我中心思维、避孕等）一样，环境、成人、同伴以及青少年自身的个性和气质的“塑造、调节和（或）修正”了信息技术的影响（Oakes，2009，p.1142）。

青少年是直觉的、冲动的、自我中心的，他们经常难以分析自己传播的任何东西的影响，或者限制他们所阅读的信息的影响力。相比之下，成人应该更清楚，但我们所有人在某些时候都会不合逻辑和情绪化，毕竟，明智地使用信息技术需要时间和经验的累积。

小　结

信息技术对于青少年认知的培养有许多积极方面：计算机可以作为学习工具，在线交流能促进社交延伸并减少孤独，尤其对于那些被边缘化的个体而言。朋友们经常通过发信息和邮件来交流，社交网站拓宽了社交圈子。然而，信息技术也会有黑暗面，特别明显的是网络欺凌、色情短信和对电子游戏上瘾。这些信息技术的消极面会干扰教育和友谊，而不是增强。

>> 教与学

我们对青少年思维的认识对学校意味着什么？教育者、发展学家、政治领袖和父母们不知道究竟哪些课程和学校结构对 11—18 岁的青少年是最好的。这里有许多选项：是学术性知识还是职业技能、单一性别学校还是男女同校、强调竞争性还是强调合作性、大型还是小型、公立还是私立，等等。

复杂的问题是：青少年远不是“一个同质群体”。所以，“一些学生在学校茁壮成长，享受并受益于他们在那里的大多数经历；另一些学生则得过且过，并尽自己最大努力来应对当下的压力和需求；还有一些学生觉得学校是一个令人疏远的和不愉快的地方”（Eccles & Roeser，2011，p.225）。

考虑到所有这些变异，似乎没有一个学校结构和教育风格对所有人都是最好的。不同的科学家、不同的国家、学校和教师尝试了许多策略，其中有一些是基于相反的（认为学生群体并不是异质的）但符合逻辑的假设。为了分析这些策略，我们呈现了一些定义、事实、问题和可行性分析，以供讨论。

定义和事实

每年的学校教育都能提升人的潜能，这是任何一个国家的领导人和学者们都公认的事实。就像你曾读到的那样，青少年有能力进行深刻而广泛的思考，不再被具体经验所限制，但他们常常是自我中心的、冲动且直觉性的。教育的质量很重要：一年的教育可以推动思考，或者影响甚微（Hanushek & Woessmann，2010）。

中等教育传统上是七至十二年级，即在小学（也称为“基础教育”）之后和大学（也称为“高等教育”）之前的学年。一般而言，如果完成了基础教育，学习了阅读和写作，然后继续接受中等教育和高等教育，成人会更健康、更富有。

在美国，即使成年女性的肥胖看似是无关的问题，但是相比拥有学士学位的人，没有高中文凭的人的肥胖比例高得多（43%∶25%，National Center for Health Statistics，2012）。这只是一个国家的例子之一，但来自各个国家、各个族群的几乎每一种疾病的数据都证实，高中毕业与更健康、更富有和更美好的家庭生活相关。其中一些原因与教育间接相关（例如，收入和居住地），但即使贫困和有毒的社区被均衡看待，教育也带来了益处。

部分原因是政治领袖认识到受过教育的成年人能推进国家财富和健康的提升，每个国家都在增加中等教育学生的数量。几乎在任何地方，至少 12 岁以下的儿童教育都是义务制的，新的高中和大学几乎每天都在发展中国家开办。两个人口最大的国家——中国和印度——都显示出惊人的增长。例如，在印度，1950 年高中毕业的人只有不到 1%；2002 年达到 37%；2010 年达到 50%；现在可能更高（Bagla & Stone，2013）。

通常，中等教育被分为两个层级。传统而言，美国的中等教育被分为初中（通常是七年级和八年级）和高中（通常是九至十二年级）。随着进入青春期的平均年龄下降，**初中**被设定为六至八年级，有时候是五至八年级。

每个国家都寻求对国民进行教育。如第十二章中所述，两个国际化测验——国际数学和科学趋势研究（TIMSS）以及促进国际阅读素养研究（PIRLS）——发现美国学生的学习仅在发达国家中居中流。第三个国际化测验——国际学生能力评估项目（Programme for International Student Assessment，PISA）——将美国学生放在更低的位置，我们将在下面提到。

在许多国家，这三个国际测验的分数以及其他衡量标准迫使人们重新审视学校的政策和教学实践。毋庸置疑，美国的高中毕业率落后于其他发达国家（参见图 15.6）。

初中

学校辍学率受到初中的影响。一位学者写道："选择留在学校或辍学，在高中选择学术型大学预科课程或者选择基础水平课程，长期学术轨迹受到六至八年级经历的强烈影响"（Snow et al.，2007，p.72）。

许多发展学家发现中学是"发展性回归"的阶段，意味着学习会退步。在生长突增或性征初显时期，进入一所新学校是特别有压力的（Riglin et al.，2013）。因为老师、同学和期望都改变了，适应初中生活肯定会有压力。

给教师的问题　你被学生的问题难住了。你会怎么做？（答复见第 385 页）

行为问题增多

许多中学生的学业成绩下降，问题行为增加。青春期本身就是问题的一部分，至少对于其他动物的研究来说，尤其是当它们处于压力之下时，在青春期，学习会变慢（McCormick et al.，2010）。

青春期的生理和心理压力并不是青春期早期学习受阻的唯一原因。认知同样重要：学生对于新中学的喜欢程度影响了他们的学习（Riglin et al.，2013）。

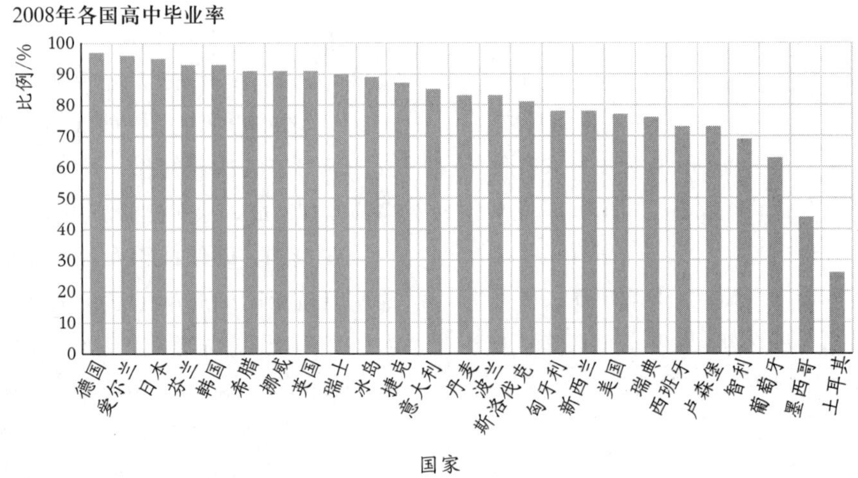

来源：National Science Foundation，2012.

图 15.6

落在后头的孩子　高中毕业率在每个国家和族群都在提高。然而，美国仍旧落后于别的国家，族群间的差异仍旧存在，美国原住民最低，亚裔美国人最高。高中文凭仅仅是教育成就的一项指标：这个图表顶部的几个国家在学前班入园率、中学成绩和大学毕业率上往往排名最高。提升毕业率涉及整个教育系统，不仅仅是更严格或更宽松的毕业标准。

不幸的是，许多学生有理由不喜欢中学，尤其是与小学相比。上中学后，师生关系被削弱了（Meece & Eccles，2010）。不像先前的学年，每个班级全年都有一个班主任，中学老师要同时教上百个学生。这使得他们冷漠而疏离：他们的学生学到的更少，风险更多（Crosnoe et al.，2004）。

高成就的中学生往往都有鼓励他们的父母（但并不是直接帮助他们做功课）（Hill & Tyson，2009）。然而，不幸的是，许多父母感觉自己对于教育逐渐长大成人的孩子力不从心。来看看詹姆斯的故事（见“个案研究”专栏）。

正如詹姆斯所经历的，高中辍学的早期迹象在初中就埋下了。那些还没毕业就辍学的青少年往往是来自少数族群的低社会经济地位的男孩，但是几乎所有中学都没有来自这些群体的成年男性辅导员或教师。考虑到青少年自我中心主义和直觉式的思维方式，如果他们没有看到成功的、有教养的男性榜样，很多人不再试图在中学取得学业上的进步（Morris & morris，2013）。

>> **答复教师**（问题见第 384 页） 通过说“这是一个好问题”来表扬学生。自我是脆弱的，所以最好总是正视问题。寻求学生参与，也许可以提问有没有其他同学知道答案，或告诉学生在网上发现答案，或说你将找出答案。不论你做什么都不要装假。如果学生们认为你没有可信度，你可能会彻底地失去他们。

寻求称赞

要查明学生在发展过程中的需要与中学环境不匹配之处，请注意，当自我中心主义使年轻人感受到羞耻或有明星幻想时（假象观众），美国学校通常要求他们每 40 分钟换一次教室、老师和同

个案研究

詹姆斯——高成就的辍学生

马萨诸塞州的一项纵向研究追踪调查了儿童从学前到高中的表现。詹姆斯是其中最有前途的学生之一。他在学龄早期的学年中就是个出色的读者。作为独子，他是妈妈的骄傲。然而进入中学之后，事情发生了改变：

> “尽管詹姆斯在学业上仍旧表现出色，但是他开始出现宣泄行为。最开始，他的行为似乎仅仅是淘气，但后来他卷入了更为严重的不良行为之中，比如酗酒和打架，这导致他被学校停学。”
>
> （Snow et al.，2007，p.59）

家庭问题也增多了。詹姆斯和他的父亲对他们糟糕的关系互相指责，他的母亲则夸耀詹姆斯如何独立，“他能够自食其力”。与此同时，詹姆斯将自己描述为“孤独并且自闭”的人（Snow et al.，2007，p.59）。

詹姆斯说：“孩子们都很怕他，但这并不能阻止”他们和他建立关系（Snow et al.，2007，p.59）。詹姆斯的经历并不罕见。总体而言，攻击性强的学生在中学比那些认真好学的学生更受赞赏，而这与小学相比差异显著（Rubin et al.，2013）。学生们不喜欢那些跟他们不相像的人，这意味着他们普遍反感那些出色的个体（Laursen et al.，2010）。一些青少年甚至牺牲了学业，以避免社交排斥。

这不仅适用于像詹姆斯一样的非裔美国男孩。来自德国、加拿大和以色列的研究发现，数学天才少女经常无法完全发挥才能（Boehnke，2008）。但在中学阶段，女生相较于男生有一个优势——她们不太可能辍学。尽管在美国 55 岁以下人口中，男性略多于女性，但在过去的 40 年里（从 1977 年开始），从高中毕业的女性总是多于男性。2011 年，高中辍学的男生比女生多 18%（National Center for Education Statistics，2012）。

在小学毕业前，詹姆斯还打算去念大学；到中学阶段，他说自己“完全失去了动力”；上十年级时，他离开了学校。

学。这使得他们难以获得大众的赞赏和新的朋友关系。

对学业优秀的认可尤其难以把握，因为中学老师打分比小学老师更为严格。努力本身不被认可，以前成绩突出而现在只是中等水平。对课外活动的赞赏也不好把握，因为许多艺术、戏剧、舞蹈和其他项目都将所有年龄段的青少年放到一起，11—13 岁的孩子的技能没有年纪稍大的青少年那么娴熟。最后，运动团队也会变得充满竞争，所以自我脆弱的个体会选择逃避。

因为缺少来自公众的赞赏，许多中学生会寻求来自同伴的认可。欺凌行为增多，外貌变得更为重要，身份地位的象征被展示（从帮派色彩到时尚的太阳镜），垂涎昂贵的衣服，炫耀自己的性征服。当然，许多行为都依赖于文化背景，但几乎每一个中学生都会采取成人不赞成的方式来寻求同伴的认可（Veronneau & Dishion，2010）。

应对初中生活

应对压力的一种方式是直接的认知，即把所有问题都归咎于同学、老师、父母和政府。这可能解释了美国洛杉矶的一项惊人的研究结果：在族群更为混杂的学校里，学生感觉更为安全，更少孤独。他们并不一定需要拥有其他族群的朋友，但感觉到被拒绝的学生能够“将自己的困境归咎于他人的偏见”而非责怪自己（Juvonen et al.，2006，p.398）。此外，因为每个族群都是少数，所以学生们倾向于支持和保护自己所属群体的其他成员，因此每个人都拥有一些自然的联盟。

一些学生为逃避失败而简单地不做任何努力，这样，他们能够将低分归咎于缺乏尝试（“我没有学习”）而非愚笨。其中的关键在于他们对于自己潜能的理解。

如果他们秉持**智力的实体理论**（例如，相信能力是与生俱来的），那么他们所做的任何事都不能改变他们的学术能力。他们认为自己天生就不擅长数学、阅读或其他学科，声称自己不学习、不尝试或不在意，以此来掩盖事实。因此，持实体信念降低了压力，但是也降低了学习的欲望。

与之相反，如果青少年接受**智力的增量理论**（例如，相信只要他们尝试熟练掌握想学的任何东西，智力就能提升），他们会注意、参与课堂、学习、完成家庭作业。这也被称为掌握性动机，是内在动机的一个例子。【**生命全程链接**：第十章论述过内在动机和外在动机。】

这并不只是假设。在上中学的第一年，相信实体论的学生取得的学业成就不高，而那些拥有掌握性动机的学生更可能在学业上获得了提升。在一项研究中，初一年级学生要学习 8 节课，这些课程主要向学生传递了“聪明可以递增”的信念（比如“提高你的智力”的方法）。结果表明，相较于其他班级，上过这些课程的学生的成绩有所提升，尤其是那些先前持有实体论信念的学生。

给初中教师的问题　你认为你的课很有趣，并且知道自己非常关心学生，但还是有许多学生翘课、迟到或者好像在课上睡着了。你会做什么？（答复见第 389 页）

老师们自己都对这一效应感到吃惊。一个典型的评论来自一位老师，他解释说：

> “这个男孩从不在学业上付出任何额外的努力，不按时交作业，但现在，他会学到很晚，为了早早完成作业以便我及时批改并给予反馈，让他有机会订正。他得到了 B+……而在以前，他只能拿到 C 甚至更低的等级。”
>
> （引自 Blackwell et al.，2007，p.256）

技能可被掌握的理念激励着社会技能和学科知识的学习（Dweck，2013）。在青少年期，社会技能尤其重要，因为学生们想要知道如何改进同伴关系。

不仅对青少年个体而言持实体理论和持增量理论的对比鲜明，对教师、父母、学校和文化也是如此。如果非正式课程（隐性课程）赞同学生们竞争，那么每个人都会相信实体理论，并且不太可能互相帮助（Eccles & Roeser，2011）。如果一个教师相信学生们并不能学到很多，那么事实也会如此。

国际比较研究表明，将学生分成较高或较低阶层的教育体系，比如开除学业较差的学生，允许学校之间为最聪明学生相互竞争（都反映出实体理论而非增量理论），会使得平均学业成绩更低，并且拉大了最高分和最低分学生分数之间的差距（OECD，2011）。

高中

许多初中所面临的问题和模式在高中仍会持续。正如我们所见，青少年能够抽象地、分析地、假设地、有逻辑地思考，也能个人地、情绪地、直觉地和经验性地思考。高中的课程与教学风格通常需要前一种模式（偏向抽象逻辑思维）。

准备上大学

从发展的角度来看，高中强调形式运算思维是合理的，因为许多年纪稍长的青少年已经掌握抽象逻辑思维了。高中教师一般都假设他们的学生已经掌握形式运算思维了，因此也没有打算教他们如何运用此种思维方式（Kuhn & Franklin，2006）。缺乏指导可能会妨碍他们在大学的学习，因为形式运算思维在大学中是非常重要的。

美国正在尝试提高（高中教学的）标准，以便所有的高中毕业生都能为上大学做好准备。因此，学校在逐步增加由外部考试成绩来评估的修课学生的数量，比如国际学士学位（International Baccalaureate，IB）或大学预科班（Advance Placement，AP）。这样的课程有更高的标准，满足了许多学校的要求。

给高中教师的问题　你可能是对自己课程内的细微差别和争论更感兴趣，而不是对基本事实更感兴趣，但是你知道你的学生将会参加基础知识的高风险考试，他们的分数将对他们的未来产生重要影响。你该怎么做？（答复见第 389 页）

不幸的是，仅仅上大学预科课程并不一定就为上大学做好了准备（Sadler et al.，2010）。一些学生参加大学预科考试受挫。然而，在 2012 年毕业的美国高中生中，32% 的学生至少参与了一门大学预科考试，并有 1/3 的人不及格。参加国际学士学位考试的人更少，但同样很少有人获得高分。在大学预科或国际学士学位考试中得高分的学生往往在大学中也表现优异，但是这可能仅仅是相关关系，并非因果关系。因为大多数修预科课程的学生都是能力和动机较强的学生，他们在大学后期之所以会取得成功，有可能是基于个人因素，而非因为他们过去学到了什么（Pope，2013）。

当然，大学学分并不是衡量高中严苛程度的唯一指标。另一指标是，获得学位证书的必要条件提高了（在美国的许多学校，除非父母要求，否则任何人都不得获得职业或普通学位证书）。毕业要求通常包括学习两年以上的代数、两年的实验室科学、三年的历史和四年的英语，学习除英语之外的另一门语言往往也是必需的。

除了这些必修课程，美国许多州还要求学生通过**高风险考试**才能够毕业，而 10 年前没有哪个州有这样的毕业要求。（任何考试，如果不及格的后果是严重的，就被称为高风险考试。）由于人口较多的州有可能进行高风险考试，美国 74% 的高中生在毕业前都必须参加毕业考试。这样的要求是有争议的，正如在“对立的观点”专栏中所解释的。

对立的观点

考　试

美国的学生比 10 年前参加了更多的考试，包括许多高风险考试——不仅仅是获得高中学位证书考试，也包括大学入学考试（学业能力倾向测验和美国大学测验）以及在高中能够获得大学学分的考试。

测验开始于上高中之前：许多学生参加高风险考试以进入八年级、五年级和三年级，有的孩子参加考试以进入特定的幼儿园。此外，在第十二章中所解释的“共同核心”要求学生参加阅读和数学的考试，同时还计划有关于科学、历史和地理的考试。

所有考试对于教师而言同样也是高风险的。基于学生的表现，教师能够得到额外的奖金，或者丢掉饭碗。对于学校来说，也可能会因为学生的考试成绩而获得更多资源，或者关门大吉。许多学校、家长团体和州立法机构都表达了反对考试的观点。2013 年，亚拉巴马州取消了高风险的毕业考试，而宾夕法尼亚州则设立了这一考试。同年，得克萨斯州减少了毕业所要求的考试数目，从 15 项（2007 年的法律要求）减到了 4 项（Rich，2013）。

总体而言，美国的高中毕业率在过去 10 年逐年攀升，在 2010 年达到 78%（见图 15.7）。有人认为，考试和标准的提高是部分原因。

然而，另一些人担心那些不能毕业的学生会气馁。这是缺乏学习能力的学生尤为关心的问题，他们之中有 1/3 的人不能顺利毕业（Samuels，2013）。

即使是那些通过考试的学生也对接受教育没太大兴趣。一个专家小组发现，太多的考试降低而非提升了学生的学习兴趣（Hout & Elliot，2011）。但究竟多少是"太多"呢？

一位专家推崇"利用考试激励学生和教师更好的学业表现"（Walberg，2011，p.7）。他相信结构良好的考试能够使每个人获益，包括教师、父母和资助公共教育的纳税人。另一些专家认为，最重要的学习能比机械化计分考试测量得更深入、更持久（Au & Tempel，2012；David，2011）。

具有讽刺意味的是，当更多的美国学校忙着提升要求的时候，许多东亚国家，包括中国、新加坡和日本（均在国际测验中取得了高分），正在向另一个方向发展。特别是在新加坡，全国性高风险考试正被逐步淘汰，地方自主性正在增加（Hargreaves，2012）。另一方面，一些从 2000 年开始采用高风险考试的国家，包括澳大利亚和英国，也在向相反的方向发展。

一组澳大利亚教育专家回顾了所有相关的实证研究，得出结论：

"在这一系列研究中，不断出现的是对高风险考试如何影响学生的健康和幸福、学习、教学

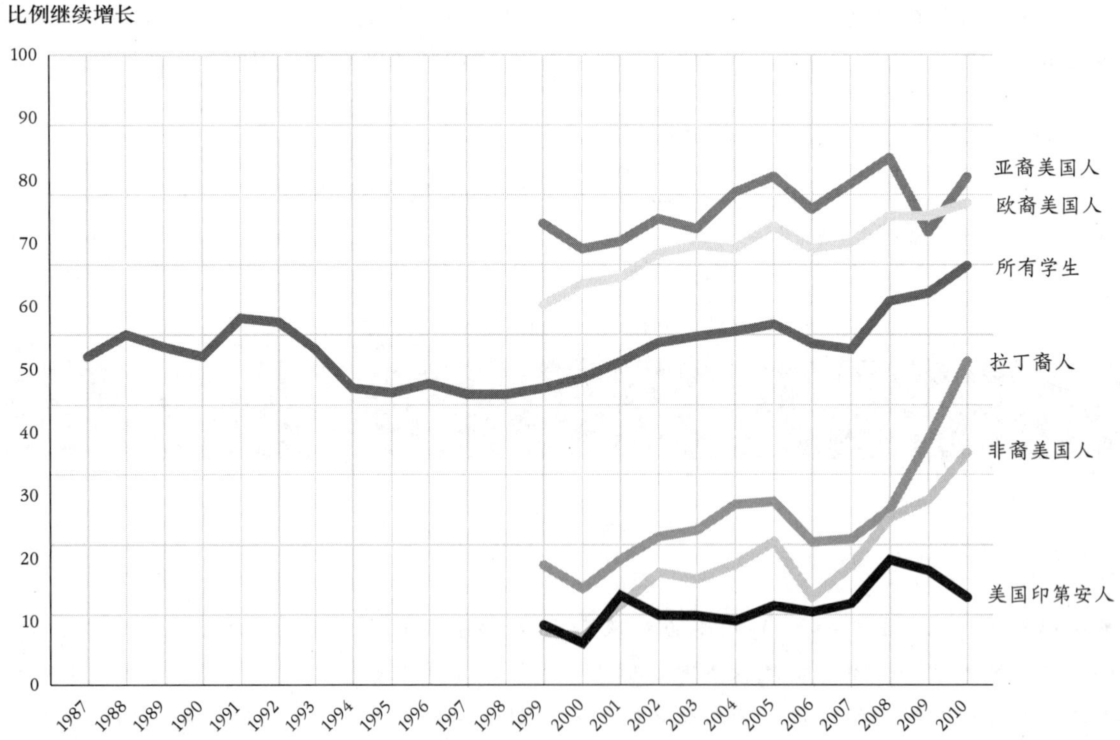

来源：EPE Research Center，2013.

图 15.7

毕业率的反弹　美国的高中毕业率达到了有史以来的高点。每一个族群的毕业率都在近几年有稳定的增长。亚裔 / 白人和其他族群之间的差异几乎都是由于社会经济地位的差异造成的——贫穷的家庭居住在学校较差的社区里。

与课程设置的严重关切。”

（Polesel et al.，2012，p.5）

全球数据同时支持进行高风险考试争论的双方。在儿童得分普遍较高的韩国，高风险考试导致了广泛的学习。许多韩国父母在课后和周末会为孩子请家教辅导，以提高孩子的考试成绩（Lee & Shouse，2011）

在地球的另一端，芬兰的学生同样在国际测验中得分较高，但他们在高中结束之前并没有全国性考试。他们也没有在课业或课后教育上花费很多时间。一位芬兰专家骄傲地说“学校教师的教学是为了帮助学生学习而非通过考试”（Sahlberg，2011，p.26）。他相信每个教师对每个学生都尽了最大努力，因为没有外界的标准要求他们“教考试”。

很快，数据就会澄清美国的考试是否做得太过头了，如果芬兰和新加坡继续表现良好，而北美进步滞后，这表明美国的考试并没有什么帮助。在理想状况下，那些支持或反对高风险考试的人都将在未来转变他们的想法。

那些不上大学的人

许多高中毕业生（约 70%）进入了大学，然而，进入公立社区学院的人在 3 年内完成相关学位的只占 1/4，而进入公立或私立四年制大学的人几乎有一半没有获得学位。甚至在高中毕业的 10 年内，也仅有 34% 的美国年轻人获得了学士学位（National Center for Education Statistic，2013）。

这些令人警醒的统计数据成了教育学家展开另一争论的基础。是否应当鼓励学生在高中早期就“梦想远大”，渴望高等教育？这个建议源自一些研究，研究发现了青春期早期“梦想远大”与以后上大学之间的相关关系（Domina et al.，2011a，2011b）。其他研究则发现，把大学当成“一个童话般的梦”可能会导致低自尊（Rosenbaum，2011）。如果青少年的学业成绩不及格，他们会不会感到乏味、愚笨和格格不入？

>> **答复初中教师**（问题见第 386 页） 学生们需要挑战和参与；避免太过简单或太过被动灌输的课程；创建小组；布置口头报告、辩论或者角色扮演等。记住，青少年喜欢听别人的想法并发出自己的声音。

>> **答复高中教师**（问题见第 387 页） 跟随你的直觉可能是很好的，但是适当的反应在一定程度上依赖于校内压力以及父母和学校管理者的期望。一个令人欣慰的事实是，青少年能够思考并学习与自己相关的几乎任何知识。寻找一种方式，教所需要的知识给你的学生，需要考试作为你想要教授有趣并富有新意的主题的基础。这样每个人都将学到更多，这些考试对于你的学生就不会那么可怕了。

企业领导人还有另一个担忧：高中毕业生还没有为工作做好准备，因为他们接受的教育太抽象化了。通过问题讨论、情绪的成熟和来自真实世界的经验，他们学得还不够多。就像波音公司的一位高管（2 年内招了 33 000 名新员工）所言：

“我们相信，更可能在今天和未来获得职业成就的，是那些拥有实践经验、与他人合作良好、能建立牢固的人际关系以及能思考、会行动的人，而非只会在互联网上寻找答案的人。”

（Stephens & Richey，2013）

在美国，大约有 2500 所职业院校（大约 300 名学生的小机构）为学生从事特定职业做好准备。毕业 7 年后，上过职业院校的学生比其他申请了入学但因为名额紧张而无法入学的学生的月平均工资高 100 美元以上（Kemple，2008）。他们也更可能结婚（38% ：34%），和子女一起生活（51% ：44%）。

这些项目适用于相对少数的高中生，部分原因是他们的关注点都在大学生身上。事实上，建议一个学生远离大学，往往会被视为种族主义、等级主义或性别歧视，甚至更糟。每个人都同意青少年需要接受终身教育，包括上大学，但是很难确定它意味着什么。

测量实践认知

雇主通常会提供入职培训，这比高中所教的知识更为具体和实用。他们希望未来的员工能够在中等教育中学会如何思考、解释说明、书写、集中注意力以及与他人相处。这些技能很难测量，尤其在全国高风险考试或在第十二章中提到的两个国际化考试PIRLS和TIMSS中。

第三套数学、科学和阅读的国际化测验是**国际学生能力评估项目（PISA）**，主要针对15岁的学生，选取这一年龄是因为有些15岁的学生即将结束正式的学校生涯。该测验中的所有问题都是实践性的，主要测量可能应用于家庭或工作的知识。就像PISA的一份报告所描述的：

> “这个测验旨在测量学生们能够在多大程度上有效利用在学校学到的知识来处理他们在日常生活中可能遇到的各种问题和挑战。”
>
> （PISA，2009，p.12）

例如，在2012年的数学试卷中有一道题：

克里斯刚刚拿到了汽车驾照，她想购买第一辆车。下表显示了她在当地汽车经销商那里看到的四种汽车的细目。

车型	阿尔法	博尔特	卡斯托	德桑
出厂年份	2003	2000	2001	1999
建议价格（zeds，虚拟货币单位）	4800	4450	4250	3990
行驶距离（公里）	105000	115000	128000	109000
引擎排量（升）	1.79	1.796	1.82	1.783

哪种汽车的引擎排量最小？

A. 阿尔法　B. 博尔特　C. 卡斯托　D. 德桑

这个问题和PISA内的其他问题一样，计算相当简单，大多数10岁以上的学生都能完成；不需要用到微积分、计算器或者复杂的公式。然而，在全球范围内，几乎一半的15岁学生选错了答案（正确答案为D）。在问到一个实际问题时，小数可能很难。即使在新加坡和中国香港，也有1/5的15岁学生答错。

总体而言，美国学生在PISA上的得分差于PIRLS和TIMSS。在最新的PISA总成绩上（阅读、科学和数学的总分），中国、新加坡和韩国位居榜首；芬兰进步迅猛，接近榜首，紧随其后的是加拿大。而美国在数学、阅读和科学科目上的成绩接近平均或低于平均水平（参见表15.1）。有四个因素与高成就有关（OECD，2010，p.6）：

1. 领导者、父母和公民都重视教育，重视个性化学习方法，使得学生们能够学到他们所需要的知识。
2. 标准高且清晰，因此每个学生都知道自己必须做什么，“专注于获取更复杂、更高层次的思维技能”。
3. 教师和管理者受到重视，“在决定性的事务上，有相当的自由裁定权”、充足的薪水及合作时间。
4. 学习在“整个系统中”处于优先地位，高质量的教师在最具有挑战性的环境中工作。

PISA成绩和高中辍学率的国际比较表明，美国的中等教育可以提升，尤其是对于那些不上大学的人。令人惊奇的是，那些有能力完成课程的学生（至少从IQ测验看）的辍学率几乎和那些能力差的学生一样。坚持、参与和动机看起来比智力更重要（Archambault et al.，2009；Tough，2012）。

确定什么样的初中和高中才是最好的中学还有一个难题，来自青少年之间的变异：一些人善于思考，一些人较为冲动，一些人准备好迎接分析式问题的挑战，一些人较为自我中心，他们都需要个人激励。一项研究考察了五至八年级学生的情绪和学业投入，发现正如预期的那样，学业投入总体平均水平呈缓慢而稳定地递减。但是其中一组（大约18%）由始至终高度投入，另一组（大约5%）则年复一年地经历着投入的急剧下降（Li & Lerner，2011）。

因此，学校和教师需要许多策略来教育青少年，因为他们本身各具特点。本章的结论是：促进国家经济发展和个人幸福的认知能力是创造力、灵活性、建立人际关系以及分析能力。无论青少年是否上大学，这些技能都是青少年能够发展的，前提是有恰当的教育指导。

正如你所读到的，每个研究者都相信青少年思维中逻辑的、社会的以及创造性的潜能并不总是能实现的，但是它是可以的。这种信念是否意味着本章的结尾充满希望？

表 15.1　2012 年和 2009 年 PISA 的数学分数

教育系统	2012 年平均分	2009 年平均分	教育系统	2012 年平均分	2009 年平均分
中国上海	613	600	冰岛	493	507
新加坡	573	562	挪威	489	498
中国香港	561	555	葡萄牙	487	487
韩国	554	546	意大利	485	483
日本	536	529	西班牙	484	483
瑞士	531	534	俄罗斯	482	468
荷兰	523	526	美国	481	487
芬兰	519	541	瑞典	478	494
加拿大	518	527	匈牙利	477	490
波兰	518	495	美国佛罗里达州	467	n/a
比利时	515	515	以色列	466	447
德国	514	513	土耳其	448	445
奥地利	506	496	智利	423	421
澳大利亚	504	514	墨西哥	413	419
爱尔兰	501	487	乌拉圭	409	427
丹麦	500	503	巴西	391	386
新西兰	500	519	阿根廷	388	388
捷克	499	493	突尼斯	388	371
法国	495	497	约旦	386	387
英国	494	492	印度尼西亚	375	371

来源：经济合作与发展组织（OECD），国际学生能力评估项目（PISA），2012.

小　结

初中不再像小学那么个人化，那么灵活，也更严格，这可能会导致一个普遍的结果：学生成绩下降。教师的评分更为严格，学生们更为叛逆，并且每个教师都需要关注更多的学生，所有这些都与青少年最需要的东西相悖，对于他们而言，最需要的是关心他们的教育的成人。在理想状况下，中等教育能促进思维能力，但事实往往并非如此。高中的学校结构和考试内容的变化巨大，这在全国，乃至全世界都一样。在国际化测验和考试中，美国离第一名还差很远。大多数学生尝试上大学，但许多人都没有毕业。而对没有上大学的人来说，许多人甚至都没有准备好成为一个幸福的、富有成效的成年人所需的技能。■

本章总结

逻辑与自我

1. 青少年期早期的认知可能是自我中心的，一种以自我为中心的思维方式。青少年的自我中心主义产生了个人神话、无敌寓言和假想观众等现象。
2. 形式运算思维是皮亚杰所言的认知发展四阶段中

的最后一个阶段。他通过学生们在高中科学或数学课中可能遇到的各种问题，检验并证明了形式运算思维的存在。

3. 皮亚杰意识到青少年不再受讲求实际的、具体的思维方式禁锢，他们想象可能的甚至不可能的，而非仅仅关注现实的事物。他们用演绎推理来发展假设并进行探索。但是，几乎没有发展学家发现青少年突然从具体运算转变为形式运算思维。

两种思维模式

4. 直觉式思维在青少年期变得更为强势。很少有青少年会经常运用逻辑思考，尽管他们能够这样做。情绪的、直觉式思维比分析式思维更为迅速，更令人满意，有时更好。
5. 神经生理学和实证调查研究发现，青少年的思维以边缘系统的快速发展和前额叶皮层的缓慢发展为特征。这解释了双加工中明显不平衡的问题。

数字原住民

6. 比起其他年龄层，青少年更多地使用信息技术，尤其是互联网。他们从中获得了许多教育资源，许多教师欢迎信息的易获取性，利用互联网使得研究进展成为可能。与此同时，网络社交也受到鼓励。
7. 然而，信息技术对许多青少年而言也可能是毁灭性的。一些青少年沉迷于电子游戏，一些青少年利用手机和即时信息进行网络欺凌，一些青少年通过互联网寻找志同道合的同伴以支持其进食障碍和其他问题。

教与学

8. 在小学教育之后、上大学之前的中学学业成就与个体和国家的健康和财富有相关性。
9. 在初中阶段，许多学生在社交和学业上受困。原因之一可能是中学教育并不适应青少年的自我中心或直觉式思维。学生们对于智力本质的信念也会影响他们的学习。
10. 多种形式的心理异常现象在向初中、高中和大学过渡期间增多了。换学校的经历对于青少年而言可能尤其困难，年轻人此时还必须适应生物的和家庭的变化。
11. 高中教育强调形式运算思维。在美国，对更多责任的要求已经导致对毕业要求的增加，学生要选修更多的大学预科课程并参加高风险考试。然而，人们担心所有这些要求可能会削弱创造力和创新能力。
12. 相当数量的高中生没有毕业或没进入大学，许多青少年没有获得学位就离开大学。当前的高中教育看起来并没有满足他们的需求。
13. 50 多个国家的 15 岁青少年所参与的 PISA 测验测量了他们如何能够很好地运用所学的知识。看起来，美国的学生在应对这样的测验时特别困难。

关键术语

沉没成本谬误（sunk cost fallacy，p.375）
初中（middle school，p.384）
分析式思维（analytic thought，p.376）
高风险考试（high-stakes test，p.387）
个人神话（personal fable，p.372）
归纳推理（inductive reasoning，p.374）
国际学生能力评估项目（Programme for International Student Assessment，PISA，p.390）
基率忽视（base rate neglect，p.375）
假设思维（hypothetical thought，p.374）
假想观众（imaginary audience，p.373）
青少年的自我中心（adolescent egocentrism，p.372）
双加工模型（dual-process model，p.375）
网络欺凌（cyberbullying，p.382）
无敌寓言（invincibility fable，p.372）
形式运算思维（formal operational thought，p.373）
演绎推理（deductive reasoning，p.374）

直觉式思维（intuitive thought，p.376）
智力的实体理论（entity theory of intelligence，p.386）
智力的增量理论（incremental theory of intelligence，p.386）
中等教育（secondary education，p.383）

你学到了什么？

1. 青少年的自我中心主义和童年早期的自我中心主义有何不同？
2. 从假想观众信念中产生的主要感觉是什么？
3. 为什么个人寓言和无敌寓言被称为“寓言”？
4. 形式运算思维和具体运算思维有何不同？
5. 使用演绎推理而不是归纳推理，利弊是什么？
6. 当代发展学家如何评价皮亚杰准确描述了青少年的认知？
7. 直觉思维和分析思维什么时候可能会导致相反的结论？
8. 大多数人更倾向于采用哪种思维模式——直觉式或分析式？为什么？
9. 个人经历如何增加基率忽视发生的可能性？
10. 自我中心主义如何解释父母和孩子冲突的优先顺序？
11. 什么时候直觉式思维优于分析式思维？
12. 青少年使用信息技术的好处是什么？
13. 电子游戏如何影响青少年的学习？
14. 哪些人最容易，哪些人最不可能卷入网络欺凌？
15. 为什么大多数初中都消失了？
16. 初中的哪些特点使学生比小学更难以应对？
17. 成为一个少年如何影响一个人的学习能力？
18. 个体关于智力的信念如何影响其动机和学习行为？
19. 为什么学校转折是教育者特别关心的问题？
20. 为什么进入一所新学校的第一学年比第二年会有更大压力？
21. 美国的教育标准是如何变化的？
22. 高风险考试的利弊是什么？
23. PISA 与其他国际化测验有哪些不同？
24. 具有高学业成就的学生如何推进一个国家的经济发展？

应 用

1. 描述一下你曾高估别人对你的看法的一段时间。你犯的错误与青少年的自我中心主义有哪些类似和不同？
2. 和一个青少年谈论政治、家庭、宗教或者其他任何可以揭示其思维方式的话题。你能听出青少年的自我中心吗？直觉式思维、系统式思维和灵活性呢？请举例。
3. 想一想你曾经做过的改变你人生的决定。当时，逻辑和情感是如何相互影响的？如果你能更多或者更少地思考这件事，会有什么改变？
4. 描述一下在你上初中或高中的第一学年所发生的事和你的想法。是什么原因让你的第一年比后来的校园时光更好或者更糟？

第十六章

青少年：心理社会性发展

你将学到什么？

1. 为什么有些青少年看上去每年都会明显地改变他们的外表、行为和目标？
2. 当青少年在每个问题上都与父母意见不一致时，这是否是父母要放弃、要变得更严厉或要做出改变的时机？
3. 知道性这件事更可能让青少年变得性活跃吗？
4. 青少年行为不良究竟是一个暂时的阶段性问题，还是一个人成年以后可能犯下严重罪行的迹象？
5. 既然大多数青少年都会尝试饮酒，为什么法律还禁止饮酒？

从前面的章节可以看出，做个青少年真不容易，做青少年的父母也不容易。有时候，我过于宽容，比如有一次，我女儿很晚才回家。我当时既担心又生气，心烦意乱。但是直到她问“我要被禁足多长时间？”，我才想起应该惩罚她。有时候，我又过于严格，我坚持好多年让我女儿和她们的朋友餐后自己洗碗，直到我所有的孩子都说她们没有一个朋友的妈妈如此苛刻。

有时，几乎所有的父母都会被他们的青少年子女震惊到并因此表现得“一惊一乍”。当我们的孩子还是婴儿时，我和我丈夫马丁曾经讨论过，等孩子长到青少年时，我们要如何养育她们：我们准备对非法药物、不安全性行为和严重违法等问题保持坚定的立场、态度一致，但是这些问题都未曾困扰我们。相反，孩子们带给我们的是始料未及的挑战，而我俩做出的反应有时会目的不一。就像马丁所言，“我知道有一天她们会长成青少年，但我没想过我们会成为青少年的父母。”

这一章将主要讨论青少年的行为，以及他们与朋友、父母和社会之间的关系。如你所见，本章从同一性问题开始，以药物滥用问题结束，这两者似乎都是私事和个人的选择，但两者都会受到社会环境的强力影响。我女儿们的行为、我自己的反应以及相关结果在每个瞬间都会受到过往经历（我小时候就在餐后为家里洗碗，遵循着当时的世俗规范）以及孩子们当下的社交圈子（她们的朋友不需要做这项家务）的影响。

>> 自我同一性

青少年时期的心理社会性发展通常被理解为一种对稳定的自我理解的追寻。自我表现和自我概念在青春期变得愈发重要，正如第十五章中对自我中心主义的阐述。每个年轻人都想知道“我是谁”。

根据埃里克·埃里克森的理论，人生第五个心理社会性危机是**同一性对角色混乱**：寻找自我同一性（身份认同）这一任务的复杂性是青春期所面临的主要任务（Erickson，1968）。他认为，这一危机是通过**同一性达成**来解决的，青少年在重新考量其父母和所处文化的目标和价值观之后，接受其中的一部分，摈弃一部分，最终打造出自己的自我同一性。

这一结果既不是对社会规范的全盘否定，也不是毫无头脑地接受（Cote，2009）。带着刚刚获得的自主性，青少年与过去保持着连续性，并借此走向未来。每个人都必须达成自我同一性，简单地接受父母传递下来的规范是无用的，因为每一代人所处的社会环境不同，并且每个人都是基因和等位基因的独特组合。

仍未达成同一性

埃里克森的深刻见解激励了成千上万的研究者，其中突出的有詹姆斯·马西亚（James Marcia），他描述并测量了年轻人应对同一性危机的四种具体方式：（1）角色混乱；（2）早闭；（3）延缓；（4）同一性达成（Marcia，1996）。

在过去的半个世纪里，主要的心理社会性转变使得青春期延长，这让同一性达成愈加复杂（Côté，2006；Kroger et al.，2010；Meeus，2011）。然而，在通往同一性达成的路上，有三个明显节点。

角色混乱与同一性达成相对立，其特点是对任何目标或价值观都缺乏投入。它有时也被称为“同一性扩散”，以强调一些青少年看似迷茫、缺乏聚焦并对未来漠不关心的状况（Phillips & Pittman，2007）。

有时候，就连一般的社会要求——如整理衣物、结交朋友、完成学校课业、思考升学和未来职业——都超出了这些角色混乱的青少年的能力范围。相反，他们可能嗜睡、沉迷于游戏或电视、到处打情骂俏。他们的思维缺乏条理、做事拖沓、总是逃避问题、缺乏有效的行动（Cote，2009）。

同一性**早闭**出现在年轻人为了避免不知道自己究竟是谁的困惑而直接接受传统角色和价值观的时候（Marcia，1966；Marcia et al.，1993）。他们可能一味遵循父母或文化传承下来的习俗，从不去探索其他选择。或者他们可能未经思考质疑就排除了建立相反的负面认同的可能性，即完全悖逆父母期望的可能性。早闭是舒适的。对于很多人而言，它是临时庇护所，是投身于某个特定的同一性的时期，接下来很快就会进行更多的探索（Meeus，2011）。

更成熟的庇护方式是同一性**延缓**，在这段“暂停”时间中，青少年或者在广度上（尝试许多东西），或者在深度上（在试探性的、暂时性的投入之后，顺循着某条路前行）进行探索（Meeus，2011）。在高中里，一个学生可能会变得专注于乐队演奏，却没有期待将演奏作为一生的职业。在下一个阶段，也就是成年初显期，这种同一性延缓可能会驱使年轻人参军入伍。相比青春期早期，同一性延缓更常见于19岁，因为它要求一定的成熟度（Kroger et al.，2010）。

与埃里克森提出同一性的时代相比，同一性探索的某些方面——尤其是性认同和职业认同方面——变得更加艰难，个人同一性的建立也更加困难了。在50年前，对独立、自主的渴望被认为是“青少年关键的、常规性的心理社会性任务”（Zimmer-Gembeck & Collins，2003，p.177）。现在，青少年仍然开始寻求同一性，但是一篇“对成人的纵向研究综述揭示，同一性是一个贯穿终生的过程”（Meeus，2011，p.88）。

同一性形成的四个方面

埃里克森（Erickson，1968）尤其强调四个方面的同一性：宗教认同、政治认同、职业认同和性认同。正如发生的时段在变化一样，这四个方面在术语和侧重点上也有所变化。事实上，如果一个18岁的个体在这四个方面都不再接受新的可能性，也许标志着同一性早闭，而非同一性达成——同一性即便建立了，也有可能改变。

这四个方面的同一性状态都离不开社会：父母和同伴都会产生影响（下两节将会对此进行阐述），而不断变化的时间系统（历史环境）会令同一性动态地发展。尽管如此，这四个方面对于青少年而言都是整体统一的。【**生命全程链接**：第一章中有关于布朗芬布伦纳的生态系统观（包括时间系统在内）的讨论。】

宗教认同

对于大多数青少年而言，他们的宗教认同与其父母和其所处社群的认同相似。如果青少年从小跟随某种信仰长大，他们中鲜有人完全拒绝宗教，特别是当他们与父母关系良好时（Kim-Spoon et al.，2012）。

父母养育子女的实践会影响青少年的宗教认同，尽管一些青少年表达这种宗教认同的方式是其父母不曾预料的：一个穆斯林女孩开始佩戴头巾，一个信天主教的男孩为成为牧师而学习，一位浸信会的青少年加入了五旬节派青年团体，这些孩子都令那些不如他们那般虔诚的父母感到惊讶。

这些新的实践活动不占主导地位，不是一个崭新的宗教认同已经形成的证据。几乎没有年轻的穆斯林会皈依犹太教，也几乎没有浸信会青少年会变为印度教教徒，尽管这样的转变在成年期有可能发生。随着青少年的认知能力使其能够进行更多的分析性思考，他们中的大多数人会对特定信仰产生怀疑，但很少有青少年产生信仰危机，除非有特殊情况驱动危机的产生。

政治认同

父母同样会影响子女的*政治认同*。在21世纪的美国，政党认同在成年人中有所弱化，更多的人说自己是独立的，既不属于共和党，也不属于民主党或其他党派。他们处于青春期的子女也反映了这种新型的独立性，一些青少年骄傲地宣称自己不关心政治，这实际是在无意中呼应他们的父母。不管怎样，他们的政治倾向很有可能在成年期继续（Cote，2009）。

这里先就政治恐怖主义和宗教极端主义说一句：30岁以下的人常常站在恐怖主义的前阵，或者加入被父辈视为邪教的组织。狂热的政治和宗教运动有许多共同之处，新信徒的年龄便是其中之一（L. L. Dawson，2010）。

但是，青少年很少被这些团体吸引，除非受到孤独或家庭背景（例如，敌对团体造成了其父母的死亡）的驱使。"每个青少年都有可能成为人肉炸弹或者甘愿赴死的烈士"的想法是不现实的。极端政治或宗教团体的冒险行为更吸引成年初显期的个体而非青少年。

反叛而非先知 青少年经常站在政治激进主义的最前沿，尤其是当父母给他们灌输了一些价值观，使他们想要做一些引人瞩目的事情来帮助地震灾民、扭转堕胎法，甚至推翻政权时。然而，他们的政治情感尚不是其同一性达成的产物：鉴于第十五章中所描述的青少年的认知特点，他们之所以参加群体抗议活动，可能更多的是基于情绪，而非基于分析思考。

职业认同

职业认同原意是指个体预想自己将会从事某一职业。一个世纪以前，选择未来职业对于青少年来说很合乎情理。那时，大多数女孩会成为家庭主妇，大多数男孩会成为农夫、商贩或工人。那些进入专业领域的少数人则是通才（负责家庭医疗的医生，处理各种案件的律师，教授各种科目的教师）。

显而易见，早期的职业认同已经不再适用。我们不再期望青少年在成百上千的职业选择中会死认某一职业；大多数成人（不仅仅是雇主）也会数次转变职业。职业认同需要若干年才能建立，并且大多数工作都需要相当特定的技能和知识，而这些只有在工作岗位上才能更好地学到。

尽管一些成年人希望就业能让青少年远离麻烦，因为他们可以视自己为工作者，但事实可能正好相反（Staff & Schulenberg，2010）。在上学期间每周工作超过20小时的青少年更可能辍学、与父母争执、吸烟和讨厌自己的工作，无论是在青少年期还是在成年后都是如此。这项研究控制了社会经济地位的影响。在通常情况下，拿到薪水的青少年会把钱花在衣服、汽车、毒品和演唱会上，而不是用来养家糊口或积蓄起来上大学。同时，他们的学业成绩也会下滑，因为打工干扰了他们完成家庭作业和学校出勤（见图 16.1）。

在年级平均分之下或之上

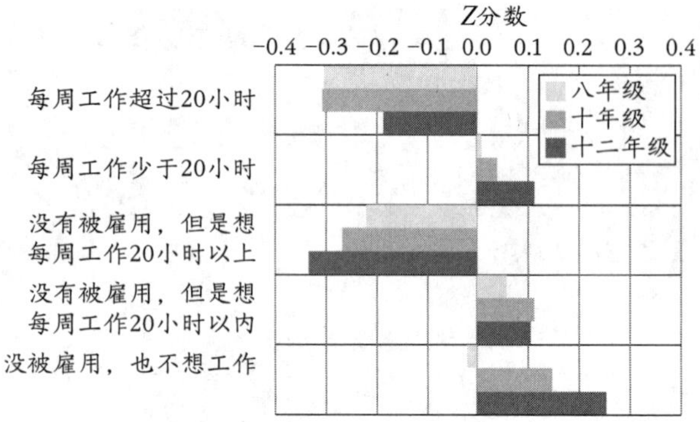

来源：Staff et al.，2009.

图 16.1

想都别想 曾经有那么一个时期，高中时打零工与终身成就之间有相关性，而今已经不复如此。令人惊讶的是，单是想有一份全职工作（以及它将带来的额外收入）都会降低学业成就——二者的关系也可能正好相反。图中的分数是 Z 分数或称标准分数，它表示与组平均值的差距。Z 分数为 2 代表差距颇大；Z 分数为 3 则代表差距极端。

性认同

获得**性认同**也是一项终生的任务，部分原因是对性的规范和态度在不断变化（见图 16.2）。越来越多的年轻成人单身、是同性恋或同居，这为青少年提供了新角色榜样和新选择，从而使性认同更加混乱。

半个世纪以前，埃里克森和其他理论家认为两性是对立的（P. Y. Miller & Simon，1980）。他们认为，对性别认同感到困惑的青少年会很快接受“适当的”男性或女性的性别角色（Erikson，1968；A. Freud，1958/2000）。从前，青少年期是“性别强化期”，个体在这个时期逐渐增强了对男性或女性的认同——但现在不复如此（Priess et al.，2009）。

如第十章所述，对于社会科学家而言，性（sex or sexual）通常指两性的生物特征，而性别（gender）则指区分男女两性的文化和社会特征。埃里克森提出的性认同（sexual identify）一词已被**性别认同**所取代（Denny & Pittman，2007），后者主要指个体对自己性别的定义。性别认同往往（并非总是）始于个体的生物性别，然后达到社会接受的性别角色。

对于同性婚姻的态度（依据出生年份）

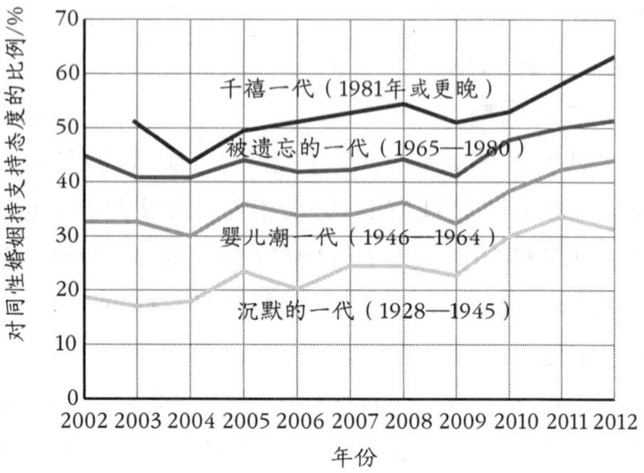

来源：Pew Forum on Religion & Public Life，July 31，2012.

图 16.2

年轻和年长 人人都知道对于同性关系的态度在持续变化。但不太为人所知的是，相比历史转变的差异，同辈群体间的差异更明显。

性别角色曾经意味着只有男性被雇用，他们是挣口粮的人（养家糊口的人），女性则是家庭主妇（嫁给家庭的人）。随着女性进入劳动力市场，性别角色虽然泛化了，却仍有明显的区分（比如，护士或医生，秘书或商人，粉领或蓝领）。但是情况正在发生变化，变化的程度、速度和方向因文化不同而差异巨大。然而，没有哪种文化不区分男性和女性的角色。

另一个不曾改变的事实是，随着激素水平升高，青少年感受到强烈的性冲动。正如埃里克森认识到的，许多青少年困惑于应在何时、何地、向何人表达这种冲动。一些青少年通过夸大男性或女性的角色而早闭；也有一些青少年通过拒绝任何性接触而寻求延缓性别认同的达成。如果青少年感觉他们的性别认同脆弱不稳，他们更有可能选择带有性别刻板印象的职业（Sinclair & Carlsson，2013），这也是说早在青少年期就择业而安可能是一个不成熟的做法的另一个原因。

小　结

埃里克森的第五个心理社会性危机——同一性对角

色混乱——是在50多年前被首次描述的。青春期是以寻求同一性，以便在成年期达成同一性为特征的时期。然而，同一性危机还在发生，角色混乱、早闭和延缓是显而易见的，它们出现的时机也已经改变了。现在，同一性危机持续的时间长得多；在18岁之前，少有青少年能够对自己是谁和将走什么样的路建立起明确稳定的认识。

同一性的具体方面——宗教认同、政治认同、职业认同和性认同——已经呈现了新的形式，其复杂性也是埃里克森始料未及的。职业认同尤其如此：他们可能从事的工作极多，而且每个都需要培训，这意味着青少年需要多年的探索和教育。同样，青少年也意识到如今在宗教、政治和性别认同上有比以往多得多的可能性。所有这些形式的同一性可能都始于青春期，但许多初显期成人仍在尝试或改变他们的同一性。■

>> 与成人的关系

青春期常被认为是一个弱化成人影响的时期，青少年在这时期逐渐疏远成人。当然，情况也不尽如此，成人的影响不再那么直接，但这并不意味着他们的影响不重要。

与父母的关系

青春期的亲子关系是十分关键的，但这并不意味着亲子间会和睦相处（Eisenberg et al.，2008；Laursen & Collins，2009）。青少年和父母发生争执是普遍现象，因为生理和心理的冲动驱使他们寻求独立，这与他们的父母想继续管束他们的欲望相冲突。

在通常情况下，亲子冲突在青春期早期达到顶峰，尤其是在母女之间，通常表现为无尽的斗嘴——母女之间因为日常琐事而反复进行的小争吵（比打架更让人不得安宁），比如因为清洁、着装、家务和日程安排等问题吵个不停（Eisenberg et al.，2008）。两代人都误判了对方：父母认为孩子们对他们怨恨的程度深过真实程度；而孩子们则想象父母要掌控他们的程度强过实际程度（Sillars et al.，2010）。

关心是要说出口的，这样两代人才能更好地理解彼此。想象一个看到扔在地上的脏袜子的家长吧。他可能觉得这是孩子不尊重他而故意为之，并为此恼火。但青少年可能只是走了神，疏忽了父母对于保持房间整洁的要求。如果真是这样，父母可能仅会叹息一声，把袜子放进脏衣篓。

有些拌嘴可能表明家庭关系健康，因为亲密关系中几乎总是包括了冲突。亲子关系通常会随时间的推移而改善。到18岁时，许多青少年比青春期时更加感激父母（他们会记得父母想让他们把袜子放在脏衣篓里），许多父母也适应了孩子们的独立（允许青少年将袜子扔在他们自己卧室的地板上）（Masche，2010）。一项针对现代美国华裔青少年——接触价值冲突（尊重长者和青少年自主权之间的冲突）——的研究发现，如果沟通良好，冲突不一定会演变成问题（Juang et al.，2012）。

你已经学到，对于儿童而言，权威型教养方式是最好的，而忽视型教养方式是最糟糕的。【**生命全程链接**：第十章已对教养方式有过讨论。】对于青少年而言也同样如此。尽管青少年有时候说他们的父母无关紧要，但事实并非如此。忽视从来都是破坏性的；专制型教养方式则犹如回旋镖，可能迫使孩子学会对父母撒谎、离家出走或欺骗父母。

文化差异

期望因文化而异，正当的理由也是如此（Brown & Bakken，2011）。例如，在智利，青少年通常会服从他们的父母，但如果他们做了可能让父母不高兴的事情，就会对父母保守秘密（Darling et al.，2008）。相反，许多美国青少年会大胆地宣称他们认为什么事情应该被允许（即使这是他们自己都不会去做的事情），故意以此挑起争端（Cumsille et al.，2010）。菲律宾青少年则期望在日常选择上而非人生目标上拥有自主决定权，他们通常在前面提及的同一性的四个方面寻求并听从父母的建议（Russel et al.，2010）。

一些研究者比较了中国香港、美国和澳大利亚的亲子关系。尽管这些地区对父母角色的假设存在许多文化差异，但在这三个地区都发现，亲子沟通和鼓励有益于青少年，可以减少抑郁、自杀和低自尊，提升他们的抱负与成就感（e.g.，Kwok & Shek，2010；Leung et al.，2010；Qin et al.，2009）。

而且，文化也是有影响的，正如一项针对精通中英双语的中国香港青少年（他们在家用汉语和父母交流，在学校则接受英语教育）的研究所显示的那样（Wang et al.，2010）。

在这项研究中，双语研究者对一半青少年用英语提问，对另一半用汉语提问。在针对记忆、自我概念和价值观的问题中，所有青少年都用提问者的语言做出了回答。编码者对这些回答做出判断：是把自己作为独立的个体（比如，“我喜欢书”“我的眼睛是黑色的”），还是把自己作为某一群体的一员或是与他人有关联的人（比如，“我是一个学生”“我的家人爱我”），然后给其中的社会描述打分。

特别是在青春期早期，汉语描述更具社会性，而英语描述更加个人主义化。当然，影响孩子的不是文字本身，而是研究者说英语或汉语时所唤起的意识形态框架（例如，一个多世纪的英国殖民遗留的文化，或者几千年来中国本土的文化）。研究者解释说，这一结果意味着青少年受到他们所处文化的强力影响，会像文化期待的那样思考和对话。

家庭内的亲密度

比家庭冲突或个人主义更重要的也许是家庭亲密度，主要包括四个方面：

1. 沟通（家庭成员之间会开诚布公地交流吗？）
2. 支持（他们互相依赖吗？）
3. 联结（他们在情感上有多亲近？）
4. 控制（父母是鼓励青少年独立自主，还是限制他们的自主性？）

没有社会科学家会质疑前两项——沟通和支持——对青少年健康发展的重要性。童年期固定下来的模式继续发挥着作用，理想地缓冲了青少年期的一些骚动（Cleveland et al.，2005；Laursen & Collins，2009）。

关于后两项——联结和控制——的研究结果各不相同，观察者的所见也各异。对于我的一个学生的如下描述，你会做何反应？

> “16岁的时候，我怀孕了。如果不是父母的支持，我可能不会生下我的儿子。如果没有他们帮忙照顾，我可能完成不了高中学业，也不可能上大学。当我的姑姑们、叔叔们，特别是我的爷爷奶奶发现我怀孕时，我的父母还帮助我克服了羞耻感。”
>
> （I.，私人交流）

我的学生对她的父母充满感激，但是你可能会认为青少年做妈妈这件事使她父母具有了过多的控制权，使得她在本应探索自我同一性的时候，不得不依赖父母。难道他们的确允许她与男孩单独相处，却没有教她如何避孕？

对比研究　这两个青少年看起来大相径庭：一个正对着父亲大声吼叫，另一个正认真地帮助父亲干活。但是，青少年的情绪可能瞬间改变，尤其是当他们面对父母的时候。半天以后，这两个人就可能互换角色。

更为复杂的是，这位年轻女性的父母是从南美来的移民。文化期望影响了每个人的反应，所以她的依赖可能在其文化中是正常的，但在其他地方

科学视角

父母、基因和风险

针对人类发展的研究有许多实际应用，有一项纵向研究（在第一章中介绍过）清楚地表明了这一点。该研究的参与者是佐治亚州农村地区的非裔美国家庭，共计 611 名父母和他们 11 岁的孩子（Brody et al.，2009）。半数的被试被分到对照组，没有受到特殊的干预。另一半被试受邀参加了共计 7 次、每次 2 小时的训练。每个组的规模都较小，且组长准备充分并被选为潜在的角色榜样。父母和 11 岁的孩子们先是分为两组接受 1 小时的教学，然后汇合。

父母们学习了以下内容：

- 养育和参与的重要性；
- 向孩子传递作为非裔美国人而自豪的重要性（被称为“族群社会化”）；
- 父母监控和控制如何有益于青少年；
- 为什么明确的规范和期望可以减少青少年的毒品使用；
- 有关性的沟通的策略。

11 岁的孩子们学习了以下内容：

- 订立家庭规矩的重要性；
- 在遭遇种族主义问题时的适应性行为；
- 为未来制订规划的必要性；
- 自己与饮酒的同伴之间的差别。

在第一个小时之后，父母和 11 岁的孩子们被引导一起参与了游戏、结构式互动和榜样示范活动，这些活动旨在改善家庭沟通和凝聚力。在实施了这些干预的 3 年后，在性和酒精/药物使用方面重新对实验组和对照组进行评估。结果令人失望：干预虽有一定的帮助，但是收效甚微。

然后，在此研究开始后的第 4 年，研究者了解到一项新研究发现：具有 5-羟色胺基因（5-HTTLPR gene）的短等位基因的人，其抑郁、违法犯罪和其他问题的风险加大。为了明确这一发现是否适用于他们所研究的非裔美国青少年，他们收集并分析了那批当年在特别训练组和对照组里是 11 岁而现在已 16 岁的青少年的 DNA。如图 16.3 所示，训练对那些具有长等位基因的个体几乎没有作用，但对那些有短等位基因的个体有显著影响。

那 14 个小时或者时间更短的训练课（一些家庭旷了课）对基因型敏感的男孩的影响令人称奇。要知道，在这些年里男孩们受到了多少其他影响。很明显，由于在青春期里亲子关系至关重要，这七次课提供了深刻的见解，强化了亲子间的联结，并从那时起就影响着每一对脆弱的亲子关系。

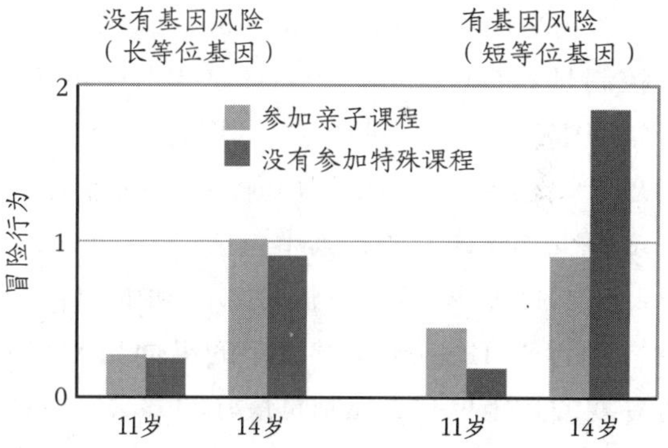

来源：Brody et al.，2009.

图 16.3

还没有过冒险举动　以下几项风险分数仅仅是一分：饮过酒、吸过大麻、有过性行为。如图所示，大部分 11 岁的孩子并没有做过这些事。到了 14 岁，大部分青少年已经做过其中一件了（通常是喝过啤酒或葡萄酒）——除了那些有基因风险也没有参与过这七堂训练课的青少年。在这些青少年中，有些人已经三件事都做过了，不少人也至少做过其中两件了。如你所见，对没有基因风险的青少年来说，通常的养育方式与从特殊培训课中受益的养育方式相比，不更好也不更坏：两组的平均年龄为 14 岁的青少年都只是尝试了一种冒险行为。但对于有基因风险的孩子来说，特别培训课所起到的降低风险的作用是决定性的。

不是。在美国，一项针对非移民青少年母亲的纵向研究发现，如果父母支持度较高但不代为承担照顾小孩的任务，则大多数（不是全部）青少年表现得最好（Borkowski et al.，2007）。这种情况在其他国家是否也存在，还缺乏相应的报告。

一个与之相关的问题是**父母监控**，指的是父母对每个孩子的行踪、活动和玩伴的知晓。许多研究发现，当父母的知晓来自温暖的、支持性的亲子关系时，青少年便有可能成为自信、教养良好的成人，远离毒品和危险的性行为。但是青少年在对自己的监控中也起着积极的作用：一些青少年乐意告诉父母自己的活动，另一些青少年则选择对父母保密（Vieno et al.，2009）。大多数青少年会透露部分真相，选择性地省略父母不允许的部分（Brown & Bakken，2011）。

如此，监控可能标志着一种双向的、亲密的互动（Kerr et al.，2010）。但是，当监控出自怀疑而非温暖的亲子关系时，它可能是有害的。特别是在青春期早期，如果青少年拒绝在任何事情上告知父母很多东西，他们更有可能出现诸如攻击同伴、违法和药物滥用等问题（Laird et al.，2013）。

控制是养育中另外一个可能适得其反的方面。青少年期望父母做出一些控制，特别是在有关道德的问题上。但是，过于严厉和控制型的养育方式与许多青少年问题有关，其中包括抑郁（Brown & Bakken，2011）。在美国芝加哥郊区和中国香港进行的一项针对12—14岁青少年的纵向研究发现，在青春期的数年里减少控制是最好的方法。在这两种文化中，随着青少年年龄的增长，他们在个人选择方面都被给予了更多自主性。同时，自主性增加和更好的情绪功能之间有相关性（Qin et al.，2009）。

与其他成人的关系

对于青少年而言，父母是很重要的，但其他许多成人也同样重要。大多数青少年有一个值得关注的特点，他们认识许多人，有时候会向邻居、老师和亲戚等人寻求建议和帮助。

当一个成人肯花时间听孩子诉说时，对孩子的影响是很显著的。对于许多年轻人来说，最耐心的顾问是家庭成员——年长的哥哥姐姐、姑姑、姨妈、叔叔、舅舅和祖父母等。有时候，父母会委托自己的一位兄弟姐妹（青少年的姑姑姨妈或叔叔舅舅）与孩子讨论一些禁忌的话题，比如有关性或违法犯罪的话题（Milardo，2009）。青少年与亲戚之间的联结在发展中国家和移民群体中尤其普遍，主要原因有两点：（1）亲戚们往往共同生活或住得很近；（2）文化价值观将家庭放在中心位置。

另外，与青少年没有血缘关系的成人也很重要（Chang et al.，2010；Scales et al.，2006）。例如，关于同一性发展的四个方面（宗教认同、政治认同、职业认同和性认同），神职人员能够影响年轻人的信仰，政治领袖能够塑造价值观，学校辅导员能够影响职业抱负，成人在满足性关系方面能够成为榜样（Lerner & Steinberg，2009）。另外，许多青少年仰慕名人，如运动员、音乐家和演员等，并试图成为他们那样的人。

小　结

在青少年期，与成人的关系至关重要。父母和青少年经常因小事而争吵，特别是在青春期开始的第一年。但是发生口角并不意味着关系破裂。事实上，父母的指导和持续的沟通能够促进青少年的心理社会性健康。父母们知道他们的孩子在干什么（父母监控），孩子们会与父母们讨论他们的关切，这是健康亲子关系的一个标志。这些因素都受文化、过去的关系和青少年成熟的影响。父母极端的忽视或过多的控制都可能使得青少年叛逆。坚定而灵活的权威型教养方式仍旧是有效的。其他亲属以及非亲属的成人有时候也能够成为青少年的向导和导师，尤其是当父母的建议作用有限或受到抵制时。■

>> 同伴的影响力

青少年依靠同伴的帮助来应对青春期的身体变化、高中的智力挑战以及告别童年所带来的社会变化。友谊在每一个阶段都很重要，但在青少年早期，受他人欢迎是青少年最梦寐以求的。

同伴和父母

成人有时候没有意识到青少年渴望来自同龄人的尊重。和自己的孩子在一起时，我并没有意识到这一点：

- 我们的大女儿在十年级的时候，每天都穿同一条牛仔裤。她每天晚上用手洗裤子，并要我每天一大早把裤子放在烘干机里烘干。我的丈夫很困惑，“这是某种怪异的女性仪式吗？”他问道。许多年后，她解释说，她当时很担心如果她每天穿不同的裤子，她的同学会认为她很在意衣着，并为此批评她。
- 我们的二女孩在 16 岁时已经打了三次耳洞了。当我问她这是否意味着她会尝试毒品时，她嘲笑我的无知。后来我注意到，她的许多朋友耳垂上都有好几个耳洞。
- 我们的三女儿在 15 岁时被诊断出了癌症。我的丈夫和我权衡了四个主治医师的意见——他们都解释说自己的治疗方案是致死风险最小的。但我家老三有她自己要优先考虑的事：“只要能留住我的头发，我不在乎你们做何选择。”（现在她很健康，头发也长回来了。）
- 我们最小的孩子上六年级的时候拒绝穿外套（那是她自己挑选的新外套），即使那时正值隆冬。直到高中以后，她才告诉我，那么做会让她的同学认为她很坚强。

回顾过去，我很惊讶自己竟然没有意识到青少年的同伴的影响力。

有时候，成人会将青春期概念化为在这个时期同伴和父母之间是矛盾的，甚至更糟，同伴的影响超过父母的影响，但这并不是事实。亲子关系是同伴关系的原型：健康的沟通方式和来自父母的支持，让青少年更有可能培育富有建设性的同伴关系。

尽管许多青少年低估了父母的影响，而许多父母也像我一样没有意识到同伴的影响力，但父母和青少年的同伴通常是互相强化的。只有在父母对孩子过于苛刻或忽视的情况下，同伴的影响才会独自起作用（Bakken & Brown，2011）。

同伴压力

对于每一个青少年而言，同伴的意见和朋友都是至关重要的。一个高中生是这么说的：

“有很多次，我早晨醒来时并不想去学校。然后，你知道，我就想我得去上课，因为我的朋友们都在那儿，我要玩得开心。我的朋友，这是我生活的重要组成部分。”

（引自 Hamm & Faircloth，2005，p.72）

成人有时候害怕**同伴压力**：他们担心同伴会强迫青少年吸食毒品、做违法的事，或者做他们的孩子永远都不会独自做的其他事。但是同伴对青少年的影响通常利大于弊（Audrey et al.，2006；Nelson & DeBacker，2008），尤其是在青少年早期，在生理压力和社会压力不可抗拒的情况下。之后，青少年就不太容易受到同伴压力的影响了，无论是积极的还是消极的影响（Monahan et al.，2009）。

对于少数族裔或移民群体的青少年而言，同伴可能特别有帮助，因为他们在努力达成族群同一性，获得自己对于亚裔、非裔、拉美裔等身份坚定的理解（而不是混乱或早闭）。大的社会环境会提供刻板印象和偏见，父母也会理想化地描述民族英雄和值得自豪的理由（Umana-Taylor et al.，2010），但是每个年轻人都必须塑造自己的同一性，有别于社会或父母所灌输的（Fuligni et al.，2009）。对此，同伴也许是关键（Whitehead et al.，2009）。

社会环境尤其重要。例如，在有多族群的大规模的学校，来自同样背景的朋友能够帮助青少年避免感觉自己漂泊不定和孤独。因为他们共同抵制社会偏见，却与父母们的行为模式和态度保持距离。

社会网络

你已经在第十五章中读到过信息技术的危险了。然而请记住，尽管有些青少年似乎沉迷于电子游戏或互联网，但大部分青少年并非如此。信息技术是一种工具，它有可能加剧抑郁或自我毁灭，但它并非是引发问题的原因。

尽管成人担忧信息技术的负面影响，但在青少年期，信息技术往往能够将朋友们聚到一起（Mesch & Talmud，2010）。发短信和邮件是显而易见的，而玩视频游戏也是这样。现在，许多游戏都让一个玩家与另一个玩家对抗，或者需要几个玩家合作（Collins & Freeman，2013）。信息技术的使用者，包括视频游戏玩家，通常至少和其他青少年一样是外向的和有社会联系的。

尽管大多数社会网络是在彼此熟悉的朋友之间建立的，但是对于那些因性取向、文化、宗教或母语不同而被孤立的青少年而言，互联网可能是他们的救生索或生命线。此外，对于苦苦挣扎于抑

看我摔倒 同伴可能是有帮助的，也可能会带来伤害，但他们从未被忽视。在一个滑板竞技场上，这个男孩的行为在两种情况下被录像记录了下来：在第一种情况中，有一位有吸引力的女性陌生人坐在附近的凳子上；在第二种情况中，旁边没有人（摄像机是隐蔽的）。当女性观察者在场的时候，这个男孩尝试了更多的高难度动作，摔倒的次数也更多（Ronay & von Hippel，2010）。

郁、成瘾和无数其他问题的青少年而言，在线资源有时特别有用，部分原因在于匿名性——不需要让父母和同学知道。

社交聚会 50 年前，十几岁的孩子们会到街头或当地的药店闲逛。现在，他们会到某个朋友的家里聚会。每个人似乎都活在自己的世界里，但是对于青少年而言，展示和讲述是信息技术的一部分。

信息技术催生了一项特殊的职能，它能帮助那些有特殊健康需求的青少年。近些年来，许多青少年拒绝遵从特殊的饮食要求，不愿服药及每月都去看医生，也不愿运动，等等。而信息技术却能够实实在在地拯救生命，正如患有糖尿病的青少年所展示的：他们可以通过手机监控胰岛素水平，通过网络电话与医生交谈，通过网络聊天与其他患糖尿病的青少年病友交流（Harris et al.，2012）。

给青少年父母的问题 你 13 岁的孩子在朋友家过夜后回到家里，顶着一头怪异的新发型，比如用一种奇怪的方式剪过或染过。你会怎么说、怎么做？（答复见第 405 页）

选择朋友

同伴通常是有益的，但是他们也可以使彼此陷入麻烦。在集体中，同伴有时候提供了**偏差行为训练**，即其中一个人向另一个人展示如何违抗社会规范（Dishion et al.，2001）。然而，清白的青少年不会因离经叛道的朋友而堕落。青少年会主动选择朋友和榜样，尽管选择并不总是明智的，但绝不是随机的。

这里有一个发展过程可以追溯：一个青少年在 11 岁时同时存在“问题行为、学校边缘化和学业成绩差”的问题，这导致他 2 年后加入了帮派，之后经历了长达 2 年的偏差行为训练，最后在十八九岁时出现了暴力行为（Dishion et al.，2010，p.603）。这一系列事件并非不可避免，成人需要对 11 岁时被边缘化的孩子进行干预，而不是多年后去责怪他的朋友。

为了进一步理解同伴的影响，需要对两个概念进行审视，即“选择”和“促进”。青少年会选择那些与自己的价值观和兴趣相近的人做朋友，同时也会抛弃那些走上了不同道路的旧友。然后，朋友们会促进破坏性或建设性行为。和朋友一起做错事（“我们周五都逃课吧”）或做好事（“我们一起准备化学考试吧”）更容易。同伴的促进作用有助于青少年采取他们不太可能自行其是的行动。

因此，青少年会彼此选择和促进，选择和被选择。快乐的、精力充沛的、成功的青少年也拥有高成就、没有重大情绪问题的亲密朋友。反之亦然，那些瘾君子、性欲旺盛、在校内被疏远的孩子会选择与自己相容的伙伴。

例如，美国的一项研究发现，“强硬”和“另类”的群体觉得，青少年应当质疑每一条成人的规矩，而“预科”群体则认为父母的权威通常是合理的（Daddis，2010）。芬兰的一项研究发现，学习成绩优异的学生会批评那些重视体育或不学习的学生；反过来，后者也不喜欢优异的学生（Laursen et al.，2010）。

一项针对 14—17 岁同卵双胞胎的研究发现，选择先于促进，而不是相反。双胞胎中后来变得叛逆的个体与更传统的同胞相比，在 14 岁时更多地选择了违法者做朋友（Burt et al.，2009）。一项关于青少年吸烟行为的研究同样发现，选择先于同伴压力（Kiuru et al.，2010）。同伴只是为青少年早就想做的事提供了机会和鼓励。

>> **答复青少年父母**（问题见第 404 页）记住：要沟通，而不是控制。让你的孩子说说他的发型的意义。提醒自己发型本身并无好坏之分。不要说“其他人会怎么看？”或“你嗑药了吗？”，不要提出其他可能使他停止和你沟通的问题。

恋爱

半个世纪以前，Dexter Dunphy（1963）描述了从童年期到青春期，男女两性关系的发展顺序：

1. 有一群朋友，将另一性别者排除在外。
2. 女孩和男孩有着松散的联系，在一个群体中有公共的互动。
3. 群体中的领先分子组成男女混合的小团体。
4. 形成伴侣，有私人的亲密关系。

文化会影响 Dunphy 所罗列的每个事件出现的时间进程和表现方式。但随后，许多国家的研究都验证了这一顺序。全世界异性恋的青少年（甚至其他灵长类动物）在童年期都会回避另一性别的个体，到成人期则被对方所吸引。这一普遍的发展模式表明，生物学是这一顺序的基础。

同伴群体是这个过程的一部分。恋爱中的情侣，尤其是在青少年早期，不是因个人特质而选择彼此，更多的是受同伴欣赏的特质影响。如果一群闺蜜中的核心人物和另一群铁哥们儿中的核心人物结为一对儿，那么两个小团体中其他没有联系的成员往往也会结对。一个典型的例子是足球队和啦啦队的队员——他们经常约会。这两个配对的小团体可以让两人或三人约会，更容易举办一场有男有女的聚会，这也有助于解释为什么青少年情侣在人格特质和态度等方面往往比成年伴侣更少有共同之处（Zimmer-Gembeck & Ducat，2010）。

初恋

青少年的初恋一般发生在高中，比起男孩，女孩更可能拥有稳定的伴侣。专一的承诺当然是理想的，但“欺骗”、调情、移情别恋和不忠很流行，分手也很常见，就像没有回报的暗恋一样常见。所有这些都可能是毁灭性的，因为憎恨和绝望的情绪极有可能导致非理性的复仇或冲动的自杀行为。在这种情况下，同伴支持可能会成为“救命稻草”；而朋友可帮助青少年应对恋爱关系中的跌宕起伏（Mehta & Strough，2009）。

与成人的害怕相反，许多青少年的恋爱并不涉及性行为。2011 年，尽管美国大约 1/3 的高中生到 10 年级前已有过性经历，但还有 1/3 的人到高中毕业典礼前都还是处子（见图 16.4）。不同群体、不同学校、不同城市、不同国家之间的规范差别很大。

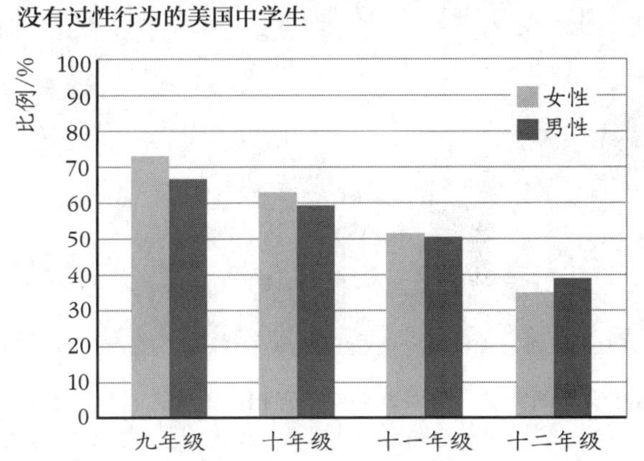

来源：MMWE，2012.7.8.

图 16.4

很多处子　30 年来，青少年风险行为调查面向美国高中生，主要调查了有关其行为的几十个私密问题。如图所示，大约有 1/3 的学生在九年级时就已经有过性经历了，但也有 1/3 的学生直到高中毕业都还没有性经历——近年来，后者在群体中所占的比例逐年升高。其他的研究发现，性行为受到同伴的影响，有些群体成员在 14 岁时就有性经历，而其他群体的成员可能要到 18 岁或更晚才会有初次性经历。

例如，在田纳西州的孟菲斯，有过性行为的九至十二年级的学生比例是旧金山同龄青少年的 2 倍（62% ∶ 28%）（MMWR，2012.7.8）。显而易见，每个城市里又有许多亚群体，每个群体都有自己的标准。父母的影响不容忽视。因此，当亲子关系良好的时候，来自宗教家庭的女孩更倾向于和来自相同宗教背景家庭的男孩成为情侣，他们共有的价值观通常会减缓性活动（Kim-Spoon et al.，2012）。

同性恋

一些青少年会被同性伙伴吸引。**性取向**是指个体性欲的方向。“取向”的一个意义是朝向；因此，性取向指的是一个人是否会被异性、同性或双性个体吸引（触发心动的感觉）。性取向可以是强的、弱的、公开的、隐秘的或无意识的。

在当下的北美和西欧，不仅有两种独立的性取向（同性和异性），还有许多其他取向——双性恋、无性恋、主要为同性恋、坚定异性恋、易性恋，等等（Denny & Pittman，2007）。在 DSM-5 的目录里不再有性别认同障碍这一类，取而代之的是性别烦躁——患有此种症状的个体为自己的性别或性取向感到痛苦。

靠在一起的女孩　这对瑞典女孩互相依偎着，看起来很舒服。这个年纪的许多男孩如果与其他男生离得这么近，可不会想被拍照。世界各地对于在青少年期什么是可接受的朋友间情感的身体表达有自己的文化或性别规范。

显而易见，文化和同辈群体的影响强大。在许多非洲和中东国家，非异性恋的行为被视为犯罪。在整个世界范围内，许多男同性恋为了隐瞒自己的性取向而与异性约会，他们有酗酒行为、自杀意念，滥用毒品的风险也较高。在接受同性恋关系的环境中，特别是在父母确认了孩子的性行为的情况下，隐藏自己的性取向并不常见。至少在美国，不管是同性恋还是异性恋，青少年都有类似的问题和优势（Saewyc，2011）。

令人惊讶的是，性取向在青少年中是可变的。女孩们在有过性体验之后，才更有可能决定自己的性取向；许多成年女同性恋在青少年期也与异性有过性关系（Saewyc，2011）。

在纽约，在性活跃的青少年中，有 10% 的人拥有同性伴侣，但是其中有超过 1/3 的个体认为自己是异性恋（Pathela & Schillinger，2010）。该研究还表明，那些拥有两性伴侣的个体是遭遇性暴力和性传播感染风险最大的人。

性教育

许多青少年有强烈的性冲动，但很少对怀孕和疾病有最起码的理性思考，生理成熟和大脑成熟之间相差 10 年之久，这种现象也许是可以预料到的。数以百万计的青少年担心自己性欲过剩、性欲低下或不正常，他们并没有意识到，也许有成千上万的人跟他们一样。

因此，“学生们似乎会在与性相关的遭遇中摇摆不定，这受到奖励的诱惑和对负面后果的恐惧”的驱使（Wagner，2011，p.193）。他们有太多的东西要学习，他们从哪里学习呢？

给性教育者的问题　试想一下，如果你所在的社区没有成人会跟孩子谈论有关性或青春期的话题。这是不是一个错误？（答复见第 407 页）

来自媒体

许多青少年从媒体中学习性知识，互联网是主要的信息来源。不幸的是，网上经常有令人恐惧（患病性器官的图片）或令人痴迷（色情图片）的内容，而年纪尚轻的青少年特别天真。

观看电视的高峰在青春期，在青少年观看最多的节目中，几乎每小时会出现 7 次与性有关的镜头（Steignberg & Monahan，2011）。这种内容是很诱人的：几乎从不会让电视剧角色患上性传播感染疾病、处理意外的怀孕或者提到使用（更别说使用）安全套。杂志的情况可能更为糟糕。一项研究发现，男性杂志传递给青少年的一个观念是：男性意味着性征服（Ward et al.，2011）。

频繁观看包含性内容的电视节目或者收听相关歌曲的青少年会有更频繁的性活动，但这一相关性存在争议（Collins et al.，2011；Steinberg & Monahan，2011）。青少年到底是因为性活跃才观看性感内容的电视节目，还是媒体使他们卷入了性关系？有分析得出结论，“对青少年性行为最重要的影响可能是家庭而非好莱坞”（Steinberg & Monahan，2011，p.575）。

来自父母与同伴

正如这句话所暗示的，性教育始于家庭。所有研究都发现，父母的明确沟通会影响青少年的行为（Longmore et al.，2009）。然而，许多父母等待太久才与孩子讨论性话题，却为时已晚。他们经常说些陈腔滥调，泛泛而谈，并没有意识到青少年的性行为。针对不同群体的三项研究说明了这一问题：

1. 当问到 12 岁女孩的父母们，他们的女儿是否长时间拥抱或亲吻过一个男孩，或者曾经和年长的男孩一起出去玩（种种迹象表明急需知道一些与性有关的信息），仅有 5% 的父母给出了肯定回答；而 38% 的女孩给出了肯定回答。
2. 14—19 岁非裔和赫蒙青少年很少把自己的恋情告诉父母。例如，一个女孩说，她要和自己的女性朋友看电影（这是事实），但并没有说她们的男朋友也会一起去（Brown & Bakken，2011）。
3. 美国墨西哥裔的母亲告诉她们青少年期的孩子“照顾好你自己”，她们的孩子将此理解为这是对于健康而不是对于避孕的忠告。一些女孩怀孕了，这令她们的母亲既苦恼又惊讶。她们认为自己曾经警告过孩子如果发生性行为就要使用避孕套（Moncloa et al.，2010）。

父母们应当说什么？其实这个问题不该这样问。根据一项针对数千名青少年的纵向研究，对于那些性活跃且最有可能患上性传播感染疾病的青少年，他们的父母往往都警告过他们要远离性。与此相反，拥有温暖的亲子关系的青少年更可能不发生性行为。可见，父母说了什么不如开放式沟通重要（Deptula et al.，2010）。

当父母沉默、严令禁止或言辞含糊时，青少年的性行为尤其可能受到同伴的强烈影响。男孩们更可能从别的男孩那里学习有关性的知识（Henry et al.，2012）。情侣之间也会互相教授。然而，他们所教的更多的是如何获得快感，而非对后果的处理：大多数美国青少年情侣在发生性行为之前，不会共同决定如何避孕和预防疾病；也不会讨论如果避孕措施失败了，该怎么办。

来自教育者

各国的性教育差异很大。大多数欧洲中学的性教育课程一般包括有关自慰、同性恋、口交和肛交、各种避孕方法的具体使用及失败的避孕方式等信息——许多内容在美国课程中几乎都没有，即便在高中也是如此。大多数欧洲国家的青少年怀孕比例不及美国的一半。也许课程就是原因之一，尽管课程显然是更大的文化的一部分，但关于性的文化大相径庭。

在美国，性教育的时机和内容因州和社区而异。一些高中提供全方位的教育、免费的安全套和医疗服务，其他高中则什么都没有。

一些学校在六年级就开始进行性教育；其他学校则等到高三才教。如果性教育开始得早，许多性教育项目能成功地延迟青少年变得性活跃的年龄，也增加了安全套的使用，但有些项目没有任何效果（Hamilton et al.，2013；Kirby & Laris，2009）。

争议的焦点是，是否应该将节欲作为教导青少年的唯一性策略。的确，节制性欲（包括口交）有助于预防性传播感染疾病和怀孕，然而，几个以“节欲”作为唯一策略的项目的纵向数据表明，在青少年参与项目后的 4 ～ 6 年内，结果不尽如人意。例如，实验组（节欲作为唯一策略）和对照组（更综合性的性教育）都有大约一半的青少年在 16 岁就有过性行为了（Trenholm et al.，2007）。

对照组中的青少年稍微知道更多的预防疾病和怀孕的知识，但他们的性活跃程度与单一策略性教育组的青少年类似。

>> 答复性教育者（问题见第 406 页） 是的，但是要原谅他们。理想的情况是由父母和孩子讨论性的话题，提供真实的信息，并倾听他们的担忧。但是，许多父母发现这很难，因为他们感觉尴尬、不被重视。可能需要为 30 岁以上的成人、成年初显期的成人和青少年设置不同的性教育课程。

小 结

与一些成人的想法相反，同伴的压力可以是积极的。许多青少年依靠两性朋友来帮助自己解决青少年时代的关切和烦恼。恋爱在高中是很普遍的，但早期的、排他的、持久的恋爱关系往往是情感烦恼的征兆，而不是成熟的迹象。一些青少年被同性吸引；同性性取向的心理影响取决于青少年的家庭和社区。

媒体和同伴是最常见的性信息来源，但不是最准确的。父母是有影响力的榜样，但是很少有父母在青少年开始尝试性行为之前就提供了详细的、最新的信息。学校教学可

能会有所帮助，但并不是所有的课程都同样有效，不同学校在教授什么以及什么时候教授性知识上有所不同。■

>> 悲伤和愤怒

青少年期通常是一段美好的时光，也许对当代人来说，比以往任何一代都更美好。尽管如此，仍有大约 20% 的青少年遇到了麻烦。大多数疾病都是共病的，也就是说一些问题可能同时发生。要区分病理性的和正常的喜怒无常，以及严重困扰的和些许不安的行为，并不是一件简单的事情。

青少年比年幼的孩子暂时少了些快乐，多了些愤怒，但青少年的情绪经常变化得很快（Neumann et al.，2011）。然而，少数人每时每刻都被负面情绪笼罩着，这些情绪会变得强烈，变成慢性的，甚至是致命的。

抑郁

从童年后期到青少年期，个体总体的情绪趋势是缺乏自信。在不同族群和不同性别的孩子身上都发现了青春期个体自尊的低谷（Fredricks & Eccles，2002；Greene & Way，2005；Kutob et al.，2009；Zeider et al.，2013）。一些研究报告说，此后自尊会有所提升（尤其是非裔美国女孩和欧裔美国男孩），但这些报告各不相同，每项研究都发现了显著的个体差异。

然而，平均而言，女孩的自尊低于男孩，亚裔青少年的自尊低于欧裔青少年，欧裔青少年的自尊低于非裔青少年，年少青少年的自尊低于年长青少年（Bachman et al.，2011）。许多研究报告称，从青少年早期到至少 30 岁，自尊会逐渐提升，但这些研究都发现个体间的差异显著，一些研究也发现每个人都有连续性。严重的抑郁可能会减轻，但很少会消失（Huang，2010）。

父母和同伴会影响自尊，一些社区的抑郁率较低，因为他们促进青少年和成人之间形成较强的支持性关系。差异敏感性意味着一些青少年特别脆弱，而其他人不是。当母亲持好斗、反对和轻蔑的态度时，她们的女儿有些会选择自杀，而其他女孩在基因上受到保护，免受母亲导致的自我责难的困扰（Whittle et al.，2011）。

文化背景是具有影响力的。一种文化准则是**家族主义**——这种信念认为，家族成员应该牺牲个人的自由和成功去照顾彼此。拉美裔年轻人的自尊和民族自豪感比大多数其他群体都高，并且通常会在青春期后明显提升，对于女孩来说，尤其如此（Zeider et al.，2013）。也许青少年女孩在成熟之后能够在许多方面帮助家庭，这种家族主义的表达带来了自豪感。

然而，如果一个拉美裔家庭的特征是斗争和分裂，那么相较于非拉美裔青少年的类似情况，拉美裔青少年的自尊会降低得更多（Smokowski et al.，2010）。对于同性恋青少年来说同样如此，家庭的拒斥显著增加了青少年自杀的风险（Saewyc，2011）。无论来自什么背景，因家庭拒斥而产生低自尊的青少年很可能转而吸毒、寻求性刺激、自残和节食，所有这些往往使得抑郁情绪变得更糟糕。

临床抑郁症

一些青少年陷入**临床抑郁症**——一种深切的悲伤和绝望破坏了所有正常的、有规律的活动。它产生的原因可能来自基因、早期照料、青春期提前。青春期的开始（通常伴随躯体变化和情绪的起伏）把一些脆弱的孩子，尤其是女孩推向绝望。在这段时间内，临床抑郁症的发病率增加了一倍以上，大约是 15%；大约有 1/5 的女孩和 1/10 的男孩受到影响。

性激素可能是部分原因，但是女孩们还会受到来自家庭、同伴和文化的社会压力，而男孩则不会（Naninck et al.，2011）。或许，生理和心理社会压力的结合导致一些人陷入抑郁。基因也参与其中。

一项研究发现，5–羟色胺转运体启动基因（5-HTTLPR）的短等位基因增加了各地女孩患抑郁症的概率；但它只会增加那些生活在低社会经济地位社区的男孩的患病风险（Uddin et al.，2010）。某些基因更容易导致抑郁，这并不奇怪，但令人费解的是，社区对男孩的影响比女孩大。也许令女孩抑郁的社会环境因素植根于文化，因此无论住在哪里，女孩都会受到影响；但男孩是受到保护的，除非他们生存在工作机会、成功的男性榜样和鼓励都很稀缺的环境下，才会受到影响。

对于抑郁症的性别差异的一个认知解释集中在沉思或**反刍**（或反复回味）上，即反复谈论、回忆和在脑海中回放过去的经历。相比男孩，女孩更经常反复回味，而这种反刍常导致抑郁（Michl et al.，2013）。因此，如果母女二人经常反复回味母亲的问题，那么这种亲密的母女关系可能会变得令人抑郁（Waller & Rose，2010）。

自杀

想要终结自己生命的严重的、沮丧的想法（被称为**自杀意念**）在 15 岁左右最常见。2011 年，青少年风险行为调查显示，超过 1/3（36%）的美国高中女孩在上一年中感觉无望，进而停止了 2 周或更长时间的一些日常活动，并且几乎有 1/5（19.3%）的女孩认真考虑过自杀。男孩的相应比例分别是 22% 和 12.5%（MMWR，2012.7.8）。

自杀意念能够导致**准自杀**，也被称为自杀未遂或失败的自杀。准自杀包括任何有可能致命的故意自残行为。相比自杀“未遂”，准自杀这个词更好，因为自杀未遂或失败的自杀把死亡当成目标，意味着死亡即是成功；自杀“企图”同样带有误导性，因为特别是在青少年期，企图自杀和实际自杀的区别可能只在于运气好坏，以及是否救治迅速，而不是意图（杀死自己）。

正如图 16.5 所示，准自杀可分为需要医疗看护（手术、洗胃等）的和不需要医疗看护的，但任何一类准自杀都是一种警告。如果还有下一次，这个人可能真的会死。

全世界青少年的准自杀率大致在 6% ～ 20%。2011 年，在美国高中生中，9% 的女孩和 6% 的男孩在上一年尝试过自杀（MMWR，June 8，2012；见图 16.5）。

尽管自杀意念在青少年期较为普遍，但自杀身亡的很少。美国 15—19 岁（在校或不在校）的青少年每年自杀身亡的比例为 8/100 000，也就是 0.008%，这是 20 岁和 20 岁以上成人的一半。

因为青少年思维缺乏逻辑性与分析性，所以当他们通过媒体或同伴得知自杀事件时，尤其容易受到影响（Insel & Gould，2008），这使得他们更容易卷入**集体自杀**，即在短时间内，一个群体内发生多起自杀事件。

除了中国，每个大国的女孩都更可能尝试自杀，但男孩们更可能自杀身亡。在美国，青少年男孩自杀身亡的常常是女孩的 4 倍（National Center for Health Statistics，2012）。原因可能是自伤方式不同：男性会选择跳楼或开枪自杀（立即致命），而女性经常大量服用药品或割腕，这使得他人有时间与之对话、实施干预，或允许自杀者重新考虑。

2011年美国高中生自杀意念和准自杀行为状况

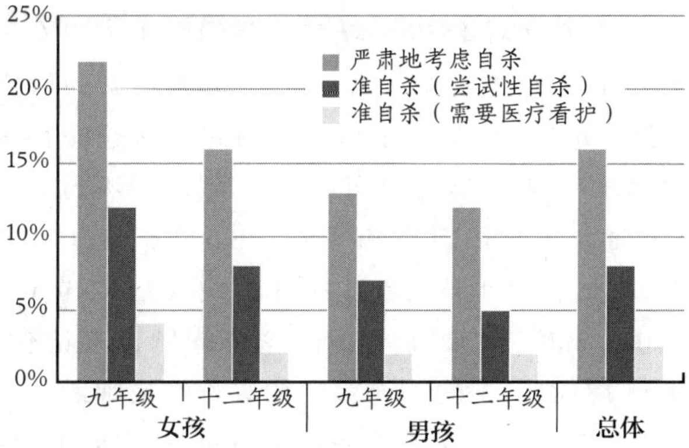

来源：MMWR，June 8，2012；National Center for Health Statistics，2012e.

图 16.5

悲伤的想法 青少年自杀死亡的情况较少，但强烈的自杀意念很常见。抑郁和准自杀女孩比男孩更常见，但即使在男孩中，比例仍然很高。有三个理由怀疑男孩的比例可能被低估，因为：（1）男孩往往很少愿意表露自己的情绪；（2）男孩认为尝试自杀未遂是怯懦（非男子气）的行为；（3）男性的自杀成功率高于女性。

给新闻工作者的问题 你刚听说一个十几岁的啦啦队的队长跳楼身亡。你应该怎么报道这件事？（答复见第 410 页）

违法行为和过失行为

和低自尊及自杀意念一样，爆发愤怒在青少年期也是常见的。事实上，喜怒无常的青少年往往可能沮丧并伴有不良行为，因为相较于其他年龄段，在青少年期，外化行为和内化行为结合更紧密（Loeber & Burke，2011）。因攻击他人（外化行为）而入狱的青少年有自杀的风险（内化行为）。

外化行为很明显。许多青少年会摔门而出、诅咒父母、告诉自己的朋友其他青少年（或兄弟、老师）有多糟糕。一些青少年（尤其是男孩）会做出违法行为。他们会偷窃，破坏他人财物，或者伤害他人（参见“对立的观点”专栏）。

违法犯罪

相较于其他时期，在青少年期，犯罪行为的流行（有多普遍）和发生（有多频繁）都更普遍。

每个国家的逮捕统计数据都反映了这一事实，并且私密的自我报告揭示，几乎每个青少年在 20 岁之前都至少有过一次违法行为。只有大约 1/4 的年轻违法者被捕了，大部分人受到了警告并获释（Dodge et al.，2006）。

一项针对 1559 名城市七年级学生（男女两性，所有族群，来自地方和公立学校）的研究表明，超过 3/4 的人承认至少有过一次违法行为（偷东西、破坏财物或伤害他人身体）。不过，青少年通常不是长期的犯罪人：在这项研究中，不到 1/3 的被试承认曾经违法 5 次或以上（Nichols et al.，2006）。要正确看待这个问题，请记住，对于 18 岁以下的人而言，购买香烟或啤酒、与未成年人发生性关系、逃课或不遵守当地的宵禁令都是违法的。

对犯罪供词的研究否认青少年往往是重刑犯的观念。在美国，大约有 20% 的供词是虚假的：也就是说，一个人承认自己没有犯罪。虚假供述在青春期更可能发生，部分原因是青少年的大脑发育尚未成熟，部分原因是青少年想要帮助家人，取悦成人——包括警察（Owen-Kostelnik et al.，2006；Steinberg，2009）。

>> 答复新闻工作者（问题见第 409 页）　既然青少年会寻求同伴的认可，就要注意不可美化受害者的生命或死亡。告知他们一些事实是必须的，例如，容易被忽略的预警信号，或者饮酒的注意事项等。应该避免呈现突出的标题和内容，以免鼓励青少年做出同样的事情。

对立的观点

青少年的愤怒是必要的吗？

青少年挑战和不服从权威是正常的吗？也许青少年需要通过一些违法行为、诅咒某些成人、反抗父母等方式建立自己的同一性，并成为独立的成人。这一观点最著名的支持者是安娜·弗洛伊德（Anna Freud；她是西格蒙德·弗洛伊德的女儿，她自己也是一位杰出的精神分析师）。她是这样描述青少年对父母权威的抵制：“受欢迎的……有益的……不可避免的。”她解释道：

> “我们都知道个别儿童，甚至直到 14、15 或 16 岁，都没有展现出表达内在不安的外部证据。就像他们在潜伏期一样，依照他们童年背景的氛围、观念和理想，仍然是“好”孩子，沉浸在家庭关系中，是妈妈体贴的儿子，顺从他们的父亲。虽然这样做可能很便利，但这也意味着正常发展的延迟，而这是必须严肃对待的标志。”
>
> （A. Freud，1958/2000，p.263）

与安娜·弗洛伊德不同，许多心理学家、大部分教师以及几乎所有的父母都很喜欢行为端正、善解人意的青少年。大多数青少年通常都遵纪守法，他们的合法合规并不能预测日后的情绪爆发或崩溃。事实上，根据第一章首次提到的历时 30 年的新西兰研究显示，到 26 岁，从未被逮捕过的男性都拿到了学位，“拥有高地位的工作，并对自己的未来表示乐观”（Moffitt，2003，p.61）。一些心理学家认为，青少年叛逆是一种社会建构，一种由西方成年人创造并认可的观念。但在亚洲国家，这并不被认可，也很少见（Russell et al.，2010）。

许多纵向研究证实，大多数青少年会学着用可被社会接受的方式表达自己的愤怒。只有少数人具有爆发性：打碎物品、伤害某人。那些不叛逆的青少年发展良好，具有爆发性的青少年也能学习调节自己的愤怒。

你持哪种观点呢？你的个人经历、对青少年时期的回忆表明叛逆是正常的吗？或者，你认为在青少年期尊重成人，尤其是父母，才是正常的，由此引导青少年走向健康的成年期？

一名研究青少年犯罪的首席研究员说，我们需要区分两类青少年违法者。大多数青少年是**仅限青少年期犯罪者**，他们的犯罪行为在 21 岁就停止了（Moffitt，2003）。他们和朋友共同犯罪，受他们选择的反社会同伴怂恿。这类群体中的男孩多于女孩，但有些帮派包括两性成员（青春期晚期违法的性别差异比之前小）（Moffitt et al.，2001）。

另一类违法者是**终生持续犯罪者**（Moffitt，2003），他们在青春期前后，包括青春期内，都有违法行为。他们的违法行为通常是独自的，而非是帮派成员的一部分，原因可能是神经功能的损伤（可能是天生的，也可能是早期经历引起的），相伴而来的症状还包括来自童年期的语言和学习障碍。

这两类青少年的犯罪记录也许类似。然而，如果仅限青少年期犯罪者能够避免踏入各种陷阱（比如，辍学、坐牢、吸毒、早生育），他们就会摆脱犯罪行为。这得到了其他研究的证实：没有被监禁的违法青少年很少在成年早期成为罪犯（Monahan et al.，2009）。

违法犯罪的原因

分析青少年违法犯罪的可能性的方法之一是考虑早期的（发展）模式，并在警察介入之前阻断不良行为。如前面章节所解释的，父母和学校需要发展和孩子的强有力的保护性关系，教他们如何调节情绪并鼓励亲社会行为。

在青少年期，有三条路径会带来可怕的后果：

1. 固执可能会导致反抗，从而造成离家出走——离家出走的人往往是受害者，也是犯罪者（例如，沦为妓女或小偷）。
2. 商店行窃可能会导致纵火和入室行窃。
3. 欺凌可能导致攻击、强奸和故意杀人。

每条路径都需要不同的应对方式。在个体更为成熟或更少冲动的愤怒占上风之前，第一种路径的叛逆性可以被引导或限制。第二种路径中的青少年则需要更强的人际关系和道德教育。第三种路径的问题最严重，正如第十章和第十三章所解释的那样，这些青少年的欺凌行为本应尽早被制止。在任何情况下都有早期预警信号，干预得越早越有效（Loeber & Burke，2011）。

在过去 20 年中，美国和许多其他国家的青少年犯罪率都有所下降。与 1990 年相比，现在 18 岁以下因故意杀人而被逮捕的青少年人数减半。几乎在每一种犯罪中，男孩们被捕的频次至少是女孩的 2 倍。

对于犯罪率下降或性别差异的解释，众多学者尚未达成共识。就性别而言，的确，每个年龄的男孩都更具有明显的攻击性和叛逆性，但这可能是后天而不是天生的（Loeber et al.，2013）。一些研究发现，女性的攻击对象通常仅限于家人或朋友，因此不太可能导致被捕。

关于青少年犯罪率的下降有许多可能的原因：更少的高中辍学率（更多的教育意味着更少的犯罪）；更明智的法官（现在可以选择社区服务作为一种惩罚）；更好的警察系统（因轻刑被捕率增加，这可能给父母敲响警钟）；更小的家庭规模（父母分给家中 2 个孩子的关注多于分给 12 个孩子的关注）；更好的避孕方式与合法堕胎（在父母的期盼中降生的孩子几乎不可能成为罪犯）；更严格的禁毒法律（酗酒或吸毒增加了犯罪）；更多的移民（他们更遵守法律）；更少的铅中毒（早期铅中毒会损伤大脑功能）。更多原因不再详述。

尽管如此，青少年仍比成人更可能触犯法律。具体来说，15 — 17 岁的被捕率是 18 岁以上的 2 倍。几乎所有犯罪（欺诈、伪造和贪污除外）的情况都是如此（FBI，2013）。入狱会增加将短暂的叛逆变为终生犯罪模式的机会，但是就像抑郁症一样，那些愤怒的青少年不容忽视。

小　结

与其他年龄段的人相比，许多青少年经历了突如其来的、极端的情绪，进而导致强烈的悲伤或爆发性愤怒。支持性的家庭、朋友、社区和文化通常可以包容并引导这种情绪。然而，对于一些青少年而言，他们的情绪不受其社会环境的制约和强化。这种情况可能导致准自杀（自杀未遂；尤其是女孩）、轻微的违法犯罪（男女两性），而很少导致完成自杀或入狱（尤其是男孩）。在童年期和青少年早期犯罪的路径中就可见端倪：那也是干预最有效的时期。

>> 药物使用和滥用

激素激增，大脑的奖励中心和认知的不成熟使得青少年特别容易被药物所引发的感觉所吸引。但他们不成熟的身体和大脑导致药物使用变得尤其危险。

药物使用的差异

大多数青少年都会尝试使用精神活性药物，这种药物能够激活大脑。对发展学家来说（但不是警察），香烟、酒精以及许多处方药与大麻、可卡因和海洛因等非法毒品一样，都具有成瘾性和破坏性。

年龄趋势

药物使用的流行率和发生率大致在 10—25 岁时会有所增长，随后下降。在 18 岁之前的药物使用情况是之后药物滥用的最佳预测指标。许多研究发现，15 岁之前饮酒和吸烟是一个不祥的征兆：它与抑郁、性虐待、欺凌和后来的成瘾相关（Merikangas & McClaire，2012；Mennis & Mason，2012）。不满 15 岁就有男朋友的少女更容易遭受早期药物使用和之后药物成瘾的困扰（Poulin et al.，2011）。

只有一类药物的使用会随着年龄的增长而减少——吸入剂（喷雾剂、胶水、清洁剂所产生的气体）能够导致大脑损伤甚至死亡。可悲的是，最年少的青少年使用吸入剂却最多，因为他们不能从认知上合理地分析风险。亲密的家庭关系具有保护作用（Baltazar et al.，2013），但许多父母并不知道孩子们使用吸入剂的情况。

地点、代际和性别差异

各国药物使用的情况差异很大。想想最常见的两种药物：酒精和香烟。在大多数欧洲国家，酒是每顿晚餐的一部分，孩子和成人一样也会喝一点。在中东的大多数国家，酒是非法的，青少年几乎从不饮酒。唯一可用的酒是非法调制的，非常难喝并且有致命的危险——在近期的一次事故中，有 7 名年轻的伊朗男子因摄入此种酒而身亡（Erdblink，2013）。

香烟随处可见，但各国间的差异显著。在许多亚洲国家，身处任何地点的任何人都可以吸烟；在美国，青少年被禁止购买香烟或吸烟，并且有许多场所禁止任何年龄的人吸烟。尽管如此，40% 的美国高中高年级学生都曾吸烟（Johnston et al.，2012）。在加拿大，香烟广告是不合法的，并且香烟的包装盒上有病变的肺部和腐烂的牙齿的图片等。只有 14% 的 15—19 岁加拿大青少年吸烟。

国内差异同样明显。美国大部分高中高年级学生都喝过酒（70%），并且几乎半数的人曾抽过烟或大麻——但仍有一个重要的少数群体（大约 25%）从未使用过任何毒品。

同辈群体之间也存在明显的差异，即使在几年后也如此。自 1976 年以来，美国大部分药物使用量都有所下降［见图 16.6（彩）］，其中大麻的使用量下降得最为显著。最近，合成麻醉剂和处方药的使用也有所减少（Johnson et al.，2012）。

一些纵向数据表明，毒品的可及性对使用并没有太大影响：大部分高中生表示，如果他们愿意，他们就能够轻易地拿到酒、香烟和大麻（MMWR，2012.7.8）。然而，对于风险的感知因同辈群体而异，这对于药物使用有很大的影响。

给警察的问题 你看见一群 15 岁左右正在上学的青少年在当地的一个公园喝啤酒。你会怎么做？（答复见第 413 页）

除了个别情况，青少年男孩一般会比女孩使用更多的药物，且使用得更频繁，在美国以外的地区更是如此（Mennis & Mason，2012）。例如，一项国际调查以 131 个国家的 13—15 岁的青少年为研究对象，结果发现更多的男孩是烟民（一些欧洲国家除外）；在东南亚，吸烟的男孩是女孩的 3 倍（Warren et al.，2006）。

这些性别差异被社会建构中关于男女两性行为的适宜性进一步强化。例如，在印度尼西亚，38% 的男孩吸烟，但吸烟的女孩的比例只有 5%。一位印度尼西亚男孩解释道："如果我不吸烟，我就不是一个真正的男人"（引自 Ng et al.，2007）。

在美国，女性吸烟的比例少于男性（对于高中高年级学生而言，女孩和男孩的吸烟率分别为 15% 和 21%），但她们在较小的年纪就喝过酒（Johnston et al.，2010）。身体意象对于两性而言很重要，进而导致了药物使用的差异：男孩摄入类固醇，女孩则使用减肥药。【**生命全程链接：**第十四章论述了身体意象对发展的影响。】

药物的危害

许多研究者发现，在成熟之前使用药物更有可能伤害躯体和大脑的发育。然而，青少年更倾向于否认自己可能会对药物上瘾。很少有青少年注意到成瘾的整个过程，他们不知道自己或朋友何时从过去的使用（实验）变成滥用（遭受伤害），然后成瘾（需要药物缓解紧张、焦虑、难受和痛苦）。

给经常在社交场合饮酒的父母的问题　你曾听说父母应当允许孩子们在家饮酒，教他们负责任地饮酒，不要在别处喝醉。这样的做法明智吗？（答复见第 415 页）

每种药物都有特定的危害。烟草的一个明显的负面影响是它会有损消化和营养吸收并减缓发育。比迪烟[①]、雪茄、烟斗、咀嚼烟草和香烟都有这种影响。因为内部器官在身高激增后持续发育直至成熟，似乎已长大成人的青少年使用药物可能会对他们正在发育的心脏、肺、大脑和生殖系统造成损害。

在北美地区，酒精是最常见的被滥用的药物。大量饮酒会损害海马体和前额叶皮层，进而损害记忆力和自控力，并且有可能造成大脑内奖赏回路的终生紊乱（Guerri & Pascual，2010）。青少年期是特别敏感的一个时期，因为与其他年龄段相比，大脑内与快乐相关的区域在青少年期更容易受到酒精的强烈影响。这使得青少年更少意识到那种“令人沉醉、厌恶、镇静的效果”（Spear，2013，P.155）。青少年期饮酒对大脑的危害通过以小鼠为被试的对照实验证实，并且结果似乎也能推论到人类。

在许多人（尤其是青少年）看来，大麻似乎是无害的，一部分原因是使用大麻的人看起来更放松而不是更沉醉。但是经常吸食大麻的青少年更可能辍学、在青少年期早早当上父母、抑郁，以后也更有可能面临接踵而来的失业。

大麻会影响记忆力、语言能力和动机（Lane et al.，2005）——所有这些能力在青少年期都有重要作用。澳大利亚的一项研究发现，在 20 岁之前即使只是偶尔吸食大麻（一周一次），也会对 10 年后的发展造成影响（Degenhardt et al.，2010）。

一些研究者怀疑以上结果仅仅是相关性的，而非因果。事实上，抑郁或被虐待的青少年更有可能使用药物，然后这些青少年很可能变得更为抑郁、进一步受虐待。也许是青春期的压力导致使用药物，而不是反过来。

然而，纵向研究表明，药物使用引起的问题多于能解决的问题，它经常先于焦虑障碍、抑郁和叛逆出现（Chassin et al.，2009；Meririnne et al.，2010）。对于双胞胎的纵向研究（允许控制基因和家庭环境的影响）发现，尽管许多问题在使用毒品前就存在，但是使用药物本身又增加了问题（Lynskey et al.，2012；Korhonen et al.，2012）。

大麻经常是较富裕的青少年的首选药物，在沾染大麻后，他们在学校取得成就会变得动力不足，并且更有可能发展出其他问题（Ansary & Luthar，2009）。看起来，他们并不是因为缺乏抱负才沾染上大麻的，而是沾染大麻摧毁了抱负。

>> 答复警察（问题见第 412 页）　避免两种极端：不要让他们认为这种情况是无害的或严重的。你可以将他们带回警察局，并叫他们的父母来。这些青少年可能不会终生持续罪犯；监禁他们或将他们与其他违法者放到一起有可能鼓励更多的犯罪。

预防药物滥用：什么方法有效？

药物使用是一个过程，始于社交场合，终于孤独之境。青少年首次使用药物时通常是和朋友一起；在社交场合偶尔使用药物通常似乎是表达友谊或团结的方式。麻烦出现的一个早期信号是学习成绩变差，但很少有人能及早注意到（见“可视化发展”专栏）。

然而，2012 年的“监控未来”研究项目发现：

- 24% 的高中高年级学生报告自己在过去 2 周内，曾经一次性喝下 5 杯酒。
- 9% 的高中生在过去 1 个月内每天吸烟。
- 6.5% 的高中生每天吸大麻。

（Johnston et al.，2012）

这些数据通常是不幸的预兆，暗示着药物成瘾会随之发生。另一个问题是合成大麻（俗称“香料”）。直到 2009 年，合成大麻才被广泛使用；2011 年，有 11% 的高中高年级学生曾经吸食合成大麻（Johnston et al.，2012）。尽管处方药的使用看起来无害，因为处方药最初的来源是医生，但许多青少年已经对处方药成瘾。

请记住，大多数青少年都认为自己是例外，有时感觉自己是无敌的，有时极度害怕社会的不赞同，但几乎从不担心自己会成瘾。他们很少能意识到每一种精神活性药物都会刺激边缘系统，并干扰前额叶皮层。

因为这些神经生理反应，药物使用者会更情

① 一种印度产两端尖的雪茄烟。——译者注

可视化发展

有多少青少年在上学？

上中学既是一个心理社会性话题，也是一个认知话题。一个青少年是否上中学反映了社会环境的各个方面，包括国家政策、家庭支持、同伴压力、就业前景和其他经济问题。随着中学入学率的降低，17 岁以下的女孩的暴力行为、违法犯罪行为、贫穷率和生育率都有所增加。

没有上学的 12—15 岁青少年的比例 / %

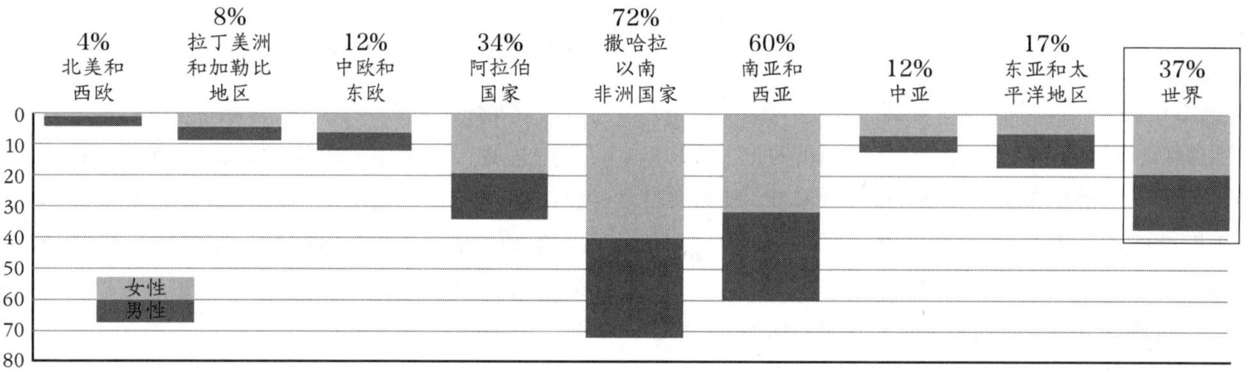

部分国家的中学毕业率 /%

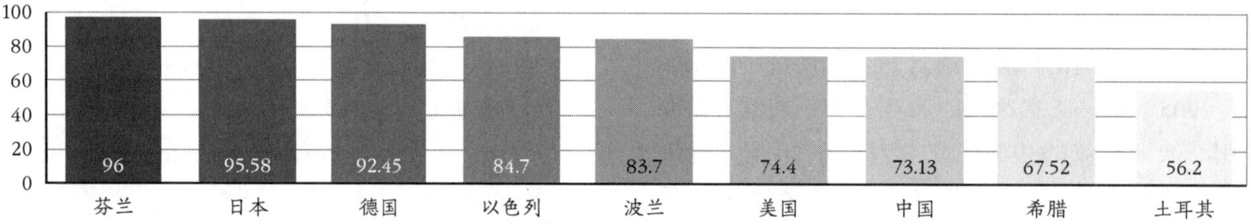

绪化（从狂喜到恐惧，从偏执到暴怒），同时也更少反思——对于没有使用药物的青少年而言，这两个问题也是存在的。所有的危险，包括车祸、不安全性行为和自杀，在服用精神活性药物的青少年中都更常见。

和生活中其他许多方面一样，对于使用有害的药物，每一代人都更喜欢亲身尝试。这一普遍现象被称为**代际遗忘**，指的是每一代新人都忘记了上一代人的教训（Chassin et al.，2009；Johnston et al.，2012）。对老一辈人的不信任增加了青少年对自己同伴的忠诚，不仅仅导致了代际遗忘，还引起了强烈的反弹。如果一个朋友因吸毒而昏迷，青少年会试图保护朋友，不让成人知晓，而非寻求医疗救助。如果成人禁止青少年做某事，这可能会成为青少年选择尝试的理由。

一些采用恐吓战术的反毒品课程和广告[比如，抵制毒品滥用教育倡议书（Drug Abuse Resistance Education initiatives）或电视广告，将鸡蛋放进滚烫的平底锅中，并辅以广告词"这就是你嗑药时的大脑"]是无效的，反而会让毒品看起来更吸引人。烟草公司制作的反吸烟公告（比如，让一个帅气的年轻人劝告观众在吸烟前要三思）事实上会增加香烟的销量（Strasburger et al.，2008）。

这并不意味着试图阻止早期的药物使用是无望的。在佛罗里达州和加利福尼亚州，公共卫生倡导者开展的大规模广告宣传活动几乎将青少年烟民的数量削减了一半，部分原因是这些宣传吸引了年轻人。一个有效的广告描绘了一群青少年在一家烟草公司的总部前倾倒了1200个装尸袋的画面，以凸显在美国每天都发生的与吸烟有关的死亡数据（Farrelly et al.，2005）。在这个反烟草公司的广告中，带有颗粒感的黑白画面（就像是某青少年在10年前所拍摄的一样）产生了影响。

父母的榜样和社会变化都会带来不同。在整个美国，较高的价格、有针对性的警告和更好的执法导致年少青少年吸烟人数显著下降。2012年，只有5%的八年级学生在过去一个月内抽过烟；而1996年，吸烟数据是21%（Johnston et al.，2012）。（其他药物的使用并没有减少太多。）

看前三章和过去40年美国的情况可以大致发现，普遍的生物过程并不会导致普遍的心理社会性问题。青少年生育率和堕胎率锐减（第十四章）、高中毕业生人数不断增加（第十五章），以及合法或非法药物的使用量下降，这些现象在许多国家都是显而易见的。青少年期始于青春期，这是普遍的，但接下来会发生什么，将取决于父母、同伴、文化和社会等因素。

>> **答复经常在社交场合饮酒的父母**（问题见第413页） 不。酒精对于年轻的大脑而言尤其有害。最好只在你的孩子不在身边的时候饮酒。被鼓励与父母一起饮酒的孩子更有可能在成人不在场的时候饮酒。事实上，青少年是很叛逆的，即使你禁止，他也有可能饮酒。但是如果你允许他们饮酒，他们可能会用其他毒品来反叛。

小　结

全世界大多数青少年都会尝试使用药物，通常是吸烟和饮酒。药物使用和滥用依年龄、文化、同辈群体、法律和性别而异。在一些国家，几乎所有的青少年都会使用其他国家的青少年从未尝试过的药物。在青少年早期使用药物尤其有高风险，因为许多药物会降低学习的效率、延缓发育、损害正在发育的大脑，并使后期更可能成瘾。代际遗忘可能是导致每一代同辈群体都有不同的药物使用模式的原因之一，许多禁毒举措都失败了，但其他努力成功了，比如设计良好的广告、公共教育和外包装设计。总体趋势还是积极的：与几十年前相比，在美国和许多其他国家，药物使用率较低（虽然并不是所有药物）。

本章总结

同一性

1. 青少年期是一个自我发现的时期。根据埃里克森的理论，青少年要在这一时期寻找自身的同一性，重新审视家庭及文化的传统和价值观。
2. 许多年少的青少年没有探索可能性或者未经历角色混乱就提前结束了对同一性的选择（早闭）。年龄稍长的青少年可能会寻求同一性延缓。相比半个世纪之前埃里克森首次提出同一性概念的年代，当代青少年的同一性达成要花费更长的时间。
3. 同一性达成发生在许多领域，包括宗教、政治、职业和性。在人的一生中，这些领域都很重要，但自从埃里克森和马西亚最初描述它们以来，时间、环境以及常用的术语都已经改变。职业认同和性别认同的达成在青少年期尤其困难。

与成人的关系

4. 父母继续影响着正在成长的孩子，尽管他们会因小问题而争吵不休。在理想情况下，家庭内部仍旧保持着良好的沟通和温暖的氛围，同时父母的监控减弱，青少年发展出自主性。
5. 在冲突发生的时间和父母监控的细节方面存在文化差异。太多的父母控制或忽视都是有害的。父母需要在给予青少年自由和提供指导上寻找平衡点。
6. 父母之外的成人有时候也为青少年提供了重要的指导和榜样。成年亲属、教师、宗教或社区领袖，甚至公众人物，都有影响力。

同伴的影响力

7. 同伴和同伴压力可能是有益的，也可能是有害的，这取决于特定的朋友。青少年会选择自己的朋友，包括其他性别的朋友，朋友们会促进建设性的或破坏性的行为。
8. 青少年会寻求同伴的认可，有时候要通过冒险行为获取这种认可。
9. 和成人一样，青少年也会经历不同的性需求，可能会卷入短期或长期的恋爱关系，这在一定程度上取决于他们的同伴群体。寻找一生的伴侣是一个漫长的过程，通常涉及情感的跌宕起伏。早期的、排他的性关系通常是情感不成熟的迹象。
10. 一些年轻人的性取向是指向同性恋的。依据文化和同辈群体的不同，他们的青春期可能比其他人更为艰难，有受欺凌的风险，或者更糟。
11. 许多青少年通过同伴或媒体学习有关性的知识——这些来源的信息并不全然准确。在理想情况下，父母是最好的性教育者，但许多父母是沉默和幼稚的。
12. 大多数父母希望学校对青少年进行性教育。在不同的国家，性教育有很大差异，有些国家从小学就开始提供综合性的性教育。在美国，没有合适的课程（包括单一的节欲教育）能够显著改变青少年性活跃的年龄，虽然有些课程有助于减少怀孕率和性传播感染。

悲伤和愤怒

13. 几乎所有青少年的自我意识和自我批判性都有所提升。一些青少年会变得长期悲伤且沮丧。许多青少年（尤其是女孩）考虑过自杀，有些人会去尝试自杀。很少有青少年真的自杀成功；这样做的大多数都是男孩。
14. 至少在西方社会，尽管大多数人对父母仍抱有敬意，但几乎所有青少年在成长中都变得更为独立，也更易愤怒。违法犯罪行为和瞬间爆发的愤怒是很常见的；男孩比女孩更可能因暴力犯罪而被捕。
15. 对于仅限青少年期犯罪者，应防止他们伤害自己或他人；他们的犯罪行为将随着成熟而终止。终生持续犯罪者在童年期具有攻击性，可能在成年期继续如此。

药物使用和滥用

16. 大多数青少年都尝试使用过药物，尤其是酒精和香烟。尽管这类物质会损害躯体和大脑的发育。社会文化对具体药物的使用和使用频率有强有力的影响。年龄、性别、社区和父母等因素同样有影响。
17. 预防和节制青少年的药物使用和药物滥用是可行的。禁毒项目和广告信息需要精心设计，以免出现反弹或代际遗忘。

关键术语

代际遗忘（generational forgetting，p.415）
反刍（rumination，p.408）
父母监控（parental moni-toring，p.402）
集体自杀（cluster suicides，p.409）
家族主义（familism，p.408）
仅限青少年期犯罪者（adolescence-limited offender，p.411）
角色混乱（role confusion，p.396）
临床抑郁症（clinical depression，p.408）
偏差行为训练（deviancy training，p.404）
同伴压力（peer pressure，p.403）
同一性达成（identity achievement，p.396）
同一性对角色混乱（identity versus role confusion，p.396）
性别认同（gender identity，p.398）
性取向（sexual orientation，p.406）
延缓（moratorium，p.396）
早闭（foreclosure，p.396）
终生持续犯罪者（life-course-persistent offender，p.411）
准自杀（parasuicide，p.409）
自杀意念（suicidal ideation，p.409）

你学到了什么？

1. 埃里克森所说的第五阶段的危机是什么？它在青少年期是如何解决的？
2. 同一性早闭和同一性延缓有何区别？
3. 为什么同一性早闭与同一性达成相比，被认为是不太成熟的选择？
4. 为什么对于当代的青少年而言，达成职业认同还为时过早？
5. 在青少年宗教认同和政治认同的形成过程中，父母扮演着什么样的角色？
6. 50年前，大部分成人对性认同持有什么样的假设？
7. 为何青少年经常和父母争吵？
8. 在什么时候父母监控是亲子关系良好的标志？在什么时候不是？
9. 对于青少年而言，父母和父母以外的成人所带来的影响有何不同？
10. 对于青少年而言，父母和同伴的影响有何不同？
11. 为什么许多成人都误解了同伴压力的作用？
12. 在帮助一个青少年达成族群认同的时候，父母、同伴和社会起到了什么作用？
13. 青少年期和成年期的友谊有何不同？
14. 青少年的恋爱何时是健康的或不健康的？
15. 文化如何影响性取向？
16. 青少年通常向谁学习性知识？
17. 学校的性教育有哪些变化？这将如何影响青少年的性行为？
18. 青少年的悲伤和临床抑郁症有何区别？
19. 为什么许多成人认为青少年自杀很普遍，但事实并非如此？
20. 反刍（反复回味）对抑郁和自杀的性别差异有何影响？
21. 为什么与以后的其他阶段相比，在青少年期发生群体性自杀的情况更普遍？
22. 仅限青少年期犯罪者和终生持续犯罪者有何相似之处？
23. 为何精神活性药物在青少年期特别诱人？
24. 为何精神活性药物在青少年期特别具有破坏性？

应 用

1. 采访在不同规模的学校或在另一个国家度过了青少年期的人，询问其高中的同伴关系。描述并讨论你所发现的差异。
2. 找一篇报道青少年自杀的新闻。你能发现报道中被忽略了的警示信号的证据吗？报道是否在无意中鼓励了群体性自杀行为？
3. 研究表明，大部分青少年都曾有过违法行为，但很少被逮捕和被监禁。采访 10 位同学，问问他们是否在未满 18 岁时有过违法行为。如果有，多久做一次违法行为，以什么方式违法，结果如何（向他们保证你会保密）。你对你的同辈群体的违法行为提出了什么假设？
4. 对于儿童、青少年和成人的药物使用，不同的文化有不同的标准。采访三位来自不同文化背景的人（不需要来自不同国家；每种职业、代际或宗教都可以被称为不同的文化），问问他们的文化关于药物使用的标准，并让他们解释出现各种差异的原因。

第五部分 12—18 岁的发展成果

青少年期

生物社会性

青春期开始 青少年期始于青春期，随着儿童身体的发育（生长突增），性征也更明显。HPA 轴和 HPG 轴的激素影响发育、性成熟以及身体的昼夜节律，这个变化使得青少年在深夜更清醒。青春期开始的正常时间大概是 8—14 岁。

发育和营养 许多青少年经常吃快餐、喝苏打水，而不是吃家庭正餐和牛奶，因此铁元素和钙元素摄入不足。有些青少年有严重的饮食障碍，如神经性厌食症或暴食症等。边缘系统的成熟比前额叶皮层快，结果导致青少年更可能冲动行事。

性成熟 两性在青春期都会经历激素水平激增，获得新的生育潜能，第一性征和第二性征也会更加明显。每一个青少年都会对性活动更感兴趣，但也有早孕和性侵等可能的危害。

认知

逻辑与自我 青少年的思维方式不同于年幼儿童。皮亚杰强调青少年具有新的分析能力——运用抽象逻辑（部分形式运算思维）。青少年运用两种认知模式，直觉式思维和分析式思维。与形式运算思维不同，直觉式思维是经验性的、快速的、冲动的；直觉式过程有时候排挤分析式过程。信息技术是把双刃剑，有积极和消极方面。积极作用包括通过在线联结强化学习、促进社会交往、减少孤独感等。消极作用在网络欺凌和电子游戏成瘾中显而易见。

教与学 中等教育促进个体和国家的发展。国际化测验发现，各国青少年学业成绩差异显著。在美国，高风险测验和高中毕业前更为严格的课程要求都旨在提高标准。

心理社会性

同一性 正如埃里克森所言，青少年的发展包括对同一性的探索。青少年会将童年期的经历、文化价值观和他们独有的愿景整合起来形成同一性。同一性的内容包括宗教、政治/族群、职业和性/性别等方面。

人际关系 无论如何叛逆，如何争吵，家庭都持续具有影响力。青少年会寻求自主性，但也会依赖父母的支持。父母的指导和持续的沟通交流能促进青少年的心理社会性健康。同性或异性的朋友和同伴也变得越发重要。

悲伤和愤怒 抑郁和叛逆成了少数青少年的严重问题。许多青少年有违法行为，但他们的不良行为可能仅限于青少年期；大多数青少年最终成了遵纪守法的成人。然而，有些人成为终生持续犯罪者。青少年会被精神活性药物诱惑，然而此种药物在青少年期特别有害。

第六部分

（第十七章至第十九章）

成年初显期

直到近代，工作、配偶及为人父母仍是标志成年的三大传统角色。一旦青春期结束，这些角色就是年轻人梦寐以求的。但近几十年来，成千上万的年轻人发现自己介于青少年和成人之间。他们的身体到18岁已发育成熟，但并不急于奔赴成人的世界。

推迟进入成年角色的现象首先在富裕国家的大学生中较为明显。他们在这一生命阶段被称为“年轻人”“青少年晚期”或“成年早期”。但现在有上百万的年轻人在成年期的大门前徘徊。全球的青少年生育率大幅下降，结婚年龄提高，而且有超过10亿人希望上大学或者已经在大学里学习，期望有一天能够从事自己喜欢的职业，但他们的愿望尚未实现。

这导致毕生发展的研究发生了巨大的变化。一个新的阶段出现了，这个阶段值得被赋予新的名称，即**成年初显期**。

第十七章

成年初显期：生物社会性发展

你将学到什么？

1. 为什么初显期成人想要的是性而不是婚姻？
2. 为什么初显期成人不太可能去医生那里做体检？
3. 为什么有人会拿生命做无谓的冒险？
4. 如何减少大学生滥用药物的行为？

“你对你的年龄做何感想？”艾丽莎在我的生日聚餐时问我。

“我没有觉得我老了。”我说：“但这个数字会让我觉得自己确实老了。”

“25 岁也算老啦。”莎拉说（她 2 周前刚满 25 岁）。

我们笑了，但我们都理解。尽管 18 岁或 21 岁曾被认为是成年的开始，但如今，25 岁成了一个新的转折点。到了 18 岁，青春期的生理变化已经完成：个体从理论上说是一个“成人”，但很多人直到 25 岁或更晚才认为自己成年了（即莎拉所指的“老了”）。

正如本章所阐释的，初显期成人具有独特的生物社会性特征。他们的身体为努力工作和繁衍后代做好了准备。然而，身体的发育也带来了风险，性成熟意味着一个接一个的婴儿的到来。随着身体的成熟和健康的提升，新的弱点出现了，所有这些在本章都有介绍。

>> 成长与力量

从生物学上讲，18—25 岁是从事重体力劳动及安全繁衍后代的黄金时间段。然而，你将发现，比年长的成人更能搬石、犁地或运水的初显期成人不再被赞赏；如果一对当代的年轻夫妻每年生一个孩子，其邻居更多地会觉得震惊而非赞许。

强壮且充满活力的身体

通常，女孩到 16 岁就长到了身高的极限，男孩则是在 18 岁，少数晚熟的男孩到 21 岁还会再长高 2 ～ 5 厘米。力气最大的时期也随之而来。在成年初显期，肌肉日渐强健，骨骼力量增强，体型发生变化，男性臂肌增强，女性脂肪增加（Whitbourne & Whitbourne，2011）。到了22岁，女性将发育出成人的乳房和臀部，男性的肩宽达到峰值，上臂力量增强。

两性的肌肉都充满力量。初显期成人比其他任何年龄段的人都能够更快地爬楼梯、提重物或以最大的力气抓握物品。人的力量在成年期的数十年间会逐渐减弱，一些肌肉比其他肌肉弱化得快。例如，背部和腿部肌肉比手臂肌肉萎缩得快（McCarter，2006）。这一点在年纪较大的棒球运动员身上体现得很明显，他们不再能够偷垒以后，仍然能够在很长一段时间内打出本垒打。

给有竞争意识的年轻人的问题 基于不同年龄肌肉力量的差异，若一个20岁的年轻人在扳手腕比赛中输给自己的父亲，会做何反应呢？（答复见本页）

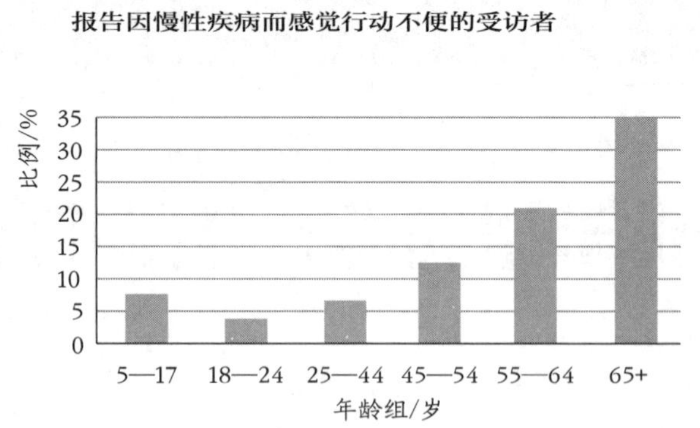

来源：National Center for Health Statistics, 2010.

图 17.1

强壮与独立 在这个图中，你知道为什么5—17岁的儿童与青少年的日常活动受限的人数是18—24岁时的2倍吗？答案与谁来报告这些限制有关。父母为孩子作答，成人为自己作答。父母往往更具保护性，报告慢性疾病（大多为注意缺陷/多动障碍和哮喘）限制了孩子能够做的事情。初显期成人会报告自己是强壮的和有能力的，即使情况并非如此。

每个身体系统，包括消化系统、呼吸系统、循环系统及生殖系统在成年早期时的功能都处于最佳状态。此时的人较少患严重疾病，一些童年期的病痛随着年龄的增长而消失了。

在一项大型调查中，美国96.1%的年轻人（18—24岁）评价自己的健康状况为良好、非常好或者优，而只有3.9%的人评价为一般或较差（National Center for Health Statistics，2012）。类似地，95.3%的18—24岁的年轻人报告自己的活动没有因慢性疾病受到限制，该比例远远高于其他年龄段的比例（见图17.1）。

然而，一些初显期成人存在着可能被其忽视的健康问题。医生说，15%的18—29岁的年轻人有一种慢性疾病，最常见的包括哮喘、关节炎、糖尿病或者高血压（National Center for Health Statistics，2010）。这些疾病通常到中年或者以后才会变严重，但它们的流行表明，许多初显期成人的健康状况并非像看上去的那么好。

在人的一生中，许多严重疾病都能通过预防医学得到控制或改善。如果这是保持健康的唯一途径，那么大多数初显期成人将会生病，因为他们除非受伤或者怀孕才会去看医生。在美国，该年龄群体有30%的人缺乏常规的医疗保健资源（National Center for Health Statistics，2012）。或许是这个原因，初显期成人平均每年只看1次医学方面的专家，而75岁或75岁以上的典型成人每年约有10次医疗就诊。事实上，1/5的年轻人甚至1年也不会去看1次医生或其他医疗保健人员（National Center for Health Statistics，2012）。

初显期成人对于健康的粗心大意体现在安大略省的一所大学关于学生洗手的问题上。因一场病毒性传染病，该大学管理部门采取在洗手间内张贴标示、公告等措施来提倡学生频繁、仔细地长时间洗手。大多数学生（85%）声称他们进行了恰当的手部清洁。但观察者发现，仅有17%的人真正做到了（Surgeoner et al.，2009）。

与之类似，虽然疾病控制中心建议每个年龄大于6个月的人每年都应接种流感疫苗，但在过去的一年里仅有约1/4的成人注射过疫苗（National Center for Health Statistics，2012）。年轻人尤其会逃避注射流感疫苗，除非大学有要求。为什么会这样呢？原因在于打疫苗无法保证效果并且浪费时间（他们忽略了对于大多数注射疫苗的年轻人来说，预防流感节省了时间）。

>> 答复有竞争意识的年轻人（问题见本页） 他可能提议比赛爬楼梯并且获胜，因为腿部力量比手臂力量衰弱得快。当然，代际竞争存在心理影响；也许儿子会简单说声“恭喜”就算了。

科学视角

年龄与发展阶段

在很多方面，年龄介于18—25岁的个体与其他年轻几岁或年长几岁的个体并无差异。成年初显期的年龄参数在一定程度上是任意的，与生命早期不同，后者的生理成熟与实际年龄（实足年龄）及发展阶段紧密相连。

在生命早期，年龄意味着成长及能力。没有人会将3个月大的婴儿误认为3岁大，或者希望一个6岁的儿童与11岁的儿童（更不用说16岁），以相同的方式进行学习。

然而，对于成人来说，实际年龄不是完美的预测指标。一个40岁成人的身体能够像一个年长10岁或年轻10岁的正常人那样运作。智力也是如此：无论是18岁的大学生还是80岁的大学生，都有相同的学术水平。

成人的社会角色不会遵循严格的年龄参数。几乎所有的孩子都与父母一起生活，然后去上学。但到40岁左右，这一群体会有许多种生活方式和家庭模式：有些人绝不希望结婚，有些人离过几次婚，有些人期待着第一个孩子的降生，有些人儿孙满堂，有些人仍在工作，有些人失业，有些人独自生活，有些人与一群亲戚生活在一起。

那么为什么发展学家还要将成人按实际年龄分组，来报告群体之间的年龄差异呢？每一位发展心理学的研究者都是这么做的，本书这样的教科书也都是如此。成人年龄界限的浮动性的一个表现是，不同的教材会使用不同的年龄来标志成年期或成年晚期的起点。不过，教材通常还是会采用实际年龄。原因何在？

有三个原因。首先，在生活中，年龄对于成人而言很重要。人们关注生日，尤其是以5或者0结尾的生日，会说“我老了，不能……”或者“是时候让你……”。

其次，同辈群体很重要。例如，由于网络、手机及社交网络相对新颖，成年初显期的这一代人与年长的成人有着不同的生活方式。的确，几乎所有年轻人都会通过网络寻找潜在的约会对象，许多年轻人在线上结识了与自己步入婚姻的伴侣。这改变了求偶模式，这种改变也反映在关于这一代人的所有讨论中。

最后是成熟和经验的逐渐积累。当然，有些人比其他人衰老得快，但身体和大脑的各个方面都受到时间的影响。尽管变化有个体差异，但年轻人在诸多特征（视力、听力、反应时）上均不同于成年中期或成年晚期的人。人类发展研究必须勾勒出成熟的影响。

发展研究旨在理解人们随时间发生的变化，以便帮助所有人发挥他们的潜能。由于人们遵循因生日、同辈及成熟而变化的模式，我们需要知道这些模式都是什么样子的。生理界限将有助于了解这一点（见“可视化发展”专栏，讲述当代成年初显期群体的重要生活事件发生的平均年龄）。

身体的平衡

幸运的是，初显期成人的身体处于自然健康的状态。强大的免疫系统能够击退从感冒到癌症的所有疾病，对疫苗反应良好（Grubeck-Loebenstein，2010）。在通常情况下，这时的人们血压正常，没有新的蛀牙，心率稳定，脑功能良好，并且肺活量充足。

发病率也很低，以至许多诊断检查，如前列腺特异性抗原（针对前列腺癌）、乳房肿瘤检查（针对乳腺癌）、结肠镜检查（针对大肠癌）等直到中年或者更晚些才会成为推荐检查项目，除非个体有家族史或者出现警示信号。这些检查更可能因假阳性而对年轻人造成伤害，而非因早期发现带来好处。在全世界，致命疾病在成年初显期都是罕见的，表17.1给出了美国的详细信息。

可视化发展

成年之旅的里程碑

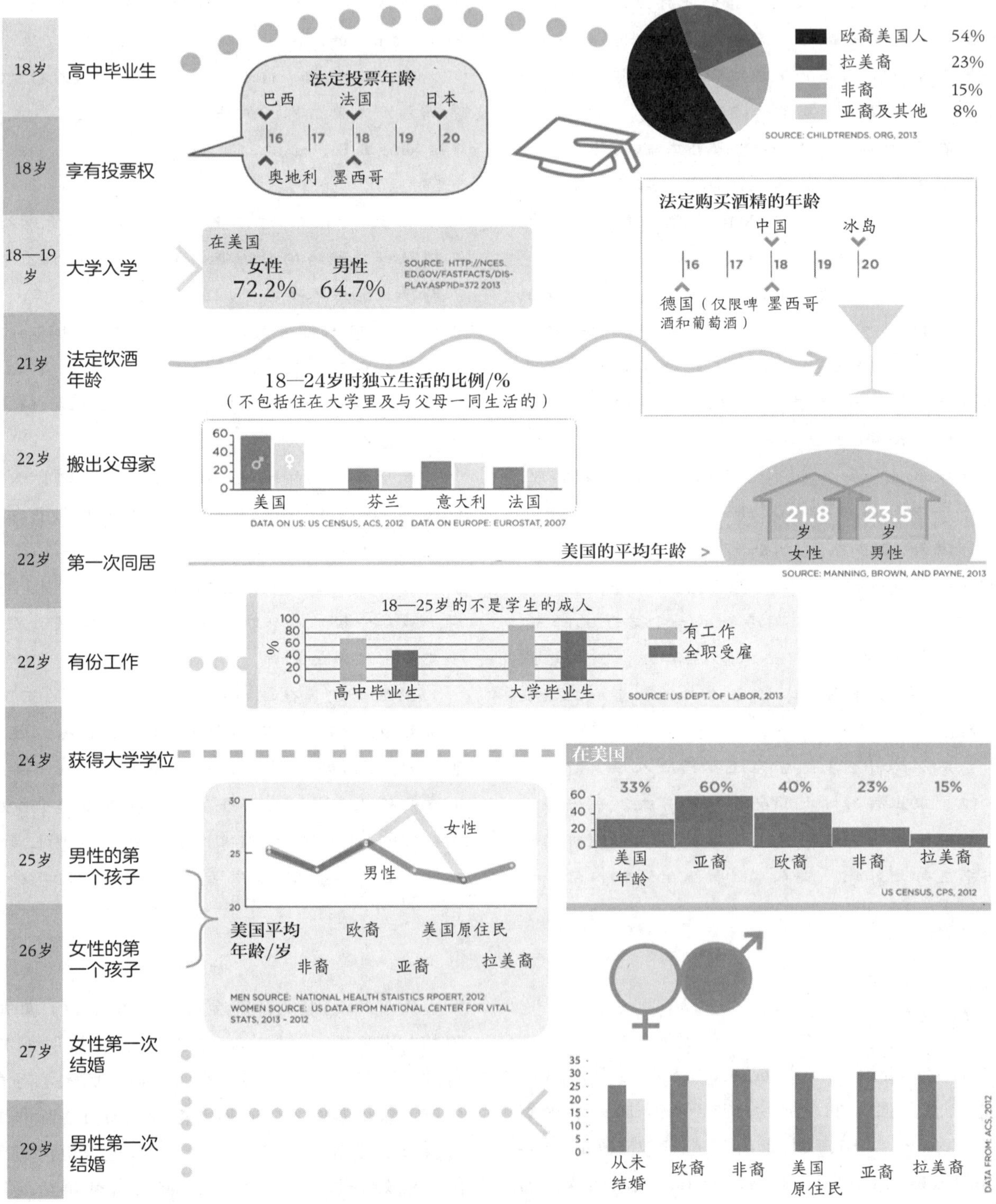

表 17.1 美国前三大死亡原因（心脏病、卒中及癌症）导致的死亡

年龄组 / 岁	年比例（每 100 000 人中的死亡人数）
15—24	6
25—34	17
35—44	59
45—54	205
55—64	515
65—74	1157
75—84	2662
85+	7009

来源：National Center for Health Statistics，2013.

这并不意味着初显期成人不受过往岁月的影响。老化的过程，也叫作衰老，始于青春期后期。【**生命全程链接**：衰老将于第二十章得到详细探讨。】然而，初显期成人很少会意识到他们的器官和细胞正在老化，这可归因于我们接下来要讨论的三种生物过程——器官储备、内稳态及稳态应激。

器官储备

器官储备是指每个器官在需要的时候都能够产生额外能量。这种储备的能量会逐年递减，但通常并不重要，因为人们很少会用器官储备。在身体机能运行良好时，除非由于压力过大、基因缺陷或者衰老导致额外的能量耗尽，否则人们很少会动用这部分额外的能量。

身体也拥有肌肉储备，与体力直接相关。最大的力量潜能通常从 25 岁开始下降。然而，几乎没有成人能开发其全部的潜在力量，即使他们开发了，到 50 岁时最多也只能够保持 20 岁时 90% 的肌肉（Rice & Cunningham，2002）。实际上，如果一个 50 岁的平时爱躺在沙发里看电视的人开始举重，也会变得前所未有的强壮。

心脏作为最重要的肌肉，表现出了相似的模式。心脏在成年初显期具有超凡的力量：北美年轻人每年死于心脏病的比例是 1/50 000。平均最大心率——在极端压力下心脏每分钟跳动的次数——在 25 岁左右会随着器官储备的减弱开始下降，但静息心率十分稳定。

内稳态

身体的所有部分都在协调地工作。**内稳态**——身体系统各部分之间的平衡——使每一种身体机能都与其他机能保持同步。例如，如果气温升高，人们就会流汗，行动缓慢，想喝冷饮，这三方面的身体机能会让他们冷却下来。如果天气变冷，毛孔就会收缩，人们会不由自主地走得更快，或打寒战以增加身体的热量。如果特别寒冷，牙齿也会打战，这是一种更剧烈的寒战。

在成年初显期，内稳态的工作速度最快、效率最高。因此，只要得到足够的睡眠和营养，相比年长的成人，初显期成人很少生病、疲倦或者肥胖。他们感冒时会萎靡一两天，年长的成人则经常抱怨自己无法“抖掉”病毒。

每个人的内稳态系统都会受到年龄、过往经历及基因的影响。例如，对天气的反应部分依赖于儿时所处的气候（当来自北欧的室友觉得暖和时，一个非洲人可能觉得寒冷），年轻人通常比年长的人们更觉得温暖。即便两个人同睡在一张床上，其中一人也可能想要厚一点的毛毯。这就是为什么现代电热毯设计了双重温控。你的妈妈之所以会让你穿上毛衣，可能是因为她觉得冷。

稳态应激

稳态应激与内稳态相关，即影响整体生理机能的动态身体调节。内稳态与稳态应激的主要区别在于时间：内稳态要求身体系统做出即时反应，而稳态应激是指长期调节。

例如，一个人每天吃多少，会受到许多与食欲相关的诸多因素的影响，这是内稳态的“设定点”。空腹会引发激素波动、胃痛和消化等问题。所有这些都会促使个体再次进食。如果一个体重超标者开始严格节食，体重的迅速减轻很快会触发短期的内稳态反应，使减肥变得更加困难（Tremblay & Chaput，2012）。

饮食与人类更广泛的需求相关联，比如个体在情感上是否满足或是否苦恼。很多人在心烦意乱的时候会过度进食，在健身的时候会吃得更少——这些反应也被认为是内稳态的一部分。我们的人体被设计得让我们感到舒适，有许多机制用来减轻饥饿、低氧、口渴等不适状况。这些反应都是短期的，这使它们成为内稳态的一部分。

从长远来看，稳态应激会随着人的饮食、呼

吸、运动等做出调整。如果一个人饿了数周，身体就会做出调整。稳态应激的调节正是导致一个极度饥饿的人在突然饱食一餐后会出现呕吐或腹泻的原因。极度饥饿的人的稳态应激需要在食物充足的时候逐步重新调整（摄入少量、易消化的食物）。类似地，如果一个长期吃素的人吃了一份健康的肉食，也会导致消化不良。

日积月累地，稳态应激变得愈加重要：如果一个人日复一日地暴饮暴食或节食，身体会进行调节，但这会对健康产生严重的不良影响。用医学术语来解释，即该个体的稳态应激负荷不断增加，因为身体调节而导致的负担会损伤长期健康。肥胖是糖尿病、心脏病及高血压等疾病的原因之一——均是对长期饮食过量的生理调节的结果（Sterling，2012）。

因此，饮食过量和运动过少不但需要每时每刻的调节（内稳态），也需要数十年的调节。一顿大餐会在接下来的几小时降低食欲（内稳态）；数年的肥胖不断对稳态应激系统施压，所以单是一个新的压力（如跑完三层楼梯）就能导致重大打击（如心脏病）。

三者加在一起

内稳态、稳态应激加上器官储备，可以清楚地解释为什么成年初显期的健康习惯会影响老年时的生命力。因为有器官储备，心脏病不可能发作于中年之前，但长年的生理压力会影响整体的身体机能。因此一个人可能因在20岁时肥胖和吸烟而导致50岁时的心脏病发作。

年轻人极少经历严重疾病，因为身体机能的三个方面——器官储备、内稳态和稳态应激——协作有序。衰老逐渐降低了每个器官的能量，减缓内稳态的达成，最终增加了稳态应激负荷。增加的生理负担通常无法觉知（除非进行实验室分析），直到老年时才会影响日常生活。

即使是在更细微的老化中，比如出现牙齿磨损或者膝盖软骨的损伤，严重的损耗通常也直到生命晚期才凸显。例如，刷牙和用牙线清洁牙齿能够减少口腔细菌，但在成年初显期，即使口腔护理较差，身体机能的三个方面也能够预防牙龈疾病，所以年轻人从不需要看牙医。后果在很晚才会表现出来，直到牙齿脱落了，人才会发现自己数十年来都把牙齿视为理所当然的存在了。

对每个人来说，免疫系统都是内稳态的一个强有力的、重要的部分，这正是初显期成人如此健康的原因。但不要误认为最终的疾病纯粹是年龄和命运的结果。正如宇航员所证实的，日常生活可以带来显著变化。被选中遨游太空的均是相对年轻、健康状态良好、免疫系统强大的人。然而，在经过太空飞行后，这些人的免疫系统都表现出了短暂的但严重的削弱。这说明，身体受到的影响不光来自基因和年龄（Crucian et al.，2013）。

外表

大多数初显期成人看起来都充满活力和吸引力，部分是因为他们整体上健康、体力充沛、朝气蓬勃。他们告别了青春期油腻的头发、长满粉刺的脸颊以及笨拙的四肢，而中年期的皱纹和脱发问题尚未出现。相对于整个成年期来说，肥胖症在成年初显期不太常见。

皮肤，作为保护人们免受各种因素干扰的器官是干净而紧绷的，它会随时间的流逝而发生显著的变化（Whitbourne & Whitbourne，2011，p.66）。年轻人富有吸引力，这也是新的炙手可热的时尚模特、流行歌手及电影明星往往都是20岁出头、看上去既清新又魅力四射的原因之一。

追求个人外表的虚荣是不受赞赏的，所以几乎没有初显期成人承认他们对自己的容貌非常在意。这是对美国、新西兰、印度和中国的19—26岁年轻人的一项研究得出的结论（Durvasula et al.，2001）。然而，这个年龄段的人花费在衣服和鞋子上的钱比其他年龄段的成人都多。他们健身的主要原因是保持或者追求适合的、苗条的和有吸引力的身材，不像年长一些的成人主要是为了保持或恢复健康而锻炼。不管是什么族群的大学新生，通常都很在意让自己看起来光鲜靓丽（Gillen & Lefkowitz，2012）。

关注外表可能与性驱力相关联，因为外表能引起性方面的兴趣，年轻人都希望自己有吸引力。此外，在这个阶段，许多人都在找工作。吸引力（着装、身材及长相）与更好的工作及更高的薪水相关（Fletcher，2009）。女性尤其看重外表，特别是体重，因为她们的长相对于约会和就业都很重要（Fikkan & Rothblum，2012；Morgan et al.，2012）。

难怪初显期成人会尽量展现自己最好的一面，

他们通常都会成功。

保持健康

初显期成人有许多选项可以尝试和选择。这里关注了能帮助初显期成人保持健康的两个重要选择：锻炼和饮食。

锻炼

在生命的每一个阶段，锻炼均有助于抵御严重疾病，即使一个人吸烟或饮食过量。锻炼能够降低血压，增强心肺功能，降低抑郁、骨质疏松、心脏病、关节炎以及一些癌症的发病率。锻炼有益于健康，对于男女老少、前体育明星或从未参加过运动的人都十分重要。

相反，久坐几乎与所有慢性疾病相关，特别是心脏病和糖尿病，这两种疾病会带来额外的健康危害。即使是轻微的运动也有助于健康，如做园艺、做家务、爬楼梯或者步行去公交站。每天快走 30 分钟，每周走 5 天，就很好；更剧烈的运动（游泳、慢跑、骑车以及其他爱好）会更好；最好是加上能增强肌肉的运动。

美女训练营　这个健身项目在澳大利亚的 20 个户外地点提供高强度训练，旨在身体塑形和心灵修炼。为何这里所有的人均为 18—30 岁的女性，为何要承诺能够练就“魔鬼身材”呢?

几十项研究发现了成年早期不运动的健康后果。其中最好的一项研究是成年期冠状动脉风险发展研究（Coronary Artery Risk Development in Adulthood），它对 4000 多名 18—30 岁健康成人进行了首次评估，其中大多数人（3154 名）在 7 年和 20 年后接受了复查，发现首次评估时健康最差的那些人在中年时患有糖尿病和高血压的可能性是其他人的 4 倍。问题悄然出现，没有被注意到，并且会持续恶化，除非那些不健康的个体改变生活习惯，但这种情况极少发生（Camhi et al.，2013）。

幸运的是，大多数初显期成人都非常活跃，通过爬楼梯、慢跑去商店、参加大学或公司内部的运动队、去当地公园玩耍、骑车、徒步、游泳等进行有氧运动。在美国，初显期成人与年长的成人相比，路走得多，车开得少，61% 的人能够达到每天 30 分钟、每周 5 天的锻炼标准。这一比例比其他任何年龄组都高，也比 10 年前的年轻人达到这一标准的比例（52%）高。

过去几代人在结婚、为人父母和职业负担增多时会放弃运动。当今的年轻人意识到了这种趋势，会选择能够使人保持活力而不是停滞的朋友和社区。有两个可鼓励年轻人保持活力的因素：

1. **友谊**。如果朋友爱运动，人们也会更多地参与运动。由于社交圈通常会随着年龄的增长而缩小，成人需要维持或者发展一段能与朋友一起运动的友情，如约一个朋友去慢跑而不是喝啤酒，或者去打网球而不是去看场电影。
2. **社区**。一些社区拥有步道和自行车道、宽阔的场地和公园、设施齐备的游泳池和健身房。大多数大学也提供了这些能促进学生运动的便利设施。健康专家引述的大量研究表明，这样的社区设计会对于肥胖、过度紧张及抑郁问题产生积极的影响（Bors et al.，2009）。

给寻找新居所的初显期成人的问题　人们在 18—25 岁时比在之后的任何年龄段都更常搬家。当前，房地产经纪人会把光线、停车位及隐私作为面对年轻客户的重要卖点。初显期成人在寻找新居时还会问及什么呢？（答复见第 431 页）

健康饮食

营养是另一个根植于文化的终生习惯。生命每一阶段的饮食均影响人未来的发展。例如，危地马拉的一个项目为孕妇和 3 岁以下的儿童提供足够的营养，这让 20 年后的初显期成人获益匪浅——与没有如此幸运的初显期成人对照组相比，这些女性的孩子受到了更多的教育，拥有更好的工作（Martorell et al.，2010）。

对于体重来说，有一个内稳态**设置点**，或者说稳定点，能促使人们在饿的时候吃东西，在饱的时候停止进食。当然，极端的饮食可能会改变设置点。进食障碍，如厌食症和暴食症，会在成年早期恶化；相比于青少年，死于这些障碍的情况相比于青少年更可能发生在 20 多岁。人们习惯性饮食过度也会缩短寿命。【**生命全程链接**：饮食障碍在第十四章有详细讨论。】

身体质量指数（BMI），即体重和身高的平方之比（见表 17.2），用来衡量个体是否低于、位于或高于正常体重。身体质量指数低于 18 是厌食症的一个征兆，介于 20—25 表示体重正常，25 以上则为超重，30 及以上被称为肥胖。成年初显期与健康的体重相关。

一半左右的美国初显期成人的身体质量指数在正常范围内，而年龄介于 25—65 岁的成人在正常体重范围内的比例低于 1/3。成年初显期也是脂肪在日常饮食中比例最低的时候，少油脂是健康营养的另一个标志（National Center for Health Statistics，2012）。

初显期成人一旦独立，就会改变儿时的饮食方式。有时候，他们确实是这样做的。作为一代人，美国年轻人比年长的成人更多地饮用瓶装水、吃有机食物和素食，许多人比其父母当年更健康。英国的一项大型研究发现，近一半的肥胖的人会通过更加健康的饮食和社交模式使其孩子成长为体重正常的年轻人（Viner & Cole，2005）。

美国的一项研究发现，和与父母一起生活的同龄人相比，居住在大学校园的初显期成人的饮食更均衡健康（Laska et al.，2010）。然而，无论个体生活在哪里，仍会继续受到家庭饮食习惯的影响：对于成年初显期的水果和蔬菜摄食量影响最大的是童年期的家庭饮食模式（Larson et al.，2012）。

表 17.2　身体质量指数（BMI）

要想找到你的身体质量指数，首先在第一列锁定你的身高，然后查看相应的那一行。你的身体质量指数就在包含你体重的那一列的最上方。

BMI	19	20	21	22	23	24	25	26	27	28	29	30	35	40
身高 / 米							体重 / 千克							
1.47	41.3	43.5	45.4	47.6	49.9	52.2	54.0	56.2	58.5	60.8	62.6	64.9	75.8	86.6
1.50	42.3	44.9	47.2	49.4	51.7	54.0	56.2	58.1	60.3	62.6	64.9	67.1	79.8	89.8
1.52	44.0	46.3	48.5	50.8	53.5	55.8	58.1	60.3	62.6	64.9	67.1	69.4	81.2	92.5
1.55	45.4	48.1	50.3	52.6	55.3	57.6	59.9	62.1	64.9	67.1	69.4	71.7	83.9	95.7
1.58	47.2	49.4	52.1	54.4	57.1	59.4	61.7	64.4	66.7	69.4	71.7	74.4	86.6	98.9
1.60	48.5	51.3	53.5	56.2	59.0	61.2	64.0	66.2	68.9	71.7	73.9	76.7	89.4	102.1
1.62	49.9	52.6	55.3	58.1	60.8	63.5	65.8	68.5	71.2	73.9	76.7	78.9	92.5	105.2
1.65	51.7	54.4	57.1	59.9	62.6	65.3	68.0	70.8	73.5	76.2	78.9	81.6	95.3	240.0
1.68	53.5	56.2	59.0	61.7	64.4	67.1	70.3	73.0	75.8	79.8	81.2	84.4	98.0	112.0
1.70	54.9	57.6	60.8	63.5	66.2	69.4	72.1	75.3	78.0	80.8	83.9	86.6	101.2	115.7
1.72	56.7	59.4	62.6	65.3	68.5	71.7	74.4	77.6	80.3	83.0	86.2	89.4	104.3	118.9
1.75	58.1	61.2	64.4	67.6	70.3	73.5	76.7	79.8	82.6	85.7	88.9	92.1	107.0	122.5
1.78	59.9	63.0	66.2	69.4	72.6	75.8	78.9	82.1	85.3	88.5	91.6	93.9	110.2	126.1
1.80	61.7	64.9	68.0	71.2	74.8	78.0	81.2	84.4	87.5	90.7	94.3	97.5	113.4	129.8
1.83	63.5	66.7	69.9	73.5	76.7	80.3	83.5	86.6	90.3	93.4	96.6	100.2	117.0	133.4
1.85	65.3	68.5	72.1	75.3	78.9	82.6	85.7	89.4	92.5	96.2	99.3	103.0	120.2	137.0
1.88	67.1	70.3	73.9	77.6	81.2	84.4	88.0	91.6	95.3	98.9	102.1	105.7	123.4	141.1
1.90	68.9	72.6	76.2	79.8	83.5	87.1	90.7	94.3	98.0	101.6	105.2	108.9	126.6	144.7
1.93	70.8	74.4	78.0	81.6	85.7	89.4	93.0	96.6	110.2	104.3	108.0	111.6	130.2	148.8
				正常					超重				肥胖	

来源：National Heart，Lung，and Blood Institute.

显然，更好的饮食习惯不是自动形成的。尽管有些初显期成人减掉了多余的体重，但也有人增加了体重。前述的英国研究发现，有 12% 的体重正常的青少年到了 30 岁时变得肥胖（Viner & Cole，2005）。此外，许多营养学家注意到，年轻人的水果及蔬菜的摄食量约为标准摄取量的一半（Larson et al.，2012）。几乎每个人都有改善的空间。正如成年初显期的健康受到 20 年前的饮食影响一样，中年期的健康同样也受到成年早期饮食的影响。

特殊的饮食危害发生在移民或者移民后代身上。如果他们决定让饮食“美国化”，可能会避开咖喱、胡椒或者芥末——每一样都被发现对健康有益——而沉溺于高脂肪、高糖分和高盐分的快餐。尽管年长的移民的整体健康状况好于土生土长的美国人，但其后代患有肥胖症及糖尿病的概率显著高于父母，尤其是来自非洲或南亚的移民后代（Oza-Frank &Narayan，2010）。

根据成年期冠状动脉风险发展研究，无论他们的祖先来自何方，当今的初显期成人都比以往的同龄人肥胖，而且随着年龄的增长，他们的体重也会增加，几乎是每年增加 0.5 千克。关于具体的饮食问题，成年期冠状动脉风险发展研究发现，快餐、高脂肪食物以及无糖饮料各有独立的影响，其整体的后果不仅会影响体重，还会影响其他通过实验室研究找到的健康因素（Duffey et al.，2012）。【**生命全程链接：**成人肥胖症将在第二十章讨论。】

小　结

成年初显期是生命中的一个特殊时期，通常被定义为 18—25 岁。此时，大多数人是强壮、健康且富有吸收力的。他们有功能良好的器官系统，受到内稳态、稳态应激及器官储备的保护。成年初显期形成的运动和饮食习惯影响成年期以后的健康。与老年人相比，年轻人往往运动得更多，吃的脂肪也更少，但他们的饮食仍有很大的改善空间。■

>> 答复寻找新居所的初显期成人（问题见第 429 页）由于邻里对健康有较大的影响，年轻的客户可能会要求看看附近的公园，去见见走路上班的邻居，或者联系小区的运动团体。

>> 性行为

如前所述，性生殖系统在成年初显期是最有效率的。受孕更快、流产不太常见、严重的出生并发症很少见、性高潮更为频繁。对两性来说，睾丸素（与性欲相关的激素）在 20 岁时均高于 40 岁时。福兮祸兮，取决于环境。

过去与现在

过去，大多数婴儿出生时，母亲均在 25 岁以下，生育高峰期出现在母亲 18—25 岁时。女人之所以会在青少年晚期步入婚姻，在一定程度上是因为夫妻能很自豪地养育许多孩子。

然而，这些生理上的资本成了当今初显期成人的负担，因为他们在生理上想要的是性，而心理上尚未准备好为人父母。对于多数人而言，解决方案是可靠的节育措施。

由于过去 20 年来的改进，长效避孕（皮下埋置、宫内节育器、甲羟孕酮避孕针）几乎从未失败过（每年在约 400 位女性中，只有 1 位避孕失效），而短效避孕措施（避孕药、药贴或者避孕环）的失败率为 1/20（Winner et al.，2012）。正确使用避孕套的效果不错，失败率为 1/50，但经常由于使用不正确而导致更高的失败率。

但这些都无法与初显期成人无保护措施的性交受孕率相比。在无保护措施的性交中，女性平均 3 个月内就会受孕一次。这意味着每年每个女性会怀孕 4 次。但很明显，女性一旦怀孕，在孩子出生前不会再次排卵。在前几个世纪，一些夫妻能高高兴兴地每一两年就生一个孩子。这种情况已不复存在。

当今，早为人母和多子女家庭更多地被视为负担，而非幸事。这显著地缩小了家庭规模。从 1960—2010 年，全球范围的出生率从 4.9% 降低到 2.45%（United Nations，2011）。在美国，对于每个主要族群来说，2010 年的出生率仅为 1960 年的一半。初显期成人是这一变化的主要原因。在美国乃至全球范围内，与 20 年前的同辈群体相比，如今 30 岁以上的女人生育了更多的孩子，而初显期成人的生育率下降了很多（United Nations，2012）。

大多数国家没有关于流产的准确记录，但在美国，20—24 岁的女性是所有年龄段中流产率最高的。在全球范围内，与10年前相比，青少年生育孩子的数量越来越少，在20多岁或更大年龄才成为母亲的女性越来越多，包括在中国和印度这两个人口众多的大国。

另一组统计数据再次表明，初显期成人正在推迟先结婚再为人父母的传统序列。美国大多数的30岁以下的新妈妈是未婚状态（National Center for Health Statistics，2013）。

观点与问题

人们对于婚前性行为和单身母亲的态度正在改变。大多数65岁以上的成人认为，婚前性行为和婚外生育是错误的（2007年的反对率分别是60%和75%）。但大约只有1/4的初显期成人反对婚前性行为（Pew Research Center，2007）。

性传播感染

然而，性自由引起的另一种后果是没有争议的：性传播感染（sexually transmitted infections, STIs）在增加。在世界范围内，一半的新增病例发生在26岁以下的年轻人中（Gewirtzman et al.，2011）。

预防性传播感染的最佳途径是终生的一夫一妻制，因为大多数性传播感染（包括艾滋病）主要是通过与不止一个伴侣的性交而传播的。性传播感染也能够受到限制，只要性活跃的人在结束了一段单一性伴侣的关系后禁欲6个月，在有新伴侣之前能够对性传播感染进行检测、治疗并治愈（Mah & Halperin，2010）。然而，当前的情况远非理想。大多数初显期成人实行**接力赛式的单一性伴侣制**，一段关系结束后会迅速开始另一段新的关系。有时，新的性关系会与已有的性关系重叠；有时，一段稳固的关系中穿插着涉及第三者的风流韵事。性传播感染的快速传播也随之发生。

此外，全球化加剧了每一种传染性疾病的传播（Herring& Swedlund，2010）。随着国际旅行的增多，性传播感染通过被感染的性工作者被迅速地从一个地方带到另一个地方。例如，艾滋病病毒有几种变体，每一种变体都在世界的某个特定区域内流行，但是所有变体在每个国家都能被发现。因为年轻人的性行为，艾滋病已经成为一种全球性传染病，与男同性恋者相比，有更多的异性恋女性的艾滋病病毒检测呈阳性（Davis & Squire，2010）。初显期成人是主要的性传染病携带者（即传播疾病的人），也是最常见的受害者。

给护士的问题　何时应该怀疑一个病人患有未经治疗的性传染病？（答复见第433页）

情绪压力

初显期成人的性生活方式可能导致的另一个问题是不断增加的焦虑和抑郁。新恋情往往会让人感到高兴，但分手亦让人感到抑郁。

要记住，当代初显期成人比稍年长的成人有更多的性伴侣。人类的生理反应影响神经系统的模式，反之亦然，这意味着性关系触发了关于依恋（和浪漫爱情）的大脑系统，导致了“复杂的、不可预期的情感纠葛”（H. E. Fisher，2006，p.12）。

由于人们对性及繁衍存在分歧，“不可预期的情感纠葛”产生了无法预料的压力。一般来说，关于性爱目的的态度可分为三类（Laumann & Michael，2001）：

1. **繁衍**。美国约1/4的人口（女人多于男人；年长者多于年轻人）认为，性爱的主要目的是繁衍后代。持有该观念的初显期成人倾向于早结婚，这不仅迫于父母的压力，还受其自身价值观和性欲的影响。
2. **关系**。近一半美国人（女人多于男人）认为，性爱的主要目的是加强双方的情感纽带。这是初显期成人的主流想法。他们偏爱的顺序是约会，坠入爱河，决定相互忠诚，做爱，也许同居，最后（如果双方都“准备好了”）结婚和为人父母。
3. **消遣**。约1/4成人（男人多于女人，尤其是年轻的男人）认为，性爱是“人类的一种基本内驱力和极其愉悦的生理和心理体验”（Cockerham，2006，p.25），主要是为了寻求愉悦感。在理想情况下，双方达到了高潮，不带有任何承诺。正如已解释过的，这种态度很难维持，因为性爱通常会导致依恋。

当伴侣信奉同一宗教并来自同一文化时，对于性爱目的的设想很可能是共同的。在这种情况下，伴侣双方对于忠诚、怀孕、爱情和堕胎的态度是相同的，不必为此争论。然而，当前许多初显期成人离开了他们的童年社区，“他们在十几岁到二十岁刚出头时，在确定结婚对象之前，会有很多恋爱对象”（Arnett，2004，p.73）。每个伴侣都可能持有对方无法理解的世界观。

伴侣们会感觉遭到了利用和误导，因为“对性爱的选择并非梦幻世界中脱离现实的、虚无缥缈的、享乐主义和愉悦感官的事情；它们是相互联系的，它们的社会嵌入性与我们生活的其他领域紧密相连”（Laumann & Michael，2001，p.22）。若发生意外怀孕，一方可能认为结婚是解决方案，另一方则希望堕胎。每个人都可能对对方的反应感到震惊。此外，当一段亲密关系结束时，至少有一方会感到遭到了拒绝。

给婚姻咨询师的问题　金钱成了离婚的主要原因，而不是性。如果你正在为一对想要结婚的同居伴侣提供咨询，是否仍然需要问及他们的性生活？（答复见第 434 页）

另一个复杂的问题是性别认同（在第十六章讨论过）。前几代人对性别的认同要么是男性，要么是女性；要么是异性恋，要么是同性恋。现在，一些初显期成人拒绝将自己归类，声称他们属于或者不属于所有这些类别（Savin-Williams，2005）。这明显增加了情感纽带的复杂性。

如果伴侣对于性爱的目的或者性别的本质持有不同的观点，那么情绪上的伤痛和挫败感很可能随之而来。一方也许会指责另一方的背叛，对方却认为这显然不公平。如果恋情结束通常源于这样的分歧，就可能导致抑郁，尤其是在青少年和初显期成人中（Davila，2008）。一个人在 18—25 岁时有过的情侣越多，分手的次数就越多——每个人都背负着压力。这可能会导致成年初显期的心理病理问题增多，而这就是接下来要讨论的主题。

小　结

尽管初显期成人不想结婚和为人父母，但他们通常会通过持续数月或数年的一系列恋爱满足其强烈的性欲。与年长的成人相比，他们更有可能进行婚前性行为并采取避孕措施。在这种新模式下，两大不可预期的危害是情感困扰和性传播感染；一些性传播感染，包括感染艾滋病病毒感染或得艾滋病，已经成为世界范围内的流行病。不同的个体、宗教及文化在关于性爱及为人父母的目的上存在分歧，这可能会给来自不同背景的伴侣带来额外的压力。■

>> 答复护士（问题见第 432 页）　通常在这种情境下，“怀疑”是指一种健康的怀疑态度，而不是偏见或者非难。你的态度是职业化的，而非批判性的，但要意识到，教育、性别、自信及收入并不意味着某个病人能幸免于性传播感染。

>> 心理病理学

大多数初显期成人享受着现代生活所赋予的自由。然而，并非所有人都如此。尽管生理健康在这一时期处于顶峰，几乎没有新发严重疾病，但心理健康状况并非如此。年轻人的平均幸福感上升了，然而精神疾病的发病率也随之增长。

初显期成人的多重压力

除了痴呆，初显期成人比任何年长的群体都患有更多确诊的心理障碍（有时被称为精神疾病），他们患严重精神疾病的比例几乎是 25 岁以上成人的 2 倍（SAMHSA，2009）。最严重的心理疾病都始发于青少年期或成年初显期，且大多数是共病的和未经治疗的。举个例子，这意味着一个过度焦虑的年轻人也可能是抑郁的（共病），并且两种障碍均未得到专业的帮助（未经治疗）（Wittchen，2012）。

未来疾病的最初征兆经常出现在童年期，症状通常会在青春期恶化。然而，这种整体的紊乱一般会在成年期变得明显并被首次确诊。这是基于对 14 个国家的心理障碍患者的研究得出的结论（Kessler et al.，2012）。

这不仅是个体及其家庭的负担，也成了社会的负担。尽管“精神障碍导致的死亡比传染性疾病少，但前者或多或少都会导致失能，因为这些疾病发病早并且持续时间长”（G. Miller，January 2006，p.459）。

为何精神障碍发病率的增长会发生在成年初显期？原因之一是前面所描述的性自由，它有时会引发焦虑、抑郁及其他疾病。另外，相对于年幼儿童，父母较少干预成年后代的日常生活，这意味着困惑的年轻人就像在走钢索，但没有了父母这张安全网的庇护。除此之外，尤其在当今的经济形势下，初显期成人成了最容易失业的群体。他们缺少稳定的工作，而且遭到轮番拒绝——这对于同一性仍未形成的个体来说，显然是一种严峻的考验。

大多数人能够承受生活中某一方面的不确定性，但许多初显期成人会遭受来自几方面的打击。多重认同危机很可能导致抑郁和焦虑（Crocetti et al.，2012）。在这一时期，来自职业的、经济的、教育的以及人际关系的压力也许会接踵而至，原因在于：

> “年轻人在其生命中，首次面对独立以及独立所固有的权利和责任。鉴于这些挑战的新颖性，年轻人可能缺乏有效应对的必要技能，随之经历了负面的心理健康问题，包括抑郁和焦虑。”
>
> （Cronce & Corbin，2010，p.92）

大多数心理学家及精神病学家接受**素质—应激模型**。该模型认为“心理疾病是压力与某种潜在（生物的、心理社会的或者社会文化的）素质相互作用而产生的特定障碍”（Hooley，2004，p.204）。你会认出该模型与第一章提到的动态系统模型有关——随着时间的推移，身体的、心智的和社会环境的所有系统都在相互作用和相互影响。

大学的心理咨询师报告，存在严重心理问题的学生数量在逐渐增多（Sander，2013）。对于小型私立的4年制大学的学生的确如此，约有18%的学生在4年间至少向心理咨询师咨询过一次。而大型公立学校的学生去咨询中心的比例只有前者的一半。造成差异的原因无从得知，也许与咨询中心本身有关，也许与大学对咨询的支持度以及学生的态度有关，也许与生活环境有关——大多数小型私立学校的学生们远离家乡，住校生活，处于未婚状态，负债累累，前途未卜。这些压力叠加在一起会让人无法应对。

初显期成人在生活的任何一个领域的强项都能起到保护作用，而众多压力源的叠加将致人崩溃。家庭背景当然有影响，无论是好还是坏。拥有一份工作也许至关重要，至少根据一个旨在保障患有严重精神疾病的青少年、年轻及年长成人的就业的项目来看，情况的确如此。对于初显期成人来说，工作的益处更显而易见（Burke-Miller et al.，2011）。

因此，成年初显期的需求加上原有的脆弱性可能会导致心理疾患。我们已经探讨过一些障碍（如厌食症和贪食症），接下来将讨论其他障碍（极度冒险和药物滥用）。首先，我们要提及心理病理的三大传统类别：情绪障碍、焦虑障碍及精神分裂症。

>> 答复婚姻咨询师（问题见第433页） 应该。性的具体内容——频率、姿势及偏好——不再是大多数情侣们的禁忌话题，但情侣们仍需要讨论性对于彼此到底意味着什么。避孕、忠贞、堕胎等问题会导致伴侣们分手：一方坚信自己是对的，另一方则是固执的、懒散的、道德败坏的、迂腐的、不负责任的或冷酷的……

情绪障碍

8%的美国居民在30岁之前受到过一种情绪障碍的困扰：躁狂症、双相情感障碍或者重度抑郁症。情绪障碍通常会发作、消失、再次发作——这意味着个体、家庭及社会要反复遭受折磨。情绪障碍的社会代价高于大多数生理疾病，包括癌症和心脏病，因为情绪障碍始于成年早期（甚至更早），并在长达数十年的时间里阻止一个人充分地正常生活和工作（Wittchen，2012）。

最常见的情绪障碍是重度抑郁症，表现为对几乎所有活动都丧失兴趣或乐趣缺失，并持续2周及以上，也会在睡眠、注意力、饮食、交友及希望感方面出现问题（American Psychiatric Association，2013）。约1/4的情绪障碍始于青春期，还有1/4的情绪障碍最初出现于成年早期。

抑郁症的根源可能是生物化学的，特别是神经递质和激素的问题。然而，正如素质—应激模型所解释的那样，青春期晚期和成年初显期出现的更为普遍的问题（如失恋、被捕）能够触发潜在的抑郁素质。如果生活压力较小，潜在的抑郁素质将不会被触发。

所有年龄段的女性都比男性更加频繁地感到抑郁，但根据对15个国家上千位年轻人的研究，男性特别容易因失去亲密伴侣而感到抑郁。婚姻通常会减轻男性的抑郁，而离婚可能让男性陷入绝望（Scott et al.，2009；Seedat et al.，2009）。然而，对于那些即使处于一段恋情中也可能感到抑郁的女性来说，亲密关系中的日常沟通尤其重要（Whitton & Kuryluk，2012）。

抑郁症在成年初显期可能会削弱年轻人的力量，因为它妨碍年轻人达成通常应该取得的成就，如接受高等教育、职业选择或者爱情承诺。这种情况通常发生在 25 岁之前。因此，该阶段的抑郁会导致成年期的其他成就更加难以达成（Howard et al.，2010；Zarate，2010）。

抑郁症无法得到治疗的情况在初显期成人中很常见（Zarate，2010）。他们疏远了所有熟知自己并能够意识到其需要专业帮助的人。另外，所有年龄段的抑郁症患者都认为自己无药可救。所以，尽管有效的治疗能够解除大多数抑郁症状，但患者不可能自主寻求治疗。

焦虑障碍

另一种主要的心理疾病是焦虑障碍，在所有 25 岁以下的美国居民中，1/4 的人有较为明显的焦虑障碍，包括惊恐障碍、创伤后应激障碍和强迫症。

焦虑障碍比抑郁症还普遍。根据世界卫生组织有关世界心理健康的调查，在全世界范围内都是如此（Kessler et al.，2009）。虽然不同研究的发病率统计数据各不相同（这在一定程度上取决于定义和临界值的设定），但所有研究均发现，许多初显期成人对自己、自己的亲密关系及未来感到焦虑。

年龄和基因的脆弱性决定了焦虑障碍的症状。例如，创伤后应激障碍患者都曾有一段可怕的经历，如在战场濒临死亡的体验或者在刀尖的逼迫下遭到强暴。然而，大多数经历过可怕事件的人不会发展出创伤后应激障碍。年轻人相比其他年龄段的成人更可能形成障碍，尤其是那些无法从亲密的朋友或者亲人那里得到支持的年轻人（Grant & Potenza，2010）。这种状况不足为奇，因为年轻人更可能频繁遭遇创伤（军事战斗、强奸、严重事故），却较少得到父母或者配偶的保护（Odlaug et al.，2010）。

类似地，每种焦虑障碍都受到文化和环境的影响。在美国，社交恐惧症是一种常见的焦虑障碍，即恐惧与他人沟通，导致青年人远离高校、无法结识新朋友以及对应聘工作犹豫不决。在一些拉美文化中，焦虑会以一种生理疾病（如头痛或者胃痛）的形式反映出来（Bravo & Roca，2013）。

在日本，出现了一种严重的社交恐惧症，可能影响着逾 10 万年轻人，他们被称为**茧居族**，或者“脱离社会，有些自闭”（Teo，2010）。茧居族（通常男性多于女性）几乎一直宅在家中长达 6 个月甚至更久，这是对高中及大学的社交及学业压力感到极度焦虑的一种反应。日本母子间的紧密联结以及家庭中只有一两个孩子的事实，使得这种特定的社交恐惧症在这种文化中更为常见。依恋的复杂性，加上羞涩，被认为是导致这一问题的原因（Krieg & Dickie，2013）。

与看清一个遥远国家（日本）的文化如何引起一种特定的焦虑障碍（茧居族）相比，理解自己的文化如何引发初显期成人的焦虑更难一些。然而，进食障碍背后的对于食物和体重的严重焦虑在美国比在其他地方更为普遍，在成年初显期引发的焦虑更是随处可见。症状虽不同，但情感是共通的。

EVELYN HOCKSTEIN/POLARIS

不必焦虑　埃塞尔·谢弗曾两次在伊拉克战场中负伤，现在患有创伤后应激障碍。从图中可以明显看出他重新适应社会的两种方式：他正在为小女儿买一本书，身边有忠实的服务犬梅根。若他在公共场所突然惊恐发作，梅根能够让他平静下来。

JAMES WHITLOW DELANO/REDUX

正在康复　一位年轻的日本男子独自坐在自己的房间里，他的房间已经变成了他给自己设立的监狱。他是日本成千上万患有所谓的茧居焦虑障碍的年轻人（80% 的患者为男性）之一。

精神分裂症

约 1% 的成人患有精神分裂症，经受混乱古怪的想法、妄想、幻觉及情绪的困扰（American Psychiatric Association，2013）。精神分裂症在每个国家都有发现，但在一些文化和环境中的发病率远高于其他文化和环境（Anjum et al.，2010）。

毫无疑问，精神分裂症的病因部分是遗传性的，尽管大多数患者并无直系亲属被确诊为精神分裂症。除了遗传因素，还有几个风险因素（McGrath & Murray，2011）。一个是大脑发育期的营养不良：在怀孕的前几个月严重营养不良的女性生育的孩子患有精神分裂症的概率是正常母亲生育的孩子的 2 倍。

另一个因素是广泛的社会压力。移民患上精神分裂症的概率比其留在本国的亲属高，而缺少家庭支持的年轻成年移民的发病率增至其亲属的 3 倍（Bourque et al.，2011）。药物使用也增大了患病风险，这是成年初显期发病率达到高峰的另一个原因。在这些年，许多人尝试服用了精神药物。

精神分裂症的最初症状通常出现于青春期。在 18—24 岁，确诊的情况最为常见，这是男性特别脆弱的时期。到了 35 岁尚未表现出任何症状的男性基本不会患上精神分裂症。女性通常也是在年轻时患上精神分裂症的，但有些年长的女性也会患病（Anjum et al.，2010）。

给移民的问题　如何做才能在移居国避免或者减轻心理压力？（答复见第 437 页）

那么问题来了：是身体、心灵或者社会环境的某些东西引发了初显期成人的精神分裂症吗？精神疾病的素质—应激模型表明，这三种因素肯定都有影响。

小　结

大多数初显期成人享受着自己的独立。然而，天生脆弱的人或有额外的情感及认知负担的人，可能在成年初显期经历严重的心理障碍。情感障碍、焦虑障碍及精神分裂症在 25 岁之前被诊断的频率高于在 25 岁之后。部分原因是这一阶段的压力出现在家庭支持相对减少之时。■

>> 冒险

很多初显期成人会勇敢地，或者说愚蠢地，拿自己的生命去冒险。极端冒险通常不被认为是病态的，但事故、故意杀人及自杀是 15—25 岁人群的三大死亡原因，即死亡人数超过所有因疾病而死亡人数的总和。即使在传染病和营养不良蔓延的国家也是如此。纵观历史，年轻男性一直都经历着人口统计学家所谓的发生在 20 岁左右的事故驼峰（Goldstein，2011）。

破坏性的冒险不计其数，包括无安全措施的性行为、驾驶时不系安全带、携带子弹上了膛的枪支以及滥用药物。肾上腺素激增的刺激是人们犯罪或者赌博的原因之一（Cosgrave，2010）。冒险的最坏结果是严重创伤或者死亡，被捕也很常见。在美国，大约有 1/3 的初显期成人被捕过至少一次，是因为与毒品相关的犯罪，而且通常发生在 18—21 岁（Brame et al.，2012）。

这种冒险行为的原因既有社会性的，也有生物性的。虽然上述被捕的统计数据包括男女两性，但男性冒险的概率远高于女性，背后同样有着社会性及生物性原因。

社会性原因是，年轻男性要通过炫耀或者毁灭其他年轻男性来夺取在群体中的地位或者获得女性的关注。这有时是象征性的，有时是要付诸实际行动的。他们很难用“走开”来回应另一位男性的侮辱，甚至是不小心被推了一下。这也可以解释关于故意杀人的统计数据，即为什么被害者和行凶者主要是初显期成年男性［见图 17.2（彩）］。对配偶的竞争加剧可能是中国初显期成人暴力死亡率增高的原因之一，独生子女政策的意外后果导致了年轻男性多于女性。

生物性原因是，年轻男性的雄激素、精力及脑发育。这些因素旧时曾经驱动男性从事繁重的体力劳动，而现在他们需要寻找另外的发泄出口。最受欢迎的发泄出口是橄榄球、摔跤等体育运动，以及新兴的**极限运动**。极限运动的一个例子是自由式摩托车越野赛——骑摩托车从跳板上飞出，腾空跨越，做各种花样，并努力直立着地。

许多年轻成人都是极限运动的拥趸或参与者；他们觉得高尔夫球、保龄球等过于枯燥乏味

（Breivik，2010）。正如一位研究摩托车越野赛车手的研究者所解释的那样，18—24岁的年轻人“在冲动控制及对风险的认知评估之间存在着发育时间差”（Dwane，2012，p.62）。兴奋感压倒了理性。

在任何地方 中国的生活在某些方面与其他地区显著不同，但普遍性也很明显。这对初显期成年恋人正在北京的“鸟巢”拍照。其中是否存在冒险行为呢？

观察力测验 这个年轻男子手中的一个细节表明他正在冒险，这种冒险行为多发生在亚洲而非北美。是什么行为呢？（答案请见第438页）

对另一种灵长类动物红毛猩猩的研究表明，冒险是生物性的，并与雄性物种紧密相关。当红毛猩猩在树枝间不断跳跃时，雄性比雌性更倾向于抓握可能折断的脆弱树枝——即使雄性身体更重一些。这意味着其跌落的风险更大（Myatt & Thorpe，2011）。

让我们来思考一个例子：22岁的特拉维斯·帕斯特拉纳（Travis Pastrana）在2006年的极限赛中凭借双后空翻赢得了自由式摩托车越野赛。正如他解释的：“我获胜的两个主要原因是：我很健康并能开足马力地训练，今年有很多伙伴都遭遇了严重碰撞。”（Higgins，2006，D7）

>>答复移民（问题见第436页） 维持好你的社会支持系统。在理想情况下，与亲近的家庭成员一起移居国外，参加一个宗教或者文化社团，你可以从中得到情感理解。

帕斯特拉纳喜爱的所有运动都包含“大碰撞”。4年后，也就是2010年，他创造了一项新纪录：驾驶一辆赛车在空中完成了飞跃，从加利福尼亚海岸的斜坡急速冲出，越过海面，落在76米外的驳船上。他撞入船上设置好的缓冲带，在他欣喜若狂、毫发无损地再出现的那一瞬间，成千上万的年轻人给予了他雷鸣般的喝彩（Roberts，2010）。

2011年，脚踝骨折让他暂停下来，但不久后，他又冒着生命危险重返粉丝们的欢呼声中，赢得了一场又一场充满翻转和惊险的比赛。2013年，在经历了几次重伤后，他宣布还需要做几个手术才能继续参加摩托车比赛，但他已经决定参加纳斯卡（NASCAR）比赛了。就在帕斯特拉纳再一次在纳斯卡比赛上向死亡发起挑战的2天后，他的第一个孩子出生了。2个月后，他表示对自己的比赛成绩感到失望。30岁时，他退役了，并在脸书网上宣布今后会将生活重心放在妻子及家庭上。这是成熟？父爱？还是失败？

热衷于极限运动的远不止帕斯特拉纳。这些运动吸引了成千上万的成人，他们不惜长途跋涉，消耗大笔钱财，也要去几个著名的大桥上完成定点跳伞、在光滑或结冰的峭壁上攀岩、勇乘巨浪（冲浪板冲浪或者人体冲浪），等等。这些冒险活动已经成为旅游业重要的营利市场（Allman et al.，2009）。

过把瘾 攀岩可能是最清醒的追求成年初显期的刺激体验的方式。

对立的观点

勇敢还是愚蠢？

正如你可能猜到的，我不是一个极限运动的追随者。我觉得这些运动不仅危险而且不理性。许多成人，尤其是像我一样的女性，都会觉得年轻人的冒险行为是愚蠢的，甚至是病态的。然而，也有很多人持不同观点。

社会及个体恰恰会因初显期成人的冒险而受益。进入大学、移居到一个新地方或者新国家、结婚生子——这些都是冒险的尝试。创业、拍摄纪录片、参加运动竞赛、参军及参加维和部队也是如此。初显期成人冒着这些险，而其他社会成员心存感激。

冒险者存在于许多职业中，如警察、军队新兵、金融交易员、消防员、建筑工人及护林员。这些工作都需要一定的勇气，一些年轻人想要从事这样的工作是一件好事（一些女性和年长的男性也从事着这些工作，并且做得很好，但一般来说，年轻的男性更被冒险所吸引）。如果一个年轻的男子无法找到满足其冒险需求的工作，他可能会去爬山、航海、跳伞等，去从事那些颂扬冒险精神但并不愚蠢的活动。

极限运动在旁人看来似乎是非理性的，对于参与者来说则不然。一项研究表明，面对恐惧是令人兴奋的，并具有改造作用，在不伤害任何人的情况下，能提升个体的自尊心。研究表明，“极限运动有益于身体健康”（Brymer & Schweitzer，2013，p.477）。

再思考一下对实验和探索的发展性需要。如果年轻人总是胆怯、传统、畏惧创新，那么我们所有人都将遭受痛苦。他们需要友善地对待陌生人，尝试新的美食，探索各种想法、出国旅行，甚至拿生命去冒险。

每当我发现自己对被数百万人称道的事物持批判的态度时，我就会开始怀疑是不是自己的观点太狭隘、太依附于文化了。我知道，许多年轻人因为不够谨慎和小心而身负重伤。我也知道，有些人享受的事情——从吃薯片到注射海洛因——有害于健康发展。

但是仅仅因为自己不想驾车腾空而起，甚至不想观看一场戴着头盔擒拿打斗的比赛，并不意味着我就应该批判这些群体。《超级碗周日》节目吸引的观众比任何其他电视节目都多，广告商会为了一段30秒的广告而花费400万美元。显然，我的观点不是唯一的观点。

>> 观察力测验（第437页）的答案 是香烟（不是相机）。大多数加拿大和美国的年轻男性不抽烟，尤其很少像这个男子一样在公众场合随意自在地吸烟。

药物滥用

尽管冒险有众多好处，但冒险冲动有时会走偏。被研究得最多的例子是药物滥用，它在DSM-5中被视为一种心理障碍。

当一个人使用的药物对生理、认知或者心理健康产生损害时，**药物滥用**就发生了。基于对健康和香烟的了解，即使是偶尔吸烟，也可能是药物滥用。有些药物的使用是无害的，所以不是滥用。然而，许多滥用者认为自己只是使用而非滥用，这种区分颇为狡猾。在滥用者中，否认是常见的，也是有害的。

药物滥用会导致**药物成瘾**，即不用药物会引起想要去满足某些需求的强烈渴望的情况。想要去满足的需求要么是生理性的（例如，停止颤抖、安抚胃部不适或者入睡），要么是心理性的（例如，舒缓焦虑或者缓解抑郁）。戒断症状是上瘾的警示信号。

从一个初显期成人的视角来看，尽管香烟、酒精像非法药物一样令人上瘾并有破坏性，但非法药物的一部分吸引力恰好就在于其非法性：正因知道被捕和坐牢是危险的，才使购买、携带及使用非法药物具有冒险刺激感。难怪和香烟、酒精的使用相比，非法药物使用量会在 18—25 岁达到峰值，随后又急剧下滑（见图 17.3）。

然而或许会令人惊讶的事实是，大学在校生的药物滥用，特别是酒精和大麻（而不是可卡因或海洛因）的滥用，比未上大学的同龄人更加普遍。2010 年，美国大学生的总体酗酒率为 37%，而未上大学的同龄人的酗酒率为 28%（Johnston et al.，2011）。酗酒的动机与从事极限运动或者其他冒险活动相同，也伴随着可能相同的结果（即死亡）。

与同伴在一起，尤其对男大学生来说，似乎带动了各种药物滥用。反之亦然。事实上，最不可能药物滥用的初显期成人是未上过大学的与父母同住的女性。药物使用、滥用及上瘾的模式也受到历史趋势的影响，即因时代和国家的不同而不同。不过，所有地区的整体趋势均呈曲线式，即在成年初显期上升，随着成熟期的到来而下降。

药物及许多其他冒险行为的即时好处掩盖了最终的代价。大多数年轻成人会利用酒精来减轻社会焦虑——这是许多初显期成人在进入大学、开始新工作、与陌生人讲话或者结束恋情时要面临的问题。他们意识不到自己可能成为酗酒者。与此类似，超过半数的大学生及美国驻阿富汗士兵会饮用带有高剂量咖啡因的“功能饮料”以保持清醒。他们没有意识到这种饮料与性侵犯及危险驾驶相关，而且高剂量的咖啡因是致命的（Sepkowitz，2013）。的确，无论使用何种药物，使用者往往会在不知不觉间跨过从使用到滥用的边界。这一点在一项关于英国年轻人使用氯胺酮的研究中显而易见。这些年轻人即使呈现了明显的上瘾迹象，仍辩称氯胺酮“物美价廉”（Moore & Measham，2008）。氯胺酮（有医疗用途，但经常被作为消遣性毒品）及许多其他药物的复杂性在于，这些药物是有效的情绪调节剂：许多抑郁或焦虑的初显期成人会自行用药物进行调节，治疗了某种心理问题，却引发了另外的问题（Duman & Aghajanian，2012）。

给药物滥用咨询师的问题　与合法药物的使用相比，非法药物的使用呈更急剧的下降，你能为此想出三种可能的解释吗？（答复见第 441 页）

尽管家庭成员通常会努力阻止药物滥用，但在成年初显期，干预的可能性最小。在数年间，父母与子女保持着一定的距离，而且药物使用者不大可能结婚，所以药物滥用能够持续数年而不被发现。

然而纵向数据表明，早期药物滥用以多种方式损害着成年晚期的生活。那些高中时用药严重的人进入大学的可能性更小，而那些大学时期用药严重的人获得学位、找到一份好工作或者维持一段恋情（Johnston et al.，2009）的可能性更小。成年早期的药物滥用会导致生命后期严重的身体和精神疾病。所有国家的纵向研究均得出了这一结论。例如，苏格兰的一项持续了 21 年的研究发现，男性

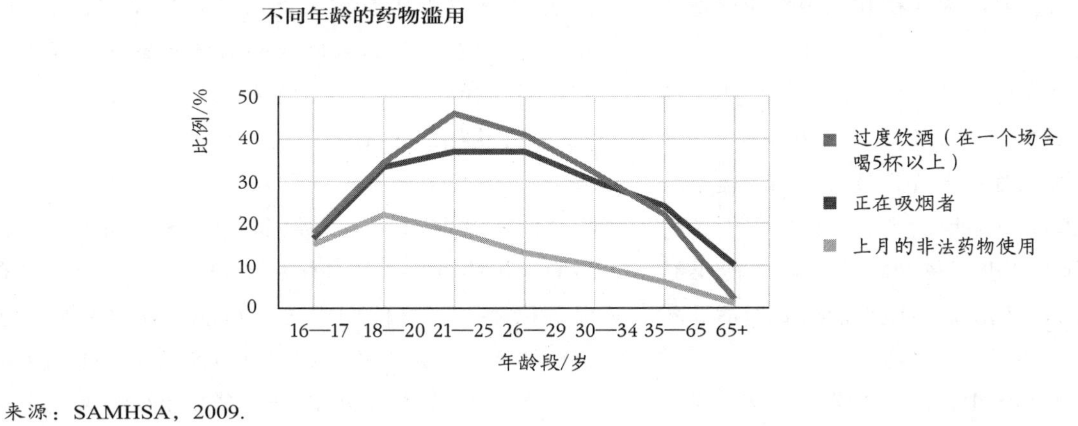

来源：SAMHSA，2009.

图 17.3

过了滥用的年纪　正如你所看到的，初显期成人是占比最高的药物滥用者，但非法药物使用率的下降速度远远快于吸烟和酗酒。该图显示了一个国家在一个时间段内（2008 年的美国）的药物滥用情况，但这些趋势在世界上普遍存在。

年轻时严重酗酒会导致中年死亡的风险增高 2 倍（Hart et al.，1999）。

社会规范

人类发展研究发现，有助于初显期成人健康的可能是社会规范的力量，即特定社会中有关日常行为的习俗。社会规范对大学生的影响尤其强烈。他们希望得到新认识的同龄人的认可，所以社会规范很重要。

一些社会规范对初显期成人很有效。从肥胖率和锻炼身体的比例可以明显地看出这一点。因为年轻人之所以关注体重，是为了吸引他人。年轻人加入运动队和去健身房的一部分原因是社会规范的鼓励。然而，一些规范将初显期成人推向了具有破坏性的方向。

基准率忽视

在第十五章，你了解到了人类经常犯的一种被称为基准率忽视的逻辑错误，即在做出判断或决定时，甚至在面对压倒性概率的情况下，忽略或忽视某个特定因素发生频率的倾向。使这一谬误更加复杂的是所谓的可用性错误，它表现在人们最容易记住那些会引起强烈影响的人或事，而不是那些润物细无声的人或者日常事件上（Kahneman，2011）。

一个来自大学生的例子是，他们可能注意到某位浮夸的、聒噪的、特立独行的同学，并错误地认定这种行为的代表性比实际大得多。你很可能会注意到其他人也存在这样的偏见，他们会根据某个群体的某个成员的所作所为来评判每个具有该族群或者国家背景的人。基准率忽视和可用性偏误也可能导致冒险行为。

初显期成人沉浸在冒险者备受推崇的社会环境中（大学里、聚会、音乐会及体育赛事中）。他们关注冒险者，如炫耀自己直到最后时刻才连夜赶出期末论文的同学，或者铤而走险、行事出人意料的体育明星。由于基准率忽视，他们可能得出结论，这样的人并非罕见。这会使他们过高地估计药物使用的普遍性，从而进行效仿。

例如，在一项实验中，几组大学生在互相交往时，想要多少酒水就能够得到多少。在一些小组中，有一个学生被事前秘密指定要过度饮酒。在另一些组中，有一个学生被秘密指定要少喝。在第三种条件中，没有秘密安排任何学生。在那些有指定过度饮酒者的小组中，被试跟随着过度饮酒者设定的标准，提高了平均饮酒量；但被试未受到轻度饮酒者的影响（记录于 W. R. Miller & Carroll，2006）。

在音乐会和体育赛事中，当一群人突然快速移动时，导致其中一些人被碾压或遭踩踏，或者在一项新的极限运动变得流行时，可以看到社会规范和酒精带来的“液体勇气”的力量。例如，一小群年轻的英国男性成立了危险运动俱乐部。他们告诉媒体，该俱乐部将于 1979 年的愚人节当天尝试蹦极。但是在愚人节当天，他们都退缩了，只能告诉媒体这是一个愚人节玩笑。但是不久之后，一个人借着酒劲拍摄了蹦极的过程。成千上万的人观看了视频。随后，蹦极成了一种时尚。

其他极限运动的故事如出一辙——悬挂式滑翔、冰上攀岩、水池俯冲、定点跳伞——都有一个胆大妄为的年轻人激励了成千上万的人，但是在此之前，这些冒险行为是不可想象的。媒体报道（尤其是照片和视频）和社交网络引发一种热潮，人们便罔顾风险投身其中。

规范与药物

对初显期成人的观念和需求的理解，以及对大学生比其同龄人更可能滥用药物的意识，使减少大学校园酒精滥用的努力具有更加乐观的结果。这是所谓的**社会规范法**，即通过调查研究让学生们意识到各种行为的真实流行率。

美国约有一半的大学对校园酒精滥用进行了调查，并公布了结果。学生们几乎总是高估大学生的平均饮酒量，且总是低估同伴对于醉酒者深夜大声喧哗及其他行为的厌恶（C. M. Lee et al.，2010）。讽刺的是，那些会夸大饮酒量的人通常是相对封闭和抑郁的人。他们想通过饮酒变得和其他人一样，结果只会让自己更加抑郁。

一般而言，当调查结果被公布出来以后，大学生们才意识到，大多数同学都在努力学习、避免酗酒、拒绝毒品，让性生活节制有度、忠贞或者有保护措施。于是他们也更有可能遵守这些社会规范。如果调查是在线上施测和发布的（不是采用纸笔问卷），而且学生没有与许多过度饮酒者生活在一起，那么他们遵守规范的可能性更高（Ward & Gryczynski，2009）。在后一种情况下，他们所居宿舍的社会规范比整体学生的信息更加有影响力。

近期的研究持续发现，初显期成人会受所认

识到的社会规范的影响，不仅包括人们一般饮多少酒，还包括可能导致的负面结果等。影响和被影响的关系往往没那么简单——某些人及某些想法远比其他人或想法更具有影响力——但社会规范的整体影响被一遍又一遍地看到（Wardell & Read，2013）。

一个有趣的告诫是，当人们与其他正在喝酒和使用毒品的人一起喝酒并使用毒品时，他们往往认为这些行为的正面影响多于负面影响（Brie et al.，2011）。他们不会意识到自己让其他人都无法入睡，也想不到昏迷的人需要送医治疗；他们会误认为自己在这种状态下也可以驾车、思考或者走路，而实际上均无法做到。这也解释了为什么想要戒掉一个习惯的人需要避开可能鼓励其重蹈覆辙的人及环境【**生命全程链接：**打破习惯的挑战将在第二十章的"科学视角"专栏中予以讨论。】

>> **答复药物滥用咨询师**（问题见第439页） 合法的药物更加让人上瘾；非法性的刺激感随着年轻人的成长而消退；对于被逮捕的恐惧会随年龄的增长而越发强烈。不管怎样，对年轻成人药物滥用的治疗需要有别于年长者。

冒险与规范的启示

我以前的一位学生约翰在班上讲述了他在成年初显期的一段经历。起初，他愉快而骄傲地述说着，但在接近尾声时，他开始觉得困惑，部分是因为他已为人父，意识到自己心爱的儿子可能也会变成一个鲁莽的年轻人。

约翰告诉我们，在大学第一年的假期，他和两个男性朋友坐在海滩上，百无聊赖。一个朋友提议大家一起游到一个在视线内隐约可见的海岛上。他们立即出发了。游了很长时间以后，约翰意识到他大概只游了1/3的距离就备感疲惫了，而那个海岛只是一片空旷的沙滩，他还必须从那里再游回来。随后，他转身游回了岸边。提出建议的朋友最终游到了那个岛上。而另一个男孩筋疲力尽，差点溺亡（一艘经过的小船救了他）。

这段关于初显期成人的生物社会性发展的插曲说明了什么？不难理解约翰为什么会朝小岛游去。男性的自我、兄弟情谊、无聊以及整体情境使游向小岛成为一个吸引人的历险之旅。年轻人都喜欢充满活力的感觉，让自己强壮的手臂、大腿及肺部派上用场。

许多成人会像约翰一样愉快地回忆起过往的冒险经历，而忘记那些患上性传播感染、堕了胎或迫不得已生下了孩子、药物或酒精成瘾或英年早逝的朋友；他们忽略了自己更加年轻的兄弟姐妹和孩子也会这样做。初显期成人正处于身体强壮健康的年岁，但并非没有严峻的风险。为什么要游去遥远的海岛呢？正如下一章所述，这值得进一步思考。

小 结

冒险行为在成年早期很普遍。有些冒险是有益的，有些则不然。离开儿时的家、开始从事一份新工作、发展一段新恋情均包含风险，但对于初显期成人来说，这些都是重要的发展任务。然而，有些冒险行为会带来更多的问题，比如极限运动、违法和药物滥用。

一般来讲，男性的冒险行为多于女性；男女同龄人的赞赏也许是动机的一部分。初显期成人，尤其是在大学校园里，有较高比例的药物及酒精滥用问题，可能对其大学学业造成损害。社会规范具有强大的影响力，尤其是对于大学生而言。了解他人的行为和态度有助于减少酒精滥用及其他问题。■

本章总结

成长与力量

1. 成年初显期——年龄介于18—25岁——是一个新近被承认的发展阶段，以推迟为人父母、婚姻和职业承诺，并获得更多教育为特征。
2. 大多数初显期成人都是强壮健康的。所有的身体系统在这个时期都会以最佳的状态运作；免疫系统强大；死于疾病的情况相当少见。

3. 器官储备、内稳态和稳态应激均有助于确保初显期成人迅速从感染和伤病中康复。一旦青春期结束，使各机能逐步减缓的衰老便开始了，只是它在成年初显期尚未被察觉。
4. 初显期成人通常在身体和性方面具有吸引力，比生命后期更加关注自身的外表。这种关切也许与性驱力和就业需要相关，因为有魅力的外表与更好的工作及更高的薪水相关。
5. 初显期成人通常胃口好，并且经常锻炼，但是不良的饮食或锻炼习惯可能会持续。成年初显期形成的习惯会影响之后整个成年期的健康。
6. 拥有健康的身体质量指数的初显期成人多于 25 岁以上的成人，但有些初显期成人有严重的进食障碍。

性行为

7. 繁衍后代在成年初显期最为成功，因为男性和女性的身体均处于最佳生育期。然而，大多数初显期成人想推迟为人父母。
8. 大多数年轻人认为婚前性关系是可以接受的，但是其性生活可能挑起意外的情感及对性爱目的是繁衍、关系还是消遣的争论。
9. 现在的初显期成人的性传播感染比以往几代同龄人和当代性活跃的年长成人更加普遍。

心理病理学

10. 一般来说，成年初显期的健康幸福感在提高，但心理障碍的发病率也有所增加。尽管这些问题的根源始于更早期，但该阶段的压力将一些人推向了崩溃的边缘。
11. 情绪障碍和焦虑障碍在生命中的每个阶段都很明显，但成年初显期较为普遍的一些社会环境往往会使问题恶化。治疗是有帮助的，但许多年轻人并不寻求治疗。
12. 精神分裂症是素质—应激模型的一个范例。基因是脆弱性的基础，产前营养具有保护性，但这种障碍在成年初显期发作得最为频繁。

冒险

13. 在成年初显期，特别是年轻的男性，冒险行为有所增加。有些风险值得承担，但是许多风险——包括药物滥用和成瘾、无保护的性行为和极限运动——都会威胁生命。
14. 环境对于冒险来说至关重要，社会规范在这一期间特别强大。当年轻人知晓社会规范和同龄人普遍的态度时，会减少危险的冒险。

关键术语

成年初显期（emerging adulthood，p.421）
极限运动（extreme sports，p.436）
茧居族（hikikomori，p.435）
内稳态（homeostasis，p.427）
器官储备（organ reserve，p.427）
设置点（set point，p.430）
社会规范法（social norms approach，p.440）
身体质量指数（body mass index，BMI，p.430）
素质—应激模型（diathesis-stress model，p.434）
稳态应激（allostasis，p.427）
药物成瘾（drug addiction，p.438）
药物滥用（drug abuse，p.438）

你学到了什么？

1. 为什么人们在成年初显期拥有最佳体能？
2. 内稳态和稳态应激在人类对营养的需求中如何发挥作用？
3. 器官储备如何预防心脏病发作？
4. 初显期成人在外表上有哪些优势？
5. 初显期成人的营养为什么通常好于其他成人？
6. 成年早期的锻炼如何影响个体成年晚期的健康？
7. 人们对待婚前性行为的态度有哪些明显的代际差异？
8. 为什么很少有 20 岁左右的男性和女性想要结婚？
9. 从生物学来讲，什么时候是最佳生育年龄？
10. 为什么当前的性传播感染比 50 年前更加普遍？
11. 成年初显期的一般身心健康模式是怎样的？
12. 为什么抑郁的人不愿意寻求帮助？
13. 美国常见的焦虑障碍是什么？
14. 什么证据表明精神分裂症不仅仅基于基因？
15. 什么是冒险的社会效益？
16. 相比其他成人，为什么冒险的运动对于初显期成人来说更加有吸引力？
17. 为什么严重的事故在成年初显期比以后的成年期更常见？
18. 谁更可能滥用药物：是大学生，还是没上大学的初显期成人？
19. 如何将药物成瘾和药物滥用区分开来？
20. 为什么社会规范在成年初显期最有影响力？

应　用

1. 描述你在成年初显期经历的一个冒险几乎导致灾难的事件。你当时的感受如何？如果你知道你的孩子也打算做同样的事情，你将如何应对？
2. 描述你认识的某个人的日常生活模式，这个人在饮食、锻炼、药物滥用、冒险或者生活方式的其他一些方面上有不健康的生活习惯。对于这个人来说，应该采取哪些措施来改变其习惯？考虑时间、经历、医疗建议及恐惧的影响。
3. 利用图书馆或互联网调查过去 50 年间某一国家或者某一族群的年轻人的生活变化。是什么导致了这些变化？它们与本文报告的变化类似吗？

72
43

第十八章

成年初显期：认知发展

你将学到什么？

1. 成人与青少年对问题的思考有何不同？
2. 有证据表明成人比青少年更有道德吗？
3. 哪个国家的大学毕业的年轻人的比例最高？
4. 大学是如何影响一个人的思维过程的？

今天你学到了什么？

当我问我年幼的孩子这个问题时，有时我会听到她们对新的发现感到兴奋（如太阳真的不会在天空中移动），但也会听到我不感兴趣的事情（如兔子怎么吃掉一根胡萝卜）。当她们长成青少年时，我问同样的问题，有时我得到的是带有情绪的事实（“你知道在美国《宪法》中奴隶是不被当成完整的人来看待的吗？”），但也经常得到一片沉默。儿童会给出细节；青少年可能会说“什么也没有”。

如果现在有人问你同样的问题，你会如何回答？你可能会给出一些想法或者信息，是经过思考的、对你我都很新鲜的信息。在成年期，认知在质量、数量、速度、效率、深度上都会发生变化，反映了价值观、兴趣和技能，以及对他人所知道的事情的认识。这些变化是在何时以及如何发生的？本书有关成人认知的三章（第十八章、第二十一章及第二十四章）对此进行了阐释。

学者们已经从多种视角对认知发展进行了研究：

- **阶段论**描述了思维性质的转化，正如在第十五章所讨论的那样，形式思维阶段之后迎来后形式思维阶段。
- **心理测量方法**通过智商测验及其他测验方法来分析智力。
- **信息加工论**研究大脑如何编码、储存及提取信息。

这三种视角均为成人认知的复杂模式提供了有价值的见解。然而，正如第十七章强调的，实际年龄是成年期的不完美的分界线。本章着重介绍后形式思维，第二十一章侧重介绍心理测量，第二十四章侧重介绍信息加工。在这三章中，一些拓展的例子超出了实际年龄的界限。

有关认知的每一章都包括与年龄相关的主题，比如本章中的高等教育、第二十一章中的个人专长、第二十四章中的老年痴呆症。但年龄界限并非恒定的，正如许多早已过了成年初显期的大学生所展示的那样。

>> 后形式思维

成人思维在三个主要方面不同于更早期的思维：更实用、更灵活、更*辩证*（也就是说，能够考虑和整合相互对立或者冲突的观点）。总的来说，这些特征可能构成了认知发展的第五个阶段，将一种新的“形式运算顺序”和“必要主观性”结合起来（Sinnott，1998，p.24）。

如果后形式思维出现，它的出现也是渐进的，与任何特定的 1 年或 10 年无关。成年初显期通常是发展成人思维能力的时期，但并非唯一时期。

实用的和个人的：第五阶段

后形式思维这一术语的产生是因为几个发展学家认为皮亚杰的第四阶段——*形式运算思维阶段*——不足以描述成人的思维，于是提出了一个第五阶段。正如一组学者所解释的，在后形式思维中，“个体可以构想多个逻辑、选择或感知……为了更好地理解‘真相’中的复杂性及固有偏见”（Griffin et al.，2009，p.173）。

后形式思维者不会等待他人提出需要解决的问题。他们会采取一种灵活综合的方法，提前考虑一个状况的各个方面，预测问题，恰当及时地处理难题，而不是否认、逃避或者拖延。因此，后形式思维比早期的思维更实用，也更具有创造性和想象力（Kallio，2011；Su，2011）。

还记得青少年使用两种思维模式，但较难把这两种模式结合起来吗？高中生会运用形式分析来提炼普遍真理，建立论点论据，借以解决世界上的问题，或者他们会自发地、情绪化地思考，但他们极少将两者结合起来。他们能够进行分析，却无法预测行为的结果。【**生命全程链接**：青少年思维的双重加工特征在第十五章中讨论过。】

时间管理

比较后形式思维和形式思维的一个方法是看看青少年和成人是如何思考时间的。在成年期，智力技能被用于教育、职业及人际关系方面的实际事务上。结论和结果很重要；人们会确定事项的优先顺序，包括延迟某些任务以完成其他任务。

有趣的是，好的时间管理是勤奋成功的在职大学生比全日制大学生更突出的特征，这很可能是因为在职大学生必须平衡更多的相互冲突的时间（McCann et al.，2012）。运用逻辑来平衡个人的优先事项和外部的要求（这里主要指家庭、工作及学业任务）是后形式思维的特征。

确立任务的优先顺序的另一个明显的例子是大学开学第一堂课：大多数教授（相对于高中老师）会宣布整个学期的作业及提交的截止日期，并期望学生们“自行决定何时完成……于是激活了令人畏惧的时间管理的议题”（Howard，2005，p.15）。初显期成人要对抗“拖延症”：时间管理成为一项挑战，成人随着认知的成熟会逐渐掌握它（Berg，2008）。

一般来说，成人在发展后形式思维的过程中，会接受并适应日常经验中的诸多矛盾和不一致，变得少了些玩心，愈发实际。他们认为生活的大多数答案是暂时的，而非永久的；他们会考虑非理性的及情感的因素。

以时间管理为例，计划何时写作一个月内必须提交的学期论文可能涉及个人情绪和特质（如焦虑、完美主义）、其他责任（家庭的、工作的）、实操考虑（重写、预约图书馆、计算机及打印机的可用性、排版）。青少年往往直到最后一刻才会想起这些；希望初显期成人会好一些。

然而，没有人总能将未来计划得周详。一个常见的逻辑错误是**延迟折扣**——低估（打折）未来事件的倾向。如果在现在就得到 100 美元或者后来得到 110 美元之间进行选择，人们通常选择现在得到 100 美元，延时奖励的吸引力会大打折扣。延迟折扣在每个年龄段都会发生。例如，彩票中奖者宁愿选择立即取出一半奖金并损失另一半奖金，也不愿以分期的方式领取全部奖金。实际上，延迟折扣是难以延迟满足的一个例子。

随着前额叶皮层逐渐成熟，人们更加能够提前做出计划。延迟折扣随着年龄的增长而减少（Löckenhoff et al.，2011），但青少年特别易于低估延迟的后果。

这一趋势解释了前一章中描述的悖论。由于有学校课程及大众媒体信息，几乎所有的 18 岁成人都知道药物滥用及无保护性行为会带来危及生命的风险。但很多人仍旧滥用药物，与不了解其过往的人发生性关系。为什么呢？答案就是延迟折扣。具有讽刺意味的是，使用精神药物（尤其是酒精和大麻）会扭曲人对时间的感知，使延迟折扣更可能发生，即使在药物的即时效果消退了很长时间以后。

客观地讲，老年人本应更倾向于选择即时满足，因为他们已经没有多少时日能够享受延迟满足的喜悦了。但事实正好相反，因为后形式思维让人更有计划性（Löckenhoff et al.，2011）。后形式思维与前几个阶段的思维相比，更实用、更具创造力和想象力（Wu & Chiou，2008）。投资银行家、企业领导、外科医生及警局的侦探均需要整合多种思维模式，这也是为什么不选择最聪明的年轻人来担任这些职务的原因之一（Kahneman，2011）。

真是一个阶段吗？

正如你所读到的，有一些发展学家质疑皮亚杰的儿童认知阶段发展理论；但有更多的人质疑这个第五阶段。有两个学者在谈到成年初显期时写道："谁需要这些阶段？"（Kloep & Hendry，2011）

皮亚杰自己从未提出或描述过后形式认知。能确定的是，如果一个新的认知阶段是以获得一系列全新的能力（如语言作为符号的使用区分了感觉运动阶段和前运算阶段）为标志的，那么成年期不存在阶段。

然而，正如第十五章所述，前额叶皮层直到二十几岁才能发育成熟，新的树突联结的形成则贯穿一生。随着对青少年后期大脑发育的了解不断加深，似乎后形式思维的特征（实用、灵活、辩证）随着大脑的成熟而更加明显。

另外，前额叶皮层似乎与社会理解关联密切（Barbey et al.，2009）。几项研究发现，成人的思维方式通常与青少年不同，部分是因为他们对社会有着更宽广的理解及更多的经历（关于离家上大学对大学新生的神经的影响及 14—25 岁的脑部变化，见彩图第 9 页，左下和右下图）。

例如，一项针对 13—45 岁的个体的研究表明，逻辑思维从青春期到成年初显期有所提升，然后趋于稳定，在形式运算思维发展完善后，这是预料之中的。然而，社会理解力仍在发展，包括知道如何最好地与他人互动——结交好友和维持友谊、对社会的冷遇做出回应及有效地帮助他人等（Demetriou & Bakracevic，2009）。

当然，情境及文化至关重要：身处一个地方和时代的 30 岁个体也许与身处另一个地域或不同时代的同龄人的思考方式大相径庭。但在非西方文化和西方文化中，成人思维与青少年思维之间均存在质的差异。

在美国的一项研究中，研究者让青少年和成人进行自我描述（Labouvie-Vief，2006）。然后编码员阅读了这些描述，在不知道被试年龄的情况下，将这些自我描述分为*保护性的*（自我卷入度高，自我怀疑度低）、*失调性的*（因情绪或问题支离破碎，不知所措）、*复杂性的*（把开放和独立看得最重），或者*整合性的*（能够调节情绪和逻辑）。

随着生活阅历的积累，成人有着不同的自我表达方式。没有一个 20 岁以下的被试处于高级的"整合"阶段（见图 18.1）。最大的转变发生在青春期与成年初显期之间。正如这个研究的主要研究者所说，成人思维"可以按照复杂性和整合性的增加来排序"（Labouvie-Vief et al.，2009，p.182）。

如上，许多学者发现，成年期的思维在质和量上都发生了变化（Bosworth & Hertzog，2009，Lemieux，2012；Kallio，2011）。*第五阶段*这个术语也许属于用词不当，而且后形式思维可能意味着一种很少有人能够达到的大脑思维的深度，但是成人在大脑及生活环境允许的情况下通常能够达到一个新的认知水平。

主观和客观思维兼备

后形式思维的实用技能之一是将主观思维和客观思维相结合的能力。**主观思维**源自个人经验和感知；**客观思维**遵循抽象的、非个人的逻辑。形式运算思维的传统模型看重客观逻辑（如在皮亚杰的平衡量表中，重量与距离之间的数学关系），看轻主观感受、个人信仰及情感体验。

当个体面对日常生活中的各种复杂情境和责任时，纯粹客观的逻辑思维可能无法适应，尤其是那些生产力高的家庭、职场及社区所需要的社会理解。这时，必须考虑主观情感和个人经验，因为仅

不同年龄组被试不同类别的自我描述

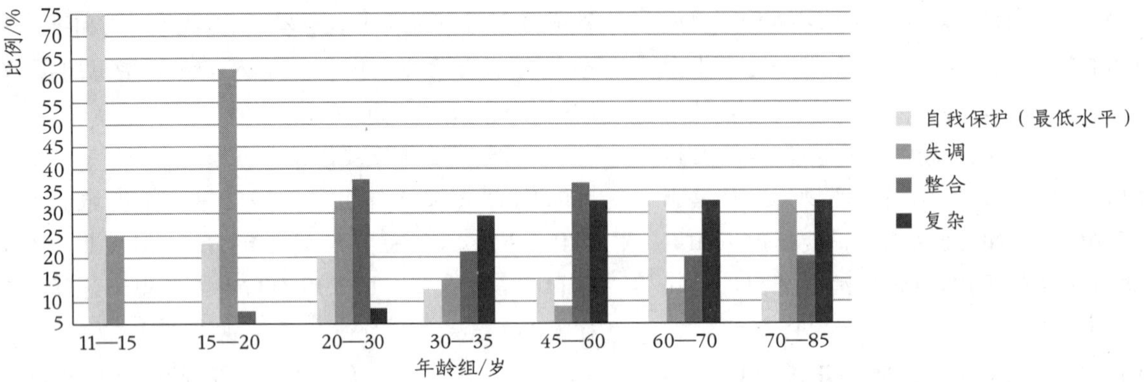

来源：Labouvie-Vief，2006.

图 18.1

谈论自己 在成年期，随着年龄的增长，人们的自我描述越来越不那么以自我为中心和迷茫。许多成人，而没有儿童和青少年，会达到一种将情感和理性融为一体的自我接纳水平。

有客观推理则太过局限、僵化和不切实际。

然而主观思维也有局限。真正成熟的思维包含了抽象客观的加工形式与表现性的主观形式之间的相互作用，即第十五章中描述的双加工。成人的思维不会抛弃客观性；“后形式逻辑兼备了主观性和客观性”（Sinnott，1998，p.55），变得个人化和实用化。

解决情感和逻辑相结合这一复杂问题是成人所面临的重大现实挑战，“成年初显期作为生命周期中的一个关键时期，确实逐渐凸显出来……（因为）复杂的、批判性的辩证思维要到 20 多岁才浮现”（Labouvie-Vief，2006，p.78）。

如果没有智力和情感的整合，极端行为（如那些会导致暴饮暴食、厌食症、肥胖、成瘾及暴力的行为）或极端认知（如认为某人是世界上最好或最恶的人）会很常见。这些都是青少年的自我中心式思维的典型特征，有些初显期成人也是如此。相反，具备后形式思维的人能够更好地用知识来平衡个人经验。

我的一个正处于成年初显期的学生所写的文字就体现了这种平衡：

> “不幸的是，酗酒在我的家族中蔓延开来……我眼见它毁了我的叔叔，也毁了我的家庭……我曾因喝酒而身体难受，那是我一生中最痛苦的一夜。我知道我没有酒精中毒什么的，但我因喝得太快而感觉难受，那时所有关于我多么不想像叔叔那样了结一生的画面一起涌入脑海。从那一刻起，无论什么时候碰到酒，我都格外小心……当我到了白发苍苍的年纪，我最不想考虑的就是该从哪儿讨来一杯啤酒或如何才能得到肝脏移植。”
>
> （劳拉，私人交流）

劳拉关于酒精的思考是后形式思维式的，其中融合了知识（如酒精中毒）和情感（涌入其脑海的画面）。请注意，她是谨慎，而不是戒酒；她将对自己的遗传可能性的客观认识与想成为群体一员的主观体验结合起来了。她能够结合两种思维模式而得出一个对自己有效的结论，不需要从痛苦的个人经验的极端（成为一个主动的酗酒者并陷入绝望）走向另一个合乎逻辑的极端（像戒酒者必须做的那样，滴酒不沾）。

随着时间的推移，关于酒精问题的后形式思维的发展可以在大多数美国成人身上看到。正如前一章所述，这些 20 多岁的人比其他任何年龄段的人都更可能滥用酒精和其他药物。然而，随着个人经验的积累和向他人学习（社会规范），认知的成熟促使大多数成人从那时起只会在某些场合适度饮酒（Schulenberg et al.，2005）。纵观所有研究，很明显，青少年倾向于要么使用客观推理，要么使用主观推理，但成人能把这两种推理综合起来。

给要做出重要决定的个体的问题　哪个更好：跟着感觉走还是尽量客观地衡量利弊。（答复见第 451 页）

认知灵活性

务实的能力——预测、计划并整合主客观心理加工过程——是宝贵的；幸运的是，成人能够达到后形式水平。然而，计划可能赶不上变化。

例如：公司重组时，员工需要找一份新工作；节育失败，可能意味着一次意外的怀孕；父母一方生病，子女可能需要改变上大学的计划；经济崩溃，可能使房贷无法继续偿还。

几乎所有成人都经历过上述这类不可预期的事件。认知灵活性可以使成人避免陷入情感或者智力的困境。关于实际问题解决的研究发现，当成人面对一个没有适合的解决方案的复杂问题（比如，如果你的房东不愿承担昂贵的维修费用，你该怎么办）时，会反思所有的选项，结合理性和感性，然后选出最佳的行动方案（Berg，2008）。

因此，智力灵活性是后形式认知的一个标志，它更多是初显期成人的典型特征，而不是更年少者的典型特征。“成年初显期最根本的变化”（Tanner et al.，2009，p.34）来自意识到每种观点只是多种观点之一，每个问题都有几种解决方案，知识是动态的而非静态的。初显期成人开始意识到，“对于同一个现象，存在多种观点”（Balts et al.，1998，p.1093）。倾听他人的意见，思考不同的观点，是灵活性的一个标志。

一起工作

思考下面的问题：

有一副纸牌，每张都是一面字母一面数字。想象你面前摊开了下面的四张牌，每张背面都有东西。翻转若干张以证实或者证伪这样一个命题：如果一张牌的一面是元音，另一面就是一个偶数。

E　7　K　4

必须翻转哪几张牌？

这道谜题在“有关人类推理的文献资料中是出了名的难”（Moshman，2011，p.50）。在独立解题的情况下，只有不到 10% 的大学生回答正确。几乎所有人都想翻转 E 和 4——他们都错了。

然而，当一些在独立解题时答错了的大学生有机会一起讨论时，有 75% 的学生答对了：他们避开了“4”这张牌（即使另一面是一个辅音，该命题仍有可能是正确的）而选择了 E 和 7（如果 7 的另一面是一个元音，则可证实该命题是伪命题）。

正如这个例子所展现的，成人能够全面地考虑问题；在倾听了他人的意见后，也能够改变自己的想法（Moshman，2011）。想想看，从过去到现在，你对某件事的想法有没有发生过 180° 的转变。如果有，很可能是逻辑和社会经验的整合促使你形成了新的视角。这就是认知灵活性。

备用方案

这种关于行为改变的数据可归因于认知灵活性以外的多种因素。然而，专门考查成人认知的研究发现，成人比儿童更可能针对每一个问题设想几种解决方案，并从中仔细选出最佳方案。

例如，在一项研究中，年轻人、中年人及老年人被要求提出各种生活问题的解决方案（Artistico et al.，2010）。正如后形式思维者（而不是具体运算或形式运算思维者）经常做的那样，大多数被试为每个两难问题都寻找出了几个可能的解决方案。问题越熟悉，所建议的可能方案越多。比如，丧失完成大学学业的动机问题激发年轻人提出了更多的解决方案；而对于亲戚未能如愿经常前来走访的问题，老年人给出了更多的解决方案。

对抗刻板印象

对抗刻板印象需要认知灵活性，尤其是改变童年期假设的能力。年轻人在日常生活中显示出了许多灵活性的迹象。初显期成人结婚生子比其父母晚不少年的事实意味着，每一对情侣的思维过程导致了他们的结论不同于父母的结论，他们的假设也不同于过去社会的假设。当然，早期经历也有一定影响，但对于后形式思维者来说，它们不起决定性作用。

关于成年期种族偏见的研究值得深入进行下去。许多美国儿童和成人对非裔美国人抱有一些隐性偏见，这可以通过他们加工非裔美国人照片的反应时长于加工欧裔美国人照片的反应时检测出来（Baron & Banaji，2006）。这种内隐偏见可能存在于非裔美国人自身的潜意识中，危害着他们的健康和福祉（Chae et al.，2012）。

相反，大多数人声称并且真的相信自己没有种族偏见，而且行为上也并未显示出明显的偏见。

所以，许多成人既有潜意识的偏见，也有理性的无偏见（即使是对于他们自己），这就是双加工思维的一个范例。认知灵活性使成人能够认识到自己的情感偏见并改变想法。这需要开放性、洞察力及灵活性。

关于潜意识情绪的一个有趣的发现被称为**刻板印象威胁**，即担心他人根据族裔、性别、年龄或外表来假设你是愚蠢的、懒惰的、性欲过剩的或不如他们的。请注意，是人们的这种担心，而不是偏见所导致的行为，构成了威胁。

仅仅是遭遇消极刻板印象的可能性就足以激发情绪，从而扰乱认知和情绪调控。这一点已经由针对几十个受刻板印象之害的群体进行的数百个研究所证实，这些群体来自不同族群、性别、性取向和年龄（Inzlicht & Schmader，2012）。

当周边环境使一个人感觉到某种威胁的“气氛”，而不是公然的威胁时，刻板印象威胁更易于发生（Steele，1997）。回到前面的例子，非裔美国男性比起具有相同基因的非裔美国女性的高中学习成绩更差，获得大学学位的人数也仅是后者的一半。这一差异有许多潜在的原因，而刻板印象威胁就是其中之一。

如果非裔美国男性意识到他们是糟糕的学生这一刻板印象，就会变得焦虑。焦虑会削弱他们专注于学业的能力。然后，如果他们成绩不佳，就会贬低学业成就的重要性，以维护自己的骄傲。这将导致他们脱离学习，最终成绩更差。学习和考试环境中的威胁越大，他们的表现就会越差（Taylor & Walton，2011）。

事实上，这种下行模式似乎准确地发生了，还不仅仅发生在非裔美国男性身上。数百项研究表明，几乎所有人都受到刻板印象威胁之害：女性不擅长数学；老人更健忘；双语学生的英语常出错；每个国家被污名化的少数群体成员表现都不好。即便是那些有时被认为是尖子生的白人男性，在数学上，如果他们认为自己与亚洲男性相比不占优势，也会表现得较差。如果刻板印象威胁使人感到焦虑，不仅仅是学术成就，就连运动能力及健康习惯都会受到损害（Aronson et al.，2013）。

在刻板印象威胁中，最致命的是自我设障。当偏见发生时，对遭遇偏见及歧视存在警觉性的人们，不但高度敏感，而且会任其影响自身的思维，削弱自身的能力。虽然他们最初的反应是要更加努力，以证明刻板印象是错误的，但这种额外的努力可能适得其反，他们最终会放弃（Mangels et al.，2012；Aronson et al.，2013）。

潜意识偏见与后形式思维有什么关系？每个人都有一些源自童年的刻板印象隐于头脑之中，成人需要灵活调整认知以克服它们，抛弃先前习得的偏见。许多课程都旨在针对那些尚未充分实现潜能的个体，以提高他们的成就。

那些主要招收女性或非裔美国人的大学取得了令人惊讶的成功。这类大学不仅有较高的毕业率，而且他们的学生作为成人往往比那些在清楚意识到自己是少数群体成员的大学里学习的同类学生更为成功。会不会有一个原因是，如果每一位学生都来自相同的群体，个体将不会体验到刻板印象威胁？

当学生来自同一个少数群体时，刻板印象威胁能减轻吗？一个多族群的科学家团队提出了一个假设：如果人们将智力是可塑的而非天生的这一观点内化（用心去相信，而不仅仅是用头脑去相信），那么刻板印象威胁将会降低，所取得的学业成就会提升。这些科学家使用了一系列方法让斯坦福大学的非裔学生相信其能力取决于个人的努力。这降低了刻板印象威胁，学生们取得了更高的学业成就（Aronson et al.，2002）。

这项研究是众多研究中的首例。写给一般大众的非学术性书籍也经常讲述着同样的故事，即人们认识到了自我设障的偏见并最终将它克服。脸书网首席执行官桑德伯格（Sheryl Sandburg，2013，p.8）写道：“我们一生都在内化我们所收到的负面信息。”接着，她解释了自己如何克服了对自己的偏见，取得了如今的职业成就。

刻板印象威胁能够造成一个恶性循环：一些大学招生人员想知道这是否干扰了大学的录取（Soares，2012）。如果来自少数族群的大学申请者害怕刻板印象，焦虑可能导致他们在面试中过于安静或者过于健谈，这会引发面试官的偏见反应。如果应试者被拒绝，他们会顺理成章地将失败归因于刻板印象，却没有意识到是他们自身触发了面试官的刻板印象。

后形式思维能够让人们克服恐惧和焦虑，不再否认这样的潜意识情绪。这是一厢情愿的想法吗？或者你能回忆起你曾经对他人或自己抱有的、现在已经不再损害你的思维的偏见吗？

>> **答复要做出重要决定的个体**（问题见第449页） 两者都是必要的。成熟的思考需要整合情感和逻辑。为了确保你能利用两者，请花点时间（不要只凭你的第一冲动行事）和你信任的人谈谈。最终，你将承受你的决定的结果，所以不要忽略直觉或者逻辑思维。

辩证思维

最佳的后形式思维是**辩证思维**，这可能是最高级的认知加工（Basseches，1984，1989；Riegel，1975）。辩证一词是一个哲学概念，由黑格尔（Hegel）在两个世纪前提出，意指每个想法或真理本身包含着对立的想法或真理。

用哲学家的话来说，每个想法或**命题**均隐含着一个对立的想法或**反题**。辩证思维同时考虑了一个想法的对立两极，然后将它们打造成**合题**，即一个整合了原命题及对立命题的新想法。请注意，合题不是折中妥协；而是一个以变革的方式将两者结合起来的新概念（Lemieux，2012）。

例如，许多年幼的儿童崇拜父母（命题），许多青少年高度反感父母（反题），而许多初显期成人既感激父母，又能原谅父母的缺点，将其归因于他们的成长背景、历史条件和年龄（合题）。

因为思想的碰撞能带来截然相反的观点，所以变化的可能性是持续的。每一个新合题，都通过"作为适应性转换之舞的认知发展"（Sinnott，2009，p.103），深化和优化了引发它的命题和反题。辩证思维涉及不断地将信仰和经验与日常生活中的所有矛盾和不一致相整合。贯穿生命始终的变化是多方位的、持续性的，而且常常是令人惊讶的——一个动态的、辩证的过程。

对生命是一系列命题/反题/合题这一观点的领会见诸每一位伟大的发展学家的著作。例如：

- 维果茨基认为学习是在最近发展区内（学习者和指导者持续地适应彼此）的一种社会互动，赞同这一观点的教育者们都对教育采取了辩证的态度（Vianna & Stetsenko，2006）。
- 皮亚杰也可以被认为是一位辩证的思想家，他认为新旧观念之间的冲突是助推个体向新的发展阶段前进的燃料（Lemieux，2012）。
- 毕生发展的研究者们善于观察到辩证加工过程，他们认为"危机和冲突的发生及对它们的有效掌控不仅意味着风险，也意味着新的发展机遇"（Baltes et al，1998，p.1041）。
- 提出"成年初显期"这一术语的阿内特（Arnett），曾写道："脑组织让年轻人从二元论走向多样性"（Tanner & Arnett，2011），这可以被看作超越过去的正题和反题，达到一个能够承认真理的多个方面的合题。

一段"破碎的"婚姻

让我们来看一个大家都熟悉的一个辩证思维的例子：一段爱情的终结。一个非辩证思维者也许相信每个人均有稳定的、持久的和独立的特质。面对一段陷入困境的爱情，一个非辩证思维者会断定其中一方有过错，或者这段关系也许从一开始就是一个错误，因为两个人彼此不适合。

相反，辩证思维者认为，人们以及彼此的关系是在不断演进的；情侣们会随时间和彼此的互动而改变。因此，一段恋情之所以会陷入困境，并不是因为情侣们压根儿合不来，也不是因为某一方不好，而是因为他们各自变化了而没有适应彼此。婚姻不会"破碎"或"失败"；它要么随着时间继续发展（辩证地），要么随着两个人渐行渐远而停滞不前。

这在实践中和在理论上都会同样地发生吗？很有可能。可以确定的是，如果一对夫妻在青少年时而不是在成年后结婚，那么他们的婚姻更有可能结束，这也许是因为很少有青少年会辩证地思考。当一段恋情结束时，所有年龄的人都会沮丧痛苦，但神经发育不成熟会使一个年轻人被嫉妒或者绝望所压倒，而无法找到合题来克服（Fisher，2006）。年长的夫妻会更加辩证地思考，因此能从命题（"我爱你，因为你是完美的"），转化到反题（"我恨你——你什么事情都做不对"），再到合题（"我们都不完美，但是我们可以一起成长"）。

新的要求、角色、责任甚至冲突都可成为辩证思维者学习的机会。学生们会修一门不熟悉的科目，职员可能申请一个意料之外的晋升，年轻人会离开父母搬到另一个城镇或国家。在这些情况下，当追求舒适与渴望成长相互碰撞时，辩证思维者会发现一种新的合题，获得洞察力。这一基本的理念是所有继续教育的基础，即所有年龄的人都必须持续学习，因为新的挑战需要新的教育（Su，2011）。

文化与辩证法

几个研究者比较了亚洲成人和美国成人的认知，集中研究了辩证思维。也许是古希腊哲学导致欧洲人和北美人更多地运用分析的、绝对主义的逻辑——在对与错、善与恶的对决中择一而从，而儒家和道家思想则引导以中国人为首的亚洲人寻求妥协让步——“中庸之道”。

无论出于什么原因，亚洲人都倾向于从整体思考，思考整体而非部分，以寻找合题，因为“中国人创建了一种辩证法，以取代逻辑”（Nisbett et al.，2001，p.305）。举一个关于情绪判断的例子：西方人更倾向于密切关注面部表情，而亚洲人更倾向于考虑情境，如周边环境（Matsumoto et al.，2012）。

这让亚洲人对更多的可能性保持开放态度，更少推断某一个答案是唯一正确的答案。例如，一项关于加拿大人的研究比较了一些来自中国的移民和一些本地的加拿大人，发现亚裔加拿大人更能容忍矛盾。因此，当呈现一个片面的论点时，他们更少认为该论点是正确的。

一个系列研究比较了三组学生：韩国首尔的韩国人、长期生活在美国的韩裔美国人及在美国出生的欧裔美国人。三组被试都被告知以下信息：

> “假设你是一位警官，负责一个研究生谋杀了一位教授的案子……作为警官，你必须确定其杀人动机。”
>
> （Choi et al.，2003）

研究者给被试提供了一份列有97项信息的清单，要求他们标出为究明凶手动机而想知道的信息。在97项信息中，有一些项目明显与动机有关（例如，教授是否公开羞辱过这个研究生），三组被试几乎每个人都选择了这些项目。还有一些项目显然与动机无关（例如，这位学生最喜欢的颜色），几乎每个人都排除了它们。

其他项目则有些疑问（例如，教授当晚做了什么；教授的穿着如何）。与两组美国学生相比，韩国学生平均多要求了解了15个项目。研究者提出，他们的文化教会他们关注整体情境，以找出一个整体的合题（Choi et al.，2003）。

研究者们一致认为，东西方思维的显著差异是教养而非天性的结果——“在认知差异上存在生态的、历史的及社会的根源”（Choi et al.，2003，p.47），而不是因为基因。

不要断定某种思维方式（东方的或者西方的）一定好过另一种。实际上，认为只有一种“最佳方式”的观念并不辩证；大多数发展学家认为，灵活地反思比仅仅坚持一个命题要先进得多。

小　结

认知的第五个阶段被称为后形式思维，也许紧跟在皮亚杰的第四阶段——形式运算思维——之后。成人可以更好地将情绪及逻辑相结合，兼具青少年双加工思维过程的两个方面。后形式思维是实用的、灵活的、辩证的。

成年期认知的进步一部分是因为成人的责任需要逻辑分析和情绪反应，所以问题解决可能促使成人在为特殊情境选择最佳方案之前思考出很多解决方案。认知进步及灵活性会让成人克服刻板印象，超越刻板印象威胁，并适应长久的关系。有些成人能辩证思考，从命题到反题再到合题。高智力成人的这种不断变化的、动态的认知在一些情境和文化中，特别是在亚洲文化中也许更加明显。

>> 道德与宗教

正如前几章所述，道德的发展过程始于童年期。儿童随着不断成熟，能将父母、文化及同伴的价值观和自己的情感相结合。然而这只是一个开始。许多研究者相信，成人的责任、经历及所受教育对于塑造一个人的道德观非常关键。过去数十年的研究证实了这样一个观点，即成年初显期对于持续贯穿整个中年期的过程至关重要。正如一位专家所说：

> “在成年早期（二三十岁），在用来处理道德问题的最基本的问题解决策略上发生了剧烈的、广泛的变化……这些变化与个体如何理解社会及自己在其中的位置的最基本的重新概念化有关。”
>
> （Rest，1993，p.201）

这位专家发现，大学教育是刺激年轻成人的道德推理发生转变的一个因素，尤其是当课程作业包含了对道德议题的广泛讨论，或者学生的未来职业（如法律或者医学）需要道德决策的时候。另一位研究者发现，即使没受过大学教育，青春期早期的人做道德决策的可能性最小，但随着人的成熟及面对的各种问题，道德决策的发生率也随之上升（Nucci & Turiel，2009）。

人在成年初显期参加宗教仪式的频率越来越低，而发展宗教信仰的频率越来越高，两者之间存在着一种矛盾关系（Barry et al.，2012）。初显期成人有兴趣发展亲社会的价值观，但对聆听宗教领袖表达其信仰所接受的智慧毫无兴趣。

哪个时代？哪个地方？

正如前几章所讨论的，道德价值观深受环境的影响，包括国家背景、文化和时代。

文化的力量导致很难评估成人道德如何随年龄而变化，因为不断变化的观点可能被判断为进步或堕落。例如，在美国，与年轻人相比，年长者倾向于更少支持同性婚姻，更多感受到离婚的困扰，更多支持将公共资金用于公共交通和医疗保健。

这些年龄变化趋势表明成人变得更加道德或者更加不道德了吗？或者说年长者更固守自己的行事方式，用道德为自己的不妥协做辩护，而不是在舆论及实践导致别人重新审视自我道德立场的时候做出改变？的确，认为各种问题都是道德问题的年长者多于年轻人，这是一种使他们可以“在道德层面上”坚守过时观点的立场。这是不妥协，还是正直？（见图 18.2）

带着这样的疑虑，这项研究指出，道德思维的过程（不一定是结果）确实会随年龄的增长而改善。至少成人的思维可能比青少年的思维更具灵活性。正如一位学者所解释的那样：“进化了的人类大脑给人类提供了如此灵活且富有创造性的认知能力，以至每一个能被想出来的道德原则都会产生与之相反的意见和原则”（Kendler，2002，p.503）。

道德成长的证据在传记和自传文学中比比皆是。本书的大多数读者可能知道某人（或者可能是读者本人）曾在 18 岁时对世界有着狭隘且肤浅的观点，后来在青春期和成年期之间发展出了更宽广深刻的视角和同理心（Eisenberg et al.，2005）。

很多人会认为，思维越开放、越辩证、越灵活（正如前面描述过的后形式思维），则越合乎道德。一项关于后形式思维与上帝这一概念之间的关系的研究发现，一个更复杂和更多维的概念与更加后形式思维之间有相关性（Benovenli et al.，

对于同性恋的道德观，你怎样看？

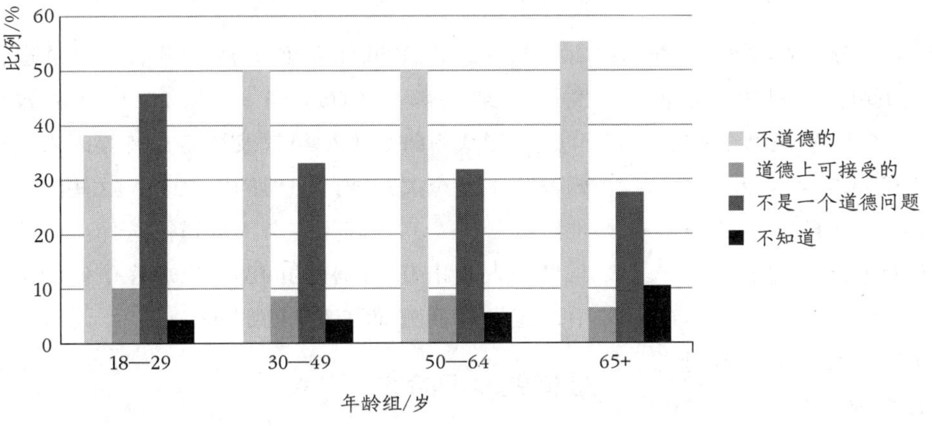

来源：Pew Research Center, October 9, 2009.

图 18.2

不要评判我　不仅仅是同性恋这个问题，在许多问题上，年长者比年轻人更可能评判事情的对错。你自己的评判可能比任何事情都更能反映你的年龄和个人经历。同性恋问题的具体情况不断变化，现在各年龄段认为同性恋在道德上是错误的人少得多了，但几乎在对每件事情的看法上，年长者都比年轻人看到了更多的道德问题。

2011）。

初显期成人的两难困境

幸运的是，青少年的自我中心主义会消退，因为初显期成人经常遇到引发道德问题的两难困境，而自我中心会干扰这些问题的解决。大多数成人不再受父母的规则或童年文化的束缚，但尚未与他们自己的家庭建立起联系。于是，他们必须自己决定该如何应对性爱、毒品、教育、职业及许多其他事情。

性别差异

在道德上是否存在性别差异，对此存在着广泛的分歧。对于科尔伯格的某些工作存有质疑的哈佛大学教授卡罗尔•吉利根（Carol Gilligan）相信，有关生育的决定推进了一个人道德思维的发展，特别是对于女性（Gilligan，1981；Gilligan et al.，1990）。他认为，两性对于生育、流产等一系列问题有着不同的看法。女性所受的教育使之形成了**关怀取向道德观**；她们会把人性需求和关系置于首位。相反，男性形成了**公正取向道德观**；他们被教导要明辨是非。

尚无其他研究发现在道德思维上存在性别差异。教育、具体的两难问题（一些情境触发关怀，另一些情境触发公正倾向）及文化等因素与性别相比，更多地与一个人的道德判断是强调关系还是强调绝对性相关（Juujarvi，2005；Vikan et al.，2005；Walker，1984）。

例如，一项对于极有数学天分的高中学生的纵向研究发现，成年后，男性更可能在科学和数学领域获得高等学位，并成为各个科学领域的带头人。而许多才华横溢的女性则选择为家庭投入更多的时间（Ferriman et al.，2009）。这是一种道德差异、一种文化模式，还是一种性别差异呢？

对道德成长的测量

我们如何评估个体是否在道德选择上运用了后形式思维？在科尔伯格的方案中，人们相互讨论标准的道德两难问题，对各种各样的探查做出回应。经过数十年的纵向研究，科尔伯格注意到在成年早期，有些回答者似乎从后习俗思维退回到了习俗思维。基于对回应的进一步分析，他发现这样的变化可能是一种进步，因为年轻人会将人类社会问题放入考量之中（Labouvie-Vief，2006）。

【**生命全程链接**：第十三章探讨过科尔伯格的道德思维水平理论。】

定义问题测验（DIT）是测量道德思维的另一种方法。DIT呈现带有具体选项的一系列问题。以DIT中的一个两难困境为例：一个新闻记者必须决定是否发表一些将会毁掉一个政党候选人前程的陈旧的个人信息。要求回答者对从个人利益（“调查报道的信誉”）到更高目标（“服务社会”）的一系列理由进行优先顺序排序。

在DIT中，从对项目的排序中得出一个分数，该分数与成人的认知、经历及生活满意度等其他方面有相关性（Schiller，1998）。这些相关表明，越是关心他人的人，对自己的生活也越满意。但相关性只能引人深思，不能用作证据。一般来说，DIT分数会随着年龄的增长而提升，因为成年人会变得越来越不那么教条和自私，越来越灵活和利他（Rest et al.，1999）。

一项对荷兰青少年和年轻成人的研究发现了被试完成DIT后的有趣结果（Raaijmakers，2005）。尽管发现了许多个体差异，但一些年龄趋势很明显：被试的回答从对过去行为的辩解（青少年）转变为对未来行为的指导（初显期成人）。在极少触犯法律的青少年中，DIT分数逐渐提升。然而，对于失足少年来说，DIT分数也会随着成长而提高，但在犯罪时会有下降。因此，对于初显期成人来说，道德思维也会产生道德行为，而不仅仅是反过来。

然而，许多批评者抱怨DIT测量的只是道德发展的某些部分（Hannah et al.，2011）。宗教信仰、后形式思维、道德勇气及社会支持等因素在道德决策中是至关重要的。但问题在于，这些因素都难以测量，尤其是因为一个人的道德选择可能恰好与另一人的相反。同样的问题也出现在信仰的发展中，正如你下面即将读到的那样。

信仰的发展阶段

精神层面的挣扎——包括“质疑自己的宗教或精神信仰；对宗教或精神事物感到不笃定；竭力理解邪恶、疾病及死亡；对上帝感到愤怒”（Bryant & Astin，2008，p.3）——对于初显期成人来说并不少见。年龄的成熟会使他们从童年期的教条主义宗教信仰转向更灵活、更辩证、后形式思维的信仰。

为了描述该过程，詹姆斯·福勒（James Fowler，1981，1986）基于皮亚杰和科尔伯格的理论，提出了一个经典的信仰六阶段发展理论：

- **阶段一：直觉－投射信仰。**信仰是神奇的、非逻辑的、富有创造力并充满幻想的，尤其是对于上帝的力量和生与死之谜。这是典型的3—7岁儿童的特点。
- **阶段二：神话－文字信仰。**个体按照字词的原意来理解宗教神话及故事，单纯地相信符号的力量，认为上帝会奖励遵从神圣法则的人，并惩罚违背者。阶段二的典型人群是7—11岁儿童，但也是一些成人的特征。福勒引用了一位女性的话，她每次一有机会，就会做额外的祷告，好将它们存入"银行。"
- **阶段三：综合－习俗信仰。**这是一个循规蹈矩的阶段。信仰是约定俗成的，反映了对他人的关心并且更偏爱"感觉正确"而不是理性正确。福勒引用了一位男性的话，该男性的个人原则包括："对我的家庭诚实，不试图骗取他们任何东西……我不是在说上帝或者任何其他人给我定立了规则，我真的不清楚，我就是觉得这些是正确的。"
- **阶段四：个人－反省信仰。**信仰的特点是理智上脱离文化价值观及他人的赞同。大学可能是进入阶段四的一块跳板，因为年轻人学会了质疑父母、老师及其他有权人物的权威，转而依赖其自身对于世界的理解。信仰成了一种积极的承诺。
- **阶段五：契合式信仰。**信仰既包含具有强烈情感的想法（譬如祈祷的力量及上帝的爱），也包含理性价值观（譬如将生命价值和财产价值加以比较）。人们愿意接受矛盾，这显然是一种后形式思维。福勒称，很少有人能在中年之前达到这种宇宙观。
- **阶段六：普世信仰。**在该阶段，人有一个普世的悲悯、正义和爱的强大愿景，驱使他们以一种他人可能认为不是圣洁就是愚蠢的方式去生活。大彻大悟的经历往往是通往阶段六的途径，就像摩西（Moses）、穆罕默德（Muhammad）、佛陀（Buddha）和圣保罗（Paul of Tarsus），以及更近期的莫罕达斯·甘地（Mohandas Gandhi）、马丁·路德·金（Martin Luther King Jr）和特雷莎修女（Mother Teresa）所经历的那样。极少有人能达到阶段六。

如果福勒是正确的，信仰就像认知的其他方面一样，从一种简单的、自我中心的、单面的视角发展成一种更为复杂的、利他的（无私的）及多面的视角。其他证据也表明信仰的发展贯穿整个成年期。比如，初显期成人比30岁或以上的成人更不太可能参加宗教仪式和祈祷（Wilhelm et al.，2007），即使他们中的大多数人认为自己与年轻时相比，最少也是同样地注重心灵建设（Smith & Snell，2009）。

小　结

随着人们走出对权威的接受阶段（在童年期较为典型）和过去的反应性叛逆阶段（青少年的特征），道德问题挑战着认知过程。文化价值观总是塑造着信仰；传统上女性重视关系而男性强调绝对性，这是由生理性别还是由文化性别所致，尚不确定。年龄和文化差异比性别差异更明显。

随着人们的成熟，一些人的道德判断和宗教信仰变得更加开放和具有反思性，更少以自我为中心。这种改变通过定义问题测验能够测量出来。生活经历是关键：若初显期成人遇到了不同文化、不同价值观、不同宗教信仰的人，就会产生新的问题和疑虑。结果人们不仅在道德判断上，而且在宗教信仰上，都更加灵活和宽容，尽管并非每个人都同意这种后形式思维的成熟标志着更高一级的道德及信仰。■

>> 认知发展与高等教育

本教材的许多读者对本章的最后这个话题——大学教育与认知的关系——抱有个人兴趣。所有的证据都是正向的：大学毕业生平均来说不仅比其他成人更健康、更富有，也是更深刻且灵活的思考者。这些结论如此有力，以至科学家想知道是否是选择效应或者历史趋势，而不是大学教育本身，导致了这种令人鼓舞的相关性。让我们来看看数据。

大学的作用

当代学生上大学主要是为了找到更好的工作和学习专项技能（尤其是在知识和服务领域，如信息技术、全球经济和医疗保健）。美国学生上大学的“非常重要”的原因主要是“找更好的工作”（88%）和“赚更多的钱”（75%）（见图 18.3）。

获得通识教育及对思想的鉴赏力是次要目标；它对于大多数学生（73%）来说是非常重要的，但它显然不如财务目标那么重要（Pryor et al.，2012）。这种现象不仅发生在美国，在许多其他国家也是如此（Jongbloed et al.，1999）。

我的一位 18 岁的学生很典型：

> “高等教育使我有能力赚足够的钱，为未来做好准备。教育也让我有能力成为一个成熟的思考者，并获得更好的自我认识……教育为我在大学毕业后找到一份更好的工作提供了途径，这将支持我并让我获得稳定舒适的退休生活。”
>
> （E.，私人交流）

这种对未来的花费和退休的担忧看似为时尚早，但这样想的并非 E. 一个人。约 80% 的学生有工作，而仅有 20% 的学生或者他们的父母负担得起大学教育的费用。约 2/3 的美国学生背负着学生贷款，约 2/3 的学生有奖学金或助学金 (The Chronicle of Higher Education，2012)。对于大多数大学生来说，对大学教育的投资会有回报，因为仅有一个本科学位的 25—34 岁的人比仅有高中文凭的人平均每年多赚 15 000 美元（National Center for Education Statistics，2012）。

大学也与更好的健康状况相关：各地的大学毕业生均更少吸烟，吃得更健康，锻炼得更多，寿命更长。他们更可能结婚、拥有房产、养育健康的孩子。在大学里收获的东西——也许是知识、自控力、信心及更好的工作前景——就是上大学的好处吗？

让我们具体看看认知发展。大学更可能使人以一种灵活辩证的方式将主观和客观结合起来吗？也许吧。大学能提升人的语言和数学能力，增加具体学科领域的知识，大学教授各种专业技能，并能培养推理及反思能力。据一篇综述所述：

> “与大一新生相比，高年级学生具有更好的口头及书面沟通能力，是更好的抽象推理者或批判性思考者，他们更擅长使用推理和证据去解决那些结构不良的问题，这些问题没有可验证的正确答案；在更好地理解一

被大学生描述为“非常重要”的目标

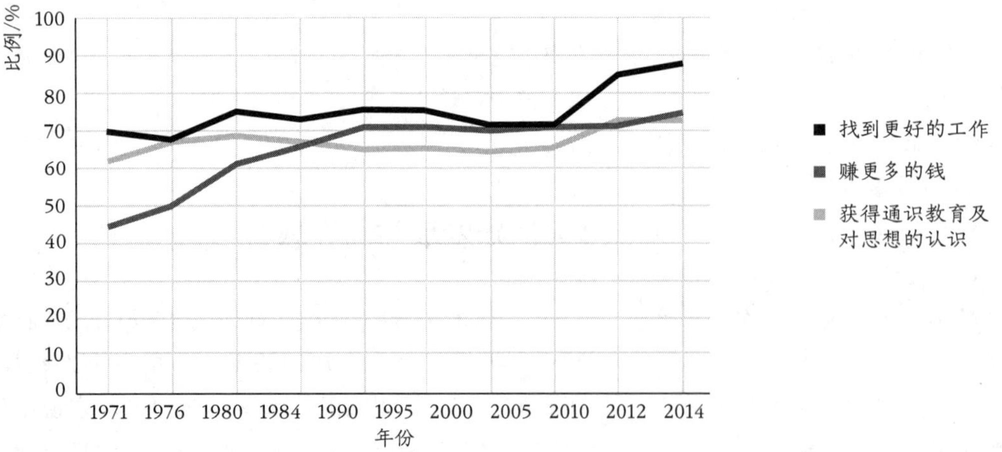

来源：Chronicle of Higher Education, Almanac of Higher Education, 2013.

图 18.3

同辈人的转变 在该研究完成之前的数十年间，大学生认为获得新思想和一种生活哲学是上大学的主要目的——与 2012 年的大学生相比，他们对工作不那么感兴趣。如果这种想法导致了学生的动机与教育目标之间的冲突，谁该做出调整呢？

个复杂议题的多个方面上具有更高的智力灵活性，并能形成更加复杂抽象的框架以处理复杂的情况。”

（Pascarella & Terenzini，1991，p.155）

请注意，这其中有许多能力都是后形式思维的特征。

一些研究发现，在大学里每度过一年，思维就会变得更加深刻、更加开阔。大一学生相信，清晰完美的真理是存在的；如果教授没有解释这样的真理，他们会感到困扰。新生倾向于收集知识，仿佛事实是金块，每一块都与其他知识互不联系，每一块都是纯粹而真实的。一位大一学生说自己好像一只松鼠，“四处搜集知识的橡子，并将它们埋藏起来以备后用”（引自 Bozik，2002，p.145）。

紧跟初始阶段之后的是对于个人的和社会的价值观的全面质疑，包括对真理本身的怀疑。如果一位教授在没有全面分析和提供证据的情况下做出断言，高年级学生会持怀疑态度。他们对任何事实都不再是只看表面价值，更不用说（像橡子一样）保存完好以备后用了。

最后，随着毕业的临近，学生们在考量过众多思想之后，开始投身于某个价值观，同时他们意识到自己所选的观念可能会变化（Pascarella & Terenzini，1991；Rest et al.，1999）。这时对于他们来说，事实变得既不是黄金，也不是糟粕，而是通向更深刻理解的有用的阶梯。

根据一项经典研究（Perry，1981，1999），在大

表 18.1　佩里（Perry）的大学生认知的道德发展框架

修正的二元论	位置 1	权威知道答案，如果我们努力学习，阅读每个字，记住正确答案，那么一切都会顺利。
	过渡	但是我听到的其他东西是怎么回事？不同的观点？不确定的答案？有些权威人士各执己见或者似乎不知道答案，而有些权威人士给我们的是问题而非答案。
	位置 2	真正的权威一定是正确的，其他人是错误的。我们坚持正确的，其他人肯定是不同的和错误的。好的权威人士能给我们提出问题，我们因此可以学会通过独立思考找到正确答案。
	过渡	但是即便是权威人士也承认自己不知道所有的答案！
	位置 3	于是一些不确定性和不同观点是真实存在的、暂时是合情合理的，甚至对于权威来说也是如此。他们会努力发现真理。
	过渡	但是有太多事情他们都不知道答案！而且在很长时间里都不会有答案。
发现了相对论	位置 4a	如果权威不知道正确答案，每个人都有权利发表自己的观点；没有人是错的！
	过渡	那么权威人士有什么权利来给我们打分？给我们的什么打分？
	位置 4b	在某些课程中，权威人士并没有要求正确答案。他们想让我们以某种方式去思考问题，用数据支持观点。他们正是这么评价我们的。
	位置 5	那么所有的思维都必须如此，对于权威人士也一样。万物都是相对的，却不是同等地有效。必须理解每个情境是如何运作的。理论不是真理，而是用来诠释数据的隐喻。你必须思考你的思维。
	过渡	但如果一切都是相对的，我也是相对的吗？我如何知道自己正在做的选择是正确的？
	位置 6	我知道我需要在一个充满不确定性的世界中自己做出决定，没有人会告诉我说我是对的。
	过渡	如果我不这样做就会迷失。当我下决心投身某个职业（或婚姻，或价值观）时，一切都会厘清。
在相对论中形成约定	位置 7	好吧，我做出了第一个承诺！
	过渡	为何这没有让所有的事情都确定下来呢？
	位置 8	我做了几个承诺。我需要对此进行平衡——承诺有多少个？有多深？有多确定？有多没把握？
	过渡	事情变得充满矛盾。我无法从逻辑上厘清生活的困境。
高年级者	位置 9	这就是生活。我必须谨慎、试探地全力以赴，尽管没有把握，但要为坚守自己的价值观而奋斗并尊重他人，相信自己内心最深处的价值观是正确的，但要保持不断学习的态度。我知道我会反复回顾整段旅程——但我希望能越来越有智慧地回顾。

来源：Perry，1981，1999.

学四年中，直至获得学士学位，思维的发展经过了九个层次的复杂性的发展，从简单的“是 / 否”二元论（对或错，成或败）进入承认视角多重性的相对论（见表 18.1）。

佩里发现，大学经历本身就带来了这种进步：同伴、教授、书籍及课堂讨论，所有这些都能激发新的问题和想法。一般来讲，个体受高等教育的时间越长，生活阅历越丰富，其推理能力就越深刻和辩证（Pascarella & Terenzini，1991）。

给考虑出国留学的人的问题 鉴于大学的作用，对于一个学生来说，在大学教育的第一年或者最后一年出国学习是否更好呢？（答复见第 459 页）

大学教育的哪个方面是这种成长的主要推动力呢？是富有挑战性的学术工作，教授的讲课，同学间的讨论，新的环境，还是离家独自生活呢？所有这些因素皆有可能。每一位科学家都发现社会互动和智力挑战能够提升思维。

大学生期望课程和对话能够推动其思维的发展，事实也正是如此（Kuh et al.，2005）。这并不令人感到惊奇，因为发展是个体和社会结构之间的辩证的过程，而大学是一个致力于培育认知成长的机构。教师和学生都能够因为大学教育而达到后形式思维，正如“个案研究”专栏中所建议的。

大学环境的变化

你可能注意到了前面引用的许多参考文献都是数十年前的。佩里的研究首次发表于 1981 年。如今，他的结论可能不再适用，特别是因为辩证的双方——学生和教师——都发生了变化，他们所在的教学机构也发生了变化。最近有许多书籍对大学

个案研究

大学推进思维发展

简·辛诺特（Jan Sinnott）教授是成人认知领域的主要思想家之一，她也是《成人发展期刊》（*Journal of Adult Development*）的前编辑。她描述了自己教授的第一门课：

“我没有用后形式的方式去思考……教学有利于将信息从知情者向未知情者传递……我决定设立一门关于老年人的心理学课……和一位研究生一起。讲课迫使我们在迄今的学术生涯中从听课学生处受益，所以我和我的同事继续着这件事。文章、书籍及复印文件开始占满我的房子。在搜寻所有信息的过程中，我们似乎无意识地发誓要将其全部利用起来……

每次上课，我和同事都会带着大量讲义和文章，讲、讲、疾速地讲！……到了关于死亡和临终的讨论时，就临近了期末。当我习惯性地满堂灌式地讲课时，同学们都在认真地记笔记。但是在快下课时……一个非常有才华的学生突然哭了起来，并说她不得不离开课堂……我并不知道，前几天，她一直照料的一位年长的亲人刚刚过世。当我们讲到照料时，她对这段重要的经历只字未提……怎么可以这样？……我们从未停止过说话。‘我希望我能够告诉人们那到底是什么感觉。’她说道。（Sinnott，2008，pp.54-55）”

辛诺特改变了她的课程计划。在下一堂课中，让这位学生讲述了她的故事。

“最终，学生们一致同意，当他们……整合素材并批判性地分析研究和理论时，才是真的在上一堂课。”

（Sinnott，2008，p.56）

辛诺特写到，她仍旧会讲课并采用多选题考试，但她也意识到了个人故事的影响力。她将理性分析和情感相结合；也将学生们的个人经历包括进来。她的授课变成了后形式的、辩证的和回应式的。

进行了批判。行政管理人员和教师仍然希望学生获得智力成长，但大学的环境不再是原来的样子了。认知是否会因此受到不良影响呢？

给高中教师的问题　你的一个最聪慧的学生不想上大学。她宁愿在餐馆做服务员，因为她可以借此赚到不少小费。你会说什么呢？（答复见第 461 页）

学生的变化

大学不再仅向少数精英敞开大门。

为了改善健康和提高生产力，每个国家都扩大了高校招生人数。扩大招生导致了**高等教育大众化**——秉持大学会让所有人（普通民众）受益的理念（Altbach et al.，2010）。美国是率先接受这一理念的主要国家，到了 20 世纪中期，美国建立了数千所高等教育机构并拥有数百万名大学生。

然而，美国已不再引领高等教育大众化了。在有些国家，半数以上的 25—34 岁的人都是大学毕业生（例如，在加拿大、韩国、俄罗斯和日本），或至少拥有大专学位。这些国家大学扩招的原因之一是政府的高额补贴，学费降低，正如数十年前的美国。

至于 25—34 岁个体获得学士学位的排名，美国在世界主要国家中名列第 11 位（National Center for Education Statistics，2012）。拉丁美洲、非洲及亚洲的比例远远落后，但是这些地方大学毕业生的比例在近几十年已成倍增长。2010 年，中国的大学毕业生人数多于美国（但是不要犯基准率忽视的错误——美国大学毕业生的比例更高一些）。尤其是在美国，家庭收入及族群等背景因素都影响着大学入学和毕业（见“可视化发展”专栏）。

>> 答复考虑出国留学的人（问题见第 458 页）　大学教育的结果之一是，学生在发展对自己的价值观的承诺时，对其他视角也更为开放。因此，海外求学可能在经过几年大学学习之后最能令人受益。如果出国学习的时间过早，一些学生可能要么展现出过于狭隘的爱国主义（尚未足够开放），要么过快地拒绝有关民族遗产的一切东西（尚未发展出自己的承诺）。

学生不仅有数量上的增长，也有特征的增多了。最明显的变化是性别：在 1970 年，大多数大学生为男性；现在每个发达国家（除了德国）中的大多数大学生为女性。此外，族群、经济、宗教及文化背景也各有不同。与 1970 年相比，那时有更多的学生已为人父母，年龄都在 24 岁以上，非全日制学习，在校外生活和工作，在全球范围内都是如此。

学生的经历、历史、技能及目标也在变化。大多数学生都精通新的科技，他们花费了更多的时间使用电脑，而不是看电视或阅读。个人博客、聊天室、社交网站及网络视频激增，而大学教职员往往对这一潮流不甚了解。几十个新的社交网站已经出现。学生们花在学习上或者上课的时间不足其清醒时间的 1/4，他们把更多的时间花在社交上——不论是面对面的还是线上的（Arum & Roksa，2011）。

阅读和写作任务比较多的课程不再受欢迎，比如英语或者历史等专业就要求付出这样的努力。相反，最受欢迎的专业是商科，其要求学生付出的努力最少（Arum & Roksa，2011）。当然，主修商科似乎也最能保障学生个人未来的经济，这对于当今的学生及其家长来说已经变得更为重要。

正如一本书所描述的，物质财富变得日益重要被视为“成年初显期的阴暗面”的一部分（Smith et al.，2012）。对于没有大学学历的成人来说，似乎也是如此：好的生活更多地被定义为经济保障及拥有令人羡慕的财产，而不是健康或者对社区的关心（Beutler，2012）。

机构的变化

随着高等教育大众化的推进，有更多的大学可供选择。有些国家，包括中国和沙特阿拉伯，近来创办了新的大型高等院校。美国在 1955 年仅有 275 所专科院校；2010 年有 1920 所这样的院校，它们现在被称为社区大学。营利性大学直到 1980 年之前都非常稀少；到 2010 年，美国有 1216 所这样的大学。

机构的设施也在发生变化。学生宿舍更加豪华，房间更大，体育设施更加完善。学费也在增长。几乎有一半的四年制大学每年的学费（不包括食宿费）在 30 000 美元以上（*Chronicle of Higher Education*，2012）。

其他变化也很明显。与数十年前相比，今天的大学提供了更多的职业规划辅导，雇用了更多的兼职教师、更多的女性及少数族裔。在终身全职教授中，欧裔美国男性的比例有所下降，尽管他们仍

可视化发展

为什么学习?

从毕生发展的角度来看，大学毕业是一项好的投资，无论是对于个人（他们能变得更健康和富有）还是对于国家（国民总收入增加）。这种长远的前景是国家控制招生的原因，如中国近 20 年来新开办了几十所高校。然而，当为高等教育付出的努力和成本有赖于学生及其家庭所做的直接的决定时，正如在美国，许多人认为大学教育并不值得，这一点从获得文学学士学位的人数可以看出。

美国的教育

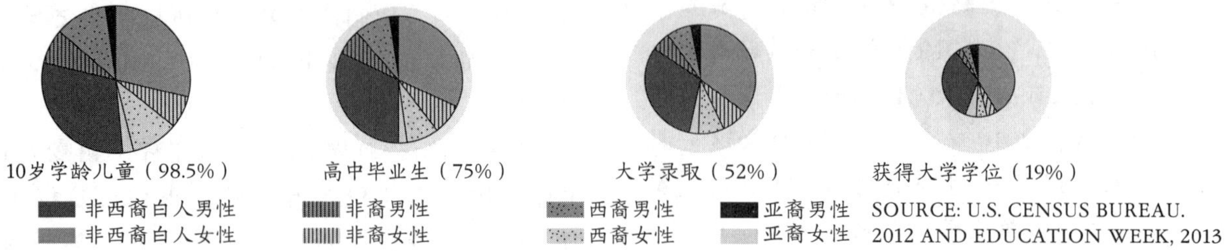

在所有成人中

随着老一辈（通常没有学位）逐渐去世，最年轻的一辈都以上大学为目标，持有高中及大学文凭的美国居民的比例在不断上升。然而，还是有很多人未得到足够的教育，不太可能找到好的工作。在最近一次经济衰退期，大学入学人数上升，这并不奇怪。这些数据既可以被视为令人鼓舞的，也可以被视为令人失望的。令人鼓舞的观点是，对所有的人来说，越来越多的人获得了文凭；只有获得大专文凭的亚裔美国人在减少，但其背后的原因也是令人欣喜的——有更多的亚裔美国人获得了大学学位。而令人泄气的观点是，几近 2/3 的成人及超过 4/5 的西裔人没有大学学位。国际性数据发现，很多欧洲及东亚的国家，持有学位的人数比例高于美国。

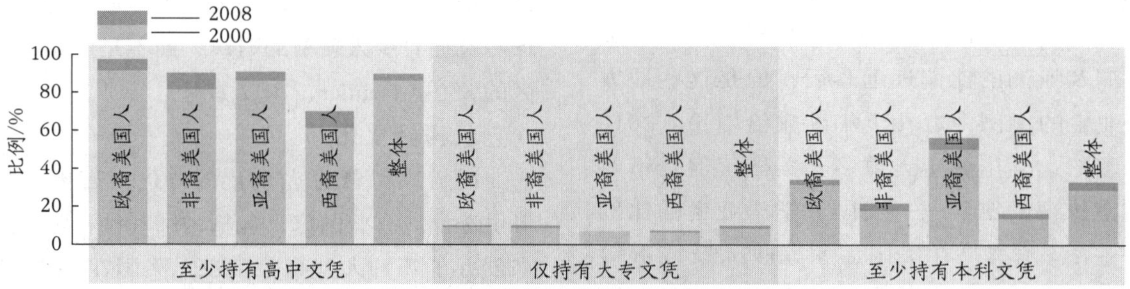

收入影响

在平均长达 40 年的职业生涯中，获得硕士学位的个体能比高中辍学（在十一年级时离开学校）的个体多赚 50 万美元。换算下来就是从十二年级到获得硕士学位，每多一年的教育，就能多赚约 9 万美元。收入的差距甚至比下图所示的数字还要大，因为该图仅统计了有工作的成人，而学历较低者更难找到工作。

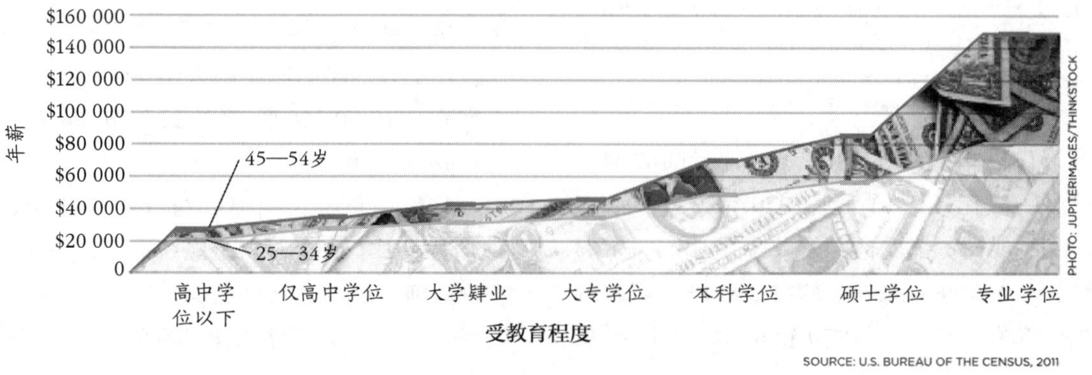

SOURCE: U.S. BUREAU OF THE CENSUS, 2011

占主导地位，部分是因为他们在数十年前就获得了终身职位。有更多非白人教师及兼职教师的这种趋势是全球范围的。

公立大学在发展壮大。在美国的100所公立高校中，每所的本科生人数都已超过25 000名。私立大学仍以3:2的比例在数量上超过公立大学，但美国大多数大学生（75%，或者说约1400万人）进入了公费资助的高等院校就读。对于学生来说，公立大学比私立大学便宜，但美国没有大学是免费的。即使是享有全额奖学金的学生（极少数）也必须支付多项费用，包括交通费。

收入，而不是能力，仍然是影响初显期成人能否进入大学以及入学后能否毕业的最重要因素（Bowen et al.，2009）。社区大学的学生肄业的比例特别高。入学注册时，有80%的学生认为自己有可能获取一个学士学位；但仅20%的学生做到了。在美国，接受高等教育的机会很大，但是入学和毕业人数之间的差距巨大，这是“关于许多年轻人在大学里的生存能力的重要警示”（Settersten，2012，p.20）。

对于四年制大学的大学生来说，四年制大学也存在一个明显的“现实与理想不匹配”的问题，几乎所有学生都期望4年后能毕业，但仅有一半的人能如愿（Pryor et al.，2012，p.5）。随着收入的下降、大学的不断扩招以及其他生活责任的累积（如工作和为人父母），未拿到学位就离开学校的可能性增大（Bowen et al.，2009）。

>> 答复高中教师（问题见第459页） 对于在大学取得成功来说，动机甚至比能力更为关键。所以，不要坚持让她立即上大学。既然你的学生有经济来源和一份稳定的工作（这些是当今大学生的主要目标），她可能没有意识到她正在失去什么。可以问问她几十年后期望自己从事怎样的工作，过怎样的生活。

对变化的评价

这种情形再次引出这个问题，即今天的学生能从大学教育中“获得”什么的讨论。刚刚描述的主要变化也许意味着大学不再产生先前的研究所发现的“更高的智力灵活性”（Pascarella & Terenzini，1991）。这些数据说明了什么？

关于认知的所有证据都表明，与不同背景和不同观点的人互动，能带来智力上的挑战和更深刻的思维，以及更有创造性的想法。如果学生本身就具有双重文化背景，就像越来越多的美国学生一样，那么这种情况就最容易发生。单是与各种背景的人一起工作和交谈，就足以拓宽一个人的认知及文化视野（Nguyen & Benet-Martinez，2013；Tadmor et al.，2012）。

因此，学生群体多样性的增加有可能促进认知的发展。大学利用其多样性——通过课程、课后作业、讨论、本科期间实习及学习社区等，帮助学生不仅加深理解人与人之间的差异和相似之处，也加深了他们对自己的理解。实际上，越来越多的教师正在放弃课堂讲授的方式，转而使用要求学生互动、能促进学习的教学方法。

当然，很多学生（及其父母）之所以选择一所大学，是因为其学生群体符合自己的期望。大多数（81%）美国大一新生在家所在的州上大学。然而，每所大学都有一些远离家乡的学生（在美国，有3.4%的大学生来自其他国家）。另外，因为每个个体都有独特的基因和经历，因此即使是在同质的大学里，也有观念不同的人。

一项特殊的收益也许来自那些已为人父母、有工作、非全日制读书、30岁以上的学生。他们可以让同学间的谈话和讨论变得生动活泼。一些研究表明，大学学位最可能让那些来自最不富裕背景的学生在经济上和认知上获益。然而，他们也是最可能中途肄业的人（Bowen et al.，2009）。

两种新的教学方法可以促进更好的学习。一种被称为翻转课堂，要求学生课前在自己的计算机上观看讲座视频，然后将课堂时间用于讨论，教授在课堂上以启发和鼓励为主，而不是讲授。另一种是完全在线课堂，包括**大型开放式在线课程（MOOC）**。学生可以注册这类课程，并在校外完成所有功课。

如果一个学生的动机很强，并善于使用计算机，那么MOOC最可能带来教育效果。但如果这个学生有另一个同学或者专家作为个人导师，同样也会有帮助：面对面的交流似乎能够激励动机和学习（Breslow et al.，2013）。MOOC节省了学习费用和通勤时间；对于一个典型的学生通过MOOC能学到多少东西，教育者似意见不一。

数据显示，大学仍在推进思维的发展。我们可以与从未上过大学的年轻人进行有效的比较。如果与具有相似背景及能力的18岁的高中毕业生进行比较，那些开始工作而没有接受高等教育的人与获得大学学位的人相比，最终获得的成就较少，中年期的生活满意度也偏低（Hout，2012）。大学似乎最能让少数族裔或者低收入家庭获益。

即使到了24岁，那些上过大学并推迟生育的人会更有思想，更有安全感，似乎会更容易拥有一个成功的成年期。对于成年初显期这个新的发展阶段，大学似乎为年轻人提供了其所需要的东西，即让他们有机会推迟承诺，探索新的想法，并为成年期做好准备。

对于本书的许多读者来说，这些发现并不令人感到惊奇。无论学生的年龄有多大，高等教育都能够激发思想。从入学典礼到毕业，初显期成人不仅学习了专业知识和技能，他们也像后形式思维者一样，学会了深思和反思。

小结

很多生活阅历能够推动思维过程的发展。大学是这样的阅历之一。随着几年的课堂讨论、指导性阅读以及与来自多种背景的同学对话，这些都引导学生发展了更加动态的、辩证的思维。这方面的证据对于20年前的大学教育来说是有效的。但今天的大学生及教育他们的机构均发生了变化。学生们对工作的兴趣大于对哲学的兴趣，大学的入学人数和多样性都有所增长，女生人数超过了男生。在美国以外的许多国家，越来越多的年轻人上大学，通常会得到政府的大量补贴。然而，尽管与数十年前相比存在诸多改变，但有证据表明，大学教育仍然能促进认知的发展。■

本章总结

后形式思维

1. 成人的认知可以用几种方式来研究，包括阶段论、心理测量方法或者信息加工论。本章聚焦于后形式思维，该术语用来描述可能紧跟皮亚杰认知四阶段的成人认知发展。
2. 许多研究者相信，成年期日常生活中复杂和相互冲突的需要使人产生了一种新的认知视角。后形式思维不是成熟的自然结果，所以它不是一个传统的“阶段”，而是一种更高层次的思维。
3. 后形式思维是实用的、灵活的和辩证的（也就是说，更有能力将相互矛盾的元素整合成一个综合的整体）。成人用他们的头脑去解决遇到的问题，预期并避开困难。
4. 成人思维的一个标志是把情感和理性分析结合起来的能力。这种能力在回应社会理解及社会行动方面特别有用，因为每种关系均要求复杂且灵活的回应。
5. 刻板印象和刻板印象威胁干扰了思维加工过程，从而使人们看似不具有那么多智力能力。在理想情况下，成人能够找到方法来克服这些不利因素。
6. 辩证思维综合了复杂性和矛盾性整合在一起。辩证思维不是寻找绝对的、永恒不变的真理，而是认识到人们和情境是动态的、不断变化的。

道德与宗教

7. 对道德、信仰及伦理问题的思考也可能在成年期有进展。特定的道德观念受文化和情境的强烈影响，但成人通常能随着不断成熟而变得不那么以自我为中心。
8. 随着人们的成熟，他们要面对生活中的道德决定，包括许多与人际关系及人类多样性相关的道德决定。在福勒看来，宗教信仰也会超越受文化束缚的概念而走向普世原则。

认知发展与高等教育

9. 过去几十年的研究指出，大学毕业生不仅比其他成人更富有、更健康，而且思维水平也更高。在大学的几年中，大学生逐渐不那么倾向于向权威人士寻求绝对真理，而是更有兴趣自己做出决定。
10. 今天的大学生不同于几十年前的大学生。在每个国家，大学生的绝对数量都已成倍增长，大学生的背景在族群、经济以及其他各个方面都更加多样化。

11. 作为教育机构的大学也发生了变化，变得越来越庞大，更面向那些看重商业前途而不是思想和理论的学生。另外，公费资助的教育机构的招生数量也有所增长。大学教育的成本在美国已成为许多人考虑的一个主要因素。

12. 学生和机构均发生了变化，但大学教育似乎仍然能让初显期成人在智力上和经济上受益。一些变化，尤其是学生和教师不断增加的多样性，有可能促进更深刻的思维。

关键术语

辩证思维（dialectical thought，p.451）

大型开放式在线课程（massive open online courses，MOOCs，p.461）

定义问题测验（Defining Issues Test，DIT，p.454）

反题（antithesis，p.451）

高等教育大众化（massification，p.459）

公正取向道德观（morality of justice，p.454）

关怀取向道德观（morality of care，p.454）

合题（synthesis，p.451）

后形式思维（postformal thought，p.446）

刻板印象威胁（stereotype threat，p.450）

客观思维（objective thought，p.447）

命题（thesis，p.451）

延迟折扣（delay discounting，p.446）

主观思维（subjective thought，p.447）

你学到了什么？

1. 为什么学者选择“后形式”这一术语来描述认知的第五阶段？
2. 后形式思维与典型的青少年思维有何不同？
3. 为什么时间管理是一个认知问题？
4. 延时折扣与进食或者锻炼有何关系？
5. 前额叶皮层的成熟如何影响社会理解？
6. 主观思维和客观思维是什么关系？
7. 倾听对立的观点如何诠释认知灵活性？
8. 刻板印象威胁如何影响人的认知？
9. 哪个群体的人容易受刻板印象威胁的影响？为什么？
10. 为什么“破碎的家庭”这个术语表示缺乏辩证思维？
11. 典型的亚洲和西方思维有哪些显著的差异？
12. 为什么成人要比青少年做出更多涉及道德的决定？
13. 为什么人们对于某件事情是不是一个道德问题存在分歧？
14. 卡罗尔·吉利根如何区分男性和女性的道德观？
15. 为什么关于繁衍后代的决定是道德思维的催化剂？
16. 福勒的发展阶段与皮亚杰及科尔伯格的发展阶段有哪些相似之处？
17. 为什么一个虔诚的人可能会批判福勒的信仰发展阶段的概念？
18. 大多数大学生希望从大学教育中获得什么？
19. 根据佩里的观点，在大学生涯中，大学生的思维发生了哪些变化？
20. 当前的大学招生模式与 50 年前有何不同？
21. 美国的公立学校与私立学校存有什么不同？

应 用

1. 阅读一本传记或自传，其中包括主角在18—60岁的思维信息，特别注意实用的、灵活的或者辩证的思维。个人的阅历、教育及思想如何影响人的思维？
2. 有些道德原则被认为是普世的，在每一种文化中都受人尊重。思考一个这样的观点并分析它是否能被每个主流宗教所接受。
3. 关于学生及大学变化的统计数据非常好，但这里仅讲述了很少一部分。拿你的国家、州或者省与另一个相应的地区做比较。分析数据并讨论差异的原因及启示。
4. 评估大学期间认知发展的一种方法是研究你自己或者你的同学，比较大学起始与结束时的思维和决策。由于案例研究具有争议性而非权威性，你需要确定一些你要检验的假设并解释你是如何做的。

第十九章

成年初显期：心理社会发展

你将学到什么？

1. 害羞的孩子长大以后气质通常会发生什么样的变化？
2. 婚前同居会让婚姻更幸福吗？
3. 若面对配偶的虐待，是应该选择咨询还是分居？
4. 为什么一些初显期成人会与父母住在一起？

回首往昔，我能回想起自己人生中的许多成年初显期的迹象。20 岁时，菲比和佩吉是我的两个最亲密的朋友。正如我们的父母和文化所期望的那样，我们当时期待成为幸福的新娘、妻子和母亲，我们甚至跟彼此描述了自己梦想中的婚纱的样子以及想象中的孩子的名字。而社会的变迁击碎了我们的期望。

作为成人，我们三人加起来共有三个丈夫和五个孩子——这是我们的文化及同代人的平均水平。但是菲比从未结婚或者生育。她开创了自己的事业并成为百万富翁，现在拥有一座面向太平洋的大别墅。佩吉结了婚又离了婚，然后又再婚，40 岁时生育了一个孩子。她获得了博士学位，在从事了许多学术工作后，终于找到了最喜爱的工作——按摩治疗师。我则一边结婚生子，一边工作学习，对于我这一代人来说，这是一种崭新的生活模式。我在一次聚会上遇到了一位陌生女子，当听说我有 4 个孩子时，她不解地问："都是和同一位丈夫生的吗？"是的，这是一种不同寻常的生活方式，一部分传统（我的祖母生育了 12 个儿女），一部分现代（我所有的女儿都在全职工作）。

等到我们长大成人时，文化也发生了变化，我们都没有成为年少时所期望的样子。多年前，成人曾使用**社会时钟**来检查自身的发展阶段，也就是使用社会规范的时间表。这些规范给人们设定了完成学业、结婚、工作及生子的"最佳"年龄。

10 年前，我跟菲比抱怨我那 4 个已经长大的女儿，都已年过 20 岁，却没有一个结婚生子。菲比笑了，把她的手放在我手上说："请注意，我从未结婚生子，但我是幸福的。"是的，佩吉也是，我也是。正如研究者当前了解到的，初显期成人并非一定要结婚、有稳定的终身职业或为人父母。这些都不意味着他们的生活将是可悲而孤独的。远非如此。

>> 连续性与变化

人类发展的主题之一就是贯穿一生的连续性及变化随处可见。在成年初显期的新成就中，童年期的影响显而易见。埃里克森在描述八阶段发展理论中的第五阶段——同一性与角色混乱——时就认识到了这一点。大家还记得，同一性危机始于青春期，但该危机通常直到成年期才能化解。

同一性的达成

埃里克森认为，早期危机的处理结果为后续的每个新的阶段都打下了基础。同一性危机就是一个例子（见表 19.1）。全世界的初显期成人都在思索同一性的四个领域——宗教投入、性别角色、政治忠诚及职业选择。他们努力用过去获得的信念来调和未来的计划。

正如第十六章解释的，同一性危机有时会引起混乱或早闭。更成熟的反应是寻求延缓，在探索可能性的同时推迟同一性的达成。例如，攻读大学学位就是一种社会可接受的推迟结婚生子的方式。

社会为年轻人提供了许多可以暂时把达成同一性放到一边的活动，比如参军、传教、学徒及在政府、学术界和工业领域实习的各种机会。这些活动缓解了达成同一性的压力，给敦促年轻人安定下来的长辈提供了一个现成的答复（见“可视化发展”专栏）。

处于同一性延缓中的初显期成人可以做他们理应做的事情（作为学生、士兵、传教士等），这也解释了为何这种延缓是比角色混乱更加成熟的选择。然而，他们也推迟了达成同一性的时间。这种喘息让初显期成人多了一些时间在两个尤其困难的领域厘清自己的身份认同，即政治 / 族群认同以及职业认同。

文化认同

正如在第十六章讲到的，同一性的各方面随着历史环境的变迁而变化，甚至会随着持续地找寻自我的决定而变化。一位专家解释道：“同一性的发展……从十几岁到 20 岁左右，即使没有贯穿成年期……也已经扩展至用来解释族群和种族认同的发展。”（Whitbourne et al.，2009，p.1328）族群认同包括埃里克森提出的政治及宗教认同，两者在当今的多族群融合的世界中都很关键。

当年轻人准备步入成年阶段时，族群认同变得很关键。例如，高中高年级学生娜塔莎•斯科特说：“我刚刚意识到，自己的族群是一个需要思考的问题。”（Saulny & Steinberg，2011，p.A-1）她的母亲是亚洲人，父亲是非裔美国人，这在她成长时本来并不是什么问题。然而，大学入学申请（以及美国人口普查）要求人们选择认同的族群。

表 19.1 埃里克森的八阶段发展理论

阶段	良好品质 / 病征	若未成功解决，在成年初显期可能会出现的问题
信任对不信任	希望 / 退缩	怀疑他人，较难建立亲密关系
自主对羞耻和疑虑	意志力 / 强迫行为	强迫性驱动力，想法单一，社会性反应迟钝
主动对内疚	目的 / 抑制	恐惧，后悔（如在大学期间非常想家）
勤奋对自卑	能力 / 惰性	对任何努力都抱有自我批评，拖延，完美主义
同一性对角色混乱	忠诚 / 否认	对于价值观、生活方式及友情都不确定和消极对待
亲密对孤独	爱 / 排他	对亲密关系感到焦虑，嫉妒，孤独
繁殖对停滞	关心 / 拒绝	（将来）害怕失败
完整性对绝望感	智慧 / 蔑视	（将来）不“走心”，无生活计划

来源：Erikson，1982.

如同序言的过去 如表 19.1 所呈现的，在埃里克森阐述八阶段的发展时，每一阶段都与一种特定的良好品质及一种心理病征相关联。他也认为，早期危机可能以某种的形式再度出现于每一个阶段。表中所列举的是如果早期危机未得到解决，则可能会出现在成年初显期的一些问题（不是直接来源于埃里克森）。

可视化发展

美国的婚姻状况

成人会寻找负责任的伴侣，但有时找不到合适的人，因为年龄、同辈群体及文化的影响力强大。有些人会选择逃避婚姻，这在北欧比在美国更为常见，而在美国比在北非更为常见。正如你所看到的，在2010年，美国初显期成人不太可能结婚；中年人的分居或离婚率最高；离了婚的女人（或寡妇）通常选择独居，而离了婚的男人（或鳏夫）通常会再婚。

美国的婚姻状况

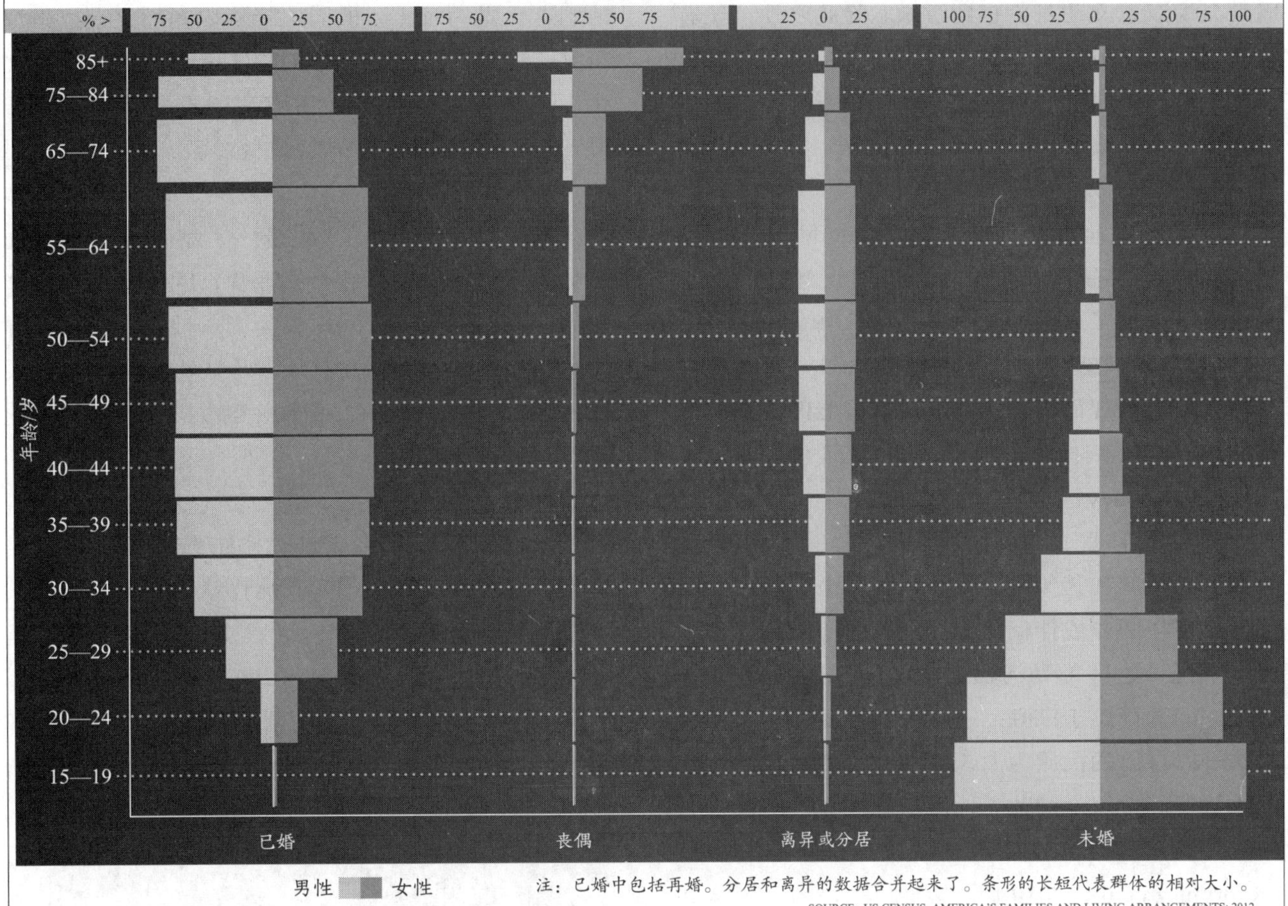

注：已婚中包括再婚。分居和离异的数据合并起来了。条形的长短代表群体的相对大小。

SOURCE: US CENSUS, AMERICA'S FAMILIES AND LIVING ARRANGEMENTS: 2012.

结婚的平均年龄

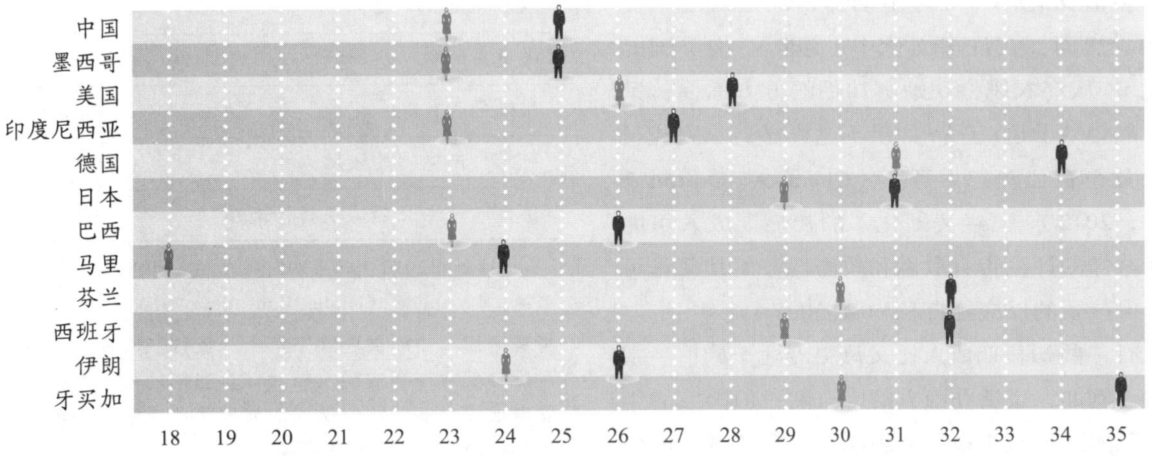

SOURCE: UN STATS, DECEMBER 2012.

娜塔莎并不孤单。在美国和加拿大，几乎有一半的18—25岁的个体是非裔、亚裔、拉美裔或者美国原住民的后代（在加拿大被称为第一民族）。当中有许多人都认同自己是美国人或者加拿大人，同时也是其他国人，因为他们有不止一个族群的祖先。

对于越来越多的初显期成人来说，这些不同族群的“祖先”就是其父母。在美国，异族通婚（来自不同族群的成人结婚）率在1980年只占不到7%，在2010年超过了15%（Wang，2012）。他们的子女通常会为双重文化身份感到骄傲。除此之外，还有数百万初显期成人的祖先来自不止一个国家。双重文化身份与健康的心理社会发展存在正相关，而不是负相关（Nguyen & Benet-Martinez，2013）。

无论是什么背景，大学生在探索其族群认同时体验到的愤怒和焦虑越来越少。如同一性的其他方面一样，有些人在尽力弄清楚族群认同对于自己意味着什么时会变得不知所措（Richie et al.，2013）。一项研究发现，拒绝被同化和异化的西班牙裔大学生表现得最佳：他们最有可能保持其族群认同感，扭转刻板印象威胁，成为好学生（Rivas-Drake & Mooney，2009）。

父母是移民的年轻成人面临着一个直接挑战——必须调和其传统文化与新的社会环境。冲突不仅出现在职业或伴侣的选择上（对于所有初显期成人来说，这些都是问题），也出现在更基本的选择上，即选择忠于家庭，还是个人自主性。父母希望孩子以自己的民族为傲，许多孩子确实如此——但小伙伴们希望他们独立地做出选择。他们接触的土生土长的本国人的态度会促使其重新审视自己（Rodriguez et al.，2010）。

一个例子是年轻人是否听从父母的建议。在美国的主流文化中，父母主动提出的建议是不受欢迎的。然而，在许多文化中（包括一些美国的亚文化），从穿衣风格到婚姻伴侣的方方面面，家庭成员都会给予建议——如果不这样做，家庭成员反而会觉得自己疏忽大意了（Chentsova-Dutton & Vaughn，2012）。已经美国化了的初显期成人可能会认为这样的评论带有敌意和攻击性，而其父母可能会觉得孩子的反应是自私和傲慢的。

也有一些初显期成人比父母更专注于族群 / 宗教认同。例如，生活在西方的来自阿拉伯国家的年轻女性可能选择戴头巾，以表明自己是虔诚（严格遵守规范）的穆斯林，哪怕她们的父母不希望她们戴头巾。矛盾的是，头巾会让她们更容易在非伊斯兰环境中上完大学或者找到工作。头巾变成了阻止男性靠近的挡箭牌，告知大家该女子是一名学生或者职员，而不是非穆斯林男性的潜在约会对象（Ahmed，2011）。

一般来讲，拥有坚定的同一性使个体能够自由地与具有其他认同的人互动。相比其他年龄段，初显期成人更倾向于拥有多背景的朋友和熟人。在他们这样做的时候，他们更能意识到历史、习俗及偏见。许多人拒绝将自己局限于一个族群、一种文化、一个国家。有些人在填写问卷时，会在“族群”一栏写上“人类”以示反抗。

随着初显期成人的认知发展，他们中的许多人会努力把客观的和主观的同一性相结合：他们选修历史、民族研究及社会学课程，同时也会寻找亲密的朋友、爱人以及同样在为同一性挣扎的亲密群体。初显期成人力图在其族群认同中把学术和私人关系结合为一体，一如第十六章中描述的那种为达成性别同一性所做的斗争。

职业认同

建立职业认同是成长的一部分，不仅是受埃里克森影响的发展心理学家这样认为，初显期成人自己也是这样认为的。许多人之所以上大学，就是在为找一份好工作做准备。成年初显期是一个“获取资源的关键阶段”，试图收获在今后的家庭及事业上取得成功所需要的教育、技能及阅历（Tanner et al.，2009，p.34）（见表19.2）。

表19.2 生命中“非常重要”的六大目标*

经济上富足	78%
供养家庭	75%
赚更多的钱	71%
帮助他人	69%
成为自己领域的权威人物	59%
在自己的专业领域获得知名度	56%

* 基于对全美2010年秋季四年制大学生的调查。

来源：Chronicle of Higher Education, 2010.

再看一遍 该研究已经于第十八章提及，现在可以将所列目标与就业市场的现实相比较。当代的初显期成人逐渐发现自己很难达成职业认同。如果预测准确，许多初显期成人都认为自己在经济上不够富足。

不幸的是，达成职业认同比以往更加困难。儿童往往梦想着只有百万里挑一的人才能从事的工作，如摇滚明星、体育英雄、美国总统，而成人通常会鼓励这样的幻想。然而到了成年初显期，当年轻人开始去研究什么样的就业机会实际存在，自己到底对这些工作有多么喜爱、报酬如何以及自己需要付出什么等问题时，许多更现实的顾虑就会出现。

对于这些现实的顾虑，大人帮不上忙。父母通常只熟悉自己从事的工作，无法了解10年后就业市场的预期状况。美国高中的辅导员平均每年要处理367个学生案例，许多学生想申请十几所高校，还有一些学生需要耗时的情感支持以防止暴力、自杀或者药物成瘾（The College Board，2012）。

辅导员通常既没有时间也没有足够的专业知识来为学生提供职业指导（Zehr，2011）。大学辅导员比高中的同行更加专业，但他们中的许多人已经被有严重情绪问题的学生的需求压得不堪重负了，详见第十七章。

因此，许多初显期成人要靠自己来计划未来的职业。约翰•霍兰德（John Holland）对于六种职业兴趣的描述（1997）为这些学生提供了一些帮助（见图19.1）。然而，不幸的是，即使知道自己想要什么并获得了学位，许多人仍无法找到心仪的工作。自从2008年开始经济下行，情况尤为如此：初显期成人是失业率最高的年龄群体（Draut & Rueschin，2013）。

当今的就业市场使得初显期成人职业认同感的发展变得特别困难。毕生发展观认为，当经济形势改善时，年轻人仍会受到影响（M. K. Johnson et al.，2011）。成年早期的经历、习惯及恐惧没那么容易被遗忘。

许多年轻人做了一系列临时工作。18—25岁的美国人平均做过6份工作，受过大学教育的人更换工作的次数高于平均值（U.S. Bureau of Labor Statistics，2012）。工作更换一部分是因为许多大学生会做暑期工，每个暑假的工作都不同。然而，除此之外，初显期成人并不想去一级一级地攀爬职业晋升的阶梯，他们宁愿尝试各种类型的工作。对他们来说，“认同社会工作道德的过程，即埃里克森理论中的问题的核心（同一性的达成），在成年早期自始至终持续发展”（Whitbourne et al.，2009，p.1329）。

成年初显期的人格

人格方面的连续性与变化也很明显（McAdams & Olson，2010）。当然，基因和早期经历在人的一生中不断地塑造着人格。也就是说，如果自我怀疑、焦虑、抑郁等问题出现在青春期，数年后，这些问题通常依旧明显。18岁时显现的特质很少会在25岁时消失。

然而人格并非静态的。青春期过后，新的人格维度可能会出现。正如前两章所强调的，初显期成人能够做出与过去绝断的选择。与上几代年轻人不同，当今的年轻人更可能追求高等教育并延迟结婚和生育。摆脱了固定的生活方式后得到的自由使他们在态度和人格上可以有所转变。

许多研究者都在研究什么因素能让一个年轻成人在中等和高等教育上取得成功。背景和基因有影响，但人格同样起到了作用。学业成功不但受到人格的影响，也影响着人格（Klimstra et al.，2012）。换句话说，在大学里的成功能够使人格特质变得更好。

提升自尊

一组研究人员追踪了3912名美国高中高年级学生直到二十三四岁的经历。一般来讲，个人所选择的转折点（进入大学、开始工作、结婚）提升了幸福感。在美国，那些不住在家里的大学生收获最大，而成为单亲父母或仍与自己的父母住在一起的人收获最小。然而，即使是后者，往往也比高中时更加幸福（见图19.2；Schulenberg et al.，2005）。

幸福感的提升可能源于这些年轻人快要成年了。加拿大西部的年轻成人在18—25岁时接受了反复调查，结果报告了自尊的提升（Galambos et al.，2006）；在德国的初显期成人中也得到了相同的结果（Wagner et al.，2013）。

从逻辑上来讲，在成年初显期经历的许多压力和过渡性转折本应降低自尊。然而，只有少数人在此期间经历了自尊的降低（Nelson & Padilla-Walker，2013）。正如第十七章详细描述的，一些初显期成人产生了严重的心理障碍（Twenge et al.，2010），但大多数人不会。

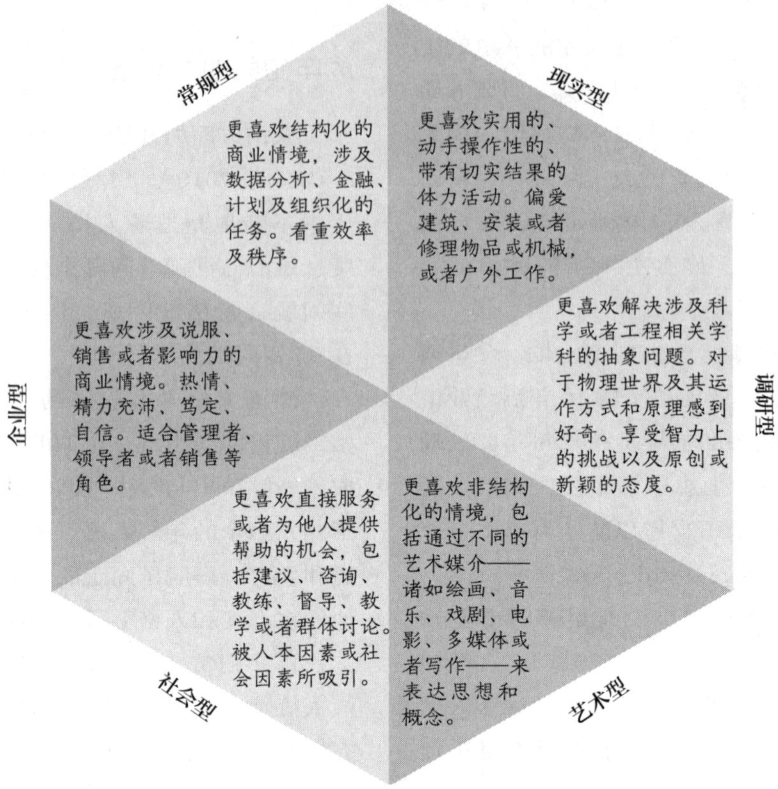

图 19.1

工作快乐　约翰·霍兰德的六边图能帮助求职者意识到收入及福利不是工作的唯一目的。如果工作与个人偏好匹配，就职者会拥有更加健康的身心。

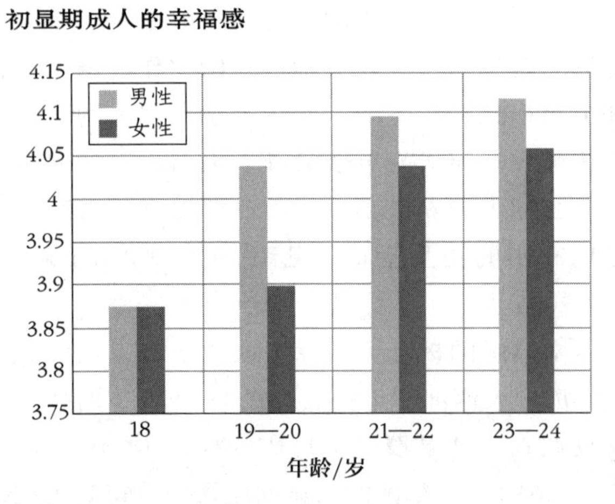

来源：John Schulenberg et al.，2005.

图 19.2

有价值的人　该图显示了 18—24 岁初显期成人的幸福感呈小幅而稳步的上升态势。数据是通过受访者对诸如“我觉得我是一个有价值的人”等陈述进行评分得出的，评分范围从 1（完全不同意）到 5（完全同意）。18 岁的平均得分实际上相当高，但在成年初显期的几年中，得分仍呈现稳步增长。

令人操心的孩子长大了

另一项纵向研究也发现了这一朝着积极发展方向的转变。该研究始于 4 岁儿童。已知有两种性格特质具有强大的基因根源，极度害羞和明显的攻击性。这些儿童具有其中一种特质的极端。这两种特质明显持续贯穿了这些儿童的整个童年期。但到了成年初显期，许多孩子变得更好了（Asendorpf et al.，2008）。

这并不是说旧的模式消失了。例如，那些 4 岁时攻击性很强的孩子继续与其父母和朋友发生冲突。他们更可能辍学以及在 25 岁之前离职。其中有一半人至少被逮捕过一次——这也是其异常好斗人格的另一个标志。

然而，令人感到意外的是，这些激进的年轻人与同龄人拥有一样多的朋友。他们渴望得到更多的教育，对于责任心的自我评估得分也至少与孩童时期不那么激进的对照组的自我评估得分相等。他们被捕的原因通常是轻微的违法犯罪，且一般局限于青春期，而不是持续一生的。作为初显期成人，大多数人似乎发展良好，能够控制其愤怒，不再有儿童期的问题。【**生命全程链接**：第十六章讨论过青春期犯罪者及终生持续犯罪者。】

儿时害羞的初显期成人——现在是“谨慎保守的成人”（Asendorpf et al.，2008，p.1007）——在获取工作、选择职业或者建立一段恋情（23岁时，2/3的人没有情侣）上均慢于平均水平。然而，他们并没有比其他同伴更焦虑或者抑郁，自尊水平也不低。他们有很多经常见面的朋友。他们迟来的工作及婚姻被其同伴所接受，甚至是羡慕。在儿童期被视为缺陷的人格特质（羞怯）已然变成了一项资产。

许多初显期成人的自尊不断提升的一个主要原因是他们能够设定自己的目标，结交自己的朋友，并向着自己的目标努力。他们不再是他人剧中的演员，而是自己生命脚本的经纪人和创作者。这就是随着年轻人脱离早期的限制而最终可以成为的样子（McAdams，2013）。

可塑性

刚刚讨论的研究以及其他研究体现了明显的可塑性（可塑性指发展是可塑造和可持续的，像塑料一样）。人格并非如人们曾经认为的那样，在5岁、15岁或20岁就固定下来了。初显期成人对于新的体验持开放态度（反映了冒险精神），这种态度包容人格的转变，以及对更多教育的渴望（McAdams & Olson，2010；Tanner et al.，2009）。

显然，基因无法决定行为，但它确实使人或多或少容易受到环境因素的影响。有些基因被称为**可塑性基因**（Simons et al.，2013）。继承了可塑性基因的人们会受到下列事件的或好或坏的影响：上大学，离开家，变得独立，停止药物滥用，移居到新的城市，找到满意的工作并做得很好，结交新朋友，对伴侣做出承诺。

尽管不会发生整体性改变，但基因、童年经历以及家庭状况会影响人的一生，但人格能够在成年期有所转变。幸福感的提升可能是另一种转变的基础，即初显期成人变得不那么自我中心了，会更加关心他人（Eisenberg et al.，2005；Padilla-Walker et al.，2008）。这可能是我们接下来要讨论的心理社会发展阶段的基础。

小 结

随着年轻成人寻求建立并因循自己独特的人生轨道，同一性危机持续存在于成年初显期中。获得族群认同非常重要，但较困难，尤其是对于那些意识到自己是国家中的少数民族成员的人们来说。职业认同也是一种持续的探索，大多数初显期成人在18—25岁做过多份工作，但很少有人觉得自己已经建立了职业认同。人格特质会持续终生，部分是由于受到基因及早期经历的影响，但初显期成人能够调整一些特质并发展其他的特质。■

>> 亲密关系

在埃里克森的理论中，人们在建立起同一性后，就要经历**亲密对孤独**的危机。该危机起因于强烈渴望与另一人分享自己的个人生活。没有亲密关系，成人将遭受孤独之苦。埃里克森是这样解释的：

> “年轻的成人刚刚从对同一性的寻求及坚持中走出来，渴望并愿意将自己的同一性与他人融合。他已经为建立亲密关系做好了准备，也就是说，有能力对一个具体的从属关系和伴侣关系做出承诺，并发展出遵守这些承诺的道德力量，哪怕遵守这个承诺需要做出重大的牺牲和妥协。”
>
> （Erikson，1963，p.263）

正如第二十二章将要解释的，其他理论家对于同一种人类需求使用了不同的词语，比如*附属关系、喜爱、互相依靠、共有共享、归属和爱*。达成共识的是，成人要寻求成为朋友、爱人、同伴和伴侣，同时要承受“重大牺牲和妥协”。对建立社会关系的迫切欲求是一种强有力的人类冲动，也是人类这一物种蓬勃发展的一个原因。

所有的亲密关系都有很多共同之处——不仅体现在他能满足心理需求上，也体现在它所要求的行为中。亲密关系是从相互吸引开始的，之后是形成亲密的纽带，再到持续的投入。每段关系都要求一些个人牺牲，包括个人的脆弱性，它能带来更深层次的自我理解，并粉碎过多的自我保护性的孤独。为了建立亲密关系，初显期成人必须：

> “在要求放弃自我的情况下面对丧失自我的恐惧；

这些情况包括亲密的从属关系及性结合的休戚与共，在亲密的友谊中，在身体的对抗中，在老师所启发的经验中，或跟从自我内心深处的直觉时。回避这些经历……可能会导致深层的孤独和随之而来的自我专注。”

（Erikson，1963，p.163-164）

友情

根据最近提出的一个理论，亲密的人类关系的重要方面之一是自我扩展，即我们每个人都会通过亲密的朋友及爱人来拓宽对自身的理解、阅历及资源（Aron et al.，2005）。

不管朋友是否拓展了我们的思维，可以肯定的是，朋友都促进了我们的身心健康（Seyfarth & Cheney，2012）。和亲人不同，朋友是我们自己选择的。朋友会在彼此间寻求理解、宽容、忠诚、喜爱及乐趣——这些品质使朋友值得信任、总能给予支持并能令人愉快。

成年初显期的朋友

友情“在成年初显期达到了实用意义的峰值”（Tanner & Arnett，2011，p.27）。因为较少有初显期成人需要背负随配偶、孩子和年迈双亲而来的家庭责任，朋友能给予他们所需要的陪伴和关键支持。

朋友会在一段感情变坏时安慰彼此，他们会分享所有的经验和信息，从考入哪所大学到穿什么袜子。对于初显期成人来说，一个关键问题是如何告诉父母那些可能会惹恼他们的消息，朋友对此助益良多。

通常，人们在成年初显期结交的朋友比在此后任何时期都要多，并且可以依赖这些朋友。他们经常使用社交媒体来拓展和加深始于实际生活的友情，更加了解其朋友在日常生活中遇到的挫折（Burstein，2013）。担心互联网使用的增加会削弱友情的质或量，这种观点已被证实是错误的。如果说互联网对友情有什么影响的话，重度网络使用者往往比不用网络的人在实际生活中有更多的朋友（Wang & Wellman，2010）。

性别与友情

想象男性和女性对友情的需求截然不同是一个错误。所有人类均会在毕生寻求亲密关系。“男人来自火星，女人来自金星”的论断忽略了一个现实，即人们都来自地球（Hyde，2007）。

尽管如此，出于文化和生物学的原因，我们会发现一些性别差异。男性倾向于跟朋友分享活动和兴趣，他们会谈论外在的事物——运动、工作、政治、汽车。他们不太可能与其他男人讨论自身的失败、情绪问题以及感情困境；如果他们这样做，那他们是在期待实用的建议，而不是同情。

一个对于37项研究的元分析发现，友情中有一些性别差异（Hall，2011）。女性的友情通常更加亲密和感性化。女性期望与朋友分享秘密，在交谈中会自我坦露，涉及与健康、恋情及亲人相关的问题。女性会坦露自己的弱点和问题，并得到关注和同情，她们要的是一双倾听的耳朵和一个可以靠在上面流泪的肩膀。

相比之下，男性不太可能触碰彼此，除了在竞技体育或者军事作战这种激进的活动中。在体育比赛赢得胜利的时刻拍打臀部或身体碰撞，或者在战场上失利后在伙伴的怀抱里抽噎，都极少发生在日常生活中。相反，很多女性会在相互问候或者告别时习惯性地拥抱朋友。

男女还是有别 在全球范围内，性别角色的区分已经不再那么严格：大学男生有亲密的男性朋友，大学女生也打篮球。请注意，这些变化使人更难看到仍然存在的性别差异。想象一下，4个女生像这些男生一样打篮球，或者4个男生像这些女生一样分享一个秘密。

这种讨论似乎暗示了女性的友情更好，因为她们更亲近。然而研究发现，男性更加宽容；和女性相比，他们对朋友的要求更少，因此拥有更多的朋友（Benenson et al.，2011）。从大学宿舍的一个细节可以看出，当同性别的陌生人被指定为室友时（如寄宿学校的大一新生），与男生相比，有更多的女生会要求更换室友（Benenson et al.，2009）。

男女之间的友情

正如已经提到的，一些性别差异可能是文化上的，而非生物性的。而这种性别差异如今正在发生改变，其中一个表现是男女之间的友情不再罕见（Lewis et al.，2011）。

异性间的友情通常不会发展成恋情。实际上，对异性朋友的生理吸引更多地被认为是一个麻烦而非有利条件（Bleske-Rechek et al.，2011）。男女之间的友情在性别同一性走极端的人们（非常女性化的女孩或者超级有男子气概的男孩）身上不太常见，可能是因为他们比较难以维持柏拉图式的关系（Lenton & Webber，2006）。当女人想听听关于恋爱关系的建议时，她们更可能去问一位男性朋友，尤其是一个同性恋男士，而不是去问另一个女人或一个直男（Russell et al.，2013）。

如果外人以为男女之间的关系都是带有性因素的，就会出现问题。出于这个原因，若一对异性情侣对彼此做出了恋爱关系的承诺，他们往往就不太会结交异性朋友，以避免情侣嫉妒（S. Williams，2005）。与异性仅仅保持朋友的关系可能很难，如果卷入了性，三角恋几乎不可能维持（Bleske-Rechek et al.，2012）。

给年轻男性的问题 你为什么想拥有一位亲密的女性朋友？（答复见第 476 页）

显然，人类发现很难同时维持不止一段性/恋爱关系。实际上，即使在允许一夫多妻的国家里，90% 的丈夫也只有一个妻子（Georgas et al.，2006）。一项关于肯尼亚情侣的研究发现，在这个一夫多妻合法的国家里，真实的或被怀疑的性背叛是情侣分手的最常见理由（Clark et al.，2010）。美国的一项研究发现，初显期成人认为性忠诚对于一段良好的、持久的恋情至关重要（Meier et al.，2009）。

爱的维度

“爱”本身有很多种表现方式。在一项经典的分析中，罗伯特·斯滕伯格（Robert Sternberg）描述了爱情的三个主要的独特的方面：激情、亲密性和承诺。这三个元素的有无会产生七种不同形式的爱情（见表 19.3）。

表 19.3 斯滕伯格的七种形式的爱情

	是否出现在当前的关系中？		
爱的形式	激情	亲密性	承诺
喜爱	无	有	无
迷恋	有	无	无
空洞之爱	无	无	有
浪漫之爱	有	有	无
虚幻之爱	有	无	有
伙伴之爱	无	有	有
圆满之爱	有	有	有

来源：Sternberg，1988.

在恋爱初期，激情的表现是“坠入爱河”，这是一种以兴奋、狂喜及欢欣沉醉为特征的强烈的生理、认知及情感的冲击。整个身体及心灵、激素和神经元均被激活（Aron，2010）。这种如痴如醉的愉悦随着亲密性和承诺的增加而变得又苦又甜。一位观察家解释道：“爱情会蒙住你的双眼，你是无法认清一个人的。”（Sullivan，1999，p.225）

亲密性是全面深入地了解一个人，与之分享秘密，也分享性生活。恋爱关系的这个方面是相互对等的，一对情侣中的一方越来越多地坦露自己，同时也接受另一半更多的自我坦露。

目前研究尚未弄清楚发展激情和亲密性的最佳时间表，比如，它们的发展是慢一些好还是快一些好？根据一些研究，激情和亲密性并不总是关联的，因为在大脑中，欲望与喜爱源自不同的脑区（Langeslag et al.，2013）。

承诺需要时间和付出，至少对于遵循当前西方爱情及婚姻模式的人来说是如此。随着双方决定在一起、相互照料、共享财产及相互谅解，对彼此的承诺会层层推进（Schoebi et al.，2012）。社会压力会加强或削弱承诺；这也是为什么姻亲通常会成为玩笑和争论的主题，以及为什么配偶无法与其另一半的好朋友愉快相处。

承诺也受到文化的影响。事实上，当文化支持包办婚姻时，承诺会先于激情或者亲密性而最先出现（Georgas et al.，2006）。若有朋友和身边的人认同或不认同爱情中承诺的重要性，情侣也会受到影响。

例如，在瑞典，住在独栋住宅（住宅之间有庭院相隔）的伴侣的分手率高于住在联排住宅（如公寓）的伴侣。也许“独栋式居住方式对伴侣关系的稳定性有害，因为缺乏来自周边的社会支持”（Lauster，2008，p.901）。换句话说，住在郊区的夫妻可能住得离邻居太远，因而在发生冲突时无法得到他们具有裨益的建议。

当孩子出生时，对于伴侣双方来说，激情似乎减退了，但承诺增强了。这可能也是为什么大多数性活跃的年轻成人要尽量避免怀孕，除非他们确信其伴侣是可以相守一生的。【**生命全程链接**：生育与婚姻满意度的关系将于第二十二章讨论。】

>> **答复年轻男性**（问题见第 475 页） 不是为了性！女性朋友特别善于对诸如家庭关系、个人弱点以及情感困扰的深层次对话进行回应。但女性朋友可能很反感性挑逗、夸耀或者自发地给予建议。这份友情将有益于你未来的恋情。

理想和现实

在中世纪的欧洲，爱情、激情及婚姻被认为是截然不同的现象，“宫廷之爱”与浪漫之情是不同的，也不同于终生的承诺（Singer，2009）。然而，如今在西方，理想的圆满之爱囊括了激情、亲密性和承诺这三个要素。

从发展观来看，这种理想状态难以实现。激情似乎是由不熟悉、不确定性和冒险性所引发的，而有助于发展亲密性的熟悉感和安全感以及承诺所需要的时间会抵消这些因素。

简而言之，随着时间的推移，激情可能消退，亲密性会增强并趋于稳定，进而发展出承诺。这种模式发生在所有类型的情侣身上——已婚的、未婚的以及再婚的伴侣；男同性恋、女同性恋及异性恋的；青年人、中年人及老年人；在包办的、介绍的和自由恋爱的关系中。

初显期成人所谓的“带福利的朋友”，暗示性激情没有友谊重要（性只是额外福利，而非核心吸引力）。和其他类型的友谊一样，给予彼此信心及忠诚是这种关系中的重要部分，而性互动几乎只是一件事后顺带做的事。用斯滕伯格的三元理论来说，这种关系是亲密的，但没有激情。

然而，如果一段友谊变成了性关系，情况就复杂多了（Owen & Fincham，2011）。一旦性亲密的激素被激发，人们在情感上可能会超出预期地投入。这种投入可能受对方欢迎而不是令对方害怕。在友情中加入性爱的年轻人可能正期待着一段浪漫恋情（Mongeau et al.，2011）。

无承诺的性伙伴

不打算发展为恋爱关系的性关系，不带有真正的亲密或者承诺，是一种**性伙伴**。如果这种关系发生于前几代人身上，要么是卖淫，要么是不正当的，就像“一夜风流”或者一个“肮脏的秘密”所指的那样。如今人们不再这么看了。估计约一半的初显期成人有过性伙伴。性伙伴常常涉及性交，但也不一定。性伙伴的关键点是某种形式的性互动发生在两个彼此并不熟悉、也许才相见了几小时的人之间。

相对于即将毕业的大学生，性伙伴更常见于大一新生。也许年长的学生更想要正式的情侣。正如某人说的那样，“如果你和一个人是性伙伴，那很可能只是一夜情，之后什么都不会发生”（引述自Bogle，2008，p.38）。孤独的人更可能去约别人，而这在大学新生中更加普遍（Owen et al.，2011）。

出于激素（睾酮）或文化（女性如果要生育孩子，会找能给她承诺的男性）的原因，与年轻女性相比，年轻男性更渴望不带情感承诺的身体接触。一位社会学家写道：

> “当女性准备步入成年生活时，男性还在维持原有的模式。他们更愿意和别人当性伙伴，而不是建立亲密的恋爱关系，来为以后的认真承诺做准备；他们不慌不忙地选择足以养家的职业；他们似乎会尽可能久地推迟结婚。”
>
> （Kimmel，2008，p.259）

由于节育、就业及大学教育改变了女性的生活，如今有更多的女性选择了这种“男性”模式。然而，到 25 岁时，结婚的女性仍多于男性（44%∶31%）（Copen et al.，2012）。有趣的是，想要与某人发展一段认真恋情的初显期男性及女性均表示，他们不太可能只和这个人当性伙伴，而是更愿意先去了解他们。

找到彼此，共同生活

当前这一代成年初显期群体面临的一个重要创新是社交网络的使用，即几十或上百人之间的在线联系。在美国，几乎所有 18—29 岁的人（83%）都在使用社交网站保持联络（Duggan，Maeve，& Brenner，2013）。这些社交网站通常都可以注明某人是否处在稳定的恋爱关系中。

许多年轻人会通过一个或多个提供线上线下交友机会或为情侣配对的相亲网站来寻求恋情。这种匹配的一个问题是，如果没有见到本人，很难评估两人之间是否能擦出火花。正如一位记者所述，许多人的网恋关系"当进展到实际见到本人时，往往会感到深深的失望，因为本人可能看起来不像照片里那样完美，交流起来也不像在线聊天时那样顺畅"（D. Jones，2006，p.13）。

初显期成人会通过筛选线上联系人，只见那些看起来希望比较大的人，然后仅与其中几个安排第二次见面来克服这个问题。通常，外貌的吸引力是开启一段关系的大门，但建立亲密关系以及之后做出承诺需要付出更多。从线上结识，到面对面交流，再到结婚（在 2008—2012 年，美国有约 1/3 的婚姻是以这种方式结缘的），以这种方式结合的人婚姻幸福的概率与首次接触就是见到本人的婚姻同样高，甚至更高（Cacioppo et al.，2013）。

年轻人可以找到大量的潜在情侣——大多数大学有成百上千的同学，或者一些相亲网站推荐了数百位潜在对象给用户——导致了一个潜在的问题，即当面对太多选择时，会出现**选择超载**的现象。选择超载使有些人无法做出选择，或者在做出了一次选择之后又重新思量（Iyengar & Lepper，2000；Reutskaja & Hogarth，2009）。

选择超载多发生在购买消费品时，比如购买果酱、巧克力和钢笔以及选择餐馆时，但也同样适用于情侣选择。需要权衡现在及未来的利弊（情侣选择上的取舍不可避免）的多种复杂选择可能让人吃不消（Scheibehenne et al.，2010）。这对离婚率产生了影响，年轻成人（有更多的选择）第一次婚姻的离婚率高于 30 岁以上者的离婚率。过多的选择延长了分析需要的时间；当草率地做出决定时，将来往往会后悔（Inbar et al.，2011）。

初显期成人面临的第二个主要变革是**同居**，该术语是指保持恋爱关系的情侣没有结婚，但居住在一起。同居在 40 年前相对稀少：在美国，同居的男女家庭不到所有家庭的 1%（见图 19.3）。在 2008—2012 年，60% 的成人婚前同居过，另有 11% 的人会继续同居，也许永远都不结婚（Copen et al.，2013）。

同居比例因国家和地区而异：这在美国、加拿大、北欧、英国及澳大利亚属于正常现象，而在其他国家则不然，包括日本、爱尔兰、意大利和西班牙。然而，这些国家也在迅速地改变。现在，有 1/3 的西班牙情侣会婚前同居，这种模式不但被接受了，还颇受推崇（Dominguez-Folgueras & Castro-Martin，2013）。

同居的目的也明显地不尽相同（Jose et al.，2010）。约一半的美国同居情侣们认为，住在一起是结婚的前奏，他们希望等经济和情感准备好了就结婚。很多情侣在 3 年内就会达成愿望。具体来说，美国在 2006—2010 年的一项调查发现，在首次结婚前同居的女性中，40% 的人在 3 年内结婚了，32% 的人仍在同居，27% 的人已经分手。

总的来说，成人的恋爱关系的质量反映了早期依恋模式，包括焦虑型的（过于黏人和嫉妒心强）和疏离型的（过于疏远和隐秘）（Collins & Gillath，2012；Li & Chan，2012）。安全型依恋的婴儿在长大之后更可能与其配偶和子女建立安全的依恋关系。当然，可塑性贯穿一生：早期依恋影响着成人的关系，但起不到决定作用。

变化中的历史模式

爱情、浪漫及持久的承诺对于初显期成人来说极为重要，尽管其中很多细节已经发生了改变。如前所述，初显期成人的决定性特征之一是他们结婚更晚了：在美国，2012 年时，男性第一次结婚的平均年龄为 29 岁，女性为 27 岁。这比 2000 年晚了 3 年，比 1950 年晚了 6 年。

婚姻已不同于以往。以往的婚姻是一种法律及宗教上的安排，是情侣们寻求的性欲表达的唯一途径，是生育子女唯一的法律前提，是一生亲密感和支持的终生来源。而现在婚姻与生育的联系正在变得松散。在许多国家，未婚情侣生育的婴儿数量与已婚夫妇生育的宝宝一样多。半数以上的初显

美国的同居状况

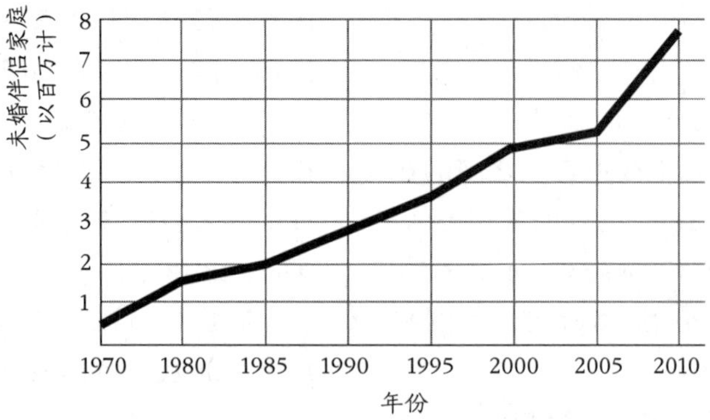

图 19.3

同居的多了，结婚的少了　正如你所见，在美国，男女同居家庭的数量在近几十年内显著增长。这些数据是低估值，不包括那些人口普查时不告诉调查人员自己正在同居的人、住在父母家里的同居情侣或者同性情侣（2000 年才开始统计这项）。另外，大多数目前没有同居的初显期成人可能在几年之内就要开始同居了。

对立的观点

同　居

许多初显期成人认为同居是明智的婚前序曲，一种在喜结连理之前确定彼此是否合得来的方式，可以减少离婚的可能性。然而研究证明，结果适得其反。

与普遍的观念相反，婚前同居无法阻止婚后可能出现的问题。在一项元分析中，一个研究团队分析了 26 个有关同居对后续婚姻稳定性及婚姻质量的影响的科学实验，发现婚前曾同居的夫妻更可能离婚（Jose et al.，2010）。

另一项研究调查了约会、同居及婚姻对幸福的影响，被调查者对其生活有多么“理想”“卓越”“令人满意”及“有成就感”这四个问题作答（在七点量表上进行评分）（Soons et al.，2009）。在任何形式的恋爱关系——约会、同居或者结婚——的开始阶段，这四个幸福指标均有提升。但在关系的后期，幸福感均有所下降。与同居相比，已婚夫妇的幸福感在初始阶段增长得更多，而在分居时下降得更多。这表明，同居既不理想，也不像许多初显期成人认为的那样，等同于婚姻。

尤其突出的一个问题是情侣们会住在一起，接着分手，然后又复合。在如此动荡的关系中，存在高频率的言语和肢体虐待（Halpern-Meekin eL aI.，2013）（见图 19.4）。同居是培养动荡关系的温床，因为情侣既没有像在婚姻中那样对彼此做出承诺，也不能像约会中的情侣那样很容易地让关系减速。

尽管研究显示了同居的诸多问题，但大多数初显期成人仍坚持这种生活方式。当然，人类倾向于把自己所做的任何事情正当化。在这种情况下，同居的成人通常认为他们找到了没有婚姻束缚的亲密关系，但他们可能在自欺欺人。

然而，大多数发表的关于同居的长期效果的研究均基于 10 年前或 20 年前同居的人。他们可能比当前的同居者更叛逆、更少宗教性；这也许可以解释为何他们在后续的婚姻中不如婚前未同居的人们幸福。

最近的研究表明，同居的负面影响已经没那

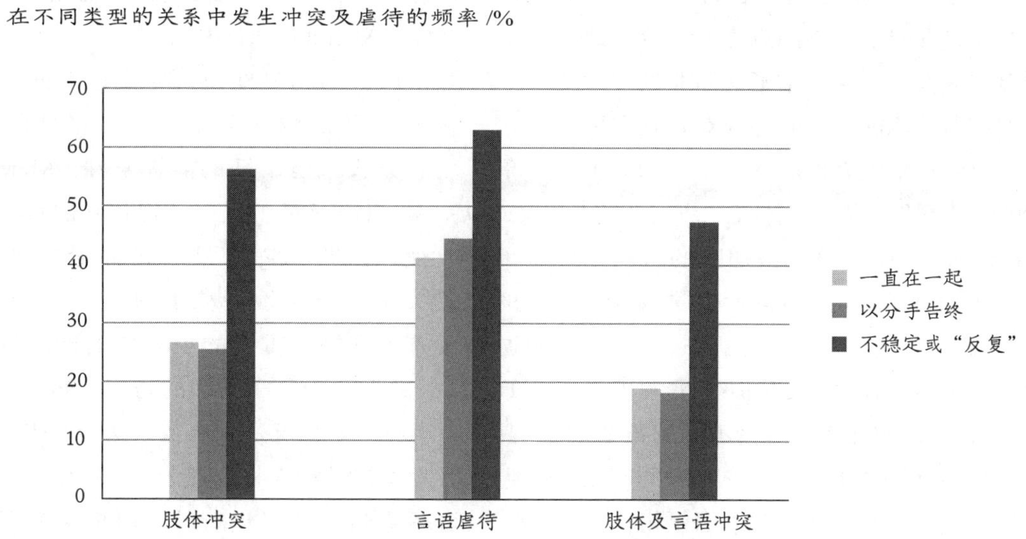

来源：Halpern-Meekin et al.，2013.

图 19.4

爱你，不爱你 在一个未婚的初显期成人的随机样本中（他们均在过去 2 年内有正当恋爱或同居关系，一半为男性、一半来自双亲家庭、2/3 的欧裔美国人，所有人都来自俄亥俄州托莱多市）：有些情侣（15%）分手后未复合；有些情侣（41%）一直在一起，没有分手；有些情侣（44%）处于动荡的关系（定义是分手后又复合）。正如大家所见，年轻成人的亲密关系经常出现问题，但动荡关系与最紧张的关系有相关性，一半的动荡关系存在肢体及言语上的冲突。

么大了（Copen et al.，2013）。也许在同居者中后来结了婚又离婚的人比 10 年前少了。

当然，同居有一个公认的优势：住在一起可以省钱。经济低迷对于初显期成人的影响比对年长者更大，这也是当前同居流行的一个原因。

国家文化同样也有影响。跨 30 个国家的研究发现，一个国家对于同居的接受度影响着同居者的幸福感。在这 30 个国家中，人口学差异（如已婚及同居者的受教育程度、收入、年龄及宗教）都会影响同居者与已婚者之间幸福感的差距（Soons & Kalmijn，2009）。另一项跨国研究发现，在奥地利、比利时、丹麦、新西兰、波兰、德国及挪威，同居者比已婚人士更加幸福（Lee & Ono，2012）。

所有这些都说明，在下结论之前要谨慎。同居的普遍性及同居者刚搬到一起生活时的激动和幸福感都无法证明长期同居从长远来看是有益的。然而，在 2012 年，超过 1600 万美国居民（7845 对伴侣）处于同居关系中（United States Census，2013）。

这 1600 万人口选择了这种生活方式，而没有选择大多数研究所认为的最佳方式。难道他们看到了以往的研究所不曾发现的东西吗？

期成人（2011 年时占 52%）认为，“做个好家长”是人生中最重要的事情之一；不到 1/3（30%）的初显期成人对幸福的婚姻持相同的看法（Wang & Taylor，2011）。

美国的统计数据显示了进一步的证据（U.S. Bureau of the Census，2013）：

- 只有一半的成人已婚，与配偶生活在一起。
- 只有 12% 的 18—25 岁的初显期成人已婚。
- 离婚率约为结婚率的一半，不是因为离婚的人增加了，而是因为结婚的人少了。
- 在 30 岁之前生第一个孩子的女性常常未婚的多于已婚的。

给社会学家的问题 假设你的一位 25 岁的未婚的加拿大朋友说：“看看这些统计数据。如果我现在结婚，离婚的可能性是 50%。”哪三种统计事实能让你坚称“你离婚的概率其实低得多”？（答复见第 480 页）

这样的统计数据会让某些人担心婚姻制度几近濒死状态。然而，发展学家不同意这种评价，部分原因在于初显期成人是在推迟结婚，而非放弃婚姻。事实上，他们似乎比前几代同龄人对婚姻有更高的期望，并且仍会将婚姻看作成熟及成功的标志（Cherlin，2009）。男同性恋及女同性恋为实现婚姻平等所付出的努力以及在“捍卫婚姻”的行动中的强烈抵制就说明了婚姻制度的强大（Obocock，2013）。

然而，爱情及婚姻之间的关系似乎是发生了一些变化。在20世纪，明显存在三种不同的类型。

在世界范围内，在约1/3的家庭中，人们不是因为爱情而结婚的，而是双方父母包办了婚姻以使两个家庭结合起来。在另外约1/3的家庭中，青少年只遇见了一个经过了筛选的群体（单性别学校使其与不合适的约会对象隔离开了）。有些人随即决定结婚，年轻男性会请求年轻女性的父亲同意“将其女儿嫁给自己”。父母会监督双方的交往，随后送上祝福。（当父母反对时，年轻情侣们会分手或者私奔——如今通常不会再发生这两种情况。）

针对两种类型，这里提到的“1/3”的比例是一个粗略的估计。以前，几乎所有的婚姻都是第一种类型，其余的是第二种类型；也就是说，年轻人几乎都素未谋面就与其父母也不熟悉的对象结为夫妇了（Apostolou，2007）。

当前发展中国家的实际情况是这两种类型的混合。例如，在当代印度，许多新娘认为自己是有选择权的，但许多人都是在父母的安排下，在结婚的前几天才见到了未来的丈夫。通常情况下，在联姻中，男性比女性更有话语权。女性可以拒绝，但不太常见（Desai & Andrist，2010）。

最后一种类型相对新颖，正在成为最常见的结合方式，本书的大多数读者对此已经很熟悉了。年轻人与上百人社交，并期待坠入爱河，但直到其经济上和情感上都能够独立后才步入婚姻。他们的选择偏向于当前可观察到的个人特质，如外表、卫生习惯、性行为及幽默感，而不是父母看重的特质，如相似的宗教、族群以及长期稳定性等。

例如，与没有结过婚的人相比，一个结婚又离婚的人在父母眼里的形象更加消极（Buunk et al.，2008）。在印度的一些地方，自由恋爱的婚姻比包办的婚姻更流行，但与一个更高或者更低种姓的人结婚给父母带来更多困扰比给初显期成人带来的多得多（Allendorf，2013）。

对于西方的初显期成人来说，根据一项对于来自多族群及性取向的14 121名个体的调查结果，爱情被认为是婚姻的前提条件（Meier et al.，2009）。被调查者对于金钱、相同族群背景、长期承诺、爱以及忠诚对于成功的婚姻或严肃稳定的恋爱关系的重要性，从1到10进行评分。忠诚是所有因素中最重要的（89%的被试将其评为10分），爱几乎获得了同样的高分（86%的被试将其评为10分）。相反，大多数人认为，来自同一族群不重要（57%的人将其评为1、2或3分）。

该调查是在北美进行的，但全球范围内的初显期成人共享相似的价值观。在位于另一半球的肯尼亚，初显期成人也报告说，爱是情侣结合和关系持久的主要原因；金钱没那么重要（Clark et al.，2010）。尽管在非洲的其他地方，父母的赞同比在美国重要，但情侣之间的爱情无疑是至关重要的（Cole & Thomas，2009）。

>> 答复社会学家（问题见第479页） 首先，加拿大的离婚率没有美国高。其次，美国的离婚率的计算是离婚数除以结婚数。由于一些人多次结婚和离婚，这些少数人拉高了比例，扭曲了平均值（实际上，即使在美国，首次婚姻以离婚告终的比例是1/3，而不是1/2）。最后，青少年的婚姻特别容易终结；年长的新娘和新郎则更不太可能离婚。你的朋友离婚的概率大约为1/5。

什么能使关系成功

如前所述，友情与爱情有很多共同之处。它们都能满足人对亲密关系的需求。人们择友与择偶的方式很相似，相互的承诺逐渐加深，直到这个人成为今生挚友或者命中注定的爱人。最好的友谊有时也会破裂，长期的婚姻也可能以离婚收场，但这些不是计划中的，也不是常见的模式。

另一个相似之处是，亲密的友情及幸福的婚姻在数十年间始终能提供包括健康保险在内的实际支持，有益于提升人的自尊。大多数研究关注的焦点在婚姻上，所以这里讲的都是这些研究。然而，相似的发现同样适用于其他亲密关系。

随时间而变化

从发展观的角度来看，婚姻随着时间推移也在向前发展，有时变得更好，有时变得更糟。有利

个案研究

我和我的女儿们

晚婚发生在对彼此要求更多的人身上，我从这种想法中得到了一些安慰。我在我的同世代人中算是结婚比较晚的（25 岁时），要孩子就更晚了（30 几岁时生了两个孩子，40 岁又添了两个孩子）。在我的 4 个孩子中，只有一个结了婚——她和她的丈夫之所以决定结婚，是因为两个人结了婚就都能有健康保险了。我的另外三个女儿现在都比我结婚时的年龄还大，仍旧单身。我为她们四个人感到骄傲；她们都在我很尊重的行业中工作，是令人钦佩的女性。但我也希望那三个女儿能够结婚。

出于这些原因，我密切关注着我的学生们对于爱情及婚姻的想法。成年初显期的凯利写道：

"所有年轻女孩在心目中都有一个完美的男孩——她们的白马王子。我的王子将是一个高挑、黝黑、帅气的人。他受过良好教育，有着前途光明的职业……性格好，和我一样有幽默感。我不确信我能做多少努力来确保自己遇见灵魂伴侣。我相信灵魂伴侣一词指的就是：你无论如何都会遇见他。我的一部分希望这是真的，但另一部分会告诉我自己，灵魂伴侣只是一个传说。"

（私人交流）

凯利的同学切尔西也是一个初显期成人，她写道：

"我渴望结婚，丈夫具体是谁无所谓，只要他有钱出名就行，而我要一条长长的露肩婚纱。值得庆幸的是，我的观念改变了……我有一个相处约两年的出色的男朋友，他让我看到了婚姻的可能性，因为我们实在太合得来了。尽管我们之间有不同，但我们能掌控……沟通及妥协……我想我能够应对生活带来的痛苦和磨难。"

（私人交流）

这两个学生都不天真。凯利使用了"白马王子"和"传说"等词，这表明她意识到这些想法是幼稚的，切尔西似乎跨越了她的"长长的露肩婚纱"时期。我希望她们都幸福，我也知道我的女儿们是聪慧杰出的。作为一位科学家，我阅读过关于离婚的统计数据，也明白分手的痛苦；我不想让我的孩子们或者学生们经受这些。聪明的她们会谨慎地对待婚姻。

但是作为一位母亲，我希望她们都能拥有自己深爱的另一半。我甚至会想象她们拥有带有草坪和围栏的房子，有孩子和宠物。我的愿望是非理性的。后形式思维让我意识到我陷入了传统规范之中，而这样的家庭对人类家园无益。我的女儿们的想法和实际行动比我的更适合 21 世纪。

于婚姻关系改善的因素包括良好的沟通、财务安全（更多的收入或者新的工作）以及成瘾或疾病的结束。孩子对于双方父母都是额外的压力，尤其是与青春期的孩子打交道时（Cui & Donnellan，2009）。

另一个发展因素是成熟。一般来说，情侣们越年轻，越容易吵架和分居。也许，正如埃里克森所认识到的，亲密关系在同一性达成之前是难以捉摸的。一个最终获得了同一性的初显期成人可能会想，"我终于知道我是谁了，真正的我无法与你这样的人厮守。"

相似性与差异性

相似性往往能够巩固承诺，很可能是因为相似的人们容易理解彼此。人类学家将部落内或族群内的婚姻称为**同族通婚**，而将与族群以外的人的婚姻称为**异族通婚**。

从传统意义上说，同族通婚是指来自相同群体、宗教、社会经济地位及族群的人们之间的婚姻。对于当代情侣们来说，同族通婚及异族通婚还涉及在兴趣、态度及目标上的相似性。教育及经济的相似性也变得愈发重要，而族群的相似性则相反

（Clark et al.，2010；Hamplova，2009；Schoen & Cheng，2006）。

在这个问题上，数据很清楚。美国目前有 1/7 的婚姻被官方归为跨族群婚姻（Wang，2012）。官方使用的族群类别非常宽泛。例如，非洲、加勒比海及美国的非裔人被算作一个族群；来自十多个国家的亚裔人被归为另一个族群；欧洲血统是第三个族群，同时包括了东欧、西欧、北欧以及南欧地区。

因此，一个巴基斯坦人和一个中国人之间的婚姻不被归为跨族群婚姻。一个希腊后裔与一个带有挪威血统的人之间的婚姻也不算，即使这些情侣可能会明显意识到族群差异。考虑到文化差异的现实，也许美国的大部分婚姻都不是同族通婚。

生活在一起的情侣们产生了一个棘手的问题，即家务的分配因文化而差异较大。在几十年前的美国和现在的某些文化中，如果丈夫有份好工作，而妻子能把家务管理得井然有序，双方都会很满意。但如今不再是这样了。

在 21 世纪的美国，许多妻子会外出工作，并希望丈夫分担比其愿意分担的那份更多的家务。另一方面，许多父亲想要在抚养孩子上更积极地投入，承担一些曾被女性认为是自己领域的事情。

当今，情侣们期待彼此是朋友、爱人、知己以及家里的顶梁柱和照顾者，双方都要做饭、做家务及照顾子女——这是一种带有显著文化差异的全球趋势（Wong & Goodwin，2009）。那些努力工作并且善于感知及表达情感的情侣更为幸福。

随着女性赚更多的钱以及男性承担更多的家务，责任分担的增加可能会提升婚姻满意度。尽管婚姻的诸多方面在过去的几十年里发生了变化（一些方面提升了幸福感，而另一些则相反），但总体来说，情侣们似乎对其关系的幸福感仍然和以往一样，对其关系感到幸福（Amato et al.，2003）。事实上，美国首次婚姻的离婚率自 2000 年开始已经有所下降。

冲突

任何一段亲密关系都有可能存在破坏性因素。最极端的例子来自故意杀人罪的统计数据：若一个平民被杀害，行凶者通常是其朋友、熟人或者亲人——尤其可能是丈夫或妻子（见图 19.5）。当然，这种程度的暴力是罕见的；通常，存在严重分歧的朋友只是分道扬镳而已。

对于已婚夫妇来说，和平地疏远更难以接受，也更痛苦。在这里，我们聚焦在使得一对典型的夫妻不那么幸福的因素上，然后会聚焦亲密伴侣间的暴力。一些结论同样适用于友情。

学会倾听

没有哪段关系总是一帆风顺；每个个体都有独特的喜好和习惯。对这一点我有切身体会。我的丈夫比我更容易受到混乱无序的困扰，我们在约会时并没有意识到这一点。但在刚刚结婚不久，他就买了一个可以刚好放在我们的橱柜上层抽屉里的塑

美国 1976—2005 年熟人之间的故意杀人率

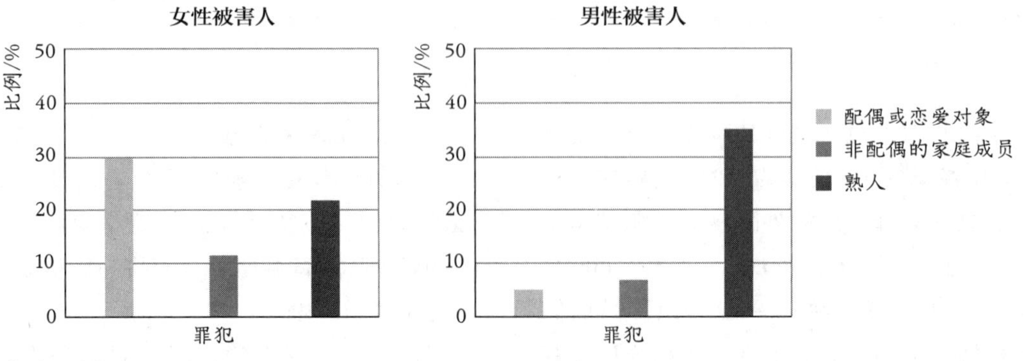

来源：Maguire，2010.

图 19.5

公平的争斗　亲近的关系包括激情和亲密。这也几乎总是在某个时间点上引发冲突。理想的是在争吵过程中使用幽默和爱意。但现实中，如果一个女性遭到谋杀，其情人或者丈夫最可能是凶手。

料容器，并规整了所有的镀银餐具，将沙拉叉和正餐叉、汤勺和餐勺等分开放置。我非常生气；我喜欢用自己的方式，不满他的行为，想都不想就说出了他错我对的六大理由。幸运的是，我们弄清楚了我愤怒的缘由，在几十年后，那次争吵变成了一个日常笑料。

如果一对夫妻学会了运用幽默"公平地争吵"，当发生分歧时能体察彼此的情绪，冲突就能够促进承诺和亲密（Gottman et al.，2002）。约翰·戈特曼（John Gottman）录像并研究了成千上万对夫妻，在他看来，冲突对分离的预测作用不如厌恶，因为厌恶会终结亲密关系。

并非所有的研究者都赞同这一观点。一些关于年轻伴侣（约会、同居或已婚）的研究报告，冲突会破坏关系。然而，所有社会科学研究者均认为，沟通技巧至关重要（Wadsworth & Markman，2012）。这在很大程度取决于冲突以何种方式结束，是以更进一步的理解、愤怒结束，还是以最坏的、双方都不想要的分手结束（Halpern-Meeken et al.，2013）。

一种尤其具有破坏性的模式被称为**要求/退缩互动模式**，即当一方坚持时，另一方退避（例如，"我们需要谈谈这个"碰上"不谈，我太忙了"）。这种模式会让沟通陷入恶性循环，一方不断增加的要求最终导致另一方愤怒地摔门而去（Merrill & Afifi，2012）。

一项关于巴西、意大利、中国台湾及美国的年轻情侣（一些研究对象在约会，一些在同居，一些已婚）的跨地区研究发现，女性更可能*去要求*，而男性更可能*退缩*（有时性别角色也会颠倒过来），该模式是有害的。研究者们如此解释：

> "如果情侣们无法解决分歧，那么要求/退缩互动模式不但可能会继续，而且会变得越来越极端。我们认为，要求和退缩会相互强化，以致更多的要求导致了更大的退缩，而进一步的退缩导致了更强烈的要求。这种反复而且令人受挫和痛苦的互动会进一步伤害伴侣对关系的满意度。"
>
> （Christensen et al.，2006，p.1040）

亲密情侣关系中的暴力

一个要求未得到满足就会引发家庭暴力，这明显比仅仅"损害关系的满意度"糟糕得多。在一些虐待关系中，不可能存在建设性沟通；而在另一些关系中，调解能够指导伴侣双方改善关系。

年轻的情侣尤其需要这样的帮助，因为与其他年龄段的人相比，初显期成人更可能成为家庭暴力的施暴者或受害者。例如，一项大型纵向研究（Add Health）追踪了美国数千名青少年，他们之中的大多数人没有认真的恋爱关系。等到了20岁出头的时候，许多人都在约会、同居或已经结婚了，他们被问及是否对另一半有口头上的（"你很丑""你真笨"）或肢体上的（掌掴、殴打、脚踢）虐待。接近一半的人（41%）报告有过这样的行为的。因为该研究规模巨大且有前瞻性，所以41%这个数据应该是准确的。

来自其他国家的调查甚至报告了更高频率的严重虐待。在中国，14%的女性一生中经历过"严重的身体虐待"（推搡、脚踢、殴打、勒绞、掐脖、灼烧或使用了工具），其中6%的人报告在去年发生过这样的虐待（几乎总是出自丈夫之手）（Xu et al.，2005）。在伊朗，女性普遍报告曾受到其丈夫的虐待，包括身体虐待（44%）、性虐待（31%）以及心理虐待（83%）（Vakili et al.，2010）。将言语虐待（充满敌意或者侮辱性的评论）包括在内的话，一项关于新西兰的25岁群体的研究发现，70%的处于亲密关系（无论结婚与否）的情侣均经历过虐待（Fergusson et al.，2005）。

很难在国家之间或者是群体之间比较虐待发生率，因为结果在很大程度上取决于调查的问题是如何问的以及向谁提问的。例如，一些研究表明，拉美裔美国人发生亲密伴侣暴力的概率高于欧裔美国人；另一些研究结果则是相反的（Cunradi，2009）。两种结果可能都合理。然而，所有人一致认为所有地区的数据都太高了，配偶虐待在一些文化中几乎成为一种社会常规，而酒精和药物会使暴力更加严重。

从传统意义上来讲，女人与男人更会被问及是否遭受了家庭暴力，因为我们假设男性是施暴者，女性是受害者。确实有更多的女性受到男性伴侣的严重伤害，甚至被杀害；反之则不然。这一点可以从每个医院急诊室的统计数据或者警察的汇总信息中明显看到。然而，当虐待的定义包括威胁、侮辱、掌掴以及身体殴打时，研究发现了施暴的女性多于男性（Archer，2000；Fergusson et al.，

2005；Swan et al.，2008）。

之所以会出现“男性为施暴者 / 女性为受害者”的错误假设，是因为施暴的男性往往更强壮，会造成更多的伤害。此外，男性不愿意承认自己是受害者，而且外界也不太可能相信他们。同样，同性恋情侣们不敢将冲突公之于众，尽管在家庭暴力以及亲密关系的大多数方面，他们与异性恋情侣们非常类似（Kurdek，2006；Langhinrichsen-Rohling，2009）。

社会学家已经确认了众多家庭暴力的成因，包括年轻、贫穷、人格（如较低的冲动控制能力）、精神疾病（如反社会人格障碍）以及药物或酒精成瘾。发展学家指出，许多遭受严酷惩罚、性虐待或者在家庭暴力中长大的儿童后来都会变成施暴者或者暴力受害者。混乱的社区，作为容忍暴力的文化，也是一个影响因素（Olsen et al.，2010）。

了解这些成因有助于预防。例如，停止虐待儿童可以避免以后虐待的发生。更多地了解每种虐待关系也是有帮助的。研究者对两种形式的伴侣虐待进行了区分：

1. 情境性伴侣暴力
2. 亲密关系恐怖主义

每种关系均有独特的成因、模式及预防措施（M. P.J ohnson，2008；M. P. Johnson & Ferraro，2000；Swan et al.，2008）。

当伴侣双方通过言语、拳脚以及拒绝（离开家、拒绝性交等）来争斗时，**情境性伴侣暴力**就发生了，然而伴侣双方有时也是能相互关照及喜欢的。是情境引发了愤怒，导致伴侣虐待彼此。这是最常见的家庭冲突模式，女性在情境暴力中至少与男性一样主动。

情境性伴侣暴力可以随着成熟以及通过咨询而减少。伴侣双方需要学会如何无暴力地进行沟通和互动。根源通常主要不在于个人，而在于文化，这使得彼此相爱的成人有可能学会如何克服暴力的环境（Olsen et al.，2010）。

亲密关系恐怖主义更加暴力、更加有失尊严并且更容易导致严重的伤害。通常，亲密关系恐怖主义涉及一个男性施暴者和女性受害者，尽管性别角色也可以翻转过来（Dutton，2012）。恐怖主义对于受害者以及任何想进行干预的人来说都是危险的。另外，进行治疗也比较困难，因为恐怖分子从施暴中得到了满足，而受害者通常会屈服并道歉。社会孤立让外界很难了解正在发生什么，更不用说来阻止这种情况了。对于亲密关系恐怖主义来说，需要立即将受害者与施暴者分开，为其找到一个安全的地方安顿下来，并帮其恢复独立。

小　结

每一个年轻人都有获得亲密感的需求，但具体细节会因文化和年轻一代人而异。在21世纪的发达国家，大多数初显期成人在婚前都有很多朋友，包括一些异性朋友，也都谈过几次恋爱。未婚同居很常见，尽管这并不一定会带来年轻人所追求的激情、亲密性或承诺。在一些国家，包办婚姻很常见。

>> 初显期成人及其父母

在一生中的任何发展阶段，家庭都是十分重要的。尽管一个家庭由个体组成，但它远远不止包括这个家庭里的个体。在运作良好的家庭动态凝聚中，孩子可以成长，成人可以得到支持，家庭作为一个单元为其所有成员的志向和决定赋予了意义，提供了榜样，每个人都是这个单元的一分子。

如果说有什么区别，那就是对于初显期成人来说，如今的父母比以往任何时候都更为重要。人类发展领域的两位专家写道：“在婚姻推迟、更多美国人选择单身以及高离婚率的背景下，与父母的联系是年轻成人生活中最重要的纽带。”（Fingerman & Furstenberg，2012）

关联的生命

初显期成人开始独立地生活，将儿时的家和父母置于脑后。他们为独立而奋斗，看起来似乎不再需要父母的支持及指导了。但数据显示，父母仍旧是至关重要的。与以往相比，更少的初显期成人建立了自己的家庭，获得了稳定高薪的工作，或者确切地了解了自己的同一性及目标。

每个家庭的所有成员都过着**相关联的生活**；也就是说，处于某个生命阶段的家庭成员，其经历及需求受到处在其他生命阶段的家庭成员的影响（Macmillan & Copher，2005）。我们在先前的章节已经了解了这一点：孩子受到父母之间的关系的影响，即使孩子并没有直接卷入父母的家庭纠纷、经济压力、父母联盟等。兄弟姐妹们也可能成为施暴者或者保护者，树立好的或者坏的榜样。

引发了现在所谓的成年初显期阶段的历史条件也同样使父母与成年子女的关联更加强烈。经过过去几十年人口结构的变化，大多数中年父母只有一两个后代，没有需要持续照顾的年幼子女。

许多初显期成人仍旧住在家中，不过与父母同住的年轻人的比例因国家而异。在意大利及日本，几乎所有的未婚年轻成人均与其父母住在一起。美国较少有人这样做，但如果父母负担得起，他们会承包年轻的成年子女独立生活的开销（Furstenberg，2010）。初显期成人不住在家里时，平均每周会见父母几次，甚至会更加频繁地给父母打电话（Fingerman et al.，2012b）。

给家庭治疗师的问题 当前与父母居住在一起的初显期成年子女比以往任何时候都多。而据你了解，当年轻的成人独立生活时，家庭通常会运转得更好。你会如何给出建议？（答复见第 486 页）

初显期成人及其父母之间紧密的关联在态度上也很明显。荷兰的一项详细的研究发现，父母与其成年子女会在有争议的问题（如同居、同性伴侣和离婚）上达成实际的一致意见。尽管会出现一些代际差异，但把父母们与其子女（而不是一般意义上的年轻成人）相比，可以看出明显的“代际趋同”，尤其是当成年子女与其父母居住在一起时，就像占样本的 1/4 的、与父母一起居住的年轻人显示的那样（Bucx et al.，2010，p.131）。

经济支持

美国各种收入水平的父母都会出于多种原因为其成年子女提供大量的帮助。其中一个主要的原因是父母这一代人的收入更高。从平均水平来看，家庭平均收入最高的是 45—54 岁的人（U.S. Bureau of the Census，2012）。通常，初显期成人的父母仍在职且多数工龄资深，还不到要为自身的健康花费大把金钱或者退休的时候。在美国这种大学及学前教育都不免费的国家，父母的经济支持可能是至关重要的（Furstenberg，2010）。

该观察报告并不是要批评上几代的同辈群体；可以理解父母总是想要帮助后代。不过，如今越来越多的父母有能力给予后代金钱和时间方面的帮

1983—2013 **年，大学学费及中等家庭收入的增长**

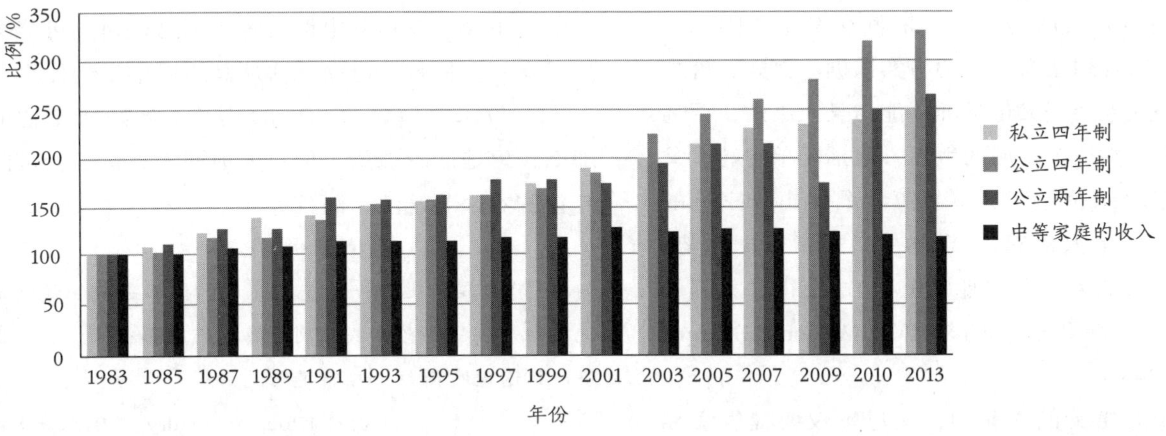

来源：The College Board, Annual Survey and Income, Poverty, and Health Insurance Coverage in the United States: 2012 Current Population Reports By Carmen DeNavas-Walt, Bernadette D. Proctor, Jessica C. Smith, Issued September 2013 and calculations by the author.

图 19.6

有价值，但愈发负担不起 该图显示了与 1983 年（设置为 100%）相比的增长百分比。当时，公共教育主要由公共基金支持，对于学生来说，学费较低。

助。例如，几乎没有年轻的大学生自己独立支付所有学费及生活费，父母会提供支持。贷款、兼职工作及奖学金也有一定的帮助。

文化差异

约一半的初显期成人除了可以从父母那里得到学费、医疗费、食物及其他物质上的支持外，也会得到父母提供的现金。大多数父母也给予了成年子女大量时间上的支持，如帮忙洗衣服、搬家、维修家具以及照顾宝宝（如果年轻成人生了孩子）。在没有家庭帮助的情况下，初显期成人尤其难以攻读大学学位。

在大多数欧洲国家，大学是免费的或者比较便宜，学前教育被视为一种公民权利，而住房和医疗保健花费也更少。所以，欧洲的初显期成人不太需要父母经济上的支持。然而，父母会以许多其他方式支持其成年子女——好像父母支持成年子女的渴望是具有普遍性的，具体的细节取决于子女需要什么以及父母能够负担得起什么（Brandt & Deindl，2013）。

文化差异在于家庭何时以及如何具有破坏性或者有帮助。例如，一项关于浸入型家庭（父母干预其孩子的思想及行为）的研究发现，在英国，如果父母过于侵扰，初显期成人会较不快乐、较不成功。然而，对于意大利的初显期成人来说，与父母保持亲近的关系似乎并未阻碍其自身的发展（Manzi et al.，2006）。

一些西方人认为，家庭依赖在发展中国家更为明显。这种想法有一定的事实依据。例如，许多非洲年轻成人要经父母批准才能与某人结婚，要通过工作来支撑许多亲戚的生活，包括兄弟姐妹、父母、同辈表亲及堂亲、叔叔等。个体出于家庭的原因牺牲了个人目标，“集体主义通常占据优势，凌驾于个人的需求及兴趣之上”，这使得“家庭成为集体同一性及压力的来源”（Wilson & Ngige，2006，p.248）。

在包办婚姻的文化中，父母不仅要提供实际的支持（如照顾宝宝）和精神上的鼓励，他们也会保护自己的孩子。如果一段关系演变成一场灾难（例如，丈夫严重殴打妻子、妻子拒绝性交、丈夫不工作或者妻子不做饭），父母就会介入。再一次，每种文化下的每对伴侣对该种介入的判断都不同：比如在柬埔寨，人们会期望父母进行干预，而在美国科罗拉多州，这种干预则是无法接受的。

>> 答复家庭治疗师（问题见第485页）记住，家庭的功能远比家庭结构重要。如果在怨气产生之前厘清诸如性隐私、金钱及家务等有争议的问题，那么共同生活在一个家里会很不错。你可以提供为期三次的预备疗程，以摸清各种假设及探索指导方针。

父母支持带来的问题

来自低收入家庭的年轻成人很可能继续成为低社会经济地位群体的一员，因为其父母无法在其成年初显期支付大学学费和生活费用（Fingerman et al.，2012b）。寄养家庭的孩子面临一个特定的问题：他们在18岁时被视为成人，能够在社会上立足。鉴于目前对于初显期成人的了解，这太过年轻了（Avery & Freundlich，2009）；大多数18岁的成人仍未准备好独立生活。

父母的支持带来一个问题，即可能会阻碍初显期成人独立。最具戏剧性的例子是所谓的**直升机式父母**，盘旋在其成年初显期子女的上空，准备在其出现任何问题时，随时俯冲下来（Fingerman et al.，2012a）。

居住在家里或在家附近的大学上学的大学生数量的增多可能要归咎于经济上的考虑。当然，这肯定是造成该现象的一部分原因。但这也可能是由于父母不愿放手造成的。父母会为上大学的成年初显期子女做很多事情，包括洗衣服、送零食、修改子女的论文、支付其电话费等，但这些付出可能会让子女一直依赖父母而无法从其错误中学到什么。

一位母亲解释说，她的儿子不如她所希望的那么频繁地回家探望，但只要他回来，肯定会带回几包脏衣服要她洗，而且：

> “我总是让他带一些吃的东西和钱回去……我只是觉得他是我的小孩，我感到好像我仍旧养着他，至少我可以知道他吃得好，并有足够的钱。”
>
> （引自 Kloep & Hendry，2011，p.84）

父母的帮助不仅让初显期成人放缓了走向成熟的脚步，可能还会造成另一个问题。如果一个家庭不止一个孩子，孩子会觉察到父母偏心：某个兄弟姐妹可以经常从父母那里得到更多的鼓励、金钱及实际的帮助。由于性别或者年龄而给予区别对待似乎对不太得宠的孩子不公平。

另外，母亲更多地保护有情感依赖的孩子，而父亲似乎对更成功的子女更加满意。有趣的是，尽管大多数成人感觉与母亲更为亲近，但与母亲相比，父亲对于初显期成人有特别的影响力，不论是好还是坏（Schwartz et al.，2009）。

从父母的角度来看，每个孩子都有不同的需求，这意味着不同的对待方式。但这种差异不仅会引起怨恨，还会降低兄弟姐妹间的亲密度，增加冲突并导致抑郁，对于受到偏爱及不受偏爱的孩子来说都是如此（Jensen et al.，2013）。

家庭介入有很多优点，尤其是如果年轻的成人成为父母，新晋的祖父母会帮忙照料婴儿。相对年轻的祖父母能够免费帮忙照料婴儿可能是贫穷国家的年轻人较早生育的原因之一。与之相反，在美国，25 岁之前生育子女是完成高等教育及事业成功的主要障碍之一，这也说明了为何初显期成人会推迟生育（Furstenberg，2010）。

无论是在国内还是国际，过于强调一个年轻成人是否仍居住在家里都是错误的。共享生活空间不是一段支持性关系的最佳标志。自己独立居住但独立之前与父母保持亲密关系的初显期成人与那些从未离家的同龄人一样，能够避免危及其健康和安全的风险。

从整体上思考初显期成人的经历时，显而易见，在这一生命发展阶段，问题与收获同样多。初显期这几年对于一个人长期的身心健康来说至关重要，因为“向成年期过渡时所做出的决定对于此后的生命进程具有特别持久的影响，因为这些决定将置个体于那些有时很难改变的人生轨道上”（Thornton et al.，2007，p.13）。

幸运的是，大多数初显期成人如同所有年龄段的人一样，具有自身的优点和责任。许多人依靠继续教育、成熟、朋友及家庭而度过了危险期，克服了药物滥用，战胜了孤独以及解决了其他问题。如果他们推迟结婚、搁置生育及回避固定的职业，直到牢固地建立起同一性并完成教育，那么他们可能已经准备好并且乐于履行成年期的所有承诺及责任（将于下一章讲述）。

小　结

父母的支持及相关联的生活在所有地区都很典型，初显期成人通常在支付大学学费及生活费用上要依赖父母。对于初出茅庐的年轻人来说，过于依赖父母是一个复杂的问题，但支持型的父母还是好过忽视型的父母。■

本章总结

连续性与变化

1. 尽管埃里克森认为大多数人到了青春期末期会达成同一性，但对于当今的年轻人来说，同一性危机会持续到成年期。
2. 对于多族群国家的初显期成人来说，族群认同很重要，但较难达成，并且需要复杂的心理社会性调整。
3. 职业认同需要知道个体想要从事什么职业。很少有年轻成人确定地知道自己的职业目标。很多社会提供了延缓同一性达成的机会（如上大学），这使职业认同的达成得以延迟。
4. 在当今的就业市场中，所有年龄段的成人都会换工作，初显期成人换工作尤其频繁。大多数短期工作与年轻人的技能及志向没有关联。埃里克森所设想的职业认同难以捉摸。
5. 人格在成年初显期可能会发生改变，但连续性依旧明显。许多初显期成人寻找一个适当的教育、友情及成就的整合体以提升自尊。曾经极具攻击性或者害羞的儿童也会成长为非常幸福的成人。

亲密关系

6. 亲密的友情通常包括一些异性和同性朋友。性别分化不似以往那么普遍，但女性之间仍会比男性之间交换更多的隐私、发生更多的身体接触。

7. 浪漫的爱情是复杂的，涉及激情、亲密及承诺。在有些国家，承诺至关重要，父母包办儿女婚姻时看重的是承诺。对于发达国家的初显期成人来说，激情更为重要，但激情未必能让人走进婚姻。
8. 许多初显期成人使用社交网络和相亲网站来拓宽自己的朋友圈及择偶范围。这种方式有利也有弊。
9. 同居愈发普遍，有着明显的国家间差异。这种生活安排不一定会提升婚姻幸福感或者稳定性。
10. 如果伴侣之间能够良好地沟通并共同担负责任，婚姻的效果最佳。配偶的关系在过去几十年里发生了明显的变化，积极的和消极的结果并存。
11. 冲突是许多亲密关系的一个组成部分。所谓的要求/退缩互动模式对伴侣关系是一种伤害。家庭暴力在全球范围内都较常见，形式多样，男女双方都可能成为施暴者。

初显期成人及其父母

12. 人一生都需要家庭支持。家庭成员之间的生活是相互关联着的，总是相互影响，在每个年龄段都会彼此帮助。
13. 在大多数国家里，初显期成人及其父母联系紧密。有时，这意味着他们与父母住在同一个屋檐下，但即使不住在一起，两代人完全分离的情况也很罕见，且不利于年轻人取得成就。
14. 尤其在对年轻成人的公共支持较少的国家中，父母通常会支付年轻成年子女的大学费用、提供免费的婴儿照料以及提供其他多种形式的帮助。
15. 父母对于初显期成年子女的支持通常是有助益的，但也可能阻碍子女的独立。父母关照子女的实际效果取决于文化对于教育、婴儿照料等的支持。

关键术语

可塑性基因（plasticity genes，p.473）
亲密对孤独（intimacy versus isolation，p.473）
亲密关系恐怖主义（intimate terrorism，p.484）
情境性伴侣暴力（situational couple violence，p.484）
社会时钟（social clock，p.467）
同居（cohabitation，p.477）
同族通婚（homogamy，p.481）
性伙伴（hoop up，p.476）
相关联的生活（linked life，p.484）
选择超载（choice overload，p.477）
要求/退缩互动模式（demand/withdraw interaction，p.483）
异族通婚（heterogamy，p.481）
直升机式父母（helicopter parents，p.486）

你学到了什么？

1. 进入大学为什么是一种延缓？
2. 个体的族群自豪感从青春期早期到成年期通常发生了怎样的变化？
3. 为什么许多初显期成人要明确其族群归属？
4. 恋爱偏好与族群有什么样的关联？
5. 大学是如何帮助或者阻碍职业认同的发展的？
6. 为何职业认同可能是一个过时的社会建构？
7. 成熟及经历如何影响人格的变化？
8. 成年初显期的自尊的整体发展趋势是什么？
9. 网络如何影响友谊？
10. 友谊中典型的性别差异有哪些？
11. 男女之间的友谊有哪些利弊？
12. 初显期成人在恋爱对象那里寻求的是什么？
13. 根据斯滕伯格的理论，爱的三个维度是什么？

14. 社交网络如何改变择偶过程？
15. 为何很多初显期成人选择同居而不是结婚？
16. 关于同居的长期效果，大多数研究得出了怎样的结论？
17. 当个体选择了一个与自己完全不同的情侣时，通常会发生什么？
18. 为何要求/退缩互动模式对一段关系尤具破坏性？
19. 咨询和调解在什么时候最容易成功地阻止亲密伴侣间的暴力？
20. 在亲密伴侣暴力中，何时需要立即采取保护和隔离措施？
21. 亲密伴侣暴力的性别差异有哪些？
22. 父母为其年轻成年子女提供了哪些类型的支持？
23. 当年轻成人与其父母共同居住时，会给家庭互动带来怎样的影响？

应 用

1. 找到三个你估计对爱情及婚姻的观点截然不同的人（在年龄、性别、教育、经历及宗教上的差异可能会影响态度）。问每个人相同的问题，然后比较他们的答案。
2. 分析报纸上刊登的 50 个婚姻公告（带有新郎新娘照片的）。有多少对是明显的同族通婚和异族通婚？
3. 职业认同在成年早期是不稳定的。和几个 30 岁以上的人聊聊其工作史。他们正在从事的工作是其更年轻时所期待的那种吗？他们在职业及工作上已经安定下来了吗？注意他们在决定专攻一种职业时的年龄。25 岁是一个转折点吗？
4. 观察校园中相伴而行的一对人。系统地进行观察，比如在路过某地点的每三对人中描述最后一对。你能分辨出当男女之间是情侣、朋友以及熟人关系时，在肢体位置或者面部表情上的差异吗？一旦你有了答案，通过询问你所观察的人之间的关系来检验你的假设。

第六部分　19—25 岁的发展成果

成年初显期

生物社会性

成长及力量　身体总的来说是强壮、健康、有活力的。功能良好的器官系统通过内稳态、稳态应激及器官储备提供保护。良好的健康习惯包括改善营养、增强锻炼及避免危险的冒险和成瘾性药物。不幸的是，许多初显期成人难以保持良好的习惯。因疾病导致的死亡在成年初显期是极少的。

性行为　性及繁衍的潜力达到峰值。初显期成人通常会通过一系列持续几个月或者几年的恋爱关系来满足其强烈的性欲望。性传播感染对于该年龄段的人群来说是一个特别的风险。

心理病理　尽管大多数人能够很好地应对新到来的自由，但对于一些人来说，该阶段的压力使心理病理问题更加常见，包括抑郁症、焦虑症及精神分裂症。

冒险　冒险在成年初显期很普遍，而且男性比女性更倾向于冒险。一些冒险活动涉及发展性任务，如离开家或者开始从事一份新工作。有些冒险是有益的，另一些则不然。

认知

后形式思维　初显期成人达到了被称为后形式思维的第五个认知阶段，后形式思维以实际的、灵活的及辩证的推理为特征。

道德及宗教　成人学会了平衡情感与理性，成年期的经历会推动个体进行更深层次的反思及更多的分析。宗教信仰变得更加成熟。

认知发展和高等教育　高等教育旨在提升批判性思维能力及发展沟通和实践技能。通常，这些目标均能实现。越来越多的初显期成人会进入大学，这种趋势在女性（在传统上，女性获得的教育机会少于男性）、少数族裔群体的成员以及发展中国家中尤为明显，尤其是在亚洲和非洲。其结果是所有地区的初显期成人都接触到了更多元的思想及价值观。

心理社会性

连续性与变化　初显期成人继续在达成同一性的道路上前行，随着经济压力及族群多样性的增加，找到职业认同及族群认同变得尤其困难。传承来的或童年期发展起来的人格模式更加稳固，虽然在每个发展阶段，人格都有可能变化。

亲密关系　友情变得非常重要，既是对抗成年初显期压力的一种缓冲，也是找到恋爱对象的一个途径。许多初显期成人与一个情侣同居过，期待两人某天会步入婚姻（但还没到时候）。关系的问题，包括家庭暴力，在成年初显期比在后期更为常见。

初显期成人及其父母　原生家庭会持续地支持其成年初显期子女，提供经济上及情感上的帮助，通常也会提供一个共同居住的家。与父母住在一起带来的影响不仅取决于初显期成人的习惯及人格，也取决于文化规范。

第七部分

（第二十章至第二十二章）

成年期

现在开始是本书的第七部分。这三章涵盖了人生26—65岁的40年时间。在这40年中，人们身体成熟，大脑在不断学习新的东西，工作也更富有效率。

成年期之所以跨度这么长，是因为没有一个具体的年龄可以作为逻辑分界线。成人在所有年龄阶段都可以结婚，生儿育女，照顾老去的父母，被聘用或者被解雇，变得更富有或者更贫穷，经历出生、死亡、结婚、离婚、疾病以及康复，这些事件在这40年间随时都有可能发生。因此，整个成年期中穿插着许多或快乐、或悲伤的事情。

这些事件并不是按年龄来编排的，但也不是随机发生的，成人在过去发展的基础上创造了自己的生态位（ecological niche）。他们会对朋友、活动、团体和习惯做出选择。对大部分人来说，这段时间是人生中极好的时光。在这个阶段，人们一一做出人生抉择，一步比一步接近目标。

文化和环境至关重要。实际上，人们可以选择自己的生态位这一观念是在北美洲假设出来的，而不是在那些家庭、经济和过往历史塑造着人们绝大部分生活的地方。例如，在美国和其他一些国家，超过1/3的婚姻最终选择了离婚；但到目前为止，在智利、马耳他和菲律宾这三个国家，离婚都是不合法的。曾被认为在成年期具有普遍性的某些事件——例如，中年危机、“三明治一代”以及空巢——对于当今生活在任何一个地方的中年人来说，都不再常见。这三章阐述了什么现象是普遍的，什么是常见的，以及什么是不常见的。

第二十章

成年期：生物社会性发展

你将学到什么？

1. 一个人是从什么时候开始显露年纪的？
2. 哪些感觉在 65 岁之前就开始衰退了？
3. 女性应该在 30 岁、40 岁或者 50 岁之前生孩子吗？
4. 一个人怎么会变得既健康同时又严重失能？

30 岁出头的珍妮是我人类发展学课上的明星学生。她告诉我们，她离婚了，住在南布朗克斯区因枪支、黑帮和毒品而臭名昭著的廉租公寓里，独自抚养着 7 岁的儿子、10 岁的女儿以及两个失去了双亲的侄子。当谈到孩子们在公立公园、电影院、动物园和新鲜空气营的自由活动时，她就充满激情。我们敬佩她的创造性、乐观和活力。

1 年之后，珍妮私下里来到我的办公室与我交谈。她即将以优异的成绩毕业并已找到一份工作，可以让她的家庭离开那个危险的社区。她因为腹中 4 周大的孩子来寻求我的建议。孩子的父亲是一位已婚男人比利，比利称他不会离开自己的妻子，但会支付堕胎费用。珍妮非常爱他，害怕如果自己不堕胎，比利就会结束这段关系。

我虽然没有给她任何建议，但是很认真地倾听了她的诉说：她儿子有语言障碍；如果再生一个孩子，她的年纪有点儿过大；潜在的镰状细胞性贫血会使妊娠更加复杂；拥挤的公寓对婴儿来说不安全；她并不反对堕胎。总之，她渴望走上成人的生活轨道。

在长时间交谈之后，珍妮表达了她的深深谢意，尽管我只是提出问题、摆出事实以及不时点头。但接下来，她让我相当吃惊。

“我会留下这个孩子。”她说。“男人来了又走，但是孩子会一直陪着你。”我当时曾以为她通过倾诉会得出相反的结论，但是后来我发现，她是在规划她自己的生活，而不是我的。我们都一样，会对自己的身体和未来做出选择。

尽管珍妮认为自己“年龄太大”，不适合再生育，但她还是比较年轻的。虽然如此，珍妮在很多方面都是一个典型的成人。

就像会担心基因、健康和年龄问题一样，成人对生儿育女拿不定主意的情况也很普遍。

本章阐述了人们是如何对这些问题做出选择的。首先从体力、外貌和身体机能的变化入手，再介绍许多人会关注的远在迈入老年期之前就发生了的视力问题、听力问题和疾病。之后，我们会解释关于性、健康习惯和医疗保健的问题。在本章的最后，你将会看到珍妮在离开我的办公室之后是如何展开她的成人生活的。

>> 衰老

每个人都会变老。一旦停止生长，**衰老**，这个随着时间的推移身体逐渐老化的过程就开始了。衰老以看得见或看不见的方式影响着身体的各个方面。

在一个不尊重老年人的文化环境里，衰老的内涵是消极的。但是，衰老也可以是积极的。从发展的角度来看，人生的每个阶段都是多向性的。有关毕生发展的科学研究可以帮助我们了解成年期的得与失。

老化的体验

虽然人们一直在变老，但是直到60岁前后，人们才会承认自己老了。在一般情况下，成人会感觉自己比实际年龄年轻5—10岁，并且认为"年老"一词通常是用来描述明显比自己大得多的人的（Pew Research Center，2009a；见图20.1）。大多数成人认为自己很强壮、有能力、健康并处于"黄金时期"。

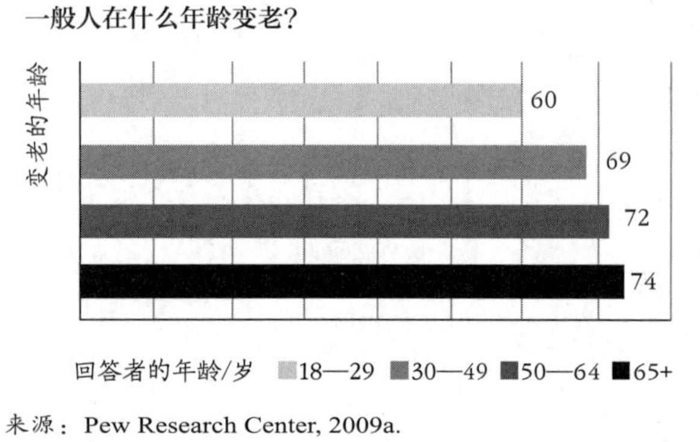

来源：Pew Research Center, 2009a.

图 20.1

尚未年老 当人们被问及一个人什么时候可以称为"老"时，答案取决于回答者自己的年龄。这一趋势会继续延续——我的母亲80多岁了，住在一个老年社区，她抱怨自己不属于那里，因为那里有太多的老年人。

他们并没有错。尽管衰老影响着身体的各个部分，而且一些身体功能也因为衰老而变差了，但是衰老不一定会导致疾病，甚至机能减损。

可以用一个例子来更清楚地解释这个概念。随着年龄的增长，每个人体内的血压和低密度脂蛋白胆固醇都会升高，且增长得越高，发生心脏病的可能性就越大。因此，冠心病与高血压和胆固醇有关，而后两者均与衰老有关。然而，衰老并不会直接导致心脏病。即使血压和低密度脂蛋白都升高了，大多数25—65岁的人的心脏还很强健。

实际上，一些老化的生理机制可以保护成人。衰老能减缓癌细胞的生长，尽管老化更有可能导致癌症的发生（Rodier & Campisi，2011）。器官储备能够进一步保护健康，使得各种机能在整个成年期维持正常，同时人们很少注意到自己的心脏、肺以及其他器官正在丧失储备能力。

内稳态系统和稳态应激系统也能帮助身体的各个部分进行调整，以适应其他部分的变化，所以大脑、血流和细胞的某些老化都被其他维持生命的因素平衡了。例如，如果血液中的储铁水平比较低，内稳态系统就会增强对饮食中的铁的吸收量（Ganz & Nemeth，2012）。

再举一例。无论一个人是年轻还是年老，是清醒还是熟睡，是在运动还是在休息，肺均会自动维持血液中的氧含量（Dominelli & Sheel，2012）。在20岁之后，由于器官的储备能力逐渐降低，由肺输送到血液里的氧每10年就会下降4%。所以，年长的人在快跑之后可能会喘不过气来，或者在爬很长的楼梯后要停下来喘口气。这些都只会让人感觉有一点不便，不会严重威胁到自己身体良好的感觉。

这些过程并非万无一失。如果随着年龄的增长，器官储备能力丧失严重，内稳态系统面临严重压力或稳态应激负荷过重，那么生命可能会受到威胁。在短期内，生理办法能平衡心理压力（例如，吃垃圾食品或滥用药物以应对抑郁或社会歧视），但是某些身体的调整可能会让人无法再拥有快乐健康的晚年（Krieger，2012；Kiecolt et al.，2009）。【**生命全程链接**：器官储备、内稳态和稳态应激系统在第十七章中都有介绍。】

保持成年期身心健康的关键是设定健康目标并且努力实现它。假设一个50岁的人想参加马拉松，是很有可能实现的，只要他花1年或更长时间坚持练习跑步，注意健康的饮食，保证充足的睡眠，通过远离烟草、预防疾病等方式保持健康。因此，在成年期的40年间，人们的身体健康状况和体力通常比较好，但是习惯和老化会对其产生负面影响。

逐渐老化的大脑

和身体的其他部位一样，大脑的反应速度也会随着年龄的增长而变慢。神经元活动变慢，反应时也会变长，因为来自一个神经元轴突的信息不能很迅速地被另一个神经元的树突接收。新的神经元和树突仍会出现，但是其他的也在萎缩：人的脑容量在减小，成年中期的神经元和突触都比成年早期时要少。

因此，多任务处理变得更困难，加工时间更长，人们开始无法完成某些复杂的工作记忆任务（例如，复述一个8位数的数字串，然后将前四个数字相加，删去第五个数字，减去后面紧接着的两个数字，将得到的新值乘以最后一个数字——每一步都要求心算）（Fabiani & Gratton，2009）。

然而这种损失通常并没有被注意到。很少有人（少于1%的65岁以下的人）会随年龄的增长体验到明显的脑力下降，就像某些肌肉力量会显著下降一样。这些极少数的人所面临的状况是不正常的，而且原因往往是病理性的，不是正常的认知能力的下降（Schaie，2013）。【**生命全程链接**：在第二十四章中我们将讨论痴呆。】

给司机的问题　美国一些州已经颁布了法令，要求司机驾驶时使用免提手机。这一措施能降低交通事故的发生率吗？（答复见第496页）

大部分成人的神经系统储备、内稳态系统和稳态应激系统都在保护大脑。成人对于大脑的使用相当于一场马拉松，这也是法官、主教和世界领袖们的年龄通常都在50岁以上的原因。如果在65岁之前发生了任何严重的问题，其原因不是衰老而是以下之一：

- **药物滥用**。任何精神类药物都有损大脑，特别是数十年的酒精滥用，可能导致威尔尼克－科尔萨科夫综合征（Wernicke-Korsakoff syndrome；脑水肿）。
- **血液循环不良**。任何会导致血液流动变缓的因素——例如，高血压或吸烟——都会损害认知。
- **病毒**。血脑屏障会保护脑免受病毒的侵害，但是一些病毒——包括艾滋病病毒及会导致疯牛病的朊病毒——会损毁神经元。
- **基因**。在1000人中有1人带有痴呆显性基因。

上述四种因素均是导致成年期大脑变迟钝的常见生理原因，成人的认知功能会在下一章进行描述。

外观

正如你所见，在成年期，重要器官的衰老并不总是带来毁灭性的后果：不管是30岁还是60岁，身体功能都很好。然而，在一个年龄意识比较强的社会，皮肤、头发、敏捷性和体型的变化都会成为问题。几乎没有成人希望自己看起来老态龙钟，但人们终究会变老。

皮肤和毛发

最先让人注意到的是皮肤的变化，它会变得更干、更粗糙，肤色也会变差。从20岁开始，胶原蛋白——身体结缔组织的主要成分——会每年减少约1%。到30岁时，皮肤会变薄，弹性减少，表皮下细胞更多变，皱纹开始显现，尤其是在眼周。饮食也有影响——脂肪能延缓皱纹的产生，但是老化表现在皮肤的每一个层次（Nagata et al.，2010）。

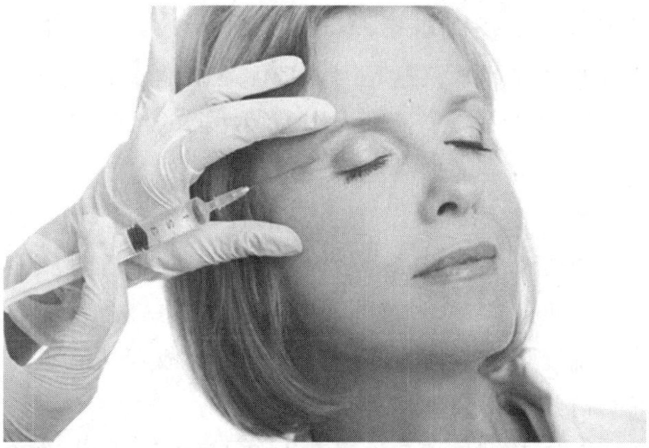

不要皱纹　这位女性认为自己需要在眼角注射肉毒杆菌，尽管她非常漂亮并且没有变老的痕迹。

皱纹并不是皮肤衰老的唯一信号。皮肤，尤其是脸部（接触阳光、雨水、冷热和污染最多的身体部位），变得不那么紧致了。老年斑、毛细血管和其他让容颜不完美的东西均会出现。到40岁时，那些常年在户外工作的人（通常是男性农民、水手和建筑工人）的脸上，这些东西会更明显。但是更受困扰的是那些将青春与性吸引力联系在一起的人（通常是女性）。

此外，腿和手腕上的静脉更加突出，脚指甲和手指甲也会变厚（Whitbourne & Whitbourne，2011）。一年的时间几乎看不出外表的变化，但是如果你看到一组典型的兄弟或姐妹的照片，一个是18岁而另一个是28岁，他们的皮肤就会告诉你谁的年龄更大。到60岁时，所有人的脸部都有明显的岁月的痕迹，只是一些人比其他人老得更明显。原来光滑、紧致、年轻的脸已经不复存在。

头发通常会变灰白而且越来越稀疏，40岁时首先变化的是鬓角，然后是剩下的整个头皮。这些变化并不会影响健康，但是因为头发是可观察到的衰老信号，所以很多成人会花重金和大量时间来染发、植发、做发型等。体毛（胳膊上、腿上和阴部）也会变得稀疏。下巴、鼻孔内或者其他部位却偏偏可能长出浓密的毛发。

体型和敏捷度

在25—65岁，体型也发生着变化。在中年人群中，广泛存在一种现象：腰围增加、肌肉松弛；小腹、上臂和臀部有多余的脂肪；站立时背部微驼（Whitbourne & Whitbourne，2011）。

到中年晚期，即使拉伸到最大程度，成人仍比以前矮，因为背部肌肉、结缔组织和骨密度都降低了，使得脊柱萎缩。人到了65岁，身高会比以前矮2～3厘米，这是因为身体躯干缩短了，而不是因为腿骨缩短了，因为作为缓冲器的椎间盘会缩短，腰围也会增加。

肌肉萎缩，关节失去灵活性，身体僵硬、更难弯曲等都更明显了，敏捷度下降了。坐着时从地上站起来，舞蹈时旋转，甚至是“步态轻盈”地走路，都变得愈发困难了。背部、颈部或者其他肌肉都有可能变得僵硬。

基因和锻炼不仅会导致人与人之间的老化进度不同，在同一个人身上也有所影响。肌肉尤其需要经常使用——仅仅几周的卧床就有可能削弱肌肉的力量。Ⅱ型肌肉纤维（高强度动作所需的快速反应的肌肉纤维）比Ⅰ型肌肉纤维（较慢反应的、日常运动所需的肌肉纤维）衰退得更快（Nilwik et al.，2013）。这也意味着，成人赢得百米赛跑的可能性比赢得马拉松的可能性小，或者采摘几小时的蔬菜要比持续几分钟举起重石更容易。对于Ⅱ型肌肉来说，锻炼的效果尤其显著（Nilwik et al.，2013）。

在需要力量、灵敏和速度的运动中，身体的老化体现得最明显：体操、拳击和篮球等运动员更依赖年轻的优势，但是他们早在20岁的时候就可能有动作变慢的体验。当然，这是身体上的变慢，成年期智力和情感的提升可能会弥补这种身体上的变化，一些30岁左右的运动员可能会比年轻运动员更有价值。

>> 答复司机（问题见第495页） 不能。车祸一般发生在精神不集中的时候，与手无关。

感觉器官

每过10年，所有的感觉都会变得更迟钝，任何一种感觉的损失都会影响其他的感觉。一个明显的例子是味觉在很大程度上依赖于嗅觉，而嗅觉随着年龄的增长会变得越来越不敏锐（Aldwin & Gilmer，2013）。同样，在交谈中如果倾听者既能看到又能听到谁在说话，则能更好地理解交谈的内容。现在，我们具体阐述一下视觉和听觉的丧失。

视觉

衰老速度不仅因人、因器官而异，同一器官的不同部位也有着自己的时间表。视觉就是一个例子，人们之所以能看见，是大脑里30个不同区域和眼睛里至少12个部位共同作用的结果。周边视觉（双边）变窄的速度要比中央视觉快；一些颜色比其他颜色褪得更快；近视和远视有着不同的路径。视觉的某些方面似乎不会随年龄的增长而被削弱。生活方式和基因会引起巨大差异（Owsley，2011）。

一个值得注意的变化是近视（很难看清远距离的物体），受基因和年龄影响很大。近视在童年期和青春期逐渐加深，但到中年期，这个过程会逆转，近视会逐渐减弱，而远视（很难看清近距离的物体）会逐渐加深，这是因为晶状体形状发生了改变。这也解释了为什么40岁的人看报纸时，眼睛与报纸的距离比20岁时远很多：他们眼睛的近焦变得模糊，而远焦变得更清晰（Aldwin & Glimer，

2013）。

视觉的其他方面同样受年龄影响。眼睛的暗适应（在白天进入漆黑影院后的适应）或者明适应（迎面而来的汽车前灯会引起短暂失明）都需要更长的时间（Aldwin & Glimer，2013）。运动知觉（那辆渐渐靠近的汽车的行驶速度有多快？）和对比敏感度（那是一只熊、一棵树，还是一个人？）会降低（Olsley，2011）。这时候的晶状体会变厚，人们需要更亮的灯光。

如上例所示，衰老会影响一个人驾驶时所需的视力，尽管他可以看清视力表上的字母。各年龄段的人在更换驾照时，都需要多层次的视力检测，因为尽管大多数成人能看得清楚，但有些人在年老前的几十年就需要戴眼镜、进行白内障手术或者其他干预。

听觉

人在大约 10 岁时听觉最灵敏，当然也存在个体差异。高频率的声音（小孩子的声音）比低频率的声音（男人的声音）消失得更快。虽然一些中年人的听力比其他人好，但是没有人能听得完全精准。

事实上，在某种程度上，听力一直都是一个问题。没有人能听到 100 步以外的对话，叫一声就能够听到的距离也有限。因为耳聋很少是绝对的，听力的逐渐丧失常常让人无从发觉。**老年性耳聋**在 60 岁之前很少被诊断出来，即使患者从几年前开始就听不到周围人的低语了。

一项具有警示性的研究发现，老年性耳聋有可能在年老之前就显现。高中生（1512 人）需要报告他们是否有过任何听力丧失的症状（耳鸣、听不清声音、暂时性耳聋）。约有 1/3 的学生报告有过，他们没有意识到耳机或音乐会现场的超大声音会对内耳造成损害（Vogel et al.，2010）。很多国家给予了建筑工人保护听力的权利，但是并没有相应的法律来阻止吵闹的音乐对人耳的危害。

小　结

衰老是老化的过程，从身体的每个部分都停止生长的那一刻起，就开始显现。然而，和从前的那个成人需用体力来完成日常工作的世纪相比，今天的这些变化看起来好像没有那么严重了。大部分成人的器官储备和内稳态系统能够应对短暂的压力，使身体和大脑都能保持良好运转。需要身体很多部位以最好的状态一起工作的活动——如大型体育赛事等——揭示了成年期的老化。

外观也能反映年龄：皮肤不再光滑；头发变灰且越来越稀疏；体型也发生了变化，越来越胖。这些外在的变化对生理健康没有多大影响，但是很多成人很在意这些变化并且试图让自己看起来更年轻。所有的感觉都变得不那么灵敏了，有些感觉甚至比其他感觉衰退得更快。基因和经历都影响着感觉的衰退。■

>> 性和生殖系统

正如以上所述，尽管衰老影响着身体的各个方面，但是 60 岁的人依然能完成 30 岁的人能做的事，只是会慢一点、更谨慎一点。然而，当人们接近 50 岁时，有一项关键活动对于女人来说已经不可能了，而对于男人来说也有些困难，那就是生育。

避孕

性和生殖系统的老化很普遍，它是否会对个体造成影响，取决于历史背景（包括医学进步）和当地的价值观；最为突出的例子就是避孕。如果没有避孕，很多女性会因为不想怀孕而避免性行为。现在，避孕不仅影响着女性的性行为，也影响着男性。

当地的价值观塑造着避孕的模式。例如，印度夫妇会依靠让女性绝育来控制家庭规模，却几乎从不使用让男性绝育的方法（Sunita & Rathnamala，2013）。在美国，在 35 岁以上性行为活跃的女性中，约有 2/3 的人做了绝育手术，整体的女性和男性绝育的比例是 2∶1。这一比例根据族群的不同而有所不同：在非裔美国人和拉美裔美国人中，做绝育手术的女性比男性多（大约是 6∶1）（U. S. Center for Health Statistics，2012）。

在美国和法国，年轻女性最常用的避孕方法是服用避孕药，但是在日本，女性几乎不用避孕药，只有在调节月经时才用（Matsumoto et al.，2011）。一些贫穷国家没有避孕措施，即便不情愿的生育或生育间隔过短是导致女性死亡的主要原因（Cleland et al.，2012）。

在不允许避孕的孟加拉国，夫妻会通过早

期流产（虽然不称之为流产）来控制家庭规模（Gipson & Hindin，2008）。在世界范围内，有一些国家把流产定为违法行为，另一些国家则允许流产。美国虽然在实践上处于这两个极端之间，但在政策上两极分化严重，体现在美国的州与州之间对流产许可的差异上。

这种在避孕方式上的明显差异是人类心理和生理互相分离的一个例子。这种分离在性唤起、性高潮、生育能力和更年期上也非常显著，虽然这些都是生物性的，但是其效果甚至其发生，都受到心理的强烈影响（Pfaus et al.，2014）。正如很多人说的那样："人类最重要的性器官就在……两只耳朵之间。"

性反应

随着年龄的增长，性唤起出现得更慢，达到性高潮需要更长的时间。对于一些夫妻来说，这种减速被焦虑的不断减少和沟通的改善抵消了，因为伴侣们更加了解自己和对方的身体了。反应变慢所带来的苦恼似乎与人际关系的困扰以及不切实际的恐惧和期望有较大相关，而与生理上的老化相关较小（Byrri & Spector，2011；Lamater，2012）。

大多数人在成年期有较活跃的性行为。一项研究发现，女性平均会在60岁停止性交（被研究得最多的一种性的表达），而男性停止性交的平均年龄则是65岁。这仅仅是平均水平，很多人在60岁前的很多年就停止性交了，另一些人则在80多岁仍有较活跃的性行为（Lindau & Gavrilova，2010）。一项有关德国的18—93岁成人的研究证实了男性和女性的性欲望和性行为都会随着年龄的增长而减少，关键是有无伴侣。此外，失业会降低男人的性欲望，过往的性创伤（虐待、强奸）会影响女人的性欲望（Beutel et al.，2008）。

有些成人认为，随着年龄的增长，性反应力可能会随之提高。是这样吗？那岂不是更好吗？至少没有证据证明性反应力会变差；性唤起和性高潮可以一生都有。

20世纪90年代早期在芝加哥进行的一项夫妻研究表明，所有年龄段的大部分成人都能享受"他们这段关系中的性行为带来的高水平的情感满足和生理愉悦"（Laumann & Michael，2000，p.250）。这项研究发现，当人们处于一段很投入的、有单一性伴侣的关系中时——很可能出现在30岁以后——大部分的男性和女性都会报告他们对性关系"非常满意"（Laumann & Michael，2000）。

随年龄增长而提高的性欲望可能是一种群体性变化，而非生理性变化。对于一些人来说，特别是1950年之前出生的人，在青春期时，性被认为是令人羞愧和肮脏的事。后来，随着避孕技术的提高和道德观念的改变，性被认为是令人充实的、积极的事。随着态度的改变，性变得更令人满意了。

现在的一些青少年和年轻人仍会对性感到焦虑、对意外怀孕感到恐惧吗？在成年期，人们是否认为性更安全，以及是否更有信心进行避孕？如果对这两个问题的回答都是肯定的，那么随着成年期的发展，性反应力将会变得更好，因为恐惧和内疚之情将会消散，更缓慢的性高潮会带来更长时间、更多样化的性生活。

一项对40岁及以上女性的研究发现，正如预期的那样，性行为以10年为单位递减，但满意度并不会改变（Trompeter et al.，2012）。这项研究或许并没有反映出一种普遍的模式，因为被试大部分是中产阶级以上的欧裔美国女性，且数据都是通过调查问卷收集而来的。由于政治原因，迄今尚未开展过关于性反应力的有效的、纵向的、有代表性的大型研究。

然而，群体性变化也有可能提升了性反应水平。在几十年前，对男同性恋、女同性恋、离婚或未婚的成人来说，性行为还只能是偷偷摸摸的或者是被禁止的，而今天已经不同了。在不少国家，这四类群体都更能被人们接受。随着年龄的增长，成人的性反应水平可能会越来越高。

生育

尽管已经有不少对性的研究了，但相当多的研究聚焦于不孕不育。虽然不同的国家对不育有不同的定义（Gurunath et al.，2011，Hayden & Hallstein，2010），但是一般认为**"不育"**是指经过至少1年的努力仍然不能怀孕的现象。对于想要孩子却没有的夫妇来说，老化增强了这种遗憾；而对于不想要孩子的夫妇来说，年龄越长，遗憾越少。

缺乏医疗保健会使不育率升高（Gurunath et al.，2011），因此不育的情况在不同国家是不同的。在美国，大约有12%的成年夫妻是不生育的，一部分是因为很多夫妻在青春期过后的很长一段时间推迟生育，从而错过了生育的最佳年龄。另外一个群体（大概10%的德国、英国和美国女性，以及其他国家的极少数女性）则不愿意当妈妈（Basten，2009）。

如果北美的夫妻想在他们40岁的时候生育，有一半的夫妻会无法受孕，而另一半则有面临各种并发症的风险。当然，风险不是事实：2011年，在美国出生的约116 000个儿童的母亲都在40岁以上，且只有这个年龄的群体的出生率在提高（Hamilton et al.，2012），其中1/4的女性都是初次分娩。尽管随着年龄的增长，并发症出现的概率会提高，但是大部分高龄产妇的孩子都很健康。

正如第十七章所述，青春期后期是生育高峰期。从生物学角度（而不是心理社会性角度）来说，女性应该在25岁之前生育，男性应该在30岁之前生育。如果不能成功受孕，在相对年轻时进行药物干预会有帮助。

不育的原因

如果一对夫妻不能生育，那么有1/3的原因在男性，1/3的原因在女性，还有1/3是未解的谜。下面具体加以说明。

男性不育的原因通常是精子数量较少。当男性的每毫升精液里有多于2000万个精子时，女性最易受孕，且其中有2/3的精子是要有活性且能游动的，每一个精子要借助数百万个同行的精子才能穿过子宫颈和子宫。在过去的一个世纪里，男性精子的数量可能有所下降，但是数量在很大程度上因地而异。法国南部高于巴黎，纽约高于加利福尼亚，芬兰高于瑞士。这些差异更有可能与样本的特性有关，而非由男性的健康或年龄导致的（Merzenich et al.，2010）。

随男性的年龄而定，每天大概有1亿个精子在大约持续75天的发育过程后成熟。在这75天的过程中，任何损害身体功能的事情（例如，发烧、遭辐射、服用处方或非处方药、长时间蒸桑拿、压力、来自环境的毒素、酒精和香烟等）都有可能导致精子数目减少、形状变小、能动性（活跃性）降低，致使受精的可能性降低。久坐，特别是看电视，也可能与精子数量减少有关（Gaskins et al.，2013）。

年龄会导致精子数目减少，这或许可以用一项有趣的统计数据进行解释：对于年龄在45岁以上的夫妻来说，男人让女人受孕所花的时间要比25岁以下时多5倍（Hassan & Killick，2003）。（这个研究控制了性行为的频率以及女性的年龄。）总之，精子数量减少的情况很普遍，但也很容易补救。

和男性一样，女性的生育会受任何可削弱生理功能的事情影响，例如，疾病、抽烟、过度节食和肥胖。和男性一样，年龄本身也会延迟女性生育的每一步，排卵、受精、胎儿生长和分娩。许多不能生育的女性没有意识到她们患了一种导致不孕的特殊疾病——*盆腔炎*。盆腔炎会产生阻塞输卵管的疤痕组织，从而使精子无法与卵子结合。

给年轻男性的问题 一个能让女人受孕的年轻男性通常会为自己的男子气概感到骄傲。这种反应有根据吗？（答复见第500页）

生育治疗

在过去50年里，医疗的进步已经解决了一半生育问题。外科手术能够修复生殖系统，**辅助生殖技术**（assisted reproductive technology，ART）能够攻克精子数目过低和输卵管阻塞的障碍。一些辅助生殖技术，包括体外授精（in vitro fertilization，IVF），已经帮助了约500万孩子出生（Fisher & Guidgice，2013），详情见第三章。

卵子、精子和子宫都可以捐赠，用来帮助那些不能生育的伴侣或者没有异性伴侣的人：在生物学意义上，用这些办法怀孕是完全可能的，而且这些方法已经帮助了数以万计的孩子出生，但同时也带来了一系列伦理道德问题。

对于某些辅助生殖技术的使用，每个人实际上都可以从道德上接受，特别是针对可能患有与疾病相关的不育症的夫妻。例如，许多癌症患者在进行化疗或者放疗之前，会先冷冻精子或者卵子，这样在康复之后仍然可以生育。

另外一个例子是在2000年以前，医生建议艾滋病病毒携带者绝育，并预测他们可能很早就会死亡。但现在，这些患者在性交时几乎都使用了避孕套（以保护未感染病毒的伴侣），而且他们又活了几十年。如果女性携带这种病毒，可以通过药物或者是剖宫产来保护腹中的胎儿。如果男性的艾滋病病毒检测结果呈阳性，可以收集精子，然后通过实验室设备洗掉病毒，再使用体外授精技术来实现受孕（Sauer et al.，2009）。

所有辅助生殖技术疗程都需要昂贵的医疗费，且通常不在医疗保险范围之内。体外授精技术同样需要生物学意义上的父母经历特定的医疗程序。女性需要摄入激素来增加排卵的数量以备通过外科手术取出。男人则必须射精到一个容器内，然后技术人员会将精子和卵子结合在一起，通常会选择最活跃的精子插入每个正常的卵子内。理想的情况是形成受精卵并开始复制，然后将一个或多个健康的胚泡植入子宫。在这之前，子宫已经通过使用药物而具备了着床条件。

即使经过周密的准备，也只有不到一半的胚泡能够着床并发育为新生儿。一些年轻的女性在接受体外授精之前，早早地就把卵子冷冻起来了，因为卵子的年龄至关重要（MacDougall et al.，2013）。流产的可能性（所植入的约 1/3 的胚胎）会随着年龄的增长而增加。

在欧洲的大多数国家，公共保险包含了辅助生殖技术的费用，但是需要出具不能生育的证明和结婚证明等。在美国，很少有私人保险包含辅助生殖技术的费用，但是联邦军队保险包含这项内容。这使得不能生育的非裔和欧裔美国人利用体外授精技术的比例增加了，但是在西班牙裔美国人中没有这种现象（McCarthy-Keith et al.，2010）。不育的非裔和拉美裔美国人要比欧裔美国人多，但由于经济和文化方面的原因，他们较少利用体外授精技术（Greil et al.，2011）。

试管婴儿的出生体重并不比其他自然受孕的婴儿轻，他们和其他儿童一样都发育得很好，不仅能像其他儿童一样健康，取得一样的智力和学业成就，而且十几岁时自我报告的情感发展也与同龄人一样（Wagenaar et al.，2013）。

父母对试管婴儿的反应可能更敏感。这可以通过早前在牙买加进行的实验来证实。在那里，和自然受孕儿童的父母相比，试管婴儿的父母更可能是权威型的，而非放任型或专制型的（Pottinger & Palmer，2013）。这至少有两种可能的解释：一种是父母更成熟，另一种是他们想要孩子的愿望更强烈。

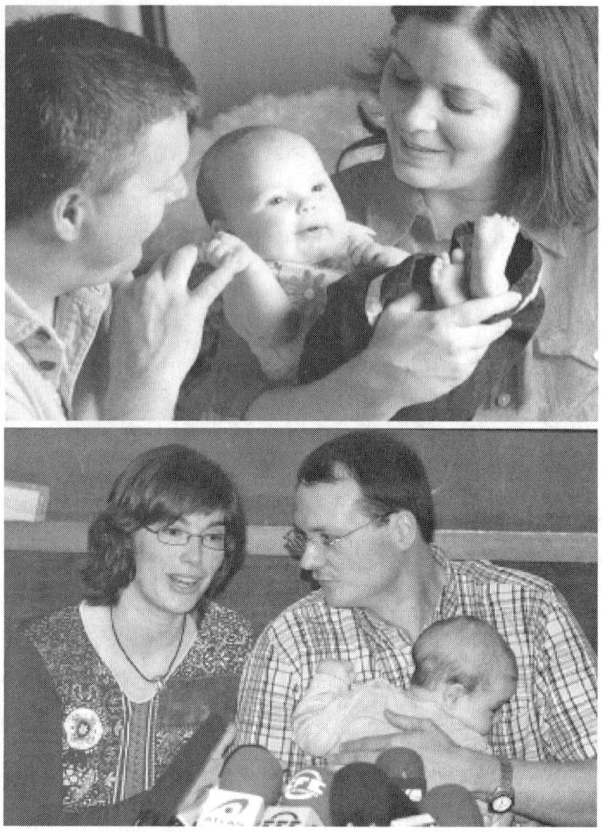

AP PHOTO/BRIAN TIETZ

© JORGE Z. PASCUAL/EPA/CORBIS

体外授精技术的帮助　由于体外授精技术克服了输卵管阻塞、低精子数和其他常见的不育障碍，现在每个国家都有一些宝宝的生命始于实验室试管。如今，体外授精技术也解决了一些不常见的问题。在美国肯塔基州，艾弗里·肯尼迪（Avery Kennedy；上图）的生命始于一个捐献的冷冻卵子，父亲贾里德（Jared）让该卵子受精，然后它被植入了温迪（Wendy）的子宫。在西班牙，在罗杰（Roger；下图）开始他人生旅途的几小时之后，他的一个干细胞被摘除并用于亨廷顿舞蹈病的基因测试。因为他的父母中有一人携带了这种基因，他有 50% 的概率继承这种基因。但是很明显，他没有。

>> 答复年轻男性（问题见第 499 页）答案取决于每个人对男子气概的定义。没有任何一个发展主义者会简单地把男子汉定义为拥有高数量精子的人。

更年期

在成年期，血液中的性激素水平会下降——女性是突然下降的，男性则是逐渐下降的。因此，性欲望、性交的频率和生育率都会降低。但男性和女性的具体表现有所不同。

中年期的女性

对于女性来说，在 42—58 岁（平均是在 51 岁）的某个时候，由于某些激素分泌量的显著减少，排卵和月经都会停止，这就是**更年期**。自然的更年期到来的年龄主要受基因影响（现已鉴别出了 17 种与此相关的基因，Morris et al.，2011；Stolk et al.，2012），同时也受吸烟（绝经前）和锻炼（绝经后）的影响。

在美国，有 1/4 的女性做过子宫切除手术，这类手术通常也会切除卵巢。如果是在绝经之前做这类手术，卵巢的切除会导致更年期综合征——阴道干涩，体温也会紊乱，包括潮热（感觉热）、潮红（看起来热）和冒冷汗（感觉冷）。正常的更年期也会产生同样的症状，但不会来得如此突然，也不是在每个人身上都发生。因手术或其他原因导致的更年期提前会增加今后出现各种健康问题的风险（Hunter，2012）。

更年期引起的心理问题远比生理问题变化多端。人类学家玛格丽特·米德（Margaret Mead）曾说过一句名言，"世界上没有人比充满激情的更年期女人更具有创造力。"一些更年期女性的情绪极不稳定，另一些则精力充沛，当然还有一些变得抑郁了（Judd et al.，2012）。

在过去的 30 年间，数百万绝经后的女性都接受了**激素替代疗法**（HRT）的治疗，一些女性希望通过这个方法缓解更年期的症状，另一些人希望预防骨质疏松症、心脏病、卒中或者痴呆。某些相关研究发现，接受了激素替代疗法的人患上这些疾病的可能性较小。

现在的研究者们认为，那些受过更多教育并拥有更多财富的女性更可能使用激素替代疗法，因此高社会经济地位是她们发病率较低的主要原因。在一些有控制的纵向研究中，美国妇女健康倡议委员会（U. S. Women's Health Initiative）发现，服用雌激素和孕激素增加了罹患心脏病、卒中和乳腺癌的风险，并且没有预防痴呆的作用（U. S. Preventive Services Task Force，2002）。一个大型的观察研究确认了罹患乳腺癌的风险：接受激素替代疗法的女性更有可能患乳腺癌（6‰：4‰）（Chlebowski et al.，2013）。

激素替代疗法的确能够有效地减少潮热，也能降低骨质疏松发生的概率，但是想要获益的女性必须衡量一下成本。让人惊讶的是，文化的影响似乎比成本收益分析的影响大。例如，澳大利亚研究者证实，雌激素会减少骨质疏松症的发生，所以很多澳大利亚女性都采用激素替代疗法（Geelhoed et al.，2010）。德国的一项研究发现，医生一般不太愿意给病人使用激素替代疗法，但是大多数处于更年期的妇产科女医生会给自己使用激素替代疗法，妇产科男医生也会让自己的妻子使用激素替代疗法（Buhling et al.，2012）。

JENS SCHLUETER/AFP/GETTY IMAGES

© SALVATORE DI NOLFI/EPA/CORBIS

暂停而非终止　在更年期，这两位女性不仅仅经历了生理上的改变。珍妮·古道尔（Jane Goodall；上图）一直寡居，而埃伦·约翰逊－瑟利夫（Ellen Johnson-Sirleaf；下图）被囚禁。然而，她们两人都证明了绝经后的女性也可以富有成就。年过 50 之后，古道尔（图为其 70 岁时参观德国的动物园）组建并领导了几个教育孩子保护动物的组织，而约翰逊－瑟利夫（图为其 68 岁时在国际劳工组织演讲）成了利比里亚的总统。

中年期的男性

男性也会经历类似于女性的更年期的过程吗？一些人持肯定的态度，他们认为**男性更年期**这个词应该用来表示和年龄相关的睾酮的减少，它的减少会降低性欲、勃起和肌肉质量（Samaras et al.，2012）。即使借助诸如万艾可、艾力达等药物来增加勃起，性欲和达到性高潮的速度也和其他生理和认知功能一样，会随着年龄的增长而变慢。

但是大多数专家认为，男性更年期这个术语可能会让人产生误解，因为它暗示着生育能力或激素水平的突然降低。但这在男性身上是不会发生的，有些男性一生都能够产生可育的精子。性的不活跃和性焦虑都会减少睾酮，这在表面看来与女性更年期类似，但原因是不同的，它是心理而不是生理因素造成的。

为了防止睾酮减少，一些中年和老年男性也会采用激素替代疗法（Samaras et al.，2012）。一些女性也利用少量的睾酮来刺激自己的性欲。但是，至少有一项对两性的纵向研究对比了增加睾酮摄入与使用安慰剂的情况，男性和女性都没有因激素替代疗法获益（无论是性欲还是其他方面）（Nair et al.，2006）。事实上，男性接受激素替代疗法可能会导致心脏病或者其他疾病（Handelsman，2011）。

大概有 2% 的老年男性的睾酮水平很低，并且受益于激素替代疗法。然而对于大多数男性来说，内科医生对这些益处持怀疑态度（Handelsman，2011）。有个医生写道，男性最好了解一下“体育活动的健康益处……告诉他们不如拿每年花在睾酮补充剂和健身俱乐部上的 200 美元买个登山机，这样还能有很多余钱买新衣服”（Casey，2008，p.48）。

关于两性的所有证据都表明，成人健康更多地依赖健康习惯而不是激素替代疗法。接下来会继续探讨这个问题。

小　结

从 20 岁开始，性和生殖系统的效能会随着年龄的增长而逐渐降低。接近中年时，很多夫妻都注意到自己需要更长的时间才能达到性高潮，性交的频率减少，生育能力下降，尽管心理层面的性互动有所改善。美国大约有 12% 的夫妇不能生育，年龄只是众多原因中的一个。辅助生殖技术帮助了数百万的不育夫妇孕育新生命，尽管这个过程非常复杂并且不能百分之百保证受孕。

在平均年龄 51 岁时，女性会经历更年期，这时雌激素的减少会导致排卵和月经停止。虽然男性的激素量会随着年龄的增长而减少，但许多年老的男性仍可生产可育的精子。激素替代疗法不管针对的是男性还是女性都存在争议：虽然很多美国医生为男性和女性采用这一疗法所存在的潜在健康风险而担忧，但许多地方的女性以及美国男性仍然会摄入激素。■

>> 健康习惯和年龄

从童年期开始，每个人的日常生活和习惯都强烈地影响着每一种疾病和长期健康状况。特别是那些与老化有密切联系的疾病——从关节炎到静脉曲张——那些几十年前就已开始但在 50 岁后才显现症状的疾病。实际上，一些成人的健康状况在他们还是胚胎时就受到了母亲身体状况的影响（Haas et al.，2013）。

事实上，在成年期里，每过 10 年，每种致命的疾病都变得更为普遍。癌症是最典型的例子（见表 20.1）。然而，大多数癌症都与会使稳态应激负荷逐年增加的生活方式有关。虽然基因会让人更易受特定癌症的攻击，但环境也总是起着重要作用，大约 1/3 的癌症死亡病例与抽烟有关，另有 1/3 与饮食有关，最后的 1/3 与各种各样的毒素有关。现在，我们来考察一下成人的习惯，目的是了解哪些习惯有助于或有害于我们的生命。

表 20.1 半个世纪以来，美国的癌症死亡率：各年龄组每年每 10 万人中的死亡人数

年龄 / 岁	1960 年	2010 年
1—4	10	2
5—14	7	2
15—24	8	4
25—34	20	9
35—44	60	29
45—54	177	12
55—64	397	300
65—74	714	666
75—84	1127	1202
85+	1450	1730

正如你所看到的，主要由于早期诊断以及治疗的改进，35 岁以下的成人死于癌症的人数大幅减少，35—75 岁成人的死亡率也在一定程度上减少了。然而，老年人的死亡率上升了，部分是因为他们与更年轻的人群相比，在年轻的时候更可能抽烟和吃高脂肪的加工食物。生于 21 世纪上半叶的成人是否也会经历稳态应激负荷带来的后果，尚待见分晓。

药物滥用

正如第十七章所介绍的，药物滥用，特别是非法药物滥用，在成年期的显著减少通常发生在25岁前，且在40岁前减少的情况更普遍。在非法药物中，大麻的使用是最难减少的。在美国的25—34岁成人中，大约有11%的人仍在使用大麻（National Center for Health Statistics，2013）。随着一些州的大麻合法化，这一比例有所上升。

在成年期，虽然非法药物的使用有所减少，但处方药物的滥用增加了。一个原因是这些药物一开始是用于止痛、治疗失眠或者缓解心理压力的，而成人往往意识不到他们已经成瘾。但在美国，目前最常见的两类成瘾药物竟然都是合法的，而且有成百上千的商店可以将其出售给任何成人，这两种药物就是烟草和酒精。

烟草

肺癌死亡率（北美地区癌症死亡的主要病因）反映了早年的吸烟情况。全球约70%的肺癌死亡以及工业化国家中90%的肺癌死亡都是由香烟引起的（Ezzati & Riboli，2012）。自1980年以来，由于北美男性已经戒烟多年，男性肺癌死亡率显著下降，并且在45—64岁的男性中，与肺癌相关的死亡率已经远远低于老年人。到了2010年，诊断出肺癌的平均年龄为70岁（National Cancer Institute，2013）。成年男性的肺癌死亡率在持续下降。

班加罗尔的风险　一名男子点上了比迪烟，一种加味香烟。每年有100万印度人死于与吸烟有关的原因，他正处于这样的风险中。

在20世纪上半叶，女性吸烟相对较少，但是随后她们的吸烟率一直在升高，直到最近才降下来。因此在美国，在男性肺癌死亡率下降的同时，女性的肺癌死亡率在增加。50年前，更多的女性死于“女性癌症”（乳腺癌、子宫癌或卵巢癌）而不是肺癌。相比之下，2010年女性死于肺癌的人数几乎是其他三种癌症总和的2倍（National Center for Health Statistics，2013）。

但幸运的是，在过去10年里，北美（美国、加拿大和墨西哥）各年龄段和各性别的吸烟人数都有所下降。在1970年，美国一半的成年男性和1/3的成年女性吸烟；但到了2010年，只有22%的男性和18%的女性吸烟，当前吸烟者人数和曾经的吸烟者人数差不多。然而，还不到庆祝的时候，因为“吸烟仍然是美国可预防的导致发病和死亡的主要原因”（MMWR，2013，p.81）。

北美的现象预示了一个光明的前景。女性正跟随着男性的模式戒烟。现在很多的办公室、居民区和公共场所也都是无烟区。在过去的10年中，成年吸烟者的比例似乎停留在20%左右，65岁以上人群的比例更低（见图20.2）。但我们并不清楚这一结果是因为很多成人在中年后期戒烟了，还是因为大多数最重度的吸烟者已经死亡了。

全球趋势并不乐观。在德国、丹麦、波兰、荷兰、瑞士和西班牙，几乎有一半的成人都是吸烟者。在发展中国家，吸烟者的比例在上升，尤其是在女性中。世界卫生组织称烟草为“当今世界最大的可预防的导致死亡和慢性疾病的原因”（Blas & Kurup，2010，p.199）。在2010—2050年，与吸烟有关的死亡人数预计将达到10亿人。

酒精滥用

香烟的危害与剂量有关：每吸一口、每吸一天、每吸入一次的二手烟都会增加人们患上癌症、心脏病、卒中、肺气肿的可能性。但酒精的危害不是线性的。事实上，酒精可以是有益的：喝适量葡萄酒、啤酒或者烈酒的人——也就是一天饮用不超过两杯酒的人——比禁酒者长寿。但饮酒超过这个量就是有害的。

酒精的好处主要是能够减少冠心病和卒中。它能增加高密度脂蛋白，这是一种“好”的胆固醇，并能降低低密度脂蛋白——一种导致动脉阻塞和血栓的“坏”胆固醇。偶尔喝酒也可以降低血压和血糖（Klatsky，2009）。

然而，对某些人来说，适度是不可能的，而

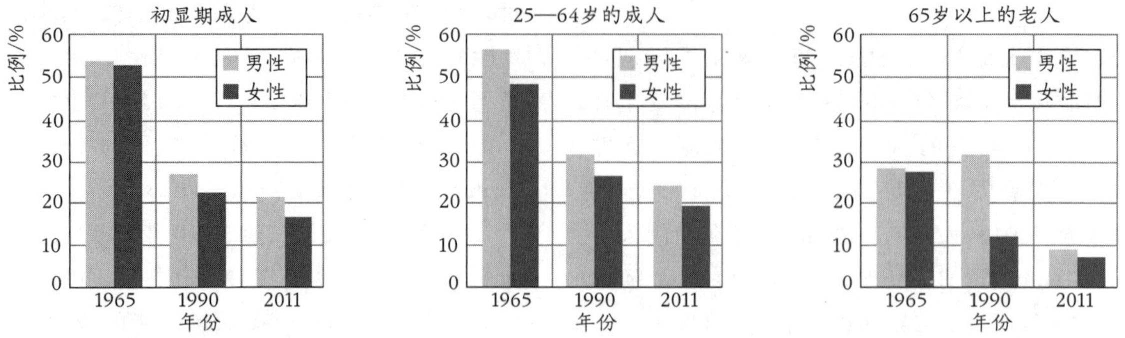

来源：National Center for Health Statistics, 2012.

图 20.2

老人和智者 每个人在这里都可以看到明显的好消息：在美国（不是全世界），每个年龄层与 1965 年相比，吸烟的人都更少了。但从发展的角度来看，现在年龄在 65 岁以上的烟民超过一半在年轻时就开始吸烟了。据说，香烟和海洛因一样能让人上瘾。随着年龄的增长，戒烟率也在增加。如这张图表明的，约 10 万美国人已经戒掉了这种强力的、毁灭性的习惯。

做不到适度就会很危险。对于酗酒者而言，每天只喝一杯比完全禁酒还要难。酗酒会增加卒中和高血压的风险。

此外，酒精滥用会破坏脑细胞，导致骨质疏松，降低生育能力，并且伴随许多自杀、他杀和事故，这些对家庭都是毁灭性打击。它会牵扯 60 种疾病，不仅损伤肝脏，而且会导致乳腺癌、胃癌及喉癌。

酒精滥用现象在国家之间存在着显著的不同。在伊斯兰国家，这种现象很少，因为酒精是非法的。但在俄罗斯，酒精导致的死亡占到了 60 岁以下男性死亡数目的一半（Leon et al.，2007）。对于美国成人而言，酗酒是危险而常见的。在过去的 1 年里，大约有 32% 的 25—44 岁的人和 18% 的 45—64 岁的人在一个场合喝了 5 杯及以上的酒（National Center for Health Statistic，2013）。在 2006—2010 年，美国有大约 88 000 人的死亡与酒精有关（MMWR，March 14，2014）。

在 1980—2010 年，美国各种法律和社区规定已让酒驾引起的机动车死亡率降低了一半。在许多国家，年轻人由于饮酒而导致意外死亡更为常见，但是中年酒鬼对家人的持续伤害更普遍（Blas & Kurup，2010）。

一般来说，与更富裕的国家相比，低收入国家会有更多的禁酒者和酗酒者，更少的适度饮酒者（Blas & Kurup，2010）。在贫穷的国家，酗酒的预防和治疗策略尚未建立，监管更少，禁止酒精滥用的法律也没有跟上（Bollyky，2012）。因此，随着国民收入的下降，酒变得尤其致命。

给医生和护士的问题 如果你必须选择是为一个 35 岁的人推荐各种医学筛查，还是让他改变各种生活方式，你会选择哪个？（答复见第 505 页）

营养

在 20—60 岁，新陈代谢减缓了 1/3，消化也变得不那么高效了。随着年龄增长，要保持同样的体重，成人需要少食、多运动。还有，由于整体热量摄入必须下降，需要逐年摄入更多的水果和蔬菜、更少的糖和脂肪。但事实并非如此。

肥胖的流行

在美国，现在的成人每年平均会增重 0.45 ～ 0.9 千克，远远超过之前的年代。在 40 年的成年期里，成人的体重一共会增加 18 ～ 36 千克。结果是 2/3 的美国成人体重超重。超重是指身体质量指数（BMI）在 25 或以上。事实上，在美国的 25—65 岁的人中，几乎有 1/3 的男性和女性是肥胖者（BMI 超过 30），而在这些肥胖者中，有 12% 的男性和 20% 的女性属于病态肥胖（BMI 超过 40）（National Center for Health Statistics，2013）。**【生命全程链接：BMI 在第十七章已经解释过了。】**

如果 BMI 数字显得很抽象，那么想象一个身高为 173 厘米的人。如果这个人重 68 千克，BMI 为 23，就是正常体重；如果这个人重 90 千克，BMI 为 30，就属于肥胖；如果这个人体重超过 118 千克，BMI 达到 40，就属于病态肥胖。

如果你大部分时间都生活在 20 岁的大学生之中，你可能没有意识到肥胖的流行，因为人们在 20 岁左右时的肥胖率低于 40 岁或 50 岁人群的肥胖率。此外，肥胖的人不太可能出门，所以和比较瘦的人相比，你不经常能看到肥胖的人。

全世界有 5 亿肥胖者。肥胖率在美国似乎达到了一个平稳的状态，但许多发展中国家正在报告肥胖率的迅速上升（参见“可视化发展”专栏），在非洲和亚洲尤为如此。在那里，营养不良曾是最常见的问题，而现在，肥胖问题成了常见问题（World Health Organization，2013）。

>> **答复医生和护士（问题见第 504 页）** 显而易见，所做出的选择更多取决于具体的病人。然而总的来说，很多人生病或者死亡是因为多年来不良的生活习惯，而不是因为未能及早发现各种疾病。对于筛查早期癌症或者循环系统的问题来说，35 岁太早了，但这是戒烟、戒酒、加强锻炼和调整饮食的最佳时期。

肥胖的后果

最近的一项元分析发现，按年龄分组，体重多少有点超重的成人的死亡率低于体重更轻的人，这个结论能够安慰许多魁梧的成人（Flegal et al.，2013）。然而，虽然 BMI 为 25 或者 26 还可以，但没有一项研究发现肥胖是健康的。多余的脂肪会增加罹患几乎所有慢性疾病的风险。

一个例子是糖尿病，糖尿病变得越来越普遍，它会导致眼睛、心脏和足部的问题以及过早死亡。尽管糖尿病有一部分是遗传的，但是多余的脂肪加剧了这种遗传倾向。美国的肥胖和糖尿病比例都世界领先。

肥胖导致的后果既有生理上的，也有心理上的，因为肥胖的成人常常遭到歧视。不太可能有人愿意与他们结婚、聘用他们，甚至与他们做朋友。肥胖者的耻辱经历导致他们更可能回避医疗检查并愈发多吃少动。结果，他们的健康受损远远超过了超重所提示的问题（Puhl & Heuer，2010）。

也许，由于超重而健康受损的人们应该以减掉足够的体重来保护健康为目标，而不是以达到正常体重为目标。文化对于理想的 BMI 的强调可能会鼓励不健康的节食，进而导致饮食失调，包括暴饮暴食（Shai & Stampfer，2009）。对女性来说，影响尤甚。这也许可以解释为什么女性比男性有更健康的体重（更在乎）或者更肥胖（如果不能保持苗条就放弃）。

无论是否超重，对于所有成人而言，健康的饮食和良好的卫生保健都很重要。的确，有些人由于基因的原因可能注定要被排除在正常体重范围之外。在美国，亚裔美国成人的肥胖率明显较低（11%），非裔美国人的肥胖率较高（48%）。可能应该为不同族群修改 BMI 定义数值，也可能是体重导致了非裔美国人过早出现高死亡率。

文化和肥胖之间的关系至关重要，尽管目前我们对此并不完全了解。例如，科学家收集了 5000 名成人的许多生物生理测量数据（包括体重、身高、血压、胆固醇和血糖水平），他们中有一半人的祖先为欧洲人，另一半人的祖先是因纽特人，所有人都生活在北美洲的西北角。尽管因纽特人往往有较高的 BMI 指数，但与体重相关的健康风险明显低于欧洲人。也许他们经过几个世纪对北极的适应，身体会将体内脂肪用作保温层，但不会产生与多余脂肪相关的死亡风险（Young et al.，2007）。

在另一项研究中，对国情的适应降低了健康风险。1991—1995 年，古巴经济危机导致古巴人不得不少吃肉，多运动。结果，不仅国民体重平均减轻了 6.4 千克，还减少了糖尿病和心脏病的发病率。危机结束后，人们恢复了体重，糖尿病发病率也翻了一番（Franco et al.，2013）。

显然，我们不应该依赖于基因或寄希望于经济危机。然而许多人似乎不能在陷入危境之前控制自己的饮食。对于病态肥胖，减肥手术也许是最好的选择。

每年大约有 200 000 美国居民接受胃分流术或胃束带手术以减肥。但是并发症发生率相当高，其中约 2% 的人在手术中或手术后不久就死亡了，有 10% 的人需要额外的手术。

然而，随着时间的推移，病态肥胖成为危及生存的重要风险，减少肥胖的手术可以拯救生命（Adams et al.，2010；Schauer et al.，2010）。糖尿病人似乎受益最大，70% 的人发现，他们的糖尿病痊愈了，也没有复发（Arterburn et al.，2013）。

可视化发展

全球超重的成人

一个世纪以前，超重是富人的标志，穷人不太可能享受高热量的饮食，而且更有可能从事体力劳动。但如今，这种联系变得模糊了。超重——其定义为 BMI 超过 25——在不同的社会经济团体和国家中都很常见，肥胖（BMI 超过 30）是全球范围内一个日趋严重的健康威胁。

超重和 GDP

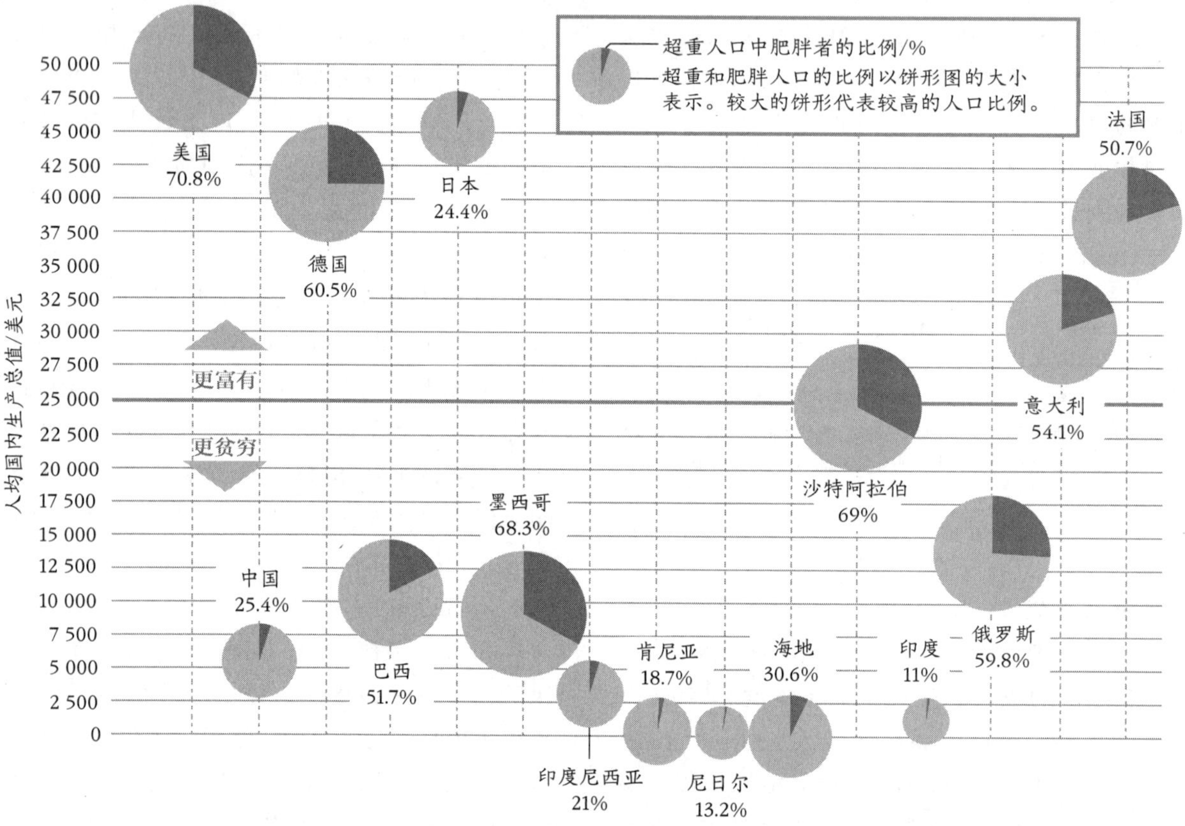

国际上对超重和肥胖的分界点有不同的规定。这些数字显示了 BMI 超过 25 的成人的比例。（World Health Organization，2013. World Bank，2013.）

美国的肥胖

通常认为，超重和肥胖都与收入相关。近期的数据表明，文化和性别起的作用可能更大。富裕阶层的美国女性表现出了更少的肥胖趋势；而对于男性来说，这种情形并不稳定。

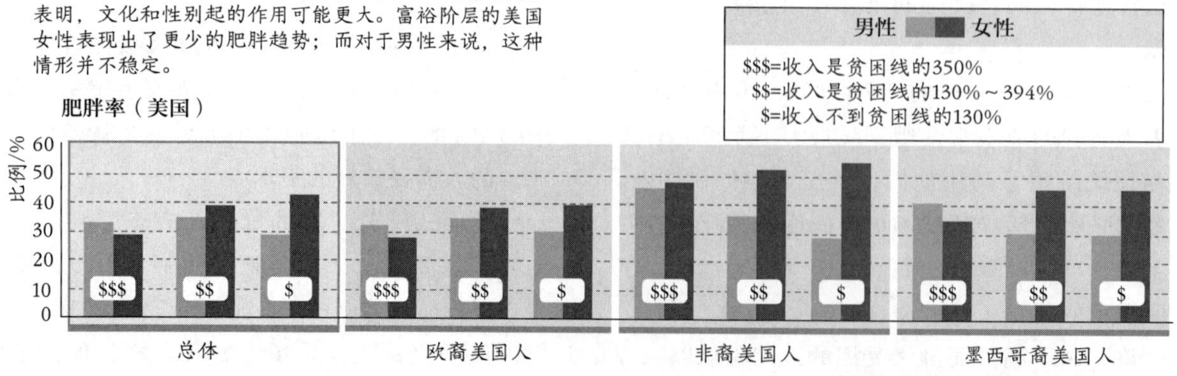

SOURCE:PESEARCH CENTER(2013)

体重增加的原因

为什么肥胖在美国如此普遍？在前面的章节里，我们注意到了两大罪魁祸首：广告和同伴压力。在这里，我们具体关注一下人们吃了什么。

典型的美国家庭比世界其他地区的家庭消耗了更多的肉、脂肪以及更少的纤维。例如，中国的传统是吃很多混有小块肉或鱼的蔬菜，他们一般没有体重问题。有些人称，近年来中国人体重的增加是由于引进了美国食物。

体重增加的罪魁祸首之一可能是糖，无论是蔗糖还是果糖（以玉米糖浆的形式添加在许多加工食品和饮料中）。一项研究发现，减少食物中的糖分，人们的体重就减少了。另一项在175个国家进行的研究表明，一个国家的食用糖消费量和糖尿病之间存在关联（Te Morenga et al.，2013；Basu et al.，2013）。

科学家和医生认为，营养几乎是每种成年期疾病的影响因素之一，虽然一些细节尚未被证实（糖可能不是最坏的因素）。毫无疑问，健康的饮食可以保护每一个成人的健康。在希腊和意大利，常见的所谓地中海饮食——高纤维食物、鱼和橄榄油已经被证实能够预防心脏病，而不增加体重（Estruch et al.，2013）。但不幸的是，几乎没有人能吃得完全健康。

不运动

有规律的体育活动在生命的每个阶段都能预防严重疾病，即使一个人有其他不良的生活习惯，如吸烟和过食。运动可以降血压，增强心肺功能，并降低患上抑郁、骨质疏松症、心脏病、关节炎甚至是某些癌症的可能性。锻炼对于男人、女人、老人、年轻人都有相当明显的益处（Aldwin & Gilmer，2013）。

反之，久坐与很多健康问题相关，特别是心脏病和糖尿病。这两种疾病带来的额外健康危害超过了疾病本身。即使是轻量的运动也是有帮助的，比如做园艺、做家务、爬楼梯或者步行至公交站。

正如第十七章解释的那样，每周锻炼5天，每天至少快步行走30分钟，是一个可执行的目标。强度更高的运动（如游泳、慢跑或骑自行车）和肌肉锻炼最理想。过度锻炼在理论上是可能的，但是实际上几乎没有成人能做到。事实上，采用成人运动客观评估仪（有电子显示器）的一项研究发现，在美国和英国，只有不到5%的成人每天进行了30分钟的锻炼（Weiler & Stamataskis，2010）（自我报告的数字约为30%，而不是5%；见图20.3。）

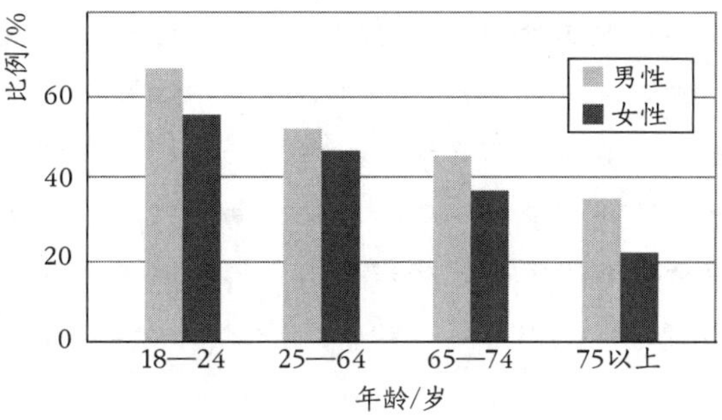

图 20.3

越老越懒 锻炼对每个年龄阶段都是重要的，但其重要性随年龄的增长而增加。为什么最需要锻炼的人总是锻炼得最少？

众所周知，正如来自家人、朋友和邻居的影响一样，运动也和身心健康之间的关系极为密切。欢迎运动的社区的肥胖、高血压以及抑郁的发病率更低（Lee et al.，2009）。步行指数高的社区（有小路、步行道等）可减少开车和看电视的时间（Kozo et al.，2012）。这种周围环境、锻炼和健康之间的关系是因果关系，而不仅仅是相关关系。好动和身形适中的人拥有更强的免疫系统，使他们能抵御疾病。此外，他们感觉更有活力，这能使他们养成良好的健康习惯。

许多社会科学家致力于鼓励成人锻炼以及形成其他良好的习惯。终生保持良好的健康习惯是最难的，正如“科学视角”专栏解释的那样。

小 结

在成年期，健康的生活习惯很重要。在医疗条件良好的国家，如果没有人吸烟、酗酒、暴食或者宅在家里，几乎所有人都能活到65岁并准备好再过几十年精力充沛的快乐生活。不幸的是，对长达数十年的成年期的坏习惯的研究和进入21世纪以来的研究表明，前景并不总是那么乐观。北美的吸烟人数在不断减少，但是在其他国家并非如此。美国肥胖的和患糖尿病的成人远远多于其他国家。酗酒、肥胖和缺乏运动在几十年前并

科学视角

习惯很难被打破

每个人都知道，吸烟、酗酒、暴饮暴食和运动不足是有害的，但几乎每个人都至少有一个毁灭性的坏习惯。为什么我们不调整自己以更好地生活呢？放弃新年时立下的目标，批评别人身上的坏习惯，消费糖、盐、油炸食品、香烟或酒精时有内疚感，购买从来不用的健身卡或只用来挂衣服的积满灰尘的健身器材——这些行为太常见了。

很多社会科学家们都在关注这个难题（Martin et al., 2010；Luszczynska et al., 2011；Conner, 2008；Shumaker et al., 2009）。首先，我们需要认识到改变习惯是一个长期的、多步骤的过程：一种策略在一个步骤起作用，而在下一步可能就行不通了，所以不同阶段需要不同策略。这些步骤列出来就是：（1）否认；（2）觉知；（3）计划；（4）实施；（5）维持。

步骤 1：否认之所以会出现，是因为坏习惯的开始和维持都是有原因的。这使得否认成了合理的自我防御行为。例如，大多数吸烟者在青少年时之所以开始吸烟，是为了被社会接受，或者是为了显得成熟，又或者是为了控制体重——这些在青春期都尤为重要。而青少年在不知不觉中就对尼古丁上了瘾。在没有尼古丁作用时，吸烟者会焦虑、困惑、愤怒和抑郁。难怪否认会出现。

如果当事人被告知许多威胁生命的嗜好（包括吸烟）有严重的后果，这往往会导致吸烟、饮酒等行为增加（Ben-Zur & Zeidner, 2009）。人们甚至会赞美这些毁灭性的习惯，夸耀自己的这些行为是“最坏的”。当一个权威人物批评他们的习惯时，否认尤其强烈。例如，8 个烟民中就有 1 个会为这些习惯对他们的医生说谎，年龄在 25—34 岁的成人尤其可能说谎（Curry et al., 2013）。肥胖者无法隐瞒超重的事实，因此他们会回避医生和陌生人。否认能使他们免于压力，认定改变是不可能的，或者使用更多的药物等也能起到同样的作用。

步骤 2：觉知是个体自己感受到的，不是别人灌输的。有时候，在发生了某个戏剧性事件之后，人会产生觉知。例如，被医生预测会死于持续吸烟；因为发酒疯而被关进监狱待了一夜；一上体重计，指针直接弹到 91 千克（似乎远远坏过 90 千克）。

虽然他人的摆事实讲道理或者批评（知道吸烟会导致肺癌吗？）可能适得其反，但动机访谈（让当事人分析某个习惯的成本和收益）会有帮助。人们经常在否认和萌发的觉知之间摇摆。一个好的倾听者可以左右这种平衡，认可当事人所说的某习惯的坏处以及重申他可以自行决定怎么做。自我效能感至关重要，即相信自己能戒掉毒品、改变习惯等（Martin et al., 2010）。

步骤 3：计划若能具体详尽，是最好的，如设定戒烟日期，制订策略来克服将要面临的许多障碍。一系列研究发现，人们会低估自己的冲动的力量，冲动源自大脑的模式而不是逻辑（Belin et al., 2013）。因此，计划需要包含针对暂时性动摇的对策。过度自信使打破习惯变得很难，无论是对吸烟者、节食者还是其他人，似乎都是如此。

在一项实验中，研究人员让走进和走出食堂的大学生选择一包零食，并且与他们约定，如果他们能在一周内不吃这包零食，就奖励他们每人约 10 美元（外加零食）。那些走进餐厅的人应该是知道自己的饥饿程度的，计划通过选择一包不太受欢迎的零食来避免诱惑，他们中的大部分人（61%）赢得了奖品。然而，那些刚刚用过餐的人显然低估了自己的饥饿程度，他们选择了更具诱惑力的零食，并且在一周之内就吃完了，他们中只有 39% 的人（吃过饭后进行选择）赢得了奖品（Nordgren et al., 2009）。

步骤 4：实施就是按照计划戒掉习惯。获得成功的关键因素是社会支持，如：（1）让其他人知道计划的细节并争取他们的帮助；（2）找一个同伴；

（3）加入一个团队（减肥中心、匿名戒酒者互助会或其他的12步计划等）。若能做到这三点，就更好了，独自努力经常会失败。要获得成功，最好一次瞄准一个习惯，如果在同一天既开始戒烟又开始日常锻炼，即使志向可嘉，计划也可能短命。

与此同时，过去的成功经验能够强化一个人在自我效能感上的信念。一天没碰烟就是一个值得庆祝的理由，证明自己明天也可以不碰烟。在日历上划掉日子，用准备买香烟的钱给自己买一个礼物，列个过去的成就清单——所有这些行为都有助于达到成功。

步骤5：**维持是大多数人都忽略了的一步。**戒掉任何根深蒂固的习惯都是困难的，有时甚至是痛苦的。许多烟民已经戒过很多次烟了，只是后来复发了。节食者会在过食和节食之间来回摇摆，以致其饮食模式被称为“悠悠球食谱”。令人悲伤的是，一旦成功，人们又会过于自信，会忘记诱惑的力量。

意志力被认为像肌肉一样能通过运动慢慢变得强健，但是如果过度使用，就会疲劳（Baumeister & Tierney，2012）。一个已戒酒的人会和喝酒的朋友一起出去，他相信自己能坚持只喝果汁而不喝啤酒，节食者可能会为家庭成员准备甜食并确信自己能够坚持不吃，加入健身俱乐部的人若某天没能去健身，会打算在第二天完成双倍的运动量。这些行为比人们所觉知的还要危险。拒绝眼前的甜点的节食者过度使用意志力，以致当他在午夜面对剩下的诱人的糕点时十分无助。

任何压力都可能动摇决心并重启旧习惯。例如，一项研究让减肥者完成了一项有压力的任务（记住一个9位数的号码），然后让他们进入房间。房间里布置了一些诱人的食物或者一个体重计和一本有关节食的书，但看上去像是随意摆放在那里的。之后实验者让他们品尝奶昔并反馈意见，还告诉他们可以想喝多少就喝多少。那些看到食物线索的人比看到节食线索的人喝得更多（Mann & Ward，2007）。

这被称为注意力近视，它表明在面对压力时，决心（维持的能力）会消退。很多重拾坏习惯的人会辩解自己之所以这样做，是因为处于离婚、换工作或家有叛逆少年等压力下。当然，每个成人迟早都会面对压力，这就是为什么维持策略至关重要。

在鼓励失误的环境里，人们错误地以为一支烟、一杯酒、一块蛋糕、多一口奶昔都无关紧要。如果他们能就此打住，那的确没什么大不了的。不幸的是，人类的大脑模式是全或无式的。神经元或打开或关闭，没有中间位置。因此，一口烟会让下一口烟变得更有可能，一片薯片会唤醒再来一片的冲动，等等。至于酒精，其本身就能干扰大脑，在其作用下，人们更少能意识到自己的认知失误，喝了第一杯就会喝更多（Sayette et al.，2009）。

维持在很大程度上取决于生态环境，这使其他人的习惯和日常生活环境变得至关重要。在已戒酒的人不注意时倒出的一杯酒、妨碍跑步的雨、在饥肠辘辘的节食者眼前的高热量饼干——对于那些不知道怎样去对付它们的人都是有害的。一旦人们觉知到了一个具有破坏性的问题（步骤2），相对戒掉旧习惯而言，计划和实施一个更好的习惯更容易（步骤3和步骤4），但如果环境中有未预见到的反作用力，维持（步骤5）就会变难。

不被认为是一种问题，但是现在是极大的问题。虽然如此，很多成人都认为自己很难去改变这些坏习惯。讽刺的是，在很多国家，经济状况越好，人们反而越容易养成不良的健康习惯。■

>> 健康评估

花在维持患者生命（这被称为三级预防）上的钱远远多于在患病之前花在维持健康上的钱。【**生命全程链接**：对于预防的三个等级的讨论见第八章。】

相反，初级预防和二级预防才是多数公共健康工作者和发展学家的目标。为了评估保健效果，一般会采用下列四个指标：死亡率、发病率、失能和活力。

死亡率

死亡指最终失去全部健康。**死亡率**一般表现为人口中每年每10万人中的死亡人数。在美国，在不同的年龄、性别和族群中，这个数字是8（在5—14岁的亚裔女孩中，每年每12 000人中只有1人死亡）到15 640（在85岁以上的欧洲裔男性中，每年每6人中有1人死亡）不等（National Center for Health Statistics，2013）。

为了比较不同国家之间的健康状况，需要用到年龄调整死亡率这个指标，否则一个拥有很多80岁以上老人的国家，其死亡率会非常高。2010年，美国人口的年龄调整死亡率是每100 000人中有757人死亡，比40年以前好得多，当时是1230人。

死亡率的统计资料大多来自死亡证明，上面标出了死者的年龄、性别和直接致死因。这种做法有利于进行国际间比较，以及不同历史阶段间的比较，因为记录和统计死亡人数的方法已经有好几十年甚至一个世纪的历史了。日本有世界最低的年龄调整死亡率（每10万人中只有大约500人死亡），而塞拉利昂最高（每10万人中有大约3500人死亡）。如今，这两个国家的比例都比几十年前显著降低了。

女性群体的死亡率比较低（见图20.4）。在全世界，女性能比男性多活4年左右，虽然这个数字在不同的地方会有所变化（United Nations，2013）。比如，在俄罗斯，女性平均能比男性多活13年（分别为74岁和61岁）。不过在塞拉利昂，男性和女性的平均寿命是一样的（两个性别都是44岁）。在世界范围内，年长的女性多于年长的男性（85岁以上人口的男女比例大概是1：2），主要原因是很多年轻男性和男童死亡了。在性别比例上，出生时男性略多于女性；到了50岁，男性和女性的人数基本持平；之后女性人数会多于男性人数（United Nations，2013）。

这种死亡率上的性别差异可能源自生物学：第二个X染色体、更多的雌激素或者更少的睾酮，都可能起到保护女性的作用。也可能存在文化的原因：女性倾向于结交更多的朋友、更会照顾自己。一位公共健康专家写道：

> “社会要求男性表现力量、个性、自主性、统治力、坚忍和身体攻击性，并且要避免暴露自己的情绪和脆弱。情绪和脆弱被认为是缺点。这些“性格特征”结合起来增加了男性的健康风险。”
>
> （D. R. Williams，2003，p.726）

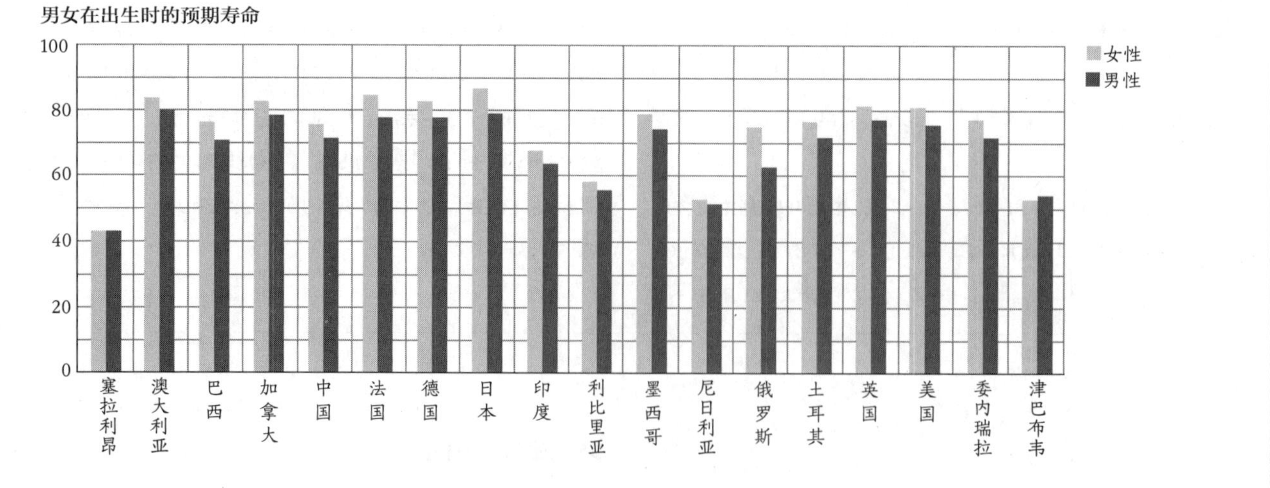

来源：United Nations Statistical Database, 2012.

图20.4

没有那么多老男人 关于预期寿命的国际比较有助于提出问题（为什么美国与墨西哥而不是日本更相似？）并凸显普遍性（女性更长寿，不论她们处于什么文化条件或者医疗保健系统中）。

在一个国家内或国际间，死亡率会因为族群、收入和居住地的不同而不同。例如，美国年龄在25—65岁的居民的总死亡风险是15%，但对于某些人来说，其死亡风险或许可高达50%［比如美国南达科他州的苏族（Sioux）男性］，或低于2%（比如美国康涅狄格州的亚裔女性）（Lewis & Bird-Sharps，2010）。

发病率

另一个测量健康的指标是**发病率**。发病率涉及疾病和所有种类的损伤，不管是急性的还是慢性的，是身体上的还是心理上的。

发病率与死亡率没有必然的联系。在美国，几乎有一半的老年女性患有关节炎，但是并没有人因此而死亡。成年女性的死亡率比同龄男性低，但是发病率更高，特别是慢性疾病的发病率。

在世界范围内，死亡率在下降，发病率却在上升。比如，心脏病和癌症在过去几十年中是主要死因，现在它们也是发病率提高的普遍原因。很多以往用来拯救生命的措施，例如筛查、药物治疗和外科手术等，也有损健康。

一个最近的例子就是针对前列腺癌的PSA血液测试。一些研究发现，筛查手段平均能够延长1天的生命。原因是筛查和早期诊断延缓了一个人的死亡，让他多活了一年，但其他364个接受筛查的人没有从筛查中受益，于是平均下来，筛查仅延长了他们大约1天的生命。

然而，如果在这364个人中有很多人经受了过度诊断、活体组织切片检查和不必要的外科手术，就会提高发病率（会产生失禁、阳痿或者极度焦虑），那么筛查手段对于健康的破坏性就远远大于它的益处。这也是为什么美国医师委员会（America Council of Physicians）称："对于前列腺癌患者的筛查只有有限的益处，却有巨大的害处。"（Quaseem et al.，2013）

类似的，50岁以下的女性做乳房X线图像检查会有很多错报的阳性，和随之而来的不必要的组织切片检查和焦虑。总体来说，考虑到死亡率和发病率的风险，乳房X线图像检查对于许多女性来说可能弊大于利（Woloshin & Schwartz，2010）。

失能

失能是指由于"身体、心理或情绪方面"的原因导致个体难以完成"日常生活中的活动"。机能上的限制（不是严重的疾病）是失能的特点。失能不一定等于发病率：在美国的失能人群体中，只有30%的人觉得他们的健康状况一般或糟糕（National Center for Health Statistics，2013）。

日常活动以及完成日常活动所需的能力也会由于社会环境的不同而有所差异。例如，如果人们的工作需要他们行走很长的距离（比如邮递员），而他们无法一次不间断地走完60米，那么他们就是失能的；但是如果他们的工作只需要坐在办公室里（比如邮局内职），他们就没有失能。

失能调整生命年（DALYs）是一种测量失能对一个人的伤害程度的方法。这里有一个假设：失能者和一个完整的生命或多或少有些距离。一个先天失能的、损失了约10%的身体机能的人，如果活到了70岁，就能算出这个人的DALYs值为63（$=70-70\times10\%$），因为失能消耗了这个人7年（70的10%）健康活跃的时光。就像你可能想象到的，很多失能的人不喜欢失能调整生命年这个提法，他们不觉得自己的生命被削减了。

尽管如此，失能调整生命年在比较国家之间的差异和测查趋势的时候是非常有用的。一项对世界上21个地区的失能调整生命年的分析发现，非传染性疾病现在是造成失能的最普遍的原因，比如心脏病就排在第一位（Murray et al.，2012）。随着传染性疾病（比如疟疾）的减少，心理疾病引起的失能正在不断增多，特别是抑郁这样的疾病。这意味着在国际上，公共健康措施（例如，接种疫苗）已经成功地减少了个体得传染病的可能性，但是经济和文化的压力导致心理性失能增加。

活力

活力是最后一个健康的测量指标，指个体感觉自己的身体多健康、精力多充沛，包括生理、心理和社会性上的感觉。活力的法语是"joie de vivre（生活乐趣）"，即对生活的热情、对生命的热爱（Gigante，2007）。一个人即使患有严重疾病或者身体严重失能，也可以感觉极好。

例如，对美国患有慢性病的年长女性进行的

一项研究发现，她们中的很多人都至少在某些时间段内感觉自己是充满力量和活力的（Crawford Shearer et al.，2009）。活力受到个性和社会肯定的影响较大，而受生物因素的影响较小。一项对出生体重不足 1.4 千克的青年人的纵向研究发现，他们更矮、更不擅长体育运动，比对照组的人有更高的患病风险，但是他们的活力水平跟他们的同伴一样高（Baumgardt et al.，2011）。

一种测量活力的方法是计算**质量调整生命年（QALYs）**。如果一个人充满活力，那么他的生活质量就是 100%，即他生命中的一年等于一个质量调整生命年。一个健康、开心、充满能量的人，活到 70 岁，他的 QALY 值就是 70。如果他有一年经历了外科手术和一段艰难的康复过程，估计他的生活质量下降了 50%，那么他最后的 QALY 值为 69.5。

计算 DALY 值和 QALY 值有助于分配公共资金。没有哪个社会有足够多的资金让所有人都过上最完满的生活。如果对于失能和活力缺乏公平的、可计算的测量，最好的医疗资源要么流向最有钱的人，要么流向最能触动公众心弦的人或事。

这会带来道德伦理问题。比如，纳税人的钱应该花在一名正在接受肾透析治疗的年轻的大学生身上，还是一名严重失能的 80 岁的老人身上？如果老人一年需要花费 10 万美元，而肾透析 1 年只需要 1 万美元，那么做肾透析的大学生就会优先被资助。然而，如果年轻人患病的原因是药物滥用，或者老人是一位前总统，结果又会如何呢？

这个例子是假设的，现实生活中的选择就没有那么简单了，而且个人价值观会把社会推向一个不考虑失能调整生命年的方向。年龄是一个因素，很多人认为，拯救一个新生儿比拯救一个老人更有价值——这种考量受益于对质量调整生命年的理解，不过也许会造成年龄歧视。【**生命全程链接：**年龄歧视在第二十三章中进行了讨论。】

个体在如何看待生命、健康和外貌上存在差异。正如你在前面读到的，对于一些人来说，明显的衰老会降低他们的生活质量，他们也许会避免所有的社会接触，做整容手术以期提高生活质量，这又暂时降低了他们的 QALY 值。但是另一些人认为这样做很荒唐，因为外貌并不影响他们的 QALY 值。

这一讨论引出了公共健康和人类发展的问题。如果关注点只在死亡率和发病率上，那么预防就是三级（救助濒临死亡的人）或者二级的（发现早期症状）。如果目标是更少的失能和更多的活力，那么给成千上万人带来 QALY 值降低的因素（比如，污染、药物滥用、全球变暖），哪怕只降低一点点，都值得我们关注。

收入与健康的关系

金钱和教育能够保护健康。与其他国民相比，受过良好教育的、财务安全的成人活得更长，并且更能够躲过疾病和失能。国家医疗体系在健康上减少了社会经济地位带来的一部分差异，但并没能将其完全消除，甚至在具有良好的全民医疗保险体系的国家，最穷的人群的平均寿命也更短。不清楚收入水平或者受教育水平是不是主要原因。

也许教育教会了人们更健康的生活习惯。在美国，相比有大学以上学历的成人，受教育水平最低的成人的肥胖和吸烟的比例是前者的 2 倍。或者高收入的人也可能更容易获得更好的医疗服务，并且住的地方也会远离污染和犯罪。

不管是什么原因，差异是显而易见的。1000 万拥有最高社会经济地位（并且享受最好的医疗服务）的美国居民比生活在贫困街区的社会经济地位最低的 1000 万美国居民多活了大约 30 年（Lewis & Burd-Sharpes，2010）。

不管是在国内还是国际，社会经济地位都被证明对健康有保护作用。与发展中国家相比，富裕国家的人患病、受伤和过早死亡的概率都更低。例如，一个 2010 年在北欧出生的婴儿的预期寿命约为 80 岁，但是一个出生在非洲中部的婴儿的预期寿命大概只有 51 岁（United Nations，2013）。

毫无疑问，低社会经济地位在很多方面都对人类的发展有害，证据来自对死亡率、发病率、失能和活力的统计分析。数据表明，出生在贫困家庭的婴儿更难以摆脱他们的社会经济地位，比如他们接受的教育、健康服务、就业前景等都对他们不利。他们进入成年期以前就已经受到了损伤，他们还有希望吗？

这个问题把我们带回了珍妮的故事，就是本章开头提到的那个学生。我第一次遇见她时，她是美国人中最贫穷的 1000 万人之一。她住在布朗克斯的一个因高杀人犯罪率而被叫作“枪烟领地”的社区。珍妮也是非裔美国人（你已经从镰状细胞贫血症这一点上猜到了吧？），这个族群的人的稳态应激系统的负荷往往更高。

没有婚姻的承诺和男方的经济支援，她仍决定再生一个孩子，这让我很担心她将永远无法脱离贫穷。这并不是一种刻板印象，因为数据显示，那些低收入的、和已婚男性生育私生子的母亲通常会终生贫穷。

但是统计数字并没有反映珍妮的智力、创造力和实践经验。她应用了她所学到的东西。她知道她应该对比利真实坦诚，并且要求他去做镰状细胞测试（结果是阴性的）。她把她的公寓变成了“婴儿安全”公寓，把有害物锁了起来，盖住所有的电源插孔，让她的房东给窗户加上了护栏。

她充分利用了可获得的政府援助。她的学费由联邦佩尔助学金提供，住在公共廉租公寓里，孩子上的是公立学校，她还找到了公园和博物馆可供她的孩子玩耍和学习。

更重要的是，她知道在什么时候和怎样获得社会支持，从她找到我寻求帮助就能看出这一点。我看着她帮助孩子们完成作业，和孩子的老师交朋友，为儿子寻找语言矫正师，并且对每个孩子都倾注了爱、提供了监督和保护。在生下了一个足月顺产的健康女婴后，她找到了一个在家里辅导孩子的工作，这样她就能一边赚钱一边照顾新出生的孩子。

当这个女婴长大一些后，珍妮重返校园，靠全额奖学金完成了文学学士（B. A.）的学习。她的教授注意到了她出色的能力，推选她做了毕业演讲。之后，她在一家市立医院找到了一份前台工作，这个工作岗位背后的工会为她和她的家人提供了医疗保险。这使她能够把家搬到布朗克斯的一个相对安全的街区。珍妮是一个特例，但她并不是独一无二的。她证明，一些低收入的人能够战胜贫穷所带来的潜在压力（Chen & Miller，2012）。

比利时不时会去探望她和那个他曾不想要的女儿，提供情感和经济上的支援。比利的妻子开始有所怀疑，雇了一个私人侦探跟踪他，然后下了最后通牒：停止去看望珍妮，否则就离婚。比利选择了珍妮，然后他们很快结了婚，搬去了佛罗里达。

珍妮在那之后一直生活得不错，虽然她并没有完全摆脱早年生活的代价（她得了糖尿病，必须十分注意饮食）。但是她几乎每天都骑自行车、游泳、收拾花园。她获得了硕士学位，进而在教育行业全职工作。珍妮和比利看上去过得很开心。最近我遇到了珍妮的那个有语言障碍的儿子，他已经获得了哲学博士学位，正担任助理教授。珍妮的女儿们也都已经大学毕业了。

这个例子也许会给人留下逃离贫穷很容易的印象。但是所有的纵向数据都显示，其实没有那么简单，大多数贫穷的孩子无法像珍妮的孩子们那样茁壮成长。不过，对人类发展的研究并不仅仅关注环境对人的影响。每个人都被本章提到的习惯、状态和环境所哺育，但是每个人都有能力对影响自己未来的事情做出选择。在下一章“成年期：认知发展”中，我们将会讨论一些选择。

小　结

健康可以用至少四种方式测量。死亡率是比较国家和群体差异的最简单的方式，因为死亡记录数据简单明了。发病率测量的是需要诊断并最好能进行治疗的慢性疾病。发病率在女性群体中比在男性群体中更普遍。失能可以用完成日常活动的难度来表示。在世界范围内，越来越多的人认识到失能也包括那些让人很难拥有完整生活的心理障碍。最后，活力是活着的乐趣。每个人都在努力让自己充满活力。活力受到文化观念和个人选择的影响，也许和死亡率、发病率没有什么联系。在国内和国际上，社会经济地位对健康有显著影响，但很多个体都能够找到挺过巨大打击的方法。

本章总结

衰老

1. 在成年阶段，衰老使身体系统普遍减速，不过这种源于老化的变化经常是感觉不到的，因为器官储存着维持能力。整个身体在短时间内适应变化就是内稳态，在较长时间内适应变化是稳态应激。
2. 大脑活动速度降低，并开始逐渐衰退，这种衰退通常在初期是不知不觉的。除了那些保障整体健康的措施以外，大脑也会受到精神药物、供血不足、疾病和基因的影响。
3. 一个人的外貌随成年期的岁月流逝经历了渐进的但可觉察的改变，包括更多的皱纹、更少的头发和身体的发胖，特别是腹部脂肪增加。除了体重增加和与之相关的身体状况外，其他外表上的改变对健康的影响非常小。
4. 感觉器官的衰老最明显。视力随年龄的增长而下降，从 20 几岁开始近视和远视均在加重，听力也变得更不敏锐了。

性和生殖系统

5. 性反应力随年龄的增长而降低，性高潮后的恢复速度也一样。不过，这都是生理机能的降低。很多夫妻发现，从整体上来说，性互动体验随年龄的增长而提高。
6. 由于很多原因，生育问题都随年龄的增长而变得越来越普遍。对于男性来说，最普遍的问题是精子数量减少。对于女性来说，排卵失败和输卵管堵塞是最普遍的问题。对于两性来说，不论是年轻还是整体健康，特别是性健康，都与生育有关。
7. 一些辅助生殖技术，包括体外授精，为不孕不育提供了潜在的解决方法。捐赠的精子、卵子和子宫已经帮助了成千上万对不能生育的夫妇成功当上了父母。
8. 在更年期，女性的月经停止，排卵停止，雌激素水平显著减少。这种激素的变化会在一些女性身上产生各种各样的症状，包括阴道干涩和体温紊乱，也会引发情绪不稳定，能量激增和抑郁。而另一些女性似乎不受影响。
9. 男性激素分泌量也会下降，虽然不像女性那样来得突然。对于两性来说，如果使用激素替代疗法，需要谨慎。

健康习惯与年龄

10. 现在，北美成人吸烟的人数远远低于过去，并且成人患肺癌和其他疾病的比例也在减少，这大部分归功于吸烟人数下降。然而酒精滥用仍然是世界上主要的健康问题。
11. 良好的健康习惯包括有规律地运动及合理饮食。在这两个方面，现在世界上的成人远远没有上一代人做得好，在美国尤其如此。由于能够轻易获得大量食物并且过量进食的人越来越多，现在世界上有一股“肥胖潮流”。

健康评估

12. 健康可以用死亡率、发病率、失能和活力等多种指标进行测量。虽然死亡和疾病很容易量化，但是失能和活力也许对人群的健康水平具有更重要的意义。质量调整生命年和失能调整生命年能帮助医生和公共健康促进者们了解如何分配有限的资源。
13. 社会经济地位会对老化和健康状况产生巨大影响。在一般情况下，教育水平更高和更富有的人更可能长寿，比穷人更不容易患上疾病。然而，低社会经济地位水平并不直接导致恶劣的健康状况，因为基因和健康习惯具有保护性。各收入阶层都应该避免药物滥用和肥胖。

关键术语

不育（infertility，p.498）
发病率（morbidity，p.511）
更年期（menopause，p.500）
活力（vitality，p.511）
激素替代疗法（hormone replacement therapy，HRT，p.501）
老年性耳聋（presbycusis，p.497）
男性更年期（andropause，p.501）
失能（disability，p.511）
失能调整生命年（disabilityadjusted life years，DALYs，p.511）
衰老（senescence，p.494）
死亡率（mortality，p.510）
质量调整生命年（quality-adjusted life years，QALYs，p.512）

你学到了什么？

1. 衰老和严重疾病之间的联系是什么？
2. 在 65 岁之前，显著丧失大脑机能的概率有多少？为什么会丧失那些机能？
3. 在 25—65 岁，皮肤会有哪些可见的变化？
4. 在 25—65 岁，头发会有哪些可见的变化？
5. 在 25—65 岁，体形会有哪些可见的变化？
6. 老化是如何影响近视和远视的？
7. 为什么预期听力丧失在下一代人中会增加？
8. 男性和女性的性反应是如何受年龄影响的？
9. 当一对夫妻不能生育时，通常哪个性别负有更大的责任？
10. 激素替代疗法对女性有哪些利弊？对男性有哪些利弊？
11. 北美吸烟的趋势是怎样的？
12. 一个成人应该喝多少酒？为什么？
13. 饮食中的哪些因素会影响肥胖？
14. 哪些非食物因素会影响肥胖？
15. 哪些疾病或健康状况很少发生在每天锻炼的人身上？
16. 用死亡率作为对健康的测量有哪些优点和缺点？
17. 用发病率作为对健康的测量有哪些优点和缺点？
18. 男性和女性在死亡率和发病率上有哪些差异？
19. 为什么一个失能者会拒绝失能调整生命年？
20. 哪些因素可以提高一个人的质量调整生命年？
21. 经济因素和教育因素相比，哪一个在社会经济地位和疾病的关系中更为重要？
22. 为什么不再有富贵病？

应　用

1. 猜测五个你知道的人的年龄，然后询问他们的真实年龄。之后分析你用来猜测他们年龄的线索和他们对你的问题的反应。
2. 找一名愿意来你所在班级的减肥专家、成人健康专家、戒烟或者戒酒领域的专家。写一篇一页纸的建议，分析为什么你觉得这个专家适合，以及他适合讲什么主题。把这份建议交给你的任课老师，附上所选专家的联系方式。老师会打电话给这位专家，对他的演讲意愿表示感谢，并且决定是否真的邀请他来演讲。
3. 参加想要改掉坏习惯或开始好习惯的人们的一次聚会，例如一个匿名戒酒者互助会的公开见面会，或者其他 12 步计划，或者一个介绍减肥或者戒烟的集会，或者潜在健身成员的聚会。报告谁参加了这个集会，你从中学到了什么，有哪些感触。

第二十一章

成年期：认知发展

你将学到什么？

1. 为什么每一代人都认为自己比上一代人更聪明？
2. 为什么上一代都认为自己比下一代知道得更多？
3. 在成年期，思维的哪些方面得到了发展？
4. 每个人都会是某一方面的专家吗？

我的一个女儿是选任新校长的遴选小组成员，她对于新上任的校长感到很满意。这个校长来自学术界之外，为了这项任命，他接受了大幅减薪。他正在从很多方面改善着这所学校。

“他们选择了你想要的那个人，你一定很高兴吧。”我说。

“他不是我想要的那个人，我甚至不想面试他。但小组里多数人投票否决了我，我很庆幸他们这样做了。”

她不认为他的书面履历很突出，因为她自己是一个学者，而他发表的论文不多。但是她听取了其他人的意见，重新思考了自己的标准。现在她对于他的表现感到很满意。

她在选拔过程中的处理方式很好地体现了成人的认知：成人自己有一套符合逻辑的想法，但也会学着听取别人的想法。我们每一个人都有自己擅长的知识领域，但是作为成人，我们会考虑其他人的想法、经验和情感。

在本章中，你将会意识到认知有许多个方面。个体的某些能力会随着年龄的增长而不断发展，但另一些不会。每一个人都会在特定的技能和知识领域成为专家，但同时会淡化其他领域的能力。最理想的是随着认知的发展，我们都能够更好地欣赏自身的和别人的才智。

回想一下，有许多研究策略被用来描述从 18 岁起直至老年的认知。第十八章描述了后形式思维和大学教育对于认知发展的影响。第二十四章将会从信息加工的视角强调那些在信息加工过程中会减速的方面，进而阐述失智现象。本章会通过心理测量来考查各种智力，包括能让人变成某领域专家的智力。

令我骄傲的是，我的女儿如今已经能够意识到，那个新的校长很聪明并且在许多方面都具有天赋，只是她并不熟悉这些方面而已。这就是一种专长。

>> 什么是智力

在20世纪的大部分时间里，无论是科学家还是普罗大众，所有人都持有一个相似的假设，即世界上存在一种叫作“智力”的东西。也就是说，一些人比别人聪明是因为他们拥有更多的智力。智力的影响会伴随人的一生。IQ测验的分数从童年期到成年期会发生改变，有时是显著的改变，但是这对教育、收入和寿命的预测作用往往因人而异（Calvin et al,，2011）。

一本关于智力的书是这样开篇的：

> “荷马（Homer）和莎士比亚（Shakespeare）生活在非常不同的时代，相差2000多年，但是他们都捕捉到了同一个想法：人们的聪明才智不尽相同。我怀疑任何没注意到这一点的人都在某种程度上脱离了人类。”
>
> （Hunt，2011，p.1）

查尔斯·斯皮尔曼（Charles Spearman，1927）是一位理论先驱，他提出有一种独立的存在叫作**一般智力**，他称之为g。斯皮尔曼主张，虽然g不能被直接测量，但可从很多种能力中推测出来，例如词汇、记忆和推理的能力。

最初开发IQ测验是为了识别需要特殊照顾的儿童，但是斯皮尔曼提出了一个思想，即每一个人的整体智力可以通过整合不同项目的测验得分来测量。IQ总分能够显示一个人是优秀的、普通的，还是迟钝的学习者；或者用100年前用过的、现已不再用的标签来标记：天才、低能者或笨蛋。

对g的信念持续影响着关于智力的思考（Nisbett et al.，2012）。许多神经科学家在探寻智力的基因基础，虽然他们并没有成功地找到g存在的证据（Deary et al.，2010；Haier et al.，2009）。大脑功能的许多方面，尤其是前额叶皮层，很有希望为g的存在提供证据（Barbey et al.，2013；Roca et al.，2010）。许多其他领域的科学家也在寻找支持IQ的普遍因素——可能是胎儿期的大脑发育、婴儿期的经历，也可能是身体的健康状况。

年龄与智力的研究

尽管20世纪的心理测量学家相信智力可以通过IQ测验来测量和量化，但是他们对于数据的解释存在争议，尤其是在20岁之后g是会增加还是会减少的这个问题上（Hertzog，2011）。分歧的原因之一是方法论不统一。第一章曾提到，研究人类发展有三种方法：横断法、纵向法和聚合交叉法。

横断研究中的下降

20世纪上半叶，心理学家相信智力在童年期会增长，在青春期达到顶峰，然后逐渐下降。年轻人被认为比年长者更聪明。这种观念是基于当时所能获得的最好证据而产生的。

例如，美国陆军在第一次世界大战时期测量了所有应征入伍者的天资。在比较不同年龄的得分时，智力明显在大约18岁时达到了巅峰，并保持这种水平一直到25岁左右，然后下降（Yerkes，1923）。

在很多国家进行的上百个关于IQ的横断研究确认了年轻人的IQ测验得分高于年长者这一现象，人们因此认为这证实了与年龄相关的IQ测验得分的下降。两个传统的IQ测验——斯坦福－比奈量表和韦氏儿童智力量表/韦氏成人智力量表——至今仍在用其常模测量出IQ得分在青春晚期达到峰值。【**生命全程链接**：第十一章曾探讨过IQ测验。】

纵向研究中的提升

进入20世纪中叶后不久，南希·贝利（Nancy Bayley）和梅利塔·奥登（Melita Oden）（1955）分析了一些成人的智力，这些成人都是几十年前由路易斯·推孟（Lewis Terman）选出的天才儿童。贝利是智力测验方面的专家，她知道“稳定一致的研究结果显示，大部分智力功能在21岁之后会下降”（Bayley，1966，p.117）。然而她发现这些天才的IQ分数在20—50岁仍有所增长。

贝利想知道，这些人童年期的高智商是否或多或少地使他们免于预期的年龄带来的自然智力衰减的命运。为了找到答案，她在加利福尼亚州伯克利的成人中再次测试了那些曾在婴儿期被选出来接受测试的成人，当时这些人是作为当地人口的典型被选出来的（其中大部分人的IQ在普通水平，有一些人的IQ高一些或低一些）。结果显示，他们的智力分数在 21 岁以后继续提高了。

为什么这些新的数据与之前的结论相左？正如你从第一章了解到的，横断研究具有误导性，因为每一个群体的人都有独特的生活经历。成年教育的质量和程度、文化方面的机会（旅行、电影）以及信息来源（报纸、无线电广播以及后来的电视和互联网）每 10 年都会出现明显的变化。这就是为什么纵向研究里的成人显示出了智力的增长。

早期的横断研究没有考虑到当时大部分的年长成人都在八年级之前就离开了学校这一事实。把他们 70 岁时的 IQ 分数和那些 20 岁的人相比较是不公平的，因为这些 20 岁的人几乎都上过高中。今天回过头来看，那些年老的军队志愿者的 IQ 得分较低，并不是因为他们的心智下降了，而是因为他们接受的教育处于劣势。横断比较研究显示，年轻一代的 IQ 得分高于年老一代，但纵向研究的数据可能发现，大部分人的 IQ 分数在 20—60 岁会增长。

许多国家的纵向研究的结果强有力地证明了年轻成人的得分更高是因为教育和健康，而不是因为年轻。最近的一代人总是比上一代人得分更高。正如你在第十一章中了解到的，这正是**弗林效应**。

通过横断法来比较成人的 IQ 分数以便考察与年龄相关的改变，是不公平的，在科学上是无效的。年长的成人分数偏低，但是这并不意味着他们的智力在下降。纵向研究发现，这些人的智力多在提高，而不是下降。

在对跨越几十年的发展进行测量时，纵向研究比横断研究更加准确。然而，关于 IQ 的纵向研究也存在三个缺点：

1. 重复测量会产生练习，会使分数虚高。
2. 一些被试迁居后没有留下联系方式，或者拒绝再次接受测试，或者去世。而他们常常是 IQ 分数下降的人，所以这些数据的缺失扭曲了纵向研究的结果。
3. 不寻常事件（例如，一场大型战争或者公共卫生方面的突破）会影响每一代人。全球性变化，例如互联网的广泛使用或者被动吸烟的减少，都会使根据过去的历史预测将来变得很难。

今天出生的婴儿在成年以后会比 1990 年出生的婴儿更聪明吗？有可能，但并不一定：同辈效应也可能使新一代人的 IQ 得分比他们的前辈更低，而不是更高。关于弗林效应的新数据发现，在发达国家，代际性的增长速度在放缓，而在发展中国家则没有减慢（Meisenberg & Woodley，2013）。因此，下一代人和 50 年前的一代人相比，健康和教育的效益可能不再那么巨大。

聚合交叉研究

要想在研究老化效应时排除历史变化带来的复杂影响，最好的方法就是将横断研究和纵向研究结合起来，这两者的结合叫作**聚合交叉研究**。

西雅图纵向研究

1956 年，在华盛顿大学，K. 瓦尔纳·沙依（K. Warner Schaie）用横断研究测试了 500 位 20—50 岁的成人，测量了五项被认为是智力基础的基本心理能力：（1）言语理解（词汇量）；（2）空间定位；（3）归纳推理；（4）数学能力；（5）语言流畅度（快速的言语联想）。结果表明，这五种能力均随着年龄增长而下降，这与前人的研究发现一致。他计划重复贝利的研究，也就是在 7 年后重新测量这些被试。

后来，沙依想出了一个绝妙的主意——同时使用纵向研究和横断研究。他不仅重新测量了原来的被试，还测量了一个新的群体，这个群体跟之前的被试年龄相同。因此，他不仅可以把原来被试的得分和他们自己以前的得分相比较，还可以把他们的得分和与当年的他们同龄的、初次参加测量的人相比较。

与仅使用纵向研究或仅使用横断研究相比，通过重复测量和每 7 年增加一个新的被试群体，沙依对于发展有了更加准确的了解。这项研究被称作**西雅图纵向研究**，它是第一个关于人类智力研究的聚合交叉研究。

通过聚合交叉研究，研究者可以分析重复测量、同辈群体和经验的影响。沙依证实并扩展了其他人的研究发现：人们的大多数心理能力在成年期都有所提升（Schaie，2013，2005）。如图 21.1（彩）所示，每一种能力在每一个年龄对每一个性别都有显著不同的曲线模式。但请注意，所有能力都会逐渐增长并最终下降。男性最初比女性更擅长数学，而女性更擅长言语，但是随着时间的推移，这两种能力的性别差异逐渐变小。沙依发现，人到60岁时，会至少有一种基本能力下降，但是直到88岁时，五种能力全部下降的情况才发生在每一个人身上。

许多国家的其他研究也发现了类似的规律，虽然具体研究的能力和发展轨迹各不相同（Hunt，2011）。成年期是典型的智力增长期，至少也是维持期，IQ有着巨大的个体差异：一些人、一些能力会在40岁时出现下降，而另一些能力直到数十年以后才会有所下降（Johnson et al.，2014；Kremen et al.，2014）。

给哥哥姐姐们的问题 如果你的弟弟妹妹嘲笑你对最新的电视节目一无所知，或者是在最新的电子游戏中打败了你，这是不是意味着你的智力在下降？（答复见第521页）

相比弗林效应，沙依对于智力的同辈群体差异的研究更为详细。每一代连续的同辈群体（在1889—1973年，每7年间出生的一代人）成年期在言语记忆和空间定位上的得分都比上一代人高，而数理能力（数学）在1924年出生的人中达到巅峰，然后在未来的同辈群体中缓慢地下降，直到大约1970年才不再下降（Schaie，2013）。学校的课程设置或许可以解释这些差异：20世纪中叶与20世纪初或21世纪相比，阅读、写作以及自我表达受到了更多的重视。

另外一个同辈效应是与年龄相关的智力下降现象。尽管下降仍然明显，但是如今这种现象出现的时间比从前延后了大概10年（Schaie，2013）。对此有一种解释是，后出生的群体平均得到了更多的教育，并且健康状况更好。

与每一代的高智力相关的一个因素是给心智带来挑战的工作和生活。沙依发现，最近的几代成人更多从事着具有智力挑战性的工作，因此他们有更高的智力。这对女性的IQ提升效果显著，因为女性过去常常待在家中或者从事程式化的重复性工作。现在，越来越多的女性从事着有智力挑战性的工作，因此她们的IQ得分也比50年前的同龄女性高。

其他研究也发现，有挑战性的工作能够培养高智力。一个研究组发现，从难度大的工作上退休的人的智力常常会下降，但是离开迟钝乏味工作的人的智力会增长（Finkel et al.，2009），这取决于退休以后的活动：无论有偿与否，需要用到智力的活动可以维持大脑功能（Schooler，2009；Schaie，2013）。

许多研究使用深奥复杂的设计和统计数据来代替早期的横断研究和纵向研究，但它们都不完美，因为“没有哪种设计可以使一个研究同时解决年龄—同辈群体—时代的认定问题”（Herzog，2010，p.5）。在对哪种认知能力是后天的并且可测量的认识上，根据文化、历史和个体的不同而有相当大的差异。在大概20—70岁，国家价值观、特定的基因和教育对IQ得分的影响全都比实际年龄的影响大（Johnson et al.，2014）。

预测一个成人的智力是很困难的，即使知道他的基因和年龄。例如，瑞典的对41—84岁双胞胎的研究显示，拥有同等受教育水平的同卵双胞胎的言语能力有差异。理论上，他们的IQ得分应该是完全相同的，但是事实并非如此。然而，正如预期的那样，年龄起到了作用：人们的记忆和空间能力会随着时间而下降（Finkel et al.，2009）。

纵观所有研究，通过IQ测验得到的成人智力会随年龄的增长而上升、下降、波动或者保持不变。具体的曲线模式受到每个人经历的影响，即“每一个可能的个人特点的排列组合的影响”（Schaie，2013，p.497）。这展示了一个毕生发展视角：智力是多向性的、多元文化的、多层背景关系的，并且是可塑的。尽管一些子测验的分数下降了，尤其是计时测验的得分，但是整体能力通常直到成年晚期都会保持不变。

小　结

智力这一概念具有争议性。一些专家相信存在一般智力，每个人的一般智力或高或低，并且每一种能力都会独立地进步或者衰退。心理测量学家曾经相信，智力在大约20岁时会开始下降，这是横断研究数据所显示的图景。后来，纵向研究表明，许多成人的智力会随着年龄而增长。聚合交叉研究则更细致地描绘了智力，发现在成年期，一些能力会衰退，另一些能力会进步。许多因素——包括有挑战性的工作、充满刺激的生活、所受的教育和健康状况——保护着智力，延缓衰退。智力的个体差异巨大，有一些人的智力直到60岁还没有开始衰退。

>> 答复哥哥姐姐们（问题见第 520 页） 没有。事实是虽然每一代年轻人都在某些方面比上一代人聪明，但聚合交叉研究表明，你比之前的你更加聪明。了解这一点可能会帮助你更明智地回答他们——平静地笑一笑，而不是坚持你才是更优秀的。

>> 智力的成分：多样性与可变性

由于这些数据，发展学家正在密切关注认知的增长和损失模式。他们争论说，因为事实上每一种模式都是可能的，所以质问智力是会随年龄提升还是下降的做法有误导性，人们的智力并不是以统一的方式变化的。也许“认知活动的广阔领域……并不遵循一个普遍的、与年龄相关的衰退轨迹”（Dannefer & Patterson，2009，p.116）。

许多心理学家描述了一些突出的智力成分，它们彼此独立地进步或衰退。数学能力到了 40 岁才开始出现明显的减退，但是言语能力直到 60 多岁仍保持增长（Schaie，2013）。大多数当代研究者都同意智力有多种形式（Roberts & Lipnevich，2012）。

在这里，我们仅考虑两种观点，一个观点假设存在两种不同的能力，另一个假设存在三种能力。【**生命全程链接：**加德纳的多元智力理论描述了九种能力，这一观点给儿童教育带来了启示，正如第十一章解释的那样。】

两种智力

20 世纪 60 年代，人格研究的领军者雷蒙德·卡特尔（Raymond Cattell）与一位颇具前途的研究生约翰·霍恩（John Horn）共同对智力测验进行了研究。他们的结论是，要研究成人智力，最好将各种测验归为两大类——流体智力测验和晶体智力测验。

流体智力

正如它的名称，**流体智力**就像水一样，不论在哪里都会流出它本身的水平线。流体智力是快速的和灵活的，使人们能够学习任何东西，甚至是不熟悉的、与现有知识没有任何联系的东西。好奇心、享受学习乐趣、解抽象的谜题、发现新事物的激动之情……这些都是流体智力的标志（Silvia & Sanders，2010）。

具有高流体智力的人能够进行推理，理解概念之间的关系，更易于加工新的想法和事实，这在一定程度上是由于他们的工作记忆容量大并且灵活。具有高流体智力的人能够快速而富有创造力地加工词语和数字，并且喜欢智力谜题。测量西方成人的流体智力的试题可能是这样的：

这两串字符的后面应该接什么？①

4 9 1 6 2 5 3

V X Z B D

谜题常常用来测量流体智力。若能快速作答，会得到额外加分（许多 IQ 测验都是这样的）。即时回忆无意义字母、数字或句子的能力是一个指标，因为对于流体智力来说，工作记忆至关重要，尤其是在计时测验上（Chuderski，2013；Nisbett et al.，2012）。

流体智力貌似与过往的学习无关，因而似乎不实用，但事实并非如此。一项关于 34—83 岁成人的研究发现，压力源不因年龄的不同而异，却因流体智力的不同而异。流体智力高的人更容易暴露在压力之中，却更少为其所苦，因为他们会利用智力变压力为动力（Stawski et al.，2010）。

化解压力的能力可能是成年初期流体智力高的人更长寿，并在以后的生活中具有更高 IQ 的原因之一。流体智力与对新经验的开放性和大脑的整体健康都有关系（Batterham et al.，2009；Silvia & Sanders，2010）。（应对压力的方式将在本章的后面讨论，你会了解到，在面对生活中的问题时，适应性认知能力为你提供了最好的防护。）

晶体智力

教育和经历所带来的事实、信息和知识的积累被称为**晶体智力**。一个人的词汇量、有关化学方程式的知识和对历史日期的长时记忆都标志着晶体智力。为测量这种智力而设计的题目可能是这样的：

“耄耋”是什么意思？

谁是笛卡尔？

解释切线和三角形的区别。

① 正确答案是 6 和 F，线索是乘法（平方）和字母表。一些字符串更难完成。

尽管这些问题看上去所测量的成就多于天资，但这两者是有联系的，尤其是在成年期。聪明的成人阅读广泛，思考深入，并且能够记住学过的知识，因此他们的成就反映了他们的天资。如此，晶体智力是从流体智力发展而来的。

例如，词汇量会由于勤于阅读而增加。请区别下面这些词所表现的意境，并恰当地使用每一个词：joy（快乐）、ecstasy（狂喜）、bliss（极乐）和delight（愉悦）——不是指用这些词作商标牌子的药品、香水或酸奶。这种能力是智力的表现。请回想第十二章介绍的知识库的概念，人们知道得越多，就会学习得越多。这解释了为什么一个人的受教育程度被认为是他成年后智商的粗略指标（Nisbett et al.，2012）。

二者综合

为了反映一个人智力天赋的全貌，必须既测量流体智力，又测量晶体智力（Hunt，2011）。年龄使得IQ的计算变得复杂，因为测量流体智力的题目得分会随着年龄的增长而下降，而测量晶体智力的题目得分会随着年龄的增长而上升。

子测验的得分随时间有上升或下降的趋势。一般来说，速度和言语能力变化的趋势相反。这对组合使IQ在30—70岁比较平稳。大脑反应减速大约从20岁就开始了，但并不明显，直到流体智力的大幅下降影响到了晶体智力，变化才会明显。到那时，整体IQ分数都会开始下降。

霍恩和卡特尔（Horn & Cattell，1967）描述了他们的研究：

> “智力随着年龄的增长究竟是上升还是下降，取决于所采用的智力定义是流体智力还是晶体智力。我们的研究结果揭示了一个隐含在智力的综合测量结构中的本质性谬误。”
>
> （Horn & Cattell，1967，p.124）

换句话说，尝试去测量单一的综合智力g可能是愚蠢的，应该单独测量智力的各个成分。仅仅测量g会掩蔽智力的真实变化，因为流体智力和晶体智力产生的影响会被相互抵消。

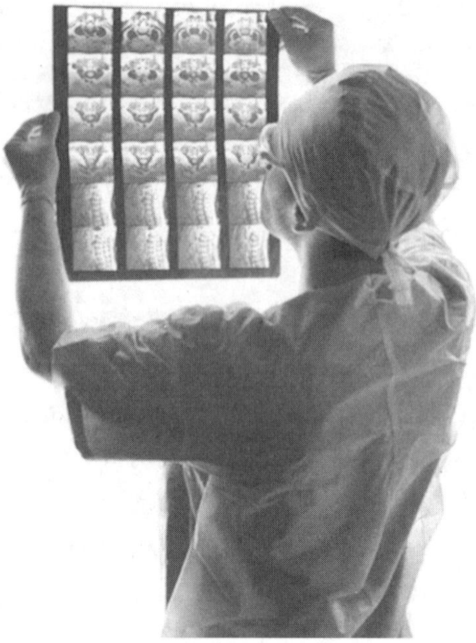

三思而后行 成人需要将流体智力和晶体智力、洞见和直觉、逻辑和经验结合起来。比如，外科医生在动手术之前在研究X射线照片。

智力三元论：斯滕伯格

罗伯特·斯滕伯格（Sternberg，1988，2003，2011）也认为单一的智力分数具有误导性。正如第十一章首次提到的，斯滕伯格提出了智力的三种基本形式：分析性、创造性和实践性，每一种都可测量（见表21.1）。

分析性智力包含所有能使充分学习、记忆和思考变为可能并以此培养学业能力的心理过程。因此，分析性智力包含抽象的计划、策略的选择、集中注意力、信息加工以及言语的和逻辑的技能。

在成年初期，尤其是在大学和研究生期间，长于这些方面是十分有价值的。选择题测验和写短文需要召回记忆过的信息，只有一个选择是正确答案，这显示了分析性智力。

创造性智力包含了思维灵活性和创新的能力。创造性思维是发散性的而不是收敛性的，相比标准的、传统的答案，它更加重视出乎意料、富于想象的、不寻常的答案。斯滕伯格开发的创造性智力测验包括写一篇名为“章鱼的运动鞋”的短故事，或者为一个新的门把手策划一个广告。不寻常的想法越多，创造性智力得分越高。

实践智力包括人们调整行为以适应特定环境的能力。这种能力包括准确掌握相关人的期待和需要，意识到其所需要的具体技能，以及有效利用这些洞

表 21.1 斯滕伯格的智力三元论

相关问题	分析性智力	创造性智力	实践智力
涉及的心理过程	■ 抽象的计划 ■ 制订策略 ■ 集中注意力 ■ 信息加工 ■ 言语能力 ■ 逻辑性	■ 想象力 ■ 对不寻常或意外事物的欣赏 ■ 原创力 ■ 洞察力	■ 为适应而调整行为的能力 ■ 理解和评估实际问题 ■ 应用知识和技能的能力
对什么有价值？	■ 分析 ■ 学习和理解 ■ 记忆 ■ 思考	■ 智力的灵活性 ■ 原创力 ■ 未来的希望 ■ 艺术家、音乐家	■ 适应力 ■ 具体的知识 ■ 真实世界的挑战
表现在哪里？	■ 选择题测验 ■ 短文 ■ 信息回忆	■ 发明的才能 ■ 创新力 ■ 足智多谋 ■ 独创性	■ 实际情境中的表现 ■ “街头智慧” ■ 生存技能

来源：Based on Sternberg，1988，2003，2011.

察力的能力。实践智力有时被叫作内隐智力，因为它在测试中不易被觉察。相反，它来源于“艰苦的磨炼”，有时被称作“街头智慧”而不是“书本智慧”。

成年期的三种智力

回想一下成年期的认知任务，实践智力的益处就显而易见了。极少有成人需要定义模糊不清的词语或者推导一个数字序列中的下一个数字（分析性智力）；也极少有成人需要创作一种新式乐曲、重组地方政府或者发明小电器（创造性智力）。最理想的是，这两类智力见长的极少数人给自己找到位置（生态位），并且学会依靠具有实践智力的人来实施自己的分析性或创造性想法。

然而，几乎每一个成人都必须直面现实世界中的挑战：维持生计，发展职业生涯，管理家庭财务，筛选来源于媒体、邮件和网络的信息，照顾家庭成员、邻居和同事们的情感需要（Blanchard-Field，2007）。沙依发现，在 20—70 岁的成人中，实践智力测验的得分比其他测验的得分更稳定，没有明显的衰减，这在某种程度上是因为生活中的方方面面都需要这些能力（Schaie，2005）。

实践智力非常有用。没有它，用分析性智力找到的解决方案会失败，因为人们常常抵触学术才华，并认为它是不切实际的，正如“象牙塔”一词所蕴含的意思那样。同样，如果没有实践智力的陪伴，再好的创造性想法也会遭到拒绝，会被认为是可笑而奇怪的，而不是严肃和明智的。

例如，一位没有实践知识的商务经理、校长、政治家或者家长想要改变常规的做事程序。他可能有一个很好的理由，比如旧的程序低效或者有害。但如果新的程序和群体不匹配并且遭到误解，那么工人、老师、选民或者家庭成员会曲解这些新程序，预判它会失败，因而拒绝改变。

实践智力需要灵活性（K.Sloan，2009）。正如在第十八章中提到的，它是在成年初期发展起来的。在理想情况下，实践智力在整个成年期不断得到精练，因为每一个新经历都是一次练习的机会。失败意味着要么被击垮，要么找到了学习机会。

没有抽象的测验可以测量实践智力，因为环境至关重要。为了测量这种智力，需要观察成人如何应对日常生活。在招聘新雇员时，面试委员会需要描述一个实际情境，询问申请者会如何处理这个具体的情境。许多公司会使用这种情境测试招聘管理人员（Salter & Highhouse，2009）。例如，申请者可能需要回答如下问题：

你给你的一个下属分配了一个新项目，但是他表示抗议，认为这个项目需要更多的资源和时间才能完成。请给下列选择由最佳到最差排序，并解释你的理由：

相同情景，远隔万里：工作中的人们　非洲海滨的毛巾小贩（上）和中国的建筑监工（下）有很多共同的地方：他们都在户外工作，运用着实践智力，并且有一份相对不错的工作。环境很重要，如果他们交换位置，刚开始时他们可能都会不知所措，然而实践智力会挽救局面，集中培训会使他们更能胜任新角色。

a. 找其他人来做这项工作。
b. 让这个下属想出如何在眼前条件有限的情况下完成这个项目。
c. 重新安排工作以给这个下属更多的时间。
d. 解雇他。
e. 请示上司该怎么做。
f. 推迟这项工作，直到找到更多的资源。

情境测试可以应用于许多领域。医疗行业经常使用它，甚至已经为那些要参加测试的未来的医生们出版了不少复习用书（例如，Varain & Cartwright，2013）。实践智力对医疗工作岗位至关重要，所以这类职业普遍设置了试用期、实习期和学徒期。

斯滕伯格（Sternberg，2011）强调分析性智力既不是唯一的智力，也不是最好的智力。每个人都应该利用好每一种智力的力量并且提防它们的局限性。选择应用哪种智力本身是需要智慧的。斯滕伯格认为，这是成功智力的第四个组成成分。

“一个人需要创造性智力来形成新的想法，需要分析性智力来确定这些新想法是不是好想法，需要实践智力来执行这些想法并且使别人相信它们的价值，需要真正的智慧来确保这些想法能达成共同的目标。”

（Sternberg，2012，p.21）

【**生命全程链接**：第二十四章将讨论智慧。】

年龄与文化

哪一种智力最被需要、最有价值，这在一定程度上取决于年龄，还在一定程度上取决于文化。考虑到斯滕伯格的三种智力，分析性智力通常在高中和大学时最为重要，因为学生们需要努力记住和分析各种各样的想法。然而，尽管人们往往认为“聪明”等于分析性智力，但是这在成年期通常是不够的。正如斯滕伯格所认为的那样，“许多非常聪明的人对身边的战争、贫穷、政府暴行、饥饿和疾病都视而不见”（Sternberg，2013，p.188）。

当生活环境改变、新的挑战出现时，创造性智力会被看作最有价值，一些文化和国家比另一些文化和国家更加看重它的价值（Kaufman & Sternberg，2006）。在社会动荡的时代，或者在某些职业中（例如艺术家），创造性比IQ更能预测一个人的成就。然而，创造力可能因太过创新而不接地气，以致那些具有创造性的人往往会被其他人嘲笑、忽视，甚至杀害。许多具有创造力的天才的贡献直到死后多年才得到世人的认可。

从跨文化视角考虑这三种智力。具有创造性的个体会批判传统，只能在某些政治环境中被接受；分析性智力高的个体会被看成心不在焉的、胡思乱想的梦想家；实践智力尽管在学校环境中没那么重要，在生活中却可能最有用，但实践智力既可以用来做好事，也可以用来做坏事；智慧则是最核心的要点。

很难判断哪个人真正聪明，要判断哪一个民族最聪明则更加困难。部分原因是每一种文化都有其智力组成成分的标准（Sternberg，2013）。厄尔·亨特（Earl Hunt）是研究智力的心理学家，他提出了一个有争议的想法。他认为，经济最发达、最富有的国家是能够最好地利用**认知产品**的国家，而利用认知产品是放大和扩展综合认知能力的方式（Hunt，2012）。

从历史的观点来看，书面语言、数字系统、大学和科学方法都是认知产品。每一种认知产品都能够帮助人们通过互动来学习更多东西，以此扩展人们的智力。纯粹的活命（在早先的世纪里，新生儿的死亡率高于存活率）和活更长时间（很少人能活过 50 岁）都要归功于认知产品。例如，疾病的细菌学理论之所以得到了发展，是因为医生们能够进行研究并相互学习（Hunt，2011）。

如今，教育普及、医疗预防、洁净水源、电力、环球旅行和互联网造就了发达的社会。这种观点认为，聪明的人能够更好地利用他们国家的认知产品，以发展自身的智力，然后他们会去开发更多的认知产品，从而使整个社会都能受益。

例如，发达国家为所有儿童提供了上托儿所和幼儿园的机会，这提升了新生代的 IQ，并最终使国家进步。相反，一些国家重视生育多于国民健康，不惜让儿童暴露在铅和其他有毒物质之中，并会阻止信息的传播。这些做法都妨碍了人们智力的充分发展（Hunt，2011）。在思考成人智力的发展时，一个人所处的环境背景是限制了他的心智发展，还是开发了他的心智？

给准父母们的问题 在智力挑战上，高效率的父母最需要哪一种类型的智力？（答复见第 527 页）。

对立的观点

是什么造就了好父母？

“橡皮奶嘴对孩子不好吗？”

“一个 4 岁多的孩子该吃多少？”

“你会在什么时候告诉孩子有关性的事情？”

我的学生经常问我类似的问题，而我会根据自己对人类发展的认识以及抚育孩子的经验来回答他们。但是，我不清楚我的回答在多大程度上反映了我所处的文化，而不是科学研究的结论。几乎可以对成人知道的所有事情都提出类似的疑问，即或许我们的观点并不适用于某些文化背景。智力的一个定义是适应所处环境的能力。我的智力有可能比我学生设想的更具有局限性。

研究者已经开发了关于婴儿护理的测验，其主要基础是育儿方面的分析性智力，而不是实践智力（e.g.，McCall et al.，2010）。最常用的量表之一是婴儿发展知识问卷（Knowledge of Infant Development Inventory，简称 KIDI；Macphee，1981）。KIDI 测量了照料者有多么了解婴儿的感觉、动作技能和交流能力。例如，一般婴儿在多大的时候能坐起来，或者父母是否应该跟前言语阶段的宝宝说话。

这类知识似乎是有用的。例如，在 KIDI 上得分高的父母表现出了更少的抑郁并且更可能给婴儿提供互动式的照料（Howard，2010；Zolotor et al.，2008）。许多研究者相信有关婴儿发展方面的知识会带来更好的照料（两者不仅仅是相关的）。

我们应该担心母亲们不了解她们婴儿的成长吗？也许吧。例如，一项研究发现，只有 29% 的移民母亲知道 2 个月大的婴儿可以分辨两种不同的语音，这是 KIDI 中的一个题目。该研究表明，这些母亲更少促进她们婴儿的言语和社会技能的发展，从而妨碍了儿童的后续发展（Bornstein & Cote，2007）。

与之相反的观点认为，在家庭照料中，了解关于儿童发展的知识并不重要。一项研究支持了这个观点，该研究发现，移民的孩子后来的认知发展并不能用 KIDI 得分或对其他养育行为的测量来最好地预测，而父母的社会经济地位和语言使用情况却能提供最好的预测。在这个纵向研究中，母亲们的 KIDI 分数并不能预测亚裔美国人和拉美裔美国人的孩子后来的学业成就，它只能预测欧裔美国儿童的学业成就（Han et al.，2012）。这显示出了文化对于结果的重要性。

在另一项研究中，研究者派出了支持性、鼓励性的人去访问那些低收入的未婚母亲，这些母亲中的许多人都不曾计划生孩子或没有想要生她们的孩子（Katz et al.，2011）。相比那些没有被访问的对照组的母亲们，以及在干预组中被访问得较少的母亲们，那些被访问了 30 次以上的母亲变成了更好的婴儿照料者。然而，不论是在被访问之前还是之后，这些母亲的 KIDI 分数都很低，研究者写道：

"这项干预的一个显著效果在于它影响了母亲们为婴儿的需要而创造更合适的家庭环境的能力……尽管在母亲们的婴儿发展知识上缺乏可测量到的变化。"

（Kate et al.，2012，p.S81）

换句话说，是实践智力的进步，而不是分析性智力的进步，导致了这种差异。

知识可能并不会改善父母的育儿行为，温暖、耐心、响应能力（不期待婴儿回应）、心理健康或者社会支持网络可能比知识更关键。IQ 和积极的人格特质相关，但 IQ 并不决定这些积极的特质（Dunkel，2013）。

知识测试并不总是能预测良好的养育，其基础原因有一部分是人们对于婴儿发展的信念具有文化差异。这种信念可能对一些文化中的婴儿有益，对另外一些文化中的婴儿则没有。例如，一位来自美国的人类学家正在研究巴拉圭的阿奇（Ache）部落，这个部落的人们对她重复的来访非常恭敬和顺从，直到有一天她和她的丈夫

"带着她还是小婴儿的女儿一起来到他们在巴拉圭森林里的研究点。阿奇部落的人以另一种方式迎接了她。他们将她拉到一旁，用友好亲密但严肃的语气告诉她，她所做的所有事情对于一个母亲来说都是错误的……（她举了一个例子）一个老妇人在我旁边坐下告诉我，我必须跟我的女儿睡在一起。她们被我将女儿放在篮子里睡觉的做法吓到了。这是一群在树林里采集狩猎的人，他们生活在西方人所谓的最基本的条件中，却在指导一个来自科技发达文化的受过高等教育的女性。"

（Small，1998，p.213）

准确的儿童成长的知识对于育儿质量有多重要？对此问题我绝不能中立，我人生的太多时间都贡献在教授有关发展的知识上。我相信知识就是力量，我也很感恩于我所知道的一切。

然而对于好的育儿活动来说，最重要的也许并不是这些知识。与此相似，智力的标志可能是分析性智力之外的东西。这个专栏提出了这些问题。我认为教育是一个文化产品，每一个人都会从中受益。如果有人说服我相信响应能力比知识更加重要，我会去教授如何提升响应能力的。这不是一个矛盾吗？

小　结

智力可能不是一种独立的存在物（g），而是不同能力的集合。这个集合有时候被分为流体智力和晶体智力，有时候被分为分析性智力、创造性智力和实践智力。这些能力的提升或衰退一部分是由于个人在生活中经历的事情，一部分是因为文化和群体，还有一部分是因为年龄。正如用各种测验所测量的那样，成人智力的全貌是复杂的。总体而言，随着成年期数十载岁月的流逝，言语智力是提升的，而计时测验所测量的智力显示出了衰退。

所有研究智力的心理测量方法都是以一个争议为基础的，那就是智力的定义。学者们争论着要测量什么，怎样测量以及为什么要这样测量。有一点很清楚：取得成功所需要的特定的智力取决于——至少部分取决于——环境和文化。■

>> 答复准父母（问题见第 525 页） 因为为人父母需要灵活性和耐性，所以斯滕伯格的实践智力可能是最必要的。任何涉及选出一个正确答案的东西，比如分析性智力或数字能力，对为人父母者的帮助可能都不大。

>> 选择性获益与损失

衰老中的神经细胞、文化压力、历史环境和过往的教育都会影响成人的认知，这些因素都不受成人个体的直接控制。然而，许多研究者相信，成人可以对自己的智力发展做出至关重要的选择。

例如，为什么与以前的人相比，现在的人算术能力下降了？原因不是由于过去的数学课讲得更好（有些人是这样认为的），而是因为现代人更依赖计算器而不是靠纸笔计算（或心算）。如果成人决定把计算器扔掉，那么计算能力也许会提高。当然，大多数成人会认为这样做很奇怪，因为在计算上花费大量时间可能会有助于提高数学能力，但几乎没人会用心算来做两位数除法。

与此相似，如果我们在联系朋友时不用通讯录或快捷键，也将锻炼我们的记忆力。现代生活中的文化产品究竟使我们懒于动脑了，还是使人们可以仅专注于新的挑战？

累积的应激源

成人关于健康的决定都是以即时的舒适而非长期健康为优先的。这会损害认知，因为血液循环的减慢会导致大脑反应变慢，它会影响思维速度并导致大脑萎缩。药物滥用、高血压、糖尿病、肥胖症、酗酒、缺乏运动和吸烟是许多成人的选择，都会损害思维能力。

现在，我们将视线转向另一个对认知能力起消极作用的因素：压力。每个人的生活都是有压力的，一些压力会转变为应激源。**应激源**是对人产生影响的经历、特定的情况或状态。压力是外部的，如果将压力内化，它就会变成应激源。

在 25—65 岁，家人去世、灾害摧毁了家园、失业，甚至诸如新婚、孩子诞生或者就业这样的喜事，都会让人产生压力。此外，日常生活充满被称为琐事的小压力，如塞车、食物泼洒、夜间噪声、粗鲁的陌生人、疼痛以及待洗的锅碗等，不胜枚举。日常琐事和重大压力都可以转变为应激源，损害人们的健康。

如果器官储备耗尽，压力的生理代价是降低免疫力、血压升高、心跳加快、睡眠减少，并且随着稳态应激负荷的增加，会产生许多其他可导致认知损伤的反应。与器官储备相似，也存在着一种认知储备：虽然不断使用大脑能益智，但当人们必须突然完成有难度的认知任务时，会更难以清晰地进行思考。他们可能会做出冲动的决定，而这些决定很可能是毁灭性的。

人类一直都经历着压力，一些压力会转变为应激源，人们也开发了一些方法来应对它们，有时会采用生物学的内稳态系统和稳态应激系统，有时更直接地以认知策略来应对。你在下面将看到，应对方法的选择可能会导致智力的提升或损害。

给医生和护士们的问题 一个病人主诉头痛或胃痛，但实验室化验和计算机辅助检测扫描均没有显示生理原因。这可能是什么原因？（答复见第 529 页）

应对方式

压力会加剧第二十章中描述过的所有坏习惯——药物滥用、暴饮暴食、缺乏运动。有时，这些习惯在表面上可以缓解压力，但最终都会让情况变得更糟糕。压力不仅仅与疾病相关，它还会引发疾病。在一个实验中，被试首先要表明他们感受到了多大的压力，然后同意在鼻孔附近喷一些感冒病毒。1 周后，其中一些人有鼻塞、打喷嚏和低烧的现象，而另一些人没有出现健康问题，压力在其中是一个关键因素（S.Cohen et al.，1993）。

与此相似，压力激素不仅不利于当下的思维能力，还会削弱未来的心智能力。压力的影响超过逻辑的影响，慢性压力会使人罹患抑郁和其他可削弱认知能力的心理疾病，而且这会对大脑造成损害（Marin et al.，2011；McEwen & Gianaros，2011）。

对压力的反应可能会引起更多的压力，这就是压力源的积累。比如，一项对 30 多岁的夫妻进行的纵向研究发现，如果丈夫的健康状况恶化，离婚的可能性就会增加。如此，对疾病带来的压力的反应之一是去做一些增加压力的事情。这种效果在所有夫妻身上都很显著，特别是在受过良好教育的欧裔美国人身上（Teachman，2010）。

如果一对父母的孩子有特殊需求，也会增加

这对父母的离婚率（Price，2010）。相反，对于一些孩子有严重问题的父母来说，压力反而会使夫妻的关系更紧密（Solomon，2012）。显然，有一个需要特殊照顾的孩子总是让人备感压力，并形成了应激源。但如何应对该应激源对人们的心理健康起着至关重要的影响。

应对过程涉及认知，因为人们要选择做什么。酒精滥用和其他药物滥用是**回避型应对策略**。忽视一个问题——要么真的忘了它，要么不去理睬它（就像一个欠了税的人把所有催款信都藏在床下而不去看它们一样）——是最糟糕的应对方式，因为它会增加抑郁和自杀的风险。

心理学家指出了两种积极应对压力的方式。在**问题导向型应对策略**中，人们直击应激源。例如，正面对抗一个很难相处的上司，或者搬离一个嘈杂的社区。在**情感导向型应对策略**中，人们试图改变他们的情感反应，例如，从愤怒转变为接纳，以使应激源消失，并变得更坚强，更具有同理心。许多以帮助他人为业的人（如治疗师、人力服务工作者、教师）之所以这样做，是因为他们有过克服严重压力的经验。

两性在应对压力方面存在生物学和文化上的差异。男性更倾向于采用问题导向型方式，即用“战斗或逃跑”的方式来做出反应。他们的交感神经系统（心率加快、肾上腺素增加）让他们做好了攻击或者逃跑的准备。当他们正面对抗一个问题时，睾酮水平会上升；而如果他们失败了，睾酮水平会下降。从童年期开始，大人就会更多地鼓励男孩去反击。而成年男性更倾向于公开地表达愤怒、使用武力或逃遁。

然而，女性更多的是情感导向型的，更倾向于表现为“关注和帮助”，即当她们处于压力状态下时，会寻求其他人的陪伴。她们的身体会产生催产素，这种激素会引导她们寻求私密的、关照性的交流（S. E. Taylor，2006；S. E. Taylor et al.，2000）。遇到一件不好的事情时，她们的第一反应就是寻求朋友的帮助。

这种在应对方式上的性别差异解释了为什么当一个男人不想讨论他的问题时，女人会生气；为什么当女人只讨论问题而不采取行动时，男人会生气。问题导向型应对策略和情感导向型应对策略都是有效的，每一个人都应该有时去战斗，有时寻求帮助。

选择方式

人们不仅需要想出应对每个具体问题的最佳策略，还要弄明白其他人什么时候会帮助自己，什么时候不会提供帮助（Aldwin，2007）。寻求社会支持通常是一个好策略，其他人会提供建议，与其分担压力，添加幽默的或不同的视角（Fiori & Dencklar，2012）。但有时，其他人也会批评、干扰或妨碍一个人的应对方式。

最佳的应对策略取决于情境。比单纯问题导向或单纯情感导向的应对策略更糟糕的是没有策略，否认问题直到问题升级或身体受到损害，如导致高血压、消化困难甚至心脏病发作。逃避能带来内稳态和稳态应激负荷超载。【**生命全程链接**：内稳态和稳态应激负荷在第十七章已讨论过。】

一个人在童年期和青少年期承受的压力可能在成年期的发病率上表现出来。美国的一项研究对65 000人进行了调查，比较了诸如高血压和胰岛素抵抗之类的健康欠佳的迹象。这种生化应激源的逐渐积累被称为**侵蚀**。这个研究发现，在非裔美国人中，这种侵蚀发生得更快。到了60岁时，他们的平均生理年龄比欧裔美国人老10岁。研究者认为，这是生活在一个“种族意识社会”里造成的“长期压力”的结果（Geronimus et al.，2006，p.832）。这是因为缺乏社会支持吗？

在大约80岁之前，非裔美国人的平均寿命比欧裔美国人短4年。在80岁时，一些数据显示出了“正好相反”的结果，即非裔美国人更长寿。奇怪的是，拉丁美洲人比以上两个群体都活得更长（National Center for Health Statistics，2013）。这是因为社会支持吗？

侵蚀直接影响智力。美国在20世纪80年代的一项研究显示，非裔美国人的平均IQ分数比欧裔美国人低15分（Neisser et al.，1996）。更早的研究假设这种差异是由基因决定的。然而，后来的研究表明，压力可能是造成差异的原因。细节如下：

1. 在1972—2002年，非裔人与欧裔人的智商差距逐渐缩小了，从大约15分缩小到大约10分（Dickens & Flynn，2006），并在持续缩小。在某些能力方面会比在其他方面缩小得更多。

2. 在词汇，而不是学习能力方面，种族差异更明显（Fagan & Holland，2007）。

3. 种族差异在4岁时不太明显，在25岁时最明显。

以上三个发现表明，压力可能使非裔美国人的IQ分数降低。请注意，IQ差异在成年早期最明显。

最理想的是，随着年龄和阅历的增长，成人学会更有智慧地应对压力。在成年后的岁月里，对待生命的态度越积极，就越容易重新解释压力，以使它们不积压到致人崩溃（Charles & Carstensen，2010）。通常情况下，

"更年长的个体有机会学习怎样去应对压力体验并调整预期……基于年龄与阅历，年长者会发展更有效的技巧来应对有压力的生活事件和降低情绪压力。"

（Pennix & Deeg，2000）

对于每一种背景的人来说，年龄都可以带来其他的好处。成年早期是"一个琐事增加期"。一旦生活安定下来，一些压力（恋爱、求职、搬家）就不常发生了。成人"更擅长把他们的生活安排好，以减少应激源"（Aldwin，2007，p.298）（见"可视化发展"专栏，不同年龄群体之间的压力比较）。

记住，态度有时决定了一个事件是否会成为应激源，以及这个应激源是否会随着时间的推移而变得不重要。例如，创伤后应激障碍是对战争的常见反应，特别是当患者看到别人受重伤或被杀的时候。在压力事件发生后的很长一段时间内，应激源都可能会一直存在。这是对一项惊人的统计结果的解释：在2012年，与死于阿富汗战争的人数（245人）相比，更多的美国士兵死于自杀（349人，在退伍后不久）。但大多数退伍军人重新适应得很好，不到一半的有过参战经验的退伍军人患上了创伤后应激障碍。

>> **答复医生和护士们**（问题见第527页） 应激源会增加稳态应激负荷，所以头痛和胃痛可能是由于压力导致的。值得注意的是，你和你的病人可能会采取回避型应对策略。病人可能会拒绝承认压力并指责你的建议，而你自己也可能会逃避责任。情感以及所处情景的问题会影响身体健康，所以医学专家不应忽视这些问题。

一些人以**宗教型应对策略**对应激源进行反应，他们相信问题的存在有着神圣的目的。社会科学家发现，宗教型应对策略在人们意外地患病或遇到灾难的时候特别可能发生。和其他形式的应对策略一样，某些时候，宗教型应对策略可以缓解应激源，而在其他时候可能会使它变得更糟（Burke et al.，2013；Thué-Boyle et al.，2013）。在成年期，宗教信仰和实践有增加的趋势，过去应对压力的经验可能是其增加的原因。

当然，自然灾害（如地震）以及个人悲剧（如爱人的死亡）发生时的压力总是很大的。令人惊讶的是，许多人都会通过忽视事件带来的破坏以及重新解释事件，来渡过难关。他们不是沉湎于不幸，而是强调他们的好运。不是问"为什么是我？"而是说"还好，情况没变得更糟。"一些成人将压力重新解释为挑战而不是应激源，尽管局外人认为它们是威胁（Reich et al.，2010）。

当人们成功地应对了挑战时，他们不仅感觉自己更有效能、更强大，还能避免身体对应激源产生破坏性反应——心率和呼吸率增加、激素变化、免疫系统崩溃、认知失误等。有效的应对策略的确可以增强免疫系统并且提升健康（Bandura，1997）。对于成人来说，潜在的应激源可能会变为积极的转折点（Reich et al.，2010），正如"个案研究"专栏中的这个案例。

优化与补偿

保罗·巴尔蒂斯（Paul Baltes）和玛格丽特·巴尔蒂斯（Margret Baltes）（1990）提出了一个名为**选择性优化补偿**的理论，以描述人们在变老过程中用以达到平衡的"系统功能的普遍过程"（P. B. Baltes，2003，p.25）。这个理论认为，人们会设法优化自己的发展，选择以最佳方式去补偿身体和认知上的损耗，在他们想要表现出色的活动上变得更精进成熟。

选择性优化补偿适用于生活的各个方面，从选择朋友到打棒球。每个人都追求获益最大化和损失最小化，练习一些能力而忽略其他能力。选择很关键，因为任何能力都可得到提升或消除，取决于人们会如何、在何时、为什么使用它。"老狗学会新把戏"是有可能的，但这种学习的先决条件是人们想要学会那些新把戏。

可视化发展

成年期的压力

压力和应对策略一代不同于一代。发展学家相信，由于教育越来越重要以及失业率越来越高，现在的年轻人比过去的年轻人压力更大。然而，与处于成年早期的人相比，没有工作或缺乏家庭支持的成年中期的人感受到了更大的压力，因为他们觉得需要对自己的问题承担更大的责任。幸运的是，应对能力会随着年龄的增长而提升。

有许多方式应对压力，同样也有很多方式测量压力。一个普遍的方式是简单地询问人们是什么使他们感到有压力的。另一种方式是经验取样（在随机时间呼叫被试，以调查他们在那一时刻正做什么以及感觉如何）。如下所示，结果可能会不同。

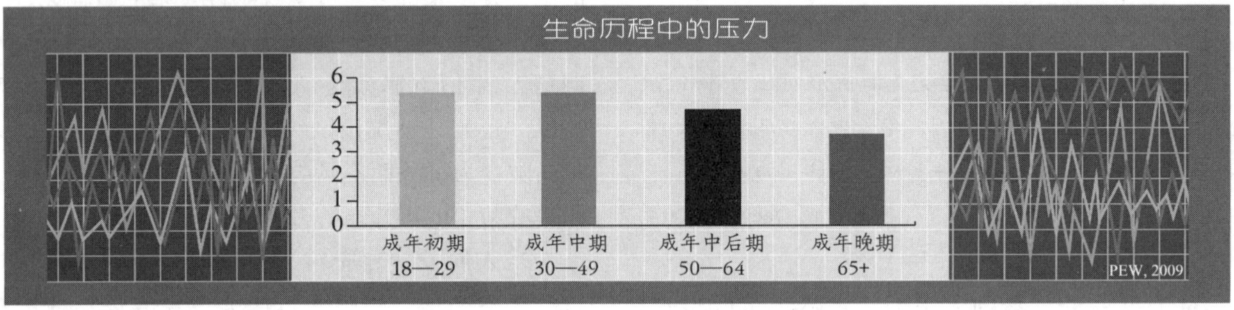

日常生活中是什么导致了压力

根据问题措辞方式的不同，成人对引发日常压力的认定也不同。对许多人来说，困扰他们的问题主要是工作、家庭和安全问题。

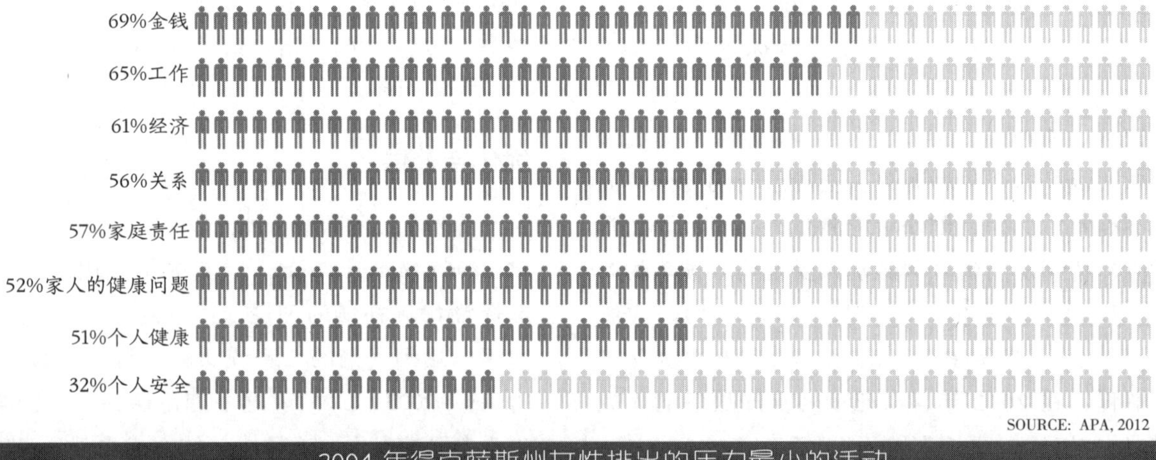

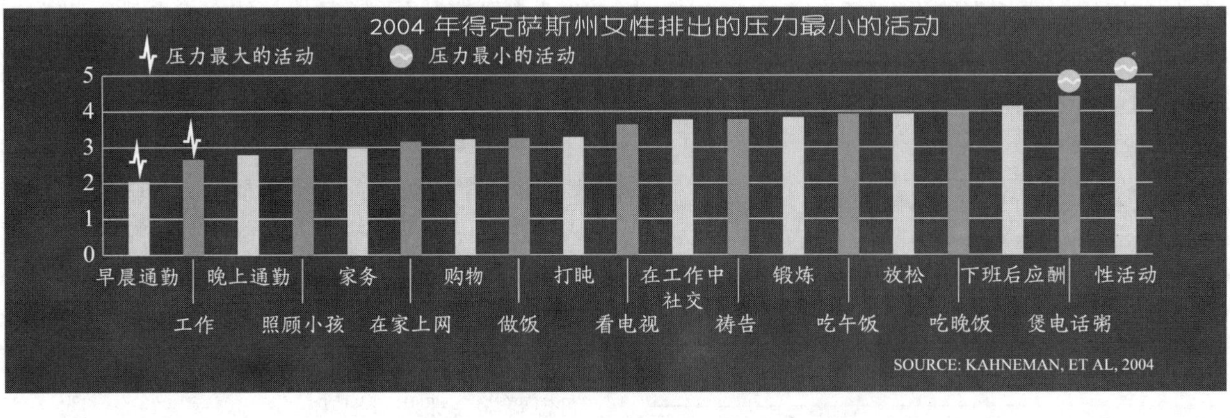

个案研究

应对卡特里娜飓风

发展学家们跟踪了2005年家园被卡特里娜飓风连根拔起的来自路易斯安那州和密西西比州的数十万人，他们中的许多人失去了房子和工作，在外面没有食物和水，有认识的人死亡。毫不奇怪，他们的应激源增加了。举个例子，一个在新奥尔良洪灾6个月后进行的研究发现，大多数幸存者有压力反应：几乎所有人都变得易怒，并且有心烦意乱的感受，有一半的人都会做噩梦（见图21.2）。

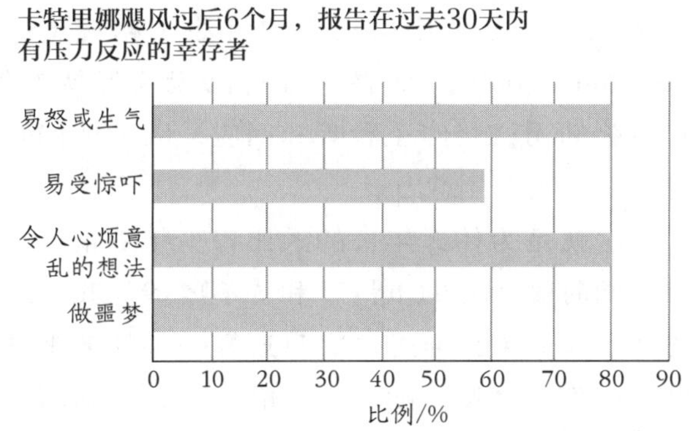

来源：Kessler et al.，2006.

图21.2

卡特里娜飓风挥之不去的影响　通常，大多数被卷入自然灾害的人在几周内就恢复了正常生活。但如图所示，大多数灾民在卡特里娜飓风发生的6个月以后仍感受到了心理影响。飓风过后2年，在新奥尔良，各类原因——从心脏病到故意杀人——引起的死亡率都是风灾前的2倍。

应激源的积累导致了许多生理和心理方面的问题。每9人里就有1人受到严重心理健康问题的困扰，这是飓风发生前的2倍。另有20%的人有轻度到中度的精神疾病，也是飓风之前的2倍（Kessler et al.，2006）。考虑到飓风带来的创伤（一个主要压力）和低效的政府反应（导致持续不断的麻烦），出现这些结果不足为奇。

然而，纵向研究发现，同样的应激源也会导致复原力的提高。在4人中有3人报告说他们在卡特里娜飓风发生后找到了更深的生命意义感。在250人中，只有1人曾有自杀计划，这是飓风前的1/10。这可能是因为他们不再感到抑郁是自己的问题了，其他人也变得更能理解别人了（Kessler et al.，2006）。特别是40—65岁的成人，能更好地应对创伤。

一个到密西西比州去帮助幸存者的大学生提供了第一手材料，当时她预期当地人会被巨大的损失所击倒。据她所言：

"300名俄亥俄州的大学生到密西西比州帮助卡特里娜飓风的幸存者。在灾难发生后的第6个月，他们来到了那里，看到了生锈的汽车、空荡荡的房子，甚至有衣服仍然挂在树枝上。但他们也遇到了数百人，重新振作起来继续生活，包括在飓风发生几周后就积极回到工作岗位的开端计划的教师。'在废墟上站起来的不屈不挠的乐观'让学生感到敬佩。她引用了一个当地志愿者的话：'你以挣来的东西谋生，你以付出的东西生活。'"

（Feerasta，2006）

现在，虽然飓风已经过去了很多年，但经历过的人仍在继续应对它所带来的后果。社会学家也还在继续研究它们。一个团队研究了卡特里娜飓风前后的宗教信仰。那些经历了卡特里娜飓风并且相信上帝有报复心和惩罚心的人更容易患上创伤后应激障碍。但那些相信上帝关爱和仁慈的人，能够很好地应对，他们得到了创伤后成长，而不是创伤后应激障碍（Chan & Rhodes，2013）。

人类似乎有一套会在压力下激活的恢复储备，这与第十七章提到的器官储备类似。根据一系列相关研究，当紧急情况发生时，额外的努力和机敏似乎也能被唤起，即使人们处于极度疲惫的状态下和嘈杂的环境中。这种储备在紧急状态下工作得很好，特别是当人们认为自己还可以做一些事情的时候。怪不得在卡特里娜飓风后，新奥尔良的老师们想要回到工作岗位上去。

这也许能够解释对期末考试的常见反应之一：一些学生经过高强度学习，考试成绩很好……然后会一下子垮下来，甚至可能在最后一场考试之后生病。虽然需要更多的研究，但人们似乎可以逐渐发展出更好的应对方式，以适应生活的盛衰沧桑（Masten & Wright，2010；Ardwin & Gilmer，2013）。

当人们有做得更好的动机时，是看不出与年龄有关的明显缺陷的。然而，当手头任务不是特别吸引人的时候，相较于年轻人，年长的人有更少的动机去付出最大的努力（Hesset al.，2009）。如果让他们做智力测验，可想而知，效果不会太好。

正如巴尔蒂斯夫妇（Baltes & Baltes，1990）解释的，选择性优化补偿指人们会选择智力的某些方面加以优化，而忽略其余部分。如果被忽略的部分是智力测验中的测量项目，即使人们选择提高（优化）了智力的其他方面，智商分数也会降低。在整个生命进程中，人的大脑是可塑的，它会发展出新的树突和激活序列，以适应人们选择要学习的新东西（Smith & Baltes，2013；Karmiloff-Sminth，2010；Macolonald et al.，2009）。

例如，假设一个有强烈动机去了解世界某地区（可能是落基山脉）的人注意到年龄影响了他的视力，使他难以阅读细小的印刷字，这个人就可能会戴老花眼镜，放大计算机屏幕上的字（补偿），密切关注每篇关于落基山脉的文章，忽略其他非相关的新闻内容（选择性）。如果一个智力测验的词汇题目刚好是“雪崩”，这个人很可能回答正确，但他可能在大多数常识项目上回答错误。知识以这样的方式增加了深度（优化），但降低了广度。

多重任务

选择性优化补偿的一个例子是多重任务处理，每 10 年，其难度都会明显增加（Reuter-Lorenz & Sylvester，2005）。事实上，每个年龄阶段的每个人进行多重任务处理的速度都会减慢，但是随着年龄的增加，人们对于速度减慢的感觉会愈发强烈。

当人们一边开车一边打电话的时候，这一现象更为明显。这样的行为对于年纪大的驾驶员特别危险，因为当大脑关注对话时，对突然冒出来的行人做出反应的时间会变长，因为所需要的神经转移变慢了（Asbridge et al.，2013）。一些司法管辖区要求司机使用免提电话，弄得好像注意分散是由手臂引起的一样。这些被误导的法律并没有减少使用手机造成的交通事故，大脑的多重任务处理才是问题所在，而非手臂。

有些人说和乘客的交谈与手机谈话一样能使人注意力分散，这并不正确。多年经验教会了成年乘客（而不是年轻的孩子）识别该在什么时候停止谈话，以便让司机全神贯注于路况（S. G. Charlton，2009）。如果乘客自己无法保持安静，有经验的司机会停止聆听和回应，因为他们知道自己必须集中注意力。

这就是为什么年长的人比青少年更常说“我无法同时做所有的事情”和“不要催促我”之类的话了。成人会通过一次只选择一项任务来补偿思维速度的减慢。随着年龄的增长，大脑内的可用资源越来越有限，但补偿可以使功能得到优化（Freund，2008）。

一个父亲是这样来向他的儿子解释这个概念的：

> 我告诉我的儿子：分类
> 是老化的主要艺术。
> 人到中年，一切事情
> 都有赖于它。
> 法律或康复，学习或玩耍
> 购买或贩卖——以上所有
> 对于记忆——规则是
> 减少损失，让利益进来。
> 具体的得失，通过选择来实现。
>
> （Hamill，1991）

专家认知

另一个描述获益和损失的方式是每个人都会发展**专长**，变成所选领域的专家，专攻那些对个人有意义的活动，从汽车修理到美食烹饪，从疾病诊断到飞蝇钓。当人们在一些领域发展起专长时，他们会减少对其他领域的关注。例如，每个成人通常都只看某些电视频道，忽略其他广阔领域的经历。每个人都会对某些活动不感兴趣，而另外一些人则可能愿意为这些活动排队等上好多个小时。

文化和环境会引导我们选择专门的知识领域。和现在的年轻一代相比，很多60年前出生的人能写一手好字，字迹清晰易读。他们通过在童年期练习书法，变成了这方面的专家，并且保持着这一专长。今天的学校和孩子有其他选择。以阅读为例，现在它对每个孩子都极其重要，不似一个世纪以前，文盲在成人中很普遍。

认知科学家所定义的专家并不一定是那些具备罕见和杰出能力的人。虽然“专家”这个词有时意味着某种非同寻常的天赋，但对于研究者来说，它可能意味着更多或更少。专长不是天生的，但有遗传天赋的人通常会选择发展自己的天赋。

专家不仅仅指一个知道得更多或在某些方面有特殊才能的人——那只是起点。在某一时间点，以前积累的知识、实践和经验都变得具有变革能力，把专家推到了另一个与其他人不同的队伍里，于是认知的质和量都有所进步。专家的思维是：（1）直觉的；（2）自动化的；（3）策略性的；（4）灵活的。我们将在下面进行描述。

直觉的

新手遵循正规的程序和规则。专家则更多地依靠过去的经验和最直接的环境；因此与新手相比，专家的行为更多依靠直觉而非刻板的程序。经验和直觉的作用很明显，比如在做外科手术的时候。外行人可能认为医学很简单，但专家了解真实的情况：

> “医院充满各种刀具和毒物。处方上的每一种药都存在潜在的不可预料的副作用。在外科手术中，附带性伤害是固有的。需切开外部组织才能进入内部组织，患病器官才能被摘除，或进行一些其他操作以使病人重新恢复健康。”
>
> （Dominguez，2001，p.287）

一个研究给许多外科医生看一段胆囊手术的录像，并让他们就此发表意见。有经验的外科医生预期和描述的问题是住院医师（实施过为数不多的胆囊摘除手术）的2倍（Dominguez，2001）。关于医生的研究数据表明，唯一该问外科医生的重要问题是：“你做过多少次这样的手术？”即便是最新训练出来的新手中的佼佼者，其技术也比专家差得多。

在心理治疗中也是如此。在一项比较新手和专家的研究中（两者都学习过理论知识），要求治疗专家在分析一个虚拟案例时把思维大声说出来。专家更具有“前瞻性思维”，他们会使用推理，制订可行的治疗计划。新手们更少去思考这个人的社会关系，更可能固守于“它是什么”的描述，而不是思考它可能是什么（Eell et al.，2001）。

另一个关于专家直觉的例子是对雏鸡的性别鉴定能力——辨别一只刚出生的小鸡是雄性还是雌性的能力。正如戴维·迈尔斯（David Myers，2002）的描述：

> “鸡场主曾经要等5～6周，直到小鸡长出代表成年的羽毛，才能分辨鸡的雌雄。鸡蛋生产商只想购买和饲养母鸡，所以当他们听说日本人发展出了辨别一日龄雏鸡性别的神秘能力时，都被迷住了。然后，别处的孵化场派他们的一些工人去日本人手下学徒……经过数月的训练和体验，做得最好的美国人和澳大利亚人做得与日本人几乎相当，每小时能以99%的准确率辨别800～1000只小鸡。但是不要问他们是如何做到的，正如任何一个鸡的性别鉴定师所能告诉你的，性别差异只可意会，不可言传。”
>
> （Myers，p.55）

一个研究专业知识与直觉知识间的关系的实验要求486名大学生在足球赛前预测比赛的输赢。身为狂热粉丝的学生（专家）在几分钟的无意识思考后做的预测要比在相同时间内反复思考权衡后所做的预测好（见图21.3）。那些对足球不感兴趣的人（非专家）整体上预测得较差，特别是当他们使用无意识直觉时，做出的预测更差（Dijksterhuis et al.，2001）。

这个实验的细节很有趣。在计算机屏幕上给被试呈现20秒四场即将开始的足球比赛，要求被试预测比赛的赢方。要求其中1/3的被试立即做出预测，另外1/3的被试在2分钟有意识思考之后做出预测，最后1/3的被试在2分钟的无意识思考后做出预测——被随机分配到这个组的被试必须在2分钟内做一系列很费脑力的计算题。

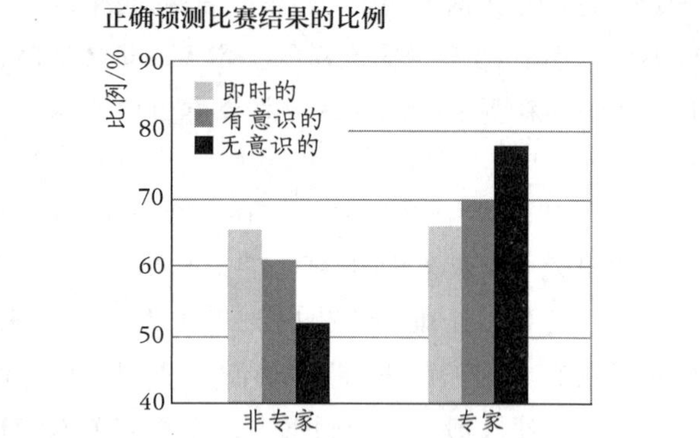

来源：Dijksterhuis et al., 2009.

图 21.3

如果你不知道，就不要思考！ 阿姆斯特丹大学的学生被要求分别在以下三种条件下预测四场世界杯足球赛的赢方：（1）即时条件——看到参赛的国名后，尽可能快地做出预测；（2）有意识条件——考虑 2 分钟后做出预测；（3）无意识条件——做干扰任务（数学计算）2 分钟后做出预测。正如你所见，专家在无意识加工过程之后预测冠军的结果更好，而非专家无论是在有意识条件下还是在无意识条件下，预测都更不准确。

非专家思考后所做的预测并不比瞎蒙的准确率高，特别是在无意识思考之后。可能是因为解数学题产生的压力干扰了他们的思考。相反，专家在立即猜测条件下不比非专家做得好，在 2 分钟思考后又能稍微好一些，但在无意识思考条件下做得最好。显然，在专家有意识地思考另外一些东西的时候，对足球的了解给他们的帮助最多。

自动化的

这个关于足球专家和非专家的实验也确认了许多专长的要素是自动化的。也就是说，对大多数人来说复杂的行为和思考在专家这里已经变成了例行程序，这似乎表明任务的大部分都是由本能执行的。专家能够对输入的信息进行快速加工、高效分析并以一个熟悉的方式来行动，这个过程使专家的行动看上去像是无意识的。事实上，一些自动化行为不受意识控制。

例如，成人在系鞋带方面做得比孩子好（成人可以在黑暗中系鞋带），但他们在描述如何系鞋带时比孩子差（Mcleod et al.，2005）。在专家进行思考时，他们对各种非言语因素进行了“自动加权”。这种自动化思考可能会被非专家所使用的词干扰，这是对思考过程的歪曲而不是澄清（Dijksterhuis et al.，2009，p.1382）。

当一个经验丰富的司机试图教别人开车时，表现会很明显。没有指导经验的优秀司机会发现，识别或描述已经转变为自动程序的东西是很难的，比如注意更远一侧的行人和自行车，或在上斜坡前如何感觉要换挡，或听出轮胎在有沙子的地面上失去了牵引力。正是这些因素把新手和专家区别开来。

这可以解释为什么尽管青少年有强大的动机、较快的反应以及较好的视力，他们犯重大交通事故的比例却是成人的 3 倍（Insurance Institute，2012）。有时，青少年司机会故意去冒险（超速、闯红灯、酒驾等），面对经验丰富的司机在不经意间就会注意到的状况时，他们更容易误判和产生错觉。

当一个计算机专家试图教一个新手时，知识与指导之间存在同样的差距。在我女儿试图帮我掌握电子表格的细节时，我自己对此深有体会。他们没有办法描述他们所知道的知识，尽管他们自己能够很好地操作计算机。比起讲解那些已变为自动化的知识，亲手点击鼠标或敲击键盘更容易一些。

自动化加工被认为解释了为什么专业的象棋和围棋选手比新手强。他们会观察每盘棋的构造，并将它们整体编码，而不是一点一点去分析。

一个关于专业象棋选手（年龄在 17—81 岁）的研究发现，衰退与年龄的相关不大，但专长比年龄更重要。这一点特别明显地体现在快速识别出王受到将死威胁的能力上：年长选手跟年轻选手的识别速度几乎一样快（只差几毫秒），尽管在标准的记忆和速度测试上有一个陡峭的与年龄相关的下降（Jastrzembski et al.，2006）。

当一件事——比如一个观众、一个应激源或过多的有意识思考——妨碍了自动化加工过程时，结果是表现得笨拙。这被认为是一些经验丰富的运动员之所以会“在压力下卡壳”的关键——他们的自动化行为似乎被“劫持”了（Caro et al.，2011）。

策略性的

专家有更多更好的策略，特别是当问题不期而至时。的确，有技能的人和无技能的人之间的关键区别可能在于策略。专业象棋选手具有获胜的总策略，并且有更好的详细策略，用于对每一步棋做出具体反应，这是他们的专长（Bilalić et al.，2009）。

同样地，军事和民用领域的团队领导专家使用的一个策略是持续沟通，特别是在低潮期。因此，当压力增大时，没有一个团队成员会误解事先演习好的计划、命令和要求。在专家教授身上，你可能看到过同样的现象：在学期一开始，他们就制订了流程、政策和策略，这样可以避免在整个学期出现某些问题。

当然，策略本身需要随着情境的改变而更新——每一盘棋、每一场战斗或每一堂课都有其独特之处。一些学校每月所进行的火灾避难训练、一些教授的标准课堂以及空乘服务员在飞机起飞前朗读的安全指示，都会随着时间的推移而变得不太有效。近日，我听到一个空乘服务员在开始他的标准朗读之前说："如果你们中有人在1960年之后没坐过汽车，那么请注意，这就是扣安全带的方法。"这段飞机起飞前的独白，我还真的听了。

优秀的专家策略允许选择性优化补偿。这在对飞行员的研究中显而易见，飞行员是一个特殊的群体，其与年龄相关的技能衰退可能导致数以千计的伤亡。

在一个研究中，受过训练的飞行员在模拟飞行情境下接受空中交通调度员的指示（Morrow et al.，2003）。经验丰富的飞行员所做的笔记更准确、更完整，并会使用自己独有的速记方法来标注和强调他们所听到的东西。例如，与受过训练、能理解空中交通指示但没有多少飞行经验的飞行员相比，经验丰富的飞行员会记录更多的图形符号（如箭头）。因此，即使非专家接受了训练并拥有工具（记录纸和笔），他们也不会按专家的方式去使用它们。

在真实的飞行情境下也是这样，年长的飞行员也会比年轻的飞行员做更多的笔记，因为他们已经掌握了这个策略，或许这是对工作记忆变慢的一种补偿。另一个对飞行员的系列研究重复施测了3年以上，确认了专长确实能促进飞行员形成更好的策略（Taylor et al.，2007，2011）。但令人意外的是：经验尤其有益于由年龄和基因导致的思维变慢的人。

在纵向研究中，随着飞行员变老，一些记忆和反应时方面的缺陷开始显现。但专长的存在意味着他们对驾驶飞机的判断仍然良好，远远好于没有多少经验的飞行员（Taylor et al.，2007，2011）。许多研究都显示了与年龄相关的损失，但是所有年纪的专家在其他能力都有所衰退的时候，在他们所选择的职业领域内，仍然能在多年内维持一定的熟练程度。这就是选择性优化。

灵活的

最后，也许是因为专家的思维是直觉性的、自动化的且更具策略性，所以他们的思维才更灵活。专业的艺术家、音乐家或科学家都富有创造性和求知欲，当事情没有按计划进行时，他们会有意尝试和享受挑战（Csikszentmihalyi，1996）。

想想那些外科专家，他们会接受最复杂的个案，更喜欢罕见病例。因为罕见病例的手术比典型的病例更会遇到突然的、意想不到的并发症。相较于新手，外科专家不仅更容易注意到可能有问题的病征（一个未预料到的伤口、一个形状怪异的器官、忽升忽降的生命体征），他们还能够在标准教材上的程序无效的情况下，灵活地采取其他措施（Patel et al.，1999）。

同样，各行各业的专家都适应了个案和特例——就像经验丰富的厨师在煮一道菜时会调整原料、温度、技巧和时间，尝尝味道，看是否需要添加更多的香料，很少完全根据菜谱做菜。他们的标准很高：一些厨师宁愿把食物扔进垃圾桶，也不愿把它做成一道很多人可能愿意吃但自己不满意的菜。专业象棋选手、汽修专家以及小提琴家都明白一些新手抓不住的细微差别。

在教育领域，现在教育家的最佳实践体现在强调灵活性和策略上，因为每个学生群体都有明显的、时常有误的假设。仅仅教授正确答案是没有帮助的，灵活性要求因材施教，发现什么是需要学的（Ford & Nove，2011）。

一个关于专长的综述发现，灵活性包括理解在一个职业里要成为专家所必需的特殊技能，例如，打字、运动、比赛等都需要反复练习，领导者需具备合作技能，航空业需具备任务管理策略（Morrow et al.，2009）。

专长与年龄

专长与年龄间的关系并不明确。对专长的一个基本要求是时间。

要成为一名专家，需要数月甚至数年的练习（取决于任务），以发展专长（Ericsson et al.，2006）。一些研究者认为练习必须有量，要每天练习几小时，并至少持续10年（Charness et al.，1996；Ericsson），但那只适用于某些领域。环境、训练、基因、能力、练习以及年龄都会影响专长的形成，这意味着一个特定领域的专家在其他领域往往就不是专家了。

专长可能会抵消一些老化的影响（Krampe & Charness，2006），这更多地取决于任务。年轻人在要求速度的任务中占优势，但他们在词汇方面不太擅长。此外，他们缺乏一些任务所需的关键经验。有一个源自调香师的有趣例子。研制新香水需要敏锐的嗅觉，虽然嗅觉的敏锐度通常会随着年龄的增长而下降，但调香师不会。专家远胜于年轻的非专家，他们与嗅觉有关的那部分脑区相当发达（Delon-Martin et al.，2013）。

这证实了认知可塑性研究的一个普遍结论：经验丰富的成人通常会使用选择性优化补偿而成了专家。这在许多职场都很明显。最好的雇员可能就是那些更年长、更有经验的人——如果他们有强烈的动机去把工作做到最好的话。

复杂工作比普通工作需要更多的认知实践和专长，因此这些工作可能也会给员工自身带来智力方面的好处。西雅图纵向研究测量了500多人的职业对认知的要求，包括与他人、事物以及数据互动的复杂性。在这三个职业挑战中，资历深的员工都保持了他们的智慧（Schaie，2005）。

最后一个说明年龄和工作效率有关系的例子来源于我们都熟知的一个职业：出租车司机。在大城市中，出租车司机必须寻找最佳路线（考虑交通、建筑物、时间段以及其他细节因素），而所有的司机都要知道在哪里比较容易找到乘客，以及怎样与乘客相处——一些乘客可能想要交谈，另一些则不然。

英国的出租车司机“必须了解伦敦的25 000条道路布局和数千个景点，还要通过严格的考试”（Woollett et al.，2009，p.1407）。英国的研究发现，司机不仅会随时间变得越来越专业，他们的大脑也会根据特殊知识的需要而进行调整。他们的一些脑区（负责空间表征的区域）比平均水平更大、更活跃（Woollett et al.，2009；见彩图第10页左下图）。在一般智力测验上，出租车司机的分数处于平均水平，但在伦敦带路，他们的专业性是显而易见的。

其他研究也显示，在人们练习不同的技能时，他们会变得更专业，大脑也会适应这些变化（Park & Reuter-Lorenz，2009）。这种发展不仅仅表现在运动技能上（比如，拉小提琴、跳舞、开出租车），也表现在逻辑思维和其他推理技巧上（Zatorre et al.，2012）。人类大脑是终生可塑的；新的学习总是可能的，实践至关重要。

家庭技能

以上关于专长的讨论聚焦于一些男性员工多于女性员工的职业，如外科医生、飞行员、出租车司机。近年来，这一话题发生了两大重要的转变。

第一个转变就是有更多的女性从事传统上由男性主导的职业。还记得第四章所提到的弗吉尼娅·阿普加吗？她在1933年拿到医学博士学位时，被告知她无法成为一名外科医生，因为只有男性才可以做外科医生。幸运的是，她成了一名麻醉师，并挽救了数百万名新生儿的生命。如今，那个假设已经发生了变化，美国几乎一半的新的医学博士都是女性，她们中的大多数人都成了外科医生（见图21.4）。更普遍地说，大多数女大学生都希望既有事业，又有丈夫和孩子，而且许多女性也的确做到了（Hoffnung & Williams，2013）。

第二个大的转变就是女性的工作获得了尊敬。在更早的一代人中，女性有时会说她们“只是一个家庭主妇”或是“一个全职妈妈”。然而现在，男性和女性越来越承认家务劳动的重要性，并且他们都会做家务。我们现在知道，并不是所有的女性都是好妈妈或好主妇，还有一些男性擅长曾是女性专属领域的家务和情感工作。夫妻间传统角色的转换并不稀奇。大多数人认为，在抚养孩子上由父亲负主要责任，可能更有利于孩子成长（Dunn et al.，2013）。

人们不再认为“母性本能”是每个母亲所固有的。许多经历了产后抑郁、经济压力或脾气暴躁的母亲无法给孩子提供及时的照顾。当然，在一些家庭，父亲和祖父母可能会比亲生母亲给孩子更好的照顾。和其他成人的任务一样，动机和经验对于看护孩子是极其重要的。

养育家庭所需的技能、灵活性和策略是专长

1982—1983年与2011—2012年美国医学院的毕业生人数

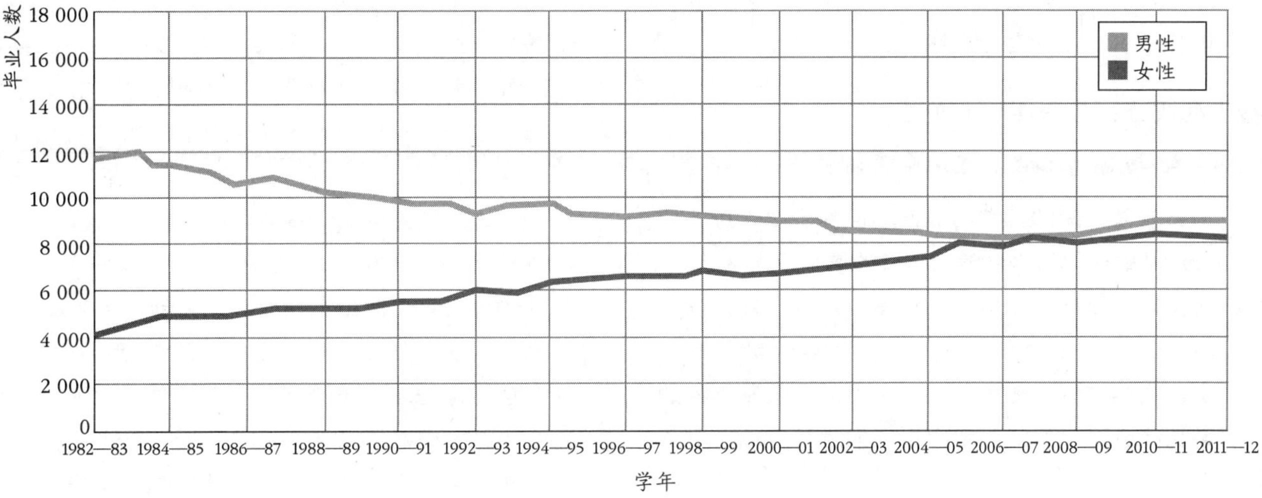

来源：Association of American Medical Colleges, 2012.

图 21.4

希望是一位女性　下次你听到“医生会马上过来看你”时，所指的医生可能是女性也可能是男性——除非这位医生的年龄超过了 40 岁。

的一种体现。在这里，年龄和性别都很重要。正如前面的章节所指出的，十几岁和二十岁出头是两性最容易受孕的时候，并且年轻女性的怀孕并发症最少。但怀孕只是一个开始，一般而言，年长的父母会更有耐心，虐待儿童的比例比较低，并能培养出更成功的后代。

如果能像成熟的父母常做的那样，汲取经验并仔细聆听，这一点尤其正确。有了这样的父母，青少年就更容易避开毒品和其他危险的事务。发展学家尚未确认成为育儿专家的所有要素，但至少我们知道，这些专长是存在的。一些父母的技能比其他父母多很多。

小　结

获益和损失在整个成年期都会发生。每个成人都会经历压力并且必须应对它，一些应对策略容易使压力变为损害健康的持续的应激源，而其他策略可能会使压力转变为有用的经验。

成人会选择去适应某些认知的维度和技能，通过选择性优化补偿来规划他们的行动方向。因此，他们可以明智地利用他们的认知资源，来提高在所选领域的智力。随着时间的推移，选择和实践会使人形成专长，这些专长技能是直觉的、自动化的、策略性的和灵活的。在整个成年期，专长能使人们在工作和家庭生活中持续地表现出色。

本章总结

什么是智力

1. 智力，传统上被假设为一种普遍的存在物。从这个假设又产生了一个观念，即智力是一个可测量的量，它在成年期会下降。然而，现有的证据对这些假设提出了质疑。
2. 纵向研究发现，成人的 IQ 仍在提升，尤其是在词汇和常识方面，一直到 60 多岁。横断研究发现，年轻人在 IQ 测试上的得分之所以高于年长的人，原因并不在于年龄，而在于健康状况和教育有了历史性的进步。
3. K. 瓦尔纳・沙依发现了一些主要的能力（如空间

理解）会随着年龄的增长而衰退，而另外一些能力（如词汇）则会提升。教育、职业、家庭以及年龄似乎都会对这些能力产生影响。

智力的成分：多样性与可变性

4. 卡特尔和霍恩推断，虽然基于知识积累的晶体智力会随着时间的推移而提升，但基于推理技巧的灵活性的流体智力会随着年龄的增长而衰退。
5. 斯滕伯格提出了智力的三种基本形式：分析性智力、创造性智力和实践智力。大多数研究都发现，虽然分析性智力和创造性智力会随着年龄的增长而衰退，但实践智力可能会随着年龄的增长而提升。
6. 总的来说，文化价值观和年龄带来的不断变化的需求会让人发展出一些认知能力。每个人和每种文化都会响应这些需求，但它们对认知的影响可能无法反映在心理测试上。

选择性获益与损失

7. 在 40 多年的成年期里，人们经历了许多应激源，也会根据应激源的特殊性和年龄背景采取不同的应对方式。多重应激源的结合会增加稳态应激负荷，同时会损害健康。
8. 随着年龄的增长，人们会选择只关注生活的某些方面，并选择性地发展这些领域，来补偿其他方面的衰退。这同样适用于认知，选择性优化补偿意味着人们会专攻所选的领域。与此同时，未得到训练的能力可能会逐渐衰退。
9. 与新手相比，专家除了经验更丰富以外，还是更强的思考者，理由主要有四点：他们更依靠直觉；他们的认知加工是自动化的，常常看上去不需要有意识地思考；无论完成任务需要什么，他们都会用更多更好的策略去完成；他们更灵活。
10. 在成年期，专长的作用在工作领域表现得特别明显。这一点可以被医生、飞行员和出租车司机等职业证明。经验丰富的员工通常做得比年轻员工好，因为他们善于补偿可能出现的损失。
11. 养育孩子、很好地应对复杂的情感以及家庭生活中不曾预料到的挑战，现在都被作为工作专长而得到承认和重视。经验和成熟使人更可能具有经营家庭的专长。

关键术语

创造性智力（creative intelligence，p.522）
分析性智力（analytic intelligence，p.522）
回避型应对策略（avoidant coping，p.528）
晶体智力（crystallized intelligence，p.521）
流体智力（fluid intelligence，p.521）
侵蚀（weathering，p.528）
情感导向型应对策略（emotion-focused coping，p.528）
认知产品（cognitive artifacts，p.525）
实践智力（practical intelligence，p.522）
问题导向型应对策略（problem-focused coping，p.528）
西雅图纵向研究（Seattle Longitudinal Study，p.519）
选择性优化补偿（selective optimization with compen-sation，p.529）
一般智力（general intelligence，g，p.518）
应激源（stressor，p.527）
专长（expertise，p.532）
自动化加工（automatic processing，p.534）
宗教型应对策略（religious coping，p.529）

你学到了什么？

1. 许多神经学家已经用了很长时间来寻找一般智力的基因结构，他们成功了多少？
2. 关于整个成年期智商分数的横断研究，通常发现了什么？
3. 关于整个成年期智商分数的纵向研究，通常发现了什么？
4. 根据横断研究，年轻一代在哪些方面比年老一代更聪明？
5. 历史变化是如何影响纵向研究结果的？
6. 聚合交叉研究是如何控制群组效应的？
7. K. 瓦尔纳・沙依认为什么因素对成人的智力影响最大？
8. 与流体智力相比，为什么有的人宁愿拥有更多的晶体智力？
9. 与晶体智力相比，为什么有的人宁愿拥有更多的流体智力？
10. 如果你想让你的导师相信你很聪明，你会怎么做？你的做法体现了哪些智力？
11. 如果你想说服你的邻居把厨余制成堆肥，你可能会怎么做？其中包括了哪些智力成分？
12. 哪种测试可以测量创造性智力？
13. 在什么情况下使用情感导向型应对策略是最好的？
14. 在什么情况下使用问题导向型应对策略是最好的？
15. 为什么宗教型应对策略在成年期比在青少年期更普遍？
16. 人们要优化书中未提到的某些领域的能力，如吹长笛、种植西红柿或打造一个橱柜，会怎么做呢？
17. 人们对记忆力的衰退会进行怎样的补偿？
18. 怎样将谚语“只见树木，不见森林”与你所学的关于成人认知的内容联系起来？
19. 想象你有一个别人不擅长的专业领域。在该领域内，非专业人员往往会犯什么错误？
20. 自动化加工是怎样促进专长的？
21. 解释直觉是怎样有帮助或削弱能力的。
22. 对于哪些职业，年龄可能是一笔资产？为什么？
23. 对于哪些职业，年龄可能是一个障碍？为什么？

应　用

1. 一般被人们视为基本知识的东西显示了背景环境和文化的重要性。和班上的一名同学搭档，写出四个你认为很难但很公平的问题来做智力测量。然后对你的搭档进行测试，同时回答你的搭档给你准备的四个问题。你可以从结果中学到什么？
2. 玩视频游戏的技能有时被认为反映了智力。对3—4名玩这种游戏的人进行访谈。他们认为玩视频游戏需要什么样的技能？在经验、年龄和动机方面，你认为这些游戏能反映什么？
3. 一些人认为，几乎任何一个高中生都可以当教师，因为大多数人都知道小学生需要学的基本阅读和数学技能。根据你的个人经验举一个例子，描述有经验的教师需要掌握哪些方面的专业知识和技能。

第二十二章

成年期：心理社会性发展

你将学到什么？

1. 成人仍具有婴儿时的人格特质吗？
2. 在什么时候，离婚比维持婚姻更好？
3. 在什么时候，失业比有工作更好？

- **成年期的人格发展**
  - 成人人格理论
  - 人格特质
  - **对立的观点：当地环境对基因**
- **亲密感：朋友和家庭**
  - 朋友和熟人
  - 家庭纽带
- **亲密感：爱人**
  - 婚姻与幸福
  - 长久的伴侣
  - 男女同性伴侣
  - 离婚与再婚
- **繁殖感**
  - 为人父母
  - 给予照料
  - 就业
  - **科学视角：适应多样性**

由于我自己造成的一个小事故，我骨盆上的两根小骨头断了。我当时穿着一双底面光滑的旧鞋，抱着一堆文件飞奔。天黑下雨，我踩上路边的人行道时，重重地摔在地上。我拨打了911[1]，救护车把我送到医院，住了5天，接下来又经过了5天的康复。我衷心感谢那些帮助我再次行走的理疗师，以及在那2周里帮我代课的同事们。

之所以提起这件小事，是因为它反映了繁殖感这个概念。我的4个孩子现在都是成人了，她们给我的照料远远超出了我的需要。住得比较近的艾丽莎和莎拉在急诊室待了近1小时。蕾切尔从明尼苏达州飞过来，还给我带了一双有防滑底的鞋。贝瑟尼从康涅狄格州开车过来，带了绿植、泥土、花卉和树苗来装饰我的房子。远不止这些，她们还给我带来了我的书和笔记本电脑，向护士和医生询问我的病情，反复给保险公司打电话，为我填写处方单，重新修整我的浴室，帮我安排出租车，推轮椅，洗衣服，购物，做饭，打扫卫生，等等。

接受帮助不是一件容易的事。我告诉朋友们不用来看我。其中一个朋友笑着说："你被困在床上了，我这就来！"我希望能快点返回教室，因为我常说"我的学生需要我"。但是几天之后我就意识到，我需要他们就如同或是超过了他们需要我。现在，我庆幸我的朋友们没听我的，也很高兴有女儿们为我做所有这些事。

事实一次又一次地提醒我，繁殖感是相互的，人们既需要接受，也需要给予。

[1] 美国通用紧急呼叫电话号码——消防电话、急救电话、报警电话都是911。我国消防电话119，急救电话120或999，报警电话110。——译者注

这是本章的一个主题，它关注了许多有代表性的成年生活里的互动：结为伴侣、为人父母、性交往和师徒制。每个人都规划着自己的前途，也总是在接受其他人的帮助。本章从持久存在的人格特质开始讲起，进而讨论人们相互支持的方式，最终以兼顾工作和家庭的复杂性结束。

>> 成年期的人格发展

基因、经历和环境等的交互作用造就了人格，它包含了每个人独特的行为和态度。其连续性是显而易见的，很少有人会发展出与其儿童期的气质相反的人格特质。但是人格是可以发生变化的，随着人们走出早期的逆境和迷茫，人格通常会向更好的方向发展。

成人人格理论

为了厘清人格这个胚胎孕育、童年经历和成年期环境的混合体，我们从理论开始讲起。

埃里克森和马斯洛

埃里克森最先预见到发展的八个阶段，其中的三个阶段出现在青春期之后。埃里克森也被尊称为“一个改变了我们如何思考人生本质的思想家，人不仅要达到生理成熟，还要在此后继续成长、变化和发展”（Hoare，2002，p.3）。

埃里克森提出的前四个阶段已经在前文有所解释，它们与特定的按时序出现的阶段相联系。但是成人的各个发展阶段并不是有规律地一步紧接一步。很多不同年龄的成人都有可能处于第五阶段，即同一性对角色混乱阶段；或者处于成年期三阶段中的任何一个阶段，即亲密感对孤独感、繁殖感对停滞感以及完整感对绝望感（McAdams，2006）（见表 22.1）。埃里克森认为，成年期是通过探索亲密感和繁殖感来继续寻求同一性的过程，这种观点已被现在的许多研究所确认（Beaumont & Pratt，2011）。

与此相似，亚伯拉罕·马斯洛（Abraham Maslow，1954）在提出五个需要层次理论时也拒绝将生理年龄与成人的发展相联系。因此，许多年龄段的人可能都处于马斯洛所说的第三层次（即对爱与归属的需要，与埃里克森理论中的亲密感对孤独感相似）。

在这一阶段，对人们来说，最重要的是得到伴侣、家人和朋友的爱与接纳。没有爱，人们可能

表 22.1 埃里克森的成人发展阶段

不同于弗洛伊德或其他早期学者的观点——成年以童年的遗产为基础，埃里克森在他的八阶段理论中描述了青春期后的心理社会性需要。在他最著名的《童年期和社会》（*Childhood and Society*；Erikson，1963）一书中，对成人的每个阶段只有两页纸的描述，但是在之后已发表的和未发表的著作中，他都对此进行了更丰富和详尽的阐述（Hoare，2002）。

自我同一性对角色混乱

尽管埃里克森最初将同一性危机放在青春期，但他意识到了同一性问题可能是贯穿终生的。同一性将童年期的价值观和传统与当下的社会环境相结合，由于环境不断演化，许多成人会重新评估同一性的四种类型（性别 / 性认同、职业 / 工作认同、宗教 / 精神认同以及政治 / 族群认同）。

亲密感对孤独感

成人会寻求亲密感——一种与另一个人的紧密的、相互的联系。亲密感是相互的，不是只专注于自身的，这就意味着双方需要在彼此身上投入时间和精力。这一过程从成年初显期开始贯穿终生。孤独感尤其会出现于已经建立起来的亲密关系因离婚或死亡而遭到破坏时。

繁殖感对停滞感

成人需要关心下一代，也就是养育自己的孩子，或者指导、教育和帮助别人。埃里克森对这个阶段的描述最初集中在养育子女上，后来他又加入了其他实现繁殖感的方式。个体会用持续的关心、创造和牺牲来延伸他们从一代人和文化中继承来的东西。

完整感对绝望感

埃里克森在 70 多岁的时候决定，以对抗偏见和驱动人类为目标的完整感是如此重要，不能仅仅将它放在老年期。他还认为每个完整的生命都可以被引领到个人生命历程与人类社会的历史文化意义的结合上去，这才是个人最终能成就的完整感。

会有被卡住的感觉，即渴望着爱，但是从来不觉得获得过足够的爱。他们可能会为了得到爱而忽视其他需求。相反，那些感受到了大量爱的人能够进入更高的需要层次，即**对成功和自尊的需要**，这是第四个发展阶段。在此阶段中，成人的最主要的需求是被尊重以及被赞赏。

马斯洛这样的人本主义者认为，所有人都有这五种需求，大多数人都在寻求爱或尊重（第三和第四层次），少数人可以达到自我实现（第五层次）。除非深陷贫困、战争或是严重的早期创伤，当人们进入成年期时，就已经度过了马斯洛的前两个需要层次阶段（安全需求和生理需求）。【**生命全程链接**：马斯洛和埃里克森的理论已在第二章中讨论过。】

其他的理论家也认同这种说法，他们有时称之为*归属感*和*成就感*，有时使用其他标签。在这里，我们将使用埃里克森的术语——亲密感和繁殖感——作为描述这两种普遍需求的理论框架。每一种成人人格理论都认同这两个概念。

中年危机

现在的理论家不会给成人发展的某个阶段设立明确的年龄界限。中年期，如果存在的话，可能从 35 岁开始，也可能从 50 岁开始。

这与**中年危机**的观念相矛盾。这个观念认为，中年是一个在临近 40 岁时出现的充满焦虑和想要彻底变革的时期。尤其是男性，被认为会离开妻子，买红色跑车，甚至会辞掉工作。中年危机观念之所以普及，是因为美国畅销书作家盖尔・希利（Gail Sheehy，1976），她称之为“40 岁的煎熬”。另一个推广者是美国心理学家丹尼尔・莱文森（Daniel Levinson，1978），他说男性经历着

> “与自我和与外界的激烈斗争，他们开始质疑生活的每一个方面，惧怕这些质疑所揭示的东西。他们充满对自己和他人的反向指责。”
>
> （Levinson，1978，p.19）

给 20 来岁的人的问题　今后将出现的整十数的生日，比如 30、40、50 岁生日，会成为你人生中的重大转折点吗？（答复见第 544 页）

中年危机不断地在流行电影、书籍和歌曲中被提及。在 2013 年进行的一个谷歌搜索发现，有超过 200 万个相关的流行作品，包括一篇在《华尔街日报》（*Wall Street Journal*）上发表的关于财富、成功、中年危机中的男性的文章（Clements，2005），以及一首来自摇滚乐队 Faith No More 的名为《中年危机》（*Midlife Crisis*）的流行歌曲。然而，在过去 30 年里，没有一个大型研究发现了标准的中年危机。以前的学者怎么会犯这么大的错误？

事后，我们很容易发现他们是从哪里开始偏离科学的。莱文森调查了 40 位男性，他们都是来自一个世代群体的被试，而数据的处理也是由一位中年男性完成的（这已经不能被称为严谨的科学了）。希利不是科学家，她总结了莱文森的研究，然后以她所选被试的访谈结果作为补充。希利和莱文森都没有对多样化的人群进行可重复的、采用多元方法的纵向研究，而这一点恰恰是现代发展科学的基本原则。

即便是不完美的、有限的数据，也有可能蕴含着新趋势的些许线索。个案研究和个人经历可能会给科学家们以新的提示去进行探索。但是，对于中年危机来说，所有的大样本重复研究都失败了。这是为什么？

想想*世代群体效应*这个概念。在 1970 年前后，达到 40 岁的中产阶级男性都受到了历史动荡的影响。许多人在 20 世纪 50 年代步入婚姻和参加工作，期望拥有令人满意的家庭和工作。等他们到了中年阶段，他们的妻子正处于第一波女权主义的浪潮中（一些人称男性是“有性别歧视的猪”），而且进入了青春期的子女认为父亲无关紧要（一些年轻人说：“别相信任何超过 30 岁的人”）。

由此可见，这些男性感觉出了问题就不足为奇了。但是他们的危机是由个人的反省、家庭压力和历史环境共同引发的，而不是因为他们的生理年龄。许多人（无论男女）都曾有过怀疑的时候，怀疑自己先前对事业、伴侣和住地的选择。有些人在 30 岁、40 岁或 50 岁的时候有了巨大的改变。然而，很少有人经历过典型的中年危机。

人格特质

我们在第七章中说过，每个宝宝都有独特的气质。有的害羞，有的外向，有的胆小，有的无畏。这些特质始于基因，但也受到经验的影响。

大五人格

气质在一定程度上是由基因决定的，它不会消失。可以举出成百上千的例子，其中有的例子很令人惊讶。比如，最近的一项研究发现，3 岁时的气质可以预测 32 岁时的赌博成瘾行为（Slutske et al.，2012）。

纵向的、横断的以及多元文化的研究总结出了人格特质的五大类型，这五种人格特质出现在各个文化和时期里，我们称其为**大五人格**：

- **开放性**：有想象力的、好奇的、艺术的、有创造力的、对新体验持开放态度的
- **尽责性**（又称责任感）：有组织的、深思熟虑的、服从的、自律的
- **外倾性**：外向的、独断的、主动的
- **宜人性**：善良的、乐于助人的、容易相处的、慷慨的
- **神经质**：焦虑的、情绪化的、自我惩罚性的、批判性的

每个人的人格在五个特质上都处于最高值和最低值之间。低值端可以用五个形容词来描述（和上面的大五特质顺序对应）：封闭的、粗心的、内向的、很难取悦的以及平和的。

个体在某种程度上会根据其人格特质来选择社会环境或称**生态位**，选择职业、爱好、健康习惯、伴侣和居住的社区。人格影响着生活的方方面面，从年轻人是否有进食障碍，到老年人是否想退休（Sansone & Sansone，2013；Robinson et al.，2010）。

与大五人格有关的事件、情况和态度有这样几项：教育（尽职尽责的人更有可能完成大学教育）、婚姻（外倾的人更有可能结婚）、离异（神经质的人居多）、生育（在最近的世代中，尽责性更强的女性生育得更少）、智商（开放性高的人分数较高）、言语流畅性（开放性高和外倾性高的人得分高），甚至还有政治观点（保守派通常开放性较低）（Duckworth et al.，2007；Gerber et al.，2011；Jokela，2012；Pedersen et al.，2005；Silvia & Sanders，2010）。

跨文化研究已经证实，人类的人格特质（有成百上千种）可以被归为大五人格所说的五大类。当然，人格和行为受到很多其他因素的影响，不只是性别和同辈群体等因素，还有文化方面的影响。一项针对玻利维亚农村人群（大部分人不识字，以农耕为生）的大五人格测验，没能重复在城市和发达国家得到的结果（Gurven et al.，2013）。甚至是在美国，如果仅仅以一个人的大五人格来预测他大学能否毕业、选举行为或其他任何事，是很愚蠢的。

>> 答复 20 来岁的人（问题见第 543 页） 可能不会。尽管许多年轻人将某个年龄与特定的态度和成就联系起来了，但在真正的过来人中，很少有人能发现年龄的重要意义。

年龄和同辈群体

许多研究人格的学者发现，随着年龄的增长，人格会有轻微的波动，但在同辈群体中的排序保持稳定。换句话说，那些 20 岁时在外倾性上得分最高的人，80 岁时在这方面的得分依然是最高的，这是与他们的同辈群体相比，而不一定是与 20 多岁的群体相比。总体的年龄趋势是正向的。病理学方面的特质，比如神经质，倾向于随着人们的成熟而有所改善（L. A. Clark，2009）。相反，有价值的特质，比如尽责性，只有轻微的增强。

这就是一个庞大的针对北美中年个体的研究发现的结果。宜人性和尽责性的分数总体上有轻微增长，但神经质的分数有所下降（Lachman & Betrand，2001）（见图 22.1）。这种模式在别的研究中也被发现了（Allemand et al.，2008；Donnellan & Lucas，2008；Lehman et al.，2013）。

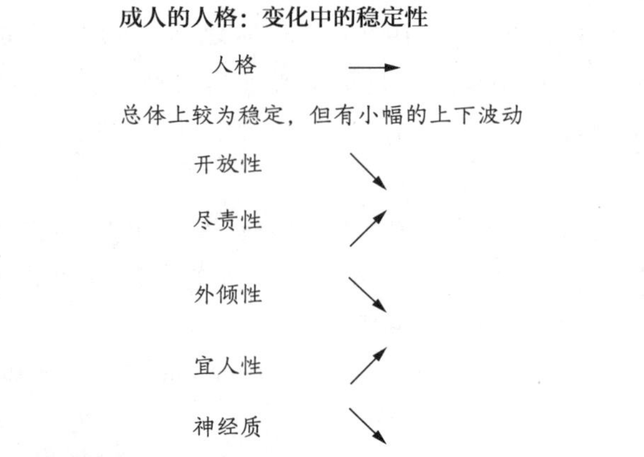

图 22.1

趋势而非规则 总体稳定和某些显著的个体差异，构成了在数十年的成年期里大五人格的主要内容。正如图中所示，每个特质都会有轻微的变化。

对立的观点

当地环境对基因

有的人相信，人格是由强势的地方文化塑造出来的，所以出生在墨西哥海岸或是加拿大北部的孩子可能有截然不同的人格。与之对立的假说主张人格是天生的，在出生时就已经确立了，不受社会压力的影响，仅仅受到文化的少量且暂时的影响。

证明人格是天生的这一论点的证据包括，大五人格特质相同的人几乎在哪里都能找到，并有着相似的年龄趋势。一位冰岛的 70 岁爷爷与一位泰国的 70 岁爷爷有很多相似之处。有的研究显示，在人格方面，这种国家间的差异可能是一种“没有根据的刻板印象”（McCrae & Terrscciano，2006）。

进一步的证据是，每个人在成年期里的人格都一直保持不变。人格变化（如果有）大多是在年纪较小或较大时发生的，而不是在中年期（Specht et al.，2011）。外倾性高的年轻成人会变成一个外向的老奶奶，拥有很多在成年早期就结识了的朋友，然后在每 10 年里都会认识一些新朋友。其他的特质也同样具有持久性，有的时候会改变一点点，但是从不会反转。

然而，有的研究发现环境影响着人格。或者，正如一个研究团队所描述的那样：“人格可能会适应文化”（Güngör et al.，2013，p.713）。一项研究将三个群体——日本人、日裔美国人和欧裔美国人——的大五人格结果进行了比对。总的来说，日裔美国人在自评人格这一项的结果介于其他两个群体之间。

比如，在外倾性这一项上，欧裔美国人的得分均值最高，接着是日裔美国人，最后是日本人。可能是因为当地的一些情况，例如与美国相比，日本每平方千米的人口密度更大，使得日本人更倾向于寻求社会和谐，最终导致他们的外倾性分数较低。

另一个对 28 个国家的外倾性进行的调查发现，自评的外倾性、幸福感和自尊这三个变量之间存在有趣的相关关系。在本质上，当自己的人格符合所在环境的规范时，人们感到最幸福。外倾性在加拿大相对比较高，在日本比较低。而且无论是加拿大人还是日本人，都在自评结果的高低与其文化规范相一致时感到最幸福（Fulmer et al.，2010）。

环境塑造人格的想法也来自美国 50 个州的成人大五人格得分数据（Rentfrow et al.，2010）。根据 619 397 名网络调查参与者给出的结果，纽约人的开放性分数最高，新墨西哥州人的尽责性分数最高，北达科他州人的外倾性和宜人性的分数最高，西弗吉尼亚人的神经质分数最高。在五种特质中，分数最低的（分别对应开放性、尽责性、外向性、宜人性和神经质）分别是：北达科他州、阿拉斯加州、马里兰州、阿拉斯加州（再一次）和犹他州。

这项调查显示，地方的规范、制度、历史和地理都有影响。我们来假设一下为什么会是这样的。那些住在犹他州的人，被摩门教（没有毒品、大家族、通常都很健康）和美丽的山脉围绕着，这可能使他们更少焦虑、更平静，因此在神经质上分数最低。这项研究发现，成人生活的许多方面，包括犯罪行为、发病率、教育、智力和政治偏好，都源于人格的地区差异。

不仅是在美国，在英格兰也是，物理环境似乎对人是有影响的。住在公园、花园和其他绿色林地附近的英格兰人的苦恼更少。这个研究控制了许多因素，包括年龄和收入，甚至追踪了从绿色植物多的地方搬来或搬离的人（White et al.，2013）。

在从这个研究中得出环境影响人格的结论之前，要注意到这个实验的关注点是痛苦或苦恼，而不是人格变化。减轻了痛苦的人们是否同时发展出了更宜人、更少神经质的人格？有可能。但痛苦也可能是表面的。

相信人格天生的人可能也质疑来自美国的数

据。不是人们受到周围环境的影响，而有可能是人们搬到了一个欣赏他们先天性格的社区。比如，一个北达科他州的大学生与他的邻居不一样，他天生有着很高的开放性，所以他很有可能移居到纽约。如果人们移居去与相似的人住在一起，那么地区差异就是人格差异的反映，而不是造成人格差异的原因。

一项研究发现，先天和后天的因素都有一定的作用，而且这两个因素的效力受到个体年龄的影响。30 岁以下的人可能在寻找生态位（包括寻找一个居住地）以契合其先天人格，在“积极主动地尝试改变自身所处的环境”。后来在生活中，环境塑造了人格，因为个体一旦在某处定居，他们就会“改变自己以适应环境”（Kandler，2012，p.294）。

对于文化、环境、基因和人格之间的关系问题，现在尚未得出共识（Church，2010）。正如所见，这两种对立的观点看上去都合理可信。哪一方的观点看上去更符合你、你家人或是你朋友们的情况？你会“寻找更绿的林地”，还是“被种在哪里就在哪里生根开花”？你的文化对你的人格有影响吗？

（关于脑与人格特质关系的研究请见彩图第 10 页右下图。）

那么不奇怪，个体的自尊从成年早期到大概 60 岁之间，随着人们形成了他们所处文化中最受推崇的人格特质而一直在提升（Orth et al.，2010）。当然，相同的气质可能会导致来自不同群体的人做出截然不同的选择，正如在人格和生育的关系中显示的那样。

1920 年出生的人，无论是男性还是女性，不管在开放性特质上得分是高是低，子女人数都大致相同，因为当时整个文化是提倡生育的。而在 1960 年出生的人中，在开放性上得分高的人，其孩子的人数远少于平均值。他们的开放性可能会促使他们去了解家庭计划和过度生育问题，去思考非传统角色，所以有些人选择只生一个孩子或者不生孩子（Jokela，2012）。

给移民者及其孩子的问题 贫穷和迫害是一些人背井离乡出走他国的主要原因，但是人格同样有影响。你认为大五人格特质中的哪些是移民者最普遍的人格特质？（答复见第 547 页）

小　结

正如所有的成人发展理论所描述的那样，成人会寻求建立深厚的友谊、组建家庭以及在社会中有所建树。不同的理论使用了不同的词语来描述这种需求：埃里克森使用亲密感和繁殖感这两个词，而马斯洛则将其称为爱与归属的需要。个体的人格既表现出了连续性，又会随着环境的改变而改变，同时也与个体童年期的气质相关联。大五人格特质（开放性、尽责性、外倾性、宜人性和神经质）在人的一生以及全世界范围内都是显而易见的。人格特质具有连续性的一个原因是，成人会选择生态位，寻找与他们先天气质相适合的伴侣、工作、社区以及生活模式。另一方面，人格的表达可以在成年期发生变化，通常是向好的方向变化。■

>> 亲密感：朋友和家庭

每个成人都会经历埃里克森所说的“亲密感对孤独感”的危机，他们力图与他人产生联系，这在第十九章中已有介绍。但这因人而异。有些个体与父母疏离，却与伴侣和朋友很亲密；有些人只依靠家人，不依靠别人。亲密感的需求是普遍存在的，而且是不断变化的，每个个体都在调节和每一个他人之间的亲密度和互动（Lang et al.，2009）。

每个人都是“**社会护航**”的一部分。护航队这个词最早是指在敌方地盘里的一群旅人，比如赶着牛车前往加利福尼亚的拓荒者们或行进在未知地带的士兵们。个体由于护航队的存在而强大起来，他们共担苦难，守护彼此。

随着人们走过一生，社会护航所起的作用正与上面比喻的那种早期护航队的作用一样。也就是说，作为一个群体，他们“随着个体经历生活，为其提供一个社会关系保护层，以便对其给予指导、鼓励，并助其社会化”（Antonucci et al.，2001，p.572）。

如今的时代背景（全球化、长寿化、多元化）使社会护航比以往更加重要（Antonucci et al.，2007）。

朋友和熟人

朋友是“社会护航”的一部分，他们被当作朋友，是因为他们的性格特质使他们可以成为可靠的旅伴。朋友之间期待彼此忠诚和互相帮助，不平衡的关系（一方给予，另一方索取）通常会由于双方都难受而告终。

当然，有时某个朋友需要我们的关心，却无法立即报答我们。但我们都懂得在未来某时，双方的角色可能会调换过来。当发生严峻问题时，比如家人离世、个人生病、失业等，朋友会提供实用的帮助和有效的建议，或者给予陪伴、提供有用的信息或在日常生活里给我们带来欢笑。

人们也会向朋友咨询一些平常生活中的琐事，比如如何让孩子吃蔬菜，是该翻修一下橱柜还是干脆换掉，在什么时候跟上司要求加薪最合适，为什么某个熟人会如此不讲理。仅仅是与朋友谈论一下这些话题，也能让人感觉轻松许多。

友谊与人的发展

一个综合性研究发现，友谊会随着年龄的增长而有所改善。具体来说，青少年和成年早期的个体认为，他们友谊中的一小部分是有利有弊的或有问题的。到了成年期，大多数友谊被评为“亲密的”，极少数被评为“有利有弊的”，没有任何友谊被评为“有问题的”（Fingerman et al.，2004）。与家人间的关系不同，如果朋友不是支持性的，友谊将终止。

友谊在一生中都有益于心理健康（Bowers & Lerner，2013）。朋友也有助于保护身体的健康，可以鼓励彼此吃得更健康、戒烟或锻炼，等等。反过来也一样，如果某人在成年期变胖了，他的朋友可能也会变胖。实际上，尽管大多数友谊能持续几十年，但截然不同的健康习惯可能使友谊走向尽头（O'Malley & Christakis，2011）。例如，一个烟民与一个已经戒烟的朋友很可能会分道扬镳。

如果一个成人没有亲密的、积极乐观的朋友，他可能会出现健康问题（Couzin，2009; Fuller-Iglesias et al.，2013），这种情况不管是在富裕国家还是在贫穷的国家都会发生。一般来说，拥有社会支持的人更健康，而被社会孤立的人更加多病（Kumar et al.，2012）。

熟人

除了朋友之外，人们还有许多偶然认识的熟人。这些人能够为我们提供信息、支持、社会整合和新的想法（Fingerman，2009）。这些熟人也被称作**重要的陌生人**，包括邻居、同事、店员、片警、社区宗教团体的成员等。他们不在最亲密的朋友圈中，却对你有一定的影响力。

生活中重要的陌生人可能包括：

- 你遛狗时常会遇到的其他几个养狗的人
- 定期要为你剪头发的理发师，或定期为你做保养的美容师
- 你常光顾的街角蛋糕店店主
- 孩子的朋友的父母

重要陌生人甚至可能是真正陌生的人，比如飞机上坐在你旁边的人，当你迷路时为你指路的人，或在公交车上给你让座的人。这些人并不都是“重要”的，要看他们是不是对你产生了一定的影响。

熟人与大多数亲密的朋友和家人不同，他们有各种宗教信仰，来自更多族群，年龄和政治观点等也更多样化。这种多样性正是使他们变得重要的一个原因，尤其是在当今的社会（Fingerman，2009）。当然，亲密的朋友之间也有这种多样性存在，但是共同的价值观、生活方式和背景通常是能让友谊稳固的强力胶。

陌生人之所以是生活的一个加分项，原因之一是他们扩展了个体的视野，而且并不需要人们真的见到彼此。很多人都认为互联网加强了友谊，也带来了许多重要的陌生人（Stern & Adams，2010; Wang & Wellman，2010）。

定期见面的熟人通常是个体社交网络外围的一部分。随着年龄的增长，这种外围的朋友通常会减少。比如，有一项研究发现，成年初显期的个体平均有 16 个外围朋友，而中年个体平均只有 12 个外围朋友。然而，与这种趋势相反的是，随着时间的推移，有些人的社交网络添加了更多的成员（Zhang et al.，2011）。

>> 答复移民者及其孩子（问题见第 546 页）　根据一项研究（Silventoinen et al.，2008）的结果，移民群体在外倾性和神经质这两个维度上的分数应该较高。由于这些特质在成年期会有所下降，所以很少有高龄的个体选择移民。

家庭纽带

有亲密朋友的人也会与自己的家庭关系良好并受其影响。发展学家都赞同一个观点，即家庭连接了生命，对一位成员产生影响的事件或情境倾向于影响整个家庭（Wickrama et al.，2013）。正如你可能想到的那样，出于各种各样的原因，某些家庭成员之间会变得尤其亲密，但是家庭中的每个人都以某种方式与其他家人联系在一起。

家人能否如朋友般相处，还取决于其所处的文化规范。比如，在德国和中国香港，当人们被问及有多少亲密的知己时，这两地的人报告的知己人数相同。但德国人的知己中往往包含了较多的非家庭成员，而中国人的知己则包含更多的家庭成员（Fung et al.，2008）。

一项对丹麦全体人口进行的有趣研究支持了家庭纽带会终生影响个体的观点。双胞胎比单胞胎更少结婚；但他们若结了婚，就更不会离婚。根据研究者的说法，双胞胎可能更不需要伴侣，因为他们习惯了拥有彼此。同时，他们在童年时就学会了怎样与亲密的伙伴相处（Petersen et al.,，2011）。

成年子女与父母

尽管现在的大多数成人离开了父母，建立了自己的家庭，但一项对 7 个国家的 7578 个成人的研究发现，空间上的分隔并不一定会削弱家庭纽带。虽然有越来越多的成年子女离开父母，但是两代人之间的代际关系看上去是在增强而非减弱（Treas & Gubernskaya，2012）。其他的研究也赞同这个观点。对于父母和成年子女来说，代际间的支持网络是持久且灵活的（Bucx et al.，2012，p.101）。

家庭结构是衡量家庭亲密度的不良指标，不仅在发达国家如此，在发展中国家也一样。比如在泰国的农村地区，收入，而不是亲情，决定年轻夫妇是按传统和妻子的父母住在一起，还是建立自己的家（Piotrowski，2008）。在外国工作的成年子女主动寄来的钱显著提高了家庭收入，使得夫妻能在自己的家中独自生活。在这个例子中，家庭的亲密关系在延续，尽管兄弟姐妹们离得很远。

相似的结果在加纳这个国家也能找到。在传统西非家庭里，几十个亲戚会一起住在一个院落里。而现在，这种家庭模式正被核心家庭取代。每个核心家庭都有自己的住所，远离儿时的家。然而，尽管存在空间距离，相互往来和忠于家庭依然有持久的价值。它能缓冲家庭的经济压力，并和幸福有关（Tsai & Dzorgbo，2012）。

在世界各地，当已经成年的子女出现严重的经济、法律或婚姻问题时，父母都会试图给予帮助。在西方国家，这种现象在年轻的单身成人群体中很明显。2008—2011 年的经济危机使得父母为子女提供了更长时间的支持。更具体地说，在美国，1980 年时只有 11% 的 25—34 岁成人与父母住在一起。但在 2008—2011 年的经济危机期间，竟有 29% 年轻的成人与父母在一起住了至少几个月。此外，他们中有 3/4 的人在有需要的时候，是心安理得地与父母住在一起的。

所有的研究都显示，相对来说，父母为成年子女提供了更多的情感与经济支持，而不是反过来。尽管这种帮助常常是被需要的和受欢迎的，但给已经不在大学的成年子女提供经济帮助的行为与子女的抑郁症状之间存在相关（Johnson，2013）。对于父母这代人来说，他们的幸福深受其成年子女的影响，特别是遇到了问题的子女的影响。比起成功且幸福的子女，前者对父母的影响更大（Fingerman et al.，2012）。

兄弟姐妹

与成年期相伴而来的“通常是婚姻和育儿。这两项活动都有可能增进兄弟姐妹间的亲密感，也有可能加剧之前的矛盾”（Conger & Little，2010，p.89）。生儿育女之所以能增进兄弟姐妹间的亲密感，一部分可能是由于父母意识到了让孩子熟悉他们的叔叔、姑姑、舅舅、姨妈和表亲是有好处的。即使是没有孩子的成年兄弟姐妹，也比还是青少年时更加亲密。因为进入成年期后，他们不再有分享住房的压力（通常要分享房间、计算机，在同一所学校上学等），这最终使得他们能做到和而不同。

在一些南亚国家，哥哥或弟弟有义务给他们的姐姐或妹妹准备礼物，而姐姐或妹妹则会为哥哥或弟弟做饭并照料他们（Conger & Little，2010）。这种模式可能会阻碍个体的成长，但能减少贫困并强化家族纽带。鼓励兄弟姐妹彼此照料，有助于提高亲密度。

会导致兄弟姐妹间亲密度降低的一个因素是父母对某一成年子女的偏爱。特别是在父亲表现出这种偏心时，被偏爱和未被偏爱的孩子都可能感到苦恼（Jensen et al.，2013）。

比起那些家人有义务为其他成员支付各项服务（比如医疗保健、老年住房、儿童保健）的家庭，在政府提供免费服务的家庭中，那种亲密的、充满亲情的家庭关系似乎更容易建立起来。当家庭成员之间不用为物质需求而争吵时，他们更可能去寻求情感上的亲密，而不用考虑现实中的各种需要。

不管公共政策如何，许多家人都会互相支持。然而，有些人会躲避他们的血亲，因为这些亲人对他们有害无益。有时，有的成人会成为另一个家庭的**拟亲属**，他们通常是被这家的某位成员带到家里的，并被他们称作“像姐姐妹妹或哥哥弟弟一样的人”。他们并不是真正的亲人（所以是虚拟的），但他们被家人接受了，并得到了亲人一般的对待（所以是亲属）。

对那些被原生家庭“抛弃”（可能是因为性别偏见）、离家很远（可能是因为移民）或是改变了之前的嗜好（可能是戒掉了毒瘾）的人来说，拟亲属可能是一条救生索（Ebaugh & Curry，2000；Heslin et al.，2011；Kim，2009；Muraco，2006）。不管是虚拟的还是真实的，成人都能因亲人而受益。

小 结

每个人都有很强烈的亲密需求。这种需求随着时间的流逝，会通过社会支持和友谊等方式得到满足。朋友和重要的陌生人作为社会护航的一部分，能帮助人们在人生的旅途上顺利前行。亲人对某个人的重要性取决于过去经历、文化价值观和当下的情况。在某些情形下，有些人会力求远离家庭。

>> 亲密感：爱人

社会学家通常将原生家庭（每个人出生的家庭）和新生家庭（成人自行组建的家庭）相区分。新生家庭一般从向爱人做出承诺开始。

正如在介绍成年初显期的那几章中描述的，如今的成人比上一辈人要用更长的时间才会公开承认一个长期的性伴侣。不过，尽管具体细节有所不同（20岁结婚在某些文化中算是晚婚，而在其他文化中则算过早结婚），但全世界的成人都在寻找长期的伴侣来满足对亲密感的需求，以及抚养孩子、分享资源和在需要时提供照顾。

几乎所有出生于1940年之前的美国居民都已婚（96%）。出生于1940—1960年的已婚人数要少一些（89%），其中有相当多的人已经离婚且并未再婚（16%）（U.S. Bureau of the Census，2011a）。相似的趋势在全世界范围内都能看到。日本的数据显示，1950年时，几乎每个日本人都已婚。其中有很多人是在20岁以前结的婚。现在，日本结婚的年龄晚得多（平均30岁），且估计有20%的人终生不婚（Raymo，2013）。

婚姻与幸福

从发展理论的角度来看，婚姻是一个很有用的制度。如果有另一个人全心全意地关心一个成人的身心健康，这个成人就能够活得风生水起；如果有一对在法律的要求上和情感上都能无私奉献的父母，一个孩子能够受益匪浅；如果每个人都能组建家庭，一个社会就能够强大。

从个人的角度来看，婚姻的结果有好有坏。当然，一段令人满意的婚姻能提升健康、财富以及幸福感，但有的婚姻并不令人满意（Fincham & Beach，2010）。整体来说，已婚人士比从未结过婚的人更快乐、健康和富有，但只是多一点，而不是多很多。

基于这个原因，把所有婚姻汇总起来求平均是有误导性的。有的婚姻在很长时间内都是很幸福的，大部分的婚姻带来的幸福在中等水平，有的则不幸福（见图22.2）。最不幸福的婚姻最终并不都是以离婚收场的，有些不幸福的人依旧维持着婚姻，而有些很幸福的人会离婚。婚姻最幸福的夫妻双方往往都对自己的婚姻很满意，但是在婚姻不幸福的夫妻中，一方满意而另一方不满意的情况并不少见（Brown et al.，2012）。

许多因素都与幸福有关，尤其是充足的收入和大学教育。与不幸福有关的因素则有未婚先孕、婚前同居以及在大五人格中的神经质这一项上得高分。

从历史的角度来看，女性对婚姻的期待更高，因而幻灭感更强，但这也有同辈群体和文化上的差异（Stavrova et al.，2012）。学历更高和收入更高的女性不仅更可能拥有幸福的婚姻，也“更可能……维持住它以及尽早脱离不幸福的婚姻。”

1990—2010年美国的离婚率

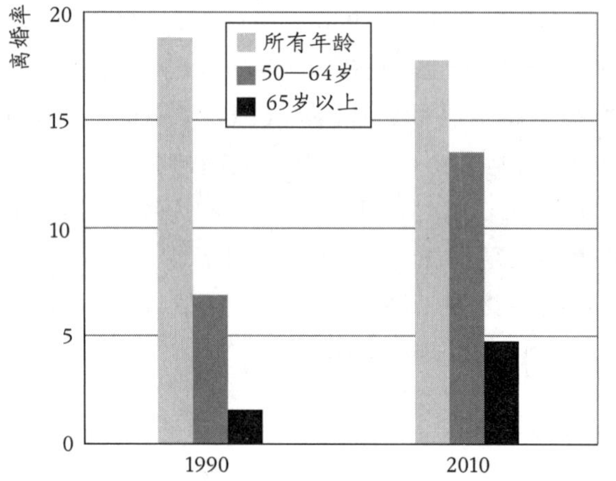

离婚率是各年龄段每年每1000人中新发生的离婚数

图 22.2

多年以后　刚结婚的青少年和初显期成人一直都是最可能离婚的群体。但是年龄较大的已婚人士的离婚率是几十年前的同年龄组的2倍。1990年，离婚时年龄在50岁以上的男性或女性只占10%，但现在已经占到了25%。

伴侣关系不一定是等同于婚姻。有结婚意向的同居者与为了方便而陷入同居的人是相当不同的。如果后者最终结了婚，他们幸福的可能性低于平均水平。对那些刚走到一起不到1个月就发生性关系的情侣来说也是一样的（Sassler et al.，2012）。【**生命全程链接**：第十九章讨论过同居。】

给年轻伴侣的问题　假如你现在处于一段动荡的关系中，两人一阵子很亲密，一阵子又有虐待行为，交替反复。你应该和这个伴侣分手吗？（答复见第552页）

出于做出的承诺和相互信任，一些情侣会怀着步入婚姻殿堂的强烈愿望而同居。结婚后的每一年，他们公开的和私下的相互承诺都更深一步，这使离婚的可能性降低了。许多迹象显示，这样的伴侣与随意结婚的伴侣不同。比如，相较于承诺较少的伴侣，他们有更多的子女，男方比有同等条件但未婚的男性有更高的收入，女方也会在家务上花费更多的时间（Kuperberg，2012）。

有相当数量的人找到了第三种拥有稳定伴侣的方法，这就是分住同居（living apart together，LAT）。他们有各自的住所，尤其是当情侣的年龄超过30岁时，他们在数十年内都像情侣一样生活（Duncan & Philips，2010）。

一对情侣是结婚、同居还是分住同居，除了受另一半的影响，还受其他人的影响。与前任所生的孩子，即使已经成年，也尤其具有影响力。许多父母之所以选择与现任伴侣分居，就是因为不想让与前任所生的孩子难过（de Jong Gierveld & Merz，2013）。

长久的伴侣

已婚、单身、离异这三个问卷上的选项并不能反映个人的幸福或爱情，特别是在跨越文化或跨越几十年的成年期里。爱很复杂，其本质是关系的功能而非结构。近年来，许多心理学家都对此进行过描述，其中一位这样写道：

> “我一生都在寻找爱情。在个人层面，经过一些错误的尝试之后，我找到了它。我的研究源于我现实生活中的爱情失败。通过这些研究，我试着去更深层地了解什么是爱情，它是怎么发展的，以及它为什么会成功或失败。”
>
> （Sternberg，2013，P98）

自1986年起，斯滕伯格就开始研究爱情的三个方面：激情、亲密和承诺。许多学者都探索了这个主题（Sternberg & Weiss，2006）。正如第十七章所说的那样，激情通常最先出现，接着相互信任产生了亲密，最后承诺带来了持久的关系。当所有这三项都很明显时，就形成了最圆满的爱情，即一种只能偶尔在婚姻中达到的理想状态。

大量研究发现，对于大多数人来说，承诺很关键。有长久承诺的伴侣关系和一生的健康及幸福都相关（Miller et al.，2013）。这种相关背后的原因，其范围极广，从人类内心深处渴求一个善于倾听和理解并且目标一致的人，到一个在每日饮食和锻炼上监督你并在病症出现时催促你就医的伴侣等琐碎的生活细节。

时间的流逝同样会造成差异。一般来说，蜜月期通常是快乐的，但是随着冲突的发生，挫折感也随之增加（见“大约在此时”专栏）（H. K. Kim et al.，2008）。伴侣们（包括已婚异性夫妻、相互承诺的同居者、同性情侣、分住同居的情侣）在第一个孩子出生之后，都会变得不如以前快乐；等孩子到了青春期，这种情况会再次出现（Umberson et al.，2010）。在这些年中，离婚的可能性升高了，但过了这段时间又会逐渐下降。

大约在此时

随时间变化的婚姻幸福感

结婚时间	特征
最初 6 个月	蜜月期——最幸福的时候
6 个月—5 年	幸福感下降，在这个阶段离婚的情况比后来的任何阶段都普遍
5—10 年	幸福感保持稳定
10—20 年	当孩子到了青春期时，幸福感有所下降
20—30 年	当孩子离开家后，幸福感有所上升
30—50 年	幸福感高且稳定，阻挡了严重的健康问题

并不总是这样：这些是总体趋势，通常会被更有影响力的事件掩盖。比如，有些夫妻为了孩子而还在一起，因而空巢期对于他们而言就变成了易发生冲突或离婚的时期。

然而，请记住，求平均的做法会模糊个体差异。有时，数据会因族群差异而割裂。在美国，亚裔美国人离婚的可能性比欧裔美国人低，而非裔美国人离婚的可能性比欧裔美国人高。族群差异既有文化的原因，也有经济的原因。任何鼓励人人结婚的大规模运动注定会让政治家、社会工作者以及参与其中的相关个体失望（Johnson，2012）。

出于文化方面的原因，一些不幸福的夫妻仍旧维持着婚姻，这可能会是一种持久的、充满冲突的关系。正如已经提到的，离婚的可能性随着时间的流逝而降低，但是这不表示结婚时间较长的夫妻就不会离婚。1990 年，50 岁以上的离婚者占总离婚人口的 8%；2010 年，离婚者中有 25% 的人是结婚 20 年以上的人（Brown & Lin，2013）。

另一方面，尽管同居伴侣比已婚夫妻更容易分手，但一些同居伴侣深爱着彼此，能一起快乐地养育后代。在研究发展时，了解趋势和潮流总是有用的，但并不是每一个个体都沿循趋势而行。

与已过时的印象相反，**空巢期**（当子女离开，家里再次只剩下父母的时期）通常是一段改善夫妻关系的时期。两个人待在一起，没有吵闹的婴儿、没有要这要那的孩子、没有叛逆的青少年，单是这些就可以改善夫妻间的亲密度。因为伴侣们终于可以只关注对方、关注双方都喜欢的东西了。

当然，时间不能修复每一段关系。无论伴侣在一起有多久，经济压力都会引起婚姻摩擦（Conger et al.，2010）。在重大危机的压力下，尤其是经济上的（比如，房子被银行取消抵押而遭拍卖，或者失业期的延长）或是关系上的（比如，有一个要求太多的姻亲，或者发生了婚外情），一段存在已久的关系可能会走向破裂。

男女同性伴侣

前面对异性伴侣的描述几乎也都适用于同性伴侣（Biblarz & Savci，2010；Cherlin，2013；Herek，2006）。一些同性伴侣对彼此忠诚、相互支持，这种亲密感让他们的情绪保持在健康状态。同性伴侣和异性伴侣一样，也会争吵，也有经济上的、沟通上的问题，也可能发生家庭暴力等。

和同性伴侣相关的政治和文化环境发生了显著的改变。在写作此书时，许多国家，包括加拿大和西班牙，都宣布了同性婚姻合法化。在美国，华盛顿特区和 17 个州（加利福尼亚州、康涅狄格州、特拉华州、夏威夷州、伊利诺伊州、艾奥瓦州、缅因州、马里兰州、马萨诸塞州、明尼苏达州、新罕布什尔州、新泽西州、新墨西哥州、纽约州、罗德岛州、佛蒙特州以及华盛顿州）也宣布了同性婚姻合法化。一些国家和美国的一些州还未做出决定，但大多数国家和美国的大多数州公开宣布同性婚姻不合法。人们的态度不稳定而且似乎变得很快，因此，就连几年前的研究都有可能不再准确了。

有一项研究结果似乎与所有的伴侣关系都有关。在每段关系中，与原生家庭的联系始终有其重要性。家庭纽带很重要，它与婚姻的法律效益不同，那些已同居多年、现因法律的改变而决定结婚的同性伴侣，就是其重要性的最好说明。

尽管法律、道德和经济论点（医疗保险、育儿等类似问题）通常会在关于同性婚姻的公开辩论中被引用，但这些情侣之所以选择结婚，一般并不是为了遵守法律，而是为了满足亲密需要。情侣们希望得到社会的认可，这种认可不仅来自亲人，也来自重要的陌生人。

在一项针对艾奥瓦州已婚男同性恋伴侣的研究中，一位男性决定结婚的理由如他描述他母亲的文字那样："我有了一个可以一起生活的伴侣……不过我想，尽管她接受了他，但是在她眼里，这不是能够永恒的东西。"（Ocobock，2013，p.196）另一位男性是这样描写他父亲的："他告诉我们，他为我们走出了这一步而感到骄傲，现在他不再只有三个儿子了，而是有四个儿子，这足以让人落泪。"（p.197）

在这项研究中，大多数家庭成员都持支持态度，但也有人不支持，这又一次在刚结婚的同性伴侣中引起了很深刻的情绪反应。有一位男士说："有时候……再也无法跨越的沟壑就此形成"（p.200）。在异性婚姻中也是这样，亲家们通常都会欢迎新婚的夫妻，但是如果他们不欢迎，这对夫妻的关系就很有可能出现问题。家族的影响很难被忽略。

在当前的和纵向的研究中，还没有哪一个能够从美国的总体同性恋人群中随机地、大量地抽取男女同性恋样本。许多研究都是为了证明同性婚姻有利或者有弊而设计的，这让人很难得出客观的结论。

比如，有些研究说，同性婚姻离婚的情况更不普遍，另一些研究则说更普遍，还有一些研究声称男男伴侣的离婚率高于女女伴侣。一份对丹麦、瑞典和挪威在15年间进行的研究的综述发现，对于这样的联姻，最大的恐惧和最大的希望均没有真正地变成现实（Biblarz & Stacey，2010）。

>> **答复年轻伴侣**（问题见第550页） 对此，不存在一个简单的答案，但是应该记住，虽然随年龄的增长，家庭暴力在减少，但分手的难度会逐年增加，特别是在有了孩子以后。

离婚与再婚

在这部分内容中，那些貌似孤立的、个人的、暂时的发展性事件被呈现为有内在联系的、有社会调节中介的、有持久性结果的事件。关系不会在真空里发展或结束，它们受社会和政治环境的影响。比如，一项涉及很多国家的研究发现，幸福感以及已婚或同居情侣分手的可能性会受到一个国家的民俗规范的强有力的影响（挪威最温和，罗马尼亚最具敌意）（Wiik et al.，2012）。

当伴侣中至少有一方相信如果没有婚姻自己会更加幸福时，就会发生离婚。美国人经常得出这个结论。自1980年以来，几乎有一半的已婚伴侣选择离婚或是永久性分居。（在初次结婚的伴侣中，超过1/3的人最终会离婚，而且他们在之后的每段婚姻中，离婚的可能性会逐段增加。）

一般来说，人们离婚是因为婚姻中的某些方面变得令人难以忍受。然而，他们通常没有意识到离婚将要带来的影响，包括收入减少，失去朋友，以及在当下及未来和孩子的联系会变弱（Kalmijn，2010；Mustonen et al.，2011）。

家庭问题不仅会牵扯到孩子（通常有抚养权的一方会变得更严厉，另一方会感到被排斥），也会影响其他亲人。离了婚的成人，其父母可能会在经济上提供支持，但是父母通常在情感上更具批判倾向。一些已婚的成人与姻亲的关系很好，但是在与伴侣分手后，这份亲密关系也会消失，导致社会护航的部分损失。

因为这些原因，当夫妻分手后，他们的亲密需要很少能得到满足。有时，离了婚的父母会将情感转移到孩子身上，这虽然对父母有益，但对孩子无益。即使父母避开了这个诱人的陷阱，但当父母沉浸于自己的情感时，也正是孩子们需要情感支持的时候（H. S. Kim，2011）。

有些研究发现，离婚给女性带来的痛苦比男性多（特别是她们的收入会减少），但是男性对亲密感的需求会迎来最大的风险。有些丈夫在陪伴和社会交往上依靠妻子，他们不习惯邀请朋友来家里做客或是电话聊天。离了婚的男性通常是孤独的，他们可能会与子女或孙辈疏远（Lin，2008a）。

通常情况下，分手后的双方各自会试图重新建立友谊，重新开始约会。在约半数的美国婚姻中，至少有一方是再婚的。再婚在社会经济地位上升时期更为普遍，而在已成为家长的离婚人群中不那么常见。族群也是一个影响因素，在美国，离婚的非裔母亲，特别是学历为高中以下的，很少会再婚（McNamee & Raley，2011）。

再婚最初能恢复亲密感，获得健康和经济保障。对于父亲们来说，与继子或是再婚后所生婴儿之间的纽带能取代与前一段婚姻中的孩子之间的紧张关系。这对男方来说是一件好事，但前一段婚姻的孩子无法从中受益（Noel-Miller，2013a）。

离婚会使人的抑郁和孤独感加重，重新寻找伴侣能使之缓解。大多数再婚的人在举行完婚礼后能立刻感受到幸福（Blekesaune，2008）。然而这种幸福感可能不会持续，因为人格不会变化太多。在第一段婚姻中长期感到不幸福的人，通常在第二段婚姻中也不感到幸福。

这个关于离婚的研究令人警醒。正如成年期发展的每一个方面，分手后的新的生活环境可能改善分手后的两人各自的生活，就算缺乏这种改善，有些人也能脱离离婚前常见的生活模式。如果离婚能够结束一段施虐性的、破坏性的关系（有1/3的离婚都是这样），它通常会使至少一方以及孩子受益（Amato，2010）。

此外，离婚有时会带来更强、更温暖的母子或父子关系。这能帮助孩子应对问题，不仅是在眼前，在未来的很多年对孩子也会有帮助（Velez et al.，2011）。但这种现象并不普遍。

小　结

原生家庭（相对于新生家庭）关系作为社会支持的来源，通常在整个成年期都很重要，特别是在父母和成年子女之间，还有兄弟姐妹之间。大多数人都在寻找并找到了能够作为亲密伴侣的爱人。每段关系都有自己的轨道，但是总的来说，幸福感会有起伏，在新关系形成的最初几个月达到高峰，在孩子非常小或孩子进入青春期时又会降到最低。对于异性和同性婚姻、同居伴侣以及分住同居的伴侣来说，都是如此。结束一段亲密的关系，特别是离婚，几乎总是很难。再婚可能会带来新的快乐和新的问题，特别是在涉及继子女时。

>> 繁殖感

根据埃里克森的理论，在亲密感对孤独感阶段之后，就是**繁殖感对停滞感**阶段。在这个阶段，个体会以一种关怀性的方式来追求拥有生产力的感觉。如果没有繁殖感，个体会体验到“一种无所不在的停滞感和个人贫瘠感”（Erikson，1963，p.267）。个体会以多种方式满足这种繁殖感，尤其是为人父母、照料别人和工作。

为人父母

尽管繁殖感有许多种表现形式，但最主要的形式是“安置和指导下一代”（Erikson，1963，p.267）。许多成人通过每天回应孩子的无数请求和未说出口的需求，来传递价值观，并因此获得了繁殖感。

本书已对儿童所取得的成就进行过全面的介绍，从完成布雷泽尔顿新生儿行为评定量表（第四章）到说出的第一句话（第六章），从心理理论（第九章）到取得学业成就（第十二章），都让那些对孩子上心的父母开心不已，而无论他们的养育工作做得是好是坏。要支持孩子取得这些成就，父母持续的关爱才是关键。

比如，要解释宝宝说出的第一个发音错误的单词、解读他的早期面部表情，对这个婴儿的熟悉就是很关键的。同样，要确定孩子的最近发展区，然后准确瞄准应在什么时候、以何种方式在家庭作业上给予指导，对这个孩子的人格以及智力能力的了解就是必须的。在许多方面，不仅是亲生父母，还有好的寄养父母，都会全身心地为特定而独特的人付出。正是这种投入带来了为人父母的快乐和忧虑。

亲生父母

关于父母的教养方式对孩子的影响，已在本书中讨论多次了。在这里，我们将关注点放在这个交互过程中的成人这一半上——教养方式对父母自身的影响。子女们会通过自己的个性、需求以及单纯的存在来影响父母。正如埃里克森（Erikson，1963）所说：“将子女对父母的依赖戏剧化——对此有一种颇为流行的坚持——常常蒙蔽了我们的眼睛，使我们看不到老一辈对年轻一辈的依赖。”（p.266）

大多数人都低估了做好父母的难度（Senior，2014）。的确，“在家庭生活中，养一个孩子可能是压力最大的一件事”（LeMasters，cited in McClain，2011）。可以理解，当亲密感（而不是繁殖感）成为一个人最主要的心理社会需求时，为人父母是一件尤其困难的事。正如已经提到的，第一个孩子降生时，婚姻幸福感会下降，因为对亲密感的需求有时不得不延迟满足。更糟糕的是青春期的人将生孩子作为寻找自我同一性的一部分，他们终究会发现事与愿违，但为时已晚。

在理想情况上，在建立亲密关系之后，许多人会寻求繁殖感，选择为人父母，心甘情愿地应对这一角色带来的许多压力。生育子女是繁殖感的一种需要高强度体力劳动的表达形式，它是“一种变革性经历”，在孩子还小的时候，总是付出多于回报（Umberson et al.，2010）。

随着父母对自己个人认同或亲密关系关注的减少，子女可能会使他们重新调整自己的视角。好父母的标志之一是，能认识到婴儿的哭闹是一种沟通，而不是自私的表现，而且父母对子女的关注应该多于子女对父母的关注（Katz et al.，2011）。

关爱可以通过很多方式表达。有一项研究调查了一些几十年前在高中成就测验上数学能力排在最前 0.01% 且取得了大学以上文凭的男性和女性。这项研究发现，在为人父母后，男女都发生了变化。父亲们更加努力工作，以获得更高的社会地位和收入，母亲们则变得更加关注社区和家庭（Ferriman et al.，2009）。

养育孩子是一种充满活力的经历，考验了每一对父母。正当他们认为自己已经掌握了育儿的艺术时，子女们又长大了一截，提出了新的挑战。在几十年的家庭生活中，父母们必须不断自我调整，以适应新出生的孩子、学校的压力以及青少年寻求独立等情况。个人空间和收入好像总是不够，而且几乎每一个孩子在某些时候都需要额外的爱护和关注。家庭规模和家庭问题之间的正相关似乎在全世界都存在，至少在子女们长大成人之前是如此（Margolis & Myrskyla，2011）。

当成年子女有了自己的孩子时，会带来额外的乐趣和负担。祖孙关系开始了，一般来说是在个体 50 岁前后，并且将持续数十年。**【生命全程链接：**第二十五章将讨论祖孙关系的复杂性。**】**

特别是当孙辈的父母出现问题时，全世界的祖父母都相信，他们有责任帮助孙子或孙女（Herlofson & Hagestad，2012）。这也成了繁殖感的另一个来源，但它会受到国家政策、习俗、性别、亲子关系以及两代成人的经济资源的影响。

亲生父母更容易通过为人父母来获得繁殖感，因为他们知道，他们与孩子在基因上有着紧密的联系。特别是当怀孕是按计划进行的（在美国，大约 1/3 的怀孕不是有计划的），而且当父母双方都想要这个孩子的时候（有的父亲拒绝成为父亲并离开了孩子的母亲，特别是在缺少承诺时）（Guzzo，2013），养育孩子可以满足父母的需求。无论如何，就连计划外的孩子都可能让人产生一种强烈的、富有繁殖感的且能支撑父母对彼此的爱恋的感情。

在北美，大约有 1/3 的成人成了收养父母、寄养父母或继父母。这也是繁殖感的表达吗？是的，有时候是。非亲生父母也有大量满足繁殖感的机会。但是当他们在抚养孩子的过程中遇到挑战时，也同样体会到了鲜明的脆弱感。

收养父母

比起寄养父母和继父母，收养父母有一些优势。他们一生都与他们的孩子有法律联系，而且他们极其想要孩子。现在的收养通常是“开放的”，也就是说，孩子的亲生父母认为让其他人来做孩子的父母可能更好，又想与孩子保持一些联系。孩子也知道这种安排，而两对父母和孩子本人都能从中受益。

在收养关系中，通常也能形成强烈的亲子依恋，特别是当孩子在婴儿期就被收养时。如果孩子在稍微大一点的时候（4—7 岁）被收养，也有可能建立安全的亲子纽带，尤其是当收养母亲与其本人的母亲之间有强烈的依恋关系时（Pace et al.，2011）。

然而，有些被收养的孩子已经在福利机构中度过了他们人生最初的几年，从来没有对任何人产生过依恋，这使做收养父母更难了。这种孩子可能害怕去爱任何人（St.Petersburg-USA Orphanage Research Team，2008）。DSM-5 用新的反应性依恋障碍诊断来识别这类孩子，这种障碍同样会发生在亲生的孩子身上，但是发病率要低得多。

你可能还记得，青春期（在这段时间里，青少年寻找着自我同一性）可能会给任何家庭带来压力。这个阶段对于收养家庭来说尤其是问题，因为所有的青少年都想知道他们的基因和族群根源。一个感到自己被收养家庭深爱着并被悉心照料着的女大学生解释说：

“有时候为了气我的父母，我可能会（很愚蠢地）说希望自己被送给其他家庭，但我不是真的那么想。可是当我见到了自己的亲生家庭时，我绝对可以看出来我们有联系，我和他们是那么合得来。我猜我和亲生母亲有着非常相像的态度，并且能做出和她一模一样的鬼脸！这确实让我感觉到了天性的强大。”

（A.，2012，私人交流）

一项对于收养父母与孩子关系的纵向研究发现，父母对孩子青春期行为的反应很关键。太严厉或是太消极的教养方式对于青少年都没有帮助，但是持续的、支持性的教养方式是有帮助的（Klahr et al.，2011）。

在更大的文化中，态度通常会加剧收养父母和孩子间的紧张感。比如，认为亲生父母才是“真正的”父母，这种错误的观念是一种普遍的社会建构，妨碍着安全的亲子关系的发展。跨国和跨族群的收养有一定的争议，因为有些人担心这种收养会导致孩子离开他们的文化传统。

经历了复杂的跨国和跨族群收养的父母们通常会为他们收养的孩子付出很多。他们完全可以算作“真正的”父母，会努力在孩子感受到歧视之前保护他们免受歧视的伤害。例如，一对白人夫妇领养了一个混血孩子。3年后，他们想再领养一个孩子。这次他们说：“我们向女儿承诺会收养一个棕色或黑色皮肤的孩子。所以我们拒绝了两个领养推荐。”这些父母已经注意到了陌生人的眼光，不想让收养的第一个孩子成为唯一一个深肤色的家庭成员（Sweeney，2013，p.51）。

许多这样的收养父母会找多族群家庭做朋友，并且会教这些孩子认识他们自己国家的文化，告诉他们今后有可能遇到哪些偏见。同样，“种族社会化”通常会在少数民族家庭的亲生子女身上发生。

事实上，所有父母都在寻找能让孩子抵抗种族歧视压力的方法。若收养父母这样做了，经常遭受偏见的青春期孩子（不是那些较少遭遇歧视的孩子）体验到的压力会更少，因为他们的收养父母已经让他们做好了准备（Leslie et al.，2013）。

继父母

继子女的父母通常会发现，他们正经历的情况远比预期的复杂。新的继子女的平均年龄是9岁。这些孩子一般都先与亲生父母一起生活了一段时间，接着又与单身的父亲或母亲、祖父母、不一起居住的父母、其他亲戚或者收费的照料人员一起生活过。

对孩子来说，变化总是具有破坏性的（Goodnight et al.，2013）。它带来的影响是可以累积起来的，典型的表现是许多孩子在青春期的某个时刻会情绪爆发。给这种孩子做继父母是非常困难的，特别是当孩子正经历着诸如转学、换朋友或青春期变化的时候。孩子们有时为了应对这种变化，会与亲生父母保持牢固的情感依恋。

这种应对方式是正常而且有益的，但会阻碍他们与继父母建立关系。可以理解，新来的继父或继母既要尝试做孩子的家长或朋友，又要与孩子争夺其生父或生母的关注与爱，任何一个这样的成人，都是孩子的怀疑对象。

继母们可能希望通过爱和理解来修复一个破碎的家庭，而继父们可能相信他们的新子女会接受一个仁慈的纪律检查官。通常，亲生父母选择新伴侣也是为了给孩子一个比以前更好的父亲或母亲。新的继父母们可能对这一角色很期待，部分是由于他们通过一个带有偏见的报告者，即他们的新伴侣，对以前那位家长有所了解。刚结婚的夫妇会期望他们的继子女对新的家庭感觉良好。

孩子们很少会符合这些期望。他们通常都带着敌意或是疏离的（Ganong，2011）。年幼的继子女会生病、离家出走、意外受伤或在学校捣乱，青春期的继子女可能会怀孕、醉酒或者被逮捕。这些都是孩子们渴求特别关注的标志，而且他们可能会故意让继父母生气和怨恨，以致一反以前关爱和耐心之常态。如果大人们在这种情况下反应过激或者漠不关心，两代人之间会变得更加疏远（Coleman et al.，2007）。

继父母们普遍抱有较高的希望和期待，只有极少数人——无论是不是亲生父母——能日复一日地实现获得繁殖感的理想（Ganong，2011）。一些继父母则走向了另一个极端，会对孩子保持冷漠。这绝非建立幸福家庭的好方法。

继父母们知道，他们与继子女的关系依赖于他们与新伴侣的关系，而且他们意识到了批评孩子或者批评伴侣对待孩子的方式可能会破坏婚姻。一些继父母与继子女建立了良好的关系，尽管他们知道，万一他们的婚姻像约半数的二次婚姻那样解体了，他们与继子女的联结将会消失（Noel-Miller，2013b）。

继子女给继父母的婚姻带来了意外的压力，这并不令人惊讶（Sweeney，2010）。一个理论解释是，因为对继父母角色的法律和规范不清晰，所以人们在期待另一半做什么或不做什么上相互争斗（Pollet，2010）。这些都不代表继父母不能获得繁殖感，但会警告他们在其中遇到许许多多的困难。

寄养父母

寄养父母是所有父母角色中最难扮演的一种，但也最有可能获得繁殖感。典型的寄养子女有某些情感上和行为上的需求，需要大人高度投入。因此，寄养父母需要对每个孩子都投入更多的时间和精力，远远超过亲生父母的投入。但是社会环境往往会贬低他们的付出（Smith et al.，2013）。他们之所以成为寄养父母，心理社会原因通常多于经济原因（Geiger et al.，2013）。而社会环境和孩子本身都会引发问题。

首先，让我们来看看下面这些情境。2011 年，美国寄养服务系统里估计有 400 650 名儿童（Child Welfare Information Gateway，2013），尽管这有时能将儿童从严重的家庭虐待中拯救出来，但是公众仍然批评和贬损寄养父母们（Smith et al.，2013）。寄养父母所付出的照料是有偿的，但是他们的报酬一般比临时照顾幼儿的人的或比他们从传统工作中所能获得的要少得多。大多数寄养父母觉得，自己对于这个角色没有准备充分或没有获得足够的支持，而且对那些只关注非典型寄养家庭的公众报道感到心寒。

再有，大多数寄养儿童被寄养父母照料的时间少于一年，因为对于约半数的孩子来说，目标是和亲生父母再次团聚，对于其他孩子则有准备好的收养计划。寄养儿童通常会因为与寄养父母的希望、能力或感情无关的理由而从一个寄养家庭搬到另一个寄养家庭，或者从寄养家庭回到曾虐待他的家。这使得寄养父母尤其难以与孩子建立一种富有繁殖感的依恋关系；如果他们成功了，那真值得加倍敬佩。

孩子自身也会增加其难度。刚进入寄养服务系统的孩子的平均年龄为 7 岁（Child Welfare Information Gateway，2013）。许多孩子早期都在他们的原生家庭生活过几年，对其有着依恋关系。这种人与人之间的纽带在正常情况下是有益的，不仅对孩子来说如此，对成人来说也一样。

然而，有时亲生父母忽视或虐待孩子到了严重伤害孩子的程度，而孩子对亲生父母的早期依恋会阻碍他与寄养父母建立关系。而且，孩子也知道，他们与寄养父母的关系可能因为一些与照料质量或关系远近无关的原因而被切断。大多数的寄养孩子都经历过长期的虐待，并且亲眼见过暴力，因此他们通常会对任何一个成人保持怀疑（Dorsey et al.，2013）。

所以，这种孩子的成年看护者（在寄养家庭或是在寄养机构）会面临一个两难的局面："是'爱'这些孩子，还是保持最不敏感或最低互动性的、冷静冷漠的姿态"（St. Petersburg-USA Orphanage Research Team，2008，p.15）。建立一个充满爱的纽带对于寄养父母和孩子来说当然更好，但是之后的分离对双方来说都将是痛苦的。

能实现繁殖感的照料并不是抽象的，它涉及具体的照料者和被照料者，因此需要努力做好每一件事，来促使寄养父母和孩子产生依恋关系。对发展的常态有认识的成人，也就是那些不期望孩子比同龄人更聪明或表现更好的人，更有可能因他们的寄养子女而感到快乐，这对他们的关系来说是好兆头（Bernard & Dozier，2011）。

给予照料

给予照料是一个贯穿终生的过程，正所谓"生命始于照料，终于照料"（Tally & Montgomery，2013，p.3）。就像前文所说，育儿是一个主要的例子，但不是唯一的例子。

正如埃里克森（Erikson，1963）所言，一个成熟的成人"需要被别人需要"（p.266）。一些照料要求满足诸如喂养、清洁等身体上的需要，但是许多照料涉及满足另一个人心理上的需要。那个人可能是一个孩子、一个配偶、一个家长或者其他什么人，但是不论被照料者是谁，照料都是成年期繁殖感的组成部分。

这件事并不简单，也不应该被认为是理所当然的。一项研究得出的结论是这样的：

> "花时间和精力给他人提供情感支持是家庭的重要工作之一，我们必须重新定义这个概念……不论是何种形式的照料，都不仅仅需要发自内心，还必须对它进行管理、关注和指导，才能在被照料者身上产生期望的效应。"
>
> （Erikson，2005，p.349）

如上，照料包含了回应那些需要知己、啦啦队队长、咨询师或亲密朋友的人的情感需求。父母和孩子互相照料，伴侣间也是如此。邻居、朋友和远亲也可以成为照料者。

家族守护者

大多数大家庭中都有一个**家族守护者**，也就是负责维持沟通的照料者。家族守护者会在节日里将大家召集在一起；传播家人生病、搬迁或取得成就的消息；为特殊的场合买礼物；提醒家人彼此的生日和周年纪念日（Sinardet & Mortelmans，2009）。家庭成员们在家族守护者的引领下，变得更有生产力。

50 年前，家族守护者几乎总是女性，通常是一个大家庭中的母亲或祖母。现在，由于家庭规模变小，性别平等更加明显，一些男性或者年轻女性也成了家族守护者。

然而，总的来说，家族守护者还是一些有成年孩子的中年的或更年长的母亲。这个角色可能看上去任务繁重，但是照料家族能带来满足感和活力（Mitchell，2010）。最好的照料者会分配任务，与别人分享家族保持工作也是一种繁殖感。

有时，一个家庭成员需要做更多的事，超出了保持家庭团结的任务范围。因为在代际层次结构中，中年人的角色就是既要照顾老人，又要养育或照顾下一代。

中年人曾被称为**三明治一代**，这个词语使人想起夹在两片面包中间的、被压扁的那一层东西。这个比喻显示了中间的一代被年轻的和年长的亲人的需要挤压在中间。虽然这个三明治的比喻很生动，但是给人一种错误的印象（Gonyea，2013；Grundy & Henretta，2006）。（见“可视化发展”专栏。）

中年世代并没有被“挤压”。和不再与成年子女来往的人相比，需要为成年子女提供经济和情感支持的年长的成人陷入抑郁的可能性*更小*（Byers et al.，2008）。同时，所谓的挤压着父母的成年子女世代其实也是照料者。他们的照料通常不是经济上的，而是文化上的。他们会帮助父母理解当代的音乐、媒体和科技，帮他们设置手机、发送电子照片、修理计算机故障等。

中年世代照顾父母通常不是问题。大部分 60 岁以上的人依旧相当自负，并且具有照顾自己的能力。如果他们需要照料，通常会求助于配偶、另一位老人或收费的照料者。这样，成年子女以及孙辈虽然是照料团队的一部分，但是并没有像三明治一样腹背受敌。【**生命全程链接：**第二十五章详细讨论了照料年长者的问题。】

照料任务的分担能使家庭团结，聪明的家族守护者通常能做到这一点。

文化与家庭照料

亲情的具体细节依赖于许多因素，包括童年期的依恋、文化规范、每一代人的经济条件和实际资源。一些文化假设，上了年纪的父母应该和子女一起生活；另一些文化则认为老人应该尽可能久地独自生活，然后再搬去可以提供照料的住处（Parveen，2009；Ron，2009）。

对家庭成员互相依赖的期待有明显的族群差异。一般来说，少数民族家庭成员间的联系比非少数民族更紧密。他们更常看望对方，他们会与彼此分享食物、钱财，分担对孩子的照料等。尽管人们可能假设亲密意味着爱，但尤其是对少数民族来说，亲密有时会增加冲突（Voorpostel & Schans，2011）。

照料长辈的责任是儿子的还是女儿的，在这一点上存在文化差异。传统的亚洲国家的观念是由儿子来照料父母，这和大多数西方国家的观念不同。然而，对于由儿子（和儿媳妇）提供照料的重视，在不同的家庭和不同的国家及地区之间也不同。例如，在中国大陆，老人通常会和儿子住在一起；但是在中国台湾，老人通常是和女儿住在一起（Chu et al.，2011）。

正如你可能会想到的那样，如果一对夫妻对照料长辈、支持已经长大的孩子或相互依赖的想法存在分歧，就可能产生冲突。从心理学视角来看，如果成人不只要照料自己，还要照料他人，会更幸福，但是这种照料何时发生、如何发生，会因个体、家庭和文化的不同而不同。

就业

除了育儿和照料家人，繁殖感的另一个主要来源就是就业。大多数有关工作的社会科学研究关注经济生产力。这的确是一个重要的问题，但不是人类发展研究的核心。在这里，我们关注的是成年期就业的心理成本和收益。

从许多用来描述健康成人发展的术语——如*繁殖感、成功和尊重、有用感以及成就感*——可以

可视化发展

成年期的照料

与以前的任何时候相比，如今老年人的预期寿命更长而且经济环境更具有挑战性，这意味着有更多的成人现在必须满足他们年迈的父母、孩子甚至孙辈的需要。抚养孩子是导致绝大部分成人经济拮据的原因，而照料年迈的父母常常既会带来压力，也会带来回馈，还需要亲力亲为。尽管有这些负担和随之而来的压力，但被夹在中间的人和没有这种困扰的人一样快乐。这或许表明，亲密的家庭关系带来的好处超过了责任带来的压力。

成年期的生活（18岁及以上）

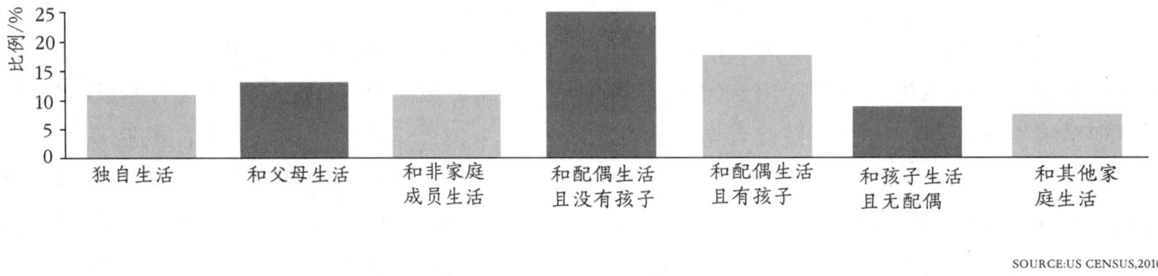

对家庭成员的支持

更多的成人会支持他们的孩子、孙子和父母。几乎一半的成人（25—65岁）正在给他们已经长大了的孩子或年长的父母提供一些经济上的支持。

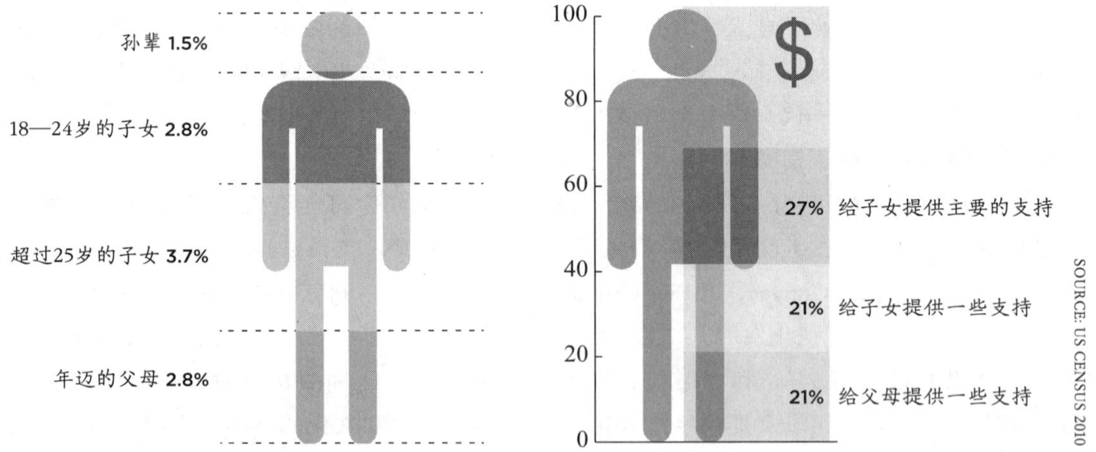

16%的65岁以下的成人会为65岁以上的人提拱一些照料，两者的关系有以下几种：

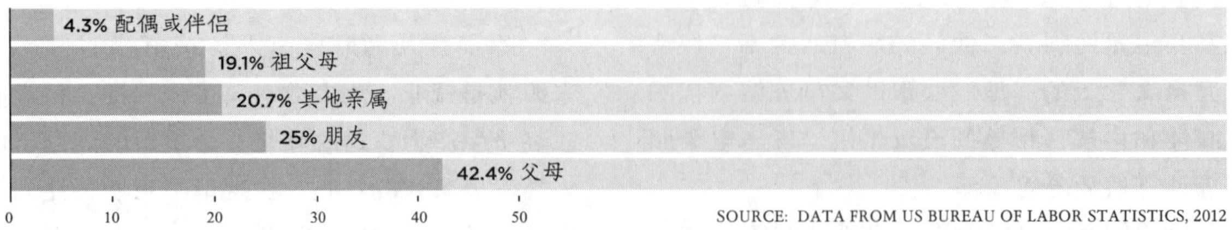

明显看出，成人有许多心理需求可以通过工作来满足。反过来也成立：失业与标志着心理需要没有被满足的行为和状态有关，比如更高比例的儿童虐待、酗酒、抑郁症以及许多其他社会和心理健康问题（Freisthler et al.，2006；Wanberg，2012）。与同龄人相比，找不到工作的成人其死亡的可能性高出60%，40岁以下的人尤为如此（Roelfs et al.，2011）。

工资和福利

收入可以用来支付生活开销，但是它的作用远不止于此。从托斯丹·韦伯伦（Thorstein Veblen，1899/2008）开始，社会学家就在描述炫耀性消费，也就是人们购买物品（比如豪车、嬉皮风格的墨镜、MP3播放器）主要是为了炫耀。举家搬迁到更加富裕的社区不仅是为了安全，还是为了（显示）地位。当人们情绪低落的时候，他们会购买更多的东西；钱可以说是情绪转换器（Cryder et al.，2008）。

人类既然有这个特征，那么加薪和提高奖金能够提升工作动力就不足为奇了。但令人惊奇的是，绝对收入（例如，无论一个人一年赚3万、4万还是10万美元）并不那么重要，重要的是一个人的收入与同行或邻居的收入相比，或者与自己一两年前的薪酬相比，处于什么水平。削减工资不仅有经济上的影响，也有情绪上的影响。

不公平感是与生俱来且普遍存在的，已经写入了人类的大脑（Hsu et al.，2008）。意识到这个事实，有助于解释成人对待工资的态度。一个针对在1年内留在或离开工作岗位的护理助手的详细的纵向研究发现，决定他们去留的显著因素是尊重、同事关系和医疗保险，而不是工资（Rosen et al.，2011）。

在美国，许多人被公司高管奇高的工资所触怒。这解释了为什么“我们是99%”这一口号在2012年美国总统选举前有如此大的影响力。不满的直接缘由不是工资、福利和工作条件，而是如何制订这些政策：如果员工能够在合理地设置工资的过程中起作用，他们会更加满意（Choshen-Hillel & Yaniv，2011）。如果那些决定工资水平的人看起来有偏好，特别是如果性偏好和裙带关系看起来比绩效更受重视，员工就会感到压抑。

相信他人有不公平的优势是人类本性的一部分。女性抱怨男性的工资更高；一个族群的成员可能因为收入或福利而怨恨另一个族群；年轻员工不满老员工职位高；而老员工可能抱怨年轻人贡献少；等等。这并不是在否认歧视的存在：所有这些抱怨都源自现实和人类的本性，但是人类大脑的一部分似乎对感觉到的不平等高度敏感。

一个相关的问题是，人们倾向于抓住已有的任何东西，不愿为了追求更好的东西而冒失去它的风险（Kahneman，2011）。这个特征被称为风险厌恶，它解释了为什么接受政府支付的医疗保险的老年人会激烈地保护这项福利，并且担心如果将同样的福利推广给年轻人，他们自己的利益可能会减少。任何有利于多数人但会伤害少数人的就业条件的改变受到少数人抵制的可能性大于受到多数人欢迎的可能性。

为了理解人类发展，不能只考虑收入的问题，也要考虑工作能带来繁殖感的一面。并且要考虑如果工作不能带来繁殖感，那么个体有可能如何应对。

工作提供了一个日常生活的框架、一个人际交往的环境、一个社会地位和成就感的来源。此外，工作会通过使人们能够做下列事项，来满足对繁殖感的需要：

- 发展和使用个人技能。
- 表达创造性能量。
- 作为师傅或朋友给同事提供帮助或建议。
- 支持家庭的教育和健康。
- 通过提供物资或服务来为社区做贡献。

这些事实强调了**工作的外在奖赏**（有形的福利，比如工资、健康保险和养老金）与**工作的内在奖赏**（实际做这份工作带来的无形的满足感）之间的区别。繁殖感是内在的奖赏。

这些奖赏的效力可能受到年龄的影响。当年轻人最初被录用时，外在奖赏一般更加重要（Kooij et al.，2011）。几年过后，在发展转变中，“工作的内在奖赏——满意度、与同事的关系和对有意义的活动的参与感——随着个体年龄的增加而变得更加重要”（Sterns & Huyck，2001，p.452）。

内在奖赏的效力解释了为什么与年轻员工相比，年长员工的平均缺席率和迟到率更低，而且会更加努力将工作做好（Landy & Conte，2007）。他们对做什么、什么时候做、如何做有更多的决定权。通常，随年纪而来的自主性缓解了压力，提升了奉献精神。

然而，老板似乎偏爱年轻员工，这至少有一个好理由：年长的员工通常工资更高。老板在考虑老员工的成本和效益的同时，也应该考虑再培训的成本，以及给老员工提供“过渡”岗位让他们做半职工作的好处，这也是在全职工作和退休之间的过渡（Kanfer et al.，2013）。从发展的视角来看，这是最好的。

不断变化的职场

很明显，工作在不断变化，这影响着成人的发展。在这里，我们仅仅关注三个问题：员工的多样性、换工作和轮班制。如今谁有工作和有什么样的工作的问题已经发生了急剧的变化，而且在全世界都一样。我们使用美国的统计数据作为一个明显的例子。

50 年前，在美国的劳动力中，74% 为男性，89% 为非西班牙裔白人；2012 年，53% 的劳动力是男性，65% 是非西班牙裔白人（16% 的西班牙裔，12% 的非裔美国人，5% 的亚裔人和 2% 的混血）（见图 22.3）。军队也变得更加多样化了。在 20 世纪上半叶，现役女性军人和少数族群军人的比例低到可以忽略不计。在 2011 年，美国军队中有 15% 的女性和 37% 的少数族裔（U.S. Department of Defense，2012）。

1980年和2012年美国不同族群的劳动力

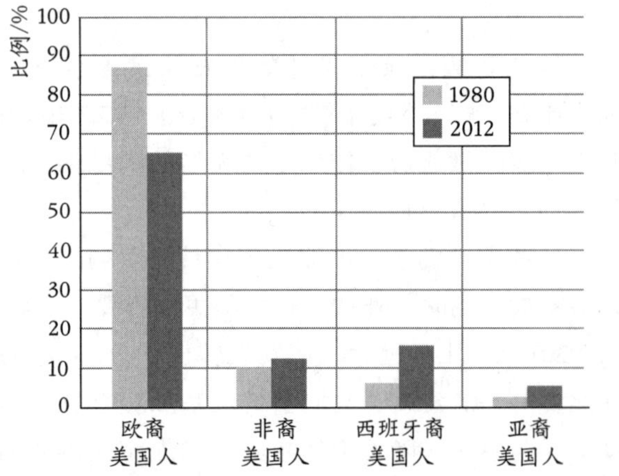

来源：Bureau of Labor Statistics，2012a.

图 22.3

职场中的多样性 美国劳动力中非白人的比例在增加，就连排除了低薪员工的美国劳工部统计数字都显示出了这一点。接下来的挑战是女性和少数族群在各种职业、管理岗位和工作场所的比例分布要更加合理。

这种多样性的增加也发生在职业种类上。比如，1960 年，男护士和女警察非常罕见，可能只占了 1%。在现在的注册护士中，男性占 13%；在警察中，女性占 9%。虽然目前的比例依然不平衡，但变化非常明显。尽管职业歧视在性别和族群上依旧明显存在，但是比以前少了很多。

这些变化给如果生活在过去几十年中将会找不到工作的几百万成人带来了好处，但是它也要求员工和老板对他们过去没注意到的差异保持敏感。年轻的成人可能有优势，因为他们更可能接受多样性，一个 25 岁的员工不会因为有一个女老板而惊讶。年纪大的人也有他们的优势，如果他们的生活经验使其对族群和其他差异变得敏感的话。然而即使在今天，员工可能还是会被其他群体的人出于好意却不当的言语和行为所困扰，正如下面解释的那样。

第二个变化发生在工作稳定性上。因为辞职、解雇、招聘变得更加频繁了，员工与以前相比，会更加频繁地变换工作。老板们永远在裁员、重组、搬迁、外包或合并。曾经宣扬的存在于员工与老板之间的忠诚，现在变得很少见了。

这种就业市场的灵活性可能增加公司利润、员工福利和消费者的选择。然而，不稳定的就业影响着人的发展，而且不一定是利好的。随着每一次的改变，职场友谊被中断，压力增加。一项研究发现，与不常换工作的人相比，36 岁时还在频繁换工作的人到了 42 岁时发生健康问题的可能性高出 3 倍（Kinnunen et al.，2005）。这项研究控制了吸烟和饮酒因素，如果没有控制，换工作对健康的影响会更大。

随着成人年纪变大，失业带来的压力会增加，有以下几个原因（Rix，2011）：

1. 资历带来了更高的薪水、更多的尊重和更好的技能；离开已经做了多年的工作，会失去这些优势。
2. 当今就业所需的许多技能是年纪大的求职者在数十年前没有学过的，他们被雇用的可能性更小。
3. 虽然年龄歧视是违法的，但是员工认为它是广泛存在的。即使不存在，刻板印象的威胁也会降低求职的成功率。

4. 变动削弱了长期存在的亲密感和繁殖感。

从发展的视角看，最后一个因素是关键。想象你是一个一直生活在密歇根州的 40 岁的成人，你的老板破产了。你努力找工作，但是没有人雇用你，一部分是因为密歇根州是美国失业率最高的州之一。你愿意搬去西边 1600 公里外的、失业率只有密歇根州的 1/4 的北达科他州吗？

如果你失业了又欠着债，而那里又保证如果你去了就有一份新工作，你可能会搬去。你将离开你的朋友和社区，但至少你将有一份薪水。可是你的配偶和孩子会为了和你一起搬迁而放弃他们的工作、学校和社交网络吗？如果不会，那么你将和你的社会支持系统中断联系；如果他们选择跟随你搬迁，他们的衣食住行都会更昂贵，而且学校可能过度拥挤，他们的生活将会是孤独的（至少一开始时是这样）。对于你和任何跟你一起搬家的人来说，搬迁意味着失去亲密感，这对心理社会性的发展是有害的。

对于移民来说，困难会成倍放大。移民占据了美国成年劳动力的 15% 和加拿大的 22%。他们中的许多人在住房、工作和社会支持上依赖其他移民（Carcia Coll & Marks，2012）。这能满足他们对亲密感和繁殖感的一些需要，但是他们与原生家庭及朋友的联系会因距离而紧张，气候、食物和语言也都难以适应。

这些发展上的需求被许多企业家和员工忽视了。成人对亲密感和繁殖感的需要会通过发达的社交网络得到满足。如果没有社交网络，成人的心理和生理健康状况将变差。

出勤时间安排

工作不再总是遵循朝九晚五、周一到周五式的时间表。在美国，仅有大约一半的员工按照传统的时间表工作，年轻的父母尤其可能按非标准的轮班制工作。

工作满意度的一个关键变量是员工能否选择自己的工作时间。自愿有偿加班的员工通常是满意的，但是被要求加班的员工就不是（Beckers et al.，2008）。不管员工多么有经验，他们的职业是什么，或者他们住在哪里，在这一点上都是一样的。

举例来说，美国的一个对 53 851 名年龄在 20—59 岁的护士进行的全国性研究发现，在每个同辈群体中，被要求加班都是导致工作满意度下降的因素之一（Klaus et al.，2012）。同样，一项对中国的办公室员工的研究也发现，被要求加班的程度与低满意度及更差的健康状况相关（Houdmont et al.，2011）。显然，尽管工作（有偿或无偿）对每个成人来说都是令人满意的，但工作时间太长和不能自主选择的工作，会削弱心理和生理上的受益。

周末的工作，特别是伴随强制的超时工作，尤其有碍于父子关系，因为"家庭生活的正常节奏受到不规律的时间表的冲击"（Hook，2012，p.631）。一些国家限制雇主对育儿中的员工提各种要求，美国则不是这样（Gornick & Meyers，2003）。

在理论上，兼职工作和个体经营可能会提供机会让人能成功地平衡相互冲突的需求。但是事实并不符合理论假设。在许多国家（除了荷兰，那里的半数员工都是兼职），兼职工作的报酬通常过低。而且在许多国家，医疗保险或养老金等福利只提供给全职员工。因此，人们会尽量避免兼职工作。

在有年幼孩子和不标准的出勤时间表的双职工夫妇中，约有 1/3 的夫妇选择一人去工作，另一人留在家里。特别是母亲，更可能会重新安排吃饭和睡觉的时间，以便能和孩子待在一起（Hook et al.，2012）。然而，夜班工作和其他非标准工作时间，尤其是当遭遇了超时工作时，与个人方面、人际关系方面、育儿方面的困难都有关（K. D. Davis et al.，2008；H.Liu et al.，2011）。

给企业家们的问题 假设你正在开始做一项生意。中年人将在什么方面对你有所帮助？（答复见第 563 页）

亲密感与繁殖感结合

一个关于加拿大成人的大型研究发现，在他们的苦恼中，约有一半跟就业有关（工作环境、工作支持、职业、职位的安全），但是有同样多的苦恼与家庭问题（有不到 5 岁的孩子、来自家庭的支持）和个人职场能力有关（Marchand et al.，2012）。

要找到理想的平衡点，至少有三个因素能有帮助：足够的收入、可选择的出勤时间安排和社会支持。作为家庭成员之间的生活关联性的例子之一，丈夫和妻子通常会适应对方的需要，这使他们

科学视角

适应多样性

要适应一个多元化员工队伍的各种敏感性和需要，所要求的远不止重新考虑自助餐厅的菜单和假期日程表，可能还需要设立用于哺乳的私人空间、修订着装指导方针、设计新的办公室和修改管理条例。事实上，需要什么要由员工的特殊文化来决定——被一些人拒绝的条件，会令另一些人很满意。

某些词语、政策、玩笑或言谈举止对一个群体来说可能无伤大雅，但是对另一个群体的人来说是怀有敌意的。比如，在建筑公司的办公室，女性员工反对男同事张贴性感的美女日历，男性员工却习以为常。研究者已经开始探索"微攻击"了，即一个人未注意到的、对另一个人来说似乎具有攻击性的小事（Sue，2010）。

微攻击可以被任何由于族群、年龄、性别、性取向、宗教或其他任何事而感到与众不同的人感受到。举个例子，一个研究组发现，年纪大的员工在职场特别可能体验到微攻击，但一些年轻的男性也注意到了指向他们的微攻击（Chou & Choi，2011）.

类似"老年健忘""色盲""女性""模范少数民族"等的评论可能被感知为具有攻击性，即使评论者相信这些词是有益的，而不是伤害性的。员工和老板不仅需要注意公然的种族主义或性别歧视，还要注意那些可能被理解为有偏见的评论或行为。

作为夫妻能够让生活运转得比单身时好（Abele & Volmer，2011）。例如，平均来说，婚后的男性在工作上花了更多时间，女性在家庭上花了更多时间。结果，婚后5年，男性的工资明显高于他单身时所能挣到的工资，他们的家庭也明显更融洽了（Kuperberg，2012）。

如果他们有孩子，夫妻会调整工作和照料孩子的时间表，通常是母亲减少工作，但也不一定。有时可能是父亲外出工作的时间更少，而母亲更多。当母亲做全职工作时，父亲陪伴孩子的时间通常会多得多，母亲做的家务更少（Abele & Volmer，2011）。如果失业的危险来临，伴侣双方会为即将改变的生活做好准备（Sweet & Moen，2012）。这些调整能够减少成人抑郁的发生，尤其是对女性来说。

也许，今天的双收入家庭、灵活的工作时间等变化使男性、女性和孩子的生活都变得更好了。他们有更多的方法安排生活，以使家庭能够作为一个整体运转良好（Bianchi & Milkie，2010）。

育儿和就业这两个需求是同时出现的，许多伴侣受其所困。他们经常推迟生育，母亲常常更早或更长时间地工作，超出她所希望的程度。在这一点上，国家和国家之间有差异，因为各国有不同的关于产假、儿童保健和医疗保险的政策，会影响人们的决策（Lyonette et al.，2011；Nieuwenhuis et al.，2012）。

总的来说，在当今的经济气候和社会规范下，成人是发展得更好还是更差仍存在争议。多样化、工作变动、灵活的出勤时间表有益处，也有代价。母亲工作与母亲不工作相比，对家庭可能更有好处，但是孩子依旧需要父母的关照，如果父母没有时间看管孩子，孩子将会受到伤害。

因为人格是持久的和可塑的，关于现在的成人发展的观点既反映了客观的研究，也反映了人格。有些人是乐观主义者（外倾性和宜人性高），他们倾向于相信现在的成年期比以前的更好。另一些人是悲观主义者（神经质高而开放性低），他们可能推断出成人的生活在同居、分住同居、离婚和经济压力兴起之前更好，那时候几乎所有的人都会结婚生子，父亲有一份朝九晚五的差事来养家糊口，母亲待在家里。

这两种观点都有数据支持。举例来说，自杀

现象比过去少了，但是贫穷现象在增加。从发展的观点来看，亲密感和繁殖感一直都很重要，这一点很清楚。每一位成人都能从朋友和家庭、给予照料和令人满意的工作中获益。一份令人满意的工作和育儿的结合是更容易还是更困难，在现在这个历史时刻，是有待讨论的。

正如下面三章详细描述的那样，对于成年晚期的生活也有许多可能的视角。一些观点认为，生命最后的几年是恐怖的，另一些观点认为那是黄金岁月。你很快就会看到，这两种观点都不准确。

>> **答复企业家**（问题见第561页） 作为员工和消费者，中年员工是稳定的，他们很少请假，有良好的“人际技能”，而且他们喜欢工作。另外，人在50岁前后，家庭收入可能比其他任何时候都高，所以中年人可能支付得起你的产品或服务。

小结

成人会竭力满足获得繁殖感的需要，主要途径是育儿、照料他人和成为有生产力的社会成员。无论是什么形式，为人父母都很难，但也很值得，而寄养父母、继父母及领养父母也必须面对特殊的挑战。照料者是富有繁殖感的，因此每一个成人都会照料其他家庭成员。大多数成人都会在孩子长大后依然在情感上和经济上支持他们，而且每一代家庭成员都与彼此保持着联系。虽有“三明治一代”一词，大多数中年人却不需要给他们年迈的父母提供主要的支持。

理想地说，就业通过生产力和社交网络有助于繁殖感。现在的就业市场的特征多样且灵活。许多年轻父母的出勤时间安排是非标准化的，这会打乱家庭生活。许多父母将养育孩子和工作结合起来，这种做法喜忧参半。■

本章总结

成年期的人格发展

1. 成人的人格相当稳定。中年危机更像是传说而非事实，更像是一个世代群体效应而非普遍的经验。尽管如此，正如埃里克森和马斯洛所描述的那样，一些个体会经历显著的变化，许多人都变得更加成熟。
2. 大五人格特质——开放性、尽责性、外倾性、宜人性和神经质——在成年期的数十年里，随着每个人选择了特定的生态位，个体的这些特质普遍来说相当稳定。文化和环境影响着每个人，神经质最有可能因成熟而降低。

亲密感：朋友和家庭

3. 每个成人都对亲密感有强烈的需求，这种需求随时间流逝通过社会支持和友谊得到满足。朋友和重要的陌生人是社会护航的组成部分，辅助成人在生活中摸索前行。
4. 家庭关系作为社会支持的一个来源，在整个成年期始终很重要，尤其是父母与成年子女之间的关系以及兄弟姐妹之间的关系。亲属对具体的个人来说有多么重要，这依赖于个人过往的经历、文化价值观和目前所处的境况。
5. 家庭成员的生活相互关联，随着他们的成长和成熟，彼此持续地互相影响着。在美国，他们住在一起的可能性比以前或者比其他国家要小，但是家庭成员之间经常在情感上和经济上相互支持。在成年期，兄弟姐妹普遍会变得更加亲近，成年子女和父母之间依然在实用层面和情感层面互相帮助。

亲密感：爱人

6. 与过去几十年相比，现在的人们结婚的时间普遍更晚，但是大多数成人依然会寻找一位共同生活的伴侣（同性或异性）。婚姻幸福感通常会在蜜月期后骤降，而随着时间的推移，特别是孩子长大成人之后，会逐渐提高。
7. 离婚对伴侣双方及其家庭成员来说都是很难应对的，这种难不仅在离婚时，在离婚发生的前后几年里都会存在。随着离婚现象日益普遍，其破坏性可能会减弱。
8. 再婚比较常见，对男性来说尤其如此，它解决了许多离婚的成人所经历的问题（尤其是经济和亲密感问题），但是再婚是复杂的，有可能以第二次离婚告终。

繁殖感

9. 成人要寻求繁殖感、成就感、成功感、有用感——所有这些词语都用来描述繁殖感所指的核心心理社会性需要。这种需要是通过为人父母、给予照料和工作来得到满足的。
10. 照料伴侣、父母、孩子和他人是繁殖感的一个主要表现。某个家庭成员通常会由于机遇而成为主要的家族守护者和照料者。
11. 为人父母是成人给予他人照料的常见表现之一。但即使是想要的和计划内的亲生子女也会给父母带来挑战。再婚家庭的孩子、寄养的孩子和收养的孩子会给成人带来额外的压力。成人通常认为照料孩子既有回馈又有挑战。
12. 许多成人特别担忧家里的某些成年的成员。照料更有可能是年长一代对年轻一代的照顾，而不是相反。"三明治一代"的比喻具有误导性。
13. 就业给成人带来了许多回报，尤其是骄傲和友谊等内在的收益。就业模式的改变，包括换工作、轮班工作和同事的多样性，会影响成人发展的其他方面。
14. 将出勤时间安排、照料和亲密感需求结合起来并不是那么简单，而且其结果有好有坏。一些成人能从就业多样性中获益，另一些则发现新的工作模式有损于家庭幸福。

关键术语

大五人格（Big Five，p.544）
繁殖感对停滞感（generativity versus stagnation，p.553）
工作的内在奖赏（intrinsic rewards of work，p.559）
工作的外在奖赏（extrinsic rewards of work，p.559）
家族守护者（kinkeeper，p.557）
空巢期（empty nest，p.551）
拟亲属（fictive kin，p.549）
三明治一代（sandwich generation，p.557）
社会护航（social convoy，p.546）
生态位（ecological niche，p.544）
中年危机（midlife crisis，p.543）
重要的陌生人（consequential strangers，p.547）

你学到了什么？

1. 根据埃里克森的观点，描述成年期的两种基本需要。
2. 为什么中年危机可能是一个世代群体现象而不是成熟度发展的现象？
3. 大五人格中的每一个特质是如何影响成人的职业、伴侣和生活社区选择的？
4. 解释社会护航的概念。
5. 朋友在一个人的生活中起什么作用？
6. 朋友和重要的陌生人的区别是什么？
7. 成年子女和父母之间常见的关系是什么样的？哪些因素也许能解释这种关系？
8. 在成年期，兄弟姐妹间的关系通常会发生什么变化？
9. 人们为什么会有拟亲属？
10. 长期伴侣能满足人的什么需要？
11. 从结婚直到老年，婚姻幸福感为何会发生变化，以及是如何变化的？
12. 什么证据表明对同性恋关系的政治和文化态度正在改变？
13. 离婚的常见后果是什么？

14. 许多重选伴侣的人开始时是幸福的，但是这种幸福不会持久，为什么会这样？
15. 繁殖感的基本观念是什么？
16. 为人父母是如何满足一个成人的繁殖感需要的？
17. 哪些因素可能妨碍寄养子女和寄养父母之间建立关系？
18. 大五人格中的每一个特质如何使与继子女建立积极的关系变得更简单或更困难？
19. 与寄养父母或继父母相比，收养父母有什么优势？
20. 与男性相比，女性更常成为家族守护者和照料者。这个角色为什么既是福分又是负担？
21. 为什么中年人有时被称为“三明治一代”？为什么说这个比喻可能让人产生了一个错误的印象？
22. 工作的外在和内在奖赏分别是什么？
23. 职场里不断增加的族群多样性有什么好处？
24. 列出四个理由说明换工作会带来的压力。
25. 何种出勤时间安排的变革帮助了家庭？何种变革损害了家庭？
26. 和以前相比，现在的就业模式或许能让男性和女性更幸福，为什么？

应　用

1. 描述一段你所知道的中年人和年轻人之间互相学习的关系。
2. 你父母的婚姻和工作影响到你了吗？如果他们选择其他的婚姻或工作模式，你会变成什么样呢？
3. 想象你成了一个寄养或收养父母。你看到了哪些个人收益或成本？
4. 找几个人问问，在过去的10年里，他们的人格是如何变化的。研究表明，变化通常较小。你认为是这样的吗？

第七部分　26—65 岁的发展成果

成年期

生物社会性

衰老　随着身体的老化，内在和外在的器官都会表现出衰老的影响。大脑反应变慢，皮肤变皱，感觉不再敏锐，肺活量减小。腰腹部脂肪增加，体形改变，肌肉力量减弱。

性和生殖系统　性反应力和生殖潜力在成年期越来越低。女性在绝经后，雌激素骤降，停止排卵。男性的睾酮水平是逐渐下降的，这导致他们在成年晚期成为父亲的可能性降低了，但不是完全没有。

健康习惯和年龄　吸烟行为在北美减少了，但在许多其他国家则不是。酗酒、肥胖和不运动被公认为是有问题的，但是大多数成人发现，这些问题很难克服。

认知

智力是什么？　研究者用各种方法描述了成人智力。他们注意到，有些智力能力随年龄的增长而提高，另一些则降低。纵向研究发现，随着成年期的发展，智力在提升。横断研究的发现则是降低。随着时间的推移，流体智力减少，而晶体智力（尤其是词汇量）增加。实用智力，尤其是社会理解力，在起伏转折的人生中越来越重要。

选择性获益和损失　选择性优化补偿在成年期显而易见，人们在他们所选择的生活领域里成为专家。总的来说，人们在自己专长的领域里处理问题时，比在其他领域更直观、更不假思索、更有策略，也更灵活。

心理社会性

成年期的人格发展　有关成人发展的所有主要理论都注意到人们一直保持着自己的人格特质，但也会表现出一些变化。比如，随年龄的增长，人们变得更认真负责，神经质程度降低。大五人格特质反映了文化，并且会通过一个人所选择的生活方式和生态位得到强化。

亲密感　成人依赖朋友和家人，他们通常能找到好朋友，并且和他们的成年子女及年迈的父母保持有回报感的良好关系。然而，这种有回报感的社会关系并不一定能实现：离婚和分手很常见，而且对所有相关的人来说都是难以应对的。成人在很大程度上依赖于他们的生活伙伴，许多人和亲密伴侣保持着令人满足的关系，不论伴侣是同性还是异性。

繁殖感　给予照料是成年期责任的一部分，也是成年期幸福的一部分。许多成人在养育孩子上花费了大量的时间和金钱。子女尽义务的观念很强，一些成人会照料年老的家庭成员。然而，三明治一代的概念更像是传说而非事实，代际的支持通常是相互的。年老一代通常会给年轻一代提供经济和情感上的支持。就业令许多成人感到满足，尽管有一些趋势，比如换工作和出勤时间安排的改变，会有损心理社会性的最优发展。

第八部分

第二十三至二十五章

成年晚期

当你读到有关成年晚期的章节时，你预期自己会产生哪种情感？是忧愁、压抑、听天由命、惋惜、悲伤吗？还是惊讶和喜悦。你会从中发现，很多老年人仍是积极活跃、敏锐而自立的；智力明显减退（所谓的“老年痴呆”）的情况并不常见；老年人甚至比年轻人还快乐。这不是盲目的满足。早期形成的人格和社会模式还会延续下去。人类生活的复杂性是显而易见的。当然，喜中有忧的是，贫穷、孤独和慢性疾病自然会使人感觉力不从心，活力不如往昔。然而，大多数的老年人在多数情况下都充满活力且不需要依赖别人。

不幸的是，相比生命历程中的其他阶段，成年晚期都更容易招来误解和偏见。许多读者读到这些章节时都会不禁感到悲哀，这是大家的普遍感受。为什么会这样呢？你可以带着这个问题来阅读这些章节的内容。

第二十三章

成年晚期：生物社会性发展

你将学到什么？

1. 年龄歧视和种族歧视有何相似之处？
2. 有多大比例的老年人住在养老院里？
3. 人们能延缓衰老吗？
4. 为什么有人想活到 100 岁？

- **偏见和预测**
  - 相信刻板印象
  - **科学视角：当你想到老年人时**
  - 人口结构的转变
- **选择性优化补偿**
  - 个人补偿：性行为
  - **个案研究：老年夫妻是否应该有更多的性生活？**
  - 社会补偿：驾驶
  - 技术补偿：感知觉
  - 对大脑的补偿
- **衰老和疾病**
  - 原发性衰老和继发性衰老
  - 发病率压缩
- **衰老学说**
  - 磨损理论
  - 遗传适应理论
  - 细胞衰老理论
- **百岁老人**
  - 远离现代生活和时代
  - 最长的寿命

我带着 1 岁大的外孙阿萨在操场上玩。一位带孩子来玩的年轻母亲说，沙坑那里很快就会人满为患，因为附近日托中心的小朋友们就快来这里玩了。在我的询问下，她向我具体介绍了该中心的课程设置、人员编制、时间表和学费等情况，她似乎以为我是阿萨的妈妈，在帮我权衡未来的选择，这不禁让我暗自高兴。

可是没过多久，我就意识到，她之所以这样“自然”地为我介绍情况，是迫于礼貌。但她还太年轻，还没学会优雅地掩饰年龄歧视地瞥了我一眼，问道：

“那是你的孙子吗？”

我点了点头。

“他妈妈去哪儿了？”她又问道。

当天下午，我遭受了另一次打击。当我帮一位中年男子开门时，他说：“谢谢你，小姐。”虽然我不觉得自己显老，但也不觉得会有人认为我年轻。“小姐”这个客套的称呼让我意识到，先前那位女士的话之所以会让我开心，是因为我也抱着自我欺骗性的年龄偏见。

现在我们开始学习生命的最后一个阶段——从 65 岁左右直到死亡。本章从探讨与衰老有关的偏见开始，进而描述了生物社会性变化，以及能采取什么措施来延缓衰老。然后阐述衰老与疾病的关系，探讨导致衰老的原因。最后以对百岁老人的祝福结尾。

虽然本书并非医学教程，但仍会相应地介绍老年人的各种常见疾病，如失眠、心脏病、糖尿病、骨质疏松症、关节炎、勃起功能障碍、视力衰退、听力减退、高血压、肺炎、流感和意外死亡等，以作为原发性衰老和继发性衰老、选择性优化、发病率压缩以及急性或慢性疾病的例子。

>> 偏见和预测

从小孩子到老年人，各个年龄段的个体都对成年晚期存在普遍的偏见。这是一种**年龄歧视**的思维模式，认为年龄决定了你是什么人。刻板印象使得年龄歧视成为“一种非常类似种族歧视和性别歧视的社会病，会造成不必要的焦虑、浪费、病态和痛苦”（Palmore，2005，p.90）。

年龄歧视的对象可以是任何年龄的人，但它不像种族歧视或性别歧视那样易于识别。例如，要求年轻人晚上 10 点后不得外出的宵禁令就是一种年龄歧视。试想一下，如果宵禁令只针对有色人种或男性，肯定会招致强烈抗议。那为什么年龄歧视，特别是对老年人的歧视，更能被大众接受呢？

曾有专家指出：

> “除了老年人，再没有哪个群体是人们敢随时公开表达对他们的刻板印象，甚至是潜在敌意的了……大多数人认为，这并非负面成见或偏见，只是陈述了老年人的实际状况。”
>
> （Nelson，2011，p.40）

Nelson 认为，年龄歧视在我们的文化中已经变成了一种制度，充斥媒体、就业市场和退休社区，简直无处不在。

人们接受年龄歧视的另一个原因是它常乔装为对别人的恭维（比如在西方，人们仍会用“小姐”来称呼年长女性）或关心（Bugental & Hehman，2007）。然而，无论是否出于善意，年龄歧视的影响都会悄悄渗入，侵蚀老年人的胜任感。让他们自我怀疑，进而导致焦虑、疾病甚至死亡。

相信刻板印象

父母们会通过族群社会化来保护子女免受种族歧视困扰，即教孩子如何识别种族歧视并对抗偏见，同时鼓励他们为自己的身份而自豪。然而，在孩子表达年龄歧视的观念时，很少会有人批评他们。长此以往，这种固有的偏见“极其难以改变”，进而不利于他们自己的健康和心智（Golub & Langer，2007，pp.12-13）。

例如，一项研究调查了个体在 50 岁之前对老年人的看法，例如，问他们是否认同“老年人是无助的”。30 年后，那些年龄歧视水平最低的个体与最高的个体相比，患严重心脏病的比例低了一半（Levy et al.，2009）。可见不同的文化对衰老的态度不同，有些会造成致命的后果。

对衰老的态度可能是个体寿命随居住地区的不同而不同的一个原因。（图 20.4 显示了不同国家的人均寿命。）在全世界，日本的人均寿命最高，该国 2013 年出生的女性有望活到 80 多岁（United Nation，2013）。也许，敬老日之类的文化实践起到了一定的作用。

但许多人指出，年龄歧视如今是世界性问题，即便在日本也不例外（North & Fiske，2012）。也许只有在老年人口极少的国家，老年人才会受到尊敬。

西方之外 中老年民众自发的健身活动在中国很流行，比如这些妇女，每天早上都聚在一起练习太极扇操，且会统一着装。在西方国家，你见过几十个妇女在城市的广场上锻炼吗？

有年龄歧视的老年人

年龄歧视渐渐成为一种自我应验的预言，只要人们相信，就可能把它变成现实。例如，大部分 70 岁以上的老年人都认为自己的状况比同龄人好，他们认为其他同龄人的身体更差，也更固执（Cruikshank，2009；Townsend et al.，2006）。这种看法的潜台词就是年龄越大，人的精力越差。

如果老年人将自己的问题归因于无法逃避的年龄增长，他们通常不会去设法改变自己或环境。例如，如果他们忘了某事，会认为这是“老年失忆症”，一笑置之，并没意识到这是一种带有年龄歧视性质的反应。当听到如“糟老头”“老小孩”之类带有年龄歧视性质的言语或者“精神矍铄”“一点都不糊涂”等怜悯性的恭维时，老年人也很难意识到这是一种侮辱。

当被问及觉得自己有多大年龄时，典型的80多岁老年人通常会在其实际年龄上减去十多岁（Pew Research，2009）。如果大部分80多岁的老年人都感觉自己像70多岁，那这其实就是典型的80多岁的思维。换言之，尽管和其他80多岁的人的实际感知一样，他们也不愿意接受自己对80多岁的歧视性刻板印象。

所有80多岁的人都感觉自己只有70多岁是不合逻辑的，但是在有年龄歧视的文化中，认为自己比实际年龄更年轻是有好处的。事实上，“感觉自己还年轻是预测个体健康状况的重要指标，其预测力甚至超过了一般通用的指标——如实际年龄、性别、婚姻状态和社会经济地位”（Barrett，2012，p.3）。

刻板印象威胁对老年人的影响同样存在（Hummert，2011）。【**生命全程链接**：有关刻板印象威胁的介绍见第十八章。】如果老年人担心他们的心智有所衰退，这种担忧本身就会影响他们的认知能力（Hess et al.，2009）。将年龄歧视内化的后果远比他人的年龄歧视言论严重，具体可见“科学视角”专栏。

科学视角

当你想到老年人时

内化的年龄歧视的影响在一项经典研究中一目了然（Levy & Langer，1994）。研究者选择了三类人，据估计，其中两类人被认为暴露于年龄歧视言论的机会较少，他们是有敬老传统的中国人和终身失聪的美国人；第三类是听力正常的美国人，在日常生活中，他们经常能听到有关年龄歧视的言论。年轻人和老年人在每类人中各占一半，形成六个被试组。

六组被试都完成了记忆测验。和预期一致，老年人（中国人、失聪的美国人和正常的美国人）的表现都比年轻人差。在实验室记忆测验中出现年龄差异很正常，这一点在第二十四章中会有所介绍。

该项研究的目的并非简单重复以前的研究结果，而是要考察年龄歧视是否会影响记忆。结果证实了这一推测。研究表明，在正常美国人群中，年轻人和老年人在记忆测验上的差距是中国人群的2倍（见图23.1）。其他研究同样证实年龄歧视有损于个体的能力（Levy，2009）。

令人惋惜的是，后续研究发现，现代化进程使得亚洲国家的年龄歧视比以往有所增加（Chen & Powell，2012；Nelson，2011）。大量研究持续表明，老年人对衰老的个人态度会从正反两个方面影响他们的认知表现、社交生活，甚至是身体健康。

例如，对衰老的积极态度和失能后的迅速康复相关（Levy et al.，2012）。这项研究对598名70岁以上健康个体进行了10年的纵向研究。起

不同文化、不同年龄在记忆任务上的表现

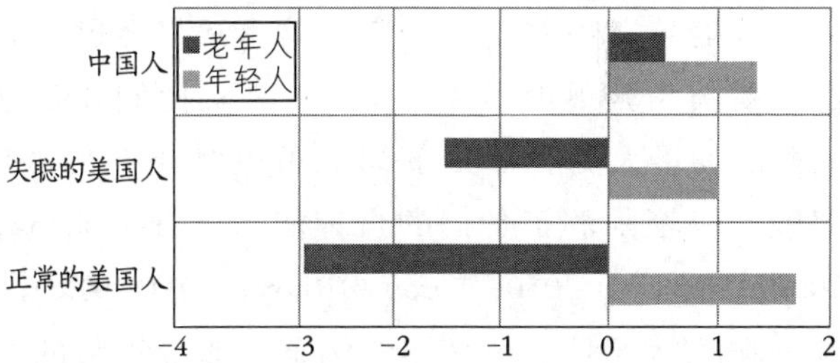

来源：Levy & Langer，1994

图23.1

差异巨大 柱状图显示了6组被试在记忆测验上的得分，图中0点为平均分。记忆会随年龄而衰退不足为奇，但是文化的影响很明显。中国人的成绩更高（中国文化更重视记忆），老年组和年轻组之间的差异在听力正常的美国人中最大。这种差异是否源于他们几十年来所听到的、充斥美国社会的年龄歧视言论？

初，这些被试被问及“当提到老年人时，你最先会想到哪五个词？”研究者对被试的回答按从最消极（例如，老朽、变得痴呆）到最积极（例如，睿智、精神矍铄）打分，汇总出每个人的态度分数。

在研究进行过程中，许多被试出现了一定程度的行动障碍，严重者甚至一时无法行走、自己进食、上厕所、下床等。有的人动过大手术、住过院、进过 ICU。接下来，大部分人的健康状况都恢复了，至少是部分恢复了。康复的情况因人而异，受其他疾病、收入和其他许多因素影响。

然而，即使将以上诸多因素都考虑进去，个体身体恢复的速度和全面程度仍然受其对老年态度的影响。这种差异在严重瘫痪的个体身上表现得尤为明显：和那些刻板印象最消极的老年人相比，具有积极态度的老年人再次完全自理的可能性高了约 44%（Levy et al.，2012）。

如果老年人相信自己能自立、能掌控自己的生活，他们的精神和身体通常会比同龄人更健康。当然也有一些人需要特殊照顾。老年人必须找到“一种微妙的平衡，知道何时坚持，何时改变，以及哪些方面的衰老不由自己控制”（Lachman et al.，2011，p.186）。如果你看见一位老年人很吃力地拎着沉重的大包，伸手帮忙可能是一件好事，但是最好先问一问，不要直接就去帮他拿包。

睡眠和锻炼

年龄歧视会妨碍个体的日常生活。它让抑郁的老年人屈从于衰弱而不愿寻求帮助。例如，医疗人员为老年病患制定的治疗方案通常不会过于激进，新药实验很少招募老年人（其实他们才是这些药品的最大受益者），护理人员也对老年人过于照顾，以至削弱了他们的自理能力（Cruikshank，2009；Herrera，2010；Peron & Ruby，2011-2012）。

睡眠状况是一个具体的例子。随着年龄的增长，昼夜循环的周期节律逐渐变得不明显：很多老年人天亮前就会醒来，在白天则睡意昏沉。老年人待在床上的时间更多，入睡也要花更长的时间，而且容易醒来（每晚平均醒来 10 次）（Ayalon & Ancoli-Isreal，2009）。他们还容易打盹。这一切都是正常的：如果老年人按自己的节律安排睡眠，他们的疲惫感要比年轻人低。

在一项研究中，研究者给那些抱怨自己存在睡眠问题的老年人邮寄了 6 本小册子（每周一本）（Morgan et al.，2012）。上面介绍了他们所在年龄阶段的正常睡眠节律，并附有缓解失眠的建议。相对于没有收到小册子的同龄人，这些老年人减少了安眠药的使用，报告的睡眠质量更好。甚至在收到最后一本小册子的 6 个月之后，这些老年人对他们的睡眠状况仍更为满意。

小册子告诉他们如何应对睡眠问题。而那些没有收到小册子的老年人，年龄歧视可能导致他们为正常的睡眠而苦恼。医生可能给他们开安眠药，也有人会醉酒。这些小对策可能是老化了的身体所无法承受的，会导致沉睡、头脑混乱、恶心、抑郁和不稳定。

同样的恶性循环在身体锻炼上也存在。在美国，只有 35% 的 65 岁以上的老年人能够达到运动指南所推荐的有氧运动标准，而 18—44 岁人群的达标率是 56%（National Center for Health Statistics，2013）（见图 23.2）。至于肌肉训练，则表现更差，只有 16% 的老年人能达标。

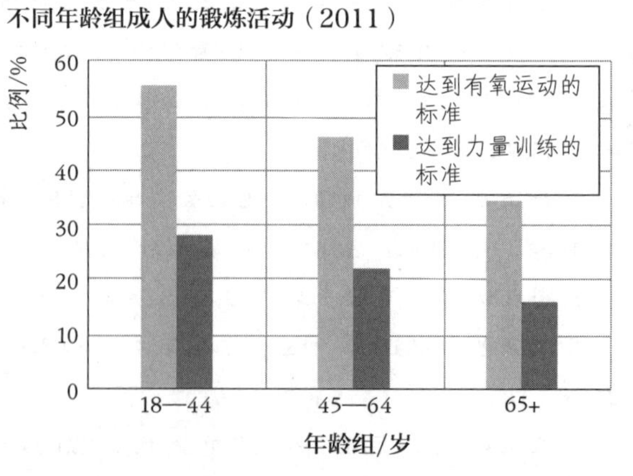

注：数据基于 2008 年美国 18 岁以上成人的身体运动标准。

来源：Center for Disease Control，2012.

图 23.2

心、肺和腿部 从图中可以看出，大部分老年人没有达到疾控中心推荐的最低锻炼标准：每周 150 分钟的有氧运动和至少两次的力量训练。这些运动已被证实对主要脏器都具有保护作用，也和个体的智力、记忆力和好心情有关。

在有年龄歧视的文化中，人们通常会将年轻人的模式理想化。结果，人们会按照成年初显期个体偏好的方式来组织团队运动；传统的舞蹈要求性别比例的平衡；许多瑜伽课程、有氧运动课程和其他训练课程都是按照 20 多岁人的节奏而设计的。如果有老年人想要参加篮球比赛，年轻人往往会拒绝或同情他们。如果老妇人穿着跑步短裤在公园里慢跑，定会被人偷偷嘲笑。所以，一些老年人缺乏锻炼就不足为奇了。

自我施加的年龄歧视也会削减老年人的运动量，加剧文化年龄歧视带来的问题。伴随肢体僵化和运动范围的缩减而来的是循环系统、消化系统和思维能力的衰退。平衡能力减弱后，人就不得不放缓步伐、依靠拐杖或轮椅。应对衰老的有效办法之一就是增加活动量，这有助于延长健康寿命，降低抑郁水平，预防心脏病，等等（Mullen et al.，2012；de Fina et al.，2013）。

许多人认为，像对小孩一样（“可爱”“老小孩”）对待和照顾老年人是一种关心（Albert & Freedman，2010）。有的老年人也接纳了这种刻板印象。这种认识很难被颠覆，因为对于每个年龄的人以及每种先入为主的观念来说，想要改变他人的观念和态度都十分困难。

在某些职业中，持这种刻板印象的情况尤为普遍，例如，在护士、医生和其他护理人员中。他们的年龄歧视之所以很难消除（Eymard & Douglas，2012），部分是因为其从业经验，他们经常面对虚弱的和需要照料的老年病患。这些从业人员自然会将自己的职业经验和对待老年人的方式推及所有老年人，一律将其视为衰弱无力的（Williams et al.，2009）。

给年轻成人的问题 和老年人说话时，你是不是应该提高声量并降低语速？（答复见第 574 页）

老人语就是一个例子，指人们对老年人说话的方式（Nelson，2011）。和人们与牙牙学语的孩子对话的方式类似，老人语的句式简短，语速缓慢，尖声尖气，大嗓门，还会不断重复。在用爱称（如“亲爱的”）或昵称来代替人名（“比尔”“怀特先生”）时，老人语尤其会显出一副屈尊俯就的样子。事实上，老人语会妨碍交流。老年人很难听清高频的语调，拖长音也让老年人更难理解，声音太大会让人焦虑，过于简化的词语也使得语言的精确性大打折扣。

毁灭性的保护

一些年轻人和大众媒体不鼓励老年人外出。例如，一旦有某个老年人被抢劫、强奸或受到攻击，耸人听闻的新闻头条就会见诸报端，这进一步加剧了年龄歧视。实际上，街头犯罪的主要目标是年轻人，而非老年人（见图 23.3）。

2011年严重暴力犯罪受害者的比例（按年龄分组）

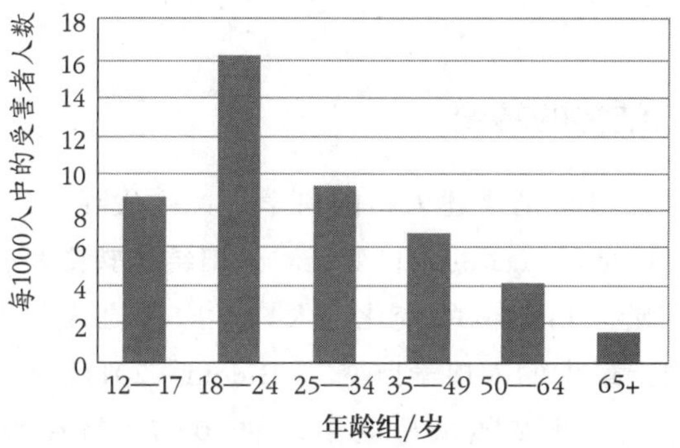

来源：Truman & Planty，2012.

图 23.3

犯罪受害者 随着年龄的增长，个体成为犯罪受害者的概率不断减少。图中数据源自访谈资料，受访者被问及他们是否在过去几个月内遭受过暴力犯罪侵害——殴打、性骚扰、强奸或抢劫。这一统计途径要比官方的犯罪统计更为准确，因为许多犯罪行为根本没有被报警和记录在案。

就谋杀率（统计暴力犯罪的最有效指标，因为很少能被隐瞒不报）而言，年龄在 65 岁以上的受害者不及 25—34 岁受害者的 1/5（见图 17.2，U. S. Department of Justice，Bureau of Justice Statistics，2011）。要想保护亲人，也许最应该禁止年轻人单独外出——这一建议的荒谬性显而易见。同理，让老年人最好待在家里也是短视的表现。

广告会诱使年轻人为家中的老年人购买医疗保健设备，但实际上，同长辈一起骑自行车出行更为有益。自行车并不是小孩子的专利，一项对欧洲 5 国（德国、意大利、匈牙利、芬兰和荷兰）的研究发现，有 15% 的 75 岁以上老年人几乎每天都骑自行车（Tacken & van Lamoen，2005）。

但在美国，基本没有老年人骑自行车。自行车专用道很少见，多数自行车的设计追求速度而非稳定性。法律一般也只要求儿童骑车时戴头盔——这又是年龄歧视的一个例证。

速度狂人 路怒？不，这套自行车和服装都不是为了追求速度而设计的，况且路怒一般在年轻人中更常见，在 75 岁以上的老年人中较少见。

人口结构的转变

人口学是描述人口的科学，关注代际、年龄、性别或地域层面的人口变迁。**人口结构转变**是指不同年龄人口比例的变化，人口学家称之为“人类历史上最大的人口学巨变”（Bloom，2011，p.62）。在过去，儿童数量是老年人的 20 倍，就在 50 年前，世界上 15 岁以下人口比例也是 64 岁人口比例的 7 倍。如今这一状况不复存在。

世界范围内的老龄人口

据联合国估计，在 2010 年的全世界人口中，65 岁以上老年人的比例接近总人口的 8%，而在 20 世纪初，这一比例只有 2%。到 2050 年，该比例很可能再翻一番。在美国，这一比例已经达到 13%，在澳大利亚和加拿大是 14%，意大利是 20%，日本是 23%（United Nations，2012）。

正如第一章所介绍的，人口学家往往通过分段条形图来描绘人口结构，每一个条形表示一个年龄段的人口，代表最年幼者的条形在最下面，代表最年长者的条形在最上面。以往在历史上，这个分段条形图被称为人口学金字塔，也就是说由下至上呈逐级缩减的形态。不过由于以下三个原因，这一规律已不复存在：

1. 以往，出生的儿童多于一个成人对应一个孩子这个人口替换率，因此新一代的人口要比上一代人口多——现在不成立了。
2. 以往，婴儿死亡率高，因此人口金字塔底部条形远宽于上部条形——现在不成立了。
3. 以往，严重疾病几乎都会致命，从而缩减老年人口的数量——现在不成立了。

有时，异常的事件也会导致人口结构偏离金字塔模式。例如，经济大萧条和第二次世界大战都减少了出生率。战后繁荣和士兵退伍引发了美国 1946—1964 年的婴儿潮，当时的婴儿死亡率也有所减少。出生率的剧增和死亡率的降低使得许多人口学家在当时预测了人口大爆炸的到来，并认为人类将在 2000 年左右面临大饥荒（Ehrlich，1968）。

新的数据让这种恐惧烟消云散。出生率回落了，同时绿色革命使得粮食供给倍增。儿童夭折的悲剧变少了，人口分段条形图由金字塔形变成了长方形。现实让一些人开始为另一种人口结构的转变忧心忡忡：婴儿越来越少，老龄人口却在增多，这将给世界范围内的健康和政治问题带来巨大影响（Albert & Freedman，2010）。

人口学模式的此类反转并非出现在所有地区。在大部分国家，15 岁以下儿童的比例仍高于 64 岁以上人口。在世界范围内，儿童的比例是老年人的 3 倍。当然，这一数据以前一度高达 20 倍。联合国预测，到 2015 年，15 岁以下人口数量为 1 904 088 000，而 64 岁以上人口为 603 986 000；一直到 2075 年左右，这一比例才会接近 1:1（United Nations，2013）。

>> **答复年轻成人**（问题见第 573 页） 不要，一些长辈的听力很好，他们会对此比较反感。

统计数据的可怕之处

不幸的是，人口学数据呈现给公众的方式有时会造成不必要的恐慌。例如，你听说过 80 岁以上的老年人是增长速度最快的人口群体吗？听说过罹患阿尔茨海默病的人数在急剧增长吗？这两种说法都是事实，但也都存在误导。

2010 年，美国 80 岁以上的老龄人口已经达 50 年前的 4 倍（1180 万：270 万）。阿尔茨海默病的发病风险随着年龄的增长也越来越高。呈现此类事实的方式导致了人们对老龄化的恐惧，认为国家会被衰弱而昏聩的老年人拖垮，财政会被医疗保健和护理消耗殆尽。

但请想一想，总人口数量也在增长。在美国居民中，80 岁以上人口的比例是 1960 年的 2 倍，而非 4 倍（在 1960—2010 年，由 1.6% 变为 3.8%）。这并不会压垮剩下的 96.2% 的人口。实际上，这部分老年人有多少住在医院里面？（猜一猜，后面将揭晓答案。）由于阿尔茨海默病的发病率随年龄而增加，发病的绝对数量在上升，但每个年龄段的发病率并没有上升。实际上，这一比例甚至会降低，正如第二十四章所解释的那样。

统计学家有时会采用**供养率**来估算需要他人照料的人口的比例。这一比例通过接受供养者（被定义为年龄低于 15 岁和高于 64 岁的个体）和 15—64 岁人口之比来计算。

2010 年，供养率最高的国家是乌干达，该国的供养率为 1:0.98，受供养的人口高于该国的壮年劳动力人口。供养率最低的是巴林，只有 1:3.5，即 3.5 个成年劳动力人口供养一个受供养的人。对于大多数其他国家，包括美国，供养率约为 1:2，即大约每个 15 岁以下或 64 岁以上的人口对应 2 个 15—64 岁的人口（United Nations，2012）。

但此种算法存在一个缺陷，即事先假定老年人无法自理。这个错误和当年对婴儿潮一代进入老年后会怎样的预测一样：假定壮年劳动力人口的缩减会被老龄化的人口负担拖垮。有的人相信社会保险体系、医疗体系和公立医院会破产。这是一种危言耸听的年龄歧视观点，不符合事实。

真实的情况是，大部分老年人完全能生活自理。他们通常是照料别人的人而非被别人照料的人——他们不仅能相互照料，还能照顾那些真的“不能自立的”的晚辈。

只有 10% 的 64 岁以上的个体依赖他人照料饮食起居。即使是确实需要照料的个体，也更多是从家属那里获得照料，而非花陌生纳税人的钱。2012 年，美国只有 3% 的 64 岁以上的老年人生活在养老中心或医院（1990 年的数据是 5%）。在上述医疗机构中的人数在总人口的占比不到 0.5%（Center for Medicaid and Medicare Services，2013）。

随着越来越多的人步入晚年，老年人住进养老中心或医院的比例（而非人数）不升反降。大部分老年人过着独居生活，或与老伴共同生活，完全能够自理；少部分老人和成年子女一起生活，住在各类养老或医疗机构中的人的比例很小。

当然，刻板印象也并非完全是无稽之谈。80 岁之后，个体对他人的依赖会增加。但是一些年龄很大的老年人仍然能够生活自理。和其他大多数国家相比，美国老年人长期住院或生活在养老中心的人数较多，但是在任何年代，该比例（80 岁以上的老年人住院或住养老机构的比例）都不曾超过 10%。（你猜对这个数据了吗？）

有的老年人会暂时到医院住院，但一般时间不会太长。对于 85 岁以上的老年人来说，其中 22% 的人每年都会入院接受治疗，平均时间大约为 6 天（National Center for Health Statistics，2012）。出院后，大部分老年人会直接回家，小部分人会再到康复中心待上几周，很少有人会在养老中心生活数年。

初老人、中老人和老老人

如果你猜测有远超 10% 的老年人待在养老中心，这不丢人。因为几乎所有人都会高估这一比例，通常人们只会注意那些衰弱的老年人，而忽略了其他类型的老年人的存在。把能够回忆起的个案视为典型是人类思维的一大特征。

其他与发展有关的、因接触的个案而导致记忆扭曲的例子包括：人们认为青少年容易犯罪，单亲母亲更容易忽视子女，离异的父亲游手好闲的多等等。对于这类刻板印象，你更可能会觉得是无稽之谈而不予认可。希望现在你也能认识到某些年龄歧视性的认知扭曲。

老年学家将老龄人口分为初老人、中老人和老老人：

- **初老人**是老龄人口中人数最多的一类。这类人健康、活跃，收入有保障，生活能自理。很少有人关注他们或意识到他们已经是老年人了。
- **中老人**在健康、心智或社会支持上或多或少已有缺失，但他们仍然有很好的自理能力。
- **老老人**是那些生活不能自理的老年人，他们最受关注。

年龄有时会被用来划分这三个阶段。大部分初老人的年龄在 65—75 岁，大部分中老人的年龄在 75—85 岁，大部分老老人的年龄在 85 岁以上。但是，年龄本身不是界定个体能否自理的指标。一个初老人可以是 70 岁，也可以是 90 岁；一个中老人可以是 65 岁，也可以是 100 岁。实际上，任何年龄的老年人都可能被划分到这三个阶段之一。初老人的特征主要在于健康状态和自理能力良好，所以态度比年龄本身更重要（O’Rourke et al.，2010a）。

在现实生活中，大部分 64 岁以上的老年人虽然仍有自我照料的能力，但这并不意味着他们不受岁月流逝的影响。正如在第二十章中所介绍的，衰老是一个毕生的过程。皱纹会渐渐爬上脸颊，体型会逐渐萎缩，听觉会减退。不过，这类年龄上的改变在很大程度上因人而异。健康的生活习惯会延缓衰老。但是衰老又是持续性的，80 岁的人不可能有 20 岁的年轻人那样的精力、外表和力量，和自己 10 年前相比也有很大差距。

小　结

年龄歧视是基于年龄的刻板印象，是一种会导致老年人缺乏自信和能力的偏见。年龄歧视贯穿所有年龄阶段，但是普遍存在于健康职业领域的年龄歧视以及老年人自身的年龄歧视尤其有害。老人语就是一个例子。

人口结构变化表现为所有国家中的老年人的比例在不断增加，儿童的比例在不断减少。理论上，如果一个国家的老年人越多而儿童越少，供养率应该保持不变，但是这并不准确。基于 15 岁以下和 65 岁以上人口数量计算的供养率存在一定的偏差。大部分老年人能够自理，很少需要全天候照看。所以，有必要将大部分能够自理的初老人跟有些衰退迹象的中老人以及日常生活需要别人照顾的老老人区分开。■

>> 选择性优化补偿

年龄歧视扭曲了现实，但是老化是真实存在的。我们需要消弭年龄歧视带来的偏颇认识，正确审视并设法应对衰老带来的真实改变。正如第二十章所描述的，随着年龄的增长，我们身体的每个部分都会受到影响。

老年人如何才能保持精力旺盛？在第十七、二十和二十一章中曾经介绍了一些方法。例如，通过有规律的锻炼降低稳态应激负荷；注重饮食的营养，但不能吃得过饱；不吸烟，不碰其他毒品；通过消除应激源等方式应对压力。这些方式对老年人来说甚至更有帮助。

下面会介绍另一种方法——选择性优化补偿。这一原则同样适用于提高身体活力。老年人能补偿老化引发的问题，并在他们所选择的某些方面表现得更好。【**生命全程链接**：第二十一章也介绍了选择性优化补偿。】

每一种补偿策略都涉及个人选择、社会实践和技术的便利性。性行为、汽车驾驶和感知觉是三个比较明确的例子。

个人补偿：性行为

大部分人在成年后都有活跃的性生活。有的人即使年过 65 岁，也会在很长时间里有性生活（Lindau & Gavrilova，2010）（见图 23.4），但是性生活的频率会降低，并会在一定年龄完全停止。不过，对性生活的满意程度在中年之后会提升（Heiman et al.，2011）。这怎么可能？

处于亲密关系中的被访者去年有过性交的比例/%

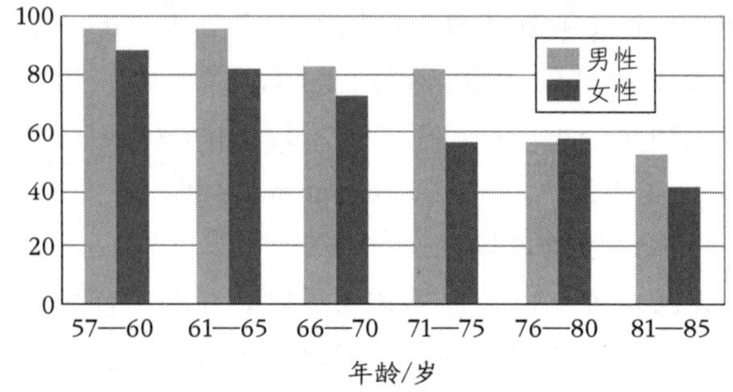

来源：Lindau & Gavrilova，2010.

图 23.4

你的反应　自认为身体好的老年人（受访者中的大部分）当被问及过去一年是否有过性交时的回答。如果他们做出了肯定回答，则被视为性活跃者。你对此数据有何感想？一些年轻人或许会对 60—80 多岁的人仍有性交感到惊讶。其他人则可能因为得知大部分 80 岁以上个体不再进行性交而感到悲哀。然而，这两种反应都不恰当。对许多老年人来说，性爱可以通过许多种方式加以表达，且会持续终生。

拥抱与拥有　这些已婚夫妇和其他老年人一样，享受身体和心理上的亲密。

许多老年人不认同性交是性体验的唯一或最好的方式。拥抱、亲吻、爱抚、渴望和幻想变得更为重要（Chao et al.，2011）。一项基于美国、德国、日本、巴西和西班牙的研究发现，亲吻和拥抱——而非性交——预测了更为持久的浪漫关系（Heiman et al.，2011）。这是优化，还是补偿，抑或兼而有之？

对接受研究的夫妻的深度访谈或许能给出部分答案（见“个案研究”专栏）。

个案研究

老年夫妻是否应该有更多的性生活？

通常来说，个案研究只涉及一两个受访者，目的是为几百人的调查或实验提供建议。【**生命全程链接**：这是第一章中曾介绍的主要的科学研究方法之一。】但是，对性行为的研究或许是一个例外，因为在实验室中对一对恋人之间的亲密性行为进行实验，或在调查中让所有人为涉及性方面的问题提供准确的回答，都是很难设计和执行的。

曾经有两位研究者试图对老年人的性活动进行研究，但是他们担心实验室内对性唤起的测量标准是为年轻人设计的，还担心老年人对一些有关性的问题会产生误读（Lodge & Umberson，2012）。

基于这个考虑，他们采用了扎根理论。他们找到了17对年龄在50—86岁、结婚几十年的夫妇，对其私下进行了访谈，获得了34份访谈资料。接下来，他们反复阅读访谈资料，识别出了频繁出现的主题，对这些主题进行了逐句统计，并按年龄和性别划分整理，以期获得对性关系老化的认识。

他们的研究认为，性活动更多的是一种社会建构而非生理事件（Lodge & Umberson，2012）。他们的研究发现，所有人都承认性活动频率随年龄的增长而降低。其中有4对受访者因为丈夫的健康原因而完全终止了性生活。尽管性生活的频率降低了，但是认为性生活满意度提升的夫妇仍比认为满意度下降的多（44%：30%）。

出人意料的是，性生活更频繁的中年夫妇更可能是属于满意度下降的30%，而老年夫妇则较多地认为其性生活质量比以前有所提升。

中年夫妇的关注点有所不同。困扰男性的主要问题在于维持勃起，女性的问题在于担心自己的吸引力不够。其中几对夫妻的解决办法是让丈夫服用万艾可（通常是在妻子的建议下）。

一位女性说：

“我变瘦之后，我们突然就不再有性生活了，不知道怎么回事。我现在看上去挺不错的，却没了性生活。其实，那时候他的身体出了些问题，失去了性欲。这原本与我无关，但我以为原因在我。这些年来，我一直认为这都是我的错。所以，我们要搞清楚，原来是你的错（笑），或者发现问题出在哪儿，不要再想当然地埋怨自己了。”

（艾琳，引自 Lodge & Umberson，2012，p.435）

这篇研究报告的作者认为，“在人们头脑中，男性性行为的前提一般是强烈的、性器官驱动的、不受控制的性欲望”（p.430），而女性性行为的文化理想则强调被动性，“要求女性既有吸引力，又能接纳男性的性需求和冲动”，认定“年老女性及其肉体毫无吸引力”（p.430）。于是，中年人在第一次意识到年龄带给他们的改变时，其反应往往是郁闷，男性对其勃起功能感到不满，女性对自己的外表感到不满。男性和女性都会试图通过药品、激素、润滑剂、节食、发型和服饰等让自己显得年轻。

该研究显示，几年之后，等夫妻都变老了（超过70岁），他们会意识到年轻时判断性生活（许多人将其等同于性交）满意度的标准不再适用。他们会通过从其他方面优化其关系来补偿其生理改变。正如一位男士所说的：

“我认为尽管我们的性生活不尽如人意了，但两人之间更亲密了。也许是因为现在的我们经常牵着手，两个人经常依偎在一起。这或许比性更重要。”

（吉米，引自 Lodge & Umberson，2012，p.438）

一位女士也认为她的婚姻关系得到了改善，因为：

“我们有了更多的机会和更多的动力。性生活曾经很美好。后来因为他服用药物而中断了，从那以后他也就力不从心了。医生说以后会一直这样，所以我们就试着接受这个状况。但在此之前，我们就知道爱一个人有很多方式。”

（Helen，引自 Lodge & Umberson，2012，p.437）

作者指出，他们的发现不一定完全适合未来的所有夫妻。因为，他们这一代人是在这样一种社会建构下长大的：男人要欲求旺盛，女人则既要有魅力又要克制矜持。男女在年轻时还被教育说年龄大了性欲就会消停。如果一个老年人仍表现出性欲，就会被认为不正常（“老流氓”）或可笑（“她怎么会穿紧身裙”）。

这一代人还经历了性解放运动。性在突然之间变得可以接受了：未婚成人和老年人如果有性生活会被认为更幸福和健康。但现有的养老中心或提供生活帮助的机构的设施条件不备，因而减少甚至杜绝了老年人的性行为。社会科学家认为，有必要对此类设施进行改造，以鼓励老年人的性活动（Frankowski & Clark，2009）。难怪那些中年夫妻会感到苦恼。

下一代的老年人或许有其他的态度，这 17 对夫妻也不能完全代表男女之间和中年与老年之间的差异。但是这些个案的确告诉我们，有关性和老年人的先入为主的观念可能失之偏颇。

已婚夫妇不但会逐渐适应他们在性唤起方面出现的生理变化，许多时候这一过程也会改善他们之间的关系（Lodge & Umberson，2012）。这就是一种选择性优化补偿。这种过程也会出现在离婚或丧偶的个体身上。当然，性欲因人而异，有的单身老年人将性视为过去式，有的与人同居，有的则与新伴侣“相爱但分住同居”，有的则选择再婚。这就是选择性优化——每个老年人自己决定是否过性生活，以及如何过性生活。

正常老年人没有性欲这一过时的观念，以及老年人仍性欲旺盛这一当下的观念，其实都不为老年人所认可。当然，由于社会建构的存在，社会环境使得有些选择很难实现，下面的话题将会围绕这一点展开。

社会补偿：驾驶

毕生发展观提醒我们，“老化是一个过程，社会将之建构为一个问题”（Cruikshank，2009，p.8）。这个过程是生理性的，但问题源于社会。这就意味着不仅个体需要选择性优化补偿，社会也需要它。驾驶就是一个例子。

个体如何反应

随着年龄的增长，人们不得不花更多的时间来辨识路标，回头观察后方也变得困难，反应速度减慢，夜视能力也变差了。老年人的补偿方式就是尽量降低驾驶速度和避免夜间驾驶。

但是，让每个人自己决定什么时候不再开车出行是不明智的。在美国，驾车出行是一个人独立的标志，所以可以理解为什么老年人不愿意放弃这项权利。而且某些意见是年龄歧视性质的，并不准确（Satariano et al.，2012）。结果，许多开了一辈子车的老年人坚持认为自己还是一个合格的驾驶者，反感年龄限制，不愿意缩小自己的活动范围。

老年人驾驶时因为更小心并且更能限制自己，发生事故的概率低于 20 多岁的人。这有时会让他们确信自己的驾驶技术比年轻人好。

虽然开车的老年人试图进行补偿，但很多人都没有意识到他们的退化有多么严重。例如，一个常见问题是他们对来车的速度估计不足。做不到这一点，就很难在高速公路上安全地并线。如何让老年人知道他们对速度的估计能力在减退？只有等他们差点撞车或真的撞上了才会意识到这一现实吗？

地方行政机构能做什么

社会需要对年龄导致的驾驶能力减退进行补偿，但很少能得到落实。例如，哪怕你超过了80岁，许多交管部门允许邮寄办理换驾照。如果老年人发生事故，受到谴责的是老年人自己，而非社会补偿的缺乏（Satariano，2006）。

目前，在换领驾驶证之前所进行的测试往往是要求老年人回答一些有关停车标志和停车操作的多选题，在明亮的条件下辨认视力表上的字母。如果连这类测试都无法通过，那驾驶者早就不该驾车上路了。但问题是，这类测验并不能保证通过它的人具有正常驾驶能力。例如，判断力和反应时比书本知识更为重要，外周视力要比对着正前方的视力表测出的视力更能预测事故发生率（Johnson & Wilkinson，2010；Wood，2002）。

好在科学技术已经开始解决这一问题了。一个美国国家委员会推荐利用计算机和视频来模拟驾驶，让测试者在设有方向盘、油门和刹车的模拟空间中接受测试（Sifrit，2012）。通过此项测试的80岁老年人可以换领其驾驶证，不少人的驾照因没有通过测试而被吊销了。很多人也由此意识到，自己已经不再像自己想象的那么适合驾驶了。可惜的是，这项测试现在并未被强制执行。

除了重新考驾照，社会还可以为老年人提供诸多便利。比如，放大道路出口处设置的交通标志，安装不必回头也能看到后面路况的侧视镜，在小巷和机动车道加装路灯，降低前灯和警示灯的晃眼程度，对道路结冰和雾天的道路添加警示牌以减少事故发生。精心设计汽车、道路、标识、灯光和铁路道口，制定和执行相应的法规会获得选择性优化：合格的老年驾驶者能保持其独立性，（所有年龄的）危险驾驶者则不得上路。

另一项社会措施也是亟需的。城市、郊区和农村地区便捷而廉价的公共交通能惠及所有人，对老年人来说尤其如此。英国的实践经验也证实了这一点，该国立法允许老年人免费乘坐公共汽车，从而增加他们的出行和社会活动，同时又减少了他们开车的次数（Coroninitonberg et al.，2012）。这也是一种社会补偿和优化。

技术补偿：感知觉

人的各种感觉每过10年就会越发迟钝，不再那么敏锐。触觉（尤其是手指和脚趾处）、痛觉、味觉（特别是对酸和苦）、嗅觉以及视觉和听觉都是如此。于是，人们发明了大量仪器或工具来补偿感觉的丧失，从鼻梁上的眼镜（最早发明于13世纪），到戴在额头上的、与大脑连接的、让盲人能看到图像的微型摄像机（尚未商业应用）。

视力

仅有10%的65岁以上老人不戴眼镜也能清晰地看东西（见表23.1），但选择性优化使几乎所有人都能很好地利用自己的现有视力。人们首先可以简单地改变环境——调亮灯光，选用更大的字体、更深的颜色。人们还可以借助老花镜和放大镜。即便是完全失明的人，也可以长期利用导盲犬、手杖和音频设备来自如地行动和获取知识。

表23.1　老年人常见的视力障碍

- **白内障**。早在50岁时，就有约10%的人会患白内障，晶状体增厚，导致视力模糊、混浊和扭曲。到了70岁，30%的人患有白内障。白内障可以通过门诊手术去除或用人造晶体进行替换。
- **青光眼**。在70岁时，大约有1%的人会罹患青光眼；到了90岁，这一比例将达到10%。青光眼是房水累积导致的视神经损伤。初期没有任何症状，但若不进行治疗将会导致失明。青光眼是可预防的。定期检查很重要，非裔人和糖尿病病人尤其需要注意，因为他们在40岁之前就有可能出现青光眼症状。
- **黄斑变性**。约4%的人在60多岁时会出现被称为黄斑变性的视网膜病变，80多岁时的患病比例大约是12%。黄斑变性的早期症状是视野有不清楚的区域（例如，读书时，有时看不清一些字母）。在这种情况下，早期治疗可以恢复一些视力。如果不治疗，出现黄斑变性约5年后，人就会失明。

听　力

90岁以后，几乎所有的男性都会失聪，女性失聪的比例大约占50%。这一比例有可能被高估了。因为耳聋是一个轻重程度的问题，很难给出一个具体的边界。Gallaudet研究所的研究认为，在65岁以上人群中，有29%的人有听力困难；另一位学者根据对美国人口普查记录的统计，称这一人群中有听力困难者只占16%（Mitchell，2006）。

然而，人们普遍认为，听力障碍的发生率会

可视化发展

社会比较：老年驾驶者

为了补偿反应时的延长，老年人通常会改变驾驶习惯。美国许多州已经开始实施限制措施，包括要求老年人亲自换领驾驶证，以确保他们能安全驾驶，因为大部分老年人开车时都很小心（他们一般不会在晚上开车，也不会在雨天驾驶和长途驾驶），发生车祸的总概率普遍较低，但如果按照每公里的事故发生率来计算就不那么低了。

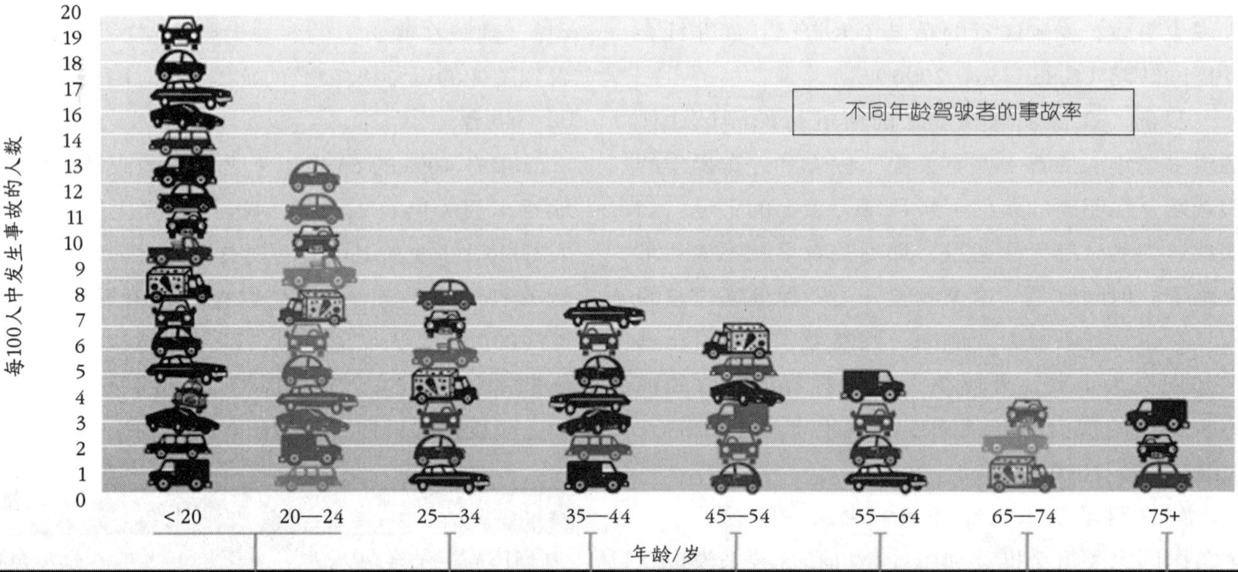

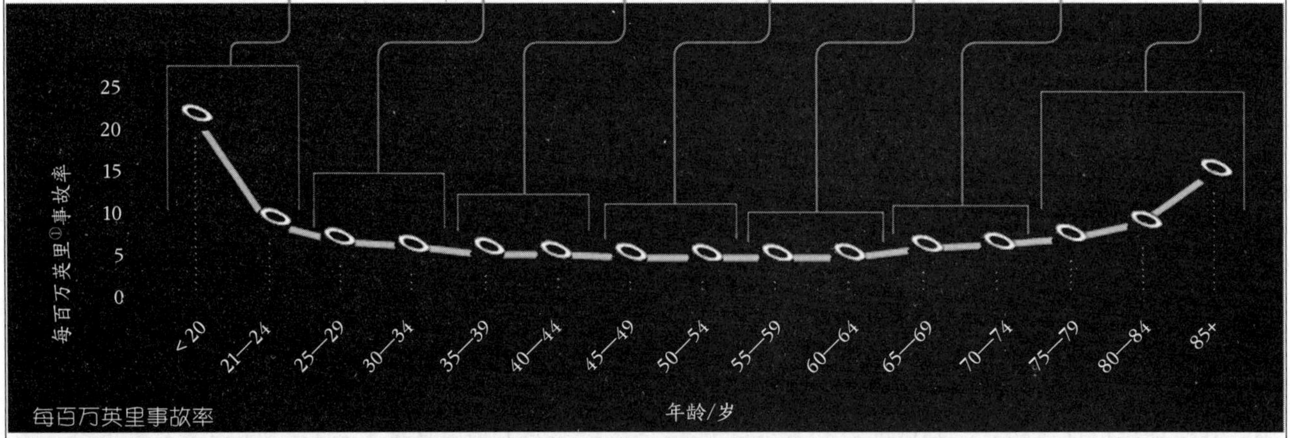

自我核查

任何年龄的个体都会高估自己的能力。这就是导致人们引发厨房火灾、在冰面上滑倒、忽视肿块或胸痛以致疾病发展到晚期的原因。65岁以上的想要继续驾驶汽车的成人需要考虑以下六个问题：

1. 你的视力是否下降了。（如果你的视力已经影响到了驾驶，请咨询眼科医生。）
2. 你所服用的药物是否会影响你的反应时或警惕性。（咨询你的医生和药剂师。）
3. 你扭头、脚踏、打方向盘时是否存在身体限制？
4. 你是否比从前更容易迷路？
5. 其他司机是否经常冲你鸣笛？（不要对此生气，想想是因为什么。）
6. 你驾车时是否发生过小事故。（就算是小剐蹭，也能说明一些问题。）

如果你的回答全是否定的，请再去找一个会对你说实话的人核查一下。一些老年人可以安全驾驶，另一些老年人则会让自己和周围的人陷入危险。在踩油门之前，请确保你能安全驾驶。

① 1 英里 =1.61 公里。——译者注

随年龄的增长而显著升高，而且失聪在男性中比在女性中普遍。对于所有的感觉障碍，有必要积极努力地补偿而非接受。但不幸的是，年龄歧视会导致老年人不愿意戴双光眼镜和助听器，他们会一直眯着眼睛看东西或总听错话，直至最终失明或失聪（Meisami et al.，2007）。

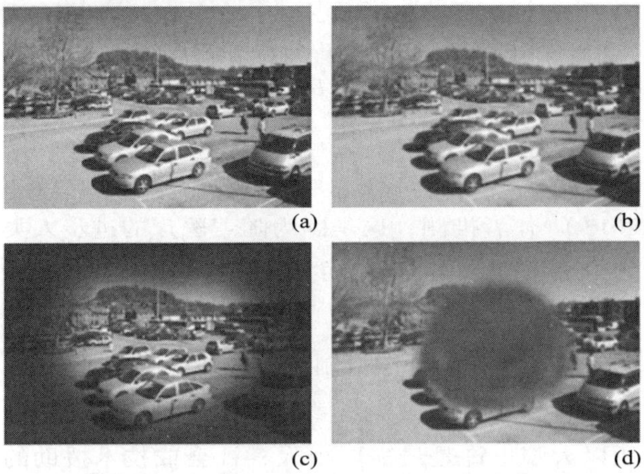

通过不同的眼睛看这些照片 这些图片展示了（a）正常视力、（b）白内障、（c）青光眼、（d）黄斑变性的人所看到的相同场景。可以想象，如果患上这些疾病，要想找到自己的车会有多困难。一定要定期检查视力。

年龄歧视会左右一个社会是否提供技术帮助。安装“听力环（hearing loop）”可以显著改善聋人的听力，使他们可以欣赏音乐会、戏剧、参观博物馆等。这种室内小型设备可帮助戴助听器的人听到他们想听的东西而不受咔啦咔啦的杂音的干扰。安装听力环首先需要认可这项投资值得。心理学家戴维·迈尔斯（David Myers）如今也面临着听力受损的问题，他解释说：

“虽然《美国残疾人法案》的确强制要求在有50个或以上固定座位的公共场合安装助听设备，通常是可外借的带耳机的调频收音机或红外接收器；但是，因为音响工程师忽略了人机交互因素——人们如何在现实生活中跟设备互动——大部分设备都被搁置了。

想象一下，你自己看电影、做礼拜、上课、站在售票窗口前或想听清机场公告时的情景。为了搞明白这些声音所表达的意思，你会选择哪种助听方案？

1. 找到助听设备的外借窗口，登记借出设备，佩戴设备，归还设备（通常是一个播放普通声音的、显眼的大耳机）。
2. 按下一个按钮，让你的助听器（或人工耳蜗）变成一个能按你的需求来提供定制化声音服务的无线扬声器。

第一种解决方案——不兼容助听器——一直是美国通行的辅助听力设备。用兼容助听器的第二种解决方案已经被斯堪的纳维亚半岛国家和整个英国所采用，在大多数教堂内，在伦敦所有出租车的后座上，在11500所邮局和无数的火车售票窗口，都安装了相应装置。”

（Myers，2011，pp.1-2）

残疾人权利倡导者希望有更多的设计师和工程师能够考虑“**通用设计**”，以创造出让每个人——无论身体或感官健全与否——都可以使用的设施和设备（Hussein et al.，2013；Holt，2013）。目前，从住宅到时尚的鞋子，一切都是专为健全的成人设计的。如果有更好的设计，许多障碍对残疾人来说就不成障碍了。

请环顾四周的各种“建设”（商店、街道、学校和家庭）；看一看药瓶上的标签；听一听火车站公共广播系统的播音。为什么大多数住宅都有入户台阶和狭小的卫生间？为什么要登一大步才能进入大多数客车和轿车？为什么检测燃气泄漏的常规方式仍是闻气味？再找一找无障碍标识或安装了听力环的场所，看看这些标识的准确程度。很多时候，你发现电梯无法正常使用，无障碍坡道不平顺或根本就没有坡道。诸如此类的情况比比皆是。

丧失某种感官并不一定会导致发病率的增加或认知损失。但如果得不到补偿，任何残疾——包括失聪或失明——都可能会把人孤立起来，使他们缺乏运动和智力刺激。所以，丧失某种感官通常会伴随着疾病的增加和认知能力的降低。

对大脑的补偿

刚刚提到的三个方面——性、驾驶和感知觉——都和衰老带来的生理问题有关，而衰老的关键器官是大脑。在各种老化中，都是大脑在主导选择、优化和补偿。

也就是说，个体需要能认识到性触摸和性交一样能给予人获得感。性唤起始于大脑而非生殖器，这就是为什么梦境、照片或者电话里的声音也能唤起性兴奋，以及为什么年龄歧视会抑制性欲。

同样，个体需要意识到他们的感觉正在衰退，

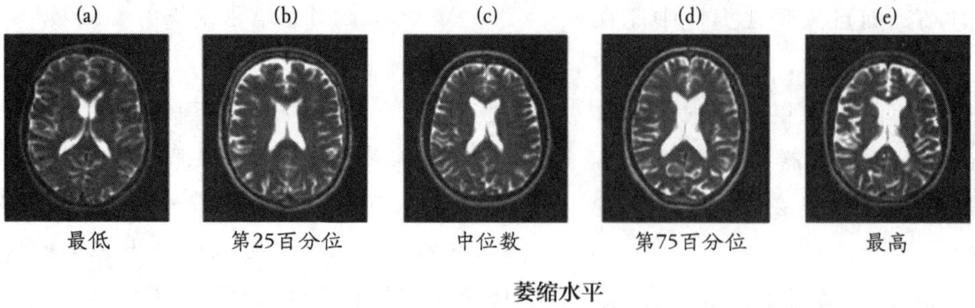

一点也不平均 苏格兰的一个神经科学研究团队（Farrell et al.，2009）发表了这组65—70岁健康个体的大脑图片。这些图片显示了正常大脑从最轻微（5%）到最严重（95%）的萎缩情况（见白色区域）。某些萎缩是不可避免的（就连更年轻的人也会发生大脑萎缩），但极少有老年人仅仅处于平均水平。

要做出采用技术辅助的决策，找到合适的设备，然后还要学会如何使用。由于不清楚使用正确的方式，许多助听器会被闲置在床头柜里。

美国交通部对涉及老年人的交通事故进行了风险分析，发现最大的风险在于认知，而非视力或运动技能（Sifrit，2012）。搞不清哪个踏板是刹车比缺乏腿部力量（踩刹车时，老年人不可能像年轻人那样有力）更严重。老年人最常发生的严重事故是在十字路口不避让直行车辆就直接左拐——这显然属于判断力问题，而非能力问题。

随着人类年龄的增长，大脑会有什么变化？它的加工速度会减慢，某些部分之间的连接减弱，所以人们需要花更多的时间来搞清楚在不同情况下需要采取什么行为。由于大脑白质和灰质的减少，理解变得更加困难。例如，老年人的阅读速度会减慢，和他们谈话需要放慢语速。

在整个成年期，我们的脑容量在逐年下降（每年下降不到1%），但60岁以后下降速度明显加快（Hedman et al.，2012）。80岁时的正常脑容量比30岁时的正常脑容量减少了约20%。

更细致的研究发现，一些特定区域的脑萎缩最为明显：新皮层比大脑更原始的部分萎缩得更明显，尤其是存储记忆的海马体和主管决策、规划的前额叶皮层。新的神经元也在形成，它们和认知储备一起，使一些大脑机能在大脑衰老多年后仍能正常工作。然而，这些过程都不能完全补偿大脑的衰老（Stern，2013）。

老老人的脑萎缩和脑细胞凋亡特别明显。比较研究发现，所有灵长类动物的大脑衰老过程都很相似；但人类开始衰老的时间比黑猩猩早，在成年晚期就出现了衰老，而非在临死之前（Chen et al.，2013）。作者推测，这是因为随着医疗的进步人类的寿命增加，人类大脑的工作时间超过了其设计寿命。

对于所有的补偿机制，大脑都是至关重要的。在进行任何优化之前，都需要个体的思维决策。所以大脑也许是最需要个人、社会或技术援助的器官。

关键的问题是，进入老年期后，是否有办法弥补大脑的损失，优化思维，就像人们对性生活、驾驶能力、感觉能力所进行的优化一样。答案是，有时可以。大脑的可塑性有可能贯穿终生（如，Ram et al.，2011；Erickson et al.，2013）。其他能保护身体的因素也能保护大脑，特别是运动、营养和避免物质滥用（包括吸烟）。除此之外，许多关于记忆和认知的具体细节会影响晚年的思维。在下一章中将详细介绍。

小 结

选择性优化补偿适用于衰老的各个方面。老年人与年轻人会有不同的性生活模式、驾驶能力和感觉灵敏度。如果能正确地认识和理解这些衰老，便可以找到抵消所有缺陷的措施。一些措施来自个人对自身的认识。例如，许多老年夫妻也能从性生活中获得享受，即便和他们年轻时的模式不尽相同。其他措施源于技术的补偿，前提是个人和社会选择使用它。考驾照是一个例子：目前很少有地方政府会专门针对老年人的问题测试其可减少事故的关键技能。大多数的感觉损失是可以预防或改善的，但许多老年人没有接受治疗或使用有效的辅助工具。大脑是协调所有必要的调整的最主要器官，它本身也会随年龄的增长而萎缩和变迟钝。 ■

>> 衰老和疾病

从第十七章和第二十章你已经知道，每过 10 年，个体就明显需要更长的时间才能达到内稳态和构建稳态应激系统。在内脏器官老化的同时，皮肤、头发和体态也会出现明显的衰老迹象。面对压力，年轻人的身体能够迅速做出调整，而对于老年人来说，连日的酷热或多铲了铲雪都可能致命。

原发性衰老和继发性衰老

老年学研究者将衰老划分为原发性衰老和继发性衰老。前者指随着时间的流逝普遍发生的变化，后者则是由特殊的遗传缺陷、健康习惯和环境条件导致的。一位研究人员解释说：

> "**原发性衰老**被定义为与疾病或环境无关的、由年龄增加导致的普遍变化。**继发性衰老**被定义为环境影响和疾病的发展与原发性衰老过程相互作用而产生的变化。"
>
> （Masoro，2006，p.46）

原发性衰老并不会直接导致疾病，但提升了各类疾病的发生概率。原发性和继发性衰老的结合会增加发病率和死亡率。

举例来说，随着年龄的增长，心脏跳动速度越来越慢，血液循环系统变得僵化，增加了卒中和心脏病发作的风险。肺部每次呼吸时吸入和排出的空气量也在减少，降低了血液中的氧气含量，慢性阻塞性肺病更为常见。消化速度减慢。肾脏功能也降低了，这时如果个体因饮水过少导致脱水，则会引发问题。个体之所以会较少饮水，一方面是由于稳态调控的效率较低和口渴的信号减弱，另一方面是刻意为了避免小便失禁，这本身又是由肾脏或泌尿系统的衰老造成的。

此外，由于年龄增大，伤病后的康复需要更长的时间。这就是为什么年轻人若患上肺炎，通常只需几周就能痊愈，但如果年老体弱的人罹患肺炎，后果可能致命。事实也表明，肺炎是老年人死亡的原因之一，当然其根本原因是原发性和继发性的衰老。

摔伤、车祸、火灾和中毒等各类事故同样如此。年轻人更可能从这类事件中恢复，但在美国，2010 年有 4100 万 65 岁以上的人死于意外，老年人的意外死亡率远高于其他年龄段人群（National Center for Health Statistics，2012）。

上述数据也许令人迷惑，因为在前面的章节中曾提及，儿童、青少年和成年初显期成人死于意外的比例比死于任何其他原因者的比例都高。对此，解释的关键在于其他的死亡原因。因为心脏病、癌症和卒中在生命的早期阶段较为罕见，但在成年晚期司空见惯，所以意外事件是导致 1—44 岁个体死亡的首要原因。但到了 65 岁以后，意外事件仅排到了致死原因的第八位。虽然老年人比年轻人更谨慎，可一旦发生意外，65 岁以上个体的死亡率更高。

从发展的角度看，原发性衰老和继发性衰老的关系可以追溯到终生的压力水平，这在第十七章和第二十一章中都有所阐释。测量稳态应激负荷的生理指标有 10 个或者 16 个，其中包括了皮质醇、C– 反应蛋白、收缩压和舒张压、腰臀比和胰岛素抵抗。所有这些都是身体的压力表征，都会随着年龄的增长而提升，也都对健康有害。

因此，对稳态应激负荷的评估是对多个指标联合的长期影响的测量，任何单独的因素都不一定构成危险。但是，如果这些生理指标大部分都不正常，个体就会生病和死亡，尤其是在不断衰老而器官储备已降低的情况下（见图 23.5）。因此，长时间面对压力情境会成为生理性负担，从而会危及生命。

治疗老年人：以流感和高血压为例

正因为原发性衰老的存在，所以医疗措施对老年人和年轻人的功效有所不同。在年轻人身上实验成功的药物和手术对老年人可能并不会很有效。例如，对流感和高血压的治疗就是如此。

流感病毒的毒株每年都会略有不同，因此每年要重新研制疫苗以对抗毒株的变异。所以每年秋天，人们都需要注射疫苗来对抗冬天将出现的流感疫情。每年的免疫措施对于 65 岁以上的人来说都特别重要，因为如果患有其他基础疾病，流感有时会致命。

2012—2013 年的流感疫苗帮助老年人成功地预防了 B 型流感，但对 A 型流感几乎没有起到防护作用，虽然它对年轻人有效（Kelvin & Farooqui，

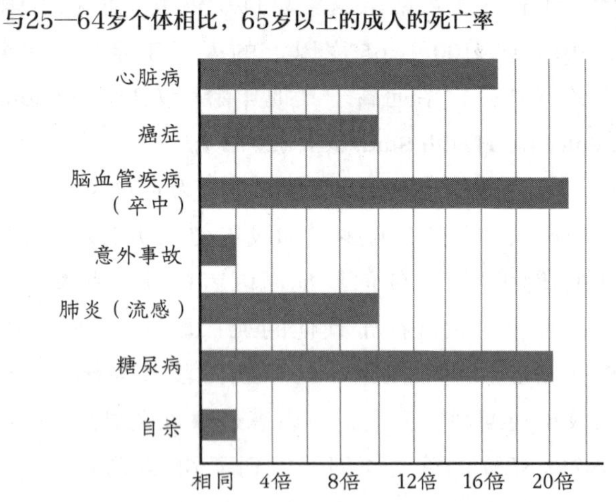

来源：Murphy et al.，2012.

图 23.5

寿命的增加 就算和 10 年前相比，65 岁前离世的人也在减少。这表明，基于许多因素，人到老年阶段才死于各种疾病的可能性更大。会导致这些病症的大部分因素在中年阶段就已经出现。

2013）。显然，还需要依据年龄对疫苗进行调整。

在研制预防疾病的药品时，考虑年龄的因素同样重要，降血压的药物就是一个例子。如果中年人的收缩压在 140 以上，首选的建议是饮食（低盐）、减肥和运动。如果仍然无效，大多数医生会开日常降压药来预防卒中和心肌梗死。然而，同样的血压对老老人可能会有不同的影响（Sabayan et al.，2012）。

出人意料的是，对于一些老年人来说，高血压具有保护性作用；降压药不但不会减少死亡的风险，反而会增加死亡风险。医生在判断是否开降压药时，必须考虑患者的健康和精力状况（Odden et al.，2012）。这可能对初老人有好处，但对老老人可能正相反，也许是因为他们的稳态修复缓慢，导致他们的血压突然下降，而血压从较高水平降到平均水平的危险小于从平均水平降到较低水平。

高血压的波动性也可能是导致老年人在麻醉状态下大脑受损或心跳停止的一个原因。镇痛药物也可能对老年人和年轻人有不同的作用。这或许可以解释为何老年人术后出现暂时性幻觉和精神错乱的情况远比年轻人多。

慢性与急性疾病：以心脏病为例

理解急性和慢性疾病之间的区别也相当重要。**急性疾病**是突发的，也是危急的。**慢性疾病**是渐进的和持续的。下面以冠状动脉心脏病——美国人死亡的主要原因——为例继续说明。

心肌梗死是急性的。一个人本来好好的，突然呼吸急促，手臂、下巴或肩膀疼痛，也可能感到恶心或心区沉重（像有一头大象站在你的胸口上）。这些都是心肌梗死的症状，一旦出现，千万不能试图等等看它能不能缓解或消失。在通常情况下，如果患者在 1 小时内得到了救治，还有存活机会，但因为是急性发作，时间就是生命。

相比之下，心脏病是慢性的。动脉堵塞会造成血压增高或心律不齐。患者一运动就会筋疲力尽或呼吸短促。心脏逐渐衰弱。许多成人事先都未能察觉任何异常，除了高血压或低密度脂蛋白胆固醇值过高——这两者都是慢性心脏病的症状。

心脏病在男性和女性中都是最常见的死亡原因。然而总的来说，女性更可能患慢性心脏病，男性更可能患急性心脏病。男性多死于心肌梗死，女性多死于慢性心脏病。

性别差异在其他许多病症上也同样明显：例如，女性罹患关节炎、红斑狼疮、2 型糖尿病、抑郁和骨质疏松症的概率更高。当然，男性并非不会患上这类疾病，女性也可能死于急性疾病；但从全球的发病比例上看，两性的确有所不同。

女性会身患慢性疾病并生活多年，男性更有可能在重病后很快死亡。这也是在美国 65 岁以上人口中男女比例为 1:1.3，但养老院中的男女比例能达到 1:3 的一个原因（见图 23.6）。

这种性别差异带来了问题，因为许多医院、医生更重视急性疾病，在这方面也有更多的研究经费投入——救护车呼啸而过，外科医生步履匆匆，都是为了挽救一条生命。与此同时，许多女性常年遭受疾病的折磨，生活质量差，但缺乏有效的治疗。

与性别歧视极为不同，对慢性疾病的忽视有其历史原因。在人类历史的大部分时间里，人的寿命都很短，而死因大多数是急性疾病。救治心肌梗死患者、防止败血症、接种伤寒疫苗——都明显是那个时代的目标。不过，如今的情况已经改变，应对慢性疾病成为人类主要的医学挑战。

2012年美国按年龄和性别分列的人口统计

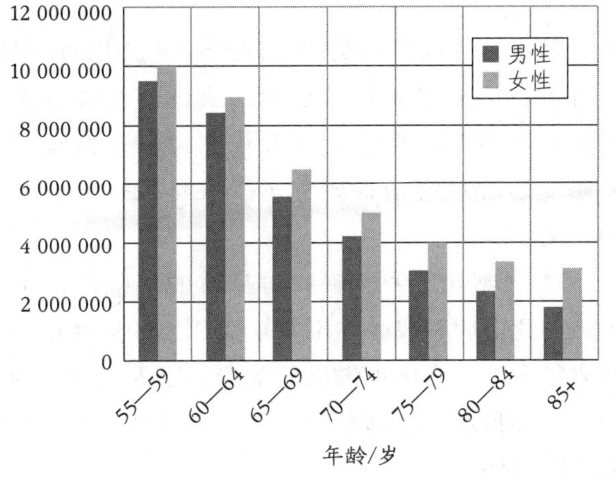

来 源：U. S. Census Bureau，Current Population Survey，Annual Social and Economic Supplement，2011.

图 23.6

孤独的老年人 年轻人在得知成年晚期的性别比例后，通常会同情老年女性，因为她们中的许多人都寡居，无法（或没有兴趣）再次找到配偶。老年男性则并非如此：多数是已婚的；一旦妻子逝世，他们再婚的概率比女性高。但是数据同样表明，和老年男性相比，老年女性同朋友、亲戚尤其是与子女更为亲近。事实上，社会关系网络很可能是她们比同龄男性更不可能死于自杀或心脏病发作的一个原因。

发病率压缩

预防疾病的最佳策略是从小开始并持续终生，由此“应对公共卫生和老龄化的目标不单针对现在的老年人，还包括未来的老年人，虽然他们现在还是儿童和青壮年”（Albert & Freedman，2010，pp.31-32）。如果从小建立良好的习惯，并终生坚持，会让个体患病的概率降低，年老后继续保持活力，残疾或患病的日数也会减少。【**生命全程链接**：有关活力、发病率和残疾的解释在第二十章已有介绍。】

发病率压缩指个体的“活力”延长到老年阶段，也就是减少（压缩）个体死亡之前的患病。理想状态是，个体到了65岁之后仍然能健康地生活几十年，最后因严重疾病在数日或数月内死亡，避免了经年累月的病痛折磨。

由于死亡年龄被推迟后，发病率事实上已被压缩。例如，与30年前不同，今天大多数被诊断出癌症、糖尿病或心脏病的人都能高质量地继续生活几十年。世界卫生组织和许多专家都认为，病残是个体与环境相互作用的结果，所以改变环境会减少病残（Phillipson，2013）。文化、教育和科技可以延长初老人的最佳状态，降低老老人的发病率（Thompson et al.，2012）。

骨质疏松症（骨骼易碎）显然是一个需要压缩发病率的病症。原发性衰老使骨骼中的破骨细胞数量超过了成骨细胞，骨骼由此变得疏松多孔（Rachner et al.，2011）。虽然男性和其他族群的人有时也会罹患骨质疏松症，但是此病在体重过轻的欧裔女性中尤为常见。

这种慢性疾病不仅仅会致残，还很可能致命。一次只会让年轻人擦伤的跌倒可能导致老年人髋骨或脊椎骨折，虽然这两种情况本身并不致命，但可能会触发一连串的健康问题。10%的骨质疏松症患者会因这种跌倒而在1年内死亡。根据美国疾控中心的数据，髋骨骨折是老年人超额死亡的头号原因（MMWR，March 31，2000）。在髋骨骨折的人中有一半再也无法走路了，缺乏活动会进一步导致身体诸多系统的恶化。

现在，让我们回到发病率压缩上。请注意上面提及的文献是2000年的。最近的一项报告指出：“骨质疏松症——一度被认为是衰老的必然结果——在21世纪已经可以得到诊断和治疗了”（blackal，2012，p.2051）。

对于这一疾病，人们是如何做到压缩其发病率的呢？通过（几十年前还没有的）骨密度检查这一早期诊断手段可以在骨折前就发现骨质的弱化。负重训练和肌肉锻炼、长期摄入富含钙和维生素D的膳食等预防措施在中年甚至更早就可以开始。此外，如今还有十几种可减少骨流失的药物治疗方案（如激素替代疗法）。

不过，人们重视慢性疾病的时间还较短，对骨质疏松的诊治同样如此，科学家还不确定长期摄入预防药物的后果。现有的数据提醒人们仍要谨慎（Brown et al.，2012）。预防一种病症的药物可能最终导致其他的病症。【**生命全程链接**：第二十章对激素替代疗法进行了讨论。】尽管如此，现在美国有4400万患骨质疏松症的50岁以上人群可能再也不会像以往那样会因骨折而残疾了。这就是所谓的发病率压缩。

心脏和骨骼只是两个例子。几乎所有病症的发病率都可以被压缩，许多人对此缺乏认识。例如，有半数老年人患有关节炎，但很少有人知道其僵化程度是可以得到缓解的（Hootman et al，2012）。糖尿病也如此，糖尿病常常直到心脏、肾脏、下肢和眼睛等出现症状才被确诊（Caspersen et al，2012）。

另一个例子是乳腺癌。在非裔美国女性中，该病的死亡率是欧裔人的 1.5 倍，主要原因就是确诊太晚，无法短期患病后痊愈，通常患者的病程会拖延数月并最终死亡。

老年学专家认同，现在的目标不仅仅是长寿，更是希望健康而长寿；通过培养良好的生活习惯和及时进行早期治疗等方法，我们的目标不只是为生命增加年龄，更是为年龄增添“活力”（Gremeaux et al，2012）。

美国以及其他国家的数据显示，个体不会在一个确定的年龄开始变得体弱。单纯的长寿和健康的长寿之间存在正相关，进一步对发病率进行压缩似乎也是可能的。

小　结

原发性衰老是年龄增长的必然的普遍规律。继发性衰老包括了诸多因不良的健康习惯、遗传风险、感染和环境毒素而导致的疾病，往往会加剧原发性衰老带来的问题。一些最棘手的疾病会涉及人的感官，特别是视觉和听觉，感觉障碍会导致抑郁和社会隔离。急性疾病是突然的，其危害在现有的医疗条件下已经明显减少。下一步是减少慢性疾病带来的问题，这个目标被称为发病率压缩。针对骨质疏松症采取的措施就是一个例子，衰老不一定要经受多年病痛的折磨。■

>> 衰老学说

在以上介绍的所有慢性健康状态和疾病的背后，有一个根本性问题：人为什么会衰老？如果我们能阻止老化，就可以阻止原发性衰老并消灭衰老带来的疾病——大多数的癌症、大多数的心脏病、卒中，等等。众多科学家为了解释老化发生的原因已经提出了几百种理论。这些理论可以简单分为三大类：磨损理论、遗传适应理论和细胞衰老理论。

磨损理论

最古老、最普遍的衰老理论被称为**磨损理论**。其观点认为经过多年的使用，身体各个部分由于磨损而失灵了。在使用了几十年之后，器官储备和修复过程最终消耗殆尽（Gavrilov & Gavrilova，2006）。

这一观点是否准确？对身体的某些部位来说的确如此。肩膀或膝盖反复承受压力的运动员通常在成年中期就会出现慢性关节痛；吸入石棉和烟尘的工人和吸烟者的肺会受损害；反复的打击头部会造成脑损伤。

有时，身体会因为饮食、污染或辐射和暴露于某些物质而磨损。例如，皮肤癌是太阳光照射过度造成的，发生动脉栓塞的部分原因是摄入了过多的动物脂肪，一些恶性肿瘤则可能与污染和辐射导致的氧自由基过多有关。

给生物学家的问题 对于衰老原因的研究有哪些直接的实践价值？（答复见第 587 页）

然而，磨损理论解释不了许多事实。身体的一些机能会在使用中受益。锻炼可以改善心肺功能；打太极拳可以改善平衡；负重训练增加了肌肉量；性活动会激活性—生殖系统；需要肠道活动的食物有益消化系统。因此，尽管磨损理论适用于某些身体部位，但现在很少有科学家认为它能从整体上解释衰老。

实际上，过于依赖磨损理论可能是有害的：相对于“磨损”，人们更容易因为不使用而“生锈”。锻炼对每一个器官都有好处。吃大量（富含抗氧化剂）的蔬菜和水果是有益的，但过量服用抗氧化维生素和微量元素（维生素 A、维生素 C、维生素 E 和硒）可能适得其反，虽然目前对这一点的研究没有定论（Bjelakovic et al.，2012）。

遗传适应理论

第二类理论着重于基因（Sutphin & Kaeberlein，2011）。人体内可能有一个**遗传时钟**——一种细胞内的基因机制——调节着生命、生长和衰老。就像基因在 10 岁左右触发了青春期的开始，基因也可以拉开衰老的闸门。例如，如果一个老年人受伤了，衰老基因会导致伤害加重、感染扩散，而不是像年轻时那样促进愈合（Borgens & Liu-Snyder，2011）。

衰老基因存在的证据来自早衰。某些患有胡－吉二氏综合征（Hutchinson-Gilford syndrome；一种遗传性疾病，也称为*早老症*）的儿童在5岁左右就会停止生长，开始变老，皮肤出现皱纹，出现秃顶。这些孩子往往在十几岁就会死去，而心脏疾病的典型发病人群是年龄相当于他们的5倍的人。

其他基因似乎控制着长寿和健康。活到100岁的人通常有普通人所不具备的等位基因（HalaschekWiener et al.，2009；Sierra et al.，2009）。一些保护性等位基因较常见。例如，12%的70岁男性具有ApoE2基因的等位基因，但17%的85岁以上男性具备此类基因。这表明，那些12%的70多岁的男性不太可能死亡。

似乎也有常见的能引起过早死亡的基因。几乎所有继发性衰老疾病都有家庭遗传倾向，显示了家族基因上的联系。ApoE基因的另一个等位基因——ApoE4——会增加个体死于心脏病、卒中、痴呆的概率；如果个体呈HIV阳性，该基因也会增加他死于艾滋病的概率（Kuhlmann et al.，2010）。

另外，还有数百种基因加速着身体不同部位的老化，如导致高血压的基因和各种癌症的基因。它们中的某些等位基因，比如SIR2、def-2，可直接加速衰老和死亡（Finch，2010）。如你所知，继发性衰老（人们的行为方式）是疾病过程的一部分，许多不良的健康习惯（如酗酒、吸毒、暴食等）都与特定的基因有关。

原发性衰老也是遗传性的。会加速许多衰老迹象的糖尿病就是一个例子。1型糖尿病（儿童发病）似乎完全是遗传的。2型糖尿病（成人发病）一般因超重而发生，但基因也是一个影响因素。实际上，有十多个基因与之相关。一些糖尿病基因是跨族群的，还有一些则在非裔美国人中更常见，从而使他们患上2型糖尿病的概率高于美国的其他人群（Palmer et al.，2012）。

你一定注意到了，大多数超重者并没有患上糖尿病，其实也是基因保护了他们。有些体重正常的人不幸患上了糖尿病，这也是由于基因的原因。这一点又可以解释一个恼人的统计数据：比起欧裔美国人，亚裔人患糖尿病时的年龄更小，体重更轻（Hu，2011）。

为什么人类的基因会促进衰老？进化理论提供了一个解释（Hughes，2010）：社会需要年轻人繁衍下一代（留下他们的基因），然后变老死去，以便使稀缺资源集中用于繁殖和养育新的一代。因此，遗传性衰老对老年人来说是无情的，但对于整个社群是慈悲的。

>> 答复生物学家（问题见第586页） 虽然年龄歧视和矛盾情绪限制了对衰老原因的研究资金投入，但这类研究可以用于预防艾滋病、癌症、神经认知障碍和环境污染造成的身体损害，这些都是人类社会迫切需要的。

细胞衰老理论

第三类理论主要从分子和细胞的角度考察了**细胞衰老**问题。毒素会随着时间的推移损坏细胞，复制中的小错误不断累积（细胞会多次自我替换）。免疫细胞的工作是识别病原体并消灭它们，但是免疫系统随着年龄的增长以及不断反复的压力和感染逐渐变弱（Wolf，2010）。

最终，有机体不再能修复每一个细胞的错误，从而导致了衰老。这个过程首先是在皮肤这个经常更替的器官上表现出来的。当细胞恢复减慢时，皮肤就出现了皱纹而变得粗糙，最终出现“老年斑”。细胞暴露于毒素的时间越长，破裂的就越多。例如，你手上的皮肤会比你肚子上的皮肤更粗糙——但在新生儿身上看不到这种情况。

人体内也会发生细胞老化，尤其是在癌症中很明显，这涉及流氓细胞的复制。随着年龄的增长，每种癌症都会变得更常见，因为我们的身体越来越无法控制细胞了。一些研究表明，细胞不是衰老的真正原因，真正的原因是环绕细胞的线粒体随着时间而发生突变，触发了细胞的老化，进而引起身体的老化。这个过程始于童年期，甚至尚在子宫里就开始了，受母亲饮食的影响（Khrapko，2011）。

即使没有具体的感染或压力因素，健康的细胞在某个时间点也会停止复制。这个点被称为**海弗利克极限**（用发现它的科学家Leonard Hayflick的名字命名）。随时间流逝，染色体终端的端粒会发生一种细胞变化，细胞每复制一次，端粒就缩短一段。最终达到海弗利克极限，端粒消失，复制停止，机体死亡（Aviv，2011）。。

与细胞的衰老和死亡有关的端粒，其长度也会受压力影响。一个人从童年起经历的压力越多，到成年晚期时端粒就会越短，死亡得就越早（Lin et al.，2012）。

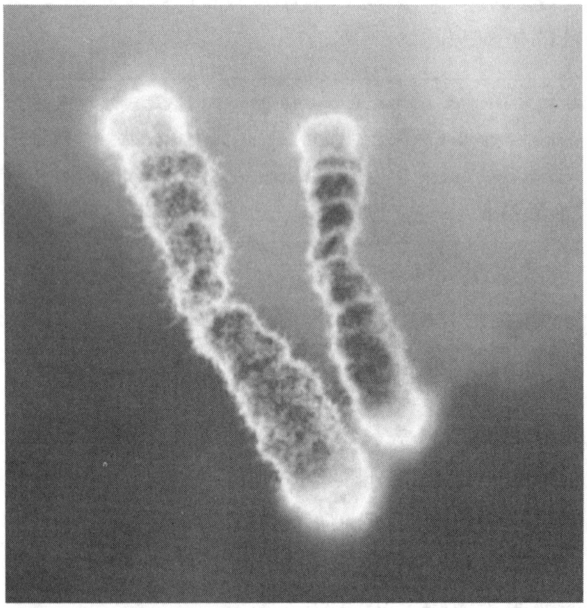

这是上了年纪的毛毛虫吗？ 不是，这些都是年轻的染色体，末端经染色呈亮白色的就是端粒。

Hayflick 本人相信，海弗利克极限和随其而来的老化的主要原因是分子保真度的自然损耗。也就是说，在每个细胞的复制过程中出现的不可避免的转录误差是老化的原因。他相信，衰老是人类这个物种的细胞天生自带的，受压力、药物等因素影响（Hayflick，2004）。虽然生活方式因素能够加速衰老进程，但没有人可以不受生活压力的影响，没有人能长生不老。

研究发现，不同族群和不同性别的新生儿的染色体端粒长度大致相同，但是到了成年晚期，女性比男性、欧裔美国人比非裔美国人的端粒更长（Aviv，2011）。这一现象背后可能有诸多原因，但支持细胞衰老理论的学者更专注于结果，即女人比男人活得长，欧裔美国人比非裔美国人活得长。

热量限制

进食和消化食物会以某种方式给身体带来很大压力吗？**热量限制**，指在充分摄入维生素、矿物质和其他重要营养成分的条件下，大幅降低每日从饮食中摄入的热量。热量限制可以减缓许多有机体的老化。对从果蝇到黑猩猩等几十种生命体的仔细研究显示，热量限制的确有益。

由于很多问题仍待探讨，将热量限制应用于人类是有争议的。热量限制被称为“正在寻找理论的事实”，它似乎是在细胞层面发生的，但“研究人员耗费了几十年时间，也没能把握住这种能产生惊人效果的简单干预的分子机制”（Masoro & Austad，2011，p.xi）。

一般来说，和无热量限制组相比，在实验控制条件下，活有机体（早期研究的对象是果蝇）的摄入不足可以延长许多低等动物和昆虫的寿命，虽然其中原因还待探究，但具体的食谱和喂食时间可能十分关键。

在人类和其他灵长类动物身上的应用，情况更为复杂。有一些对猴子的研究发现，限制热量摄入可以延长寿命，但其他研究结果并非如此（Mattison et al.，2012）。

综合所有相关研究可以发现，大鼠似乎比小鼠从限制饮食上获益更多，限制饮食并未使某些种类的小鼠活得更长。事实上，摄入不足可能反而缩短了某些种类的小鼠的寿命（Swindell，2012）。该结果可能取决于不同种类鼠之间具体的遗传差异，但其具体细节还不是很清楚。长寿可能取决于被限制的饮食的具体细节，但科学家尚不知晓这些细节是什么。

对较低等动物的研究结果，以及来自热量限制团体（Calorie Restriction Society）的 7000 名志愿限制饮食者的数据是引人注目的（Roth & Polotsky，2012）。例如，他们患糖尿病的概率几乎为零。但是加入该组织的个体显然不能代表所有人群，还需要设计控制实验来加以证明。

更有说服力的研究应该如何实施呢？首先，研究者需要招募来自不同社会经济地位和不同族群的数以百计的被试。然后，将他们随机分组，一半每天摄入 7530 千焦的热量，另一半每天正常地摄入约 12550 千焦的热量。

对这两组被试的研究将持续几十年，记录下他们生病和去世的时间和原因。定期检查以确保他们遵循既定的饮食规则，并测量他们的心率、呼吸、血液和尿液等几十个生理指标。检测要客观，施测人员不能知道谁被分配在哪个组，甚至不应知晓研究目的。

21岁以下或可能怀孕的个体会被排除在外。所有参与者都被告知，热量限制可能会降低他们的性欲，导致不孕，弱化其骨骼和肌肉，影响情绪，导致精力不济，并影响其他身体功能。但其好处是可能预防糖尿病和延长寿命，但这也不能保证——因为这其实就是这项实验想要验证的。

按这样的条件，在普通人中甚至很难招募到十几个人来参与实验。然而，在一些地方（例如，丹麦和挪威），在曾经的战时敌占区，所有人的热量摄入都遭到强制性的大幅削减，再加上健康的饮食（主要是新鲜的蔬菜），结果发现人的死亡率显著降低了（Franco et al.，2011）。

在第二十章中曾提到在古巴出现过的类似结果，古巴的主要出口商品是糖，美国对糖的禁运导致该国1991—1995年出现食品和天然气短缺。结果，人们只能选择多吃当地的水果蔬菜，用徒步代替开车。古巴人在这5年中的平均体重减轻了超过5.4千克。而死亡率，特别是由于心脏病和糖尿病导致的死亡率下降了（Franco et al.，2013）。

1996年，古巴的经济危机结束了。在此后的15年里，肥胖、糖尿病和心脏病的发病率和死亡率有所回升（Franco et al.，2013）。显然，对古巴人来说，重新驾驶自己的汽车和有更丰富的食品让他们很高兴，但其结果对医生和科学家来说是个打击。也许人们要的是生活得更舒适，而非活得更久。

如何让时钟停下来

许多科学家以及老年人都试图寻求一种既不牺牲生活又能延年益寿的办法。令人兴奋的是，已有报告称发现了能增加去乙酰化酶（sirtuins）的药物，它可能会延长人的寿命。但更新的研究对此再次提出了疑问（CouzinFrankel，2011）。

去乙酰化酶是一类（哺乳动物天生有7种去乙酰化酶）有可能延长酵母菌、果蝇和小鼠寿命的蛋白质。它们被称为“酶的护驾骑兵”（Hall et al.，2013，p.973），但这种特殊的护驾骑兵并不是每次都能有效救援。即使是对于小鼠，也存在性别和基因差异，所以去乙酰化酶有时会失效（Kanfi et al.，2012）。

一些研究人员仍然相信去乙酰化酶可以延缓各种大脑疾病的进展，包括老年痴呆症和帕金森病（Herskovits & Guarente，2013）。去乙酰化酶的运作机制被认为是细胞层面的，作用类似于热量限制，但不需要节食。也许是这样吧，但抗老化研究的历史经验重复发现，很多本以为能延长寿命的方法和产品实际没有效果。

所有关于衰老的理论，所有针对基因、细胞、限制热量摄入、去乙酰化酶、抗氧化等的研究，至今都未能找到直接阻止衰老的办法。不过，研究者们仍在追寻许多线索，因为他们中有很多人相信，某些作用于细胞的东西是老化过程中的关键环节。

许多人寄希望于一些药物或食物（例如，蓝莓、红酒或鱼油）来延缓衰老。然而，许多中年人忽略了已知的能延缓衰老的因素，如运动、适度饮食以及远离有害物质（特别是烟草）。这对大家有什么启迪？

小 结

解释衰老的理论有数百种之多。磨损理论提出，身体随着年龄的增长而受到损耗，但这一理论无法解释整个老化过程。遗传理论认为，有些基因似乎推迟了原发性衰老，而其他基因则更容易促进继发性衰老。有一个遗传理论认为，选择性适应会导致或至少允许人类继承掌管衰老和死亡的基因，这些基因在个体生育子女接替自己后才被激活了。

细胞理论的重点是氧自由基带来的损伤、细胞复制中的累积错误、染色体端粒缩短或免疫系统细胞。停止或减缓细胞衰老的方法包括热量限制（只适用于某些生物）、使用药物（结果存在争议）和饮食（多吃水果和蔬菜）。

>> 百岁老人

另一个获知长寿奥秘的途径是研究高寿的人。他们与别人究竟有何不同？

远离现代生活和时代

在20世纪70年代，有三个偏远的地方突然受到了媒体关注，上了新闻头条：一个在格鲁吉亚，一个在巴基斯坦，一个在厄瓜多尔，原因是人们发现这些地方居住着许多精力充沛的老年人，有些甚至超过了100岁。一位研究人员写道：

“大多数老年人（90 岁以上）正常干活……有的甚至继续挑水劈柴。接近 40% 的老年男性和 30% 的老年女性视力良好，做任何事都不用戴眼镜，包括阅读和穿针引线。他们中有 40% ～ 50% 的人听力良好。大多数人的牙齿还未脱落。到了这个年龄，他们中的多数人还是身姿挺拔。这些老年人每天步行 3 公里以上，还会在山涧中游泳。”

（Benet，1974）

更为全面的研究（Pitskhelauri，1982；Buettner，2008）发现，在这三个地区，人们的生活方式有以下四个相似之处：

1. **饮食**。大部分的食物是新鲜的蔬果和野菜，很少吃肉或脂肪。他们认为有点饿比过饱足好。
2. **工作**。即便是很老的人，仍会在田间劳作、干家务和照顾孩子。
3. **家庭和社区**。老年人很好地融入了几代人的大家庭，与朋友和邻居交往频繁。
4. **锻炼和放松**。多数人会每天早晚走路（是上山和下山的路），睡午觉，晚上与人聚会。

也许这些因素——饮食、工作、社交和锻炼——延长了寿命。

对大黄蜂的研究结果支持了社会环境有助于延年益寿的观点。工蜂和蜂王的基因是一样的，但工蜂只能活大约 3 个月，而蜂王——由于不同的食物和待遇特殊——能活 5 年。当蜂王死后，如果某只工蜂被选为蜂王，其寿命会是原来应有寿命的 20 倍。

最长的寿命

以上几段文字提出的观点一定有让你感到怀疑的地方。人类与大黄蜂几乎没有任何共同之处，关于那些长寿者的报道也发表于几十年前。

事实上，这三个长寿之乡的人的出生或婚姻记录都无从考查。每个自称百岁的老人都可能夸大了自己的岁数，每个相信了的研究者都可能过于渴望接受这样一个观点，即一旦排除现代文明的弊端，人生便能长寿和美好（Thorson，1995）。有些人为了活得更久还专门搬到那些偏远的地方居住（例如，Volkwein-Caplan，2012），但大多数科学家认为这种做法并不明智。

至于老年疾患的预防，锻炼、饮食和社会融合似乎的确能给平均寿命增加几年，但不会增加几十年。关键是要区分平均寿命和最长寿命。

基因似乎赋予了每一个物种固有的**最长寿命**，即该物种成员的最长可能寿命（Wolf，2010）。在理想情况下，大鼠的最长寿命似乎为 4 年，兔子为 13 年，老虎为 26 年，家猫为 30 年，褐色蝙蝠为 34 年，棕熊为 37 年，黑猩猩为 55 年，印度象为 70 年，长须鲸为 80 年；人类为 122 年，湖鲟为 150 年，巨龟为 180 年。

与某特定群体中每个个体的**平均预期寿命**相比，最长寿命有所不同。在人类群体中，平均预期寿命浮动很大，取决于历史、文化、社会经济因素以及基因（Sierra et al.，2009）。

美国人的平均预期寿命在过去一个世纪内翻了一番，并还在继续上升。2012 年出生的人的平均预期寿命是：男性 76 岁，女性 81 岁。这比 30 年前的数据多了 4 年。预计到 2050 年，还会再延长 5 年（United Nations，2012）。

在 20 世纪内，几乎每个国家的平均预期寿命都有大幅提升，因为公共卫生措施（清洁的水、免疫等）降低了婴儿和儿童的死亡率。最近几年来，平均预期寿命的增加主要归功于中年疾病（心脏病、肺炎、癌症等）引发的死亡减少了。虽然平均预期寿命可能增加了，但最长寿命或许没有增加。

现在面临的挑战是增加高龄个体的寿命。老年学专家一直在激烈地争论，人类平均预期寿命是否会延长下去，以及最长寿命是否被基因锁定（Couzin Frankel，20llb，p.549）。我们知道的记录在案的最长寿者是 122 岁的 Jeanne Calment，她于 1997 年在法国南部去世。尽管在她之后已有 10 亿具有出生档案的人过世，但迄今无人寿命能超过她。人类最长寿命因此被设定为 122 岁，当然也有人不同意。

然而，每个人都同意生命的最后几年可以是美好的。对百岁老人的研究发现，许多老年人过得很开心（Jopp & Rott，2006；Paul et al.，2013）。Jeanne Calment 每天都品一杯红葡萄酒，吃点橄榄油，她说“我会笑着死的”。

疾病、残疾、抑郁症和老年痴呆症或许终会

到来；研究并不认为这些状况在100岁之后具有普遍性。有些研究发现，100岁以后，人的身体问题和精神健康问题会比以前少一些。例如，在有免费医疗的瑞典，比起80岁左右的人，百岁老人服用抗抑郁药的比例更低，但使用止痛药的比例更高（wastesson et al，2012）。

瑞典的这些数据是否表明百岁老人比80岁左右的人更开心？我们仍无从得知。然而，在现实生活中有越来越多的人超过了100岁，他们中的很多人仍然精力充沛、反应灵敏且乐观（Perls，2008；Poon，2008）。社会关系尤其与心理健康相关（Margrett et al.，2011）。百岁老人往往对生活有着达观的态度。

这也是本章反复强调的主题：当衰老不可阻挡，态度就变得至关重要。正如本章开头曾指出的，年龄歧视能缩短人的寿命，让人晚景凄凉。不要听之任之。数以千计的百岁老人证明，长寿的人可以拥有幸福的生活。

小 结

许多科学家试图了解衰老为什么发生。如果能阻止或延缓衰老，就能降低随年龄增长而增加的疾病发生率。总体而言，衰老的磨损理论似乎并不充分，遗传理论虽然有证据支持但也不能解释全部，细胞衰老理论最具前景但也最令人失望。在20世纪里，百岁老人的数量在增加。人类的平均预期寿命也在不断增加，但最长寿命似乎没有什么变化。许多寿命远超常人的个体看上去很快乐并且相当独立。 ■

本章总结

偏见和预测

1. 与年龄歧视的刻板印象相反，大多数老年人都很快乐、健康和活跃。年龄歧视——包括刻板印象和老人语等行为——在年轻人和老年人中普遍存在，它是自我应验的预言，影响人们晚年的健康和幸福。
2. 65岁以上人口的比例在增长，但其带来的影响有时被媒体扭曲和夸大了。目前，美国人口中约有13%是老年人，其中90%的人的生活是能够自理且富有成效的。
3. 老年学家有时根据依赖程度的高低将老年人划分为初老人、中老人和老老人。只有10%的老年人完全依赖他人照顾（老老人），生活在养老院或医院的老年人只占3%。

衰老和疾病

4. 成年后，皮肤、头发和体形出现的许多明显变化还在继续。感觉器官变得不再那么敏锐了。很常见的视力问题也有很大影响：许多老年人患有白内障、青光眼或黄斑变性。听力也会有所下降：大多数老年男性都存在听力障碍。
5. 用选择性优化来补偿感知觉的缺损需要技术手段、专业诊断和个人决心的结合。但在过去，这三方面未得到充分利用（助听器的使用就是一个例子）。
6. 降低身体和大脑的器官储备的原发性衰老发生在每个人身上。尽管个体过去的健康习惯和基因存在差异，但发病率、残疾和死亡风险最终都会增加。补偿作用仍有可能带来许多益处，包括对发病率的压缩。

衰老学说

7. 现在有数百种理论解释衰老的原因。磨损理论认为，生命过程会磨损身体，该理论适用于身体的某些部分，但无法从整体上解释衰老。
8. 另一种理论认为，基因让人类在繁殖期之后还继续存活，但会患上严重的疾病，最终死亡。具有特定基因或等位基因的个体通常会长寿，其他人的寿命则较短。
9. 衰老的细胞理论认为，DNA的复制和修复的过程都受衰老的影响，使得修复错误愈发困难。
10. 随着年龄的增长，免疫系统效能的降低可能导致衰老，使老年人面对疾病时更脆弱。

11. 细胞会在某一个临界点停止复制，这被称为海弗利克极限。似乎在染色体端粒不断缩短直至消失后，细胞就停止复制了。

百岁老人

12. 长寿之乡的居民的一些行为模式表明，生活方式可以影响平均预期寿命。饮食、工作、社会交往和锻炼身体这四个具体因素可能会延长寿命。
13. 每个物种似乎都有衰老和死亡的遗传时间表。虽然平均预期寿命有明显增加，但最长寿命能否增加，还是有争议。
14. 百岁老人的数量在不断增加，他们中的许多人都生活得健康和快乐。长寿老人的人格特点和态度表明，长寿是值得人们欢迎而非担心的。

关键术语

初老人（young-old，p.575）
发病率压缩（compression of morbidity，p.585）
供养率（dependency ratio，p.575）
骨质疏松症（osteoporosis，p.585）
海弗利克极限（Hayflick limit，p.587）
急性疾病（acute illness，p.584）
继发性衰老（secondary aging，p.583）
老老人（oldest-old，p.575）
老人语（elderspeak，p.573）
慢性疾病（chronic illness，p.584）
磨损理论（wear-and-tear theory，p.586）
年龄歧视（ageism，p.570）
平均预期寿命（average life expectancy，p.590）
热量限制（calorie restriction，p.588）
人口结构转变（demographic shift，p.574）
通用设计（universal design，p.581）
细胞衰老（cellular aging，p.587）
遗传时钟（genetic clock，p.586）
原发性衰老（primary aging，p.583）
中老人（old-old，p.575）
最长寿命（maximum life span，p.590）

你学到了什么？

1. 年龄歧视、种族歧视和性别歧视有什么相似之处？
2. 年龄歧视、种族歧视和性别歧视的区别是什么？
3. 对老年人过分照顾会给他们带来什么特别的伤害？
4. 为什么老年人不愿意积极锻炼身体呢？
5. 老人语和婴儿语有什么相似之处？
6. 人口金字塔是如何改变的？
7. 初老人、中老人和老老人的区别在何处？
8. 心脏病为什么既是原发性衰老又是继发性衰老？
9. 糖尿病为什么既是原发性衰老又是继发性衰老？
10. 为什么我们不知道现在的老人病是否比过去更常见？
11. 描述老年人和年轻人在睡眠模式上的差异。
12. 应如何决定老年人是否可以开车？
13. 应如何压缩和死亡率有关的功能缺损？
14. 发病率压缩会给社会及个人带来什么好处？
15. 为什么摔跤会给老年人带来严重的健康问题？
16. 老年人应如何补偿视力下降？
17. 老年人应如何补偿听力丧失？
18. 触觉、味觉和嗅觉的衰减会对老年人造成什么影响？
19. 为什么衰老的磨损理论被认为不准确？
20. 根据衰老的遗传理论，人类的最长寿命是多少？
21. 为什么平均预期寿命会比最长寿命少几十岁？
22. 对于个体年老后会比年轻时出现更多的疾病这一点，进化理论是如何解释的？
23. 随着年龄的增长，细胞是如何损坏的？

24. 免疫系统的衰竭是如何导致衰老的？
25. 为什么人们会夸大他们的年龄？
26. 针对长寿者的研究结果表明外界应对老年人持何种态度？

应　用

1. 分析与老龄化资讯有关的网站，找到年龄歧视、抗衰老措施和对长寿的夸大的证据。
2. 对感觉缺损的补偿是很困难的，因为需要学会新的习惯。为了更好地理解这种体验，可以通过戴墨镜或戴耳塞（注意安全，不要做带耳塞开车或戴墨镜过马路等不安全行为）来降低你的视力和听力。记录下你的情绪、其他人的反应和你的结论。
3. 询问 5 个不同年龄的人是否想活到 100 岁，并记下他们的回答。为了延长寿命，他们是否愿意采取少吃一半食物、增加运动量、每周接受透析或其他方法？分析他们的回答。

第二十四章

成年晚期：认知发展

你将学到什么？

1. 老年阶段的大脑如何同时生长和萎缩？
2. 老年人的哪种记忆最不易衰退？哪种记忆最容易衰退？
3. 阿尔茨海默病、年老糊涂、老年痴呆症和神经认知障碍这四个术语之间的区别是什么？
4. 成年晚期的个体在认知方面会有哪些收获？

我吃过许多大型组织赞助的宴席，已经心生厌倦。我不再喜欢教堂的千层饼和果冻沙拉晚餐，不再欣赏慈善筹款宴上的鸡肉和巧克力，也不再会为企业宴会提供的葡萄酒和牛排的各种选择而心动了。

但最近，我和其他数百人一起参加了一个非同寻常的团体晚宴。开胃菜是冷甘蓝和果仁沙拉，主菜是鱼，每道菜都像家庭聚餐一样在桌子上传递。客人大多是年轻人，个个干练而认真。这是一个致力于保护行人安全、自行车道和停车计时表的团体，为庆祝成立 40 周年而举办宴会。大多数出席者都是步行、搭乘地铁或骑自行车来的。

我之所以把这次经历放在成年晚期认知发展这一章的开头，是想说明每一代人都有自己对世界的理解。挑战我们这一代人的观念的，恰恰是另一代人为我们做的事情之一。

对我的观念构成挑战的不仅是菜单，还有他们的对话和演讲，我从中也增长了见识。皮亚杰认为，智力是个体在亟需新的思维以保持平衡时扩展思维的能力。当然，皮亚杰认为青春期出现的形式运算思维是第四个也是最后一个主要的认知发展阶段。他的洞见也适用于成年晚期，即新的经历需要更深刻、更完善的思维。针对大脑的研究结果也证实了这一点。

那次晚宴并没有动摇我的基本价值观，但扩展了我的认识范畴。认知发展是一个由新经验和再评估推动的终生过程。

本章将介绍成年晚期在感觉输入、记忆和输出等方面出现的诸多智力丧失。但这个阶段的个体在思维和表达方面仍不乏获益。本章还会介绍随年龄增长频繁出现的神经系统疾病，包括阿尔茨海默病。对此的理解势必让人产生一些认知上的不平衡：许多人对老化存在扭曲的认识，例如使用“老糊涂（senility）”一词本身就是一种明显的曲解。

本章有一个鲜明的主题——老年人可以变得更聪明，却不一定会如此。想要在 65 岁以后保持思维活跃，生活中需要新概念或新技能的方面，你将看到，这可能包括玩电子游戏、举重、讲故事、绘画、唱歌或继续工作。对我来说，还包括去赴宴。

给某些对自己的智力很自信的人的问题 想要终生思维敏捷，应该如何做？（答复见第 597 页）

>> 逐渐老化的大脑

年龄歧视对老年人的损害是多方面的，但最可怕、最隐匿的损害是心智上的，而不是身体上的。和许多刻板印象一样，成年晚期认知能力会下降的观点半对半错，过于草率。事实上，“许多 70—80 岁的成人的认知能力随年龄而下降，另外一些人仍保持着很高的认知效能”（Nyberg & Backman，2011）。恐惧比事实本身更为有害。

新生成的大脑细胞

关于生命后期大脑的发展，最令人兴奋的发现是神经元在成年后仍会形成，树突仍会生长。这让许多科学家都感到惊讶。因为此前几乎所有人都认为，人类个体在婴儿期之后就不会生长出新的脑细胞了。

现在我们已经知道，在成人的大脑里，神经元仍会生长，特别是在两个区域里，一个是嗅觉区，另一个是涉及记忆的海马体。

一些抗抑郁药物会让大脑生成新的神经元，以修复早期由应激激素引起的海马体损伤（Serget et al.，2011）。此外，已有的神经元还可以长出新的树突，以使成人摆脱抑郁和焦虑的扼制（Mateus-Pinheiro et al.，2013）。

虽然很多生物都可以出现新的神经生成，但进化论观认为，人类大脑神经元的生成有独特的原因（Kempermann，2012）。农业出现以后（一般认为大约是在 10 000 年前），成年人的生活开始比以往需要更多的计划、记忆和策略，人们面对的人口养育的复杂性远超过去——早期人类只需游牧狩猎和采集，与野生动物差异不大。此外，大脑还要适应聚集在城镇所带来的新挑战，也就是说，人类的社交范围比以前宽广了很多。

人类生活中复杂的社会互动导致了大脑的新的发育这一观点颇有吸引力。正如一位学者所说：“在不断变化的世界里积极行动、处理新颖和复杂的事物，这些控制着成年期的神经生成。这样，为了征服富有挑战性刺激的生态位，新的神经元可能提供了认知适应性”（Kempermann，2012，p.727）。

在第二十一章曾阐述过，在 20 世纪，证据表明，新一代人的智力水平高于前一代人。也许，日益复杂的现代生活要求人们的智力水平不断提升，城镇化和全球化更要求脑力的扩展。因此，不断应对挑战的老年人将不断生成新的神经细胞。

然而，神经元生成这一积极的发现被一个消极的事实蒙上了一层灰色：成年晚期大脑的生长缓慢且有限（Lee et al.，2012）。各种疾病的治疗杀死了一些神经元，而不是造出了新的神经元（Monje & Dietrich，2012；Mashour & Avidan，2013）。新神经元的确在形成，但和生命早期相比，其生长并不旺盛，无法让老化的大脑返老还童。

衰老与大脑

衰老的确影响大脑，这个冷酷的事实已经昭著于世几十年了。虽然最近的研究带来了新的大脑细胞和树突可以生成的好消息，但旧的认识依然没有动摇，即大脑会随着年龄的增长而变得迟缓。

思维放缓

衰老减少了谷氨酸、乙酰胆碱、血清素，尤其是多巴胺等神经递质的分泌，这些神经递质能使神经冲动迅速跃过突触间隙，从一个神经元传导到另一个神经元。神经体液减少，髓鞘变薄，脑部血液循环变慢，导致大脑的运转整体放缓，这明显表现在反应时、动作、言语和思维上。

这种放缓可以证明智力上的严重缺陷，因为速度对于认知的很多方面都是至关重要的。事实上，一些专家相信，加工速度就是第二十一章中讲到的 g，也就是作为所有智性活动基础的智力能力（Salthouse，2004）。认知退化与动作放缓以及几乎所有的身体残疾都相关（Kuo et al.，2007；Salthouse，2010）。例如，步行速度与许多智力指标高度相关（Hausdorff & Buchman，2013）。走路慢？说话慢？不，其实就是思维慢！

脑容积降低

大脑老化不仅在加工速度上表现明显，在体积上也很明显，大脑的总体积在变小。萎缩在负责计划、抑制无关反应和协调思维的海马体和前额叶皮层部分尤其明显（Rodrigue & Kennedy，2011）。

在大脑的每个区域，灰质（对于处理新的经验至关重要）的体积都在减小，部分是由于成年后皮层每过 10 年都会变薄（Zhou et al.，2013）。结果，许多人必须动用自己的认知储备（Park & Reuter-Lorenz, 2009）。白质也普遍在减少，减缓了思维速度。然而，白质又以一种奇特的方式增加：约 50 岁以后，在核磁共振成像中会出现一些亮白斑点。

这些白质病变被认为是由微小的血流损伤所致。它们会导致大脑的思维处理时间增加（Rodrigue & Kennedy，2011）。但神经元传输速度的延缓不是唯一的问题。随着年龄的增长，整个脑部，具体是在大脑皮层和小脑的一些部分，神经元的脉冲传导受到阻断。其具体区域更多地与认知能力相关，而不是与年龄相关（Bernard et al.，2013）。

大脑效率的差异

与其他器官一样，大脑老化的各个方面都显著地因人而异，一部分是因为个体的健康和生活习惯不同。较高的受教育水平和职业地位与较少的认知能力下降相关。对于高社会经济地位和高智力之间的相关，有三种看似合理的假设：

1. 高社会经济地位的人在进入成年晚期时有更健康、更灵活的头脑，所以他们的衰退不明显。
2. 维持思维活跃具有一定保护作用。
3. 相比社会经济地位较低的人，社会经济地位高的人一般能避开污染和药物影响，医疗保健条件也较好。

支持第一个假设的研究似乎最多。天赋高的人，其认知速度的下降速率可能与常人并无差异，但是由于他们在进入成年晚期时比常人思维敏捷，所以认知速度放缓看起来并不明显（Puccioni & Vallesi，2012）。第二个假设也得到了支持，天赋高的人对新想法更加开放，这种开放带来了更加积极主动的思维（Hogan et al.，2012）。这种“用进废退”的假设吸引了许多老人去做字谜和数独游戏，但它的有效性尚未得到研究证实。

最后，没有人怀疑健康的重要性。运动、营养和正常的血压对大脑健康有极大影响，这些因素可以预测老年人的智力。一些专家认为，优秀的基因加上良好的卫生习惯能阻止智力衰退（Greenwood & Parasurama，2012）。

至于大脑的哪个区域最先开始停止运转，也存在很明显的差异。人名一般比面孔忘得快；空间表征（东西放在哪儿了？）比词语（这叫什么？）忘得快；这种差异可能完全是生物性的（假设 1）或应用性的（假设 2），也无疑受大脑内血液循环的影响（假设 3）。

>> 答复某些对自己的智力很自信的人（问题见第 596 页）如果你的回答是“用进废退”或“做字谜游戏”，你需要再认真学习一下。还没有哪种大脑活动被证明可以预防大脑功能的衰退。整体健康对大脑和身体都有好处，所以运动、均衡膳食以及控制血压都是聪明的回答。

使用大脑的更多区域

正电子断层扫描和功能性核磁共振成像扫描发现了一个令人好奇现象：与年轻人相比，老年人在解决问题时在两个半球都动用了更多的脑区。这可能是一种补偿：如果某个脑区已经萎缩到不够用了，那么老年人的大脑会自动激活更多区域。

因此，在许多任务上，老年人的智力表现得同过去一样敏锐。然而，在执行连年轻人都需要动用所有认知资源来应对的困难任务时，老年人就力不从心了，也许是因为他们已经把大脑用到了极致（Cappell et al.，2010）。

脑萎缩对多任务的干扰程度超过了对其他认知任务的干扰程度。没有人能像执行单一任务那样高效地完成双任务，这在儿童和老年人中表现得特别明显（Krampe et al.，2011）（见图 24.1）。基于这一认识，许多老年人会有所取舍，他们会逐一完成各项任务，而不会试图同时做两件事情。

例如，在某位老年人看报纸时，小孙子想来问他问题，或者在奶奶穿衣服时，小孙子来问她应该乘坐哪路公交车。聪明的人会先把报纸放下来，再回答；奶奶会先穿好衣服，再考虑交通情况（不然会把鞋子穿错）。

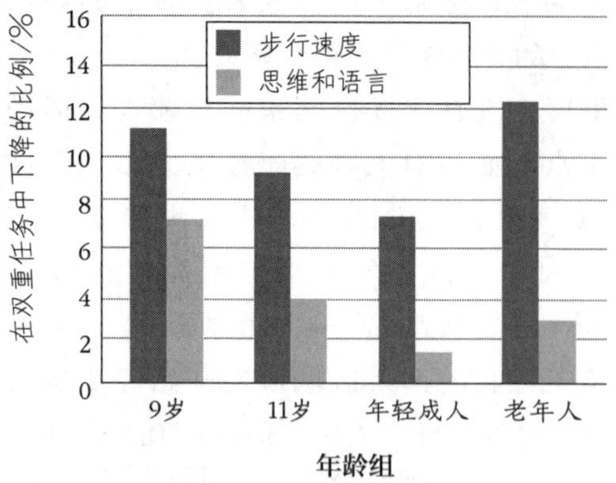

来源：Krampe et al.，2011.

图 24.1

一心不二用 同时做两件事会降低工作效率。在这项研究中，研究者比较了感觉运动任务（步行）的速度和认知任务的成绩（列举某类事物的具体例子，例如，在一两分钟内尽可能多地说出不同的颜色、调味品、昆虫、犯罪类型或四条腿的动物）。被试先分别完成每一项任务，然后同时完成这两项任务。所有被试在同时完成两项任务时的表现都有所下降。然而，需要注意的是，老年人似乎会为了保证语言的流畅性（只有 3% 的降低）而显著降低了行走速度。

观察力测验 在图 24.1 中，9 岁儿童同时完成两项任务时会受多大的干扰？（答案见第 599 页）

小 结

一个人只要活着，大脑就总是在不断地变化和发展，甚至生成新细胞和新树突。然而，如同身体的其他部分，大脑也显现了老化的迹象。脑体积会变小。有些区域，尤其是灰质、前额叶皮层和海马体特别容易萎缩。神经递质、髓鞘和白质也在减少，白质还会产生异常的白色斑点。所有这些变化的结果是神经元的信息传递减缓了，这一点从人们移动身体（如步行）和记忆人名的速度上就能知晓。

大脑有很强的可塑性，其迟钝的速度和具体区域差异很大。一般来说，老年人在完成各项任务时所动用的脑区更广泛，他们更倾向于逐一完成每项工作，避免一心多用。

>> 65 岁以后的信息加工

由于晚年认知的复杂性、差异性和多样性，我们需要进行具体考察来对抗常见的刻板印象。对此，信息加工取向很有用，它涵盖了输入（感知觉）、记忆（存储）、控制过程（编码）和输出的详细内容。

输入

信息处理的第一步是输入，即大脑接收来自感官的信息。但正如第二十章和第二十三章所述，65 岁时，人的感知觉不可能像 15 岁时那样敏锐。眼镜和助听器等弥补了相应感官的损失，但仍有其他不易察觉的损失会对认知产生影响。信息必须超过感觉阈限（能感知和不能感知的分界线）才能被感知。【**生命全程链接**：第十二章对感觉记忆有介绍。】

由于大脑会对部分视力和听力损失自动补全，个体可能无法察觉感知觉的下降。所有年龄段的人都认为自己在交谈时，会盯着对方的眼睛，但一项对目光追随的研究发现，老年人不太善于判断别人目光注视的方向（Slessor et al.，2008）。这不利于他们的社会交往。另一项研究发现，早在 50 岁时，很多人透过眼睛辨识别人情绪的能力已经有所下降（Pardini & Nichelli，2009）。

敏锐的听觉是另一种辨识细微情绪的途径。老年人在准确听见具体词句的情况下，从他人的言语中破译情感的能力更低（Dupuis & Pichora-Fuller，2010），特别是在视力减退后，言语理解能力也会受损（Tye-Murray et al.，2011），也许是因为观察嘴唇动作和面部表情有助于言语理解。因此，微小的感知觉损失，即使不被本人和家人所觉察，随年龄增长是不可避免的，它也会损害个体的认知。

我认识的一个父亲，年龄不算很大，但视力已开始减弱，在责备 6 岁的女儿时，因为没戴眼镜，没看到女儿的嘴唇开始颤抖。直到她大声哭出来，这位父亲才感到惊讶，他并未意识到自己的言语对女儿来说是多么严厉。

一项研究测量了近 2000 名初始平均年龄为 77 岁、智力正常的老年人的认知状况。该研究分别于 5、8、10 和 11 年后进行了重测（Lin et al.，2013）。在第 5 年重测时，一名听力专家评估了被试的听力。研究开始时和 11 年后相比，听力出现损失的成人（他们通常没有意识到）的平均认知成绩下降了 7%，而听力正常的人只下降了 5%。

2% 的差异似乎很小，但在统计学意义上非常显著（p=0.004）。此外，听力损失越严重，认知能力的下降也越大（Lin et al.，2013）。其他研究人员也发现，轻微的输入损失会显著影响输出。

>>观察力测验（第 598 页）的答案 9 岁儿童是唯一的两项任务成绩都下降的群体。在步行任务中大约下降 11%，在类别列举任务中大约下降 7%。

记忆

输入之后的第二步是对来自感官的信息进行加工。刻板印象威胁会阻碍这一加工过程。【**生命全程链接**：第十八章中讨论了刻板印象威胁。】如果老年人怀疑自己记忆不好，焦虑本身就会成为他们记忆的障碍（Ossher et al.，2013）。更糟的是，仅仅得知将要进行记忆测试就会让他们觉得又老了好几岁（Hughes et al.，2013）。而在第二十三章中恰好也指出了人一旦感觉自己老了就会影响健康。

对记忆的研究越多，心理学家越意识到记忆不是单一的功能，它有许多功能，每个功能都有着不同的损耗模式。某些衰老引起的损耗是正常的，但另一些则是病理性的（Markowitsch & Staniloiu，2012）。无法回忆起某个词或某个名字是记忆的某方面的正常损耗，并不表示记忆力整体衰减。

一般来说，外显记忆（回忆学过的材料）比内隐记忆（再认和习惯）更容易减退。这意味着人名比动作更难回忆。许多老大爷即便说不出地方官员的名字，也仍然会游泳、骑自行车和开车。

一种记忆缺陷是*来源性失忆*：忘了事件、想法或一段对话从何而来。在视频、音频和印刷信息大爆炸的 21 世纪，来源性失忆会带来严重的困扰。

在现实生活中，来源性失忆会让老年人轻易相信谣言或政治广告，因为他们记不得它的来源。补偿办法是在面对骗子的承诺或者政治性电视广告时，要特别注意这些信息背后的理由。但是相比年轻人，老年人不太可能分析甚至无法注意与他们所记住的事情周边的其他信息（Boywitt et al.，2012）。

另一种重要的记忆被称为*前瞻性记忆*——记住将做某件事（如吃药、和某人共进午餐、买牛奶）。前瞻性记忆也会随年龄明显减退（Kliegel et al.，2008）。这种减退可能非常危险，例如，做饭后忘记关火，或都看到高速公路的出口了却仍在最里侧车道上行驶。

前瞻性记忆的关键是思维能迅速从一项任务切换到另一项任务：老年人往往会沉浸于某种思维中而难以转换（Schnitzspahn et al.，2013）。正是出于这个原因，许多老人每日需要按照常规程序生活（刷牙，吃药，拿报纸），并事先在便签上记下什么时间需要外出见医生来提醒自己。这也是一种补偿。

给学生的问题 如果你希望终生不忘在课堂学到的东西，应该怎么做？（答复见第 601 页）

工作记忆（在评估、计算或理解一个信息之前先记住它）也会随着年龄的增长而衰退。加工速度很关键：有些老年人要花费更长的时间来察觉和加工感觉信息，这就减少了工作记忆，因为有些信息在被注意到之前就已经消退了（Stawski et al.，2013）。

例如，工作记忆的一个常用测试是让被试从后往前倒着复述刚听到的一串数字。如果这串数字说得很快，思维缓慢的人可能无法对每个数字都进行加工并将其保持在记忆中。速度可以解释为什么词汇记忆（特别是再认而非回忆）往往不受年龄影响。例如，加工速度与知道“黄绿色”是一种颜色而非动物没有关系。

一些研究发现，如果时间充裕，老年人的工作记忆并不会减退。所以，在比较老年人的工作记忆时，速度很重要；但连续几天对同一个人的记忆反复进行测验时，注意力变成了关键性因素（Stawski et al.，2013）

因此，充足的时间和谨慎的注意都至关重要。这还能解释一项阅读能力研究得到的有趣结果。该研究发现，老年人对词汇的复述次数比年轻人多，但当两者都有充足的时间并能集中注意时，他们对材料的理解不受年龄损害（Stine-Morrow et al.，2010）。

控制过程

信息处理的下一步涉及控制过程（在第十二章中已介绍）。许多学者认为，成年晚期的深层基础的认知障碍就发生在这一步，即前额叶皮层对来自大脑各部位的信息进行分析的过程。控制过程包括选择性注意、策略性判断以及恰当的行动，也就是所谓的大脑*执行功能*。

在做决策时，老年人往往缺乏分析和事先规

划，更依赖于已有知识、一般原则、熟悉性和经验法则（Peters et al.，2011），依照过去的经验和当前的情绪行动。例如，一些赌场注意到老年人更喜欢玩老虎机，而对需要用头脑分析的游戏兴趣不大。对年轻赌者和年老赌者的脑部扫描发现，老虎机激活负责思维分析的大脑区域的时间更少（McCarrey et al.，2012）。如果老年赌者能够像年轻人那样分析概率，就不会愿意多玩老虎机。

具体的控制过程就是建立回忆提取策略。一些发展学家相信，记忆提取的缺损是老年人脑力退步的根本原因，因为即使有很多想法和记忆，他们也无法提取。深度思考需要识别和比较各种经验的相似性和差异性，如果不能提取过去的记忆，个体的思维必然不如它应有的那么深刻。

为什么许多在完成书面测试时词汇丰富的老年人在书写或交谈时不够流畅？为什么他们的再认能力比回忆能力好？为什么舌尖遗忘现象很常见？为什么拼写比发音更难？诸如此类的问题都可以用控制过程不适当来解释。

科学视角

冷思维和热手感

在第十五章讨论双加工过程时曾指出，经验性的、情绪性的思维不一定都是错误的，但有时为了控制冲动和轻率的反应，人们需要分析思维。

这一点在对“热手感”信念的研究中很明显。“热手感”信念认为，球员在刚刚得分后更容易再次得分。一项研究发现，大多数人（91%）相信，球员或球队有时可以“得分66顺”或“连胜”（Gilovitch et al.，1985）。

但大多数人都错了，“热手感”只是一个幻觉。最佳球员当然比最差球员更有可能得分。对篮球、高尔夫球和其他运动项目的统计分析表明，某个球员在赛场上的一次成功击球或投球并不影响他下一次击球或投球成功的概率。

因为人们愿意相信“得分66顺”，所以忽略了没有“连胜”出现的情况。这种错觉是人类倾向于忽视那些与假设相矛盾的事实的典型例子（Kahneman，2011）。

随着年龄增加，个体是否更容易跟着感觉走而不是对新信息进行逻辑分析？在一项研究中，455名22—90岁的人被告知总体上约有一半的投篮无法命中，用意在于提醒他们使用分析性思维而不是情绪性思维。

然后，让他们回答两个问题：

- 与刚刚连续两三次投篮不中的球员相比，刚连续投中两三个球的球员再投篮时，命中率是否更高？
- 把球传给一个连续投中球的队友重要吗？

对这两个问题的正确回答应该都是否定的，但在这个研究中，老年人尤其可能持肯定态度，坚持自己的“热手感”信念（Castel et al.，2012）（见图24.2）。

“热手感”信念与衰老

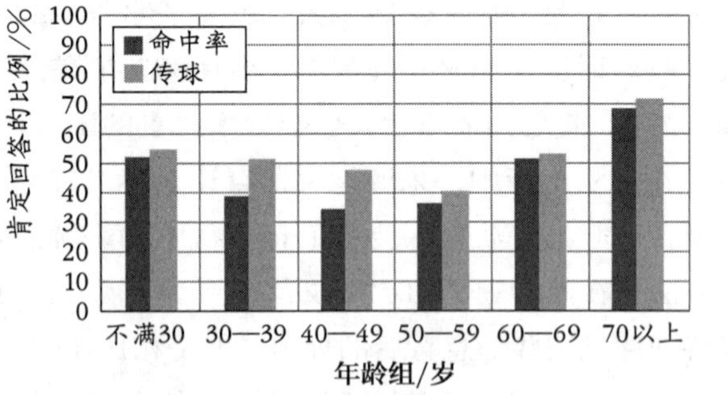

来源：Castel et al.，2012.

图 24.2

冷静很难 图中显示了给出肯定回答的成人比例，这说明他们没有进行分析性思考。如图所示，年龄最大的被试最可能坚持自己的“热手感”偏见。但还要注意，在70岁以上的人中，仍有超过1/4的人回答正确，而有几乎一半的70岁以下的人答错了。在这项研究和其他所有研究中，年龄只是影响认知的诸多因素之一。

许多老年学家认为，学会更好的控制策略对老年人有帮助。不幸的是，尽管“高控制感与快乐、健康以及聪慧相关”，但许多老年人不愿接受这一建议，因为他们坚信退步是“必然的或不可逆的”，什么策略都没有用（Lachman et al.，2009，p.144）。想要改善他们使用控制策略的尝试往往令人气馁（McDaniel & Bugg，2012）。

>> **答复学生**（**问题见第** 599 **页**）现在好好学习，50 年后，你可能只需稍加复习就能记起来。

输出

信息加工的最后一步是输出。在日常生活中，输出通常是口头形式的。如果某人的嗓音和语速听起来很苍老，年龄歧视会使听者忽视其所说的内容，意识不到内容可能具有深远意义。然后，如果老年人发现自己说的话被忽视了，就会说得更少，输出因此被削减。这给那些尊重他人并想向他人学习的人提供了一个指导原则，即只在有人赞赏性地聆听时，人们才愿意多说。

科学家通常使用标准化的心理能力测验来测量输出。本章前边曾提过，如果老年人认为有人在测试他们的记忆力，其记忆力就会变得更差（Hughes et al.，2013）。即使没有刻板印象威胁，从认知测验中得到的输出也不能反映能力，正如你将在下文中看到的那样。

认知测验

在西雅图纵向研究（见第二十一章）中，五种基本心理能力（语言理解、空间定位、初步的推理能力、数字能力和词语流畅性）经过测量的输出大约从 60 岁起开始下降，空间感知和加工速度的下降尤其显著（Schaie，2013）。

在许多认知测验中也发现了类似的结果。如此，用心理测验测量出来的成年晚期的认知，其常见的发展路径是逐渐衰退，至少在输出上如此（Salthouse，2010）。然而，这类测验的常模和效度是基于年轻人的输出数据做出来的。为了避免文化偏见，许多题目都相当抽象，还由于年轻人的智力与思维速度相关，这些题目都是需要计时回答的。一个聪明人被认为是“快”的思考者，相反的人则是“慢”的思考者。

但抽象思维和加工速度在认知的各个方面是随年龄退步最多的。有没有更好的方法来衡量成年晚期的输出呢？

生态效度

也许能力应该在日常工作和环境中测量，而不是用实验室测验来进行测量。在日常环境中进行测量的目的是寻求**生态效度**，在中老年认知测量中，这可能特别重要（Marsiske & Margrett，2006）。

例如，由于昼夜循环节律的差异，老年人在清晨时状态最佳，而这时的青少年还在半睡半醒状态。如果某个研究要比较 85 岁和 15 岁之间的差异，选在上午 8 点或下午 4 点进行测试，则测试结果很可能也反映了测试时间效应，而不仅仅反映了心智能力。生态效度可能要求给每个年龄组安排不同的测试时间。

与此类似，如果用计时测验来评估智力能力，那么快思维者（通常是年轻人）会比慢思维者（通常是老年人）得分更高，尽管慢思维者多用了几秒来获得更准确的答案。此外，环境效应（如在大学实验室里进行测验）可能会导致焦虑。

的确，前瞻性记忆的年龄差异在实验室测验中显而易见，但在一些自然的环境中消失了，这个现象被称为“前瞻性记忆悖论”（Schnitzspahn et al.，2011）。动机似乎在其中起了关键作用，老年人比较不大可能忘记他们认为重要的事情，比如在子女过生日那天给他们打电话。

同样，正如前面提到的，当测量通过表情或声音识别情绪的能力时，老年人的判断不如年轻人那样精确。因为随着年龄的增长，视力和听力不再敏锐，它们可能已经不再是衡量老年人共情能力的最佳方法。对此，有一个研究团队决定在不可能有目光接触的条件下测量共情能力。

他们的研究包括了 100 对相处经年的伴侣，每个被试都要反复报告自己的情绪（有多么快乐、热情、平衡、满足、愤怒、气馁、失望、紧张），并猜测对方此刻的情绪。技术设备这时派上了用场，被试随身带了一个手机，它会按时提醒他们记录情绪。有时他们刚好和伴侣在一起，有时不在一起。

当伴侣在场时，年轻夫妇的准确率更高，大概是因为他们能看到或听到伴侣。但当对方不在身边时，老年人的表现和年轻人一样好（见图 24.3）。

你能

“预测一个不在身边的伴侣的情感吗？你判断的准确性可能高于随机猜测的水平。虽然许多能力在随时间老化，但这项特别的能力或许是终生可靠的。”

（Rauers et al.，2013，p.2215）

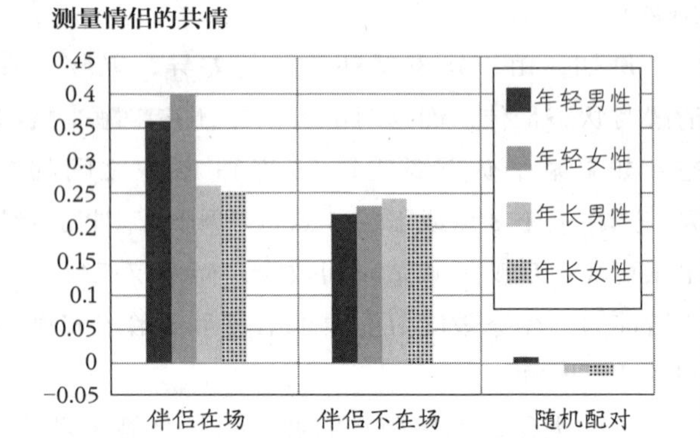

来源：Rauers et al.，2013.

图 24.3

总在我心里 两人在一起的时候，年轻人会比老年人更准确地感知对方的情绪；但当伴侣不在身边时，老年人和年轻人的判断准确度不相上下。这项研究采用了“智能手机体验抽样”的方法，同时呼叫某一对被试，询问他们和其伴侣在当时的感觉。有趣的是，发现了年龄差异，但没有看到两人关系长短的影响，在一起 5 年、10 年、20 年甚至 30 年也不一定会提升两人不在一起时的共情水平。另外，70 多岁的男性比 20 多岁的男性能更好地评估不在身边的伴侣的心情。

对于发展学家来说，基础生态问题在于应该测量什么——是纯粹的、抽象的思维，还是实践性的、环境化的思维？是去个性化的能力，还是日常行为？传统的认知测验强调流体能力，但问题解决能力和情绪敏感性可能更为关键。至于那些实践能力，传统认知测验是不测量的。

认识到生态效度的必要性有助于科学家重构对记忆的研究。经过重构的研究发现，随年龄出现的退步比原先认为的少。然而，任何测验可能都存在对能力的高估或低估。例如，对长期记忆的准确测验是什么？许多老年人能栩栩如生地叙述几十年前发生的事情。如果他们的记忆是准确的，这的确令人惊叹。

不幸的是，“没有客观的方法来评估生态效度……因为生态效度是一个主观的概念”（Salthouse，2010，p.77）。对记忆的评估无法完全客观，毕竟记忆总归是主观的。

我们知道，刻板印象是隐形的，整体评估过度简化，输出会受情绪的影响。我们还知道，个体之间有差异，一些记忆——但并非所有记忆——会明显表现出老龄化损失。

最后一个生态性问题是：“为什么而记忆？”老年人通常认为他们的记忆力仍然很好。60 岁的人对记忆丧失的恐惧比 80 岁的人更常见。除非患上阿尔茨海默病（很快会介绍）之类的病症，否则老年人的观点基本是正确的，因为他们还记得在平日里该如何生活。不过，这就够了吗？

小 结

信息处理中的每一步都受年龄的影响。随着感知觉变得越发迟缓，人们会漏掉一些输入。有些刺激从未被送达大脑，所以无法形成思维。记忆也在减退，尤其是对人名和地方的记忆。然而，有些记忆还保持完好，如对词语和情绪的记忆以及自动化（内隐）技能。

控制过程的退化，特别是提取策略的退化，可能是认知功能随年龄的增长而出现问题的基础原因。焦虑会干扰信息加工过程的每一步。基于上述原因，输出会减少。每类认知能力测验都显示出了与年龄有关的退步，但在日常生活中，大多数老年人的思维足够好。■

>> 神经认知障碍

认知老化的模式还挑战了另一个假设，即老年人总是一直在失去思维能力和记忆能力。这不真实。虽然许多老年人的思维不如年轻时那么敏捷，但大部分老年人仍能胜任一般智力活动。不过，也有一些老年人退步严重。

年龄歧视性词语

不可否认的是，70 岁之后，每过 10 年，神经认知功能减退就会加速。为了了解它和防止最坏的情况发生，需要谨慎使用某些词语。

“高龄（senile）”意味着“老”，如果用“老糊涂（senility）”这类词来指代严重的心智障碍，会误导人们将年龄与心智衰退联系起来。若要描述大脑功能不可逆的病理性损失，“痴呆（dementia）”要比“老糊涂”稍微好一些，但也包含了不准确的

对立的观点

如何测量输出？

如果要判断一个老年人是否能独自生活，那么找到最佳的认知测量方法极为重要。现在的独居老人越来越多，他们安全吗？他们会忘记关掉炉子，或察觉不出心脏病突发的征兆，或被陌生人拙劣的投资骗局卷走钱财吗？许多人都在努力防止老年人受到认知退化的影响，同时又尽可能地让他们独居。

最近，测量实际的问题解决能力的测验已被开发出来了（Law et al.，2012）。一些测验测量在事实和推论之间没有延迟条件下的短时记忆。例如，在其中一个测验中，被试阅读有关事实，然后在阅读材料被收回之后，依据上述事实解决某个问题。其他的测验也使用联系实际的问题，例如，面对某些情况，如家中冰箱发热、最喜欢的毛衣破了个洞，你该怎么办？

这类测验的得分显示，老年人和年轻人之间的差异比在抽象记忆测验上的差异小。也许，只有当独居老人无法通过实践性测验时，才是需要外界干预的时候。

不幸的是，即使是具有生态效度的测验也不一定准确（Law et al.，2012）。也许测量认知能力的最佳途径是直接询问被试本人或身边对其熟悉的人，诸如其是否错过了约会、遗失了钥匙等问题。即使是这样直接的询问，也不太可能获得准确的答案，部分原因是许多老年人不愿意承认记忆的减退，而且许多家人和专业人士自己也在变老，也不想承认自己的记忆力减退，或者可能会夸大别人的减退。客观测量或许能帮助解决这个问题。

下面三种测验中的哪一种最好？一项研究比较了自我评估、配偶评估和智力测验，发现它们之间相关较低（Volz-Sidiropoulou & Gauggel，2012）。也就是说，人们无法准确评估自己的或平均共同生活了30年的伴侣的记忆水平。

在该项研究中，问题是实用性的，例如，是否经常在家里丢失东西，因而自我评估具备生态效度（Volz-Sidiropoulou & Gauggel，2012）。正式的记忆测验也具有效度且编制正规，例如，测验主持人读15个单词，让老年人重复。

正如该研究作者所解释的那样，不准确的自我评估是严重精神疾病患者的特征。那些报告自己的记忆问题更少的人，往往在正式的记忆测验上成绩不好。这其实是“自我服务偏见”的一个例子，即人类倾向于错误地认为自己的状况比实际情况好。老年人一直独居至意识到自己缺乏自理能力时是很危险的。但在接受这个结论之前先来看看下面这段。

相反，有些被试在这个研究中报告了许多记忆问题，但他们在正式测验上的表现通常比他们的自我评估好。研究人员认为，这可能是在通过自我贬低来维护自我概念（Volz-Sidiropoulou & Gauggel，2012，p.446）。研究者的观点是，这个现象表明老年人无法准确评自己的认知能力。

但请稍等，考虑一下相反的观点。无论自我评估是高是低，它和实验室测验成绩之间的差距，是自我服务偏见或自我保护的证据吗？或者，测验是有偏向的，而非被试有偏向？

引申内容（如“疯狂的”或“缺乏理智的”）。

DSM-5采用**神经认知障碍（NCDs）**这一术语代替痴呆。根据症状严重程度分为重度神经认知障碍和轻度神经认知障碍，这能帮人们更好地把握认知功能损害的范围，为神经认知障碍的早期发现和治疗提供机会。本书会使用神经认知障碍这一术语。

每一种认知障碍中都有记忆减损。神经认知障碍的症状还包括其他更多其他的障碍，尤其是在学习新东西、使用言语、躯体运动和与人应答方面。现实生活中的症状包括迷路、不知道如何使用日常用品（如电话或牙刷）或极端的情绪反应。

正常的随年龄出现的问题与轻度障碍和重度障碍之间没有明确的界线，症状随大脑萎缩的具体情况和背景而不同。前述"痴呆"一词仍然常在现在的研究中出现,"老糊涂"这种不准确的用语也出现在一般口语中,这使得三者的区分更难。症状明显随病因的不同而不同,有 70 多种疾病可以引起神经认知障碍,每种都有其特殊症状、病程和严重程度。等效性(见第十一章)很明显。

年龄歧视性用语的问题已经得到国际社会的注意。在日语里,对神经认知障碍的传统称谓是"痴呆",可直译为"愚蠢"或"呆子"。随着老龄人口的增加,日本决定采用一个新名词——"认知症",意为"认知综合征"(George & Whitehouse, 2010)。这与过去几十年里英文用语的变化相似,从 senility(老糊涂)到 dementia(痴呆症),再到 neurocognitive disorder(神经认知障碍)。

轻度和重度障碍

许多记忆丧失的例子并不一定是重度障碍的预兆。不少记忆明显有问题但在工作和家庭中仍表现正常的老年人,一般会被诊断为轻度神经认知障碍,以往称为*轻度认知损伤*(mild cognitive impairment, MCI)。虽然其中有些人会发展为重度障碍,但约有半数人在几十年内一直保持轻度损伤的水平,甚至能恢复部分认知能力。例如,一项详细的研究对于每年被确诊为轻度认知损伤的非裔美国人进行了追踪,发现每年只有 6% 的人发展为重度损伤,还有 18% 的人可以恢复正常(S. Gao et al., 2013)。

人们设计了许多诊断轻度损伤的测试,用时不到 10 分钟的快速轻度认知损伤测验(quick MCI, QMCI)就是其中之一(O'Caoimh et al., 2013)。但每个测验的得分都受很多因素影响,在正常、轻度和重度损伤之间缺乏公认的分界。

许多科学家在寻找能预测重度记忆损伤的生物学指标(被称为*生物标志物*,如血液或脑脊液中的物质)或脑指标(如脑扫描结果)。尽管许多测验(生物、神经或心理方面的)指标的异常表明大脑可能存在问题,但在检查了 24 个此类测验后,没有发现任何单一测验以及任何指标组合达到了 100% 预测准确率(Ewers et al., 2012)。

神经认知障碍的最终决定因素是专科医生的临床判断,医生会综合考虑所有的标志物和症状,从不可控制的冲动到记忆消退。任何诊断都可能过于关注缺损,而忽视了个体的力量。如在前面两节有关大脑老化和信息加工中解释的那样,由于高龄个体不可能像年轻时那样思维敏捷,他们几乎都可以被认为存在轻度认知损伤。意见总是主观的;客观数据又可能被专业人员和患者所轻视或过度重视。总之,诊断工作十分复杂。

神经认知障碍的发病率

在第二十三章中曾提到,年龄歧视导致统计数据以某种让年轻人备感恐惧的方式呈现出来。本章的一个例子是,有认知问题的老年人口越来越多。对此需要有更理性的认识。

为了找出有多少人在晚年实际患有认知障碍,研究人员从全美 70 岁以上人群中抽取了代表性样本,进行逐个面谈和测查,并对熟悉他们的人(通常是直系亲属)进行了访谈,并综合了这些面谈资料与检查结果、医疗记录以及临床判断。研究者发现,14% 的受访者有某种形式的重度损伤(Piassman et al., 2007)(见图 24.4)。由此推及在全美人口中,大约有 400 万名美国居民有严重的神经认知障碍。

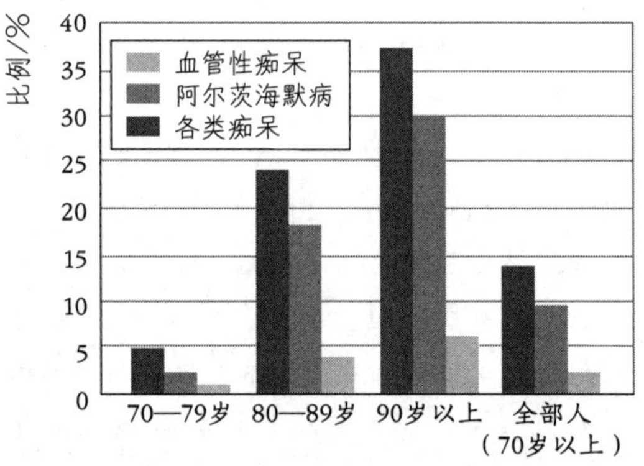

来源:Plassman et al., 2007.

图 24.4

并非每个人都会患该病 大多数老年人不会患神经认知障碍。在 70 多岁的人中,每 20 个人中只有 1 人会患上该病,大多数人甚至到了 90 岁或 100 岁时仍然思维足够好。但如果用不同的方式呈现这个数据就有点吓人了:在美国,几乎有 400 万人有严重的神经认知障碍。(该研究采用的还是"痴呆"这一称谓。)

不同国家的神经认知障碍发病率在 2% ~ 25%,全球估计有 3500 万老年人受神经认知障碍困扰(Kalaria etal., 2008;WHO, 2010)。发展中国家的比例较低，这可能是由于整体国家医疗保健水平较差，或未将早期阶段的患者纳入统计（见“可视化发展”专栏）。

不良的医疗保健体系为什么导致了更少而不是更多的神经认知障碍？因为很多人在出现明显神经认知问题之前就过世了。患有糖尿病、帕金森病和脑卒中或做过心脏外科手术的人在年老时更有可能失去一些心智能力。但在贫穷国家，许多人在70岁以前就死亡了。

即便发生率有所上升，但改善医疗保健条件可以减少认知功能障碍的出现。公共卫生的三个理想目标是：（1）身体更为健康；（2）减少精神障碍的发生；（3）延长寿命。在一些国家，这些目标已经实现。

在英格兰和威尔士地区，65岁以上的老年人的痴呆率在1991年为8.3%，到2011年降至6.5%（Matthews et al.，2013）。在瑞典也发生了类似的下降（Qie et al.，2011）。中国农村地区的发病率远高于城市，可能是因为中国农村人口的受教育程度较低（Jia et al.，2014）。这再次表明，随着人们对如何保持健康了解得越多，出现神经认知障碍的可能性就越低。

北美还缺乏相应的比较调查，但一些迹象表明，情况有所改善。当然，比例的减少并不一定意味着总量的下降，因为老年人口在不断增加。在过去20年中，英国的发病率下降了，但老年痴呆症患者的数量大约维持不变（Matthews et al.，2013）。

该发病率还受遗传和社会环境影响，但我们尚不清楚影响究竟有多大（Bondi et al.，2009）。例如，老年女性确诊的神经认知障碍发病率高于老年男性，这或许与遗传、教育或压力有关。或仅仅是因为女性比男性活得长（Alzheimer's Association，2012）。下面将介绍一些与年龄有关的、具体的神经认知障碍。

阿尔茨海默病

1906年，一位名叫阿洛伊斯·阿尔茨海默（Alois Alzheimer）的医生对一位生前丧失记忆的死者进行了尸检，发现了死者大脑中的异常；他怀疑这是一种以往没被确认过的疾病（George & Whitehouse，2010）。后人证实，他的确发现了一种新疾病，并以他的名字命名。在过去的一个世纪里，在每个人口大国，都有数百万人被诊断出**阿尔茨海默病（AD）**（现在被正式称为由阿尔茨海默病导致的重度或轻度神经认知障碍）。例如，仅在中国就有570万人患有阿尔茨海默病（Chan et al.，2013）。

阿尔茨海默医生在尸检解剖中发现一些老化的大脑皮层中存在许多**斑块**和**缠结**。正是这些异常破坏了神经元相互沟通的能力，造成了严重的认知损伤。（见彩图第11页上图。）

斑块是在神经元周围组织中发现的一种被称为β–淀粉样蛋白的聚集体，缠结是神经元内tau蛋白纤维上扭曲的结节。正常的大脑也含有β–淀粉样蛋白和tau蛋白，但在阿尔茨海默病患者的大脑中，尤其是在对于记忆极为关键的海马体，这些斑块和缠结激增。该病的主要症状是健忘，首当其冲的就是工作记忆缺损。

虽然尸检发现的大量大脑斑块和缠结证明了被诊断有神经认知障碍的人患有阿尔茨海默病，但对认知正常的老年人进行的尸检发现有20%～30%的死者的大脑中的斑块和缠结与被诊断患有阿尔茨海默病的人在同一个水平上（Jack et al.，2009）。可能是正常的老年人使用了大脑的其他部分来补偿，可能是他们还处于早期阶段，未被怀疑患上阿尔茨海默病，可能斑块只是一种症状，而不是病因。

阿尔茨海默病有一部分是遗传的。如果是在中年发病，患者要么患有21–三体综合征（唐氏综合征），要么继承了这三个基因中的一个：淀粉样前体蛋白基因（amyloid precursor protein，APP）、早老素–1（presenilin 1）和早老素–2（presenilin 2）。这类患者的病程进展很快，只要3～5年就会进入晚期（见彩图第11页中图）。

但大多数人发病较晚，大致在75岁左右。许多基因有影响，包括SORL1和ApoE4（ApoE基因的等位基因4）。只要活得够长，遗传了一个ApoE4的人（约1/5的美国居民）患阿尔茨海默病的概率高达50%，遗传了两个ApoE4的人，几乎肯定会患上阿尔茨海默病。

给遗传咨询师的问题 如果客户要求，你是否会为他进行ApoE4检测？（答复见第608页）

血管性神经认知障碍

神经认知障碍的第二个常见原因是卒中（脑血管暂时阻塞），或者是连环小卒中，也称为**短暂性脑缺血发作**（transient ischemic attacks，TIAs）。血

可视化发展

成年晚期的神经认知障碍

虽然像阿尔茨海默病一类的神经认知障碍在成年晚期比较常见，但在衰老过程中并非不可避免。这些疾病现在在发达国家中是导致个体残障的最大原因，而且在世界各地，发病率越来越高。不同类型的神经认知障碍的生物学原因不尽相同（有的具有很强的遗传性，如亨廷顿病；其他的可能存在环境风险因素，如帕金森病），其深层根本的脑病理也不同。常见的神经认知障碍类型包括阿尔茨海默病、路易体神经认知障碍（占老年人神经认知障碍的 30%）、血管性神经认知障碍（由卒中、血管疾病等脑血管问题引起的认知缺损）、帕金森病和亨廷顿病。

美国老年人中常见的神经认知障碍

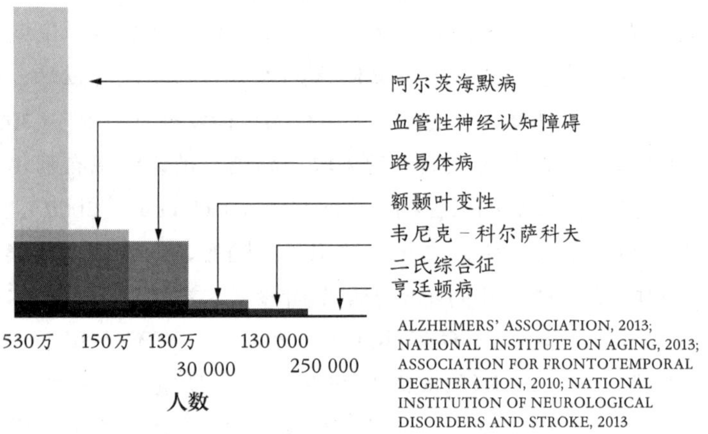

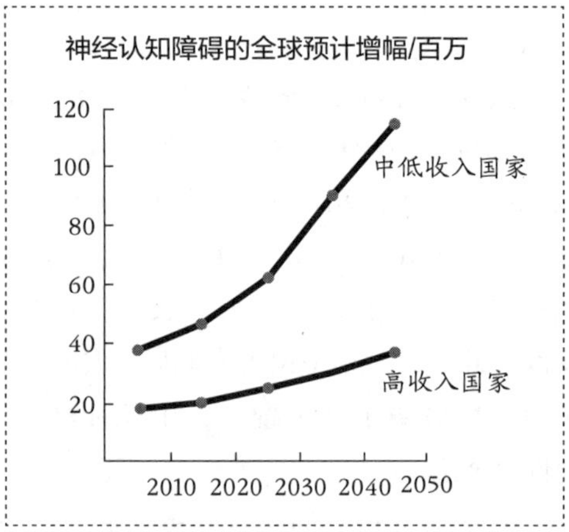

美国患重度神经认知障碍的成人随年龄增长的趋势

患神经认知障碍的人口随年龄增长呈上升趋势，其比例在 85 岁以上人口中显得尤为突出。

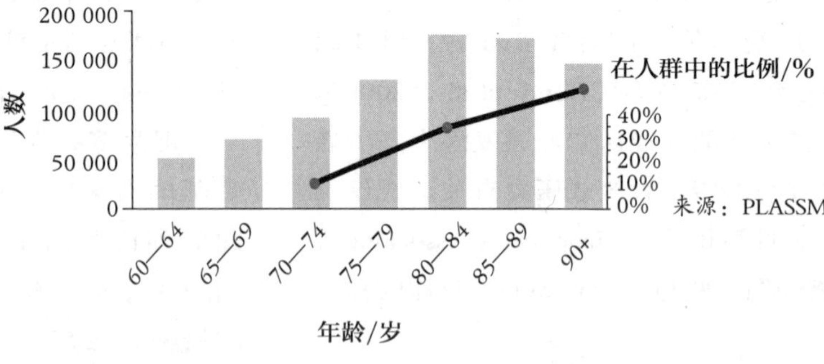

来源：PLASSMAN, 2007.

流中断导致缺氧，由此损伤了大脑的某些部分，其症状（视力模糊、肢体无力或瘫痪、口齿不清、神志模糊）会突然出现。

短暂性脑缺血发作时症状可能会很快消失而不被觉察。然而，除非被确认出来并采取预防措施，否则该病会反复发作，进而导致一种病，有时叫作**血管性痴呆**（**VaD**）或多发性脑梗死痴呆（multi-infarct dementia），是一种神经认知障碍。血管性痴呆的病程与阿尔茨海默病不同，但最终的结果是相似的（见图 24.5）。

老老人血管病变导致的神经认知障碍在全世界都很常见。在 90 岁以上的人中，血管性痴呆

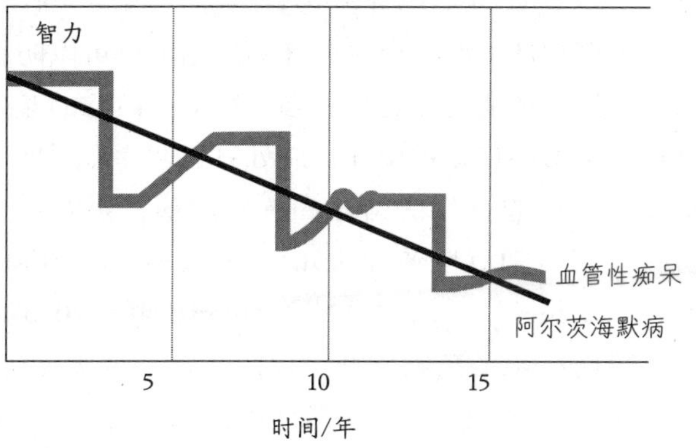

图 24.5

两类神经认知障碍的进程：阿尔茨海默病和血管性痴呆 阿尔茨海默病和血管性痴呆患者都表现出了认知功能减退。然而，这两种疾病的智力减退模式是不同的。阿尔茨海默病患者表现出稳定的、逐步的认知衰退趋势，而血管性痴呆患者有时会突然恶化，此后又有所好转，然后又会突然恶化。

比阿尔茨海默病更常见，但在初老人中则较为少见。血管疾病与 ApoE4 等位基因相关（Cramer & Procaccio，2012），而且对一些老年人来说，它可能是由于手术时的全身麻醉导致了小卒中，进而加重了认知储备的消耗，损伤了大脑（Stern，2013）。

额叶障碍

有几种神经认知障碍被称为**额叶障碍**或额颞叶变性（最常见的是 Pick 病）。在美国，这几种疾病在所有神经认知障碍中占比为 15%。它尤其好发于相对年轻的年龄（70 岁以前），这与发病较晚的阿尔茨海默病或血管性疾病不同（Seelaar et al.，2011）。

在额叶障碍中，负责调节情绪和社会行为的大脑区域（特别是杏仁核和前额叶皮层）减损恶化。所以该病的主要症状是情绪和人格的改变（Seelaar et al.，2011）。额颞叶变性会让慈母拒绝自己的亲生骨肉，让精明的商人投资不靠谱的项目。

额叶障碍的危害性可能比那些更明显的神经认知障碍更大，因为患者在其他方面看似正常，但其同情心、自我意识和正常的判断力在消退。露丝 · 弗伦奇（Ruth French）作为妻子曾对其丈夫非常愤怒，因为他：

> “扔掉税务文件，驾驶时赶超救护车而吃罚单，买入业绩奇差的公司的股票。以前是一个好厨师，现在做饭时烧煳了家里所有的锅。人变得孤僻、沉默，晚餐时也不和妻子交流。因为与人沟通困难而丢掉了工作。”
>
> （Crady，2012，p.AI）

最后，露丝的丈夫被诊断出额叶障碍。露丝恳求他能够原谅她过去的坏脾气。但他恐怕再也无法理解妻子的愤怒和愧疚了。

额叶障碍有许多形式和原因（包括十几个等位基因），病情的进展相当迅速，以致发病约 5 年后，患者就会死亡。

其他疾病

许多其他脑部疾病初期的表现主要是运动控制方面的缺陷（拿咖啡杯时会抖，走路时会跌倒），而非思维障碍。其中最常见的**帕金森病**占所有神经认知障碍病例的 3%（Aarsland et al.，2005）。

帕金森病初期会出现肌肉强直或震颤，由分泌多巴胺的神经元的退化所引起，它对动作的影响远早于对认知的影响。年轻一点的成年帕金森病患者虽然有约 1/3 会出现轻度智力减损，但是由于认知储备充裕，可以避免严重的智力丧失（Gao et al.，2013）。老年人患上帕金森病后，出现认知问题会更快一些（Pfeiffer，2012）。患帕金森病 10 年以上的个体几乎肯定会发生严重的神经认知功能损伤（Pahwa & Lyons，2013）。

美国另外 3% 的神经认知障碍患者的病因是路易氏小体过多。**路易氏小体**是一种特殊的蛋白质大脑中的沉积。路易氏小体也见于帕金森病患者的脑组织，但在路易体痴呆患者的脑中更多、分布于全脑，干扰神经元之间的交流。患者的动作和认知都会受到影响。但该病对运动机能的影响小于帕金森病的影响，记忆损伤也没有阿尔茨海默病那么严重（Bondi et al.，2009）。路易体痴呆的主要症状为抑制力的缺损，患者可能会沉溺于赌博或纵欲过度。

所有这些疾病都容易出现并发症。例如，大多数阿尔茨海默病患者也有血管损伤的迹象（Doraiswamy，2012）。帕金森病、阿尔茨海默病和路易体痴呆可能并存，这类患者具有这三种疾病的主要症状，认知减损更急速、更严重（Compta et al.，2011）。

其他一些类型的神经认知障碍于中年甚至更早就开始出现了，主要由亨廷顿病、多发性硬化症、严重的头部外伤、梅毒、艾滋病或牛海绵状脑炎（疯牛病）导致。头部反复遭受打击，即使没有造成脑震荡，也可引起慢性创伤性脑病，初期表现为记忆减损和情绪变化（Voosen，2013）。

60岁以后每10年，神经认知障碍比例会显著增加，对一批年轻职业运动员的尸检表明，任何年龄阶段都可能出现脑部疾病。对于年轻运动员来说，预防措施包括佩戴更好的头盔和减少躯体碰撞。在全美橄榄球联盟的训练中，已经开始避免使用恶意擒抱的战术了。

不过，这些措施对于数以千计的成人来说为时已晚，包括全美冰球联盟的明星、恶意擒抱的主力（执行者[①]）德里克·布格阿德（Derek Boogaard）。他28岁时死于吸毒过量。他的大脑解剖显示，他患有创伤性脑损伤——一种慢性创伤性脑病。

慢性创伤性脑病可能是布格阿德吸毒的原因之一，如果他再活得久一点，就会出现重度神经认知障碍。他很可能已经患上了神经认知障碍，只是尚未被诊断出来而已。另一位球员在评论他时说："他的言行举止和他的人格已经离他而去。他早没有人格了。"（John Scott，引自Branch，2011，p.Bl3）显然，高龄和衰老不是神经认知障碍的同义词。

>> **答复遗传咨询师**（问题见第605页）遗传咨询的一般准则是为客户提供所需要的信息，但由于阿尔茨海默病诊断的不确定性及其危害性，对ApoE4的检测尚无法进行。如果早期预防和治疗手段变得更为有效，情况可能会改变（就像艾滋病病毒检测的情况）。

预防损伤

既然衰老增加认知功能受损的比例，延缓衰老或许可以延后重度神经认知障碍的出现，缓解轻度减损或许可以预防更重的减损。在英国记录的严重神经认知障碍比例的下降或许说明，这些尝试已经显现了效果（Matthews et al.，2013）。

表观遗传学研究可能会带来更好的预防措施，因为"大脑中包含了一个表观遗传'热点'，其独特的潜能不仅可以帮助人们更好地理解大脑最复杂的功能，而且可以治疗最凶险的疾病"（Graff et al.，2011，p.603）。基因的作用一直都是存在的，有些表达了，影响着人的发展；有些潜伏着，直到环境改变。原因是表观的，也就是说基因之外的因素至关重要（Issa，2011；Skipper，2011）。

锻炼是最重要的非基因性因素。因为大脑具有终生可塑性，改善血液循环的运动不仅可以防止认知减损，还能建立容量和修复缺损。锻炼的益处已在这本书中反复被引述，此处只强调一点，即锻炼身体，比起良好的营养和练习用脑，更有助于防止、延后和放慢各种认知损伤（Erickson et al.，2012；Gregory et al.，2012；Lovden et al.，2013）

预防卒中的药物同样可以防止神经认知障碍。在芬兰的一项研究中，在参与实验的一大群老年芬兰人中，一半人服用了（主要是针对胆固醇的）降脂药。数年后，与没有服用药物的对照组相比，他们当中出现神经认知障碍的人更少（Solomon et al.，2010）。

避免接触特定病原体也至关重要。例如，可以检测牛肉确定是否带有疯牛病病毒，可以使用安全套预防艾滋病，可以使用抗生素治疗梅毒。对于大多数认知障碍，虽然数千名科学家和几百万名老年人在不断努力，但尚未找到万无一失的预防和治疗方法。为了寻找预防方法，人们尝试了避免接触毒素（铅、铝、铜、农药）或摄入补充剂（激素、阿司匹林、咖啡、胰岛素、抗氧化剂、红葡萄酒、蓝莓和他汀类药物）等，但迄今为止，这些都尚未被控制良好的科学研究证明有效。

数以千计的科学家想要阻止大脑中β-淀粉样蛋白的产生，并在小鼠身上取得了一定的成功，但尚未在人类身上实验。当前的一个目标是在阿尔茨海默病症状初显的10或15年前就将其诊断出来，以预防脑损伤。人们对轻度神经认知障碍感兴趣的原因之一，是它经常会（但不总是）发展为重度障碍。如果能找到轻度障碍没有发展为重度障碍的某些原因，也许会发现相应的预防措施。

在专业人士当中，希望正在渐渐取代绝望。进行早期诊断看起来是有可能的，许多药物和生活方式疗法正在接受评估（Hampel et al.，2012；Lane et al.，2011）。希望来自对那些成功战胜了其他疾病的经验进行探讨。例如，心肌梗死曾经是中年男性死亡的头号原因，如今情况已改变。

与心脏病一样，预防和治疗神经认知障碍的第一步是提高整体健康水平。高血压、糖尿病、动脉硬化和肺气肿都会干扰大脑供氧，从而有损于认知。每种类型的神经认知障碍、每种减缓和所有的慢性疾病都会相互作用，所以在某个领域取得的进

---

① 执行者指的是各队专门负责打架的角色。——译者注

相同情景，远隔万里：腿健寿长 布鲁克林球场上的这名男子和希腊的这名女士似乎都认识到了锻炼腿部力量对老年人的身体、心智和精神尤其有益处。

展可能会减少其他领域的发病率和严重程度。健康饮食、社会交往，尤其是锻炼，会减少各类认知减损，影响大脑的化学物质并促进其他健康习惯的养成。

若在出现明显症状的许多年前就能早期确诊，会让治疗更有效。药物无法治愈神经认知障碍，但一些药物会延缓其进展。有时，手术或干细胞治疗是有益的。据美国国防部估计，有超过 20 万美国士兵在伊拉克或阿富汗遭受了创伤性脑损伤，这会成为他们在 60 岁以前出现重度神经认知障碍的诱因（Miller，2012）。当前，治疗他们脑损伤的措施或许可以帮助到老年人。

神经认知障碍可逆吗

当每个人都了解到某种疾病会对心智能力造成损害时，大家对它的关心就高涨了。当神经认知障碍没有带来记忆问题时，准确的诊断更为关键。大脑疾病会损伤部分大脑，但有许多老年人在可逆的健康状态出了问题时，被认为永久性地“丧失了智力”。

住在哪里？ 重度神经认知障碍的患者无法自理。这位女士患上帕金森和神经认知障碍后，儿子把她接到了自己的家中，和其丈夫、儿子、两个孙子及两个护工一起生活。

抑郁和焦虑

在那些被误诊为神经认知障碍的可逆状态中，最常见的一种是抑郁症。在正常情况下，老年人是相当愉快的；频繁出现悲伤感或焦虑感是不正常的。若听任抑郁症持续而不加以治疗，会增加患上老年痴呆的风险（Y. Gao et al.，2013）。

矛盾的是，未经治疗的焦虑或抑郁症患者可能会夸大自己轻微的记忆丧失或拒绝说话。这与阿尔茨海默病患者早期的反应恰恰相反，焦虑或抑郁症患者通常会对自己无法回答某些问题感到诧异，这种表现也和说话不经思索的路易体障碍患者或额颞叶障碍患者不一样。

具体细节也提供了另一些线索。神经认知功能缺损的人由于当前大脑活动受损，会记不起刚刚说过的话、听到或做过的事，却能反复描述很久以前的事情的细节。而情绪障碍或许恰恰相反，对往事的记忆缺损，但短期记忆受损。

营养

营养不良和脱水也会引发类似大脑疾病的症状。老化了的消化系统效率下降，却需要更多营养和更少热量。所以有必要养成新的饮食习惯，少吃快餐，把购买快餐的钱用于买各种食品材料（否则很多人没有这笔钱）。

有些老年人为了避免尿频，会刻意减少饮水，但身体需要足够的液体来维持细胞健康。由于内稳态的达成随着年龄增长而变慢，所以老年人对饥饿和口渴的感觉更不灵敏，水分补充不及时可能会在不经意间损害他们的认知。

除了多饮水和多吃蔬菜，一些特定的维生素

被认为能减少老年痴呆症的发生率，包括抗氧化剂（C、A、E）和维生素 B12。高水平的同型半胱氨酸（来自动物脂肪）似乎会增加老年痴呆症的发生率（Perez et al.，2012；Whalley et al.，2013）。显然，任何增加心脏病风险的食物都会增加卒中和血管疾病的风险。此外，一些处方药会破坏某些营养成分，其具体机制还需要更多研究（Jyrkkä et al.，2012）。

事实上，对于营养和神经认知障碍之间的关系，尚缺乏控制严密的纵向研究。然而已有证据表明，患上神经认知障碍的个体往往会忘记吃饭或选择不健康的饮食，导致他们心智衰退加快。同时我们也知道，酒精滥用会直接（减少饮食和补水）和间接地（破坏一些维生素）干扰营养吸收。

多重用药

在家里及医院，大多数老年人要服用多种药物——不仅有处方药，还有非处方药和偏方草药——这就是所谓的**多重用药**（Hajjar et al.，2007）。过分依赖药物可能起因于医嘱，也可能是由于患者不懂。

不幸的是，许多药物的推荐剂量主要是根据在年轻人身上进行临床实验来决定的，年轻人的内稳态系统通常可以代谢过量的药物（Herrera et al.，2010）。当内稳态系统功能放缓时，过量的药物会在体内驻留更长的时间。此外，大多数测试新药的安全性临床实验排除了患有多种疾病的人。这意味着，这些药物并未在许多将要使用它的老年人中检验过。

在美国，一般老年人年均看病 8 次（Schiller et al.，2012）。通常情况下，每位医生都会遵循“临床实践指南”，按所诊疗的具体症状开药方。这样就可能出现“处方链”（同时开出相互作用的药物）。

例如，在一个令人不安实例中，一位医生开的药会提高病人的血压，但另一位医生因为看到患者血压升高而开出了降压药（McLendon & Shelton，2011-2012）。在通常情况下，医生会询问病人的用药种类和原因以避免犯这类错误。然而，有些病重或头脑不清的病人可能无法给出准确回答。

另一个问题是，各个年龄段的人都可能忘记什么时候该吃什么药（饭前、饭中还是饭后？晚饭后还是睡前？）。需要服用的药物越多，麻烦越大（Bosworth & Ayotte，2009）。短时记忆损伤又让这种情况雪上加霜。

即使按要求服用了药物，血液中的药物浓度也符合剂量，药物间的相互作用也可能会导致头脑不清和记忆丧失。几乎任何药物，尤其是那些旨在减少焦虑和抑郁的药物，都对认知有不良副作用，常会影响记忆或推理。

最后，许多老人会在广播、朋友和电视广告的推荐下服用某些可以改变心脑状态的补充剂、复方合剂和草药制剂。一些老年人相信，只有违禁药物才对大脑有害，这导致老年人更难认识酗酒和药物成瘾。出于很多原因，多重用药是很危险的，后面在“个案研究”专栏将进一步描述。

小　结

许多老年人正在经历认知减损，这可能会发展成神经认知障碍，该病目前还普遍被称为老年痴呆症。神经认知障碍有许多类型，各有不同的症状，其中阿尔茨海默病、血管性痴呆、额叶障碍和帕金森病常见于老年人。如今还没有治愈神经认知障碍的办法，但通过治疗可延缓病程或预防其发作。在 DSM-5 中纳入轻度神经认知障碍的一部分原因是为更好地进行早期识别、缓解症状和进行预防。最好的预防和治疗是锻炼。药物、营养和其他措施也可能有帮助。有时，老年人被认为患有神经认知障碍而实际上是因为有其他问题，特别是抑郁、酒精中毒、营养不良或多重用药等。■

>> 新的认知发展

由上可知，大多数老年人都保持着足够的心智能力。一些方面的衰退（如快速反应）是可控的，只有少数老年人存在重度神经认知障碍。此外，毕生发展观认为，每个年龄阶段都会有得有失。【**生命全程链接：**生命发展的多向性特征曾在第一章中介绍过。】那么成年晚期在认知方面是否也会有某些收获呢？许多发展学家的看法是肯定的。老年人的思维可能更为深刻，更有创造性，甚至更为睿智。

埃里克森和马斯洛

埃里克·埃里克森和亚伯拉罕·马斯洛都对老年人特别感兴趣，曾专门去访谈老年人以了解他

个案研究

药物太多还是太少？

药物治疗的案例很有说服力。数千种药品已经被证明是有效的，其中有许多已使人拥有了更长的寿命和更健康的身体。据估计，20%的老年人按医嘱常规服用10种或更多种药物（Boyd et al.，2005）。常见的救命药包括治疗糖尿病的胰岛素、预防卒中的他汀类药物和减少绝望感的抗抑郁药。

此外，许多老年人日常服用各种补充剂、饮酒、吞服维生素和其他非处方药物。医生开的药和自主吃的药合起来服用可能会延长生命，也可能适得其反。例如，

“一位名叫奥德丽的70岁丧偶女性被厨房炉灶烧伤，身上满是擦伤和烧伤痕迹。她食欲不振，少食而瘦弱。一天晚上，她晕倒在自家车道上，擦伤了脸。第二天早上，邻居发现她穿着睡衣趴于人行道上。

由于再也不能放心地把孙子们交由她照看，她的子女到她这里来得愈发少了。她很少洗澡，一天到晚的大部分时间就是坐在椅子上喝酒、睡觉、看电视。她不再给朋友打电话，也再没收到过别人的社交邀请了。

奥德丽服用了两种处方药：具有镇静效果的安定和诱导睡眠的乙氯维诺（Placidyl）。这两种药物都具有成瘾性，对60岁以上患者的有害副作用更大，都只能短期服用。奥德丽多年来一直按正常处方剂量的3～4倍服用这两种药物，服用时还混合大量酒精。她是一个十足的瘾君子……濒临死亡。

她的子女们知道她有问题，但对该如何帮助她没有达成一致。随着时间的推移，他们对她的问题的严重性变得不敏感了，直到事态发展到了非常危险的地步。幸运的是，奥德丽被转诊给了一个意识到了她的成瘾问题的新医生……自从奥德丽开始治疗，并戒掉了酒精和药物，她又强壮了起来。她的记忆得到了改善，食欲和精力得到了恢复，她开始每天散步、游泳和锻炼。10年后的现在，她在孙辈们的生活中扮演着重要的角色。她热衷于园艺，过着有创造力和有意义的生活。”

（Colleran & Jay，2003，p.11）

奥德丽的经历是年龄歧视偏见和多重用药危害性的生动例子。她的子女当时没有意识到她能够在智力和社交生活上具有现在这样的活力。

解决方法似乎很简单：停止用药。然而，这可能会增加疾病和老年痴呆症。有专家对多重用药的坏处提出警告后又补充说：“药物服用不足同样可能对老年人的生活质量产生不良影响”（Miller，2011-2012，p.21）。

例如，放任不治的糖尿病和高血压会导致认知损伤。这些症状缺乏药物治疗可能是低收入老年人比高收入老年人更容易患病和得老年痴呆症并死得更早的原因之一：他们无法负担良好的医疗费用，也买不起救命的药物。

很显然，钱使得问题复杂化了：处方药昂贵，增加了医药公司的利润，但也能减少手术和住院治疗，因为人们要省钱。正如一位观察者指出的：围绕处方药支出的讨论是两极分化的、充满了情绪的、几乎没有任何意义的争论。针对老年人的处方药成本的“战争”已经打响，这是一场“动了真格、刺刀见红、至死方休”的战争（Sloan，2011-2012，p.56）。

人们使用的药物究竟是太多还是太少？泛泛地回答会显得过于油腔滑调，因为具体情况取决于每个病人的健康状况和价值观，也取决于护理人员。有些护理人员是抗拒药物的，有些则希望通过药物来控制病人可能不想用药治疗的症状（例如，失眠、愤怒、悲伤）。哪一种更好：是对每一种药物、草药或补充剂都持怀疑态度，还是寄希望于药物来保护或恢复健康？

目前的政策是让医生和患者来决定。甚至不用通知家属或和他们商量，除非患者本人同意这样做。这似乎是对隐私的一种聪明的保护，但奥德丽的情况也值得人们反思。

们的观点。埃里克森撰写他最后的一本书《老年人的重要参与》（*Vital Involvement in Old Age*；Erikson et al.，1986）的时候已经 90 多岁了，该书就是基于对一批 90 多岁人的访谈写成的，这批人是他的同辈人，在他们还是加利福尼亚州伯克利地区的一群婴儿时，就开始被学者们研究了。

埃里克森发现，许多人在老年时对艺术、儿童和人类整体经验产生了兴趣。经过观察，他认为老年人是“社会见证人”，对不同代际和所有人类经验之间的相互依赖有所觉悟。埃里克森提出的第八个阶段——*整合感对绝望感*——指的就是这一阶段，即人生以“对所有已成熟的韧性和力量的再合成”的方式最终完成（Erikson et al.，p.40）。

马斯洛执着地认为，老年人比年轻人更可能达到他最先提出的最高发展阶段——**自我实现**。马斯洛拒绝承认生命序列是基于年龄的，拒绝把自我实现限制于老年阶段。但马斯洛也相信，人生经历有助于个体向前迈进，所以有更多的老年人达到了最后阶段。

自我实现阶段以追求美学上的、创造性的、哲学上的和精神上的理解为特征（Maslow，1970）。一个自我实现的人，其精神生活可能更为深刻，可能会对自然产生特别的欣赏，或者更能从生活中发现乐趣，经常自嘲。

这似乎也是许多老年人的特点。在第二十三章中曾提及，对百岁老人的研究表明，他们往往思想深邃且具有令人惊讶的幽默感。如果人们以为一个眼花耳聋、病痛缠身的人不可能有开心的事，则这些老寿星们的幽默的确令人惊讶。

晚年的学习

许多人已经尝试通过各种教育或培训提高老年人的智力（Lustig et al.，2009；Stine-Morrow & Basak，2011）。在某些能力上，这些努力获得了成功。作为西雅图纵向研究的一部分，一些丧失部分空间理解能力的 60 岁老年人接受了 5 节个性化培训和实践课。结果，他们的空间理解力重新恢复到了 14 年前的水平（Schaie，2005）。

另一些学者（Basak et al.，2008）将研究目标放在控制过程上。他们招募了一些无任何认知障碍迹象、平均年龄为 69 岁的志愿者。这些没有视频游戏经验的志愿者被分为实验组和对照组，每个人都参加了一系列衡量执行功能的认知测试。

研究者训练实验组成员从最容易的水平开始玩一个视频游戏，并会在每一轮后告知成绩，如果表现得好，下一轮的难度则会递增。参与者似乎很乐意提高自己的分数。几周内，被试累积玩了 20 小时后，再次对他们进行认知测试。与对照组相比，实验组在（并非是视频游戏所需动用的）心智活动方面也有所提升。

类似的结果在许多国家都有发现，老年人可以学会新的特殊技能。因此，几乎所有研究人员都认为，如果专门针对动机和能力进行训练，80 岁以下的人也可以在认知方面获得进步。

例如，在南欧进行的一项研究曾对认知健全、生活在老年公寓里的老年人进行记忆策略培训，并让他们参与激发动机的讨论，以帮助他们理解记忆在日常生活中的重要性以及该如何训练。与对照组相比，他们的记忆力改善了，半年后，改善仍然很明显（Vranica et al.，2013）。

那么老老人又会如何呢？对他们来说，学习虽然比较困难，但仍是可能的。年纪越大就越难以掌握新技能并加以应用（Stine-Morrow & Basak，2011）。如果能经常使用新的认知策略和技能，老年人有时便可以掌握并保持这种学习成果，但如果不运用或运用不频繁，他们就会很快忘记学到的东西（Park & Bischoff，2013），重新回到他们熟悉但往往低效的认知模式中。

让我们回到成年晚期认知增长的问题上。许多国家已经开始设置一些针对老年人的教育项目，比如欧洲和澳大利亚的“第三年龄大学（Universities for the Third Age）”，以及美国的“探索课堂（Exploritas）”[原名“老年游学营（Elderhostel）”]。给老年人设计的课程必须考虑不同的需求和目的：一些人需要智力挑战，另一些人想要学习实用技能（Villar & Celdran，2012）。所有研究都发现，如果有学习动力，老年人是能够继续学习的。

审美意识与创造性

罗伯特·巴特勒（Robert Butler）是一位老年病学家，他在美国普及了对衰老的研究。他提出了“年龄歧视”一词，并撰写了《为什么生存：在美国老去》（*Why Survive:Being Old in America*）一书，1975 年首次出版。他之所以会取得如此成就，一部分是因为其祖父母在他的生活中起到了关键作用，所以他十分理解社会需要认识老年人的潜力。

巴特勒指出："晚年可以成为一个体验丰富情感且适合享受的阶段"（Butler et al.，1998，p.65）。例如，即便一些人之前从未涉足园艺、观鸟、雕刻、绘画或音乐制作，到了老年才开始学习，他们也能从中获得快乐。

老年艺术家

安娜·摩西（Anna Moses）是美国纽约州的一位农村妇女，可以算是晚年创造性发展的典型个例。在生命的大部分时间内，她只有在冬季农闲时节才能通过针线活表达自己的艺术冲动。75 岁时，由于患关节炎，她再也没法做针线活了，于是她"拿起了调色板"。

4 年后，她挂在当地一家药店里的三幅画碰巧被一位开车路过的纽约艺术品商人看到。他买下了它们，并开车去了她家，又买了 15 幅画作。

翌年，80 岁的"摩西奶奶"举办了个人画展，其独特的"原始"风格得到了国际认可。之后她继续绘画，其作品"在 20 年的绘画生涯中有极大的发展和变化"（Cardinal，2001）。安娜·摩西去世时，享年 101 岁。

还有一些知名艺术家在暮年仍在继续创作，有时会创作出他们最杰出的作品。米开朗琪罗的惊世之作《西斯廷教堂天顶画》创作于 75 岁；威尔第（Verdi）谱写歌剧《福斯塔夫》（*Falstaff*）时年届八旬；弗兰克·劳埃德·赖特（Frank Lloyd Wright）完成纽约市古根海姆博物馆的设计时已达 91 岁了。

一项针对具有卓越创造力的个体的研究发现，他们几乎没有人觉得自己的能力、目标和工作质量会受到年龄的严重制约。这项研究的负责人观察到，"在 70 岁、80 岁、90 岁时，他们或许缺乏年轻时的雄心壮志，但他们和从前一样专注、有效和投入……或许更甚"（Csikszentmihalyi，1996，p.503）。

但老年艺术家并不一定要才华横溢。有些老人学习演奏乐器，许多人喜欢唱歌。在中国，人们会自发聚集在公园里一起唱歌，虽然其中有各个年龄段的人，但大多数都是老年人（Wei，2013）。

音乐和歌唱经常被用来缓解神经认知障碍患者的焦虑，因为即使其他功能"丢失"了，对音乐的欣赏能力仍能够保留在大脑中（Ueda et al.，2013）。许多专家认为，创造性活动——如写诗、陶艺、首饰制作、拼布、音乐和雕塑——能惠及所有老年人（Flood & Phillips，2007；Malchodi，2012）。艺术表达可能有助于个体的社交能力和应变能力，甚至对大脑健康也有好处（McFadden & Basting，2010）。

人生回顾

在**人生回顾**中，老年人通过写作或讲述自己的故事来记述自己的人生旅程。他们想让别人了解自己的过去，不仅是个人经历，还包括他们的家庭、他们那一代人或整个民族的经历。按照罗伯特·巴特勒所说的：

> "我们所受的教育使我们认为这种怀旧代表着沉溺于过去，是对自我的过度专注，是耗时、无聊且毫无价值的。然而，作为一种自然的治愈过程，它代表了所有心理治疗所依赖的基本的人类能力之一。人生回顾应该被当作日常生活中必要的、健康的过程，同时也是老年人精神卫生保健的有用工具。"
>
> （R. N. Butler etal.，1998，p.91）

数百位发展学家遵从巴特勒的建议，引导老年人进行自我回顾。有时让老年人写下他们的想法，有时让他们讲述自己的故事，回答听众的问题。

回顾人生的结果几乎总是很积极的，特别是对那些叙述者来说。例如，在荷兰的 202 名老年人中，有一半人被随机分配到人生回顾组。与对照组相比，他们中的抑郁和焦虑患者显著减少了（Korte etal.，2013）

睿智

"老年人……在一个新的人生阶段认识自我，发现他们所具备的智慧"（Bateson，2011，p.9）。一项在全世界 26 个国家进行的大规模国际调查发现，无论在哪里，大多数人都认为睿智是老年人的特征（Lockenhoff et al.，2009）。

与这些愿望和意见相反，大部分客观的研究发现，智慧不一定随年龄增长而增加。从 25 岁左右开始，在每一个年龄段，只有一些人是睿智的，但大部分人即使到了 80 岁也不睿智（Staudinger & Gluck，2011）。

一个最根本的研究困境是很难给睿智下一个概括性定义：每种文化和每一代人对此都有自己的

概念。有时候，愚蠢的人看起来挺聪明的（如在莎士比亚的一些戏剧中），有时原认为睿智的人会做出愚蠢的行为（请你自己举一个例子）。老年人和年轻人会做出迥异的决定。对此，有的人会觉得老年人更有智慧，但并非所有年轻人都认同这一点（Worthy et al.，2011）。

对睿智的一项概括是"一种处理行为和理解生活的专长知识系统"（P.B. Baltes & Smith，2008，p.58）。它提及了几个因素，例如，源于自我反省的诚实（如自我完整性）、对过去生活的洞悉（人生回顾）和搁置个人需求的能力（如在自我实现中）。

若果真如此，老年人在发展智慧上可能存在优势，特别是如果他们:（1）愿意将其生命献身于对"生活的理解";（2）能从自己的经验中吸取教训;（3）变得更为成熟完整（Ardelt，2011，p.283）。这也许就是教皇和最高法院法官的年龄通常都很大的原因。

正如两位心理学家所解释的：

> "睿智是某些老年人擅长的领域……（他们）结合了心理社会特征和人生经历因素，包括对各种经验的开放性、繁衍感、认知风格、与杰出导师的联系，以及结构化的、关键性的生活经历。"
>
> （P. B. Baltes & Smith，2008，p.60）

这些研究者将生活困境呈现给不同年龄段的成人，让他们回答该如何应对，并让（不知道作答者年龄的）其他人来判断答案是否睿智。他们发现，睿智在任何年龄段都非常罕见，但是与体力和认知速度不同，睿智不会因为成熟而消减。因此，在各个年龄都有一些人被认为是睿智的。

与此类似，一项针对 814 人进行的详细的纵向研究的结论认为，睿智不是老年人的专利，但幽默、洞悉和利他行为经年累月的积累才逐渐使人们变得更为睿智的。他随后写道：

> "要想睿智地看待睿智，我们需要接受以下事实，即睿智的确会随着，又不会随着，年龄的增长而增加……温斯顿·丘吉尔，这位充满智慧的大师提醒我们，'在许多方面，人老了会比年轻时更快乐。年轻时放荡不羁，年老后收获智慧。'"
>
> （Vaillant，2002，p.256）

小　结

许多老年人在继续学习和成长，并有研究表明，训练可以逆转认知的损失。总的来说，人们寻求完整性和自我实现是一种适应性和创造性的心理过程。一些著名的艺术家在成年晚期的作品比年轻时的更富创造性和激情。其他许多并不具备艺术天赋的人也可在晚年培养出较强的审美意识及音乐鉴赏力。另一种常见的老年人的发展是对人生的回顾，当老人讲述他们的人生故事时，可能会对讲述者和听众同时具有启发作用。虽然很多人相信越老越睿智的说法，但智慧似乎并不是老年人的专利，也不是所有老年人都睿智。尽管如此，许多老年人都有见地、有创意、有反思，能睿智地运用他们的生活经验。■

本章总结

逐渐老化的大脑

1. 随着年龄的增长，人类的大脑会继续生成新的细胞和新的树突，但也在逐渐萎缩和变慢衰老对运动技能（如步行速度）和认知技能（如迅速回忆起某人的名字）的影响显而易见。
2. 大脑的可塑性也很明显，在不同区域和大脑减缓的速度上存在广泛的个体差异。一般来说，老年人在完成各类任务时动用了更多（而非更少）的大脑区域，他们更偏好每次只完成一个任务，而非同时进行多任务处理。

65 岁以后的信息加工

3. 随着年龄的增长，感觉变得不再敏锐，这使老年人的感觉登记存在困难。记忆放缓，但由于记忆存在类型差异，所以放缓的轨迹也不同。来源性记忆和前瞻性记忆不再准确，但语义记忆、情绪记忆和对自动化技能的记忆仍较强。

4. 随着年龄的增长，由于提取策略效率降低，所以控制过程的效率下降。焦虑可能会妨碍老年人运用他们所需要的策略。
5. 在日常生活中，大多数老年人都没有受到认知困难的严重制约。显然，发展科学家越来越需要具有生态效度的、面向实际生活的认知测量工具。

神经认知障碍

6. 神经认知障碍以前被称为老年痴呆症（在非正式场合，这一名称仍被使用），主要是以认知损伤为特征，起初表现轻微，之后逐渐恶化，最终非常严重，甚至可能无法辨认家人，或不记得如何吃饭和说话。
7. 美国老年人认知损伤最常见的原因是阿尔茨海默病，该病无法治愈，随着时间的推移，脑内斑块和缠结会增加，情况会不断恶化。
8. 血管性神经认知障碍（也被称为多发梗死性痴呆）是一系列小卒中（短暂性脑缺血发作）的结果，血液循环障碍会破坏部分脑组织。
9. 其他神经认知障碍包括额叶障碍和路易体痴呆，也随着年龄的增长变得越来越普遍。帕金森病削弱了患者对肌肉的控制，也可引起神经认知问题，尤其是在老年人中。许多其他疾病也会影响大脑。
10. 个体的某些可逆性状态可能被误诊为神经认知障碍。营养不良、焦虑、抑郁、药物成瘾和多重用药是老年人看似存在认知损伤的原因之一。如果得到了正确诊断和治疗，这些症状是可以消失的。

新的认知发展

11. 老年人也可以继续学习。培训和练习可以提高老年人的认知技能和控制能力。令人惊讶的是，视频游戏也是一种有效的训练方式。
12. 许多人随着年龄的增长而对创造性活动越来越有兴趣了，更愿意进行哲学性思考。人生回顾是许多老年人进行的一种个人反思，他们追忆早期的经历，洞察整个生命历程，获得自我完善或自我实现。
13. 睿智并不一定会随着年龄的增长而增加，但有些老年人具有异乎寻常的睿智或洞察力。任何年龄的人都可以从经验中学习，但老年人的优势是具备很多人生经验。

关键术语

阿尔茨海默病（Alzheimer disease，AD，p.605）
斑块（plaques，p.605）
缠结（tangles，p.605）
多重用药（polypharmacy，p.610）
额叶障碍（frontal lobe disorder，p.607）
路易氏小体（Lewy bodies，p.607）
帕金森病（Parkinson's disease，p.607）
人生回顾（life review，p.613）
神经认知障碍（neurocognitive disorders，NCDs，p.603）
生态效度（ecological validity，p.601）
血管性痴呆（vascular dementia，VaD，p.606）
自我实现（self-actualization，p.612）

你学到了什么？

1. 大脑的哪些方面会随着年龄的增长而变得迟钝？
2. 为什么老年人必须同时动用更多的大脑区域？
3. 为什么多任务在成年晚期特别难以完成？
4. 感觉丧失对认知有何影响？
5. 随着年龄的增长，哪些内容更难被记住？
6. 为什么有些老年人会拒绝学习记忆提取策略？
7. 为什么生态效度对前瞻性记忆特别重要？
8. 什么疾病或状况与认知损伤有关？
9. 练习对大脑有什么特殊影响？
10. 认知技能训练是如何帮助老年人的，为什么？
11. 近年来，关于神经认知障碍的术语为什么会有所变化？
12. 什么证据表明阿尔茨海默病有部分遗传性？
13. 为什么大多数人对血管性神经认知障碍的早期阶段缺乏察觉？
14. 额叶障碍比阿尔茨海默病更危险之处是什么？
15. 如果某人患有帕金森病，那么他的年龄会对该病有什么影响？
16. 为什么路易体痴呆有时会被误诊为帕金森病？
17. 如今在预防神经认知障碍（老年痴呆）方面，科学家有哪些进展？
18. 老年人可以如何提升自己的认知能力？
19. 为什么老年人可以比以前更有创造力，更喜欢音乐，更具精神追求？
20. 为什么科学家们不愿意说年龄大了就会有智慧？

应　用

1. 在各个年龄段，记忆都是选择性的。人们忘记的比记住的多得多。请找某个曾经和你有共同经历的人——你的兄弟姐妹、以前的同学或现在的朋友——一起坐下来，针对某件两人都记得的事件分别列出各项细节，然后比较你们的描述。这项练习能让你对成人的记忆和遗忘的内容有更深刻的认识吗？
2. 影响智力敏捷性的因素有很多。试着想想你觉得自己很笨的某个场合，再想想你觉得自己很聪明的某个场合。两者的背景有何不同？这些差异会如何影响在大学接受实验室测验的老年人和年轻人的表现？
3. 去探访某个正在住院的人。注意环境中所有可能使老年患者感觉困惑的元素，如噪声、灯光、日程和人员安排等。

第二十五章

成年晚期：心理社会性发展

你将学到什么？

1. 随着年龄增长，老年人会变得更悲观还是更乐观？
2. 大多数老年人都想搬到一个遥远而温暖的地方去吗？
3. 成年子女应如何赡养他们年迈的父母？
4. 居家护理比养老院护理更好吗？

- **成年晚期的理论**
  - 自我理论
  - **对立的观点：过度甜蜜还是过度悲伤？**
  - 分层理论
- **成年晚期的活动**
  - 工作
  - 退休
  - 甜蜜的家
  - 宗教参与
  - 政治活动
- **亲人和朋友**
  - 长期的伴侣关系
  - 与年轻一代的关系
  - 友谊
- **孱弱的老人**
  - 日常生活活动
  - 护理孱弱老人
  - **个案研究：防止孱弱**

我几乎每周都和耄耋寡居的桃瑞丝一起步行去参加一个会议。路程不远，只需穿过一个公园。一路上，她会同一些不同背景的人打招呼，有无家可归的人，有附近酒店的女老板……她经常问候的一个人是科林，天气好时，他会来公园里弹奏钢琴（移动式的）。1 年前，他因为没有许可证就在公园演奏而被警察开了罚单。

为此，桃瑞丝组织了一场抗议活动。罚单被撤销了，第二社区委员会（她在里面年龄最大，每两年任命一次）通过了一项关于言论自由的决议，公园管理部也修改了管理条例。

据桃瑞丝说，婴儿和小动物都喜欢她。也许的确如此，松鼠会跳到她的手里抢走花生，有时鸽子在她肩头栖息。有一次，平时穿戴得体且符合时令的她，在酷热的 8 月穿了一件长袖衬衫。她自豪地告诉我，这是为了遮盖两只鸽子在她手臂上争夺地盘时留下的划痕。

我们经常于邮箱旁停下脚步，好让她寄出应季的贺卡。与她通信的人数以百计，我也变成了其中之一。我的信箱里经常收到她寄来的五颜六色的贺卡，圣帕特里克节的绿色贺卡，万圣节的橙色贺卡，感恩节的灰色贺卡，圣诞节的装饰着小贴纸的贺卡，还有 7 月 4 日美国国庆节的、我的生日的……不胜枚举。

通常，朋友之间有很多共同之处，但桃瑞丝与我截然不同。我从来不寄卡片、喂食松鼠或保护钢琴家（虽然桃瑞丝也使我去帮了科林一把）。我们各自参加的政党相互对立。她没子女而我有四个。

那么我们是如何成为朋友的？ 5 年前，刚做完膝盖手术的桃瑞丝需要请志愿者用轮椅推她去参加很多会议、约会和社交活动。施以援手的人很多，我也在其中，因为每周我们俩人要出席同一个活动。不久后，她就能自己走路了，自那以后，我们一直结伴同行。我慢慢喜欢上了听她讲逸闻趣事，喜欢她外向的天性和她的生活态度。

桃瑞丝最近髋关节骨折。康复中心很快把她换到了一个单人房间，因为年轻的病友抱怨一天到晚随时都有很多她的访客。人们来探望她是因为喜欢她，而不是因为赞同她。在社区董事会决议中，投反对票的通常只有她一个人。

出院回家后，桃瑞丝继续积极地与人交往，得到了众人的喜爱。她的生活与人们的刻板印象截然不同，这使她成为本章主题——生命晚期发展的变异性和复杂性——的一个鲜活的例子。有些老年人因为自身条件和公共问题而虚弱、孤独、易受虐待，但对大多数老年人而言，心理社会性发展包括工作和社交、关心他人以及自我照顾。桃瑞丝在这些方面都做得令人钦佩。希望有一天我也变得像她那样。

>> 成年晚期的理论

成年晚期的发展可能比其他任何年龄段的发展都多样化。有些老年人跑马拉松并领导着国家，有些则再也无法行走或说话。社会科学家为这些差异提供了理论解释。

自我理论

其中一套成年晚期的理论是**自我理论**，聚焦于个体的自我概念和个体在自我同一性面临挑战时的反应。如前所述，自我意识萌发于 2 岁之前，并在整个童年期和青春期逐渐建立起来。在人生最早的一二十年里，自我形象受到外貌和其他人看法的极大影响（Harter & Bukowski，2012），随着年龄增长，两者都变得不那么重要了。

自我与衰老

或许人们会随着年龄的增长变成更真实的自己，就像美国著名专栏作家安娜·昆德兰（Anna Quindlen）发现的那样：

“回顾我这一生，从孩子到年轻女性再到上了年纪的成人，我感到有点异样。起初我就是我自己，然后开始不知道我是谁了，接着我创造出一个角色并变成了她，再后来我开始喜欢上我所创造的这个角色，最终我又变回了自己。原来经历过这个过程的人不止我一个。”

（Quindlen，2012，ix）

尽管衰老带来了太多变化，例如，外貌和社会地位以一种可能削弱自尊的方式被改变了，但老年人仍需要保持自己的自我概念。在成年晚期，“自我同一性的建立和维护是健康生活的一个重要方面”（Resnick，2011，p.10）。即使是老老人和患有神经认知障碍的人在记忆力、能力和健康方面都有所减退的情况下，仍然维持着自我存在感（Klein，2012）。

自我理论的中心思想是，每个人最终都只能依赖自己。正如一位女士所解释的：

“我真的认为，和我的家庭、人际关系、健康、财富或智慧相比，我的自我存在感更重要。最终，我还是要自食其力……统计数据显示，老年女性很可能最终独自生活，所以归根结底，我真的会很看重自己的价值。”

（引自 Kroger，2007，p.203）

自我完整性

最全面的自我理论来自埃里克森。他的第八个也是最后一个发展阶段——**完整性对绝望感**——出现在成人寻求将自己独特的经验与社会愿景整合为一个完整体的时候（Erikson et al.，1986）。“**完整性**（Integrity）”一词通常指正直诚实，但也意味着一种完整而非零散的感觉，即对自己感到满意的感觉。

作为完整性的一个例子，许多老年人对自己的个人经历相当自豪。他们美化自己的过去，甚至对诸如逃学、吸毒、逃避抓捕或被虐待的经历都颇为得意。心理学家有时称之为“受气包变圣人（sucker to saint）”现象，即人们往往将自身经历解释为高贵（圣洁）的表现，而非愚蠢的表现（Jordan & Monin，2008）。

埃里克森这样解释：这种自我美化式的扭曲远远好于绝望，因为“如今已是来日无多，试图开始另一种生活已不再可能”（Erikson，1963，p.269）。和在其他阶段一样，对立的两个方面之间

的张力（完整性对绝望感）推动着个体成长。在最后这一阶段，

> “生活带来了许多让人感到绝望的现实理由：目前的各个方面不断引发痛苦；未来的各个方面又是不确定和可怕的。当然，逃避不得的死亡终将如期而至，它是未来的一个既完全确定又完全不可知的方面。所以，必须承认某些绝望感，并将之整合为老年生活的一个组成部分。”
>
> （Erikson et al.，1986，p.72）

对死亡与自我的完整性是该阶段的一个重要成就。人生回顾和接受死亡（将在第二十六章中解释）是埃里克森所预见的完整性的重要方面（Zimmerman，2012）。【**生命全程链接**：在第二十四章中讨论了人生回顾。】

自我理论可以解释为什么许多老年人要努力维持童年时的文化和宗教活动。例如，爷爷奶奶会煞费苦心地让孙辈学习当下居住社区很少使用的语言，或鼓励孩子重复自己童年时学到的宗教仪式和祷告。在重视新奇感的文化环境中，老年人总是担心随着他们的价值观消失，他们自己也会消失。

正如埃里克森（Erikson，1963）所言，老年人：

> “获知一个人的生命只不过是历史片段中生命循环的机缘巧合，对个体来说，整个人类的完整性会因他的参与、他自己的完整性而有所波动……如果存在这样一种最后的慰藉，死亡便不再那么可怕。”
>
> （Erikson，p.268）

坚守自我

大多数老年人，即便承认身体和思维的变化，往往也自认为其性格和态度在人生历程中相当稳定（Klein，2012）。一位103岁的老妇人说：“我的本真一直保持不变。而其他的一切都发生了变化”（引自 Troll & Skaff，1997，p.166）。

维护自我的需求可以解释一些似乎非理性的行为。例如，许多老年人不愿意放弃驾驶汽车，因为这会“引起一种丧失感，特别是对于男人来说，这远比只是不能从A点到B点更痛苦；这是一种自我存在感的丧失，一种男子汉价值的丧失”（Davidson，2008，p.46）。

同样，许多老年人之所以不愿意搬离年久失修、四面漏风的老房子，住进小一些但更安全的公寓，正是因为他们觉得离开了熟悉的地方就意味着远离了过往。类似的，他们会因为害怕自己的思维或情感被扭曲，而不愿做手术或服药：他们优先考虑的是自我保护，即使会因此缩短寿命（S. W. Miller，2011-2012）。

这种对自我保护的坚持还可以解释一种被许多人认为病态的行为——**囤积强迫症**，一种保留各种纸张、书籍、纪念品等的冲动。DSM-5里有一节新的内容，题为“强迫症及相关障碍”，它详细规定了囤积强迫症的诊断标准（DSM-5 pp. 247-251）。大多数老年囤积者年轻时就开始保存物品，并想一直这样做下去。随着时间的推移，囤积物占满他们所有的可用空间。积攒物品是因为财物是自我表达的一部分，老年人要以此抵抗自我的毁灭（Ayers et al.，2010）。

社会情绪选择理论

另一个自我理论是**社会情绪选择理论**（Carstensen，1993）。该理论认为，老年人对自己的情绪管理最为重视，会寻找能够强化繁衍感、自豪感且相处愉快的熟悉的社会接触者。社会情绪理论推测，当人们觉得他们未来时间有限时，就会思索生命的意义。最终，人们会选择更加珍惜家人和朋友，这加深了他们的幸福感（Hicks et al.，2012）。

这与第二十一章和第二十三章提到的选择性优化补偿略有不同，但主旨思想是一致的。当容颜随着衰老改变时，老年人会选择更重要的方面并将其优化。这就是自我理论的核心。个人设定自己的目标，评估自己的能力，并计划如何克服困难达到目标。当老年人具有心理韧性时，哪怕满脸皱纹、行动迟缓、机能减损，他们依然能够维持自己的同一性。这与身心健康有相关性（Resnick et al.，2010）。

社会情绪选择和选择性优化共同的副产品是**积极性效应**（Penningroth & Scott，2012）。相比消极的内容，老年人更易于觉察、偏好和记住积极的图像和体验（Carstensen et al.，2006）。另外，补偿是通过选择性回忆完成的，即不愉快的经历被重新诠释为不合逻辑的。人们会选择积极的情绪、感知和记忆。

例如，随着年龄的增长，压力事件（经济损失、重病或亲友的死亡）对个体同一性变得不那

么重要了。这样，老年人可以通过积极的自我感知保持情绪健康（Boals et al.，2012）。个体变得更乐观而不是更悲观，也因此更快乐。

这种积极性效应的作用可以解释为什么在各个国家和各种宗教中，老年人都比年轻人更爱国、更虔诚。他们以积极的方式看待国家的历史和宗教信仰，他们为自己是加拿大人、中国人、捷克人等而自豪。当然，这一特质也会让他们陷入偏见的泥沼，如种族歧视、性别歧视或同性恋歧视等。

安娜·昆德兰曾说，她很高兴“重新做回自己”。正如“对立的观点”专栏所介绍的，这既会有积极的影响，也会有消极的影响。

对立的观点

过度甜蜜还是过度悲伤？

我年轻时喜欢看那种刚毅坚韧、戏剧化和充斥着暴力的电影。我妈妈不满我的选择，我告诉她我要的是现实。她喜欢那些能让她欢笑的浪漫喜剧，我对她说那些电影索然无味。

如今，我最小的女儿要我读一些反乌托邦的小说以便感悟当下的文化，《饥饿游戏》（Hunger Games）就是其中一部。我告诉她，在这个世界上，贫穷和冲突已经够多了，没有必要再去阅读那些想象出来的杀戮。在这里，你肯定注意到了发展上的转变。你认为积极性效应是一种事实扭曲还是一种受欢迎的世界观？

许多研究人员已经发现，人们的世界观随着年龄的增长会变得愈发积极，它与生命是有意义的这一信念想联系。那些幸福的、不沮丧、不压抑的老年人很可能非常赞成这一点，即生活是有目的性的（例如，“我有一个指导我日常行为的价值观体系”和“我能和自己的过去平和相处”）（Hicks et al.，2012）。有意义性和积极性都与健康长寿相关。

如果你输了上一盘赌局，挫折感是否会干扰你的判断？如果你还处于成年初显期，答案通常是肯定的，但老年人则不一定。老年人会对失望情绪很快放手，他们会向前看，积极地思考。作为结果，许多研究已经发现，“从中年开始，情绪健康开始提升，而愤怒的体验有所下降”（Brassen et al.，2012，p.614）。

研究人员测量了人们对于失望的反应，不仅测量了态度和行为，还记录了大脑活动和心率。一项研究比较了三组被试：年轻人、健康的老年人和患有老年抑郁症的人。抑郁的老年人在大脑、身体和行为上与年轻人更相似。但健康的老年人的脑部扫描结果以及行为显示，他们能够走出失望。结论是，“情绪健康的老龄化与对遗憾事件的反应幅度降低有关”（Brassen et al.，2012，p.614）（见图 25.1）。

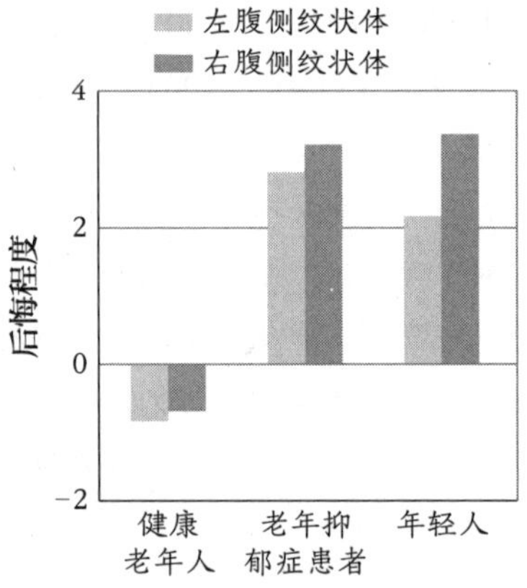

来源：Brassen et al.，2012，p.614.

图 25.1

就让过去的过去吧　当人感到后悔时，一些大脑区域（腹侧纹状体）被激活。在这个实验中，脑部激活与过去的损失及其造成的不明智选择——重复无效的行为——相关。大脑激活和行为显示，老年人通常更为聪明。然而，那些被诊断为抑郁症的老人似乎总是沉湎于过去的损失。积极性效应已经与他们擦肩而过。

在另一项研究中，不同年龄的成人被要求回忆最近与他人发生的冲突，然后解释自己做了什么，为什么这样做，以及事后的感受（Sorkin & Rook，2006）。在 65 岁以上的人中，多数（39%）人回忆不出任何冲突。在那些能记起发生过冲突的人中，老年人多数认为自己的目标是保持友好，但大部分年轻人并非如此。只有少数 65 岁以上的人试图改变其他人的行为（见图 25.2）。

65岁以上老年人在负性人际交往中的目标

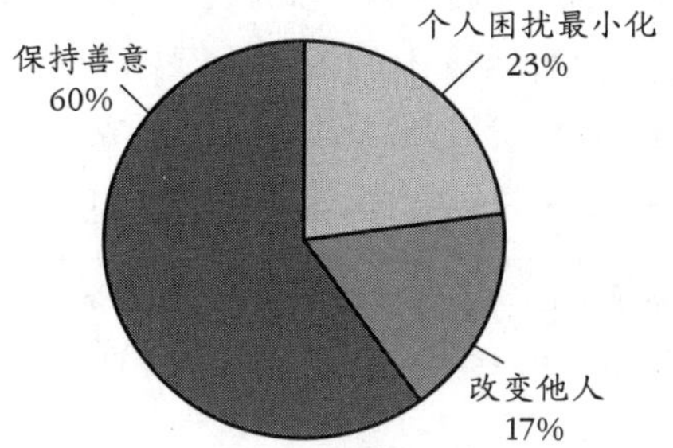

来源：Sorkin & Rook，2006.

图 25.2

保持平和　当某人的行为冒犯到你、让你不愉快时，你和他互动的目标是什么？如果你的目标是像多数研究中的老年人那样保持善意，你可能会很快地原谅他并忘记不快。

由于他们的目标是人际和谐，老年人更可能妥协，而不是固执己见，结果当然是皆大欢喜。

“主要应对目标是保持善意的参与者们，他们所报告的自我感觉到的成功水平最高，苦恼程度最弱，苦恼时间也最短。相比之下，目标是为了改变别人的参与者报告的自我感觉的成功水平最低，最为苦恼，苦恼时间也最久。”

（Sorkin & Rook，2006，p.723）

有人会说，愤怒和沮丧是有用的情绪，积极性效应过于乐观，无视现实。试图改变别人的确很痛苦的，但这并不意味着人们应该逆来顺受。我女儿最近因为她对我的指责而向我道歉。我诚实地告诉她，我早就忘记了她的指责。我的反应或许会让她沮丧。可见，积极性效应并不会总让人高兴。

然而，积极世界观不仅让人更幸福，也可以避免“持久的困扰”。难道我母亲是对的吗？

分层理论

第二套理论被称为**分层理论**，强调社会力量（1）把每个人置于某个社会分层或水平，（2）使某些群体处于优势地位而其他群体处于劣势地位。分层化从娘胎里就开始了，正所谓“人都出生于有固定分层的社会，即在重要维度上，包括性别、族群和社会经济地位，将人区别对待的社会”（Lynch & Brown，2011，p.107）。

性别、族群和社会经济地位的分层

各种形式的刻板印象使得人们更加难以挣脱为其设定好发展轨迹的社会制度。它的结果是在个体的一生中不断积累起来的（Brandt et al.，2012）。

例如，在前面的许多章中曾经提到，既贫穷又是非裔的美国儿童更可能出生时体重轻，更不可能在 1 岁时开始说话或在 6 岁之前开始阅读，更容易辍学，获得大学文凭的可能性更低，就业率更低，成婚可能性也更低，最后还更容易罹患癌症和糖尿病及其他严重的健康问题。把他们和其他族群的儿童以及其他并不贫困的非裔美国儿童相比，现实情况的确如此［见图 25.3（彩）］。

观察力测验　从图 25.3（彩）中可知，哪个群体的寿命最受贫穷影响？贫穷对哪个群体影响最小？（答案见第 624 页）

每种刻板印象都会加剧阶层分化，进而加剧出现问题的风险，或许这就是让那些贫穷的非白人女性陷入三重危机的原因。当然，本节最后会提及，并非所有人都认同这一观点（Rosenfeld，2012）。

先来考虑性别差异。基于性别的、非理性的恐惧可能会限制女性一生各个阶段的自立。例如，相比鳏居的父亲，成年子女会更多地劝说寡居的母亲和他们一起生活。但事实上，独居的男性比女性更容易突发疾病或成为暴力犯罪的受害者（5%∶2%）。

性别分层的另一个例子是女性通常会嫁给比自己年长几岁的男性，并在丈夫死后还继续活着。特别是从前，许多已婚女性依赖丈夫来管理财务和追跟时事政治。过去的性别分层会导致寡居的老老人经历数十年的孤独、贫困和依赖。

为什么女性比男性活得长？可能有生物学的

原因，也可能是由于终身分层化不利于男性。男孩从小就被教育要坚忍、克制情绪、避免就医。可以说，两性都身受性别分层之害，男人死得太早，女人守寡太久。

族群分层也伤害个体。例如，过去的种族歧视可能侵蚀了非裔美国人，使他们的稳态应激负荷增加，健康寿命缩短（Thrasher et al.，2012）。终身阶层分化导致了健康问题，这一事实表明“存在多个减少差距的干预时机”，从出生前开始（Haas et al.，2012，p.238）。【**生命全程链接：**第二十一章“累积压力源”一节解释了侵蚀一词的含义。】

过去的种族歧视也从许多方面影响了收入。例如，房产是许多老年人的财务安全保障。50 年前，阶层分化阻碍了许多非裔美国人购买房产。虽然（美国）立了不少法以减少住房上的歧视，但在 2007 年开始的抵押房产拍卖危机中，在房产被拍卖了的人里，非白人的数量不成比例地多。这是阶层分化造成贫穷这一老故事的新例子吗（Saegert et al.，2012）？

族群分层的一种特殊形式影响着老年移民。许多文化期待年轻一辈照顾老年人，但美国的房子是为核心家庭设计的。获得退休金和社会保障的前提是工作几十年，这让许多老年移民由于没有在美国工作的经历而贫穷、孤独并得依靠子女。子女生活在不是专门为大家庭设计的住房或公寓内，自身还要去对抗那些针对移民的刻板印象。

最后也是最有害的分层影响发生在财务方面。首先是对贫困的直接影响，它又被性别、族群和年龄所放大。正如一位评论家解释的那样：“女性……更可能生活在联邦贫困线下的家庭中。非裔和西班牙裔女性特别容易受影响”（Jackson et al.，2011，p.93）。一个关键因素是过去的就业状况。许多最贫穷的老年人从来没有做过可领取社会保险的工作。因此，他们少了一个主要的收入来源。当种族歧视影响就业机会时，尤其可能导致老年贫困。

低社会经济地位的白人男性也承担着风险，因为比起高社会经济地位的男性，他们可能受的教育更少，健康状况更差，工作经历更加断断续续（更多的失业，更少的福利，没有养老金）。当前，美国、英国和其他国家的经济危机导致了政府给穷人（无论是老年人还是年轻人）的社会财政支持降低（Phillipson，2013）。任何在低社会经济地位家庭中长大的人都会经历各种压力，劣势的积累随着时间的推移使他们的发展愈发受限（Bowen & Gonzalez，2010）。

问题甚至可能始于出生之前，因为受母亲健康影响的表观遗传因素塑造着基因的表达（Shanahan & Hofer，2011）。生于低社会经济地位家庭的婴儿后来会更容易患糖尿病，更容易残疾，死亡的风险也更高。对遭遇贫困的老年人显然应该施以援手，但从生命早期就开始减少贫困对于成年晚期的心身健康可能更为关键（Herd et al.，2011）。

给社会科学家的问题　不同学科的社会科学家倾向于不同的衰老理论。哪个理论更能让心理学家和社会学家接受？（答复见第 625 页）

>> 观察小测验（第 623 页）的答案　白人男性最多，亚裔女性最少。对此原因有很多猜测，但现有的数据无法提供答案。

年龄分层

年龄歧视就是年龄分层化。年龄在很多方面影响着人的生活，包括收入和健康。例如，职场里工龄资历不断建立起来，收入增加到某个水平，然后就业终止，可能有一些退休金，但收入没有以前那么多。当前的养老金制度可能对非技术工或临时工尤其不利（Phillipson，2013）。

年龄分层理论中最具争议的版本是**脱离理论**（Cumming & Henry，1961），该理论认为，随着年龄增长，已习惯的角色不存在了，社交圈子不断缩小，同事不再依靠自己了，成年的子女转而去关注他们自己的儿女了。根据这一理论，脱离是一个相互的过程，是由两代人选择的。年轻人脱离老年人，老年人自己也主动脱离年轻一辈，退出生活的行动舞台。

脱离理论引发了抗议风暴。许多老年病学家坚信老年人需要并渴望新的社会参与。有些人提出了对立的理论，称为**活动理论**。该理论认为老年人寻求与亲戚、朋友和社区团体保持积极的关系。活动理论主张，如果老年人脱离了社会，他们也是不情愿的，并会因此而受到伤害（J. R. Kelly，1993；Rosow，1985）。

后续的研究发现，保持活跃与幸福、智力和健康相关。对年轻人如此，对老年人来说，积极活跃与身心健康之间的关系尤其紧密（Potocnik & Sonnentag，2012；Bielak et al.，2012）。

一般来说，更快乐和健康的老人是相当活跃的，继续履行着员工、妻子、丈夫、母亲、父亲、邻居的角色。他们参加音乐会、读报纸和上课。脱离更可能发生在低社会经济地位人群中，可能是过去阶层分化的结果（Clarke，2011）。真正活跃的生活——在房前屋后忙个不停、爬楼梯、步行上班——会延长生命和提高生活满意度。

但在实际应用中，对脱离理论和活动理论都需要持谨慎态度。在生活的某一方面的脱离（例如，退休）并不一定意味着整体脱离：许多退休人员离开了原有的工作岗位，转而寻找到了新的角色和活动（Freund et al.，2009）。积极性效应可能意味着老年人能从引起愤怒、悔恨、悲伤的情感事件中脱离，而去积极享受其他体验。例如，某些连初中都没能毕业的老人却是其社区的重要支柱。

对分层理论的批评

女性、少数族裔和低收入群体上了年纪以后可能已经养成了某些使他们不至于受分层影响的良性习惯和态度（Rosenfield，2012）。证据是相互矛盾的，低社会经济地位和健康状况较差对每个年龄段都是有害的，但也许性别、族群或低社会经济地位的危害对高龄人群来说要比从前更小。

与年龄相关的分层理论——无论是认为老年人自己希望退出，还是认为他们应保持活跃——可能都源自文化刻板印象。某位老年人的特殊需求可能并不符合上述任何理论。同样，老年女性比男性长寿、与朋友和亲人通常有更密切的关系等事实也表明，到了晚年后，她们的劣势地位可能会比年轻时有所改善。

关于终身歧视的数据需要谨慎对待，它来自不同族群之间的比较。在初老人中，在生存和自尊上存在着明显的非裔人/欧裔人之差，但是这一差距在约 80 岁时会消失并逆转。非裔百岁老人的平均寿命要比非非裔人长 7 个月。在美国高龄人口中，拉美裔似乎也比非拉美裔更长寿。对这族群交叉的一种解释是*选择性存活率*，即只有极为健康的非欧裔美国人才能活到高龄。当然也不乏其他解释。可能高寿是一种强力的平衡器，平衡了族群和社会经济地位的阶层分化，缓解了族群不平等（Bird et al.，2010；Robert et al.，2009）。

小 结

整个生命周期的发展理论既适用于成年晚期，也适用于早期阶段。有两类理论尤其与老年发展有关。埃里克森的自我理论强调个体会尽量保持自我完整性而不致陷于绝望。其他可被归纳为自我理论的还有社会情绪选择理论和选择性优化补偿理论。两者都关注老年人是如何通过改变生活重心来保护自我同一性的核心。积极性效应让老年人悦纳自己，感到自豪，从而对自我产生保护作用，但类似的冲动也会导致囤积和种族优越感。

分层理论认为，社会刻板印象持续终身，与个体的族群、性别和以往社会经济地位相关的因素使得老年人在经济上无法独立，健康欠佳，从而带来了消极影响。年龄歧视加深了这些刻板印象。脱离理论认为，老年人应放弃过去的角色，退出生活。活动理论则持相反的观点，认为社会应该鼓励老年人积极参与社会活动。■

>> 答复社会科学家（问题见第 624 页） 一般来说，心理学家倾向自我理论，社会学家偏爱分层理论。虽然学科之间都相互尊重，但都认为自己的观点更为真实和准确。

>> 成年晚期的活动

许多老年人抱怨每天没有足够的时间完成他们想做的事。这或许让年轻的大学生们感到惊讶，因为他们在体育赛事、政治集会、工作场所或午夜音乐会上难得看到银发一族。但事实上，大多数的老年人并不是无所事事的。

工作

工作为个体带来了社会支持和社会地位。许多老年人舍不得他们的工作（见图 25.4），当然也有人享受退休生活。【**生命全程链接：**第二十二章讨论了工作的重要性。】

有偿工作

过去的工作经历会影响老年人目前的健康和幸福（Wahrendorf et al.，2013）。因为结构性变故（工厂关闭、企业部门裁撤）而失业的人在几十年后的健康状况可能较差（Schroder，2013）。收入同样具有类似的影响：那些工作时储蓄较多、退休金较充足的人更容易安享晚年。

老年人（65—74岁）仍在工作的比例

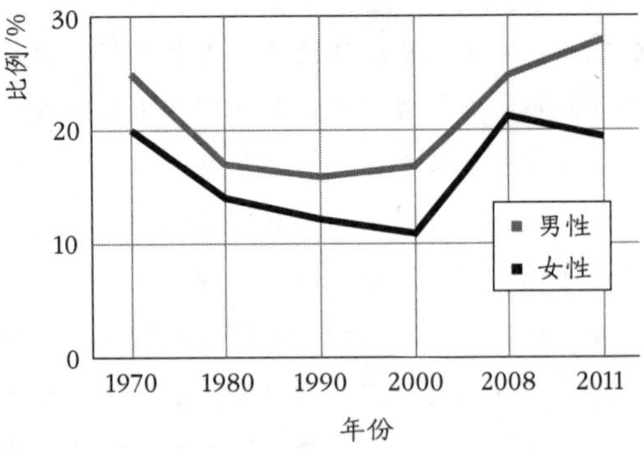

来源：U. S. Department of Labor，various publications.

图 25.4

与大家一起 虽然年轻人可能以为老年人想要尽早退休，但显然不符合所有人的情况。

各国老年人的就业率自 2005 年开始增长，主要原因是许多人担心退休后负担太重，不愿放弃工作。一些私人养老金被撤销，许多国家的政府也在削减国家养老金。例如，法国在 2010 年将领取退休金的年龄从 60 岁上调至 62 岁，2012 年则为那些工龄 40 年以上的人将领取年龄从 62 岁下调为 60 岁。在美国，1938 年以前出生的人 65 岁时可以开始领取全额社会保险金，但现在，1959 年后出生的人必须年满 67 岁才能全额领取。

决定停止工作受许多因素的影响。某些人在 55 岁就退休了，某些人在 70 岁时仍在全职工作。大多数人是在 60 多岁退休的。例如，2012 年只有 13% 的 64 岁以上的加拿大人仍在工作（加拿大统计局）。

没有参加工会组织的低时薪的工人（他们需要收入）和专业人士（他们喜欢工作带来的社会地位）很可能愿意在 60 岁之后继续工作（Komp et al.，2010）。特别是对于低时薪的工人来说，对退休后收入的担忧正在增加：41% 的年届 45—65 岁的美国工人忧心他们退休后的收入不够用（Morin & Fry，2012）。

退休

足够的收入和健康状况不佳是有些人退休比较早（不满 60 岁）的两个主要原因（Alavinia & Burdorf，2008）。对工作不满也是另一个因素，此外，当父亲的人往往会工作得更久，当母亲的人则会早一点退休，至少在欧洲是如此（Hank & Korbmacher，2013）。当上了祖父母也会让人提前退休（Hochman & Lewin-Epstein，2013）。

许多退休人员希望花部分时间兼职工作或自主创业，做点小生意或当咨询顾问（RIX，2011）。虽然这类工作比想象的更难获得，不过一旦找到了，他们通常会比那些全职工作或完全退休的人更快乐（Pagan，2011）。一些公司会提供“过渡性”岗位，以便老年人逐渐从全职工作中退出。当然，这需要用人单位意识到年长职员比新职员更可靠、业务更熟练（James et al.，2011）。

如果个体出于健康或胜任能力问题提前退休，这种退休就会与疾病有一定关联（A. Shapiro & Yarborough-Bayes，2008），而且如果退休后脱离了认知性挑战，还会引发心智衰退（Mazzonna & Peracchi，2012；Rohwedder & Willis，2010）。然而，如果退休人员主动选择离开现有的工作而去从事各种活动和智力挑战，他们会变得比以前更健康、更快乐（Coe & Zamarro，2011）。

志愿者工作

志愿服务带来了一些和有偿工作相同的好处（获得繁殖感，加强社会联结，减少抑郁）。纵向研究和横断研究发现，志愿工作与健康存在较强的关系（Cutler et al.，2011；Kahana et al.，2013）。

正如自我理论所预测的，志愿工作对那些总是坚定地投入社区工作，并有广泛社会联系的老年人更有吸引力（Pilkington et al.，2012）。除此之外，即便对于年龄很大的人来说，志愿行为本身也有助于保护他们的身体健康（Okun et al.，2011）。例如，一项针对农村地区不开汽车的人的研究报告指出，志愿者的死亡率是非志愿者的一半（S. J. Lee et al.，2011）。

文化或国家政策会对志愿服务行为产生影响：北欧（瑞典和挪威）老年人的志愿服务行为往往比地中海附近（意大利和希腊）的同龄人多，即使控制了疾病因素，这一差异也存在（Hank & Erlinghagen，2006）。微系统同样也存在影响。与志愿者结婚增加了个体成为志愿者的可能性。志愿服务还会增强社会联系，从而促进健康并推动更多的志愿活动（Pilkington et al.，2012）。

给社会工作者的问题 你所在的机构需要更多的人手，却无钱雇用。你应该去当地的老年人中心招募志愿者吗？（答复见第 628 页）

但现有的数据还揭示了两方面问题：首先，老年退休者的志愿服务可能比中年志愿者要少（见图 25.5）；其次，在所有年龄段中，只有不到 1/3 的成人会从事志愿活动。

美国2011年不同年龄志愿服务者的比例

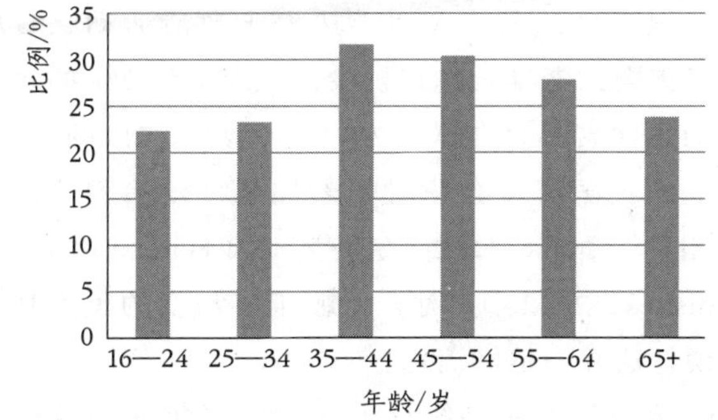

来源：U. S. Bureau of Labor Statistics，2012.

图 25.5

官方统计的志愿者　据官方统计，老年人的志愿服务比中年人少。然而，这只是指在学校、教堂、社会服务团体等有组织的志愿活动中，并不包括对朋友、家人、邻居甚至陌生人的帮助行为。如果将后面这项纳入统计数据，老年人的志愿行为会比其他人多吗?

也许人们对志愿服务的定义过于狭隘。事实上，大部分老年人会花钱或花时间帮助亲戚。一项对威斯康星州 1957 年的高中毕业生的纵向研究发现，步入老年阶段后，96% 的女性和 92% 的男性会为配偶之外的人提供帮助（Kahn et al.，2011）。该研究排除了财务方面的帮助；如果将其纳入，比例将近乎 100%。这无疑是一个积极的信号，意味着帮助其他人会让所有年龄段的人都更快乐。

甜蜜的家

许多退休人员最喜欢的活动之一是照顾家庭。在通常情况下，退休后的男性和女性会承担更多的家务和自己做饭吃（更少吃快餐，食材更新鲜）（Luengo-Prado & Sevilla，2012）。无论男女还会去修葺庭院，重新装饰房子，搭建置物架，挂上装饰画，改变家具的摆放位置。

在美国，园艺很流行，有一半以上的老年人会做园艺（见图 25.6）。养花种草、培育蔬菜既能锻炼身体，又能与人交际，好处颇多（Schupp & Sharp，2012）。

许多老年人为了做家务和守护财产，会选择

美国不同年龄组园艺的受欢迎度

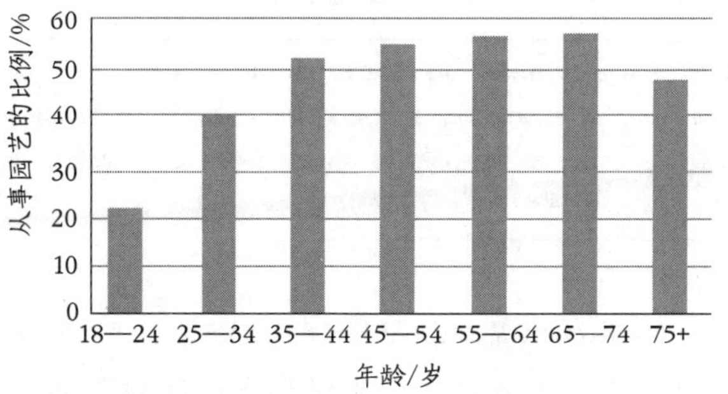

来源：U. S. Bureau of the Census，2008.

图 25.6

脏兮兮的指甲　喜欢园艺的 60 多岁人几乎是 20 多岁人的 3 倍。园艺又脏又累又花时间，但为什么会让老年人乐此不疲呢?

原地养老而不搬家。很多中年人也有这样的打算：在 55—64 岁的人口中，83% 的人希望退休后还住在自己的家里（Koppen，2009）。

如果不得不搬家，多数老年人都想仍住在附近，或许换一个小一点的电梯公寓，但不愿意去另一个城市或州。这是明智之举：老年人的身边最好有一些老友故知。老年学家认为，"社会关系的中断……可能是有害的，尤其对女性和某些孱弱的人来说。"（Berkman et al.；2011，p.347）

对原地养老的偏好在国家统计数据中很明显。在美国的 50 个州中，佛罗里达州 65 岁以上的人口比例最高，但比例次高的缅因、西弗吉尼亚和宾夕法尼亚三地的老年人一直居住在以前生活的地方。

好在有一些房屋是专为老年人建造或改建的。如今，有 4000 位全美住宅建筑商协会（National Association of Homebuilders）认证的顾问为通用设计提供了建议。【**生命全程链接**：通用设计在第二十三章中有所介绍。】建议包括使房子更适合居住的各种细节，以便让人们更容易够到高高的柜子，爬楼梯更轻松，应答门铃更方便。住宅的一些非设计性部分也让原地养老变得更容易，如没有悬空电线的照明灯，固定在地板上的地毯，在淋浴头下面安置的座椅。

随着年轻人的年龄逐渐增加，一个社区或公寓会发展成为一个**自然形成的退休社区（NORC）**。就算儿女离开或伴侣去世，在自然形成的退休社区中的个体通常对于独居生活也较为满意。他们之所以喜欢修缮房屋、做家务和园艺，部分是因为新装的窗帘、刚漆好的门，甚至是盛开的蔷薇，都会引起与其相处了一辈子的街坊邻居的注意。

>> 答复社会工作者（问题见第 626 页）　是的，但要小心。如果有人想做志愿者但缺乏机会，那么接受他们的帮助会使双方受益。但是，如果是去说服不情愿的老年人来帮助你，可能对双方都没有好处。

如果社区需求，利用公共资金，可以将自然形成的退休社区中原来供孩子们课后活动的空手道场改建为老年中心，把钢琴教师替换为护士（Greenfield et al.，2012）。如果低收入老年人生活在高犯罪率社区（事实也的确如此），街坊四邻或许还能共同构建起保护性社会网络。

公共和私人机构都能鼓励原地养老（A. E. Smith，2009）。本章的引言所介绍的我的朋友桃瑞丝就是一个例子——“参加许多集会，见很多人，积极参与社会活动。”她几十年来一直孑身寡居，但热心参与许多组织，在其生活了 50 年的社区中家喻户晓，备受欢迎。（“可视化发展”专栏对 65 岁后的生活安排给出了一个概述。）

宗教参与

比起中年人，老年人较少参加宗教仪式，但他们更笃信宗教，会频繁祈祷，这与身体和情绪健康也有关，主要是基于以下几个原因：

1. 宗教禁忌有助于养成某些良好的习惯（例如，不吸毒）。
2. 信仰共同体会促进人们相互照料。
3. 信仰赋予生死以意义，从而减少了压力（Atchley，2009；Lim & Putnam，2010）。

宗教认同和制度化对少数族裔的老年人来说尤其重要，他们中的许多人对于宗教传承的感情比对其族裔或国家背景的感情更为深厚。附近的一个礼拜场所，熟悉的词语、音乐和仪式，是美国老年人更喜欢原地养老的原因之一。

给宗教领袖的问题　为什么老年人的信仰更为坚定，但去教堂的次数更少呢？（答复见第 630 页）

信仰还可以解释某些诡异的死亡率统计数据，特别是自杀数据（Chatters et al.，2011）。在美国，65 岁以上的欧裔男性的自杀率是非裔女性的 50 倍。可能的解释是非裔女性的宗教信仰通常十分坚定，使得她们面对日常生活时不会那么沮丧（Colbert et al.，2009）。

政治活动

很明显，老年人并不热衷于政治活动。参加游行集会的老年人越来越少，只有大约 2% 的政治活动志愿者是老年人。2011 年，只有 7% 的 65 岁以上的美国居民会花时间参加某种政治团体、公民团体、国际组织或专业团体（Bureau of Labor Statistics，2012b）。对于依赖于参与度的民主制度来说，这并不是好消息。

然而从另一种统计方式看，老年人的政治参与度很高。比起其他年龄段的人，老年人会更积极地给他们的代议员写信，更认同某一政党，投票率也更高（见图 25.7）。

中期选举按年龄分列的选民参与情况

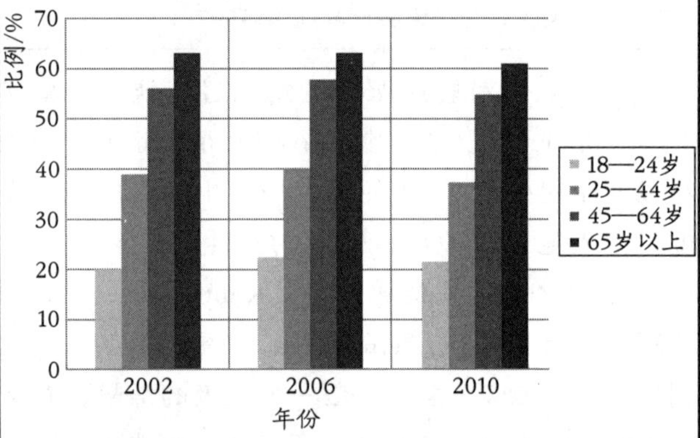

来源：U. S. Census Bureau.

图 25.7

投票计数　在美国的非总统选举年内最重要的一次选举中（改选所有众议员和 1/3 的参议员），64 岁以上的老人的投票率是 25 岁以下成人的 3 倍。需要注意的是，有些老人连排队、看清打印材料，甚至来到投票站都很困难，但这些问题并不妨碍他们积极参与政治。

此外，老年人比年轻人更关心时政新闻。例如，皮尤研究中心（Pew Research Center）会定期向美国居民询问对时事的看法。老年人总是比年轻人回答得更好。他们也更熟悉政治史。2011 年，当被问及南希·佩洛西（Nancy Pelosi）、约翰·博纳（John Boehner）、富兰克林·罗斯福（Franklin Roosevelt）和亚伯拉罕·林肯（Abraham

可视化发展

65 岁后的生活：独立生活

大多数年满 65 岁的人不仅可以存活 10 年以上，而且可以独立生活。

到了 65 岁，在 100 个人中：

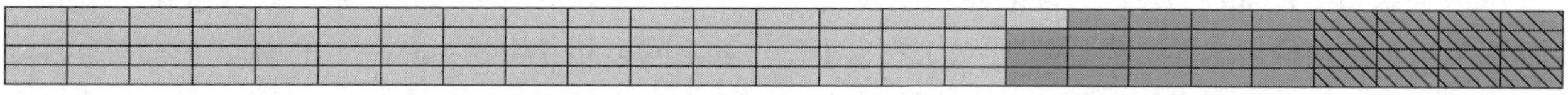

有 87 个人将再活 10 年。大多数人能花时间满足他们的基本需求。但在这 87 个人中，有 35 个人无法完成至少一项工具性日常生活活动（如做家务、购物、理财等）或日常生活活动（如洗澡、穿衣、吃饭或上下床）。还有 16 个人的生活能力严重受损，需要在护理中心接受长期的护理。

到了 75 岁，在 87 个于 65 岁时还存活的人中：

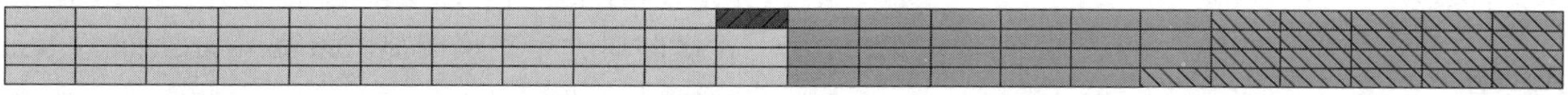

有 56 个还能再活 10 年。约有一半的人不需要照顾，基本需求自理。但有 43 个人无法完成至少一项工具性日常生活活动（如做家务、购物、理财等）或日常生活活动（如洗澡、穿衣、吃饭或上下床）。还有 20 个人的生活能力严重受损，需要在护理中心接受长期的护理。

到了 85 岁，在 56 个于 75 岁时还存活的人中：

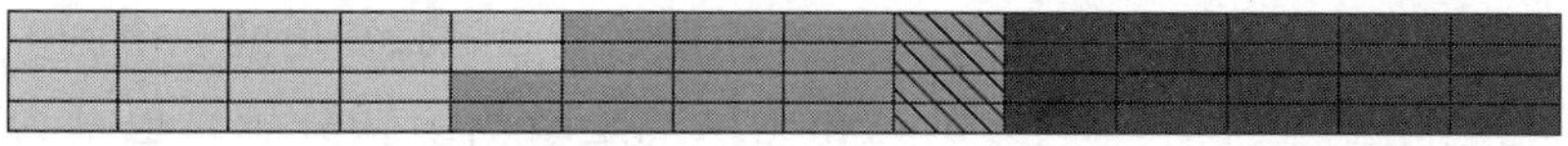

只有 11 个人还能再活 10 年。这时，大部分人都需要照顾，基本需求不能自理。有 42 个人无法完成至少一项工具性日常生活活动（如做家务、购物、理财等）或日常生活活动（如洗澡、穿衣、吃饭或上下床）。还有 24 个人的生活能力严重受损，需要在护理中心接受长期的护理。

图示说明

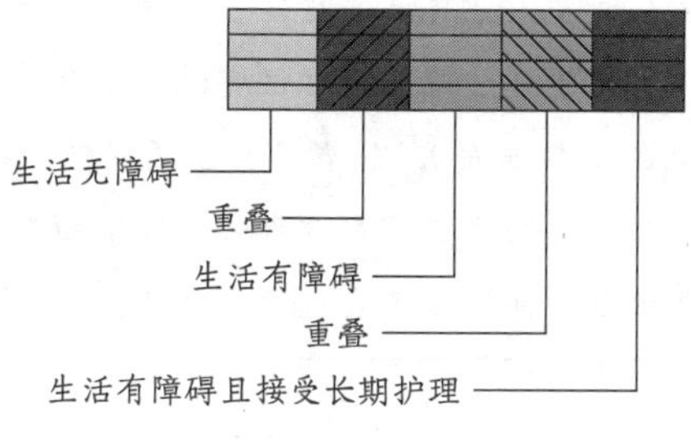

到了 95 岁：

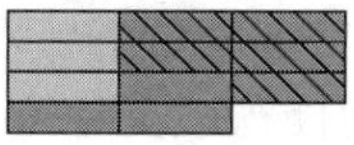

活到 95 的人往往非常健康，通常还能再活约 4 年以上。几乎有 3/4 的人需要一些基本照顾；大约有一半的人生活在养老院中，接受长期护理。

2010年65岁以上的人的生活安排

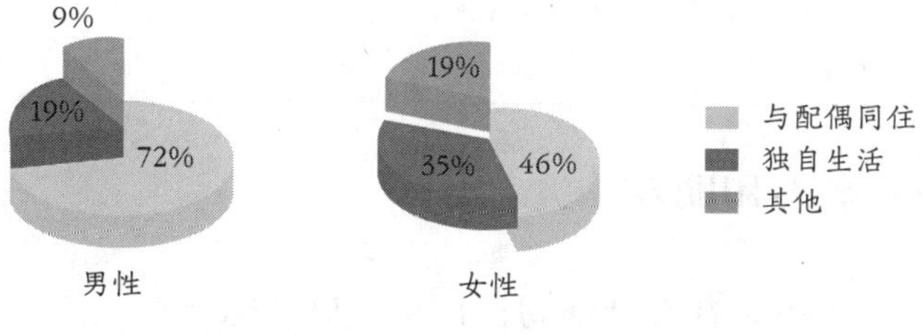

和谁在一起生活？

只有大约 15% 的 65 岁以上个体与子女一起生活或住在养老院 / 医院。

Lincoln）分属哪个党派时，65岁以上的老年人和年龄在18—30岁的年轻人的答对率是3 ：2（Pew Research Center，2012）。

许多政府政策会对老年人产生影响，尤其是与住房、养老金、处方药、医疗费用等有关的政策。然而，这个年龄段的人不一定会投票赞成有利于自己经济利益的议题，或者作为一个庞大集团去统一投票。相反，他们在很多问题上意见分歧，包括全球变暖、军事冲突和公共教育等。

政治学家相信，"银色力量"（即老年人作为一个投票集团）是虚构出来的，借以阻止人们支持对老年人有益的项目（Walker，2012）。年龄歧视从敌意到善念曲折回转，而且常常建立在与事实不符的信念之上，难怪"老年人既被攻击为过于强大，又被视为难以担负的责任"（Schulz & Binstock，2008，p.8）。

小　结

老年人在很多方面都保持着活跃的状态，有时在没有财务需求的情况下，也不会退出劳动力市场，但他们更可能会为了做自己喜欢的事情而退休。

一些老年人的志愿行为对自身健康和所在社区都有好处。如果老年人有能力，他们几乎都会照顾邻居和亲人。老年人更愿意在原地养老而不是搬离原先所住的社区；许多人把自己的居室布置得井井有条，让自己的庭院鲜花常开。他们也往往虔诚于宗教，活跃于政治（至少在投票方面），热衷了解当前时政。将他们视为"灰色力量"的观点不符合事实，即便面对和他们息息相关的议题，他们也不会成为一个集团统一投票。■

>> 答复宗教领袖（问题见第628页） 很多答案都可能是正确的，包括到教堂是否方便（交通、楼梯），教堂内是否舒适（音响、温度），所接触的内容（语言不通、不熟悉的赞美诗）等。

>> 亲人和朋友

人类是社会性动物，相互依赖求得生存，彼此吸引获得快乐，从孩提时代到垂垂老矣，每一个人生阶段都是如此。

每个人都在社会护航的伴随下度过一生。年老时陪伴尤为重要。正如社会情绪理论所预测的那样，社交圈子的规模可能会随年龄的增长而缩小，但亲密关系变得更加重要。多年形成的纽带关系使人能和理解自己的人共享生活悲喜。兄弟姐妹、老朋友和配偶是理想的护航伙伴。【**生命全程链接：**在第二十二章中讨论过社会护航理论。】

长期的伴侣关系

对于大多数老年人来说，他们的配偶是核心的护航伙伴，会对老年问题起缓冲作用。已婚的老年人比未婚的老年人更健康、更富裕和更幸福。夫妻之间会相互影响：有一个健康而快乐的伴侣会提升人的幸福感（Ruthig et al.，2012）。

显然，并非所有的婚姻都是美满的：大约1/6的长期婚姻关系会对健康和幸福不利（Waldinger & Schulz，2010）。然而，幸福往往随亲密关系的持续时间而有所增加，这一结果在纵向研究中表现得比在横断研究中更加明显（Proulx et al.，2007；Scarf，2008）。一辈子的共同经历——一起生活、抚养子女、度过财务和情感危机——使两个人难舍难分。夫妻经常对其配偶"有非常积极的印象"（O'Rourke et al.，2010b），觉得对方具有比自己更完美的人格。

老年夫妇已经学会通过讨论而非争斗来表达不同意见，解决冲突。下面是我知道的一个例子。

艾尔玛和比尔都是政治活跃分子，也是为两个成年子女的父母感到骄傲，同时还是热心肠的祖辈，并且紧跟时代。在照顾2岁和4岁的孙子时，配合默契，令人羡慕。然而，每当开始选举时，他们几乎总是唱反调。对此我很困惑，直到有一次艾尔玛告诉我："我们对于如何投票经常犹豫不决，会听听对方的观点。但正式投票时，我俩则会投相反的票。"我虽然能预料到他们会分别支持哪一方，但讨论是富有成效的。长期的感情使得政见不合并不会导致两人争吵。

外人可能会认为许多长期的婚姻关系是不平等的，比如赚钱养家的通常是一方，或者一方大部分时间都需要对方的照顾，或者一方包揽了大部分的家务。但这种差异对老年伴侣算不了什么，他们之所以能接纳对方的依赖，是因为这种依赖关系曾几何时（哪怕是几十年前）恰恰是颠倒过来的。

在面对抚养子女、置办家业、应对经济困境等方面的挑战时，一个关键因素是合作。研究发现，如果遭遇特殊情况，拥有共同密友的老年夫妻更容易互相帮助和扶持，这也说明了过去的共同经历的重要性（Cornwell，2012）。

考虑到一生中关系建构的重要性，就能理解一些残障（例如，存在走路或洗澡等方面的困难）的老年人，如果婚姻关系亲密和谐，抑郁和焦虑程度则会较低（Mancini & Bonanno，2006）。夫妇在一起能实现选择性优化补偿：例如，卧床不起但头脑清醒的一方可以帮助行动方便但有些糊涂的另一方捋顺事情的轻重缓急。

与年轻一代的关系

在过去几个世纪中，许多成人在孙辈出生之前就去世了。1900 年，只有 4% 的 10 岁儿童的祖辈四人都健在；2000 年，这一比例接近一半（41%）（Hagestad & Uhlenberg，2007）。如今，有些家庭已是五世同堂。大多数家庭有着很紧密的跨代际关系（szydlik，2012）。

由于现在的夫妇平均生育的子女更少，于是所谓的豆竿家庭——多代同堂，但每代人数都很少的家庭——正变得越来越普遍（Murphy，2011）（见图 25.8）。这些年轻的一辈人没有兄弟姐妹，但有许多长辈。

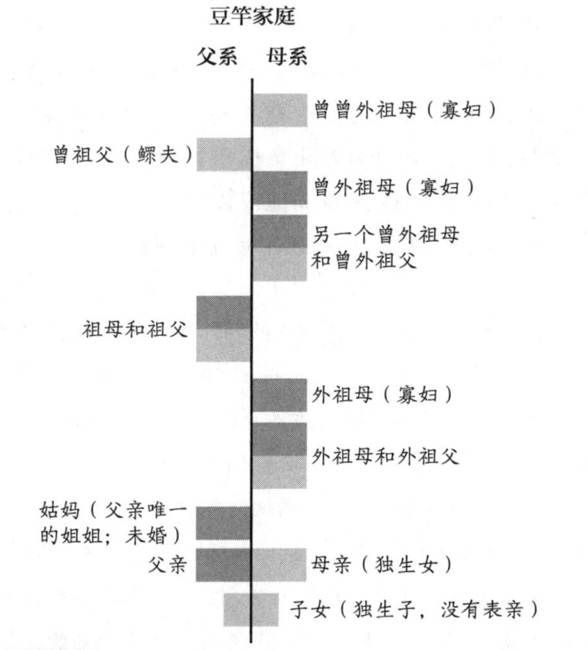

图 25.8

户多人少　传统核心家庭由父母和他们的子女组成。今天，由于夫妇生育的减少，豆竿家庭越来越普遍。这种家庭包括了多代人，每一代的人数很少，他们通常各自生活在自己家中。

跨代际支持

大多数的家庭成员会互相支持。家庭主义让家庭照顾所有的亲人。**赡养义务**就是一种表现，它是成年子女照顾年迈父母的义务。每个民族都奉行这一价值观，只是某些文化更强调它（Saraceno，2010）。

随着家庭规模的缩小，许多年长的父母认为应该继续为其成年的子女负责。但这可能不利于他们自己的婚姻。例如：

> “我女儿离婚时，由于丧失了抵押品赎回权，他们的房子差点被拍卖了，是我去签字贷的款。但是很快又要面临抵押拍卖，我们老两口不得不把房子买了下来……所以现在我不但要还自己的房子的贷款，还要帮女儿还大部分房贷，很辛苦……希望女儿能还我们这笔钱，这样也好让我丈夫安心，不然他老感觉子女只会索取而不会回报。这有时让他感觉很伤心。”
>
> （引自 Meyer，2012，p.83）

老年人和成年子女之间的情感支持格外地复杂，尤其是当钱财方面的需求不再那么迫切后，这种复杂性还会有所增加（Herlofson & Hagestad，2012）。这是因为预期不同。有些子女需要情感支持，而其他人则不愿意接受这类帮助；有些老年人希望子女经常来看望他们、送他们礼物或帮他们清理冰箱等，但另一些老年人完全不喜欢这类事。

还没有证据表明近来家庭结构（包括离婚）的变化削弱了子女对父母的孝敬。一项研究发现，比起前一代人（出生于 20 世纪三四十年代），年轻一代人（出生于 20 世纪五六十年代）担当了更多的对长辈的责任，可以说是“不计牺牲”（Gans & Silverstein，2006）。

同样，几乎所有的老年人都认为，长辈应该帮助晚辈，尽管具体情况因文化而不同。当政府为老年人提供了重要的财务支持时（住房、养老等），代际的卷入就会比缺乏政府资助时更深（Herlofson & Hagestad，2012）。

在美国，每一代人都崇尚独立。这就是为什么人过中年，尤其是当自己的父母去世后，老一辈人不太愿意让子女为其提供实质性帮助，反而宁愿自己尽可能地帮助子女。研究该现象的一个团队认为，各年龄段的成人都希望自己对别人有用，而非需要别人的帮助（Gans & Silverstein，2006）。

相同情景，远隔万里：幸福的祖父 不管在哪里，祖辈和孙辈通常都会互相喜欢，部分原因是他们之间的冲突较少，祖父母一般不像父母那样严厉。事实上，美国滑稽演员山姆·莱文森（Sam Levinson）曾说："祖孙相处得很好的原因正是他们有共同的敌人。"

或许在亚洲文化中并非如此。通常，长子会希望年迈的父母和他们一起住，父母也希望如此。在中国农村的一项研究发现，由亲生女儿照顾的老年人要比由儿媳照顾的老年人更容易抑郁（Cong & Silverstein，2008）。在照料过程中，亚洲的儿媳所体验到的挫折和欢乐似乎和欧裔美国女儿所体验到的相似（Pinquart & Sorensen，2011）。

代际紧张

虽然老年人与年轻一代的关系通常是友好的，但也存在紧张和冲突。在一些家庭中，代际间相互尊重、和谐融洽，而有的家庭的亲人则不愿再来往。各种文化和每个家庭都有代际间交往的固有模式和期望（Herlofson & Hagestad，2011）。存在某些冲突是很平常的。

和成年子女保持良好的关系会提高父母的幸福感，尤其是当两代人能满足对方的期望时。相比之下，关系龃龉会让每个人的生活都更糟。具有讽刺意味的是，在亲密情感关系中，出现冲突的机会远比在疏远关系中多（Silverstein et al.，2010），尤其是当一方依附于另一方时（Birditt et al.，2009）。

只把关系强度视为中年人对长辈过去的付出的回报是不恰当的。相反，有关代际依赖或自主的家庭规范能预测成年晚期家庭成员的交往情况（Bucx et al.，2012；Henretta et al.，2011）。研究发现，影响代际关系的因素有很多：

- 提供帮助是因为一方有此类需求，另一方也有此类能力。
- 接触的频率与居住地的距离有关，而非感情是否亲密。
- 爱会受童年记忆的影响。
- 儿子有更强烈的义务感，女儿对父母的感情更深。

祖父母和曾祖父母

在65岁以上的美国老年人中，85%以上的人已经当上了祖父母。（由于美国的出生率在20世纪30年代下降，该比例在前几代人中较低，预计还会再次降低。）

和父母与子女的关系一样，祖孙关系的情况部分取决于两代人的个性和年龄。祖辈通常喜欢最年幼的孩子，会为学龄儿童提供物质支持，有时也会为长孙提供建议并鼓励他们做出表率。我所教的一个大学生在她写下这段话时就意识到：

> "布莱恩和布丽安娜是双胞胎，今年6月就满13岁了。在春假中，家人为我祖母的80岁寿辰庆祝，我无意中听到了这对双胞胎的谈话，他们认为祖母健在对他们来说的重要性在于，如果他们非常想要一些妈妈不让买的东西，奶奶是唯一会给他们钱的人……我厉声指责他们……有奶奶陪在身边，我们应感到幸运，他们两个是自私的小鬼……现在，我长大了，学会了真正感恩奶奶。她是家庭的基石，"银行"是她现在最不重要的功能。"
>
> （Giovanna，2010）

祖父母充当了以下四个角色之一：

1. **相隔遥远的祖辈**。他们与孙辈在感情上较为疏远。他们是受人尊敬、被人遵从的长者，希望在需要帮助时，有人能为他们提供帮助。
2. **作为伙伴的祖辈**。他们以不同于父母的方式和孙辈一起玩耍，娇惯他们。
3. **参与的祖辈**。他们积极参与孙辈的日常生活，住在附近，每天都能见到孙辈。
4. **代理父母**。他们通常在孙辈的父母不能或不愿意照料孩子的情况下，抚养自己的孙辈。

目前在发达国家，大多数祖辈扮演了陪伴的角色，部分是因为三代人都期望他们扮演伙伴而非板着脸的角色。如今的老年人一般喜欢自立。他们会暂时帮忙照顾孙辈，在经济上给予贴补，但不愿意劝告或管教孙辈（May et al.，2012）。如果祖辈过分参与，横加干涉，当父母的即使会体谅他们，心里肯定也会不高兴（Pratt et al.，2008）。

要是祖父母还承担着代理父母的角色，说明中间一代缺席，这类家庭结构被称为隔代家庭。这类祖父母的数量正在上升，2010 年在美国已经有 280 万人。社会工作者经常会去说服祖辈收养有血缘关系的儿童，因为与被陌生人领养相比，祖辈收养相对更好，但是代理父母这种照料形式给每一代人都带来了压力。

第一个原因是中间代的缺失会导致老幼两代人的伤心；第二个原因是与祖父母生活在一起的孙辈自身的问题可能更为棘手（如受药物影响的婴幼儿和叛逆的学龄孩童）；第三个原因是充当代理父母的老年人往往是最为脆弱的一类人，通常是饱受过去分层化影响的祖母。在北美和欧洲，完全负责抚育孙辈的老年人更容易生病，更为抑郁，也有更多的婚姻问题（Shakya et al.，2012；Muller & Litwin，2011）。

此外，即使与社会经济地位和族群背景类似的其他家庭结构相比，来自隔代家庭的孩子的高中毕业率更低（Monserud & Elder，2011）。这同时也造成了终身性的影响：1990 年之后，高中未毕业的欧裔美国人的平均寿命实际上已经下降了（Olshansky et al.，2012）（见图 25.9）。可以说，隔代家庭不断增多的趋势对于孩子和老人都不是一件好事。

但在得出祖辈会因照顾孙辈承受不良影响这一结论之前，我们可以关心一下中国的情况。在中国，因为父母一辈人多在城市工作，又无法带子女同去，许多祖父母就是孙辈的主要照顾者。在外工作的父母需要确认祖父母有照顾的意愿，然后定期给他们寄钱并尽量多回家探访。对于这类祖父母，抚养孙辈实际上会有益于他们的身体和心理健康（Baker & Silverstein，2012）。

然而，承担隔代抚养任务的祖父母毕竟是少数，也许只占美国所有老年人口的 2%。隔代抚养并不总是特别美好的，但大多数祖父母对这一角

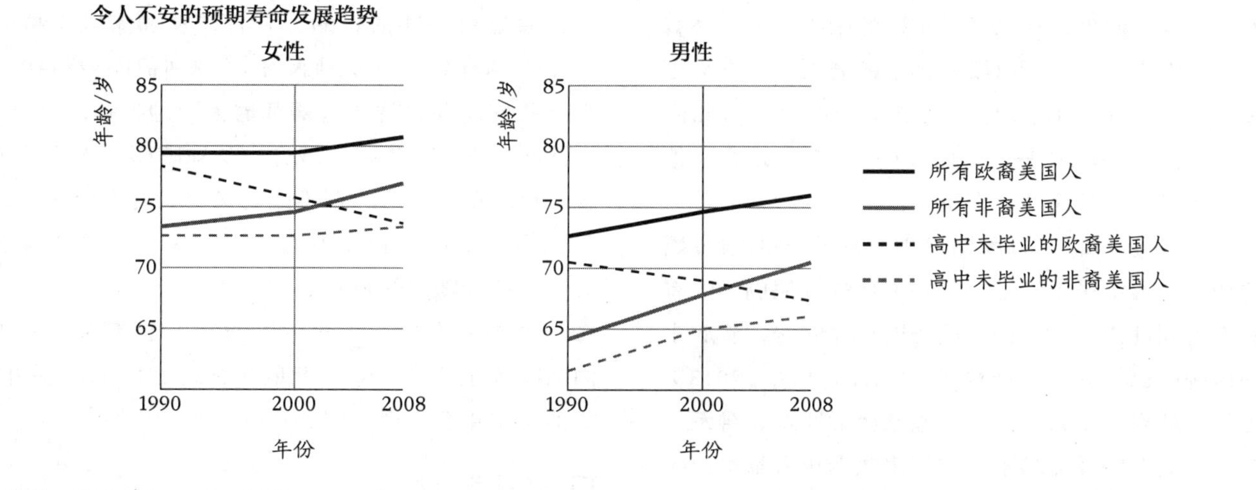

来源：Olshansky et al.，2012.

图 25.9

死得太年轻　医学的进步和健康习惯的改善意味着大多数成人会比他们的父母活得更长：每隔 10 年，不同性别、族群和国籍的人的平均寿命都在增加。然而在美国，那些没有高中文凭的人很难找到稳定的工作，影响了他们的生存年限。

色很满意，他们能从中获得繁殖感，也会让年轻的家庭成员心存感激（C. L. Kemp，2005；Thiele & Whelan，2008）。有的人的感受颇为夸张，甚至会获得某种宗教性体验。正如有人写道：

“直到孙子出生，我才意识到，婴儿实际是上天派来的小天使，帮我们突破了下意识的习惯性抗拒，并提醒我们，爱才是我们存在的真正原因。”

（Golden，2010，p.125）

友谊

每过 10 年，个体的友谊网络就会愈发缩小。成年初显期成人平均拥有的朋友最多。到了成年晚期，个体视之为朋友的人数比早年明显减少（Wrzus et al.，2013）。

另外有两种情况会让正常的缩减进一步加剧：有些老朋友离世，退休使得人与大多数工作上的朋友失去了联系。许多老年人认为其配偶或成年子女是他们最好的朋友。这可能会是未来问题的根源。

根据美国人口调查局的几份文件，2010 年，美国接近 90% 的 75 岁以上人群已婚，年龄最大的这一代人是历史上已婚率最高的人群。年轻的各代人从未结婚的比例依次递增：在 65—74 岁的人中有 5%；在 55—64 岁的人中有 8%；在 45—54 岁的人中有 12%。

显然，在下一代老年人中，已婚者的人数会大大减少。此外，在已婚或未婚的中年人中，还有许多人没有生育，所以没有孙辈的老人在未来会更多。因此，下一代人的直系亲属会更少，与此同时，他们还必将失去一些非家人的朋友。这会让他们更感孤独和缺乏社会支持吗？

不一定。最近的数据发现，那些从未结过婚的初老人通常是很满足的，并不孤独。他们中的有些人有同性或异性伴侣，同居或分住同居，看起来和传统的已婚人士一样快乐（Wrzus et al.，2013）。此外，如果一个人至少有一些亲密的朋友，维系一个小的朋友圈并非难事——大多数老年人都可以做到（Wrzus et al.，2013）。

尽管寡居要比配偶长年病重或者糟糕的婚姻关系更好熬，但并不是说新近丧偶或离婚的个体很容易应对（Schann，2013）。同样，某个亲密朋友的死亡或搬家会令人非常难过。

然而，长年没有情感伴侣的老年人可通过与密友交往、从事有意义的活动来与社会保持联系，让自己忙碌而快乐（DePaulo，2006）。一项对 85 位单身老年人的研究发现，他们的幸福感水平与有长年的平等婚姻关系的人是相似的，且比新近丧偶的人或婚姻关系不平等的老年人更快乐（Hagedoorn et al.，2006）。

成功地老去要求人们不被社会孤立，许多在同一个社区生活多年的老人也有长期的朋友。有的家庭希望他们住得较远的父母搬近一些，却没有考虑到大部分老年人身边的社交网络的重要性。

小　结

社会联系对每个年龄段的人来说都很重要，包括对成年晚期的个体来说。长期的陪伴是有益的；已婚的人比未婚的人更长寿、健康和幸福。从未结婚的成人通常有很亲近的朋友，有时过得比离婚或丧偶的人还好。子辈和孙辈是老年人社会网络中的重要组成部分，许多老年人是在照顾晚辈，而非被他们照顾。家庭关系是复杂多样的，大部分的中间代认为自己应照顾老年人，但大多数老年人希望独立。与孙辈保持关系是有益的，但是如果中间这代缺位，让祖父母单独抚养孙辈，对三代人来说都没有益处。

>> 孱弱老人

通过对一些活跃的、有着亲友和家庭支持的老年人的介绍，我们排除了一些刻板印象。接下来，我们需要关注一些**孱弱老人**，他们体弱多病，不活跃，有严重残疾，或存在认知障碍。无论是多么严重的单一疾病，都不能定义孱弱这个概念。孱弱主要是指精力和体力的全面丧失。它是全身性的，往往伴随着体重降低和精力衰竭。

孱弱老人并不占多数。通常，老年人能快乐而活跃地生活几十年，但最终有约 1/3 的人在去世之前有 1 年会变得孱弱。

日常生活活动

根据保险标准和医疗专业人员的观点，衡量孱弱的一种方式是评估个体在执行维持自理方面的任务时的困难程度。老年病学家经常评估五种**日常**

生活活动（ADLs）：吃饭、洗澡、如厕、穿衣和起床坐到椅子上。

日常生活中的**工具性日常生活活动（IADLs）**也同样重要，它需要认知能力和预先规划。事实上，工具性日常生活活动往往先于日常生活活动出现问题，因为规划和解决问题的能力可以帮助孱弱老人自我照料。

在不同的文化中，工具性日常生活活动有所不同。在发达国家，工具性日常生活活动可能包括估计饮食营养、填写所得税报表、使用新式电器和记得与他人的预约（见表 25.1）。在发达国家，工具性日常生活活动还会因职业而有所不同（Chan et al.，2012）。在发展中国家的农村地区，喂鸡、种菜、缝补衣服、打井水和做饭等则可能属于工具性日常生活活动。

表 25.1　工具性日常生活活动

领域	典型任务
医疗事务	定期体检，包括看牙科和眼科 判断补品是否有效、是否有害
备餐	根据食品标签判断营养信息 烹饪和储存食物，扔掉坏了的食物
交通出行	比较自驾、约出租车、搭乘公共汽车和火车的花销 确定便捷而安全的步行路线
通信	知道在什么时候和是否该使用座机、手机、短信、邮件或电子邮件 设置呼叫朋友和急救的快捷键
居家维护	根据说明使用家庭电器 保证安全装置（灭火器、一氧化碳报警器）有效
管理自己的财务	预算未来支出（住房、水电煤气等） 及时填写所得税申报表

谁应该担负起责任

应该由谁来承担照顾孱弱老人的责任？这存在明显的文化差异。在许多非洲和亚洲文化中，父母都由儿子负责照顾，儿子和儿媳会把老人接到自己家中，负责饮食和医疗照顾。许多夫妇希望至少有一个儿子，以便老了以后有人照顾。【生命全程链接：第三章曾经讨论过性别选择。】

人口结构的改变影响到了子女的赡养责任。有些人仍然幻想着老有所养，认为孱弱的老年人应该与其子女生活，并由他们来照顾。这其实只在人口结构呈金字塔形时可行，即每个活着的老年人都对应有很多后代，但对于豆竿家庭则不可行。

现在的一些中年夫妇均无兄弟姐妹，却可能有十几个活着的长辈（4 个年迈的父母和 8 个更年迈的祖父母）。如果某些长辈在 85 岁前就去世了，他们所要担负的责任会少一些，但如果一些长辈再婚，或者某些姑妈或叔叔没有后代，他们的责任则更重。在最年长的一辈人中，至少有一个身体孱弱，另外几个人可能需要日常帮助。如果遵循传统，这些中年夫妇会与几个老人共同生活。

护理孱弱老人

预防是最好的措施，但有时预防行动仍不充分。通常护理者本身就是老年人，他们特别容易出现健康问题，体力和免疫系统也更脆弱（Lovell & Wetherell，2011）。因此，照顾配偶的老年人可能最需要帮助。

帮助工具性日常生活活动受损的人可能比帮助日常生活活动受损的人更为困难。在列举了照顾身体无大碍但认知能力损伤的个体所遭遇的困难和挫折后，有作者曾指出：

> “对于照看老人的家人来说，这些压力所产生的影响可能是灾难性的……或许会导致抑郁和焦虑水平的增加，滥用镇静剂等精神类药物，自我报告的健康水平较差，免疫功能受损，死亡率增加。”
>
> （Gitlin et al.，2003，p.362）

但也存在差异。一些护理者觉得自己是在偿还对方昔日的照顾；有时，其他人（包括被护理者）也会表示感激。这样就减轻了不满情绪，也让护理变得更容易。事实上，一项纵向研究发现，当护理者感受到了家人的支持（实际的帮助和情感上的鼓励），压力会随着时间的推移逐渐减少，即便孱弱的被护理者的需要在不断增加（Roth et al.，2005）。

由谁来承担照顾孱弱老人的责任主要取决于文化因素，较少考虑实践因素（例如，哪个亲属最有耐心、时间和技能）。目前在美国，护理者一般是配偶（妻子通常是丈夫的 2 倍），他们通常没有照顾孱弱老人的经验。

个案研究

防止孱弱

对于孱弱，最好的办法是防患于未然，也需要个人、家庭和社区都尽自己的责任。举例来说，老年时，所有人的腿部肌肉都会变得无力，但这不一定会导致孱弱。

如果害怕跌倒，老年人或许会不愿意多走路。原地养老可能意味着老年人仍然住在楼梯陡峭、厨房和浴室远离卧室的房子中。过于周到的护理者可能会把饭菜送到他们床边，把便携式马桶安置在他们的卧室中，给他们买一个带遥控器的大电视。如果没有人行道，电视新闻里又总是报道暴力犯罪，老年人可能会不敢外出，这便是社区的影响。

为防止孱弱，个人、家庭和社区应做出改变。个体应该每天锻炼，与家人在安全的、舒适的便道上散步。个人、家庭或政府支付的理疗师可为老人制定个性化的运动方案、选择合适的设备（助步车、手杖或特别的鞋等）。重新设计房子，或者搬到让老年人安全放心的地方。

因此，从老年人自身、家庭和社区三个方面，可以避免或至少推迟孱弱。下面列举了一个更为具体的例子：

"一位70岁的拉美裔男子在回了哥伦比亚的家一趟后，找到他的家庭医生，说他在那里似乎迷失了方向（他觉得自己还在美国，也不认识他以前熟悉的地方了）。他非常焦躁，特别是在晚上。对这个病人和其家庭成员的问诊表明，在过去6年，他的认知损伤一直在恶化，但被家人当成了一种正常的衰老表现。最近，他还出现了无法使用简单的电器、乱放物品、说话忘词（这可能是因为他20多岁才学英语）等症状……针对他的认知问题，其家庭提供了很好的保护和补偿措施。

……由于就医不方便，他曾超过5年没有适当地控制自己的健康状况（高血压和糖尿病）……

基于这些病史，以及认知测验……和大脑磁共振成像……他被诊断为中度阿尔茨海默病。他开始服用ChEI（胆碱酯酶抑制剂）……家人注意到，他的冷漠态度有所转变，他自己也感到与外界的联系更多了。"

（Griffith & Lopez，2009）

正是因为社区因素（5年都没有治疗高血压和糖尿病）和家庭因素（找借口保护他），这位男士的老年痴呆症不但没有得到预防，反而提前出现了。他本人也并非无可指摘。无视自己的健康状况而前往哥伦比亚或许是他所做的最糟糕的一件事：在陌生的地方，人们更容易迷失方向。多种身体和精神健康的衰退有时是可以推迟、调节和预防的。

在北欧国家，大多数老年人都可通过社会保障网络找到一个高级日托中心、老人之家和专业护士来对其进行照料。在一些文化中，濒临死亡的老年人会被送往医院；在另一些文化中，这类干预被视为对自然规律的干扰。

传统的护理方式或许能解释为什么至少有一项研究发现，作为护理者的非裔美国人的抑郁程度比其他族群更低（Roth et al.，2008）。当然，族群的特性可能掩盖了许多个体差异：在每个族群中，都有一些护理者是虐待性的和压抑的，另一些则能从该角色中获得升华。

即使在理想的情况下，家人也会在营养、治疗和依赖程度方面存在分歧。除非危机出现（性命攸关），否则公共机构很少提供此类服务。这使研究"随时间发生的变化"的发展学家感到困惑。从毕生发展的角度来看，护理者的倦怠和对老年人的虐待是可以被预测和被预防的。

如果老年人需要额外细致的照顾，最好是由专业人员提供服务，帮助家人承担一部分责任。但是，许多老年人自己对护理机构存有畏惧，不相信陌生人。对于每一种问题，从妊娠并发症到死亡将至，人们关注的重心都集中在最糟糕、最令人难忘的事例上，所以老年人或其家人有时认为去养老院比死亡更糟糕，并为住进养老院感到羞耻，这并不奇怪。然而，居家护理可能对每个人来说都是一场悲剧。

虐待老人

当护理导致怨恨和社会隔离，会加剧抑郁、健康恶化和虐待（对象既可能是孱弱老人，也可能是护理者）的风险（Smith et al.，2011）。如果有下列情况，虐待就可能出现：

- 护理者出现情绪问题或物质滥用。
- 被护理者孱弱、糊涂和难以伺候。
- 护理地点偏僻，来访者很少。

具有讽刺意味的是，尽管亲属在应对棘手的病患时远不如职业人士，却经常在没有外界帮助或指导的情况下全天候地照顾老人。其他家庭成员虽然可以轮替他们，但也不愿意来。一些护理者会让老人服用过量药物，把门锁上，拘束他们的身体，这都是对老人的虐待。接下来可能会出现喂食不够、忽视或粗暴对待等情况。

这说明，需要建立一个普遍的公共和个人安全网络。如果老年人过于缄默、体重突然下降或受伤，多数社会工作者和医务人员都会生疑。如今在美国，这些从业人员要进行“强制性报告”，一旦他们认为发生了虐待，就有责任告知政府机构。对老年人的虐待还可能发生在财务方面，但银行家、律师和投资顾问还没有在这方面接受过训练，无法识别或负有举报责任（S S. L. Jackson & Hafemeister，2011）。

这主要是一个意识问题：如果担当护理者的亲属挪用社保款、不尊重老年人和不满足老年人的需求，专业人士和亲人同样都不愿意多加指责。这是不是虐待呢？在通常情况下，虐待是逐渐出现的，会持续数年而不被人发现。政策和法律上的界定和补救措施并不明确（Dong & Simon，2011）。

在不能自理的老年人中，大约有 5% 的人说自己受到了虐待，还有更多的人虽遭受虐待但怯于承认（Cooper et al.，2008）。准确的发生率该如何定义本身就很复杂：如果老年人感觉被虐待，但护理者不认可，应该听谁的？被虐待的老人通常伴有抑郁、身体疾病并患有认知障碍，但这既不能证明有虐待发生，也不能为虐待开脱（Dorigetal，2011）。

有时，护理者会被糊涂的老年人攻击，反而成为受害者。在其他类型的虐待中，受害者的依赖性使得起诉变得很困难（Mellor & Brownell，2006）。有时，出于保密、怀疑和“家丑不可外扬”的考虑，人们也不愿意让外人介入。社会隔离使虐待成为可能，对专业人士的畏惧会使问题变得更糟。

长期护理

值得庆幸的是，如今在养老院中明显的虐待很罕见。法律禁止对人身自由的限制，但在特定的、极端情况下的临时处置除外。一些养老院提供了个性化、人性化的护理，让老年人自己决定吃什么、去哪儿散步或养宠物。在美国，政府人员经常对养老院进行检查，避免恶性事件的发生（Baker，2007）。

在北美，优质的养老院护理的对象是那些经济能够负担，知晓如何检索相关机构的人。一些由宗教组织资助的非营利性养老院也可能非常优质。在一些欧洲国家，政府会资助任何（富人或穷人）需要护理的人：优质的护理可让个体独立，尊重他们的选择和隐私。与幼儿一样，护理的连续性是至关重要的：应该避开那种员工流失率较高的机构。

对于员工的培训和工作量分配——尤其是频繁提供个人护理的护工——非常重要。诸如帮身体孱弱的人起床这类简单任务，不同的人完成起来都会有笨拙、痛苦和娴熟的区分。差异取决于熟练程度、经验和耐心。如果训练有素、对薪酬满意的工作人员足够多，这不成问题。然而，目前的大多数一线员工缺乏培训，工资偏低，还要应对许多患者，每年的离职率几乎达到了半数（Golant，2011）

给那些尚未确定未来职业的人的问题 你想在一家养老院工作吗？（答复见第 639 页）

与大多数人的认识不同，高质量的护理是劳动密集型的、昂贵的。2011 年，在美国的养老院中，单人间的年平均费用为 85 775 美元。当然，人工成本的地区差异也很大。在阿拉斯加，两人间的费用是一年 177 755 美元；但在路易斯安那，只需 50 370 美元（John Hancock Life & Health Insurance Company，2011）。大多数人还误以为医疗保险、医疗补助或长期保险能报销所有花费。

在过去 20 年间，美国居住在养老院中的 60 岁以上人口总体呈下降趋势（2011 年，约 1 300 000 人），通常是那些 80 岁以上、身体孱弱、已经有些糊涂、疾病缠身的老年人（Moore et al.，2012）。

另一个趋势是养老院的规模越来越小，提供更个性化护理，护士和护工合作紧密，尤其是那些被冠以“伊甸园（Eden Alternative）”或“绿色（Green）”的养老院，这些养老院强调个体的自主性（Sharkey et al.，2011）。虽然 90% 的老年人能够在社区内生活自理，但有一半的人有时需要暂时的养老式护理，一般是在出院后大约不到 1 个月的时间里。有些人需要 1 年以上的此类护理，10 年以上的护理周期很少见（Stone，2006）。

替代护理

年龄歧视的一个刻板印象是老年人要么能完全自理，要么完全依赖他人。事实上，每个年龄的人都处在一个连续轴线上，有的人虽然能自我照顾，但也需要一些帮助。

如果对此有所认识，我们就可以考虑各种不同的备选方案。第二十四章介绍的一项研究曾指出，老年痴呆症在英国并不常见。该研究还发现，养老院中的神经认知障碍个体的比例有所上升，从 1991 年的 56% 上升到了 2011 年的 65%，主要是因为在这些地方，女性老老人数量在增加（Matthews et al.，2013）。

这意味着，英国如今有更多需要某种程度护理的老年人生活在社区中。对于老年人来说，这是一个好消息，对于发展学家和社区同样如此，因为原地养老、辅助生活和其他的选择会比机构化护理成本更低、更个性化。

在养老院减少的同时，辅助生活设施的数量也有所增加。典型的辅助生活住宅为每个人提供私人公寓，允许饲养宠物，并按传统居家方式布置和装修。辅助针对的方面因人而异，通常包括负责每日的饮食、特殊的出行和活动方式、家务清洁以及医疗援助。医疗援助主要是在护士或医生的监督下服药，监测血压或血糖，必要时也可以安排救护车。

辅助生活设施的服务范围从针对三四家老年人的集体之家，到住有几百人的公寓或联排别墅（Golant，2011）。几乎每个州、省和国家都有自己的辅助生活设施标准，但许多这类服务都是没有得到政府许可的。世界上的一些地区（例如，北欧）有许多辅助生活选择，而其他地方（例如，撒哈拉以南的非洲）则几乎没有。

另一种形式的老年护理有时也称为**村庄护理**。这并不是指真正的村庄，其名字源于非洲谚语“抚养孩子需要整个村庄”。村庄护理可以让住在附近的老年人共享资源，他们住在自己家里也能在需要时获得特殊援助。这类社区要求老年人支付费用，且相对健康，所以并不适合每个人。但对有的人来说，这种护理模式还是非常理想的（Scharlach et al.，2012）。

另一种办法是老年人住在自己家里或某个家庭成员的家里。这种办法虽然给了护理人员一些酬劳，但护理人员仍面临不小的压力。轮替护理往往对护理人员和他们所照顾的老年人都有益。例如，护理者可以临时休息，把受护理者送到辅助生活社区去，或接受短期的专业居家护理。无论是哪种形式的轮替照顾，都可以让护理人员得以休整，减轻照顾家人给他们带来的各种压力。

总体而言，和衰老带来的其他问题一样，生活安排的重点在于选择性优化补偿。老年人需要安全的、社会化的、被尊重的并尽可能独立的环境。居住方案不仅取决于日常生活活动和工具性日常生活活动，也取决于老年人的人格以及与家人朋友的社会网络。一位专家说：“没有统一的、适合所有人的最佳居住活动、经验和情境。”（Galant，2011）

在本章的最后，让我们列举家庭护理和养老院护理中的两个最好的例子。一个名叫罗伯的年轻人在谈及他 98 岁的曾祖母的情况时说：“她开始快不行了。我们……想，嗯，也许她已经老了。”（引自 L. P. Adler，1995，p.242）家里的三代晚辈决定让她离开已经生活了几十年的家，搬到附近的养老院去。她勉强同意了。

幸运的是，这家养老院没有假设老人的衰退肯定表明“快不行”了（罗伯的用词）。医生发现，她的心脏起搏器工作不正常。罗伯描述了接下来发生的事情：

"我们非常担心她的手术，毕竟到了这个年龄，但最终还是同意了……很快，她就恢复了，再次变得强壮、神采奕奕、充满活力和独立。快不行的是起搏器，而不是我的曾祖母。"

（引自 L. P. Adle1；1995，p.242）

这个故事告诉了人们一个在本书中反复出现的教训。当发现学步儿不会说话，学前儿童争夺玩具，青少年酗酒，年轻人喜欢冒险，成人闹离婚，或老年人变得孱弱时，人们很容易误以为那是正常规律而熟视无睹。的确，所有这类问题都常在某个年龄段出现，对某些个体来说可能是适当的、可以接受的。但是，人们对此不应该直接不假思索地接受。出现此类情况时，人们应该有所警觉，鼓励他们开口说话，学会分享，养成适度饮酒的习惯，更为谨慎，积极沟通或帮助他们照顾自己。从毕生发展的角度来看，每个年龄段的个体都可以做到"坚强、神采奕奕和充满活力"。

>> **答复那些尚未确定未来职业的人**（问题见第 637 页） 为什么不呢？随着人口年龄的增长，对于优秀护理人员的需求也会明显增加，工作条件有可能会改善。重要的问题是，养老院的质量参差不齐，所以需要确保你是在视老年人为能干的、爱社交的、独立的人的养老机构里工作。

小 结

孱弱老人在许多方面都是脆弱的，容易疲乏和衰退。他们不能或不愿意完成进食、穿衣和洗澡等日常生活活动，或完成需要一定的知识能力的工具性日常生活活动。但家庭、社区和老年人自身能够推迟或预防孱弱，虽然许多时候没有做到。

护理孱弱老人可能会让人抑郁，也可能让人获得满足，这在一定程度上取决于专业人士、家庭成员和被护理者的支持。各方面的帮助都有必要；如果护理人员存在社会隔离且负担过重，虐待老年人的问题会时有发生。对孱弱老年人最佳的护理方式取决于许多因素，可以是在定期来访的护工和家人的支持下原地养老，可以和晚辈一起生活，还可以借助辅助生活设施，也可以在养老院和医院中接受护理。很多时候，这既取决于老年人的具体情况，也取决于直接参与的人员。■

本章总结

成年晚期的理论

1. 一些自我理论认为，成人做出的个人选择通常是为了成就完整的自我。埃里克森相信，个体寻求的是将自我与人类社会或将现在和过去相连接的完整性。
2. 纵向研究发现，在毕生发展过程中，人格特质有相当的连续性。另外，积极性效应（老年人对自己和他人的更积极的看法）也是如此。有些老年人很珍惜个人物品，以此来维持其认同感，进而可能会表现出囤积障碍。
3. 分层理论认为，年龄歧视、性别歧视和种族歧视等社会力量会限制个体在整个生命历程中的选择。此类影响是累积性的，早期剥夺会带来毕生的各种问题。
4. 脱离理论认为，老年人按照年龄被分层化，并会主动脱离。活动理论对此持相反观点，认为如果老年人保持活跃，他们会更幸福和健康。

成年晚期的活动

5. 在每个年龄段，工作都可以为人提供所需的收入、社会地位和个人的满意度。然而，能通过其他方式保持活跃的老年人可能会更愿意退休。
6. 有些老年人会从事志愿者工作，还有许多人在热心政治——给政治领导人写信，参加投票，保持接收新信息。这些活动能让老年人保持健康和快乐，也会对社会有益。
7. 更多地参加宗教活动在老年人中是普遍现象（但不一定会参加礼拜仪式），这与长寿有关。
8. 改造设施或重新装修后，很多老年人更愿意居住在自己家中。如果搬家，他们会希望留在原来的社区，与老朋友和宗教机构为邻。

亲人和朋友

9. 配偶是个体最重要的社会护航成员。维持长期婚姻的老年人通常对自己的婚姻关系感到满意，并能维护彼此的健康。作为结果，已婚的老年人比未婚的老年人长寿，生活得也更幸福和健康。
10. 许多老年人，尤其是那些多年未婚的老年人，有一个支持性的朋友圈。他们会过得比那些近期离婚或丧偶的个体更好。
11. 与成年子女和孙辈的关系通常是互助的。如果老年人全职照顾孙辈，会对社会和相关的人都有好处，但也给老一代人增加了压力。

孱弱的老人

12. 有些老年人最终会变得孱弱。他们的日常生活，例如在身体方面（日常生活活动，如吃饭、洗澡）方面或工具性方面（工具性日常生活活动，如支付账单和出行）可能需要有人照顾。
13. 照顾孱弱老年人的通常是成年子女或配偶，但他们自己通常也是老年人。大多数家庭中的子女都比较孝顺（承担赡养义务），但当护理压力较大和社会支持薄弱时，虐待老年人的案例也时有发生。
14. 养老院、辅助生活和居家护理的质量和可行性千差万别。每一种安排都可以提供必要的和有益的护理，但需要各种变通，而且许多人都要参与其中。

关键术语

孱弱老人（frail elderly，p.634）
分层理论（stratification theories，p.623）
工具性日常生活活动（instrumental activities of daily life，IADLs，p.635）
活动理论（activity theory，p.624）
积极性效应（positivity effect，p.621）
日常生活活动（activities of daily life，ADLs，p.634）
赡养义务（filial responsibility，p.631）
社会情绪选择理论（socioemotional selectivity theory，p.621）
脱离理论（disengagement theory，p.624）
囤积强迫症（compulsive hoarding，p.621）
完整性对绝望感（integrity versus despair，p.620）
原地养老（age in place，p.627）
自然形成的退休社区（naturally occurring retirement community，NORC，p.627）
自我理论（self theories，p.620）

你学到了什么？

1. 埃里克森理论中的“完整性”与我们通常使用的意思有何不同？
2. 如何理解囤积行为与自我理论的关系？
3. 积极性效应的优点是什么？
4. 积极性效应的缺点是什么？
5. 如何理解脱离是一种双方相互的过程？
6. 活动理论给老年人提出了何种建议？
7. 根据分层理论，女性存在的问题是什么？
8. 根据分层理论，男性存在的问题是什么？
9. 根据分层理论，少数族裔进入老年阶段会面对什么样的困难？
10. 老年人对原地养老的愿望如何用自我理论来解释？
11. 退休对于一直在工作的人来说会怎样影响健康？
12. 为什么有人会选择不退休？

13. 年龄是如何影响了个体参与志愿活动的可能性的？
14. 老年人不参与志愿活动的四个常见原因是什么？
15. 对于想要在原地养老的老年人来说，可能的收益和负担是什么？
16. 宗教对老年人的幸福感有何影响？
17. 老年人和年轻人积极参与政治活动的方式有如何不同？
18. 共同生活了几十年的老年伴侣之间的正常关系应该是怎样的？
19. 谁会受益于老年人和他们的成年子女之间的关系？
20. 哪类隔代养育似乎对祖孙两代都有好处？
21. 为什么老年人随年龄增加朋友会更少？
22. 为什么不能完成日常生活活动是孱弱的标志？
23. 评估老年人的孱弱程度时，为什么工具性日常生活活动比日常生活活动更重要？
24. 增加虐待老年人概率的三个因素是什么？
25. 给老年人提供的辅助生活存在的利弊是什么？
26. 在什么时候，住养老院对孱弱老人来说是一个很好的选择？

应　用

1. 对残障人士的态度会产生很大影响力。考察校园里的残障办公室，询问员工和学生，在他们眼中，态度对绩效产生了影响。你的这些发现与老年人有什么关系？
2. 不同年龄、文化背景和经历的个体对居家护理关注的重点（安全、隐私、独立和专业化帮助）不同。请找到四个具有不同背景（不同的年龄、族群、社会经济地位）的人，征求他们的意见，并分析结果。
3. 参观一家养老院或你所在社区的辅助生活居住点。详细考察那里的硬件条件、居住者的社会交往情况和工作人员的活动情况。你自己是否想到此处生活或工作？为什么？

第八部分 65 岁以后的发展成果

成年晚期

生物社会性

年龄歧视 基于年龄的偏见在成年晚期很常见且具有危害性。许多年轻人，甚至是老年人自己，都低估了老年人的健康和活力状况。应对衰老的最佳策略似乎是选择性优化补偿。生理机能将会随时间而变化，但如果个人和社区做出调整，这种变化是可以从容应对的。

疾病和衰老 几乎每一种疾病和残障在成年晚期都会越来越普遍。几乎每个人的感官都会出现减损，进而导致严重的后果。每种状况都受基因和经年累月的健康习惯影响，大多数可以通过早期发现和治疗来缓解。最佳目标是发病率压缩。

长寿 磨损、基因和细胞损伤似乎都与衰老的某些方面有关，但从中都未找到能有效地阻止衰老的方法。每个物种的最长寿命是由基因决定的。热量限制可以成功延长一些物种的寿命，但还缺乏人类实验证据。百岁老人具有良好的基因和健康习惯，比一般人更为活跃、快乐，也拥有更多社区的支持。

认知

大脑和思维 随着年龄的增长，大脑的某些区域萎缩，有些类别的记忆变得模糊，思维过程开始迟钝，但通过学习可以产生新的神经元和树突，言语记忆往往到很大年龄都不会衰退。感觉丧失减少了来自外界的输入；针对视力和听力问题的补救措施可以改善认知功能。具备生态效度的认知评估显示，大多数的老年人都能够使用大脑以保持活力和自理。

神经认知障碍 随着年龄的增长和认知储备的缩减，神经认知障碍变得越来越普遍。其中最常见的是阿尔茨海默病。该病在 70 岁之前相对罕见，但此后每隔 10 年，其发病率都会增加。另一种常见的神经认知障碍是由一系列卒中导致的大脑某些区域的损伤。还有其他许多导致不同症状的原因。一些可逆性的状况（如抑郁症和多重用药）也会导致认知问题。

新的认知发展 在成年晚期，许多人通过艺术或人生回顾来开发他们的创造力。有些老年人也变得睿智，但老年人不一定都聪明，年轻人也不是完全缺乏智慧。

心理社会性

理论、活动和家庭 自我理论和分层理论都指出，在成年晚期想要保持活力和快乐并不容易，但大多数老年人仍然活跃，关心政治和宗教问题。有些人搬进了更小的居所或辅助生活机构，但大多数人更喜欢原地养老。对于个体的幸福来说，与伴侣、子女和孙辈的关系依然很重要。

孱弱老人 少数老年人被称为孱弱老人：他们无力，且机能不断衰退，无法维持日常生活活动或工具性日常生活活动。孱弱一部分是身体和心理衰老的结果，一部分是由于缺乏自我照料，以及其他人的照顾不当和社区的疏忽。

第二十六章

尾 声

你将学到什么？

1. 死亡为什么是一个关乎希望而非绝望的主题？
2. 好的死亡与坏的死亡有什么区别？
3. 如何悼念有助于度过哀痛？

附近的圣文森特医院 2 年前因为预算削减而被关闭。纽约市今年因为同样原因还关闭了六家医院。圣文森特医院的关闭对当地社区的冲击很大，居民的不满情绪高涨至今。昨天，人们在医院门前集会抗议。当地报纸的主编打了州参议员一记耳光，州参议员的反应是既吃惊又表示同情（Taylor，2013）。

为什么会去掌掴州议员？这位主编说，最近他的妻子在布朗克斯区的一家医院去世了，如果圣文森医院还开着，“我只需走两个街区，就能陪她一起度过生命的最后几小时”（Taylor，2013，p.A-16）。当然，这不是使用暴力的借口，但逝者的家属总要找一个归罪的对象——医院、参议员、医生或者是刚刚过世的人。男性往往情绪暴躁，女性往往抑郁（Corr & Corr，2013）。其实，无论是只隔两个街区还是隔着许多站地铁，死亡都是生命中不可避免的一部分。人们即使明白这一点，仍然会说：“这本不该发生。”

这位主编并不是唯一失去理性的人。美国作家琼·迪迪恩（Joan Didion）在丈夫去世后也经历了“一年的奇思怪想”[①]，包括把他的鞋放在壁橱里，心想他回来后要穿（Didion，2005）。可见，哀悼者不是总能保持理性。

本章会介绍伴随死亡而来的情绪，帮助我们了解濒死、死亡、哀伤和丧亲等议题。伴随死亡，人会自然涌现许多强烈的情感；但通过引导，也有望对生者起到帮助。我们可以流眼泪，但也需要克制攻击性；本章的三节将分别介绍三个

---

① 琼·迪迪恩在丈夫突然离世后审视丧亲之痛，写下了《奇思年代》(The Year of Magical Thinking) 一书。她以饱含深情的笔触，描述了自己在深受打击和悲伤时期的精神生活。——译者注

主题：在死亡中也有希望、对死亡的选择以及在悼念中对生命的肯定。

>> 死亡与希望

从多元文化的毕生发展角度看，对死亡的反应经历了许多文化棱镜的过滤，既受历史变迁和区域差异的影响，也受死者和丧亲者年龄的影响。

然而，有一种情感是不会改变的，那就是希望。希望有各种各样：希望死后的来生更好，希望世界因为逝者曾经的存在而更好，希望死得其所，希望生者重新致力于他们所认同的有意义的事业。

文化、时代和死亡

在发达国家，很少有人亲眼看见人的死亡，不过在以前并非总是如此（见表 26.1）。在 1900 年的美国，如果有谁活到了 50 岁，在他的 20 名中学同学中，至少已经有 6 人过世了。生者会去探视和安慰在家中垂死的朋友，相约天堂再见。那时，几乎所有人都相信死后有来生。

现在，很少有人未老先死。如果去世的是年轻人，很可能去得太快，别人来不及同他说再见。这反而使死亡变得越发令人恐惧，因为人们对它越来越陌生（Carr，2012）。因此，我们先来看看在死亡不是那么陌生的年代，人们对死亡的传统反应。

古代

古生物学家相信，早在 10 万年前，尼安德特人（穴居人）就会将死者与工具、碗或珠宝一同埋葬，标志着对来生的信仰（Hayden，2012）。土葬究竟出现于 20 多万年前还是更晚，仍有争议，但可以肯定的是，死亡在远古时代就已经被当作希望、哀悼和纪念的契机。有史料记载的两种西方文明——古埃及文明和古希腊文明——都有精心设计的丧葬仪式。

古埃及人建造了宏伟的金字塔，专门制作了精制的木乃伊，撰写祭文（《亡灵书》），来帮助灵魂、人格和阴影在死后重聚，这样亡者便可以祝福和保佑生者了（Taylor，2010）。

表 26.1 死亡在过去 100 年中的变化
死亡时间推迟。一个世纪以前，全世界的平均寿命不到 40 岁（在迅速工业化的美国为 47 岁）。世界上有一半的婴儿在 5 岁以前夭折。如今，新生儿有望活到 71 岁（美国为 79 岁）；在许多国家，百岁老人是人数增长最快的年龄组。
死亡需要更长的时间。在 20 世纪初，死亡一般来得迅速且不可阻挡；一旦心脏、大脑或其他任何重要器官衰竭，身体其他脏器也会迅速衰竭。现在的医疗技术通常可以将死亡推迟数年：在大脑停止运转后，心脏也可以跳动多年，呼吸机可以代替肺脏，肾衰竭后可以靠透析延续生命。
人们通常死在医院。我们的大多数先辈死在家里，亲人围在旁边。现在，许多人死在医院，陪伴他们的只有医务人员和医疗仪器。
死亡原因的改变。以前，所有年龄段的人通常都死于感染性疾病（肺结核、伤寒、天花），许多女性和婴儿死于分娩过程。现在，50 岁前因感染死亡的案例很罕见，发达国家的大多数新生儿（99%）和其母亲（99.99%）都能存活。
死后……人一度以为他们了解死后的生活。有些人相信天堂和地狱，有些人相信轮回，还有人相信灵魂世界。为了死者的灵魂，为了纪念，为了寻求死者的保佑，人们会反复祷告。信徒们相信自己的祈祷能被听到。人们现在认识到了文化和宗教的多样性，许多人不再笃信宗教，提出了祖先们从未想过的疑问。

埃及人死后的命运一部分取决于他们生前所为，一部分取决于死亡时的情况，还有一部分取决于适当的葬礼。死亡既是道德生活的理由，也是尊重过往的理由。如果死者没有得到适当照顾，生者将会受苦。

另一套信仰来自古希腊人。同样，生和死之间的连续性显而易见，他们对今生和来世都寄予了希望。逝者的命运取决于其生前的事迹。一些人来生幸福，另一些人被判入地狱受罚，而大多数人则进入了一个暗影的世界直到重生。

在所有已知的古代社会中，不仅是在古希腊和古埃及，也在古代玛雅、中国、印度和非洲文化中，以下三个主题都很明显：

- 认为一生所为影响死后的命运。
- 死后的生命不仅仅是一个希望，它已经被设定好了。
- 哀悼者要吟诵专门的祷告词，献上专门的祭品，一部分是为了避免来自死者魂灵的打扰和伤害。

当代宗教

让我们来看看当代宗教。每一种信仰围绕死亡的实践似乎都不同。有一个综述是这样评论的："世界上的宗教仪式，尤其是针对死亡、丧亲等重大不幸事件和主要悲剧的仪式，其多样性令人眼花缭乱"（Idler，2006，p.285）。

有一些细节可以说明这种多样性。据一位专家称，在印度教中，棺柩永远是打开的；但在伊斯兰教中，棺柩从不打开（Gilbert，2013）。在伊斯兰教和印度教的许多文化中，只能由最近的血亲给死者沐浴；但在一些美国原住民中（例如，美国最大的印第安部落纳瓦霍人），家人是不能接触死者的。具体的仪式之间不仅存在宗教差异，还存在地域差异。在北美，各教派的基督教徒都遵循当地传统。同样，500 多个印第安部落都有各自继承下来的无形遗产，认为美国原住民风俗习惯同样是错误的（Cacciatore，2009）。

印度教的许多分支认为，人应该在家人的围绕下在地上咽气，家人不能进食和洗涤，直到火葬的柴堆燃尽。相反，如今的一些（不是全部）基督教徒认为，垂危的病人应该被送往医院，如果病人死亡，哀悼者会聚集起来吃饭饮酒，还常伴有音乐和舞蹈。

佛教也存在很明显的多样性。佛教四圣谛中的第一谛即为苦谛：人生皆苦。一些仪式可以帮助信徒接受死亡，摆脱悲哀，以减少随失去逝者而来的生活的各种痛苦。还有一些仪式帮助人们与死者联系，作为生死之间的连续性的一部分（Cuevas & Stone，2011）。因此，一些佛教徒会远离垂死的人，其他佛教徒则会守候在附近。

宗教实践会随历史条件的变化而变化。一个例子来自韩国。传统上，韩国人反对尸检，因为尸体是神圣的。但韩国人也重视科学教育，而医学院为了教学需要解剖尸体。这就导致了一个两难境地。解决办法是开启一个新的习俗，即一种向医学教育捐尸者致敬的宗教服务（J-T. Park et al.，2011）。结果，捐赠尸体的人数急剧增加。

尸体解剖在美国同样带来了问题。有时，尸体解剖可能是法律所要求的，但在宗教看来是一种对神明的亵渎。例如，对于柬埔寨的苗族（Hmong）来说，尸体的残缺会有"可怕的意义"且"会对还活着的家人和邻居的精神健康产生极可怕的影响……"（Rosenblatt，2013，p.125）。然而在有许多苗族聚居的明尼苏达州，如果验尸官对于死因有任何怀疑，都会进行尸检，不需要告知其家属，更不需要得到他们的允许。

不同的文化对于死亡观念有不同的表达方式。例如，许多人相信先祖的魂灵会来探访生者。鬼魂尤其会在"盂兰盆节 / 中元节"（东亚国家）、"亡灵节"（拉丁美洲国家）或"万灵节"[①]（许多欧洲国家）出现。

因此，不要让那些对你来说奇怪的丧葬习俗或信仰（如木乃伊、饿鬼、轮回、地狱等）分散注意。你需要认识到，死亡总会激发强烈的情绪，且通常是善意慈悲的。这是对"死亡总是带来绝望"的否定（Wong & Tomer，2011）。所有的信仰和文化都认为死亡是通途，而非终点，是一个将家人和陌生人汇聚到一起的契机。

从生命全程的角度理解死亡

对于死亡的理解，和对其他事物的理解一样，会受个体的认知成熟度和过去经验的影响。具体包括以下方面。

儿童对死亡的理解

一些成人认为孩子不知道什么是死亡；另一些人认为，应该让孩子像成人一样参加葬礼或其他仪式（Talwar et al.，2011）。从本书介绍的儿童认知研究来看，这两种观点都不完全正确。非常年幼的孩子已经对死亡有了一定的理解，但他们的角度与年长的人有所不同。他们或许还相信死者可以复活。因为这个原因，某人死后，幼儿可能不会立刻感到悲伤。接下来，当现实来临，或是当幼儿突然意识到死去的父母再也不会在睡前抱自己上床时，就会陷入深深的悲伤。儿童还受到他人态度的影响。当孩子遭遇亲人死亡时，成人应充分与他沟通，不要忽略孩子的关注点，也不要期待他们会有和成人相似的反应（Doering，2010）。因为大脑边

---

① 每年 11 月 2 日的万灵节（All Souls Day）是天主教纪念已故教徒的节日，是万圣节（11 月 1 日）的后一天。——译者注

缘系统的成熟比前额叶皮层更迅速，孩子很可能今天挺快乐的，明天又出现病态的抑郁。

身患重病的幼儿通常害怕死亡，因为那意味着被抛弃（Wolchik et al.，2008）。所以，父母应该陪伴在垂死的孩子身边，抱着他们，给他们讲故事、唱歌、陪他睡觉。陪伴在身边并给予关心比给他们讲道理更重要。到了学龄阶段，许多孩子会追求独立。家长和专业人士可能显得过于关心；年龄大一点的孩子不想被太过溺爱。他们常常需要知晓事实，自己也想参与处理病痛、决定治疗方案的过程（Varga & Paletti，2013，p.27）。

有朋友、亲人或宠物去世的孩子看起来可能会（也可能不会）悲伤、孤独或愤怒。例如，一个 7 岁的男孩似乎没有因在 2 年内有 3 位祖辈和 1 位叔叔相继离世而悲伤；但当他的狗狗特维克死后，他非常难过。男孩的父母还处在母亲过世的悲痛中，非常惊讶于儿子对狗狗的感情。由于父母没有在特维克被安乐死前带儿子去宠物医院探望，所以他非常生气。他拒绝回学校上课，说："我想再看它一眼……你们不懂。"（引自 K. R. Kaufman & Kaufman，2006，pp.65-66）

因为幼儿的关注点在于失去了一个特定的伙伴，所以答应他重新养一只狗不会有什么帮助。即使是刚满 1 周岁的婴儿都知道再养一只宠物也和以前的不一样了。也不应该对孩子说"奶奶睡着了""上帝要让姐姐去天堂"或"爷爷去旅行了"之类的话。孩子可能信以为真，想要叫醒奶奶，抱怨上帝，或打电话让爷爷"回家"。

如果孩子意识到连大人都不敢把死亡如实相告，他们会认为死亡太过可怕，连大人都不敢谈及，从而得出了死亡很恐怖的结论（Doering，2010）。更糟糕的是，他们还会认为成人不可信，他们会对小孩子撒谎。

另外，请回忆一下认知如何随发展而变化。自我中心的学前幼儿可能会担心他们自己的刻薄言辞与他人的死亡有关。【**生命全程链接**：第九章介绍过年幼儿童的自我中心。】

当孩子发展出具体运算思维时，他们会想了解事实，例如，某人是如何死的，他现在又在哪里。他们想做些什么事：送花、不断祷告和写信等。那个死了小狗的男孩，在父母专门把他写给特维克的诗装裱起来挂在墙上之后，终于回学校念书了。只要大人不用谎言搪塞，也不忽略孩子的担忧，儿童就不会认为躯体死亡和灵魂转世相冲突（Talwar et al.，2011）。

青少年期和成年初显期对死亡的认识

青少年可能是专注于自我的、哲学性的、善于分析性的或心烦意乱的——这四种情况也可能轮番出现。【**生命全程链接**：第十五章曾介绍过青少年期的双重加工。】咨询师强调成人需要倾听青少年的心声。自我表达是寻找同一性的一部分；所爱之人的死亡不会导致此类探索的完结。一些青少年会在互联网上给逝者写信或抒发悲痛——这是一个表达个人对同一性的忧虑的有效途径（DeGroot，2012）。

"生亦放纵，死亦匆匆，唯留青春遗容。"据说，这是著名演员詹姆斯·迪恩（James Dean）的名言，他 24 岁时死于车祸。对这句话，什么年龄段的人最有可能认同？当然是成年初显期的人。在世界范围内，青少年晚期和成年初显期的个体都会通过冒险行为来控制自己对死亡的焦虑（de Bruin et al.，2007；Luxmoore，2012）

恐惧管理理论（TMT）解释了一些对死亡的不合逻辑的反应，包括年轻人尝试一些藐视死亡的冒险行为（Mosher & Danoff-Burg，2007）。能从这些挑战中幸存下来，他们就证明了死亡无法战胜自己，以此来管理自己的恐惧。特别是当 15—24 岁的人有机会接触枪械和汽车时，这种冒无谓之险的发展倾向可能是致命的（见图 26.1）。集体自杀、愚蠢的冒险、致命的帮派斗殴和吸毒后驾驶汽车，在这个年龄阶段比在以后的阶段更常见。青少年晚期有三种典型态度：年龄歧视、恐惧管理和冒险行为，这三者之间有相关性（Popham et al.，20llb）。

许多研究发现，标注吸烟的致命后果反而可能导致吸烟者增加消费量（Arndt et al.，2013）。一项研究发现，当大学生被告知酗酒有时致命时，他们酗酒的意愿更强了，而非减弱了（Jessop & Wade，2008）。可见，青少年和年轻成人可能依靠藐视死亡和抵制成人的劝诫来保持骄傲和自尊。

其他多国的研究发现，在青少年期和成年初显期，当个体想到死亡时，他们的民族和宗教感情有时会增强，对其他世界观的宽容度、对其他国家的友好度会降低（Ellis & Wahab，2013；Jonas et al.，2013）。显然，人们要说服自己，群体中忠诚、负责的成员（包括自己）尤其有活着的价值。

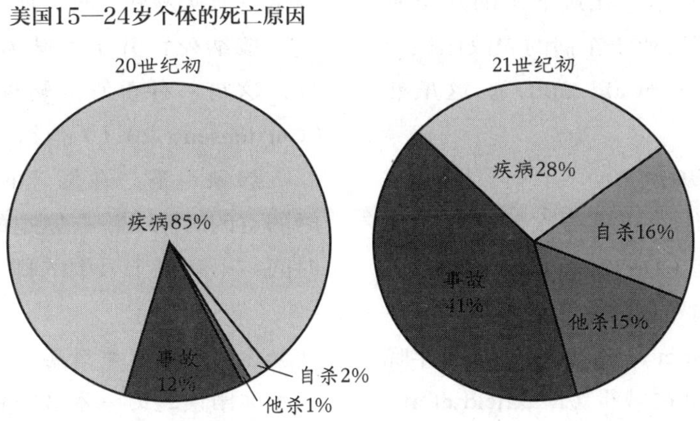

来源：U.S. Bureau of the Census，1907；National Center of Health Statistics，2012e.

图 26.1

伤寒与驾车撞树 1905 年，大多数美国年轻人死于疾病，主要是肺结核和伤寒一类的传染病。在 2012 年，死于暴力（事故、他杀和自杀）的人数是死于各种疾病的人的 3 倍以上。

成人对死亡的认识

一旦担负起工作和家庭的责任，成人的态度就会转变。死亡不再浪漫。许多成人在为人父母后便会戒毒、开车系安全带或采取其他保护行为。我的一个学生对第一次跳伞特别期待，并提前支付了费用。然而，就在去跳伞的前一天，她得知自己怀孕了。于是她放弃了跳伞，损失了费用，转而到商场里寻觅孕期维生素去了。

为了抵御对衰老和早死的恐惧，成人对于别人的死亡不太容易接受。英国诗人狄兰·托马斯（Dylan Thomas）大概在 30 多岁时曾给他濒死的父亲写过一首诗：“绝不向黑夜请安 / 咆哮于光之涅槃”（D. Thomas，1957）。成人也不会轻易接受自己的死亡。一名在 42 岁时诊断出罕见且几乎致命癌症（肉瘤）的女性写道：

> “我讨厌听到有人死于癌症的消息，不管死得多么优雅、高贵或美丽……我拒绝接受我正在死亡的现实，我宁愿否认、愤怒甚至绝望。”
>
> （Robson，2010，pp.19，27）

当成人听到他人的死讯时，其反应取决于死者的年龄。英年早逝尤其牵动人心。迈克尔·杰克逊（Michael Jackson）和惠特妮·休斯顿（Whitney Houston）之所以被百万千万人哀悼，部分原因是他们尚未年迈。年迈艺术家的离世不会引发如此规模的哀悼。

对自己的死亡的反应同样会因发展阶段的不同而呈现差异。在 25—65 岁的成年期，身患绝症的人最担心自己的未竟之事，或担心家人（特别是孩子）失去依靠。

兰迪·保施（Randy Pausch）是一位 47 岁的教授和三个孩子的父亲，他于 2008 年死于癌症。死前 10 个月，他留下了一场著名的最后的演讲，详细介绍了他儿时的梦想，并向那些继续完成他的工作的人致敬。在忠告学生们要追随自己的梦想后，他总结道：“这场演讲不是给你们的，是给我的子女的。”（Pausch，2008）不出所料，他年届中年的妻子领受到这个信息，写了一本名为《梦见新的梦想》（*Dream New Dreams*）的书，阐述了如何通过聚焦于生活来克服死亡恐惧（J. Pausch，2012）。

成人对死亡的态度往往是非理性的。从逻辑上讲，成人应该致力于改变会增加死亡风险的社会因素，如空气污染、吃垃圾食品和不守交通规则等。相反，许多人对某些很少导致死亡的事件（如炭疽和雪崩）反应更为强烈。他们特别害怕那些看似随机的死亡。

例如，相对于开车，人们更害怕乘飞机。事实上，乘飞机是安全的：2008 年，全世界共有 11 架商用飞机坠毁，致 587 人死亡；但仅在美国，就有 84 000 人死于车祸（U.S. Bureau of the Census，20llb）。讽刺的是，在 2001 年有四架飞机坠毁的“9·11”恐怖袭击事件后，许多北美人在长途旅行时选择不坐飞机，转而开车。在接下来的几个月里，与过去相比，美国居民死于车祸的人数比往年增加了 2300 多人（Blalock et al.，2009）。这虽然缺乏理性，却非常人性。

成年晚期对死亡的认识

到了成年晚期，个体的态度再次转变。对死亡的焦虑降低，希望升起（De Raedt et al.，2013）。与老年人相比，严重疾病导致的生活满意度降低在中年人身上更明显（Wurm et al.，2008）。在成年晚期，非理性的恐惧管理也在减少（Maxfield et al.，2007）（见图 26.2）。

对死亡的思考与惩罚的严厉性

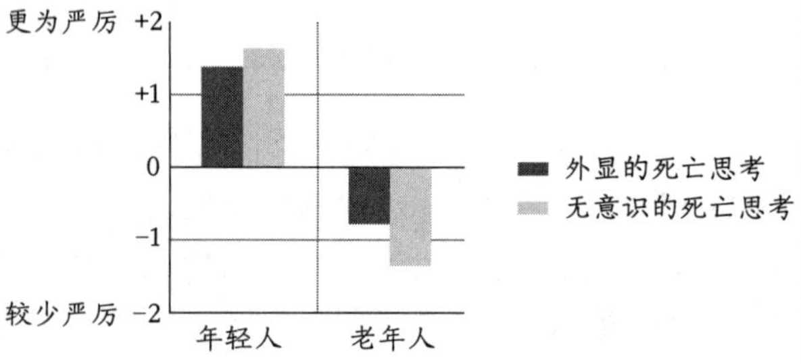

来源：Maxfield et al.，2001.

图 26.2

牙疼比死亡更糟？ 将年轻人（平均年龄 21 岁）和老年人（平均年龄 74 岁）各分为三组。第一组被试要写出对自己死亡的思考（提供给他们明确的关于死亡的意识）；第二组被试则要完成一些拼词游戏，游戏中的词汇涉及死亡（给他们一些关于死亡的无意识思绪）；第三组被试要撰写有关牙疼的文字（作为对照组）。然后，被试要判定各种不道德行为应被施以惩罚的程度。撰写牙疼相关材料的人位于图上的零点。与之相比，明确地思考死亡的老年人给出的惩罚较轻，明确地思考死亡的年轻人给出的惩罚更重。相比明确思考的条件，在无意识思考条件下，年轻人和老年人之间的差异更为明显。

一些老年人即使患上了致命的疾病，仍然颇为快乐，这是很有益的。事实上，许多发展学家相信，老年人心理健康的一个标志就是对死亡的接纳，这会增加他们对别人的关心。有些老年人致力于**传承**，试图为后人留下一些有意义的东西（Lattanzi-Licht，2013）。

态度转变的另一方面表现在老年人开始与疏远的家人和解，会主动解开年轻时不愿意触及的心结（Kastenbaum，2012）。当父母或祖辈开始分配遗产、讨论临终治疗或购买墓地时，会让晚辈心生纠结，但从发展上看，所有这些行为都是恰当的。

接纳死亡并不意味着要老年人放弃生存，相反，这是一种重心的转移。一项有趣的系列研究（Carstensen，2011）曾给被试展现以下情景：

想象一下，在每天的日常生活中，给你半小时的空闲时间，没有紧迫的事情需要做。你愿意花时间与下列三个人中的哪一个待在一起？

- 你的一位直系亲属
- 你刚读过的一本书的作者
- 与你有许多共同点的熟人

老年人比年轻人更多地选择了家人。研究人员指出，当死亡临近时，家庭变得更加重要。这一点也获得了另一项研究的支持，该研究的被试是 329 名不同年龄的、刚被确诊了癌症的患者和 170 名（相同年龄的）没有严重疾病的人（Pinquart & Silbereisen，2006）。最显著的区别在于是否罹患癌症，而非年龄（见图 26.3）。一旦死亡变得凸显，人们的态度就会改变。

给你半小时的时间，你愿意和谁待在一起？一位家人、一本书的作者还是一位熟人？

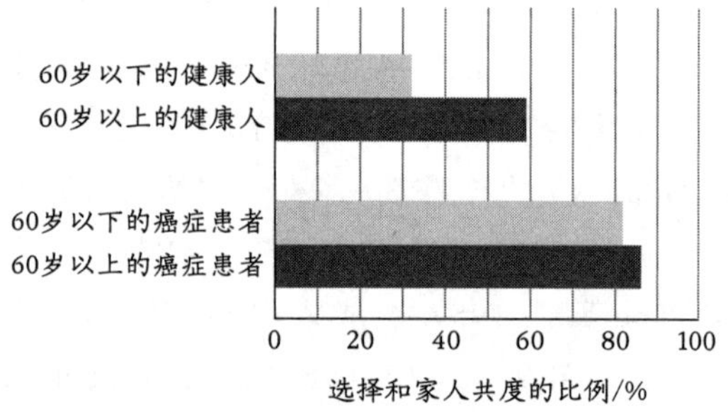

来源：Pinquart & Silbereisen，2006.

图 26.3

死亡来临，回归家庭 诊断出癌症的年轻人和老年人（其中 1/4 的人会在 5 年内死亡）都更愿意在这空闲的半小时里与家人在一起，而不会选择某个让他们感兴趣的陌生人。对于健康的人来说，年龄是影响选择偏好的最重要因素。

濒死体验

即便是最接近死亡的时刻，也可能蕴藏着希望。这在所谓的濒死体验中最为明显，这时的个体几乎死亡了。有的幸存者会报告他们感觉自己从躯体中脱离，满怀和平与喜悦地飘向一道亮光。以下经典报告很常见的：

> “我当时已经昏迷了约1周……觉得自己好像被向上托起，就像躯体完全不存在一样。一道璀璨的白光出现了……一种最美妙的感觉充盈着我，感觉无比平和、安宁，所有烦恼都烟消云散。”
>
> （quoted in R.A. Moody，1975，p.56）

濒死体验中通常包括许多宗教元素（如看到天使降临，听到天国的音乐）。生还者往往会变得更笃信宗教，唯物主义的成分会减少。另一些人则认为濒死体验证明了“天堂是真实存在的”（Burpo & Vincent，2010）。

大多数科学家都持怀疑态度，声称：

> “没有证据表明，真正死亡时和‘死后’所发生的一切与从死亡边缘回来的人所报告的体验有任何关系。事实上，连对这类证据的想象都很困难。”
>
> （Kastenbaum，2006，p.448）

尽管如此，濒死体验与有关死亡的宗教信仰的相似之处也曾让一位评论家感到震撼。在每一种文化中，“所有类型的死亡体验”都让人们获得了以下认识：（1）社会地位的局限性；（2）物质财富的无足轻重；（3）自我中心的狭隘性（Greyson，2009）。

小　结

在20世纪之前，每个人都认识一些早逝的年轻人，每个人都会从宗教出发理解这类事件。古代文化和当今世界的宗教有关死亡的习俗各有不同，有时会产生相反的行为。然而，如果对死亡报以希望，一般会让生者过得更好。年龄也有影响，对死亡的反应一部分取决于发展阶段，老年人会比年轻人存在较少的焦虑。恐惧管理理论认为，面对死亡，人们有时会表现得蔑视和不容忍。濒死体验受到了学者的批评，但这也会让人更重视精神而轻视物质，更珍惜他人。■

>> 对死亡的选择

面对这个标题时你会退缩吗？如果会，你可能生错了年代。21世纪的每种死亡都涉及选择，始于对风险的偏好或回避、习惯的保持，一直到延缓或加速死亡的具体措施。

善终

无论在何地，人都希望获得善终（Vogel，2011），其特点是：

- 活到很大年龄
- 平静地死去
- 迅速地死去
- 在熟悉的环境中死去
- 跟家人和朋友在一起
- 没有痛苦、困惑或不安

许多人都认为对环境的控制和对结果的接纳也是善终的特征，但存在文化和个体差异。一些垂死的人心甘情愿地将控制权交给医生或护理人员，有的人则会与死亡不断抗争。

现代医学

在某些方面，现代医学增加了善终的可能性。上面所列举的第一个特点已经成为常态：如今的人们通常会活很久才死亡。年轻人仍然会生病，但在发达国家，手术、药物、放射治疗和康复训练通常意味着生了病可以去医院，然后再出院回家。年轻人的死亡往往是快速的（来不及等到医疗救治），尽管不符合上述标准，但实际上，这样的死亡方式对其本人来说几乎是毫无痛苦的。当然，对爱他们的人来说，则是沉重的打击。

然而从另一个角度讲，现代医学的进步也导致令人痛苦的死亡更可能发生。当疾病无法治愈，身体和精神都会更为不适（Kastenbaum，2012）。因为不愿接受死亡，人们会用手术和药物来与之抗争，延长了痛苦和混乱。医院在患者病危时不让家属陪伴，患者可能会变得神志不清或昏迷，无法平静地死去。

问题的根源可能来自医疗本身，太专注于救命会“引发善意的过度治疗”；（Ashby，2009，p.94）。死亡不仅仅是一颗心脏停止了跳动，还涉及情感、价值和周围的人。幸运的是，有三个因素会增加善终的可能性：坦诚地交流、临终关怀和姑息治疗。

给有亲属病危的人的问题 为什么健康的人也希望得到临终关怀护理者的关注？（答复见第 654 页）

坦诚的交流

大约在 1960 年，研究者伊丽莎白·库伯勒－罗斯（Elisabeth Kubler-Ross；1969，1975）曾请求芝加哥一家大医院的行政管理者允许她与垂死的病人交流。但管理者告诉她，医院里没有快死的人！最终，她还是找到了一些身患绝症的病人，出乎大家的意料，这些绝症病人都希望向人倾诉。

在持续的访谈中，库伯勒－罗斯找到了临近死亡的人（及其所爱之人）所体验到的情感，并将其分为五个连续的阶段：

1. 否认（“我不是真的要死了。”）
2. 愤怒（“把自己的死亡归咎于医生、家人或上帝。”）
3. 协商（“如果我能活下去，一定要痛改前非。”）
4. 沮丧（“我不再关心任何事情，没有什么重要的事。”）
5. 接受（“我接受死亡是生命的一部分。”）

另一套对死亡阶段的划分基于马斯洛的需要层次理论。将其运用于解释死亡时，需要层次理论可概括为（Zalenski & Raspa，2006）：

1. 生理需要（从痛苦中解脱）
2. 安全需要（不希望被放弃）
3. 爱与接纳（来自亲人和朋友的关怀）
4. 尊重（来自护理者的尊重）
5. 自我实现（欣赏自己独特的过往和当下）

【**生命全程链接**：马斯洛的需要层次理论在第二章中曾介绍过。】

马斯洛后来还提出了一个第六阶段——自我超越（Koltko Rivera，2006），强调对死亡的接受。

其他研究人员并未证实这些阶段的存在。还记得之前提到的那位患肉瘤的女士吗？她曾说自己永远不会接受死亡，可见库伯勒－罗斯的理论中还应该加入绝望这个阶段。库伯勒－罗斯后来也说，她的阶段论被误解了，“人们的悲伤和其生活一样，是个体化的……不是所有人都会经历所有这些阶段，这些感受也不会完全按照上述顺序出现”（Kubler-Ross & Kessler，2005，p.7）。

尽管如此，库伯勒－罗斯和马斯洛都提醒护理者，每个快死的人都有很强的情绪和需要，而且可能与他几天或几周前的反应不太一样。此外，患者的情绪可能也和护理者的有所不同，每个护理者都有自己的情绪。

对于每个人——医生、护士、家人、朋友和病人——来说，明白一个人正在死亡都是很重要的；这样才更可能为病人提供适当的护理（Lundquist et al.，2011）。不幸的是，即使一个病人快要死了，大多数医生也不会问病人希望得到什么样的临终关怀，其结果不但没有延续病人的生命，反而在其生命的最后一周内又给他们增添了痛苦，增加了治疗手段和治疗费用。一项研究发现，那些要求医生给予临终关怀的病人最终的治疗费用会比其他人低 36%（Zhang et al.，2009）。

大多数人濒死时会希望与自己所爱的人在一起，和医学及宗教专业人士坦率沟通。当然也存在个体差异。有的人不想知道真相，有的人一定要尝试每种可能的治疗手段，有的人则不愿意见太多的探访者。在许多亚洲家庭，人们认为告诉快死去的病人真相会让他们丧失希望（Corr & Corr，2013）。

更好的死亡方式

由于善终与一般在住院期间的死亡的对比越发清晰，一些做法已经逐渐变得普遍。临终关怀与姑息护理就是两个特殊的例子。

临终关怀

在 20 世纪 50 年代的伦敦，英国圣公会护士塞西莉·桑德斯（Cecily Saunders）开设了第一家现代**临终关怀**院（宁养院），身患绝症的人可以在这里舒适地度过最后的日子（Saunders，1978）。自此，在其他国家也开设了数以千计的临终关怀院，几十万的临终关怀护理人员为危重病人提供药物和护理。在美国，一半以上的接受临终关怀的病人死在家里（National Center for Health Statistics，2011）。

临终关怀从业人员主要是为了缓解病人的痛苦，不采用单纯延缓死亡的措施，其目标是让死亡更轻松。临终关怀的两个原则是：

- 尊重每个病人的自主权和决定。例如，提供充足的止疼药物，而不是按时间给药或只给最低剂量。大多数临终病人使用的药物比医生开得少，但他们有决定权。

- 在患者去世前，临终关怀从业者会对其家人和朋友进行咨询辅导，教会他们如何护理，指导他们如何更好地哀悼。他们的需求和病人一样重要。死亡会影响整个家庭，而非某个人。

不幸的是，即使是在发达国家，临终关怀也没有普及到所有垂死的人（见表 26.2）；在发展中国家，临终关怀就更为罕见了（Kiernan，2010）。临终关怀在英国比在欧洲大陆更常见，在美国西部比在东南部更常见，在贫穷国家中很少见。

表 26.2 接受临终关怀的障碍

- 进入临终关怀的病人必须处于病程的晚期，预计会在 6 个月内死亡，但准确预测很困难。例如，在一项针对非癌症患者的研究中，医生对会在 1 周内死亡的病例的预测准确率是 90%，但是对于会在 3 ～ 6 周内死亡的病例的预测准确率只有 13%（通常是患者死得更快）（Brandt et al.，2000）。
- 患者和照顾者必须接受死亡。在传统上，进入临终关怀病房意味着治疗（化疗、透析等）终结。但现在并非如此，如今病人可以继续治疗。对 6 个月内死亡的估计是以不进行治疗为前提的。这意味着许多患者会存活超过 6 个月，有的甚至会病情好转而出院（Salpeter et al.，2012）。
- 临终关怀是昂贵的。需要配备医生、护士、心理学家、社会工作者、神职人员、音乐治疗师等技术人员，提供 24 小时的个性化护理。
- 可得性存在差异。临终关怀在英国要比在欧洲大陆更常见，在贫穷国家则属于一项奢侈服务。在美国，西海岸各州的临终关怀机构比南方各州多。即使对于同一地区（如加利福尼亚北部）、同一家保险公司（凯撒医疗保险公司）的客户，晚期癌症病人能否进入临终关怀机构也取决于他们具体的居住区域（N. L. Keating et al.，2006）。

无论在何地，社会经济地位较高的个体都更有可能受到临终关怀。在美国还存在族群差异。例如，非裔美国人常常从医院转入临终关怀院，而不是被从家里送来的，他们离世的速度也可能比较快（平均 1 周时间）（K. S. Johnson et al.，2011）。

目前在美国，60% 的死者没有受到临终关怀；而在接受了临终关怀的 40% 的人中，有 1/3 的人在 1 周内就过世了（National Center for Health Statistics，2011）。对个体的治疗和对家属的情感需要来说，时间太短了，无法进行评估和抚慰。

进入临终关怀意味着舒适度优先于治疗，但有些时候，这本身就会延长生命。事实上，美国有 16 % 的临终关怀患者存活下来并出了院。让病人舒适的举措包括一些在医院禁止采用的手段：中医针灸、提供特殊饮食、灵活的时间安排、在病人需要时（可能是凌晨 2 点）允许亲友陪护、按摩、使用芳香精油等（Doka，2013）。

如果由一个雇用了医生、护士、心理学家、社工、神职人员和音乐治疗师等多种技术人员的独立机构提供 24 小时个性化的临终关怀，费用会非常昂贵。直到最近，大多数保险公司（包括公立医疗保险）都不报销涵盖治疗措施的临终关怀费用，除非其中不包括非治疗性费用。如今，这类非此即彼的限制已经取消，但许多新的临终关怀计划以营利为目的，可能会降低护理质量。

家庭中的临终关怀护理没有那么昂贵，但需要由受过临终关怀培训的家人或朋友提供护理。尽管这增加了可选择在家里"善终"的人数，但大多数人仍死在医院，还有许多人死在养老院（见图 26.4）。

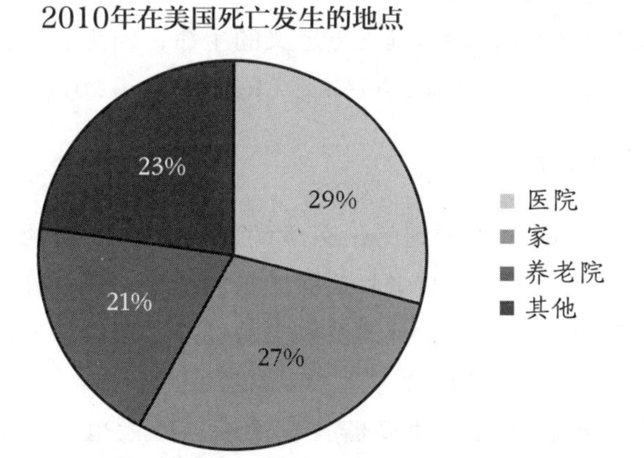

来源：National Center for Health Statistics，2013.

图 26.4

家人不在身边 几乎所有人都希望死在家里，但大多数人会死在某个机构里，围绕在身边的常常是医疗人员和高科技设备，而非他们挚爱之人的声音和温柔抚摩。"其他"类别的情况甚至更糟，因为其中包括致命的事故或凶杀。但我们无须因这张图而过于难过，还有改善的空间。20 年前，在家中死亡的人所占的比例比现在还低。

>> **答复有亲属病危的人**（问题见第 652 页）　死亡会影响整个家庭，包括子辈和孙辈。直到我母亲死后，我才了解到这一点。临终关怀护士不仅会给她止痛药（这让我和她在一起时能好受一些），也能对我进行宽慰。在护士的建议下，我请求母亲宽恕我。我的母亲则表示没有什么需要原谅的。如果没有临终关怀，我们都不会感受到这份安宁。

姑息治疗

美国医学会（Ameirican Medical Assoication）在 2006 年批准设立了一门新的专科——**姑息治疗**，目的是缓解疼痛和痛苦。姑息治疗医生受到的专业训练使他们能同患者及其家属讨论不同的选择。人们在权衡利弊后可能会拒绝一些干预措施（Mynatt & Mowery，2013）。姑息治疗医生也可能开出某些特效药物和治疗处方，以使病患能够舒服一些。

吗啡和其他阿片类药物具有**双重效应**：既能缓解疼痛（积极影响），也能抑制呼吸（消极影响）。抑制疼痛和呼吸的止痛药在法律、道德和医疗实践中是被允许使用的。例如在英国，即使身患绝症的病人反复要求死，令其死亡也是违法的，但给他们开出具有双重作用的药物是合法的。在英国的死亡病例中，有 1/3 的病例曾使用这类药物。这本身就引发了争议：某些麻醉品究竟是用于加速死亡的，还是在缓解疼痛（Billings，2011）。

使用大剂量镇静剂有时是另一种减轻疼痛的方法。对此，人们的关注点在于，这有时只是在拖延死亡时间，并非延长有意义的生命，因为病人会陷入昏迷，丧失思维或知觉（Raus et al.，2011）。

伦理问题

正如你所看到的，医学的成功带来了新的困境。死亡不再是衰老和疾病的自然结果，死亡什么时候和如何发生，都涉及人类的选择。

决定何时死亡

维持生命的重要器官衰竭后，死亡也不一定会到来。呼吸机能维持呼吸，停止跳动的心脏可以重新起搏，热量可以通过鼻饲胃管提供，人们还有抗肺炎的药物。究竟应该在哪一个时间节点停止干预，让死亡来临呢？

几乎每一种致命的状况都会导致治疗措施的实施、中止或不实施，其结果是死亡的推迟、被阻止或降临。这在国与国之间（从完全不同的法律规定就能看出）以及国家内部，引发了伦理激辩。宗教人士、医生和律师在各自的职业范畴内争吵不休，家庭成员之间意见相左，来自不同团体的成员之间也唇枪舌剑（Ball，2012；Engelhardt，2012；Prado，2008）。

一位姑息治疗专科医生曾给他的同事提出如下建议：

> “积极治疗就好比一条高速公路，车水马龙，速度飞快，但缺少必要的地标和标识，以便人们知道什么时候要换到出口匝道……其实，这些标志就在那里，你有责任去和病人及其家属沟通。”
>
> （Fins，2006，p.73）

这是很好的建议，也很难做到。

死亡的指证

在历史上，判断死亡是通过聆听人的心跳：没有心跳就意味着死亡。为了以防万一，会在亡者的鼻孔处放一根羽毛来观察其呼吸。没有心跳也不再有呼吸的人会被宣告死亡。被宣告了死亡但实际还活着的例子很少见，这种事例一旦发生，就会传得人尽皆知。现代医学改变了这一切：不再需要以心脏和肺脏的功能作为判断标准。

许多生命维持措施和医疗干预规避了过去会致死的疾病和器官衰竭。值得庆幸的是，用羽毛检查呼吸顶多是出于好奇，现在已经不再使用了。但是，怎么知道死亡在什么时候到来了呢？20 世纪 70 年代末，一批哈佛医学院的医生总结出，脑电波的消失标志着个体的死亡，这是目前全球公认的死亡定义（Wijdicks et al.，2010）。然而，许多医生相信，即使原始脑电波尚存，死亡也可能已经发生了（Kellehear，2008；Truog，2007）（见表 26.3）。

关键是要知道，个体什么时候是处在永久性植物人状态（因此再也没有思考能力），什么时候处在可能恢复的深度昏迷状态。一个关键因素是，在不用呼吸机的情况下，患者能否再次自主呼吸，但很难保证所谓“再次”是否包括 10 年或 20 年之后才苏醒的情况。2008 年，美国神经病学学会（American Academy of Neurology）聚集专家，对于有关生命末期脑功能的近期研究进行了元分析。他们找到了 38 篇实证研究文章。两位专家独立阅读了每一篇文章，重点关注了确定死亡的方式，以及从大脑失去意识功能到宣告死亡的时间间隔。他

表 26.3 死了吗？是的，没有，也许

- **脑死亡**：一切大脑活动持续停止，完全没有自主动作，没有自主呼吸，对疼痛、声音和其他刺激没有反应。脑电波停止，脑电图呈现一条直线。患者死亡了。
- **闭锁综合征**（locked-in syndrome）：除了眼睛外，人不能动，仍然有明显正常的脑电波，人没有死亡。
- **昏迷**：一种不能唤醒的、深度无意识状态。有些人自主地从昏迷中醒来，有些人进入植物人状态。人尚未死。
- **植物人状态**：一种所有认知功能都不存在的深度无意识状态，但植物人可以睁开眼睛，可能会发出声音，可以继续呼吸，人尚未死。植物人状态可以是一过性的、持续的或永久的。至今无人在 2 年后苏醒，在恢复过来的人中（约 15%），大多数人是在 3 周内情况改善的（Preston & Kelly，2006）。过了足够长的时间以后，从效果看患者已经死亡，但究竟这个足够长的时间是多少天，尚不能确定（wjidicks et al.，2010）

们没有发现一致性，只有两个指标得到了证实：死亡的人不再具备自主呼吸，眼睛不再有疼痛反应。

正如该文所指出的，每一个人都需要知道什么时候一个人才算是脑死亡，但目前还没有一种明确的、即时的测试，因为“现有的证据库具有严重的局限”（Wijdicks et al.，2010，p.1914）。因此，有时在医生相信患者不可能复苏之后很久，患者家属仍会等待好几个月，希望亲人能活过来。结果，因为死亡时间过久，想在死后捐献器官的患者无法如愿。

安乐死

安乐死，一般实施于宠物，实施于人的情况很罕见，争议很大。许多人认为，主动安乐死和被动安乐死（有时被称为怜悯致死）之间存在重要区别，虽然最终结果都一样。**被动安乐死**是指允许一个行将死亡的人去死亡。患者可能事先准备了**不抢救（DNR）指示**，要求一旦呼吸或脉搏停止，就不用再设法恢复呼吸或心跳了。

如果濒临死亡的人选择如此，那么被动安乐死就是合法的，但许多急救人员在进行人工呼吸和心脏按压前无法询问病人是否设定了不抢救指令。这可能让被动安乐死变得不太现实。

主动安乐死是有意采取一些措施来导致死亡，例如，关闭呼吸机或注射致命的药物。有些医生会在三种条件下纵容主动安乐死：（1）痛苦无法解脱；（2）无法治愈的绝症；（3）病人想死。在荷兰、比利时、卢森堡和瑞士，主动安乐死是合法的，在其他地方则是非法的（虽然很少被检控）。

人们对安乐死的态度可能正在改变。例如，在过去 10 年中，奥地利的医生培训越来越重视病人的自主性，使得主动安乐死更容易被接受（Stronegger et al.，2011）（见图 26.5）。

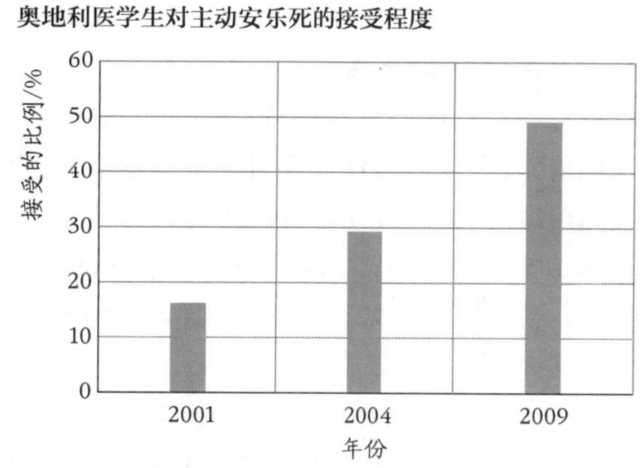

来源：Stronegger et al.，2011

图 26.5

理论与实践 在医生和外行人中，主动安乐死仍然存在争议。正如你从这项针对奥地利医学生的调查中看到的，总的来说，医疗行业比以往有更高的接受度。但我们也知道，调查并不总能反映行为：一些在理论上不接受主动安乐死的医生在实践中会不知不觉地帮助那些的确想死的病人。

在每一个被调查的国家里，都有一些医生从不会实施主动安乐死，但也有医生承认曾经这样做过。公众的意见同样存在巨大差异，虽然主动安乐死一般在东欧国家中比在西欧国家中更少被接受（Cohen et al.，2013）。

医生的角色

在被动和主动安乐死之间，还存在其他选择：医生可以为病人提供某种自行结束生命的手段，有时被称为**医生辅助自杀**，通常是给他们开致命的处方药。美国俄勒冈州已将这种做法合法化了，并明确主张这种死亡应被称为“有尊严的死亡”，而非自杀。但不管怎么改名称，对此的接纳度都有明显的文化差异（Prado，2008）。其理由与人的个人经验关系不大，与人的宗教、教育和当地价值观的关系更大（Verbakel & Jaspers，2010）。

例如，有的文化相信自杀是高尚的。每个地方都有人选择为国家或个人的荣誉而自杀。然而，在美国，信奉亚洲宗教的医生比信奉非亚洲宗教的医生更不愿意宽恕医生辅助自杀（Wohlenberg et al.，2013；Curlin et al.，2008）。

亚裔医生的这种对辅助死亡的不情愿，有助于解释泰国的一种风俗：当医院里的病人明显滑向死亡边缘的时候，会有救护车将其送回家，这样可以在家中自然死亡。这种风俗使病人和家属都可以更好地理解生命、痛苦和死亡，并从中受益（Stonington，2012）。

身体和心理的疼痛

早在 1980 年，荷兰就允许了主动安乐死和医生辅助自杀，并在 2002 年又补充了该项法律。病人在提出该要求时，必须能够清楚地意识到需要停止“难以忍受的痛苦”（Buiting et al.，2009）。其结果是，荷兰医生首先尝试使用更好的药物治疗来控制疾病导致的痛苦。

然而，一项定性分析发现，“疲劳、疼痛、衰退和消极的情绪、自我丧失、害怕未来的痛苦、依赖、失去自主性、耗竭感、负担感、孤独感、丧失让活着有意义的东西、丧失希望、无目标感和对生活的厌倦等都是‘难以忍受的痛苦’的组成元素”（Dees et al.，2011，p.727）。显然，药物很难缓解这些精神状态。

1994 年和 1997 年，美国俄勒冈选民两次投票赞成了医生辅助的“有尊严的死亡”（但不是其他形式的主动安乐死）。第一例此类合法死亡发生于 1998 年。法律对此要求：

- 濒死者必须是 17 岁以上的俄勒冈州居民。
- 濒死者必须通过两次口头请求和一次书面请求来申请致命药物。
- 在第一次申请的 15 天后医生才能开具处方。
- 须由两位医生确证该患者身患绝症，生存期不足 6 个月，并具备行为能力（即没有精神障碍或抑郁）。

法律还要求保存记录和年度报告。约 1/3 的申请被批准了，其中又有大约 1/3 的人在没有服药的情况下自然死亡了。在 1998—2012 年，俄勒冈州的死亡人数约为 20 万。其中仅有 738 人是在服用处方毒药后死亡的。

如表 26.4 所示，俄勒冈州的居民对药物的申请主要出于心理原因，而非生理原因，他们更关心自己的自主权，而非痛苦。在 2012 年，115 人获得了毒药处方，77 人合法地使用了药物并死亡。余下的大多数人是自然死亡的，但有些人在 2013 年 1 月还活着，预计将来会使用该药（约 10% 的人在获得毒药后 1 年才使用）（Oregon Department of Human Services，2013）。

表 26.4　1998—2012 年俄勒冈州居民申请医生辅助自杀的原因

病人给出的理由（大部分人有多个理由）	所占的比例 /%
丧失自主权	91.2
缺乏享受生活的能力	88.8
丧失尊严	82.0
丧失对身体的控制	51.6
成为他人的累赘	38.6
疼痛	23.5
缺乏足够的治疗经费	2.7

来源：Oregon Public Health Division，2013.

预立指示

预立指示会涉及有关于临终关怀的方方面面，包括患者想死于何处，死后如何处置尸体，但其重点是医疗措施。是否采用人工进食、呼吸支持或心脏复苏？是否愿意使用只是延长寿命的抗生素，或会导致昏迷或幻觉的止痛药？是否需要宗教音乐或神职人员？这类指示的合法性会因各地的司法管辖权限而异：有时需要律师来确认文件的合法性，有时只需提交本人签名和见证人签名的书面申请即可。

很多人都希望自己拥有对死亡方式的选择权，所以在理论上会支持预立指示，但往往并不清楚具体细节。例如，很少有人知道对于年轻健康的成人的心脏复苏可能会延长其生命数十年，而对健康状况不佳的老年人实施心脏复苏可能导致老年痴呆症，或仅仅是延长了垂死挣扎的时间。

若具体到每个人，情况会更为复杂，例如涉及其他疾病、时机和行动是否方便等问题。例如，心肺复苏有时是有害的，这在一定程度上取决于心脏停止跳动的时长（Buss，2013）。总的平均数据是矛盾的（Elliot et al.，2011）。此外，干预结果的

对立的观点

死亡的权利？

许多人担心安乐死和医生辅助自杀的合法化会导致**滑坡效应**，从加速提交此类申请的重症患者的死亡滑向杀死那些没有准备去死的人——尤其是残疾人、老年人、少数族裔人和穷人。但数据驳斥了这种担忧。

在美国俄勒冈州和荷兰，较少有老老人、穷人和非欧裔人使用致命处方。事实上，在俄勒冈州，申请者几乎都是欧裔美国人（97%），他们有健康保险，并受过良好的教育（81%的人有大学学历）。也没有证据表明存在年龄歧视倾向：大部分人的寿命较长（平均年龄71岁）（见图26.6）。几乎所有人（97%）都死于家中，有亲友在身边。

所有这些统计数据都反驳了"滑坡效应"和社会滥用的观点，因为那些实际上在医生的援助下去世的人不可能滑到任何他们不想去的地方，也不可能被推向死亡。尽管如此，即使是那些认为医疗护理应该由自己决定的人，也不能确定在有选择的情况下，自己是否会选择死亡。非裔美国人尤其不信任临终关怀、安乐死和医生辅助自杀（Wicher & Meeker，2012）。

2002年，荷兰对1980年制定的法律加以修订，不仅允许绝症患者选择安乐死，也允许罹患慢性病且常年忍受痛苦的人选择安乐死。选择安乐死的荷兰人的数量在增加。在2012年，该比例已经占总死亡人数的1/30。这算是一个"滑坡"吗？一些人的确是这样认为的，尤其是那些相信只有上帝才有权决定死亡何时降临、任何人为干扰都是藐视上帝的人。

一位反对这种观点的癌症专家说：

> "当一个人无法忍受病痛，生命只剩下痛苦，尤其是身边还有医生愿意帮助他结束生命时，强迫他活下去就是对个人的生存权利、死亡权利（他认为恰当）无法形容的侵犯。那些否认病人有安乐死或辅助自杀的法律权利的人，通常诉诸两个论点：一是'滑坡'论，一是滥用的危害。两者其实都是恐吓策略，其修辞力量压过了逻辑力量。"
>
> （Benatar，2011，p.206）

然而，并非每个人都同意这位癌症专家的观点。病人决定死亡会不会是因为抑郁症，在这种情况下，是否应该禁止医生给出致命的药物处方（Finlay & George，2011）？俄勒冈州申请医生辅助自杀者中有89%的人给出的理由是，享受生活的能力在衰退（见表26.4）。这算是失去理智或抑郁的一个表现吗？

接受死亡对于老年人来说是精神健康的标志，但对于年轻人而言则不一定。是否只有54岁以后才可以有尊严地死去吗？按照这一标准，在已经运用了该法案的俄勒冈州人中，11%的人将被排除在外。只允许老年人选择死亡是一种年龄歧视吗？因为其潜台词是年轻人并不理解自己的选择，或者认为老年人的生命已经结束了。

依据俄勒冈州的该项法律而选择死亡的人数在稳步增长，从1998年（第一年）的16人增长到2012年的77人。有些人可能认为，这就是"滑坡"的证据。其他人认为，它表明尽管该办法少见，但仍是有用的——医生辅助的自杀只占俄勒冈州死亡人数的1/200（Oregon Public Health Division，2013）。

有一些残疾的、饱受痛苦折磨的、病入膏肓的人如果选择徒劳的措施来延长生命，死后往往被誉为"永不放弃"的"斗士"，这表明了社会对这种选择的认可。世界各地的大多数民众和立法者持有这种生死观。多数人反对将医生辅助自杀合法化。

然而，这种主流意见并非存在于所有地区。在俄勒冈州北边的华盛顿州，2008年11月，58%的选民对"有尊严的死亡"法案投了赞成票。在2009年，卢森堡加入荷兰和比利时的行列，允许主动安乐死。在2011年，蒙大拿州参议院否决了禁止医生辅助自杀的提案。2012年，有法律学者争论说，美国宪法所保护的自由中应包括决定死亡的自由（Ball，2012）。

这一切似乎展示了一个日益明显的趋势，但医生辅助自杀合法化的提案已在美国的几个州和某些国家被否决了。大多数司法行政区都意识到了这一两难境地，只要辅助自杀是在私下悄悄进行的，他们就不起诉医生。相反的观点以及相反的选择也是显而易见的。

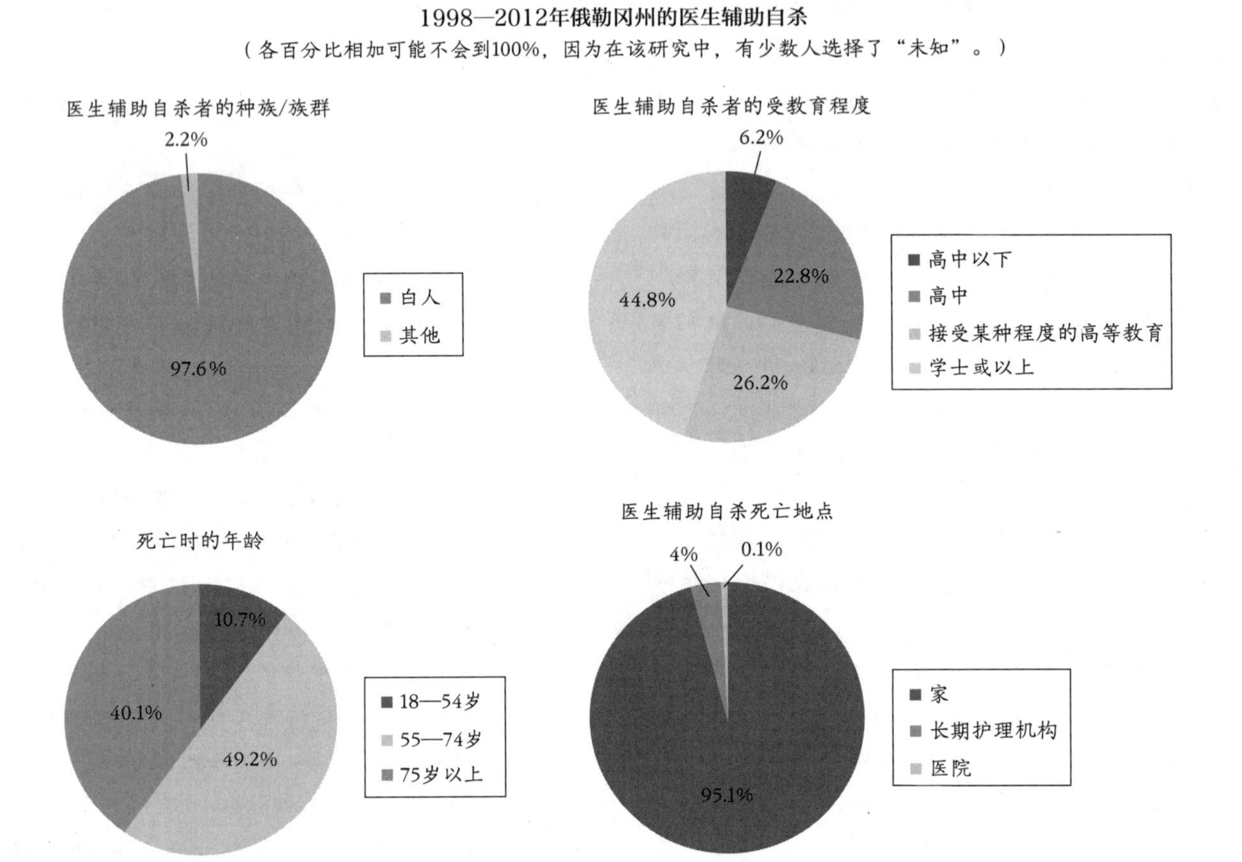

图 26.6

有尊严的死亡 俄勒冈州选择有尊严死亡的个体数据表明，社会经济地位低的人并没有被不公地推向死亡。事实恰恰相反，老年人中选择医生辅助自杀的往往是那些接受过更好的教育、更为富裕的个体。

数据通常来自生还者而非死者，所以预立指示所依据的前提可能是错误的。

就连对死亡抉择的咨询都是有争议的。2010年，美国国会通过的医保法案原本允许医生对描述治疗方案收咨询费（例如，Ketti，2010）。但反对者称它为“死亡委员会”，这一指控几乎让整个（奥巴马的医改）方案流产。作为一种妥协，该项条款被取消：医生不能因为花时间向患者解释姑息治疗、治疗方式或死亡方式的选项而收费。

生前预嘱和医疗护理委托书

预立指示通常包括生前预嘱（living will）和医疗护理委托书（health care proxy）。医院和临终关怀机构通常强烈推荐这两者。尽管如此，大多数人都不愿意这样做：对某顶级医院中的癌症患者的调查发现，只有16%的人订立了生前预嘱，另有48%的人签署了医疗护理委托书（Halpern et al.，2011）。

生前预嘱会指明在患者无法表达自己的意愿时，想采用以及不想采用哪些医疗干预措施。（如果患者意识清醒，医院工作人员会具体告知每一项措施，一般要求在手术前签署书面同意书。有意识和清醒的病人有权撤销在其生前预嘱中同意的任何指示）。

人们之所以有可能撤销自己的先前意愿，可

能是因为生前预嘱中包括了诸如“不可治愈”“有合理的恢复机会”和“极端措施”等术语，而在具体情况出现前，人们很难理解这些词语的意义。即便理解，医疗上的判断也不一致。医生和家属对于什么是“极端的”或“合理的”存在不同意见。

有些人会签署**医疗护理委托**书来授权他人在自己失去决策能力的情况下为其医疗方案做决定。这似乎很合乎逻辑，但不幸的是，无论是生前预嘱还是医疗护理委托书都无法确保医护措施完全符合个人意愿。首先，委托人常常很难放手让自己所爱的人死去。其次，更麻烦的是很少有人（包括专家）对每一种医疗程序的风险、收益和替代方案有全面的了解。在风险超过收益的时候，人们给自己做决定都已经很难了，更不用说给家人做决定了。

医学专业人士一般会支持预立指示，但他们也承认这种办法仍存在问题。正如一对夫妇所写的：

> “在面对死亡的现实时，陷入死亡是生命无法回避的一部分，它是一个需要体验的经历，而非一个需要解决的问题。在理想的情况下，我们会遵循此前赋予生命以意义的价值观活到生命尽头。但在性命攸关的时刻，患者及家属缺乏足够的时间、语言或仪式的指引，去将他们的价值观和目标整理和表达出来。”
>
> （Farber & Farber，2014，p.109）

给没有预立指示的人的问题 为什么很少有年轻人会预立指示？（答复见第 661 页）

夏沃案

特蕾莎·夏沃（Theresa Schiavo）的悲剧性案件很好地说明了医疗护理委托书存在的必要性。特蕾莎·夏沃在 26 岁那年突然心跳停止。抢救虽然让她的心跳恢复了，但她陷入了深度昏迷。与绝大多数同龄人一样，她没有预立指示。法院指定与她结婚 6 年的丈夫迈克尔（Michael）作为她的监护人。

迈克尔尝试了许多办法来唤醒妻子，但 11 年后，他接受了医生反复诊断后得出的结论：特蕾莎处于持续性植物状态。他请求医院拔除维持她生命的进食胃管。根据特蕾莎曾说过绝不愿靠人工维持生命的证人证言，法院同意了这一请求。特蕾莎的父母提出上诉，但被驳回。他们转而寻求公众的支持。

佛罗里达州的州议会为此专门通过了一项法律，要求重新插回胃管。在历经了 3 年多的法律纠纷后，美国最高法院最终裁定，下级法院的判决是合理的。当时，北美所有的报纸和电视台都在跟踪报道。美国国会通过了一项议案，要求继续进行人工喂养，但这一议案也被裁定为违宪。

胃管最终被移除了，特蕾莎在 2005 年 3 月 31 日去世，有些人则认为她早在 15 年前就已经死了。验尸报告显示，她的大脑明显萎缩，至少有 10 年没有任何思维活动。

家人的反目以及涉事法官和政客的对立是特蕾莎案件引起媒体关注的部分原因，案件也引发了广泛的支持和抗议活动。成千上万很少为类似问题公开争论的父母、夫妻、兄妹、法官和立法者、医生和护士各执己见，争吵不休。

预立指示可能有助于使死亡成为“一项需要体验的经历……遵循赋予此前生命以意义的价值观”（Farber & Farber，2014，p.109），并能给护理者带来一些安宁。但是，正如夏沃案所表明的，远在危机出现之前，家庭每个成员之间就需要沟通协商（Rogne & McCune，2014）。

小 结

现代医学在某些方面让善终更有可能实现了，但也增加了问题的复杂性。人在大脑活动停止后还可以依靠呼吸机、鼻饲管等存活很长时间。相对于几乎所有人都独自死在医院的年代，坦诚的交流、临终关怀和姑息治疗让死亡变得轻松一些。然而，被动和主动安乐死以及辅助自杀是有争议的。部分原因是人们对于垂死个体究竟什么时候恢复无望、什么时候算是已经死亡，尚无确切的认定办法。

各种预立指示，包括生前预嘱和医疗护理委托书，如果结合坦诚的交流，能避免一些家庭冲突，帮助个体按自己希望的方式死去，并使遗愿得到满足。然而，他人对于病人意愿的认识往往存在分歧，医疗伦理、法律和宗教实践对此也缺乏相应的引导。■

>> 对生命的肯定

哀伤和悼念是生命的一部分。人际关系支撑着生命，但每个成年人都会失去自己挚爱的人。这或许让人抑郁，但也可能会让人活得更加深刻。

哀伤

哀伤是一个人遭受深远丧失时感受到的强烈悲恸，尤其是永失至爱的时候。哀伤是深刻的、切身的，是一种碾压了日常生活的心痛。

正常的哀伤

对于哀伤，首先要认识到这是人类的一种正常情绪，即使它可能让人产生不寻常的行为和念头。哀伤的表现主要有失控地号哭饮泣、夜不能寐和非理性妄想，正如琼·迪迪恩对“奇幻思维（magical thinking）”的描述：

> “悲伤近在咫尺。悲伤如潮似汐，一波波袭来，有时突然的恐惧令人膝弱腿软，目散魂消，冲刷掉生活的日常……我现在明白了，我当时坚持独自捱过第一夜，这比看上去要复杂得多，是一种原始的本能……在某种程度上，我相信所发生的一切仍可逆转，这就是我坚持独处的原因……我需要一个人独处，这样他才能回来。这是我的奇幻思维之年的开端。”
>
> （Didion，2005，pp.27，32，33）

当所爱的人逝去时，孤独、否认、愤怒和悲伤都会迅速涌现，抑制了人的食、寝、思等正常需要。亡后头 7 天内最为悲痛，继而萦绕不去，其影响的程度取决于悼念的细节，后面将会介绍。但首先，我们需要承认，哀伤并非都是正常的（Qualls & Kasl-Godley，2010；van der Houwen et al.，2010）。

复杂型哀伤

在当代，死亡已经变得越来越私密，对许多人来说，也越来越去宗教化。美国人的丧葬趋势是这一变化的代表：老一代人可能更愿意在举行传统葬礼仪式之后土葬，而年轻一代人则很可能选择在火化后开一个追思会。

火葬看似一种更简单、更理性的殡葬方式，但是哀伤既不简单也不理性：就连火化后的骨灰该如何处置这一项，就充满了否定和争论，从而加大了复杂性（Cranwell，2010）。大约 10% 的死者亲属会经历**复杂型哀伤**，这种哀伤不利于未来的生活（Neimeyer & Jordan，2013）。

也许会令人惊讶，有一类复杂型哀伤被称为**哀伤缺位**，即丧亲者看似没有悲伤。这是一种常见的第一反应，但如果一直这样下去，就会引发身体或心理症状，例如，呼吸或行走困难、惊恐发作或抑郁。上述症状如果没有其他诱因，没有表达出来的悲伤可能就是其背后的原因。

与以往相比，哀伤缺位在现代社会中更为常见。一些国家（例如，中国、智利、西班牙）的法律规定了带薪丧假，但在美国并非如此（Meagher，2013）。那些在工作和生活中没有人知道其个人生活的人，没有社区和公认的习俗来帮助他们抒发哀伤。

事实上，对于大公司的员工和大学生而言，哀伤被视为“一种对正常有效运行的日常生活的‘暴力’侵扰”（M. Anderson，2001，p.141）。这会导致丧亲者被孤立，但这与其需求恰好相反。

现代生活也会增加**哀伤剥夺**的发生，这“不只是因为受忽视、被遗忘或不愿公开；而是社会不允许和不支持”哀伤（Corr & Corr；2013b，p.135）。例如，许多法律规定，只有现任配偶或近亲才可以安排葬礼、处置遗体和其他相关事宜。当死者与其亲戚都很亲近时，这符合情理，但也可能导致“无法疏泄的哀伤和困窘的丧亲之痛”，例如，把一个未婚的长期伴侣排除在外（L. Green & Grant，2008，p.275）。

许多人被剥夺了哀伤的权利；他们心中饱含强烈的悲伤但无从表达。由于死者家人的故意阻挠、思虑不周或并不知晓，死者未婚的（同性或异性）恋人、离异的配偶、幼儿和工作中的密友都可能无法与之诀别、瞻仰遗容或参与料理后事。对失去胎儿或新生儿的父母说“你们就当孩子没有存在过”或“你们可以再生一个”，也是在剥夺他们哀伤的权利。

另一种复杂型哀伤是**不完全哀伤**。哀伤一般要经历一个过程，开始时非常强烈，随着时间的推移，强度逐渐衰减，最终结束。瞻仰遗容、为坟墓添土、抛洒骨灰等风俗都可以推进哀伤过程。然而，许多情况会干扰这一过程的完成。

创伤性死亡总是来得出人意料，这使得否认、愤怒和抑郁从根基上损害了哀伤情绪（Kauffman，2013）。谋杀和自杀往往会引来警方和记者的调查，但此时的哀悼者更需要哀伤而不是回答问题。如果死者亲属相信死者可能复活或者灵魂不会立刻脱离尸体，那么尸检可能也会阻碍哀伤的结束。无法找到遗体——如在行动中失踪的战士、洪水或火灾的受害者——可能会让哀伤无法表达，从而阻碍其过程的完成。

飓风和战争等天灾人祸过后出现的不完全哀伤很常见，这是因为当时的首要任务是寻找食物和避难场所并生存下来，情感需求则相对次要。不完全哀伤的结果之一是不将人们死亡的原因直接归结于创伤事件，而怪罪于别人的冷漠和疏于照顾自我。

>> **答复没有预立指示的人（问题见第 659 页）** 年轻人通常不愿现实地思考自己的死亡。这种态度是情绪性的、非理性的。文件的准备工作实际上很简单（可以从网上下载表格，也不需要律师）。年轻人在做其他未雨绸缪的事情时，如注射破伤风疫苗或加入退休金计划等，没有任何困难。

悼念

悲伤令人撕心裂肺、碎为粉齑，抵御之力尽殆。悼念则将其重聚再生，予以回归正常社会之能力。具体地说，**悼念**是丧亲之痛的公开的、仪式性的表达，是按照宗教或文化给予死者的纪念典礼和纪念行为。

哀悼的帮助作用

人们需要哀悼。因为如上所述，遭遇重创的人，对非理性思维乃至自我毁灭行为都缺乏抵抗力。有些人过度少食或过度饮酒，有些人在开车甚至过马路时分心走神。刚丧失亲人的人会出现身体和精神健康的滑坡，而且自杀率增加。子女夭折对父母来说打击尤其沉重，他们可能会彼此疏远或靠拢。共同参与悼念仪式是家人互助的一种方式。

瑞典的一项针对兄弟姐妹亡故经历的大型研究发现，即使事隔经年，这些经历者的死亡风险仍高于其他瑞典人。即便其兄弟姐妹并非死于自杀，情况也是如此。但如果其兄弟姐妹确实死于自杀，这些经历者的自杀风险是其他相同背景的瑞典成人的 3 倍（Rostila et al.，2013）。

所有研究都表明，悼念过程对于自杀者的亲友尤其重要。因为他们通常会自责或对死者感到愤怒，这让传统的悼念变得更加困难。

习俗是为帮助人们走出哀伤并重新对生命加以肯定而设计的（Harlow，2005；Corr & Corr，2013）。为此，悼词会强调逝者的优秀品质；不认识逝者的人前来守灵、出席葬礼或追悼会，以慰籍逝者的亲人。如果逝者为公众人物，前来悼念的人可能成千上万。他们相互表述悲伤、凝视遗像、聆听令他们想起逝者的音乐、流泪观看葬礼的电视传播。悼念者常常发誓要肯定逝者的优点，忘掉过去对他们的任何批评。

悼念的一个功能是，通过允许人们公开表达悲伤来引导或遏制个人私下的悲伤。例子包括，犹太习俗中的 7 天服丧期“坐七（shiva）”，某些穆斯林群体倡导的持续 3 天的积极哀悼期，或者是印度教中在去世后第 1 个满月日开始的为期 10 天的哀悼仪式。

在逝世周年忌日里，亲友们常常会追忆逝者。所以各种文化中都有周年祭奠活动，如扫墓、烛光悼念等。有许多已经远离社区宗教仪式的人，在有人去世时，也能够从再次回到仪式中获得慰藉（Rosenblatt，2013）。

前面提到，对死亡的信仰千差万别，而信仰又影响着哀悼仪式。有些宗教相信轮回，即亡者转世再生，其来生取决于往生的人品。其他宗教认为，灵魂会受到审判，然后或升入天堂或被遣地狱。

悼念者会去做一切他们认为对死者有帮助的事。重复某些悼词是为了确保逝者来生安好。还有一些宗教认为，逝者灵魂驻留世间，影响着生者。笃信此念的哀悼者一般会为死者供奉食物和其他祭品，借以祈求来自其灵魂的庇佑。有些宗教认为，逝者只存在于记忆之中，其习俗或是以逝者之名命名一个新生儿，或是在特定的纪念日祭拜逝者。

与某些东方文化相反，西方的传统做法是立碑造匾以示纪念，或以逝者之名冠名某地。而一些亚洲人认为，应该远离灵魂使其安宁，为此，死者生前所有的财产、象征符号和其他痕迹都要在适当的祷告后被移除。这导致了文化冲突。巴厘岛发生的恐怖爆炸导致 38 名印度尼西亚人和 164 名外国人（主要是澳大利亚人和英国人）丧生。印度尼西亚当地人在举行了庄严隆重的祷告仪式之后，销毁了所有遗物，而澳大利亚方面则忙于为修建纪念碑而募集资金（Jonge，2011）。对此，印度尼西亚官方设置了重重障碍，激怒了澳大利亚人。纪念碑最终没能落成。双方均难以理解对方内心的深厚情感。

近几十年来，各地有很多人在宗教上已经不再那么热心，仪式化的悼念活动在减少。死亡变成了绝望而非希望的源泉了吗？这也许不是事实。全世界人民在面对死亡时都变得更为精神化了（Lattanzi-Licht，2013），就连认为自己不信教的人也不例外（Heflick & Goldenberg，2012）。

心理学家反驳说，人类的认知自然会导致其相信死后来生（Pereira et al.，2012）。对哀伤表达和悼念习俗的社会性破坏可能会影响个人和社会群体的健康。

搁置责备与寻找意义

个体逝去后，亲人的一个常见的冲动是追究责任：哪些医疗措施没有用到，哪条法律没有执行，哪些不良习惯没有改变，等等。死者家属有时责怪死者，有时责怪自己，有时责怪他人。2011年11月，迈克尔·杰克逊的私人医生康拉德·莫里（Conrad Murray）因为开具过量药物导致杰克逊的死亡而被判有罪并被监禁。许多歌迷和杰克逊的家人在宣布判决的那一刻，振臂欢呼。而莫里则是责怪杰克逊本人而不责怪自己的少数几人之一。

对于公共灾难，国家之间也会互相指责。指责不理智且内疚不足。例如，1914年奥地利皇太子弗朗茨·费迪南在塞尔维亚遇刺身亡，引发了奥地利和塞尔维亚之间的冲突，随后其他十二国迅速参战，开启了为期4年、死亡1600万人的第一次世界大战。

前面曾经介绍过，否认和愤怒是库伯勒－罗斯提出的死亡应对序列中的第一阶段。最理想的是人们在这之后逐渐进入接纳阶段。寻找意义可能对悲伤之后的重新肯定至关重要。在某些情况下，这种寻找始于保存记忆，所以展示死者的照片和遗物、讲述关于他们的逸事是许多追思活动的重心。

当一场巨大的灾难导致众多死亡时，幸存者往往会纪念死难者。许多人相信，如果没有对犹太人的大屠杀，以色列就不可能建国，或者如果没有艾滋病的流行，同性婚姻就不可能被合法化。

那些曾有过相似的丧亲之痛经历的陌生人可能对悼念者有帮助。这解释了下列各类团体结成的原因：其年幼孩子遭到杀戮的父母、其青春期子女被酒驾司机撞死的母亲、“9·11”恐怖袭击中牺牲在世贸中心的消防员的遗孀、同一空难的死亡者的家属，等等。

悼念者有时希望陌生人也能了解他们的逝者。各主流报纸都有收费的讣告栏，在某些公共场所（如发生车祸惨案的路边）会出现自发的纪念（涂鸦、壁画、毛绒动物、鲜花）。政府一度不鼓励此类做法，但现在有所改变。因为管理者意识到，公共悼念活动有利于抒发哀伤和悼念，也有利于凝聚公众：如今，在公共场所的献花直到花朵凋谢、时间过去后才会被移走（Dickinson & Hoffmann，2010）。

致力解决某项问题（如乳腺癌或枪械控制）的组织发现，他们最热心的捐赠者、示威者、倡导者常常来自有挚爱因该问题而丧生的人群。当死亡发生时，生者通常会指定一个与死者有关的慈善机构，悼念者们向其捐赠，这也是死亡带来的一件善事。

人们从死亡中寻找意义的另一种方式是聚集起来守夜、集会或抗议，目的一般是要求某种形式的补偿。

- 在德国，一名9岁的儿童被货车撞死后，街坊邻居和陌生人连续几天设置路障，直到官方安装了新的交通安全措施，他们才离去。
- 一个骑自行车的人被车撞死后，其他骑车人立起了“幽灵自行车”①，并象征性地集体竖起自己自行车的前轮，这一举动为纽约市争取到了新建大量自行车道（Rulfs，2011；Dobler，2011）。

责备和寻找意义的冲动颇为强大，但并非总是建设性的。报复行为也可能会出现，导致家庭、帮派、文化、族群或宗教团体之间长期的、通常是毁灭性的积怨世仇。有时，如果某国的公民杀害了另一国的公民，两国可能陷入战争。最理想的是，咨询师、律师、政治家和牧师能够引导遭遇重创的人们走向有益的方向。

反应的多样性

如上所见，一个人如何处理丧亲之痛取决于习俗和所属社区的态度。其具体细节存在诸多差异。例如，在美国，在亲人亡故18个月后，仍保留死者遗物、反复与死者交谈且经常回忆过往的悼念者会被认为适应状况比其他人差。但在中国，这种人会被归为适应得比较好的（Lalande & Bonanno，2006）。

过去的经历会对丧亲过程有影响。童年丧父或丧母的人如果在几十年后遭遇其他亲人的亡故，可能更易心烦意乱。依恋经历也与之有关（Stroebe et al.，2010）。在童年期获得了安全依恋的老年人更可能体验到正常的哀伤；而形成不安全—回避型依恋的老年人可能表现出哀伤缺位；形成不安全—抗拒型依恋的老年人可能陷入困局，无法找出死亡的意义，也不能重新肯定自己的生命。

① 一种放置于出事地点的装饰有鲜花的自行车，用作哀悼的标志。——译者注

重新肯定并不代表遗忘，持久的感情纽带在死后许多年中仍然明显（Stroebe et al，2012）。这种纽带对于重新肯定生命是利是弊，取决于过去个人之间的关系和死亡时的具体情况。

在西方国家，幻觉（看见灵魂，听到声音）是复杂型哀伤的标志，但将逝者作为榜样、不断对其进行回忆和思考的做法，“与更好的个人成长有关”（Field & Filanosky，2009，p.20）。生者常常会给逝者写信或与之交谈，或把某些事，如一场日出、一只蝴蝶、一场暴雨，当作安慰的信息。

丧亲理论一度认为，丧亲者应该悲伤，然后继续前行，接受死者已经永远离开的事实。人们以前认为，如果这个过程没有发生，可能会导致病理性悲伤，表现为丧亲者或者缺乏充分的悲伤（哀伤缺位）或者悲伤时间过长（不完全哀伤）。而目前的研究发现，个体的反应实际上有更宽泛的多样性，持久的感情纽带是一个正常现象（Rubin，2012）。

另一方面，心理学家认识到，丧亲可能是一个导致严重抑郁症的压力源。例如，对于抑郁症，DSM-4 有“排除丧亲”条款，解释了如遇过去 2 个月内有亲人死亡者，不得对其做出严重抑郁的诊断。但 DSM-5 修订了该条款。亲人亡故会让有些人患上严重抑郁症，这种情况肯定需要治疗。

实际应用

研究表明，亲人死亡会引发许多人剧烈的、复杂的和出乎意料的情绪反应。为了帮助哀悼者，其朋友应该多倾听，多表示同情理解，千万不要传递出任何哀悼者过于悲伤或悲伤不足的信息。

失去亲人的人可能会，也可能不会，想去扫墓、点上蜡烛、珍藏遗物、祈祷或哭泣。他们或许想要独自做这些事，也可能需要有人陪伴。如果朋友鼓励他们哭泣，那些受过要坚强地忍受哀伤等教育的人会因为自己哭不出来而备感痛苦。相反，在鼓励恸哭的文化中成长起来的个体，也会怨恨那些要求他默不作声的人。

即使哀伤缺位，即失去亲人的人什么也不表达，也可能是适当的。同样，相反的反应，包括反复提及丧亲、博得同情、追究责任、寻求意义等，可能也都是适当的。

正如你所看到的，有的假设可能并不准确，人们的反应远比对悲伤的简单解释复杂得多。有位研究者曾经引用过一个例子，有位 13 岁的女孩在她 17 岁的哥哥在上学途中遭遇枪杀之后拒绝离家。治疗师的任务是辅导她重新上学。

人们很容易想到她是害怕死在街上，可以安排朋友陪她去学校等。但通过仔细聆听发现，她拒绝出门的真正原因是，她担心抑郁的母亲独处时会自杀（Crenshaw，2013）。想要帮助女儿，必须先帮助母亲。

不管出现何种恐惧，遵循何种仪式，或蕴含何种悲伤，悼念的结果或许都一样：生者能够更深刻地理解、赏识自己和他人。事实上，在帮助人们应对死亡和丧亲的专业工作者中，频繁提及的一个主题是，死亡会带来对生命的，尤其是对亲密关系之价值的更多理解和领悟。

心理学家乔治·卫兰特（George Vaillant）曾追踪研究一组哈佛学生，直至其年老。他如此描述葬礼：“回忆的眼泪流淌在我们的脸颊上……要记住我们的爱至今不衰。”（Vaillant，2008，p.133）

请牢记生活是一种创造性的工作。以此来结束本章和整本书是最合适的。正如我们在第一章开宗明义地指出的，对人类发展的研究是一门科学，有许多有待研究、理解和诠释的课题。但生活过程本身既是一门科学，又是一门艺术，每个人都是一幅独一无二的织锦，其中编织着千丝万缕的爱和悲伤。死亡亦能带来希望，临终亦可获得接纳，而哀伤亦孕育着对生命的肯定——这一切都为出生、成长、发展和爱增添了意义。

小　结

哀伤是一种不可抗拒的、非理性的情感，也是对挚爱之人辞世时的正常反应。哀伤可能是复杂的，存在持续时间过长、缺位或哀伤的权利被剥夺等问题。悼念是一种社会和文化的过程，可帮助人们超越哀伤、继续前行和重新肯定生命的意义。现代生活可能增加了人们进行悼念的难度。不过，悼念的习俗可以帮助生者从死亡中，继而从自己的生命中，寻找到意义。

面对亲人的死亡，责备某人以及在死亡中寻找意义的冲动是常见的反应。这种反应可能是有益的，也可能是破坏性的。当长寿的亲人得以善终，悼念者更容易重新开始生活；哀伤是常见的，悼念能够提供帮助，大多数人会重新肯定生命的价值，回归社会。■

科学视角

哀伤后的心理韧性

早期的研究高估了病态哀伤的发生率。由于显而易见的原因，科学家们对悼念的研究通常始于悼念者——最近有亲人逝世的那些人。但无法对悼念者在其亲人亡故前的人格进行回溯研究。

此外，心理学家经常对难以应对死亡的人进行干预。有些人经历了哀伤缺位；有些人感到哀伤的权利被剥夺；有些人被亲人去世后几个月无休无止的哀伤击垮了；还有些人无法从暴力的、突发性的和意外的死亡中看到生命的意义。所有这些人都需要咨询师的帮助，来澄清问题，找到解决办法。

现已知道，人格对哀伤和悼念具有重大影响（Boyraz，2012）。病理性的哀悼者并不典型。几乎所有人在一生中都会目睹几次死亡——父母的、祖父母的、配偶的或亲密朋友的。大多数人一开始都会感到悲伤，但随后会恢复习惯的生活，几个月后就会和他们从前一样。只有一小部分人，大约10%～15%，会表现出极端的或复杂型哀伤（Bonanno & Lilienfeld，2008）。

对死亡的反应存在多样性，这明显表现在一项对大底特律地区已婚老年人的纵向研究中。该研究一开始先访谈评估了这些老年人，然后在几年内他们中有319个人丧偶。其中大多数人分别在配偶死后6个月和18个月时接受了回访，约1/3的被试在4年后再次接受了回访（Boerner et al.，2004，2005）。

总体趋势很明显。几乎所有的丧偶者都将过去的婚姻理想化，对已故配偶的记忆比在其生前两人共同接受第一次访谈时更为积极。理想化是一种正常现象，其他的研究发现，这是心理健康的标志，并非病态（O'Rourke et al.，2010b）。在配偶去世后，许多人每天都会想起配偶好多次。但正如人们对悼念的预期，随着时间的推移，这种悼念不再那么频繁了。

该研究发现，丧偶者中存在四种差异明显的反应（Galatzer-Levy & Bonanno，2012）：

1. 有66%的个体具有心理韧性。起初，他们十分伤心，但6个月后，他们就能像配偶去世前一样快乐和充满活力。
2. 有15%的人在亲人去世前后的访谈中都相对抑郁。如果该项研究始于亲人亡故后，抑郁通常会被认为是亲人亡故所导致的。然而，基于之前的评估结果，这类人属于长期抑郁，而非陷入哀伤不可自拔。
3. 有10%人在配偶死亡后的抑郁程度较以往有所降低，这些人通常是护理身患重病的配偶的人。
4. 有9%的人恢复缓慢，18个月后仍无法正常生活。然而4年后，他们的表现几乎和以前一样了。

缓慢恢复的第四组表明，有些人经历了复杂型哀伤。请注意，他们只占所有研究参与者的一小部分。

许多研究表明，哀伤和随后的恢复是通常的模式，只有约10%（在上述研究中是9%）的人需要专业的帮助来应对亲人的死亡。个体的健康、财务状况和人格都影响着其对死亡的反应。

关键在于在亲人去世之前，一个人持有怎样的信念（Mancini et al.，2011）。如果他倾向于从积极的角度看待事物，相信正义会胜利，相信生命是有意义的，那么亲人的死亡可能只会加深而不会削弱这些信念。如果已经接纳了死亡的现实，人是不太可能抑郁的。

本章总结

死亡与希望

1. 死亡和死亡过程总会引发强烈的情绪反应。然而，如今在世界上的许多地方，死亡的体验已经不同以往了。例如，越来越少的人有机会目睹死亡过程。
2. 在古代，死亡被认为是生者、死者和精神世界之间联系的纽带。人们尊重死者，努力珍惜自己的生命，这样自己才能获得善终，来世平安。
3. 每种宗教都有关于死亡的仪式和信仰。虽然各不相同，但都能赋予生者以希望，并凝聚社会。
4. 死亡有什么样的意义，部分取决于当事人的年龄。例如，年幼的孩子担心的是与每天陪伴他们的人分离；年龄较大的孩子则想知道死亡的详情。
5. 恐惧管理理论认为，某些成年初显期个体通过冒险行为来应对死亡焦虑。成人往往担心未竟之事或抛下了家人；老年人更容易接受死亡。

对死亡的选择

6. 每个人都想获得善终。在长寿之终点没有痛苦地死去，现在，这种可能性比在 20 世纪更大了。然而，实现善终的其他方面（如迅速、在家里、有亲友陪伴等）的可能性更小了。
7. 将死之人的情绪会随时间而变化。有些人可能会从拒绝变为接受，虽然死亡过程的几个阶段远比原先提出的多样化。对许多（但并非所有）临终者来说，坦诚的交流会有帮助。
8. 临终关怀可以满足终末期病患及其家属的生理和心理需求，可以在家里或在特定场所。姑息治疗可以缓解疼痛和其他濒死阶段的不适。
9. 某些药物既能缓解疼痛又能加速死亡，这类存在双重作用的药物常被人接受。但安乐死和医生辅助自杀仍存在争议。在某些国家和美国某些州，这类行为是合法的，但大部分国家和地区并不允许。
10. 自 1980 年以来，死亡被界定为脑电波的停止。如今，即便有意识的思维不复存在，许多措施仍能延长生命。对此，显然需要一个更精确的新的死亡定义，但如何重新界定还有待讨论。
11. 预立指示，如生前预嘱和医疗护理委托，值得向所有人推荐。但预测所有可能的干预措施并不现实。在具体细节上，家庭成员与专业人士往往存在分歧。

对生命的肯定

12. 哀伤是一种压倒一切的悲痛。它可能是非理性的、复杂的、缺位的或被剥夺的。
13. 悼念仪式是疏导悲伤的渠道，能帮助人们继续前进而肯定生命的价值。大多数人都能做到这一点。
14. 与死者持续的感情联系已不再被认为是病态的，许多在亲人过世多年后仍未走出抑郁的人，其实在其亲人死亡之前就已经存在抑郁症状了。

关键术语

哀伤（grief，p.660）
哀伤剥夺（disenfranchised grief，p.660）
哀伤缺位（absent grief，p.660）
被动安乐死（passive euthanasia，p.655）
不抢救指令［do not resuscitate（DNR）order，p.655］
不完全哀伤（incomplete grief，p.660）
悼念（mourning，p.661）
复杂型哀伤（complicated grief，p.660）
姑息治疗（palliative care，p.654）
滑坡效应（slippery slope，p.657）
恐惧管理理论（terror management theory，TMT，p.648）
临终关怀（hospice，p.652）
生前预嘱（living will，p.658）
双重效应（double effect，p.654）
医疗护理委托（health care proxy，

p.659）

医生辅助自杀（physician-assisted suicide，p.655）

预立指示（advance directives，p.656）

主动安乐死（active euthanasia，p.654）

你学到了什么？

1. 对于死亡，为什么今天的人比 100 年前的人更为陌生？这会产生什么影响？
2. 古埃及人和古希腊人认为什么将决定一个人死后的命运？
3. 请举出丧礼仪式完全相反的一个的例子？
4. 父母和孩子谈论死亡时，应该注意什么？
5. 用恐惧管理理论如何解释年轻人的冒险行为？
6. 父母是如何影响个体对自身死亡的认识的？
7. 成年晚期对死亡的态度有何转变？这一转变的证据是什么？
8. 经历濒死体验后，个体会有何种改变？
9. 什么是善终？
10. 根据库伯勒－罗斯的理论，在死亡过程中，情感会出现哪五个阶段？为什么库伯勒－罗斯的阶段论并未获得一致的认可？
11. 决定临终者是否接受临终关怀的因素是什么？临终关怀的指导原则有哪些？为什么每一项都很重要？
12. 为什么有双重作用的药物尽管加速了死亡，但仍是合法的？
13. 对死亡的界定有什么争议？
14. 被动安乐死和主动安乐死的区别是什么？
15. 在美国俄勒冈州实施医生辅助自杀的四个条件是什么？为什么每一项都很重要？
16. 为什么设立了生前预嘱的人还需要医疗护理委托？
17. 什么是哀伤，其具体表现是什么？
18. 请举出三类复杂型哀伤。为什么每种类型都被认为是“复杂”的？
19. 哀伤、悼念和丧亲之间有何区别？
20. 处在哀伤之中的人如何从死亡中找到意义？
21. 与死者交谈为什么会让失去亲人的个体适应得更为容易或困难？
22. 如果某人在亲人逝世的 6 个月后仍然感到失落，是病态的吗？
23. 亲友在帮助处于哀伤之中的个体时需要注意什么？

应　用

1. 死亡有时需要避讳，甚至是禁忌。请询问 10 个人，看他们是否陪伴过濒死的人或见证过死亡。不仅要注意回答是肯定的，还是否定的，还要详细询问细节和反应。例如，有多少死亡发生在医院里？
2. 从《巴特利特引语词典》（*Bartlett's Familiar Quotations*）[①] 或其他名人名言录中找到有关死亡的语录。你是否发现了关于接纳、否定和畏惧的历史或文化模式？
3. 在现代社会中，死亡过程的每个方面都存在争议。在互联网上搜索一个关键术语（如安乐死或哀伤），分析你所获得的信息和其背后的基本假设。你的意见是什么？为什么？
4. 不同年龄的人对死亡有不同的态度。去问问不同年龄段的人（从 20 岁以下、20—60 岁和老年阶段中至少各找一人）对自己的死亡有什么想法。从中你发现了什么不同？

① 该书是专门收集名人名言的大型辞书。——译者注

补充性附图与附表

通常，对于发展学研究者来说，检查具体的研究数据很有价值，甚至是吸引人的。这些具体的数据能够揭示趋势，或者在一般性描述中不明显的细微之处。本附录中的每一个图表都包含了丰富的信息，这些信息也许挑战了你们中某些人的共同假设。

儿童与老年人在国家总人口中的比例

儿童越多，老年人越少？通常来说，出生率高的国家死亡率也高，人的寿命也短，受教育程度也更低。有系统的研究表明，这几方面是高度相关的。例如，由意大利政府资助的瑞吉欧早期教育项目也许是全世界最好的儿童教育项目了，而意大利 15 岁以下儿童在总人口中的占比是全球最低的。与此相反，在撒哈拉沙漠以南的非洲国家，几乎没有政府给予儿童或者老年人资助。

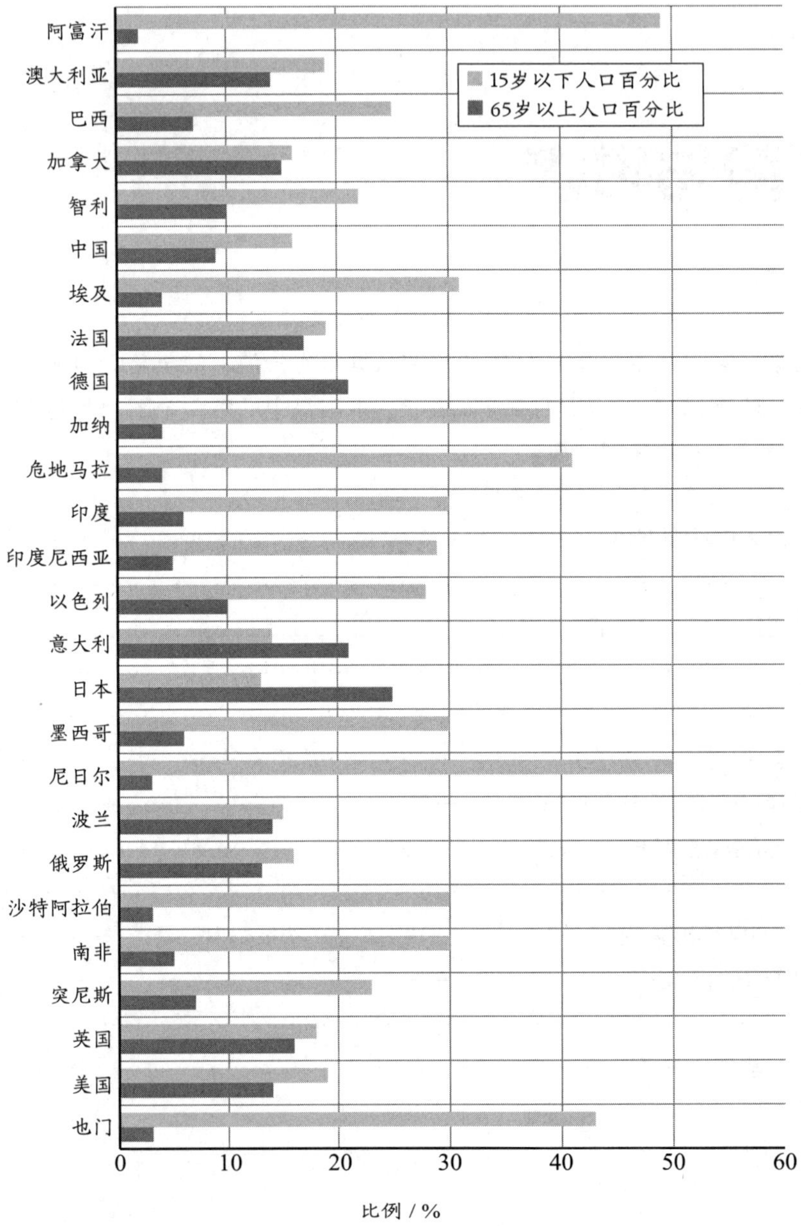

来源：Population Reference Bureau，2013.

血型的遗传学基础

在血型中，A 型和 B 型为显性性状，O 型为隐性性状。下表第一列中的百分比表示具有特定基因型组合的父母所生育的孩子获得第二列中的基因型的概率。请注意，四种血型表型中的每一种都可能是至少 6 种父母基因型的结果。尽管看起来有些复杂，但这其实是一个非常简单的示例。大部分遗传模式是加型的，而不是显性 / 隐性型的，即使对于血型来说，很多其他因素（如 Rh 阴性或 Rh 阳性）也可能是表型的一部分。

父母的基因型*	孩子的基因型	血型表型	能输血给（表型）	能受血自（表型）
AA+AA（100%） AA+AB（50%） AA+AO（50%） AB+AB（25%） AB+AO（25%） AO+AO（25%）	AA（从父亲和母亲那里各遗传一个 A）	A	A 或 AB	A 或 O
AA+OO（100%） AB+OO（50%） AO+AO（50%） AO+OO（50%） AB+AO（25%） AB+BO（25%）	AO	A	A 或 AB	A 或 O
BB+BB（100%） AB+BB（50%） BB+BO（50%） AB+AB（25%） AB+BO（25%） BO+BO（25%）	BB	B	B 或 AB	B 或 O
BB+OO（100%） AB+OO（50%） BO+BO（50%） BO+OO（50%） AB+AO（25%） AB+BO（25%）	BO	B	B 或 AB	B 或 O
AA+BB（100%） AA+AB（50%） AA+BO（50%） AB+AB（50%） AB+BB（50%） AO+BB（50%） AB+BO（25%） AO+BO（25%）	AB	AB	只能给 AB	A、B、AB、O（万能受血者）
OO+OO（100%） AO+OO（50%） BO+OO（50%） AO+AO（25%） AO+BO（25%） BO+BO（25%）	OO	O	A、B、AB、O（万能献血者）	只能是 O

* 血型是从父母双方各遗传一半，与性别无关。

来源：Adapted from Hartl & Jones, 1999.

母亲年龄和孕周与唐氏综合征的发病率

孕期头 3 个月快结束时在第 21 位点上有三条染色体（21– 三体）的胎儿，即罹患唐氏综合征的概率显示在下表第二列（孕期第 10 周）中。这些数据是在产前检查和人工流产尚未普及之前采集的。正如你所见，几乎有一半的唐氏综合征胎儿自发地流产了。另外需要注意的是，唐氏综合征的发病率随母亲年龄的增长而稳步增加。尽管如此，即使女性 40 多岁才生育，大多数新生儿也并没有染色体异常。

母亲年龄 / 岁	孕周		婴儿活产
	第 10 周	第 35 周	
20	1/804	1/1464	1/1527
21	1/793	1/1445	1/1507
22	1/780	1/1421	1/1482
23	1/762	1/1389	1/1448
24	1/740	1/1348	1/1406
25	1/712	1/1297	1/1352
26	1/677	1/1233	1/1286
27	1/635	1/1157	1/1206
28	1/586	1/1068	1/1113
29	1/531	1/967	1/1008
30	1/471	1/858	1/895
31	1/409	1/745	1/776
32	1/347	1/632	1/659
33	1/288	1/525	1/547
34	1/235	1/427	1/446
35	1/187	1/342	1/356
36	1/148	1/269	1/280
37	1/115	1/209	1/218
38	1/88	1/160	1/167
39	1/67	1/122	1/128
40	1/51	1/93	1/97
41	1/38	1/70	1/73
42	1/29	1/52	1/55
43	1/21	1/39	1/41
44	1/16	1/29	1/30

来源：Snijders & Nicolaides，1996.

世界各地的母乳喂养

世界各地区的母乳喂养率有极大差异，东南亚国家的比例最高，在那里有半数以上的2岁幼儿仍在吃母乳。比例相差悬殊。例如，即使都在欧洲，挪威1岁婴儿母乳喂养的比例大约是意大利的2倍。

地区或国家	纯母乳喂养的6个月婴儿的比例/%	12—15个月仍在喂母乳的比例/%
非洲	34	86
撒哈拉沙漠以南非洲	33	88
东非和南非	49	89
西非和中非	24	88
非洲中东部和北部地区	34	70
亚洲	38	72
南亚	45	87
东亚和太平洋地区	29	51
拉丁美洲和加勒比海地区	42	59
欧洲东部和中部	30	59
挪威	9	46
意大利	2	24
发展中国家	37	75
欠发达地区	42	90
全球	37	74

来源：UNICEF, 2012; European Nutrition and Health Report, 2009 (for Italy and Norway).

拯救生命：免疫接种

世界各国都建议儿童接种大多数疫苗，此举已经拯救了 10 亿以上的生命。不过，还有一些疫苗存在争议，有些国家接种的疫苗不同于美国所推荐的。

2012 年，美国推荐的在出生至 6 岁接种疫苗的时间表

疫苗	出生	1 月龄	2 月龄	4 月龄	6 月龄	9 月龄	12 月龄	15 月龄	18 月龄	19—23 月龄	2—3 岁	4—6 岁
乙型肝炎	乙肝	乙肝					乙肝					
轮状病毒			轮状	轮状	轮状							
百日咳、白喉、破伤风			百白破	百白破	百白破			百白破				百白破
B 型流感嗜血杆菌结合疫苗			乙流	乙流	乙流		乙流					
肺炎双球菌			肺炎	肺炎	肺炎		肺炎				肺炎链球菌	
灭活脊髓灰质炎			脊灰	脊灰			脊灰					脊灰
流行性感冒									流感（每年接种）			
麻疹、腮腺炎、风疹							麻风腮					麻风腮
水痘							水痘					水痘
甲型肝炎									1 针		甲肝系列	
脑膜炎球菌									流行性脑脊髓膜炎			

■ 适用于全体儿童的推荐接种年龄范围　■ 适用于高风险群体的推荐接种年龄范围　■ 适用于加强型疫苗的推荐接种年龄范围

美国推荐在 7—18 岁接种疫苗的时间表

疫苗	7—10 岁	11—12 岁	13—18 岁	
白喉，破伤风，百日咳	1 针	1 针	1 针	
人类乳头状瘤病毒		3 针	全部 3 针	
脑膜炎球菌		1 针		加强
流行性感冒	流感（每年接种）			
肺炎双球菌				
甲型肝炎				
乙型肝炎				
灭活脊髓灰质炎				
麻疹、腮腺炎、风疹				
水痘				

■ 适用于全体儿童的推荐接种年龄范围　■ 适用于高风险群体的推荐接种年龄范围　■ 适用于加强型疫苗的推荐接种年龄范围

美国推荐成人接种疫苗的时间表

疫苗	19—21 岁	22—26 岁	27—49 岁	50—59 岁	60—64 岁	65 岁以上
流行性感冒	流感（每年接种）					
白喉、破伤风、百日咳	只要接种过百白破疫苗，后续每 10 年均需注射 1 次					
水痘	2 针					
人类乳头状瘤病毒（女性）	人类乳头状瘤病毒（女性）					
人类乳头状瘤病毒（男性）	人类乳头状瘤病毒（男性）					
带状疱疹					带状疱疹	
麻疹、腮腺炎、风疹	麻风腮			麻风腮		
肺炎双球菌	肺炎双球菌					
脑膜炎球菌						
甲型肝炎						
乙型肝炎						

来源：MMWR, January 28, 2013.

■ 适用于全体成人的推荐接种年龄范围　■ 适用于高风险群体的推荐接种年龄范围

从咿呀学语到掌握语言

每种语言都会与学步期儿童的能力相适应。比如，英语中“th”的发音比较困难，所以，所有语言都没有指望 1 岁的孩子能够正确地发出这个音。

婴儿口语中的母亲和父亲

语种	母亲	父亲
英语	Mama、mommy	Dada、daddy
西班牙语	mama	papa
法语	Maman、mama	papa
意大利语	mamma	Babbo、papa
拉丁语	mama	te-te
叙利亚阿拉伯语	mama	baba
班图语	ba-mama	taata
斯瓦希里语	mama	baba
梵文	nana	tata
希伯来语	ema	abba
韩语	oma	apa

0—18 岁儿童与青少年的身高增长

本页所列身高与体重（见第 675 页）的范围均是美国儿童的。标为“第 50”（即第 50 百分位）的列，显示了各年龄段的平均值；标为“第 90”（即第 90 百分位）的列，显示了高于或重于 90% 的同龄人的儿童的身高或体重。而标为“第 10”（即第 10 百分位）的列显示了仅比 10% 的同龄人高或重的儿童的身高或体重。需要注意的是，就平均值而言，女孩比男孩略矮。

2—6岁儿童身高百分位分布

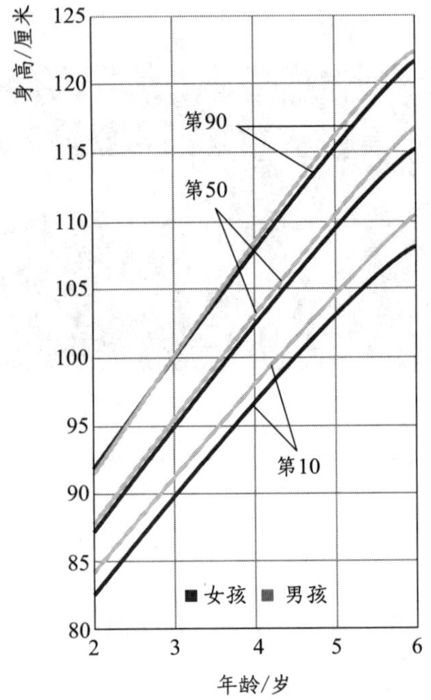

相同的数据，不同的形式

右侧表中的数据为我们提供了儿童与青少年期每个年龄的身高范围的详细而准确的信息。左侧的图以图形形式显示了 2—6 岁儿童的身高信息。第 675 页的体重数据同样如此。之所以把 2—6 岁的数据单独挑出来，是因为这是儿童的饮食习惯形成的时期。你认为哪种数据表现形式更容易理解呢？

身高 / 厘米

	男孩：百分位			女孩：百分位		
年龄	第 10	第 50	第 90	第 10	第 50	第 90
出生	47.5	50.5	53.5	46.5	49.9	52.0
1 月龄	51.3	54.6	57.7	50.2	53.5	56.1
3 月龄	57.7	61.1	64.5	56.2	59.5	62.7
6 月龄	64.4	67.8	71.3	62.6	65.9	69.4
9 月龄	69.1	72.3	75.9	67.0	70.4	74.0
12 月龄	72.8	76.1	79.8	70.8	74.3	78.0
18 月龄	78.7	82.4	86.6	77.2	80.9	85.0
24 月龄	83.5	87.6	92.2	82.5	86.5	90.8
3 岁	90.3	94.9	100.1	89.3	94.1	99.0
4 岁	97.3	102.9	108.2	96.4	101.6	106.6
5 岁	103.7	109.9	115.4	102.7	108.4	113.8
6 岁	109.6	116.1	121.9	108.4	114.6	120.8
7 岁	115.0	121.7	127.9	113.6	120.6	127.6
8 岁	120.2	127.0	133.6	118.7	126.4	134.2
9 岁	125.2	132.2	139.4	123.9	132.2	140.7
10 岁	130.1	137.5	145.5	129.5	138.3	147.2
11 岁	135.1	143.3	152.1	135.6	144.8	153.7
12 岁	140.3	149.7	159.4	142.3	151.5	160.0
13 岁	145.8	156.5	167.0	148.0	157.1	165.3
14 岁	151.8	163.1	173.8	151.5	160.4	168.7
15 岁	158.2	169.0	178.9	153.2	161.8	170.5
16 岁	163.9	173.5	182.4	154.1	162.4	171.1
17 岁	167.7	176.2	184.4	155.1	163.1	171.2
18 岁	168.7	176.8	185.3	156.0	163.7	171.0

来源：数据源自美国国家卫生统计中心（National Center for Health Statistics）、美国卫生与公众服务部（Department Health And Human Services）和健康资源管理局（Health Resources Administratio）。数据以俄亥俄州黄泉市菲尔斯研究所的研究为基础。

0—18 岁儿童与青少年的体重增长

这些身高和体重曲线图提供了一个大概的参照；有些儿童的身高体重可能不同于这个标准，但也相当健康和正常。不过，如果某个儿童的身高和体重之间出现了明显的不一致（比如，身高是在第 90 百分位，而体重仅在第 20 百分位），或与同龄人相比过高或过矮，儿科医生就应该考虑疾病、营养不良或基因反常是否是原因之一。

2—6岁儿童体重百分位分布

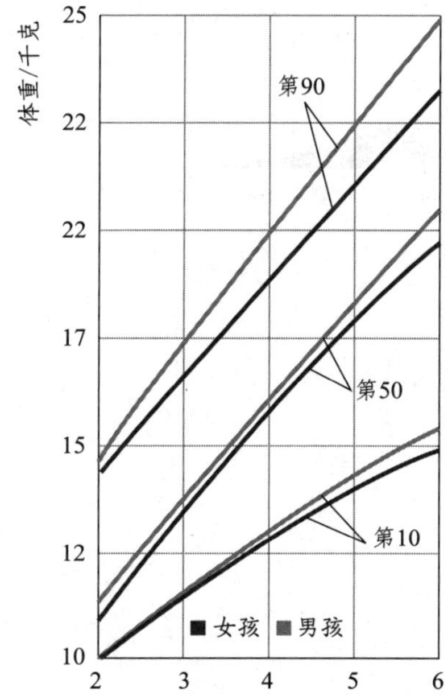

体重 / 千克						
	男孩：百分位			女孩：百分位		
年龄	第 10	第 50	第 90	第 10	第 50	第 90
出生	2.78	3.27	3.82	2.58	3.23	3.64
1 月龄	3.43	4.29	5.14	3.22	3.98	4.65
3 月龄	4.78	5.98	7.14	4.47	5.40	6.39
6 月龄	6.61	7.85	9.10	6.12	7.21	8.38
9 月龄	7.95	9.18	10.49	7.34	8.56	9.83
12 月龄	8.84	10.15	11.54	8.19	9.53	10.87
18 月龄	9.92	11.47	13.05	9.30	10.82	12.30
24 月龄	10.85	12.59	14.29	10.26	11.90	13.57
3 岁	12.58	14.62	16.95	12.26	14.10	16.54
4 岁	14.24	16.69	19.32	13.84	15.96	18.93
5 岁	15.96	18.67	21.70	15.26	17.66	21.23
6 岁	17.72	20.69	24.31	16.72	19.52	23.89
7 岁	19.53	22.85	27.36	18.39	21.84	27.39
8 岁	21.39	25.30	31.06	20.45	24.84	32.04
9 岁	23.33	28.13	35.57	22.92	28.46	37.60
10 岁	25.52	31.44	40.80	25.76	32.55	43.70
11 岁	28.17	35.30	46.57	28.97	36.95	49.96
12 岁	31.46	39.78	52.73	32.53	41.53	55.99
13 岁	35.60	44.95	59.12	36.35	46.10	61.45
14 岁	40.64	50.77	65.57	40.11	50.28	66.04
15 岁	46.06	56.71	71.91	43.38	53.68	69.64
16 岁	51.16	62.10	77.97	45.78	55.89	71.68
17 岁	55.28	66.31	83.58	47.04	56.69	72.38
18 岁	57.89	68.88	88.41	47.47	56.62	72.25

来源：数据源自美国国家卫生统计中心（National Center for Health Statistics）、美国卫生与公众服务部（Department Health And Human Services）和健康资源管理局（Health Resources Administratio）。

智商分数

几乎有 70% 的智商分数（IQ）处于正常区间。不过，请注意，智力测验是一个常模参照测验。事实上，许多国家实际的智商分数都已有所提高；100 已经不再是准确的中值。此外，实际 IQ 低于 50 的情况略高于这里正态曲线所预示的，因为严重的智力障碍不是正态分布的结果，而是由遗传和产前因素造成的。

智商分数的理论分布

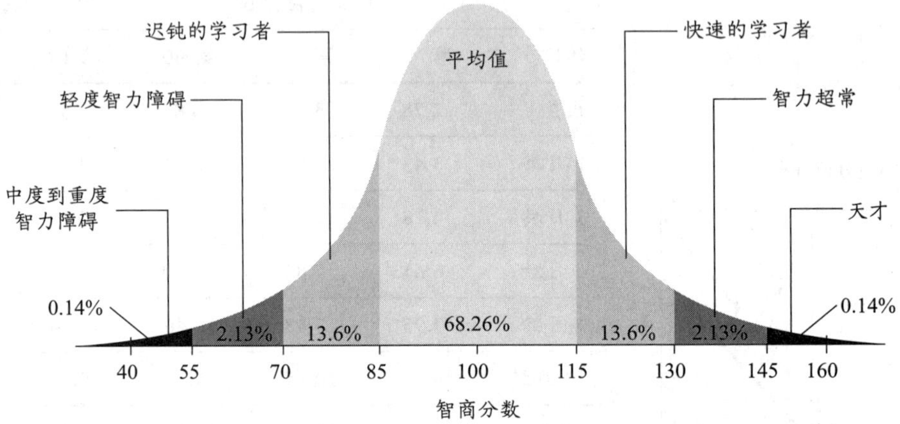

DSM-5 注意缺陷／多动障碍的标准

DSM-5 的出版目的是帮助临床医生、研究人员和保险公司区分不同的病症，并了解特定年龄段的某个行为在什么时候是正常的。以下是注意缺陷／多动障碍的诊断标准，在 DSM-5 中已经不单独诊断注意缺陷障碍了。DSM-5 不仅包含了下方所示的诊断标准，还讨论了数百种主要出现在童年期的障碍或亚型的发病率、年龄和性别统计数据，以及文化因素和预后评估。

注意缺陷／多动障碍

诊断标准

A. 如下列 1 和／或 2 所述，一种持续的干扰正常功能或发展的注意力不集中和／或多动－冲动的行为模式，包括：

1. **注意力不集中**：下列 6 种（或更多）与正常发育水平不一致的症状，至少持续 6 个月，并达到对社会交往、学业或职业活动产生直接负面影响的程度：

   注意：症状不仅仅表现为对立行为、蔑视、敌意、不理解任务或指令等。年长的青少年和成人（17 岁及以上）至少需要出现下列 5 种症状。

   a. 经常无法密切关注细节，或者经常在学业、工作或其他活动中粗心大意（如忽视或错过细节、工作不准确）。

   b. 难以在任务或游戏活动中保持注意（如在讲座、对话或长时间阅读中难以保持专注）。

   c. 似乎常常不能听到对其直接说的话（比如即使在没有明显分心的情况下，思绪也似乎在别处）。

   d. 常常不能听从指令，不能完成家庭作业、家务或工作任务（比如，在开始任务后很快失去焦点，并很容易陷入困境）。

   e. 经常难以组织任务和活动（比如，难以完成顺序性的任务；难以保持材料和个人物品的整洁；混乱、杂乱无章地工作；不善于管理时间；不能按时完成任务）。

   f. 经常逃避、不喜欢或不愿意从事需要持续心理努力的任务（如学校或家庭作业；对年长青少年和成人则包括准备报告、填写表格、审查长篇论文）。

   g. 经常丢失任务或活动所必需的材料（如学习材料、铅笔、书、工具、钱包、钥匙、文书、眼镜、手机）。

   h. 经常容易被外来刺激分散注意力（对于年龄较大的青少年和成人来说，可能还包括不相关的想法）。

   i. 在日常活动中经常很健忘（如做家务、跑腿时；对年龄较大的青少年和成人来说，还包括回电话、付账单、赴约）。

2. **多动和冲动**：下列症状有 6 种（或更多）持续至少 6 个月，其程度与正常发育水平不一致，并对社会、学习或职业活动有直接负面影响：

   注意：症状不仅仅表现为对立行为、蔑视、敌意、不理解任务或指令等。年长青少年和成人（17 岁及以上）至少需要出现下列 5 种症状。

   a. 经常坐立不安，轻拍手或脚，或在座位上乱动。

   b. 经常在要求保持坐姿的情况下离开座位（如在教室、办公室或其他工作场所等要求长时间在岗的场所离开自己的位置）。

   c. 经常在不合适的情况下乱跑乱爬（注意，对于青少年和成人来说，可能仅限于感到焦躁不安）

   d. 经常无法安静地玩耍或从事休闲活动。

   e. 常常处于“正在行动”的状态，好像是“由马达驱动”的（例如，不能长时间保持平静或是感觉不舒服，如在餐厅、开会；可能会让其他人感到焦躁不安或难以跟上）。

f. 经常言过其实。

g. 经常在提问结束前就脱口做出回答（如接话茬，在交谈中不能等别人把话说完）。

h. 经常难以按顺序等待（如排队等候）。

i. 总是打断或干扰别人（如直接打断对话、游戏或活动；可能在未经询问和未经许可的情况下就使用他人的东西；对青少年和成人来说，可能会直接介入或接管别人正在做的事情）。

B. 12 岁前存在注意力不集中或过度活跃的症状。

C. 在两种或多种环境中表现出注意力不集中或过度活跃的症状（如在家、学校、工作单位、与朋友或亲戚以及其他人在一起时）。

D. 有明确证据表明症状会干扰或降低社会交往、学业或职业技能的质量。

E. 症状并非仅发生在精神分裂症或其他精神障碍发病的过程中，也不能用另一种精神障碍（如情绪障碍、焦虑症、分离性障碍、人格障碍、药物中毒或戒断）来更好地解释。

DSM-5 自闭症谱系障碍的标准

在 DSM-5 中，自闭症谱系障碍是一个更新的术语。这种障碍表现为社会交往能力问题、语言的族群性应用，以及受限制的、重复的行为模式。

自闭症谱系障碍

诊断标准 299.00（F84.0）

A. 当下或曾经在不同情境中表现出社会沟通和社会互动的长期缺陷（例子是说明性的，并非穷尽性的，详见正文）

1. 在社会—情感互惠中存在缺陷。例如，从异常的社交方式，不能进行正常对话，到兴趣、情绪或情感分享的减少，难以发起或回应社会互动。
2. 在使用社交互动的非言语交流行为上存在缺陷。例如，从口头与非口头交流的不完整，到眼神交流和肢体语言的异常或难以理解和使用手势，再到缺乏面部表情和非言语交流。
3. 在发展、维持和理解关系方面存在缺陷。例如，难以调整行为来适应多种社会情景；难以分享富有想象力的游戏或交朋友；对同龄人缺乏兴趣。

详述当前的严重程度：

基于社交沟通障碍以及限制性、重复性的行为模式来判断严重程度。

B. 当下或曾经至少表现出下列至少两种限制性和重复性行为、兴趣或活动模式（例子是说明性的，并非穷尽性的，详见正文）

1. 刻板或重复的运动动作、使用物体或说话（例如，简单刻板的运动、排列玩具或翻转物体，无意义的重复模仿他人的言语和特殊短语）。
2. 对相同性的坚持，一成不变地遵守惯例，言语或非言语行为的仪式化模式（例如，对微小变化感到极度痛苦，转换困难，僵化的思维模式、问候礼仪，每天需要走相同的路线或吃相同的食物）。
3. 高度限制的、固定的兴趣，其强度或关注点异常（例如，强烈依恋或专注于不寻常的物体，过分限制或坚持某种兴趣）。
4. 对感觉输入的过高或过低反应或对环境感觉方面的异常兴趣（例如，对疼痛或温度的明显漠视，对声音和纹理的不良反应，过度闻或触摸物体，对光和运动的视觉迷恋）。

详述当前的严重程度：

基于社交沟通障碍以及限制性、重复性行为模式判断严重程度。

C. 症状必须在早期发展阶段出现（但是有可能直到社会需求超过其有限的能力后才表现出来，或者可能被在后期生活中学习到的策略所掩盖）。

D. 症状在社会、职业或其他当前功能的重要领域造成临床意义的严重损害。

E. 这些症状无法更好地解释为智力残疾（智力发展障碍）或整体发展迟缓。智力残疾和自闭症谱系障碍经常同时发生；在对自闭症谱系障碍和智力残疾做共病诊断时，社会交往应低于预期的一般发展水平。

注意：DSM-4 诊断为自闭症、阿斯伯格综合征或非特异性普遍发育障碍的个体应接受自闭症谱系障碍的诊断。在社交沟通方面存在严重缺陷但症状不符合自闭症谱系障碍诊断标准的个体应接受社交（实用）沟通障碍的评估。

是动机还是成就?

国际学生评估项目（PISA）是对 15 岁儿童运用知识能力的国际性测验。对中国学生得分高和美国学生得分低的一种解释是学生的动机。专家认为，美国学生没有在学校学习的强烈动机，所以他们的得分不高。

科学		阅读		数学	
国家及地区	PISA 得分	国家及地区	PISA 得分	国家及地区	PISA 得分
中国内地（或: 大陆）	575	中国内地（或: 大陆）	556	中国内地（或: 大陆）	600
芬兰	554	韩国	539	新加坡	562
中国香港	549	芬兰	536	中国香港	555
新加坡	542	中国香港	533	韩国	546
日本	539	新加坡	526	中国台湾	543
韩国	538	加拿大	524	芬兰	541
新西兰	532	新西兰	521	列支敦士登	536
加拿大	529	日本	520	瑞士	534
爱沙尼亚	528	澳大利亚	515	日本	529
澳大利亚	527	荷兰	508	加拿大	527
荷兰	522	比利时	506	荷兰	526
中国台湾	520	挪威	503	新西兰	519
德国	520	爱沙尼亚	501	比利时	515
列支敦士登	520	瑞士	501	澳大利亚	514
瑞士	517	波兰	500	德国	513
英国	514	冰岛	500	爱沙尼亚	512
斯洛文尼亚	512	美国	500	冰岛	507
波兰	508	列支敦士登	499	丹麦	503
爱尔兰	508	瑞典	497	斯洛文尼亚	501
比利时	507	德国	497	挪威	498
匈牙利	503	爱尔兰	496	法国	497
美国	502	法国	496	斯洛伐克	497
平均分 *	501	中国台湾	495	平均分 *	497
捷克	500	丹麦	495	奥地利	496
挪威	500	英国	494	波兰	495
丹麦	499	匈牙利	494	瑞典	494
法国	498	平均分 *	494	捷克	493
冰岛	496	葡萄牙	489	英国	492
瑞典	495	意大利	486	匈牙利	490
奥地利	494	拉脱维亚	484	卢森堡	489
拉脱维亚	494	斯洛文尼亚	483	美国	487
葡萄牙	493	希腊	483	爱尔兰	487

* 基于所有参加考试的学生的成绩计算平均分，其中包括许多未在此显示的低分国家的学生。

来源：OECD, 2010a, 2010b.

主要的性传播感染：一些基础知识

如果不加以治疗，这些和其他的性传播感染可能导致严重的生殖以及其他健康问题，甚至与艾滋病和梅毒一样会导致死亡。坚持使用安全套、只与一名未受感染的伴侣发生性关系或放弃口交、肛交等性行为可避免性传播感染。

性传播感染（成因）	症状	治疗
衣原体感染（细菌）	美国最常见的细菌性性传播感染。女性排尿时，阴道分泌物异常或有烧灼感；可能伴随小腹部或腰部疼痛、恶心、发烧、性交疼痛或月经期间出血。男性排出尿液异常，或排尿时阴茎有烧灼感。	抗生素。
生殖器 HPV 感染（病毒）	世界上最常见的性传播感染之一。对大部分人不会造成病症或健康问题，但某些类型可能会导致生殖器疣，而其他一些类型可能导致女性宫颈癌和两性生殖器的其他癌症。	疫苗现已上市，推荐用于 11—12 岁未有性活动的女孩。
生殖器疱疹（病毒）	生殖器或直肠表面或周围长出的水疱破裂后留下疮疡，可能需要 2~4 周才能愈合；有些人可能会发烧，腺体肿胀以及出现其他流感样症状。后来的爆发通常不那么严重且时间持续更短。许多人从未得过疮，可能需要数年时间才能意识到他们被感染了。可能会导致婴儿（在分娩过程中）发生致命的感染。感染者更易感染艾滋病病毒。	没有疫苗或治愈方法，但是抗病毒药物可以缩短并防止爆发。
淋病（细菌）	有些男性和大多数女性没有任何症状。男性小便时有灼热感，阴茎有白色、黄色或绿色的排出物；睾丸疼痛或肿胀。女性排尿时出现疼痛或灼热感，阴道分泌物增多，月经期间阴道出血。可能由于症状温和并且不具有特异性而被误认为是膀胱或阴道感染。可能引起女性盆腔炎（PID）和男女不育症。受感染者更易感染艾滋病病毒。	抗生素。
盆腔炎疾病（PID）（各种细菌）	患有某些其他性传播感染特别是衣原体和淋病的妇女较为常见且有严重的并发症，伴有小腹疼痛，发烧，异常阴道分泌物可能有恶臭，性交疼痛，排尿疼痛，月经不规则出血，右上方腹部疼痛（很少）。可能使输卵管阻塞，导致不孕。	至少两种抗生素对大部分传染源有效，严重时需手术。
HIV 病毒 / 艾滋病（病毒）	感染人类免疫缺陷病毒（HIV）最终导致获得性免疫缺陷综合征（艾滋病）。感染其他性传播疾病会增加个体获得和传播艾滋病病毒的可能性。感染后不久，有些人有类似流感的症状：发烧、头痛、疲倦、淋巴结肿大。几个月或几年后，当病毒发作时，免疫系统减弱，个体可能会出现精力缺乏、体重减轻、经常发烧和出汗、真菌感染、皮疹、短期记忆丧失等症状。完全扩散的艾滋病以及某些癌症（卡波西氏肉瘤和淋巴瘤）的症状包括癫痫发作、视力丧失和昏迷。它是许多国家的青壮年死亡的主要原因之一。	没有疫苗或治愈方法，但是抗逆转录病毒药物可以减缓病毒的复制；抗生素可以治愈一些继发感染，另有各种治疗方法可减轻痛苦症状。
梅毒（细菌）	症状可能多年不会出现。初级阶段：爆发后几天或几周内出现一个或多个疮（下疳）。第二阶段：皮疹、黏膜病变、发热、淋巴结肿大、喉咙痛、斑片状脱发、头痛、体重减轻、肌肉酸痛、疲劳。潜伏阶段：原发性和继发性症状消失，但感染仍然存在。晚期（第一次感染后的 10~20 年）：脑、神经、眼睛、心脏、血管、肝脏、骨骼和关节损伤，发展到协调肌肉运动困难、瘫痪、麻木、失明、痴呆。	青霉素注射会杀死梅毒细菌并预防进一步的损害，但无法修复已出现的损害。
滴虫（阴道毛滴虫，单细胞原生动物寄生虫）	大多数男性没有症状，但有些人在排尿或射精后可能短暂地感到阴茎内有刺激性，有轻度分泌物或轻微灼烧。 女性可能出现伴有泡沫、黄绿色、强烈气味的阴道分泌物，在性交和排尿时可能会感到不适；生殖器刺激并瘙痒；有少部分患者下腹部疼痛。	单次口服剂量的甲硝唑或替硝唑。

来源：Centers for Disease Control and Prevention, 2012.

关于研究方法的更多内容

这个附录解释了如何学习一个主题。区分有根据的结论与主观愿望是其关键。这种学习始于你的个人经验。

>> 使之个性化

想想你的生活，观察你自身的行为，观察你周围的人。注意表情、情绪和行为的细节。你看得越多，就会变得越着迷、越好奇、越善于反思。关于他人对发展的看法，要提出问题、仔细聆听并尊重他们的意见。

无论何时，当你在做需要向他人提出具体问题的作业时，要记住观察的道德标准（详见第一章）是第一位的。在你访谈任何人之前，要告知对方你的目的，并向他保证你会为他保密，承诺在你的报告中不会披露姓名（使用假名），不会向任何人（朋友或陌生人）复述访谈中出现的任何个人信息。你的任课教师将会提供进一步的伦理指导。如果你想发表你获知的内容，请联系你所在学校的机构审查委员会。

。

>> 阅读文献

无论你对自己的体验思考得多么深刻，无论你多么专注地倾听那些背景与你不同的人，你都需要阅读已发表的学术文献，以便充分理解任何你感兴趣的主题。对杂志或报纸的报道要保持怀疑态度，其中有些肯定有所简化、夸大，或有失偏颇。

专业期刊和书籍

科学过程的一部分是，直到被许多研究共同证明之后，一个结论才能被认为是可靠的。这意味着对于任何主题，你应该查阅几个相关的原始资料。人类发展领域的四个主要期刊是：

- 《发展心理学》(*Developmental Psychology*，美国心理学协会)
- 《儿童发展》(*Child Development*，儿童发展研究学会)
- 《发展评论》(*Developmental Review*, Elsevier)
- 《人类发展》(*Human Development*, Karger)

这些期刊发表的文章和研究类型有所不同，但都广受认可，并有同行评议，这意味着其他学者对提交的每篇文章都进行了评审，并建议予以接受、拒绝或修改。每篇文章都包括了所引用的其他近期研究的参考文献。

除此之外，还有上千的其他专业期刊，每个期刊都有其特定的视角或主题。要想判断它们，请查找经过同行评审的期刊。还要考虑以下细节：作者的背景（公司倾向于资助有利于自身产品的研究）；出版商的性质（专业组织会维护其声誉，如前两个期刊）；期刊出版了多长时间（卷、期）。一些有趣的成果并不符合这些标准，但这些细节都是判断期刊质量的指南。

许多书籍涵盖了发展的某些方面。单一作者的著作可能只提出了一个观点。这种观点可能是有洞察力的，却是有局限的。你可能会查阅一本手册，这种书包含了许多作者和主题。在发展领域，有下列两本很好的手册，分别是第六版和第七版（这表明过去的学者发现它们很有用）：

- 《儿童心理学手册》(*Handbook of Child*

Psychology, 2006, Damon & Lerner, eds., 四卷本，由 Wiley 出版）
- 《老龄化手册》[*Handbook on Aging*, 2011, 三卷本（生物学、心理学和社会科学），由 Academic Press 出版]

同样，有其他数十本好的手册可供使用，其中许多都专注于特定的年龄或主题。

互联网

互联网是一把双刃剑，对每个新手和经验丰富的研究人员都很有用，但也很危险。世界各地的每个图书馆以及北美、西欧、东亚的大多数家庭都有计算机，可以通过它接触期刊和其他信息。你可以向图书馆馆员寻求帮助，许多馆员都技术娴熟。另外，其他学生、朋友，甚至陌生人都可以为你提供帮助。

事实上，一切都在互联网上。互联网上不仅有大量的国内和国际的统计数据，也有非常私人的记述。点击鼠标，你就可以获得照片、图表、测验、正在进行的实验、来自世界各地的报纸、视频等，还有很多。每个期刊都有一个网站，上面有目录、摘要，有时还有全文（摘要给出了关键发现；要获得全文，可能需要查阅图书馆的印刷版）。

不幸的是，你可能要沮丧地花费很多时间来过滤掉没用的、垃圾的或离题的信息。目录（列出总的主题或领域，然后按照你选择的方向一步步细化）和搜索引擎（当你使用特定词语进行搜索时，为你检索与之相关的所有网站）可以帮助你筛选适当的信息。每个目录或搜索引擎都会提供不同的列表，没有一个只提供最全面和最准确的网站。有了经验和帮助，你将找到适合你的最佳网站，但是无论你多么有经验，都会遇到一些垃圾信息。

任何人都可以把任何东西放在网上，不管它的真实性或公平性如何。所以要用挑剔的眼光来看待你找到的一切。确保你找到的每一个“事实”都有几个不同的来源，要思考是谁提供了这些信息，以及为什么提供。关于每个有争议的问题都会有一些网站强烈鼓吹相互对立的观点，有时提供带有偏见的统计数据和狭隘的观点。

以下是七个非常可靠的网站：

- 本书的官方网站是一个值得关注的网站，包括网站链接、小测验、演示文档以及与教科书的每一章相关的活动。
- 多维人类胚胎（The Multh-Dimensional Human Embryo）网站呈现了处于不同发育阶段的人类胚胎的核磁共振图像，并附有简短的解释。
- 儿童发展研究所（Child Development Institute）的网站提供有关于儿童发展的链接和文章，以及儿童期常见心理障碍的信息。
- 埃里克信息交流中心（ERIC Clearing house）的网站提供了许多与教育相关的网站链接，以及每个网站的简要描述。
- 青春期在线指导（Adolescence Directory online, ADOL）的网站是一个关于青少年问题的电子指南。它是印第安纳大学青少年与家庭研究中心（Center for Addescent and Family Studies）提供的一项服务。
- 美国老龄化研究院（National Institube on Aging）的网站包括当代老龄化研究的信息。
- 美国健康统计中心（National Center for Health Statistics）的网站发布关于健康趋势的年度报告，名为“美国健康”。

每个资源——你、你的受访者、期刊、书籍和网络——都是有用的。不要依赖任何一个特定的资源。尤其是如果你使用了网络，也需要查看印刷资源。引用每种资源并注意客观性、有效性和信誉度，以避免抄袭和偏见。你自己的分析、意见、言辞和结论都是至关重要的。

>> 附加术语和概念

正如本书所强调的，发展研究是一门科学。社会科学家在研究生院花费了数年时间学习方法学和统计学。第一章中提到了其中一些（观察和实验；相关性和统计显著性；自变量和因变量；实验组和对照组；横断研究、纵向研究和聚合交叉研究），还有更多没有提及。这里附加介绍一下研究方法的几个方面，以帮助你评估你所看到的研究。

谁是参与者？

科学家想要研究的那种人的整个群体被称为

总体。一般来说，一个研究总体的体量相当大——虽然通常不是全世界近 80 亿的总人口，但可能是去年在美国出生的 400 万婴儿，或者是目前年龄在 65 岁以上的 2500 万日本人。

在具体的研究课题中，被研究的特定对象被称为**被试**。他们通常被当作更大群体的一个**样本**。理想情况是，大量被试被作为一个**代表性样本**，即能反映总体的样本。每个经过同行评审后发表的研究报告都详细介绍了样本的情况。

样本的选择至关重要。志愿者、有联系方式的人或接受过某种特殊治疗的人，都不是随机抽样出来的，即每个人被选中的可能性不相等。为了避免选择偏差，一些研究是前瞻性的，从选择一个完整的总体（例如，在某天出生的所有婴儿）开始，追踪某些具体特征的发展。

例如，前瞻性研究发现了心脏病、虐待儿童或高中辍学率的影响因素——如果使用回溯性研究，即从那些发作了心脏病、遭受了虐待或已辍学的人开始，这些影响因素就很难被发现。就这样，虽然回溯性研究发现大多数高中辍学者说他们不喜欢学校，但前瞻性研究发现，一些说喜欢学校的人仍然决定辍学，之后他们才说讨厌学校；而另一些不喜欢学校的人仍留在学校直到毕业。前瞻性研究能发现有多少学生属于后两类；而以已辍学者为研究对象的回顾溯性研究则不能。

研究设计

在研究设计中，每个研究者不仅要建立假设，而且要了解其他科学家在所要研究的问题上已经发现了什么，哪些方法可能是有用的且符合道德的。他们通常会采取一些措施以防止在无意中只发现研究者所期望的结果。例如，实际收集数据的人可能不知道研究的目的。科学家说，这些数据收集者对假设的结果是“**盲**”的（即不知情），被试有时也是“盲”的，否则他们可能会以自认为应该的方式做出反应。

研究设计的另一个关键方面是要准确定义所研究的东西。研究者给他们将要考察的任何现象都建立了**操作性定义**，通过描述特定的、可观察的行为来定义每个变量。这是定量研究的核心（见第一章），这在定性研究中也是有用的。例如，如果一个研究者想要知道婴儿是什么时候开始走路的，那么走路是否包括扶着东西时迈出的步子？趔趄地迈一步算走路吗？一些父母说算，但通常走路的操作性定义是“在没有扶助的情况下走三步以上”。这个操作性定义使得世界范围内的比较成为可能，从而才有可能发现营养充足的非洲婴儿往往比营养充足的欧洲婴儿更早开始走路。

在研究人格特征时，操作性定义很难确立，但这是必须的。攻击性、分享行为或害羞该如何定义？缺乏操作性定义会导致相互矛盾的结果。例如，有人说婴儿日托会使孩子更有攻击性，但也有人说这会让他们不那么被动。同样，正如本书第二十六章所解释的，死亡的操作性定义是一个争议激烈的话题。对于任何科学家来说，操作性定义都是至关重要的。

报告结果

你已经知道，研究结果需要充分详细的报告，以便其他科学家能够分析结论并重复这项研究。不同的方法、研究群体和研究设计可能产生不同的结论。因此，手册、一些期刊和一些文章被称为综述，即它们总结了以往的研究。通常，当研究的操作性定义和方法相似时，将许多研究的发现汇合起来得出一个总体结论的综述被称为**元分析**。

表 1.4 描述了一些统计量，其中之一是统计显著性，它表明某一特定的结果是否可能是偶然发生的。

另一个通常至关重要的统计指标是**效应值**，一种衡量一个变量对另一个变量有多大影响的方法。效应值的范围从 0（无效应）到 1（完全效应，在实际研究中从未发现）。当样本量很大时，效应值可能特别重要，因为大样本通常会导致高度“显著”的结果（不太可能是偶然发现的），但这些结果对我们感兴趣的变量只有微弱的影响。

发展学家采用了数以百计的统计方法。相同的数据往往可以用多种方式呈现：一些科学家在接受结论是有效的这一论断之前，会认真检查统计分析。一个具体的例子是如何提高四年级到十二年级学生的写作能力。元分析发现，许多写作教学方法都有显著效果，但有些方法（教学策略和总结）的效应值比另一些方法（写作前的构思练习和学习模型）的效应值大得多。对于教师来说，这一统计数值至关重要，因为他们想知道哪种教学方法最有效，而不仅仅是想知道哪些教学方法的效果比随机发生的好（显著性）。

在过去 10 年里发表的许多文章都是元分析性的，它们汇合了类似的研究以求找到总体趋势。效应值通常会被报告出来，这对元分析特别有用，因为如果被试量上千，使用标准计算几乎总能发现某些结果显著。下面是三个最近的例子，可以帮助你理解元分析和效应值的用法和含义。

- 1938—2007 年出生的美国年轻一代精神疾病的增加：一项对 MMPI 的跨时间的元分析［Twenge, Jean M., Gentile, Brittany, DeWall, C. Nathan, Ma, Deb- bie, Lacefield, Katharine, & Schurtz, David R. (2010). Birth cohort increases in psychopathology among young Americans, 1938–2007: A cross-temporal meta-analysis of the MMPI. *Clinical Psychology Review, 30,* 145-154. ］。通过对明尼苏达多相人格量表（一种传统的量表，最初是为诊断精神疾病而开发的）的回答，这项元分析发现，美国青少年和成年初显期的成人的心理障碍发病率越来越高。报告的效应值较大，为 1.05。作者假设，当代文化过于物质主义和自私，导致年轻人忽略了生活的深层意义。然而，请注意，正如所示，令人印象深刻的统计数据并不能证实或证伪因果解释。
- 一项关于孕期抑郁、早产风险、低出生体重和宫内生长受限风险的元分析［Grote, Nancy K., Bridge, Jeffrey A., Gavin, Amelia R., Melville, Jennifer L., Iyengar, Satish, & Katon, Wayne J. (2010). A meta-analysis of depression during pregnancy and the risk of preterm birth, low birth- weight, and intrauterine growth restriction. *Archives of General Psychiatry, 67,* 1012-1024. ］。这项元分析证实，抑郁的孕妇更有可能生下低出生体重的新生儿。这篇文章还显示了元分析的好处之一——将不同背景下的人在同一变量上进行比较的可能性。在这个例子中，欠发达国家的抑郁孕妇面临更大的风险。在美国，母亲抑郁对低收入女性的影响更显著。这项元分析是一个非常有说服力的例子，说明母亲的心情和胎儿的发育是有关联的。当然，额外的变量也可能导致抑郁和产前并发症。
- 利用互联网促进健康行为的改变：一项针对理论基础、行为改变技术的使用和传递模式对疗效的影响的系统综述与元分析［Webb, Thomas L., Joseph, Judith, Yardley, Lucy, & Michie, Susan. (2010). Using the Internet to promote health behavior change: A systematic review and meta-analysis of the impact of theoretical basis, use of behavior change techniques, and mode of delivery on efficacy. *Journal of Medical Internet Research, 12,* e4. ］。本文得出的结论并不令人惊讶：通过互联网和短信发送的信息可以有效促进健康。然而，元分析的优势十分明显。在这项研究中，电子信息对健康的效应值很小（d=0.16）。在被试较少的研究中，这种微小的影响可能会被忽略，但元分析研究可以发现它们，并提供有用的启示。例如，如果每年发送的与健康相关的短信能挽救十万分之一的生命，如果成本效应分析没有发现任何亏损效应，那么美国的全民健康短信每年将挽救 3000 人的性命。

术语表

第一章

毕生发展观（life-span perspective）：研究人类发展的一种观点，考虑到生命的所有阶段，而不仅仅是童年期或者成年期。

表观遗传（epigenetic）：指环境力量对个体或物种的基因遗传表达的影响。

差别敏感性（differential sensitivity）：认为一些人比其他人更容易受到某些经验的影响，通常是因为遗传差异。

差异即不足的错误（difference-equals-deficit error）：一种错误信念，认为偏离某种规范的行为或特性必然劣于符合标准的行为和特性。

重复（replication）：用不同的被试重复同一项研究。

调查法（survey）：通过访谈、问卷或其他方式从大量的人中收集信息的一种研究方法。

动态系统（dynamic systems）：将人的发展视为身体、认知和心理社会性影响之间持续进行的并不断变化的相互作用的观点。其关键点是发展从来都不是静态的，而是总是受到发展过程中许多系统的影响，同时也影响着这些系统。

个案研究（case study）：对一个人的深入研究，通常需要用个体访谈收集背景信息，还有各种后续的讨论、测验、问卷等。

关键期（critical period）：一个特定类型（身体或者行为）的发展成长必须发生的时间，也就是说，如果它要发生，就必须在这个时期内发生。

横断研究（cross-sectional research）：一种研究设计，将年龄不同、但在其他重要特点上相似的群体进行比较。

假设（hypothesis）：可以被验证的具体的预测。

教养（nurture）：从受孕开始，影响个体发展的所有环境影响的统称。

聚合交叉研究（cross-sequential research）：一种混合研究设计，研究者首先研究几个不同年龄的群体（横向研究），然后追踪这些群体随时间发生的变化（纵向研究）。也称为群组或队列序列研究或者时间序列研究。

科学方法（scientific method）：要求用实证研究和以数据为依据的结论来回答问题的方法。

科学观察（scientific observation）：检验假设的一种方法，是在自然环境中或者实验室里用系统而客观的方式隐秘观察和记录被试的行为。搜索档案数据是科学观察的另一种方法。

民族群体（ethnic group）：又称族群，指祖先出生在相同地区、通常拥有共同语言、文化和宗教的人。

敏感期（sensitive period）：某种类型的发展最可能或者最容易发生的时间，虽然之后它还可能发生，但会更困难。例如，童年早期被认为是语言学习的敏感期。

人类发展科学（science of human development）：一门科学，它力图理解不同年龄和不同环境下的人是如何以及为什么随时间的推移而改变或者保持不变的。

社会建构（social construction）：基于共同感知而不是客观现实的概念。许多与年龄有关的术语，例如童年、青少年、雅皮士和老年人，都是社会建构。

社会经济地位（socioeconomic status，SES）：一个人在社会上的位置，由收入、财富、职业、教育和居住地决定。有时被称为社会阶层。

生态系统观（ecological-system approach）：人类

发展研究的一种观点，应该在构成生命的所有背景和所有交互作用中考虑人（后重新命名为生物生态学理论）。

实验（experiment）：一种研究方法，研究者通过操纵一个变量（自变量），然后观察和记录随之发生的另一个变量（因变量）的变化，用以确定两个变量间的因果关系。

实证证据（empirical evidence）：基于观察、经验或者实验的证据，而不是基于理论。

天性（nature）：从受孕那一刻起，每个个体从父母遗传而来的特质、能力和限制的统称。

同辈群体（cohort）：以成员的共同年龄来定义的群体，因为他们出生在大致相同的时间，一起生活，经历同样的历史事件和文化变迁。

文化（culture）：一种共有的信念、规范、行为和期望体系，随时间推移而持续下去，规定着社会行为和设想。

相关（correlation）：表明两个变量之间关系程度的数字，用一个变量发生（或不发生）时另一个变量发生（或不发生）的可能性来表达。相关只是表明两个变量是相关联的，而不是一个变量导致了另一个变量的发生。

因变量（dependent variable）：在实验中，因为实验者增加了任何新条件或者新情境而可能发生变化的变量。换句话说，因变量依赖于自变量。

种族（race）：基于外表，通常是肤色，而被自己或他人认为不同于其他群体的一个群体。社会科学家认为种族是一个误导性概念，因为生物学的差异并不都是通过外表来表示的。

自变量（independent variable）：在实验中，被引入以观察其对因变量有什么影响效应的变量。也叫作实验变量。

纵向研究（longitudinal research）：一种研究设计，需要长期追踪相同的个体，反复评估他们的发展。

第二章

榜样学习（modeling）：社会学习的核心过程，一个人观察他人的行为，然后模仿这些行为。也称为观察学习。

操作性条件反射（operant conditioning）：一个特定的行为之后伴随着某种期待的事物（使人或动物更可能重复这一动作）或某种不想要的事物（使这个特定的行为更不可能被重复）的学习过程。也称为工具性条件反射。

发展理论（developmental theory）：一组观念、假设和一般规律，用来解释和阐明人们对人类成长所做的数以千计的观测。发展理论为解释发展的模式和问题提供了一个框架。

规范（norm）：由一个特定群体或群组中的许多个体的测量结果计算出来的平均或标准的测量值。

经典条件反射（classical conditioning）：将一个有意义的刺激（比如，对于一只饥饿的动物来说，食物的味道）与一个原本没有意义的中性刺激（比如，某种音调的声音）联结起来的学习过程。也称为反应性条件反射。

精神分析理论（psychoanalytic theory）：一种关于人类发展的大理论，认为非理性的、无意识的驱力和动机，通常起源于童年期，是人类行为的基础。

强化（reinforcement）：建立操作性条件反射的程序。一种行为被某种渴望的东西所伴随的过程，例如食物对于饥饿的动物或欢迎的微笑对于孤独的人。

人本主义（humanism）：一种理论，强调所有人都有向善的潜能，并相信所有人都有相同的基本需要，不论文化、性别或背景如何。

认知理论（cognitive theory）：一种关于人类发展的大理论，主要关注人们的思维随时间推移而产生的变化。根据这一理论，我们的思想塑造了我们的态度、信念和行为。

认知平衡（cognitive equilibrium）：在认知理论中，指一种心理平衡状态。在这种状态下，人们不会感到困惑，因为他们可以利用现有的思维过程来理解当前的经验和想法。

社会文化理论（sociocultural theory）：一个较新的理论，认为发展是由每个人与其周围的社会和文化力量的动态相互作用产生的。

社会学习理论（social learning theory）：行为主义的一种扩展，强调他人对一个人行为的影响。即使没有具体的强化，每个个体都可以通过观察和模仿他人学到很多东西。

顺应（accommodation）：重构旧观念，以使其包括新经验。

思维学徒制（apprenticeship in thinking）：维果茨基的术语，指人们的认知如何被技能更为娴熟的社会成员刺激并发展起来。

条件反射（conditioning）：根据行为主义观点，反应与特定的刺激联结起来的过程，也是学习发生的过程。“条件反射”一词用以强调重复练习的重要性，比如运动员通过长期训练让自己的身体形成条件反射从而表现得更好。

同化（assimilation）：对新经验的重新解读，以适应旧的观念。

信息加工理论（information–processing theory）：一种将人类思维过程与计算机数据分析类比的观点，包括感觉输入、联结、存储记忆和输出。

行为主义（behaviorism）：一种关于人类发展的大理论，这种理论研究可观察到的行为。行为主义又称为学习理论，因为它描述了行为学习的规律和过程。

选择性适应（selective adaptation）：活着的生物（包括人类）适应其所处环境的过程。可以增强存活和繁殖能力的基因被选择出来，经过若干代筛选，变得越来越普遍。

折中观点（eclectic perspective）：大多数发展学家的观点，他们应用每一种发展理论的各个方面，而不是只坚持一种理论。

指导性参与（guided participation）：人们向指导他们的体验和探索的其他人学习的过程。

第三章

伴X染色体（X–linked）：携带X染色体的基因。如果一名男性从母亲那里遗传了伴X染色体隐性特质，他就会表达这一特质，因为从父亲那里获得的Y染色体上没有抗衡基因。女性则更可能是伴X染色体特质的携带者，但不太可能表达它们。

表现型（phenotype）：又称表型或显型，个体表现出（可观察）的特征，包括外表、人格、智力及所有其他特质。

纯合（homozygous）：指具有相对关系的两个等位基因在所有遗传密码上的每个字母都完全相同（两个等位基因呈同质状态）。大多数等位基因对都是纯合的。

脆性X染色体综合征（fragile X syndrome）：一种基因异常的遗传疾病，其中X染色体的一部分似乎通过一串非常薄的分子链附着于它的其余部分。原因是一个单一基因有超过200个三核苷酸重复序列。

等位基因（allele）：又称对偶基因，一种在基因上发生的变异，使一个基因在某种程度上不同于具有相同特性的其他基因。许多基因从未改变，其他基因有几个可能的等位基因（一般指位于一对同源染色体的相同位置上控制着相对性状的一对基因。）

第23对染色体（23rd pair）：决定人类性别的染色体对。其他22对是常染色体，由男性和女性同样继承。

多基因（polygenic）：指受许多基因影响的特质。

多因子（multifactorial）：指一种特质或性状受许多因素影响，包括遗传和环境因素，这些因素增强、阻止、塑造或改变基因表达，从而导致一种表现型可能与基因型明显不同。

辅助生殖技术（assisted reproductive technology，ART）：帮助不能生育的夫妇怀孕并维持妊娠的技术的总称。

干细胞（stem cells）：任何其他特定类型的细胞都可以形成的细胞。

基因（gene）：染色体的小片段；遗传传递的基本单位。一个基因由一系列化学物质构成，为细胞制造某种蛋白质提供指令。

基因型（genotype）：一个生物体的全部遗传基因或遗传潜力。

基因组（genome）：一套完整的基因，是制造某个物种的单个成员的指令。

拷贝数变异（copy number variations）：具有碱基对的各种重复或缺失的基因。

卵胞浆内单精子显微注射法（intra–cytoplasmic sperm injection，ICSI）：一种体外授精技术，单个精子直接被注射到一个卵子中。

配子（gamete）：生殖细胞；即精子或卵子。一个配子如果与来自异性的配子结合形成受精卵，将会产生新个体。

染色体（chromosome）：载有DNA的46个（23对）大分子链之一，人体的每个细胞几乎都含有46

个染色体，合起来包含了所有基因。其他物种的染色体个数有多有少。

人类基因组计划（Human Genome Project）：绘制人类全部遗传密码的国际合作行动。该行动在2001年基本完成，尽管分析工作还在进行中。

受精卵（zygote）：两个配子（一个精子和一个卵子）结合形成的单细胞。

唐氏综合征（Down syndrome）：患此综合征的个体有47条染色体而非正常的46条，在第21号染色体上有3条而非2条染色体。他们通常有明显体征，包括罕见的面部特征、心脏畸形和语言障碍。也称21-三体综合征。

体外授精（in vitro fertilization，IVF）：发生在女性体外（例如，在玻璃培养皿中）的受精。程序包括通过手术从女性子宫中取出卵子，将其与精子混合。形成受精卵后，嵌入女性子宫，受精卵着床并发育成一个婴儿。

同卵双生子[monozygotic（MZ）twins]：由一个受精卵在发育早期分裂而形成的双生子，也称单卵双生子。也可能出现其他同卵多胞胎（如三胞胎、四胞胎）。

脱氧核糖核酸（deoxyribonucleic acid，DNA）：带有基因的高分子化合物，包含有化学指令，引导细胞制造各种蛋白质。

显性－隐性模式（dominant–recessive pattern）：一对杂合的等位基因彼此影响的一种方式，即表现型反映其中一个等位基因（显性基因）多于另一个（隐性基因）。

携带者（carrier）：基因型中包含一个没有在表现型中表达的基因的人。携带的基因出现在携带者的半数配子上，因此会传递给携带者半数的子女。如果这种基因遗传自父母双方，则这一特征就会出现在表现型中。

遗传力（heritability）：一种统计值，它表明在特定的环境和时代，特定人群中某一特征变异的百分比，可以追溯到基因。

遗传咨询（genetic counseling）：由训练有素的专家进行咨询和测试，帮助个体了解他们的基因遗传，包括他们可能传递给将孕育的任何孩子的有害状况。

异卵双生子[dizygotic（DZ）twins]：由两个单独的精子几乎同时使两个单独的卵子受精而形成的双生子，也称双卵双生子。

杂合（heterozygous）：具有相对关系的两个等位基因在某些方面不同。通常一个等位基因只有几个碱基对，它们不同于这对中的其他成员。

正常男性染色体组型（XY）：第23对染色体由来自母亲的X染色体和来自父亲的Y染色体组成。XY受精卵发育成男性。

正常女性染色体组型（XX）：第23对染色体由两条X染色体组成，分别来自母亲和父亲。XX受精卵发育成女性。

第四章

阿普加量表（Apgar scale）：一种对新生儿健康状况的快速评估。在出生后1分钟和5分钟时，给婴儿的肤色、心率、反射、肌张力和呼吸运作打分，分值为0分、1分或2分，每次评分后将5个分数的总分与满分10分（很少能达到）相比较。

布雷泽尔顿新生儿行为评定量表（Brazelton Neonatal Behavioral Assessment Scale，NBAS）：一种新生儿测验，测量其反应性并记录46种行为，其中包括20种反射。

产后抑郁症（postpartum depression）：新母亲在产后数日或数周出现的不适和悲伤。

超低出生体重儿（extremely low birthweight，ELBW）：出生体重不足1000克的婴儿。

超声波（ultrasound）（成像）：使用高频声波制作的胎儿（或一个内部器官）影像。也称声波图。

成活龄（age of viability）：如果得到专门的医疗护理，胎儿可能在母亲子宫外存活的年龄（怀孕后约22周）。

袋鼠式育儿法（kangaroo care）：一种照料新生儿的方式，母亲（有时是父亲）以类似袋鼠妈妈将新生儿装入腹部育儿袋的方式，将孩子直接躺在自己赤裸的胸口。

导乐（doula）：辅助分娩过程的女性。在拉丁美洲，导乐在传统上是参与分娩的唯一的专业人员。如今，导乐有可能在妇女待产早期去其家中，后期与一位医院工作人员一起辅助生产。

低出生体重儿（low birthweight，LBW）：出生体重不足2500克的婴儿。

反射（reflex）：对一个刺激非习得的、无意识的行为或动作。反射的发生并不伴有有意识思维。

父母联盟（parental alliance）：母亲和父亲基于他们对孩子的共同承诺进行的合作。在父母联盟中，父母在他们共同的父母角色中相互支持。

极低出生体重儿（very low birthweight，VLBW）：出生体重不足1500克的婴儿。

假阳性（false positive）：实验室检测结果呈阳性，但事实上并非阳性。验孕时会出现这种状况，即使测试表明怀孕也不一定是真怀孕；怀孕时也可能检查出某一并不存在的问题。

脑瘫（cerebral palsy）：大脑运动中枢损伤导致的障碍。脑瘫者肌肉控制困难，因此他们的语言或身体活动受损。

拟娩（couvade）：又称父代母育，某些部落的风俗，由父亲体验到的怀孕和分娩症状。

胚胎（embryo）：在受孕第3～8周发育中的人类有机体。

胚胎期（embryonic period）：受孕后第3～8周，在此期间，包括内脏在内的所有身体结构的基本形态发育。

胚芽期（germinal period）：受孕后头两周，特点是快速的细胞分裂和细胞分化开始。

剖宫产（cesarean section，c-section）：一种手术分娩方式，通过母亲腹部和子宫上的切口快速取出胎儿，而不是通过阴道分娩。又称简切。

亲子纽带（parent-infant bond）：在父母抱起、检查、喂养他们的新生儿时形成的强烈的充满爱的联结。

缺氧症（anoxia）：缺乏氧气，一旦持续过久，将导致大脑损伤甚至死亡。

胎儿（fetus）：受孕后第9周到出生的人类有机体。

胎儿酒精综合征（fetal alcohol syndrome，FAS）：一系列出生缺陷，常见于怀孕时酗酒的母亲所生的孩子，包括面部特征异常、身体发育迟缓、智力下降。

胎儿期（fetal period）：受孕后第9周到出生，在此期间，胎儿长到约3000克，器官变得更成熟，逐渐能自主运作。

小于胎龄儿（small for gestational age，SGA）：出生体重明显低于按孕期时长预估的体重的婴儿。例如，一个2265克的新生儿，如果他是足月出生的，那么就是小样儿；但如果他早产两个月，则不是小样儿。也称足月小样儿。

行为致畸原（behavioral teratogens）：可能伤害产前大脑发育、损害儿童未来的智力和情绪功能的药物和条件。

阈值效应（threshold effect）：在产前发育中，某一致畸因子剂量很小时是相对无害的，但一旦暴露达到某一特定水平（阈值）就会变成有害。

早产儿（preterm）：比正常孕期38周提早3周以上出生，也就是怀孕35周甚至少于35周出生。

着床（implantation）：这一过程从受孕后10天开始，发育中的有机体会进入与子宫相连接的胎盘，在那里它可以得到滋养和保护，从而继续发育。

致畸原（teratogen）：可能损害产前发育并导致出生缺陷甚至死亡的药物或条件，包括病毒、药物和化学物质。

第五章

百分位数（percentile）：从0到100的顺序量表上的一个点。第50百分位数是中位数；被研究者中一半排序高于此，一半低于此。

粗大动作技能（gross motor skills）：涉及大的肢体动作的身体能力，如走路、跳跃。

大脑皮层（cortex）：人和其他哺乳动物的大脑外层。大多数思维、情绪、感觉都涉及大脑皮层。

蛋白质－热量营养不良（protein-calorie malnutrition）：个体不能充足地摄入任何一种食物的状态。这种剥夺可能导致多种疾病，体重严重减轻，甚至死亡。

动作技能（motor skill）：活动身体某些部位（包括从大的跳跃到眨眼的各种动作）的习得性能力。（这里的动作指肌肉运动。）

短暂繁茂（transient exuberance）：在生命头两年，婴儿大脑中发育的树突数量的暂时性大量增加。

恶性营养不良（kwashiorkor）：又称夸休可尔症，儿童期长期营养不良引起的一种疾病，患儿因蛋白质缺乏更容易患上其他疾病，如麻疹、腹泻、流感。

感觉（sensation）：当某一感官系统（眼睛、耳朵、皮肤、舌头、鼻子）觉察到刺激时的反应。

发育迟缓（stunting）：由于严重慢性的营养不良，

儿童未能达到相应年龄的正常身高。

经验依赖型脑功能（experience-dependent brain functions）：由特定的、可变的经验所决定的大脑功能，因此在特定的婴儿中，它可能发育，也可能不发育。

经验预期型脑功能（experience-expectant brain functions）：需要某些基本的、普遍的经验（婴儿被期望获得的）才能正常发育的大脑功能。

精细动作技能（fine motor skills）：涉及小的肢体动作的身体能力，尤其是手和手指的动作，如画画、捡硬币。

快速眼动睡眠[rapid eye movement (REM) sleep]：睡眠的一个阶段，特点是闭合眼睑后眼睛闪动、做梦以及脑电波变快。

免疫（immunization）：一个激发身体免疫系统的过程，通过引发抗体来抵抗某种特定的传染性疾病。抗体的产生可以是自然获得（通过患病）的，也可以通过注射、吃药、鼻腔喷雾等途径获得（这些强制的方法也被称作疫苗接种。）

前额叶皮层（prefrontal cortex）：大脑最前端的皮层区域，专门从事预测、计划和冲动控制。

神经递质（neurotransmitter）：一种大脑化学物质，将信息从一个发送神经元的轴突输送到一个接收神经元的树突。

神经元（neuron）：中枢神经系统尤其是大脑中数十亿个神经细胞之一。

树突（dendrite）：神经元延伸出的纤维，接收其他神经元通过其轴突传入的神经冲动。

双眼视觉（binocular vision）：双眼协调聚焦以看清影像的能力。

同睡（co-sleeping）：父母和孩子（通常是婴儿）睡在一个房间的习俗。

头部保护（head-sparing）：一种保护大脑的生物机制。当营养不良扰乱身体发育时，大脑是身体最后因营养不良而受损的部位。

突触（synapse）：一个神经元的轴突和另一个神经元的树突之间的接触点。

突触间隙（synaptic gap）：神经递质将信息从发送神经元的轴突输送到接收神经元的树突的路径。

消瘦（wasting）：由于营养不良，儿童体重严重低于相应年龄体重的趋势。

消瘦症（marasmus）：一种婴儿早期严重的蛋白质-热量营养不良疾病，患儿发育停滞，身体组织日渐消瘦，最终死亡。

修剪（pruning）：应用在大脑发育中，这一过程是指大脑中未使用的连接萎缩并死亡。

摇晃婴儿综合征（shaken baby syndrome）：当婴儿被用力地前后摇晃时发生的一种危及生命的损伤，此动作会导致大脑血管破裂、神经连接中断。

婴儿猝死综合征（sudden infant death syndrome，SIDS）：看似健康的婴儿在睡眠时突然停止呼吸，而意外死亡，通常发生在 2 ～ 6 个月大的婴儿身上。

知觉（perception）：大脑解释一个感觉时对感官信息的心理加工。

轴突（axon）：神经元延伸出的一种纤维，将电化学脉冲从该神经元传递给其他神经元的树突。

自我修正（self-righting）：弥补发育缺陷的先天动力。从字面意思上说，就是在身体翻倒后回到坐或直立的状态。所有年龄的人面对情绪和身体的失调，都有自我修正的冲动。

第六章

初级循环反应（primary circular reactions）：感觉运动智力的三种反馈回路中的第一种，这一反应涉及婴儿自己的身体。婴儿感觉到动作、吮吸、噪声和其他刺激，并试图去理解它们。

单词句（holophrase）：用于表达一个完整的、有意义的想法的单一词语。

儿向语（child-directed speech）：成人对婴儿和儿童讲话的方式，通常音调较高、简化、重复。也称儿语或妈妈语。

二级循环反应（secondary circular reactions）：感觉运动智力的三种反馈回路中的第二种，这一反应与人和物体有关。婴儿对其他人、玩具以及任何他们可能接触或移动的物体做出反应。

感觉运动智力（sensorimotor intelligence）：皮亚杰用此术语来描述处于认知发展第一阶段的婴儿的思维方式，这一阶段的婴儿用他们的感觉和动作技能来思考。

功能性磁共振成像（functional magnetic resonance imaging，fMRI）：一种测量技术，大脑的电兴奋点表明大脑某处的激活；fMRI 能帮助研究者定位对刺激的神经性反应。

话语平均长度（mean length of utterance，MLU）：一个典型句子（称作话语，因为儿童可能不会讲完整的句子）的平均词汇数量。话语平均长度常被用于表明儿童语言发展的进度。

镜像神经元（mirror neurons）：观察者大脑中对他人所做动作的反应与观察者实际所做动作的反应相同的细胞。

可供性（affordance）：由环境中的人、地点或物体所提供的知觉和相互作用的机会。

客体永久性（object permanence）：意识到即使客体（包括人）不再被看见、触摸或听到，它仍然是存在的。

命名爆炸（naming explosion）：婴儿词汇量，尤其是名词数量的突然增加，大约 18 个月大时开始。

内隐记忆（implicit memory）：无意识的或自动的记忆，通常经由习惯、情绪反应、例行程序及各种感觉而被储存。

三级循环反应（tertiary circular reactions）：感觉运动智力的三种反馈回路中的第三种，这一反应与主动探索和实验有关。婴儿探索一系列新活动，变化他们的反应，以此了解世界。

视崖（visual cliff）：能够在两个水平表面之间产生突然下降的深度错觉的实验装置。

提醒环节（reminder session）：能帮助个体回忆起一个观点、事情或经验的知觉经验。

外显记忆（explicit memory）：需要时（比如在一个特定的测试中）易于提取的记忆。大多数外显记忆涉及有意识习得的词汇、数据和概念。

习惯化（habituation）：对一个客体或事件因反复接触变得习惯的过程，从而对其不那么感兴趣。

“小小科学家”（“little scientist”）：处于第五阶段的学步儿（12 ～ 18 个月大），他们会进行没有预期结果的实验，用试误法进行主动而有创造性的探索。

延迟模仿（deferred imitation）：婴儿先感知到其他人的行为，然后，几小时甚至几天后再模仿该行为。

咿呀学语（babbling）：婴儿重复某一音节，如 ba ba ba，在 6 ～ 9 个月大时开始出现。

语法（grammar）：除单词本身以外，语言用于传达意义的所有方法，包括词序、动词形式，等等。

语言获得装置（language acquisition device，LAD）：乔姆斯基假设的一种心理结构，它使人类能够习得语言，包括语法、词汇和语调这些基本要素。

第七章

安全型依恋（secure attachment）：一种依恋模式，在这种关系中，婴儿从照料者的陪伴中获得安慰和信心。

不安全—回避型依恋（insecure-avoidant attachment）：一种依恋模式，在这种模式中，婴儿回避与照料者的联系，似乎不在意照料者的出现、离开或返回。

不安全—抗拒型 / 矛盾型依恋（insecure-resistant/ambivalent attachment）：一种依恋模式，在这种模式中，婴儿的焦虑和不确定很明显，对与照料者的分离非常难过，在重聚的时候既抗拒，又寻求与照料者的接触。

非母亲照料（allocare）：由其他人而不是亲生父母对孩子的照顾。

分离焦虑（separation anxiety）：当熟悉的照料者离开时，婴儿会感到忧虑不安；这一表现在 9 ～ 14 个月最为明显。

工作模型（working model）：在认知理论中，个体用以组织知觉和经验的一组假设。例如，一个人可能会认为其他人是值得信任的，对于表明这种人类行为的工作模式是错误的事件会感到惊讶。

混乱型依恋（disorganized attachment）：一种依恋类型，特点是婴儿对于照料者的离开和返回反应不一致。

近距离养育（proximal parenting）：在这种养育实践中，照料者与孩子在身体上很亲密，经常拥抱和抚摸。

静止面孔技术（still-face technique）：一种实验操作，成人在与婴儿面对面的互动中保持面部不动，并且没有表情。

陌生情景（strange situation）：一种实验室程序，在不熟悉的游戏室里，通过诱发婴儿对各种成人来来往往这一压力的反应，以此测量依恋。

陌生人警觉（stranger wariness）：当陌生人出现时，婴儿担忧的表现——紧紧抓住熟悉的人，同时安静地盯着陌生人，或者显露出害怕的表情。

皮质醇（cortisol）：主要的压力激素；体内皮质醇

水平的波动影响人的情绪。

气质（temperament）：一个人和另一个人之间在情绪、活动和自我调节方面的先天差异。通过个体对环境的典型反应来测量。

社会参照（social referencing）：通过观察其他人的表情和反应，寻求有关如何对不熟悉或者模糊事物做出反应的信息。其他人成为社会参照物。

社会性微笑（social smile）：由人脸诱发的微笑，通常第一次在婴儿出生后大约 6 周时变得明显。

社会学习（social learning）：通过观察其他人的行为习得行为模式。

同步（synchrony）：在照料者和婴儿之间协调的、快速的、流畅的反应交流。

信任对不信任（trust versus mistrust）：埃里克森心理社会性发展的第一个危机。如果世界是一个能满足婴儿基本需要（对食物、安慰、注意等）的安全的地方，他就会习得基本的信任。

依恋（attachment）：根据安斯沃斯的观点，婴儿和照料者之间形成“情感纽带”，这个纽带将他们在空间上联结在一起，并且会随时间推移持续下去。

远距离养育（distal parenting）：在这种养育实践中，照料者与孩子保持距离，在提供玩具、食物和面对面沟通的过程中给予最少的拥抱和抚摸。

自我觉察（self-awareness）：一个人意识到自己是与众不同的个体，自己的身体、心理和行为是与其他人的身体、心理和行为分离的。

自主对羞耻和怀疑（autonomy versus shame and doubt）：埃里克森心理社会性发展的第二个危机。学步儿在获得对自己行为和身体的自主感上要么成功，要么失败。

第八章

被举报的不当对待（reported maltreatment）：已经报告到有关部门的伤害或者危害性案件。

被确证的不当对待（substantiated maltreatment）：已被举报、经过调查并且被证实的伤害或危害性案件。

不当对待儿童（child maltreatment）：对 18 岁以下儿童的有意伤害，或使其陷入本来可以避免的危害，包括虐待儿童和忽视儿童。

冲动控制（impulse control）：延迟或抑制对某个想法或行为的即时反应的能力。

初级预防（primary prevention）：改变整体背景条件以防止某些意外的事件或情况，例如，伤害、疾病或者虐待。

创伤后应激障碍（post-traumatic stress disorder，PTSD）：一种焦虑障碍，个体经历或目击过诸如强奸、暴打、战争或自然灾害等极度令人震惊或恐惧事件后的一种延迟的精神失调反应。临床症状可能包括对事件的闪回、过度活跃和过度警觉、感到流离失所的愤怒、失眠、做噩梦、突如其来的惊恐和焦虑以及幻想和现实的混淆。

二级预防（secondary prevention）：在高危情境中避免伤害的行动措施，例如，让汽车在撞到行人前停下来。

固着性（perseveration）：对于一个想法或者行为坚持很长时间的倾向。

海马体（hippocampus）：一种大脑结构，是记忆的中央处理器，尤其是对位置的记忆。

忽视儿童（child neglect）：不能满足儿童基本的身体、教育或者情感需要。

寄养照料（foster care）：一种合法的、受到公开支持的制度，在这一制度中将受不当对待的儿童从父母监护中转移出来，委托给另一个成人或家庭寄养，为满足被委托儿童的需要所产生的费用由政府补偿。

虐待儿童（child abuse）：故意施加的危害儿童身体、情感或者性健康的行为。

偏侧化（lateralization）：指大脑左右两半球某些功能的专门化，每一侧负责执行不同的特定功能。大脑左半球控制右侧身体，右半球控制左侧身体。

胼胝体（corpus callosum）：连接大脑左右半球的一条狭长且宽厚的神经纤维束，它的功能是把信息从一个半球传递到另外一个半球。

亲属照料（kinship care）：寄养照料的一种形式，受到不当对待的儿童的亲属——通常是祖父母——被批准作为儿童的抚养者。

三级预防（tertiary prevention）：在有害事件（例如，疾病或受伤）发生后采取的措施，比如快速且有效的医疗措施，旨在减少伤害或防止造成残疾。

伤害控制/危害减少（injury control/harm reduction）：以预测、控制和预防危险活动为目的的实践；这些实践反映的信念是：意外不是随机发生的，采取恰当的控制措施能够减少伤害。

收养（adoption）：一种法律程序。一个成人或者一对夫妇，有时是亲属，被赋予作为孩子的父母的乐趣和义务。

髓鞘化（myelination）：轴突逐步被厚厚的髓磷脂包裹起来的过程，髓磷脂能够加速神经冲动在神经元之间的传导速度。

下丘脑（hypothalamus）：一个对杏仁核和海马体做出反应的脑区，产生激活脑和身体其他部分的激素。

杏仁核（amygdala）：记录情绪，特别是恐惧和焦虑的微小的脑部结构。

永久性计划（permanency planning）：儿童福利部门为受到不当对待的儿童寻找稳定的、支持性的长期生活环境的一种努力。目的在于避免频繁更换抚养者或学校对儿童造成进一步伤害。

第九章

不可逆性（irreversibility）：前运算思维的特征，幼儿认为没有什么可以挽回，一个东西不能恢复成它变化之前的样子。

泛灵论（animism）：相信自然物体和现象是有生命的。

关注表象（focus on appearance）：前运算思维的特征，幼儿会忽视所有不明显的属性。

过度规则化（overregularization）：即使当例外发生时也使用规范的语法，使语言看起来比实际更"规范"。

过度模仿（overimitation）：个体模仿一个与需要学习的行为不相关的动作。过度模仿在 2 ～ 6 岁的儿童中很普遍，他们模仿成人不相关的、无效的行为。

静态推理（static reasoning）：前运算思维的特征，幼儿认为什么都不会变，无论是现在、过去还是将来。

开端计划（Head Start）：一项由美国联邦政府资助的为低收入家庭的学前儿童提供的儿童早期教育干预项目。

快速映射（fast-mapping）：一种迅速的但有时不精确的儿童学习新词的方式，即根据儿童自身感知到的意义，试探性地把学到的新词放入心理类别中。

"理论"论（theory-theory）：儿童试图通过构建理论来解释他们所听到和看到的所有事情的想法。

蒙台梭利学校（Montessori schools）：提供基于玛利亚·蒙台梭利理念的学前教育的学校，强调每个幼儿都能自己做细致的工作和任务。

平衡的双语者（balanced bilingual）：两种语言都说得很流利的人，不会喜欢一种语言胜于另一种语言。

前运算智力（preoperational intelligence）：皮亚杰描述 2 ～ 6 岁儿童认知发展的术语。它包括语言和想象（包括象征性思维）的发展，但是在这个阶段还不可能有合乎逻辑的运算思维。

瑞吉欧·艾米利亚（Reggio Emilia）：发源于意大利瑞吉欧·艾米利亚小镇的学前教育项目，它在精心设计的情境中鼓励每个儿童的创造力。

守恒（conservation）：即使外表发生变化，一种物质的数量保持不变的原则。

双语学习者（Dual Language Learners，DLLs）：发展两种语言技能的儿童就是双语学习者。理想的教育是促进学习者精通两种语言，而不是创造一种语言转变。

象征性思维（symbolic thought）：前运算智力的一项重大成就，它使儿童能够进行象征性（符号化）的思维，包括理解词语可以指代未见过的事物，以及物品（如一面旗帜）可以象征某些事物（如一个国家）。

心理理论（theory of mind）：一个人持有的一种关于其他人可能在想什么的理论。有心理理论的儿童必须意识到，其他人所想的并不一定和自己所想的一样。这种意识在 4 岁前几乎不会发生。

语用学（pragmatics）：语言的实际应用，包括依据受众和语境调整语言交流的能力。

支架（scaffolding）：根据学习者的需要和能力因人而异提供的暂时性支持，旨在帮助学习者掌握在给定的学习过程中的下一个任务。

中心化（centration）：前运算思维的特征，年幼的儿童把注意力集中在一个想法上，而排斥所有其他的想法。

自我中心主义（egocentrism）：皮亚杰理论中的术语，指儿童倾向于完全从他们自己的角度思考世界。

最近发展区（zone of proximal development，ZPD）： 维果茨基的术语，指个体的认知和身体技能当前的发展水平和有他人帮助而非独立练习的情况下能达到的水平之间的差距。

第十章

超我（superego）： 在精神分析理论中，它是人格的道德评判部分，这种人格内化了父母的道德标准。

俄狄浦斯情结／恋母情结（Oedipus complex）： 年幼男孩无意识地想取代自己的父亲，并赢得母亲的浪漫爱情的欲望。

厄勒克特拉情结／恋父情结（Electra complex）： 女孩无意识地想取代自己的母亲，并赢得父亲的浪漫爱情的欲望。

反社会行为（antisocial behavior）： 一种故意伤害他人或对他人有破坏性的行为。

反应性攻击（reactive aggression）： 对他人故意或无意的言语或身体的行为做出的一种冲动性报复。

放任型教养方式（permissive parenting）： 一种养育孩子的方式，特点是父母给予孩子高度的关怀和交流，但极少有规则、引导或控制，又称放纵型教养方式。

工具性攻击（instrumental aggression）： 攻击者因为想要获得或占有某种物品或特权而做出的伤害他人的行为。

共情（empathy）： 理解他人情绪和关切的能力，尤其是当他们与自己的情绪不同时。

关系性攻击（relational aggression）： 通过非身体行为，如侮辱或社会排斥，旨在破坏受害者和其他人之间的社会联系。

忽视型／不参与型教养方式（neglectful/uninvolved parenting）： 一种养育儿童的方式，特点是父母对自己的孩子漠不关心，并且不知道孩子生活中发生了什么。

假想朋友（imaginary friends）： 只存在于儿童想象中的虚构朋友；这种现象在 3 ～ 7 岁的儿童中越来越普遍，可以帮助儿童战胜孤独，并有助于情绪调节。

精神疾病（psychopathology）： 又译精神病理学。从字面上看，指心理或精神疾病。不同的文化和文化内的不同群体对特定的精神疾病有不同的概念。DSM-5 收录了对美国近期的一些精神疾病和症状的介绍。许多其他国家使用一套国际分类——ICD-10。

两性差异（sex differences）： 男性和女性之间的生物学差异，如器官、激素和体型。

内化问题（internalizing problems）： 一种情绪调节障碍，包括把消极情绪转入内心，如使个体感到过度内疚、羞愧或卑微等。

内在动机（intrinsic motivation）： 个体追求一个目标的原因或驱力，来自一个人的内部，如感觉自己是聪明的或者有能力的愿望。

努力控制（effortful control）： 通过努力来调节个体的情绪和行为的能力，而不是简单地通过自然倾向。

欺凌性攻击（bullying aggression）： 又称霸凌攻击。无任何缘由地反复对他人进行身体或语言上的攻击，特别是当受害者不太可能自卫时。

亲社会行为（prosocial behavior）： 助人的、友好的行为，但对自身没有明显好处。

情绪调节（emotional regulation）： 控制何时及如何表达情绪的能力。

权威型教养方式（authoritative parenting）： 一种养育孩子的方式，在这种方式中，父母制定要求但会倾听孩子，而且很灵活。

认同（identification）： 个体试图通过接纳别人的行为和态度来保护自己的自我概念。

社会戏剧游戏（sociodramatic play）： 一种假装游戏，在这种游戏中，儿童把他们创编的故事中扮演各种角色和主题。

体罚（corporal punishment）： 通过如打耳光、打屁股等伤害身体的方式进行的一种惩罚。

外化问题（externalizing problems）： 一种情绪调节上的困难，包括通过不受控的身体或者语言爆发来表达强烈的情绪，如猛烈抨击他人或者摔碎东西。

外在动机（extrinsic motivation）： 个体追求一个目标的原因或驱动力，来自从外部获得对成就回报的需要，也许是通过获得物质财富或其他人的尊重来实现的。

心理控制（psychological control）： 一种管教的方法。包括威胁儿童要撤回关爱和支持，这种方法依赖于儿童对父母的内疚和感激。

性别差异（gender differences）：由文化规定的男性和女性在角色和行为上的差异。

性别图式（gender schema）：儿童基于个体经验理解的关于两性差异的认知概念或普遍信念。

性器期（phallic stage）：弗洛伊德划分的第三发展阶段，这一时期生殖器成为关注和快乐的焦点。

厌恶（antipathy）：不喜欢甚至憎恶另一个人的情绪。

暂停（time-out）：一种管教方法。在一个规定的时间内把儿童和其他人分离开。

主动对内疚（initiative versus guilt）：埃里克森的心理社会性发展的第三个危机，在这个阶段中，儿童从事新的技能和活动，当他们做得不成功时会感到内疚。

专制型教养方式（authoritarian parenting）：一种养育孩子的方式，特点是对孩子设定高要求的行为标准，对错误行为严厉惩罚，以及孩子与父母之间很少交流。

追逐打闹游戏（rough-and-tumble play）：一种通过摔跤、追逐或袭击来模仿攻击但没有伤害意向的游戏。

自我概念（self-concept）：个体理解自己是谁，自我概念与自尊、外表、性格和各种特质有关。

第十一章

成就测验（achievement test）：对阅读、数学、写作、科学以及其他一些科目的掌握或精通程度的测量。

等效性（equifinality）：又译等结果性、殊途同归性、一果多因性。发展心理病理学的一个基本原理，认为一种症状可能由多个原因导致。

多效性（multifinality）：又译不等结果性、一因多果性。发展心理病理学的一个基本原理，认为一种原因可以导致多种/多重临床表现。

多元智力（multiple intelligences）：关于智力的一种观点，认为人类的智力由多种能力组成，而不是单一的、笼统的。

发展心理病理学（developmental psychopathology）：又称发展精神病理学。运用对典型发展的洞察力来理解并治疗发展性障碍的研究领域。

反应时（reaction time）：个体从接受刺激到做出反应所需要的时间，反应可以是身体上的（一个反射性动作，比如眨眼），也可以是认知上的（一个想法）。

弗林效应（Flynn effect）：在许多国家过去几十年出现的平均智力分数持续提升的现象。

干预—反应法（response to intervention，RTI）：一种运用特殊干预手段的教育策略，旨在帮助那些成绩低于平均水平的低年级儿童。

个人教育计划（individual education plan，IEP）：一份为有特殊需求的儿童指明教育目标和教学计划的文件。

共病（comorbid）：指同一个人同时存在两种或两种以上不相关的疾病的情况。

计算障碍（dyscalculia）：在数学上存在异常困难，可能源于大脑一个不同的部分。

能力倾向（aptitude）：掌握某项特定技能或学习某种知识体系的潜能。

特殊学习障碍/学习能力低下[specific learning disorder（learning disability）]：在某个特定学习领域存在显著缺陷，并且导致这种缺陷的原因不是明显的生理缺陷、智力缺陷或压力超常的家庭环境。

跳级（acceleration）：让超常儿童和那些与他们心理年龄相同而不是生理年龄人相同的儿童一起受教育。

童年期超重（childhood overweight）：根据美国疾病控制中心 1980 年所给出的特定年龄儿童的标准，身体质量指数（BMI）超过第 85 百分位数的儿童就属于超重。

童年期肥胖（childhood obesity）：根据美国疾病控制中心 1980 年所给出的特定年龄儿童的标准，身体质量指数（BMI）超过第 95 百分位数的儿童就属于肥胖。

童年中期（middle childhood）：又称学龄初期，介于童年早期和青少年早期的年龄阶段，大约在 6～11 岁。

哮喘（asthma）：一种呼吸系统的慢性疾病，炎症会使得从鼻腔到嘴再到肺的一系列呼吸道变窄，致使呼吸困难。临床症状包括气喘、气促、胸闷以及咳嗽。

选择性注意（selective attention）：一种有选择地注意某些刺激而忽略其他刺激的能力。

阅读障碍（dyslexia）：在阅读上存在异常困难，被认为是一些神经发育不良的结果。

智商测验（IQ test）：用于测量智力倾向或在校学习能力的一种测验。最初，智力被定义为心理年龄除以实足年龄（生理年龄）再乘以 100，因此用智商这个术语，或 IQ。

注意缺失 / 多动障碍（attention-deficit / hyperactivity disorder，ADHD）：一种以持续注意力不集中且（或）多动或冲动为特征的行为模式。ADHD 会妨碍到个体的机能或发展。

自闭症谱系障碍（autism spectrum disorder）：一种发展障碍，其显著特征是难以进行社会交流和互动（包括难以从他人的视角看待事物）以及重复、刻板的行为、兴趣或活动模式。

自动化（automatization）：通过多次重复一系列的想法或行为，使序列成为常规，从而不再需要有意识地思考的过程。

最少受限环境（least restrictive environment，LRE）：一项法律规定，要求将有特殊需求的儿童分配到最普通的教育环境中去，在那里他们的学习可能会更好。

第十二章

长时记忆（long-term memory）：信息加工系统的组成部分，几乎可以无限期储存无限量的信息。

沉浸式（immersion）：一种教学策略，所有学校科目采用学生正在学习的第二语言（通常是大多数）进行教学。

分类（classification）：根据事物某些共有的特征将其归到相同的组别（或类别）的逻辑原则。

感觉记忆（sensory memory）：信息加工系统的组成部分，接收的外界刺激被储存 1 秒，以待进一步加工。也称感觉登记。

工作记忆（working memory）：信息加工系统的组成部分，当前有意识的心理活动在其间发生。以前被称作短时记忆。

国际数学和科学趋势研究（Trends in Math and Science Study，TIMSS）：对四年级和八年级数学和科学技能的一项国际评估。虽然 TIMSS 非常有用，但是因为样本选取、测试管理和内容效度难以保证完全一致，不同国家的评估分数难以进行比较。

国际阅读素养进步研究（Progress in International Reading Literacy Study，PIRLS）：2001 年开始的一项以 5 年为周期的 4 年级学生阅读能力的国际趋势研究。

国家教育进展评估（National Assessment of Educational Progress，NAEP）：一套持续的、具有代表性的全国性评估，旨在测量美国儿童在阅读、数学以及其他科目随时间推移而取得的成就，也被戏称为“国家成绩单”。

家庭教学（home schooling）：儿童在家中接受教育的教学方式，通常是由儿童父母授课。

教育券（voucher）：政府对于非公立学校支付学费的公共补贴。教育券因地而异，不仅在数目上和有效性上存在差异，而且在谁能获得教育券以及什么学校会接受教育券上也有限制。

具体运算思维（concrete operational thought）：皮亚杰的术语，指对直接经验和知觉进行逻辑推理的能力。

控制过程（control processes）：在信息加工系统中，将记忆、加工速度和知识结合起来调节信息的分析流程的机制（包括选择性注意、元认知和情绪调节）。也称执行过程（executive process）。

双语教学（bilingual schooling）：教学过程中同时采用学习者的母语以及第二语言进行教学。

私立学校（private school）：由学费、捐赠以及宗教或是其他非营利机构赞助的学校。

特许学校（charter school）：有自己一系列标准的公立学校，由所在的州政府或地方资助并许可。

系列化（seriation）：将事物以一种逻辑序列进行排序，例如数字序列或字母表。

隐性课程（hidden curriculum）：非正式的、非明确说明的或隐性的学校规则和优先顺序，它会影响学校的学业课程和学习的其他方面。

英语学习者（English Language Learners，ELLs）：在英语上的熟练度低（通常低于口语考试或写作考试的录用分数线）的美国儿童。许多在家中使用非英语语言但是仍然较好掌握英语的儿童，他们不属于英语学习者。

英语作为第二语言（English as a Second Language，ESL）：美国的一种教英语的教学方法。这种方法让所有非英语母语的人聚在一起，并提供高强度的英语教学。其中从不允许使用学生的母语。教学目标是为学生常规的英语课做准备。

《有教无类法案》（No Child Left Behind Act）：美国在2001年制定的一项法案，旨在加强教育问责制。具体而言，即要求通过实施标准化考试评估学校成就，从而确定各州的联邦教育资金的分配。

元认知（metacognition）：个体关于认知的知识（对思维的思考），或是评估一项认知任务从而决定如何更好地完成它的能力，然后监控并调整一个人在这项任务的表现。

知识库（knowledge base）：特定领域下的知识体系，可以帮助人们更容易地掌握该领域的新信息。

第十三章

大家庭（extended family）：又译扩大家庭。由居住在一起的三代及其以上的人组成的家庭。

单亲家庭（single-parent family）：仅由父母中的一方及其未满18岁的亲生子女所组成的家庭。

儿童文化（child culture）：将儿童与成人社会区分开来的特殊的习惯、风格和价值观，反映出儿童自己的一套规则与仪式。

复原力（resilience）：又译心理弹性，指积极适应重大逆境和克服巨大压力的能力。

攻击—拒绝（aggressive-rejected）：因为对立和对抗性的行为被同伴排斥。

孤僻—拒绝（withdrawn-rejected）：因为羞怯、孤僻和焦虑的行为被同伴排斥。

核心家庭（nuclear family）：由父亲、母亲以及他们未满18岁的亲生子女所组成的家庭。

后习俗道德推理（postconventional moral reasoning）：科尔伯格道德推理的第三水平，强调道德原则。

家庭功能（family function）：家庭满足其成员需要的运作方式。儿童需要家庭提供基本的物质必需品，鼓励他们学习，帮助他们发展自尊、培养友谊，促进和谐和稳定。

家庭结构（family structure）：生活在同一个家庭中的亲属之间在法律和血缘上的联系，包括核心家庭、大家庭、再婚家庭等。

欺凌（bullying）：又称霸凌。对弱者反复、有计划地进行身体、言语或社会攻击，以造成伤害。

欺凌型受害者（bully-victim）：攻击他人，也被其他人攻击的人（也被称为挑衅受害者，因为他们总是做一些激起他人欺凌的事情）。

前习俗道德推理（preconventional moral reasoning）：科尔伯格道德推理的第一水平，强调奖励和惩罚。

潜伏期（latency）：弗洛伊德的术语，认为在童年中期，儿童的情感驱力和心理性欲都处于安静状态（潜伏的），来自更早阶段的性冲突只是暂时潜伏，并将在青春期再次爆发。

勤奋对自卑（industry versus inferiority）：埃里克森8个心理社会性危机中的第四个阶段。在这个阶段，儿童试图掌握许多技能，从而发展自己的勤奋感或自卑感，有能力或无能感。

社会比较（social comparison）：通过与他人（尤其是同伴）进行比较从而对自己的能力、成就、社会地位和其他特性进行评估的倾向。

习俗道德推理（conventional moral reasoning）：科尔伯格道德推理的第二水平，强调社会规则。

一夫多妻式家庭（polygamous family）：由一个男人、多位妻子及其孩子组成的家庭。

第十四章

长期趋势（secular trend）：通过一系列统计测量而得出的一种长期的上升或下降的趋向，相对于较小的较短期的周期性变化。例如，在过去的两个世纪，因为营养和医疗水平提高，儿童往往更早就可达到成人的身高，并且成人的身高也增加了。

垂体(pituitary)：大脑内的一个腺体。通过产生许多调节发育和控制其他腺体（其中有肾上腺和性腺）的激素，以此回应来源于下丘脑的信号。

雌二醇（estradiol）：一种性激素，是主要的雌性激素。女性比男性产生更多的雌二醇。

第二性征（secondary sex characteristics）：代表性成熟但并不直接参与生殖活动的身体特征，比如男人的胡子和女人的乳房。

第一性征（primary sex characteristics）：直接参与生殖的身体部分，包括阴道、子宫、卵巢、睾丸和阴茎。

儿童性侵害（child sexual abuse）：任何唤起成人，并使得孩子兴奋、羞耻或是困惑的色情活动，不管受害者是否抗议，或性器官是否有接触。

发育突增（growth spurt）：在青春期出现的相对突

然和快速的身体发育。身体的每个部分按照一定的时间表发育：增重一般早于增高，四肢发育早于躯干发育。

睾酮（testosterone）：一种性激素，是最广为人知的雄性激素。男性分泌的睾丸素的量远远高于女性。

激素 (hormone)：一种有机化学物质。由某一躯体组织产生，通过血液循环输送到另一组织，进而影响个体的某些生理功能。

青春期（puberty）：从第一次激素激增到身体发育完全成人之间的时间。青春期通常持续 3 ~ 5 年，而要达到心理社会性成熟则需要更多年。

身体意象（body image）：个体对于自己身体看起来如何的一种想法。

神经性贪食（bulimia nervosa）：一种以暴饮暴食和随后的“清理”行为为特征的饮食障碍。通常有催吐或服用泻药的行为。

神经性厌食（anorexia nervosa）：一种以自我选择挨饿为特征的饮食障碍。这种病症的患者自愿挨饿，并且过量运动，剥夺主要器官的营养，以致危及生命。

肾上腺（adrenal glands）：位于肾脏上方的两个腺体，可以产生激素（包括“应激激素”肾上腺素和去甲肾上腺素）。

生殖腺（gonads）：一对性腺（女性的卵巢；男性的睾丸）。生殖腺可产生激素和两性配子。

瘦素 (leptin)：影响食欲和青春期开始的激素。瘦素水平在童年期上涨，大约 12 岁达到峰值。

下丘脑—垂体—肾上腺轴 / HPA 轴 (hypothalamus-pituitary-adrenal axis，HPA axis)：产生激素的序列，由下丘脑产生，移动至垂体，再到肾上腺。

下丘脑—垂体—生殖腺轴 / HPG 轴（hypothalamus-pituitary-gonad axis，HPG axis）：产生激素的序列，由下丘脑产生，移动至垂体，再到生殖腺。

性传播感染（sexually transmitted infection，STI）：一种通过性接触传播的疾病，包括梅毒、淋病、生殖器疱疹、衣原体感染和艾滋病病毒（HIV）。

遗精 (spermarche)：男孩第一次射精。勃起最早发生于婴儿期。射精标志着精子产生。遗精可能发生在睡眠时（在“春梦”中）或者经由直接的刺激产生。

月经初潮（menarche）：女孩的第一次月经周期，标志着已经开始排卵。在生理上有可能怀孕。但是，在月经初潮后的几年内，排卵以及月经往往不规律。

昼夜节律（circadian rhythm）：生物性活动周期，大约每隔 24 小时产生的“白天—黑夜”循环。

第十五章

沉没成本谬误（sunk cost fallacy）：一种错误信念。人们如果已经花费了不可挽回的金钱、时间或者努力（经济学上的沉没成本）投入到一些尝试中，那么就应该投入的更多以实现目标。否则他们会认为之前的努力付诸东流。因为这一谬误，人们会花钱修理破烂的二手车，投入更多的兵力打一场必败的战役。

初中（middle school）：在小学和高中之间的学校。通常始于六年级，终止于八年级（美国学制）。

分析式思维（analytic thought）：结果来自分析的思维，比如对利弊、风险和收益、可能性和事实进行系统性排序。分析式思维依赖于逻辑和理性。

高风险考试（high-stakes test）：一个可以决定成功或失败的重要评估。如果一个单一的测验决定了学生毕业或升学与否，这就是一个高风险测验。

个人神话（personal fable）：青少年自我中心的一个方面，其特征表现为青少年坚信自己的思维、感情和经历是独特的，比任何人更精彩或者更糟糕。

归纳推理（inductive reasoning）：从一个或者更多具体的经历或事实中进行推理，以得出（归纳出）一般性结论。也称自下而上的推理。

国际学生能力评估项目（Programme for International Student Assessment，PISA）：一项国际测验，旨在测量 50 个国家的 15 岁学生日常生活中问题解决和认知能力。

基率忽视（base rate neglect）：常见的谬误，人们在做出决定时忽略了某些行为或特征的总体频率的现象。例如，一个人可能会赌一个“幸运彩票号码”，但不会考虑这一号码会被选择的可能性。

假设思维（hypothetical thought）：一种推理，它包含了可能不反映现实的命题与可能性。

假想观众（imaginary audience）：在青少年自我中心的信念中，相信其他人正在观察并注意到自己的外表、想法和行为。这种信念使得很多青少年有非常强的自我意识。

青少年的自我中心（adolescent egocentrism）：青少年（10～13岁）思维的一大特征，这种思维特征引导年轻人专注于自己，而排除他人。

双加工模型（dual-process model）：认为人类大脑存在两个网络：一个用于情绪，一个用于对刺激的分析加工。

网络欺凌（cyberbullying）：通过电子邮件、短信或者是手机视频来传播对受害者的侮辱或谣言的欺凌方式。

无敌寓言（invincibility fable）：青少年的自我中心信念，相信自己不会被任何可能击败普通凡人的事物所战胜甚至伤害，比如不安全性行为、药物滥用或者是超速驾驶。

形式运算思维（formal operational thought）：在皮亚杰的理论中，处于认知发展的第四阶段，也是最后一个阶段。以更系统化的逻辑思维以及理解并系统操纵抽象概念的能力为特征。

演绎推理（deductive reasoning）：从一般性的陈述、前提或者原则中推理，通过逻辑步骤推断出（演绎出）细节。也称为自上而下的推理。

直觉式思维（intuitive thought）：由情绪或预感而产生的思维，超越了理性能解释的范畴。同时也受过往经历和文化假设的影响。

智力的实体理论（entity theory of intelligence）：理解智力的一种观点，认为智力是与生俱来的能力；持这种观点的人不相信通过努力能够提升学业成绩。

智力的增量理论（incremental theory of intelligence）：理解智力的一种观点，认为智力能够通过努力而直接增加；持这种观点的人相信如果他们集中注意力、参与课堂、学习、完成家庭作业等，就能掌握他们想要学习的东西。

中等教育（secondary education）：顾名思义，是在初等教育（小学）之后到高等教育（大学）之前的一个时期。它通常发生在大约12～18岁，虽然会因学校和国家而异。

第十六章

代际遗忘 (generational forgetting)：每一代新人都会忘记上一代人所得到的教训。这里指的是有关有害药物的知识。

反刍 (rumination)：反复思考和谈论过去经历；可能会导致抑郁。

父母监控 (parental monitoring)：父母知道他们的孩子在做什么，在哪里、和谁在一起。

集体自杀 (cluster suicides)：群体内成员在较短的时间段内，发生数起自杀事件。

家族主义 (familism)：一种信念，认为家族成员应该支持彼此，如必要，牺牲自己的自由和成功，以维护家庭的团结，保护家庭免受外界的侵扰。

仅限青少年期犯罪者 (adolescence-limited offender)：犯罪行为在21岁就会停止的人。

角色混乱 (role confusion)：青少年看起来不知道或不在乎自己的同一性状况。有时被称同一性或角色扩散。

临床抑郁症 (clinical depression)：持续2周或以上的无望感、昏沉和毫无价值感。

偏差行为训练 (deviancy training)：一种破坏性的同伴支持，即一个人向另一个人展示如何反叛权威或社会规范的行为。

同伴压力 (peer pressure)：鼓励在行为、着装和态度方面与自己的朋友或同时代的人保持一致；通常被认为是一种消极的力量。就像青少年同伴互相鼓励对方藐视成人的权威一样。

同一性达成 (identity achievement)：埃里克森对于获得同一性的术语，个体意识到自己是独一无二的存在，与过去的经历和未来计划相一致。

同一性对角色混乱 (identity versus role confusion)：埃里克森用以描述心理社会性发展第五个阶段的术语。在此阶段中，个体尝试解决"我是谁？"的问题，但这一问题令人困惑之处是，许多角色都看似能够被接受。同一性又称身份认同。

性别认同 (gender identity)：个体接受社会所赋予的生物学类别为男性或女性的人的不同角色和行为。

性取向 (sexual orientation)：个体性欲的指向，指一个人是否会在性和爱恋上被异性、同性或两性的其他人所吸引。

延缓 (moratorium)：青少年选择一种被社会所接受的方式延迟做出达成同一性的决定。上大学是一个很普遍的例子。

早闭 (foreclosure)：埃里克森描述同一性过早形成

的术语，在这种情况中，青少年没有质疑或分析，全盘接受了父母或社会的角色和价值观。

终生持续犯罪者 (life–course–persistent offender)：犯罪行为始于青少年早期并持续一生的人；职业罪犯。

准自杀 (parasuicide)：任何针对自己的有可能致命但最终没有导致死亡的行为。也称姿态性自杀、尝试性自杀或自杀未遂。

自杀意念 (suicidal ideation)：想要自杀，通常带有一些严重的情绪、智力或认知暗示。

稳态应激（allostasis）：一种动态的身体调整，与内稳态相关，随着时间推移影响整体的生理机能。主要区别在于内稳态需要即时反应，而稳态应激需要长期调整。

药物成瘾（drug addiction）：药物依赖的一种状态，在这种状态下，个体身体系统中某种药物的缺失会产生一种生理上或心理上或两者兼有的内驱力，从而摄入更多的药物。

药物滥用（drug abuse）：一种药物的摄入程度，以致损害到了使用者的生理或心理健康。

第十七章

成年初显期（emerging adulthood）：介于 18 ～ 25 岁的人生阶段。成年初显期目前被广泛视为一个独立存在的发展阶段。

极限运动（extreme sports）：带有明显会受伤或者死亡的风险，但结果有吸引力、令人兴奋的消遣方式。摩托车越野赛是一个例子。

茧居族（hikikomori）：又称蛰居族，表示“脱离社会”的一个日语词；在日本青年人中较为常见的一种焦虑障碍的名称。患者每次数月甚至数年待在居所中，将自身与外部世界隔绝。

内稳态（homeostasis）：调节所有身体系统，保持生理机能处于平衡的一种状态。随着身体的老化，这些内稳态的调节需要花费更长的时间，所以对于老年人来说更难适应压力。

器官储备（organ reserve）：器官允许身体通过额外的、未使用的机能应对压力的能力。

设置点（set point）：个体的内稳态过程努力维持的特定体重。

社会规范法（social norms approach）：减少冒险行为的一种方法，利用初显期成人想要遵守社会规范的愿望，通过调查，促使他们意识到各种行为在同龄群体中的普遍程度。

身体质量指数（body mass index, BMI）：个体以千克为单位的体重与以米为单位的身高的平方之比。

素质—应激模型（diathesis–stress model）：认为心理障碍（如精神分裂症）是由遗传易感性（素质）与压力性的环境因素和生活事件相互作用而产生的观点。

第十八章

辩证思维（dialectical thought）：最高级的认知过程，以同时思考一个命题和反题并达成一个合题的能力为特征。辩证思维使人们能够持续地意识到利弊、优劣、可能性与局限性。

大型开放式在线课程（massive open online courses, MOOCs）：仅在网络上提供并获取大学学分的一种课程。通常，学费非常低，有成千上万的学生们注册。

定义问题测验（Defining Issues Test, DIT）：由詹姆斯·雷斯特（James Rest）创设的一系列问题，旨在通过让被试对道德两难情境可能的解决方案进行排序来评估他们的道德发展水平。

反题（antithesis）：与命题对立的信念的一种主张或陈述；辩证思维过程的第二阶段。

高等教育大众化（massification）：建立高等院校，并鼓励大学招生能够惠及所有人（普通民众）的理念。

公正取向道德观（morality of justice）：在吉利根看来，反映男性倾向的道德原则，强调正义而不是同情，绝对地进行是非判断。

关怀取向道德观（morality of care）：在吉利根看来，反映女性倾向的道德原则，不愿意绝对地判断对与错，因为她们被社会教化成培育他人、富有同情心和无偏见的人。

合题（synthesis）：整合命题及其反题的一个新想法，因此代表真理的一个新的更综合的水平；辩证思维过程的第三阶段。

后形式思维（postformal thought）：继皮亚杰的四阶段提出的成人认知发展阶段，比青少年期思维更实用、更灵活、更辩证（即更有能力将相互矛盾的元素整合到一个综合的整体中）。

刻板印象威胁（stereotype threat）：一个人头脑中的想法，即一个人的外表或者行为可能被误读，以证实另一个人的过于简单化、带有偏见的态度。

客观思维（objective thought）：不受思考者个人品质影响的思维，而是涉及被普遍认同的真实而有效的事实和数字。

命题（thesis）：信念的一种主张或陈述；辩证思维过程的第一阶段。

延迟折扣（delay discounting）：低估或者完全忽略未来的后果及回报的趋向，而喜欢更即时的满足。

主观思维（subjective thought）：受思考者个人品质强烈影响的思维，如过往经历、文化假设及未来的目标。

第十九章

可塑性基因（plasticity genes）：使人们更容易受到环境或好或坏的影响的基因以及等位基因。这是差别感受性的一部分。

亲密对孤独（intimacy versus isolation）：埃里克森心理社会性发展 8 个阶段中的第六阶段。成人寻求一个与自己在持久的自我牺牲的承诺中共度一生的人。没有这样的承诺，他们将冒险承受深刻的孤单和孤立。

亲密关系恐怖主义（intimate terrorism）：亲密关系中虐待的一种暴力及贬低的形式，受害者（通常为女性）害怕反击、寻求帮助或者逃避。在这种情况下，受害者处于遭受身体以及心理伤害的危险中。

情境性伴侣暴力（situational couple violence）：亲密关系伴侣之间更多因情境而非个体深层次的人格问题引发的争斗。通常，伴侣双方都是受害者和施虐者。

社会时钟（social clock）：基于社会标准来完成特定生活事件的时间表，诸如何时完成学业、结婚、开始工作、生育及退休。

同居（cohabitation）：一种生活方式，即处在一段稳定恋情的伴侣居住在一起但没有正式结婚。

同族通婚（homogamy）：由发展学家定义为如下相关变量相似的个体之间的婚姻，包括态度、兴趣、目标、社会经济地位、宗教、种族背景及出生地。

相关联的生活（linked lives）：每位家庭成员生活中的成功、健康及幸福都与其他成员相关联，包括另一代的成员，如父母与子女之间的关系。

性伙伴（hookup）：两个不处在恋爱关系中的人之间的性接触。亲密或者承诺都不是所预期的。

选择超载（choice overload）：存在太多的可能性以至做出深思熟虑的选择变得困难。在社交网络和其他科技提供了更多潜在的恋爱对象可用时，这一点尤为明显。

要求 / 退缩互动模式（demand/withdraw interaction）：在恋爱关系中存在这样一种情形，即一方想解决一个问题，另一方却拒绝，导致对立的反应——一方坚持谈谈而另一方停止对话。

异族通婚（heterogamy）：由发展学家定义为如下相关变量迥异的个体之间的婚姻，包括态度、兴趣、目标、社会经济地位、宗教、种族背景及出生地。

直升机式父母（helicopter parents）：用于描述盘旋在其初显期成人子女上空的父母（像一架直升机）的术语。该术语是贬义的，但父母的介入有时是有益的。

第二十章

不育（infertility）：尝试怀孕至少 1 年仍无法怀孕的情况。

发病率（morbidity）：作为健康的一种衡量指标，发病率通常指在某个特定人口中罹患疾病的概率，这些疾病可能是身体或心理的，急性（突发的）或慢性的（持续的）。

更年期（menopause）：中年期内的一段时间，通常在 50 岁左右。在这个时间段里，月经周期停止，雌激素、孕激素和睾酮的分泌量减少。严格地说，更年期应该从女性最后一次月经日期后一年起开始计算，尽管在那之前或之后有几个月已经绝经了。

活力（vitality）：一种健康和能量的测量指标，指个体实际感觉自己在身体、智力、社交上有多健康和精力充沛。

激素替代疗法（hormone replacement therapy，HRT）：

摄入激素（药片、药贴或者注射）来补偿激素水平的下降。HRT 常用于更年期或切除卵巢后的女性，但是男性在睾酮水平降低时，也会采取这一疗法。HRT 有一些医疗用途但是也会带来健康风险。

老年性耳聋（presbycusis）：一种和衰老有关的听力的明显丧失。老年性耳聋在 60 岁之前不太常见。

男性更年期（andropause）：一个描述老年男性睾酮水平下降的术语，通常会导致性欲、勃起或者肌肉质量的下降。也称男人更年期。

失能（disability）：因为一些身体、心理或情绪原因，个体难以从事日常生活中的正常活动。

失能调整生命年（disability-adjusted life years，DALYs）：一种测量由于残疾而导致的生命质量下降的指标。

衰老（senescence）：老化的过程，身体变得不那么强壮和有效率。

死亡率（mortality）：作为一种衡量健康的指标，死亡率通常指在某一特定人口中每 10 万人每年的死亡人数。

质量调整生命年（quality-adjusted life years，QALYs）：没有活力的生存和健康生存之间的一种比较。一整年的健康代表一个完整的 QAL，健康不足的人每年比起完全健康的人在 QALY 上要多少减分。因此，他们总的 QALY 值少于他们生活的总年数。

第二十一章

创造性智力（creative intelligence）：智力的一种形式，包括思维灵活和创新的能力。

分析性智力（analytic intelligence）：智力的一种形式，包括抽象规划、策略选择、集中注意力、信息加工以及言语和逻辑技能等心理过程。

回避型应对策略（avoidant coping）：通过忽视、忘记或隐匿来应对应激源的一种策略。

晶体智力（crystallized intelligence）：反映累积性学习的这类智力，词汇量和一般信息是典型的例子。一些发展心理学家认为晶体智力会随着年龄的增长而增长，而流体智力会随着年龄的增长而下降。

流体智力（fluid intelligence）：那些使得学习任何东西变得快速而彻底的基本智力。短时记忆能力、抽象思维和思维速度通常被认为是流体智力的组成部分。

侵蚀（weathering）：应激源在很长一段时间内的逐渐积累，会削弱一个人的复原力和抵抗力。

情感导向型应对策略（emotion-focused coping）：通过改变对应激源的感受而不是改变应激源本身来应对压力的一种策略。

认知产品（cognitive artifacts）：代代相传的智力工具，能够帮助人们在社会中学习。

实践智力（practical intelligence）：用于日常问题解决的智力技能（有时被称作隐性智力）。

问题导向型应对策略（problem-focused coping）：通过直接处理压力情境来应对压力的一种策略。

西雅图纵向研究（Seattle Longitudinal Study）：第一个成人智力的聚合交叉研究，这项研究从 1956 年开始，并且每 7 年重复测量一次。

选择性优化补偿（selective optimization with compensation）：这个理论由 Paul 和 Margaret Baltes 提出，认为人们试图通过寻找补偿身体和认知损耗的最佳方式来维持生活的平衡，并更加精通他们本已做得很好的活动。

一般智力（general intelligence，g）：关于 g 因素的理论假定智力是一个基本特质，是所有认知能力的基础。根据这个概念，人们有不同水平的一般智力。

应激源（stressor）：导致一个人感到有压力的任何情境、事件、经历或者其他刺激。许多看起来有压力的情况对某些人来说会变为应激源，而对另一些人来说则不会。

专长（expertise）：围绕特定的活动或特定的兴趣领域而发展起来的专门技能和知识。

自动化加工（automatic processing）：不经深思熟虑、无意识的思考。专家能自动化地加工大多数的任务，节约有意识思考以应对不熟悉的挑战。

宗教型应对策略（religious coping）：将转向信仰的过程作为应对压力的一种方式。

第二十二章

大五人格（Big Five）：人格特质的五种基本维度：开放性、尽责性、外倾性、宜人性和神经质，在整个成年期都保持着相当的稳定。

繁殖感对停滞感（generativity versus stagnation）：

埃里克森心理社会性发展阶段中的第七个阶段。成人以一种关爱的方式来寻求繁殖感，通常是通过成为父母，也可能是通过艺术、关爱以及就业。

工作的内在奖赏（intrinsic rewards of work）：作为工作的结果，来自个人内部的无形的满足感，比如工作满意度、自尊和骄傲。

工作的外在奖赏（extrinsic rewards of work）：因工作而得到的有形的利益，通常是报酬的形式，比如工资、健康保险和养老金。

家族守护者（kinkeeper）：负责维持家庭成员间沟通的照料者。

空巢期（empty nest）：父母人生中的一个时期，在这期间，子女离开家去追求自己的生活。

拟亲属（fictive kin）：被没有血缘关系的家庭当作家庭成员所接受的人。

三明治一代（sandwich generation）：所谓的被家庭中年轻的和年长成员的需求所“挤压”的中年一代。在现实中，一些成年人确实感受到了这些义务带来的压力，但是大部分人并不感到是负担，要么是因为他们享受履行这些义务，要么是因为他们选择仅承担其中一部分或干脆不承担。

社会护航（social convoy）：和每个人共同走过人生之旅的家人、朋友、熟人甚至陌生人。

生态位（ecological niche）：成年人所适应的特定生活方式和社会环境，因为它符合他们自己的个性需求和兴趣。

中年危机（midlife crisis）：一个假设的、充斥着不寻常焦虑、彻底地自我反省以及突然转变的时期，这些特征曾经被普遍认为与中年相关，但实际上更多地与发展史有关，而不是与实足年龄相关。

重要的陌生人（consequential strangers）：虽然不在最亲密的朋友圈里，却有一定的影响力的人。

第二十三章

初老人（young-old）：健康、精力充沛、收入有保障的老年人（一般在 65 ～ 75 岁），他们能和其家庭和社会很好地融合。

发病率压缩（compression of morbidity）：通过推迟疾病的发生，缩短个体患病或身体虚弱的时间。

供养率（dependency ratio）：在特定人口中能自给自足并有生产能力的成人与需要其供养的人（儿童和老年人）的相对数量的比例。

骨质疏松症（osteoporosis）：一种疾病，其症状为低骨量和骨组织的恶化，而骨组织的恶化将会使骨骼越来越脆弱，骨折的风险越来越高。

海弗利克极限（Hayflick limit）：人类细胞可以分裂为 2 个新细胞的次数。人体大多数细胞分裂的极限约为 50 次，这表明我们的寿命受遗传程序的限制。

急性疾病（acute illness）：突发的和严重的疾病。

继发性衰老（secondary aging）：随着年龄的增长，某些特定的身体疾病或状况变得越发普遍，但这些受到健康习惯、遗传和其他因素影响，因人而异。

老老人（oldest-old）：在几乎所有事情上均需要依赖他人，并需要待在养老院或医院接受照料的老年人（一般在 85 岁以上）。

老人语（elderspeak）：与老年人进行语言沟通时所采用的一种俯就方式，和婴儿语类似，句式简单短促、夸张、重复，相对于正常话语，语速缓慢，声调更高。

慢性疾病（chronic illness）：逐渐发生并持续存在的疾病。

磨损理论（wear-and-tear theory）：该理论将衰老视为人体由于时间推移和暴露于环境压力源而受到磨损的过程。

年龄歧视（ageism）：简单依据个体实际年龄对其加以归类和判断的偏见。

平均预期寿命（average life expectancy）：在特定的人群中，新生儿最有可能存活的平均年龄。

热量限制（calorie restriction）：限制饮食能量摄入（同时摄入足量的维生素、矿物质和其他重要营养物质）的做法，以增进健康，延缓衰老进程。

人口结构转变（demographic shift）：各年龄段人口比例的变化。

通用设计（universal design）：适用于所有人的环境和设备的设计，无论其肢体和感官是否健全。

细胞衰老（cellular aging）：压力和毒素的累积效应，最初会造成细胞损伤，并最终导致细胞死亡。

遗传时钟（genetic clock）：一种细胞内的 DNA 通过触发激素变化和控制细胞繁殖和修复来调节衰老过程的机制。

原发性衰老（primary aging）：随着年龄的增长，所有生物都会发生普遍的、不可逆转的生理变化。

中老人（old–old）：在生理、心理或社会功能上有缺陷的年龄较大的老年人（一般在 75 岁以上）。

最长寿命（maximum life span）：一个物种的个体在理想情况下可以存活的最大年龄。对于人类来说，这个年龄大约是 122 岁。

第二十四章

阿尔茨海默病（Alzheimer disease，AD）：导致痴呆的最常见原因，其特征是记忆和人格逐渐恶化，大脑中会明显出现 β- 淀粉样蛋白斑块和 tau 蛋白缠结。有时称为阿尔茨海默式老年痴呆症。

斑块（plaques）：在神经元周围的脑组织中发现的一种被称为 β- 淀粉样蛋白的蛋白质沉积（聚集体）。

缠结（tangles）：大脑神经元内部由 tau 蛋白构成的大量丝状缠绕物。

多重用药（polypharmacy）：老年人同时服用几种药物时可能会出现的情形。这些药物的各种副作用和相互作用可能会导致痴呆的症状。

额叶障碍（frontal lobe disorder）：杏仁核和额叶的退化，15% 的痴呆因此而起。也称为额颞叶变性（frontotemporal lobar degeneration），在 DSM-5 中称为额颞叶神经认知障碍。

路易氏小体（Lewy bodies）：大脑内一种会干扰神经元之间通信的特殊种类蛋白质的沉积物；路易氏小体会导致神经认知障碍。

帕金森病（Parkinson's disease）：一种慢性渐进性疾病，特点是肌肉震颤和僵硬，有时会导致痴呆；该病是由大脑内多巴胺分泌减少所造成的。

人生回顾（life review）：许多老年人所做的一种对自己的生命历程和自己在人类历史进程中所扮演角色的审视。

神经认知障碍（neurocognitive disorders，NCDs）：由器质性脑损伤或疾病造成的智力功能损伤。根据症状的严重程度，神经认知障碍可被诊断为重度或轻度。随着年龄的增长，神经认知障碍会变得越来越常见，但即便对年龄很大的个体来说，这都是异常的和病态的。

生态效度（ecological validity）：认为对认知的测量应该被置于尽可能和现实相近的环境条件之下，所测量的能力应该是那些在实际生活中需要的能力。

血管性痴呆（vascular dementia，VaD）：一种以散发性、渐进性的智力功能丧失为特征的神经认知障碍，原因是反复梗死或血管临时阻塞引起的脑部供血不足。

自我实现（self–actualization）：马斯洛的需求层次理论中的最后阶段，以追求审美、创造性、哲学和精神层次的理解为特征。

第二十五章

孱弱老人（frail elderly）：年龄超过 65 岁，通常超过 85 岁的老年人，他们身体虚弱、身患严重疾病或存在认知障碍。

分层理论（stratification theories）：这类理论强调社会力量，尤其是与个体的社会分层或社会类别有关的力量，限制个体的选择并影响个体在成年晚期的执行能力。因为过去的分层持续地以各种方式对个体的生活造成影响。

工具性日常生活活动（instrumental activities of daily life，IADLs）：对独立生活很重要的活动（例如，支付账单和保养汽车），从事这些活动需要一定的心智和预见性。对于自给自足来说，执行这些任务的能力可能比日常生活活动的能力更重要。

活动理论（activity theory）：该观点认为老年人希望并需要在各种社交领域（亲戚、朋友和社区）中保持活跃，他们变得退缩并非出于他们的意愿，而是年龄歧视所致。

积极性效应（positivity effect）：相比消极内容，老年人更偏好觉察并记住积极的图像和经验的倾向。

日常生活活动（activities of daily life，ADLs）：通常包括对独立生活很重要的五项生活自理任务：吃饭、洗澡、上厕所、穿衣以及在床和椅子之间转移。无法执行这些任务是虚弱的标志。

赡养义务（filial responsibility）：又称孝道责任。成年子女照顾他们年迈父母的义务

社会情绪选择理论（socioemotional selectivity theory）：该理论认为，老年人优先考虑调节自己的情绪，并寻找能够增强其繁衍感、自豪感和愉悦感的熟悉的社会交往。

脱离理论（disengagement theory）：该观点认为老

龄化使个体的社交圈越来越窄，以致他们放弃原有的角色，变得退缩和被动。

囤积强迫症（compulsive hoarding）：一种收集、占有熟悉的物品和财产的冲动，有时它会给个体的健康或安全带来隐患。这种冲动会随年龄的增长而增加。

完整性对绝望感（integrity versus despair）：埃里克森的心理社会性发展的最后阶段，在这一阶段中，老年人寻求将他们独特的经验与其社会愿景结合在一起。

原地养老（age in place）：一直待在同一个家庭和社区中安度晚年，即使健康状况不佳也只是调养但不会离开。

自然形成的退休社区（naturally occurring retirement community，NORC）：多数居民从年轻一直到退休都不曾搬离的社区或公寓综合体。

自我理论（self theories）：关于成年晚期的一系列理论，这些理论强调核心自我，或寻求保持自己的完整性和同一性。

第二十六章

哀伤（grief）：因他人去世，个体感到深切的悲痛。哀伤是个人的、无法预测的。

哀伤剥夺（disenfranchised grief）：由于文化习俗或社会制约，致使某些丧亲者无法公开地进行哀悼。

哀伤缺位（absent grief）：要么是因为外界不允许，要么是因为丧亲者不允许自己表达悲伤，导致丧亲者的哀伤未曾表达的情形。

被动安乐死（passive euthanasia）：通过停止医疗干预的方式让病危患者自然地死亡的情形。

不抢救指令[do not resuscitate（DNR）order]：医生（有时依照病人的预先指示或监护人的要求）书面提出的一项指令：如果患者心跳或呼吸停止，不再做让其恢复的努力。

不完全的哀伤（incomplete grief）：由于警方侦查、尸体解剖等原因而致使哀伤过程受到干扰的情形。

悼念（mourning）：宗教或文化所规定的人们用以表达丧亲之痛的仪式和行为。

复杂型哀伤（complicated grief）：一种妨碍个体未来生活的哀伤，通常是因为个体执着于悲伤，或是被矛盾的情绪反复折磨。

姑息治疗（palliative care）：不针对某一疾病，而是对病人的身体和情感进行抚慰，同时给予病人及其家属支持和指导的一种护理方式。

滑坡效应（slippery slope）：某一特定行为将引发一连串的事件发生，最终导致人们不愿看到的结果。

恐惧管理理论（terror management theory，TMT）：人们通过文化价值观和道德准则的认同来应对死亡恐惧。这类信念系统使得个体免于对死亡的焦虑，同时提升其自尊水平。所以，当其他人对个体的道德观念提出任何异议时，会引发他们的强烈反应。

临终关怀（hospice）：一个让绝症病人接受姑息治疗以减少他们痛苦的机构或项目；死者的家人和朋友也会从中获得帮助。

生前预嘱（living will）：一个标明当患者不能有意识地做出决定时其所偏好的医疗干预措施的文件，例如，有些人不想使用呼吸机。

双重效应（double effect）：某种措施（比如，服用阿片类药物）同时带来了积极效应（缓解一个身患绝症病人的痛苦）和消极效应（抑制呼吸而加速死亡）的情形。

医疗护理委托（health care proxy）：一个个体被另一个个体委托在后者无法做医疗决策时代为行事。

医生辅助自杀（physician-assisted suicide）：一种主动安乐死的形式，由医生为患者提供结束自己生命的方法。

预立指示（advance directives）：个体对他们濒临死亡以及死后所希望的处置方式的描述，包括医疗措施、选择谁来探视、葬礼安排及火葬等事宜。

主动安乐死（active euthanasia）：为了结束患者的痛苦，某人采取措施而终结患者生命的情形。

附录 B

被试（participants）：一个研究项目中被研究的人。

操作性定义（operational definition）：对特定的、可观察的行为的描述，这些行为将构成要研究的变量，以便任何读者都能知道这种行为是否发生了。操作性定义可能是任意的（比如智商分数在

130 或以上的人被定义为“有天赋的”），但是它们必须是精确的。

代表性样本（representative sample）：一组研究被试，他们反映了更大总体的正在研究的相关特征。

盲（blind）：数据收集者（有时也包括被试）有意忽略研究目的的状况，这样他们就不会在无意中对结果产生偏见了。

效应值（effect size）：一种从统计上表明自变量对因变量影响有多大的方法。

样本（sample）：从特定总体中抽取的一组个体。一个样本可能是在代表所有医院的四所特定医院中出生的低体重婴儿。

元分析（meta-analysis）：一种综合许多研究结果得出一个总体结论的技术。元分析很强大，因为可以将小样本叠加在一起推出重要的结论，尽管不同研究的差异有时会使得它们不可能合并起来。

总体（population）：科学研究中特别关注的个体所在的整个群体，如全世界所有的儿童或者体重低于 1.4 千克的所有新生儿。

参考文献[①]

Aarnoudse-Moens, Cornelieke S. H.; Smidts, Diana P.; Oosterlaan, Jaap; Duivenvoorden, Hugo J. and Weisglas-Kuperus, Nynke. (2009). Executive function in very preterm children at early school age. *Journal of Abnormal Child Psychology, 37*(7), 981–993. doi:10.1007/s10802-009-9327-z

Aarsland, Dag; Zaccai, Julia and Brayne, Carol. (2005). A systematic review of prevalence studies of dementia in Parkinson's disease. *Movement Disorders, 20*(10), 1255–1263. doi:10.1002/mds.20527

Abele, Andrea E. and Volmer, Judith. (2011). Dual-career couples: Specific challenges for work life integration. In Stephan Kaiser, Max Josef Ringlstetter, Doris Ruth Eikhof and Miguel Pina e Cunha (Eds.), *Creating balance? International perspectives on the work-life integration of professionals* (pp. 173–189). Heidelberg, Germany: Springer. doi:10.1007/978-3-642-16199-5_10

Abrams, Dominic; Rutland, Adam; Ferrell, Jennifer M. and Pelletier, Joseph. (2008). Children's judgments of disloyal and immoral peer behavior: Subjective group dynamics in minimal intergroup contexts. *Child Development, 79*(2), 444–461. doi:10.1111/j.1467-8624.2007.01135.x

Abreu, Guida de. (2008). From mathematics learning out-of-school to multicultural classrooms: A cultural psychology perspective. In Lyn D. English (Ed.), *Handbook of international research in mathematics education* (2nd ed., pp. 323–353). New York, NY: Routledge.

Accardo, Pasquale. (2006). Who's training whom? *The Journal of Pediatrics, 149*(2), 151–152. doi:10.1016/j.jpeds.2006.04.026

Ackerman, Edith K. (2013). Microgenetic learning analysis: A methodology for studying knowledge in transition. *Human Development, 56*, 38–46. doi:10.1159/000345540

Adam, Emma K.; Klimes-Dougan, Bonnie and Gunnar, Megan R. (2007). Social regulation of the adrenocortical response to stress in infants, children, and adolescents: Implications for psychopathology and education. In Donna Coch, Geraldine Dawson and Kurt W. Fischer (Eds.), *Human behavior, learning, and the developing brain: Atypical development* (pp. 264–304). New York, NY: Guilford Press.

Adams, Caralee J. (2011). Popularity challenges nation's community colleges. *Education Week, 30*(34), 14–17.

Adams, Ted D.; Davidson, Lance E.; Litwin, Sheldon E.; Kolotkin, Ronette L.; LaMonte, Michael J.; Pendleton, Robert C., . . . Hunt, Steven C. (2012). Health benefits of gastric bypass surgery after 6 years. *JAMA, 308*(11), 1122–1131. doi:10.1001/2012.jama.11164

Adamson, Lauren B. and Bakeman, Roger. (2006). Development of displaced speech in early mother-child conversations. *Child Development, 77*(1), 186–200. doi:10.1111/j .1467-8624. 2006.00864.x

Adler, Lynn Peters. (1995). Centenarians: The bonus years. Santa Fe, NM: Health Press.

Adolph, Karen E. and Berger, Sarah E. (2005). Physical and motor development. In Marc H. Bornstein and Michael E. Lamb (Eds.), *Developmental science: An advanced textbook* (5th ed., pp. 223–281). Mahwah, NJ: Lawrence Erlbaum Associates.

Adolph, Karen E.; Cole, Whitney G.; Komati, Meghana; Garciaguirre, Jessie S.; Badaly, Daryaneh; Lingeman, Jesse M., . . . Sotsky, Rachel B. (2012). How do you learn to walk? Thousands of steps and dozens of falls per day. *Psychological Science, 23*(11), 1387–1394. doi:10.1177/0956797612446346

Adolph, Karen E.; Vereijken, Beatrix and Shrout, Patrick E. (2003). What changes in infant walking and why. *Child Development, 74*(2), 475–497. doi:10.1111/1467-8624.7402011

Afifi, Tracie O.; Enns, Murray W.; Cox, Brian J.; Asmundson, Gordon J. G.; Stein, Murray B. and Sareen, Jitender. (2008). Population attributable fractions of psychiatric disorders and suicide ideation and attempts associated with adverse childhood experiences. *American Journal of Public Health, 98*(5), 946–952. doi:10.2105/ajph.2007.120253

[①] 为了环保，也为了节省您的购书开支，本书参考文献不在此一一列出。如果您需要完整的参考文献，请通过电子邮箱 1012305542@qq.com 联系下载，或者登录 www.wqedu.com 下载。您在下载中遇到问题，可拨打 010-65181109 咨询。

Ahima, Rexford S. (2011). No Kisslng by leptin during puberty? *Journal of Clinical Investigation, 121*(1), 34–36. doi:10.1172/JCI45813

Ahmed, Leila. (2011). A quiet revolution: The veil's resurgence, from the Middle East to America. New Haven, CT: Yale University Press.

Ahmed, Parvez and Jaakkola, Jouni J. K. (2007). Maternal occupation and adverse pregnancy outcomes: A Finnish population-based study. *Occupational Medicine, 57*(6), 417–423. doi:10.1093/occmed/kqm038

Ainsworth, Mary D. Salter. (1967). Infancy in Uganda: Infant care and the growth of love. Baltimore, MD: Johns Hopkins Press.

Ainsworth, Mary D. Salter. (1973). The development of infant-mother attachment. In Bettye M. Caldwell and Henry N. Ricciuti (Eds.), *Child development and social policy* (pp. 1–94). Chicago, IL: University of Chicago Press.

Ajzen, Icek. (2011). Job satisfaction, effort, and performance: A reasoned action perspective. *Contemporary Economics, 5*(4), 32–43. doi:10.5709/ce.1897-9254.26

Akinbami, Lara J.; Lynch, Courtney D.; Parker, Jennifer D. and Woodruff, Tracey J. (2010). The association between childhood asthma prevalence and monitored air pollutants in metropolitan areas, United States, 2001–2004. *Environmental Research, 110*(3), 294–301. doi:10.1016/j.envres.2010.01.001

Al-Namlah, Abdulrahman S.; Meins, Elizabeth and Fernyhough, Charles. (2012). Self-regulatory private speech relates to children's recall and organization of autobiographical memories. *Early Childhood Research Quarterly, 27*(3), 441–446. doi:10.1016/j.ecresq.2012.02.005

Al-Sahab, Ban; Ardern, Chris I.; Hamadeh, Mazen J. and Tamim, Hala. (2010). Age at menarche in Canada: Results from the National Longitudinal Survey of Children & Youth. *BMC Public Health, 10*, 736–743. doi:10.1186 /1471-2458-10-736

Al-Sayes, Fatin; Gari, Mamdooh; Qusti, Safaa; Bagatian, Nadiah and Abuzenadah, Adel. (2011). Prevalence of iron deficiency and iron deficiency anemia among females at university stage. *Journal of Medical Laboratory and Diagnosis, 2*(1), 5–11.

Al-Yagon, Michal; Cavendish, Wendy; Cornoldi, Cesare; Fawcett, Angela J.; Grünke, Matthias; Hung, Li-Yu, . . . Vio, Claudio. (2013). The proposed changes for DSM-5 for SLD and ADHD: International Perspectives—Australia, Germany, Greece, India, Israel, Italy, Spain, Taiwan, United Kingdom, and United States. *Journal of Learning Disabilities, 46*(1), 58–72. doi:10.1177/0022219412464353

Alavinia, Seyed Mohammad and Burdorf, Alex. (2008). Unemployment and retirement and ill-health: A cross-sectional analysis across European countries. *International Archives of Occupational and Environmental Health, 82*(1), 39–45. doi:10.1007/s00420-008-0304-6

Albert, Dustin; Chein, Jason and Steinberg, Laurence. (2013). The teenage brain: Peer influences on adolescent decision making. *Current Directions in Psychological Science, 22*(2), 114–120. doi:10.1177/0963721412471347

Albert, Dustin and Steinberg, Laurence. (2011). Judgment and decision making in adolescence. *Journal of Research on Adolescence, 21*(1), 211–224. doi:10.1111/j.1532-7795.2010.00724.x

Albert, Steven M. and Freedman, Vicki A. (2010). *Public health and aging: Maximizing function and well-being* (2nd ed.). New York, NY: Springer.

Aldwin, Carolyn M. (2007). *Stress, coping, and development: An integrative perspective* (2nd ed.). New York, NY: Guilford Press.

Aldwin, Carolyn M. and Gilmer, Diane Fox. (2013). *Health, illness, and optimal aging: Biological and psychosocial perspectives* (2nd ed.). New York, NY: Springer.

Alegre, Alberto. (2011). Parenting styles and children's emotional intelligence: What do we know? *The Family Journal, 19*(1), 56–62. doi:10.1177/1066480710387486

Alexander, Robin. (2000). Culture and pedagogy: International comparisons in primary education. Malden, MA: Blackwell.

Allemand, Mathias; Zimprich, Daniel and Martin, Mike. (2008). Long-term correlated change in personality traits in old age. *Psychology and Aging, 23*(3), 545–557. doi:10.1037/a0013239

Allen, Kathleen P. (2010). A bullying intervention system in high school: A two-year school-wide follow-up. *Studies In Educational Evaluation, 36*(3), 83–92. doi:10.1016/j.stueduc.2011.01.002

Allendorf, Keera. (2013). Schemas of marital change: From arranged marriages to eloping for love. *Journal of Marriage and Family, 75*(2), 453–469. doi:10.1111/jomf.12003

Allman, Tara L.; Mittelstaedt, Robin D.; Martin, Bruce and Goldenberg, Marni. (2009). Exploring the motivations of BASE jumpers: Extreme sport enthusiasts. *Journal of Sport & Tourism, 14*(4), 229–247. doi:10.1080/14775080903453740

Almeling, Rene. (2011). Sex cells: The medical market for eggs and sperm. Berkeley, CA: University of California Press.

Almomani, Basima; Hawwa, Ahmed F.; Millership, Jeffrey S.; Heaney, Liam; Douglas, Isabella; McElnay, James C. and Shields, Michael D. (2013). Can certain genotypes predispose to poor asthma control in children? A pharmacogenetic study of 9 candidate genes in children with difficult asthma. *PLoS ONE, 8*(4). doi:10.1371/journal.pone.0060592

Almond, Douglas. (2006). Is the 1918 influenza pandemic over? Long-term effects of in utero influenza exposure in the post-1940 U.S. population. *Journal of Political Economy, 114*(4), 672–712. doi:10.1086/507154

Alsaker, Françoise D. and Flammer, August (2006). Pubertal development. In Sandy Jackson and Luc Goossens (Eds.), *Handbook of adolescent development* (pp. 30–50). New York, NY: Psychology Press.